आधुनिक विविध कला शब्दसागर

Dictionary of Fine & Vocational Arts

सहयोगी लेखक

बागेश्री चक्रधर
शुभदीप मजूमदार
सन्दीप मारवाह
ज्योति श्रीवास्तव
कल्पना भूषण
रिचा जैन
कर्ण कुमार शर्मा
कुमार पंकज
प्रोमिला केली
मिथिलेश चौहान
कविता त्यागी
अनिल रिसाल सिंह
ममता लाल
पराग व्यास
प्रतिमा पांडे
शालिनी बिष्ट
गोविन्द गुंठे
राजमणि श्रीवास्तव
ए. के. खन्ना

आधुनिक विविध कला शब्दसागर

Dictionary of Fine & Vocational Arts

अंग्रेजी-हिन्दी तथा हिन्दी-अंग्रेजी

संकलपना तथा सम्पादन

रूपनारायण बाथम

सह-सम्पादन

सुमन एस. खरे

निमिषा केसरवानी

राजकमल प्रकाशन

ISBN : 978-93-6086-566-5

मूल्य : ₹1500

पहला संस्करण : 2025

प्रकाशक : राजकमल प्रकाशन प्रा. लि.
1-बी, नेताजी सुभाष मार्ग, दरियागंज
नई दिल्ली-110 002

शाखाएँ : अशोक राजपथ, साइंस कॉलेज के सामने, पटना-800 006
पहली मंजिल, दरबारी बिल्डिंग, महात्मा गांधी मार्ग, प्रयागराज-211 001
1, अनमोल सोराबजी सन्तुक लेन, धोबी तलाव, मरीन लाइंस, मुम्बई-400 002
वेबसाइट : www.rajkamalprakashan.com
ई-मेल : info@rajkamalprakashan.com

मुद्रक : बी.के. ऑफसेट
नवीन शाहदरा, दिल्ली-110 032

ADHUNIK VIVIDH KALA SHABDSAGAR
Concept and Editing by Roop Narayan Batham

कोश के मुख्य विषय

Advertising Art : विज्ञापन कला
Aesthetics : सौन्दर्य शास्त्र
Architecture : स्थापत्य कला
Archives : अभिलेख
Archeology : पुरातत्व विज्ञान
Art Criticism : कला समीक्षा
Cinematography (Film) : चलचित्र कला (सिनेमा)
Cosmetology (Beauty Science) : शृंगार कला
Craft : शिल्प कला
Culinary (Food Craft) : पाक कला
Dance : नृत्य कला
Design : अभिकल्प
Dramitics : नाट्य कला
Fashion : भूषाचार (फैशन)
Graphic Art : छापाकला
House Keeping : गृह सज्जा
Journalism & T.V. : पत्रकारिता तथा टी.वी.
Museology : संग्रहालय विज्ञान
Music : संगीत कला
Painting : चित्रकला
Photography : छाया चित्रण
Poetry : काव्य कला
Sculpture : मूर्तिकला

कोश परिचय

विषयबद्ध कोशकारिता एक श्रमसाध्य एवं दुष्कर कर्म है। किसी भी भाषा का विषयबद्ध कोश-निर्माण-कार्य क्यों न हो, उसमें कोशकार को एक अलग प्रकार का ज्ञानात्मक होश रखना होता है कि अमुक विषय पर अमुक शब्द जिज्ञासु पाठक को पूरी आत्मीयता और अन्तरंगता के साथ अर्थ-बोध करा सकेगा या नहीं। इस प्रक्रिया में साधक, शब्द-संधान में प्रतिपल व्यस्त रहता है।

यह एक सर्व-विदित तथ्य है कि रचनात्मक साहित्य में लेखकों की कमी नहीं है, लेकिन कोशकार संख्या में गिने-चुने ही हैं। वर्षों की साधना के बाद एक शब्द-कुल-कोश का निर्माण संभव हो पाता है। कोशकार को विषयबद्ध शब्दकोशों में विषय से जुड़े विभिन्न अनुभागों के सीमित क्षेत्र में ही शब्द-संभावनाओं को समेटते हुए चलना होता है।

श्री रूपनारायण बाथम को मैं लगभग चार दशक से जानता हूँ। वे जब आधुनिक कला संग्रहालय में कार्यरत थे तभी से हिन्दी का कला-कोश उनका सपना था। उन्हीं से मैंने यह जाना कि महत्त्वपूर्ण विदेशी भाषाओं की तुलना में हमारे देश में भारतीय भाषाओं के कला-कोश लगभग नहीं के बराबर हैं और, वे तब से इस क्षेत्र में साधनारत हैं। उनका यह कोश देखकर मैं कह सकता हूँ कि वे एक ऐसे कुशल और अनुभवी कला-कोशकार हैं, जिन्होंने इस कोश में तेईस आधुनिक सृजनात्मक एवं व्यावसायिक कलाओं के उपयोगी एवं अंग्रेजी के व्यावहारिक शब्दों का चयन करके, उनके सार्थक पर्याय, सही उच्चारण एवं सरल हिन्दी भाषा में प्रस्तुत किये हैं।

हम प्राय: हिन्दी में जब नये शब्दों का निर्माण करते हैं तो संस्कृत का आधार लेते हैं। अंग्रेजी के व्यावहारिक शब्दों का चयन करके उन्हें अबूझ संस्कृतनिष्ठ हिन्दी में रूपांतरित करने के स्थान पर बाथम जी ने व्यवहार और चलन में आए हुए शब्दों को खोजा और इस खोज में उन्होंने न केवल हिन्दी, बल्कि अपनी हिन्दी से जुड़ी हुई अनेक बोलियों और लोक भाषाओं के शब्दों को भी स्थान दिया।

सृजनात्मक कलाओं में चित्रकला, मूर्तिकला, संगीत, नृत्य, नाटक, काव्य आदि के साथ उन्होंने आधुनिक व्यावसायिक कलाओं में पत्रकारिता, फैशन, पाक कला, गृहसज्जा, फ़ोटोग्राफ़ी, विज्ञापन आदि को भी चुना और काम करते-करते उन्होंने अपना विषय क्षेत्र बढ़ाया। कुछ अतिरिक्त क्षेत्रों का भी चयन किया। जैसे, फ़िल्म, टीवी, संग्रहालय विज्ञान, पुरातत्त्व, अभिलेख, डिज़ाइन, शिल्प, सौन्दर्यशास्त्र, कला-समीक्षा, छापा-कला आदि। एक-एक शब्द पर उन्होंने चिन्तन-मनन करते हुए अनेक बार मुझसे भी शब्दों को लेकर चर्चाएँ होती रही हैं।

मैं कह सकता हूँ कि यह अलग तरह की कोश-कला है, जो शब्दों का संग्रह मात्र नहीं है, बल्कि असाधारण ज्ञानवर्द्धक सन्दर्भ-ग्रंथ की दिशा में जाने वाला उपक्रम है। कुछ लोग इन्हें समानांतर कोश कहते हैं, जहाँ प्रत्येक शब्द का सन्दर्भित शब्द उसके निकट लाकर रख दिया जाता है। मैंने इसे नाम दिया है, शब्द-कुल-कोश। सम्बद्ध शब्द के व्यवहार, क्रियात्मक क्षेत्र, कामों की परिणति, मानवता पर उसके प्रभाव और उसका क्षेत्र विस्तार। यह सब कुछ ऐसा बन पड़ता है कि शब्द विशेष का पूरा कुनबा इकठ्ठा हो जाता है और कोशकार शब्द-परिवारों की कॉलोनी बसा देता है।

प्राय: लोग शब्दकोश और शब्द-कुल-कोश का अन्तर नहीं समझ पाते हैं। यही कारण है कि क्षेत्र विशेष के कोश न होने से, ज्ञान भी सीमित रह जाता है। इस प्रकार के कोशों से हमारे अन्दर कलाओं की सौन्दर्याभिरुचि में अभिवृद्धि सम्भव है। बाथमजी के कोश से आप कला-कर्म के विभिन्न आयामों, फलकों और उसकी अर्थ-छायाओं को प्राप्त करते हुए अपने अभिव्यक्ति कौशल में सुदक्ष हो सकते हैं। दूसरों को भी कला क्षेत्र की आधारभूत जानकारियाँ प्रदान कर सकते हैं।

महत्त्वपूर्ण जानकारियाँ कला-कोश के रूप में यदि सहज उपलब्ध हों तो कलाओं का भरपूर आनन्द उठाया जा सकता है, एक नई समीक्षा दृष्टि भी अपने अन्दर उत्पन्न की जा सकती है और हम कला के सच्चे पारखी भी बन सकते हैं। मैं कहूँगा कि बाथमजी का यह कोश असाधारण है। अभी तक बाज़ार में कलाओं का एक भी सम्पूर्ण कोश किसी भारतीय भाषा में उपलब्ध नहीं है। कला के विद्यार्थियों, युवा प्राध्यापकों की दैनन्दिन कठिनाइयों के समाधान के लिए,

नये शब्दों को जानने के लिए, हिन्दी में प्रचलित शाब्दिक अनुवादों से हट कर सार्थक और तार्किक पर्यायों तक पहुँचाने के लिए यह ग्रंथ कला-कर्मियों का अनिवार्य ग्रंथ बन जाएगा।

कोशकारिता में किन शब्दों को इटैलिक रखा जाए, किनको बोल्ड और समानार्थक शब्दों की प्रस्तुति किस प्रकार हो, इस विषय में भी बाथमजी ने बड़ी सतर्कता से एकरूपता बनाकर रखी है। मुझे आशा ही नहीं पूर्ण विश्वास है कि यह कोश विशिष्ट कला-प्रेमियों के अतिरिक्त सामान्य कला-चाहकों और अलग-अलग विधाओं के छात्रों के लिए भी उपयोगी होगा। आजीवन एक पथ-प्रदर्शक के तौर पर उनका साथ देने वाला सिद्ध होगा।

मैं श्री रूप नारायण बाथम को एक शब्द-साधक मानता हूँ। वे कला के इतिहासकार हैं। शिक्षाविद और कोशकार हैं और इस सारस्वत प्रयत्न में अनवरत लगे हुए हैं। मैं उनकी साधना की हृदय से सराहना करता हूँ और कामना करता हूँ कि इस ग्रंथ के आगमन के बाद साहित्य, कला और संस्कृति के क्षेत्रों के गहन उपभोक्ताओं को किसी अभाव से नहीं जूझना पड़े।

मेरी अनन्त शुभकामनाएँ!

—पद्मश्री डॉ. अशोक चक्रधर

नई दिल्ली
Email : ashok@chakradhar.com

कोश के सम्बन्ध में अपनी बात

'आधुनिक विविध कला शब्द सागर' की रचना का मुख्य उद्‌देश्य है—विद्यार्थियों तथा सामान्य कला प्रेमी पाठकों को अन्य विभिन्न कलाओं के रसास्वादन के लिए 23 कलाओं की बहुप्रचलित आधारभूत शब्दावली को जानना। आज विद्यार्थी विविध ललित कलाओं की एक शाखा का विधिवत अध्ययन कर उस कला विशेष में तो निपुण हो जाते हैं किन्तु उन्हें अन्य कलाओं में न तो रुचि होती है और न ही उनका ज्ञान। हमारा ध्येय है कि किसी भी एक कला में पारंगत विद्यार्थी को अन्य कलाओं की भी बुनियादी जानकारी होनी चाहिए तभी वह सही अर्थों में कलाकार माना जाए।

इसी ध्येय को ध्यान में रखते हुए इस कोश में 23 आधुनिक सर्जनात्मक तथा व्यावसायिक कलाओं के सामान्य प्रचलित महत्त्वपूर्ण चुने हुए शब्दों का ही संग्रह किया गया है, जिनका प्रयोग आज के सम्भ्रान्त समाज में अति सामान्य रूप में किया जाता है। अत: इस कोश में संगृहीत 23 कलाओं को उनके सम्पूर्ण शब्दों का कोश न माना जाए, वरन इन विषयों की सामान्य परिचयात्मक जानकारी देने वाला एक स्रोत समझा जाए।

इस कोश में चित्रकला, संगीत कला, काव्य आदि जैसे प्रमुख सर्जनात्मक कलाओं के साथ व्यावसायिक कलाओं में विज्ञापन कला, सौन्दर्य तथा प्रसाधन कला, पत्रकारिता, गृह सज्जा, फ़िल्म आदि के साथ ही कम प्रचलित कलाएँ जैसे पुरातत्व, अभिलेख, संग्रहालय विज्ञान आदि विषयों के भी शब्द पहली बार किसी कला के समग्र कोश में संगृहीत किये गए हैं।

कोश के आरम्भिक पृष्ठों में सभी कला विषयों के शब्दों को अंग्रेजी के वर्णक्रमानुसार प्रस्तुत किया गया है, जिसमें उसका वर्गीकरण, उच्चारण, हिन्दी पर्याय तथा साधारण शब्दों में उसकी सामान्य व्याख्या प्रस्तुत की गई है। कोश के अन्तिम पृष्ठों पर कोश में प्रयुक्त अनेक कम प्रचलित किन्तु महत्त्वपूर्ण शब्दों के साथ अन्य अनेक तत्सम्बन्धित शब्दों के भी अंग्रेजी समानार्थी, समतुल्य शब्द दिये गए हैं ताकि पाठक सहजता से कोश में प्रयुक्त शब्दों के भाव समझ सकें।

शब्दों के शुद्ध उच्चारण के सम्बन्ध में सदैव मतभेद रहा है, मुख्यत: विदेशी भाषाओं के सन्दर्भ में। अत: इस समस्या के निदान के लिए हमने विदेशी शब्दों के शुद्ध उच्चारण में एक व्यावहारिक समझौता किया है, जैसे—Colour के वास्तविक उच्चारण 'कलअ्' के स्थान पर 'कलर' ही रखा है, इस प्रकार 'अ' (R) 'र' की ध्वनि से समझौता किया गया है। उसी तरह Art के शुद्ध उच्चारण में—'आट' के स्थान पर 'आर्ट' स्वीकारा है। नाटक के एक शब्द 'Daddy' के लिए 'पितातुल्य' प्रतिष्ठित 'नाट्य कर्मी' के साथ उर्दू का शब्द 'उम्रदराज फनकार' को भी लिया गया है। अंग्रेजी शब्दों के हिन्दी सुबोध पर्यायों के लिए विभिनन भारतीय भाषाओं के अनेक बोलचाल से जुड़े शब्दों को स्वीकार किया है। जैसे 'Dedicated Artist' के लिए 'जुझारू कलाकार', 'व्रती कलाकार' आदि। 'Dull Colours' के लिए अत्यन्त सुलभ बोलचाल का शब्द 'मरियल रंग' का प्रयोग किया है।

अनेक महत्त्वपूर्ण शब्दों के हिन्दी पर्याय के साथ बांग्ला, मराठी, गुजराती, तथा उर्दू भाषाओं के शब्दों का भी प्रयोग किया है। शब्दों के अधिकाधिक पर्याय देने के प्रयास में उनके भावार्थ से जुड़े भाव को प्राथमिकता दी गई है। जैसे Design शब्द के 18 पर्याय दिये गए हैं, Aesthetics के 9 पर्याय दिये गए हैं आदि।

इस कोश के सभी विषयों के शब्दों को अंग्रेजी भाषा के वर्ण क्रमानुसार संजोया गया है। इन सभी विषयों के अंग्रेजी शब्दों को सामान्य सीधे अक्षरों में तथा उस विषय के हिन्दी शब्दों को तिरछे (इटैलिक) अक्षरों में छापा गया है।

वस्तुत: यह विभिन्न कलाओं का कोश कभी-कभार कला के किसी शब्द की जानकारी मात्र देने वाला कोश नहीं है, बल्कि यह कोश सभी कला के विद्यार्थियों, कला प्रेमियों और जिज्ञासुओं के लिए नित्य सप्रेम, नियमित रूप से अपने पूज्य धर्मग्रंथों को पढ़ने जैसा है जिसके पाठ से उनके व्यावहारिक कला ज्ञान पक्ष में प्रतिदिन वृद्धि हो सके।

भारत में ऐसे बहुउपयोगी कलाओं के समग्र कोश की रचना का यह सम्भवत: पहला प्रयास है, अत: इसमें अनेक त्रुटियाँ और कमियाँ रह गई होंगी। मुझे आशा है कि सुधी-पाठक इसे और समृद्ध करने के लिए अपने बहुमूल्य सुझावों से हमें अवगत करायेंगे।

Email : kalamitragallery@gmail.com

—रूपनारायण बाथम

आत्म कथन

मेरी मान्यता है कि प्रत्येक कलाकार को अपनी कला विधा के अतिरिक्त अन्य सहधर्मी और अन्तर-सम्बन्धी कलाओं के विषय में भी पर्याप्त जानकारी होनी चाहिए, ताकि वह उन कलाओं की गरिमा और महत्त्व का समझे और उनका भरपूर आनन्द ले सके। इसी उद्देश्य से विविध कलाओं के अन्तरसम्बन्धों का सुबोध परिचय देने के लिए इस विलक्षण कोश का जन्म हुआ है, जिसमें विश्व की आधुनिक 23 कलाओं के आवश्यक और उपयोगी शब्दों का परिचयात्मक ज्ञान एक ही स्थान पर उपलब्ध है।

इस शब्द कोश में विश्व की आधुनिक 23 ललित तथा व्यावसायिक कलाओं के शब्दों को एक स्थान पर संगृहीत करने का प्रयास किया गया है, अत: सामान्य दशा में पाठक सहज अनुमान लगा सकते हैं कि इसमें इन 23 विविध कलाओं से जुड़े लाखों शब्द होने चाहिए, किन्तु ऐसा नहीं है। इस कोश में व्यावहारिक और उपयोगिता की दृष्टि से केवल उन्हीं आवश्यक, उपयोगी और व्यावहारिक शब्दों का संकलन किया गया है, जो आधुनिक जीवन शैली तथा उन कलाओं से सीधे जुड़े हैं, जिनके बिना उन विषयों की जानकारी अधूरी रह सकती है।

इस कोश की रचना का सबसे महत्त्वपूर्ण उद्देश्य है—आज की जीवन शैली में इन जीवनोपयोगी 23 कलाओं के आवश्यक शब्दों के माध्यम से इन कलाओं का सरलता और सहजता से आधारभूत परिचय प्राप्त करना। आवश्यक श्रम और समय की बचत की दृष्टि से अब पाठकों को इन कलाओं के ज्ञान के लिए अलग-अलग कोशों को नहीं पढ़ना पढ़ेगा, सब कुछ एक ही स्थान पर इसी कोश में उपलब्ध है।

अपने देश में भारतीय कलाओं पर बहुत कम कोश उपलब्ध हैं। चित्र कला, मूर्ति कला, संगीत कला, नृत्य, काव्य, नाटक और फ़ोटोग्राफ़ी, जैसे कुछ विषयों के अतिरिक्त आज व्यावसायिक कला जैसे, फैशन, सौन्दर्य-प्रसाधन, पाक कला, फ़िल्म, विज्ञापन कला, पुरातत्व, संग्रहालय विज्ञान, पत्रकारिता आदि विषयों पर हिन्दी ही नहीं वरन अन्य भाषाओं में भी शब्द कोश उपलब्ध नहीं है। इसी कमी को दूर करने के लिए हमारा यह लघु प्रयास है, जिसके अन्तर्गत हमने विश्व की आधुनिक 23 विविध कलाओं का मिला-जुला यह एक कोश प्रस्तुत किया है।

इस कोश में सम्मिलित सभी 23 कलाओं के मुख्य, उपयोगी शब्दों को अंग्रेजी के वर्णक्रमानुसार आरम्भिक पृष्ठों पर उनके वर्ग, उच्चारण, विभिन्न पर्याय और आवश्यकतानुसार समुचित, सरल व्याख्या तथा अन्तिम पृष्ठों पर कोश में पहली बार प्रयुक्त कुछ नये गढ़े या अपेक्षाकृत कम प्रचलित हिन्दी शब्दों के अंग्रेजी समानार्थी पर्याय, उच्चारण सहित दिये गए है ताकि पाठकों को शब्दों के पूर्ण अर्थ समझने में कोई दिक्कत न महसूस हो। उपयोगिता की दृष्टि से कोश के अन्तिम पृष्ठों में हिन्दी शब्दों के साथ उनके समानार्थी अंग्रेजी शब्दों की प्रस्तुति की इस नवीन परम्परा का शुभारम्भ हमने ही किया है।

अपनी तरफ से इस कोश के मुद्रण में पूरी सावधानी रखने के बाद भी इस कोश में अनजाने में अनेक गलतियाँ रह गई होंगी, जिसके लिए मैं अग्रिम खेद व्यक्त करता हूँ। इसे कोश को और उन्नत और उपयोगी बनाने के लिए मैं पाठकों के सुझावों का स्वागत करूँगा।

Email : kalamitragallery@gmail.com

—रूपनारायण बाथम

विषय-संकेत तालिका (Abbreviation)

Advertising Art = विज्ञापन कला = (विज्ञा.)
Aesthetics = सौन्दर्य शास्त्र = (सौ.शा.)
Applied Art = उपयोगी कला = (उप.क.)
Arabic = अरबी = (Ar.)
Archeology = पुरातत्व = (पुरा.)
Architecture = स्थापत्य कला = (स्था.)
Archives = अभिलेख = (अभि.)
Art Criticism = कला समीक्षा = (क.समी.)
Art Group = कला समूह = (क.समू.)
Art History = कला इतिहास = (क.इति.)
Art Institution = कला संस्था = (क.सं.)
Art Movement = कला आन्दोलन = (क.आन्दो.)
Attractology = आकर्षक व्यक्तित्व विज्ञान = (आ.व्य.वि.)
Bangla = बांग्ला = (बां.)
Beauty Culture = रूप सज्जा कला = (रू.स.)
Bengali language = (Ben.)
Catering = खान-पान = (खा.पा.)
Chinese = चाइनीज़ = (Ch.)
Cinema = सिने संसार = (सिने.)
Cinematography = सिनेमा = (सिने.)
Common = सामान्य = (सामा.)
Conservation = संरक्षण = (सं.)
Craft = शिल्प कला = (शि.)
Criticism = समीक्षा = (समी.)
Culinary (Food Craft) = पाक कला = (पा.क.)
Cultural Activist = संस्कृति कर्मी = (सं.क.)
Dance = नृत्य कला = (नृ.)
Design = अभिकल्पना या डिज़ाइन = (डि.)
Dramatics = नाट्य कला = (ना.क.)
English = इंग्लिश = (En.)
Fashion = भूषाचार या फैशन = (फै.)
Film = फ़िल्म = (फि.)
French = फ्रेंच = (Fr.)
General Knowledge = सामान्य ज्ञान = (सा.ज्ञा.)

German = जर्मन = (Gr.)
Graphic Art = छापा कला = (छापा.)
Greek = ग्रीक = (Gr.)
Gujrati = गुजराती = (गु.)
Hindi = हिन्दी = (Hn.)
House Keeping = गृह अनुरक्षण = (गृह.अनु.)
Institution = संस्थान = (संस्था.)
Instrument = इंस्ट्रूमेंट = (इं.)
Interior Decoration = गृह सज्जा कला = (ग्र.स.)
Italian इटैलियन = (It.)
Japanese = जापानी = (Jp.)
Jewish = ज्यूज़ = (Jew.)
Journal = पत्रिका = (पत्रि.)
Journalism = पत्रकारिता = (पत्र.)
Literature = साहित्य = (साहि.)
Makeup Art = शृंगार कला = (शृं.क.)
Manuscript = पांडुलिपि = (पांडु.)
Marathi = मराठी = (म.)
Material = सामग्री = (साम.)
Mexican = मेक्सिकन = (Mex.)
Movement = आन्दोलन = (आन्दो.)
Museology = संग्रहालय विज्ञान (संग्र.वि.)
Museum = संग्रहालय = (म्यू.)
Music = संगीत = (संगी.)
Musical Instrument = वाद्य यंत्र = (वा.यं.)
Novel = उपन्यास = (उप.)
Painting = चित्र कला = (चि.)
Photography = फ़ोटोग्राफ़ी = (फो.)
Poetics = काव्य शास्त्र = (का.शा.)
Poetry = काव्य कला (कविता) = (का.क.)
Product Design = उत्पाद संवर्धन-कला, प्रोडक्ट डिज़ाइन = (प्रो.डि.)
Russian = रशियन = (Rus.)
Sculpture = मूर्ति कला = (मू.)
Singing = गायन = (गा.)
Spanish = स्पेनिश = (Sp.)
Technique = तकनीक = (तक.)
Television = टेलीविजन = (टेली.)
Theatre = नाटक = (ना.)
Tool = औजार = (औ.)
Urdu = उर्दू = (उ.)
Writer = लेखक (ले.)

A

A R Raja Raja Varma (1863-1918) (सं.क.) *ए.आर. राजा राजा वर्मा :* आधुनिक मलयालम भाषा के कवि, व्याकरणाचार्य, लेखक तथा समीक्षक

A Tempo (संगी.) *ए टेम्पो :* लय की वापसी

A.B.C. (पत्र.) *ए.बी.सी. :* ऑडिट ब्यूरो सरकुलेशन का संक्षिप्त रूप, अखबारों की मुद्रण संख्या या खपत की देख रेख करने वाली सरकारी संस्था

A.B. Rolling (टी.वी.) *ए.बी. रोलिंग :* कम्पोजिट मास्टर तैयार करने में वीडियो मशीन की एक प्रक्रिया

A.I.R. (AIR) (रेडि.) *एयर :* ऑल इंडिया रेडियो का संक्षिप्त रूप

A.M. Drive (पत्र.) *ए.एम. ड्राइव :* प्रातः 6 से 10 के मध्य रेडियो पर विज्ञापन जारी होने की अवधि

A.P.A. (पत्र.) *एसोसियेटेड प्रेस ऑफ़ अमेरिका*

A. R.E. (छापा.) *ए.आर.ई. :* एसोसिएट ऑफ़ रॉयल सोसायटी ऑफ़ पेंटर एचर्स एंड एन्ग्रेवर्स

A.S.A (समी.) *ए.एस.ए. :* अमेरिकन स्टेंडर्स एसोशियन का संक्षिप्त रूप

A.V.M. (फि.) *ए.वी.एम. :* दक्षिण भारत की एक शीर्ष फ़िल्म निर्माण कम्पनी जिसकी स्थापना 1947 में फ़िल्मकार ए.वी. मेप्पन (1909–79) ने की थी

Aada (नृ.) *आदा :* मध्य प्रदेश का एक लोकनृत्य

Aalap (संगी.) *आलाप :* राग के स्वरूप के अनुसार स्वर विस्तार

Aamad (संगी.) *आमद :* ताल के साथ संगति होते समय आरम्भिक बोल या मुखड़े को सम तक लाने की क्रिया

Aaroh (संगी.) *आरोह :* स्वरों का नीचे से ऊपर के क्रम में प्रयोग

Aarohi Varna (संगी.) *आरोही वर्ण :* वर्ण का प्रकार जिसमें स्वरों का नीचे से ऊपर के क्रम में प्रयोग होता है

Aarudhra (Bhagavatula Shiv Shankara Sastry) (1925-1998) (का.क.) *आरूध्र (भगवातुला शिवशंकर शास्त्री) :* तेलुगु भाषा के कवि, लेखक, निबंधकार, अनुवादक, नाट्य लेखक तथा फ़िल्म गीतकार

Aashray Raag (संगी.) *आश्रय राग :* हिन्दुस्तानी संगीत पद्धति के अन्तर्गत ठाठ का नाम

Aattam/Kottu (नृ.) *आट्टम/कोट्टू :* एक प्रकार का नृत्य या नाट्य का दक्षिणी भाषा का पर्यायवाची

Aavartan (संगी.) *आवर्तन अथवा आवृत्ति :* किसी भी ताल का एक चक्र जिसे दोहराया जा सके

Abaciscus (समी.) *ऐबेसीकस :* मठाधिकार क्षेत्र

Abacus (स्था.) *ऐबकस :* पटल, शीर्ष फलक

Abbey (स्था.) *ऐबि :* मठ, महा मठ, ईसाई विहार या ईसाई भिक्षुणी विहार का गिरजा घर

Abbot (समी.) *ऐबॅट :* मठाधीश, मठ का प्रमुख, मठाध्यक्ष

Abbozzo (चि.) *अबोज़ो :* रेखाचित्र

Abbreviation (सा.ज्ञा.) *एब्रीविएशन :* संक्षेपाक्षर

Abdul Rahim Khan-E-Khana (1556-1627) (का.क.) *अब्दुल रहीम ख़ान-ए-ख़ाना :* बादशाह अकबर के दरबारी कवि तथा नौ रत्नों में से एक, जिन्होंने हिन्दी में काव्य रचना की

Abdussamad (चि.) *अब्दुस्समद :* सम्राट अकबर का एक प्रिय चित्रकार

Abhang (चि.) *अभंग :* महाराष्ट्र की भक्तिपरक रचना

Abhinaya (नृ.) *अभिनय :* अभिव्यक्तिवादी नृत्य जिसमें किसी कविता या गाने को नर्तक अपने हस्त, मुख और आँखों की भावपूर्ण मुद्राओं से व्यक्त करता है, कलाकार द्वारा भाव व्यक्त करना

Abhisarika (Nayika) (समी., नृ., चि.) *अभिसारिका (नायिका) :* रागमाला की नायिकाओं में से एक मिलन स्थल की ओर जाती हुई नायिका

Aboriginal (समी.) *एबोरिजनल :* आदिम, आदिमवासी

Aboriginal Art (चि.) *ऐबोरिजनल आर्ट :* आदिवासी कला, आदिवासियों द्वारा रची गई चित्रकला

Abraum (क., साम.) *अब्रेम :* गेरू, लाल रंग का एक खनिज पदार्थ

Absolute Chronology (समी.) *एब्सल्यूट क्रोनोलॉजी :* निरपेक्ष कालानुक्रम

Absolute Music (संगी.) *एब्सोल्यूट म्यूज़िक :* निरपेक्ष संगीत

Absolute Pitch (संगी.) *एब्सोल्यूट पिच :* निरपेक्ष तारता

Abstract Art (क.इति., चि.) *एब्स्ट्रैक्ट आर्ट :* तत्त्व बिम्बीय कला, अमूर्त कला, तात्विक कला, सारांशवादी कला, वस्तु निरपेक्ष कला, अपरिचित आकारों की कला, सूक्ष्म कला, निर्गुण कला, निर्गुणवादी कला; बां. अमूर्त कला; मरा. अमूर्त कला; गु. अमूर्त कला; उ. तजरीदी आर्ट, ख्याली मुसव्विरी, अनाकृतिवादी कला, तात्विक कला, निराकारवादी कला

Abstract Expressionism (क.इति.) *एब्स्ट्रैक्ट एक्सप्रेसनिज़्म:* तत्त्व बिम्बीय अभिव्यंजनावाद, अमूर्त अभिव्यंजनावाद, तत्त्व बिम्बीय और अभिव्यक्तिवादी कला का मिश्रित रूप, वस्तु निरपेक्ष अभिव्यक्तिवाद

Abstract Illusionism *एब्स्ट्रैक्ट एल्यूज़निज़्म :* अमूर्त भ्रामकता वाद

Abstract Image (चि.) *एब्स्ट्रैक्ट इमेज :* अपरिचित रूप—बिम्ब, अरूप बिम्ब

Abstract Imagism (समी.) *एब्स्ट्रैक्ट इमेजिज़्म :* वस्तुनिरपेक्ष प्रतिमावाद

Abstract Impressionism (क.इति.) *एब्स्ट्रैक्ट इम्प्रेशनिज़्म :* तत्त्वबिम्बीय आभासवाद, वस्तुनिरपेक्ष आभासवाद, अमूर्त आभासवाद

Abstract Music (संगी.) *एब्स्ट्रैक्ट म्यूज़िक :* निरपेक्ष संगीत

Abstract Painting (चि.) *एब्स्ट्रैक्ट पेंटिंग :* सारांशवादी चित्रण, नात्विक चित्रकला, अमूर्त चित्रण

Abstract Patterns (आले.) *एब्स्ट्रैक्ट पैटर्न्स :* आधुनिक नमूना, अपरिचित आकार

Abstract Pictography (चि.) *एब्स्ट्रैक्ट पिक्टोग्राफ़ी :* अनाकृति मूलक, चित्रलिपि कला

Abstract Quality (समी.) *एब्स्ट्रैक्ट क्वालिटी :* अरूपवादी गुण

Abstract Style (चि.) *एब्स्ट्रैक्ट स्टाइल :* अमूर्तशैली, अनाकृतिवादी शैली

Abstract Surrealism *एब्स्ट्रैक्ट सरियलिज़्म :* अमूर्त अतियथार्थवाद, वस्तु निरपेक्ष अतियथार्थवाद, सूक्ष्म स्वप्नवाद

Abstract Theatre (ना.) *एब्स्ट्रैक्ट थियेटर :* कल्पित रंगमंच, आकारहीन रंगमंच

Abstract Theme (समी.) *एब्स्ट्रैक्ट थीम :* छद्म विषय, कल्पित विषय वस्तु

Abstraction (समी.) *एब्स्ट्रैक्शन :* अमूर्तन, आकार निरपेक्षत्व, रूप निरपेक्षण, अमूर्तता, अमूर्त तत्त्व, वस्तु निरपेक्षत्व

Absurd (समी.) *एब्सर्ड :* ऊलजलूल, तर्कहीन, बकवास, बेहूदा

Absurd Art (चि., समी.) *एब्सर्ड आर्ट :* अमर्यादित कला, विद्रूपी कला, भ्रष्ट कला, बेहूदी कला, बेहूदा फन, बेशहूरकला, बकवासी कला

Absurd Drama (ना.) *एब्सर्ड ड्रामा :* ऊलजलूल नाटक, बकवास नाटक

Absurdity (समी.) *एब्सडिटी :* बेहूदापन, अर्थहीनता, अनर्गलता

Abul Hasan (चि.) *अबुल हसन :* जहाँगीर का एक दरबारी चित्रकार

Abusive Song (गा.) *एब्यूसिव सौंग :* गाली गीत, अभद्र गान

Abutment (स्था.) *एब्यूटमेंट :* स्तम्भ, खम्भा, पील पाया, आधार

Academia (समी.) *ऐकेडेमिया :* शैक्षिक जगत, शैक्षिक जीवन

Academic (समी.) *ऐकेडेमिक :* शास्त्रीय, विद्योचित, अकादमी छाप, शैक्षणिक यथार्थवादी कला, 'अकादेमिक'; बां. शैक्षणिक, अकादमिक, मरा. शैक्षणिक; गु. शैक्षणिक, उ. तर्सी, तालीमी, शिक्षा से सम्बन्धित

Academic Approach (समी.) *ऐकेडमिक एप्रोच :* शैक्षिक प्रयास, शिक्षावादी प्रयास, शैक्षणिक प्रयत्न

Academic Art (समी.) *ऐकेडेमिक आर्ट :* शैक्षणिक कला, शैक्षिक नियम बद्ध कला, नियमबद्ध शैक्षिक कला, विद्योचित कला, कलाकार की प्रशिक्षण कालीन कला, स्थापित कला, वह कला जिसे प्राय: कलाकार अकादमी के स्वीकृत मानदंडों के आधार पर बनाता है

Academic Council (समी.) *ऐकेडेमिक काउंसिल :* विद्या परीषद, शैक्षिक परिषद, शिक्षण नीति निर्धारक समिति

Academic Naturalism (समी.) *ऐकेडमिक नेचुरलिज़्म :* अकादमिक यथार्थवाद, शैक्षिक यथार्थवाद, पारम्परिक सहजवाद

Academic Painting (चि.) *ऐकेडेमिक पेंटिंग :* शास्त्रीय चित्रण, शैक्षिक चित्रण अकादमिक चित्रकला

Academician (समी.) *एकेडेमीशियन :* विद्या व्यसनी, अकादमिक सदस्य, अध्ययनशील व्यक्ति

Academicism (चि., समी.) *ऐकेडेमिज़्म :* शास्त्रीयता

Academy (क.इति.) *ऐकेडेमी :* अकादमी, (उच्च) विद्यालय, कला और कलाकारों के लाभार्थ संस्था, विद्या परिषद्, ज्ञान पीठ, शिक्षा संस्थान

Academy of Fine Arts, Calcutta (सां., सं.) *ऐकेडमी ऑफ़ फाइन आर्ट्स, कोलकाता :* प्रख्यात कला संरक्षिका लेडी रानू मुखर्जी द्वारा 1933 में स्थापित कोलकाता की एक प्रमुख कला संस्था

Accelerando (समी., गा.) *ऐक्सेलरैंडो :* सुरवर्धन, लयवर्धन निर्देश

Accent (संगी.) *ऐक्सेंट :* उच्चारण विशिष्टता, लहजा, विशेष महत्त्व, आघात, स्वराघात

Accent colour (चि.) *ऐक्सेंट कलर :* चटक, चटकीला रंग

Accent Design (आले.) *ऐक्सेंट डिज़ाइन :* विशिष्ट आलेख

Accentuating (रू.स.) *ऐक्सेंच्युऐटिंग :* अधिक ध्यान देने योग्य या प्रमुख बनाना

Access (अभि.) *ऐक्सेस :* पहुँच/प्रवेश, पुरालेखों का अवलोकन, विशिष्ट डिज़ाइन

Accessible (समी.) *ऐक्सेसिबल :* सुलभ आसानी से उपलब्ध

Accessible Design (ग्र.स.) *ऐक्सेसिबल डिज़ाइन :* सुलभ डिज़ाइन सहजता से गढ़ी जाने वाले डिज़ाइन

Accession (अभि.) *ऐक्सशन :* अवाप्ति, प्राप्ति, संग्रह हेतु प्राप्त होना, परिग्रहण

Accession Number (म्यू.) *ऐक्सशन नम्बर :* परिग्रहण संख्या, प्राप्ति क्रमांक प्राप्त कलाकृतियों की क्रम संख्या

Accession Register (म्यू.) *ऐक्सशन रजिस्टर :* संग्रह पंजीकरण रजिस्टर, अभिलेख पुस्तिका, संग्रह रजिस्टर, संग्रह रिकार्ड रजिस्टर, संग्रह पंजिका, कलाकृति प्राप्ति—पंजिका, कलाकृति कुंडली पंजिका

Accessioning (म्यु., अभि.) *ऐक्सशनिंग :* परिग्रहीतीकरण

Accessories (फै.) *ऐक्सेसरीज :* उपसाधन, सहायक सामग्री, कपड़ों के साथ साज-सज्जा का सामान, कृति रचना की सामग्री

Accessory (ना., गृ.स.) *ऐक्सेसरी :* मंच सज्जा से सम्बन्धित उपयोगी वस्तुएँ / सामग्री, सहायक समाग्री

Acchan Chenda (संगी., वा.यं.) *अच्छन छेंदा :* ढोल वर्ग का एक भारतीय वाद्य यंत्र

Accidental (समी.) *एक्सीडेंटल :* आकस्मिक अचानक, ना उम्मीद, संयोग जनित

Accidental Colours (चि.) *एक्सीडेंटल कलर्स :* अनुभूतिगत प्रासंगिक रंग

Accidental Effect (समी.) *एक्सीडेंटल इफेक्ट :* संयोगिक प्रभाव, अप्रत्याशित प्रभाव, आकस्मिक प्रभाव

Acclaim (समी.) *एक्कलेम :* तालियाँ बजाना, जयघोष, स्वागत करना

Accompaniment (En.) : (पा.क.) *एकाम्पनीमेंट :* वह खाना जो मुख्य पकवानों के साथ खिलाया जाता है

Accompaniment (संगी.) *एकाम्पनीमेंट :* संगत, संगति

Accompanist (संगी.) *एकाम्पनिस्ट :* संगतकार, साथी कलाकार, संगत देने वाला

Accordance (समी.) *एकॉर्डन्स :* सादृश्य

Accordion (वा.यं.) *एकार्डियन :* एक प्रकार का हवा धौंकने वाला वाद्ययंत्र (बाजा)

Accountability (समी.) *एकाउंटेबिलिटी :* उत्तरदायित्व, जवाबदेही

Accouplement (स्था.) *एकपलिमेंट :* संयोजना, जोड़, बन्ध

Accoutre (ना., फि.) *अकॉउटर :* सज्जित करना, सजाना

Accoutrement (समी.) *अकॉउटरमेंट :* शृंगार की सामग्री

Accoutrements (फै.) *अकॉउटरमेंट्स :* साज-सज्जा, साज सामान, साज (पहनने का)

Accurate Interpretations (समी.) *ऐक्यूरेट इंटरप्रिटेशंस :* सटीक व्याख्या, विशुद्ध प्रस्तुति

Accurate Perceptions (समी.) *ऐक्यूरेट परसेप्शंस :* विशुद्ध बोध, सही-सही समझना

Acerra (पुरा.) *एसेरा :* धूपदान

Acetone (अभि.) *ऐसीटोन :* शुक्ता, खट्टा

Achal Swara (संगी.) *अचल स्वर :* अपरिवर्तनीय स्वर जैसे 'सा' और 'प' जो अपनी मूल अवस्था में रहते हैं

Acharya Atre (ले.) (1898-1969) *प्रहलाद केशव अत्रे :* प्रख्यात मराठी लेखक, कवि, शिक्षाशास्त्री, समाचार-पत्र संस्थापक, सम्पादक, राजनेता, सिने पटकथा लेखक, निर्माता, निदेशक

Achievement (समी.) *ऐचीवमेंट :* उपलब्धि

Achromatic (चि.) *एक्रोमेटिक :* रंग हीन, वर्ण हीन, वर्ण शून्य बिना रंग का

Achromatic colors (चि.) *ऐक्रोमेटिक कलर्स :* अचूक रंग

Achromatic Painting (चि.) *ऐक्रोमेटिक पेंटिंग :* रंगहीन चित्र, वर्णहीन चित्रांकन, वर्णशून्य

Achromaticity (समी., चि.) *एक्रोमैटिसिटी :* बेरंगी, विवर्णता, वर्ण शून्यता

Achromatism (चि.) *ऐक्रोमैटिज़्म :* वर्णहीनता

Acid (छापा.) *ऐसिड (अम्ल) :* अम्लांकन के लिए क्षय कारक तरल साधारणतया (1) नाईट्रिक एसिड (2) परक्लोराईड ऑफ़ आयरन (3) डच मोरडंड। सतह धातु और चित्रण के अनुसार प्रयोग

Acid Bath (चि., छापा.) *ऐसिड बाथ :* अम्ल निमज्जन, तेज़ाब से

Acid Free Paper (अभि.) *ऐसिड फ्री पेपर :* अम्ल मुक्त कागज, कागज जिसकी लुग्दी में तेज़ाब न मिला हो, तेज़ाब-रहित कागज

Acid Test (छा.क.) *ऐसिड टेस्ट :* अम्ल परीक्षण, तेज़ाबी जाँच

Acidic (रू.स.) *ऐसिडिक :* तीखा स्वाद या खट्टा, अम्लीय, खटटा, तेज़ाबी

Acidic Gas (अभि.) *ऐसेडिक गैस :* अम्लीय गैस

Acidity (अभि.) *ऐसीडिटी :* अम्लता, तेज़ाबी प्रभाव

Acidulate (En.) : (पा.क.) *ऐसीडुलेट :* कोई भी व्यंजन को खट्टा करने का तरीका

Acneolithic Age (पुरा.) *ऐविनयोलिथिक एज :* ताम्र-पाषाण युग

Acolite (क.इति.) *ऐकोलाइट :* गिरिजा घर में वेदी सेवक, देवानुचर, परिचर

Acoustic (संगी.) *ऐकॉस्टिक :* ध्वनि-गुण, ध्वनिक, ध्वनि अवशोषकता

Acoustic Art (समी.) *ऐकॉस्टिक आर्ट :* ध्वनिमूलक कला

Acoustics (संगी.) *ऐकॉस्टिक्स :* ध्वानिकी, ध्वनि विज्ञान

Acquisition (अभि.) *ऐक्वीज़ीशन :* अवाप्ति/अर्जन कलाकृतियों की प्राप्ति या संग्रहण

Acrobat (ना.) *ऐक्रोबैट :* बाज़ीगर, नट, बाज़ीगरी करने वाला, कलाबाज़

Acrobatism (ना.) *ऐक्रोबेटिज्म :* नट के क्रिया कलाप, बाज़ीगर के खेल

Acrolith (मू.) *ऐक्रोलिथ :* ग्रीक मूर्ति जिसमें मानव धड़ लकड़ी का व हाथ, पैर, सिर पत्थर के बने होते थे

Acropolis (स्था.) *ऐक्रोपोलिस :* गढ़ी, नगर कोट, यूनानी दुर्ग, नगर का ऊँचा मार्ग

Acrylic (चि.) *ऐक्रेलिक :* एक रासायनिक पदार्थ

Acrylic Paint (क., साम.) *ऐक्रेलिक पेंट् :* कृत्रिम तैल—जल रंग, रासायनिक रंग

Act (ना.) *ऐक्ट :* नाटक अंक, नाटक का एक अंश (भाग), प्रकरण, नाटक का एक दृश्य, नाटक के एक भाग की प्रस्तुति

Act Call (ना., फि.) *ऐक्ट कॉल :* अभिनय-आह्वान, अभिनय के लिए कलाकारों की पुकार

Act Curtain (ना.) *ऐक्ट कर्टेन :* पटाक्षेप, पर्दा गिरना

Act drop (ना.) *ऐक्ट ड्रॉप :* यवनिका, रंगमंच का पर्दा

Act Intermission (ना.) *ऐक्ट इंटरमिशॅन :* अंकान्तर, अंक-अन्तराल, नाटक के एक अंक के बाद दूसरे अंक के बीच का समय, मध्यान्तर, अंक अन्तराल

Acta Diurna (क.इति.) *एक्टा डयूरना :* शाही रोजनामचा

Acting (ना., फि.) *ऐक्टिंग :* अभिनय, अदाकारी, चरित्र अभिव्यक्ति, एक्टिंग

Acting Area (ना.) *ऐक्टिंग एरिया :* रंग क्षेत्र, अभिनय क्षेत्र, अदाकारी का दायरा

Acting Classes (ना., फि.) *ऐक्टिंग क्लासेस :* अभिनय के पाठ, अभिनय कला की सीख

Acting Lady (ना., फि.) *ऐक्टिंग लेडी :* अभिनेत्री, अदाकारा

Acting Play (ना.) ऐक्टिंग प्ले अभिनय-बहुल नाटक, अभिनय की सम्भावनाओं वाला नाटक

Acting Property (ना.) *ऐक्टिंग प्रॉपर्टी :* अभिनय-सामग्री, अदाकारी का साजो-सामान

Acting School (ना., फि.) *ऐक्टिंग स्कूल :* अभिनय प्रशिक्षण विद्यालय, अभिनय सिखाने वाली संस्था

Acting Style (ना., समी.) *ऐक्टिंग स्टाइल :* अभिनय शैली, अदाकारी के तौर तरीके

Action (ना., फि.) *ऐक्शन :* क्रिय-व्यापार, कार्य-व्यापार, कर्म या क्रिया, नाटक या फ़िल्म में निदेशक द्वारा अभिनय क्रिया को आरम्भ करने का संकेत शब्द

Action Axis (ना.) *ऐक्शन ऐक्सिस :* कार्य धुरी

Action Cue (ना., फि.) *ऐक्शन क्यू :* कार्य संकेत, क्रिया- व्यापार निर्देश, अभिनय संकेत

Action Painter (चि.) *ऐक्शन पेंटर :* उन्मुक्त चित्रकार, क्रियात्मक चित्रकार

Action Painting (क.इति., क.आन्दो.) *ऐक्शन पेंटिंग :* उन्मुक्त चित्रण, स्वच्छन्द चित्रांकन, क्रियाचित्र, क्रियात्मक चित्रण

Activate (समी.) *ऐक्टीवेट :* सक्रिय करना, चालू करना, क्रियाशील करण, सचेष्ट करना

Active Participation (समी.) *ऐक्टिव पार्टिसिपेशन :* सक्रिय भागीदारी/हिस्सेदारी, गतिपूर्ण भागीदारी

Actively (समी.) *ऐक्टिवली :* तत्परता से, कर्मठता से, फुर्ती से, सक्रियता से

Activism (फि., ना.) *ऐक्टिविज्म :* अभिनयवाद

Actor (फि., ना.) *ऐक्टर :* अभिनेता, पात्र, अभिनय-पात्र, नट, अदाकार, नाट्य कलाकार

Actor Dancer (नृ., ना.) *ऐक्टर—डांसर :* अभिनेता-नर्तक, नर्तक-अभिनेता, नृत्य और अभिनय में निपुण कलाकार

Actor's Gesture (ना., फि.) *ऐक्टर्स जेस्चर :* अभिनेता की भाव-भंगिमा, अदाकार का हाव-भाव

Actor's Preparation (ना., फि.) *ऐक्टर्स प्रिपरेशन :* अभिनय-भूमिका की तैयारी, कलाकार द्वारा चरित्र अध्ययन, भूमिका अध्ययन

Actor's Script (ना., फि.) *ऐक्टर्स स्क्रिप्ट :* अभिनेता-प्रति, अभिनेता-आलेख, अभिनय-आलेख

Actress (ना., फि.) *ऐक्ट्रेस :* अभिनेत्री, स्त्री पात्र, अदाकारा नटी

Actuality (समी.) *ऐक्चुअलिटी :* यथार्थता, सच्चाई, वास्तविकता

Acumen : (समी.) *ऐक्यूमेन :* कुशाग्रबुद्धि, कुशाग्रता

Acute (समी.) *ऐक्यूट :* तीव्र, दीप्त, तेज, भीषण

Acute Angle *ऐक्यूट एंगल :* न्यून कोण

Ad (वि.) *ऍड :* विज्ञापन

Ad Lib (समी.) *ऐड लिब :* जोड़-तोड़

Adage : (समी.) *ऐडेज :* लोकोक्ति, कहावत

Adam and Eve (क.इति.) *एडम एंड ईव :* धरती पर आदि पुरुष और स्त्री के रूप में रहने वाले नर और मादा जीव

Adaptable (समी.) *एडेप्टेबल :* अनुकूलनीय

Adaptable Design (ग्र.स.) *एडेप्टेबल डिज़ाइन :* अनुकूलनीय डिज़ाइन

Adaptation (समी.) *एडेप्टेशन :* रूपांतर, रूपांतरण, अनुयोजन, अनुकूलन

Adapter (समी.) *ऐडाप्टर :* अनुयोजक, उपयोजक, रूपांतर करने वाला

Adavu (नृ.) *अडवू :* नृत्य का ककहरा, पैरों की थाप या पद ध्वनि

Adbhutam **(Rasa)** (समी., नृ., चि.) *अद्भुतम् :* विस्मयकारी, अद्भुत् भाव द्योतक, इष्ट देवता-ब्रह्मा

Address (समी.) *ऐड्रेस :* पता, एड्रेस

Address Code (टी.वी.) *ऐड्रेस कोड :* पहचान संकेत

Adhesive (साम.) *ऐडेसिव :* चिपकाने वाला पदार्थ

Adhikaram (नृ.) *अधिकरम :* प्रारम्भ

Adhomukh (नृ.) *अधोमुख :* नृत्य मुद्रा में सिर को सामने झुकाने की एक मुद्रा

Adit (स्था.) *एडिट :* प्रवेश मार्ग

Adjective (व्या.) *ऐडजेक्टिव :* विशेषण (हिन्दी व्याकरण का शब्द)

Admission Pass (ना.) *ऐडमिशन पास :* अतिथि प्रवेश टिकट, निःशुल्क प्रवेश पत्र

Adobe (स्था.) *ऐडोब :* मिट्टी और भूसा से बनी ईंट

Adoration (संगी., ना.) *ऐडोरेशन :* वन्दनगीत, अर्चनागान, एक प्रकार का प्रार्थना गान

Adoration of Magi (क.इति.) *एडोरेशन ऑफ़ मैगी :* ईसाई कला में मैगी द्वारा बाल ईसा की पूजा करने का दृश्य

Adornment (समी.) *ऐडोर्नमेंट :* शृंगार

Ads T.V. (टेली.) *ऐड्स—टी.वी. :* टेलीविजन-विज्ञापन, टी.वी. का विज्ञापन

Adventure (समी.) *ऐडवेंचर :* साहस, जोखिम, दु:स्साहस, साहसिकता

Adverb (व्या.) *एडवर्ब :* क्रियाविशेषण (हिन्दी व्याकरण का शब्द)

Advertisement (विज्ञा.) *ऐडवरटाइसमेंट :* विज्ञापन, प्रचार

Advertiser (विज्ञा.) *ऐडवरटाइजर :* विज्ञापन कर्ता, विज्ञापन प्रसारक, विज्ञापन प्रचारक, उत्पाद ख्याति संवर्धक

Advertising Campaign (विज्ञा.) *ऐडवरटाइजिंग कम्पेन :* विज्ञापन की बजट-योजना

Advertising Agency (विज्ञा.) *ऐडवरटाइजिंग एजेंसी :* विज्ञापन कार्यालय, प्रचार संस्थान, उत्पाद ख्याति उन्नायक संस्थान

Advertising Budget (विज्ञा.) *ऐडवरटाइजिंग बजट :* विज्ञापन बजट, विज्ञापनों पर खर्च किया जाने वाला धन

Advertising Business (विज्ञा.) *ऐडवरटाइजिंग बिज़नेस :* विज्ञापन व्यवसाय, विज्ञापन कारोबार, प्रचार व्यापार

Advertising Code of Ethics (विज्ञा.) *ऐडवरटाइजिंग कोड ऑफ़ एथिक्स :* विज्ञापन की आचार-संहिता

Advertising Continuity (विज्ञा.) *ऐडवरटाइजिंग कॉन्टीन्यूटी:* विज्ञापन की निरन्तरता

Advertising Contract (विज्ञा.) *ऐडवरटाइजिंग कॉट्रैक्ट :* विज्ञापन का अनुबंध

Advertising Frequency (विज्ञा.) *ऐडवरटाइजिंग फ्रीक्वेन्सी :* विज्ञापन आवृत्ति

Advertising Media (विज्ञा.) *ऐडवरटाइजिंग मीडिया :* विज्ञापन माध्यम

Advertising Media Mix (विज्ञा.) *ऐडवरटाइजिंग मीडिया मिक्स :* विज्ञापन माध्यम मिश्रण

Advertising Professional (विज्ञा.) *ऐडवरटाइजिंग प्रोफेशनल :* पेशेवर विज्ञापन प्रसारक, विज्ञापन विशेषज्ञ

Advertising Return (विज्ञा.) *ऐडवरटाइजिंग रिटर्न :* विज्ञापन प्रतिलाभ, विज्ञापन से प्राप्त लाभ

Advertising Science (विज्ञा.) *ऐडवरटाइजिंग साइंस :* विज्ञापन शास्त्र, प्रचार विज्ञान, विज्ञापन कला

Advertising Theme (विज्ञा.) *ऐडवरटाइजिंग थीम :* विज्ञापन-लक्ष्य, विज्ञापन का विषय सार

Advertorial (पत्र.) *एडवरटोरियल :* समाचार-पत्र-पत्रिकाओं में प्रकाशित प्रमुख विज्ञापन

Adze (पुरा.) *ऐड्ज़ :* बसूला (बढ़ई का एक औजार)

Aedes (स्था.) *ऐड्स :* पूजा गृह, पूजाघर

Aegean Culture (पुरा.) *एजियन कल्चर :* एजियन संस्कृति

Aegis (पुरा.) *एजिस :* मिथकों के अनुसार एथिना की रक्षा ढाल

Aerial Perspective (चि.) *एरियल पर्सपेक्टिव :* आकाशीय परिप्रेक्ष्य दूर दृश्य लघुता, आकाशीय परिदृश्य, वातावरणीय परिप्रेक्ष्य, वातावरणीय दूर दृश्य लघुता

Aerial Photography (फो.) *एरियल फ़ोटोग्राफ़ी :* हवाई छायांकन

Aerial Shot (फि.) *एरियल शॉट :* आकाशी दृश्यांकन, हवाई दृश्यांकन, पृथ्वी की सतह से ऊपर उठकर लिया गया शॉट जो प्राय: क्रेन या हवाई जहाज़ से लिया जाता है

Aesthetic (सौ.शा.. समी.) *एस्थेटिक :* सौन्दर्यात्मक, सौन्दर्यमयी, सौन्दर्यपरक, सौन्दर्य विषयक, सौन्दर्यबोधी, रसात्मक, कलावादी, कलागत, सौन्दर्य शास्त्रीय; बां. नान्दतिक; मरा. सौन्दर्य शास्त्रीय; गु. सौन्दर्य लक्षी; उ. जमाल्याती

Aesthetic Ambience (सौ.शा.) *एस्थेटिक एम्बिएंस :* सौन्दर्य वादी परिवेश, सौन्दर्यमयी वातावरण, खुशनुमा माहौल

Aesthetic Attitude (समी.) *एस्थेटिक एटीट्यूड :* सांस्कृतिक आचार-व्यवहार, सांस्कृतिक मनोवृत्ति, सांस्कृतिक विचारभाव

Aesthetic Charm (समी.) *एस्थेटिक चार्म :* कलात्मक आकर्षण, सौन्दर्यबोधी, लावण्य, सौन्दर्यपरक आकर्षण, सौन्दर्यगत आकर्षण

Aesthetic Concept (समी.) *एस्थेटिक कॉन्सेप्ट :* सौन्दर्यबोधी अवधारणा, सौन्दर्यगत विचार

Aesthetic Criticism (समी.) *एस्थेटिक क्रिटिसिज्म :* सौन्दर्य बोधी मीमांसा, सौन्दर्यवादी आलोचना

Aesthetic Delight (सौ., श.) *एस्थेटिक डिलाइट :* सौन्दर्यशास्त्रीय आनन्द, नान्दतिक सुखानुभूति

Aesthetic Enjoyment (सौ.शा.) *एस्थेटिक इनज्वायमेंट :* सौन्दर्यबोधी, आनन्द, सौन्दर्यात्मक उपयोग

Aesthetic Experience (सौ.शा.) *एस्थेटिक ऐक्सपीरियंस :* सौन्दर्यानुभूति

Aesthetic Level (समी.) *एस्थेटिक लेवल :* सौन्दर्यबोधी स्तर, सौन्दर्य क्षमता

Aesthetic Movement (समी.) *एस्थेटिक मूवमेंट :* सौन्दर्यवादी आन्दोलन, कलावादी आन्दोलन

Aesthetic Norms (सौ.शा.) *एस्थेटिक नॉर्मस :* सौन्दर्य विधान, सौन्दर्यशास्त्र के नियम

Aesthetic Pleasure (समी.) *एस्थेटिक प्लेजर :* सौन्दर्यानन्द, सौन्दर्यबोधी आनन्द, सुन्दरता की सुखानुभूति, सौन्दर्यनुभूति

Aesthetic Quality : (सौ.शा.) *एस्थेटिक क्वालिटी :* सौन्दर्यवादी गुण, सौन्दर्य सम्बन्धी गुण, सौन्दर्यात्मक गुण

Aesthetic Sense (सौ.शा.) *एस्थेटिक सेंस :* सौन्दर्यबोध, सुन्दरता की सराहना-बोध, सौन्दर्यपारखी ज्ञान, सौन्दर्य सराहना गुण, सौन्दर्य ज्ञान, सौन्दर्य की परख

Aesthetic Style (समी., सौ.शा.) *एस्थेटिक स्टाइल :* सौन्दर्यवादी शैली

Aesthetic Taste *(समी., सौ.शा.) एस्थेटिक टेस्ट :* सौन्दर्य परक, सौन्दर्य रुचि, सौन्दर्य अभिरुचि, सौन्दर्य आस्वादन, सौन्दर्य रसानुभूति

Aesthetic Valuation (समी.) *एस्थेटिक वैल्यूएशन :* सौन्दर्यपरक मूल्यांकन, नान्दतिक मूल्यन, नान्दतिक मूल्यांकन, कला समीक्षा (Art Criticism / Valuation) में प्रयुक्त

Aesthetic Values (समी.) *एस्थेटिक वैल्यूज :* सौन्दर्य-मूल्य, सौन्दर्य पक्षीय महत्त्व

Aesthetic Worth (समी.) *एस्थेटिक वर्थ :* नान्दतिक मूल्य, सौन्दर्य गुण, नान्दतिक महत्त्व

Aesthetical (समी.) *एस्थेटिकल :* सौन्दर्य बोधी, सुन्दरता से सम्बन्धित

Aesthetical Beauty (समी.) *एस्थेटिकल ब्यूटी :* सौन्दर्यानुराग, सौन्दर्यशास्त्रीय सौन्दर्य

Aesthetical Sublimation *एस्थेटिकल सबलीमेशन :* सौन्दर्यवादी परिस्कार, सौन्दर्यशास्त्रीय उदान्तीकरण

Aesthetical Understanding (सौ.शा.) *एस्थेटिकल अंडरस्टैंडिंग :* सौन्दर्यात्मक ज्ञान, सौन्दर्यबोध, सौन्दर्य सम्बन्धी जानकारी

Aestheticism (समी.) *एस्थेटिसिज़्म :* सौन्दर्यवाद, आनन्दवाद, सौन्दर्य मीमांसा, सौन्दर्य चित्रण, सौन्दर्योपासना

Aesthetics (समी., सौ.शा.) *एस्थेटिक्स :* सौन्दर्य शास्त्र, सौन्दर्य विज्ञान, आनन्द मीमांसा, कला शास्त्र, सुन्दर के स्वरूप एवं सौन्दर्य-सिद्धान्तों के अन्वेषण-पर्यालोचन का शास्त्र, सौन्दर्यबोध शास्त्र, नान्दतिक सिद्धान्त, रस शास्त्र, सौन्दर्य बोध मीमांसा, सौन्दर्य विज्ञान, कला के सौन्दर्य पक्ष की जानकारी देने वाला एक शास्त्र या विज्ञान

AFF (ग्र.स.) *ए.एफ.एफ. :* Above Finished folder का संक्षिप्त रूप जो डिज़ाइनर, स्थापत्यकार प्रयोग करते हैं

Affinity (समी.) *ऐफिनिटी :* सादृश्य समानता, अनुरूपता

Affordability (आले.) *ऐफोर्डेबिलिटी :* सामर्थ्य

Affordable (आले.) *ऐफोर्डेबल :* सस्ती, पहुँच के अन्दर, वहन करने योग्य

Afghan (सामा.) *अफ़गान :* अफ़गानिस्तान के नागरिक, अफ़गानिस्तान की (कला)

African *(सामा.) अफ्रीकन :* अफ्रीकी देशों के नागरिक, अफ्रीकी देशों की कला, सभ्यता आदि

After Cast (मू.) *आफ्टर कास्ट :* ढली मूर्ति

After Piece (ना.) *आफ्टर पीस :* नाटक का अन्तिम दृश्य, लघु नाटक

Aga Hashra Kashmeri (1879-1935) (फि.) *आग़ा हश्र कश्मीरी :* पारसी थियेटर तथा भारतीय सिनेमा में आरम्भिक काल के एक प्रतिष्ठित पटकथा लेखक जिन्हें मूक और आरम्भिक बोलती फ़िल्मों में हिन्दुस्तानी (भाषा) के लिए सदैव याद किया जाता है

Agahan (सा.ज्ञा.) *अगहन :* हिन्दी माह जो नवम्बर से आरम्भ होता है

Agalma (पुरा., मू.) *अगल्मा :* प्राचीन यूनानी देवाकृति

Agariac (En.) : (पा.क.) *आगरिअक :* एक तरह का खानेवाली फंगस

Age (समी.) *एज :* काल, युग

Age Away Treatment (रू.स.) *एज अवे ट्रीटमेंट :* वृद्धावस्था रोकने का इलाज, चेहरे का एक विशेष उपचार जिसके द्वारा आयु को कम दिखाने में मदद मिलती है

Age Cracks (पुरा.) *एज क्रैक्स :* कालिक चटकन, समय (उम्र) के कारण पड़ी चटकन या दरारें

Age Defying Treatment (रू.स.) *एज डिफाइंग ट्रीटमेंट :* त्वचा की झुरियों को कम करने और रोकने के लिए किया जाने वाला आयु संवर्धक उपचार, बढ़ती आयु को कास्मेटिक उपचारों द्वारा धीमी गति प्रदान करने का एक प्रयास, उम्र घटाने का इलाज

Age of Enlightenment (समी., क.इति.) *एज ऑफ़ इनलाइटेनमेंट :* प्रबोध युग, ज्ञानोदय काल

Age of Pyramid (पुरा.) *एज ऑफ़ पिरामिड :* पिरामिड युग/काल, मिश्र देश का पिरामिड काल

Age, The (पत्र.) *द एज :* मेलबर्न (आस्ट्रेलिया) से प्रकाशित अंग्रेजी भाषा का एक दैनिक समाचार-पत्र

Ageing (समी.) *एजिंग :* कालिक क्षय, काल-प्रभावन, जरण, बुढ़ापे की तरफ उम्र बढ़ना

Aggressiveness (समी.) *ऐग्रेसिवनेस :* आक्रमकता

Agility (सा.ज्ञा.) *एजीलिटी :* चपलता

Agitato (संगी.) *एजीटेटो :* उत्तेजन

Agni (नृ.) *अग्नि :* झारखंड का एक लोकनृत्य

Agora (पुरा.) *अगोरा :* यूनानी सभा चौक, हाट, जन सभास्थल, खुला स्थान

Agyeya (Sachidanand Hirananda Vatsyayan) (1911-1987) *'अज्ञेय' (सच्चिदानन्द हीरानन्द वात्स्यायन) :* आधुनिक हिन्दी कवि, चिन्तक, साहित्य अकादमी तथा ज्ञान पीठ पुरस्कार से पुरस्कृत। प्रसिद्ध कृति—'शेखर एक जीवनी'

Aharya Abhinaya (नृ., ना.) *आहार्य अभिनय* : कलाकार द्वारा अपने को आभूषण, वस्त्र और मेकअप के माध्यम से अभिव्यक्ति देना

Ahiwasi, J.M. (1901-1973) (चि.) *जगन्नाथ मुरलीधर अहिवासी :* एक भारतीय चित्रकार, कला प्राध्यापक

AIFACS (क.सं.) *आइफैक्स :* आईफैक्स, दिल्ली की ऑल इंडिया फाइन आर्ट्स एंड क्राफ्ट सोसाइटी का संक्षिप्त रूप

Aiguillette (Fr.) (पा.क.) *आईगुलेट :* पतला और लम्बाई में कटा हुआ चिकन या मछली का टुकड़ा

Aillade (Fr.) (पा.क.) *आइलाद :* तेज लहसुन की महक वाला सॉस जो सलाद के साथ परोसा जाता है

Ainey-e-Akbari (पांडु.) *आइने-ए-अकबरी :* भारतीय मुग़ल कला का एक सचित्र ग्रंथ, सम्राट अकबर के राज्य काल

के इतिहास का अबुल फ़ज़ल द्वारा 1595 ई में रचित एक सचित्र ग्रंथ

Aioli (Fr.) (पा.क.) *आईओई :* लहसुन और जैतून के तेल से बनी मओनीज़ सॉस

AIR (पत्र.) *ऑल इंडिया रेडियो*

Air (रेडि.) *एयर :* रेडियो-प्रसारण

Air Brush (रू.स.) : कम्प्रेशर से स्प्रे करने का तरीका एक यंत्र जो त्वचा पर किसी भी लेप की पतली पर्त चढ़ाने के लिए होता है, कम्प्रेशर से चलने वाली एक फुहार-तूलिका

Air Photography (फो.) *एयर फ़ोटोग्राफ़ी :* आकाशी छायाचित्रण, वायावी फ़ोटोग्राफ़ी

Aisle (स्था.) *आइल :* गलियारा, पार्श्ववीथी, स्कन्ध, प्रदक्षिणा-पथ, अलिन्द, गिरजाघर का एक विभाग

Aisle Centre (ना.) *आइल सेंटर :* प्रेक्षागृह में बीच का मार्ग

Ajanta (Caves) *अजन्ता :* अजन्ता की गुफाएँ, अजन्ता के गुफा चित्र

Ajitesh Bandhopadhyay (1933-1983) (सं.क.) *अजितेश बंधोपाध्याय :* प्रख्यात बांग्ला नाट्य लेखक, निर्देशक अभिनेता तथा स्वातंत्र्योत्तर बांग्ला नाटक के तीन महारथियों—शम्भुमित्र तथा उत्पल दत्त में से एक

Akarsha (संगी.) *आकर्ष :* ततवाद्यों पर बाहर की तरफ से अन्दर की ओर किया जाने वाला प्रहार

Akbar (1542-1605) (क.इति.) *अकबर :* वर्ष 1556 से 1605 ई. भारत का एक मुग़ल शासक

Akbarnama (क.इति.) *अकबरनामा :* अबुल फ़ज़ल द्वारा रचित सम्राट अकबर के राज्य काल का प्रामाणिक इतिहास ग्रंथ

Akechalan (चि.) *अकेचलान :* रंग धोना (वॉश)

Akhni or Yakni (Hin.) (पा.क.) *याखनी :* एक कश्मीरी पकवान-खरोड़े का सूप

Akimbo (पुरा., नृ.) *एकिम्बो :* कटिहस्त मुद्रा, कमर पर हाथ रखे हुए

Akki Nageshwar Rao (A.K.) (1924-2014) (फि.) *ए. के. (अक्की नागेश्वर राव) :* तेलुगु फ़िल्मों के महानायक तथा तेलुगु भाषा में बनी फ़िल्म देवदास में देवदास की भूमिका निभाने वाले

Al Dente (It.) : (पा.क.) : *अल दान्त :* पास्ता का बना भात जो नरम हो पर पिघलता हुआ न हो

Al fresco (ना.) *एल फ्रेस्को :* मुक्त अभिनय मंच, खुला रंगमंच, खुला अभिनय क्षेत्र

Alabaster (क., साम.) *एलाबॉस्टर :* सेलखड़ी

Alabastrum (पुरा.) *एलाबॉस्ट्रम :* इत्रदान, इत्र की कुप्पी, सुगंधिकूपी, संगीत में गायन-वादन को सजाने हेतु विशिष्ट स्वर, समुदाय, सुन्दर स्वर समुदाय

Alam Ara (फि.) *आलमआरा :* 1931 में बनी भारत की पहली बोलती फ़िल्म जिसे अर्देश ईरानी ने निर्देशित किया और मुख्य भूमिका में मास्टर बिट्टल और जुबेदा थे

Alankar (का.क.) *अलंकार :* गद्य या पद्य रचना में शब्दों के प्रयुक्त आभूषण जिससे रचना में सजावट आती है

Alankar (संगी.) *अलंकार :* संगीत में गायन वादन को बजाने हेतु विशिष्ट स्वर समुदाय, सुन्दर स्वर समुदाय

Alāp (नृ.) *अलाप :* भारतीय शास्त्रीय अभिनय कला में तानपुरा के माध्यम से धीमी गति से शुभारम्भ

Alarippu (नृ.) *अलारिपु :* परम्परागत रूप से नृत्य का पहला टुकड़ा भारतनाट्यम में नर्तक प्रस्तुत करते हैं

Albronze (मू., पुरा.) *एलब्रोंज :* मिश्र कांस्य (धातु)

Album (चि., समी.) *एलबम :* चित्राधार, चित्र संजोने का रजिस्टर, अलबम, चित्र संग्रह पुस्तिका

Albumen (क.साम., फो.) *एलब्यूमिन :* अंडे का सफेद अंश, अंडे की सफेदी

Alcazar (स्था.) *एल्काज़ार :* दुर्ग, गढ़ी (सोन)

Alcove (स्था.) *ऐल्कोव :* आला, आलय दीवार में बने महराबदार आलय या अर्ध गोलाकार, छतदार, त्रिज्याकार आलय

Alderman (समी.) *आल्डरमैन :* विशिष्ट पौर, मुख्य पौर

Alembic (चि.) *अलेम्बिक :* भभका

Alert (समी.) *एलर्ट :* चौकस, सावधान, सचेत

Alexander the Great (क.इति., पुरा.) *एलेक्ज़ेंडर द ग्रेट :* यूनान का महान सम्राट (एलेक्जेंडर) (सिकन्दर)

Alfresco (ना.) *एल्फ्रेस्को :* मुक्ताकाश मंच, खुला रंगमंच

Alghoza (संगी., वा.यं.) *अलगोज़ा :* फूँक से बजाने वाला एक भारतीय वाद्य लोक यंत्र

Ali Baba Cave (इति.) *अली बाबा केव :* इज़राइल में ईसा के जन्म और मृत्यु की अन्दरूनी कहानी कहने वाली एक गुफा

Ali Khan (चि.) *अली खाँ :* कम्पनी कालीन चित्रकार जो दिल्ली तथा बाद में आगरा में सक्रिय रहा।

Alignment (पत्र.) *एलाइनमेंट :* सरेखन, एक सीध में करना, पंक्ति बंधन

Alinico (मू.) *एलिनिको :* मिश्र धातु, आयरन, एल्युमिनियम, निकल और कोबाल्ट की एक मिश्र धातु (ऐलिनिको)

Alkaline (रू.स.) *एल्कलाइन :* क्षारीय, बखटा स्वाद, एक पदार्थ जो एक एसिड के विपरीत प्रभाव या रासायनिक व्यवहार करता है

Alkalp (नृ.) *अल्काप :* झारखंड का एक लोकनृत्य

Alkanet (चि., समी.) *एल्कानेट :* मेहंदी के रंग का

All Broadway Cast (ना.) *ऑल ब्रॉडवे कास्ट :* लोकप्रिय अभिनेताओं द्वारा प्रस्तुत नाट्य

All Over Painting (चि.) *ऑल ओवर पेंटिंग :* सम्पूर्ण चित्रण, चित्रपटल पर सम्पूर्ण चित्रांकन जिससे कोई क्षेत्र खाली न रहे

All rounder (Artist) (समी.) *ऑल राउंडर (आर्टिस्ट) :* सर्वविज्ञ कलाकार, हरफन मौला कलाकार खलीफा कलाकार, वह कलाकार जो बहुत सी कलाओं का जानकार हो।

All Rounder Actor (ना.) *ऑल राउंडर ऐक्टर :* सर्वाभिनय कुशल अभिनेता, सर्वाभिनयी अभिनेता, हरफनमौला अभिनेता

All Rounder Artist (समी.) *ऑल राउंडर आर्टिस्ट :* हरफनमौला कलाकार, सभी कलाओं का जानकार

Alla Prima (तक., चि.) *ऍला-प्राइमा :* अला प्राइमा चित्र, सीधा चित्रण, एकल बैठक चित्र

Allah Jilai Bai (1902-1992) *अल्लाह जलाई बाई :* बीकानेर के गायकों के घराने में जन्मी राजस्थान की एक प्रसिद्ध लोक गायिका तथा महाराजा गंगासिंह की दरबारी गायिका

Allaprima (समी.) *एलाप्राइमा :* ठेठचित्रण

Allargando (संगी.) *अलारगेंडो :* लय मंदन निर्देश

Allegorical Form (चि.) *एलीगॉरिकल फार्म :* लाक्षणिक रूप

Allemade AL (Fr.) (पा.क.) : *आलेमांद :* विशेष पकवान सॉसेज

Alley (स्था.) *एले :* गली, वीथि

Allied Arts (समी.) *एलाइड आर्ट्स :* सहयोगी कलाएँ, समवर्गी कलाएँ

Alligator Glaze (समी.) *ऐलीगेटर ग्लेज़ :* घड़ियाली चमक

Alloy (मू.) एलॉय : मिश्रधातु अनेक धातुओं से बनी मिश्रित धातु

Allumettes (Fr.) (पा.क.) : *आलुमेत :* आलू को चौकोर माचिस की तीली की शेप में काटना

Almelkar, A.R. (चि.) *अब्दुल रहमान अल्मेलकर :* भारत के एक आलंकारिक चित्रकार

Almond (पा.क.) *एलमंड :* बादाम, एक सूखी मेवा

Almond Wood (मू.) *एलमंड वुड :* बादाम की लकड़ी

Alokitta (नृ.) *अलोकिता :* नर्तक द्वारा अपनी आँखों के गोलों को घड़ी की दिशा में सीधी और उल्टी घुमाने की मुद्रा

Alolitha (नृ.) *अलोलिता :* नृत्य में सिर को चक्राकार घुमाने की एक मुद्रा

Alopecia Senile (रू.स.) *एलोपीसिया सिनाइल :* बुढ़ापे के कारण बाल झड़ना

Alpana (क.इति., चि.) *ॲल्पना :* लोक कला का एक रूप, सूखे रंगों से प्राय: भूमि पर अंकित चित्र या सजावटी आलेखन

Alpavimana (स्था.) *अल्पविमान :* छोटा धर्मस्थल, अल्पविमान

Alphabet (समी.) *एल्फाबेट :* वर्णमाला

Alphabetical Symbol (अभि.) *एल्फाबेटिकल सिम्बल :* वर्ण प्रतीक, वर्णमाला प्रतीक

Alsacienne A L (Fr.) (पा.क.) : *आलसासीटोन अल :* व्यंजन जिसकी सजावट सॉसेज, हैम और हरी मटर के दानों से किया जाता है

Altamira (क.इति.) *अल्टामिरा (गुफा) :* उत्तरी स्पेन की एक पुरा पाषाण कालीन गुफा, जिसकी खोज सन् 1869 में हुई

Altar (पुरा.) *ऑल्टर :* वेदीपट, पीठ

Altarpiece (चि.) *ऑल्टर पीस :* वेदीपट, वेदीसज्जा, वेदीमूर्ति, वेदी पटचित्र, आल्टरपीस (गिरजाघरों में)

Alternating Cast (ना., फि.) *ऑल्टरनेटिंग कास्ट :* वैकल्पिक पात्र, एकांतर पात्र

Alternating Space (क.इति.) *ऑल्टरनेटिव स्पेस :* वैकल्पिक स्थान

Alto (संगी.गा.) *ऑल्टो :* पुरुष द्वारा गाया गीत, पुरुष ध्वनि का गीत

Alto Relievo (मू.) *आल्टो रिलीवो :* एक मूर्ति कला राहत, जिसमें आकृतियाँ पीछे की जमीन से कम-से-कम आधी गहराई तक फैली होती हैं

Alu **(Hin.)** (पा.क.) *आलू :* पोटैटो का हिन्दी नाम—आलू

Alum (En.) (पा.क.) *एलम :* फिटकरी—एक रासायनिक लवण (Salt) जो पानी साफ़ करने में प्रयुक्त होता है

Alum (अभि.) *एलम :* फिटकरी (एक रासायनिक तत्त्व)

Aluminography (छापा.) *ऐल्युमोनोग्राफ़ी :* ऐल्युमोनियम की प्लेट से लीथोग्राफ़ी की तकनीक

Alwar School (क.इति.) *अलवर स्कूल :* राजस्थान प्रान्त का एक नगर जहाँ की चित्र शैली जयपुर की उपचित्र शैली मानी जाती है

Amalaka (स्था.) *एमाल्का :* नागर मन्दिर के शिखर का भूषण, चूड़ीदार गोलाकार पत्थर, कलश का धारीदार आधार

Amalgamation (समी.) *अमैल्गॅमेशन :* सम्मिश्रण, सम्मेलन, एकीकरण, मिश्रण, संयोजन, संलयन

Amandine (Fr.) (पा.क.) *अमनदिन :* कोई भी पेस्ट्री जिसमें बादाम की महक हो

Amar Ujala (पत्र.) *अमर उजाला :* मुख्यत: आगरा और नोएडा से प्रकाशित होने वाला हिन्दी भाषा का एक दैनिक समाचार-पत्र

Amardine (Fr.) (पा.क.) : *आमारदिन :* आलू बुखारा से बना पापड़

Amateur (समी.) *एमेच्योर :* शौकिया, अव्यवसायी, अनाड़ी, अदक्ष

Amateur Actors (ना.) *एमेच्योर ऐक्टर्स :* शौकिया/ अभिनेता, अव्यवसायी अभिनेता

Amateur Aritst (समी.) *एमेच्योर आर्टिस्ट :* शौकिया कलाकार, अव्यवसायी कलाकार; बां. शौकिया कलाकार; मरा. नवोदित कलाकार; गु. अवैतनिक कलाकार; उ. शौकिया फनकार/मुसव्विर/आर्टिस्ट

Amateur Theatre (ना.) *एमेच्योर थियेटर :* अव्यवसायी रंगमंच, शौकिया खेले जाने वाले नाटक

Amativeness (समी.) *एमेटिवनेस :* आशिकमिजाजी, कामुकता, कामी

Amazing (साम.) *अमेज़िंग :* गजब का, अतिआश्चर्यजनक, बहुत आश्चर्य या आश्चर्य पैदा करना

Ambience (समी.) *एमबिएन्स :* परिवेश, वातावरण, परिवेशी प्रभाव

Ambient light (ना.) *ऐमबिअंट लाइट :* परिवेश प्रधान प्रकाश, परिवेश दीप्ति प्रकाश, आसपास का प्रकाश

Ambient Noise (ना.) *ऐमबिअंट नॉयस :* परिवेशीय शोर, आसपास की आवाजें

Ambiguous (समी.) *एम्बिग्युअस :* अनेकार्थक, द्विअर्थक, अस्पष्ट, संदिग्ध

Ambo (चि., स्था.) *एम्बो :* मंच, वेदिका, अध्ययन पीठिका

Ambulacrum (स्था.) *एम्बुलाक्रम :* वृक्षादित-पथ

Ambulatio (स्था.) *एम्बूलेशियो :* प्रदक्षिणा-पथ

Ambulatory (स्था.) *ऐमब्यूलॅटरि :* प्रदक्षिणा पथ, आच्छादित मार्ग, टहलने का स्थान

Amer School (क.इति.) *आमेर स्कूल :* राजस्थानी चित्रण परम्परा का एक प्रतिनिधि स्कूल (शैली) जो जयपुर के निकट स्थित है

Americaine AL (Fr.) (पा.क.) : *अमेरिकेन अल :* अमेरिकी शैली में खाना पकाना

American Art (क.इति.) *अमेरिकन आर्ट :* संयुक्त राष्ट्र अमेरिका की कला, जिसका आरम्भ अठारहवीं शताब्दी से हुआ

Amir Khusro (1253-1325) (का.क.) *अमीर खुसरो :* असली नाम अबुल हसन या मीनुद्दीन खुसरो भारत के एक विख्यात सूफी संगीतकार, कवि और विद्वान

Amitabh Bachchan (11 अक्टूबर, 1942) (सिने.) *अमिताभ बच्चन :* हिन्दी फ़िल्मजगत के महानायक, निर्माता तथा गायक, भारत सरकार द्वारा पद्म भूषण सम्मान से सम्मानित तथा 1984-87 में लोकसभा के सदस्य

Amjad Ali Khan (1940-1992) (फि.) *अमजदअली खाँ :* भारतीय हिन्दी सिनेमा के एक ख्याति प्राप्त चरित्र अभिनेता जिसे 'शोले' फ़िल्म के डाकू गब्बर के रूप में सदैव याद किया जाता है

Ammonium Sulphide (अभि.) *अमोनियम सल्फाइड :* एक रासायनिक पदार्थ

Amorino (चि.) *ऐमोरिनो :* शिशु कामदेव, कामदेव की छोटी मूर्ति

Amphitheatre (स्था., क.इति.) *ऐमफिथियेटर :* वृत्ताकार रंग शाला, रोमन अखाड़ा, अंडाकार खुला रंगमंच, रंग मंडल, रंग वाट, अखाड़ा, रंगभूमि

Amphora (पुरा.) *ऐम्फोरा :* प्राचीन यूनान की दुहत्थी सुराही, दो हत्था कलश, एंफोरा

Amplifier (समी.) *एमप्लिफायर :* प्रवर्धक, एमप्लिफायर, बढ़ाना, विस्तार देना

Ampulla (पुरा.) *एम्प्यूला :* कलशिका, कलशिया (लघु कलश)

Amrita Bazar Patrika (पत्र.) *अमृत बाज़ार पत्रिका :* कलकत्ता से प्रकाशित बांग्ला भाषा का एक लोकप्रिय दैनिक समाचार-पत्र

Amusement Art (समी.) *एम्यूजमेंट आर्ट :* मनोरंजक कला, विनोदी कला, मन बहलाव की कला

An (पुरा.) *ऐन :* कांस्य मंजूषा, मूल्यवान वस्तुओं को रखने का छोटा डब्बा

Anadem (पुरा.) *एनॉडेम :* माला, शिरोमाला, शीर्षहार, हार

Anaglyph (फि., चि.) *एनाग्लिफ :* निम्नोद्भूत अलंकरण, द्विवर्णी, त्रिविम चित्र

Analogic (समी.) *एनालॉजिक :* सादृश्य सम्बन्धी, सादृश्यमूलक, दृष्टांत सम्बन्धी

Analogous (समी.) *एनालोगस :* सादृश्य, अनुरूप, समरूप, तुल्य रूप, सहधर्मी

Analogous colors (चि.) *एनालॉगस कलर्स :* अनुवांशिक रंग, सहधर्मी रंग/वर्ण, अनुरूप रंग, सादृश्य रंग, समीपस्थ रंग

Analogous Harmony (चि.) *एनालोगस हारमॅनी :* अनुरूप रंग संगति, अनुकूल वर्ण संगति
(समी.) *एनालाग :* अनुरूप

Analogy (समी.) *एनैलॅजि :* अनुरूपता, सादृश्य, समानता, उपमान, समरूपता, एकरूपता

Analysis (समी.) *एनालिसिस :* विश्लेषण

Analysis of Beauty (समी.) *एनालिसिस ऑफ़ ब्यूटी :* सौन्दर्य विश्लेषण, सौष्ठव विश्लेषण

Analysis of records (अभि.) *एनालिसिस ऑफ़ रिकार्ड्स् :* अभिलेखों का विश्लेषण

Analytical (समी.) *एनालिटिकल :* विवरणात्मक

Analytical Criticism (समी.) *एनालिटिकल क्रिटिसिज़्म :* विश्लेषित आलोचना, विश्लेषित समीक्षा, विश्लेषण परक आलोचना, विश्लेषणात्मक व्याख्या, सूक्ष्म पड़ताल

Analytical Cubism (समी., क.आन्दो.) *एनालिटिकलक्यूबिज़्म:* विश्लेषणात्मक त्रिआयामवाद, वैश्लेषिक त्रिपार्श्ववाद

Analytical Drama (ना.) *एनालिटिकल ड्रामा :* विश्लेषक नाटक, विश्लेषणात्मक नाट्य त्रिपार्श्ववाद

Analyze (समी.) एनालाइज़ : विश्लेषण

Anamorphosis (क.आन्दो., तक.) *एनामॉरफोसिस :* रूपाभास चित्रण विधि, जटिल कार्यान्तरण, एनामॉरफोसिस, (एनामॉरफोसिस); बां. विषम कायान्तरण; म. रूपाभास; गु. रूपाभास चित्रण; उ. तसवीर जो एक नुक़्ते से ठीक नज़र आए, चित्रकला की एक विमूर्तन शैली (Distortion Style)

Anand (फि.) *आनन्द :* निर्माता निर्देशक ऋषिकेश मुखर्जी की 1971 में प्रदर्शित एक कालजयी हिन्दी फ़िल्म

Anand Krishna Das (1925—) *आनन्द कृष्णदास :* एक प्रसिद्ध भारतीय कला इतिहासकार तथा समालोचक

Ananda K. Coomarasway (1877-1947) (का.क.) *आनन्द के. कुमारस्वामी :* भारतीय कला इतिहासकार

Anandabharti Aiyaagar (1786-1846) (का.क.) *आनन्दभारती आयंगर :* राष्ट्रवादी तमिल भाषा के कवि

Anatomy (समी.) *अनैटॅमि :* शरीर रचना-विज्ञान, शारीरिक अंग रचना विधान; बां. कायिक (विज्ञान); म. शरीर रचना; गु. शरीर रचना शास्त्र; उ. तशरीहुल आजा; इल्मै तशरीहुल

Anchor (टेली.) *एंकर :* कार्यक्रम प्रस्तोता टी.वी. स्क्रीन पर कार्यक्रम संचालक, टी.वी. कार्यक्रम प्रस्तुत करने वाला कलाकार, सूत्रधार, निवेदक, वाचक, टी.वी. चैनल और जनता का मध्यस्थ, टेली कार्यक्रम प्रस्तोता

Anchor Person (ना.) *एंकर पर्सन :* प्रधान प्रस्तोता/प्रस्तुतकर्ता

Ancienne A L (Fr.) (पा.क.) : *आनसिएन अल :* कोई भी देश की पुरानी शैली

Ancient Indian Theatre (ना.) *एन्शियंट इंडियन थियेटर :* प्राचीन भारतीय रंगमंच

Ancient Palimpsest (पुरा.) *एन्शियंट पैलिम्पसेस्ट :* प्राचीन पुनर्लेख/पुनर्लेखन

Ancient Treasure (पुरा.) *एन्शियंट ट्रेज़र :* पुरासम्पत्ति, पुरासम्पदा, पुराना खज़ाना

Ancientry (पुरा.) *एन्शियंट्री :* पुरानी शैली, प्राचीन शैली

Ancillary Passage (स्था.) *एनसेलरी पैसेज :* उपमार्ग

Ancona (क.इति.) *एनकोना :* (इटैलियन शब्द), वेदी चित्र, वेदिका अलंकरण, देव कोष्ठ

Andalouse A L (Fr.) (पा.क.) : *अन्दालुज अल :* फ्रेंच खाना जिसमें टमाटर और चावल ज़रूर हो

Andhra Jyothi (पत्र.) *आंध्र ज्योति :* हैदराबाद (आन्ध्र प्रदेश) से तेलुगु भाषा में प्रकाशित एक दैनिक समाचार-पत्र

Andhra Natyam (नृ.) *आंध्र नाट्यम :* दक्षिणी भारत के आंध्र प्रदेश व तेलंगाना क्षेत्र की एक कलात्मक नृत्य-शैली

Andre Derain (चि.) *एन्द्रे दिरें* (1880-1954) *:* फ्रेंच चित्रकार तथा मूर्तिकार

Andre Karpeles (चि.) *आंद्रे कार्पेल्स :* कलागुरु अवनीन्द्रनाथ टैगोर की एक फ्रांसीसी आभासवादी (Impressionist) चित्रकार शिष्या

Androgynous Image (पुरा.) *एंड्रोगायनुअस इमेज :* अर्धनारीश्वर की मूर्ति

Andron (स्था.) *एंड्रॉन :* पुरुष कक्ष, भद्रशाला

Andronovo Culture (पुरा.) *एंड्रोनोवो कल्चर :* कांस्य युगीन संस्कृति

Anecdotal Art (चि., समी.) *ऐनिकडोटल आर्ट :* उपाख्यानात्मक चित्रण, उपाख्यानविषयक कला, किस्सा कहानी चित्रण

Angabhramari (नृ.) *अंगभ्रमरी :* नर्तक द्वारा पैरों में 12 इंच का फासला बनाकर पीछे मुड़ने की एक मुद्रा

Angel (क.इति.) *एंजिल :* स्वर्ग का देवदूत

Angel (फि.) *एंगल :* दृश्यांकन कोण, दृश्य को असरदार बनाने के लिए विशेष कोण पर कैमरा रख कर किया गया दृश्यांकन

Angels (इति.) *एंजिल्स :* क्रिश्चियन और इस्लामिक कला में वर्णित सुन्दर देवकन्याएँ

Angika Abhinaya (नृ., ना.) *अंगिक अभिनय :* कलाकार द्वारा अपनी शारीरिक मुद्राओं के द्वारा किया गया अभिनय

Anglaise A. L. (Fr.) (पा.क.) : *आंगलेज ए. एल. :* अंग्रेजी ढंग से खाना व पकाना

Angle (समी.) *ऐनगॅल :* कोण, दृष्टिकोण

Angle Bracket (स्था.) *एंगेल ब्रेकेट :* कोण-कोष्ठक (ब्रेकेट)

Angle Graver (पुरा.) *एंगेल ग्रेवर :* कोणिक टॉकी (छेनी)

Angle of View (टी.वी.) *एंगल ऑफ़ व्यू :* छायांकन में विषय वस्तु और उसके परिसर का अनुपात मापना

Angle of Vision (समी.) *एंगल ऑफ़ विज़न :* दृष्टिकोण

Angleworm Lines (समी.) *एनगलवर्म लाइन :* कोणकृमि रेखाएँ, निम्न कोणीय रेखाएँ

Anglican Chant (संगी.) *एंग्लीकन चैंट :* आंग्ल गिरजा गीत

Anglo-Saxon Art (क.इति.) *एंग्लो-सेक्शन आर्ट :* ब्रिटेन में 7वीं शदी से 1066 के मध्य ग्रंथ सज्जा और स्थापत्य की कला। इस काल की कला दो भागों में है—पहला नवीं शताब्दी के पहले की कला तथा दूसरी 9वीं के बाद की कला

Angry Penguins (क., पत्रि.) *एंग्री पेन्युन्स :* एंग्री पेन्युन्स (कला पत्रिका)

Angular Perspective Drawing (समी.) *ऐनग्युलॅर्पॅस्पेकटिव ड्रॉइंग :* कोणिक परिप्रेक्ष्य रेखांकन, कोणीय परिप्रेक्ष्य आरेखण

Anibaddha (नृ.) *अनिबद्ध :* लघुरूप में श्रेणी बद्ध करना

Anibaddha Alap (संगी.) *अनिबद्ध आलाप :* संगीत में रागों की एक किस्म

Aniconic (पुरा.) *एनीकोनिक :* मूर्तिविहीन, प्रतिमा विहीन

Animal Glue (क., साम.) *एनीमल ग्ल्यू :* पशुओं के शरीर से प्राप्त सरेस

Animate Figure (अभि.) *एनीमेट फिगर :* चलित आकृति

Animated (चि.) *एनीमेटेड :* कार्टून चलित व्यंग्य-चित्र

Animated: (समी.) *एनीमेटेड :* विरूपण, एनीमेटेड

Animation (समी.) *एनिमेशन :* सजीव व्यंग्य चित्र, जीवधारियों की अनुकृति, अनुप्राणन, चल व्यंग्य-चित्रपट, मनुष्यों या पशुओं की अनुकृतियाँ बनाना; बां. अनुप्राणन, संजीवन; मरा. जीवन्त चित्रण; गु. जीवन्त चित्रण; उ. कार्टून आर्ट

Animato (संगी.) *एनीमेटो :* जोशीला

Animator (चि.) *एनीमैटर :* पशुओं के चित्र रचने वाला कलाकार

Aniseed (पा.क.) *एनसीड :* सौंफ, एक खुशबूदार मसाला

Ankur (फि.) *अंकुर :* प्रसिद्ध हिन्दी फ़िल्म निर्माता तथा निर्देशक श्याम बेनेगल की 1973 में प्रदर्शित एक प्रयोग धर्मी प्रथम फ़िल्म जो सामाजिक क्रान्ति के अंकुर की कथा पर आधारित है

Annamacharya (1408–1503) (का.क.) *अन्नाम्माचार्य :* पन्द्रहवी शताब्दीं के तेलुगु भाषा के एक प्रमुख सन्त कवि

Annexe (स्था.) *एनेक्सी :* उपभवन

Annotated Record (अभि.) *एनोटेडेड रिकॉर्ड :* सटिप्पण अभिलेख

Announced Schedule (ना.) : *एनाउंसड शेड्यूल :* घोषित कार्यक्रम, पूर्व सूचित कार्यक्रम-सूची अथवा अनुक्रमणिका

Announcement (समी.) *एनाउंसमेंट :* सूचना, उद्घोषणा, आख्यापन

Announcer (फि., टी.वी.) *एनांउसर :* उद्घोषक, घोषणा करने वाला, वाचक, एनाउंसर, प्रस्तोता, निवेदक, रेडियो प्रस्तुतकर्ता, रेडियो पर प्रसारित होने वाले कार्यक्रम की जानकारी देने वाला व्यक्ति

Annual (Exhibition) (समी.) *एनुअल :* वार्षिक (प्रदर्शनी), वार्षिकांक, मुख्य-प्रदर्शनी

Annual (समी.) *एनुअल :* वार्षिक घटना, पत्रिका का वार्षिकांक

Annunciation (इति.) *एननसियेशन :* ईसाई कला में ईसा मसीह की कुँवारी माँ मैरी को देवदूत गेब्रियन का सन्देश जिसमें उन्हें अपने गर्भ से पुत्र ईसा मसीह को पैदा करने का देव सन्देश दिया गया था

Anoop Chatur (चि.) *अनूप चतुर :* शाहजहाँ काल का एक प्रसिद्ध चित्रकार

ANS (पत्र.) *एसोसियेटेड न्यूज़ सर्विस* (हैदराबाद)

Antagonist (ना.) *एनटेग्निस्ट :* प्रतिद्वंद्वी

Antara (संगी.) *अन्तरा :* बन्दिश का दूसरा नाम, गीत का दूसरा नाम

Ante-cour (स्था.) *एंटी कोर :* प्रवेश-पथ

Antefix (स्था.) *एंटीफिक्स :* सम्मुख अलंकरण

Anthem (संगी., गा.) *एंथम :* प्रार्थना गीत, वंदना गीत, आशीष गीत

Anthology (समी.) *एन्थोलॉजी :* प्रकाशनार्थ लेख या सूचनाओं का संग्रह, रचना संग्रह विज्ञान, संग्रह विद्या, संकलन विज्ञान, कथा संग्रह, नाटकसंग्रह, कविता संकलन, एकांकी संकलन

Anthropologist (पुरा.) *एंथ्रोपोलॉजिस्ट :* मानव विज्ञानी

Anti Hero (ना., फि.) *एंटी हीरो :* दुष्टनायक, खलनायक, प्रपंची नायक

Anti Shine Powder (रू.स.) *एंटी शाइन पाउडर :* एक विशेष मैट पाउडर है, जो एशियाई चावल पाउडर के समान है हालांकि, एक ही समय में एंटी शाइन पाउडर आवांछित सुस्त प्रभाव को रोकता है और त्वचा पर सुखद एहसास पैदा करता है।

Anti Virus (टी.वी., कम्प्यू.) *एंटी वायरस :* वायरस-रोधी एक कम्प्यूटर का प्रोग्राम

Anti-Art (समी.) *एंटी आर्ट :* अकला, कला-विरोधी

Antic Work (चि.) *एंटिक वर्क :* विरूपाकृति चित्रण

Anti-Cerne (तक.) *ऐंटीसर्न :* (फ्रेंच शब्द) धरातलीय वाध्य रेखा, सतही रंग-रेखा, चित्र धरातल की आउटलाइन

Anticipation (समी.) *ऐंटीसिपेशन :* प्रत्याशा, पूर्वाभ्यास, पूर्वानुमान, अग्रज्ञान

Anti-climax (फि., समी.) *एंटीक्लाइमेक्स :* चरमावस्था के विपरीत विचार, अप्रत्याशित चरमावस्था

Anticum (स्था.) *एंटीकम :* अग्रद्वार मंडप

Antimasque (ना.) *एंटीमास्क :* विदूषक-नृत्य

Antipasto (It.) (पा.क.) : *एनटीपास्तो :* गरम या ठंडा इटैलियन शुरुआती खाना

Antiphon (संगी.) *एंटीफोन :* प्रतिगान

Antiquarian (छापा.) *एंटीकुआरिन :* हैंडमेड पेपर का सर्वाधिक बड़ा आकार (53"×31") 18वीं शताब्दी में वॉटमेन द्वारा विकसित।

Antiquary (पुरा.) *एंटीक्वेरी :* पुराविद

Antique (समी., पुरा.) *ऐनटीक :* पुरावस्तु, पुरावशेष, पुराकृति प्राचीन कालीन कलाकृतियाँ; बां. प्राचीन, पुरातन; गु. प्राचीन कालीन पुराना; उ. कदीम, वस्तु जो 100 वर्ष से अधिक पुरानी हो

Antique finish (पुरा.) *ऐनटीक :* पुराकरण, पुरातन, रूप सज्जा, प्राचीनत्व

Antique Paper (छापा.) *एंटीक पेपर :* अच्छी गुणवत्ता का मोटा, वजन में हल्का व खुरदुरी सतह वाला पेपर

Antiquities (पुरा.) *एंटीक्वीटीज़ :* पुरावशेष

Antiquity (पुरा.) *एंटीक्वीटी :* पुराकाल, पुरातनतन, प्राचीन काल, प्राचीनत्व, लम्बा गुजरा जमाना, विशेष रूप से छठी शताब्दी के पहले का काल

Antiquity Law (पुरा.) *एंटीक्वीटी ला :* पुरावशेष विधि/कानून

Antwerp Blue (चि.) *एंटवर्प ब्ल्यू :* समुद्री नीला रंग

Anudatta (संगी.) *अनुदान्त :* नीचे की ओर, मंद स्वर की ओर

Anupras (का.क.) *अनुप्रास :* अलंकार, पद्य या गद्य रचना में वर्णों की आवृत्ति

Anuvadi (संगी.) *अनुवादी :* वादी एवं संवादी स्वरों के अतिरिक्त राग में लगने वाले सभी स्वर अनुवादी हैं

Anuvritta (नृ.) *अनुवृत्ता :* नर्तक द्वारा निरन्तर ऊपर-नीचे देखने की मुद्रा

Anvil (पुरा.) *एनविल :* निहाई, लोहारों का एक औजार

Anylythical Interpretation (समी.) *एनालिटिकल इंटरप्रिटेशन :* वैश्लेषिक व्याख्या, टीका, विवेचना

Apathy (समी.) *एपैथी :* उदासीनता

Aperetif (Fr.) (पा.क.) : *अपरतिफ :* भूख को बढ़ाने के लिए भोजन से पहले पिया जाने वाला पेय पदार्थ या व्यंजन

Aperture (फो.) *ऍपर्चर :* कैमरे का प्रकाश नियंत्रक छिद्र, द्वारक, प्रकाश द्वार एपर्चर

Apex (स्था.) *एपेक्स :* भवन का शीर्षस्थ भाग

Aphrodite (पुरा.) *एफ्रोडाइट :* यूनान और रोम की प्रेम और सौन्दर्य की देवी

Apictograph (क.इति.) *एपिक्टोग्राफ़ :* प्रतीकात्मक चित्रलिपि

Apkarsh (संगी.) *अपकर्ष :* तंत वाद्यों पर अन्दर से बाहर की ओर का प्रहार

Apodyterium (स्था.) *एपोडाईटीरियम :* परिधान कक्ष

Apollo (क.इति.) *अपोलो :* ग्रीस का प्रकाश देवता, संगीत व काव्य देवता

Apostle (क.इति.) *अपॉसल :* देवदूत, ईसा का पट्टशिष्य, धर्मदूत, प्रचारक, ईसा का मनुष्यों तक सन्देश पहुँचाने वाला दूत बां. सन्देश वाहक; मरा. देवदूत; गु. देवदूत; उ. हज़रत ईसा का हवारी/साथी

Apostles of Christ (इति.) *एपॉसिल्स ऑफ़ क्राइस्ट :* बाइबिल के अनुसार ईसा मसीह के 12 शिष्य थे जिन्हें एपासिल्स भी कहा जाता है। ये थे साइमन (जिन्हें पीटर भी कहा जाता है), एंड्रू (पीटर का भाई), जेम्स (जेबीडी का पुत्र), जॉन (जेबीडी का भाई), फिलिप, बोर्थलोम्यू, थॉमस, मैथ्यू (टैक्स कलेक्टर), जेम्स (एलफ्युसस का बेटा), थाडुअस, साइमन और जुडास जिसने ईसा के साथ दगाबाजी की थी

Apotheca (पुरा.) *एपोथिका :* सुरा भंडार, तेल भंडार

Apotheosis (स्था.) *एपोथिओसिस :* परिधान कक्ष

Appadana (स्था.) *एपादाना :* शाही सभा भवन, फ़ारसी महलों का सभा कक्ष

Appard (फै., पुरा.) *अप्पर्ड :* परिधान

Apparel (फै., ना.) *एपैरल :* परिधान, पोशाक, वस्त्र, सिले हुए कपड़े

Appeal (विज्ञा., समी.) *अपील :* चित्ताकर्षण, लालित्य, आकर्षण

Appearance (समी.) *अपिरेन्स :* छवि, बाह्याकृति, उपस्थिति, नेप

Appease (पा.क.) *एपीज़ :* खुश करना

Appendix (पत्र.) *एपेनडिक्स :* परिशिष्ट

Appetite (En.) (पा.क.) *एपेटाइट :* भूख

Applause (समी.) *एप्लोज :* प्रंशसा तारीफ, दाद देना, करतल ध्वनि, शाबाशी, साधुवाद, अनुमोदन

Application techniques (रू.स.) *ऐपलीकेशन टेक्नीक्स :* अनुप्रयोग तकनीक, वह तरीका और क्षमता जिसके साथ एक कलाकार, लेखक, नर्तक, एथलीट या जैसे किसी विशेष कला या प्रयास के क्षेत्र के तकनीकी कौशल को नियोजित करता है

Applied Art (समी.) *ऍप्लाइड आर्ट :* व्यावहारिक कला, औद्योगिक कला, प्रायोगिक कला, उपयोगी कला, प्रयुक्त कला; मरा. उपयोजित कला; बां. अनुप्रयुक्त कला; गु. प्रयोजन लक्षी कला; उ. संअति आर्ट

Applied Artist (चि., ना.) *एप्लाइड आर्टिस्ट :* व्यावहारिक कलाकार

Applied Decoration (चि.) *एप्लाइड डेकोरेशन :* जड़ाऊ अलंकरण

Applique (फै., चि.) *ऐप्लीक* (फ्रेंच शब्द) : पैबन्दकारी, कपड़े या अन्य सजावटी सामग्री को एक दूसरे पर सिलकर तैयार की गई कृति, जड़ाऊ अलंकरण, चिप्पी सज्जा

Appliqué Figure (शि., फै.) *ऐप्लीक फिगर :* जड़ाऊ आकृति

Appliqué Pipli (आले.) *एपलीक वर्क :* जड़ाऊ काम, सजावट का काम

Appreciation (समी.) *एप्रीसियेशन :* प्रशंसा, तारीफ

Approach (समी.) *ऍप्रोच :* शैलीगत-निर्वाह, कलाकार द्वारा सज्जित किसी कृति में प्रयुक्त शैली

Apricots (En.) (पा.क.) *एपरीकोट्स :* खुबानी, एक प्रकार का फल

Apron (फै., ना.) *एप्रन :* अग्रमंच, पल्ला, रंग पल्लव

Apse (स्था.) *एप्स :* गज पृष्ठ, अर्धवृत्त कक्ष

Apsidal (स्था.) *एप्सीडल :* गज पृष्ठाकार

Aqua Cleanse (रू.स.) *एक्वा क्लींस :* शरीर से विषाक्त पदार्थों को निकालने के लिए शुद्ध करने के लिए या उससे गुज़रना, शरीर से विषाक्त पदार्थों का निकालने की प्रक्रिया

Aqua Colour (रू.स.) *एक्वा कलर :* पानी में घुलने वाले जल रंग

Aqua Colour Palette (रू.स.) *एक्वा कलर पैलेट :* त्वचा पर पानी में घुलने वाले रंगों को मिलाने वाली एक तख्ती, एक पतला बोर्ड या स्लैब जिस पर एक कलाकार कलाकृति बनाने के निमित्त रंगों को मिलाता है

Aquatint (छापा.) *एक्वाटिंट :* निक्षारित-छापाचित्र, धातुपत्र निक्षारण, पृष्ठीय आम्ललेखन, कलमकारी, ताम्रपत्र उत्कीर्णन, पृष्ठीय अम्ल

Aqueous (स.) एक्युएस : जलीय

Ara, K.H. (चि.) *कृष्णा एच. आरा.* (1914-1985) : प्रोग्रेसिव ग्रुप बम्बई के एक चित्रकार

Arab News (पत्र.) *अरब न्यूज़ :* अरब न्यूज़ रियाद से प्रकाशित, अंग्रेजी भाषा का समाचार-पत्र

Arabesque (शि., फै., समी.) *एरॅबेस्क :* एराबस्क, जटिलांकरण, बेलबूटे की सजावट, बेलबूटाकारी, अति-काल्पनिक

Arabian *अरेबियन :* अरबी, अरब देशों के नागरिक, अरब की भाषा

Arabic Gum (अभि.) *एरेबिक गम :* बबूल गोंद

Arangetram (नृ.) *अरंगेत्रम :* नृत्य प्रशिक्षण के बाद प्रेक्षकों के मध्य सम्पूर्ण नृत्य प्रदर्शन

Arbour (स्था.) *आरबर :* कुंज

Arcade (स्था.) *आर्केड :* तोरण पथ, महराब पंक्ति, तोरण मंडप, भवनों में बने मेहराबों की शृंखला या क्रमबद्ध मेहराबों की पंक्ति

Arcature (स्था.) *आर्केचर :* लघु तोरण पथ

Arch (स्था.) *आर्क :* मेहराब, तोरण, डाट, चाप

Arch Brick (स्था.) *आर्च ब्रिक :* मेहराबी ईंट

Arch Lamp (फो.) *आर्क लैम्प :* एक विशिष्ट तेज प्रकाश उत्पन्न करने वाली बत्ती

Archaeolatry (पुरा.) *आर्कियोलैट्री :* आदि पाषाणयुगीन

Archaeological (पुरा., समी.) *आर्कियोलॉजिकल :* पुरातत्वीय

Archaeological Park (पुरा., स्था.) *आर्कियोलॉजिकल पार्क :* पुरातन स्मारक स्थल

Archaeological Salvage (पुरा.) *आर्कियोलॉजिकल सैल्वेज :* पुराजीर्णोद्धार, पुरातात्विक उद्धार

Archaeological Site (पुरा.) *आर्कियोलॉजिकल साइट :* पुरावशेष स्थल या स्थान

Archaeologist (पुरा.) *आर्कियोलॉजिस्ट :* पुरातत्वविद्, पुरातत्वज्ञ

Archaeology (समी.) *आर्कियोलॉजी :* पुराविद्या, पुरावशेष विद्या, पुरातत्व, पुरातत्व विज्ञान, प्राचीन सभ्यता आदि के अध्ययन की विद्या। आजकल वैज्ञानिक यंत्रों की सहायता से इस विद्या को समझना और सही निष्कर्ष प्राप्त करना आसान हो गया है

Archaic (समी.) *आर्कायिक :* पुरातन, पुराकालीन, पुराना

Archaic Greek Art (क.इति.) *आर्कायिक ग्रीक आर्ट :* पुराकालीन ग्रीस की कला, पुराकालीन ग्रीस कला लगभग 650 से 480 ईसा पूर्व में ग्रीस में विकसित कला के सन्दर्भ में प्रयुक्त शब्द

Archaic Period (पुरा.) *आर्काइक पीरियड :* पुरातनिक, पुराकालीन, आदि काल, पुरातनकाल

Archeological Site (पुरा.) *आर्कियोलाजिकल साइट :* पुरातात्विक स्थल, पुरातात्विक महत्त्व का क्षेत्र, पुरातात्विक खोज स्थल

Archiduc AL (Fr.) (पा.क.) : *आर्किडक अल :* फ्रेंच खाना जिसमें पापरीका मिर्च और क्रीम ज़रूर हों

Archief (अभि.) *आरचिफ :* पुरालेख-संग्रह

Archik (संगी.) *आर्चिक :* एक स्वर पर गाया जाने वाला ऋग्वैदिक मंत्र

Architect (स्था.) *आर्किटेक्ट :* स्थापत्यकार, वास्तुकार, शिल्पकार, वास्तुविद वास्तुशास्त्री, स्थापत्य कलाविद, भवन निर्माण कर्ता; बां. स्थपति; मरा. वास्तु विशारद; गु. स्थपति; उ. मेमार, माहिरे तामीरात, फने इमारत का माहिर

Architectonic (समी.) *आर्किटेकटोनिक :* वास्तुशिल्पीय कला, स्थापत्य कला, स्थापत्य शास्त्र, रचना प्रकल्प, वास्तु कला सम्बन्धी, वास्तु विज्ञान, स्थापत्य विद्या

Architectonics of Poetry (समी.) *आर्किटेक्टोनिक्स ऑफ़ पोइट्री :* काव्य शिल्प, कविता की खूबसूरती, काव्य सौष्ठव, काव्य सौन्दर्य, काव्य के आधार

Architectural (स्था., समी.) *आर्किटेक्चरॅल :* वास्तु तुल्य, वास्तु सदृश्य

Architectural Drawing (स्था.) *आर्किटेक्चरल ड्राइंग :* स्थापत्य आरेखण

Architectural Sculpture (मू., पुरा.) *आर्किटेक्चरल स्कल्पचर :* भवन निर्माण विषयक मूर्तिकला

Architectural Setting (ना.) *आर्किटेक्चरल सेटिंग :* वास्तुकारी सज्जा

Architectural splendor (का.क.) *आर्किटेक्चरल स्प्लेंडर :* स्थापत्य वैभव

Architectural Stratigraphy (स्था.) *आर्किटेक्चरल स्ट्रटिग्राफ़ी :* वास्तु स्तर विन्यास

Architectural Work (स्था.) *आर्किटेक्चरल वर्क :* वास्तुकारी कार्य, भवन निर्माण सम्बन्धी कार्य

Architecture (स्था.) *आर्किटेक्चर :* वास्तुशिल्प, स्थापत्य कला, वास्तुकला, वास्तु विद्या, वास्तु, भवन निर्माण शास्त्र, भवन निर्माण की कला; बां. स्थापत्य; मरा. स्थापत्य शास्त्र; गु. स्थापत्य; उ. फने तामीर

Architrave (स्था.) *आर्किट्रेव :* तोरण सज्जा, मेहराब के बाहरी बेलबूटों की सजावट

Archival (अभि.) *आर्काइवल :* पुरालेखी, पुरालेखीय, अभिलेखी

Archival Legislation (अभि.) *आर्काइवल लेजिसलेशन :* पुरालेखी विधान/अभिलेखीय विधान

Archival Method (अभि.) *आर्काइवल मैथेड :* पुरालेखी विधान/अभिलेखीय विधान

Archival Record (अभि.) *आर्काइवल रेकार्ड :* अभिलेखीय आलेख, अभिलेखीय दस्तावेज

Archives (अभि.) *आर्काइव्स :* अभिलेख पुरालेख प्राचीन दस्तावेज, (पुरा.) लेखागार, अभिलेखागार

Archivist (अभि.) *आर्काइविस्ट :* अभिलेखागारिक, पुरालेखपाल

Arcing (En.) : (पा.क.) *आर्किंग :* माइक्रोवेव में धातु के बर्तन रखने पर निकलने वाली बिजली की चिनगारी

Arcuate (स्था.) *आर्क्यूएट :* चापाकार, चापवक्र, मेहराबदार भवन में त्रिज्याकार या मेहराब की पद्धति पर किया गया निर्माण कार्य

Ard (पुरा.) *आर्द :* कुदाली, आदिम हल

Ardhamandalam (नृ.) *अर्धमंडलम :* भरतनाट्यम की एक भंगिमा

Ardish (चि., स्था.) *आर्डिश :* काँच पच्चीकारी

Area Acting (ना.) *एरिया ऐक्टिंग :* अभिनय क्षेत्र, अभिनय स्थल

Area Lighting (ना.) *एरिया लाइटिंग :* मंच प्रकाश, मंच की प्रकश व्यवस्था

Area Rug (आले.) *एरिया रग :* क्षेत्र गलीचा

Arena (ना.) *एरिना :* रंगस्थली, रंगभूमि

Arena Floodlight (ना.) *एरिना फ्लडलाइट :* रंग स्थली पूर-प्रकाश

Arenatum (स्था.) *एरिनाटम :* गारा, चुनाई के काम की गीली मिट्टी

Aria (संगी.) : सफेद मिट्टी, पोतनी मिट्टी

Arietta (संगी.) *अरियेटा :* संगीत में उपयोग होने वाले गीत का छोटा या कोमल रूप

Aristocratic (समी.) *एरिस्ट्रोक्रेटिक :* कुलीन, अभिजात्य

Aristocratic Art (समी.) *एरिस्ट्रोक्रेटिक आर्ट :* कुलीन कला, उच्चवर्ग की कला, सम्भ्रान्त वर्गीय कला, अभिजात्यवर्गीय कला, कुलीन समुदाय की कला, उच्च समुदाय द्वारा पसंद की जाने वाली कला

Aristocratic Part (ना.) *एरिस्ट्रोक्रेटिक पार्ट :* गरिमापूर्ण भूमिका, अतिशालीन भूमिका, वैभवपूर्ण भूमिका, अभिजात भूमिका

Ariyakudi Ramanuja Iyengar (1890-1967) (गा.) *अरियाकुडी रामानुजा अयंगर :* कर्नाटक संगीत गायक और अपनी विशिष्ट गायिकी से अरयाकुडी परम्परा के संस्थापक

Ark (पुरा.) *आर्क :* मंजूषा, पेटी, सन्दूकची

Arkansas Stone (छापा.) *एरकन्सास स्टोन :* यह सख्त पत्थर जिस पर तेल डालकर स्टील के सख्त औजारों को धार लगाई जाती है। देखें आयल स्टोन।

Arm Chair Play Wright (ना.) *आर्म चेयर प्लेराइट :* विप्लवी नाट्य कथा लेखक, क्रांतिकारी नाटककार

Arm Palette (क., साम.) *आम पैलइट :* बाहुरंग पट्टिका, बाहुफलक, पैलेट

Armature (समी.) *आर्मेचर :* ढाँचा, आधार ढाँचा, मूर्ति-आधार, कंकाल, पंजर, मूर्ति का आरम्भिक ढाँचा

Armenian Blue (चि.) *आर्मीनियन ब्ल्यू :* एक प्रकार का नीला रंग

Armlet (पुरा.) *आर्मलेट :* बाजूबंद, एक नारी आभूषण

Armoir (ग्र.स.) *आर्मवर :* कपड़े, टी.वी. आदि एक साथ रखने का संयुक्त फर्नीचर जिसमें पल्ले व दरवाजे भी हों

Armoricaine AL (Fr.) (पा.क.) : *आरमोरिकेन अल :* सील मछली के सॉस से बना एक तरह का फ्रेंच खाना

Armory Show (क.इति.) *आरमरी शो :* आरमरी शो 1913 में आयोजित अमरीका (न्यूयार्क) में आयोजित अन्तरराष्ट्रीय चित्रकला प्रदर्शनी

Aroma (En) : (पा.क.) : *अरोमा :* महक, खुशबू, गंध

Aroma Facial (रू.स.) *आरोमा फेशियल :* इसे आरोमा थेरिपी फेशियल भी कहते हैं। चेहरे की त्वचा की अन्दर तक सफ़ाई करने की विधि

Aroma Manicure (रू.स.) *आरोमा मेनीक्योर :* विशिष्ट सुगंध युक्त रसायनों से हाथों और नाखूनों का कॉस्मेटिक उपचार करना जिससे त्वचा नरम पड़ जाती है

Aroma Oil (रू.स.) *आरोमा आयल :* पौधों से विशिष्ट क्रिया द्वारा निकाले गए सुगंधित, विभिन्न प्रकार के सुगंधित तेल जो त्वचा उपचार के लिए प्रयुक्त होते हैं

Aroma Pedicure (रू.स.) *आरोमा पेडीक्योर :* विशिष्ट किस्म के सुगंधित रसायनों से पैर और नाखूनों का कॉस्मेटिक उपचार करना

Aromatherapy (Treatment using Scents) (रू.स.) *आरोमाथेरिपी :* चेहरे की त्वचा के उपचार के लिए विभिन्न किस्म के सुगंधित तेलों द्वारा किया गया उपचार

Arpaggios (संगी.) *एर्पेग्योस :* विस्तृत स्वर संघात

Arrangement (समी.) *अरेन्जमेंट :* रचना विभाग, व्यवस्था

Arras (स्था.) *एरास :* अलंकृत पट

Arrest of Jesus (इति.) *अरेस्ट ऑफ़ जीसस :* ईसाई कला में गेथसेमेनी गार्डेन में मन्दिर के मुख्य पुजारी के सेवकों द्वारा ईसा मसीह को गिरफ्तार कर लिया गया था। यह एक ऐतिहासिक घटना थी। 1641 से 1644 के बीच वेलाज़क्वेज़ (Velazquiez) द्वारा सर्वश्रेष्ठ चित्र रचा गया था।

Art & Literature—India, Pakistan & Sri Lanka (पत्रि.) *आर्ट एंड लिटरेचर—इंडिया, पाकिस्तान एंड सीलोन :* ललित कला और साहित्य विषयक पत्रिका जिसमें भारत, पाकिस्तान तथा श्रीलंका की साहित्य और कला गतिविधियों का उल्लेख होता था

Art (समी.) *आर्ट :* कला, हुनर, कौशल, कौशल प्रधान अभिव्यक्ति, निपुणता, कल्पना और कौशल की मिश्रित प्रस्तुति

Art Activist (समी.) *आर्ट एक्टिविस्ट :* कला कर्मी, कला कार्यकर्ता, कला सेवक, कला जीवी, कला के लिए काम करने वाला

Art Agent (ना.) *आर्ट एजेंट :* कला अभिकर्त्ता, रंगमंच का कला पक्ष, संयोजक

Art and Craft (समी.) *आर्ट एंड क्राफ्ट :* कला तथा शिल्प

Art Appreciation (चि., समी.) *आर्ट एप्रीसियेशन :* कलागुण विवेचन

Art Arena (समी.) *आर्ट एरिना :* कला अखाड़ा, कला क्षेत्र, कला परिदृश्य

Art Black (समी.) *आर्ट ब्लैक :* इन्द्रजाल

Art Buff (समी.) *आर्ट बफ :* कला प्रेमी, कला रसिक, कला में अभिरुचि रखने वाला

Art Collector (संग्र.) *आर्ट कलेक्टर :* कला संग्रहकर्त्ता, कलाकृतियाँ संगृहीत करने वाला

Art College (समी.) *आर्ट कालेज :* कला महाविद्यालय, कला उच्च विद्यालय, कला उच्चपीठ

Art Council (समी.) *आर्ट काउंसिल :* कला परिषद्, कला उन्नायक संस्था

Art Critic (समी.) *आर्ट क्रिटिक :* कला समीक्षक, कला आलोचक; बां. कला समीक्षक, कला समालोचक; मरा. कला समीक्षक; गु. कला विवेचक; उ. आर्ट पर तब्सेरा करने वाला, आर्ट का तनकीदर निगार

Art Criticism (समी.) *आर्ट क्रिटिसिज्म :* कला समीक्षा, कला समीक्षाकार, कला आलोचक, कला आलोचना, कला समालोचना; बां. कला समीक्षा; मरा. कला समीक्षा; गु. कला विवेचन; उ. फन पर तनकीद निगारी

Art deco (चि.) *आर्ट डेको :* सजाने की कला, फ्रेंच शब्द पेरिस में हुई अन्तरराष्ट्रीय सजावटी और औद्योगिक कला प्रदर्शनी में प्रदर्शित कला कृतियों के लिए एक लोकप्रिय नाम

Art Department (विज्ञा.) *आर्ट डिपार्टमेंट :* कला विभाग—जो विज्ञापन की सम्पूर्ण रूपरेखा तैयार करता है

Art Dialect (समी.) *आर्टडायलेक्ट :* चित्र भाषा

Art Director (फि.) *आर्ट डायरेक्टर :* कला निर्देशक फ़िल्म निर्माण के अन्तर्गत हर प्रकार के कला पक्ष को प्रस्तुत व निर्देशित करने वाला एक महत्त्वपूर्ण सदस्य

Art Divote (समी.) *आर्ट डिवोटी :* कला आराधक कला के लिए समर्पित व्यक्ति, कला भक्त कला उपासक, कला साधक, कला साधना में मग्न व्यक्ति, कला योगी

Art Educationist (समी.) *आर्ट एजूकेशनिस्ट :* कला शिक्षातज्ञ, कला शिक्षा विशेषज्ञ, कला शिक्षाविद्

Art Element (चि., समी.) *आर्ट एलीमेंट :* कला तत्त्व

Art Engage (समी.) *आर्ट इंगेज :* समाज परक कला, जीवन परक कला, सोद्देश्य कला

Art Exhibition (चि., समी.) *आर्ट एग्जीबिशन :* कला प्रदर्शनी, आर्ट की नुमाइश

Art for Art's Sake (समी.) *आर्ट फॉर आर्ट्स सेक :* कला के लिए कला हो या स्वान्त: सुखाय के लिए हो, प्रचलित धारणा

Art Form (समी.) *आर्ट फार्म :* कला आकार, कला रूप, कला आकृति, कला के प्रकार

Art Frat (समी.) *आर्ट फ्रैट :* कला बिरादरी, कलाकारों की बिरादरी, कला कुनबा

Art Gallery (संग्र.) *आर्ट गैलरी :* कला वीथिका, चित्रशाला, कला मन्दिर, कला दीर्घा, चित्र वीथि, कला प्रदर्शन गृह, कला प्रदर्शन गृह; मरा. कला दालन; उ. तसवीर खाना, तसवीर घर

Art Historian (समी.) *आर्ट हिस्टोरियन :* कला इतिहासकार, कला कोविद्, कला इतिहासविद्, कला इतिहासविज्ञ

Art history : (समी., क.इति.) *आर्ट हिस्ट्री :* कला इतिहास

Art House Cinema (समी.) *आर्ट हाउस सिनेमा :* सिनेमा घर जिसमें कलात्मक फ़िल्में प्रदर्शित होती हैं

Art House Film (फि.) *आर्ट हाउस फ़िल्म :* कला फ़िल्म

Art Lover (समी.) *आर्ट लवर :* कलानुरागी, कला प्रेमी, कलाओं से प्यार करने वाला

Art Management (समी.) *आर्ट मनेजमेंट :* कला प्रबंधन, कला व्यवस्थापन

Art Master (समी.) *आर्ट मास्टर :* कला शास्त्री, कलाविद्, कलाचार्य

Art Movement (क.आन्दो.) *आर्ट मूवमेंट :* कला आन्दोलन, कला अभियान, कला प्रथा, कला का प्रचार-प्रसार

Art Museum (संग्र.) *आर्ट म्यूज़ियम :* कला संग्रहालय, जहाँ कलाकृतियों का संग्रह व प्रदर्शन होता हो

Art News (पत्रि.) *आर्ट न्यूज़ :* ऑल इंडिया फाइन आर्ट्स एंड क्राफ्टस सोसाइटी, दिल्ली द्वारा अंग्रेजी भाषा में प्रकाशित एक मासिक कला समाचार-पत्र

Art Nouveau (चि.) *आर्ट न्यूवो :* 'नई कला के लिए प्रयुक्त एक फ्रेंच शब्द, 19वीं शताब्दी के अन्त में सजावटी नई कला के सन्दर्भ में प्रयुक्त शब्द

Art Nouveau (समी., आले.) *आर्ट न्यूवो :* नवीन कला, नवकला, आधुनिक कला, समकालीन कला

Art of New England (U.S.A.) (समी.) *आर्ट ऑफ़ न्यू इंग्लैंड :* अमरीका की कला, अमरीकी देशों की कला क्योंकि अमरीका को नया इंग्लैंड भी कहते हैं

Art Patron (समी.) *आर्ट पैट्रन :* कला पोषक, कला संरक्षक, कलात्मक गतिविधियों का प्रचार-प्रसार करने वाला व्यक्ति, कला आश्रयदाता, कला संरक्षक

Art Pavilion (समी.) *आर्ट पवेलियन :* कला मंडप

Art Piece *आर्ट पीस :* कलाकृति, कलात्मक वस्तु

Art Practitioner (समी.) *आर्ट प्रैक्टिशनर :* कला कर्मी, कला जीवी, कला सेवी

Art Promoter (समी.) *आर्ट प्रमोटर :* कला को बढ़ावा देने वाला, कला प्रसारक

Art Rebel Centre (क.समी., क., इति) *आर्ट रेबेल सेंटर :* आर्ट रिबेल सेंटर

Art Rebels (समी.) *आर्ट रिबेल्स :* विद्रोही कलाकार, कला विद्रोही

Art School (समी.) *आर्ट स्कूल :* कला विद्यालय, कला पाठशाला, कला शिक्षालय, कला पीठ, कला शाला

Art Society of India (क.समी.) *आर्ट सोसाइटी ऑफ़ इंडिया :* बम्बई के कलाकारों की एक संस्था

Art Studio (समी.) *आर्ट स्टूडियो :* कला शाला, शिल्पशाला, कला गृह, कला भवन, कला कर्मशाला, कला स्टूडियो

Art Technology (समी.) *आर्ट टेक्नोलॉजी :* कला तकनीक, कला विज्ञान, कला रचना विधि, कला रचना शैली

Art Theatre (ना.) *आर्ट थियेटर :* कला धर्मी रंगमंच, कला रंग शाला, कला पूर्ण स्टेज

Art Threapy (समी.) *आर्ट थेरेपी :* कला चिकित्सा, कला रोगोपचार, कला चिकित्सा, विज्ञान

Art Treasure (समी.) *आर्ट ट्रेज़र :* कलाथाती, कलानिधि, कला का खजाना, बहुमूल्य कलाकृतियाँ, कलात्मक निधि

Art Wave (समी.) *आर्ट वेव :* कला की बयार, कला-भाव धारा, कला की लहर

Art Work (समी.) *आर्ट वर्क :* कलाकृति, कलात्मक कार्य, कर्म

Art Work (स्था.) *आर्ट वर्क :* कलाकृति

Art Works (समी.) *आर्ट वर्क्स :* कला कृतियाँ

Art World (समी.) *आर्ट वर्ल्ड :* कला लोक कला जगत, कला संसार, वैश्विक कला से जुड़े कलाकारों का समाज या उनकी दुनिया

Art Director (ना., फि.) *आर्ट डायरेक्टर :* कला निर्देशक

Artefact (समी.) *आर्टीफेक्ट :* शिल्पकृति, कलाकृति, सजावटी कलाकृति

Artful (समी.) *आर्टफुल :* धूर्त, धूर्ततापूर्ण

Artichokes (En.) : (पा.क.) : *आर्टीचोक :* हाथी चाक— एक तरह की सब्जी

Articulacy (समी.) *आर्टीकुलेसी :* कलात्मकता

Articulation (समी.) *आर्टीकुलेशन :* सुस्पष्ट उच्चारण

Artifice (समी.) *आर्टीफाइज़ :* कला कौशल

Artificial Light (अभि.) *आर्टीफिशियल लाइट :* कृत्रिम प्रकाश

Artisan (समी.) *आर्टिजन :* शिल्पकार, शिल्पी, कारीगर

Artist (समी.) *आर्टिस्ट :* कलाकार, गायक, नर्तक, अभिनेता आदि रूपकार, कलाविद्, कला शास्त्री, कला विशारद्, ललित कला शिल्पी, कलावन्त कलाकर्मी, कला जीवी, कलाकृतियों का निर्माता; मुसव्विर, फनकार, किसी भी कला की अभिव्यक्ति देने वाला

Artist Camp (समी.) *आर्टिस्ट कैम्प :* कलाकार कार्य शिविर, कलाकार मिलन शिविर

Artist Proof (छापा.) *आर्टिस्ट प्रूफ :* मूलत: विभिन्न चरणों में परिक्षण के लिए निकाले गए प्रूफ। कलाकार के पूर्ण छापा संस्करण में से प्रथम दस प्रूफ चित्रों में से साधारणम: रोमन लिपि में क्रमांकन। वर्तमान में इस चलन का विरोध, अब कलाकार बड़े संस्करण से 10 प्रतिशत छोटे संस्करण से पांच चित्र अपने व्यक्तिगत विक्रय या प्रयोग के लिए रख सकता है। अगर यह चित्र बाज़ार में आते हैं तो व्यक्तिगत होने के कारण इनकी कीमत कुछ अधिक होती है। कलाकार चाहे तो अधिक व्यक्तिगत छापाचित्र चित्र भी छाप सकता है और कभी भी यह संख्या मूल संस्करण से भी अधिक हो जाती है जिसे कलाकार को ए/पी क्रमांकित करना चाहिए।

Artiste (समी.) *आर्टिस्ट :* कारू

Artistic (समी.) *आर्टिस्टिक :* कलात्मक, कलापूर्ण, कला सम्मत, कलावादी

Artistic (समी.) *आर्टिस्टिक :* कलात्मक, कलामय, कलापूर्ण, कला संगत, कला सम्मत

Artistic Achievement (समी.) *आर्टिस्टिक एचीवमेंट :* कलात्मक उपलब्धि, कलागत उपलब्धि

Artistic Change (समी.) *आर्टिस्टिक चेंज :* कलात्मक परिवर्तन, कलागत बदलाव

Artistic Charm (समी.) *आर्टिस्टिक चार्म :* कलात्मक आकर्षण, कलागत सौन्दर्य

Artistic Complacency (समी.) *आर्टिस्टिक कॉम्पेसेन्सी :* कलात्मक सन्तुष्टि

Artistic Contribution (समी.) *आर्टिस्टिक कंट्रीब्यूशन :* कलात्मक योगदान/कला पूर्ण भागीदारी, कला सहयोग

Artistic Creation (समी.) *आर्टिस्टिक क्रियेशन :* कलात्मक सर्जन

Artistic Grace (समी.) *आर्टिस्टिक ग्रेस :* कला सौष्ठव, कलात्मक चमक/लावण्य/मनोहरता/गारिमा शिष्टाचार

Artistic Importance (समी.) *आर्टिस्टिक इम्पॉर्टेन्स :* कलात्मक महत्त्व

Artistic Insight (समी.) *आर्टिस्टिक इनसाइट :* कलात्मक अन्तर्दृष्टि

Artistic Intensity (समी.) *आर्टिस्टिक इंटेनसिटी :* कलात्मक तीव्रता

Artistic Job (समी.) *आर्टिस्टिक जॉब :* कलात्मक मंत्रणा

Artistic Layout (समी.) *आर्टिस्टिक लेआउट :* कलात्मक विन्यास

Artistic Luxury (समी.) *आर्टिस्टिक लग्ज़री :* कलात्मक विलासिता, कलात्मक व्यसन

Artistic Makeup (रू.स.) *आर्टिस्टिक मेकअप :* अपरम्परागत रूप सज्जा, कला प्रधान रूप श्रृंगार, असामान्य मेकअप करना, एक ऐसा कलाकार है, जिसका माध्यम मानव शरीर है, जो मॉडलिंग, टेलीविजन, फ़िल्म, फैशन, पत्रिकाओं और मॉडलिंग उद्योग के सभी पहलुओं सहित अन्य समान प्रस्तुतियों के लिए मेकअप और प्रोस्थेटिक्स लगाता है।

Artistic Movements (क.इति.) *आर्टिस्टक मूवमेंट्स :* कलागत आन्दोलन, कला वादी आन्दोलन

Artistic Quality (समी.) *आर्टिस्टिक क्वालिटी :* कलात्मक गुण, कलात्मक गुणवत्ता

Artistic Revaluation (समी.) *आर्टिस्टिक रिव्येल्यूएशन :* कला आन्दोलन, कलागत क्रान्ति

Artistic Success (समी.) *आर्टिस्टिक सक्सेस :* कलात्मक सफलता

Artistic Talent (समी.) *आर्टिस्टिक टेलेंट :* कलागत प्रतिभा, कला सम्बन्धी योग्यता

Artistic Taste (सौ.) *आर्टिस्टिक टेस्ट :* कलाभिरुचि, कलाओं के प्रति दिलचस्पी

Artistic Temperament (समी.) *आर्टिस्टिक टेम्परामेंट :* कलात्मक चित्र प्रकृति

Artistic Value (रू.स.) *आर्टिस्टिक वैल्यू :* कलात्मक योग्यता, कलागत मूल्यांकन, कला, संगीत, फ़िल्म, साहित्य, मूर्तिकला या पेंटिंग के किसी भी दिये गए काम की कथित कलात्मक गुणवत्ता या मूल्य है

Artistic Vision (समी.) *आर्टिस्टिक विज़न :* कलात्मक दृष्टि कलागत, दूरदर्शिता, कलात्मक कल्पनाशक्ति, कला सम्बन्धी कल्पना शक्ति

Artistically (समी.) *आर्टिस्टिकली :* कलात्मक ढंग से

Artistry (समी.) *आर्टिस्ट्री :* कला कौशल, कारीगरी

Artists Aid Fund (समी.) *आर्टिस्ट्स एड फंड :* कला कोष, कलाकार निधि

Artists Centre (समी.) *आर्टिस्ट्स सेंटर :* कला केन्द्र, कलाकार सहायता संस्थान, कलाकारों के लाभार्थ संस्थान, आर्टिस्ट्स सेंटर

Artist's Group (समी.) *आर्टिस्ट्स ग्रुप :* कलाकार मंडल, कलाकार समूह, कलाकार टोली

Artists' Commune (समी.) *आर्टिस्ट्स कम्यून :* कलाकार बिरादरी, कलाकार वर्ग

Artless (समी.) *आर्टलेस :* कलारहित, कलाहीन, अकुशल

Artlessness (समी.) *आर्टलेसनेस :* कलाहीनता

Art-review (समी.) *आर्ट-रिव्यू :* कला की सूक्ष्म दृष्टि, कला-समीक्षा, कला की परख

Arts Doyen (समी.) *आर्ट्स डोयन :* कला महारथी, कलाओं के महापंडित, कला ज्ञानी

Arts Fraternity (समी.) *आर्ट्स फेटर्निटी :* कला बिरादरी, कलाकार बिरादरी, कला से जुड़े लोग

Arvind Shekhar Mustafi (1850-1908) (सं.क.) *अरविंद शेखर मुस्तफी :* प्रसिद्ध बांग्लानाट्य लेखक, कलाकार तथा रंगकर्मी

Aryan Civilisation (पुरा.) *आर्यन सिविलाइजेशन :* आर्यन सभ्यता

As it is (समी.) *एज़ इट इज :* तद्वत प्रतिबिम्ब

Asafoetida (En.) : (पा.क.) : *ऐसाफोयटिडा :* हींग

Ascending (समी.) *एसेंडिंग :* आरोही, ऊपर की ओर

Ascending Rhythm (संगी.) *एसेंडिंग रिद्‌म :* आरोही लय

Ascension (संगी.) *एसेंशन :* आरोहण, अधिरोहण, चढ़ाव, उठान

Ascription (समी.) *एसक्रिप्शन :* जोड़ना

Asgari Bai (1918-2006) (गा.) *असगरी बाई :* पद्मश्री सम्मान से सम्मानित एक प्रसिद्ध ध्रुपद गायिका जिन्हें अकादमी का शिखर सम्मान भी प्राप्त हुआ

Asharha (सा.ज्ञा.) *आषाढ़ :* जून का महीना जो जून से आरम्भ होता है

Ash-Can School (क.समू.) *एशकन स्कूल :* अमरीकी कलाकारों का सन् 1908 में गठित एक दल, जिसने अपनी प्रदर्शनी का यह नाम दिया था

Ashlar (स्था.) *ऐश्लर :* तराशा पत्थर, वर्गाकार या चौकोर पत्थर

Ashok Chakradhar (1951-) *अशोक चक्रधर :* हिन्दी भाषा के हास्य कवि, फ़िल्मकार, प्राध्यापक तथा साहित्यकर्मी

Ashok Kumar (1911-2001) (सिने.) *अशोक कुमार :* भारतीय सिनेमा जगत में पांच दशकों से अधिक सक्रिय एक महान अभिनेता

Ashta Nayika (समी., नृ., चि.) *अष्टनायिका :* भरत मुनि द्वारा 'नाट्यशास्त्र' में वर्णित अभिनय कलाओं से सम्बन्धित सम्मलित आठ प्रकार की नायिकाओं का एक सम्बोधन। ये आठ नायिकाएँ अपने नायकों के प्रति विभिन्न मनोभाव (अवस्थाओं) को दर्शाती हैं

Ashta Padi (संगी.) *अष्ट पदी :* संस्कृत भाषा में कवि जयदेव कृत राग ताल बद्ध रचनाएँ (प्रबंध)

Asiatic Society Calcutta (क.सं.) *एशियाटिक सोसाइटी कलकत्ता :* बंगाल में सन 1784 में बंगाल के मुख्य न्यायाधीश सर विलियम द्वारा स्थापित एक संस्था जिसका उद्‌देश्य था एशिया का इतिहास, कला, विज्ञान तथा साहित्य आदि की जानकारी प्राप्त कर उसका विधिवत संग्रह करना।

Asiatic Society of Bengal (क.सं.) *एशियाटिक सोसाइटी ऑफ़ बंगाल :* कलावृत्त, जयपुर के कलाकारों का एक समूह

ASID (ग्र.स.) *एएसआईडी :* अमेरिकन सोसाइटी ऑफ़ इंटीरियर डिज़ाइनर का संक्षिप्त रूप

Asparagus (En) : (पा.क.) : *ऐसापारागस :* शतमूल या शतावर—एक तरह की सब्जी

Asparagus Soup (पा.क.) *एसपरागस सूप :* शतावरी सूप

Aspartame (En.) : (पा.क.) *ऐस्पर्टेम :* चीनी का एक विकल्प

Aspect Ratio (समी.) *एस्पेक्ट रेश्यो :* टी.वी. पर प्रदर्शित विषय वस्तु की लम्बाई-चौड़ाई

Asphalt (छापा.) *अस्फाल्ट :* अम्ल रोधक तारकोल उत्पादन, अम्लांकन सतह पर लगाने के लिए

Aspic (En.) : (पा.क.) : *ऐस्पिक :* मांस-हड्डियों से बनी हुई एक पारदर्शी जेली

Aspiration (समी.) *एस्पीरेशन :* आकांक्षा, प्रेरणा

Assemblage (समी.) *एसेम्बलेज :* संचयन, संयोजन, सज्जीकरण, संकलन कला, जमाव, समुदाय, जनसंग्रह, कलाकृतियों का समूह, अनेक वस्तुओं को सजाकर एक कलाकृति का रूप देना

Assemblage Artf *एसेम्बलेज आर्ट :* समायोजित कला, संयोजित कला: अनेक वस्तुओं को मिलाकर बनी मिश्रित कला सामग्री

Assembling Scenery (चि.) *असेम्बलिंग सीनरी :* दृश्यावली संयोजन या सज्जीकरण

Assertviness (समी.) *एसर्टिवनेस :* मुखरता

Assessment (समी.) *एसेसमेंट :* मूल्यांकन, लगान,

Assiette Anglaise (Fr.) (पा.क.) *आसीयत आंगलेज :* एक फ्रेंच मांसाहारी व्यंजन का नाम जिसमें ठंडा मांस के साथ, बीफ और जिब ज़रूर होती है

Assignment (विज्ञा.) *एसाइनमेंट :* नियत कार्य, कर्म निर्देश, समानुदेशन, काम सौंपना

Associate Director (फि., ना.) *एसोसिएट डायरेक्टर :* सह निर्देशक

Associate Editor (पत्र., फि.) *एसोसिएट एडिटर :* सह सम्पादक

Associate Producer (फि.) *एसोसिएट प्रोड्यूसर :* सह निर्माता

Association (समी.) *एसोसियेशन :* साहचर्य भाव

Astak (संगी.) *अष्टक :* आठ स्वरों का क्रम बद्ध स्वरूप

Asthana Mandap (स्था.) *स्थान मंडप :* बैठने का विशाल कक्ष

Astragal (पुरा.) *एस्ट्रगल :* हारिका

Astronomical Dating (पुरा.) *एस्ट्रोनोमिकल डेटिंग :* खगोलीय काल निर्धारण

Ast-Sutrakam (समी.) *अष्ट सूत्रकम् :* भवन निर्माण के आधारभूत आठ औजार अर्थात धागा, बसूली, करनी, त्रिकोण आदि

Astylar (स्था.) *एस्टायलर :* स्तम्भ हीन

Astylar Hall (स्था.) *एस्टायलर हॉल :* स्तम्भहीन सभा भवन

Asymmetric Styling (फै.) *एसमैट्रिक स्टायलिंग :* वस्त्र डिज़ाइन की एक तकनीक जिसमें कपड़ों के विभिन्न भाग विषम हों

Asymmetrical (स्था.) *एसेमिट्रिकल :* असमित, असममितीय

Asymmetry Colour (समी.) *एसिमिट्री कलर :* असममिति वर्ण

At Rise (ना.) *एट राइज :* पर्दा उठने के समय कलाकार की मंच-स्थिति

Atai (संगी.) *अताई :* इधर-उधर से सुनकर या सीख कर गाने वाला व्यक्ति

Atelier (चि., स्था.) *एतेलियर* (फ्रेंच शब्द) : शिल्पशाला, कला गृह, कला शिक्षालय, विशिष्ट कलाकारों और डिज़ाइनरों की कार्यशाला या स्टूडियो

Atelier Populaire (चि., स्था.) अटीलियर पापुलेयर : फ्रेंच भाषा में छापा कार्यशाला (Print Workshop)

Atmosphere (क.इति.) *एटमोसफियर :* वातावरण, पर्यावरण

Atmosphere Sketch (फि.) *एटमोसफियर स्केच :* वातावरणीय रूपरेखा

Atmospheric Perspective (समी.) *ऐटमोसफियरिक पर्सपैक्टिव :* गगनाभ परिप्रेक्ष्य, वायुमंडलीय परिप्रेक्ष्य

Atmospheric Colour (समी.) *ऐटमोसफियरिक कलर :* गगनाभ वर्ण, वायुमंडलीय रंग

Atonal (संगी.) *एटोनल :* आधार स्वरहीन, अतान

Atrium (स्था.) *एट्रयम :* प्रांगण, परिकोष्ठ, आंगन

Atta (Hin.) (पा.क.) : *आटा :* गेहूँ का आटा

Attacca (संगी.) *अट्टका :* निरन्तरता संकेत

Attic (स्था.) *एटिक :* अटारी

Attic Order (स्था.) *एटिक आर्डर :* यूनानी भवन कला में चौकोर कालम (स्तम्भ) बनाने की कला

Attire (फै. पुरा.) *एटायर :* पोशाक, परिधान, कपड़े पहनाना, सँवारना, ठाट-बाठ

Attitude (समी., मू.पुरा.) *ऐटीट्यूड :* आचार व्यवहार, विचार भाव, रुख, मुद्रा, भंगिमा, अवसान मुद्रा

Attractive (समी.) *एट्रेक्टिव :* आकर्षक, लुभावना

Attribute (समी.) *एट्रीब्यूट :* लक्षण, विशेषता

Au Gratin (Fr.) (पा.क.) *ओ ग्रातिन :* सफेद सॉस में पकाया हुआ एक फ्रांसीसी व्यंजन

Aubergine (Fr.) (पा.क.) *ऑबरजीन :* बैंगन की सब्जी

Aubergine Pate (Fr.) (पा.क.) *ओबरजीन पाते :* बैंगन का फ्रांसीसी नाम

Audible (समी.) *आडिबल :* श्रव्य

Audience (फि., ना.) *आडिएंस :* दर्शकगण, श्रोतावृंद, श्रोतागण, प्रेषक, भीड़

Audience Chamber (स्था.) : *आडिएंस चेम्बर :* दीवाने आम

Audience Rostra (ना.) *आडियंस रोस्ट्रा :* दर्शक दीर्घा

Audio (फि.) *आडियो :* फ़िल्म की ध्वनि या आवाज, श्रव्य, सुना जाने वाला

Audio Console (फि., टी.वी.) *ऑडियो कंसोल :* वह कक्ष जहाँ प्रोग्राम की ध्वनि की स्विचिंग, मिक्सिंग और प्रोसेसिंग के उपकरण हों

Audio Logo (विज्ञा.) *ऑडियो लोगो :* श्रव्य लोगो, घोष वाक्य, सुनकर प्रोडक्ट की पहचान करने वाला वाक्य

Audio System (फि., ना.) *ऑडियो सिस्टम :* श्रव्य प्रणाली श्रव्यतंत्र

Audio video interleaved (AVI) : *ऑडियो वीडियो इंटरलीव्ड (एवीआई)* : कम्प्यूटर की एक स्मृति फाइल

Audio Visual Aids (समी.) *ऑडियो विज़ुअल एड्स* : दृश्य-श्रव्य साधन या सामग्री

Audio Visual Art (समी.) *ऑडियो विज़ुअल आर्ट* : श्रव्य तथा दृष्य कला, आडियो विजुअल आर्ट

Audiotape (टी.वी.) *ऑडियो टेप* : ऑडियोटेप

Audio-Visual (समी.) *ऑडियो विज़ुअल* : दृश्य-श्रव्य कला, देखने व सुनने वाली (कला) जैसे सिनेमा फ़िल्म

Audition (फि.) *आडीशन* : संवाद वाचन परीक्षा, कलाकार के अग्रिम रिहर्सल की क्रिया

Audition Test (फि.) *ऑडिशन टेस्ट* : श्रवण परीक्षा, कार्यक्रम, बोली की जांच, वाक् परीक्षण

Auditorium (समी., ना., फि.) *आडीटोरियम* : प्रेक्षागृह, प्रेक्षागार, रंग शाला, नाट्यशाला, सभागार, कला प्रदर्शन मंडप, आडियो-विडियो एड्स से सुजज्जित सभा भवन

Auditory Arts (समी.) *ऑडिटोरी आर्ट्स* : श्रवणीय कला, श्रव्य कलाएँ, श्रवणात्मक कलाएँ, सुनी जाने वाली कलाएँ

Augment (आले.) *ऑगमेंट* : संवर्धन, बढ़ाना

Augmentation (संगी., समी.) *ऑगमेंटेशन* : संवर्धन

August, Mackey (1887-1914) (चि., का.) *माके ऑगस्ट*: जर्मन अभिव्यंजनावादी चित्रकार

Aula (स्था.) *औला* : महाशाला कक्षा

Aurangzeb (1618-1707) (क.इति.) *औरंगजेब* : वर्ष 1658 से 1707 ई. भारत का एक मुग़ल शासक

Aureole (समी.) *ऑरियल* : प्रभामंडल, ज्योति चक्र, तेजोवलय

Aurore A L (Fr.) (पा.क.) *ओरोर अल* : हल्के भूरे रंग की एक फ्रेंच सॉस जिससे टमाटर महक जाता है

Australian (सामा.) *आस्ट्रेलियन* : आस्ट्रेलिया के नागरिक/कलाकार

Authoritative Writing (पत्र.) *अथॉर्टेटिव राइटिंग* : प्रमाणिक लेखन, जिम्मेदारी के साथ लिखना, आधिकारिक लेखन

Auto Focus SLR Camera (फो.) *ऑटो फोकस एस.एल. आर. कैमरा* : एक विशिष्ट प्रकार का कैमरा

Autobiography (समी.) *ऑटो बायोग्राफ़ी* : आत्मकथा, राम कहानी

Autograph Letter (अमि.) *आटोग्राफ़ लैटर* : स्व हस्तलिखित पत्र

Automated Measurement (फै.) *आटोमेटेड मेजरमेंट* : स्वचालित माप

Automatic Composing (पत्र.) *ऑटोमेटिक कम्पोजिंग* : स्वचालित मुद्रायोजन, विद्युत चालित मशीन से कम्पोजिंग

Automation (समी.) *ऑटोमेशन* : स्वयंचालन

Automatism (चि.) *ऑटोमेटिज्म* : अन्त: प्रेरणावाद, स्वचलता

Automobile body filler (समी.) *ऑटोमोबाइल बॉडी फिलर* : धातु के चादर पर गड्डे भरने का मशाला

Autumn Green (चि.) *ऑटम ग्रीन* : शरत्कालिक हरित (रंग)

Auxiliary (संगी.) *आग्ज़िलरी* : प्रभामंडल

Auxiliary Note (संगी.) *आग्ज़िलरी नोट* : सहकर्ती-स्वर

Avadhi Bhasha (का.क.) *अवधी भाषा* : उत्तर प्रदेश के अवध क्षेत्र, (लखनऊ, फैजाबाद, अयोध्या, रायबरेली, उन्नाव, सुल्तानपुर, बाराबंकी, हरदोई, सीतापुर, लखीमपुर आदि) में बोली जाने वाली भाषा

Avalokita (नृ.) *अवलोकिता* : नर्तक द्वारा नाक की नोक को देखने की मुद्रा

Avan addha (संगी.) *अवन अद्धा* : एक प्रकार का ताल वाद्य, जो चर्म से आच्छादित होता है

Avant Garde (समी.) *अवांत गार्द* : युगान्तरकारी, अग्रगामी कलाकार, प्रयोगशील व्यक्ति, प्रयोगवादी व्यक्ति, क्रान्तिवादी नव कलाकार, प्रगतिशील कलाकार, अग्रदूत, कला क्षेत्र में अग्रगामी, नये योग और तकनीकों के अग्रणी

Avant la letter (छापा.) *अवान्त ल लेटर* : प्लेट पर शब्दों के लिखने से पहले निकला प्रूफ, विशेषकर अठारहवीं शताब्दी के उत्कीर्णन और मैजोटिंट के सन्दर्भ में।

Avaroh (संगी.) *अवरोह* : स्वरों का ऊपर से नीचे क्रम में प्रयोग

Avartan (नृ., संगी.) *आवर्तन* : एक ताल का पूर्ण चक्र

Avdh School (क.इति.) *अवध स्कूल* : अवधी चित्र शैली, उत्तर प्रदेश में अवध क्षेत्र (लखनऊ, फैजाबाद) के नवाबों के काल की कला, जिसका प्रमुख केन्द्र लखनऊ था

Avenue (स्था.) *एवन्यू* : वीथि, गली

Average picture level (A. P. L.) (फि.) *एवरेज पिक्चर लेवल (ए.पी.एल.)* : औसत पिक्चर का संक्षिप्तीकरण

Aviddha Chitra (चि.) *अविद्ध चित्र* : चित्रकार के मनोभावों का काल्पनिक चित्र, सामान्य चित्र

Avlogolemono (Gr.) : (पा.क.) : *आवगोलेमोनो* : नीबू और चावल से बना एक ग्रीक पेय व्यंजन (सूप)

Awara (फि.) *आवारा* : निर्माता निर्देशक अभिनेता राजकपूर की 1951 में प्रदर्शित एक श्रेष्ठ हिन्दी फ़िल्म जिसे भारत के अतिरिक्त विदेशों में भी सराहा गया

Axis (क.इति., क.पत्रि., स्था.) *ऐक-सिस* : एक्सिस कला पत्रिका, (स्था.) धुरी, अक्ष, मेरुदंड

Ayar danish (समी.) *अयार दानिश* : पंचतंत्र का दूसरा नाम

Ayodhya Singh Upadhyaya 'Hariaodh' (1865-1947) (का.क.) *अयोध्यासिंह उपाध्याय 'हरिऔध'* : आधुनिक हिन्दी भाषा के एक प्रमुख कवि तथा 'प्रियप्रवास' काव्य ग्रंथ के रचनाकार

Azure (चि.) *ऐज़्योर* : सहकर्ती-स्वर

B

B & W (पत्र.) *ब्लैक एंड व्हाइट :* श्वेत और श्याम

B. Movie (फि.) *बी. मूवी :* कम खर्चे की फ़िल्म, लो बजट मूवी

B. Radha Mohan (चि.) *बी. राधामोहन :* बिहार के पटना कला महाविद्यालय के प्रधानाचार्य

B.B. Lal (1921-2022) (संग्र.वि.) *ब्रजभूषण लाल :* भारत के प्रतिष्ठित पुरातत्व वेत्ता तथा संग्रहालय विद

B.F.A. (समी.) *बी.एफ.ए. :* बैचलर ऑफ़ फाइन आर्ट्स, ललित कला में स्नातक (बी.ए.) की डिग्री

B.S. (समी.) : ब्रिटिश स्टैंडर्ड का संक्षिप्त रूप

Baansuri (समी.) *बाँसुरी :* बाँस से निर्मित एक फूँक से बजने वाला वाद्य

Baba (Fr.) (पा.क.) : *बाबा :* खमीर डाल कर बनाया गया एक किस्म का फ्रेंच केक

Babarnama (क.इति.) *बाबरनामा :* बाबर का आत्म चरित्र जिसे 1590 में अकबर ने चित्रित करवाया था

Babu Gulab Rai (1888-1963) *बाबू गुलाब राय :* हिन्दी लेखक तथा दार्शनिक

Babur (1483-1530) (क.इति.) *बाबर :* वर्ष 1526 से 1530 ई., भारत का एक मुग़ल शासक

Babur Nama (पांडु.) *बाबरनामा :* तुर्की भाषा में बाबर द्वारा रचित आत्मकथा

Bachchan Harivans Rai (1909–2003) (का.क.) *'बच्चन' हरिवंश राय :* आधुनिक हिन्दी भाषा के महान कवि, जीवनीकार तथा 'मधुशाला' के रचयिता

Back Cover (विज्ञा.) *बैक कवर :* पत्रिका के टाइटिल का अन्तिम पृष्ठ

Back ground music (फि.) *बैक ग्राउंड म्यूज़िक :* पार्श्व संगीत, पृष्ठभूमि संगीत या ध्वनि

Back lot (फि.) *बैकलॉट :* लघु दृश्यांकन स्थल, स्टूडियो का छोटा शूटिंग स्थल

Back Stage (ना.) *बैक स्टेज :* पर्दे के पीछे

Back Story (फि.) *बैक स्टोरी :* पूर्व कथा, फ़िल्म की मुख्य कहानी में कही जाने वाली नायक या घटना से सम्बन्धित अतीत कथा

Back Timing (टी.वी.) *बैक टाइमिंग :* उल्टी गिनती जैसे 9,8,7,6,5,4,3,2,1 या काम शुरू करने का संकेत

Back Up (टी.वी.) *बैक अप :* सुरक्षित प्रतिलिपि प्रोग्राम की डाटा फाइल/डिस्क आदि को सुरक्षित रखने के लिए निर्मित उस प्रोग्राम की प्रतिलिपि फ्लापी या टेप

Back View (समी., चि.) *बैकव्यू :* पृष्ठ दृश्य, परिवृत्त, पश्च दृश्य

Backdrop (ना.) *बैक ड्रॉप :* मंच पर पीछे का पर्दा, पृष्ठ यवनिका

Background (संगी.) *बैकग्राउंड :* पूर्वपीठिका, पृष्ठभूमि

Background Noise (फि.) *बैक ग्राउंड नॉयस :* पार्श्व कोलाहल

Background Scene (ना.) *बैकग्राउंड सीन :* पृष्ठभूमि दृश्य

Background Sound (फि.) *बैक ग्राउंड साउंड :* नेपथ्य ध्वनि, पार्श्व ध्वनि, परोक्ष ध्वनि

Backing (अभि.) *बैकिंग :* समर्थन, पृष्ठाधार

Backman, Max (चि.) *बेकमान, मैक्स* (1884-1950) : जर्मन चित्रकार, मूर्तिकार, छापाकार, लेखक

Bacon Rolls (पा.क.) *बेकन रोल्स :* बेनन रोल्स

Bad Box Office (ना.) *बैड बॉक्स आफिस :* असफल प्रदर्शन

Bad House (ना.) *बैड हाउस :* घटिया दर्शकों से भरी रंगशाला या प्रेक्षागृह

Badami Caves (क.इति.) *बादामी केव्स :* बादामी के गुफा चित्र, बादामी गुफा के भित्तिचित्र

Baddhi (संगी.) *बद्धी :* चमड़े की डोरी जो तबला, पखावज आदि में लगती है

Badge *बैज :* सम्मान दर्शक चिन्ह, बिल्ला

Badhat (संगी.) *बढ़त :* राग गायन या वादन में तालबद्ध

Baffad (Hin.) : (पा.क.) : *बाफाद :* गोवा की प्रसिद्ध मूली और मांस से बनी सब्जी

Baffle (समी.) *बैफल :* अवरोधक, बाधा डालना

Bag Pipe (संगी., वा.यं.) *बैगपाइप :* मध्य एशिया से भारत में आया लोकप्रिय वाद्य यंत्र

Bagel (Beigel) (Jew.) : (पा.क.) : *बेगल :* एक तरह का यहूदी पाव जो मेथी और खमीर से बनता है

Baggage Man (ना., फि.) *बैगेज मैन :* नाट्य सामग्री व्यवस्थापक

Baghar/Tadka (Hin.) (पा.क.) *बघार :* छौंक, बघार

Bagna Cauda (It.) (पा.क.) *बगना कोदा :* एक तरह की इटालियन चटनी जो मछली, लहसुन और जैतून के तेल के साथ बनाई जाती है

Baguette (Fr.) (पा.क.) *बैगेट :* एक किस्म की फ्रेंच ब्रेड

Bagurumba (नृ.) *बागुरुम्बा :* आसाम का एक लोकनृत्य

Bahadur Shah Zafar (1775-1862) (क.इति.) *बहादुर शाह ज़फर :* वर्ष 1837 से 1857 ई. भारत का एक मुग़ल शासक

Bahinabai Chaoudhari (1880-1951) (का.क.) *बेहनाबाई चौधरी :* अशिक्षित मराठी कवियत्री जिसके पुत्र ने उनकी कविताएँ लिखीं

Bahutva (संगी.) *बहुत्व :* ख़ास स्वर का अधिक प्रयोग

Baij, Ram Kinkar (1910-1980) (मू.) *राम किंकर बैज :* प्रसिद्ध मूर्तिकार

Baiju Bawara (1542-1613) (संगी.) *बैजू बावरा :* असली नाम बैजनाथ, सोलाहवीं शताब्दी (मध्यकाल) का एक प्रसिद्ध ध्रुपद गायक जिसका तत्कालीन बादशाह अकबर के दरबारी नवरत्न गायक तानसेन से मुकाबला हुआ था

Bail (स्था.) *बेल :* जमानत

Bailey (स्था.) *बेली :* दुर्ग प्राचीर

Bain Marie (Fr.) (पा.क.) *बेन मारी :* एक तरह का कंटेनर (पात्र) जिसमें गर्म पानी भरकर खाने को लम्बे समय तक गर्म रखने के लिए प्रयोग किया जाता है

Baithak (संगी.) *बैठक :* संगीत की संगोष्ठी

Baked Hilsa (En.) : (पा.क.) : *बेक्ड हिल्सा :* बंगाल की एक सुप्रसिद्ध मछली जिसे सेंक कर परोसा जाता है

Bakery (पा.क.) *बेकरी :* बेकरी, डबलरोटी बिस्कुट आदि

Bakeware (En.) : (पा.क.) : *बेकवेयर :* एक खास किस्म का बर्तन जिससे सेंकने का काम लिया जाता है

Bakhat Ram (क.इति.) *बखत राम :* सन 1791 में पूना (महाराष्ट्र) में स्थापित भारत के पहले आर्ट स्कूल का पहले बैच का एक छात्र

Bakho-Bakhim (नृ.) *बाखोबाखिम :* बिहार का एक लोकनृत्य

Baking (En.) : (पा.क.) : *बेकिंग :* ओवन (तन्दूर) के अन्दर खाना पकाने का तरीका

Baking Dish (पा.क.) *बेकिंग डिश :* भोजन पकाने का बर्तन

Baklava (Gr.) : (पा.क.) : *बकलावा :* एक तरह की ग्रीक मिठाई जिसमें बादाम और शहद का प्रयोग होता है

Bal Pardaj (तक.) *बल परदाज :* लघुचित्रों में एक-एक बाल अलग चित्रित करना

Balachak (चि.) *बालचक :* मुर्शिदाबाद (बंगाल का एक जिला) जिसके एक मोहल्ले में सर्वप्रथम दिल्ली दरबार या अन्य स्थानों से विस्थापित चित्रकारों को मुर्शिदाबाद के नवाब ने बसाया था। बालाचक चित्रकारों की एक बस्ती थी

Balance (समी.) *बैलेंस :* सन्तुलन, सामंजस्य

Balanced (समी.) *बैलेंस्ड :* संयत, संतुलित, नपा-तुला

Balanced Colour (समी.) *बैलेंस्ड कलर :* समन्वित वर्ण, संतुलित रंग

Balanced Satire (समी.) *बैलेंस्ड सटायर :* नृत्य नाटिका की नर्तकी

Balancing (चि.) *बैलेंसिंग :* संतुलन

Balchandra (चि.) *बालचन्द्र :* शाहजहाँ कालीन एक प्रसिद्ध चित्रकार

Balconet (स्था.) *बाल्कोनेट :* छोटा बारजा

Balcony (ना., फि.) *बालकनी :* छज्जा, प्रेक्षागृह के छज्जे के ऊपर दर्शकों के बैठने की व्यवस्था, बालकनी, बारजा, प्रासादिका, गौख, प्रालिन्द

Baldachin (स्था.) *बैलडकिन् :* चंदोवा, शामियाना

Bali (नृ.) *बाली :* किष्किन्धा नरेश तथा रावण का समकालीन, सुग्रीव का भाई

Balijepalli Lakshmikantham (1881-1953) (का.क.) *बल्लीजीपल्ली लक्ष्मीकांतम :* तेलुगु कवि तथा नाटककार

Balistraria (स्था.) *बैलिस्ट्रेरिया :* छोटा बारजा

Balk (पुरा.) *बाल्क :* मेंड़

Ballad (संगी.) *बैलेड :* गाथा, गाथागीत

Ballad Opera (ना.) *बैलेड ऑपेरा :* संगीत-प्रधान, गाथा गीत नाटक

Ballad Singer (समी.) *बैलेड सिंगर :* गाथागायक

Ballast (स्था.) *बैलस्ट :* गिट्टी

Ballerina (नृ.) *बैलेरिना :* बैले नर्तकी, बैले नृत्यांगना

Ballet (नृ.) *बैले :* नृत्य नाटिका, नृत्य प्रधान नाटक, नृत्य रूपक, नृत्याभिनय आधारित नाटक, बैले

Ballet Mania (नृ.) *बैले मेनिया :* बैले नृत्य प्रेमी दर्शक, बैले प्रक्षेक

Ballium (स्था.) *बेलियम :* गढ़ी-प्रांगण

Ballotine (Fr.) (पा.क.) *बैलोटीन :* बिना हड्डी के मांस का टुकड़ा जिसे भर कर और लपेट कर पानी में पकाया जाता है और ठंडा या गर्म परोसा जाता है

Balnea (पुरा.) *बेलनिया :* सार्वजनिक स्नानागार

Balraj Sahni (1913-1973) (फि.) *बलराज साहनी :* भारतीय फ़िल्म जगत व रंगमंच के एक प्रसिद्ध कलाकार जिन्हें 'दो बीघा ज़मीन' के अभिनय के लिए आज भी याद किया जाता है

Balsamic (It.) : (पा.क.) : *बालसामिक :* अंगूर के रस से बना सिरका (Vene)

Balushai (Hin.) : (पा.क.) : *बालूशाही :* एक किस्म की मैदे से बनी भारतीय मिठाई

Baluster (स्था.) *बै' लस्टर :* पतला और छोटा खम्भा, सीढ़ी के जंगले को सम्भालने वाले डंडे

Bambino (समी.) *बैम्बिनो :* बाल ईसा, ईसा मसीह का बाल रूप

Bambocciade (चि.) *बेंबोसीआद :* ग्रामीण चित्रण

Bambocciata (समी., क.इति., चि.) *बैम्बोसिएट्टा :* जनचित्र, जनवादी चित्र

Bamboo Dance (नृ.) *बैम्बूडांस :* नागालैंड का एक लोकनृत्य

Bana (संगी., वा.यं.) *बाना :* तार पर आधारित एक भारतीय वाद्य यंत्र, इसे पेना भी कहते है

Banchari (नृ.) *बन्चारी :* हरियाणा का एक लोकनृत्य

Band (संगी.) *बैंड :* टोली, दल, वृंद

Band Hem (फै.) *बैंड हेम :* एक हेम आकार, पूर्वाग्रह, या सीधे अनाज डबल बारिश पट्टी तह या सीवन, कपड़ा, परिधान किनारे करने के लिए लागू किया गया।

Bandanwar (चि., शि.) *बन्दनवार :* हिन्दुओं के प्रवेश द्वार पर लटकी अलंकृत झालर

Banderol (स्था.) *बैंडरोल :* उद्भुत पट्टिका, उभारदार, पत्ती, पट्टी

Banding (फै.) *बैंडिंग :* दूसरे कपड़े का एक टुकड़ा/बन्धन की तकनीक है

Bandish (संगी.) *बंदिश :* तालबद्ध गीत रचना, संगीतिक रचना

Bandsaw (समी.) *बैंडशा :* लकड़ी काटने की पट्टी आरा मशीन

Bangala Chitram (पत्रि.) *बांग्ला चित्रम :* कोलकत्ता से प्रकाशित बंगाली भाषा की एक सचित्र कला पत्रिका

Bangalore Nagarathamma (1878-1952) (सं.क.) *बेंगलौर नागरथम्मा :* कर्नाटक गायिका, विद्वान, संस्कृत कर्मी, तथा कला संरक्षक

Bani (संगी.) *बानी :* ध्रुपद के अंग, घरानेदार गायकी, किसी घराने से सम्बन्धित गायकी

Bani Thani (चि.) *बनी ठनी :* किशनगढ़ (राजस्थानी शैली) की एक अति प्रसिद्ध रूप चित्र

Banister (स्था.) *बैनिस्टर :* सीढ़ियों का जंगला

Banjo (संगी., वाद्य.) *बैंजो :* एक तंतु वाद्य

Banna (संगी.) *बन्ना :* एक प्रकार का विवाह गीत, जो वर को समर्पित होता है

Banner News (पत्र.) *बैनर न्यूज़ :* समाचार-पत्र के मुखपृष्ठ का चार पाँच कॉलम में सबसे बड़ा और महत्त्वपूर्ण शीर्षक

Bannerol (पुरा.) *बैनरोल :* समाधि ध्वज

Banni (संगी.) *बन्नी :* एक प्रकार का विवाह गीत, जो वधू को समर्पित होता है

Bannock (En.) : (पा.क.) : *ब्यानोक :* स्कॉटलैंड में प्राप्त एक किस्म का बिस्कुट

Banquette (ग्र.स.) *बैनक्विट :* नाश्ते के कमरे में दीवार के साथ बनी बेंच जिस पर बैठ कर खाना खाया जाता है

Bansilal (चि.) *बंसीलाल :* पटना शैली के प्रसिद्ध चित्रकार जिनके पुत्र का नाम श्याम बिहारीलाल चित्रकार है

Bansuri (संगी., वा.यं.) *बाँसुरी :* मुँह से बजाने वाला एक भारतीय वाद्य यंत्र

Banya (संगी.) *बायाँ :* तबले की जोड़ी में बाएँ हाथ से बजने वाला भाग (तबला)

Baoli (स्था.) *बाउली :* बावड़ी, एक प्रकार का सीढ़ीदार कुआं

Bap (En.) : (पा.क.) : *बाप :* स्कॉटलैंड में खाई जाने वाली खमीर से बनी एक किस्म की ब्रेड जिसे नाश्ते में खाया जाता है

Baptism (इति.) *बैपटिज़्म :* बैपटिस्ट द्वारा ईसाइयों को जीवन में शुद्ध विचार, पाप रहित आचारण आदि करने के लिए दिया जाने वाला एक गुरुमंत्र जिससे बैपटिस्म प्राप्त व्यक्ति भविष्य के जीवन में एक नेक इंसान का जीवन व्यतीत कर सके। यह क्रिया में शुद्ध जल को बालकों के सिर पर छिड़काव कर पवित्र किया जाता है। प्राय: यह बचपन में ही होती है।

Baptism of Jesus (इति.) *बैपटिज़्म ऑफ़ जीसस :* ईसा के जीवन की एक महत्त्वपूर्ण घटना जिसका मैथ्यू, मार्क और ल्यूक के गॉसिपल्स में वर्णन है जो जॉर्डन के अल मेघास स्थान में घटी थी। यह जॉन द बैपटिस्ट द्वारा कराई गई। यह क्रिया पहली शताब्दी के आरम्भिक वर्षों में हुई।

Baptistery (स्था.) *बैपटेस्ट्री :* चर्च में या चर्च के निकट का अलग भवन जहाँ *बैपटीस्ता* कराया जाता है

Baptistery (स्था.) *बैपटिस्ट्री :* बपतिस्माघर (बैपटिस्ट्री)

Bar (संगी.) *बार :* लय खंड, पाई

Bar Line (संगी.) *बार लाइन :* लय खंड, पाई

Bara Brith (En.) : (पा.क.) : *बारा बर्थ :* खमीर से बना एक किस्म का केक जिसमें काली किसमिश और शाही जीरा होता है।

Bara Khayal (संगी.) *बड़ा ख़्याल :* विलम्बित लय में ख़्याल गायकी

Barabar ka Laya (संगी.) *बराबर का लय :* एक मात्रा में

Baradari (स्था.) *बारादरी :* बारह दरी, बारह द्वारों का मंडप

Baramasa (समी.) *बारामासा :* साल के बारहों महीनों से सम्बन्धित चित्र अथवा काव्य

Barao (नृ.) *बराओ :* झारखंड का एक लोकनृत्य

Barbaric Dance (नृ.) *बारबेरिक डांस :* गँवारु नृत्य, भोंड़ा नाच

Barbecue (En.) : (पा.क.) : *बारबिक्यू :* आग पर सेंक कर पकाया गया खाना बनाने का एक तरीका

Bar-Be-Que (पा.क.) *बारबीक्यू :* कोयले की आग में भुने माँसाहारी व शाकाहारी व्यंजन

Barbizon School (क.समू.) *बारबिज़न स्कूल :* बारबिज़न कला वर्ग, बारबिज़न कलाकार समूह

Barbotine (पुरा.) *बारबोटीन :* मिट्टी का लेप, भांडलेप

Barding (Fr.) (पा.क.) *बारडिंग :* सुअर की चर्बी में लिपटे पक्षियों के सीने के टुकड़े जो उन्हें पकाने के दौरान सूखने से बचाती है

Bardochham (नृ.) *बरदोछम :* अरुणाचल प्रदेश का एक लोकनृत्य

Bare Gulam Ali Khan (1902-1968) (संगी.) *बड़े गुलाम अली खाँ :* पटियाला घराने के एक विख्यात शास्त्रीय गायक

Barebones List (अमि.) *बेयर बोनीज़ लिस्ट :* माल सूची

Baren (छापा.) *बेरन :* एक समतल, बांस से ढकी चकती जिससे जापानी कलाकार काष्ठ ब्लॉक से हाथ द्वारा छपाई करने के लिए दबाव डालते हैं

Barfi (Hin.) : (पा.क.) : *बरफी :* एक तरह की जमाई हुई भारतीय मिठाई

Barium Yellow (चि.) *बेरियम यैलो :* एक पीली रंग का उपवर्ण

Barm Brack (En.) : (पा.क.) : *बार्म ब्रेक :* आयरलैंड का केक जिसमे सूखी मेवा और फल होते है और जिसे चाय में भिगो कर खाते हैं

Baroque Architecture (स्था.) *बरोक आर्कीटेक्चर :* इटली के धार्मिक भवन के प्रारूप जिनके डिज़ाइन रोमन कलाकारों ने बनाए।

Baroque Style (क.इति.) *बॅरोक स्टाइल :* बरोक शैली, सन् 1600 से 1750 के मध्य यूरोप में प्रचलित एक कला शैली

Baroque (क.इति.) *बॅरोक :* पश्चिमी कला की एक चित्रशैली

Barquette (Fr.) (पा.क.) : *बारक्वेट :* नाव के आकार में बनी पेस्ट्री

Barre (नृ.) *बारें :* कृषक नृत्य, खेत-खलिहानों का नाच

Barred Door (स्था.) *बार्ड डोर :* नक्काशीदार लकड़ी का पल्ला, काँचदार द्वार लघु स्तंभ

Barrel Roof (स्था.) *बैरेल रूफ :* ढोलाकार छत

Barrel Vault (स्था.) *बैरेल वॉल्ट :* अर्धगोल गुंबद

Barrel Vaulted (स्था.) *बैरेल वॉल्टेड :* ढोलाकार छत या गुबंद, ढोलाकार मेहराबी

Barrier-free (समी.) *बैरियर फ्री :* रुकावट के बिना

Barrow (पुरा.) *बैरो :* स्मारक, समाधि

Bartizan (स्था.) *बार्टीज़न :* कंगूरा

Bartman (पत्र.) *बर्तमान :* कलकत्ता से प्रकाशित बांग्ला भाषा का एक दैनिक समाचार-पत्र

Bas Relief (मू.) *बास रिलीफ :* उत्कीर्ण-शिलापट्ट कम उभार की मूर्तिकला, हल्का उभार

Basalt (पुरा.) *बेसाल्ट :* एक प्रकार का पत्थर, काला पत्थर

Basant Rao Deshpandey (Dr.) (1920-1903) *डॉ. बसन्तराव देशपांडे :* मराठी नाट्य संगीतकार

Basant Taal (संगी.) *बसंत ताल :* नौ/अठारह मात्रा का एक ताल

Basawan (चि.) *बसावन :* एक प्रसिद्ध मुग़लकालीन पृष्ठभूमि चित्रण का विशेषज्ञ चित्रकार

Base (स.) *बेस :* तल सतह, आधार मूल

Base Application (रू.स.) *बेस एप्लीकेशन :* त्वचा पर पहली फाउंडेशन (रासायनिक लेपक्रीम) आदि लगाना जो त्वचा दोषों को ढकने के लिए लगाया जाता है

Base of Stage (ना.) *बेस ऑफ़ स्टेज :* मंच भूमि

Baseline (विज्ञा.) *बेसलाइन :* बेसलाइन/उपसंहार

Basement (स्था.) *बेसमेंट :* तहखाना, तलघर, इमारत का निम्न भाग या ज़मीन के अन्दर का भाग या कक्ष

Basholi School (चि.) *बशोली स्कूल :* जम्मू और कश्मीर राज्य की बशोली रियासत में फली-फूली लघुचित्र कला की एक शैली

Basic Art (समी.) *बेसिक आर्ट :* आधारभूत कला, बुनियादी कला, आधारीय कला, तात्विक कला, मौलिक कला

Basil (En.) (पा.क.) *बेसिल :* काली तुलसी

Basilica (क.इति.) *बेसिलका :* विशाल गिरजाघर, बड़ा गिरजाघर, रोमन कैथालिक और तत्कालीन ग्रीस काल के गिरजा घरों को सम्मान देने के लिए प्रयुक्त शब्द जिसके अन्तर्गत गिरजाघरों में बड़ी संख्या में लोगों के बैठने व पूजन के लिए बड़े-बड़े सभागार बनाए जाते थे।

Basilica (स्था.) *बैसिल्का :* यूरोप के मध्य कालीन गिरजाघर जिनमें रोमन शैली के बैठक हॉल होते थे। रोम का 'सेंट पीटर्स बैसिल्का' इसका श्रेष्ठ उदाहारण है

Basin stand (स्था.) *बेसिन स्टैंड :* चिलमची स्टैंड

Basohli School (क.इति.) *बसौली स्कूल :* बसौली कलम, बसौली शैली, बसौली राज्य की चित्रकला

Bas-Relief (स्था.) *बास रिलीफ :* उत्कीर्णित मूर्ति शिल्प, कम उभार की मूर्तिकला

Bass (संगी.) *बेस :* मन्द्र स्वर

Bastila (स्था.) *बेस्टाइला :* गढ़ी

Basting (En.) : (पा.क.) : *बास्टिंग :* माँस को सूखने से बचाने के लिए उसे भूनते समय मक्खन या तेल का लेपलगाने की क्रिया

Basting (फै.) *बेस्टिंग :* कच्ची सिलाई करना

Bastionet (स्था.) *बेस्टयोनेट :* बुर्जी

Basundi (Hin.) : (पा.क.) : *बासुंडी :* गाढ़े दूध से बनी पश्चिमी भारत की एक मिठाई

Bath Oliver (En.) : (पा.क.) : *बाथ ऑलिवर :* मक्खन और चीज के साथ खाया जाने वाला एक किस्म का साधारण बिस्कुट

Bathu Kamma (नृ.) *बाथू कम्मा :* तेलंगाना (दक्षिण भारत का एक लोकनृत्य

Batik (फै., चि., शि.) बाटिक कपड़ों पर मोम और पानी के रंगों की सहायता से वस्त्र पर चित्रण विधि

Bat-tala (क.इति.) *बटतला :* कोलकत्ता का एक क्षेत्र जहाँ उन्नीसवीं-बीसवीं शताब्दी में लकड़ी के ठप्पों (Wood Block Printing) से उत्तम छपाई होती थी

Batter (En.) (पा.क.) : *बैटर :* जैसे इडली, डोसा, पकौड़ा, केक, चिल्ला आदि बनाने के लिए प्रयुक्त गाढ़ा घोल

Batter (स्था.) *बैट :* ढाल, इमारत की बाहरी दीवारों में नियमित रूप से दिया हुआ ढ़ाल

Battle Piece (चि.) *बैटॅल पीस :* युद्ध चित्र, युद्ध से सम्बन्धित विषयों के चित्र

Battlement (स्था.) *बेटलमेंट :* कंगूरा

Battu Nratya (नृ.) *बट्टू नृत्य :* ओडिसी नृत्य का एक कठिन स्वरूप

Bauhaus, The (क.इति.) *द बुआ :* बुआ कला समूह, जर्मन कलाकारों की संस्था

Baul Sangeet (संगी.) *बाउल संगीत :* बांग्ला लोकगीत

Baulk (पुरा.) *बाल्क :* मेंड, मेड़

Bay (स्था.) *बे :* उपभाग, खंड

Bay Window (स्था.) *बे विंडो :* दीवार से आगे बाहर की ओर निकली हुई खिड़की

Bayleaf (En.) : (पा.क.) : *बे लीफ :* तेज पत्ता

Bazar Style (of Painting) (चि.) *बाज़ार स्टाइल (ऑफ़ पेंटिंग) :* भारतीय चित्रकारों द्वारा कम्पनी काल में गई लघु चित्रकला

BBC (पत्र.) ब्रिटिश ब्रॉडकास्टिंग कार्पोरेशन

Bead Craft (शि.) *बीड क्राफ्ट :* मनका शिल्प

Bead Curtain (शि.) *बीड कर्टेन :* मनकों से बना पर्दा, मनका-पर्दा

Beam (स्था.) *बीम :* कड़ी जो छत का भार वहन करती है, शलाका, शहतीर

Beam (ना., नृ.) *बीम :* प्रकाश की किरण पुंज

Beam (स्था.) *बीम :* कड़ी जो छत का भार वहन करती है

Bearing Wall (स्था.) *बियरिंग वॉल :* छत का भार सहने वाली दीवार

Bearnaise (Fr.) (पा.क.) *बीयरनैज :* अंडे और मक्खन से बना एक गाढ़ा सॉस

Beat (फि.) *बीट :* ध्वनि का परिमापित क्रम, विस्पंद

Beat (पत्र.) *बीट :* संवाद दाताओं, रिपोर्टरों का कार्यक्षेत्र या दायरा

Beat (नृ.) *बीट :* संगीत और नृत्य निर्देशन के सामंजस्य की तुलना

Beat (टी.वी.) *बीट :* संवाददाता (रिपोर्टर) का समाचार संकलन क्षेत्र

Beaten Rice (En.) : (पा.क.) : *बीटेन राइस :* पोहा-चिड़वे से बना एक नमकीन व्यंजन

Beautician (रू.स.) *ब्यूटीशियन :* सौन्दर्य निखार शिल्पी, साधारण रूप को अपनी विशिष्ट कला कौशल और सामग्री द्वारा असाधारण सौन्दर्य निखारने वाला शिल्पी, सौन्दर्य सज्जाकार, प्रसाधन कलाकार, ब्यूटीशियन

Beauty (समी.) *ब्यूटी :* सौन्दर्य, सुन्दरता, खूबसूरती

Beauty (समी.) *ब्यूटी :* सौन्दर्य, खूबसूरती, सुन्दरता

Beauty Care (रू.स.) *ब्यूटी केयर :* सौन्दर्य की देखभाल, सौन्दर्य रक्षक पदार्थों से शारीरिक सौन्दर्य की सुरक्षा करना, सौन्दर्य संरक्षणगृह जहाँ मानव के बाल, त्वचा तथा शरीर के विभिन्न अंगों की देखभाल की जाती है

Beauty Culture (रू.स.) *ब्यूटीकल्चर :* रूपसज्जा विधान, सौन्दर्य विषयक पाठ्यक्रम, सौन्दर्य संस्कृति, सौन्दर्य उत्पादों और सौन्दर्य से जुड़े लोगों और शारीरिक बनावट और सौन्दर्य शास्त्र पर ध्यान केन्द्रित करने के रूप में परिभाषित किया गया है। सौन्दर्य संस्कृति का एक उदाहरण सुपर मॉडल और सौन्दर्य के एक रूढ़िवादी विचार के विकास पर ध्यान केन्द्रित होना या करना।

Beauty Industry (रू.स.) *ब्यूटी इंडस्ट्री :* सौन्दर्य उद्योग में त्वचा और बालों की देखभाल के लिए सौन्दर्य प्रसाधन, इत्र और उत्पादों की बिक्री शामिल है। ब्यूटी सैलून और स्पा को सौन्दर्य उद्योग का सेवा क्षेत्र माना जाता है। इसके अलावा कुछ अर्थशास्त्रियों में बाज़ार की अपनी परिभाषा में हेल्थ क्लब और कॉस्मेटिक सर्जरी शामिल हैं

Beauty Mark (रू.स.) *ब्यूटी मार्क :* सौन्दर्य चिन्ह, शरीर पर सुन्दरता के मानक चिन्ह जैसे गालों पर तिल के निशान

Beauty Parlour (रू.स.) *ब्यूटी पार्लर :* सौन्दर्यशाला, महिला सज्जागृह

Beauty Salon (रू.स.) *ब्यूटी सैलून :* सौन्दर्यालय, सौन्दर्य की देखभाल करने वाला प्रतिष्ठान जिसमें केश सज्जा, मेकअप, सौन्दर्य शाला, रूप संवर्धनगृह, ब्यूटी सैलून, सजने सँवरने का क्रिया-स्थल तथा अनेक सौन्दर्यवर्धक उपचार किये जाते हैं

Beauty Shop (रू.स.) *ब्यूटी शॉप :* शृंगारालय, शृंगार कार्यालय, महिलाओं सजने-संवरने की दुकान

Beauty Solutions (रू.स.) *ब्यूटी सॉल्यूशंस :* सौन्दर्यवर्धन के साधन, खूबसूरती के तरीके

Beauty Therapist (रू.स.) *ब्यूटी थेरेपिस्ट :* सौन्दर्य चिकित्सक, एक व्यक्ति जिसका काम किसी व्यक्ति की शारीरिक उपस्थिति में सुधार करने के लिए उपचार करना है, जैसे कि फेशियल, मैनीक्योर, अनचाहे बालों हटाना आदि

Beauty Therapy (रू.स.) *ब्यूटी थेरेपी :* सौन्दर्य चिकित्सा, सुन्दरता बढ़ाने का विज्ञान, सौन्दर्य सम्बन्धी रोगोपचार

Beauty Tools (रू.स.) *ब्यूटी टूल्स :* सौन्दर्य उपकरण, सज्जा कार्य में प्रयुक्त औजार

Beauty Treatments (रू.स.) *ब्यूटी ट्रीटमेंटस :* सौन्दर्य उपचार, सौन्दर्य बढ़ाने के लिए किये जाने वाले विविध उपचार

Beaux Art (समी.) *बोजा आर्ट :* ललित कला, फ्रेंच भाषा का एक शब्द जो अंग्रेजी के Fine Art (ललितकला) का पर्यायवाची है

Bed Joint (स्था.) *बेड ज्वॉइंट :* संस्तर जोड़, गारे की चुनाई

Bedeck (नृ., ना.) *बिडेक :* मेकअप करना

Bedroom Serials (टी.वी., फि.) *बेड रूम सीरियल्स :* प्रणय प्रधान धारावाहिक नाटक, शयन कक्ष के प्रेम दृश्य प्रधान धारावाहिक

Beef Fillet (En.) : (पा.क.) *बीफ फिले :* बिना हड्डी वाला गाय के माँस का टुकड़ा

Beef Stew (En.) : (पा.क.) : *बीफ स्टिऊ :* गाय या भैंस के मांस का शोरबा

Beehoo (नृ.) *बीहू :* असम प्रदेश का एक लोकनृत्य

Been (संगी., वा.यं.) *बीन :* प्राय: सपेरों द्वारा प्रयुक्त फूँक से बजने वाला एक भारतीय वाद्य यंत्र

Been Jogi (नृ.) *बीन जोगी :* हरियाणा प्रदेश का एक लोकनृत्य

Beestings (En.) (पा.क.) *बिस्टिंगज़ :* बछड़े के जन्म के बाद गाय या भैस का पहला दूध

Beetle (अमि सं.) *बीटल :* झींगुर, कागज या कैनवास को हानि पहुँचाने वाला एक घरेलू कीड़ा

Behari Satsai (का.क.) *बिहारी सतसई :* आरम्भिक सत्रहवीं शताब्दी के महान हिन्दी कवि बिहारी की ब्रज भाषा की महान काव्य रचना

Beholder (समी.) *बिहोल्डर :* दर्शक, देखने वाले दर्शक, प्रेक्षक

Being the best (समी.) *बीइंग द बेस्ट :* सर्वश्रेष्ठ होने के नाते

Bela (संगी.) *बेला :* तबले की जोड़ी में बाएँ हाथ से बजाने वाला भाग (तबला)

Belfry (स्था.) *बेलफ्री :* घंटाघर, घंटा स्थल, घंटागार

Belgian *बेल्जियन :* बेल्जियम के नागरिक

Bell (संगी.) *बैल :* घंटा, घंटी

Bell Cot (स्था.) *बैल कॉट :* घंटा बुर्ज, घंटा, अट्टालिका

Bell Gable (स्था.) *बैल गेबल :* घंटा बुर्ज, घंटा अट्टालिका

Bell Turret (स्था.) *बैल टयूरे :* घंटा बुर्ज, घंटा अट्टालिका

Belle Epioque *बैले अपयोक :* यूरोप में 1890 से 1914 विश्व युद्ध का आरम्भ वर्ष के काल खंड के सन्दर्भ में प्रयुक्त शब्द

Bema (स्था.) *बीम :* व्याख्यान वेदिका, प्राचीन यूनानी न्यायाधीश का आसन

Ben Day (छापा.) *बेन डे :* मशीनी रंगत, बिन्दु और रेखाएँ, शीट में उपलब्ध; चित्रों व छापों पर बुनावट बनाने के लिए चिपकाई जाती हैं। अमरीकी आविष्कारक के नाम पर हाफ टोन प्रभाव के लिए अम्लांकन से पहले लाइन ब्लॉक पर लगाई जाने वाली मशीनी रंगत।

Ben Daydots *बेन डे डॉट्स :* छाया-प्रकाश प्रभाव उत्पन्न करने के लिए प्रयुक्त रंगीन बिन्दु चित्रण

Ben Hur (फि.) *बेनहूर :* प्रसिद्ध हालीवुड के निर्माता निर्देशक विलियम वाइलर द्वारा 1959 में प्रदर्शित एक श्रेष्ठ फ़िल्म जिसे वैश्विक सफलता मिली

Bench (स्था.) *बेंच :* बैठने का लम्बा स्टूल

Bench Mark (समी.) *बेंच मार्क :* सन्दर्भ चिन्ह

Bendre, N.S. (चि.) *नारायण श्रीधर बेन्द्रे :* एक श्रेष्ठ चित्रकार

Ben-e (छापा.) *बेन ई :* हाथ से रंगना, प्रारम्भिक काष्ठ ब्लॉक छापों में प्रयुक्त।

Benediction (नृ., ना., गा.) *बैनेडिक्शन :* मंगलाचरण, शुभ कार्यक्रमों के पूर्व ईश-स्तुति गान

Benefit Show (नृ., ना.) *बैनेफिट शो :* सहायतार्थ प्रदर्शन

Benejuri-e (छापा.) *बेनीजुरी ई :* (गुलाबी जापान) प्रारम्भिक दो या तीन रंग की छपाई, बहुरंगी छपाई का प्रेरणक

Bengal Gram (पा.क.) *बंगाल ग्राम :* काले चने

Bengal Photo Graphic Society *बंगाल फ़ोटोग्राफ़िक सोसाइटी :* कोलकाता में सन् 1856 में स्थापित भारतीय छायाकारों की संस्था जिसे भारत की सबसे पुरानी फ़ोटोग्राफ़ी की संस्था माना जाता है

Bengal School (क.इति.) *बंगाल स्कूल :* ठाकुर शैली, बंगीय कला वर्ग, बंग शैली

Bengal School of Art (क.इति.) *बंगाल स्कूल ऑफ़ आर्ट :* बंगाल शैली, बंग कला शैली, बंगीय कला वर्ग, भारतीय नवजागरण कालीन कला

Bentoo No Tomo (Jap.) : (पा.क.) : *बेंतू नो तोमो :* एक प्रकार का जापानी नमक

Beopangle (फै.) *बिस्पेंगल :* सितारों द्वारा वस्त्रों को सजाना

Berceuse (संगी.) *बेरसज :* लोरी

Berm (स्था.) *बॅर्म :* झुकी हुई चट्टान, पटरी (रास्ता)

Beryl Blue (चि.) *बेरिल ब्ल्यू :* फिरोजी, नीला (रंग)

Besant (स्था.) *बेसेंट :* वृत्ताकार अलंकरण

Bespeak (ना. नृ., फि.) *बिस्पीक :* आग्रही प्रदर्शन, फरमाइशी कार्यक्रम या प्रदर्शन

Best Boy (फि.) *बेस्ट बॉय :* कुशल अभिनेता

Bestow *बेस्टो :* अर्पित करना, प्रदान करना

Bestowed (समी.) *बेस्टोड :* प्रदान करना, अर्पित करना, ससम्मान देना

Besura (संगी.) *बेसुरा :* सुररहित जो सुर से अनभिज्ञ हो

Beta-Cam (फि., टी.वी.) *बीटा कैम :* वीडियो टेप प्रणाली का एक उपकरण (कैसट) जिसमें ध्वनि और चित्र एक साथ मुद्रित किया जाता है

Betala (संगी.) *बेताला :* ताल रहित, ताल भ्रष्ट, जो ताल से अनभिज्ञ हो

Bethlehem (क.इति.) *बेथलेहम :* फिलीस्तीन के उत्तर में बसा एक छोटा गांव जहाँ ईसा मसीह पैदा हुए थे

Beurre AU (Fr.) (पा.क.) : *बियूर ऑ :* मक्खन से बना विदेशी भोजन

Beurre Noir (Fr.) (पा.क.) *बियूर नोया :* भूरा किया हुआ मक्खन

Beurre Noissette (Fr.) (पा.क.) *बियूर नोयाज़ेत :* मक्खन को भूरा कर बनाया गया एक विदेशी सॉस

Bevel (छापा.) *बेवेल (कटाव) :* धातु की प्लेट के किनारों को एक कोण पर रेती से घिसना या काटना।

Beyond Compare (समी.) *बियांड कम्पेयर :* अतुलनीय, तुलना से परे, बराबरी से बाहर

Bezant (स्था.) *बेसेंट :* वृत्ताकार अलंकरण

Bhaama Kalaappam (नृ.) (सत्य) *भामा कलापम :* भगवान श्रीकृष्ण की घमंडी पटरानी सत्यभामा के जीवन प्रसंगों का विवरण

Bhado (सा.ज्ञा.) *भादो :* हिन्दी महीना जो जुलाई-अगस्त से आरम्भ होता है

Bhagat, D.R. (1917-1988) (मू.) *धनराज भगत* : लाहौर से विस्थापित मूर्तिकार

Bhaghvat Saran Upadhayay (1910-1982) *डॉ. भागवत शरण उपाध्याय* : एक प्रसिद्ध भारतीय पुरातत्ववेत्ता तथा कला इतिहासकार थे

Bhagoria (नृ.) *भगोरिया :* छत्तीसगढ़, मध्य प्रदेश का एक लोकनृत्य

Bhajan (नृ., संगी.) *भजन :* भारतीय उपासना गीत, भारतीय धार्मिक गायन

Bhaji (Hin.) (पा.क.) *भाजी :* सब्जी, तरकारी

Bhajjia (Hin.) (पा.क.) *भजिया :* सब्जी से बना एक प्रकार का पकौड़ा

Bhakti (नृ.) *भक्ति :* अलौकिक अनुभूति, ईश साधना

Bhakti Barve (1948-2001) *भक्ति बरवे :* मराठी फ़िल्म अभिनेत्री

Bhaktikal (का.क.) *भक्तिकाल :* हिन्दी साहित्य के इतिहास का स्वर्ण काल (1375 से 1700 विक्रम संवत) भक्त कवियों का काल, रामाश्रयी शाखा, कृष्णाश्रयी शाखा, ज्ञानाश्रयी शाखा व प्रेमाश्रयी शाखा का युग

Bhama Kalpam (नृ.) *भामा कलपम :* आंध्र प्रदेश का एक लोकनृत्य

Bhand (नृ.) *भांड :* पंजाब का एक लोकनृत्य

Bhandarkar Oriental Research Institute, Pune (सं.क.) भारत विद रामकृष्ण गोपाल भंडारकर द्वारा पूना में सन् 1917 में स्थापित भारत का एक विख्यात शोध संस्थान जहाँ संस्कृत और प्राकृत भाषाओं की पांडुलिपियों संगृहीत हैं

Bhandarkar, R.G. (Sir) (1837-1925) (सं.क.) : *सर रामकृष्ण गोपाल भंडारकर :* प्रख्यात प्राच्यविद (Ideologist) जिन्होंने 1917 में भंडारकर ओरियंटल रिसर्च इंस्टीटयूट की पूना में स्थापना की थी।

Bhangra (नृ.) *भांगड़ा :* पंजाब प्रदेश की प्रसिद्ध पुरुष प्रधान लोकनृत्य शैली

Bharat Bhawan (क.इति., संग्र.) *भारत भवन :* भारत भवन भोपाल (म.प्र.) स्थित एक कला और संस्कृति उन्नायक केन्द्र

Bharat Bhushan (1920-1992) (फि.) *भारत भूषण :* हिन्दी फ़िल्म जगत के एक प्रसिद्ध अभिनेता, फ़िल्म पटकथा लेखक तथा निर्माता थे। 1952 की फ़िल्म 'बैजू बावरा' उनकी यादगार फ़िल्म है

Bharat Kala Bhawan (क.सं.) *भारत कला भवन :* बनारस विश्वविद्यालय में स्थित एक कला संग्रहालय

Bharat Muni (चि., ना.) *भरत मुनि :* ईसा पूर्व 200 में रचे नाट्य शास्त्र के रचनाकार

Bharata Natyam (नृ.) *भरत नाट्यम :* द्रविड़ भारत (दक्षिणी भारत तमिलनाडु) की एक पुरातन शास्त्रीय नृत्य शैली

Bhartendu Harish Chandra (1850-1885) (सं.क.) *भारतेन्दु हरिश्चन्द्र :* आधुनिक हिन्दी के अग्रदूत कवि तथा लेखक

Bharthari Charit (नृ.) *भरथरीचरित :* छत्तीसगढ़ का एक लोकनृत्य

Bharya Raag (संगी.) *भार्या राग :* राग-रागिनी पद्धति के रागिनी स्वर विस्तार/पत्नी राग

Bhaskar, Dainik (पत्र.) *दैनिक भास्कर :* भोपाल तथा अन्य स्थानों से प्रकाशित होने वाला हिन्दी भाषा का एक दैनिक समाचार-पत्र

Bhatura (Hin.) (पा.क.) *भटूरा :* भारत में खमीरी मैदा से बनी पंजाबी पूड़ी

Bhava (समी., चि., नृ.) *भाव :* भाव (Action of feeling on forms), अभिनय में विषय की मुद्राओं द्वारा अभिव्यक्ति

Bhavai (नृ.) *भवई :* गुजरात का एक लोकनृत्य

Bhavanga (संगी.) *भावांग :* ओड़िसी संगीत में गायन की एक शैली

Bhayanakam (रस) (समी., नृ. चि.) *भयानकम :* भयानक, आतंक भाव द्योतक, इष्ट देवता काल रात्रि, रंग-काला

Bhel Puri (Hin.) (पा.क.) *भेल पूरी :* मुरमुरे और नमकीन से बनी बंगाल और महाराष्ट्र की प्रसिद्ध चाट

Bheri (संगी.) *भेरी :* प्राचीन सुषिर वाद्य

Bhim Sen Joshi (1922-2011) (संगी.) *भीमसेन जोशी :* भारत रत्न से सम्मानित, हिन्दुस्तानी शास्त्रीय संगीत के महान गायक

Bhindi (Hin.) (पा.क.) *भिंडी :* एक तरह की हरी सब्जी

Bhitti (स्था.) *भित्ती :* दीवार

Bhitti Chitran (चि.) *भित्ती चित्रण :* दीवार पर चित्रित चित्र

Bhitti Sanskar (चि.) *भित्ति संस्कार :* भोजपत्र, भुर्जवृक्ष की छाल जिसपर प्राचीन ऋषि मुनि लेखन तथा चित्रण करते थे

Bhoj Raj (चि.) *भोज राज :* जयपुर शैली का प्रसिद्ध चित्रकार, जिन्होंने पूना के पेशवाई राजमहल शनिवार बाड़ा को चित्रों से सजाया था

Bhumi Pranam (नृ.) *भूमि प्रणाम :* नृत्य के आरम्भ में नर्तक द्वारा धरती माँ का अभिवादन

Bias-cut (फै.) *बायॅस कट :* फैशन डिज़ाइनरों द्वारा कपड़ा काटने की एक विशेष तकनीक

Bibhatsam (रस) (समी. नृ., चि.) *विभत्सम :* घृणा, विरक्ति भाव द्योतक, इष्ट देवता-शिव, रंग-नीला

Bible (क.इति.) *बाइबिल :* ईसाइयों की पवित्र धार्मिक पुस्तक

Bible (क.इति.) *बाइबिल :* ईसाइयों के धर्मग्रंथ का नाम

Bibliography (समी.) *बिबलियोग्राफ़ी :* सन्दर्भ सूत्र, रचना सामग्री श्रोत, सहायक ग्रंथ, सन्दर्भ ग्रंथावली, ग्रंथ सूची,

सन्दर्भ ग्रंथ, सन्दर्भ सूची, पुस्तकलेखन में जिन पुस्तकों की सहायता ली जाए उनके नाम आदि का विवरण

Bibliotheque (अभि.) *बिबलियोथिक :* ग्रंथागार

Bichhua (नृ.) *बिछुआ :* आसाम प्रदेश का एक लोकनृत्य, पैर की उंगली में पहना जाने वाला एक आभूषण

Bichitter (चि.) *बिचित्तर :* शाहजहाँ कालीन एक प्रसिद्ध चित्रकार

Bichrome (चि.) *बाईक्रोम :* द्विरंगी, दो रंगा

Bichrome Painting (चि.) *बाईक्रोम पेंटिंग :* द्विरंगी चित्र

Biconvex (स्था.) *बाई कॉन्वेक्स :* उभयोत्तल

Bidesia (नृ.) *बिदेसिया :* बिहार का एक लोकनृत्य

Biennale *बेनाले :* द्विवार्षिक द्विवार्षिकी, हर दो वर्शों के अन्तराल में सम्पन्न कोई आयोजन

Big Banana (फि.) *बिग बनाना :* बड़ा नाम, महान विभूति

Big Budget Film (फि.) *बिग बजट फ़िल्म :* बड़ी लागत की फ़िल्म, फ़िल्म जिसके निर्माण में अधिक धन खर्च हुआ हो।

Big Name (ना., फि.) *बिग नेम :* विख्यात अभिनेता, मशहूर कलाकार

Big Room (पत्र.) *बिग रूम :* शीर्षस्थ पत्रकारों का आपसी चर्चा कक्ष, सम्पादकीय कक्ष, महाकक्ष

Big Star (फि.) *बिग स्टार :* महान अभिनेता, महानायक, बिग स्टार

Bigarde A LA (Fr.) (पा.क.) बिगार्द आला : सन्तरे से बनी बादामी रंग की विदेशी सॉस

Bight (स्था.) *बाइट :* फंदा

Bihar Lithography Press (चि.) *बिहार लिथोग्राफ़ी प्रेस :* ब्रिटिश कालीन पटना शहर में अंग्रेज कलाप्रेमी और संरक्षक चार्ल्स डी औली द्वारा स्थापित एक लीथो प्रेस जिसमें भारतीय चित्रकारों के रचे लघु चित्रों की प्रतियाँ सुलभ मूल्यों पर बिक्री हेतु प्रकाशित होती थीं जिन्हें बिकी के अतिरिक्त देश के अन्य भागों में तैनात अंग्रेज अधिकारियों को भी भेंट स्वरूप दिया जाता था।

Bihar School of Athens (चि.) *बिहार स्कूल ऑफ़ एथेंस :* ईस्ट इंडिया कम्पनी काल में यूनाइटेड पटना एंड गया सोसाइटी से जुड़े चित्रकारों की एक संस्था

Biharilal (1595–1664) (का.क.) *बिहारी लाल :* मध्ययुगीन भारत के एक प्रतिष्ठित रसवादी कवि तथा 'बिहारी सतसई' (सात सौ दोहों का काव्य ग्रंथ) के रचनाकार

Bihu (नृ.) *बिहू :* आसाम का एक प्रसिद्ध लोकनृत्य के साथ गाए जाने वाला गीत, जो बिहू उत्सव पर गाए जाते हैं

Bijapur School (चि.) *बीजापुर स्कूल :* बीजापुर शैली, दक्षिण भारत के बीजापुर क्षेत्र में विकसित एक कला शैली

Bijion Bhattacharya (1915-1978) (सं.क.) *बिजन भट्टाचार्य :* प्रख्यात भारतीय बांग्ला रंगमंच और सिने कलाकार

Bijou Theatre (ना.) *बिजू थियेटर :* लघुनाट्यशाला, साधारण नाटक, सस्ता रंग प्रदर्शन

Bikaner School (क.इति.) *बीकानेर स्कूल :* बीकानेर शैली, बीकानेर कलम, मारवाड़ चित्र शैली (राजस्थान) की उपशैली

Bilingual (समी.) *बाइलिगुअल :* द्विभाषी, दो भाषाओं में

Bilingual Inscription (पुरा.) *बाइलिगुअल इंसक्रिप्शन :* द्विभाषिक उत्कीर्ण लेख

Billing (फि.) *बिलिंग :* फ़िल्मों के सभी प्रचार दस्तावेजों में कलाकारों के क्रमागत नामों के क्रम के निर्धारण की विशिष्ट परम्परा

Bimal Roy (1909-1966) (फि.) *बिमल राय :* भारतीय फ़िल्मों के एक प्रसिद्ध फ़िल्म निर्देशक थे, जिन्होने रित्विक घटक और राजेन्द्र सिंह बेदी की कहानियों पर फ़िल्में बनाई

Binary Alloy (मू.) *बाईनरी एलॉय :* द्विमिश्र धातु

Binder (समी., चि.) *बाइंडर :* योजक द्रव्य, बाध्यक

Bindeshwari Prasad Sinha (1919) (संग्र.वि.) *बिन्देश्वरी प्रसाद सिन्हा :* भारतीय पुरातत्ववेत्ता तथा पटना विश्वविद्यालय में इतिहास तथा पुरातत्व विभाग के अध्यक्ष

Binding (En.) (पा.क.) *बाइंडिंग :* किसी भी भोज्य पदार्थ को गाढ़ा करने का तरीका

Binding (half) (अभि.) *बाइंडिंग :* जिल्दसाजी (आधी), बंधनकारी

Binding Leather (अभि.) *बाइंडिंग लेदर :* चमड़े की जिल्दसाजी

Binding Material (अभि.) *बाइंडिंग मेटिरियल :* जिल्दसाजी का सामान

Binding Medium (साम.) *बाइंडिंग :* बंधनकारी, किसी पदार्थ को विभिन्न अवयवों को एक साथ जोड़ने वाला माध्यम, तत्त्व

Biodegradable (साम.) *बायोडीग्रेडेबॅल :* प्रकृति में घुलनशील तत्त्व, पर्यावरण—मित्रवत पदार्थ

Biodiversity (साम.) *बायोडायवर्सिटी :* जैव विविधता

Biographical Analysis *बायोग्राफ़िकल एनालिसिस :* जीवनी पर व्याख्या, जीवन विवेचना

Biography (समी.) *बायोग्राफ़ी :* जीवनी, जीवन कथा, सम्पूर्ण जीवन परिचय

Biomorphic Art (समी.) *बाइमॉर्फिक आर्ट :* जीवरूपक कला, जीवकृति कला

Biopic (फि.) *बायोपिक :* सिने जीवनी, किसी भी व्यक्ति की फ़िल्म में कैद जीवनी

Bioscope (फि.) *बायोस्कोप :* फ़िल्मांकन योग्य

Birds Eye View (समी.) *बड्‌र्स आई व्यू :* विहंगम दृश्य

Biriyani (Ar.) (पा.क.) *बिरयानी :* मांस और चावल से बना मुगलई खाना

Birla Academy of Art & Craft (Calcutta) (क. संस्था) *बिड़ला ऐकेडमी ऑफ़ आर्ट एंड क्राफ्ट :* बिड़ला ऐकेडमी ऑफ़ आर्ट एंड क्राफ्ट कलकत्ते की एक कला पोषक संस्था

Birth of Jesus (इति.) *बर्थ ऑफ़ जीसस :* रोमन साम्राज्य के हिरोडियन राज में C. 6 से 4 BC में हुआ।

BIS (पत्र.) ब्रिटिश इनफारमेशन सर्विस

Biscotti (It.) : (पा.क.) : *बिसकौटी :* एक प्रकार का इटैलियन बिस्कुट

Bishan Das (चि.) *बिशन दास :* जहाँगीर का एक परम कुशल प्रिय चित्रकार

Bishnu Dey (1909-1982) (का.क.) *विष्णु डे :* बांग्ला भाषा के प्रसिद्ध कवि, लेखक, अनुवादक तथा कला समीक्षक

Bismillah Khan (1913-2006) (संगी.) *बिसमिल्लाह खाँ :* भारत के एक श्रेष्ठ शहनाई वादक

Bistre (क., साम.) *बिस्टर :* बिस्टर

Bit Part (फि.) *बिट पार्ट :* फ़िल्म के किसी दृश्य में अपने अतिसूक्ष्म अभिनय द्वारा कुछ लाइनें ही बोलकर गम्भीर दृश्य सजीव करने वाला पात्र

Bite (छापा.) *बाइट :* निक्षारण

Bite (टी.वी.) *बाइट :* टी.वी. इंटरव्यू का एक चुना हुआ छोटा हिस्सा

Biting (छापा.) *बाईटिंग (क्षारिता) :* अम्लांकन में धातु की प्लेट को अम्ल द्वारा गहराई की तरफ काटना।

Bitonality (संगी.) *बाईटोनेलटी :* द्विआधारी स्वरता

Bits (ना.) *बिट्स :* अंशाभ्यास

Black & White (पत्र.) *ब्लैक एंड व्हाइट :* लिखित प्रस्तुति, लिखित रूप में

Black & White Painting (चि.) *ब्लैक एंड व्हाइट पेंटिंग :* केवल सफेद और काले रंग से बना चित्र

Black and White Pix (फो.) *ब्लैक एंड व्हाइटपिक्स :* श्वेत-श्याम (Black and White) छायाचित्रों के लिए प्रयुक्त एक संक्षिप्त शब्दावली

Black Art Movement *ब्लैक आर्ट मूवमेंट :* श्याम कला आन्दोलन

Black Cardamom (En.) (पा.क.) : *ब्लैक कारडमम :* मोटी/बड़ी काली इलाइची (मसाले की एक किस्म)

Black Comedy (ना.) *ब्लैक कॉमेडी :* निराशाजनक कामेडी, असन्तोष कारी सुखान्तकी

Black Currant (En.) (पा.क.) : *ब्लैक करंट :* काले अंगूर की किशमिश

Black Eyed Beans (En.) (पा.क.) : *ब्लैक आइड बीन्स :* लोबिया

Black Gas (चि.) *ब्लैक गैस :* काजल, कज्जल

Black out (ना.) *ब्लैक आउट :* तिमिरण, नाटक मंच पर सभी बत्तियाँ बन्द कर सीन का परिवर्तन करना

Black Pepper (En.) (पा.क.) : *ब्लैक पैपर :* काली मिर्च के दाने

Black Pottery (पुरा.) *ब्लैक पॉटरी :* कृष्ण मृदमांड

Blanc AU (En.) (पा.क.) : *ब्लाँ ऑ :* मुर्गा या बछड़े मांस से बना सफेद रंग का फ्रेंच खाना

Blanching (स.) *ब्लेनचिंग :* सफेद पड़ना

Blank (समी., ना.) *ब्लैंक :* खाली, रिक्त, सादा, कोरा, निरंक

Blank Page (पत्र.) *ब्लैंक पेज :* अमुद्रित पृष्ठ

Blank Verse (का.) *ब्लैंक वर्स :* लयहीन कविता, अतुकांत काव्य

Blank Verse (समी.) *ब्लैंक वर्स :* मुक्त छन्द, स्वतंत्र काव्य

Blanquette (Fr.) (पा.क.) *ब्लाकेत :* क्रीम और अंडे की जर्दी में मुर्गे, बछड़े या मछली के माँस या सब्जियों से बना एक विदेशी पकवान

Blasphemy: (समी.) *ब्लासफेमी :* ईशनिंदा, ईश्वर की बुराई

Blasting (समी.) *ब्लास्टिंग :* विस्फोटन

Blaue Reiter, Der (Blue Rider) (क.समू.) *बल्यू राइडर समूह :* यूरोपियन चित्रकारों का एक समूह

Blazonry (चि., पुरा.) *ब्लेज़ोनरी :* कलात्मक चित्रण, कलात्मक प्रदर्शन

Bleaching (रू.स.) *ब्लीचिंग :* चेहरे की त्वचा की अन्दरूनी सफ़ाई की प्रक्रिया

Bleary (फि.) *ब्लिअरी :* धुँधला, मंद, अस्पष्ट, मलिन

Bleed (समी.) *ब्लीड :* फूटे रंग, तैल चित्रण की एक पद्धति, जिसमें रंगों के नीचे के रंग स्वत: झलकते हैं

Bleed (फो.) *ब्लीड :* ब्लीड, क्षेत्र-बाह्य, कैमरे के क्षेत्र से बाहर का भाग

Bleeding (छापा.) *ब्लीडिंग :* छपी रेखाओं से तेल का बाहर फैलना

Blend (En.) (पा.क.) : *ब्लेंड :* दो या दो से अधिक खाद्य पदार्थों का मिश्रण

Blend (of Flavours) (En.) (पा.क.) : *ब्लेंड ऑफ़ फ्लेवर्स :* दो या दो अधिक खुशबुओं का मिश्रण, स्वाद के मिश्रण

Blend (पा.क.) *ब्लेंड :* मिश्रण

Blending (समी.) *ब्लेंडिंग :* सम्मिश्रण, सुमिश्रण, मिश्रण, तैल रंगों को कोमलता से मिलाने की क्रिया

Blessing (समी.) *ब्लेसिंग :* शुभाशीष, आशीर्वाद, शुभकामनाएँ, शुभचिन्तन

Blessing Song (समी.) *ब्लेसिंग सांग :* शुभाशीष गीत, आशीर्वाद गान

Bleu AU (Fr.) (पा.क.) *ब्लियु ऑ :* ऊपर से पका हुआ गाय या भैंस का आधा पका माँस जिसे खाते समय काटने पर खून निकले

Blewit (En.) (पा.क.) : *ब्लीबिट :* ब्रिटेन की एक जंगली खाद्य मशरूम

Blind (स्था.) *ब्लाइंड :* बन्द गली, रुका हुआ मार्ग (ब्लाइंड)

Blind Follower (समी.) *ब्लाइंड फॉलोवर :* अंध-भक्त, अन्धानुयायी, अंध-साधक, आकानुयायी, अंधानुगामी

Blind Nailing (स्था.) *ब्लाइंड नेलिंग :* गुप्त कील लगाना जो दिखाई न दे

Blind Stitch Hemming (फै.) *ब्लाइंड स्टिच हेमिंग :* वह विधि जो कपड़े के दो भागों को इस तरह जोड़े कि ऐसा लगे कि सिलाई अदृश्य या लगभग अदृश्य है

Blind Tuck (फै.) *ब्लाइंड टक :* सिलने का एक उन्नत तरीका, जिससे सिलाई दिखाई न दे

Blinder (ना.) *ब्लाइंडर :* चकाचौंध, झिलमिली

Blini (En.) (पा.क.) : *ब्लिनि :* रूस में खाई जाने वाली कुट्टू के आटे से बनी खमीरी रोटी

Bliss (समी.) *ब्लिस :* आनन्द

Blister (स.) *ब्लिस्टर :* फफोला, कैनवास पर बेतरतीब उभरे भाग

Block (छापा.) *ब्लाक :* छपाई का ब्लाक या ठप्पा

Block Book (छापा.) *ब्लॉक पुस्तक :* प्रारम्भिक छपी पुस्तक चल टाइप के अविष्कार से पहले जिसमें लेख व चित्र ठोस लकड़ी के ब्लॉक में काटे जाते थे।

Block Figure (समी.) *ब्लॉक फिगर :* रुदाकृति

Block Letters (पत्र.) *ब्लॉक लेटर्स :* मोटे आकार के काले मुद्राक्षर

Block Out (छापा.) *ब्लॉक आउट :* प्लेट, शिला, स्क्रीन इत्यादि पर विशेष भाग को ढककर गोंद, स्याही, तुश, अम्ल, रंग, द्रव्य इत्यादि के प्रभाव से बचाने के लिए सतह को अभेद्य बनाना।

Block Printed (आले.) *ब्लॉक प्रिंटेड :* ठप्पा छपाई, ठप्पों से छपा हुआ (कपड़ा)

Blockage (स्था.) *ब्लाकेज :* विषम चिनाई

Blockbuster (फि.) *ब्लॉकबस्टर :* भयंकर धूम मचाने वाली फ़िल्म, बाक्स ऑफ़िस पर सफल फ़िल्म, अर्थात आर्थिक लाभ की दृष्टि से सफल फ़िल्म जैसे 'मुग़ल-ए-आज़म', 'दीवार', 'शोले' आदि

Bloking (फि.) *ब्लॉकिंग :* कैमरे की स्थिति का निर्णय

Blonde (रू.स.) *ब्लॉन्ड :* शुभ्र अथवा पीत केशों वाला व्यक्ति, शुभ्र केशी

Bloom (फि.ना., नृ.) *ब्लूम :* चकाचौंध करने वाला प्रकाश

Blooming (समी.) *ब्लूमिंग :* प्रस्फुटन

Blot and Blur (चि.) *ब्लॉट एंड ब्लर :* धब्बेदार (चित्रांकन)

Blot Drawing (चि.) *ब्लॉट ड्राइंग :* धब्बा चित्र

Blottesque (चि.) : मोटा काम, धब्बेदार चित्रकारी

Blotting Off (रू.स.) धब्बा लगाना, मिटा दो, नष्ट कर दो

Blotting Paper (क., साम.) *ब्लाटिंग पेपर :* स्याही सोख (कागज)

Blow Dryer (रू.स.) *ब्लो ड्रायर :* गर्म हवा फेंक कर शरीर सुखाने वाला यंत्र

Blow Moulding (मू.) *ब्लो मोल्डिंग :* ढलाई की एक तकनीक

Blow Up (फो.) *ब्लो अप :* छवि वर्धन, फ़ोटो को आकार में बड़ा करना

Blow-up (फि.) *ब्लो अप :* फ़िल्म के कथानक की आवश्यकतानुसार फ़िल्म के किसी दृश्य या फ्रेम को पर्दे पर बड़ा (इनलार्ज) करके दिखाना

Blue Film (फि.) *ब्लू फ़िल्म :* काम प्रधान फ़िल्म, कामुक फ़िल्म, कामवासना प्रधान फ़िल्म, काम विषयक फ़िल्म, कामोत्तेजक फ़िल्म

Blue Four, The (क.समू.) *द ब्लू फोर :* यूरोप के कलाकारों का एक समूह

Blue Journalism (पत्र.) *ब्लू जर्नलिज़्म :* सनसनीखेज पत्रकारिता, ब्लूजर्नलिज़्म

Blue Period (क.इति.) *ब्लू पीरियड :* नीलवर्णी काल, कला यात्रा का वह काल जिसमें चित्रकार ने नीले रंगों का अधिक प्रयोग किया हो जैसे पिकासो का ब्ल्यू पीरियड

Blue Print (स्था.) *ब्लू प्रिंट :* आधार योजना, खाका, रूपरेखा, नीला नक्शा

Blue Rieter (क.समू.) *ब्लू राइटर :* म्यूनिख (जर्मनी) में सन् 1911 में स्थापित कलाकारों का एक समूह

Blue Sapphire (सा.ज्ञा.) *ब्लू सफायर :* नीलम, एक प्रकार का रत्न

Blues (संगी.) *ब्लूज :* निराशापूर्ण गीत, गंदा या अश्लील गान

Blunt (समी.) *ब्लंट :* कुंद

Blunt Brush (चि.) *ब्लंट ब्रश :* रूक्ष तूलिका

Blunt Cut (रू.स.) *ब्लंट कट :* बाल काटने की एक शैली

Blur (फो.) *ब्लर :* धुंधलापन

Blusher (रू.स.) *ब्लशर :* पाउडर या क्रीम की स्थिरता का एक कॉस्मेटिक गालों को एक गर्म रंग देने के लिए उपयोग किया जाता है।

B-Movie (फि.) *बी-मूवी :* कम लागत की अपरम्परावादी फ़िल्म, कम बजट की प्रयोगवादी फ़िल्म

Board of Directors (समी.) *बोर्ड ऑफ़ डायरेक्टर्स :* निदेशक मंडल

Board Pin (चि.) *बोर्ड पिन :* ड्राइंग बोर्ड पर कागज कसने में सहायक ड्राइंग पिन

Boasting (मू.) *बोस्टिंग :* प्रथम तक्ष, प्रारम्भिक कटाई

Boat Show (ना.) *बोट शो :* नौका नाट्य प्रदर्शन, नाव पर प्रदर्शन

Bobtail Piece (ना., टी.वी.) *बॉबटेल पीस :* घरेलू विषय प्रधान, धारावाहिक, सामान्य परम्परागत नाटक

Bodhi Vriksha (क.इति.) *बोधि वृक्ष :* पीपल का वह पेड़, जिसमें नीचे बैठकर भगवान बुद्ध ने ज्ञान प्राप्त किया था।

Bodice (फै.) *बॉडिस :* चोली, कँचुकी, स्त्रियों की पोशाक में कमर से ऊपरी हिस्से में पहना जाने वाला परिधान

Bodied Linseed Oil (चि.) *बॉडीड लिन्सिड ऑयल :* गाढ़ा अलसी तेल

Bodily Arts (सगी.) *बाडिली आर्ट्स :* शारीरिक कलाएँ, कायिक कलाएँ, दैहिक कलाएँ

Bodily Control (समी.) *बॉडिली कंट्रोल :* शारीरिक नियंत्रण

Body (विज्ञा.) *बॉडी :* विज्ञापन शब्द सामग्री

Body Colour (समी.) *बॉडी कलर :* आंगिक वर्ण, अपारदर्शी रंग, सफेद रंग मिलाने से रंग अपारदर्शी हो जाते हैं

Body Copy (विज्ञा.) *बॉडी कॉपी :* सहायक विज्ञापन सामग्री, उप पाठ्य सामग्री

Body Double (फि.) *बॉडी डबल :* फ़िल्म के डुप्लीकेट कलाकार या एक्ट्रा अभिनेता जो नायक या नायिका के आवश्यकतानुसार दृश्यों में डुप्लीकेट बनते हैं।

Body Language (समी.) *बॉडी लैंग्वेज :* शारीरिक भाषा, शरीर के हाव-भाव द्वारा अभिव्यक्ति शारीरिक मुद्रा अभिव्यक्ति

Body Massage (रू.स.) *बॉडी मसाज :* शरीर की मांसपेशियों और जोड़ों की मालिश कर शारीरिक दर्द और तनाव दूर करने वाली किया

Body Painting (रू.स.) *बॉडी पेंटिंग :* बॉडी पेटिंग जब भी किसी इंसान की त्वचा पर विशेष रंग लगाए जाते हैं, उपयोग किये गए रंग अस्थायी हैं। प्रयुक्त सामग्री के आधार पर, पेटिंग कुछ घंटों और कुछ हफ्तों के बीच रहती है।

Body Text (समी.) *बॉडी टेक्स्ट :* अभिनेता द्वारा रंगमंच पर बोली जाने वाली लिखित सामग्री

Bohanda (नृ.) *बोहंडा :* महाराष्ट्र प्रदेश का एक लोकनृत्य

Bokushoku (चि.) *बोकूशो कू :* जापानी शब्द, छाया-प्रकाशन का आकर्षक प्रभाव

Bol (संगी.) *बोल* : शब्द, वाद्य संगीत में विभिन्न प्रकार के आघात से ध्वनि उत्पन्न करना

Bol Baat (संगी.) *बोल बाट :* गीत के बोलों की ताल के साथ विस्तार करना

Bold Artist (समी.) *बोल्ड आर्टिस्ट :* धाँसू कलाकार, बेबाक कलाकार, धाकड़ कलाकार, निर्भय तथा जुझारू कलाकार

Bold Colours (समी., चि.) *बोल्ड कलर्स :* प्रखर रंग, भड़कीले रंग, आक्रामक रंग/वर्ण, उद्दीपक रंग/वर्ण, निर्भीक वर्ण/रंग, सशक्त रंग

Bold Line (समी., चि.) *बोल्ड लाइन :* तीक्ष्ण रेखांकन, मुखर रेखा/रेखांकन, निर्भीक रेखा

Bold Stroke (समी., चि.) *बोल्ड स्ट्रोक :* सशक्त तूलिकाघात, निर्भीक ब्रशाघात, कठोर तूलिकाघात

Bold Works (समी.) *बोल्ड वर्कस :* धाकड़ कलाकृतियाँ, दमदार कृतियाँ

Boldness (समी.) *बोल्डनेस :* व्याहारिक निर्भीकता, अपनी बात या व्यवहार को स्पष्ट और निडर स्वरूप में प्रस्तुत करने की कला

Bollywood (फि.) *बॉलीवुड :* बम्बई का विशाल फ़िल्म उद्योग, बम्बई या फ़िल्म जगत को ये संज्ञा अमरीका के हालीवुड फ़िल्म जगत को ध्यान में रखकर दी गई है

Bolognaise (Sp.) : (पा.क.) : *बोलोग्नैज़ :* माँस के कीमे से बना एक इटैलियन सॉस जो पास्ता के साथ खाया जाता है

Bolshoi Ballet (नृ.) *बोल्शाई बैले :* बोल्शेविक बैले नृत्य

Bolster (फै.) *बॉल्सटर :* गाव तकिया, मसनद, गोल मोटा तकिया

Bolster Pillow (ग्र.स.) *बोल्स्टर पिलो :* सजावटी-बेलनाकार गोल तकिया, बोल्सटर पिलो

Bolus Ground (चि.) *बोलस ग्राउंड :* चित्रपट या कैनवास पर गहरे भूरे या लाल रंग की मिट्टी का लेप चढ़ाना जो चित्रण कार्य समाप्त हो जाने के बाद भी नीचे से झलकता रहता है

Bombast (समी., ना.) *बॉम्बास्ट :* रंगमंच पर भड़कीली, उत्तेजक और जोशीली भाषा का प्रयोग

Bombay Art Society (क.स.) *बॉम्बे आर्ट सोसाइटी :* बम्बई में अखिल भारतीय कलाकारों की एक आर्ट सोसाइटी

Bombay Duck (En.) : (पा.क.) *बॉम्बे डक :* एक तरह की मछली

Bombay Furniture (स्था.) *बॉम्बे फर्नीचर :* फ्रांसीसी और पुर्तगाल शैली में बना फर्नीचर

Bombay Group (क.समू.) *बॉम्बे ग्रुप :* बम्बई में सन् 1957 में स्थापित कलाकारों का एक समूह

Bombay Photographic Society (फो.) *बॉम्बे फ़ोटो ग्राफ़िक सोसाइटी :* सन् 1854 में बम्बई में स्थापित भारत के छाया चित्रकारों की पहली संस्था जिसके 200 सदस्य थे। 1856 में कलकत्ता और मद्रास में भी ऐसी संस्थाएँ बनीं

Bombay Progressive Artists Group (क.इति., संस्था.) *बॉम्बे प्रोग्रेसिव आर्टिस्ट्स ग्रुप :* बॉम्बे ग्रुप, बॉम्बे प्रोगेसिव ग्रुप, बॉम्बे प्रगतिशील कलाकार संघ के नामों से जाना जाने वाला एक कलाकार समूह

Bombay School of Art (क.सं.) *बॉम्बे स्कूल ऑफ़ आर्ट :* सर जे. जे. स्कूल ऑफ़ आर्ट का संक्षिप्त नाम

Bombe (Fr.) (पा.क.) *बौम्ब :* एक तरह का बर्फ से बना मीठा गोला

Bomkai Sari (नृ.) *बोमकई साड़ी :* उड़ीसा में बनी हथकरघे की साड़ी, इसे सोनीपुरी साड़ी भी कहते हैं।

Bommalu (नृ.) *बोम्मलु :* आंध्र प्रदेश का एक लोकनृत्य

Bonda (Hin.) (पा.क.) *बोंडा :* दक्षिणी भारत का विख्यात मसालेदार उबले आलू का बेसन में लपेटा हुआ पकौड़ा

Bonding (समी.) *बॉंडिग :* तालमेल

Bonhams (सा.ज्ञा., समी.) *बोनहम्स :* सन 1793 में इंग्लैंड में स्थापित विश्व की एक विख्यात कला व्यापार तथा नीलामी संस्था

Boning (फै.) *बोनिंग :* बंद फिटिंग कपड़ा
Bonne Femme (Fr.) (पा.क.) *बौं फ्राँ :* फ्रेंच भाषा में घरेलू विधि से बनाया गया सादा व्यंजन
Bonning (En.) : (पा.क.) : *बोनिंग :* हड्डियों को माँस से अलग करने की विधि
Book Binder (शि.) *बुक बाइंडर :* जिल्दसाज
Book Illumination (चि., समी.) *बुक इल्यूमीनेशन :* पोथी चित्रण, ग्रंथ चित्रण, पुस्तक सज्जा
Book Illumination Art (चि.) *बुक इल्युमिनेशन आर्ट :* ग्रंथ सज्जा कला, पुस्तक सज्जा, पोथी अलंकरण कला, पोथी सज्जा
Book of Kells (क.इति.) *बुक ऑफ़ केल्स :* यूरोप में 9वीं शताब्दी में लैटिन भाषा में लिखी ईसाइयों के धर्मोपदेशों की एक पांडुलिपि
Book of the Dead (क.इति.) *बुक ऑफ़ द डेड :* मिश्र के पिरामिडों से प्राप्त मृतक स्मारक—अभिलेख ग्रंथ, मृतक स्मारिका
Book Worm (अमि., स.) *बुक वर्म :* किताबी कीड़ा, कागज को हानि पहुँचाने वाला कीड़ा
Booklet (अभि.) *बुकलेट :* पुस्तिका, कम पृष्ठों की विवरण पुस्तक
Boom (फि., टी.वी.) *बूम :* ध्वनि रिकार्डिंग का एक माइक, धूम, धड़ाका
Boom (ना.) *बूम :* व्यापार उत्कर्ष, तेजी, आर्थिक लोकप्रियता
Boom shot (फि.) *बूमशॉट :* क्रेन पर कैमरा लगाकर फ़िल्माया गया शॉट
Bor Geet (संगी.) *बोर गीत :* असम के वैष्णव सम्प्रदाय का रागों पर आधारित भक्ति गीत
Bordelaise A LA (Fr.) (पा.क.) *बोरदेलेज आ ला :* गहरे भूरे रंग की मदिरा या मज्जा से बना एक फ्रेंच सॉस
Border (पत्र.) *बॉर्डर :* सीमांत बॉर्डर
Border (फै.) *बॉर्डर :* बेलबूटेदार किनारा
Border-Feston (ना.) *बॉर्डर-फेस्टन :* सजावटी-झालर
Border-Light (ना.) *बॉर्डर-लाइट :* झालर-बत्ती
Border-Line (समी.) *बॉर्डर-लाइन :* सीमा रेखा, सीमावर्ती
Bos-Indicus (पुरा.) *बॉस-इडिंकस :* भारतीय वृक्ष
Bottego System (क.इति.) *बोत्तेगा सिस्टम :* इटली के पुनर्जागरण काल में प्रचलित एक गुरु शिष्य परम्परा
Botticheli, Sandro (1445-1510) (चि.) *बोत्तिचेलिन, सान्द्रो :* इटैलियन आरम्भिक पुनर्जागरण कालीन चित्रकार
Bottom of Page (पत्र.) *बॉटम ऑफ़ पेज :* तथ्यात्मक एवं जानकारीपूर्ण लेख
Boucharde (क.साम., स्था.) *बोकाडेअ॑ :* ग्रेनाइट या अन्य कठोर पत्थरों की कटाई-छटाई के काम में आने वाला एक 'V' आकार का नुकीला हथौड़ा
Bouchee (Fr.) (पा.क.) *बूशी :* नमकीन मिश्रण से भरा, पफ पेस्ट्री से बना एक व्यंजन
Boudin Blanc (Fr.) (पा.क.) *बुदिन ब्लॉ :* एक किस्म का सॉसेज जिसे बछड़े, गाय, सुअर, खरगोश या मुर्गे के कीमे से बनाया जाता है
Boudin Noir (Fr.) (पा.क.) *बुदिन नोया :* एक किस्म का सॉसेज जो शूकर के खून, चर्बी, मलाई, प्याज और मसालों के साथ बनाया जाता है
Bouillon (Fr.) (पा.क.) *बुइआँ :* सूप और सॉस में प्रयोग किया जाने वाला एक किस्म का माँस और सब्जियों का स्टॉक
Bouillon (पा.क.) *बोलन :* शोरबा
Bounce Light (फो.) *बाउन्स लाइट :* परावर्तित प्रकाश
Boundry Line (चि.) *बाउंड्री लाइन :* सरहदी रेखा, सीमा रेखा, चौदद्दी
Bouquet (समी.) *बुके :* फूलों का गुच्छा, पुष्प गुच्छक, गुलदस्ता
Bourgeoise A LA (En.) (पा.क.) : *बुरजुआ आ ला :* फ्रेंच भाषा में घरेलू ढंग से माँस पकाने का तरीका
Bourguignonne (Fr.) (पा.क.) *बुरगाइनाँ :* बरगंडी रेडवॉइन और प्याज से बना खाना
Boutique (फै.) *बुटीक :* वस्त्रालय, परिधान या अन्य फैशन सम्बन्धी सामान बिक्री की दुकान
Boutique Salon (रू.स.) *बुटीक सैलून :* महिलाओं के लिए विशिष्ट सौन्दर्य शाला जिसको सेवाएँ प्राप्त करने के लिए अग्रिम आवेदन करना होता है।
Bow (ना.) *बो :* नमन (पुरा.) कमान, धनुष (संगी.) गज, धन
Bow Out (ना.) *बो आउट :* रंगमंच से प्रस्थान करना, मंच गमन
Bow Pen (क., साम.) *बो पेन :* धनुर्लेखनी, कमान लेखनी, बो पैन
Bow Teller (ना.) *बो टेलर :* नाटक के अन्त में कलाकारों का परिचय हेतु बुलाने वाला रंगमंच प्रबंधक
Box Camera (फो.) *बॉक्स कैमरा :* एक आरम्भिक पुराने किस्म का कैमरा, बॉक्स कैमरा
Box Grave (पुरा.) *बॉक्स ग्रेव :* ताबूती कब्र, बक्साकार कब्र
Box News (पत्र.) *बॉक्स न्यूज़ :* पेज पर घेरा बंद प्रमुखता से प्रकाशित महत्त्वपूर्ण समाचार
Box Office (फि., ना.) *बॉक्स आफिस :* टिकट बिक्री कक्ष, नाटक या फ़िल्म कमाई कक्ष
Boy Bishop (ना.) *ब्वॉय बिशप :* बाल सूत्रधार
Bracket (स्था.) *ब्रेकिट :* तोड़े, दीवारगीर, स्तम्भ घुंडी
Bracket Candlestick (डि.) *ब्रैकेट कैंडलस्टिक :* भित्ति मोमबत्ती दान
Brahma (नृ.) *ब्रह्मा :* हिन्दू धर्म में संसार के जन्मदाता, सृष्टि रचनाकार

Brahma Samaj (क.इति.) *ब्रह्म समाज :* सन् 1828 में राजा राममोहन राय द्वारा स्थापित यह एक उदार संस्कृति का जन्मदाता संगठन था जिसमें परम्परा के आदर्श और सर्व धर्म समन्वय की भावना के साथ विश्व बंधुत्व का संदेश निहित था

Braid (रू.स.) *ब्रेड :* चोटी, लट, बेनी, वेणी

Braiding (फै.) *ब्रेडिंग :* चोटी के आकार में बुनाई की एक प्रक्रिया

Brain Storming (विज्ञा. समी.) *ब्रेन स्टॉरमिंग :* विचार मंथन, झकझोर देने वाला विचार, नये विचार उत्पन्न करने के लिए सामूहिक चर्चा

Braised (En.) (पा.क.) *ब्रेस्ड :* कठोर माँस को पकाने की एक विधि, जिसमें माँस को हल्का भून कर सब्जियों और तरल वस्तुओं के साथ धीमी आँच में पकाया जाता है।

Braj Bhasha (का.क.) *ब्रज भाषा :* भक्ति काल की भाषा, पश्चिमी उत्तर प्रदेश एवं उत्तराखंड में बोली जाने वाली एक क्षेत्रीय ग्रामीण भाषा, उत्तर प्रदेश के ब्रज क्षेत्र से उत्पन्न भाषा, जो अन्य भारतीय भाषाओं की तरह संस्कृत से जन्मी

Brancusi, Constantin (1876-1957) (चि.) *ब्रांकुसी, कॉन्स्टेनटिन :* रोमानियन चित्रकार, मूर्तिकार तथा फ़ोटोग्राफ़र

Brand (विज्ञा.) *ब्रैंड :* अलग पहचान, विशिष्ट पहचान, प्रतिमा, ट्रेड मार्क, मार्का, कम्पनी का विशेष उत्पाद, व्यापक पहचान

Brand Ambassoder (विज्ञा.) *ब्रैंड एम्बेसडर :* प्रचार दूत, व्यावसायिक प्रोन्नति दूत

Brand Development (आले.) *ब्रैंड डेवलॅपमेंट :* ब्रैंड का विकास, उत्पाद मार्के का विकास

Brand Image (विज्ञा.) *ब्रैंड इमेज :* प्रतिमा निर्मिती, अर्थपूर्ण अलग पहचान, विशिष्ट छवि, ब्रांड की छवि, मार्के की पहचान

Brandade (Fr.) (पा.क.) *ब्रैंडेड :* नमकीन कॉड मछली और लहसुन के साथ पकाया जाने वाला दक्षिणी फ्रांस का एक व्यंजन

Brass Antiqued (शि.) *ब्रास एंटीक्वीड :* पुरानी की गई पीतल

Brass Band (संगी.) ब्रास बैंड : पीतल धातु के बने मुँह से फूँक कर बजाने वाला वाद्य यंत्र या वादक, तूर्य वृंद

Brayer (छापा.) *ब्रेयर (रेंकनी) :* ब्लॉक पर स्याही लगाने के लिए प्रयोग किया जाने वाला खाल चढ़ा पेपर।

Brayer (छापा.) *ब्रेएर :* रबड़ का रोलर, जिससे ठप्पों पर स्याही लगाई जाती है

Bread (पा.क.) *ब्रेड :* रोटी

Bread Bowls (En.) (पा.क.) *ब्रेड बोल्स :* विभिन्न किस्मों की ब्रेड रखने की टोकरी या बड़ा कटोरा

Break (ना.) *ब्रेक :* अन्तराल, विराम, अस्थायी रोक

Break Ground (पुरा.) *ब्रेक ग्राउंड :* उत्खनन आरम्भ करना

Break Joints (स्था.) *ब्रेक ज्वाइंट्स :* दर्जकाट चिनाई करना, ईंट चिनाई की एक शैली

Breakfast (En) : (पा.क.) : *ब्रेकफास्ट :* सुबह का नाश्ता

Breaking News (टेली.) *ब्रेकिंग न्यूज़ :* खबर अभी अभी आपात समाचार, ताजी खबर, गरमा-गरम खबर

Breaking News (पत्र.) *ब्रेकिंग न्यूज़ :* गरमा-गरम खबर ताजा खबर, अवरोधित समाचार, आकस्मिक समाचार, अति महत्त्वपूर्ण समाचार, आपात समाचार

Breast Plate (पुरा.) *ब्रैस्ट प्लेट :* कवच

Breast Summer (स्था.) *ब्रैस्ट समर :* बीम

Breathtaking Moments (समी.) *ब्रैथटेकिंग मोमेंट्स :* विस्मय के क्षण

Bresaola (Fr.) (पा.क.) *ब्रेसाओला :* इटली में जैतून के तेल, नीबू का रस और काली मिर्च लगाकर सुखाया गया गाय का नरम माँस

Bribery (पुरा.) *ब्राईबरि :* प्राचीन अनूठी कलात्मक कलाकृतियाँ

Bric-a-brac (पुरा.) *ब्रिक-ए-ब्रेक :* प्राचीन अत्यन्त सुन्दर लघु कलाकृतियाँ

Brick Red (चि.) *ब्रिक रैड :* पकी ईंट की तरह का लाल रंग

Bridge (फो. फि.) *ब्रिज :* झूलापुल

Bridge Passage (संगी.) *ब्रिज पैसेज :* संयोजक का अंश

Brief (समी.) *ब्रीफ :* विषय सार, पक्षसार जानकारी, खुलासा, संक्षेप, संक्षिप्त

Bright Colour (चि., समी.) *ब्राइट कलर :* भड़कीले रंग, मुखर रंग/वर्ण, चमकदार रंग, चहचहाते रंग

Bright Meal (पा.क.) *ब्राइट मील :* साफ़-सुथरा स्वच्छ भोजन

Brihadeeshwara (स्था.) *बृहदेश्वर :* तंजौर का एक प्राचीन व विशाल मन्दिर

Brilliance (समी.) *ब्रिलियंस :* दीप्ति, चमक प्रभा, प्रतिमा, शान

Brilliant Colours (चि.) *ब्रिलियंट कलर्स :* ओजपूर्ण रंग, वैभवशाली

Brisket (En.) (पा.क.) *ब्रिस्केट :* गाय के कंधे के नीचे का भाग जो कि लम्बे टाइम तक पकाने के तरीके में इस्तेमाल किया जाता है, पशु की छाती

Bristol Board (छापा.) *ब्रिस्टल बोर्ड :* छापाचित्र को मैट प्रभाव देने में प्रयोग आने वाला मोटा पेपर

British Empire Exhibition (क.इति.) *ब्रिटिश एम्पायर एग्ज़ीविशन :* इंग्लैंड में 1924 में आयोजित एक उपनिवेशी देशों की कला प्रदर्शनी

British ब्रिटिश : ब्रिटेन के नागरिक, इंग्लैंडवासी

British India (सा.ज्ञा.) ब्रिटिश इंडिया : भारत में सन् 1612 से 1947 तक की काल अवधि

British Raj (सा.ज्ञा.) *ब्रिटिश राज :* भारत में सन् 1858 से 1947 तक की काल अवधि

British Rule in Burma (सा.ज्ञा.) *ब्रिटिश रूल इन बर्मा :* बर्मा (म्यांमार) में सन् 1824 से 1948 तक की काल अवधि

Brittle (अभि.) *ब्रिटिल :* भंगुर

Brittle Record (अभि.) *ब्रिटिल रेकार्ड :* भंगुर अभिलेख, नष्ट प्राय अभिलेख

Brittleness (अमि.) *ब्रिटिलनेस :* भंगुरता

Broad Side (छापा.) *ब्रॉड साइड :* प्रसिद्ध छापा आकृति, अक्सर राजनीतिज्ञ, सामाजिक व्यंग्य या विवरण

Broadcast (समी.) *ब्रॉडकास्ट :* रेडियो द्वारा प्रसारण

Broadcast (टेली.) *ब्रॉडकास्ट :* प्रसारण, टी.वी. कार्यक्रम का प्रसारण

Broadcast Journalism (पत्र.) *ब्रॉडकास्ट जर्नलिज़्म :* प्रसारण पत्रकारिता, रेडियो या टी.वी. की पत्रकारिता

Brocade (आले.) *ब्रोकेड :* ज़री वस्त्र, ज़री के काम से अलंकृत कपड़ा

Broccoli (En.) : (पा.क.) : *ब्रोकली :* हरे रंग की फूल गोभी

Brochette (En.) : (पा.क.) : *ब्रोशेत :* ग्रिल या कोयले पर पका मछली या माँस से बनने वाला एक तरह का कबाब

Brochure (पत्र. विज्ञा.) *ब्रोशर :* लघु-पत्रिका, सार-पुस्तिका, आकर्षक लघु पुस्तिका, विवरणिका, कार्यक्रम या आयोजन की विवरण पुस्तिका, कार्यक्रम की परिचय-पुस्तिका

Broken Colour (समी.) *ब्रोकॅन कलर :* खंडित वर्ण, उत्क्षिप्त वर्ण, भंजित रंग, चित्रों में रंगों को फीका करने की एक क्रिया विधि

Broken Wheat (पा.क.) *ब्रोकेन व्हीट :* गेहूँ की दलिया

Broletto (स्था.) *ब्रोलिये :* नगर भवन

Bronze (क.सा., मू.) *ब्रोन्ज़ :* निद्राकार औषध कांस्य, ताँबे और पीतल के निश्चित अनुपात के मिश्रण से बनी एक धातु, जो प्राय: मूर्ति ढालने में प्रयोग की जाती है।

Bronze Casting (मू.) *ब्रोन्ज़ कॉस्टिंग :* कांस्य-ढलाई, ताँबें और पीतल से बनी मिश्र धातु से ढलाई का कार्य

Bronze Figure (मू.) *ब्रोन्ज़ फिगर :* कांस्य कृति, कांसे की मूर्ति

Brotherhood (समी.) *ब्रदरहुड :* बंधुत्व, भाईचारा

Brown, Percy (1872-1955) (चि.) *पर्सी ब्रॉउन* भारतीय कला के अध्येता

Brownie (En.) (पा.क.) : *ब्रॉउनी :* अखरोट और चॉकलेट से बना एक किस्म का केक

Browning (En.) (पा.क.) *ब्रॉउनिंग :* खाने को सुनहरा बादामी करने की विधि

Brucke, Die (Bridge) (क.आन्दो.) द *ब्रुक (ब्रिज) :* ब्रिज, जर्मन युवा चित्रकारों का एक समूह

Bruegel, Pieter (1525-1569) (चि.) *पीटर ब्रूगेल :* डच चित्रकार तथा छापाकार

Brulee (Fr.) (पा.क.) *ब्रूले :* चीनी को पिघला कर भूरा-बादामी करके एक फ्रांसीसी मिठाई बनाना

Brunches (En.) (पा.क.) *ब्रंचेज :* सुबह के नाश्ते और दोपहर के खाने के बीच खाया जाने वाला खाना

Bruschetta (It.) : (पा.क.) : *ब्रुशेता :* भूख बढ़ाने के लिए ब्रेड पर सब्जियाँ लगा एक इटैलियन खाना

Brush (क., साम., चि.) *ब्रश :* तूलिका, लेखनी (सं.) कूची (मरा.) कुंचला, कूर्चक, चित्रण का एक प्रमुख उपकरण

Brush (छापा.) *ब्रुश (तूलिका) :* चपटे और गोल; चित्रण और ब्लॉक पर रंग लगाने के लिए

Brush Case (क.साम., चि.) *ब्रश केस :* तूलिका (ब्रश) रखने की तूंबी, ब्रश केस; वर्तिका समुद्गक (सं)

Brush Drawing (चि.) *ब्रश ड्राइंग :* तूलिका चित्र, तूलिका आरेखण, ब्रश से बना रेखाचित्र

Brush Mark (समी., चि.) *ब्रश मार्क :* तूलिका चिह्न

Brush Stroke (चि.) *ब्रश स्ट्रोक :* तूलिकाघात, ब्रश स्ट्रोक

Brush Work (समी., चि.) *ब्रश वर्क :* तूलिका कर्म, तूलिका चित्रण

Bucentaur (पुरा.) *ब्यूसैंटर :* वृषभ मानव

Budapest Times, The (पत्र.) द *बुडापेस्ट टाइम्स :* हंगरी का एक अत्यन्त लोकप्रिय दैनिक समाचार-पत्र

Buddhism *बुद्धिज़्म :* बौद्ध दर्शन

Buddhist Art (चि., मू., स्था.) *बुद्धिस्ट आर्ट :* बौद्ध धर्मी कला, बौद्ध कला, बुद्ध विषयक कला

Buddhist Cross (स्था.) *बुद्धिस्ट क्रॉस :* स्वास्तिक चिन्ह

Buddhist Dance (नृ.) *बुद्धिस्ट डांस :* बौद्ध धर्म विषयक नृत्य

Buddhist Legend (समी.) *बुद्धिस्ट लिजेंड :* बौद्ध धर्म आधारित दन्तकथा

Budding Artist (समी.) *बडिंग आर्टिस्ट :* नवांकुरित कलाकार, उभरता कलाकार, कला जगत में अपनी पारी आरम्भ करने वाले कलाकार

Budding Artists (समी.) *बडिंग आर्टिस्ट्स :* उभरते कलाकार, नवप्रकाशित कलाकार, किशोर कलाकार

Budger (ना.) *बजर :* विशिष्ट मसखरा

Budgeting (साम.) *बजटिंग :* भविष्य के खर्चे की रूप रेखा

Buffa Opera (ना.) *बफा ऑपेरा :* हास्य-प्रधान गीति नाट्य

Buffalo Dance (नृ.) *बफैलो डांस :* महिष लोकनृत्य, भैंसे के मेकअप में किया जाने वाला नृत्य

Buffet (ग्र.स.) *वुफे :* भोजन कक्ष में रखी एक 30" ऊँची मेज़ नुमा केबीनेट जिस पर खाना परोसा जाता है

Bug (टी.वी.) *बग :* कंप्यूटर प्रोग्राम में त्रुटि, बग

Bugle (संगी.) *बुगल :* बिगुल, एक वाद्य यंत्र

Building (स्था.) *बिल्डिंग :* इमारत, मकान, भवन

Building permit (स्था.) *बिल्डिंग परमिट :* निर्माण की अनुमति

Building regulations (स्था.) *बिल्डिंग रेगुलेशन :* बिल्डिंग नियम, भवन निर्माण के सरकारी नियम

Built Environment (समी.) *बिल्ट इनवायरमेंट :* पूर्व निर्मित वातावरण, भूमिका

Built in Flash (फो.) *बिल्ट इन फ्लैश :* कैमरे से स्वत: जुड़ा फ्लैश

Buiya (नृ.) *बुइया :* अरुणाचल प्रदेश का एक लोकनृत्य

Bulbul Tarang (संगी., वा.यं.) *बुलबुल तरंग :* एक भारतीय वाद्य यंत्र

Bulbus (स्था.) *बॅल्बॅस् :* गोलाकार, बल्बाकार, भवनों की छत पर बना अर्ध गोलाकार गुम्बद

Bull (पत्र.) *बुल :* तेजड़िया

Bulletin (पत्र.) *बुलेटिन :* अधिकृत सूचना-पत्र, लघु समाचार-पत्रिका, सूचना अंक

Bullion Market (पत्र.) *बुलियन मार्केट :* सर्राफा बाज़ार, बुलियन मार्केट

Bulwork (स्था.) *बुलवर्क :* प्राचीर

Bumper (समी.) *बम्पर :* भरपूर, सामान्य से बड़ा आघात रोधक

Bun (En.) (पा.क.) *बन :* एक किस्म की गोलाकार ब्रेड

Bundelkhand School (क.इति.) *बुन्देलखंड स्कूल :* बुन्देलखंड शैली, अठारहवीं शताब्दी में पल्लवित राजस्थानी चित्र शैली

Bundi School (क.आन्दो.) *बूँदी स्कूल :* बूँदी शैली, बूँदी कलम, राजस्थान के हड़ौती अंचल की एक लघु चित्रकला शैली

Bureau (पत्र.) *ब्यूरो :* समाचार संग्रह केन्द्र, संवादाताओं का परिचर्चा कक्ष

Burfi (En.) (पा.क.) *बर्फी :* एक किस्म की भारतीय मिठाई

Burger (En.) (पा.क.) *बर्गर :* बन के अन्दर मांस या सब्जियाँ लगी टिक्की

Burial (पुरा.) ब्यूरिल : शव समाधि, शवाधान, कब्र, भू-निवेश

Burin (क.साम., छापा.) *ब्यूअॅरिन :* उकेरनी, उत्कीर्णक, तक्षणी, वर्ण-प्रतीक, वर्णमाला प्रतीक

Burlesque (ना.) *बर्लेस्क :* सड़क छाप कलाकार, सड़कों पर प्रदर्शन करने वाला

Burma *बर्मा :* म्यांमार देश का प्राचीन नाम

Burnet (En.) : (पा.क.) : *बरनेट :* सलाद में खीरे जैसी महक वाली एक किस्म की जड़ी बूटी

Burning (छापा.) *बरनिंग :* तेज अम्ल के कारण प्लेट तन्तुओं, चित्रण या स्याही का गलना।

Burnish (सं.समी.) *बर्निश :* घुटाई करना

Burnt Orange (चि.) *बर्न्ट ऑरेन्ज :* बर्न्ट ऑरेन्ज एक किस्म के नारंगी रंग का नाम

Burnt Siena (क.साम., चि.) *बर्न्ट साइना :* बर्न्ट सियना रंग, एक प्रकार का कत्थई रंग जिसका सामान्य रंग पकी ईंट के रंग जैसा होता है

Burnt Umber (क., साम., चि.) *बर्न्ट अम्बर :* एक प्रकार का गहरा कत्थई रंग

Burr (क., साम.) *बॅ :* बर, गड़गड़ाहट

Burrida (It.) : (पा.क.) : *बुरीदा :* समुद्री जीव-जन्तुओं से बना एक इटैलियन व्यंजन जिसे अधिकांशत: ठंडा परोसा जाता है

Bursting Strength (समी.) *बर्स्टिंग स्ट्रेन्थ :* फटने की सीमा, प्रस्फोटरोधी सामर्थ्य

Business Card (विज्ञा.) *बिजनेस कार्ड :* व्यापारिक परिचय पत्र, विज़िटिंग कार्ड,

Busker (ना.) *बस्कर :* सड़क छाप अभिनेता, सड़कों पर अभिनय प्रदर्शन करने वाले कलाकार

Bust (मू.) *बॅस्ट :* अर्ध प्रतिमा, आवक्ष मूर्ति, आवक्ष चित्र, अर्ध प्रतिमा

Bust Shot (फो.) *बस्ट शॉट :* आवक्ष शॉट, सिर से कमर तक की फ़ोटो लेना

Butta (नृ.) *बुट्टा :* आंध्र प्रदेश का एक लोकनृत्य

Butter (En.) (पा.क.) *बटर :* मक्खन

Butter Margarine (पा.क.) *बटर :* मक्खन मार्गरिन, एक प्रकार का मक्खन

Butter Milk (En.) (पा.क.) *बटर मिल्क :* छाछ, मट्ठा

Butter Paper (स्था.) *बटर पेपर :* अल्पदर्शी कागज, मखनिया कागज, बटर पेपर

Butternut (En.) (पा.क.) *बटरनट :* कद्दू जैसी एक सब्जी जिसका गूदा और बीज खाने में प्रयोग किये जाते हैं

Buttery Clay (मू., पुरा.) *बटरी क्ले :* चिकनी मिट्टी

Buttonhole (फै.) *बटनहोल :* काज, फंदा

Buttress (स्था.) *बॅट्-रिस :* दीवार टेक, वद्र, पुश्ता लगाना

Buyer (साम.) *बायर :* क्रेता, खरीददार, ग्राहक, खरीदने वाला

Buying Office (साम.) *बाइंग ऑफिस :* उत्पाद खरीदने वाला कार्यालय या संस्थान

Buzzer (ना.) *बजर :* गुंजक

By Line (पत्र.) *बाई लाइन :* नाम पंक्ति, संवाददाताओं के नाम की मुद्रित लाइन

By-product : (समी.) *बाइप्रोडक्ट :* मुख्य उत्पाद से बची सामग्री से तैयार उत्पाद, उपोत्पाद, बचे-खुचे से बना सामान

Byssus (पुरा.) *बाइसस :* ममी कफन

Byzantin Empire (क.इति.) *बॉइज़ेंटाइन इम्पायर :* बॉइज़ेंटियम या यूरोप में पूर्वी रोम साम्राज्य, मध्य काल में रोमन राजधानी कास्टेंटीनोपॅल (वर्तमान इस्ताम्बुल) थी जिसकी स्थापना सन् 330 में कॉन्सटेंटाइन ने की थी जो एक अत्यन्त शक्तिशाली साम्राज्य था

Byzantine Art (क.इति.) *बॉईज़ेंटाइन आर्ट :* बॉइज़ेंटाइनी कला, ईसाई कला की एक विकसित शैली

Byzantium (समी.) *बॉइज़ेंटियम :* बॉइज़ेंटियम

C

C. Rajraja Varma (1860-1905) (चि.) *सी. राजराजा वर्मा :* चित्रकार राजा रविवर्मा का छोटा भाई, जो चित्रकार के साथ राजा रविवर्मा की नित्य डायरी भी लिखता था।

C. Ram Chandra (1914-1982) (फि.) *सी. रामचन्द्र :* नरहरचितालकर रामचन्द्र भारतीय हिन्दी सिनेमा को शास्त्रीयता से मुक्त कर सुगम और लोकप्रिय संगीत से सजाने वाले पहले संगीतकारों में से एक थे जिन्होंने सिने संगीत को एक सर्व कालिक लोक प्रियता प्रदान की।

C. Shivaram Murti (1909–1983) (संग्र.वि.) : *सी. शिवाराम मूर्ति (केलम्बुर शिवाराम मूर्ति) :* भारत के प्रसिद्ध कला इतिहासकार, संग्रहालय विद तथा पुरा लेखशास्त्री (Epigraphist)

Cabana (स्था.) *कबाना :* कुटिया, स्नान गृह

Cabaret (नृ.) *कैब्रे :* मुख्यत: क्लबों में होने वाले कामुक नृत्य की एक पश्चिमी शैली

Cabbage (En.) (पा.क.) : *कैबेज :* पत्ता गोभी, बंद गोभी

Cabin (समी.) *केबिन :* कक्ष, कोठरी, कमरा

Cabinet (स्था.) *केबीनेट :* मंजूषा, पेटिका, केबिनेट

Cabinet Picture (चि.) *कैबिनेट पिक्चर :* लघुचित्रफलक, कैबिनेट पिक्चर

Cabiri (क.इति.) *काबीरी :* यूनान के विशेष देवताओं का समूह

Cable (समी.) *केबल :* तार

Cable Television (टेली.) *केबल टेलीविजन :* समुदाय टी.वी., कम्युनिटी टी.वी. (केबिल टेलीविजन), केबल के माध्यम से टेलीविजन

CAD (Computer Aided Design) *सीएडी* (कम्प्यूटर एडेड डिज़ाइन) का संक्षिप्त रूप

Cadence (संगी.) *केडॅन्स :* लय, सुरसंक्रम मूर्च्छना, बोलते समय स्वर का आरोह-अवरोह

Cadenza (संगी.) *कडेन्ज़ा :* शास्त्रीय संगीत में किसी संगीत रचना का एक टुकड़ा जिसे गायक प्रस्तुत करता है।

Café Guerbois (क.इति.) *कार्फ गेब्ब :* सन् 1870 के आसपास पेरिस का एक कैफे जहाँ प्रगतिशील विचारधारा के कलाकार एकत्रित होते थे।

Caftan (फै.) *कॉफ्तान :* एक लम्बी व ढीली पोशाक, जिसमें लम्बी और चौड़ी आस्तीन हो, ऐसी पोशाक अरब देशों में पहनी जाती है।

CAG (पत्र.) *कमार्शियल आर्टिस्ट्स गिल्ड :* व्यावसायिक कलाकारों का एक समूह

Cainozoic (पुरा.) *कैनोज़ोइक :* नूतन जीवयुग

Cairn (पुरा.) *केर्न :* टीला, संगौरा

Cairn Cemetery (पुरा.) *केर्न सिमिट्री :* संगौरा कब्रिस्तान

Cake (पा.क.) *केक :* तन्दूर से भुजी एक डबल रोटी की मीठी किस्म

Cake Eye Liner (रू.स.) *केक आइलाइनर :* नेत्र मेकअप हेतु

Cake Eye Liner Sealer (रू.स.) *केक आई लाइनर सीलर :* मुहर एक पेशेवर तैयारी है जो विशेष रूप से पेशेवर मेकअप कलाकार के लिए बनाई गई ताकि वह प्रभावी रूप से परफेक्ट आई मेकअप प्रदान कर सके। केक आई लाइनर मुहर लागू आई लाइनर को सील करता है, इसकी स्थायित्व को बढ़ाता है और नमी प्रतिरोध में सुधार करता है।

Cake Makeup (रू.स.) *केक मेकअप :* आम तौर पर सेम पाउडर में एक रंगा हुआ कास्मेटिक आधार फेस पाउडर के लिए एक नींव के रूप में इस्तेमाल किया जाता है

Calando (संगी.) *केलैंडो :* अवमंदन

Calcium Bicarbonate (स.) *कैलशियम बिकारबोनेट :* एक रसायन

Calcium Carbonate (अभि.) *कैलशियम कार्बोनेट :* एक रासायनिक पाउडर

Calcography (चि., शि.) *कैल्कोग्राफ़ी :* ताम्र चित्रण, खड़िया चित्रण

Calcutta Group (Painters) (क.इति. क.समू.) *कलकत्ता ग्रुप :* कलकत्ता ग्रुप, सन् 1943 में स्थापित कलकत्ता के युवा कलाकारों का एक समूह

Calcutta Painters *कोलकाता पेंटर्स :* कलकत्ता के चित्रकार

Caldarium (स्था.) *कैलडेरियम :* हमाम कक्ष

Calefactory (स्था.) *केलीफैक्ट्री :* तापित कक्ष, गरम कमरा

Calendared Document (अभि.) *कैलेंडर्ड डाक्यूमेंट :* विवरणित दस्तावेज

Caliber (समी.) *कैलीबर :* प्रतिभा

Calico (फै.) *कैलिको :* सूती कपड़ा, छपाई

Call (ना.) *कॉल :* कलाकारों का मंच पर उपस्थिति होने की पुकार

Call Board (ना.) *कॉल बोर्ड :* रंगमंच का सूचना बोर्ड, नेपथ्य सूचना पट

Calligraph (चि.) *कॅलिग्राफ़ :* सुलिपि, सुलेख

Calligrapher (चि.) *कॅलिग्राफ़र :* सुलेखकार, सुलिपि-लेखक, सुन्दर लिखने वाला, सुलिपिज्ञ, लिपिकर्ता

Calligraphic Design (अभि., चि.) *कॅलीग्राफ़िक डिज़ाइन :* केलीग्राफ़िक डिज़ाइन, सुलेख रूपांकन

Calligraphic Painting (चि.) *कॅलिग्राफ़िक पेंटिंग :* चित्रभाषा, लिखावटी चित्र, लिपि प्रधान या अक्षर आधारित चित्र

Calligraphist (टेली.) *कॅलीग्राफ़िस्ट :* सुलेखकार, आलंकारिक लेखकार

Calligraphy (चि.) *कॅलिग्रॅफि :* सुलेखन, कलात्मक-लिपि लेखन; लिपि कला, लिपि विज्ञान, सुलिपि, सुलेख अक्षर लेखन; मरा. सुलेखन कला सुन्दर अक्षर रचना; उ. किताबत, फनें, किताबत, खुशनवीसी, खुशखती, लिखावट, हस्तलिपि, ख़त

Calographia (छापा.) *केलोग्राफ़िया :* इटली या स्पेनी संग्रहालय में अधिकारिक संग्रहण

Calvary Cross (स्था.) *कैलवरी क्रूस :* सूली क्रूस

Cam Corder (फि., टी.वी.) *कैम कॉडर :* कैमरे और वी.सी. आर. का मिश्रित उपकरण

Camaieu (चि.) *कैम एयू :* इकरंगा चित्र, एक रंग से चित्रण की विधि

Camarim (स्था.) *कैमॅरिम :* सज्जागृह, पूजाघर

Cambodia *कम्बोडिया :* कम्बोडिया, श्याम देश का नया नाम

Cameo (फि.) *कैमियो :* अति सफल और लोकप्रिय कलाकार (सेलीब्रिटी) द्वारा किसी फ़िल्म में अतिथि कलाकार के रूप में किया गया लघु अभिनय

Camera (फि., फो., टी.वी.) *कैमरा :* छवि या फ़ोटो खींचने का उपकरण

Camera Man (फि., टी.वी.) *कैमरा मैन :* छाया चित्रकार, फ़ोटोग्राफ़र, कैमरा मैन, फ़ोटो खींचने वाला, कैमरा संचालक

Camera Movements (फि., टी.वी.) *कैमरा मूवमेंट्स :* कैमरे की गतिविधियाँ

Camera Obscura (क., साम.) *कैमरॅ आब्सक्युरॅ :* काला कैमरा, प्रकाशयुक्त कैमरा

Camera Performance (ना.) : चित्रार्थ पूर्व-प्रदर्शन

Camera Script (फि.) *कैमरा स्क्रिप्ट :* कैमरा आलेख, कैमरे के मुताबिक फ़िल्म आलेख, कैमरा प्रति

Camera Tower (फो.) *केमरा टॉवर :* कैमरा मचान, ऊँचाई से शॉट लेने के लिए बना मचान/स्थान

Camerawork (फि.) *कैमरावर्क :* छायांकन की तैयारी

Camouflaging (रू.स.) *कैमफ्लशिंग :* छलावरण के माध्यम से किसी व्यक्ति, जानवर या वस्तु की उपस्थिति को छिपाना या छुपाना

Campanile (स्था.) *कैम्पनीलि :* घंटा घर, घंटा बुर्ज, घंटे की मीनार (कैम्पैनाइल)

Campitura (चि.) *कैम्पीच्युरा :* इटैलियन शब्द जिसे चित्रण तकनीक के सन्दर्भ में प्रयोग किया जाता है

Campo Santo (स्था.) *कैम्पो सैंटो :* गिरजा कब्रिस्तान

Canadian *केनेडियन :* कनाडा के नागरिक

Candance (समी.) *केनडेंस :* मूर्छना

Candelabrum (स्था.) *केंडेलाब्रम :* दीपस्तंभ, दीपवृक्ष, सजावटी मोमबत्ती दान

Candid Photograph (पत्र.) *केनडिड फ़ोटोग्राफ़ :* स्पष्ट फ़ोटो (केनडिड फ़ोटोग्राफ़)

Candle Beam (स्था.) *कैंडिल बीम :* दीपाधार

Candle Grease (स्था.) *कैंडिल ग्रीस :* मोम

Candlestick (शि.) *कैंडल स्टिक :* मोमबत्तीदान

Candor (समी.) *कैनडोर :* मौन

Canities (Whitening Hair) (रू.स.) काकेशियन में 20 वर्ष की आयु से पहले और अफ़्रीकी अमेरिकी आबादी में 30 वर्ष से पहले बालों का समय से पहले सफेद होना, बालों के भूरे रंग-रूप के रूप में परिभाषित किया गया है। यह किसी व्यक्ति के आत्मसम्मान को गंभीर रूप से प्रभावित कर सकता है।

Canoe (नृ.) *कनोई :* आसाम का एक लोकनृत्य

Canon (संगी.) *केनन :* अनुसरण सूत्र, अभि नियम

Canon of Journalism (पत्र.) *केनन ऑफ़ जर्नलिज़्म :* पत्रकारिता का मौलिक नियम, पत्रकारिता के सिद्धान्त

Canopic Jar (पुरा.) *केनॉपिक जार :* ढक्कनदार कलश

Canopy (स्था.) *केनॉपी :* चंदोवा, वितान, कैनोपी

Cantabile (संगी.) *कैंटेबल :* मृदु, मीठा स्वर

Cantharus (पुरा.) *कैन्थॉरस :* जल-पात्र

Cantilever (स्था.) *कैन टिलीवर :* तोड़ा, शहतीर, ब्रैकेट, बाहुधरन (कैंटीलिवर)

Canto Fermo (संगी.) *कैंटो फर्मो :* मूल धुन, आधार धुन

Cantoria (स्था., संगी.) *कैनटोरिया :* गायन वीथि

Canvas (क.साम., चि.) *कैनवास :* रंग पटल, चित्र पटी, चित्रफलक पट, चित्रपट, किरमिच, (तैल) चित्र, वस्त्र फलक, कैनवास फलक, सन या रुई से बना कपड़ा, कैनवास

Canvas Board (क., साम.) *कैन्वॅस बोर्ड :* रंग पट, कैनवास बोर्ड

Canvas Plier (क., साम.) *कैन्वॅस प्लायर :* कैनवास प्लायर, कैनवास स्ट्रेचर पर तानने के लिए प्रयुक्त एक उपकरण

Cap (पत्र.) *कैप :* अपरकेस, अंग्रेजी लिपि में कैपिटल लेटर्स का संक्षिप्त रूप जिसे प्रूफ रीडिंग के समय प्रयोग किया जाता है

Capacitor (स्था.) *कैपेसिटर :* संधारित्र, एक इलेक्ट्रानिक उपकरण, केपेसिटर

Capernaum (इति.) *केपरनाउम :* उत्तर-दक्षिण भाग में स्थित मछुहारों का नगर का सागर तट जहाँ ईसा ने मछुहारों से भेट की थी।

Capillary (सं.) *केपलेरी :* केशिका

Capital (स्था.) *कैपिटल :* स्तम्भ, शिरस, (कैपिटल)

Caprice (क.इति.) *कप्रीस :* स्वेछाचारी कलाकार, केप्रिस

Capsicum (पा.क.) *कैप्सिकम :* शिमला मिर्च

Capstone (स्था.) *कैपस्टोन :* आच्छादन शिला, छवाई के पत्थर

Capsule Review (फि., समी.) *कैप्स्यूल रिव्यू :* अतिसूक्ष्म समीक्षा, न्यूनतम शब्द और वाक्यों की गई समीक्षा जैसे ट्विटर आदि पर की जाती है

Capsule Review (फि., समी.) *कैप्स्यूल रिव्यू :* अतिसूक्ष्म समीक्षा, न्यूनतम शब्द और वाक्यों की गई समीक्षा जैसे ट्विटर आदि पर की जाती है

Caption (पत्र.) *कैप्शन :* चित्रशीर्षक, चित्रपरिचय शब्द या वाक्य

Car Case (स्था., मू.) *कार केस :* ढाँचा, ढाँचा खड़ा करना

Carafe (पुरा.) *केरेफ :* सुराही

Caravaggio (1571-1610) (चि.) *करवाज्जो :* इटैलियन चित्रकार

Carbon Black (क., साम.) *कार्बन ब्लैक :* काजल, कार्बन ब्लैक

Carbon Dating (संग्रा.) *कार्बन डेटिंग :* कलाकृतियों के जन्म का समय निर्धारित करने की एक वैज्ञानिक विधि

Cardamom (पा.क.) *कार्डामम :* इलायची

Cardinal (समी.) आधार भूत

Care (फि.) *केयर :* फिरकी, फ़िल्म की बाबिन, केयर

Caricature (चि.) *केरीकेचर :* व्यंग्य चित्र, हास्यास्पद चित्र, हसोड़ खाका, विरूप चित्र, उपहास चित्र, विद्रूप चित्र; बां. व्यंग्य चित्र; मरा. हास्य चित्र; गु. व्यंग्य चित्र; उ. मज़हक खाका

Carnatac Sangeet (संगी.) *कर्नाटक संगीत :* दक्षिण भारत में प्रचलित शास्त्रीय संगीत

Carnishing (स्था., चि.) *कार्निशिंग :* सजाना, सज्जा, सजावट

Carol (स्था.) *केरोल :* अध्ययन कक्ष (समी.) उत्सव गीत, वन्दना गीत; (संगी.) ईसाइयों का पर्व गीत

Carpet Area (स्था.) *कारपेट एरिया :* कमरे की दीवारों की मोटाई हटाकर केवल अन्दर का प्रयोग में आने वाला स्थान या क्षेत्र

Carriage (स्था.) *कैरिज :* सोपानाधार

Carrier (समी.) *कैरिअर :* संवाहक

Cartellino (समी.) : हस्ताक्षर स्थान

Cartes-de-Visite *कार्डस डी विजिट :* 1850 के आसपास फ्रांस में छोटे आकार के फ़ोटो कार्ड के सन्दर्भ में प्रयुक्त शब्द

Cartography (चि.) *कार्टोग्राफ़ी :* नक्शा बनाने की विशिष्ट कला

Carton Box (अभि.) *कार्टेन बाक्स :* गत्ते का डिब्बा

Cartoon (चि.) *कार्टून :* मूलाकार आलेख, हास्य चित्र; व्यंग्य चित्र; बां. कार्टून; मरा. कार्टून; गु. कार्टून; उ. कारटून, मिजाहिया खाका या पेंटिंग

Cartoonist (पत्र. चि.) *कार्टूनिस्ट :* व्यंग्य चित्रकार, व्यंग्य रचनाकार

Cartridge Pleating (फै.) *कार्ट्रेज प्लीटिंग :* तीन या अधिक समान अन्तराल पर चल रहे एक नियंत्रित करने के लिए, सटे तैयार टांके की पंक्ति या निर्दिष्ट शरीर मापन सीवन या परिधान स्रोत

Carve Rilievo (ई. मू.) *कार्वे रिलीवो :* उनकृति, उत्कीर्णन

Carving (स्था., मू.) *कावइंग :* उत्कीर्णन (मूर्ति) नक्काशी, कोरना, तक्षण, लकड़ी पर खुदाई, नक्काशी कला, संगतराशी, तराश

Caryatid (स्था.) *कारयेटिड :* बोझ सहने वाले पत्थर के स्त्री नुमा खम्भे, जिसमें वस्त्रधारी औरतों को उकेरा जाता है

Cascade (ना.) *केसकेड :* वृदझाँकी

Case (व्या.) *केस :* कारक (हिन्दी व्याकरण का शब्द)

Case Document (अभि.) *केस डाक्यूमेंट :* प्रकरण प्रलेख, विषय प्रलेख, विषय दस्तावेज

Case File (अभि.) *केस फाइल :* प्रकरण संचिका, विषय फाइल

Case Goods (ग्र.स.) *केस गुड्स :* वह लकड़ी का सामान जिस पर कपड़े या कुशन आदि की मढ़ाई न की गई हो जैसे लकड़ी या रील आदि के सामान

Case Study (समी.) *केस स्टडी :* मामले का अध्ययन, पूर्व इतिहास अध्ययन, कथा ज्ञान

Case-da-India (सा.ज्ञा.) *कासा-द-इंडिया :* भारत में सन् 1434 से 1832 तक की काल अवधि

Cash Cow (फि.) *कैश काऊ :* अत्यन्त कमाऊ फ़िल्म, ब्लाकबस्टर फ़िल्म, आर्थिक रूप से अत्यन्त सफल फ़िल्म

Cashew Nuts (En.) (पा.क.) : *कैज नट्स :* काजू (एक मेवा)

Casing (अभि.) *केसिंग :* चाबी युक्त, जिल्द चढ़ाना, आवरण चढ़ाना

Casio (संगी.) *कैसियो :* एक आधुनिक वाद्ययंत्र

Casket (पुरा.) *केसेकेट :* मंजूषा

Cassel Yellow (चि.) *के सिल यलो :* हरिताल वर्ण

Casserole (Fr.) (पा.क.) : *कैसरोल :* चीनी मिट्टी से बना बर्तन जिसमे सब्जी या माँस को धीमी आंच पर पकाया जाता है

Cassette (टी.वी.) *कैसेट :* रोल के आकार में फ़िल्म, कैसेट

Cast (फि., ना.) *कॉस्ट :* नाटक या फ़िल्म में भूमिका निर्धारण/पार्ट देना, पात्र चुनाव सूची, पात्रों की नामावली

Cast Iron (स्था.) *कास्ट आयरन :* ढला लोहा, ढलवा लोहा

Cast song (फि.) *कॉस्ट सांग :* पात्र परिचय—गान, नाटक या फ़िल्म की अभिनय मंडली के पात्रों को नामों पर आधारित परिचय गान

Cast, Supporting (ना.) *सपोर्टिंग कास्ट :* सहायक पात्र, सहपात्र, सह कलाकार

Castella (पुरा.) *कैस्टेला :* सरोवर

Caster (समी.) *कास्टर :* ढलाईकार, ढलाई करने वाला कारीगर

Casting (फि.) *कास्टिंग :* अभिनय मंडली की नामावली, सितारों के नाम

Casting Director (ना.) *कास्टिंग डायरेक्टर :* पात्रों की भूमिका निर्देशक

Castle (स्था.) *कैसल :* गढ़ी

Casual Artist (ना., फि.) *कैजुअल आर्टिस्ट :* नैमित्तिक कलाकार, आकस्मिक कलाकार

Cat Call (ना.) *कैट कॉल :* गुलगपाड़ा

Cat Eye (सा.ज्ञा.) *कैट आई :* लहसुनिया, एक प्रकार का रत्न

Cat Ladder (पुरा.) *कैट लेडर :* खड़ी सीढ़ी

Cat Walk (फै.) *कैट वॉक :* महिला मॉडल जो फैशन शो में स्टेज पर साथ साथ अदाभरी चाल से चलती है, मॉडलिंग का स्टेज, अंग्रेजी में इसे 'रन वे' भी कहते हैं

Cat Walk Trend (रू.स.) *कैट वॉक ट्रेंड :* कैट वॉक ट्रेंड मॉडल जो एक फैशन शो में साथ-साथ चलते हैं

Catacomb (क.इति.) *कैटेकोम :* ईसाई ध्यान गुफा, अंतर्भौम समाधि क्षेत्र, ईसाई गुहा मन्दिर, उपासनाध्य, उपाश्रय, समाधि गुफाएँ, भूमिगत गुफा गृह, ईसाइयों का भूगर्भित ध्यान कक्ष, बोका, तहखाना

Catalane A LA (Fr.) (पा.क.) : *कैटालेन आ ला :* स्पेन के खाने की चावल, बैंगन, टमाटर और जैतून से की गई सजावट

Catalogue (क., साम.) *कैटेलॉग :* प्रदर्शनी विवरणिका, सूचीपत्र, परिचय पत्र, केटलाग; बां. कलाकृति सूची; मरा. केटलॉग, गु. प्रदर्शन सूचि; उ. फेहरिस्त, केटालोग

Catalytic (अमि.) *कैटालिटिक :* उत्प्रेरक

Categorization (अमि.) *कैटेगराइज़ेशन :* संवर्गीकरण

Category (अमि.) *कैटॉगरी :* श्रेणी, दर्जा, कोटि, वर्ग

Caterers (समी.) *कैटरर्स :* खान-पान, व्यवस्थापक

Catharsis (समी.) *कैथार्सिस :* विरेचन

Cathedral (स्थ.) *कैथेड्रल :* विशाल गिरजाघर जिससे पोप जुड़ा हो, प्रधान गिरजाघर, धर्मपीठ, ईसाई धर्मगुरु का आराध्य स्थल (कैथेड्रल)

Cathedral (स्था.) *कैथेड्रल :* मुख्य गिरजाघर जिसमें बिशप विराजता है। ऐसे विख्यात गोथिक कैथेड्रल उत्तरी फ्रांस में पाए जाते हैं।

Cathedral Glass (स्था.) *कैथेड्रल ग्लास :* धुंधला काँच

Catholic (समी.) *कैथॉलिक :* ईसाई धर्म के उदारवादी रोमन ईसाई

Caul (En.) : (पा.क.) *कौल :* सॉसेज बनाने में प्रयोग की जाने वाली जानवरों की अंतड़ियाँ

Caul Dron (पुरा.) *कॉल ड्रान :* देग, कड़ाह

Cauliflower (En.) (पा.क.) : *कौलिफ्लावर :* फूल गोभी (एक सब्जी)

Cause Ways (स्था.) *कॉज़् वे :* पक्का नदी पथ, सेतुक

Cavaedium (पुरा.) *केवेडियम :* प्रांगण

Cave (पुरा.) *केव :* गुफा, गुहा, गुहाश्रय

Cave Art (क.इति.) *केव आट :* गुहा कला, गुहा चित्र; बां. गुहाचित्र; मरा. गुफाचित्र; गु. गुफा कला; उ. गारो की मुसव्विरी, दीखये

Cave Dwelling (पुरा.) *केव डवेलिंग :* गुफावास, गुहावास, गुफा रिहाइश

Cave In (पुरा.) *केव इन :* धँसना

Cave Painting (चि., पुरा.) *केव पेंटिंग :* गुहा चित्रण, गुहा चित्र, शैल चित्र गुहा चित्रकला, प्राचीन मानव द्वारा गुफाओं में बनाई गई चित्रकला

Cave Resort (पुरा.) *केव रेसॉर्ट :* गुहा गृह

Cavea (ना.) *कैविया :* अर्ध चन्द्राकार रंगमंच

Cavern (पुरा.) *केवर्न :* कंदरा

Cavity (समी.) *केविटी :* गुहा, लघु सुरंग

CBFC (पत्र.) *सेंट्रल बोर्ड ऑफ़ फ़िल्म सेन्सर्स*

Ceiling (स्था.) *सीलिंग :* छत (सीलिंग), पाटन का अन्दरूनी भाग, भीतरी छत, वितान, मरा. शेवह चाटप्पा; उ. अन्दरूनी छत

Ceiling Painting (चि.) *सीलिंग पेंटिंग :* उर्ध्वक चित्र, भीतरी छत पर चित्रांकन; बां. छत की कला; मरा. आतल छत; गु. छत की चित्रकारी; उ. अन्दरूनी छत की मुसव्विरी

Celebrities (समी.) *सेलीब्रिटीज़ :* विख्यात लोग, सुविख्यात कलाकर्मी, यशस्वीजन, अतिसफल और लोकप्रिय कलाकार

Cell (स्था.) *सेल :* कोठरी, छोटा, नीची छत का कमरा

Cell (स्था.) *सेल :* कोठरी, कोष्ठिका, कक्षिका

Cella (स्था.) *सेलॅ :* गर्भगृह, मन्दिर का भीतरी कक्ष (सेल)

Celluloid (फि.) *सेल्यूलॉयड :* सिनेमा की फ़िल्म

Celluloid print (छापा.) *सेल्यूलॉयड छापा :* ड्राई पाईंट पद्धति से सेल्यूलॉयड शीट पर उकेरी गई आकृति से उत्कीर्णन रीति से छपा चित्र।

Cellulose (अभि.) *सेल्यूलोस :* सेलूलोस

Cellwloid (फि.) *सेलोलॉयड :* सिन्थेटिक प्लास्टिक

Celure (मू. शि., चि.) *सेरुल :* उद्भूत तक्षण, उभरी नक्काशी

Cemetery (पुरा.) *सिमिट्री :* कब्रिस्तान

Cenotaph (स्था.) *से नॅटाफ :* अन्यत्र दफन हुए दिवंगत के लिए स्मरण स्तम्भ/छतरी, स्मारक, समाधि

Censor (पत्र.) *सेन्सर :* (समाचार में) पूर्ण या आंशिक कानूनी काँट-छाँट, परिवर्तन करना सेन्सर

Censorship *सेन्सरशिप :* फ़िल्मों को जनता के बीच प्रसारित प्रचारित करने के लिए सरकार द्वारा गठित संस्था द्वारा आवश्यक प्रमाणपत्र देने की व्यवस्था

Centering (स्था.) *सेंट रिंग :* केन्द्रीयभूत करना, मेहराब या छत बनाने के लिए अस्थाई ढाँचा (सेंटरिंग)

Central Film Censor Certificate Board (फि. पत्र.) *सेंट्रल फ़िल्म सेन्सर सर्टीफिकेट बोर्ड :* केन्द्रीय चलचित्र प्रमाणीकरण बोर्ड (सेंट्रल फ़िल्म सेन्सर सर्टिफिकेट बोर्ड)

Central Indian Painting (क.इति.) *सेंट्रल इंडियन पेंटिंग :* मध्य भारत की कला देखें (मालवा पेंटिंग—Malwa Painting)

Centre Aisle (ना., फि.) *सेंटर आइल :* सिनेमा हाल या नाट्य गृह में दर्शकों की पंक्तियों के बीच का रास्ता

Centre Spread (पत्र.) *सेंटर स्प्रेड :* समाचार-पत्र की मध्य पृष्ठीय सज्जा, दो पेजों पर फैले चित्र या समाचार (सेंटर स्प्रेड)

Centre Stage (ना.) *सेंटर स्टेज :* मध्य मंच, अभिनय मंच के बीच का स्थान

Century *सेंचुरी :* शताब्दी, एक सौ वर्ष

Ceramics (शि., पुरा.) *सिरेमिक :* मृतिका शिल्प; बां. सिरेमिक; मरा. मृत्तिका शिल्प; गु. मृत्तिका; उ. चीनी मिट्टी, चीनी मिट्टी द्वारा बनी कलाकृतियाँ

Ceramist (शि.) *सिरेमिस्ट :* मृत्तिका शिल्पी

Ceramist (चि.) *सिरेमिस्ट :* रंग लेपी

Certificate of occupancy (साम.) *सर्टिफिकेट ऑफ़ आकूपेंसी :* अधिग्रहण प्रमाण पत्र, कब्जा प्रमाण पत्र

Ceylonese *सिलोनीज़ :* सिंहली, श्रीलंका के नागरिक/कलाकार, श्रीलंका की भाषा

Cezanne, Paul (1839-1906) (चि.) *पॉल सेज़ा :* फ्रेंच चित्रकार

Cha Cha Cha (नृ.) *चा चा चा :* एक पश्चिमी शैली का नृत्य

Chaam (नृ.) *छाम :* सिक्किम प्रदेश का एक लोकनृत्य

Chaffing Dish (En.) (पा.क.) : *शेफिंग डिश :* बुफे में लगने वाला एक प्रकार का बर्तन जिसमे खाना गर्म रहता है

Chagali Marc (1887-1985) (चि.) *मार्क शॅगल :* रशियन चित्रकार

Chailam(नृ.) *चायलम :* मिज़ोरम प्रदेश का एक लोकनृत्य

Chain Bridge (स्था.) *चेन ब्रिज :* झूला पुल जो बिना खम्भों की सहायता से नदियों पर बनाए जाते हैं

Chain stores (साम.) *चेन स्टोर्स :* उद्यम शाखाएँ, दुकानों की श्रृंखला

Chair Rail (ग्र.स.) *चेयर रेल :* घरों में फर्श से लगभग 30" ऊँचाई पर दीवार पर लगी लकड़ी की सजावटी रेलिंग जो कुर्सियों को दीवार से सटने का बचाव करती है

Chaiti (संगी.) *चैती :* भारत में चैत (अप्रैल) के माह में गाए जाने वाले गीतों की शैली

Chaitra (सा.ज्ञा.) *चैत्र :* मार्च का महीना जो मार्च से आरम्भ होता है

Chaitya (Mandir) (क.इति.) *चैत्य (मन्दिर) :* पूजा स्थल, पूजा गृह, बौद्ध धर्म मानने वालों का पवित्र उपासना गृह

Chaitya (स्था.) *चैत्य :* बौद्ध प्रार्थना भवन (मठ) जिसके एक सिरे पर स्तूप हो, बौद्ध ध्यान सील/पूजा स्थल/पूजा गृह

Chaityagrah (स्था.) *चैत्यग्रह :* चैत्यग्रह, प्रार्थना कक्ष, बौद्ध भिक्षुओं का निवास स्थल

Chajjhu (1775-1850) (चि.) छज्जू : पहाड़ी शैली का प्रमुख चित्रकार

Chakra/Kal Chakra (संगी.) *चक्र/कालचक्र :* राग गायन के समय बजाने वाला चक्र

Chakri (नृ.) *छकरी :* राजस्थान का एक लोकनृत्य

Chalcidium (स्था.) *चलसीडियॅम :* न्यायालय भवन

Chalcography (मू.) *चेल्कोग्राफ़ी :* ताम्रोत्कीर्णन कला, ताम्र तक्षण

Chalcolithic Culture (पुरा.) *चेल्कोलिथिक कल्चर :* ताम्र पाषाण संस्कृति

Chalisa (का.क.) *चालीसा :* चालीस पदों का समूह, चालीस दोहों का संकलन, जैसे श्री हनुमान चालीसा

Chalk (चि.) *चॉक :* खड़िया, सफेद मिट्टी

Chalking (चि.) *चाकिंग :* रूप रेखांकन, चित्र अनुरेखण

Chalky Effect (समी., चि.) चाकी एफेक्ट : खुश्क बदरंग प्रभाव, मटमैला प्रभाव

Chalo (नृ.) *चालो :* अरुणाचल प्रदेश का एक लोकनृत्य

Chamba School (चि.) *चम्बा स्कूल :* चम्बा कलम, हिमाचल प्रदेश में चम्बा राज्य में विकसित लघुचित्रों की एक शैली

Chamber (ना.) *चेम्बर :* कक्ष-दृश्य, सदन

Chamber Music (संगी.) *चेम्बर म्यूज़िक :* कक्ष संगीत

Chamberlain (ना.) *चेम्बरलिन :* कैचुकी

Chambray (आले.) *चेम्ब्रे :* दो रंग के धागे से बना हुआ कपड़ा

Chamfer (स्था.) *चैम्-फॅ :* कोने काटना, पख, सिल्ली देना, तिरछा किनारा

Champu (नृ., संगी., ना.) *चम्पू :* काव्य—जिसमें गद्य और पद्य का मिश्रण हो

Chance Discovery (पुरा.) *चांस डिस्कवरी :* आकस्मिक खोज

Chancel (स्था.) *चान् सॅल :* वेदी, गिरजे में पादरी के लिए सुरक्षित मंच (कटहरा)

Chandana Festival (नृ.) *चन्दना फेस्टिवल :* उड़ीसा का एक उत्सव

Chandani (नृ.) *चाँदनी :* छत्तीसगढ़ का एक लोकनृत्य

Chandbardai (1148-1191) (का.क.) *चन्दबरदाई :* आदि कालीन भारतीय कवि जिसकी अमरकृति है 'पृथ्वी राज रासो'

Chande (संगी., वा.यं.) *चंडी :* एक भारतीय वाद्य यंत्र

Chandelier (षि., स्था.) *शैल्डलेयर :* झाड़ फानूस

Chang (संगी.) *चंग :* लोक संगीत में प्रयोग होने वाला एक अवनद्ध वाद्य

Changampuzha Krishna Pillai (1911-1948) (का.क.) *चंगमपुज़ा कृष्णा पिल्लै :* आधुनिक मलयालम भाषा के कवि तथा अनुवादक

Changu Dance (नृ.) *छंगू नृत्य :* उड़ीसा का एक आदिवासी नृत्य

Channel (टी.वी.) *चैनल :* चैनल

Channulal Mishra, Pt. (1936) (गा.) *पं. छन्नूलाल मिश्रा :* पद्मविभूषण से सम्मानित बनारस के किराना घराने के सुप्रसिद्ध शास्त्रीय गायक

Chant (संगी.) *चान्ट :* मल्लाह-गीत, एक विशेष प्रकार का मल्लाहों द्वारा गाया जाने वाला गीत, गुण गान

Chapakrati (चि.) *चापाकृति :* धनुषाकार (आँखें)

Chapatti or Phulka (Hin.) (पा.क.) *चपाती और फुलका :* गेहूँ के आटे से बनी रोटी

Chapel (स्था.) *चपल :* उपासना गृह, रोमन कैथॉलिक गिरजाघर, गिरजे के अतिरिक्त पूजा स्थान, जो किसी संस्था या घर से सलंग्न हो (चैपल)

Chapel *चैपल :* ईश आराधना स्थल, ईसाइयों का पवित्र पूजा स्थल या क्षेत्र जो किसी बड़े गिरजाघर, अस्पताल, राजमहल, सामाजिक संस्था या विद्यालय आदि से जुड़ा हो

Chaplin Cinema (सिने.) *चैपलिनसिनेमा :* कलकत्ते में स्थापित देश का सबसे प्राचीन थियेटर जिसे अधिकांश लोग एल्फेस्टन पिक्चर पैलेस के नाम से जानते है जिसे 1907 में जमशेद जी मदन ने स्थापित किया था।

Chappeli (नृ.) *छपेली :* उत्तर प्रदेश का एक लोकनृत्य

Character (ना.) *करेक्टर :* पात्र, चरित्र

Character Actor (फि.) *करेक्टर ऐक्टर :* चरित्र अभिनेता, विशिष्ट छवि धर्मी कलाकार जैसे किसी कलाकार की पहचान कंजूस व्यक्ति की हो या शाही व्यक्ति की हो या दुष्ट प्रकृति की हो आदि

Character Assassination (समी.) *करेक्टर एसिसनेशन :* चरित्र हनन, चारित्रिक हत्या

Character Development (समी.) *करेक्टर डेवलॅपमेंट :* चरित्र विकास

Character Make-up (ना., फि.) *कॅरेक्टर मेक अप :* पात्र रूप सज्जा, भूमिका साम्य मेकअप

Character Man (ना.) *कैरेक्टर मैन :* चरित्र भूमिका का विशेषज्ञ पात्र

Character Part (ना.) *कैरेक्टर पार्ट :* चरित्र अंश

Character Study (ना.) *कैरेक्टर स्टडी :* पात्र के चरित्र को समझना, चरित्र अध्ययन

Charactero logy (समी.) *करेक्टरोलॉजी :* चरित्र पंजिका, चरित्र संग्रह, चाल-चलन पत्रिका

Charba (चि.) *चर्बा :* लघु चित्रों के झिल्ली पर उतारे हुए खाके (Drawings), ट्रेसिंग

Charbagh (स्था.) *चारबाग :* चारबाग, बाग बनाने की एक ईरानी पद्धति

Charcoal (साम.) *चारकोल :* काठकोयला, अस्थाई रेखांकन में प्रयुक्त कोयला

Charcuterie (Fr.) (पा.क.) *शारकुतेरी :* कसाई घर—जहाँ शूकर के कई तरह के माँस मिलते हैं

Charity Show (ना., नृ.) *चैरिटी शो :* सहायतार्थ प्रदर्शन कार्यक्रम, धर्मार्थ प्रदर्शन, दानार्थ प्रदर्शन

Charkula (नृ.) *चारकुला :* उत्तर प्रदेश का एक लोकनृत्य

Charles Fabri (1899-1968) (क.अ.) *चार्ल्स फाबरी :* हंगेरियन कला आलोचक जो 1931 में भारत पहली बार आया, शान्तिनिकेतन में पढ़ाता था।

Charls D Oyly (चि.) *चार्ल्स डी औली :* ईस्ट इंडिया कम्पनी काल में कलकत्ते से पटना आया एक कला प्रेमी अंग्रेज जिसने पटना में पहला लीथोप्रिंटिंग प्रेस स्थापित कर भारतीय चित्रकारों द्वारा रचे चित्रों की बड़ी संख्या में बिक्री हेतु प्रकाशित किया तथा पटना के तत्कालीन चित्रकारों को प्रोत्साहित किया।

Charm (समी.) *चार्म :* जादू

Charmer (समी.) *चार्मर :* जादूगर, तमाशा दिखाने वाला

Charming Quality (समी.) *चार्मिंग क्वालिटी :* रमणीयता

Charoli (Hin.) (पा.क.) : *चरोली :* चिरौंजी (एक मेवा)

Charred Document (अभि.) *चार्ड डाक्यूमेंट :* जला हुआ दस्तावेज

Charring (स.मी.) *चेरिंग :* जल कर काला हो जाना

Chart Buster (ना.) चार्ट बस्टर : हर तरह से अत्यंत सफल नाटक, अप्रत्याशित सफल नाटक

Chartophylacium (अभि.) *चार्टोफिलेशियम :* अभिलेख कक्ष, अभिलेख प्रकोष्ठ

Charu (नृ.) *चारु :* छत्तीसगढ़ का एक लोकनृत्य

Charu Kala (समी.) *चारुकला :* ललित कलाएँ

Charulata (उप.) *चारुलता :* 1901 में प्रकाशित रवीन्द्रनाथ टैगोर के लघु उपन्यास पर आधारित तथा 1964 में सत्य जीत राय द्वारा निर्मित एक प्रसिद्ध बांग्ला फ़िल्म जिसमें संगीत निर्देशन तथा पटकथा स्वयं सत्यजीतराय की थी।

Chasseur (Fr.) (पा.क.) *चौसर :* भूरे रंग का फ्रेंच सॉस जो खुम्भ या व्हाइट वाइन के साथ बनाया जाता है

Chat (फि., टी.वी.) *चैट :* कम्प्यूटर के माध्यम से बातचीत

Chat Show (टी.वी.) *चैट शो :* वार्ता कार्यक्रम

Chateau (स्था.) *चैतू :* गढ़ी, सामंती गढ़ी, फ्रांस की हवेलियाँ

Chatri (स्था.) *छतरी :* भारतीय स्थापत्य में कुछ खम्भों पर टिका एक गुम्बद

Chatterjee, Ramanand (1865-1943) (चि.) *रामानन्द चैटर्जी :* भारतीय कला अध्येता

Chaturang (संगी.) *चतुरंग :* चार अंगों से युक्त एक गायन शैली

Chaturmani (चि.) *चतुरमणि :* शाहजहाँ कालीन एक प्रसिद्ध चित्रकार

Chaud Froid (Fr.) (पा.क.) *चौ फ्राइड :* पकी मछली या माँस के व्यंजन जिसे गाढ़े सफेद सॉस और जेली के साथ परोसा जाता है

Chaudhary, Sankho (1916-2006) (मू.) *शंखू चौधरी :* प्रसिद्ध मूर्तिकार

Chaugul (संगी.) *चौगुल :* एक मात्रा में

Chaugun Laya (संगी.) *चौगुन लय :* किसी ठेके अथवा गीत का चौगुनी लय में गाया या बजाया जाना

Chaupai (का.क.) *चौपाई :* चार लाइनों की कविता, चार चरणों की कविता जिसके प्रत्येक चरण में 16-16 मात्राएँ होती हैं

Chaupalla (संगी.) *चौपल्ला :* वाद्य यंत्रों पर बजने वाली चीज, जिसके चार भाग (पल्ले) हों

Chautala (संगी.) *चौताल :* चार ताल

Chawngleizawn (नृ.) *छांवगलईज़ान :* मिज़ोरम प्रदेश का एक लोकनृत्य

Checker (स्था.) *चेकर :* शतरंजी अलंकरण

Checz *चेक :* चेकोस्लाविया के नागरिक, चेकोस्लाविया की भाषा

Cheera (Hin.) (पा.क.) : *चीरा :* पोहा

Cheese (En.) (पा.क.) : *चीज :* दूध को फाड़कर उसके गाढ़े हिस्सों से बनाया जाने वाला विभिन्न किस्मों का विदेशी पनीर

Chela (संगी.) *चेला :* शिष्य

Chemical Reaction (रू.स.) *केमिकल रिएक्शन :* रासायनिक प्रक्रिया, रासायनिक बदलाव

Chemical Rebonding (रू.स.) *केमिकल रिबॉडिंग :* हेयर रीबॉडिंग एक रासायनिक उपचार है

Chemical Shine (रू.स.) *केमिकल शाइन :* रासायनिक चमक

Chemould Frames (चि.) *केमोल्ड फ्रेम्स :* बम्बई में कैकूगांधी (1920-2012) कला कृति विक्रेता द्वारा स्थापित तसवीरों के कलात्मक फ्रेम बनाने वाली कम्पनी जिसने भारत में तसवीरों के फ्रेम बनाने की कला को नई दिशा दी थी।

Chenda (संगी., वा.यं.) *छेंदा :* ढोल वर्ग का एक भारतीय वाद्य यंत्र

Cheneau (स्था.) : शिखर सज्जा, शिखरालंकरण

Chengila (संगी., वा.यं.) *छेंगिला :* एक भारतीय वाद्य यंत्र

Chenile (फै.) *शॅनील :* शनील, एक प्रकार का मखमली कपड़ा

Chequered Career (समी.) *चेकर्ड कैरियर :* उतार चढ़ाव वाला जीवन, रंग-बिरंगी जीवन वृत्ति

Cherao (आले.) *चेराव :* मिज़ोरम प्रदेश का एक लोकनृत्य

Cheraw Dance (नृ.) *छेराडांस :* मिज़ोरम प्रदेश का एक लोकनृत्य

Cherry (Fr.) (पा.क.) *चेरी :* लाल रंग का एक बेर जाति का फल

Cherry Red (चि.) *चेरी रेड :* चेरी जैसा लाल रंग

Chert (पुरा.) *चर्ट :* चकमक पत्थर

Chest (स्था.) *चेस्ट :* संदूक, पेटी, कुंडे वाला ढक्कनदार बक्सा

Chhaau (नृ.) *छाऊ :* उड़ीसा का एक पुरुष प्रधान नृत्य शैली

Chhajja (स्था.) *छज्जा :* छज्जा, बारजा

Chhakri (संगी.) *छकरी :* कश्मीर प्रदेश का एक लोकगीत

Chhanda (नृ., संगी., ना.) *छन्द :* लय को अधिक महत्त्व दिया जाने वाला काव्य

Chhandovati (संगी.) *छांदोवती :*

Chhapeli (नृ.) *छापेली :* हिमाचल प्रदेश का एक लोकनृत्य

Chharhi (नृ.) *छारही :* हिमाचल प्रदेश का एक लोकनृत्य

Chhatri (स्था.) *छत्री :* छत्री, छतरी

Chhau (नृ.) *छाऊ :* पूर्वी भारत के उड़ीसा और पश्चिमी बंगाल क्षेत्र की एक नृत्य शैली

Chhayawad (का.क.) *छायावाद :* आधुनिक हिन्दी साहित्य की एक काव्य धारा, जो लगभग 1918 से 1936 की प्रमुख धारा रही, प्रमुख प्रतिनिधि कवि थे—जयशंकर प्रसाद, निराला, सुमित्रानन्दन पंत, महादेवी वर्मा, माखनलाल चतुर्वेदी आदि।

Chiaroscuro (चि.) *कि आरस क्यूरो :* (इटैलियन भाषा का शब्द) छाया-प्रकाश योजना, छाया-प्रकाश चित्रण, घनात्वांकन

Chicken (पा.क.) *चिकन :* मुर्गी या मुर्गे का माँस

Chickpeas (Green) (En.) (पा.क.) : *चिकपीज* (ग्रीन) : हरा चना

Chickpeas (White) (En.) (पा.क.) : *चिकपीज* (व्हाइट) : सफेद चना या काबुली चना

Chief Icon (पुरा.) *चीफ आइकन :* मुख्य प्रतिमा

Chiffon (अभि.) *शिफान :* एक विशिष्ट प्रकार का जालीदार कपड़ा

Chiffonnade (Fr.) (पा.क.) *शिफोनाद :* सब्जी काटने की एक विधि

Chikara (संगी., वा.यं.) *चिकारा :* तार युक्त एक भारतीय लोक वाद्य यंत्र

Chikari (संगी.) *चिकारी :* तार युक्त एक छोटे आकार का वाद्य यंत्र

Chikko (Fr.) (पा.क.) *चिकू :* आलू जैसा दीखने वाला एक मीठा फल

Children's Art (चि.) *चिल्ड्रेन'स आर्ट :* बाल कला, बच्चों द्वारा बनाई कलाकृतियाँ, बाल चित्रकला; बां. शिशु कला; मरा. बाल कला; गु. शिशु कला; उ. आर्ट बराये अत्फाल

Chili Con Carne (Mex.) : (पा.क.) : *चिली कोन कार्ने :* मेक्सिको का राजमा और माँस से बना मसालेदार खाना

Chilly (En.) (पा.क.) : *चिली :* मिर्च/मिर्चा

Chime Bells (संगी.) *चाइम बेल्स :* घंटिका वली

Chimney Place (स्था.) *चिमनी प्लेस :* आतिशदान, घर गर्म करने के लिए दीवार में बनी अँगीठीनुमा सजावटी रचना

Chimta (संगी., वा.यं.) *चिमटा :* लोक संगीत में प्रयोग होने वाला एक भारतीय वाद्य यंत्र

China Clay (मू. शि.) *चाइना क्ले :* चीनी मिट्टी, चीनी मिट्टी के बर्तनों में प्रयुक्त मिट्टी

China Closet (स्था.) *चाइना क्लोसेट :* चीनी मिट्टी से बनी वस्तुओं को रखने की अलमारी

China Daily (पत्र.) *चाइना डेली :* बीजिंग (चीन) से प्रकाशित अंग्रेजी भाषा का एक दैनिक समाचार-पत्र

China Guardian (सा.ज्ञा., समी.) *चाइना गार्जियन :* सन 1993 में चीन में स्थापित एक विश्व विख्यात कला व्यापार एवं नीलामी संस्था

China Ink (चि.) चाइ*ना इंक :* काली स्याही

Chine Colle (छापा.) *सिने कॉले :* छापा चित्र की सतह पर एक रंगीन पतले टिशू पेपर या उस पर रंग करके माउंट करना या गोंद से चिपकाना।

Chine Colle *चाइन कोली :* एक फ़िल्म तकनीक

Chinese *चाइनीज :* चीनी, चीन के नागरिक, चीनी भाषा

Chinese Writing (क.इति.) *चाइनीज राइटिंग :* चीनी लिपि, चीनी लेखन, चीनी आलेख, चीनी आलेखन कला, चीनी चित्रलिपि

Chinha (पत्रि.) *चिन्ह :* बम्बई से प्रकाशित एक कला पत्रिका

Chinhat (क.इति.) *चिनहट :* उत्तर प्रदेश की राजधानी लखनऊ के निकट एक कस्बा जहाँ के चीनी मिट्टी के बने बर्तन (पोटरी) विख्यात है

Chinna (नृ.) *चिन्ना :* सम्मान में छोटा, लघु

Chinoiserie (ग्र.स.) *चिनॉजरी :* एक प्रकार का फर्नीचर में प्रयुक्त कपड़ा

Chinoiserie Art (चि.) *चाइनीश्री आर्ट :* चीनी अलंकरण कला

Chinsurah (चि.) *छिनसुरा :* ईस्ट इंडिया कम्पनी काल में बंगाल का एक प्रमुख कला केन्द्र जहाँ भारतीय नौसिखिये चित्रकार बड़ी संख्या में चित्र रचते थे।

Chintz (आले.) *छींट :* सजावटी आकारों से छपा सूती चिकना कपड़ा, छींट का कपड़ा, छोटे फूल, बेल बूटों पर आधारित छपा रंगीन कपड़ा

Chip Carving (मू., स्था.) *चिप कार्विंग :* छीलना

Chipping (स्था.) *चिपिंग :* उपखडंन, पपड़ी उखड़ना

Chirognomy (ना., नृ.) *काइरॅनामी :* हस्तमुद्रा विद्या, हस्तरेखा विज्ञान

Chirograph (अभि.) *काइरॉग्राफ़ :* हस्तलिखित प्रलेख

Chirography (अभि., चि.) *काइरॉग्राफ़ी :* हस्तलिपि कला

Chisel (स्था.) *चिजल :* रुखानी, छेनी, टांकी, गढ़ना, तराशना, तक्षणी, बनाना

Chiselling (स्था., मू.) *चिसलिंग :* तक्षण

Chitambara (का.क.) *चिदंबरा :* छायावादी कवि सुमित्रानन्दन पंत की अमर काव्य रचना, इसमें 1937 से 1957 के बीच रची गई कविताओं का संकलन है।

Chitra Grah (चि.) *चित्रगृह :* चित्रवीथिका, चित्रकक्ष, स्टूडियो

Chitra Kala Parishad, Bangalore (सां., सं.) *चित्रकला परिषद, बंगलोर :* प्रख्यात कलाकार तथा संरक्षक एम.एस. नानजुंडराव द्वारा बंगलौर में स्थापित एक महत्त्वपूर्ण कला संस्था

Chitra Mandap (चि.) *चित्र मडंप :* कला दीर्घा, आर्ट गैलरी

Chitra Pat (चि.) *चित्र पट :* कपड़े या चमड़े पर बनाए जाने वाले चित्र, जिन्हें लपेटा जा सके और दीवार पर टांगा जा सके

Chitra Phalak (चि.) *चित्र फलक :* लकड़ी या कीमती पत्थर या हाथी दाँत पर बनाए जाने वाले चित्र

Chitra Sutra (चि.) *चित्र सूत्र :* भारत की प्राचीन चित्रकला से सम्बन्धित आदि नियमों की जानकारी देने वाले छः सिद्धान्तों का वर्णन करने वाला एक संकलन

Chitra Veena (संगी., वा.यं.) *चित्र वीणा :* तार पर आधारित एक भारतीय वाद्य यंत्र

Chitradhar (चि.) *चित्राधार :* प्राचीन काल में फ़ोटो एल्बम के अर्थ में प्रयुक्त शब्द

Chitrakar (चि.) *चित्रकार :* चित्र रचने वाला कलाकार

Chitrakari (चि.) *चित्रकारी :* चित्रकर्म

Chitra Sutra (समी.) *चित्र सूत्र :* विष्णु पुराण का एक अध्याय चित्रसूत्र है जिसमें प्राचीन भारतीय चित्रकला के विधि-विधान का वर्णन है, चित्रकला का एक मानक ग्रंथ

Chocklet Brown (चि.) *चॉकलेट ब्राउन :* चाकलेट जैसा कत्थई रंग

Chocolate (पा.क.) *चॉकलेट :* चॉकलेट, चूसने वाली एक मीठी टिकिया

Choir (संगी.) *कोएर :* गायक मंडली, गायक वृंद, चर्च में गायक स्थल

Cholamandal Artist's Village (क.संस्था.) *चोल अ मंडल आर्टिस्ट्स विलेज :* चोलमंडलम कला ग्राम

Chop Suey (Man.) (पा.क.) *चौप सूये :* एक प्रकार का चीनी खाना जिसे तले हुए नूडल के साथ सब्जियाँ, माँस और गाढ़ा सॉस डाल कर खाया जाता है

Chopper (पा.क.) *चोपर :* चोपर काटने में प्रयुक्त एक धारदार बड़ा चाकू, गँडासा

Choreograph (नृ.) *कोरियोग्राफ़ :* नृत्य रचना, नृत्य विन्यास

Choreographer (नृ.) *कोरियोग्राफ़र :* नृत्य संयोजक, नृत्य निर्देशक, नृत्य लिपिकार, नृत्य लेखनकार, नृत्य रचनाकार, नृत्य सर्जक

Choreography (नृ.) *कोरियोग्राफ़ी :* नृत्य रचना, नृत्य संयोजना

Choric Song (संगी.) *कोरिक सांग :* वृंदगीत, सामूहिक गायन, समूह गीत, समवेत गीत

Chorizo (Sp.) (पा.क.) : *चारिनो :* स्पेन में शूकर के माँस से बने सॉसेज

Chorus (संगी., फि. ना.) *कोरस :* समूहगान, वृदंगीत/गायन, गायक मंडली, गायक वृंद

Chosun Ilbo (पत्र.) *चोशन एलबो :* सिओल (दक्षिण कोरिया) से प्रकाशित कोरियाई भाषा का एक प्रमुख दैनिक समाचार-पत्र

Chowmein (Ch.) (पा.क.) : *चाओमिन :* चीनी सिवइया/ सिमई

Chrico, Giorgio (1888-1978) (चि.) *किरको, जियोर्जियो :* इटैलियन चित्रकार

Christian Art (क.इति.) *क्रिस्टयान आर्ट :* ईसाई कला, मसीही कला; बां. ईसाई कला; मरा. यूरोपियन कला; गु. ख़्रिस्ती कला; उ. ईसाई पीरियड की मुसव्विरी/आर्ट/फन, यूरोपियन आर्ट, यूरोप में जन्मी तथा विकसित ईसा मसीह के जीवन और उपदेशों को व्यक्त करने वाली कला

Christian holy places (इति.) *क्रिश्चियन होली प्लेसेस :* बाइबिल के न्यू और ओल्ड टेस्टामेंट के अनुसार जूडिया, जेरुसलम, जॉर्डन रिवर गेली, समारिया, सीरिया, लेबनान, जॉर्डन, रेडसी और सिनाई, समारिया जूडिया

Christianity (समी.) *क्रिश्सियेनटी :* ईसाइयत, ईसाई धर्म

Christie's (सा.ज्ञा., समी.) *क्रिस्टीज :* सन 1766 में लन्दन में जेम्स क्रिस्टी (James Christie) द्वारा स्थापित विश्व की एक बड़ी कलाकृति नीलाम संस्था, जिसके आज 40 देशों में कार्यालय कार्यरत है

Christion (समी.) *क्रिश्चियन :* ईसाई, ईसा मसीह को मानने वाला

Chroma (चि.) *क्रोमा :* रंगों की शुद्धता

Chroma Key (टी.वी.) *क्रोमा की :* वर्ण कुंजी

Chromatic (चि.) *क्रोमेटिक :* रंग-बिरंगा, वर्णिक, वर्णीय, वर्ण सम्बन्धी

Chromatic Accent (संगी.) *क्रोमेटिक एसेंट :* स्वराघात, स्वर का उतार-चढ़ाव

Chromatics (चि.) *क्रोमोटिक्स :* वर्ण विज्ञान, रंग विज्ञान, रंगज्ञान शास्त्र

Chromating Shading (आले.) *क्रोमोटिंग शेडिंग :* हल्के रंगों से रंगों की छाया

Chrome (चि.) *क्रोम :* वर्णक, रंग

Chromolithography (छापा.) *क्रोमोलिथोग्राफ़ी :* रंगीन क्रेऑन लिथोग्राफ़ी की लिए उन्नीसवीं शताब्दी (1817) में जी. एन्जलमेन द्वारा नाम निर्माण

Chronical Play (ना.) *क्रोनिकल प्ले :* इतिवृत्त नाटक

Chronography (पुरा., समी.) *क्रोनोग्राफ़ी :* कालवृत्त, कालानुक्रम

Chronological (अभि., पुरा.) *क्रोनोलॉजिकल :* कालानुक्रमिक, काल क्रमानुसार

Chronological Display (संग्रा.) *क्रोनोलॉजिकल डिस्प्ले :* संग्रहालयों में कालक्रमानुसार प्रदर्शित कलाकृतियाँ, जिससे उनके विकास क्रमागत का परिचय मिलें

Chronological Record (अभि.) *क्रोनोलॉजिकल रेकॉर्ड :* कालानुक्रमिक अभिलेख/दस्तावेज

Chronological Sequence (अभि.) *क्रोनोलॉजिकल सीक्वेंस :* कालानुक्रम

Chronological Study (समी.) *क्रॉनोलॉजिकल स्टडी :* कालक्रमानुसारी अध्ययन

Chronology (पुरा., समी.) *क्रोनोलॉजी :* कालानुक्रम, काल क्रम, तिथि क्रम, तिथि क्रमानुसार घटना वर्णन

Chu Faat Dance (नृ.) *छू फात डांस :* सिक्किम प्रदेश का एक लोकनृत्य

Chuff (स्था., पुरा.) *चफ :* चटका (ईंट), ज़्यादा पकी ईंट

Chugtai, A.R. (1897-1975) (चि.) *अब्दुर रहमान चुग़तई :* प्रसिद्ध पाकिस्तानी चित्रकार

Chunar (क.इति.) *चुनार :* उत्तर प्रदेश में बनारस के निकट स्थित एक कस्बा जहाँ के मिट्टी के सजावटी बर्तनों को एक विशेष स्थानीय चमक दार लेप से (Enamel Coating) चमकाया जाता है।

Chunni Lal (चि.) *चुन्नीलाल :* बनारस के राजा ईश्वरी नारायण सिंह का एक दरबारी चित्रकार

Church (क.इति.) *चर्च :* गिरजाघर, ईसाई उपासना स्थल, ईसाई पूजा गृह, ईसाइयों का मन्दिर, प्रार्थनालय, चर्च

Church (समी.) *चर्च :* ईसा मसीह का आराधना स्थल/भवन, गिरजाघर, ईशवन्दना भवन/स्थल, ईसा का प्रार्थना स्थल

Church of Bethlehem (इति.) *चर्च ऑफ़ बेथलेहम :* वह बेसेल्कि (चर्च) जहाँ ईसा की माँ मैरी द्वारा ईसा मसीह को जन्म देने की मान्यता है।

Churchyard (स्था.) *चर्चयार्ड :* चर्च का प्रांगण, गिरजा समाधि स्थल, ईसाई कब्रिस्तान

Chuteela (रू.स.) *चुटीला :* महिलाओं द्वारा केश सज्जा में प्रयुक्त सूती या रेशमी धागों से बना एक उपकरण, जिसकों बालों में गूँदने से चोटी मोटी, लम्बी व सुन्दर दिखती है

Ciborium (पुरा.) *सिबॉरियम :* छतरी, छत्र, परमप्रसाद पात्र

Cimabue (1240-1302) (चि.) *चिमाबुए :* फ्लोरेन्स का एक प्रमुख इटैलियन चित्रकार

Cine Critic (फि.) *सिने क्रिटिक :* फ़िल्म समीक्षक, चलचित्र आलोचक

Cineaste (फि.) *सिनेयास्त :* सिने आशिक, सिनेमा के गम्भीर प्रेमी, फ़िल्मों में अत्यधिक रुचि रखने वाला

Cinema (फि.) *सिनेमा :* चलचित्र, सिनेमा

Cinema Hall (फि.) *सिनेमा हाल :* चलचित्र गृह, चलचित्र भवन, चलचित्र मंडप सिनेमा हाल, फ़िल्में दिखाई जाने वाला थियेटर, फ़िल्म प्रदर्शन गृह

Cinemagoer (फि.) *सिनेमागोअर :* सिनेदर्शक, फ़िल्म प्रेमी, फ़िल्मों के शौकीन

Cinemascope (फि.) *सिनेमास्कोप :* बड़े पर्दे पर फ़िल्म दिखाने की विशिष्ट तकनीक, सिनेमा हॉल, बड़ा पर्दा

Cinematic (फि., समी.) *सिनेमेटिक :* सिनेमा सम्बन्धी, फ़िल्मी

Cinematic Craft (फि.) *सिनेमैटिक क्राफ्ट :* चित्रपटीय कलाकौशल, सिने शिल्प

Cinematographer (फि.) *सिनेमॅटोग्राफ़र :* चलचित्रकार, सिनेकर्मी

Cinematography (सिने.) *सिनेमाटोग्राफ़ी :* चलचित्र विज्ञान, सिने कला, सिने विज्ञान, चलचित्रिकी, फ़िल्म निर्माण कला, चलचित्र कला

Cinerary (पुरा.) *सिनरेरी :* शव का भस्म-पात्र, अस्थि शेष-पात्र

Cinnabar (चि.) *सिने बार :* सिंदूरी रंग जैसा एक लाल रंग

Cinnamon (En.) (पा.क.) *सिनामन :* दालचीनी (एक मसाला)

Cir (पत्र.) *चिर :* दीर्घकालीन

Circle *सर्किल :* गोलाकार, वृत्त

Circular Nimbus (स्था.) *सॅरकुलर निम्बस :* वृत्ताकार प्रभामंडल, वृत्ताकार प्रभावाली

Circulation (विज्ञा.) *सॅरकुलेशन :* प्रसार संख्या (विशेषत: समाचार-पत्रों की प्रकाशित संख्या के सन्दर्भ में

Circus (ना.) *सर्कस :* क्रीड़ा रंग, रंग मंडप, नाट्य मंच स्थल (चौक)

Circus Makeup (पत्र.) *सर्कस मेकअप :* विचित्र और अनोखे नमूने का कलापूर्ण मेकअप (सर्कस मेकअप)

Ciseau (स्था.) *सिस्यू :* छेनी

Ciseleur (मू., स्था.) : धातु तक्षण

Cist Grave (पुरा.) *सिस्ट ग्रेव :* ताबूती कब्र

Citadel (स्था.) *सिटाडेल :* नगर, दुर्ग, गढ़ी

Citizen Kane (फि.) *सिटीज़न काने :* प्रसिद्ध हालीवुड निर्माता निर्देशक आर्सनवैलेस की 1941 में प्रदर्शित एक विख्यात कालजयी अंग्रेजी फ़िल्म

Citric Acid (पा.क.) *साइट्रिक एसिड :* नीबू के रस से बना एक प्रकार का तेज़ाब

City Desk (पत्र.) *सिटी डेस्क :* नगर के स्थानीय समाचारों का चयन करने वाले अधिकारी का विभाग

City Planner (स्था.) *सिटीप्लानर :* नगरनियोजक, नगरनिर्माण की अग्रिम रूपरेखा तैयार करने वाला वास्तुविद

Civilised Art (समी.) *सिविलाइज़्ड आर्ट :* सम्भ्रान्त कला, सुसंस्कृत कला, नागर कला

Civilization (समी.) *सिविलाइज़ेशन :* सभ्यता, काल-विकास का परिचय

Cladding (स्था.) *क्लेडिंग :* परत चढ़ाना

Clap (फि. पत्र.) *क्लैप :* फ़िल्म शूटिंग-संकेत, (क्लैप)

Clap Board (स्था.) *क्लैप बोर्ड :* छज्जा

Clap Stick (फि.) *क्लैप स्टिक :* पहचान पट्टिका, क्लैपस्टिक

Clap Trap (ना.) *क्लैप ट्रैप :* प्रशंसा प्रयास

Clarified Butter (En.) (पा.क.) *क्लैरिफाइड बटर :* देशी घी

Clarionet (संगी., वा.यं.) *कलेरिनेट :* एक पाश्चात्य सुशिर वाद्य यंत्र

Classes of Records (अभि.) *क्लासेस ऑफ़ रेकाड्‌र्स :* अभिलेखों के वर्ग, दस्तावेजों की किस्में

Classic (समी., फै.) *क्लासिक :* कालजयी, चिर प्रतिदिन श्रेष्ठ, श्रेण्य, वरेण्य कृति, उत्कृष्ट, पुरातन, चिर सम्मत, अभिजात गौरवग्रंथ, स्थायी महत्त्व का प्रथम श्रेणी का, आदर्श, उत्कृष्ट, पुरातन श्रेण्य, चिरसम्मत, क्लासिक, अभिजात कृति, अभिजात कृतिकार; बां. कालजयी (कला); मरा. आदर्श; गु. प्रशिष्ट उ. क्लासिक, चिर प्रतिष्ठित बदलाव की भविष्यवाणी, शास्त्रीय

Classic Acting (फि., ना.) *क्लासिक ऐक्टिंग :* शास्त्रीय अभिनय, उत्कृष्ट अभिनय, अभिजात अभिनय

Classic Makeup (रू.स.) *क्लासिक मेकअप :* क्लासिक लुक के लिए आँखों में, भौंह, होंठ और पलकों पर विशेष ध्यान देकर किया गया मेकअप

Classic Style (आले.) *क्लासिक स्टाइल :* शास्त्रीय शैली, शास्त्रीय विद्या, प्राचीन ढंग

Classic Styling (आले.) *क्लासिक स्टाइलिंग :* पुरातन फैशन, शास्त्रीय शैली, शास्त्रीय रंग-ढंग

Classic Work (समी.) *क्लासिक वर्क :* उच्च कोटि का कलाकर्म, सृजनात्मक कार्य

Classical (समी.) *क्लासिकल :* आदर्शवादी, वरेण्य, प्रतिष्ठित संस्थापित, लौकिक, शास्त्रीय, शास्त्रशुद्ध, श्रेण्य

Classical Antiquity (पुरा.) *क्लासिक एंटीक्यूटी :* श्रेण्य पुरावशेष

Classical Architecture (स्था.) *क्लासिकल आर्कीटेक्चर :* क्लासिकी वास्तु, श्रेण्य वास्तु

Classical Art (क.इति.) *क्लासिकल आर्ट :* आदर्श कला, नियम और आचारों पर आधारित कला, शास्त्रीय कला, प्रतिष्ठित कला, अभिजात कला; बां. शास्त्रीय कला; मरा. अभिजात्य कला; गु. प्रशिष्टतावादी (उ.) बेहतरीन फन/मुसव्विरी

Classical Artist (समी.) *क्लासिकल आर्टिस्ट :* शास्त्रीय कलाकार, पुरातन कलाकार

Classical Dance (नृ.) *क्लासिक डांस :* शास्त्रीय नृत्य, क्लासिकल नृत्य

Classical Dance Maestro (नृ.) *क्लासिकल डान्स माएस्ट्रो :* शास्त्रीय नृत्याचार्य, शास्त्रीय रीतिवादी कला

Classical Dancer (नृ.) *क्लासिकल डान्सर :* शास्त्रीय नृत्यकार, शास्त्रीय नर्तक

Classical Drama (ना.) *क्लासिकल ड्रामा :* शास्त्रीय नाटक

Classical Manneristic Art (क.इति., समी.) *क्लासिकल मैनरिस्टिक आर्ट :* शास्त्रीय रीतिवादी कला

Classical Music (संगी.) *क्लासिकल म्यूज़िक :* शास्त्रीय संगीत, क्लासिकी संगीत

Classical Realism *क्लासिकल रियलिज्म :* शास्त्रीय यथार्थवाद

Classical Sarangi (संगी., वा.यं.) *क्लासिकल सारंगी :* तार पर आधारित एक भारतीय वाद्य यंत्र

Classical Sculpture (मू.) *क्लासिकल स्कल्पचर :* शास्त्रीय मूर्तिकला, श्रेण्य मूर्तिकला या मूर्ति, क्लासिकी मूर्तिकला

Classical Theatre (ना.) *क्लासिकल थियेटर :* शास्त्रीय रंगमंच

Classicism (क.आन्दो.) *क्लैस्इसिज़्म :* आदर्शवाद, अभिजातवाद, श्रेण्यवाद, शास्त्रीयता वाद, शास्त्रीय कलावाद, शास्त्रवाद

Classicist (समी.) *क्लासिसिस्ट :* शास्त्रवादी, अभिजात्यवादी

Classified Advertisement (स्था.) *क्लासीफाइड एडवरटाजमेंट :* वर्गीकृत विज्ञापन, विषयावार विज्ञापन

Classified Document (अभि.) *क्लासिफाइड डाक्यूमेंट :* वर्गी कृत प्रलेख या दस्तावेज

Clay (क.समी.) *क्ले :* मिट्टी, मृतिका; बां. माटी; मरा. मिट्टी; गु. मृत्तिका; उ. चिकनी मिट्टी

Clay Enamel (क.समी.) *क्ले इनैमेल :* मृत्तिका आकाचन, क्ले एनामिल

Clay Figurine (मू.) *क्ले फिगराइन :* मृण्मूर्ति, मिट्टी की मूर्ति

Clay Loading (स्था.) *क्ले लोडिंग :* मिट्टी भराई, मृत्तिका मरण

Clay Modeling (मू.) *क्ले मॉडलिंग :* मृत्तिका प्रतिरूपण, गीली मिट्टी से मूर्ति बनाना

Clay Seal (पुरा.) *क्ले सील :* मृद-मुद्रा, मृण्मुद्रा, मिट्टी की मुद्रा (सिक्का), मिट्टी की मोहर

Clay Work (षि., मू.) *क्ले वर्क :* मृत्तिका शिल्प, मिट्टी से की गई कलाकारी

Cleanser (रू.स.) *क्लीनजर :* त्वचा को साफ़ रखने के लिए प्रयुक्त एक कॉस्मेटिक उत्पाद

Cleansing Cream (रू.स.) *क्लीनजिंग क्रीम :* मैल सफा क्रीम, त्वचा से तेल, गंदगी या मेकअप हटाने के लिए प्रयुक्त एक विशेष क्रीम

Cleansing Gel (रू.स.) *क्लीनजिंग जेल :* त्वचा की प्राकृतिक नमी बनाए रखाने के लिए प्रयुक्त एक जेल जो त्वचा की भीतर गंदगी साफ़ कर उसे चिकना और स्वच्छ रखता है

Cleansing Milk (फि., ना.) *क्लीनजिंग मिल्क :* मार्जक द्रव, मेकअप छुड़ाने के लिए प्रयुक्त एक चिकना द्रव पदार्थ

Clean up (समी.) *क्लीन अप :* साफ़-सफ़ाई

Clear (समी.) *क्लियर :* उज्ज्वल, साफ़ स्वच्छ

Cleavage (सं) *क्लीवेज :* दरार

Clerestory (स्था.) *क्लीअर स्टोअरि :* चौबारा, अधिवातायन, गिरजे की खिड़कीदार दूसरी मंजिल

Cliche (चि.) *क्लीश :* छापा, ठप्पा

Client (सामा.) *क्लाइंट :* ग्राहक, खरीदार, व्यापार मित्र

Climate change (साम.) *क्लाईमेट चेंज :* जलवायु परिवर्तन

Climax (ना., फि., समी.) *क्लाइमेक्स :* चरम परिणति, चर्मावस्था, उत्कर्ष

Climax (ना., फि.) *क्लाइमेक्स :* चरमोत्कर्ष, पराकाष्ठा, चरम परिणति, चरम स्थिति दृश्य, कथानक का चरम बिन्दु

Clinker (स्था.) *क्लिंकर :* अति पक्व ईंट, खंगरी

Clip Art (विज्ञा.) *क्लिप आर्ट :* कम्प्यूटर चित्र, जो व्यावसायिक उपयोग के होते हैं

Clip Bond (स्था.) *क्लिप बांड :* कटी चुनाई

Clipping (पत्र.) *क्लिपिंग :* कतरन संग्रह, अखबारी कटिंग

Cloister (स्था.) क्लाएॅसटर : एकान्त ध्यान कुटी/बिहार/मठ / निर्जन स्थान जहाँ साधु संन्यासी रहते हों

Close Up (C.V.Shot) (टी.वी., फि., फो.) *क्लोज अप शॉट :* छायांकन में गर्दन से ऊपर के पूरे हिस्से को दिखाना

Closed Records (अभि.) *क्लोज्ड रेकार्ड :* बन्द अभिलेख या दस्तावेज

Closing Music (संगी.) *क्लोजिंग म्यूज़िक :* समापन संगीत, अन्तिम वाद्य ध्वनि

Closure (स्था.) *क्लोज़र :* छोटी दीवार

Clotting (En.) (पा.क.) : *ब्लॉटिंग :* जम जान, थक्के

Clove (En.) (पा.क.) *: क्लोव :* लौंग

Clown (ना., फि.) *क्लाउन :* विदूषक, मसखरा, जोकर

Clunch (पुरा.) *क्लंच :* कड़ी मिट्टी, कच्चा पत्थर

Cluster (संगी.) *क्लस्टर :* ध्वनि विस्तारक (लाउड स्पीकर)

Clustered Column (स्था.) *क्लस्टर्ड कॉलम :* स्तम्भ गुच्छ, स्तम्भों का सजावटी समूह बदलाव की भविष्यवाणी

CNC (Computer Numerical Control) *सीएनसी* (कम्प्यूटर न्यूमेरिकल कंट्रोल) का संक्षिप्त रूप

Coach (ना.) *कोच :* प्रशिक्षक सिखाने वाला गुरु

Co-actor (फि.) *को-ऐक्टर :* सहकलाकार, मुख्य अभिनेता के साथ छोटी भूमिकाओं के कलाकार

Coal Tar (स्था.) *कोल तार :* तारकोल, डामर, अलकतरा

Coaming (स्था.) *कूमिंग :* आड़

Coarse Art (चि.) *कोर्स आर्ट :* कला, भोड़ी कला

Coarse Gravel (स्था.) *कोर्स ग्रेविल :* बजरी

Coarse Masonry (स्था.) : विषम चिनाई

Coart Art (समी.) *कोर्ट आर्ट :* दरबारी कला, सामंती कला, सरकारी कला

Coart Painter (समी., चि.) *कोर्ट पेंटर :* दरबारी चित्रकार, बादशाही चित्रकार, शाही चित्रकार, सरकारी चित्रकार

Coat (चि.) *कोट :* लेप, विलेपन, आवरण

Coating (सं) *कोटिंग :* लेप, पर्त चढ़ाना, लेपन

Coating (चि., अभि.) *कोटिंग :* परत चढ़ाना, विलेपन

Cob (स्था.) *कॉब :* गारा

Cobalt Blue (क., साम.) *कॅबॉल्ट ब्लू :* हालैंड के एम्सटर्डम शहर के प्रगतिशील कलाकारों का समूह, जिसमें 1948 में कोपेनहेगन और ब्रुसेल्स के कलाकार भी शामिल थे।

Cobbling (En.) : (पा.क.) : *कौब्लिंग :* अधपका अंडा उबालने का तरीका

Cockroache (अमि., सं.) *कॉक्रोच :* एक प्रकार का कीट

Cocktail (En.) : (पा.क.) : *कौक्टैल :* दो या दो से अधिक किस्म के शराब का मिश्रण

Cocle Stairs (स्था.) : गोल सीढ़ी, चक्रिल सीढ़ी

Coconut Milk (En.) : (पा.क.) : *कोकोनट मिल्क :* नारियल का दूध या पानी

Cocotte (Fr.) (पा.क.) *कोकोत :* खाना पकाने के लिए एक तरह का ढक्कनदार चीनी मिट्टी का बना बर्तन

Cocum (Hin.) : (पा.क.) : *कोकम :* एक खट्टा फल

Code Numbering (फि.) *कोड नम्बरिंग :* संकेत संख्यांकन, कोड संख्यांकन

Code of Ethics (साम.) *कोड ऑफ़ इथिक्स :* आचार संहिता

Codence (संगी.) *कोडेंस :* लय, अवरोह

Codex (अभि.) *कोडेक्स :* पुरा पांडु लिपि, हस्तलिखित पुस्तक

Co-director (ना.) *को-डायरेक्टर :* सह-निर्देशक

Coffee Table (स्था.) *कॉफी टेबल :* कम ऊँची मेज़ जिस पर ऐश ट्रे, पत्रिकाएँ, नाश्ता आदि रखा जाता है।

Coffer (स्था.) *कॉफर :* मंजूषा, कीमती सामान रखने की अलमारी या मजबूत बक्सा

Coffered Ceiling (प्र.रा.) *कॉफर्ड सीलिंग :* एक प्रकार की कमरों की छतों को सजाने के लिए प्रयुक्त सजावटी शिल्प कला

Coffin (पुरा.) *कॉफिन :* ताबूत, शव पेटिका

Coffin Burial (पुरा.) *कॉफिन ब्यूरिअल :* शवाधान पेटिका, शव को रखने का बक्सा

Co-founder (समी.) *कोफाउंडर :* जोड़ीदार संस्थापक, सह संस्थापक

Cogla (स्था.) *कॉगला :* गोल सीढ़ीदार बुर्ज

Cognoscenti (साम.) *कागनोसेंटी :* विशेषज्ञ, माहिर

Coherent (समी.) *कोहेरेंट :* सुसंगत

Coiled Pottery (मू., षि.) *क्वाइल्ड पॉटरी :* कुंडलित मृदभांड

Colander (Fr.) (पा.क.) *कोलैंडर :* एक किस्म का चीनी (शक्कर)

Cold Colour (क.साम., चि.) *कोल्ड कॅलर :* शीतधर्मी रंग, शीत वर्ण, आँखों को ताजगी देने वाले रंग, ठंडा रंग; बां. सर्द रंग, फीके रंग, उदास रंग; मरा. शीतरंग; गु. शीतरंग; उ. हल्के रंग, फरहत बरवश रंग

Cold Play (ना.) *कोल्ड प्ले :* निर्जीव नाटक, अप्रभावी नाटक

Cold Pressed Paper (क., साम.) *कोल्ड प्रेसड पेपर :* ड्राइंग पेपर बनाने की एक तकनीक

Cold Tone (समी.) *कोल्ड टोन :* शीतरंग संगति, शीतरंग सामंजस्य

Collage (फै., चि.) कोलाज *(फ्रेंच-कोल्लजि) :* कागज, कपड़े, फ़ोटो या अन्य सामग्री के टुकड़ों को जोड़कर कलात्मक ढंग से प्रस्तुत करने की एक कला

Collagraph (छापा.) *कोलाग्राफ़ :* कोलाग्राफ़ में किसी वस्तु को ठोक कर प्लेट पर गहरा निशान बनाकर छापा लेना।

Collation of Document (अभि.) *कोलेशन ऑफ़ डाक्यूमेंट :* दस्तावेज मिलान, दस्तावेज परितुलन

Collatype (छापा.) *कोलाटाइप* (हेलीयोटाइप या फ़ोटोजिलेटिन) : एक फ़ोटोमशीनी प्रक्रिया, अक्सर ऊँचे स्तर के उत्पादन के लिए प्लेट पर जिलेटिन का लेप।

Collectible (समी.) *कलेक्टिबल :* सहेजनीय, संग्रहणीय, संग्रह करने योग्य

Collection (साम.) *कलेक्शन :* संग्रह, संकलन, संग्रहण, उगाही, संचय, संचयन, संचित वस्तु, समुच्चय

Collection Display (संग्रा.) *कलेक्शन डिस्प्ले :* संग्रहालय के निजी संग्रह की कलाकृतियों का प्रदर्शन

Collection on Loan (संग्रा.) *कलेक्शन ऑन लोन :* संग्रहालयों को किसी से उधार में प्राप्त कलाकृतियाँ, उधार का कला संग्रह

Collective (समी.) *कलेक्टिव :* सामूहिक, सबके साथ

Collective Burial (पुरा.) *क्लेक्टिव ब्यूरियल :* सामूहिक शवाधान, सामूहिक दफनाना

Collograph (शि.) *कोलोग्राफ़ :* विभिन्न सामग्रियों के जोड़-तोड़ से रची कलाकृति

Colonade (स्था.) *कॉलनेड :* स्तम्भ माला, श्रेणीबद्ध स्तम्भ समूह, बहुत से खम्भों वाला बारामदा

Colonial (स्था., समी.) *कोलोनियल :* औपनिवेशिक, उपनिवेशी

Colonial Aesthetics (समी.) *कोलोनियल एस्थेटिक्स :* औपनिवेशिक सौन्दर्यबोध, औपनिवेशिक सौन्दर्यमान

Colonial Architecture (स्था.) *कोलोनियल आर्कीटेक्चर :* औपनिवेशिक वास्तुकला, भारत में ईस्ट इंडिया काल की स्थापत्य कला

Colonial Art of America *कोलानियल आर्ट ऑफ़ अमेरीका :* संयुक्त राष्ट्र अमरीका का 17वीं व 18वीं शताब्दी में विकसित कला

Colonial India (समी.) *कोलोनियलइंडिया :* आंग्लयुगीन भारत, अंग्रेजों के राजा का भारत

Colonial Period (क.इति.) *कोलोनियल पीरियड :* यूरोपीय देशों के उपनिवेश कालीन भारत की कला जिसमें अंग्रेजों के अतिरिक्त, डच, पुर्तगाली या अन्य शामिल थे।

Colonialism (समी.) कोलोनियलिज्म : उपनिवेशवाद

Colonizers Style of Art (समी.) *कालोनाइजर्स स्टाइल ऑफ़ आर्ट :* कला की औपनिवेशक शैली, ब्रिटिश यर्थाथवादी शैली की कला, सामान्यत: ईस्ट इंडिया कम्पनी काल में रची गई यर्थाथवादी शैली की कला के सन्दर्भ में प्रयुक्त शब्द जैसे राजा रविवर्मा के चित्र

Colonnade (स्था.) *कोलोनेड :* स्तम्भ श्रेणी, भवन की लम्बी छत का भार वहन करने वाले एक कतार में स्थापित स्तम्भ (कालम)

Color Scheme (फै.) *कलर स्कीम :* रंग प्रणाली, रंग योजना

Color wheel (चि.) *कॅलर व्हील :* रंग चक्र

Colorimetry (चि.) *कलरोमेट्री :* रंग विज्ञान

Colorist Style (तक) *कलरिस्ट स्टाइल :* रंग वैविध्य शैली वेनेशियन चित्रकार, टिशां, बेरोनीज और रिटोरेट्टो के चित्रों में देखी जा सकती है।

Colossal (पुरा.) *कोलासल :* विशाल, वृहद्काय

Colossal Sculpture (समी.) *कालोसल स्कल्पचर :* महान मूर्ति शिल्प, विशाल मूर्ति

Colossal Statue (मू.) *कोलोसल स्टेच्यू :* विशाल मूर्ति, महामूर्ति

Colosseum (क.इति.) *कोलोसियम :* रोम की नाट्यशाला, रोमन काल का एक बड़ा कला-गृह, खुला रंगमंच, प्राचीन रोमन रंगमंच, कोलोसियम

Colossus (समी.) *कोलोसस :* विशाल मूर्ति

Colour (क., साम.) *कलर :* रंग, वर्ण; बां. रंग; मरा. रंग; गु. रंग; उ. रंग

Colour Alcohlic (समी.) *कलर एल्कोहलिक :* वर्ण मदान्ध, रंग रसिया, रंगों से अत्यधिक प्यार करने वाला चित्रकार, जिसे रंगों से खेलने का नशा हो; वे चित्रकार जो दैनिक चित्रकर्म (Painting) किये बिना रह न सकते हो और जिन्हें पेंटिंग करने का नशा हो

Colour Bar (टी.वी., फो.) कलर बार रंगों की जाँच हेतु मानक संकेत

Colour Beauty (समी., चि.) *कलर ब्यूटी :* वर्ण लालित्य, वर्ण/रंग सौन्दर्य, कलर ब्यूटी

Colour Blindness (चि.) *कलर ब्लाइंडनेस :* वर्णाध, सही रंगों की पहचान न करने का अवगुण

Colour Chart of Ostwald (समी., चि.) *कलर चार्ट ऑफ़ ऑस्टवॉल्ड :* डॉ. ऑस्टवाल्ड का रंग चक्र

Colour Combination (समी., चि.) *कलर कॉम्बीनेशन :* रंग संगति, रंग साहचर्य, रंग मैत्री

Colour Contrast (समी., चि.) *कलर कॉनट्रास्ट :* रंग विरोध, वर्ण विरोध, वर्ण विलोम, वैषम्य, वर्ण विपर्या, रंग विरुद्ध, वर्ण-वैपरीत्य

Colour Conversion Filter (फो.) *कलर कन्वर्जन फिल्टर :* छाया चित्रण में एक प्रकार की विशिष्ट फ़ोटो फ़िल्म

Colour Coordination (चि., फै.) *कलर को कार्डीनेशन :* रंग समन्वयन

Colour Design (चि.) *कलर डिज़ाइन :* वर्ण प्ररचना, वर्ण अभिकल्प, वर्ण विन्यास

Colour Discrimination (चि., समी.) *कलर डिसक्रिमिनेशन :* वर्ण विभेद

Colour Effect (चि., समी.) *कलर एफेक्ट :* रंगाभास, वर्ण प्रभाव, रंग तासीर, वर्ण परिणाम

Colour Field Painting *कलर फील्ड पेंटिंग :* बड़े क्षेत्र में चित्रकारी करने की विद्या

Colour Film (फो.) *कॅलर फ़िल्म :* रंगीन छवि प्राप्त करने हेतु विशिष्ट फ़ोटो फ़िल्म

Colour Filter (फो.) *कलर फिल्टर :* कलर फिल्टर, रंग-रोधक, प्रकाश के रंगों को छान कर कैमरे में भेजने वाला फिल्टर

Colour Fixing (समी.) *कलर फिक्सिंग :* वर्ण स्थापन, वर्ण स्थाई करण, रंगों को जमाना या पक्का करना

Colour Framing (ना., फि.) *कलर फ्रेमिंग :* रंगों के प्रयोग से प्रभावशाली बनाना

Colour Glow (चि., समी.) *कलर ग्लो :* वर्ण दीप्ति, वर्ण प्रभा, रंगों की चमक

Colour Harmony (समी.) *कलर हार्मोनि :* वर्ण मैत्री, रंग संगति, वर्ण सामंजस्य, रंग मैत्री

Colour Illusion (चि.) *कलर इल्यूजन :* वर्ण भ्रम

Colour Key (फि., ना., फै.) कलर की रंग कुंजी, रंग संगतता निश्चित करने के लिए रंग निर्धारण

Colour Loss (चि., फि.) *कलर लॉस :* वर्ण विचलन, रंग व्यवस्था का बिगड़ना

Colour Matching (समी.) *कलर मैचिंग :* वर्ण मेल, रंगों का तालमेल या मिलान

Colour Medium (चि.) *कलर मीडियम :* रंग-माध्यम, वर्ण-माध्यम, रंग घोतक

Colour Mixing (चि.) *कलर मिक्सिंग :* रंग मिश्रण, वर्ण मिश्रण

Colour Negative Film (फो.) *कलर निगेटिव फ़िल्म :* रंगीन फ़ोटो प्राप्ति के लिए एक निगेटिव फ़िल्म

Colour Note (समी.) *कलर नोट :* रंगाभास

Colour Perspective (समी.) *कलर पॅस्पेक्टिव :* वर्ण-परिप्रेक्ष्य, रंग परिप्रेक्ष्य

Colour Photography (फो.) *कलर फ़ोटोग्राफ़ी :* रंगीन फ़ोटोग्राफ़ी, रंगीन छायांकन

Colour Preference (चि.) *कलर प्रेफरेंस :* वर्ण-विशेषज्ञ, सुरुचि पूर्ण रंगों का प्रयोग करने वाला चित्रकार

Colour Scheme (समी.) *कलर स्कीम :* रंग योजना, वर्ण विन्यास, रंग विधान, वर्ण विधान, रंग संगति, चित्र या आलेखन में प्रयुक्त होने वाली रंग योजना

Colour Seperation (छापा.) *कलर सेपेरेशन :* छपने वाले प्रत्येक रंग के लिए भिन्न प्लेट बनाना।

Colour Spectrum (चि.) *कलर स्पेकट्रम :* इन्द्रधुनषी रंगों का क्रम चक्र

Colour Spot Filter (फो.) *कलर स्पॉट फिल्टर :* कैमरे में एक प्रकार का फ़ोटो फिल्टर

Colour Technique (चि.) *कलर टेक्नीक :* वर्ण-तकनीक, रंग विधि

Colour Temperature (समी.) *कलर टम्प्रेचर :* विभिन्न रंगों की संगति

Colour Temperature Meter (फो.) *कलर टेम्प्रेचर मीटर :* रंगीन फ़ोटो की प्रोससिंग में तापमान नापने का एक उपकरण

Colour Therapy (समी.) *कलर थेरेपी :* रंगचिकित्सा

Colour Unity (समी.) *कलर यूनिटी :* रंग मैत्री, वर्णेकता, रंग सामंजस्य, रंग ऐक्य, वर्ण मैत्री, वर्ण सामंजस्य, वर्ण ऐक्य

Colour Value (समी.) *कलर वैल्यू :* वर्ण गरिमा, रंगमान, वर्ण शोभा

Colour Wheel (चि.) *कलर व्हील :* रंग-चक्र, रंगों के सम्बध बताने वाला रंग चक्र

Colourful Shapes (आले.) *कलरफुल शेप्स :* रंगीन आकार, रंगाकार

Colourism *कलारिज्म :* रंगवाद, रंगों की प्रमुखता पर आधारित एक कलावाद

Colourist (चि.) *कलरिस्ट :* रंग बाज, रंग विशेषज्ञ

Column (स्था.) *कॉलॅम :* खम्भा, स्तम्भ, कालम

Columniation (स्था.) कॉल्यूमिनेशन : स्तम्भ रचना

Columnist (पत्र.) *कॉलमिस्ट :* स्तम्भ लेखक (कॉलमिस्ट), किसी विशेष विषय का गम्भीर टिप्पणीकार, स्तम्भकार

Comb (रू.स.) *कॉम्ब :* कंघा, जो प्लास्टिक लकड़ी या धातु का बना होता है जिसका उपयोग बालों को सँवारने के लिए किया जाता है

Combination Hair (रू.स.) *कॉम्बिनेशन हेयर :* संयोजन बल

Combination of Colours (चि.) *कॉम्बीनेशन ऑफ़ कलर्स :* रंगों का सुमेल, रंग संगति

Combination of Colours (समी.) *कॉम्बीनेशन ऑफ़ कलर्स :* रंगों का सुमेल, रंग मैत्री, रंग संगति

Combination Pedals (संगी.) *कॉम्बीनेशन पेडल्स :* संयुक्त पदिक

Come Back (समी.) *कम बैक :* कलाकार की वापसी

Comedian (ना., फि.) *कॅमेडियन :* हास्य कलाकार, हास्याभिनेता, विदूषक, दर्शकों को हँसाने वाला पात्र

Comedienne (फि., ना.) *कॉमेडियेनी :* हास्य अभिनेत्री, हास्य महिला कलाकार

Comedy (फि., ना.) *कामेडी :* हास-परिहास पूर्ण नाट्यदृश्य, हास्य प्रधान, सुखान्त नाटक या फ़िल्म

Comedy (ना.) *कॉमेडी :* सुखांतक नाटक, सुखांतक, कमेडी, सुखान्तिकी प्रहसन, हास्य प्रहसन

Comedy of Humour (ना.) *कॉमेडी ऑफ़ ह्यूमर :* विनोद पूर्ण नाटक, हास्य सुखान्तिकी प्रहसन

Comfort (आले.) *कॅम्फर्ट :* आराम, सुविधाजनक

Comfort Level (समी.) *कॅम्फर्ट लेवल :* सुविधा स्तर सुविधा जनक

Comic (समी.) *कॉमिक :* हास्यक

Comic Opera (ना., संगी.) *कॉमिक आपेरा :* हास्य संगीतिका, प्रहसन संगीतिका, हास्य प्रधान नाटक, हास्य संगीत नाटक

Comic Pranks (ना.) *कॉमिक प्रैन्क्स :* मसखरे की लीलाएँ

Comic Strips (चि.) *कॉमिक स्ट्रिप्स :* कथा चित्रावली, खंड चित्र, हास्य चित्र पट्टी, हास्य चित्र माला; बां. हास्य पट्टिका; मरा. विनोद पट्टिका; गु. विनोदी चित्र वार्ता; उ. तसवीरी कार्टून

Commandments (क.इति.) *कमांडमेंट्स :* ईश-निर्देश, ईश्वर द्वारा निर्धारित नियम, मोजेस द्वारा ऐसे दस ईश-निर्देश विख्यात हैं

Commemorative Arch (स्था.) *कोमेमोरेटिव आर्च :* स्मारक तोरण

Commemorative Stone (पुरा.) *कोमेमोरेटिव स्टोन :* स्मारक पत्थर/प्रस्तर

Comment (समी.) *कमेंट :* नुक्ता चीनी, बयान, टिप्पणी

Commentary (ना., टी.वी.) *कॉमेंट्री :* वृत्त विवरण विवरण प्रस्तुति, टीका, किसी घटना का तात्कालिक मौखिक विवरण

Commentator (समी.) *कमेंटेटर :* वृत्त वर्णन कार, विवरणकार, विवरण प्रस्तोता

Commercial Art (चि.) *कमर्शियल आर्ट :* लोकोपयोगी कला, व्यापारिक कला, वाणिज्यक कला, जीवनोपयोगी कला,

व्यापार विषयक कला; बां. व्यावसायिक; मरा. व्यापार विषयक कला; गु. व्यावसायिक कलात्मक कला; उ. संअती मुसव्विरी, संअती आर्ट

Commercial Artist (चि.) *कमर्शियल आर्टिस्ट :* व्यावसायिक कलाकार, वाणिज्यिक चित्रकार

Commercial Break (टी.वी.) *कमर्शियल ब्रेक :* व्यावसायिक अन्तराल

Commercial Broadcasting (टी.वी.) *कमर्शियल ब्राडकास्टिंग :* वाणिज्यिक प्रसारण

Commercial proportion : (समी.) *कमर्शियल प्रोपोर्सन :* व्यावसायिक अनुपात

Commesso (पुरा., चि.) *कोमेस्सो :* ज्यामितीय मोजेक, ज्यामितिक कुट्टिम चित्र

Commission (समी.) *कमीशन :* कलाकार्य करने का अनुबंध, नियुक्ति, कार्य सौंपना, कला ठेका, कला कार्य का ठेका कमीशन

Commissioned Programe (समी.) *कमीशंड प्रोग्राम :* अधिकृत कार्यक्रम

Committed Actor (ना.) *कमिटेड ऐक्टर :* समर्पित अभिनेता, निष्ठावान कलाकार

Committed Critic : (समी.) *कॉमिटेड क्रिटिक :* प्रतिबद्ध आलोचक, ईमानदार आलोचक

Commo de Step (स्था.) *कोमो दी स्टेप :* सज्जित सोपान

Common Chord (संगी.) *कॉमन कॉर्ड :* सामान्य स्वर संघात

Communicable (समी.) *कम्युनिकेबल :* सम्प्रेषणीय, भेजने योग्य

Communication (समी.) *कम्युनिकेशन :* (समी.), सम्प्रेषण, सन्देश माध्यम

Communication Gap (समी.) *कम्युनिकेशन गैप :* संवादहीनता, संवादी अन्तराल

Communicative (समी.) *कम्युनिकेटिव :* कथनात्मक

Community art: (समी.) *कम्युनिटी आर्ट :* लोकवादी कला, सामुदायिक कला, जनवादी कला

Comodo (संगी.) *कोमोडो :* सुगम

Compact (समी.) *कॉम्पैक्ट :* कसा हुआ, सुसम्बद्ध, ठोस

Compact Camera (फो.) *कॉम्पैक्ट कैमरा :* एक विशिष्ट प्रकार का कैमरा

Compact Composition (समी.) *कॉम्पैक्ट कम्पोजीशन :* सुगठित संपुंजन, गठा संयोजन

Compact Disk Writer (टी.वी.) *कॉम्पैक्ट डिस्क राइटर :* सी.डी. पर डाटा डालने की मशीन

Compactness (समी.) *कॉम्पैक्टनेस :* सघनता

Compaign (विज्ञा.) *कम्पेन :* विज्ञापन अभियान, विज्ञापन नीति निर्धारण कार्यक्रम की रूपरेखा

Compaign elements (विज्ञा.) *कम्पेन एलीमेंटस :* विज्ञापन अभियान के तत्त्व, विज्ञापन प्रयासतत्व

Company (समी.) *कम्पनी :* मंडली, कलाकार समुदाय, कलाकार समूह

Company Rule in India (सा.ज्ञा.) *कम्पनी रूल इन इंडिया :* भारत में सन् 1757 से 1858 तक की काल अवधि

Company School (क.इति., क.आन्दो.) *कम्पनी स्कूल :* फिरंगी कला, कम्पनी शैली, ईस्ट इंडिया शैली, कम्पनी कलम, ईस्ट इंडिया कम्पनी काल में अप्रशिक्षित कलाकारों द्वारा रचित चित्रों की एक शैली

Comparability (समी.) *कॅमपेरॅबिलिटी :* तुलनीयता

Compassion (समी.) *कम्पेशन :* करुणा

Compassionate : (समी.) *कम्पशॅनेट :* उदार, दयालु

Compatibility (चि., समी.) *कॉम्पॅटिबिलिटी :* वर्ण संगतता, सुसंगति

Compatriot : (समी.) *कॅमपेट्रिअॅट :* समदेशी, देश- भाई, हम वतन

Compeer (ना., टी.वी.) *कम्पेयर :* सूत्र धार, कार्यक्रम का परिचय देने वाला व्यक्ति, कार्यक्रम संचालक, कार्यक्रम उद्घोषक

Compeering (समी., टी.वी.) *कम्पेयरिंग :* कार्यक्रम का संचालन

Compilation (समी.) *कम्पाइलेशन :* संचयन, संकलन करना, संग्रहण संगुम्फन

Compilation of Documents (अभि.) *कम्पाइलेशन ऑफ़ डाक्यूमेंट्स :* दस्तावेज संकलन

Compile (समी.) *कम्पाइल :* संकलन/संग्रह/संचयन

Complementary (समी.) *कॉम्पलीमेंट्री :* मानार्थ, सम्मानार्थ

Complementary Colour (चि.) *कॉम्पलीमेंट्री कलर :* सहयोगी रंग, सजातीय वर्ण, पूरक रंग, संपूरक वर्ण

Complete Meal (पा.क.) *कम्पलीट मील :* पूरा संतुलित भोजन

Complexion (रू.स.) *कॉम्प्लेक्शन :* शारीरिक रंगत, मनुष्य के चेहरे के रंग पर आधारित शब्द अर्थात जैसा चेहरे का रंग होगा वैसा ही उस व्यक्ति का रंग माना जाएगा, चेहरे का रंग रूप

Complication (समी.) *कॉम्पलीकेशन :* उलझाव, दिक्कत, कठिनाई, दिक्कत, तलब

Compliment (समी.) *कॉम्प्लीमेंट :* बधाई, शुभकामना, प्रशंसा, अभिनन्दन

Complimentary (समी.) *कॉम्प्लीमेंटरी :* सम्मानार्थ, सम्मान सूचक प्रशंसात्मक

Compo (स्था.) *कांपो :* चूने (सीमेंट) का मसाला

Compose (संगी.) *कम्पोज :* बनाना, योजना करना, अक्षरयोजना करना, रचना करना, लिखना

Composer (संगी.) *कम्पोजर :* संगीत रचयिता, संगीतकार गीत या ध्वनि रचनाकार

Composit Colour (चि.) *कम्पोजिट कलर :* मिश्रितवर्ण, मिलेजुले रंग

Composite (समी.) *कम्पोजिट :* मिश्र, संग्रथित

Composite Art (समी.) *कम्पोजिट आर्ट :* मिश्रित कला

Composite Culture (समी.) *कम्पोजिट कल्चर :* मिश्रित संस्कृति विभिन्न संस्कृतियों का मेल

Composite File (अभि.) *कम्पोजिट फाइल :* समग्र फाइल

Composite Order (समी.) *कम्पोजिट ऑर्डर :* सम्मिश्रित आकृति

Composite Photography (पत्र.) *कम्पोजिट फ़ोटोग्राफ़ :* समिश्रित छाया चित्रण विभिन्न छवियों का मिश्रित चित्र

Composite Programme (ना.) *कम्पोजिट प्रोग्राम :* मिला-जुला कार्यक्रम

Composite Race (पुरा.) *कम्पोजिट रेस :* सम्मिश्र प्रजाति

Compositing (फि.) *कम्पोजिटिंग :* बहुपरती डिज़ाइन बनाना

Composition (समी.) *कॉम्पॅजिशन :* संयोजन, संरचना, संपुंजन, रचना; बां. संरचना शिल्प; मरा. रचना चित्र; गु. संयोजन; उ. कम्पोजीशन

Composition Pictorial (चि.) *कम्पोजिशन पिक्टोरियल :* चित्र संरचना, चित्रवत संरचना

Compound (व्या.) *कम्पाउंड :* समास (हिन्दी व्याकरण का शब्द)

Comprehensive (समी.) *कॉम्प्रीहेंसिव :* व्यापक, विलक्षण, बोधगम्य, विस्तृत

Comprehensive Layout (विज्ञा.) *कॉम्प्रेहेन्सिव लेआउट :* बोधगम्य ले-आउट विज्ञापन के डिज़ाइन का प्राथमिक रूप

Comprehensive Project *कॉम्प्रेहेन्सिव प्रोजेक्ट :* व्यापक परियोजना

Compression (आले.) *कॅम्प्रेशन :* दबाव

Compressor (समी.) *कॅम्प्रेसर :* स्प्रे करने के लिए हवा का दबाव पैदा करने की एक मशीन

Computer (पत्र.) *कम्प्यूटर :* संगणक मशीन (कम्प्यूटर)

Computer Art *कम्प्यूटर आर्ट :* कम्प्यूटर सृजित कला, कम्प्यूटर कला

Computer Artist (चि., समी.) *कम्प्यूटर आर्टिस्ट :* कम्प्यूटर कलाकार, कम्प्यूटर आर्टिस्ट, कम्प्यूटर की सहायता से चित्र रचने वाला कलाकार

Computer Generated (फि.) *कम्प्यूटर जनरेटेड :* कम्प्यूटर जनित कम्प्यूटर द्वारा रचित

Computer Graphics (चि.) *कम्प्यूटर ग्राफिक्स :* कम्प्यूटरीय रेखांकन

Computer Aided Design (CAD) (विज्ञा.) *कम्प्यूटर एडेड डिज़ाइन :* कम्प्यूटर एडेड डिज़ाइन (सीएडी) कम्प्यूटर की सहायता से बनाया गया डिज़ाइन

Concave Convex Lens (फो.) *कॉन्केव कॉन्वेक्स लेंस :* कैमरे का एक विशिष्ट लेंस

Concave *कॉन्केव :* अवनत, अन्दर धसा हुआ

Concave Lens (फो.) *कॉनकेव लेंस :* अवतल लेंस

Concave Relief (मू.) *कॉन्केव रिलीफ :* अवतल राहत, कॉन्केव रिलीफ

Concave Scraper (पुरा.) *कान्केव स्क्रैपर :* अवतल खुरचनी

Concealed (समी.) *कॉन्सील्ड :* अप्रकट, भीतरी, छिपा हुआ, गुप्त

Concentration (समी.) *कन्संट्रेशन :* एकाग्र, ध्यान मग्न

Concept (समी.) *कॅनसेप्ट :* विचार बोध, धारणा, संकल्प, संकल्पना, बोध, अवधारणा

Concept board (विज्ञा.) *कंसेप्ट बोर्ड :* अवधारणा बोर्ड

Concept of Character (समी.) *कंसेप्ट ऑफ़ कैरेक्टर :* चरित्र परिकल्पना, चरित्र विचार

Conceptual Art (समी.) *कन्सेप्चुअल आर्ट :* संकल्पनात्मक कला, प्रत्ययात्मक कला, वैचारिक कला, यूरोप में 1960 के बाद की विचार प्रमुख कला

Conceptual Framework (मू.) *कन्सेप्चुअल फ्रेमवर्क :* संकल्पनात्मक ढाँचा, विचार बोधी संकल्पना

Conceptualism (समी.) *कन्सेप्चुअलिज़्म :* प्रत्ययवाद

Conceptualization (समी.) *कान्सेप्चुअलाइज़ेशन :* अवधारणा

Concert (संगी.) *कंसर्ट :* संगीत सभा, संगीत मय प्रदर्शन, संगीत संगत, संगीत गोष्ठी, संगीत समारोह

Concert Film (फि.) *कंसर्ट फ़िल्म :* संगीत पार्टी के कार्यक्रमों का फ़िल्माने वाली फ़िल्म

Concerto (संगी.) *कन्सर्टो :* एकल प्रधान प्रस्तुति

Concha (स्था.) *कान्च :* अर्धगोल गुम्बद

Conclusion (समी.) *कन्कलूजन :* निष्कर्ष, उपसंहार, परिणाम

Concord (संगी.) *कॉनकॉर्ड :* कर्ण प्रियता, सुसंगति, स्वर साम्य, सुश्रवता

Concrete (स्था.) *कंक्रीट :* बालू पत्थर का चूरा (छोटे टुकड़े या रोड़ी) और सीमेंट का आनुपातिक मिश्रण जिसे भवन की छत, कालम, बीम आदि में प्रयोग किया जाता है

Concrete (स्था.) *कंक्रीट :* बालू, पथरीले कंकण और सीमेंट का मिश्रण

Concrete Art (क.इति.) *कंक्रीट आर्ट :* पदार्थवादी कला, ठोस कला, पिंडीभूत कला, ज्यामितीय, आकार निष्ठ कला प्रत्यक्ष कला, साकार कला

Concrete Block (स्था.) *कंक्रीट ब्लॉक :* कंक्रीट से साँचे द्वारा बनाए गए आयताकार या वर्गाकार ईंट नुमा बड़े टुकड़े

Concrete Mixer (स्था.) *कंक्रीट मिक्सर :* कंक्रीट मिश्रक, कंक्रीट का मिश्रण बनाने वाली मशीन

Concubine (सा.ज्ञा.) *कॉनक्यूबाइन :* उप पत्नी, रखैल

Concurrence of views *कॉन्क्रेंस ऑफ़ व्यूज :* एकराय, एकमत

Condenced (विज्ञा.) *कंडेन्स्ड :* सघनित, चपटे (अक्षर)

Condensation (समी.) *कॉनडेनसेशन :* संक्षेपण, छोटा करना, संक्षिप्त सार

Condensed Article (पत्र.) *कंडेन्स्ड आर्टिकल :* सारलेख, घटना का तात्विक लेख

Condescending word: (समी.) *कॉनडीसेंडिंग वर्ड :* सौजन्य ज्ञापन शब्द, कृपालु शब्द

Condiment (पा.क.) *कंडिमेंट :* मशाल

Condition (सं.) *कंडिशन :* दशा, हालत, सूरते हाल

Conditioner (रू.स.) *कंडीशनर :* द्रव्य रूप में एक रासायनिक पदार्थ

Conductor (संगी.) *कंडक्टर :* संगीत संचालक, वृंद नायक

Cone (स्था.) *कोन :* शंकु

Confectionary (पा.क.) *कॉनफैक्शनरी :* मिष्ठान्न अथवा मिष्ठान्न बेचने की दुकान

Conferred : (समी.) *कॉनफर्ड :* प्रदत्त

Confidential Record (अभि.) *कॉन्फीडेंशियल रेकार्ड :* गोपनीय अभिलेख

Configuration (समी.) *कॉनिफिगरेशन :* विन्यास

Configure (विज्ञा., छापा.) *कन्फिगर :* समरूपण, शक्ल/आकार देना

Conflict (समी.) *कॉनफ्लिक्ट :* द्वंद्व, विवाद, अन्तर्द्वंद्व

Congenital (Birth) (रू.स.) *कॉनजेनटिल :* जन्मजात (जन्म)

Conisterium (स्था.) *कॉनिस्टीरियम :* मालिश खाना

Conjunct Motion (संगी.) *कॉनजंक्ट मोशन :* क्रमिक संचार

Conjunction (व्या.) *कंजक्शन :* समुच्चयबोधक

Connoisseur (समी.) *कनोइससेउर :* कलापारखी, गुणज्ञ, कलागुणी, कलापोषक, कला संरक्षक, गुण ग्राहक, पारखी, कदरदान

Conscious (समी.) *कॉनशस :* चेतना, संचेतन

Conscious Artist (समी.) *कॉनशस आर्टिस्ट :* सजग कलाकार

Consciousness (समी.) *कॉनशसनेस :* सजगता, चैतन्य, चेतना

Conservation (संग्रा., अभि.) *कंजर्वेशन :* संरक्षण, प्रति संस्कार, कलाकृतियों की संरक्षण क्रिया, सुरक्षित रखने का विज्ञान

Conservation of Document (अभि.) *कंजर्वेशन ऑफ़ डाक्यूमेंट :* दस्तावेज संरक्षण

Conservation of Records (अभि.) *कंजर्वेशन ऑफ़ रेकार्ड :* अभिलेखों का संरक्षण

Conservative Art *कंजर्वेटिव आर्ट :* संरक्षित कला

Conservatoire (सिने.) *कंज़रवेटरी :* संगीत शिक्षालय, संगीत ज्ञान केन्द्र, संगीत विद्यालय

Conserved Document (अभि.) *कंज़र्वड डाक्यूमेंट :* संरक्षित दस्तावेज

Consistency (पा.क.) *कानसिस्टेंसी :* संगति, घनापन या सघनता

Consistory (समी.) *कॅनसिस्टॅरी :* चर्च न्यायालय

Consolidation *कॅनसॉलीडेशन :* घनीकरण

Consommé (पा.क.) *कंसोम :* शोरबा

Consonance (संगी.) *कान्सोनेंस :* सह मधुरता, अनुरूप

Consort (समी.) *कान्सर्ट :* संगीत समारोह, संगीतोत्सव, संगीतकारों की बैठक

Constable, John (1776-1837) (चि.) *जॉन कॉन्स्टेबल :* ब्रिटेनवासी रूमानी मूर्ति चित्रकार

Construction *कॉन्स्ट्रक्शन :* संरचना निर्माण, शिल्प संरचना

Construction Material (स्था.) *कान्स्ट्रैक्शन मैटीरियल :* इमारत की निर्माण सामग्री

Constructivism (क.आन्दो.) *कॅन्स्ट्रॅक्टिविज्म :* निर्मितवाद, रचनावाद, निर्माणवाद

Consumer (आले.) *कन्ज्यूमर :* उपभोक्ता वस्तु का प्रयोग करने वाला

Consumer Behaviour (विज्ञा.) *कॅन्ज्यूमर बिहेवियर :* उपभोक्ता का व्यवहार, विज्ञापन दाता की अभिरुचि

Consumer Research (विज्ञा.) *कॅन्ज्यूमर रिसर्च :* उपभोक्ता अनुसंधान, विज्ञापन से प्रभावित होने वाले उपभोक्ताओं पर खोज

Consumtion (विज्ञा.) *कनजम्पशन :* खपत, व्याप्ति, उत्पाद-खपत

Contained Shadow (चि.) *कंटेंड शेडो :* स्वगत छाया, स्वनिहित छाया

Contaminate Document (अभि.) *कॉन्टामिनेट डाक्यूमेंट :* दूषित दस्तावेज

Contemplative lyricism: (समी.) *कॉन्टेम्प्लेटिव लिरिसिज्म:* चिन्तनशील प्रगीतत्व, विचारशील प्रगीतत्व

Contemporaneous (समी.) *कॉन्टेम्परेनियस :* समकालीन, समसामयिक

Contemporary (संगी., आले.) *कॉन्टेम्पोरेरी :* समकालीन, सम सामयिक, वर्तमान युगानुरूपी, समवयस्क

Contemporary (ग्र.स.) *कॉन्टेम्परेरी :* कला के सन्दर्भ में नया नहीं बल्कि वर्तमान चालू फैशन के सन्दर्भ में प्रयुक्त शब्द

Contemporary Actors (ना.) *कॉन्टेम्परेरी ऐक्टर :* समकालीन अभिनेता, हम उम्र फनकार

Contemporary Art (समी.) *कॉन्टेम्परेरी आर्ट :* सामयिक कला, समकालीन कला, वर्तमान कला, आज की कला, वर्तमान उपलब्धियों से पूर्ण कला

Contemporary Artist (समी.) *कॉन्टेम्परेरी आर्टिस्ट :* सामयिक कलाकार, समकालीन कलाकार, समवयस्क कलाकार

Contemporary Consciousness (समी.) *कॉन्टम्परेरी कॉनशसनेस :* समसामयिक चेतना, आज की सोच-समझ, समकालीन संचेतना

Contemporary Movie (फि.) *कॉन्टेम्परेरी मूवी :* समसामयिक सिनेमा, समकालीन चलचित्र, सामयिक सिनेमा

Content (समी.) *कॉन्टेंट :* विषय सामग्री, विषय वस्तु, अन्तर्वस्तु, विषयवस्तु, विषय सूची, वर्ण्य विषय, विषय वस्तु, अन्तर्वस्तु

Content of Creation (समी.) *कॉन्टेंट ऑफ़ क्रिएशन :* लावण्य, ऋषि वात्स्यायन के 'कामसूत्र' के अनुसार चित्र के छह अंगों में से एक

Context (समी.) *कॉन्टेक्स्ट :* प्रसंग, सन्दर्भ, प्रकरण, परिस्थिति

Context of use (समी.) *कॉन्टेक्स्ट ऑफ़ यूज :* उपयोग का सन्दर्भ

Contextual *कॉन्टेक्चुअल :* प्रासंगिक

Contextual reality: (समी.) *कॉन्टेक्सचुल रियल्टी :* प्रासंगिक वास्तविकता

Continuity (समी.) *कॉन्टीन्यूटी :* निरन्तरता

Continuity of Sound (फि.) *कॉन्टीन्यूटी ऑफ़ साउंड :* ध्वनि की एक समानता, ध्वनि सांतत्य

Contour (रू.स.) *कंटूर :* किसी चीज के आकार या रूप का प्रतिनिधित्व या उसकी रूपरेखा तैयार करना, परिरेखा चित्र

Contoured Plan (अभि.) *कंटूर्ड प्लान :* परिरेखा चित्र

Contract (समी.) *कॉन्ट्रैक्ट :* अनुबंध, लिखित या मौखिक करार

Contraction (सं.) *कॉन्ट्रैक्शन :* संकुचन, सिकोड़ना

Contradiction (पत्र., समी.) *कॉन्ट्राडिक्शन :* खंडन करना, प्रतिवाद, अन्तर्विरोध

Contraindication (रू.स.) *कॉन्ट्राइंडिकेशन :* मतभेद, विपरीत संकेत

Contrast (समी.) *कॉन्ट्रास्ट :* वैषम्य, उल्टा, विरोधाभास, विपरीत, विषमता

Contrast Colour (चि.) *कॉन्ट्रास्ट कलर :* विरोधाभासी रंग/वर्ण

Contrast Effect (चि., समी.) *कॉन्ट्रास्ट इफेक्ट :* वैषम्य प्रभाव, वैषम्य परिणाम, वैषम्य प्रतीति, विरोध प्रभाव

Contrasting (आले.) *कॉन्ट्रास्टिंग :* विरोधाभास

Contributory (समी.) *कॉन्ट्रीब्यूटरी :* सहायक

Control Panel (टी.वी.) *कंट्रोल पैनल :* नियंत्रण पट्ट

Control Room (समी., टी.वी.) *कंट्रोल रूम :* नियंत्रण कक्ष

Conundrum (समी.) *कोननड्रम :* पहेली

Conventional (समी.) *कनवेन्शनल :* परम्परावादी, रूढ़िगत, परम्परागत, अभिसामसिक

Conventional Art (क.इति.) *कनवेन्शनल आर्ट :* रूढ़िगत कला; बां. परम्परागत कला; मरा. रूढ़िवादी कला; गु. रूढ़िगत कला; उ. रिवायती आर्ट

Conventionalise (समी.) *कनवेंशनलाइज :* रूढ़िबद्ध, परम्परागत

Conventionalism (समी.) *कनवेंशनलिज़्म :* रूढ़िवाद

Converging Lens (फो.) *कनवर्जिंगलेंस :* कैमरे का एक विशिष्ट लेंस

Conversation (समी.) *कनवर्सेशन :* वार्तालाप, बातचीत

Conversation Painting (चि.) *कनवरसेशन पेंटिंग :* 19वीं शताब्दी की बरोक शैली में रचे यूरोप के चित्र, जिनमें सामाजिक दृश्य होते थे

Conversation Piece (चि., ना.) *कनवर्सेशन पीस :* संवादात्मक नाटक, घर के अन्दर के दृश्य प्रधान चित्र

Conversational Language (समी.) *कनवसेशनल लैंग्युवेज :* संवाद भाषा

Conversational Piece (चि.) *कन्वरसेशनल पीस :* समूह चित्र

Conversion Filter (फो.) *कन्वर्जन फिल्टर :* छाया चित्रण में प्रयुक्त एक विशिष्ट फिल्टर

Convertible Set (ना.) *कनवर्टेबल सेट :* परिवर्तनीय दृश्यबंध/सेट

Convex (स्था.) *कान्वेक्स :* उत्तल, उभरा हुआ

Convex Concave Lens (फो.) *कॉन्वेक्स कॉन्केव लेंस :* कैमरे का एक विशिष्ट लेंस

Convex Lens (फो.) *कॉन्वेक्स लेंस :* अवतल लेंस

Cookery (पा.क.) *कुकरी :* रसोई में खाना बनाने से सम्बन्धित काम

Cooking (पा.क.) *कुकिंग :* खाना बनाना

Cookware (पा.क.) *कुक वेयर :* खाना बनाने के बर्तन

Cool Art (समी.) *कूल आर्ट :* नयनाभिरामी कला, मोहक कला

Cool Colours (समी.) *कूल-कलर :* शीतधर्मी रंग, शीत वर्ण, ठंडे रंग

Cool Season (सा.ज्ञा.) *कूल सीजन :* शिशिर ऋतु, जनवरी 20 से मार्च 20 के मध्य का काल

Coomar Swami, A. (1877-1947) (क.इति.) *आनन्द कुमार स्वामी :* एक श्रेष्ठ कला इतिहासकार

Co-ordination (समी.) *को-आर्डीनेशन :* समन्वय, एक सूत्रता, एक मयता

Coping (स्था.) *कोपिंग :* मुंडेर, उष्णीश

Coping Stone (स्था.) *कूपिंग स्टोन :* शिखर रद्दा, मुंडेर, मुंडेरी

Copley, John Singleton (1738-1815) (चि.) *जान सिंगल्टन कॉप्ले :* अमरीकी चित्रकार

Copper Age (पुरा.) *कॉपर एज :* ताम्र युग

Copper Plate Inscription (पुरा.) *कॉपरप्लेट इंसक्रिप्शन :* ताम्र पत्र लेख

Copper Sulphate (अभि.) *कापर सल्फेट :* नीला थोथा, तूतिया

Copperas (अभि.) *कौपेरस :* कसीस, हराकस

Co-producer (फि.) *को-प्रोड्यूसर :* सह-निर्माता, सह-प्रस्तुतकर्त्ता

Coptic Art (चि.) *कॉप्टिक आर्ट :* चौथी से सातवीं शताब्दी के मध्य यूरोप की ईसाई कला, जिसमें ममी पेटिकाओं पर चित्र रचे जाते थे

Copy (पत्र.) *कॉपी :* पांडुलिपि, संशोधित प्रकाशन सामग्री, असल मूलप्रति

Copy (तक., अभि., चि.) *कॉपी :* अनुकृति, प्रतिकृति, प्रतिलिपि, परवर्ती प्रतिकृति, तद्वत प्रतिकृति, नकल

Copy Body (विज्ञा.) *कॉपी बॉडी :* आलेख संरचना, विज्ञापन में लिखी जाने वाली भाषा के अतिरिक्त फ़ोटो, उप शीर्षक ट्रेड मार्क आदि का उल्लेख

Copy Right (समी.) *कॉपी राइट :* स्वत्वाधिकार, प्रकाशनाधिकार, सर्वाधिकार, एकाधिकार कृति, कृतित्व एकाधिकारी, कलाकृति पर सम्पूर्ण एकल अधिकार, लेखकीय सर्वाधिकार

Copy Tester (पत्र.) *कॉपी टेस्टर :* समाचार-पत्र का मुख्य उपसम्पादक, प्रकाशनार्थ समाचार निर्णायक

Copy Work (समी.) *कॉपी वर्क :* अनुकृति, नकल कार्य, कलाकृतियों की प्रतिलिपि या अनुकरण करना

Copy Writer (विज्ञा.) *कॉपी राइटर :* विज्ञापन शब्द शिल्पी, विज्ञापन-लेखक, विज्ञापन में प्रयोग होने वाले शब्दों का रचनाकार, कापी राइटर

Copy Writing Department (विज्ञा.) *कॉपी राइटिंग डिपार्टमेंट :* विज्ञापन एजेंसी का विज्ञापनों में प्रयुक्त विभाग

Copying (अभि.) *कॉपिंग :* प्रतिलिपिकरण, प्रतियाँ बनाना, अनुवर्तन

Copynology (समी.) *कॉपीनोलॉजी :* पांडुलिपि विज्ञान

Coral Red (चि. क.साम.) *कोरल रेड :* मूंगे के लाल रंग जैसा लाल रंग

Corbel (स्था.) *कॉर बॅल :* तोड़ा, तोड़े निकालना, पट्टा कॉरबेल

Corbelling (स्था.) *कॉर्बलिंग :* छत छाना, दीवार से निकला हुआ वह भाग जो ऊपर के हिस्से को सहारा दे

Cordial (सा.ज्ञा.) *कॉर्डियल :* हार्दिक

Cordiality (समी.) *कॉडिएलिटी :* सौहार्दपूर्णता

Cordiform (चि., पुरा.) *कॉर्डी फॉर्म :* हृदयाकार

Cording (फै.) *कॉर्डिंग :* डोरी को धागा या कपड़े से ढकने के बाद सजावट की तरह इस्तेमाल करना

Core Members (समी.) *कोर मेम्बर्स :* मूल सदस्य, प्रवर्तक सदस्य, संस्था के प्रारम्भिक संस्थापक मुख्य सदस्य

Corel Draw (विज्ञा.) *कोरल ड्रा :* कम्प्यूटर का एक चित्र संयोजन रूप

Coriander (पा.क.) *कोरेंडर :* धनिया

Coriander Leaves (पा.क.) *कोरेंडर लीव्ज :* धनिये के पत्ते

Coriander Powder (पा.क.) *कोरेंडर पाउडर :* धनिया पाउडर

Corn Cobs (पा.क.) *कार्न कॉब्स :* भुट्टा

Cornice (स्था.) *कॉर निस :* मुढेर, भवन के ऊपरी भाग की कगार, कंगूरा छत की एक सजावटी रचना, कार्निस

Coro (स्था.) *कोरो :* गान कक्ष

Corona (स्था.) *कॅरोना :* प्राकार शीर्ष का अंग, झाड़-फनूस, कैरोना

Coronation of the Virgin (क. इति.) *कोरोनेशन ऑफ़ द वर्जिन :* ईसाई कला में ईसा की माँ मैरी को देवदूतों द्वारा उन्हें स्वर्ग की रानी घोषित करने के लिए ताज पहनाने का दृश्य

Coroplast (शि.) *करोप्लास्ट :* मृदाशिल्पी

Corot, Camille (1796-1875) (चि.) *कैमिल कोरो :* फ्रेंच भू-दृश्य चित्रकार

Corporal Relic (पुरा.) *कारपोरल रिलिक :* देहावशेष

Corporate (साम.) *कार्पोरेट :* महाउद्यम प्रतिष्ठान, अतिविशाल उद्यम

Corporate Culture (समी.) *कार्पोरेट कल्चर :* कार्पोरेट संस्कृति, बड़े व्यापारिक घरानों की संस्कृति

Corpus (अभि.) *कॉर्पस :* ग्रंथ संग्रह

Corrective Make Up (फि., टी.वी.) *करेक्टिव मेकअप :* परिमार्जक सज्जा, कलाकार को अधिक अच्छा दिखाने के लिए स्पेशल सज्जा

Correspondent (पत्र.) *कॅरस्पॉडेंट :* संवाददाता, समाचार संकलक

Corridor (स्था.) *कॉरिडोर :* गलियारा, मकान के आगे या कुछ बाहर निकला हुआ छायादार छज्जा, गैलरी, दीर्घा, सम्पथ, कोरीडोर

Corrieri della Sera (पत्र.) *कोरियरे डेला सेरा :* मिलान (इटली) से प्रकाशित इटालवी भाषा का एक प्रमुख दैनिक समाचार-पत्र

Corrosion (सं.) *कोरोजन :* क्षय, प्राकृतिक क्षरण, वातावरण के प्रभाव से नष्ट होना

Corrugate (शि.) *कोरोगेट :* लहरिया, आकृति, सिकोड़ना, झुर्री डालना, लपेटना, नालीदार बनाना

Corrugated (अभि.) *कॉरोगेटेड :* नालीदार

Corset (फै.) *कोरसेट :* महिलाओं द्वारा घर पर पहने जाने वाले कसावदार अन्दरूनी वस्त्र

Cortile (स्था.) *कॉरटिल :* आंगन, प्रांगण, चौक, अंगना

Cosmatic Brushes (रू.स.) *कॉस्मेटिक ब्रश :* शृंगार में प्रयुक्त विविध किस्म के ब्रश

Cosmato Work (अभि., चि.) *कॉसमेटो वर्क :* चित्रकुट्टिम शिल्प

Cosmetic (रू.स.) *कॉस्मेटिक :* सौन्दर्य-सामग्री, सौन्दर्य-प्रसाधनों में प्रयुक्त रासायनिक सामग्री

Cosmetic Pencil (रू.स.) *कॉस्मेटिक पेंसिल :* आइब्रो (भौं) को काला रंगने के लिए प्रयुक्त एक काले रंग की मुलायम लेड वाला वाली पेंसिल

Cosmetic Pencil Sharpener (रू.स.) *कॉस्मेटिक पेंसिल शार्पनर :* इस पेंसिल शार्पनर से अपने लिप लाइनर, आईलाइनर और आईब्रो पेंसिल को शार्प और मेनटेन किया जाता है

Cosmetlogy (रू.स.) *कॉस्मेटोलॉजी :* सौन्दर्य प्रसाधन विज्ञान, सौन्दर्य प्रसाधन शास्त्र

Cosmetologist (रू.स.) *कॉस्मेटोलॉजिस्ट :* सौन्दर्य विशेषज्ञ, सौन्दर्य निखारने की कला का पूर्ण जानकार, सौन्दर्य उपचार में प्रवीण कलाकार

Cosmic (समी.) *कास्मिक :* ब्रह्मांडीय

Cosmorama (समी.) *कॉसमॅराम :* विश्व चित्रावली, विश्व दृश्यावली, सर्वतोदृश्य

Cost Effective (आले.) *कॉस्ट इफेक्टिव :* प्रभावी लागत

Costume (फै., फि., ना.) *कॉस्ट्यूम :* पोशाक, वेशभूषा परिधान

Costume Art (फै., फि., ना.) *कॉस्ट्यूम आर्ट :* परिधान कला, वस्त्र सज्जा, वेशभूषा कला

Costume Designer (फै.) *कॉस्टयूम डिज़ाइनर :* वेश सज्जाकार, परिधान अभिकल्पक, परिधान सज्जाकार, परिधान कलाकार, परिधान सर्जक वस्त्र सृजनकार

Costume Jewelry (ना., फि.) *कॉस्ट्यमू ज्वेलरी :* पात्रों द्वारा पहने गए आभूषण

Costume Man (ना., फि.) *कॉस्ट्यूम मैन :* वेश प्रबंधक

Costume Materials (ना., फि.) *कॉस्ट्यूम मैटीरियल्स :* वेश भूषा सामग्री, परिधान सामग्री

Costume Parade (फै.) *कॉस्ट्यूम परेड :* परिधान प्रदर्शन

Cot loft (स्था.) *कॉट लॉफ्ट :* दुछत्ती

Cotton (फै., ग्र.स.) *कॉटन :* कपास, सूती (कपड़ा), रूई

Cotton Duck (आले.) *कॉटन डक :* मोटा सूती कपड़ा

Coulisse (ना.) *कलीस :* मंच का पिछला हिस्सा

Councillor (समी.) *काउंसलर :* सलाहकार, परामर्शदाता

Count Down (ना.) *काउंट डाउन :* मंच प्रबंधक द्वारा अभिनेताओं (पात्र) को हाथ से दिया जाने वाला संकेत

Counter Fort (स्था.) *काउंटर फोर्ट :* किले का दीवार पुश्ता

Counter Point (संगी.) काउंटर प्वाइंट : सहचलन

Counter Sealed Document (अभि.) *काउंटर शील्ड डाक्यूमेंट :* प्रतिमुद्रांकित दस्तावेज

Counter View (समी.) *काउंटर व्यू :* विरोधी दृष्टिकोण

Counterproof (छापा.) *काउंटर प्रूफ :* गीले प्रूफ की एक दूसरे कागज पर परिवर्तित आकृति। यह आकृति मूल प्लेट की तरह दिखती है।

Country Correspondence (अभि.) *कंट्री करस्पॉन्डेंस :* रियासती पत्र व्यवहार

Country House (स्था.) *कंट्री हाउस :* ग्राम्य आवास

Country Paper (पत्र.) *कंट्री पेपर :* देशीय समाचार-पत्र, प्रान्त या देश की सीमाओं तक सीमित समाचार-पत्र

Coupled Column (स्था.) *कपल्ड कॉलम :* युग्म स्तम्भ

Couplet (का.) *कपलेट :* समान लम्बाई की दो लाइनों वाली कविता, दो समान लम्बाई की पंक्तियों की कविता, दो लाइनों की लयात्मक कविता

Coursed Rubble (स्था.) *कोर्सेड रुबल :* खड़ी चिनाई

Court (स्था.) *कोर्ट :* आंगन, चौक, कोर्ट

Court Painter (समी.) *कोर्ट पेंटर :* दरबारी चित्रकार, शाही चित्रकार, सरकारी चित्रकार

Court Poet (समी.) *कोर्ट पोएट :* राजकवि, दरबारी कवि

Courtesy (समी.) *कर्टसी :* सौजन्य, शिष्टाचार

Courtier (फै.) *कोटियर :* डिज़ाइनर पोशाक डिज़ाइन करने वाला कलाकार, दरबारी, राज-सभासद

Courtyard (स्था.) *कोर्टयार्ड :* आँगन, प्रांगण, अहाता, कोर्टयार्ड

Cover (अभि.) *कवर :* आवरण

Cover Stick (रू.स.) *कलर स्टिक :* त्वचा के दाग धब्बे छुपाने में प्रयुक्त एक कंसीलर या कलर करेक्टर

Cover Story (पत्र.) *कवर स्टोरी :* मुख्य समाचार, आमुख कथा, आवरण कथा

Coverage (समी.) *कवरेज :* व्याप्ति, किसी घटना की जानकारी को जनता तक पहुँचाना

Covered Alley (स्था.) *कवर्ड एले :* ढकी गली, छत्ता

Covering (अभि.) *कवरिंग :* आवरण

Crab (पा.क.) *क्रैब :* केकड़ा

Crack (सं.) *क्रैक :* दरार, चटकन

Crackling (संगी) *क्रैकिंग :* तीखी आवाज

Cradle Roof (स्था.) *क्रेडिल रूफ :* अर्धचंद्राकार छत

Cradle Song (संगी., गा.) *क्रेडल सांग :* पालना गीत, लोरी, शिशु गान

Cradling (समी.) *क्रेडलिंग :* उद्गमस्थल

Craft (षि.) *क्राफ्ट :* शिल्प, शिल्पकृति, शिल्पकर्म, कारीगरी हस्तकौशल, हस्तकला; बां. कारुकला; मरा. कोरोव काम; गु. क्राफ्ट; उ. दस्तकारी, हिरफत, कारीगरी

Craftsman (शि.) *क्राफ्ट्समैन :* शिल्पी, कारीगर, शिल्पकार म. कारागिराचे काम

Craftsman Ship (समी.) *क्राफ्ट्समैन शिप :* शिल्पकौशल, शिल्पकारिता, शिल्पज्ञता, शैल्पिक निपुणता, शिल्पकारी, दस्तकारी; बां. कला दक्षता; मरा. कलाकरणे; गु. करागिरोचे काम; उ. दस्तकारी का पेशा, दस्कारी का माहिर

Cramp (स्था., षि.) *क्रैम्प :* शिंकजा

Crape Wool (ना., फि.) *क्रेप वूल :* भेड़ के बालों से बनी दाढ़ी-मूँछ

Crash (समी.) *क्रैश :* ध्वस्त, कम्प्यूटर या प्रोग्राम की विफलता

Crayon (क., साम.) *क्रेऑन :* रंगवर्तिका, रंग वर्ती, चित्रांकनी

Crayon Drawing (चि.) *क्रेऑन ड्राइंग :* वर्तिका चित्र, क्रेआन चित्रण, क्रेआन चित्र, वर्तिका चित्रण

Crazy Artist (समी.) *क्रेज़ी आर्टिस्ट :* सनकी कलाकार, मानसिक रूप से विक्षिप्त कलाकार, अत्यधिक धुनी कलाकार, पागल कलाकार, पूर्ण रूप से कला के लिए समर्पित कलाकार

Cream (पा.क.) *क्रीम :* मलाई

Cream Puff (ना., फि.) *क्रीम पफ :* चेहरे के मेकअप की प्रसाधन सामग्री, क्रीम पफ

Creaming (पा.क.) *क्रीमिंग :* मलाई लगाना या मलाई की पर्त चढ़ाना

Creaseless Document (अभि.) *क्रीजलेस डाक्यूमेंट :* सिलवट रहित दस्तावेज

Creatan Art (कइति.) *क्रीट की कला :* 2500 ई.पू. से 1100 ई.पू. के मध्य यूनानी सभ्यता के मुख्य केन्द्र क्रीट की कला

Creation (समी.) *क्रियेशन :* सृजनहार, सृष्टा, सर्जन, सर्जना

Creation of God (समी.) *क्रिएशन ऑफ़ गॉड :* ईश जनित, ईश सृजित, भगवान की रचना

Creative (समी.) *क्रिएटिव :* रचनाशील, सर्जनात्मक, सृजनात्मक, सृजनशील, मौलिक, मरा. कल्पक; गु. सर्जनात्मक; उ. तखलीकी कुव्वत, कुव्वते-ईजाद

Creative Ability (समी.) *क्रिएटिव एबिलिटी :* सर्जन योग्यता

Creative activity: (समी.) *क्रिएटिव एक्टिवटी :* रचनाशील कार्यविधि, सृजनमूलक कार्य, रचनात्मक गतिविधि

Creative Advertising (विज्ञा.) *क्रिएटिव एडवरटाइजिंग :* सृजन शील विज्ञापन, सृजनात्मक विज्ञापन

Creative Artist, Actor, Actress (समी.) *क्रिएटिव आर्टिस्ट ऐक्टर, ऐक्ट्रेस :* सर्जनशील कलाकार/अभिनेता अभिनेत्री, सर्जनात्मक कलाकार, मौलिक कलाकार, सृजनशील

Creative Department (विज्ञा.) *क्रिएटिव डिपार्टमेंट :* विज्ञापन एजेन्सी में विज्ञापनों के लिए नया और सृजनशील पुट देने वाला विभाग

Creative Element (समी.) *क्रिएटिव एलीमेंट :* सृजनात्मक तत्त्व, रचनात्मक तत्त्व

Creative Expression (समी.) *क्रिएटिव एक्सप्रेशन :* सर्जनात्मक अभिव्यंजना, सृजनात्मक अभिव्यक्ति

Creative Faculty (समी.) *क्रिएटिव फैकल्टी :* सृजन-शक्ति, सृजन क्षमता, सृजन योग्यता

Creative Imagination (समी.) *क्रिएटिव इमेजिनेशन :* बहादुरी, रचनात्मक, कल्पना

Creative Instinct (समी.) *क्रिएटिव इंसटिंक्ट :* सृजन प्रवृत्ति

Creative Music (संगी.) *क्रिएटिव म्यूज़िक :* सर्जनात्मक संगीत

Creative Process (समी.) *क्रिएटिव प्रॉसेस :* सृजन-प्रक्रिया, सृजन प्रणाली, सृजन विधि, सर्जनात्मक क्रिया

Creativity (समी.) *क्रिएटिवटी :* सर्जनात्मकता, सृजनशीलता, सृजन क्रिया

Creator (समी.) *क्रिएटर :* सृजनहार, सृजन कर्मी, सृजन कर्त्ता

Credence (पुरा.) *क्रीडेन्स :* पूजन चौकी

Credenza (ग्र.स.) *क्रीडेंज़ा :* लगभग 30" लम्बा लकड़ी का फर्नीचर जो भोजन कक्ष में सामान रखने या आफिसों में फाइलें आदि रखने के काम आता है

Credit (फि.) *क्रेडिट :* आभारज्ञापन, फ़िल्म निर्माण में सहयोगियों का आभार ज्ञापन

Credit Line (पत्र.) *क्रेडिटलाइन :* आभार पंक्ति, समाचार सूत्र

Credit List (समी.) *क्रेडिट लिस्ट :* आभार सूची, श्रेय तालिका

Credits (फि.) *क्रेडिट्स :* श्रेय, फ़िल्म निर्माण में सहयोग देने वालो का आभार ज्ञापन या श्रेय देना

Cremation Urn (पुरा.) *क्रिमेशन उर्न :* दाह कलश

Crenel (स्था.) *क्रीनेल :* मोखा

Crepe Hair (ना.) *क्रेप हेयर :* बनावटी बाल, नकली केश

Crescent (स्था.) *क्रीसेंट :* अर्धवृत्ताकार रूप में बने भवनों का समूह। ऐसे भवन इंग्लैंड में तिरछी गलियों के छोर पर बने मिलते हैं

Crescent (स्था., शि.) *क्रेसंट :* अर्ध चन्द्राकार, वर्धमान

Crest (स्था.) *क्रेस्ट :* शिखर, शिखा, कलगी

Cresting (स्था.) *क्रेस्टइंग :* शिखर सज्जा, शीर्षालंकरण

Creve (छापा.) *क्रेवे :* अम्लांकन में अत्यधिक क्षारित भाग, जहाँ नजदीक की रेखाओं को अम्ल द्वारा काट दिया जाता है।

Crew (फि.) *क्रू :* फ़िल्म निर्माण से कार्यरत छोटे-बड़े सभी महत्त्वपूर्ण सदस्यगण

Crew Stage (ना.) *क्रू स्टेज :* मंच कर्मी

Crewel Work (आले.) *क्रीवेल वर्क :* कशीदा कारी

Cribbing (स्था., पुरा.) *क्रिबिंग :* अस्थाई रेखा (खुदाई के समय की)

Cribble (चि.) *क्रिबिल :* बिन्दु अंकन

Crimson Red (क., साम.) *क्रिमसन रेड :* एक प्रकार का गहरा लाल रंग

Crinkles (पा.क.) *क्रिंकल्स :* चाकलेट

Criosphinx (पुरा.) *क्रियोस्फिनिक्स :* मेषशीश धारी दैत्य

Crippled Creativity (समी.) *क्रिपिल्ड क्रिएटिवटी :* अवरुद्ध सर्जनात्मकता, अवरुद्ध रचनात्मकता

Cris-Cross Painting (चि.) *क्रिसक्रास पेटिंग :* आड़ा-तिरछा चित्रण

Crisp (En.) (पा.क.) *क्रिस्प :* कुरकुरा

Criss-Cross (समी.) *क्रिस्-क्रॉस :* आड़ी-तिरछी, आड़ा-तिरछा

Critic (समी.) *क्रिटिक :* समीक्षक, समीक्षाकार, आलोचक

Critical Analysis (समी.) *क्रिटिकल एनालिसिस :* समीक्षात्मक विवेचना, गहन विवेचना

Criticism (समी.) *क्रिटिसिज्म :* आलोचना, समीक्षा, समालोचना

Crocil Pen (क., साम.) *क्रोसिल पेन :* क्रोसिल पेन

Croft (स्था.) *क्रॉफ्ट :* अधोगर्भित कक्ष

Crome Yellow (क., साम.) *क्रोम येलो :* क्रोम येलो, एक प्रकार का गहरा पीला रंग

Cromlech (स्था.) *क्रोमोलेच :* प्रागैतिहासिक महापाषाण कब्र

Cropping *क्रौपिंग :* छाया चित्र में अनावश्यक पृष्ठ भूमि के अंशों को हटाने की प्रक्रिया

Croqui (फै.) *क्रोकी :* फाइनल डिज़ाइन बनाने से पहले का खाका या रेखाचित्र

Cross Dating (पुरा.) *क्रास डेटिंग :* काल निर्धारण

Cross Fade (ना.) *क्रॉस फेड :* मंदामंद करना

Cross Staff (स्था.) *क्रॉस स्टॉफ :* गुनिया

Cross Window (स्था.) *क्रॉस विंडोज :* आमने-सामने की खिड़कियाँ

Crosset (स्था.) *क्रॉसेट :* टोड़ा

Crossing (स्था.) *क्रॉसिंग :* चौराहा

Crosslet (स्था.) *क्रॉस लेट :* लघु आकार का क्रूस

Cross-ventilation (साम.) *क्रॉस वेंटिलेशन :* आर-पार हवा निकासी की व्यवस्था

Croud Funding (साम.) *क्राउड फंडिग :* जन-धन, जनता से प्राप्त धन

Croute (Fr.) (पा.क.) : *कूट :* एक तरह का गोल कुरकुरी सिकी ब्रेड जिस पर माँस परोसा जाता है।

Croutons (Fr.) (पा.क.) : *क्रूटोंस :* सूप या सलाद में सजावट के लिए प्रयुक्त ब्रेड के सिके या तले टुकड़े

Crown (स्था.) *क्राउन :* शीर्ष, शिखर

Crucifixion (क.इति.) *क्रूसिफिक्शन :* क्रूसारोहण, सलीब पर चढ़ा कर दिया जाने वाला मृत्यु दंड

Crude Drama (ना.) *क्रूड ड्रामा :* अपरिपक्व नाटक, असम्य नाटक, अशिष्ट नाटक, भोदा नाटक, अशोधित नाटक

Crude Humour (समी.) *क्रूड ह्यूमर :* अभद्र परिहास, असभ्य मजाक

Cruise (साम.) *क्रूज :* समुद्र-पर्यटन, समुद्रयान या शाही जल पोत द्वारा समुद्री यात्रा

Crumple (अभि., फै.) *क्रम्पल :* चुन्नर पड़ जाना, झुर्री पड़ना

Crunch (En.) (पा.क.) *क्रंच :* कुरकुरे

Crunchy (पा.क.) *क्रंची :* कुरकुरे

Crush (En.) : (पा.क.) *क्रश :* तले या भुने खाने की ऊपरी पर्त जो खाने (व्यंजन) का रंग और स्वाद देती है

Crush (Pineapple) (पा.क.) *क्रश (पाइनएप्पल) :* पिसा अनान्नास

Crust (पा.क.) *क्रस्ट :* पपड़ी

Crypt (स्था.) *क्रिप्ट :* भूमि गृह, तहखाना, तलघर

Cryptography (पत्र.) *क्रिप्टोग्राफ़ी :* सांकेतिक सन्देश लिपि, सांकेतिक भाषा

Crystal (स्था., मू.) *क्रिस्टल :* स्फटिक, एक पारदर्शी पत्थर

Crystallization (सं.) *क्रस्टीलॉइजेशन :* रवाकरण, दाने के रूप में परिवर्तन

Cuban *क्यूबन :* क्यूबा के नागरिक/कलाकार, क्यूबा की भाषा

Cubicle (स्था.) *क्यूबिकल :* लघु कक्ष

Cubism (क.इति., क.आन्दो.) *क्यूबइज्म :* त्रिआयामवाद, त्रिपार्श्ववाद, बहुआयामवाद, घनवाद, घन चित्रण शैली

Cubistic Painting (समी.) *क्यूबइस्टिक पेंटइंग :* त्रिआयामवादी चित्र, त्रिआयामवादी चित्रकला, त्रिपार्श्ववादी चित्र, त्रिपार्श्ववादी चित्रकला

Cucumber (En.) (पा.क.) *क्युकंबर :* खीरा

Cue (फि.) *क्यू :* अभिनय संकेत, फ़िल्म के अभिनेताओं को कैमरे के सामने अपना अभिनय आरम्भ करने का संकेत

Cue Light (ना.) *क्यू लाइट :* संकेत बत्ती

Cue Line (ना.) *क्यू लाइन :* संकेत पंक्ति, इशारा लाइन

Cue Sheet (ना.) *क्यू शीट :* संकेत पत्र

Cuff (फै.) *कफ :* कलाई-बंद

Cuisine (Fr.) (पा.क.) *कुईसीन :* किसी प्रान्त या देश का खान, स्वादिष्ट भोजन

Culmination (समी.) *कल्मिनेशन :* परिणति

Cult Drama (ना.) *कल्ट ड्रामा :* सम्प्रदाय प्रधान नाटक

Cult Movie (फि.) *कल्टमूवी :* भक्ति प्रधान फ़िल्म, पूजा-भक्ति मूलक चलचित्र किसी सम्प्रदाय या पंथ के प्रचार-प्रसार की फ़िल्म

Cultural Activist (समी.) *कल्चरल एक्टीविस्ट :* सांस्कृतिक कार्यकर्ता, संस्कृति कर्मी

Cultural Affinity (समी.) *कल्चरल एफीनिटी :* सांस्कृतिक बंधुता

Cultural Anthropologist (समी.) *कल्चरल एन्थ्रोपॉलिजिस्ट :* सांस्कृतिक मानव विज्ञानी

Cultural Association (समी.) *कल्चरल एसोसियेशन :* सांस्कृतिक मंडल/संघ/मंच

Cultural Attaché (समी.) *कल्चरल अताशे :* सांस्कृतिक सहचारी

Cultural Conflict (समी.) *कल्चरल कॉनफिल्कट :* सांस्कृतिक द्वंद्व

Cultural Diversity (समी.) *कल्चरल डायवर्सिटी :* सांस्कृतिक विविधता

Cultural Entropy (समी.) *कल्चरल इन्ट्रापी :* सांस्कृतिक निर्जीवता

Cultural Evolution (समी.) *कल्चरल एवोल्यूशन :* सांस्कृतिक विकास

Cultural Heritage (समी.) *कल्चरल हेरिटेज :* सांस्कृतिक विरासत, सांस्कृतिक धरोहर, संस्कृति से सम्बन्धित यादगार अवशेष

Cultural History (क.इति.) *कल्चरल हिस्ट्री :* सांस्कृतिक इतिहास

Cultural Icon *कल्चरल आईकन :* सांस्कृतिक विभूति, सांस्कृतिक क्षेत्र के विशिष्ट कर्मी

Cultural Infiltration (समी.) *कल्चरल इनफिल्ट्रेशन :* सांस्कृतिक अन्तर्मिश्रण

Cultural Integration (समी.) *कल्चरल इंटीग्रेशन :* सांस्कृतिक एकीकरण

Cultural Kinship (समी.) *कल्चरल किनशिप :* सांस्कृतिक बंधुता

Cultural Movement (सेमी.) *कल्चरल मूवमेंट :* सांस्कृतिक आन्दोलन, सांस्कृतिक वैचारिक क्रान्ति

Cultural Pollution (समी.) *कल्चरल पॉल्यूशन :* सांस्कृतिक प्रदूषण

Cultural Relic (पुरा.) *कल्चरल रिलिक :* सांस्कृतिक अवशेष

Cultural Renaissance (समी.) *कल्चरल रेनेसाँ :* सांस्कृतिक पुनर्जागरण, सांस्कृतिक पुनरुत्थान

Cultural Revolution (समी.) *कल्चरल रेवल्यूशून :* सांस्कृतिक क्रान्ति, सांस्कृतिक जन आन्दोलन

Cultural Synthesis (समी.) *कल्चरल सिन्थेसिस :* सांस्कृतिक संश्लेषण

Cultural Wealth (समी.) *कल्चरल वेल्थ :* सांस्कृतिक सम्पदा

Cultural Zoning (समी.) *कल्चरल जोनिंग :* सांस्कृतिक क्षेत्रीकरण

Culture (समी.) *कल्चर :* संस्कृति

Cumin (En.) (पा.क.) : *क्युमिन :* जीरा

Cumin Black (En.) (पा.क.) : *क्यूमिन ब्लैक :* काला जीरा

Cuneus (स्था.) *क्यूनियस :* दर्शक कक्ष

Cuniculus (स्था.) *क्यूनिकुलस :* भूमिगत नाली

Cupboard (स्था.) *कप बोर्ड :* पल्लेदार अलमारी

Cupid (क.इति.) *क्यूपिड :* शिशुकामदेव, काम देव, क्यूपिड

Cupola (स्था.) *क्यूपोला :* गुम्बद भवन की सर्वोच्च छत पर बना एक गोलाकार क्षेत्र, लघु गुम्बद, क्यूपोला

Curative Conservation (क.स.) *क्युरेटिव कंजर्वेशन :* उपचारात्मक संरक्षण

Curator (संग्र.) *क्यूरेटर :* संग्रहपाल, संग्रहालयाध्यक्ष, वीथिका पाल, प्रदर्शनी प्रमुख, प्रदर्शनी आयोजक, संग्रहाध्यक्ष

Curd (En) (पा.क.) *कर्ड :* दही

Cureoshop (संग्रा.) *क्योरियोशॉप :* दुर्लभ कृति विक्रय केन्द्र, दुर्लभ वस्तुओं की दुकान, नायाब व पुरानी कलाकृतियों की दुकान

Curing (En.) (पा.क.) *क्योरिंग :* माँस या मछली को लम्बे समय तक सुरक्षित रखने का तरीका

Curio (पुरा.) *क्यूरियो :* कौतुक वस्तु, कलाकृति

Currant (En.) (पा.क.) *करंट :* काले अंगूरों की किशमिश

Currency (समा.) *करंसी :* मुद्रा, खजाना

Curry (पा.क.) *करी :* करी सब्जी का शोरबा

Curry Leaf (पा.क.) *करी लीफ :* करी पत्ता, एक खुशबूदार पत्ती

Curry Powder (En.) (पा.क.) *करी पाउडर :* दक्षिणी भारतीय मसाला

Curtain (ना.) *कर्टेन :* पर्दा, यवनिका, पट

Curtain Call (ना.) *कर्टेन काल :* अभिनय का बुलावा

Curtain Drop (ना.) *कर्टेन ड्राप :* गिरवाँ पर्दा, ऊपर से नीचे गिरने वाला पर्दा

Curtain French (ना.) *कर्टेन फ्रेंच :* चुन्नटदार पर्दा

Curtain Line (ना.) *कर्टेन लाइन :* दृश्यांत वाक्य

Curtain Music (ना.) *कर्टेन म्यूज़िक :* यवनिका संगीत, नाट्य-पट संगीत

Curtain Raiser (ना.) *कर्टेन रेजर :* पूर्वावलोकन

Curtain Rise (ना.) *कर्टेन राइज :* पर्दे का उठना

Curtain wall (स्था.) *कर्टेन वाल :* भवन की वह बाहरी दीवार जिस पर भवन की छत आदि का भार न पड़ता हो। ये दीवारे केवल पर्दे की तरह होती हैं।

Curved Roof (स्था.) *कॅर्वड रूफ :* मुड़ी छत बाँस की बनी झोपड़ियों की तरह बीच में मुड़ी, नुकीली, किनारेदार छत

Curvegouge (शि.) *कर्वु गाउज़ :* वक्र रुखानी

Cushions (आले.) *कुशंस :* चार कोना तकिया, कुशन

Custard (पा.क.) *कस्टर्ड :* चीनी और अरारोट आदि से बना एक खाद्य पाउडर

Custard Apple (पा.क.) *कस्टर्ड एप्पल :* शरीफा

Custom (आले.) *कस्टम :* रिवाज

Custom Design (आले.) *कस्टम डिज़ाइन :* रिवाज डिज़ाइन

Custom Furniture (ग्र.स.) *कस्टम फर्नीचर :* अपनी स्वेच्छानुसार बनाया गया फर्नीचर

Cut (फि.) *कट :* परिवर्तन, आकस्मिक बदलाव

Cut In (फि.) *कट इन :* संवाद सम्पादन

Cut Mount (क., साम.) *कट माउंट :* मोटे गत्ते से चित्रों की सुन्दरता व सुरक्षा बढ़ाने का एक आवरण

Cut Out (ना.) *कट आउट :* कटा-छटा दृश्य

Cutlet (पा.क.) *कटलेट :* आलू या माँस से बनी टिकिया

Cutlets (Fr.) (पा.क.) *कटलेट्स :* भुना, सिका या तला हुआ माँस का टुकड़ा

Cyan (चि.) *स्थान :* हरित नीला रंग

Cyanic Colours (चि.) *सियानिक कलर्स :* नील हरित वर्ण

Cyber based Internationalism: (समी.) *साइबर बेस्ड इंटरनेशनलिज्म :* साइबर आधारित अन्तरराष्ट्रीयवाद

Cycladic Art (चि.) *साइक्लेडिक आर्ट :* चक्रीय कला

Cyclopedia (समी.) *साइक्लोपीडिया :* विश्व कोश, महाकोश, दुनिया की विविध जानकारियाँ देने वाला महाग्रंथ

Cyclorama (ना.) *साइक्लोरामा :* गगनिका, बिना जोड़ का पृष्ठभूमि दर्शाने का पर्दा

Cylindrical (समी.) *सेलेंड्रीकल :* बेलनाकार, वर्तुलाकार

Cymbal (संगी.) *सिम्बल :* झांझ, करताल, मंजीरा

Cynical Realism (क.आन्दो.) *सिनिकल रियलिज़्म :* निन्दक यथार्थवाद

D

D.D.B. Mudra Group (वि.क.) *डी.डी.बी. मुद्रा ग्रुप :* डी.डी.बी. वर्ड वाइड कम्युनिकेशन से सम्बद्ध एक विज्ञापन कम्पनी जो अहमदाबाद से संचालित होती है। यह देश की एक प्रमुख विज्ञापन कम्पनी मानी जाती है।

D.P.I. (फो.) Dot Per Inch का संक्षिप्त रूप : छायाचित्र में घनत्व नापने का एक पैमाना

D.V.C. (फो., टी.वी.) *डी.वी.सी. :* Digital Video Camera का संक्षिप्त रूप, उच्च कोटि की वीडियो-ओडियो दोनों रेकार्ड करने वाला एक छोटा कैमरा

Daag Dehlvi (1831-1905) (का.क.) *दागदेहलवी :* असली नाम नवाब मिर्ज़ा खाँ उर्दू ग़ज़ल के प्रमुख स्तम्भ

Daandiya (नृ.) *डांडिया :* गुजरात प्रदेश का एक प्रसिद्ध सामूहिक स्त्री और पुरुषों की नृत्य शैली, जो मुख्यत: नवरात्र में डांडिया बजाते हुए होता है

Dabber (क.इति.) *डैबर :* पुचारा, कूंची

Dactylograph (चि., स्था.) *डेक्टाइलोग्राफ़ :* अंगुलि छाप, अंगुलि चित्र, अंगुलिलेख

Dada Phalke Award (पत्र. फि.) *दादा फाल्के एवार्ड :* दादा साहब फाल्के पुरस्कार, फ़िल्म जगत का एक प्रतिष्ठित पुरस्कार

Dadaism (क.आन्दो.) *दादाइज्म :* दादावाद, दादावादी पंथ, दादाइज़्म

Daddy (ना.) *डैडी :* पितातुल्य प्रतिष्ठित नाट्य कर्मी, पिता, उम्रदराज फनकार

Dado (स्था.) *डेडो :* कमरे की दीवार का लकड़ी से जड़ा हुआ या रंगा हुआ निचला भाग (डेडो)

Dadra (संगी.) *दादरा :* गायन शैली, जिसका संगीत अधिकतर दादरा ताल में होता है, शृंगार रस प्रधान एक गायकी

Daff (नृ.) *डफ :* पजाब का एक लोकनृत्य

Dahibhalla (Hin.) (पा.क.) : *दही भल्ला :* दही बड़ा या दही भल्ला

Daily Qudrat (पत्र.) *डेली क़ुदरत :* इस्लामाबाद (पाकिस्तान) से प्रकाशित उर्दू और अंग्रेजी भाषा का दैनिक समाचार-पत्र

Daily Star, The (पत्र.) *द डेली स्टार :* ढाका (बांग्लादेश) से प्रकाशित अंग्रेजी भाषा का एक दैनिक समाचार-पत्र

Daily Telegraph, The (पत्र.) *द डेली टेलीग्राफ़ :* सिडनी (आस्ट्रेलिया) से प्रकाशित अंग्रेजी भाषा का एक दैनिक समाचार-पत्र

Dairu (संगी.) *डैरु :* हरियाणा के भक्ति संगीत में प्रयुक्त एक ताल वाद्य

Dais (ना.) *डायस :* मंच, चबूतरा

Daisy (चि., समी.) *डेजी :* नायाब नमूना

Daksha Bebe (चि.) *दक्षा बीबी :* पटना कला की एक महिला चित्रकार

Dal Gosht (पा.क.) *दाल गोश्त :* दाल में पकाया हुआ माँसाहारी व्यंजन

Dal Tadka (Hin.) (पा.क.) : *दाल तड़का :* छौंक लगी दाल

Dalda Thirteen (फो.) *डालडा थर्टीन :* भारत की प्रथम पारसी महिला प्रेस फ़ोटोग्राफ़र होमी व्यावाला का छद्म नाम जो उसके छाया चित्रों में छपता था।

Dallu Lal (चि.) *दल्लूलाल :* बनारस के राजा ईश्वरी नारायण सिंह का एक प्रमुख दरबारी चित्रकार

Damage (सं.) *डैमेज :* टूट फूट, नुकसान

Damali (नृ.) *दमाली :* जम्मूकश्मीर प्रदेश का एक लोकनृत्य

Damascene (तक.) *डैमसीन :* धातु पच्चीकारी

Damask (आले.) *डेमस्क :* बेलबूटे दार वस्त्र, जामदानी, हल्का रंग, धूप-छाँह, बूटीदार वस्त्र, हल्का लाल, रेशमी कपड़ा

Damper (संगी.) *डैम्पर :* ध्वनि अवमंदक, वाद्ययंत्रों की ध्वनि धीमी करने वाला यंत्र

Dampness (अमि., सं.) *डैम्पनेस :* नमी, आद्रता, सीलन

Damp-proof course (DPC) (स्था.) *डैम्प प्रूफ कोर्स :* भवन निर्माण के नींव में किया गया सीलन रोधी उपचार

Dance Culture (नृ.) *डांस कल्चर :* नृत्य संस्कृति

Dance Drama (नृ.) *डांस ड्रामा :* नृत्य-नाटक, नृत्य प्रधान नाटक

Dance Form (नृ.) *डांस फॉर्म :* नृत्य रूप, नृत्य के प्रकार, नाच की किस्में

Dance Interlude (नृ.) *डांस इंटरल्यूड :* नृत्य अन्तराल, मध्यांतर नृत्य, कार्यक्रम के बीच में आयोजित नृत्य

Dance Macabre (नृ.) *डांस मॅकाब्रे :* वीभत्स नृत्य, डरावना नृत्य

Dance Master (नृ.) *डांस मास्टर :* नृत्य गुरु, नाच सिखाने वाला उस्ताद

Dance Motions (नृ.) *डांस मोशंस :* नृत्य गतियाँ

Dance of Cleath (नृ.) *डांस ऑफ़ क्लीथ :* यमराज भेषी नृत्य

Dance Sequences (नृ.) *डांस सीक्वेन्सिस :* नृत्य नियोजन

Dance Steps (नृ.) *डांस स्टेप :* फ़िल्म या नृत्य कार्यक्रमों में नृत्य खंड की परिकल्पना का मध्य नर्तक द्वारा नर्तन गति के मध्य की गई सोची समझी मुद्राएँ

Dance Terms (नृ.) *डांस टर्म :* नृत्य शब्दावली, नृत्य में प्रयुक्त शब्द

Dance Theater (नृ.) *डांस थियेटर :* नृत्य रंगमंच

Dance-Drama (ना.) *डांस ड्रामा :* नृत्य नाटिका, नृत्य प्रधान नाटक

Dancer (नृ.) *डांसर :* नर्तक, नर्तकी, नृत्य कलाकार, नृत्यांगना, नाचने वाली या वाला

Dancer's Guide (नृ.) *डांसर्स गाइड :* नृत्यकार प्रदर्शिका, नृत्य गुरु, नर्तक का गाइड

Dancing (नृ.) *डांसिंग :* नृत्य करना, नाचना

Dancing Hall (नृ.) *डांसिग हाल :* नट मंडप, नृत्य कार्यक्रमों का हॉल

Dancing Master (ना., फि.) *डांसिंग मास्टर :* नृत्याचार्य, नृत्य गुरु

Dancing Shadow (नृ.) *डांसिंग शैडो :* छाया-नृत्य

Dandi Nach (नृ.) *दांडीनाच :* जम्मूकश्मीर प्रदेश का एक लोकनृत्य

Danga (नृ.) *दंगा :* झारखंड का एक लोकनृत्य

Dangi (नृ.) *डांगी :* हिमाचल प्रदेश का एक लोकनृत्य

Danish India (सा.ज्ञा.) *दानिश इंडिया :* भारत में सन् 1620 से 1869 तक की काल अवधि

Danzantes (भू., पुरा.) *डेनजांट दारिंग :* नग्न नराकृति

Daph (संगी.) *डाफ :* लोक संगीत में प्रयुक्त एक ताल वाद्य यंत्र

Dapping (तक. शि.) *डैपिइंग :* ठप्पाकारी

Dappu (नृ.) *डप्पू :* आंध्र प्रदेश का एक लोकनृत्य

Darbari Kala (समी.) *दरबारी कला :* राज्य पोषित कला, सरकारी कला, शाही कला, दरबारी कला

Dark Ages (इति.) *डार्क एज :* अंध युग, अंध काल, इतिहास का पांचवी से चौदहवीं शताब्दी के मध्य का काल

Dark Age *डार्क एजेस :* अंधकाल, अवनतिकाल

Dark Colour (चि., समी.) *डार्क कलर :* गहरा वर्ण, गहरा रंग

Dark House (फि.) *डार्क हाउस :* साधारण फ़िल्म, कम ख्याति अर्जित करने वाली सामान्य श्रेणी की फ़िल्म जिसे न तो अधिक आर्थिक सफलता मिली हो न ही पुरस्कारों आदि से सम्मानित हो

Dark Line (समी.) *डार्क लाइन :* गहरी रेखा, स्याह कलम, काली रेखा

Dark Room (पत्र. फो.) *डॉर्क रूम :* अंधेरा कमरा जहाँ फ़ोटोग्राफ़ी का काम होता है, अंध कक्ष

Darning (सं.) *डारनिंग :* रफू करना

Dart (फै.) *डार्ट :* वी-आकार के टक कपड़ों के गोल भागों को आकार देने के लिए सिले कपड़े

Dart Manipulation (फै.) : स्थापित करने के लिए किसी भी एक डाई की एक किस्म के पर्दे पर से एक बुनियादी एक डार्ट या दो के लिए एक रचनात्मक डिज़ाइन अवधारणा डार्ट

Dash News (पत्र.) *डैश न्यूज़ :* बड़ी खबर, अप्रत्याशित समाचार, भंडाफोड़ समाचार का संक्षिप्त रूप

Dashavtaar (नृ.) *दशावतार :* विष्णु भगवान के दस अवतार

DasiAttam (नृ.) *दासीअट्टम :* शास्त्रीय नृत्य भरतनाट्यम का पुरानामूल नाम

Data (समी.) *डाटा :* आँकड़ा, जानकारी

Data Acquisition (समी.) *डाटा एक्वीजीशन :* आंकड़ा अधिग्रहण, आँकड़ों की जानकारी प्राप्त करना

Data Base (समी., टी.वी.) *डाटा बेस :* व्यवस्थित संग्रह, लाइब्रेरी कार्डों की इंडेक्स फाइल

Dated Document (अभि.) *डेटेड डाक्यूमेंट :* कालनिर्धारित दस्तावेज, दिनांकित दस्तावेज

Dating (पुरा., समी.) *डेटिंग :* तिथि निर्धारण, तिथ्यांकन

Datum (पुरा.) *डेटम :* आधार सामग्री

Daube (Fr.) (पा.क.) : *दौब :* स्टॉक में पकी हुई माँस और सब्जीयुक्त व्यंजन

Daumier (1808-1879) (चि.) *दूमिये :* फ्रेंच चित्रकार, मूर्तिकार, छापाचित्रकार, व्यंग्य चित्रकार

DAVP (पत्र.) *डीएवीपी :* भारत सरकार के दृश्य श्रव्य प्रचार निदेशालय (Directorate of Advertising and visual publicity) का संक्षिप्त रूप

Dawn (पत्र.) *डान :* इस्लामाबाद व कराची से प्रकशित पाकिस्तान का एक प्रमुख अंग्रेजी भाषा का दैनिक समाचार-पत्र

Dayavati (संगी.) *दयावती :* पाँचवी श्रुति का नाम

DB (Decibel) (फि.) *डी.बी. :* डेसीबल का संक्षिप्त रूप, ध्वनि मापन की एस.आई. इकाई

DC (पत्र.) *डबल कालम*

De Kooning, William (1904-1997) (चि.) *विलियम दू कूनिंग :* डच अमूर्त अभिव्यंजनावादी चित्रकार

De Stijl (क.पत्रि.) *दे स्टिल :* सन् 1916 में हॉलैंड से प्रकाशित होने वाली एक कला पत्रिका और आन्दोलन

De, Mukul (1895-1989) (चि.) *मुकुल डे* : चित्रकार, छापाकार

Deacidification (सं.) *डिएसिडिफिकेशन* : आम्लता का उदासीकरण

Dead Act (ना., फि.) *डेड ऐक्ट* : स्पन्दनहीन नाट्य अंश, अप्रभावी नाट्य खंड/अंक, निर्जीव नाटयांक

Dead Acting (ना., फि.) *डेड ऐक्टिंग* : प्रभावहीन अभिनय, मृत अभिनय, निर्जीव अभिनय, बेअसर अदाकारी

Dead Blackout (ना.) *डेड ब्लैक आउट* : पूर्ण अन्धकार

Dead Clay (मू.) *डेड क्ले* : खराब मिट्टी, बेकार मिट्टी, सुखाई हुई मिट्टी

Dead letter Perfection (ना.) *डेड लेटर परफेक्शन* : पक्का याद करना, पक्का याद होना

Dead Line (पत्र.) *डेड लाइन* : समाचार संग्रह की अन्तिम समय सीमा

Dead Pan Face (ना., फि.) *डेड पैन फेस* : भाव रहित चेहरा, संवदेना शून्य चेहरा, बेजान चेहरा

Dead Stage (ना.) *डेड स्टेज* : निष्क्रिय मंच

Dead Stick (समी.) *डेड स्टिक* : अप्रत्याशित निष्क्रियता, संवाद शून्य मंच

Dead Wood (समी., फि.) *डेड वुड* : अनबिके बेकार टिकट

Dead-pan Face (ना., फि.) *डेड पेन फेस* : भावशून्य चेहरा

Death of Christ (इति.) *डेथ ऑफ़ क्राइस्ट* : सूली पर चढ़ाये जाने से निधन। रोमन साम्राज्य के जेरूस्लम जो जूडिया प्रान्त में स्थित है। AD 30 या 33, आयु 33 या 36 वर्ष

Death Ship (पुरा.) *डेथ शिप* : नौकाकार ताबूत

Debris (पुरा.) *डेबरिस* : मलबा

Debut (समी., ना.) *डेब्यू* : प्रथम अभिनय, प्रथम प्रदर्शन, पहली कोशिश, प्रथम अदा

Decadent Literature (सा.) *डेकाडेंट लिटरेचर* : ह्रासोन्मुख साहित्य, गिरता साहित्य, साहित्य में आवश्यक गुणों में कमी आना

Decantation (En.) (पा.क.) *डिकैंटेशन* : शराब को सावधानी से बोतल से जग में उड़ेलने की क्रिया, निथारना

Deccan Chronicle (पत्र.) *दक्कन क्रोनिकल* : हैदराबाद से अंग्रेजी भाषा में प्रकाशित एक दैनिक समाचार-पत्र

Deccan School (क.इति.) *देक्कन स्कूल* : दक्षिण भारत की एक कला शैली, जिसके प्रमुख केन्द्र थे, अहमदनगर, बीजापुर और गोलकुंडा आदि

Declamatory (समी.) *डिक्लैमॅटरी* : आलंकारिक, आडंबरपूर्ण, व्याख्यान सम्बन्धी, भाषणपूर्ण

De-classification (अभि.) *डी-क्लासीफिकेशन* : अवर्गीकृत

Deconstruction (फै.) *डी कॉन्स्ट्रक्शन* : विखंडन, विसम्बन्धन का सामान

Decor (फै., चि., शि.) *डेकॉर* : रंग-सज्जा, सजावट, रंग योजना, असबाब, अलंकरण, सज्जा

Decorate (समी.) *डेकॅरेट* : अलंकरण, सजाना, सँवारना, शृंगार करना, सजना, संजोना, विभूषित करना, सुशोभित करना, सम्मान देना

Decoration (समी.) *डेकरेशन* : अलंकरण, सजाना, सज्जा, सजावट

Decorative (समी., चि.) *डेकोरेटिव* : आलंकारिक, सजावटी

Decorative Art (शि., चि.) *डेकोरेटिव आर्ट* : सज्जा कला, सजावटी कला, सौन्दर्य वर्धक कला, आलंकारिक कला, सज्जात्मक कला, अलंकरण कला, अलंकारिक कला; बां. सजावटी कला; मरा. सर्जनशील कला; गु. सुशोभन कला; उ. जमाल्याती आर्ट, आराएशी आर्ट

Decorative Based (समी.) *डेकोरेटिव बेस्ड* : आलेखन प्रधान

Decorative Device (क., साम.) *डेकोरेटिव डिवाइस* : आलंकारिक उपकरण, आलंकारिक युक्ति, सजावट के उपकरण

Decorative Pillow (आले.) *डेकोरेटिव पिलो* : सजावटी तकिया

Decorative Style (समी.) *डेकोरेटिव स्टाइल* : आलंकारिक शैली, अलंकारमय शैली, सज्जा शैली, सजावटी शैली

Decoupage (तक.) *डेकोपॉज* : फ्रेंच शब्द कागज की कटी कतरनों से सजावट

Decrescendo (समी., संगी.) *डेक्रेशेनडो* : अवरोह, उत्तरोत्तर धीमा स्तर या ध्वनि

Dedicated Artist (समी.) *डेडीकेटेड आर्टिस्ट* : व्रती कलाकार, जुझारू कलाकार, लगनशील कलाकार

Deed (पत्र. सामा.) *डीड* : कानूनी समझौता, कानूनी करार, प्रामाणिक प्रारूप कानूनी करारनामा (डीड)

Deep Conditioning (रू.स.) *डीप कंडीशनिंग* : बालों को स्वस्थ रखने के लिए गहराई तक कंडीशनर लगाने की क्रिया

Deep Etching (छापा.) *डीप ऍचिंग* : गहरा, अस्मांकन

Deep Feeling (समी.) *डीप फीलिंग* : गहन अनुभूति, गहरा अहसास

Deep Fry (En.) (पा.क.) : *डीप फ्राई* : गहरे या भरे तेल में तलना

Deep Relief (मू.) *डीप रिलीफ* : गहरा उद्भूत

Defunct (अभि.) *डिफंक्ट* : निष्क्रिय

Degas, Edgar (चि.) (1837-1917) *एदग (र) देगा* : फ्रेंच चित्रकार, मूर्तिकार, छापाकार

Degenerate Art (समी.) *डिजेनरेट आर्ट* : भ्रष्ट कला, पतित कला, अपिनतोन्मुख कला, अपविकसित कला।

Degorger (Fr.) (पा.क.) *देगौज़र* : नरम सब्जियों में नमक डालकर उनका पानी निकालने की फ्रेंच क्रिया

Degraded Colour (चि., समी.) *डिग्रेडेड कलर* : हीन वर्ण, विकृत वर्ण, निम्नीकृत वर्ण, अवक्रमित रंग, अपयशकारी रंग

Degree (संगी.) *डिग्री* : स्थिति, कोटि

Dehydrating Chemicals (अभि.) *डिहाइड्रेटिंग केमीकल्स :* निर्जलीकारक रसायन

Dekhni (नृ.) *देखनी :* गोवा प्रदेश का एक लोकनृत्य

Delecate (चि.) *डेलीकेट :* कोमल/सुकुमार रेखा

Delectable (En.) (पा.क.) : *डिलेक्टेबल :* महक और खुशबू से अच्छा लगने वाला खाना

Delhi Art Society (क.इति.) *दिल्ली आर्ट सोसाइटी :* दिल्ली वासियो में कला अभिरुचि जाग्रत करने के लिए कला समीक्षक केशव मलिक (1924-2014) और मूर्तिकार नीरज गुप्ता द्वारा स्थापित एक संस्था

Delhi Shilpi Chakra (क.संस्था.) *दिल्ली शिल्पी चक्र* : दिल्ली शिल्पी चक्र, दिल्ली में पाकिस्तान से विस्थापित शरणार्थी कलाकारों का एक समूह, दिल्ली शिल्पी चक्र

Delicacy (समी.) *डेलीकेसी :* सौम्यता, सौम्य भाव, मृदुल प्रभाव

Delicate Colors (चि., समी.) *डेलीकेट कलर्स :* कमनीय रंग, सौम्य रंग/वर्ण (उ.) दिलकश रंग

Delicate Rendering (चि.) *डेलीकेट रेंडरिंग :* कोमल अंकन, मृदु निष्पादन, कमनीय रंगांकन

Delicious (En.) (पा.क.) : *डिलिशियस :* स्वादिष्ट

Deliverance (न., समी.) *डिलीवरेंस :* अदाकारी, अदायगी,

Delivery (ना., फि.) *डिलीवरी :* बोलने का लहजा, भाषण शैली

Demi Relief (मू.) *डेमी रिलीफ :* अर्ध उद्भूत

Demilune (ग्र.स.) *डेमील्यून :* अर्ध वृत्ताकार मेज़

Demirelief (मू.) *डेमीरिलीफ :* अर्ध उद्भूत

Demise : (समी.) *डिमाइस :* निधन, मृत्यु

Demo (समी.) *डेमो :* प्रदर्शन

Democratic (समी.) *डेमोक्रेटिक :* प्रजातांत्रिक, जनतांत्रिक

Democratic Art (समी.) *डेमोक्रेटिक आर्ट :* लोकतांत्रिक कला, जनतंत्रवादी कला, जनसाधारण की कला

Demonstration (समी., अभि.) *डिमोंस्ट्रेशन :* प्रदर्शन

Density (समी.) *डेनसिटी :* घनत्व

Dent (सं.) *डेंट :* गड्ढा

Denzong (नृ.) *देन ज़ोंग :* सिक्किम प्रदेश का एक लोकनृत्य

Department Studio (समी.) *डिपार्टमेंटल स्टूडियो :* कला अभ्यास कक्ष, विभागीय कार्यशाला, कला विद्यालयों में छात्र कलाकारों को कला विद्यालय में ही कला अभ्यास करने का स्थान

Departmental Records (अभि.) *डिपार्टमेंटल रेकॉर्डस :* विभागीय अभिलेख

Depiction (leh) *डिपीक्षन :* निरूपण

Deponair (समी.) *डैब्नेआर :* शोभामान, सुशील, आकर्षक, हँसमुख

Deportment (ना.) *डीपोर्टमेंट :* मंच आचरण, मंच पर कलाकार का व्यवहार

Depression (समी.) *डिप्रेशन :* विषाद, ग्लानि, मन पर दबाव

Depth (समी.) *डेप्थ* (समी.), गहराई

Deru Dance (नृ.) *डेरू डांस :* हरियाणा प्रदेश की लोक गाथा शैली, प्रधान नृत्य

Descending (समी.) *डिसेंडिंग :* अवरोही, नीचे की ओर

Descent from the cross (क.इति.) *डिसेंट फ्रॉम द क्रॉस :* ईसाई कला में मृत ईसा मसीह को सूली से उतारने का दृश्य

Desciples of Christ (इति.) *डिसाइपल्स ऑफ़ क्राइस्ट :* बाइबिल के अनुसार ईसा मसीह के प्रसिद्ध 12 शिष्य थे, जो अन्त तक उनके साथ रहे। वे थे पीटर, जेम्स, जॉन, एंड्रयू, बर्थलोम्यू, जूडास, थेडियस, मैथ्यू, साइमन, थॉमस, फिलिप और मत्तिय्याह। इनमें से जूडास नामक शिष्य ने ईसा को अन्तिम समय में धोखा दिया था।

Descriptive (समी.) *डिस्क्रिपटिव आर्ट :* वर्णात्मक कला, वर्णनात्मक कला

Desertation (समी.) *डिसरटेशन :* शोधनिबंध

Deshi Sangeet (संगी.) देशी संगीत : किसी खास देश, प्रदेश या क्षेत्र से सम्बन्धित संगीत

Desident Art Form (समी.) *डिजीडेंट आर्ट फॉम :* अवमूल्यित कला, स्तरहीन कला, गिरे स्तर की कला, घटिया कला

Design (समी.) *डिज़ाइन :* लैटिन भाषा के शब्द Designare से जन्मा शब्द, लघु प्रारूप, रचना योजना, परिकल्पना, विन्यास, योजना, आलेख, प्ररचना, रूपांकन, अभिकल्प, आकल्पन, अभिकल्पना, योजना आलेख, प्राथमिक रूप रेखा, आलंकारिक सजावट

Design Brief *डिज़ाइन ब्रीफ :* आलेख (Design) की लिखित रूप में पूरी जानकारी

Design Council (स्था.) *डिज़ाइन काउंसिल :* अभिकल्प परिषद्, आलेख संस्थान

Design developments (शि.) *डिज़ाइन डेवलॅपमेंट :* डिज़ाइन विकास, आलेख प्रगतिकरण

Designer (चि.) *डिज़ाइनर :* प्ररचनाकार, आकल्पक, प्रारूपकार, रूपांकन, अभिकल्पक, रचनाकार, प्रारूप सृष्टा, अभिकल्पकार, विन्यासकार

Designer of Dreams (समी.) *डिज़ाइनर ऑफ़ ड्रीम्स :* भविष्य के स्वप्न साकार करने में मार्ग दर्शक व्यक्ति, आदर्शपथ-प्रदर्शक, स्वप्न संयोजक

Designer Set (ना., फि.) *डिज़ाइनर सेट्स :* विशिष्ट सज्जाकार मंच

Designing Tool (स्था., शि.) *डिज़ाइनिंग टूल :* रूपांकन उपकरण, डिज़ाइन करने की सामग्री

Desired (समी.) *डिजायर्ड :* इच्छित, मनचाही

Dessert (पा.क.) : खाना खाने के बाद परोसा जाने वाला मिष्ठान्न

Destined (समी.) *डेस्टिनेड :* किस्मत

Destruction of old Records (अभि.) *डिस्ट्रक्शन ऑफ़ ओल्ड रेकॉर्ड :* पुराने अभिलेखों को नष्ट करना

Destruction Schedule (अभि.) *डिस्ट्रक्शन शेडयूल :* नाशन अनुसूची

Detach (समी.) *डिटैच :* अलग, विलग

Detail (समी.) *डिटेल :* अंश विस्तार, विस्तृत रूप बारीकी; बां. सूक्ष्म; मरा. विस्तृत; गु. लघु विस्तृति; उ. तफशील, जुजईयात

Detail Drawing (चि., स्था.) *डिटेल ड्राइंग :* विस्तृत आरेखण, विस्तृत चित्रांकन

Detailing (विज्ञा.) *डिटेलिंग :* विस्तृतिकरण, किसी भी सूक्ष्म विवरणों को विस्तृत रूप में प्रस्तुत करना

Detective Play (ना.) *डिटेक्टिव प्ले :* रहस्य और रोमांच पूर्ण नाटक, जासूसी नाटक, रहस्यवादी नाटक

Determination (समी.) *डिटरमिनेशन :* संकल्प, निश्चय कर लेना

Dev Das (फि.) *देवदास :* निर्माता निर्देशक विमलराय की 1955 में प्रदर्शित एक कालजयी हिन्दी फ़िल्म जो महान बंगाली उपन्यासकार शरत चन्द्र चट्टोपाध्याय के अमर उपन्यास 'देवदास' पर आधारित थी।

Devadaasi (नृ.) *देवदासी :* देवताओं को समर्पित मन्दिरों की नृत्यांगनाएँ, देवालय नर्तकी, मन्दिरों की नृत्य बालाएँ

DevAnand (1923-2011) (सिने.) *देवआनन्द :* भारतीय हिन्दी फ़िल्मजगत के विख्यात अभिनेता, निर्देशक तथा निर्माता 2002 में भारत के सर्वोच्च फ़िल्म पुरस्कार 'दादा साहेब फाल्के' सम्मान से सम्मानित तथा 2001 में पद्म भूषण सम्मान से विभूषित

Development of Characters (ना.) *डेवलॅप मेंट ऑफ़ कैरेक्टर्स :* चरित्र-विकास, पात्रों का चरित्र गठन

Devgarh School (of Painting) (क.इति.) *देवगढ़ स्कूल :* देवगढ़ शैली, देवगढ़ कलम, देवगढ़ चित्र शैली

Device (समी.) *डिवाइस :* युक्ति, साधन, यंत्र

Devil Dance (नृ.) *डेविल डांस :* पिशाच नृत्य, आसुरी नृत्य, वीभत्स नृत्य

Devkinandan Khatri (1861-1931) (का.क.) *देवकीनन्दन खत्री :* हिन्दी के पहले तिलिस्मी लेखक तथा 'चंद्रकांता', 'चंद्रकांत सन्तति' उपान्यासों के लिए विख्यात

Devlalikar, D.D. (1893) (चि.) *दत्तात्रेय दामोदर :* चित्रकार, एम.एफ. हुसैन के गुरु

Devotional Art (समी.) *डिवोशनल आर्ट :* भक्ति प्रधान कला, समर्पण प्रधान कला

Devotional Dance (नृ.) *डिवोशनल डांस :* आध्यात्मिक/धार्मिक नृत्य, समर्पण नृत्य, भक्ति नृत्य

Devotional Music (संगी.) *डिवोशनल म्यूज़िक :* भक्ति संगीत

Devotional Performance (ना., फि.) *डिवोशनल परफार्मेन्स:* आराधनामूलक नृत्य/आध्यात्मिक/प्रदर्शन

Devotional Song (संगी., गा.) *डिवोशनल सॉन्ग :* भक्ति गीत, ईश आराधना गीत, आध्यात्मिक समर्पण गीत

Dexterity (समी.) *डेक्स टेरिटी :* दक्षता, कौशल, निपुणता

Dexterous (Painted Works) (समी.) *निपुण* (चित्रित कार्य)

Dha (संगी.) *ध :* धैवत स्वर की वाचक संज्ञा

Dhaivat (संगी.) *धैवत :* छठे स्वर का नाम 'ध'

Dhak (संगी., वा.यं.) *ढाक :* एक भारतीय वाद्य यंत्र, बंगाल में धार्मिक उत्सवों में प्रयुक्त

Dhali (नृ.) *धाली :* पश्चिमी बंगाल का एक लोकनृत्य

Dhamal (नृ.) *धमाल :* हरियाणा का एक लोकनृत्य

Dhaman (नृ.) *धमान :* पंजाब का एक लोकनृत्य

Dhamar (संगी.) *धमार :* धमार ताल में निबद्ध रचना, जिसके पदों में होली उत्सव का वर्णन होता है

Dhansak (Hin.) (पा.क.) *धनसाक :* माँस और दाल से बना एक पारसी व्यंजन

Dhanu Pad (नृ.) *धनुपद :* नृत्य में पैरों से रची एक धनुषाकार मुद्रा

Dhaph (नृ.) *डाफ :* हरियाणा का एक लोकनृत्य

Dharmendra (8 दिसम्बर, 1935) (सिने.) *धर्मेन्द्र :* हिन्दी सिनेमा जगत के एक विख्यात अभिनेता। 2012 में पद्म भूषण सम्मान से सम्मानित तथा 14वीं लोकसभा के सदस्य

Dhemsa (नृ.) *धीमसा :* उड़ीसा प्रदेष के कोरापुट क्षेत्र का एक आदिवासी नृत्य

Dhokla (पा.क.) *ढोकला :* ढोकला बेसन से बना एक गुजराती व्यंजन

Dhol (संगी., वा.यं.) *ढोल :* एक भारतीय वाद्य यंत्र

Dhol Cholam (नृ.) *ढोल छोलम :* मणिपुर प्रदेश का एक लोकनृत्य

Dholak (संगी., वा.यं.) *ढोलक :* एक भारतीय अवबद्ध वाद्य यंत्र, जो लकड़ी के खोल के दोनों तरफ चमड़े से मढ़ा होता है

Dholi (संगी., वा.यं.) *ढोली :* एक भारतीय वाद्य यंत्र

Dholki (संगी., वा.यं.) *ढोलकी :* एक भारतीय वाद्य यंत्र, ढोलक का छोटा रूप या छोटी ढोलक

Dhopar (संगी., वा.यं.) *धोपर :* आदिवासियों के ढोल, इन्हें किनपर भी कहते हैं

Dhrupad (संगी.) *ध्रुपद :* हिन्दुस्तानी शास्त्रीय गायन शैली

Dhrupadang (संगी.) *ध्रुपदांग :* संगीत में ध्रुपद का एक रूप

Dhuli Chitra (चि.) *धूलिचित्र :* सूखे रंगों से बना चित्र (अल्पना आदि)

Dhun (संगी.) *धुन :* सांगीतिक रचना जो जटिल राग नियमों से मुक्त हो

Dhwani (संगी.) *ध्वनि :* नाद, आवाज

Dhyanamagna Dakshinamoorthy (नृ.) *ध्यानमग्न दक्षिणामूर्ति :* शिवजी की ध्यान मुद्रा

Diagram (चि.) *डायग्राम :* आलेख, रूपचित्र, कच्चा चित्र, रेखा चित्र

Dialogist (समी.) *डायलॉगस्ट :* संवाद लेखक, संवाद रचनाकार, संवाद प्रणेता

Dialogue (फि., ना.) *डायलॉग :* संवाद, कथनोपकथन, संलाप, नाटक या फ़िल्म में दो पात्रों द्वारा आपसी बातचीत/संवाद

Dialogue Delivery (ना., फि.) *डायलॉग डिलीवरी :* संवाद बोलना, संवाद अभिव्यक्ति

Dialogue Drama (ना.) *डॉयलॉग ड्रामा :* संवादी नाटक, संवाद प्रधान नाटक

Diamiction (स्था.) *डायमिक्शन :* अनगढ़ पाषाण चिनाई, कच्ची-पक्की चिनाई

Diamond (र. आभू.) *डायमंड :* हीरा

Diana (क.इति.) *डायना :* अपोलो की जुड़वा बहन जिसे चन्द्रमा की देवी माना जाता है

Diaphanous (पुरा.) *डायफानुअस :* पारदर्शक

Dias (नृ., ना.) *डायस :* मंच, कार्यक्रम प्रदर्शन-मंच, स्टेज, चबूतरा

Diction (का.) *डिक्शॅन :* शब्दों के उच्चारण का तरीका, विशिष्ट शब्दचयन

Dictionary (पत्र., समी.) *डिक्शॅनरी :* शब्दार्थ कोश, शब्दकोश, जिनसे शब्दों से सम्बन्धित सूचना मिलती है, शब्द भंडार, शब्द सागर, शब्द संग्रह, शब्द पुस्तक, शब्द ग्रंथ, किसी भी विषय या भाषा का शब्द कोश, शब्द संग्रह, शब्द सागर

Die Presse (पत्र.) *डाई प्रेसे :* वियना से जर्मन भाषा में प्रकाशित आस्ट्रिया का एक दैनिक समाचार-पत्र

Die Welt (पत्र.) *डाई वेल्ट :* जर्मनी का एक विख्यात दैनिक समाचार-पत्र

Diet (पा.क.) *डाइट :* आहार, खुराक

Diffusion (फि.) *डिफ्यूजन :* प्रकाश मध्यमीकरण, दृश्य की आवश्यकतानुसार लाइटें हल्की करना

Digital Art (चि.) *डिजिटल आर्ट :* अंक यांत्रिक कला, कम्प्यूटर प्रधान कला

Digital Painting (चि.) *डिजिटल पेंटिंग :* कम्प्यूटर की सहायता से विभिन्न यांत्रिक तकनीकों द्वारा कैनवास या कागज पर रचा चित्र। ये फ़ोटो की तरह अतिशीघ्र तैयार हो जाता है।

Digital Technique (फो.) *डिजीटल टेक्नीक :* डिजिटल तकनीक

Dike (स्था.) *डाइक :* खंदक, तटबंध

Dilapidated (अभि.) *डिलैपीडेट :* जीर्ण-शीर्ण

Dilapidated Condition (पुरा.) : जीर्ण-शीर्ण अवस्था, बे-मरम्मत

Dilemma : (समी.) *डेलिमा :* संशय, ऊहा-पोह, दुविधा

Dilip Kumar (11 दिसम्बर, 1922, मृत्यु 7 जुलाई, 2021) (सिने.) *दिलीपकुमार :* हिन्दी फ़िल्मों के श्रेष्ठतम अभिनेताओं में से एक तथा भूत पूर्व सांसद

Dilli Kalam (क.इति.) *दिल्ली कलम :* दिल्ली कलम, दिल्ली शैली, दिल्ली चित्र शैली

Dilruba (संगी., वा.यं.) *दिलरुबा :* तार पर आधारित एक भारतीय वाद्य यंत्र, जो गज की सहायता से बजाया जाता है

Dilute (सं.) *डाईल्यूट :* घुला देना, पतला करना, घोलना

Dim (ना.) *डिम :* मंद करना

Dimadi (संगी., वा.यं.) *दिमादी :* एक भारतीय वाद्य यंत्र

Dimension (संगी., आले.) *डिमडी :* आकार, आयाम

Diminuendo (संगी.) *डिमीन्यूनडो :* ध्वनि मंदन संकेत

Dimmer (ना., फि., फो.) *डिमर :* प्रकाश मंदक, प्रकाश-पुंज नियंत्रक

Dimmer Master (फि., ना.) *डिमर मास्टर :* प्रधान-मंदक, प्रकाश कम-ज़्यादा करने वाला रंग कर्मी

Dinette (स्था.) *डायनीट :* लघु भोज कक्ष

Dinner (पा.क.) *डिनर :* रात का खाना, रात्रि का भोजन

Diorama (षि.) *डायरमा :* छोटा नमूना, त्रिविम-प्रदर्श डायरामा, त्रिआयामी, यथार्थरूपी चित्र, त्रिविम चित्रावली, यथार्थ माडल रूप में प्रदर्शन-बाक्स या कक्ष

Dip Coating (छापा.) *डिप कोटिंग :* डुबोकर रंगना या लेप चढ़ाना

Dip-dyed (आले.) *डिप डाइड :* कपड़ों की रंगाई की एक विधि

Dipection (समी.) *डिपिकशन :* निरूपण

Diploma (अभि.) *डिप्लोमा :* डिप्लोमा, उपाधि-पत्र

Dipper (क., साम.) *डिपर :* तैल पात्र, देखिये Palettecup

Dipping (चि.) *डिपिंग :* रंग लेपन, बाटिक चित्रांकन में मोम द्वारा कपड़े पर बने चित्र को अनेक बार भिन्न-भिन्न रंगों में डुबोने की प्रक्रिया

Dipteral (स्था.) *डिपटेरॅल :* लघु भोज कक्ष

Direct (ना.) *डायरेक्ट :* निर्देशन करना; (संगी.) निर्देश चिन्ह

Direct Cinema *डायरेक्ट सिनेमा :* प्रयोगवादी स्वच्छन्द सिनेमा, अपारंपरिक शैली की फ़िल्म जिसमें नवीन प्रयोग किये गए हो

Direct Dating (पुरा.) *डायरेक्ट डेटिंग :* प्रत्यक्ष काल निर्धारण

Direct Painting (तक.) *डायरेक्ट पेंटिंग :* ठेठ रंगांकन, सीधा चित्रांकन

Direction (समी.) *डायरेक्शन :* निर्देशन, दिग्दर्शन, दिशा

Director (फि., ना.) *डायरेक्टर :* निर्देशक, दिग्दर्शक, सूत्रधार

Directorate (समी.) *डाइरेक्टॅरेट :* संचालनालय, निदेशालय

Dirge (संगी., गा.) *डिर्ज :* शोकगीत, विलाप गीत, मरसिया

Disallowances (क.समी.) *डिस एलाउन्सेस :* राष्ट्रीय स्तर की कला प्रदर्शनियों की अस्वीकृति कलाकृतियाँ

Discoloration (सं.) *डिस्कलॅरेशन :* मलिनी करण रंग छुड़ाना या हराना

Discord (संगी.) *डिस्कॉर्ड :* कर्ण कटुता

Discourse (समी.) *डिस्कोर्स :* संवाद, वार्तालाप, प्रवचन, भाषण

Discussion Play (ना.) *डिस्कशन प्ले :* संवाद प्रधान नाटक, वार्तालाप नाटक

Disintegration (समी.) *डिसइंटीग्रेशन :* वियोजन, विघटन, विच्छेदन

Disparaging: (समी.) *डिस्परेजिंग :* उपेक्षा करनेवाला

Displacement (ना.) *डिस्प्लेसमेंट :* विस्थापन, स्थानांतरण, अदल-बदल, स्थानान्तरण

Display (समी.) *डिस्प्ले :* प्रदर्शन, सजावट, सज्जा

Display Board (विज्ञा.) *डिस्प्ले बोर्ड :* प्रदर्शन-पटल

Disposal Schedule (अभि.) *डिस्पोजल शेडयूल :* जीर्णशीर्ण अभिलेखों को नष्ट करने का कार्यक्रम

Disreputed (समी.) *डिसरेप्यूटेड :* अप्रतिष्ठित, प्रतिष्ठाहीन, बदनाम

Dissolve (ना.) *डिजॉल्व :* विलयी दृश्यांतर, घुलना

Dissuade: (समी.) *डिस्यूड :* विरत करना

Distemper (क., साम.) *डिस्टेम्पर :* समारंजन, डिस्टेम्पर; (मरा.); बां. रंग रंजक; मरा. रंग द्रव्यानी युक्त; गु. मृत्तिका रंग उ. आबी रंग, अंडे की जर्दी में मिला पेंट, डिस्टेम्पर

Distillation (सं.) *डिस्टीलेशन :* स्त्रावण, आसवीकरण

Distorted Figure (समी.) *डिस्टॉरटेड फिगर :* विद्रूपित आकृति, विघटित आकृति, विकृत आकृति/रूप

Distortion (समी.) *डिस्टॉर्सन :* विद्रूपण, विरूपण, विद्रूपीकरण, अपरूपता, स्वरूप भंग, तोड़-मरोड़, विद्रूपता, विकृति, विकृतिकरण

Distraction (समी.) *डिसट्रैक्शन :* अवरोध, व्यवधान, चित्तविक्षेप, अन्य मनस्कता

Ditch (पुरा.) *डिच :* खाई, खात

Dithyramb (संगी., गा.) *डिथि रैम्ब :* भावुकगीत, आवेशपूर्ण गायन

Ditty (संगी.) *डिटी :* साधारण छोटा गीत, अल्पावधि गीत, लघु जन गान

Divas (समी.) *दिवास :* दिव्य विभूतियाँ, सामाजिक सितारे, हस्तियाँ (विशिष्ट वर्ग)

Diversity (समी.) *डायवर्सिटी :* विविधता

Divider (क., साम.) *डिवाइडर :* द्विभाजक, विभाजक, डिवाइडर

Divine Performance (ना.) *डिवाइन परफॉर्मेंस :* श्रेष्ठ/ प्रस्तुति, उत्कृष्ट प्रस्तुति, विलक्षण अभिनय

Divisionism (क.आन्दो.) *डिविजनिज़्म :* बिन्दुवाद, बिन्दुचित्रण, विभाजनवाद

Divya Bhaskar (पत्र.) *दिव्य भास्कर :* अहमदाबाद (गुजरात) से प्रकाशित गुजराती भाषा का एक लोकप्रिय दैनिक समाचार-पत्र

Dixionary (सा.ज्ञा.) *डिक्सनरी :* शब्द कोश, शब्द सागर

Dly (पत्र.) *डेली :* दैनिक

Do Ankhain Barah Hath (फि.) *दो आँखें बारह हाथ :* निर्माता निर्देशक वी. शान्ताराम की 1957 में प्रदर्शित एक अति महत्त्व पूर्ण हिन्दी फ़िल्म

Do Bheegha Zameen (फि.) *दो बीघा ज़मीन :* 1953 में प्रदर्शित निर्माता-निर्देशक बिमल रॉय की एक अविस्मरणीय हिन्दी फ़िल्म

Do Piyaza (पा.क.) *दो प्याजा :* माँसाहारी व शाकाहारी रसेदार व्यंजन

Dobe (स्था.) *डोब :* कच्ची ईंट, बिना पकी मिट्टी की ईंट

Docket (अभि.) *डॉकेट :* प्रलेख सार, सारांश

Docketing (अभि.) *डाकेटिंग :* प्रलेखसार लेखन, संक्षेपांकन

Doctrine (समी.) *डाक्ट्राइन :* सिद्धांतवादी मत, वाद, सिद्धांत, धर्म सिद्धांत

Docudrama (ना.) *डॉकोड्रामा :* वृत्तचित्र, वृत्तनाटक

Document, disarranged (अभि.) *डाक्यूमेंट डिसअरेंज्ड :* अव्यवस्थित दस्तावेज

Document, forged (अभि.) *डाक्यूमेंट फोर्ज्ड :* जाली दस्तावेज

Document, formal (अभि.) *डाक्यूमेंट फार्मल :* औपचारिक दस्तावेज

Document, informal (अभि.) *डाक्यूमेंट इनफॉर्मल :* अनौपचारिक दस्तावेज

Document, legal (अभि.) *डाक्यूमेंट लीगल :* कानूनी दस्तावेज

Document, material (अभि.) *डाक्यूमेंट मैटिरियल :* दस्तावेज सामग्री/प्रलेखी सामग्री

Document, mutilated (अभि.) *डाक्यूमेंट म्यूटीलेटेड :* कटा-फटा दस्तावेज

Document, original (अभि.) *डाक्यूमेंट ओरिजनल :* मूल दस्तावेज

Document, signed (अभि.) *डाक्यूमेंट सांइड :* हस्ताक्षरित दस्तावेज

Document, unfolded (अभि.) *डाक्यूमेंट अनफोल्ड :* बिना तह किया हुआ दस्तावेज

Documentary (समी.) *डाक्यूमेंट्री :* प्रलेखीय दस्तावेजी

Documentary Feature (फि.) *डाक्यूमेंट्री फीचर :* वृत्तरूपक

Documentary Film (फि., समी.) *डाकूमेट्री फ़िल्म :* बोधी फ़िल्म, वृत्तचित्र, दस्तावेजी फ़िल्म, प्रलेखीय चलचित्र

Documentary Form (अभि.) *डाक्यूमेंट्री फार्म :* दस्तावेजी प्रपत्र

Documentary Maker (फि.) *डाक्यूमेंट्री मेकर :* वृत्तचित्र, निर्माता, लघु चित्र सर्जक

Documentary Material (अभि.) *डाक्यूमेंट्री मैटीरियल :* दस्तावेजी सामग्री

Documentary Play (ना.) *डाक्यूमेंट्री प्ले :* वृत्तनाटक, प्रलेखी नाटक, दस्तावेजी नाटक

Documentation (अभि., संग्र.) *डाक्यूमेंटशन :* प्रलेखीकरण

Dodecastyle (स्था.) *डोडेकास्टाइल :* बारादरी, द्वार मंडप

Dog Legged Staircase (स्था.) *डॉग लेग्ड स्टेयर केस :* खड़ी सीढ़ी, उर्ध्व सोपान

Doha (का.क.) *दोहा :* दो लाइनों की कविता, जैसे रहीम व कबीर के दोहे

Dohawali (का.क.) *दोहावली :* अनेक दोहों का संकलन, किसी एक विषय पर लिखे गए अनेक दोहों की संकलित प्रस्तुति

Dolce (संगी.) *डॉल्स :* मधुर ध्वनि का संगीत

Dolcholani (नृ.) *डोलछोलनी :* मणिपुर का एक लोकनृत्य

Dollu (संगी., वा.यं.) *डोल्लू :* एक भारतीय वाद्य यंत्र

Dollu Kunitha (नृ.) *डोलू कुनीथा :* कर्नाटक (दक्षिणी भारत) का एक लोकनृत्य

Dolly in (फि., टी.वी.) *डॉली इन :* कैमरे को विषय वस्तु की ओर ले जाना

Dolly out (फि., टी.वी.) *डॉली आउट :* कैमरे को विषय वस्तु से दूर ले जाना

Dolmen (स्था.) *डोल्मेन :* एक विशिष्ट पत्थर की चुनाई

Doloroso (संगी.) *डोलोरोसो :* करुणा

Domain (पत्र.) *डोमेन :* भू सम्पत्ति, जग सम्पत्ति, जिस पर सबका अधिकार हो

Dome (स्था.) *डोम :* गुम्बज, गुम्बद, शाही महलों या धार्मिक भवनों की छत पर निर्मित अर्द्धगोलाकार शिखर

Domestic Comedy (ना.) *डोमेस्टिक कॉमेडी :* घरेलू नाटक, पारिवारिक सुखांतक, हल्की-फुल्की सुखांतिकी

Domical Roof (स्था.) *डोमिकल रूफ :* गुंबदी छत

Dominance (समी.) *डॉमिनॅन्स :* प्रभाविता, प्रभुत्व, प्रबलता, प्रभाव

Dominant (समी.) *डॉमीनेंट :* प्रभावी, प्रबल

Dominant Chord (संगी.) *डॉमीनेंट कॉर्ड :* प्रमुख तंत्री, प्रभावी तंत्री

Dominant Colour (चि., समी.) *डामिनेंट कलर :* प्रभावी वर्ण, प्रमुख वर्ण, प्रबल रंग, प्रधान वर्ण

Domkach (नृ.) *डोमकाच :* झारखंड़ का एक लोकनृत्य

Donkey Stool (क., साम.) *डंकी स्टूल :* डंकी स्टूल, चित्रांकन अभ्यास हेतु बैठने का एक स्टूल

Doomed writer: (समी.) *डूम्ड राइटर :* निस्तेज लेखक, ऊर्जाहीन लेखक, चुका लेखक, बर्बाद लेखक, बकवास लेखक

Door Frame (स्था.) *डोर फ्रेम :* द्वार चौखटा

Door Keeper (ना., फि.) *डोर कीपर :* द्वारपाल

Door Sill (स्था.) *डोर सिल :* देहली, देहरी

Door Stop (स्था.) *डोर स्टॉप :* अटकनी, द्वार गुटका, दरवाजा रोक

Door Yard (स्था.) *डोर यॉर्ड :* द्वार प्रांगण

Doorway (स्था.) *डोरवे :* द्वार मार्ग, द्वार

Dope (पत्र.) *डोप :* समाचार की मूल सामग्री

Dope Sheet (फि., टी.वी.) *डोप शीट :* फ़िल्मांकन दृश्य-सूची, दृश्यों की संक्षिप्त शूटिंग-तालिका

Doric Order (क.समी.) *डोरिक ऑर्डर :* डोरिक सज्जा, डोरिक लय, यूनानी स्थापत्य से सम्बन्धित एक शैली, डोरिक आर्डर, डोरिक आर्डर शैली, डोरियन ग्रीक स्थापत्यकारों द्वारा बनाए विशेष शैली के स्तम्भ (कालम) रचने की कला। यह शैली छठी शताब्दी ईसा पूर्व में जन्मी थी।

Dormer (स्था.) *डॉर्मर :* शयन कोष्ठ

Dormer Window (स्था.) *डॉरमॅर विंडो :* छत खिड़की, ढालू छत में बाहर निकली हुई खिड़की

Dormitory (स्था.) *डॉरमेट्री :* रैन बसेरा, आवास शाला, शयन शाला, समूह शयनागार सहप्रांगण, शयन ग्रह

Dosa (पा.क.) *डोसा :* एक दक्षिण भारतीय व्यंजन

Dossier (अभि.) *डोसियर :* चरित्र पंजिका, चारित्रिक विवरण फाइल/पंजिका

Dosti (फि.) *दोस्ती :* निर्माता निर्देशक सत्येन बोस की 1964 में प्रदर्शित तथा दो युवा अपंग मित्रों के जीवन पर आधारित एक श्रेष्ठ फ़िल्म

Dot (समी.) *डॉट :* बिंदु

Dot Painting (तक., चि.) *डॉट पेंटिंग :* बिन्दुचित्रण, बिन्दुओं द्वारा चित्रांकन की विधि

Dotara, Dotar, Dotara (संगी., वा.यं.) *दोतारा या दोतार :* दो तारों का एक भारतीय वाद्य यंत्र

Dotting (तक.) *डॉटिन्ग :* बिन्दूपयोग डॉटिंग

Double Ballad (संगी.) *डबल बैलेड् :* गाथागीत, षट्पदी आल्हा गीत

Double Breasted (फै.) *डबल ब्रेस्टेड :* द्विपक्षीय वस्त्र

Double Cloth Weave (फै.) *डबल क्लाथ वीव :* एक उन्नत बुनाई संरचना, जिसमें दो कपड़े की परत को इंटरलोक के द्वारा इस तरह से जोड़ा जाए ताकि वो कपड़ा एक लगे

Double Convex Lens (फो.) *डबल कॉन्वेक्स लेंस :* कैमरे का द्वि अवतल लेंस

Double Dome (स्था.) *डॅबॅल डोम :* दुहरा गुम्बद, डबल डोम

Double Image (समी.) *डॅबॅल इमेज :* द्विप्रतिमा

Double Meaning Dialogue (समी., ना., फि.) डबल मीनिंग डायलॉग : द्विअर्थी संवाद, दो या दो से अधिक अर्थ सूचक संवाद

Double Role (फि.) *डबल रोल :* दोहरी भूमिका, एक ही पात्र की नाटक या फ़िल्म में दोहरी भूमिका

Dough (पा.क.) *डो :* आटे की लोई या गुंधा हुआ पदार्थ

Down Centre (ना.) *डाउन सेंटर :* मंच के बीच से दर्शकों की ओर चलना

Down Load (समी., टी.वी.) *डाउनलोड :* कम्प्यूटर के आंकड़ों व फाइल आदि को उपग्रह या बेतार के माध्यम से किसी अन्य कम्प्यूटर में लेने की प्रक्रिया

Doyen (समी.) अगुआ, अग्रज, पहल करने वाला

DPR (पत्र.) *डाइरेक्टरेट ऑफ़ पब्लिक रिलेशन*

Dr. Khotnis Ki Amar Kahani (फि.) *डॉ. कोटनीस की अमर कहानी :* निर्माता निर्देशक वी. शान्ताराम की 1946 में प्रदर्शित एक श्रेष्ठतम हिन्दी फ़िल्म जो डॉ. द्वारकानाथ कोटनीस के चिकित्सकीय धर्म और विश्व बंधुत्व के प्रति समर्पण और बलिदान की सच्ची कहानी पर आधारित थी।

Drafting of Document (अभि.) *ड्राफ्टिंग ऑफ़ डाक्यूमेंट :* दस्तावेज प्रारूपण

Draftsman (स्था.) *ड्राफ्ट्समैन :* प्रारूपकार, नक्शानवीस, मान चित्रकार

Dragon (क.इति.) *ड्रेगन :* चीनी अजगर, काल्पनिक अजगर, साँप की तरह का जीव

Drama (ना. पत्र.) *ड्रामा :* नाटक, तमाशा

Drama (ना.) *ड्रामा :* नाटक, रूपक

Drama Actor (ना.) *ड्रामा ऐक्टर :* नाटक अभिनेता, रंग कलाकार

Drama Actress (ना.) *ड्रामा ऐक्ट्रेस :* नाटक की अभिनेत्री

Drama Centre (ना.) *ड्रामा सेंटर :* नाट्य केन्द्र, नाटक केन्द्र, रंग-केन्द्र

Drama Company (ना.) *ड्रामा कम्पनी :* नाटक-मंडली, नाट्य-मंडली, नाट्य-समूह

Drama Consciousness (ना.) *ड्रामा कॉनशसनेस :* नाट्य चेतना

Drama Festival (ना.) *ड्रामा फेस्टिवल :* नाट्य समारोह, नाट्य उत्सव

Drama Man (ना.) *ड्रामा मैन :* नाट्य-कर्मी, नाटक-मंडली का सदस्य कलाकार

Drama Therapy (समी.) *ड्रामा थेरेपी :* नाट्य चिकित्सा

Drama Unit (ना.) *ड्रामा यूनिट :* नाटक इकाई, नाटक में भाग लेने वालों का दल

Drama, Heroic (ना.) *ड्रामा हीरोइक :* वीर रस प्रधान नाटक

Dramalogue (ना.) *ड्रामालॉग :* नाटक वाचन, नाटक की पाठ्य प्रस्तुति

Drama-Sessions (ना.) *ड्रामा-सेशंस :* नाट्य सत्र, बहु नाटक-सत्र

Dramatic (समी.) *ड्रैमेटिक :* नाटकीय/नाटक से सम्बन्धित

Dramatic Art (ना.) *ड्रामेटिक आर्ट :* नाट्य कला, नाट्य सम्बन्धी कला

Dramatic Code (समी.) *ड्रैमेटिक कोड :* नाट्य-संहिता, नाटक की नियमावली

Dramatic Conflict (समी.) *ड्रामेटिक कॉन्फ्लिक्ट :* नाटकीय संघर्ष, नाटकीय अन्तर्द्वंद्व

Dramatic Effect (ना., समी.) *ड्रैमेटिक एफेक्ट :* नाटकीय प्रभाव

Dramatic Expression (समी.) *ड्रैमेटिक एक्सप्रेशन :* नाटकीय-अभिव्यक्ति

Dramatic High Lights (ना.) *ड्रैमेटिक हाई लाइट्स :* महत्त्वपूर्ण नाटकीय अंश, नाटक की प्रमुख विशेषताएँ या झलकियाँ

Dramatic Irony (समी.) *ड्रामेटिक आयरिनी :* नाटकीय व्यंग्योक्ति, नाटकीय विडम्बना

Dramatic Monologue (सगी.) *ड्रामेटिक मोनोलॉग :* नाटकीय एकालाप

Dramatic Opera (ना.) *ड्रैमेटिक ऑपेरा :* हास्यगीत प्रहसन, गीति नाट्य

Dramatic Play (समी.) *ड्रामेटिक प्ले :* अभिनय प्रधान नाटक

Dramatic Rhythm (समी.) *ड्रैमेटिक रिद्म :* नाटकीय लय

Dramatic Style (समी.) *ड्रामेटिक स्टाइल :* नाट्यकृति, नाटकीय शैली, नाटकीय अन्दाज़

Dramatic Suspense (समी.) *ड्रामेटिक सस्पेंस :* नाटकीय कौतूहल

Dramatics (समी.) *ड्रामेटिक्स :* नाट्य शास्त्र, नाट्य विज्ञान, नाट्य कला, नाट्य दर्शन शास्त्र

Dramatised Narration (समी.) *ड्रैमटाइज़्ड नरेशन :* नाटकीय कथन, नाटकीय वृत्तान्त

Dramatist (ना.) *ड्रैमेटिस्ट :* नाटककार, नाट्य सर्जक, नाटक लेखक

Dramatization (समी.) *ड्रामेटाइज़ेशन :* नाटकीकरण

Dramatize (ना.) *ड्रामेटाइज़ :* नाटकीकरण, कहानी को नाटक योग्य बनाना

Dramatized Version (समी.) *ड्रामेटाइज़्ड वर्जन :* नाटकीकृत रूप, नाटकीकृत संस्करण

Dramaturge (समी.) *ड्रामेटर्ज :* नाटककार

Dramaturgy (समी., ना.) *ड्रामेटर्जी :* नाट्य कला, नाट्य शास्त्र, अभिनय कला

Drame (समी.) *ड्रेम :* विनोदयुक्त, दुःखांतक

Drammer (समी.) *ड्रामेर :* अतिनाटक

Drape (फै.) *ड्रेप :* चिलमन, ओढ़ना, टांगना, मंच का पर्दा

Draperies (आले.) *ड्रेपरीज़ :* चिलमन, पर्दे, वस्त्र विन्यास, तह किये वस्त्रों द्वारा सजावट

Drapery (ना., फै.) *ड्रेपरी :* वस्त्र, वस्त्र विन्यास

Drapes (ना.) *ड्रैप्स :* नाट्य मंच के पर्दे

Draping (फै.) *ड्रेपिंग :* वस्त्र पहनाना

Drastic Change (समी.) *ड्रास्टिक चेंज :* आमूल परिवर्तन, उग्र परिवर्तन, प्रचंड परिवर्तन

Draughtsman (स्था.) *ड्राफ्ट्समैन :* प्रारूपकार, प्रारूप सर्जक, नक्शा नवीस, रेखाकार, आरेखकार

Draw Curtain (ना.) *ड्रा कर्टेन :* कर्षिका, नाट्य मंच का खींचा जाने वाला पर्दा

Drawing (चि.) *ड्राइंग :* चित्रांकन, आरेखण, आलेख रेखण, रेखा प्रदान, चित्रसूत्र दान, रेखाचित्र, रंजनकला, आलेखन कार्य, आरेखन; बां. रेखांकन/अंकन; मरा. रेखाटन ड्राइंग; गु. रेखांकन; उ. तसवीर कशी, ड्राइंग

Drawing and Painting (चि.) *ड्राइंग ऐंड पेंट-इंग :* चित्रकला तथा रंजनकला, चित्रकला शास्त्र, आरेखण एवं चित्रकला

Drawing Board (क., साम.) *ड्राइंग बोर्ड :* आरेख पट्ट, चित्रफलक, आरेखण पट्ट बां. अंकन पट/पटल; मरा. चित्रफलक; गु. ड्राइंग बोर्ड उ. ड्राइंग तख्ता, ड्राइंग बोर्ड

Dream Project (समी.) *ड्रीम प्रोजेक्ट :* ख्वाहिशों की कार्ययोजना स्वप्निल योजना

Dream Soul (ना.) *ड्रीम सोल :* स्वप्नात्मा

Dreamscape (समी.) *ड्रीमस्केप :* स्वप्नचित्र स्वप्नवादी छवि, स्वप्न वादी रूपांकन

Drenching (छापा.) *ड्रेंचिंग :* अम्ल प्रक्षालन, तेज़ाब से तर करना

Dress (ना., फै.) *ड्रेस :* पोशाक, वेश, प्रसाधन

Dress Circle (ना., फि.) *ड्रेस सर्कल :* दर्शकों का नाट्यशाला में आगे और सिनेमा हाल में पीछे बैठने का स्थान

Dress Designer (फि., फै., ना.) *ड्रेस डिज़ाइनर :* वेशभूषा अभिकल्पक

Dress Designing (समी.) *ड्रेस डिज़ाइनिंग :* वस्त्रालंकरण

Dress Form (फै.) *ड्रेस फॉर्म :* पोशाक की फिटिंग जाँचने के लिए काम आने वाला एक त्रिआयामी माडल

Dress Rehearsal (ना.) *ड्रेस रिहर्सल :* सम्पूर्ण वेशभूषा में दृश्य या नाटक का अन्तिम पूर्वाभ्यास, वेश पूर्वाभ्यास

Dressed Stone (स्था., मू.) *ड्रेस्ड स्टोन :* तक्षित प्रस्तर, प्रसाधित प्रस्तर, तराशा हुआ पत्थर

Dresser (ना.) *ड्रेसर :* प्रसाधक

Dressing (पा.क.) *ड्रेसिंग :* खाद्य पदार्थों को सजाना

Dressing (फै. समी.) *ड्रैसिंग :* कलाकारों को दृश्य के अनुरूप सज्जित करना

Dressing Room (ना., फि.) *ड्रैसिंग रुम :* कलाकारों का सज्जागृह, प्रसाधन कक्ष, तैयार होने का कमरा, सज्जा कक्ष, कलाकारों का मेकअप रूम

Drinks (पा.क.) *ड्रिंक्स :* पेय शर्बत या शराब जैसे पेय पदार्थ

Driving Force (समी.) *ड्राइविंग फोर्स :* संचालक शक्ति, संचालिक ऊर्जा, संस्था के गति प्रदाता

Drone (संगी.) *ड्रोन :* अस्पष्ट, पृष्ठनाद

Drop (ना.) *ड्रॉप :* पार्श्व चित्र, मंच पर ऊपर से लटकाया गया पर्दा

Drop Curtain (ना.) *ड्रॉप कर्टेन :* गिरवां पर्दा

Drop Roller (ना.) *ड्रॉप रोलर :* लपेटवां पर्दा, बांस में लिपटते हुए ऊपर जाने वाला पर्दा

Drugget (ना.) *ड्रगिट :* दरी, बड़ी बिछावन

Drum (स्था.) *ड्रम :* ग्रीवा, गुम्बाधार

Drum Beat (संगी., ना.) *ड्रम बीट :* नगाड़े की आवाज

Drum Stick (संगी.) *ड्रम स्टिक :* चोब, नगाड़ा या ढोल, ड्रम बजाने में प्रयोग होने वाली लकड़ी की डंडी

Drummer (संगी.) *ड्रमर :* नगाड़ा वादक, ढोलकिया

Drumstick (पा.क.) *ड्रमस्टिक :* सहजन की फली

Drushtibhed (नृ.) *दृष्टिभेद :* नर्तक द्वारा नेत्रों के चालन प्रक्रिया की मुद्रा

Drut Laya (संगी.) *ध्रुतलय :* तीव्र गति की लय

Drutha (नृ.) *द्रुथा :* नर्तक द्वारा 'ना' की अभिव्यक्ति के लिए सिर इधर-उधर घुमाने की मुद्रा

Dry (ना.) *ड्राइ :* अभिनय के बीच अपना संवाद भूलना

Dry Brush (चि., समी.) *ड्राई ब्रश :* खुश्क तूलिका, ड्राई ब्रश

Dry Brush Effect (चि., समी.) *ड्राई ब्रेश :* खुश्क तूलिका प्रभाव

Dry Brush Stroke (समी.) *ड्राइ ब्रेश स्ट्रोक :* शुष्क तूलिकाघात, शुष्क तूलिका स्पर्श, ड्राई ब्रश स्ट्रोक

Dry Brushing (ना., फि.) *ड्राई ब्रशिंग :* चित्रकार द्वारा सूखा ब्रश चलाना या अभिनेता द्वारा गलत संवाद बोलना

Dry Colour (क., साम.) *ड्राइ कलर :* शुष्क वर्ण, धूलि रंग, ड्राई कलर

Dry Hair (रू.स.) *ड्राय हेअर :* शुष्क केश, रूखे-सूखे बाल, बेजान बाल

Dry Mounting (शि., अभि.) *ड्राइ माउंटिंग :* सूखी मढ़ाई, सूखी चिपकाई

Dry Point (क.तक., छापा.) *ड्राइ प्वाइंट :* उत्कीर्णन विधि, शुष्क सूची उत्कीर्णन, हस्त उत्कीर्ण

छापा

Dry Rehearsal (ना.) *ड्राइ रिहर्सल :* अंतिम पूर्वाभ्यास, वेश पूर्वाभ्यास

Dry Rouge (रू.स.) सूखी रूज इसे ब्लश या ब्लशर भी कहा जाता है

Dry Stone Masonry (स्था.) *ड्राइ स्ओन मेसनरी :* सूखी पत्थर की चिनाई

Dryness (अभि.) *ड्राइनेस :* शुष्कता, सूखापन

DTP (पत्र.) *डी.टी.पी.* (Desk Top Publishing) डेस्कटॉप पब्लिशिंग का संक्षिप्त रूप, मुद्रण और प्रकाशन की एक नयी विधि

Dualisim (समी.) *डुअलिज़्म :* दो शैलियों की मिश्रित कला, द्वैवाद

Dub (फि.) *डब :* संवाद या संगीतांकन, फ़िल्म में बोले गए संवाद और संगीत-ध्वनि का असफल फ़िल्म में पुनरांकन करना

Dubbing (फि.) *डबिंग :* ध्वनि अंकन, स्वरांकन, फ़िल्म में आवाज, दूसरी भाषा या कोई भी ध्वनि डालने की क्रिया, मूल भाषा का कृति को किसी अन्य भाषा में प्रस्तुत करना, फ़िल्म टेप में आवाज भरना

Ductile *डक्टाइल :* आकार बदलना

Duet (संगी.) *डुएट :* जुगल बंदी, युगल बंदी, दो कलाकारों का एक साथ प्रदर्शन, युगलगान, युगलवादन, दोगाना

Duggi (संगी., वा.यं.) *डुग्गी :* एक भारतीय वाद्य यंत्र

Dukkad (संगी.) *दुक्कड़ :* शहनाई के साथ संगत के रूप में प्रयुक्त एक लाख वाद्य

Dull Colours (चि.) *डल कलर्स :* आभाहीन रंग, मद्धिम रंग, मुरझाए रंग, मरियल रंग, बुझे रंग, उदास रंग, निस्तेज रंग

Dull Tone (समी., चि.) *डलटोन :* मद्धिम रंग संगति, निस्तेज रंगत

Dumb Show (ना.) *डम्ब शो :* मूक अभिनय

Dumhal (नृ.) *दुमहल :* जम्मू कश्मीर प्रदेश का एक लोकनृत्य

Dummy (चि. पत्र.) *डूमी :* काल्पनिक प्रारूप, खाका, प्रकाशन सामग्री का कल्पित रूपांकन, (डमी)

Dummy Artist (फि., ना.) *डॅमी आर्टिस्ट :* प्रारूपी कलाकार, (डमी आर्टिस्ट) मूल अभिनेता का प्रतिरूपी कलाकार

Dump (फि.) *डम्प :* सिनेमा घर या नाट्यशाला में अनबिके टिकट

Dumplings (पा.क.) *डम्पलिंग :* उबली हुई पकौड़ी

Dundhubhi (संगी.) *दुन्दुभि :* नगाड़े के समान एक प्राचीन अवनद्ध वाद्य

Duodrama (ना.) *ड्यूओड्रामा :* द्विपात्री नाट्य, दो अभिनेताओं द्वारा नाट्य प्रस्तुति

Duomo (स्था.) *ड्यूमो :* मुख्य गिरजाघर, गुबंद

Dupe (फि., टी.वी.) *ड्यूप :* दृश्य पुनरावृत्ति, समाचार पुनरावृत्ति

Duplicating of Records (अभि.) *डुप्लीकेटिंग ऑफ़ रेकार्ड :* अभिलेख अनुलिपिक करण, दस्तावेजों की नकल

Durability (फै.) *ड्यूरेबिलिटी :* स्थायितत्व, टिकाऊ गुण

Durability Test (अभि.) *ड्यूरेबिलिटी टेस्ट :* चिरस्थायित्व परीक्षण

Duration (फि., ना.) ड्यूरेशन : अवधि, समयावधि, नाटक या फ़िल्म की अवधि

Durer, Albrecht (1471-1528) (चि.) *ड्यूरर, अल्ब्रेस्ट :* जर्मन चित्रकार, छापाकार

Durga Bhagwat (1910-2002) (सं.क.) *दुर्गा नारायण भागवत :* प्रसिद्ध मराठी लेखिका, विदुषी, संस्कृत अध्येता तथा बौद्ध साहित्य विज्ञ, मध्य प्रदेश के आदिवासियों के जनजीवन पर शोध

Dushyant Kumar (1931-1975) (का.क.) *दुष्यंत कुमार :* आधुनिक हिन्दी-उर्दू के श्रेष्ठ कवि

Dust Cover (अभि.) *डस्ट कवर :* जिल्द आवरण, धूलगर्द कवच

Dust Ground (मू.) *डॅस्ट ग्राउंड :* रेतीला स्तर, चूर्णिल धरातल

Dust Particle (अभि.) *डस्ट पार्टीकल :* धूल कण

Dutch India (सा.ज्ञा.) *डचइंडिया :* भारत में सन् 1605 से 1825 तक की काल अवधि

Dutch Masters (क.इति., चि.) *डच मास्टर्स :* हालैंड के चित्राचार्य, हालैंड के 17वीं शताब्दी के सर्वश्रेष्ठ चित्रकार जैसे वर्मियर (1632-1675), फ्रैंज हाल्स (1582-1666), रेम्ब्रां (1606-1669)

Dutch *डच :* हालैंड के नागरिक, हालैंड की भाषा

Dutch Painting (इति.) *डच पेंटिंग :* हालैंड के चित्रकारों की कला, सत्रहवीं शताब्दी जिसे डच पेंटिंग का स्वर्ण काल कहा जाता है—के सन्दर्भ में विशेष

Dutch Realism (इति.) *डच रियलिज्म :* डच यथार्थवाद रेम्ब्रां और वर्मियर जैसे श्रेष्ठ यथार्थवादी चित्रकारों के सन्दर्भ में प्रयुक्त शब्द

Dwayardh (संगी.) *द्वयर्ध :* स्थाई स्वर से चौथा स्वर

Dwigunit (संगी.) *द्विगुणित :* स्थाई से आठवाँ स्वर

Dwijendra Pal Ray (1863-1913) (का.क.) *द्विजेन्द्रपाल राय :* बांग्ला भाषा के प्रसिद्ध कवि, गीतकार तथा नाटककार

Dwitala (स्था.) *द्वितला :* द्वितल, दो मंजिला भवन, दुतल्ला मकान

Dye (चि., अभि.) *डाई :* रंग, रंजक

Dyeing (फै.) *डाइंग :* रंगना कला, आलेखन कला

Dynamic (समी.) *डायनमिक :* गतिशील, प्रगतिशील, उत्तरोत्तर आगे बढ़ने वाला

Dynamic Accent (संगी.) *डायनेमिक एसेंट :* बलाघात

Dynamic Character (ना.) *डायनमिक करेक्टर :* प्रगतिशील चरित्र (नायक या पात्र)

Dynamics (नृ.) *डायनामिक्स :* नृत्यगति के विभिन्न आयाम

Dynasty (समी.) *डायनेस्टी :* वंश, राजवंश

Dynesties of South Indian (क.इति.) *डाइनेस्टीज़ ऑफ़ साउथ इंडियन :* दक्षिण भारतीय वंश जो लगभग तीसरी शताब्दी से तेरहवी शताब्दी के मध्य रहे।

E

Eager (समी.) *ईगर :* उत्सुक, इच्छुक

Eak Chasham (क.समी., चि.) *एक चश्म :* एक चश्म, एक आँख, एक पक्षीय मुख चित्र

Earl (इति.) *अर्ल :* अभिजात वर्गीय योद्धा

Earliar Heroine (ना., फि.) *अर्लियर हीरोइन :* पुरानी नायिका, वरिष्ठ नायिका

Early (समी.) *अर्ली :* आरम्भिक, प्रारम्भिक, पूर्व, प्राचीन आदि

Early Archaeology (पुरा.) *अर्ली आर्कियोलाजी :* पूर्वकालीन पुरातत्व, प्रारम्भिक पुरातत्व

Early Christian Art (क.इति.) *ऑलइ क्रिस्ट्रॉन आर्ट :* आरम्भिक मसीही कला, प्रारम्भिक ईसाई कला

Early Man (पुरा. इति.) *अर्ली मैन :* आदि मानव

Early Modernist (चि., समी.) *अर्ली मार्डनिस्ट :* प्रथम आधुनिक दूत, जैसे जामिनी राय, रवीन्द्रनाथ टैगोर

Early Modernists (समी.) *अर्ली माडर्निस्ट :* आधुनिकता के अग्रदूत

Early Renaissance (क.इति.) *अर्ली रेनेसाँ :* आरम्भिक पुनरुत्थान काल

Early Settlement (पुरा.) *अर्ली सेटेलमेंट :* पूर्वकालीन बस्ती, आरम्भिक उपनिवेश

Early Stone Age (इति.) *अर्ली स्टोन एज :* पूर्व प्रस्तर युग

Earphone (समी.) *ईयरफोन :* कर्ण-फोन, ईयरफोन

Earth Colour (क., साम.) *अर्थ कलअॅ :* खनिज रंग, भू-रंग, मिट्टी के रंग, धूलि वर्ण, माटी वर्ण, पृथ्वी से प्राप्त रंग जैसे गेरू, रामरज

Earth work *अर्थ वर्क :* प्राकृतिक भू सज्जा

Earthenware (मू.) *अर्थनवेयर :* मृद्पात्र, मिट्टी के बर्तन

Earthy Colors (आले.) *अर्थी कलर्स :* सांसारिक रंग, मटियाला रंग

Ease (फै.) *ईज़ :* परिधान का पूर्णता ऐसी हो कि वह आराम से फिट बैठे

Ease of use (फै.) *इजी ऑफ़ यूज :* उपयोग में आसानी, सहज उपयोगी

Easel (क., साम.) *ईजॅल :* चित्राधार, चित्रफलक ईजल; बां. चित्राधार; मरा. चित्र सोपान; गु. चित्राधार फलक; उ. मुसव्विर की तिपाई, ईज़ल

Easel Painting (चि.) *ईजॅल पेंटइंग :* तैल चित्रण, फलक चित्रण, ईजेल पेंटिंग, तिपाई चित्रण

East India Company (सा.ज्ञा.) *ईस्ट इंडिया कम्पनी :* इंग्लैंड की एक व्यापारिक संस्था जिसने सन् 1612 से 1858 के मध्य भारत में व्यापार के साथ उपनिवेश स्थापित किया

Eastern (समी.) *ईस्टर्न :* प्राच्य, पूर्वी, पोर्वात्य

Easthetics (सौ.शा.) *एस्थेटिक :* सौन्दर्य विज्ञान, सौन्दर्य का नीतिशास्त्र

Eastman Colour (फि.) *ईस्टमैन कलर :* बहुरंगी (फ़िल्म), रंगीन फ़िल्म, सिनेमा की एक विशेष तकनीक की रंगीन फ़िल्म

Ecclesiology (समी., स्था.) *इक्लीजियोलाजी :* धर्म संघ शास्त्र, घर से सम्बन्धित कला, गिरजा निर्माण शिल्प, चर्च स्थापत्य

Echo (संगी.) *ईको :* ध्वनि की गूँज, अनुनाद, प्रतिध्वनि, गूँजना

Eclectic (समी.) *इकलेक्टिक :* धर्म सहिष्णु, संकलनवादी, विभिन्न दर्शनग्राही

Eclectic (ग्र.स., समी.) *एकलेक्टिक :* सजावट और फर्नीचर की एक मिश्रित शैली जो सज्जा के क्षेत्र में नई व विचित्र शैली को जन्म देती है

Ecole De Paris *इकोल दे पेरसि :* पेरिस स्कूल

Ecological (समी.) *इकोलॉजिकल :* पारिस्थतिक, पारिस्थितीकीय

Ecology (समी.) *इकोलॉजी :* परिवश, परिस्थिति विज्ञान

Economic Capital (पत्र.) *एकोनॉमिक कैपिटल :* आर्थिक राजधानी (देश की), शीर्ष वाणिज्य केन्द्र, व्यापारिक राजधानी, व्यापारिक शीर्षस्थ नगर

Economic Times (पत्र.) *इकोनॉमिक टाइम्स :* मुम्बई से प्रकाशित अंग्रेजी भाषा का वाणिज्य और व्यापार प्रमुख दैनिक समाचार-पत्र

Ectype (चि., छापा.) *एकटाइप :* प्रथम प्रति रूप

Ectypography (तक.) एकटाइपोग्राफ़ी : उद्धृत रेखण कला

Edifice (स्था.) *एडीफिस :* इमारत, भवन, प्रासाद

Edition (छापा.) *एडिसन :* (संस्करण) एक प्लेट से प्राप्त कुल छापाचित्र

Editor (समी.) *एडीटर :* सम्पादक, संकलक

Editorial (पत्र.) *एडीटोरियल :* अग्रलेख, सम्पादक का मंतव्य, सम्पादकीय

Educational Drama (ना.) *एजुकेशनल ड्रामा :* शिक्षाप्रदनाटक, ज्ञानवादी नाटक

Educational Records (अभि.) *एजूकेशनल रेकार्डस :* शैक्षणिक अभिलेख

Educationist (समी.) *एजूकेशनिस्ट :* शिक्षा विशेषज्ञ, शिक्षणतज्ञ, शिक्षाविद्

Eenadu (पत्र.) *इनाडू :* हैदराबाद से प्रकाशित तेलुगू भाषा का एक दैनिक समाचार-पत्र

Effect (समी., आले.) *इफेक्ट :* प्रभाव, प्रतीति, आभास, पुट, असर

Effective *प्रभावी :* प्रभावोत्पादक, असरदार, लागू होना

Efficiency (समी.) *एफीसियेंसी :* दक्षता, कार्यकुशलता

Efficient (समी.) *एफीसिएंट :* दक्ष, कुशल

Effigy (मू.) *एफीजी :* किसी जीव का पुतला, जो अपरिष्कृत ढंग से बना है

Effluent (समी.) *एफ्लुएंट :* प्रवाह

Effort (समी.) *एफर्ट :* प्रयास, उद्यम

Egg Tempera (क., साम.) *एग टेम्परा :* अंडपीत समारंजन, अंडे की जर्दी में मिले अपारदर्शी रंग

Egress (स्था.) *ईग्रेस :* निकास

Egypt Daily News (पत्र.) *इजिप्ट डेली न्यूज़ :* मिश्र (इजिप्ट) का एक प्रमुख अंग्रेजी भाषा का समाचार-पत्र

Egyptian Art (क.इति.) *इजिप्शियन आर्ट :* मिश्र की कला, मिश्री कला, इजिप्सियन आर्ट

Egyptian *इजिप्शियन :* मिश्री मिश्र का निवासी

Egyptian Urns (क.इति.) *इजिप्शियन उर्न्स :* मिश्र के चित्रित प्राचीन बर्तन-भाड़े

Egyptology (पुरा.) *इजिप्टोलाजी :* मिश्र विद्या

Eidograph (क., साम.) *आइडोग्राफ़ :* रेखाचित्र बनाने की मशीन

Eight Dances of India (नृ.) *एट डांसेस ऑफ़ इंडिया :* संगीत नाटक अकादमी द्वारा भारत के निम्न आठ शास्त्रीय नृत्यों को मान्यता दी गई है

Eight The Group (क.समू.) *द एट ग्रुप :* द एट ग्रुप, आठ अमरीकी चित्रकारों की मंडली का नाम

EINA (पत्र.) *ईस्टर्न इंडिया न्यूज़ एजेंसी*

Eka Pad (नृ.) *एक पद :* नृत्य में पैरों की एक विशिष्ट मुद्रा

Ekapaadabhramari (नृ.) *एकपाद भ्रमरी :* नर्तक की एक पैर पर खड़े होने की एक मुद्रा

Ekkalam (संगी., वा.यं.) *एक्कलम :* एक भारतीय वाद्य यंत्र

Eknath (1533–1599) (का.क.) *एकनाथ :* मराठी भाषा के एक श्रेष्ठ कवि

Ekotoba (पुरा.) *इकोटोवा :* पट चित्र

Ektala (स्था.) *एकतला :* एकमंजिला भवन

Ektara Violin (संगी., वा.यं.) *एक तारा वायलिन :* एक भारतीय वाद्य उपकरण

EI Nuevo Dia (पत्र.) *एलन्यूवो डाया :* स्पेन का स्पेनिश भाषा में प्रकाशित एक सर्वाधिक लोकप्रिय दैनिक समाचार-पत्र

Elaeothesium (स्था. ना., फि.) *इलियोथीसियम :* सज्जा कक्ष, प्रसाधन कक्ष, वेश-कोष्ठ

Elasticity (समी.) *इलैस्टिसिटी :* सुनम्यता, लोच, लचीलापन

Elathalam (संगी., वा.यं.) *इलाथलम :* एक भारतीय वाद्य यंत्र

Electrolisis (रू.स.) *इलेक्ट्रोलिसिस :* बिजली द्वारा शरीर के बालों को स्थाई रूप से हटाने की किया-विधि

Electrology (रूस) *इलेक्ट्रोलॉजी :* बिजली द्वारा शरीर के बालों का स्थाई रूप से हटाने के लिए प्रयुक्त एक उपचार विज्ञान

Electronic Flash (फो.) *इलेक्ट्रॉनिक फ्लैश :* विद्युत चालित इलेक्ट्रॉनिक फ्लैश

Electronic Media (पत्र., टी.वी.) *इलेक्ट्रॉनिक मीडिया :* विद्युत आधरित—जनसंचार माध्यम जैसे टेलीविजन, रेडियो

Electrotherapy (रू.स.) *इलेक्ट्रे थेरेपी :* शरीर के माध्यम से पारित नसों और माँसपेशियों को उत्तेजित करने के लिए विद्युत धाराओं का उपयोग, विद्युतीय चिकित्सा

Elegance and Decency (समी.) *एलीगेंस एंड डीसेंसी :* शान और शालीनता, सुचारू, रमणीय, चारूता, लालित्य, सुशिष्ट

Elegant (समी.) *एलीगेंट :* सुन्दर व आकर्षक शैली

Elegant Casual Decor (आले.) *एलीगेंट कैजुअल डेकोर :* सुरूचि पूर्ण आकस्मिक सजावट

Elegant Persona : (समी.) *एलीगेंट परसोना :* सुशिष्ट व्यक्तित्व, सुरुचिपूर्ण व्यक्ति

Elegy (संगी., समी.) *एलेजी :* शोक गीत, मरसिया, विलापगान

Element (समी.) *एलीमेंट :* तत्त्व, मसाला

Elemental of Humor (साहि.) *एलीमेंट ऑफ़ ह्यूमर :* हास्यतत्व, हँसी का मसाला, हास्य तत्त्व

Elementary (समी.) *एलीमेंट्री :* बुनियादी, तत्त्वत:, प्रारम्भिक

Elevation (स्था.) *एलीवेशन :* खड़ा नक्शा, उभार, ऊँचाई

Elite Society (समी.) *इलीट सोसाइटी :* अभिजात्य समाज, ऊँचे लोग

Ellora (Caves) (क.इति.) *एलोरा :* एलोरा की गुफाएँ, एलोरा के गुफा मन्दिर

Elpaso (क.समू.) *एलपासो :* सन् 1957 में मैड्रिड (स्पेन) में गठित एक कलाकारों का समूह

Emakimono (क.इति.) *एमेकिमोनो :* इमैकीमोनो, जापानी शैली के कुंडल चित्र (Scroll Painting)

Emblem (विज्ञा.) *एम्बलॅम :* प्रतीक, कम्पनी या संस्था की पहचान में सहायक कोई निशान

Emboss (स्था.) *इम्बॉस :* समुद्भृत, उभरी नक्काशी

Embossing (तक.) *एमबेसिंग :* समुद्भरण, समुदमृत मुद्रण, पश्चोद्भृत, उभरी छपाई

Embroidery (फै.) *एम्ब्रॉइडरी :* कढ़ाई, हर प्रकार की कशीदाकारी

Emended Document (अभि.) *एमेडेंड डाक्यूमेंट :* संशोधित दस्तावेज

Emerald (सा.ज्ञा.) *एमरल्ड :* पन्ना, एक प्रकार का रत्न

Emerald Green (चि., क.साम.) *एमरल्ड ग्रीन :* एक प्रकार का गहरा हरा रंग, पन्ना रंग का हीरा

Emerge (समी.) *इमर्ज :* प्रकट होना, प्रगतिशील उभार, उभरना

Emergency Door (ना., फि.) *इमरजेंसी डोर :* आपात द्वार

Emeritus Professor *इमरटेस प्रोफेसर :* अवकाश प्राप्त प्रोफेसर/प्राध्यापक

Emery Paper (शि. म.) *ऍमारी पेपर :* रेगमाल

Eminence (समी.) *एमीनेंस :* श्रेष्ठता, प्रतिष्ठा

Emotion (समी.) *इमोशन :* राग, भावना, संवेदना, मनो भाव

Emotional Content (समी.) *इमोशनल कॉटेंट :* भावुक सामग्री, संवेगात्मक कथा सार

Emotional Experience (समी.) *इमोशनल एक्सपीरियंस :* संवेगात्मक/भावनात्मक अनुभव

Emotional Tension (समी.) *इमोशनल टेंशन :* भावनात्मक तनाव, भावनात्मक बेचैनी

Emotional Values (समी.) *इमोशनल वैल्यूज़ :* भावनात्मक मूल्य, भावनात्मक महत्त्व

Emotionalism (सौ.शा.) *इमोशनलिज़्म :* भावुकतावाद

Empathy (समी.) *इम्पैथी :* समानुभूति, तदनुभूति, किसी से तादात्म भाव जाग्रत हो जाना

Emphasis (समी.) *इम्फेसिस :* प्राबल्य, जोर देना, प्रभाविता, बल, महत्त्व, प्रमुखता

Empire Exhibition (क.इति.) *एम्पायर एग्जीबिशन :* एम्पायर प्रदर्शनी, लंदन में आयोजित एक विश्व कला प्रदर्शनी

Emulating (Artist) (समी.) *इम्यूलेटिंग (आर्टिस्ट) :* स्पर्धा करने वाला कलाकार, अनुकरण करने वाला कलाकार

Emultion Colour (क., साम.) *इमलशन कलर :* पायसीकृत वर्ण, पायसीकृत रंग, एक तरह के रासायनिक रंग; बां. पायस मिश्रित रंग; मरा. दुधाल रंग द्रव्य; गु. दुग्धवर्ण; उ. रोगनी रंग।

Enamel (शि., मू.) *एनामिल :* तामचीनी, मीना

Enamel Colour (क., साम.) *एनामिल कलर :* एनामिल कलर, आकाच रंग, रसायनिक रंग, एनामिल कलर

Enamel Painting (चि.) *इनैमल पेंटिंग :* एनामिल चित्रण, आकाच चित्रण

Enameller (समी.) *इनैमिलर :* मीनकार

Enamelling (तक.) *इनैमॅलइंग :* मीनाकारी, आकाचन, ताम चीनी चढ़ाना, इनॉमेलिंग

Encapsulation (पुरा., सं.) *इनकैप्स्यूसेरॉन :* प्रावरण, कैप्सूल में समाहित करना

Encarpa (स्था.) *एनकार्पा :* पुष्पफल तोरण

Encaustic Painting (चि., तक.) *एन्कास्टिक पेंटिंग :* सिक्थवर्णक चित्र, मोम माध्यम की चित्र कला, इनकॉस्टिक पेंटिंग

Enceinte (स्था.) *एनसिएट :* परकोटा

Enchanting Dance (नृ.) *एनचांटिंग डांस :* मोहक नृत्य, खुशनुमा नाच, मंत्र-मुग्ध करने वाला नृत्य

Enclosing Wall (स्था.) *इनक्लाज़िंग वॉल :* चहार दीवारी, खुले स्थान की नीची दीवार

Encore (संगी., ना.) *इनकोर :* पुन:-पुन: पुनरावृत्ति, दोहराने की मांग करना

Encyclopedia (समी., पत्र.) *इनसाक्लोपीडिया :* ज्ञान के विविध विषयों का वैश्विक कोश, महाज्ञान कोश, ज्ञान सागर, वैश्विक ज्ञान स्रोत, वैश्विक ज्ञान भंडार, विश्वज्ञान कोश—जो किसी भी विषय की आधिकारिक विस्तृत सूचनाएँ देता है, महा ज्ञानकोश

Encyclopedic (समी.) *इनसाइक्लोपीडिक :* विश्व कोषात्मक, विश्व कोशीय, विश्वकोश-सदृश्य, सर्वज्ञान विषय, अतिव्यापक, वैश्विक ज्ञान कोशीय, किसी भी विषय की वैश्विक जानकारी देने वाला (ग्रंथ)

End Grain (छापा.) *एंड ग्रेन :* (सिरों से घिरा हुआ) लकड़ी के ठप्पे में दानों/तन्तुओं के विपरीत काटना जैसे कि काष्ठ उत्कीर्णन।

End Paper (समी.) *एंड पेपर :* सर्वज्ञान कोश के जिल्द पर चिपकाई गई दोहरी शीट जो मूल से अलग होती है।

End user (समी.) *एंड यूजर :* अंतिम उपभोक्ता

Endeavor *एंडोवॅर :* प्रयास, प्रयत्न

Endogean (पुरा.) *एंडोजियन :* अधोभूमिक

Endowed : (समी.) *एंडोव्ड :* सम्पन्न

Endurance (समी.) *एनडयूरेंस :* धीरज

Enfilade (स्था.) *इनफिलेड :* लम्बाक्ष, एक सूत्र दृष्टि, इनफिलेड

Engaged Column (स्था.) : दीवार में लगाया गया स्तम्भ (कॉलम) जिसका कुछ अंश दीवार के बाहर हो

Englishtan (समा.) *इंग्लिशतान :* इंग्लैंड का पुराना नाम, हिन्दुस्तानियों द्वारा रखा गया

Engrailed Arch (स्था.) *इंग्रेलड आर्च :* दाँतेदार मेहराब

Engrave (छापा.) *इंग्रेव (उकेरना) :* तक्षणी, खुरचनी, या विद्युत उत्कीर्णन औजार से लकड़ी शिला को उकेरना/काटना तथा इस प्रक्रिया से प्राप्त छापा।

Engraver (छापा.) *इंग्रेवर :* उत्कीर्णक, तक्षणकार, इंग्रेवर

Engraving (छापा.) *इंग्रेविंग :* उकेरन, उत्कीर्णन उत्कीर्णित छापाचित्र, धातु की चादर (Plate) पर खुदे ठप्पे से छापा गया चित्र, चित्र नक्काशी; बां. तक्षण; म., खोदिव चित्र, नक्षादार चित्र; गु. कोतरकाम; उ. कुन्दाकारी, नक्काशी

Engraving Process (छापा.) *इंग्रेविंग प्रोसेस :* उत्कीर्णन प्रक्रिया, खुदाई का तरीका

Engross (अभि.) *इंग्रॉस :* सुलेखन, सुलिपिकरण, मोटे अक्षरों की कला

Engrossing of Document (अभि.) *इंग्रोसिंग ऑफ़ डाक्यूमेंट :* दस्तावेज का सुलिपिकरण

Enlarge (अभि., फो.) *इंलार्ज :* चित्रवर्धन, परिवर्धन करना, फ़ोटो को बड़ा रूप

Enlarged Edition (समी.) *इनलार्ज्ड एडीशन :* पहले से बड़ा संस्करण, विस्तृत संस्करण

Enlargement (अभि., फो.) *इंलार्जमेंट :* परिवर्धित चित्र, परिवर्धन, विस्तार, चित्र का बड़ा स्वरूप

Enlarger (फो.) *एन्लार्जर :* नेगटिव की सहायता से छाया चित्रों को विस्तृत रूप देने का उपकरण, छवि विस्तारक, इंलार्जर

Enlighten (समी.) *इनलाइटेन :* प्रबुद्ध

Enlightenment (समी.) *इनलाइटेनमेंट :* प्रबोधन, ज्ञानोदय

Enmity (समी.) *एनिमिटी :* वैमनस्य, बैर

Enrich (पा.क.) इ*नरिच :* समृद्ध

Enrichment (पुरा., समी.) *इनरिचमेंट :* अलंकरण

Enrol (अभि.) इनरोल: नामांकन करना

Enrolled Document (अभि.) *इनरोल्ड डाक्यूमेंट :* नामांकित दस्तावेज

Ensemble (संगी.) *समूह :* सामूहिक गायन या नर्तन

Ensemble (ना.) *एन्सेबल :* समवेत अभिनय (सह) अभिनेता, एक समन्वित पोशाक या ड्रेस

Ensignia (विज्ञा.) *इनसिग्निया :* प्रतीक, कम्पनी या संस्था का प्रतीकात्मक पहचान चिन्ह

Ensor, James (1860-1949) (चि.) *जेम्स इंस :* बेल्जियन चित्रकार व छापाकार

Entasis (स्था.) *ऐनटेसिस :* स्तम्भ दंडकी, उभरी हुई रेखा, एनटेसिस

Enterprise (समी.) *इंटरप्राइज :* उद्यम, जोखिम

Entersol (स्था.) *इंटरसोल :* परछत्ती

Entertainment (फि.) *इंटरटेनमेंट :* मनोरंजन, मन को प्रसन्नता देने वाली क्रियाएँ

Entertainment Arts (समी.) *इंटरटेनमेंट आर्ट्स :* मनोरंजन वादी कला, मन बहलाव की कला, मनोरंजक कलाएँ, मनको प्रसन्नता देने वाली कलाएँ जैसे—खेल खेलना या देखना आदि

Entertainment Channel (टी.वी.) *इंटरटेनमेंट चैनल :* टी.वी. कम्पनियों का वह चैनल जो दर्शकों को केवल मनोरंजन के कार्यक्रम पेश करती है और कुछ नहीं

Enthusiasm (समी.) *इंयूजियज्म :* उत्साह

Entombment (पुरा.) *इनटॉम्बमेंट :* शवाधान शव दफनाना, दफन करना

Entrance (समी.) *एंट्रेंस :* प्रवेशद्वार, भवन में अन्दर जाने का द्वार

Entrance Arch (स्था.) *इनट्रेन्स आर्च :* तोरण, प्रवेश चाप

Entrance Hall (स्था.) *इनट्रेन्स हॉल :* प्रवेश शाला, प्रवेश सभा भवन

Entrance Room (स्था.) *इनट्रेन्स रूम :* प्रवेश कक्ष, मुख कक्ष

Entree (संगी.) *इंट्री :* अवतरणिका संगीत, प्रवेशाधिकार दखल

Entrepreneur (विज्ञा.) *इंटरप्रिन्योर :* उद्योजक, उद्यमी

Entresol (स्था.) *इंट्रीसोल :* परछत्ती, बिचला तल

Environment (आले., समी.) *इनवायरमेंट :* पर्यावरण, वातावरण माहौल, परिवेश

Environmental Control (साम.) *इनवायरनमेंटल कंट्रोल :* पर्यावरणीय नियंत्रण

Enzyme (सं.) *इंज़ाइम :* किण्वक, सूक्ष्म कीड़े

Epaulette (फै.) *इपायलेट :* एक सजावटी टुकड़ा जो सैन्य वर्दी के कंधों पर लगाया जाता है

Ephod (फै.) *एफोड :* यहूदी पादरियों का परिधान

Epic Age (इति.) *एपिक एज :* वीर युग, महाकाव्य काल

Epic Cubism (चि.) *एपिक क्यूबिज़्म :* कालव्यापी त्रिपार्श्ववाद/घनवाद

Epic Drama (ना.) *एपिक ड्रामा :* किसी महाकाव्य पर आधारित नाटक

Epic Play (ना.) *एपिक प्ले :* महाकाव्यमूलक नाटक

Epic Poetry (का.) *इपिक पोयट्री :* लम्बी कविता जिसमें प्राचीन नायक की शौर्य गाथा हो

Epic Tale (समी.) *एपिक टेल :* वीर कथा, वीर गाथा, गौरव गान

Epic Theatre (ना.) *एपिक थियेटर :* महाकाव्यात्मक नाटक

Epidermis (समी.) *एपीडरमिस :* बाहयत्वचा, त्वचा की ऊपरी परत

Epidiascope (अभि., फो.) *एपीडायस्कोप :* परिचित्र दर्शी, एपिडायस्कोप

Epigone (चि., समी.) *एपीगॉन :* युगानुकारी कलाकार

Epigraph (क.इति., पुरा. स्था.) *एपीग्राफ़ :* पुरालेख, शिलालेख, उत्कीर्ण अभिलेख, उत्कीर्ण अभिलेख

Epigraph (पुरा.) *इपीग्राफ़ :* शिलालेख (मूर्तियाँ भवन पर), किताब के प्रथम पृष्ठ पर मुद्रित कोटेशन, पैराग्राफ़ के आरम्भ में लिखा नीति शीर्षक

Epigraph (अभि.) *एपीग्राफ़ :* पुरालेखन, अभिलेख, सूक्ति

Epigraphist (पुरा. अभि.) *इपीग्राफ़िस्ट :* पुरालेखवेत्ता, पुरालेखविद्

Epilogue (फि.) *एपिलॉग :* सारतत्वीय दृश्य, फ़िल्म के अन्तिम भाग में फ़िल्म का सारतत्व प्रस्तुत करने वाला दृश्य

Epilogue (ना.) *ऐपीलॉग :* उपसंहार

Epinaos (स्था.) *एपीनॉस :* समवेत अभिनय

Episcenium (ना.) *एपीसीनियम :* नाट्य मंच, रंग शाला

Episode (फि. टेली.) *एपिसोड :* कथानक खंड, धारावाहिक खंड/भाग, उपाख्यान, कथांश, वृत्तान्त, उपकथा, नाट्य अंक, नाट्य कड़ी, उपाख्यान अंश, कथांश, धारावाहिक का एक अंश/अंक/कड़ी/किस्त/वृत्त, प्रकरण

Epitaph (पुरा.) *एपीटाफ :* स्मृति लेख, समाधि लेख

Epitomic (समी.) *एपिटॉमिक :* सारसंग्रह, सारांश, निचोड़

Epitone (समी.) *इपीटॉम :* प्रतीक

Epoch (समी.) *ईपोक :* युग, काल

Epoch Making Man (समी.) *ईपोक मेकिंग मैन :* युग प्रवर्तक व्यक्ति

Equal Voices (संगी.) *इक्वल वॉयसेस :* समान कंठ स्वर

Equestrian Statue (मू.) *एक्विस्ट्रियन स्टैच्यू :* अश्वारोही मूर्ति

Equine Head (पुरा.) *इक्वाइन हेड :* अश्व मुख

Equivalent (समी.) *इक्यूवेलेंट :* समानार्थक, समानार्थी, समकक्ष, बराबरी का

Equivalent Form (समी.) *इक्यवेलेंट फॉर्म :* समरूप, समाकार

Era (इति.) *इरॉ :* दौर, युग, काल, काल, संवत

Eraser (चि.) *इरेजर :* काट-कूट चित्र, इरेजर

Ergonomic design (स्था.) *इरगोनॉमिक डिज़ाइन :* सुविधा युक्त डिज़ाइन

Ergonomics (आले.) *एरगोनामिक्स :* श्रमदक्षता शास्त्र, श्रम प्रभाविकी

Ernst, Max (1891-1976) (चि.) *एरन्सट माक्स :* जर्मन चित्रकार, मूर्तिकार, कवि, छापाकार

Erosion (पुरा.) *इरोजन :* भूरक्षण

Erotic (पुरा.) *इरॉटिक :* कामविषयक, रतिप्रधान, कामोद्दीक, रत्यात्क

Erotic Art (चि.) *इरॉटिक आर्ट :* कामुक कला, काम सम्बन्धी कला, कामविषयक कला, रत्यात्मक कला, शृंगारिक कला

Erudite man: (समी.) *इरुडाइट मैन :* बहुश्रुत व्यक्ति, पांडित्यपूर्ण व्यक्ति

Erudition : (समी.) *एरोडिशन :* विद्वता, पांडित्य

Escapism (समी.) *इस्केपिज़्म :* पलायनवाद, अवसादवाद, नकारात्मक दृष्टिकोण

Esquisse (छापा.) *इस्क्वीजी :* सिल्क स्क्रीन प्रिंटिंग का एक उपकरण

Esraj (संगी., वा.यं.) *इसराज :* तार पर आधारित एक भारतीय वाद्य यंत्र

Established Artist (समी.) *इस्टैबलिस्ड आर्टिस्ट :* सर्व स्वीकृत कलाकार, स्थापित कलाकार, प्रतिष्ठित कलाकार

Established Theatre (ना.) *एस्टेब्लिस्ड थियेटर :* प्रतिष्ठित रंगमंच, लोकप्रिय नाट्यदल, प्रमाणित नाट्य कर्मी दल

Estafa (स्था.) *ऐस्तफ :* सभा भवन

Esthete (समी.) *एस्थीट :* कला मर्मज्ञ, सौन्दर्योपासक, सौन्दर्य संवेदी, सौन्दर्यवादी

Esthetic (समी.) *एस्थेटिक :* सौन्दर्य परक, सौन्दर्यात्मक, सौन्दर्यशास्त्रीय, सौन्दर्यबोधी, सुरुचिपूर्ण

Esthetic Pleasure (समी.) *एस्थेटिक प्लेजर :* सौन्दर्यपरक आनन्द

Estheticism (समी.) *ईसथेटिसिज़्म :* सौन्दर्यवाद

Esthetics (सौ.शा., समी.) *एस्थेटिक्स :* सौन्दर्य शास्त्र, सौन्दर्य मीमांसा

Estimation (समी.) *एस्टीमेशन :* अनुमान, अन्दाज़ा, आकलन

Estrade (स्था.) *एस्ट्रेड :* चबूतरा, मंच

Etched Figure (छापा.) *एच्ड फिगर :* निक्षारित आकृति

Etching (छापा.) *एचिंग :* अम्ल उत्कीर्णन, रसोत्कीर्णन, आम्ल लेखन, आम्ल लेखीय छापाचित्र, निक्षारित छापा-चित्र, निक्षारण; बां. निक्षारण, अम्लांकन; मरा. आम्ल रेखन; गु. उत्कीर्ण छाप; उ. तेज़ाबी नक्श

Etching Ground (छापा.) *एचिंग ग्रांउड :* डिज़ाइन बनाने से पहले प्लेट पर एक अम्ल प्रतिरोधी लेप, तत्पश्चात सुई या नुकीले औजार की सहायता से चित्रण व अम्लांकन

Etching Needle (क.साम., छापा.) *एचिंग नीडल :* निक्षारण सूचिका, निक्षारण सुई, एचिंग नीडल

Etching Press (छापा.) *एचिंग प्रेस :* निचोड़ या दाब पद्धति पर आधारित धातु प्रैस लेकिन अधिक दबाव देने में सक्षम, अम्लांकित/उत्कीर्ण धातु प्लेट द्वारा छपाई के प्रयोग के लिए और कभी-कभी लिनोलियम ब्लॉक से भी छपाई

Eternal Frustration (समी.) *इटर्नल फ्रस्ट्रेशन :* भीतरी तपिश, आन्तरिक कुंठा

Ethics (समी.) *एथिक्स :* नीतिशास्त्र, आचार शास्त्र

Ethics of Journalism (पत्र.) *ऐथिक्स ऑफ़ जर्नलिज़्म :* पत्रकारिता आचरण, पत्रकारिता आचार संहिता, पत्रकारिता की प्राथमिक नियमावली

Ethnic (समी.) *एथनिक :* मानव जातीय, नृ जातीय, विशिष्ट संस्कृति, देश, कुल या परम्परा से जुड़े

Etruscan Art (क.इति.) *इट्रस्कन आर्ट :* इटली की प्राचीन कला, इट्रस्कन नगर की कला का दूसरा नाम,

Ettela'at (पत्र.) *एतोलात :* तेहरान (ईरान) से फ़ारसी में भाषा में प्रकाशित एक दैनिक समाचार-पत्र

Etude (संगी.) *इटयूड :* अभ्यास कृति, रियाजी बंदिश

Eurogenic Modern Art (समी.) *यूरोजेनिक माडर्न आर्ट :* पाश्चात्य धर्मी आधुनिक कला, यूरोपवादी आधुनिक कला

European Realism (समी.) *यूरोपियन रियलिज़्म :* पश्चिमी यथार्थवाद, पाश्चात्य यथार्थवाद

Euston Road Group (क.इति.) *स्टन रोड ग्रुप :* स्टन रोड कलाकार संघ, स्टनरोड ग्रुप

Evaluation (समी.) *एवल्यूशॅन :* आंकना, मूल्यांकन

Evaporation (समी.) *ईवैपोरेशन :* वाष्पीकरण

Even Working (समी.) *ईवन वर्किंग :* समपृष्ठ मुद्रण

Evening Drive (पत्र.) *ईवनिंग ड्राइव :* शाम 7 बजे से रात 12 बजे के बीच रेडियो पर विज्ञापन प्रसारण की समय अवधि

Evening Show (फि., ना.) *इवनिंग शो :* सांध्य कालीन प्रदर्शन

Event (समी.) *ईवेंट :* घटना, किसी कार्यक्रम का विषय

Every Day Art (समी.) *एवरीडे आर्ट :* सुगम जन कला, सहज दैनिक कला, रोज मर्रा की आर्ट

Evidential Value of Record (अभि.) *एवीडेन्शियल वैल्यू ऑफ़ रेकार्ड :* अभिलेखों का साक्ष्य मूल्य

Evocation (ना.) *इवोकेशन :* आरम्भिक उद्‌बोधन, आह्वान

Evolution (समी.) *एवोल्यूशन :* क्रमागत उन्नति, क्रमिक विकास, प्रगति गाथा, विकास यात्रा

Evolving Context (समी.) *इवॉल्विंग कॉनटेक्स्ट :* सन्दर्भ विकसित करना, विकासशील सन्दर्भ

Exaggerated (समी.) *एग्जेगरेटेड :* अतिशयोक्ति पूर्ण, अतिरंजित, बढ़ा-चढ़ा कर

Exaggeration (समी.) *एग्ज़ेरेशन :* अतिशयोक्ति, अतिरंजन

Exalted Tone (ना., संगी.) *एक्साल्टेड टोन :* उर्जित स्वर, उर्जस्वित स्वर, ऊँचा स्वर

Example (समी.) *एगजाम्पल :* उदाहरण, नज़ीर

Excavation (पुरा.) *एक्सकेवेशन :* किसी पुरातात्विक स्थल की सावधानी पूर्वक खुदाई

Excavation Unit (पुरा.) *एक्सकेवेशन यूनिट :* पुरातात्विक खुदाई में बने एक वर्गाकार खुदाई खंड

Excavator (पुरा.) *एक्सकेवेटर :* उत्खनक, खुदाई करने वाला

Excellence (समी.) *एक्सीलेंस :* उत्कृष्टता

Excess Decoration (आले., चि.) *एक्सेस डेकोरेशन :* अतिरंजना, फालतू सजावट

Exciting (समी.) *एक्साइटिंग :* उत्तेजक, भड़कीला

Exclusive (आले.) *एक्सक्लूसिव :* अनन्य, बहुत खास

Executive Producer (फि.) एग्जिक्यूटिव प्रोड्यूसर: कार्यकारी निर्माता, कार्यकारी प्रस्तुतकर्त्ता

Exedra (स्था.) *एक्सेड्रा :* बरामदा, शोभनकक्ष, बिशप का सिहांसन

Exemplary (सा.ज्ञा.) *एग्ज़ाम्पलरी :* उदाहरणार्थ

Exhaust (समी.) *इग्जॉस्ट :* खल्लास, खर्च करना, नि:शेष, समाप्त

Exhibit (अभि., चि.) *एग्जीबिट :* प्रदर्श, प्रदर्शनार्थ कृति या वस्तु

Exhibition (क.समी.) *एग्जीबिशन :* (कला) प्रदर्शनी, कलाकार की कृतियों की नुमाइश; बां. प्रदर्शनी; मरा. प्रदर्शन; गु. प्रदर्शन, प्रदर्शनी; उ. नुमाईश

Exhibition, The Great, of 1851 (क.इति.) *द ग्रेट एग्जीबिशन ऑफ़ 1851 :* 1851 की महान औद्योगिक प्रदर्शनी, द ग्रेट एग्जीबिशन ऑफ़ 1851, जो लन्दन में हुई थी।

Exhibitionism (समी.) *एग्जिबिशनिज़्म :* दिखावा आडम्बर करना, प्रदर्शन प्रवृत्ति

Exit (फि., ना.) *एग्जिट :* प्रस्थान द्वार, सिनेमा हाल या नाट्यशाला से बाहर जाने का द्वार

Exit Cue (ना.) *एग्जिट क्यू :* प्रस्थान संकेत

Exit Line (ना.) *एग्जिट लाइन :* प्रस्थान वाक्य

Exotic (आले., समी.) *एक्सॉटिक :* मोहक, आकर्षक, विदेशज, अन्य स्थानों पर अनुपलब्ध

Exotic Appeal (समी.) *एग्जॉटिक अपील :* विदेशी सौन्दर्य आकर्षण

Expansion (समी.) *एक्सपेंशन :* विस्तार, बढ़ाना

Expectation (समी.) *एक्सपेक्टेशन :* आकांक्षा, उम्मीद, प्रत्याशा, अपेक्षा, सम्भावना

Experimental (समी.) *एक्सपेरिमेंटल :* प्रयोगात्मक, प्रयोग धर्मी, प्रायोगिक, प्रयोगमूलक, आजमाइशी

Experimental Art (समी.) *एक्सपेरीमेंटल आर्ट :* प्रयोगवादी कला, प्रयोगात्मक कला, प्रयोगधर्मी कला, प्रयोगमूलक कला

Experimental Play (समी.) *एक्सपेरिमेंटल प्ले :* प्रयोगवादी नाटक, प्रयोगधर्मी नाटक

Experimentalism (समी.) *एक्सपेरिमेंटलिज़्म :* प्रयोगवादिता

Experimentalist (समी.) *एक्सपेरिमेंटलिस्ट :* प्रयोगवादी, प्रयोग धर्मी

Expert (समी.) *एक्सपर्ट :* विशेषज्ञ, प्रवीण, सुविज्ञ, विषय विशेष का ज्ञानी व्यक्ति

Expert Artist (समी.) *एक्सपर्ट आर्टिस्ट :* परम कुशल कलाकार, प्रवीण कलाकार

Expertise (समी.) *एक्सपरटाइज :* विशेषज्ञमत, विशेषज्ञता, किसी कौशल या जानकारी पर आधारित आधिकारिक निर्णय

Exploitation (समी.) *एक्सप्लॉयटेशन :* शोषण, स्वार्थ साधन, उपयोग

Exploration (समी.) *एक्सप्लोरेशन :* खोज, अन्वेषण, उजागर करना

Exposition (समी.) *एक्सपोजिशन :* उद्‌घाटन प्रदर्शन, प्रदर्शनी

Exposition (ची., समी.) *एक्सपोजीशन :* प्रदर्शनी, नुमाइश

Exposure (फि., पत्र.) *एक्सपोजर :* घटना को प्रकाश में लाना, खुलासा, फ़िल्म को प्रकाश देने की अवधि एक्सपोजर

Exposure (फो., अभि.) *एक्सपोजर :* उद्‌भासन, अनावरण, फ़िल्म का फ़ोटोग्राफ़ी के लिए प्रयोग किया जाना

Exposure Meter (फो., अभि.) एक्सपोजर मीटर उद्‌भासन मापी

Expression (समी.) *एक्सप्रेशन :* अभिव्यक्ति, अभिव्यंजना, मुद्रा, दर्शक के मन में उत्पन्न भावों की अभिव्यक्ति

Expression of Colour (रू.स.) रंग की अभिव्यक्ति

Expressionism (क.आन्दो.) *एक्सप्रेशनिज़्म :* अभिव्यंजनावाद, अभिव्यक्तिवाद; बां. अभिव्यंजनावाद; म. अभिव्यक्तिवाद; गु. अभिव्यक्तिवाद; उ. इल्मे इज़हारे बयान

Expressionist (समी.) *एक्सप्रेशनिस्ट :* अभिव्यंजक, अभिव्यक्तिवादी

Expressionist Art (चि.) *एक्सप्रेशनिस्ट आर्ट :* अभिव्यंजनात्मक कला अभिव्यक्ति मूलक कला

Extempore (समी.) *एक्सटेम्पोर :* आयु, तात्कालिक रचना चातुर्य, धारा प्रवाह

Extempore Acting (ना.) *एक्सटेंपोर ऐक्टिंग :* आयु अभिनय, बिना रिहर्सल का स्वत: प्रवर्तित अभिनय

Exterior (आले.) *एक्स्टीरियर :* बाहरी, बाह्य स्वरूप, बहिर्मार्ग

Exterior Design (आले.) *एक्स्टीरियर डिज़ाइन :* बाह्य रूप संयोजन, बाह्य सज्जा योजना

Extinct (पुरा.) *एक्सटिंक्ट :* लुप्त, विलुप्त, अप्रचलित

Extingtion (समी.) *एक्सटिंगशॅन :* समापन, विलोपन

Extra (फि.) *एक्स्ट्रा :* नगण्य कलाकार, फ़िल्म निर्माण के वे बिना पहचान के साधारण कलाकार जिन्हें श्रेय नहीं मिलता

Extra Ordinary Caliber (समी.) *एकस्ट्रा ऑर्डेनरी कैलीबर :* विलक्षण प्रतिभा, विशिष्ट प्रतिभा, असाधारण प्रतिभा

Extravagant (आले.) *एक्स्ट्रावेगेंट :* अधिक खर्चीला, अपव्ययी, फिजूलखर्ची

Extravaganza (ना.) *एक्स्ट्रावेगेन्जा :* अतिशयी रचना/नाटक, बेतुका भव्य थियेटर, अतिरिक्त, टेलीविजन प्रस्तुति

Extreme Beauty (समी.) *एक्स्ट्रीम ब्यूटी :* अथाह सौन्दर्य, चरम सौन्दर्य, बेहद खूबसूरत, परम सौन्दर्य

Extremism (समी.) *एक्स ट्रीमिज़्म :* अतिवाद, पराकाष्ठावाद, चरम पंथ

Extremist (समी.) *एक्सट्रीमिस्ट :* अतिवादी, चरमपंथी, पराकाष्ठावादी

Extricate : (समी.) *एक्सट्रीकेट :* हल करना, समाधान, छुड़ाना

Eye (स्था.) *आई :* झरोखा, गवाक्ष, मोखा

Eye for Visual Arts (समी.) *आई फॉर विज़ुअल आर्ट्स :* दृश्य कला की पारखी दृष्टि

Eye lavel (समी.) *आई लेविल :* समतलन दृष्टि, दृष्टि के समानान्तर क्षैतिज रेखाएँ

Eye Makeup (रू.स.) *आई मेकअप :* एक प्रकार का सौन्दर्य प्रसाधन है जिसका उद्देश्य आँखों को आकर्षक बनाना है।

Eye Movement (ना., नृ.) *आई मूवमेंट :* नेत्रगत अभिनय, नेत्र संचालन, नेत्राभिव्यक्ति

Eye Shadow (रू.स.) *आई शैडो :* पलकों या आँखों के चारों तरफ लगाने वाला कॉस्मेटिक जिससे निखार बढ़ता है।

Eye Shadow Palette (रू.स.) *आई शैडो पैलेट :* विभिन्न रंगों की एक प्लेट जिससे मनचाहे रंग को आँखों की पलको को सजाने के लिए लगाया जाता है।

Eyebrow Pencils (रू.स.) *आइब्रो पेंसिल :* भौंहों को परिभाषित या उच्चारण करने के लिए एक कास्मेटिक पेंसिल

Eyelash Brush (रू.स.) बरौनी ब्रश

Eyelash Curler (रू.स.) *आईलैश कर्लर :* पलक मोड़ने वाला यंत्र

Eyelash Strip (रू.स.) *आईलैश स्ट्रीप :* बरौनी पट्टी, प्राकृतिक बाल या सेन्थेटिक फाइबर से बनी पट्टी जो सुन्दरता बढ़ाने के लिए प्रयुक्त होती है।

Eyelashes (रू.स.) *आईलैश :* आँख की पलकों के किनारे उगे घुमावदार छोटे बाल जो आँखों को धूल आदि से सुरक्षा प्रदान करते हैं

Eyelets (फै.) *आइलेट :* छिद्र, सुराख

F

F.O.H. Lights (ना.) *एफ.एच.ओ. लाइट्स :* मंचमुखी बत्तियाँ

Fable (समी.) *फेबल :* पौराणिक कथा, नीति कथा

Fabric & Fabrications (आले.) *फेब्रिक एंड फेब्रीकेशन :* कपड़े और उनकी सिलाई

Fabric Painting (चि., शि.) *फेब्रिक पेंटिंग :* वस्त्र चित्रण, फेब्रिक पेंटिंग

Fabrication (फै.) *फेब्रीकेशन :* निर्माण, विरचना, संरचना, गठन, रचना,

Fabulous (Exibition) (रू.स.) शानदार प्रदर्शनी

Facade (स्था.) *फॅसाड :* मुखपट, अग्रभाग, सामना, पुराभाग, मोहरा इमारत का सामने का इकाई भाग

Face Art (रू.स.) *फेस आर्ट :* मुख कला, मानव मुख पर की गई चित्रकारी, मुख सज्जा कला, चित्रकारी, चेहरे की सजावट, चित्रकारी के माध्यम से मुख

Faceplate *फेसप्लेट :* मशीनरी के टुकड़े, एक प्रकाश स्विच या एक विद्युत आउट लेट की रक्षा करने वाली प्लेट

Facial (रू.स.) *फेशियल :* चेहरे का सौन्दर्योपचार, मुख चिकित्सा जिससे चेहरे में निखार लाने के सारे प्रयत्न किये जाते हैं।

Facial Expression (ना.) *फेशियल एक्प्रेशन :* मुख मुद्राभिव्यक्ति, चेहरे के हाव-भाव द्वारा भावाभिव्यक्ति

Facial Mask (रू.स.) *फेशियल मास्क :* चेहरे का नकाब, मुख सुरक्षा कवच एक उपकरण जो चेहरे की सुरक्षा प्रदान करे

Facial Treatment (रू.स.) *फेशियल ट्रीटमेंट :* मुख उपचार, मुखार सौन्दर्योपचार, चेहरे को तरोताजा बनाने के लिए एक उपचार, चेहरे का उपचार

Facilities Management (साम.) *फैसेलिटीज मैनेजमेंट :* सुविधाओं का प्रबंधन

Facing (स्था.) *फेसिंग :* अग्रभाग

Facsimile Copy (अभि.) *फेसीमिली कॉपी :* प्रतिकृति प्रति, अनुलिपि, प्रतिच्छाया, अनुचित

Fact (अभि.) *फैक्ट :* तथ्य, सचाई, सत्य

Factor (समी.) *फैक्टर :* कारक

Faculty of Fine Arts (समी.) *फैकल्टी ऑफ़ फाइन आर्ट्स :* ललितकला संकाय, कला प्रशिक्षण विभाग

Fad (फै.) *फैड :* धुन, सनक, क्षणिक प्रचलन, अल्पकालीन फैशन की हवा

Fade (चि., अभि.) *फेड :* फीका पड़ना, विलीन हो जाना, धीमा होना

Fade Image (समी., चि.) *फेड इमेज :* अस्पष्ट छवि, धुंधली छवि, धुंधली तसवीर

Fade In (ना.) *फेडइन :* आवर्धन

Fade Out (ना., टी.वी., संगी.) *फेड आउट :* स्वर मंदन, अवमंदन, लोपन, प्रकाश मंदन, स्वर या प्रकाश को धीमा करने की क्रिया

Faded Print (अभि., छापा.) *फेडेड प्रिंट :* मद्धिम छपाई, मद्धिम प्रिंट, धुंधली छवि

Fade In (टी.वी.) *फेड इन :* प्रकटन, आवर्धन, धुंधले रूप से स्पष्ट रूप में आना

Fadeout (फि.) *फेडआउट :* विलुप्तीकरण, फ़िल्मी दृश्य का क्रमागत धुंधला पड़ते-पड़ते समाप्त हो जाना

Fading Stars (ना., फि.) *फेडिंग स्टार :* लोकप्रियता खो रहे अभिनेता या कलाकार

Fagoting (फै.) *फेगोटिंग :* एक ओपेनवर्क सजावट जिसमें धागा खुला सीवन पर आड़ा-तिरछा टांका लगाना

Fair Ground Theatre (ना.) *फेयर ग्राउंड थियेटर :* मेला रंगमंच, घुमन्तू नाटक मंडली, मेला छाप रंगमंच, मेलों में नाट्य प्रदर्शन

Fairy Scene (समी., फि., ना.) *फेयरी सीन :* मनोहारी दृश्य, स्वप्निल दृश्य

Faiyaz Khan (1880-1950) (गा.) *फैय्याज़ खां :* प्रसिद्ध भारतीय शास्त्रीय गायक तथा आगरा घराने के संस्थापक जिन्हें सन 1924 से 1950 आफताब-ए-मौसिकी भी कहा जाता था।

Faiz Ahmad Faiz (1911-1984) (का.क.) *फैज़ अहमद फैज़ :* भारत के प्रख्यात शायर जो 1947 के देश विभाजन के समय पाकिस्तान चले गए तथा नोबेल पुरस्कार के लिए चार बार नामित

Fakes (समी.) *फेक :* नकली

Fakt (पत्र.) *फाक :* पोलेंड का अतिप्रसिद्ध तथा लोकप्रिय दैनिक समाचार-पत्र

Falling Rhythm (संगी.) *फालिंग रिद्म :* अवरोही लय, मन्द होती लय

False Hair (ना.) *फाल्स हेयर :* नकली बाल

False Portar (स्था.) *फाल्स पोर्टल :* चित्रद्वार, छद्म द्वार

False Work (समी.) *फाल्स वर्क :* कच्चा काम

Family Box (फि.) *फैमिली बाक्स :* सिनेमा हाल या नाट्यशाला में बैठने का पारिवारिक कक्ष

Family Records (अभि.) *फेमली रेकॉर्ड :* पारिवारिक अभिलेख, खानदानी सिज़रा

Famous Artist (समी.) *फेमस आर्टिस्ट :* प्रसिद्ध कलाकार, मशहूर अदाकार

Famous Cities of Roman Empire (इति.) *फेमस सिटीज़ ऑफ़ रोमन इम्पायर :* कान्स्टेंटीनोपॅल, एंटिऑक, रेवेना, इफीसस, कार्थेज, एलेक्जेंड्रिया एमोरियम, एथेन्स, मिलान, थेसोलोनिका, और माइस्ट्रस

Fan (समी., फि.) *फैन :* प्रशंसक, कलाकारों को चाहने वाला, मुरीद, कलाकारों के भक्त, कलाकार को दिल से चाहने वाला व्यक्ति, कलाकार उपासक, कलाकारों के प्रेमी गुण, फैन

Fan Following (समी.) *फैन फॉलोइंग :* चाहने वाले प्रशंसक, अनुयायी

Fancy (फै.) *फैंसी :* कल्पना

Fanlight (स्था.) *फैन लाइट :* रोशनदान

Fantastic (समी.) *फैंटैस्टिक :* अनोखा, काल्पनिक, विलक्षण, आश्चर्य जनक

Fantastic Realism *फैंटास्टिक रियलिज़्म :* कल्पनातीत यथार्थवाद, अनोखा यथार्थवादी

Fantasy (समी.) *फैंटॅसि :* कपोल कल्पना, अतिकल्पना, कल्पना मूलक रचना, काल्पनिक कथा, मनगढ़ंत रचना, कपोल कल्पित चित्र, स्वप्न चित्र, भाषात्मक, मासमय, फंतासी; बां. स्वैर कल्पना; मरा. कल्पना विलास; गु. कपोल कल्पित; उ. तम्सीली आर्ट

Farce (ना.) *फार्स :* प्रहसन, स्वांग

Farcical Comedy (ना.) *फार्सिकल कॉमेडी :* कामेडी, परिहासी प्रहसन

Farrakhulmak (चि.) *फर्रुखुलमाक :* बादशाह अकबर का एक दरबारी चित्रकार

Fascia (स्था.) *फैशिअॅ :* पत्थर या लकड़ी का लम्बा चौरस तख्ता या पट्टी, फैशिया, फलक, तख्त

Fashion (फै.) *फैशन :* भूषाचार, लोकाचार, देशाचार, रिवाज़, फैशन

Fashion Buyer (फै.) *फैशन बायर :* खुदरा दुकानों पर फैशन सामग्री का चयन करने वाला खरीदार

Fashion Cycle (फै.) *फैशन साइकिल :* फैशन चक्र, फैशन का आना-जाना, दोबारा फैशन आना

Fashion Design (समी.) *फैशन डिज़ाइन :* वस्त्र विन्यास

Fashion Designer (फै.) *फैशन डिजाइनर :* भूषाचारी, भूषाकार अभिकल्पक, फैशन डिज़ाइनर

Fashion Designing (फै.) *फैशन डिज़ाइनिंग :* भूषाचारी अभिकल्पन, फैशन डिज़ाइनिंग

Fashion Flats (फै.) *फैशन फ्लैट्स :* फैशन की तकनीकी ड्राइंग

Fashion Forecasting (फै.) *फैशन फोर कॉस्टिंग :* भविष्य में फैशन जगत के आने वाले बदलाव की भविष्यवाणी या घोषणा

Fashion Label (फै.) *फैशन लेबल :* फैशन सामग्री की बिक्री के लिए एक प्रतिष्ठित मार्क

Fashionable (फै.) *फैशनेबल :* भूषाचारी, शौकीन, फैशन परस्त

Fast Food (पा.क.) *फास्ट फूट :* चटर-पटर खाना जैसे चाऊमिन, पास्ता, छोले-भटूरे आदि, जल्दी तैयार होने वाला खाना।

Fast Food Outlet (पा.क.) *फास्ट फूड आउटलेट :* चटर-पटर का खाना बेचने वालों की दुकान

Fast Speed Film (फो.) *फॉस्ट स्पीड फ़िल्म :* तीव्र गति—प्रभावी फ़िल्म, तीव्र संवेदनी फ़िल्म

Fasting Days (पा.क.) *फास्टिंग डेज :* उपवास के दिन, व्रत

Fat (En.) (पा.क.) *फैट :* चर्बी
Fat Part (ना.) *फैट पार्ट :* महत्त्वपूर्ण भूमिका
Fat Stains (अभि.) *फैट स्टेन्स :* चिकनाई के धब्बे
Fathom (समी.) *फेथम :* थाह लेना
Fattu (1725-1785) (चि.) *फत्तू :* कांगड़ा, नयनसुख का बेटा
Fault *फॉल्ट :* ऐब, नुक्स, खराबी बिगड़ी
Fauvism (क.आन्दो.) *फाविज्म :* उग्रवादी कलापंथ, उग्रवाद, अतिवाद, उग्रपंथी कलावाद, फाविज्म
Fauvist (समी.) *फाविस्ट :* उग्रवादी कलाकार, उग्रपंथी वर्ग, फाविस्ट
Faux Finish (ग्र.स.) *फाक्स फिनिश :* फर्नीचर पर पेंट फिनिशिंग की एक विशेष विधि जिसके द्वारा उस पर पत्थर या चमड़े की तरह लगने का प्रभाव उत्पन्न किया जाता है
FCB Ulka Advertising (P) Ltd. (वि.क.) *एफ.सी.बी. उल्का :* न्यूयार्क की यह एक अन्तरराष्ट्रीय विज्ञापन कम्पनी है जिसकी व्यापारिक शाखाएँ 90 देशों में हैं
FD (पत्र.) *एफडी :* फ़िल्म डिवीजन, फिक्स डिपोजिट
FDM (Fused deposition modeling) (समी.) *एफडीएम :* फ़्यूज्ड डिप्लोशन मॉडलिंग का संक्षिप्त रूप
Feather Brush (चि.) *फीदर ब्रश :* पंख कूँची, पंख-तूलिका, पक्षियों के परों से बना ब्रश
Feathering (छापा.) *फैदरिंग :* अम्लांकन के दौरान प्लेट से उठते बुलबुलों को किसी पक्षी के पंख को हटाना।
Feature (पत्र.) *फीचर :* अखबार या पत्रिका आदि में प्रकाशित मुख्य लेख, प्रमुख आलेख, घनीभूत लेख, रोचक लेख, विशिष्ट आनन्ददायक लेख, आलेख, विशेष लेख, रूपक
Feature Film (फि.) *फीचर फ़िल्म :* मुख्य फ़िल्म, सम्पूर्ण कथानक फ़िल्म
Features (आले.) *फीचर :* विशेषता, खास गुण
Feedback (पत्र., समी.) *फीड बैक :* अतिरिक्त जानकारी, प्रतिपुष्टि
Feeling of Emotion (समी.) *फीलिंग ऑफ़ इमोशन :* भाव, ऋषि वात्स्यायन के 'कामसूत्र' के अनुसार चित्र के छः अंगों में से एक
Fellow Actors (ना.) *फैलो ऐक्टर्स :* सहकर्मी/साथी कलाकार
Felt (साम.) *फेल्ट :* नमदा ऊनी कपड़ा, फेल्ट
Felt Pen (क.इति., क.साम.) *फेल्ट पेन :* नमदा लेखनी, फेल्ट पेन
Female Impersonator (ना.) *फीमेल इम्पार्सेनेटर :* नारी के भेष में पुरुष कलाकार, औरतों का रूप रखने वाले अभिनेता
Feminist Art (क.) *फेमिनिस्ट आर्ट :* नारी कला, महिलाओं द्वारा सृजित कला, महिलाओं से सम्बन्धित कला
Fencing (स्था.) *फेन्सिंग :* बाड़ लगाना
Fender Wall (स्था.) *फेंडर वाल :* रक्षा भित्ति, रक्षात्मक दीवार
Fenestration (स्था.) *फेनिस्ट्रेशन :* इमारत पर खिड़कियों का क्रमानुसार व्यवस्थापन
Feng Shui (ग्र.स., फि.) *फेंग सुई :* चीनी शब्द जिसका अर्थ है—हवा और पानी जिसे चीनवासी सकारात्मक ऊर्जा प्राप्त करने के लिए प्रयोग करते है।
Fenugreek seed powder (रू.स.) *फेन ग्रीक सीड पाउडर :* मेथी के बीज का पाउडर
Fenugreek Seeds (En.) (पा.क.) *फैनुग्रीक सीड्स :* मेथी दाना
Fermentation (En.) (पा.क.) : *फर्मेटिशियन :* खमीर उठाना
Festive Song (संगी.) फेस्टिव सॉन्ग : उत्सव गान/त्योहारों पर गाए जाने वाले गाने
Feta (Gr.) (पा.क.) *फेटा :* एक तरह की ताजी ग्रीक चीज
Feudal (समी.) *फ्यूडल :* सामंती
Fiber (फै.) *फायबर :* तंतु, रेशा
Fiction (साहि.) *फिक्शन :* कहानी या उपन्यास जो सत्य पर आधारित न हो, काल्पनिक कथानक की कहानी या उपन्यास
Fidelity (क.समी.) *फिडेलिटी :* सत्य के प्रति निष्ठा
Field (समी.) *फील्ड :* क्षेत्र, मैदान, खुली जगह, क्षेत्र
Field Antiquarianism (पुरा.) *फील्ड ऐन्टिक्वेरेनिज़्म :* क्षेत्र पुरातन खोज
Field Archaeology (पुरा.) *फील्ड आर्कियोलाजी :* प्रायोगिक पुरातत्व
Field Camera (फो.) *फील्ड कैमरा :* एक विशिष्ट प्रकार का कैमरा
Field Excavator (पुरा.) *फील्ड एक्सकेवेटर :* क्षेत्र उत्खनक
Field Panel (शि.) *फील्ड पेनॅल :* उभरा टीला, उद्घृत फलक
Field Recording (पुरा.) *फील्ड रेकॉडिंग :* क्षेत्र अभिलेखन
Fife (संगी.) *फाइफ :* छोटी बंसी, छोटी बाँसुरी
Fifth (संगी.) *फिफ्थ :* पंचम, अन्तराल
Fight Scene (फि.) *फाइट सीन :* लड़ाई के दृश्य, शुद्ध दृश्य
Figurante (नृ.) *फिगरेंट :* बैले में स्वतंत्र नर्तक
Figuration (चि.) *फिगरेशन :* आकृति मूलकता, रेखाकृति, अलंकार विधान
Figurative (समी.) *फिगरेटिव :* आकृतिमूलक, आकारवादी
Figurative Painting (चि.) *फिगअटिव पेंटिंग :* आकृति मूलक चित्रांकन; बां. आकारिक चित्रकारी; मरा. लाक्षणिक कलाकारी; गु. आकृति कला; उ. तम्सीली आर्ट
Figure (समी.) *फिगर :* आकृति, आकार, चित्र, मूर्ति
Figure Composition (समी.) *फिगर कॉम्पॅज़िशन :* आकृति संयोजन, आकृति—संपुंजन
Figure Distortion *फिगर डिस्टार्सन :* आकृति विद्रूपण, छवि भंगन, स्वरूप विच्छेदन
Figure Ground (स्था.) *फिगर ग्राउंड :* द्विआयामी नक्शा जिसमें निर्मित स्थल और बिना बने स्थलों को दर्शाया जाता है

Figure in the Round (मू.) *फिगर इन द राउंड :* चहुमुखी मूर्ति, पर्युत्कीर्ण आकृति

Figure Painting (चि.) *फिगर पेंटिंग :* आकृति चित्र या चित्रण, आकृति मूलक चित्रांकन

Figured Melody (संगी.) *फिगर्ड मैलोडी :* अंकदिष्ट धुन

Figurer (समी., पुरा.) *फिगरर :* चित्रक

Figurette (पुरा.) *फिगरेटी :* मूर्तिका

Figurine (पुरा.) *फिगराइन :* लघु मूर्ति या मूर्तिका, छोटी मूर्ति

Filasse (अभि.) *फिलेसी :* सुतली

File Category (अभि.) *फाइल कैटगॅरी :* फाइल कोटि/श्रेणी

File Classification System (अभि.) *फाइल क्लासीफिकेशन सिस्टम :* फाइल/संचिका वर्गीकरण प्रणाली

File Folder (अभि.) *फाइल फोल्डर :* मिसिल पत्रावरण

File Movement Register (अभि.) *फाइल मूवमेंट रजिस्टर :* फाइल संचलन रजिस्टर

Filgree (फै.) *फिलग्री :* ज़रदोजी, महीन जाली का काम, सोने की लेस का काम, चाँदी के महीन तार का काम

Filing (शि., मू., समी.) *फाइलिंग :* घिसाई (रंती से) मिसिल बंदी, दाखिल

Filler (पत्र.) *फिलर :* गौड़ समाचार, पूरक समाचार, लघु समाचार

Filling (समी., चि.) *फिलइंग :* पूरण, आपूरण, भरना

Film (फि.) *फ़िल्म :* फ़िल्म, चलचित्र

Film Costume Designer (फि.) *फ़िल्म कॉस्ट्यूम डिज़ाइनर :* फ़िल्म वस्त्र विन्यासकार, फ़िल्म वेश भूषाकार, फ़िल्मी पोशाक डिज़ाइनर

Film Critic (फि.) *फ़िल्म क्रिटिक :* फ़िल्म समीक्षक, चलचित्र समीक्षाकार

Film Director (फि.) *फ़िल्म डायरेक्टर :* फ़िल्म निर्देशक

Film Fair (फि.) *फ़िल्म फेयर :* भारतीय फ़िल्म जगत की अंग्रेजी भाषा में बम्बई से प्रकाशित एक प्रसिद्ध तथा लोकप्रिय पाक्षिक पत्रिका, जिसे टाइम्स ऑफ़ इंडिया समूह प्रकाशित करता था। इस पत्रिका द्वारा सिने जगत के श्रेष्ठ कलाकारों को वार्षिक पुरस्कार भी दिये जाते थे इन्हें 'फ़िल्म फेयर' अवार्ड कहा जाता था।

Film Forum (फि.) *फ़िल्म फोरम :* 1970 में स्थापित मनहट्टन (अमरीका) के ग्रीनविच गांव का एक बिना लाभ हेतु संचालित एक अति साधारण सिनेमा घर, जिसमें स्वतंत्र फ़िल्मकारों की फ़िल्मों का प्रदर्शन होता है। शुरुआत में इस सिनेमा घर में केवल 50 फोल्डिंग, कुर्सियाँ तथा एक प्रोजेक्टर था।

Film Frame (फि., समी.) *फ़िल्म फ्रेम :* फ़िल्म स्ट्रिप पर लगे छायांकनों में से केवल एक चौकोर घेरे का फ़ोटो

Film India (फि.) *फ़िल्म इंडिया :* फ़िल्मी साहित्यकार बाबूराव पटेल द्वारा प्रकाशित तथा सम्पादित एक फ़िल्मी पत्रिका

Film India, The (फि.) *द फ़िल्म इंडिया :* बम्बई की फ़िल्म नगरी बालीवुड से जुड़े कर्मियों की एक डायरेक्टरी

Film Location Servey (फि.) *फ़िल्म लोकेशन सर्वे :* फ़िल्मी दृश्यों की शूटिंग हेतु अग्रिम सर्वेक्षण

Film Maker (फि.) *फ़िल्म मेकर :* चलचित्र निर्माता, फ़िल्म बनाने वाला, फ़िल्म निर्माता

Film Making (फि.) *फ़िल्म मेकिंग :* फ़िल्म निर्माण, फ़िल्म रचना, चलचित्र निर्माण

Film Producer (फि.) *फ़िल्म प्रोड्यूसर :* फ़िल्म निर्माता, फ़िल्म प्रस्तुतकर्ता

Film Projector (फि.) *फ़िल्म प्रोजेक्टर :* फ़िल्म प्रक्षेपक फ़िल्म प्रोजेक्टर, फ़िल्म दिखाने की मशीन

Film Score (समी., फि.) *फ़िल्म स्कोर :* फ़िल्म का प्राप्तांक, फ़िल्म की कमाई, फ़िल्म की पसंदगी

Film Script (फि.) *फ़िल्म स्क्रिप्ट :* फ़िल्म का आलेख, फ़िल्म की पटकथा

Film Spool (फि.) *फ़िल्म स्पूल :* फ़िल्म लपेटनी की चरखी

Film Star (फि.) *फ़िल्म स्टार :* फ़िल्मी सितारे, लोकप्रिय और ख्याति प्राप्त, सफल फ़िल्म अभिनेता या अभिनेत्री

Film Still (फि.) *फ़िल्म स्टिल :* फ़िल्म निर्माण के समय के छाया चित्र, फ़िल्म शूटिंग के दृश्य चित्र

Filmdom (फि.) *फ़िल्मडम :* फ़िल्म जगत में धाक

Filmic (फि.) *फ़िल्मिक :* फ़िल्मी, फ़िल्म सम्बन्धी

Filming (फि.) *फ़िल्मिंग :* फ़िल्म की रचना, फ़िल्म रचना प्रक्रिया, फ़िल्म छायांकन

Filmmaker (फि.) *फ़िल्ममेकर :* फ़िल्म निर्माता, फ़िल्म की रचना करने वाला, सिने रचनाकार

Filmography (फि., समी.) *फ़िल्मोग्रॉफी :* फ़िल्म निर्माण कला, फ़िल्म रचना विज्ञान

Filmology (फि.) *फ़िल्मोलॉजी :* फ़िल्म विज्ञान, चलचित्रिका शास्त्र

Filmy (फि.) *फ़िल्मी :* फ़िल्म से सम्बन्धित

Filter (शि.) *फिल्टर :* छन्नी, निस्पंदन, छानना, साफ़ करना

Filter (फो.) *फिल्टर :* प्रकाश नियंत्रक -पट, कैमरे में प्रकाश को नियंत्रित करने वाला एक भाग, फिल्टर

Filtering (पा.क.) *फ्लिटरिंग :* छानने की प्रक्रिया, शुद्धीकरण

Final Collection (फै.) *फाइनल कलेक्शन :* अंतिम संग्रह, प्रदर्शन के लिए कपड़ों का अन्तिम चुनाव

Final Curtain (ना.) *फाइनल कर्टेन :* पटाक्षेप, अन्तिम दृश्य

Final Cut (फि.) *फाइनल कट :* निर्णायक फ़िल्म कट, अपरिवर्तनीय कट, फ़िल्म सम्पादन में अन्तिम कट

Final Touches (समी.) *फाइनल टचेस :* चित्रोन्मीलन, श्वास डालना, अन्तिम फलक कर्म

Finale (समी.) *फिनाले :* समापन, फ़िल्म, नाटक या नृत्य का अन्तिम दृश्य, अन्तिमांश/अंक, नाटकान्त, कार्यक्रम का समापन, उपसंहार

Financiere A LA (Fr.) (पा.क.) : *फिनानसिएर आ ला :* मॅसरुम, जैतून आदि के साथ माँसाहारी फ्रेंच खाना

Find (पुरा.) *फाइंड :* प्राप्त वस्तु

Find Spot (पुरा.) *फाइंड स्पॉट :* प्राप्ति स्थल

Findings (समी.) *फाइंडिंग :* जाँच-परिणाम, निष्कर्ष, निर्णय

Fine (संगी.) *फाइन :* ठीक, दुरुस्त

Fine Art (समी., क.इति.) *फाइन आर्ट :* ललित कला, चारु कला, अभिरुचियुक्त कला; बां. चारुकला, ललितकला; मरा. तरल कला; गु. ललित कला; उ. उम्दा आर्ट, उम्दा मुसव्विरी, नफीस मुसव्विरी। ललित कलाएँ, हृदयस्पर्शी कलाएँ, अन्त: सुखानु मूर्ति मूलक कलाएँ, मन और मस्तिष्क को सुख देने वाली कलाएँ, जैसे चित्रकला, मूर्तिकला, स्थापत्य, काव्य और संगीत

Fine Cut (फि.) *फाइन कट :* परिष्कृत सम्पादन, परिष्कृत कट

Fine Manner (छापा.) *फाइन मैनर* (उत्तम रीति) : उत्कीर्ण की एक शैली मासो फीनीगुएरा तथा उसके अनुयायियों द्वारा प्रयोग की गई जिसमें छोटे झटकों, बारीक रेखाओं व रेखाच्छादन के द्वारा वाश ड्राइंग जैसा प्रभाव उत्पन्न किया जाता हैं।

Fine Wheat Flour (पा.क.) *फाइन व्हीट फ्लोर :* गेहूँ का आटा, उत्तम किस्म का गेहूँ का आटा

Finest Expression (समी.) *फाइनेस्ट एक्सप्रेशन :* सर्वोत्तम अभिव्यक्ति, श्रेष्ठ अभिनय

Finger Drawing (चि.) *फिंगर ड्राइंग :* अंगुलि आरेखण

Finger Painting (चि.) *फिंगर पेंटिंग :* अंगुलि चित्रण, नव आरेखण, बिना ब्रश केवल अंगुलियों की छाप से चित्र की रचना करना

Finger Print (अभि.) *फिंगर प्रिंट :* अंगुलि छाप, हाथ की उंगलियों की निशानी

Finial (स्था.) *फाइनल :* कलश, स्तूपिका, कंगूरा

Finial (ग्र.स.) *फिनएउल (फिनियल) :* एक सजावटी आभूषण जो पर्दों के अन्तिम छोर पर या लैम्प के ऊपरी भाग में लगाया जाता है

Finish (चि.) *फिनिश :* परिष्कार; (ना.) अंतिम सज्जा

Finish (सा.ज्ञा.) *फिनिश :* फिनलैंड के नागरिक/कलाकार

Finishing (समी.) *फिनिशिंग :* परिष्करण, परिसज्जन, परिष्कृति, तकमील करना, तैयारी

Finishing Artist (चि., समी.) *फिनिशिंग आर्टिस्ट :* महाकलाकार, कलाकृति को अन्तिम रूप देने वाला कलाकार, महासर्जक

Finishing Coat (चि.) *फिनिशिंग कोट :* अन्तिम लेप

Finishing Touch (समी.) *फिनिशिंग टॅच :* परिसज्जन, समापन कार्य, परिष्करण, अन्तिम स्पर्श, अन्तिम परिष्करण, अन्तिम सज्जा कार्य

Finishing (समी.) *फिनिशिंग :* अन्तिम रूप देना, रचित कृति को अन्तिम रूप देना

Fipple Flute (संगी.) *फिपल फ्लूट :* सीटी वाली बाँसुरी

Firangi (समी.) *फिरंगी :* अंग्रेजी, अंग्रेज

Firat (संगी.) *फिरत :* एक प्रकार का ताल

Fire Marble (स्था.) *फायर मार्बल :* कत्थई रंग का संगमरमर पत्थर फायर मार्बल

Fire Pit (पुरा.) *फायर पिट :* अग्नि कुंड

Fire Place (स्था.) *फायर प्लेस :* अग्नि स्थल

Fire Stone (पुरा.) *फायर स्टोन :* चकमक पत्थर

Firka or Phirkha (चि.) *फिरका :* कम्पनीकाल में पटना क्षेत्र में कार्यरत भारतीय चित्रकारों द्वारा कागज पर जलरंगों से चित्रित भारतीय फूल-पौधे, पशु-पक्षी, दैनिक जीवन आदि से सम्बन्धित घटनाओं पर आधारित लघुचित्रों का सेट जो मामूली मूल्यों पर अंग्रेज अपने संग्रह के लिए खरीदते थे।

First Art Studio of Murshidabad (क.इति.) *फर्स्ट आर्ट स्टूडियो ऑफ़ मुर्शिदाबाद :* बंगाल सूबेदार मुर्शिद कुली खाँ (1716-1727) के काल में मुर्शिदाबाद में पहले आर्ट स्टूडियो की स्थापना हुई

First Lead (पत्र.) *फस्ट लीड :* समाचार-पत्र का सर्व प्रमुख महत्त्वपूर्ण समाचार (कहानी)

First Woman of lens (फो.) *फर्स्ट वुमन ऑफ़ लेंस :* सर्च इंजन गूगल द्वारा भारत की प्रथम पारसी महिला प्रेस फ़ोटोग्राफ़र होमी व्यारवाला (1913-2012) को दिया गया नाम

Fish Eye Lens (फो.) *फिश आई लेंस :* कैमरे का एक विशिष्ट लेंस

Five Star Culture (समी.) *फाइव स्टार कल्चर :* विलासी संस्कृति, पाँच सितारा संस्कृति

Fixative (समी.) *फिक्सेटिव :* स्थाईकरण

Fixer Spray (रू.स.) फिक्सर स्प्रे : चेहरे में किये गए मेकअप को लम्बे समय तक बनाए रखने के लिए एक खास किस्म का रसायन जिसे स्प्रे द्वारा लगया जाता है।

Fixing (समी.) *फिक्सिंग :* स्थिरण, जमाना, दंड देना

Flag Heading (पत्र.) *फ्लैग हेडिंग :* समाचार-पत्र के मुखपृष्ठ पर प्रकाशित प्रमुख समाचार या कहानी

Flagon (पुरा.) *फ्लेगोन :* सुराही नुमा, सुरापत्र

Flaky (En.) (पा.क.) *फ्लेकी :* एक तरह की पेस्ट्री, पर्त निकालना

Flamande A LA (Fr.) (पा.क.) : *फ्लेमेंडल आ ला :* फ्रेंच भाषा में फलीमिश (बेल्जियम) तरीके से बना व्यंजन

Flamboyant (समी.) *फ्लैम्बोयांट :* अत्यलंकरण शैली

Flap (फै.) *फलैप :* एक प्रकार का कवर

Flapjack (En.) (पा.क.) *फ्लैपजैक :* मक्खन, चीनी, जौ से बना एक प्रकार का मीठा बिस्कुट

Flapjack (पा.क.) *फ्लैपजैक :* मालपुआ

Flare (फै.) *फ्लेर :* पोशाक का नीचे की ओर फैल जाना

Flash (पत्र.) *फ्लैश :* अकस्मात सूचना, या खबर का आना

Flash (फो.) *फ्लैश :* दमक, क्षण दीप्ति, क्षणिक प्रकाश की कौंध, क्षणिक तीव्र दीप्ति, फ्लैश

Flash back (फि.) *फ्लैश बैक :* पूर्व कथा अंश, फ़िल्म के मूल कथानक के मध्य में कथानक की पूर्व पृष्ठभूमि को दर्शाने वाली कथा या कथांश, अतीतावलोकन, पूर्व कथा-दृश्य, अतीत दृश्य, पिछला घटनाक्रम

Flash Forward (टी.वी., फि.) *फ्लैश फॉरवर्ड :* अग्रावलोकन, कथानक की अग्रिम कथा

Flash Gun (फो.) *फ्लैश गन :* फ्लैश गन, फ़ोटो खींचने के लिए प्रयुक्त एक तेज रोशनी फेंकने वाला उपकरण

Flash Synchronization (फो.) *फ्लैश सिंक्रोनाइज़ेशन :* फ़ोटोग्राफ़ी की एक प्रक्रिया

Flat (चि.) *फ्लैट :* सपाट, समतल (संगी.) कोमल, मृदु, समपरिष्कृत

Flat Beam (स्था.) *फ्लैट बीम :* चपटी बीम जो छत की मोटाई में छिप जाए

Flat Brush (क.साम., चि.) *फ्लैट ब्रश :* चपटा ब्रश, फ्लैट ब्रश

Flat Character (ना.) *फ्लैट करेक्टर :* महत्त्वहीन पात्र, अप्रभावी चरित्र, सपाट चरित्र वाला पात्र

Flat Colour (समी., चि.) *फ्लैट कलर :* समवर्ण, सपाट रंग, समतल रंग, सदावर्ण

Flat Colouring (चि.) *फ्लैट कलरिंग :* समतल रंगांकन

Flat Lock Stitch (फै.) *फ्लैट लॉक स्टिच :* एक प्रकार का टांका, जो मशीन द्वारा चार सुइयों चार लूपरर्स और एक कवर धागे के साथ बनता है

Flat Scene (ना., फि.) *फ्लैट सीन :* अप्रभावी दृश्य, संवेदना शून्य दृश्य, भावुकताहीन दृश्य, अति साधारण दृश्य

Flat Sketch (फै.) *फ्लैट स्केच :* फैशन की तकनीकी ड्राइंग

Flats (स्था.) *फ्लैटस :* खंड, एक खंड के कमरे, मंजिल

Flatten (स्था.) *फ्लैटन :* समतलन

Flavour (En.) (पा.क.) : *फ्लेवर :* सुरस महक, सुवास

Flavour (पा.क.) *फ्लेवर :* स्वाद

Flaw (समी.) *फ्ला :* दोष, त्रुटि, ऐब

Fleche (स्था.) *फ्लीच :* पतली मीनार

Fleck (चि., समी.) *फ्लेक :* चित्ती डालना, धब्बेदार करना

Flecking (सं.) *फलेकिंग :* रंग परत का उखड़ना, पपडी छोड़ना

Fleece (फै.) *फ्लीस :* ऊनी कपड़ा

Fleg (फि.) *फ्लिग :* काला कपड़ा मढ़ा चौकोर फ्रेम जो दृश्य की पृष्ठभूमि के प्रकाश को सोखने के लिए प्रयुक्त होता है

Flemish *फ्लेमिश :* यूरोप में बेल्जियम व आसपास के निवासी

Flenders (क.इति.) *फ्लैंडर्स :* फ्लेंडर्स, यूरोप में हालैंड के सामीपवर्ती नगरों के निवासी

Flesh Colour (समी.) *फ्लेश कलॅर :* गुलाबी वर्ण, गौर वर्ण

Fleuron (स्था.) *फ्ल्यूरॉन :* पुष्पालंकरण

Flex (समी.) *फ्लेक्स :* फ्लेक्स, फ़ोटोकेमिकल लगा एक प्रकार का प्लास्टिक से बना कपड़ा जो विज्ञापन चित्रों में प्रयोग होता है

Flexibility (समी., सं.) *फलैक्सीबिल्टी :* लचीलापन

Flexible (समी.) *फ्लेक्सिबल :* लचकदार, लोचदार, मुड़ने-तुड़ने के गुणों वाला, लचीला, झुकाऊ

Flick (फि.) *फ्लिक :* ध्वनि संकेत, झटका, विद्युत संकेत

Flick-in (ना.) *फ्लिक इन :* आरम्भ संकेत

Flier (स्था.) *फ्लाइर :* पौड़ी, सोपानपद

Flimsy (समी.) *फ़िल्मजि :* पतला कागज, महीन, पतला, नश्वर, तुच्छ

Flint (स्था.) *फ्लिंट :* चकमक पत्थर

Flipper (ना.) *फ्लिपर :* पट्टिका

Floating Coat (स्था.) *फ्लोटिंग कोट :* पलस्तर का दूसरा लेप

Flochetage (चि., तक.) *फ्लोशेताज :* (फ्रेंच शब्द)

Flood, Lighting (फो., फि.) : *फ्लड लाइटिंग*

Floor (फि., ना.) *फ्लोर :* रंग भूमि, अभिनय भूमि-क्षेत्र, मंच सील, अभिनय कर्मस्थली, स्टूडियो में उपयोग में लाया जाने वाला भाग

Floor (स्था.) *फ्लोर :* तल, मंजिल, तल्ला

Floor Area (स्था.) *फ्लोर एरिया :* फर्श क्षेत्रफल, तलक्षेत्र

Floor Manager (फि., टी.वी.) *फ्लोर मैनेजर :* कार्यक्रम व्यवस्थापक, स्टूडियो व्यवस्थापक, गतिविधि प्रबंधक, निर्माता निर्देशक के आदेशानुसार स्टूडियो की गतिविधियों पर नियंत्रण रखने वाला व्यक्ति

Floor Plan (फि., टी.वी.) *फ्लोर प्लान :* स्टूडियो की लम्बाई-चौड़ाई की जानकारी देने वाली ड्राइंग

Floor Service (ना., फि.) *फ्लोर सर्विस :* रंगमंच की सेवाएँ

Floor Wash (ना.) *फ्लोर वॉश :* फर्श धुलाई, मंच प्रक्षालन

Floppy (टी.वी.) *फ्लॉपी :* पुष्प विषयक, फूल-पत्तियों पर आधारित (सजावट)

Floppy (टी.वी.) *फ्लॉपी :* डाटा भंडारण डिस्क, सूचना सामग्री संग्रहण डिस्क

Floral Decoration (समी.) *फ्लॉरॅल डेकॅरेशन :* फूल पत्तीदार अलंकरण, पुष्प आधारित सज्जा, पुष्प सुसज्जा

Floral Design (स्था.) *फ्लोर डिज़ाइन :* फुलकारी, पुष्प आलेखन

Floral Motif (आले.) *फ्लोर मोटिफ :* पुष्पाकार, पुष्प आधारित आकार

Florence (क.इति.) *फ्लोरेन्स :* फ्लोरेन्स, इटली का एक कला और सांस्कृतिक विरासत के लिए विख्यात महानगर

Florentine A LA (Fr.) (पा.क.) *फ्लोरेंतीन आ ला :* पालक के साथ परोसा जानेवाला मछली और अंडे से बना एक फ्रेंच व्यंजन

Florid Counterpoint (संगी.) *फ्लोरिड काउंटर प्वांइट :* प्रवाही सहचलन

Flour (En.) (पा.क.) : *फ्लार :* आटा

Flourising Civilization (समी.) *फ्लोरॅशिंग सिविलाइज़ेशन :* उन्नतिशील सभ्यता

Flow (समी.) *फ्लो :* निर्बाध गति, फ्लो

Flow of lines (समी.) *फ्लो ऑफ़ लाइंस :* रैखिक प्रवाह रैखिक—लय, गतिमय रेखाएँ

Flower Bouquet (आले.) *फ्लावर बुके :* फूलों का गुच्छा, पुष्प गुच्छा

Flower Vase (पुरा., चि.) *फ्लावर वेस :* फूलदान, पुष्प सज्जा पात्र

Flowery (समी.) *फ्लावरि :* पुष्पांलकृत, पुष्पमय, फूलदार, लच्छेदार, अलंकृत

Fluff (समी.) *फ्लफ :* संवाद उच्चारण की त्रुटियाँ

Fluid Foundation (रू.स.) *फ्लूड फाउंडेशन :* तरल पदार्थों का चेहरे पर जमाव

Fluidity (समी.) *फ्लूइडिटी :* तरलता, विलयकारी गुण

Flush Bead (पुरा.) *फ्लश बीड :* समतल मनका

Flush Pointing (स्था.) *फ्लेश प्वाइंटिंग :* सतही टीप

Flute (संगी.) *फ्लूट :* बाँसुरी, वंशी, वेणु

Fluting (स्था.) *फल्यूटिंग :* धारियाँ, फ्लूटिंग

Fly Ladder (ना.) *फ्लाई लैडर :* मंच की आकाशी सीढ़ी

Fly marks *फ्लाई व मार्क्स :* मक्खी धब्बा, मक्खी के बैठने से उत्पन्न गंदगी

Fly Stains (अभि.) *फ्लाई स्टेन्स :* दस्तावेजों पर मक्खी के धब्बे

Flying Buttress (स्था.) *फ्लाइंग बटरेस :* दीवार का चाक रूप बांध या पुश्ता, फ्लाइंग बट्रस

FNF (पत्र.) *फॉरेन न्यूज़ एंड फीचर लिमिटेड*

FNS (पत्र.) *फ़ोटो न्यूज़ सर्विस*

Focal Length (फो.) *फोकल लेंथ :* कैमरे से छायांकन-विषय की दूरी

Focal Plane Shutter (फो.) *फोकल प्लेन शॅटर :* कैमरे के लेंस का एक प्रकार का शटर

Focal Point (ग्र.स., समी.) *फोकल प्वाइंट :* दृष्टि केन्द्र, मुख्य आकर्षक केन्द्र या स्थल, कमरे का वह स्थान जिस पर आने वालों की सबसे पहले प्रभावशाली दृष्टि पड़े या ध्यान जाए। प्राय: ये लैम्प शेड या फायर प्लेस होते है, केन्द्र बिन्दु

Focus (फो.) *फोक्स :* किरण केन्द्र, फोकस, किसी वस्तु की लेंस द्वारा सुस्पष्ट छवि लेने वाला बिन्दू

Focus (नृ.) *फोकस :* नृत्यावधि में नर्तक द्वारा देखने की मुद्रा

Focus (टी.वी., फि.) *फोकस :* छायांकन में कैमरे के फोकस-स्क्रीन पर विषय वस्तु का स्पष्ट प्रतिबिम्ब बनाना

Fog Machine (ना., फि.) *फॉग मशीन :* धुंध मशीन, मंच या फ़िल्म सेट पर धुंध उत्पन्न करने वाली मशीन

Fold Back (टी.वी., फि.) *फोल्ड बैक :* साउंड प्ले बैक व्यवस्था, जिसमें कलाकार अभिनय के समय अपने होंठ हिलाता है

Folded Document (अभि.) *फोल्डेड डाक्यूमेंट :* तहबंद दस्तावेज

Folding Camera (फो.) *फोल्डिंग कैमरा :* मोड़दार कैमरा, जिसे मोड़कर छोटा किया जा सके

Folding Screen (क., साम.) फोल्डिंग स्क्रीन मोड़दार चित्रपट, फोल्डिंग स्क्रीन

Foley Artist (फि.) *फोली आर्टिस्ट :* विशेषज्ञ कलाकार, फ़िल्म के सम्पादन या पोस्ट प्रोडक्शन के समय के वे अपनी अपनी कला के विशेषज्ञ कलाकार जो फ़िल्म अभिनेताओं की आवाज में और चमत्कारी गुण पैदा कर देते हैं।

Foliage (शि.) *फ़ोलिएज :* बेल बूटे, पर्ण समूह

Folk Art (क.इति.) *फोक आर्ट :* लोककला, जन साधारण की कला; गवई कला; बां. लोककला; मरा. लोककला; गु. लोककला; उ. लोककला, आर्ट

Folk Culture (समी.) *फोक कल्चर :* जन संस्कृति, गंवई आचार-विचार

Folk Dance (नृ.) *फोक डांस :* लोकनृत्य, जनसाधारण का नृत्य, जनवादी नृत्य

Folk Drama (ना.) *फोक ड्रामा :* लोक-नाट्य, जनवादी नाटक, नौटंकी

Folk God (पुरा.) *फोक गॉड :* लोक-देवता, जन-देवता

Folk Goddess (पुरा.) *फोक गॉडेस :* जन-देवी, लोक-देवी, ग्राम-देवी

Folk Lore (संगी.) *फोक लोर :* लोक-गाथा, जन श्रुति, गंवई गान

Folk Motive (समी.) *फोक मोटिव :* लोक प्रतीक, लोकाकार, जन चिन्ह

Folk Opera (ना.) *फोक ऑपेरा :* जनवादी संगीतिका, लोक संगीतिका, जन संगीत नाटिका, नौटंकी

Folk Sarangi (संगी., वा.यं.) *फोक सारंगी :* तार पर आधारित एक भारतीय वाद्य यंत्र

Folk Singer (संगी.) *फोक सिंगर :* लोक गायक/गायिका, जन गायक/गायिका, जनवादी गायक/गायिका, गंवई गायक

Folk Song (संगी.) *फोक सॉन्ग :* लोकगीत, ग्रामीण गीत, गंवई गान

Folk Tale (समी.) *फोक टेल :* लोक कथा, पारम्परिक लोक कहानी, जनवादी कथा

Folk Theatre (ना.) *फोक थियेटर :* लोकमंच, लोक नाट्य, जनवादी नाटक, नौटंकी

Folk Tune (संगी.) *फोक टयून :* लोक धुन

Font *फॉंट :* टाइप आकार

Fontainebleau, School of (क.आन्दो.) *स्कूल ऑफ़ फोंटेन ब्लू :* फोंटेन ब्लू शैली, फाउंटेन ब्लू स्कूल, फ्रांस की एक आलंकारिक कला शैली

Food Adultration (पा.क.) *फूड एडल्टेशन :* खाद्य पदार्थों की मिलावट

Food Craft (पा.क.) *फूड क्राफ्ट :* पाक कला, भोजन सम्बन्धी कला

Food Science (En.) (पा.क.) : *फूड साइंस :* पाक विज्ञान, पाक शास्त्र व्यंजन कला

Fool (ना.) *फूल :* मूर्ख, मसखरा, जोकर, विदूषक

Foot (फि.) *फुट :* फ़िल्म की लम्बाई नापने की इकाई, फुट

Footage (फि.) *फुटेज :* फ़िल्म कैमरे से शूट किये गए फ़िल्म के कच्चे दृश्य, फ़िल्म की लंबाई, फुटमान

Footboard (समी.) *फुट बोर्ड :* पायदान

Footing (स्था.) *फुटिंग :* (इमारत की नींव का) खसका

Footwork (नृ.) *फुटवर्क :* नृत्य पद का संचालन

Forcep (फो.) *फोर्सिप :* चिमटी, फ़ोटोग्राफ़ी में प्रयुक्त रासायनिक घोलों में निगेटिव या पाजटिव प्रिंट को धोने के लिए प्रयुक्त एक उपकरण (प्लास्टिक की चिमटी)

Fore Court (स्था.) *फोर कोर्ट :* अग्र प्रांगण, सम्मुख आंगन

Fore Edge (समी.) *फॉ एज :* अग्रकोर, अग्रहाशिया, अग्र उपान्त

Fore Edge Painting (चि.) *फॉ ए'ज पेंटिंग :* अग्रकोर चित्रकारी, अग्रकोर चित्र, पुस्तक किनारा चित्रण

Fore Ground (चि.) *फोर ग्राउंड :* अग्र भूमि, अग्रभाग, पुरोभूमि, पुरोभाग, निकट का दृश्य

Fore Shortening (चि., समी.) *फॉर शॉर्टनिन्ग :* अग्रसंक्षेपण, स्थिति जन्य लघुता, अग्रस्वीकरण, फोर शॉर्टनिंग

Foreground (समी.) *फोर ग्राउंड :* पुरोभाग, अग्रभूमि, अग्रभाग

Foreseeable Future (आले.) *फोरसियेबल फ्यूचर :* निकट भविष्य

Forest Green (चि.) *फॉरेस्ट ग्रीन :* फॉरेस्ट ग्रीन, एक प्रकार का हरा रंग

Forestiere A LA (Fr.) (पा.क.) : *फौरेस्टीएर आ ला :* मसरूम, तले आलू, हेम या बेकन के साथ एक फ्रेंच माँसाहारी व्यंजन

Forgging (स्था.) *फ्रॉगिंग :* आगे निकली हुई मेहराब

Forgotten Heroes (फि.) *फॉरगटेन हीरोज :* भूलेबिसरे नायक, गुजरे जमाने के कलाकार

Form (पुरा.) *फॉर्म :* अभिकल्प, रेखाकृति

Form (समी.) *फॉम :* आकार, आकृति, संरचना, रूप, रूपविधान, रंग या रेखाओं द्वारा सृजित आकार, दूसरे शब्दों में कलाकृति की परिवृत्तात्मक आकृति

Formal (समी.) *फॉर्मल :* औपचारिक, विधिवत, यथानियम, आकार गत

Formal Element (समी.) *फॉर्मल एलीमेंट :* आकारिक तत्त्व, आकारगत तत्त्व, आकारी मूलतत्व, रूपांतर्गत तत्त्व

Formalism (चि., क.आन्दो.) *फॉर्मलिज़्म :* आकारवाद, रूपवाद

Formalism (सौ.शा.) *फार्मलिज़्म :* आकारवाद

Formalist (समी.) *फॉर्मलिस्ट :* रूपवादी, आकारवादी, आकार प्रिय, आकृतिवादी

Formality (समी.) *फॉर्मेलिटी :* औपचारिकता, शिष्टाचार, बाह्याचार, तकल्लुफ

Format *फार्मेट :* प्रारूप, नमूना

Formative Stage (स्था.) *फॉरमेटिव स्टेज :* निर्माण अवस्था

Formula Film (फि.) *फार्मूला फ़िल्म :* चालू फ़िल्म, ठर्रा फ़िल्म, घिसी-पिटी परम्परावादी फ़िल्म, मसाला फ़िल्म, जनरुचिवादी सफल शैली की फ़िल्म

Fort (स्था.) *फोर्ट :* किला, दुर्ग, गढ़

Fort Let (स्था.) *फोर्ट लेट :* गढ़ी

Fortnight (पत्र., समी.) *फोर्टनाइट :* पाक्षिक पत्रिका, पखवारा

Fortress (स्था.) *फोर्ट्रेस :* गढ़ी, कोटला, छोटा किला

Fortuna (पुरा.) *फॉरच्यूना :* रोमन भाग्य देवी

Forum (स्था.) *फोरम :* मंच, चौक, जनस्थल (फोरम)

Fossil (पुरा.) *फॉसिल :* जीवाश्म, जीवाशेष, अस्मीभूत वस्तु

Foul Biting (छापा.) *फाउल बाइटिंग :* अति निक्षारण

Foundation (रू.स.) *फाउंडेशन :* आधार परत चेहरे की त्वचा के अवगुणों को छुपानें के लिए तथा उपचार में प्रयुक्त क्रीम आदि स्थापित करने के लिए प्रयुक्त

Foundation (स्था.) *फाउंडेशन :* नींव, बुनियाद, पक्का आधार; (समी.) प्रतिष्ठान

Foundation Stick (रू.स.) *फाउंडेशन स्टिक :* एक रसायन जिसे चेहरे पर लगाने से मेकअप ज़्यादा स्थाई रहता है

Foundation Storey (स्था.) *फाउंडेशन स्टोरी :* आधार मंजिल

Founder Pillers (समी.) *फाउंडर पिलर्स :* संस्थापक स्तम्भ, आदिम स्तम्भ

Founding (मू. षि.) *फाउंडिंग :* ढलाई (करना)

Foundry Clay (मू.) *फाउनड्री क्ले :* ढलाई मृत्तिका, ढलाई के काम की मिट्टी

Fountain Solution (छापा.) *फाउंटेन घोल :* न छपने वाले भाग को स्याही न पकड़ने के लिए लगाया जाने वाला अम्ल, पानी व गोंद मिला घोल (लिथोग्राफ़ी) देखें गम ऐसिड।

Four AU (Fr.) (पा.क.) : *फोर ऑ :* फ्रेंच भाषा में ओवन (तन्दूर) में पकाना

Fourth Dimension (समी.) *फोर्थ डाइमेंशन :* चतुर्थामिति हेतु प्रदर्शन पात्र, चतुर्थ आयाम

Fox Trot (नृ.) *फॉक्स ट्रोट :* लोमड़ी की गति से चलने वाला एक पश्चिमी युगल नृत्य

Foxing (सं.) *फोक्सिंग :* लौह रंग बिंदु

Foxing (छापा.) *फोक्सिंग :* पुराने पेपर पर कत्थई रंग के चिन्ह। उत्पादन में प्रयोग किये गए कपड़े के चिथड़ों में अत्यधिक सड़न के कारण

Foyer (स्था., समी.) *फ्वायर :* अग्रदीर्घा, मनोरंजन शाला, प्रतीक्षा स्थल, लाउंज

Fragile Document (अभि.) *फ्रेजाइल डाक्यूमेंट :* नाजुक दस्तावेज

Fragrant (Biryani) (पा.क.) *फ्रेगरेंट :* सुगंधित बिरयानी

Frame (क., साम.) *फ्रेम :* चौखटा, ढाँचा, फ्रेम, बां.—चौपहल पटल; मरा. फ्रेम चौकट; गु. चौखट; उ. लकड़ी का चौखटा

Frame (फि.) *फ्रेम :* क्षणचित्र, फ्रेम, फ़िल्म पर अंकित हजारों चित्रों में से एक चित्र

Frame Story (फि., समी.) *फ्रेम स्टोरी :* मूल कथा, प्रधान कथा, तत्त्व कथा, आधार कथा

Franchise (समी.) *फ्रेंचाइज :* विशेषाधिकार, नामाधिकार

Franchise (फै., साम.) *फ्रेंचाइजी :* मताधिकार, विशेष अधिकार प्राप्त अधिकार

Frantisek, Kupka (1871-1957) (चि.) *फ्रांसिस्क कूप्का :* चेक चित्रकार तथा छापाकार

Frappe (Fr.) (पा.क.) : *फ्राप्पे :* बर्फ के साथ जमाया हुआ फ्रेंच पेय पदार्थ

Frat (समी.) *फ्रेट :* बिरादरी, पेशेवर वर्ग

Frater (स्था.) *फ्रेटर :* भोजनशाला, आहारशाला

Free (साम.) *फ्री :* मुक्त, मुफ्त, नि:शुल्क

Free Brush Stroke (चि., तक.) *फ्री ब्रश स्ट्रोक :* निर्बाध तूलिका घात

Free Expression (समी.) *फ्री इक्सप्रेसन :* उन्मुक्त चित्रांकन मुक्त चित्रण, स्वतन्त्राभिव्यक्ति

Free Hand Drawing (चि.) *फ्री हैंड ड्राइंग :* मुक्त हस्त रेखांकन

Free Lance Artist (समी.) *फ्री लांस आर्टिस्ट :* स्वतंत्र कलाकार, स्वच्छंद जीवोकोपार्जन करने वाले कलाकार

Free Lancer (समी.) *फ्री लांसर :* स्वतन्त्रजीवी कलाकार, मस्तमलंग, स्वच्छन्द कलाकार; स्वपोषित, स्वयं पोषित, स्वछन्द, स्वपोषण, स्वछंद कार्य; बां. स्वजीवी; मरा. होषी कलाकार, स्वतंत्र कलाकार; गु. स्वतंत्र कर्मजीवी; उ. आजाद ख्याल मुसव्विर/फनकार

Free Manner (समी.) *फ्री मैनर :* स्वच्छंद शैली

Free Show (समी.) *फ्री शो :* बिना टिकट के मुफ्त प्रदर्शन, नि:शुल्क प्रदर्शन

Free Standing Statue (मू.) *फ्री स्टैंडिंग स्टेच्यू :* स्वत: स्थित प्रतिमा, बिना सहारे के खड़ी मूर्ति

Free Verse (का., साहि.) *फ्री वर्स :* स्वच्छंद काव्य/कविता, निर्बाध काव्य, व्याकरण हीन काव्य

Freeform (चि.) *फ्रीफॉर्म :* बहता हुआ आकार, उन्मुक्त आकार, स्वच्छंद रूप

Freelance (समी., पत्र.) *फ्रीलांस :* मस्त मलंग, स्वतन्त्र जीवी, अनियत आय—भोगी कलाकार

Freelance Photographer (फो.) *फ्रीलांस फ़ोटोग्राफ़र :* स्वतंत्रजीवी कलाकार, स्वतंत्र कलाकार

Freelance Services (समी.) *फ्रीलांस सर्विस :* स्वच्छंद सेवा

Freelancing (समी., पत्र) *फ्रीलांसिंग :* स्वच्छंद जीवनयापन, स्वतंत्र कलाकर्म

Freestyle (नृ.) *फ्रीस्टाइल :* नर्तक की स्वच्छन्द नर्तन शैली, स्वच्छंद किया

Freeze (फो.) *फ्रीज़ :* फ़िल्म या अभिनय में दृश्य स्थिर करना, निश्चल दृश्य, फ़िल्म में किसी दृश्य को स्थिर करना

Freeze Frame (फि.) *फ्रीज़ फ्रेम :* स्थिर छायांकन, स्थिर फ़िल्म दृश्य

French Dart (फै.) *फ्रेंच डार्ट :* हिप लाइन से विकर्ण 2 इंच ऊपर कमर और सीवन के बीच में किसी बिंदु से शुरू होने वाली और वसटलाइन पर गावदुम करने वाले डार्ट

French Doors (स्था.) *फ्रेंच डोर्स :* फ्रांसीसी शैली के द्वार, दो पल्लों के दरवाजे जिन पर शीशे के छोटे टुकड़े (ग्लास पैन) लकड़ी के फ्रेम में जड़े हों।

French Flats (समी.) *फ्रेंच फ्लैट्स :* एक बड़े अहाते या क्षेत्र में बने अनेक फ्लैट्स। ऐसे फ्लैट्स का चलन यूरोपीय देशों में है

French India (सा.ज्ञा.) *फ्रेंच इंडिया :* भारत में सन् 1668 से 1954 तक की काल अवधि

French polish (स्था.) *फ्रेंच पॉलिश :* लाख पॉलिश, काष्ठ पर लाख से की जाने चमकीली पॉलिश

French Revolution (क.इति.) *फ्रेंच रेवॅल्यूशन :* फ्रांसीसी जन क्रान्ति, फ्रांसीसी राज्य क्रान्ति

French Seam (फै.) (फ्रेंच शब्द) : गुम सिलाई, एक प्रकार की सीवन जिसमें किनारे दिखाई नहीं दें

French Window (स्था.) *फ्रेंच विंडो :* फर्श तक लटकी लंबी खिड़की

Frequency (समी.) *फ्रीक्वेंसी :* आवृत्ति, पुनरावर्तन की संख्या, बार-बार प्रसारित करना

Fresco Painting (चि.) *फ्रेस्को पेंटिंग :* भित्ति चित्र, लेप चित्र, दीवारों पर बने चित्र; बां. भित्ति चित्रांकन; मरा. फ्रेस्को; गु. भितिचित्र; उ. नक्श दीवार, दीवारी नक्श, पलस्तर पर बनाई गई तसवीर

Fret (स्था.) *फ्रिट :* जाली, पर्दा, सुन्दरी

Fret Design (स्था.) *फ्रॅट डिज़ाइन :* जाली अभिकल्प

Friandises (Fr.) (पा.क.) : *फ्रिआदिसेस :* चाय या कॉफी के साथ परोसी जाने वाली मिठाइयाँ और मेवा

Fricassee (Fr.) (पा.क.) : *फ्रिकासे :* मलाई और अंडे की जर्दी के साथ सफेद माँस और सब्जियों का पकवान

Frieze (स्था.) *फ्रीज़ :* सम्मुख अलंकरण, भवन के अग्रभाग की चित्रवल्लरी, फ्रीज़

Frigidarium (स्था.) *फिजिडेरियम :* शीत स्नान कक्ष

Fringe (स्था.) *फ्रिन्ज :* झॉलर

Frit (Frite) (Fr.) (पा.क.) *फ्रिज (फ्रिते) :* तलना, तला जाना

Frittata (Tomato) (It.) (पा.क.) *फ्रिताना :* एक प्रकार का इटैलियन आमलेट

Fritto Misto (It.) (पा.क.) *फ्रितो मिस्तो :* इटैलियन पकौड़ा

Front (स्था.) *फ्रंट :* अग्र, मुख (ना.) मंच मुख

Front View (समी.) *फ्रंट व्यू :* सम्मुख दृश्य, सम्मुख दृष्टि, रिज्वगत

Frosting (En.) (पा.क.) *फ्रोस्टिंग :* मक्खन या मलाई का मिश्रण जिससे केक को सजाया जाता है, ठंडा करना

Frothing (En.) (पा.क.) *फ्रौदिंग :* शिकार पंक्षियों के ऊपर मैदा लगाकर भूरा करने की प्रक्रिया

Frottage (तक., चि., छापा.) *फ्रोटाज :* घर्षण चित्र, घर्षण चित्रकर्म

Frount Cover (विज्ञा.) *फ्रंट कवर :* पत्रिका के टाइटिल का मुख्य पृष्ठ

Fry (En.) (पा.क.) : *फ्राई :* तलना

FTII (पत्र.) *फ़िल्म एंड टेलीविजन इंस्टीट्यूट ऑफ़ इंडिया*

Fudge Frosting (En.) (पा.क.) *फज फ्रोस्टिंग :* चीनी, मक्खन, दूध और मलाई से बनाई गई एक प्रकार की मिठाई

Fugdi (नृ.) *फगदी :* गोवा प्रदेश का एक लोकनृत्य

Fugitive Colour (चि.) *फ्यूगिटिव कलर :* उड़ने वाला रंग, आशुलोपी वर्ण

Fugitive Ink (अभि.) *फ्यूगिटिव इंक :* उड़न स्याही, लिखने के बाद स्वत: उड़ जाने वाली स्याही

Full Figure (समी.) *फुल फिगर :* पूर्णाकृति, पूर्ण मूर्ति, आकृति का पूर्ण स्वरूप

Full Form (नृ., समी.) *फुल फार्म :* सम्पूर्ण वेशभूषा मे, सम्पूर्ण अभिनय क्षमता का प्रदर्शन

Full length Mirror (रू.स.) *फुललेंथ मिरर :* मानवाकार दर्पण, 6 फीट से अधिक ऊँचा दर्पण जिसमें मानव का सम्पूर्ण यथार्थ बिंब दिखे

Full Orchestra (संगी.) *फुल आर्केस्ट्रा :* पूर्ण वाद्य वृंद, सम्पूर्ण वादक समूह

Full out (नृ.) *फुल आउट :* नर्तक की सम्पूर्ण नर्तक क्षमता

Full Pasting (अभि.) *फुल पेस्टिंग :* पूरे पन्ने पर कागज चिपकाना

Full Scale Drama (समी.) *फुल स्केल ड्रामा :* सम्पूर्ण नाटक, आदि से अन्त तक का नाटक

Fuller's Earth (चि.) *फुलर्स अर्थ :* मुल्तानी मिट्टी, एक प्रकार की हल्के पीले रंग की चिकनी मिट्टी

Fume hood *फ्यूम हुड :* धुएँ का हुड

Fumet (Fr.) (पा.क.) : *फ्यूमे :* मछली से बनाया गया एक किस्म का स्टॉक

Fumigation of Record (अभि.) *फ्यूमीगेशन ऑफ़ रेकॉर्ड :* अभिलेखों का धूमन, धुआँ उड़ाकर दस्तावेजों की सुरक्षा करना

Fumigation *फ्यूमीगेशन :* धूम्रीकरण

Fumigation Room (अभि.) *फ्यूमीगेशन रूम :* धूमन कक्ष, धुधाँ उत्पन्न करने वाला कमरा

Fumigator (अभि.) *फ्यूमीगेटर :* धूमक

Functional (समी.) *फंक्शनल :* प्रायोगिक, कार्यात्मक, व्यावहारिक

Functional Approach (समी.) *फंक्शनल एप्रोच :* व्यावहारिक क्रियाशीलता

Functional prototype (समी.) *फंक्शनल प्रोटोटाइप :* प्रायोगिक आदिरूप लिए पहले से तैयार कर लिया जाए

Functional Set (ना., फि.) *फंक्शनल सेट :* चालू सेट, जीवित सेट

Functioning of Archives (अभि.) *फंक्शनिंग ऑफ़ आर्काइव :* अभिलेखागार की कार्यप्रणाली

Fundamental Colour (समी.) *फंडामेंटल कलर :* मूल वर्ण, मौलिक रंग, प्राथमिक रंग, मूलभूत रंग, तात्विक रंग, प्रधान रंग, मुख्य रंग

Funearl Jar (पुरा.) *फ्यूनर्रेल जार :* अंत्येष्टि कलश, अस्थि कलश

Funerary Art (समी.) *फ्यूनरेरी आर्ट :* दाह संस्कारी कला, मृतक के दाहसंस्कार स्थल में की गई कला, जैसे मिश्र के पिरामिडों के भीतर दफनाए गए मृतकों की कला

Funerary Cult (पुरा.) *फ्यूनरेरी कल्ट :* शवोपासना, शवोपासक सम्प्रदाय, शव-पंथ

Fungus (सं.) *फंगस :* फफूँद

Funnel (स्था.) *फनॅल :* वातायन, रोशनदान, चिमनी

Funnyman (ना., फि.) *फनी मैन :* विदूषक, मसखरा, विशिष्ट हास्य कलाकार

Fuorows (रू.स.) *फयूरोज :* मुख शिकन, चेहरे पर आयु वृद्धि के कारण उभरी शिकन या रेखाएँ

Furring (स्था.) *फरिंग :* दीवार पर अस्तर लगाना

Fusion (फै.) *फ्यूज़न :* मिश्रण, विलय, मेल, विलयन

Fusion Art (आले.) *फ्यूजन आर्ट :* अलग-अलग दो या अधिक कला शैलियों से रची गई रचना

Futurism (क.आन्दो.) *फ्यूचरिज्म :* गतिवाद, भविष्यवाद

Futurism (चि.) *फ्यूचॅरिज्म :* गति निस्पणवाद, गत्यात्मक चित्रण लिए पहले से तैयार कर लिया जाए, भविष्यवाद

G

G. Shankara Kurup (1901-1978) (सं.क.) *जी. शंकर कुरूप :* आधुनिक मलयालम भाषा के श्रेष्ठ कवि तथा ज्ञान पीठ पुरस्कार से सम्मानित

G. Thomas (Dr.) (1907-1999) *डॉ. जी. थॉमस :* पेशेवर चिकित्सक जिन्होंने फेडरेशन ऑफ़ इंडियन फ़ोटोग्राफ़ी, बेंगलोर की स्थापना की

Ga (संगी.) *गा :* गंधार स्वर की वाचक संज्ञा

Gaan (संगी.) *गान :* मनोरंजन के लिए गाया जाने वाला संगीत

Gable (स्था.) *गैबल :* त्रिअंकी छत, त्रिकोणिका

Gada Singari (संगी., वा.यं.) *गदा सिंगारी :* एक भारतीय वाद्य यंत्र, इसे गात सिंगारी भी कहते हैं

Gadya (का.क.) *गद्य :* ऐसी रचना जो छंद, ताल, लय और तुकबंदी रहित हो, सपाट लेखन

Gafa (नृ.) *गाफा :* महाराष्ट्र प्रदेश का एक लोकनृत्य

Gaff (ना.) *गैफ :* लघु रंगमंच

Gaffer (फि.) *गेफर :* प्रकाश निर्देशक, फ़िल्म निर्माण के सक्रिय सदस्यों (क्रू) में एक मुख्य इलेक्ट्रीशियन जिसे प्रकाश निर्देशक भी कहते है

Gagor (नृ.) *गगोर :* हरियाणा का एक लोकनृत्य

Gagster (ना.) *गैगस्टर :* बदमाश, डाकू, लुटेरा

Gaillee (इति.) *गेली :* उत्तरी-दक्षिणी इज़राइल में स्थित एक ईसा मसीह के जन्म तथा बाल्यकाल से जुड़ा स्थान।

Gairik (क., साम.) *गैरिक :* गेरू, स्वर्ण, गेरूआ रंग का

Gaj (संगी.) *गज :* तंत्री वाद्यों को बजाने का साधन

Gajanan Madhav Muktibodh (1917-1964) *गजानन माधव मुक्ति बोध :* आधुनिक हिन्दी के एक प्रमुख कवि।

Galleria (स्था.) *गैलेरिया :* बहुमंजिला माल (शॉपिंग सेंटर)

Gallery (समी.) *गैलॅरि :* दीर्घा, चित्रगार, वीथी, प्रदर्शन मंडप, इटली भाषा में Loggia, प्रदर्शनी कक्ष, कला दीर्घा, चित्र मंडप, चित्रशाला, चित्रगृह, चित्रकक्ष, चित्रवीथिका; बां. दीर्घा; मरा. दालन, चित्रशाला, गु. चित्रवीथिका; उ. तसवीर खाना, तसवीर घर; गैलरी।

Gallery Chemould (क.इति.) *गैलरी केमोल्ड :* बम्बई की एक विख्यात तथा प्रतिष्ठित आर्ट गैलरी जिसकी स्थापना 1963 में कैकूगांधी (1920-2012) ने जहाँगीर आर्ट गैलरी की पहली मंजिल पर की थी ।

Galvanize (तक.) *गेलवनाइज :* पीतल के बर्तनों पर जस्ते द्वारा कलई करना

Gamak (संगी.) *गमक :* स्वर का विशेष प्रकार से कंपन, जो श्रोताओं के चित्त को सुख दे

Gambhira (नृ.) *गम्भीरा :* पश्चिमी बंगाल का एक लोकनृत्य

Gamut (संगी.) *गेमट :* स्वर परिसर, स्वर ग्राम

Gana (समी.) *गण :* देवताओं के सेवक

Ganagor (नृ.) *गणगौर :* राजस्थान का त्योहार

Gandhar (संगी.) *गांधार :* सप्तक का तृतीय स्वर 'ग'

Gandharva (संगी.) गांधर्व : देवताओं के संगीतकार, मोक्ष प्राप्ति के लिए गाया जाने वाला संगीत

Ganesh/Ganpati (नृ.) *गणेश/गणपति :* भगवान शिव के पुत्र, जिनकी किसी भी शुभ कार्य के आरम्भ में सबसे पहले पूजा की जाती है।

Gangadhar Tombat (1765-1825) (क.इति.) *गंगाधर टम्बट :* 1791 में पूना (महाराष्ट्र) में स्थापित भारत के पहले स्थापित कला विद्यालय का प्रथम छात्र

Ganguli, J.P. (1876-1953) (चि.) *जे.पी. गांगुली :* जलरंग माध्यम के श्रेष्ठ चित्रकार

Ganguli, O.C. (1881-1974) (क.इति.) *औरूधेन्द्र कुमार गांगुली* : कला इतिहासकार

Ganjifa (क.इति.) गंजीफा : गंजीफा एक प्रकार के हस्त चित्रित ताश के पत्ते, जो विभिन्न आकारों के सेट रूप में होते थे और जिनका प्रयोग सोलहवीं से उन्नीसवीं शताब्दी तक राजा, महाराजा, नवाब और कुलीन लोग मनोरंजन के लिए करते थे। आज यह गंजीफा लुप्त प्राय: है।

Ganut (संगी.) *गेनट :* स्वर सप्तक, गायन के सात सुर

Garam Hawa (फि.) *गर्म हवा :* निर्माता निर्देशक एम.एस. सथ्यू की 1973 में प्रदर्शित और भारत पाकिस्तान के बँटवारे की त्रासदी पर आधारित एक कालजयी हिन्दी फ़िल्म

Garba (नृ.) *गरबा :* पश्चिमी भारत के गुजरात प्रान्त की एक महत्त्वपूर्ण लोकनृत्य शैली

Garbage Dump (स्था.) *गारबेज डम्प :* घूरा, अवकर स्थल

Garbha Griha (स्था.) *गर्भगृह :* मन्दिरों में देव प्रतिमा स्थल मन्दिरों का अन्त: भाग, जहाँ भगवान की मूर्तियाँ स्थापित होती हैं

Garden of Eden (क.इति.) *गार्डेन ऑफ़ ईडन :* आदि मानव आदम और हौआ (Adam and Eve) अपने पतन के पूर्व जहाँ निवास करते थे

Garden Theatre (ना.) *गार्डेन थियेटर :* उद्यान रंग शाला

Garhi Kalakar Parisar (Delhi) (क.सं.) *गढ़ी कलाकार परिसर :* गढ़ी स्टूडियोज़, गढ़ी कलाकार परिसर, ललित कला अकादमी, दिल्ली द्वारा कलाकारों को कलाकर्म के लिए प्रदत्त एक स्थल

Garhwal School of Painting (क.इति.) *गढ़वाल स्कूल ऑफ़ पेंटिंग :* गढ़वाल शैली, गढ़वाल कलम, उत्तराखंड के गढ़वाल राज्य में विकसित लघुचित्रों की एक शैली

Garhwali (नृ.) *गढ़वाली :* उत्तराखंड का एक लोकनृत्य, गढ़वाल की भाषा, निवासी

Garlic (पा.क.) *गार्लिक :* लहसुन

Garnet (र.आभू.) *गोमेद गारनेट :* गहरा लाल रंग

Garnish (फै., समी.) *गॉरनिश :* सजावट, गहना, झलझलाना, अलंकार, जेवर, सजाना

Garth (स्था.) *गार्थ :* बाड़ा, आंगन, वाटक

Garzone (समी.) *गैरजोन :* गैरजोन

Gas Fumes (अभि.) *गैस फ्यूम्स :* गैस धूम, दस्तावेजों की सुरक्षा के लिए प्रयुक्त कीट नाशक गैस

Gat (नृ.) *गत :* नृत्य का उठान, वाद्य पर बजाई जाने वाली रचना

Gat Nikaas (नृ.) *गत निकास :* कत्थक नृत्य की एक मुद्राओं की एक कड़ी

Gate Tower (स्था.) *गेट टावर :* प्रवेश द्वार

Gate Way (स्था.) *गेट वे :* तोरण

Gather (फै.) *गैदर :* चुन्नट

Gati (नृ.) *गति :* गति, चाल

Gaudiya Nritya (नृ.) *गौड़िया नृत्य :* पश्चिमी बंगाल की एक शास्त्रीय नृत्य शैली

Gauguin, Paul (1848-1903) (चि.) *पॉल गोगां :* फ्रेंच चित्रकार

Gauhar Jaan (1873-1930) (फि.) *गौहर जान :* कलकत्ते की विख्यात गायिका तथा नृत्यांगना जिसका असली नाम एंजेलिना योवर्ड (Angelina Yeoward) था

Gaur Dance(नृ.) *गौर डांस :* छत्तीसगढ़ का एक लोकनृत्य

Gaur Maria (नृ.) *गौर मारिया :* छत्तीसगढ़ का एक लोकनृत्य

Gauss (समी.) *ग्वास :* अपारदर्शी रंग, अंडे की जर्दी मिले शुष्क रंग

Gauze (ना.) *गाज़ :* पारदर्शी पतला वस्त्र, गाज़

Gay Music (संगी.) *गे म्यूज़िक :* विषयी संगीत, भड़कीला संगीत, विलासी संगीत, जिन्दादिल संगीत

Gaya (संगी.) *गेय :* गाने योग्य

Gayak (संगी.) *गायक :* गायनकर्ता, गायन करने वाला, गेय विद्या का कलाकार

Gazal (संगी.) *ग़ज़ल :* एक प्रकार का प्रेम प्रासंगिक उपशास्त्रीय संगीत, उर्दू में पद्य लेखन का एक प्रकार

Gazebo (स्था.) *गज़ेबो :* मनोहर प्राकृतिक दृश्यों से युक्त मंडप, झरोखा

Gazette (पत्र.) *गॅज़ेट :* राजपत्र, शासकीय निर्णयों और नियमों का सूचना पत्र, गजट

Geet (का.क.) *गीत :* गाने योग्य काव्यात्मक कविता, छोटी पद्यबद्ध गेय रचना

Geet Govind (क.इति.) *गीत गोविन्द :* गीत गोविन्द, राधा कृष्ण के प्रेम पर जयदेव द्वारा बारहवीं शताब्दी में रचित एक काव्य ग्रंथ

Geeta Bali (1930-1965) (फि.) *गीताबाली :* भारतीय हिन्दी सिनेमा की लोकप्रिय अभिनेत्री जिसने अपने कैरियर की शिखरावस्था में फ़िल्म अभिनेता शम्मी कपूर से विवाह किया और फ़िल्म जगत छोड़ दिया

Geetanjali (का.क.) *गीतांजलि :* नोबल पुरस्कार विजेता गुरुदेव रवीन्द्रनाथ टैगोर की बांग्ला भाषा में रचित अमर कृति, जिसमें उनके 157 गीतों का संकलन है । इसका शाब्दिक अर्थ है गीतो का उपहार

Geeti (संगी.) *गीती :* प्राचीन संगीत की एक परम्परा

Geetkar (का.क.) *गीतकार :* गीत लिखने वाला, गीत रचनाकार

Gelatin (फो.) *जिलेटिन :* शुद्ध पारदर्शी सफेद सरेस, मछली का सरेस, फ़ोटो-पेपर फ़िल्म में प्रयुक्त एक रासायनिक तत्त्व

Gemstone (समी.) *जेमस्टोन :* मणि, रत्न, जवाहरात

Gender (समी.) जेंडर *:* लिंग

Genealogy (समी.) *जेनोलॉजी :* वंशावली, वंशवृक्ष, वांशिकी

General 12 Colours (क.समी.) *जनरल ट्वेल्व कलर्स :* बारह सामान्य रंग, बहुप्रचलित 12 रंग

General Colour (क.समी.) *जनरल कलर :* सामान्य रंग, जैसे लाल, पीला, नीला, हरा, बैंगनी, काला आदि

General Magazine (पत्र.) *जनरल मैगज़ीन :* साधारण पत्रिका, आम रुचि की पत्रिका

General Manager (समी.) *जनरल मैनेजर :* महाप्रबंधक, मुख्य व्यवस्थापक

General Release (फि.) *जनरल रिलीज :* जन वितरण, जन प्रदर्शनार्थ (फ़िल्म), आम जनता के लिए प्रकाशनार्थ फ़िल्म

Generalisation (समी.) *जनरलाइजेशन :* साधारणीकरण, सामान्यकरण, सामान्यीकरण

Generation Loss (टी.वी.) *जेनरेशन लॉस :* पुनरुत्पादन क्षति, निम्नी करण, क्षरण

Genius (समी.) *जीनियस :* प्रतिभावन

Genius Artist (समी.) *जीनियस आर्टिस्ट :* प्रतिभा सम्पन्न कलाकार, प्रतिभाशाली कलावंत या कलाकार

Genre (चि., समी.) *जेनर :* दैनिक जीवन चित्रण, यूरोप में 14वीं व 15वीं शताब्दी में बने तथा भारत में कम्पनी व कालीघाट शैली के चित्र अच्छे उदाहरण हैं

Genre Art (समी.) *जेनर आर्ट :* दैनिक जीवन चित्रण, जनजीवन की कला, पेंटिंग/मुसव्विरी; बां. रूढशैली; मरा. जनजीवन की कला; गु. प्रकार लक्षी कला; उ. देहात के मनाज़िर या रस्मों-रिवाजों की पेंटिंग/मुसव्विरी

Genre Painting (क. इति, समी., चि.) *जेनर पेंटिंग :* रोजमर्रा की गतिविधियों के चित्र, जनवादी चित्रांकन, दैनिक जीवन के चित्र, ग्राम्य चित्रांकन, जनजीवन की कला

Genre Tradition (समी.) *जेनर ट्रेडिशन :* ग्राम्य चित्र परम्परा, ग्रामीण चित्रण

Gent's Wardrobe (समी.) *जेंट्स वार्डरोब :* पुरुषों के वस्त्रों की आलमारी या कक्ष

Gentile (सामा.) *जेंटाइल :* सामान्यजन, मूर्तिपूजक, गैर यहूदी

Gentle Artist (समी.) *जेंटिल आर्टिस्ट :* भद्र कलाकार, सुसंस्कृत कलाकार

Geological Age (पुरा.) *जियोलाजिकल एज :* भू-वैज्ञानिक युग

Geometric (आले.) *ज्योमेट्रिक :* ज्यामितीय

Geometric Abstract Art *ज्योमेट्रिक एब्सट्रैक्ट आर्ट :* ज्यामितीय अरूपवादी कला, ज्यामिति आधारित तात्विक कला

Geometric Art (चि.) *ज्योमेट्रिक आर्ट :* ज्यामितिक कला, ज्यामितीय आकारों (त्रिभुज, वृत्त, वर्ग आदि) पर आधारित कला

Geometric Art (समी.) *ज्योमेट्रिक आर्ट :* ज्यामितीय कला, रेखा गणितीय कला, ज्यामितिक कला, ज्यामितीय कला; बां. ज्यामितिक कला; मरा. भौमितिक कला; गु. भौमितिक कला; उ. ज्योमेट्रिक आर्ट

Geometric Designs (चि., स्था.) *ज्योमेट्रिक डिज़ाइन :* ज्यामितीय आकृति, ज्यामितीय आलेखन, ज्यामितीय अभिकल्प

Geometric Form (समी.) *ज्योमेट्रिक फार्म :* रेखागणतीय रूप, ज्यामितीय आकृति, ज्यामितिक कला, ज्यामितीय रूप, ज्यामितीय रूपाकार

Geomorphology (पुरा.) *जियोमार्फोलॉजी :* भू-आकृति विज्ञान

Germ, The (क.इति.) *द जर्म :* द जर्म नामक एक कला पत्रिका, जिसे इंग्लैंड के पी.आर.बी. ग्रुप के कलाकार प्रकाशित करते थे।

German *जर्मन :* जर्मनी देश के नागरिक/कलाकार, जर्मनी की भाषा

Gesso (तक.) *गेसो :* कैनवास या लकड़ी के पैनल पर चित्रांकन करने हेतु जिंक ऑक्साइड या सफेद चाक मिट्टी में सरेस मिलाकर तैयार किया गया एक पेस्ट, जिप्सम, प्लास्टर ऑफ़ पेरिस

Gestalt Psychology (स्था.) *गेस्टॉल्ट साइकोलाजी :* समाकृति स्वभाव के महत्त्व को बताने वाला मनोवैज्ञानिक सिद्धान्त

Gesture (समी.) *गेश्वर :* इशारा

Gesture (नृ., फि., ना.) *जेस्चर :* भंगिमा अभिनय मुद्रा, आंगिक अभिनय, हाव-भाव का प्रदर्शन

Gesture of Meditation (पुरा.) *जेस्चर ऑफ़ मेडीटेशन :* ध्यान मुद्रा

Gesture Painting (समी.) : *गेस्चॅ पेंटिंग :* सांकेतिक चित्रण

Gestures of Protection (पुरा.) : *जेस्चर ऑफ़ प्रोटेक्शन :* अभय मुद्रा

Get up (फै.) *गेट अप :* वेशभूषा की अभिकल्पना, बाह्य सज्जा

Getchu Vadyam (संगी., वा.यं.) *गेत्छू वाद्यम :* एक भारतीय वाद्य यंत्र

Gethinglim (नृ.) *गेथिंगलिम :* नागालैंड का एक लोकनृत्य

Ghan Vadya (संगी.) *घन वाद्य :* धातु से निर्मित वाद्य, जिन्हें प्रहार से बजाया जाता है

Ghanta (संगी.) *घंटा :* एक प्रकार का घन वाद्य

Ghanti (संगी.) *घंटी :* एक प्रकार के घन वाद्य का छोटा रूप

Gharana (संगी.) *घराना :* हिन्दुस्तानी संगीत की मुख्यत: ख्याल शैली की वंशानुगत गुरु शिष्य परम्परा, गुरु परम्परा से सम्बन्धित शैली

Ghasyari Dance (नृ.) *घसयारी डांस :* उत्तराखंड प्रदेश का एक लोकनृत्य

Ghat Singhari or Gada Singari (संगी., वा.यं.) गात सिंगारी : एक भारतीय वाद्य यंत्र

Ghatam (संगी., वा.यं.) *घटम :* कर्नाटक संगीत में प्रयुक्त एक ताल वाद्य

Ghazal (का.क.) *ग़ज़ल :* सुगम संगीत के अन्तर्गत प्रेम प्रसंग विषय युक्त रचना, स्वतंत्र शेरों का समूह, अरबी साहित्य की एक लोकप्रिय काव्य शैली जो बाद में फ़ारसी और उर्दू, नेपाली और हिन्दी में भी विकसित, अरबी भाषा में इसका अर्थ है—औरतों से या उनके बारे में बाते करना,

Ghode (नृ.) *घोडी :* गोवा प्रदेश का एक लोकनृत्य

Ghoomer (नृ.) *घूमर :* हरियाणा तथा राजस्थान प्रदेशों की एक लोकनृत्य तथा गायन शैली

Ghora Naach (नृ.) *घोरा नाच :* झारखंड का एक लोकनृत्य

Ghost Site (पुरा.) *घोस्ट साइट :* प्रेत स्थल, पिशाच क्षेत्र

Ghost Writer (समी.) *घोस्ट राइटर :* किराए का लेखक, वह लेखक जो पैसा लेकर दूसरों के नाम के लिए लिखे, छद्मी लेखक

Ghotna (समी.) *घोटना :* किसी पदार्थ को घोटना

Ghumar (नृ.) *घूमर :* उड़ीसा प्रदेश का एक लोकनृत्य

Ghumot (संगी., वा.यं.) *घुमोट :* एक भारतीय वाद्य यंत्र

Ghungroo (नृ.) *घुँघरू :* भारतीय शास्त्रीय नृत्य में नर्तक द्वारा पैरों में बाँधी गई धातु की छोटी-छोटी घंटियों की माला, (गुच्छा) जो नृत्य के समय पैरों की थिरकन से बजती हैं

Ghutin (स्था.) *घुटिन :* चूना बजरी

Giant Artist (समी.) *जाइंट आर्टिस्ट :* खलीफा कलाकार, गुणसम्पन्न कलाकार

Giant Sculpture (समी.) *जाइंट स्कल्पचर :* विशालकाय शिल्प, विशालाकार मूर्ति

Giant Tomb (पुरा.) *जाइंट टोम्ब :* तुंब, विशालकार तुंब

Gibbet (सामा.) *गिबेट :* टिकटी

Giddha (नृ.) *गिद्धा :* पश्चिमी भारत के गुजरात और पंजाब प्रान्त की एक महत्त्वपूर्ण महिला प्रधान लोकनृत्य शैली

Gild (समी.) *गिल्ड :* धातुओं को चमकीला बनाना

Gilding (अभि., चि.) *गिलडिंग :* सोना चढ़ाना, स्वर्ण लेपन, मुलम्मा चढ़ाना

Gimlet (शि.) *गिलिट :* छिद्रक, बरमा

Gimmick (समी.) *गिमिक :* नुमाइशी, अपनी तरफ ध्यानाकर्षण करने का एक विशेष तरीका

Gingham (फै.) *जिनघम :* छीटदार सूती कपड़ा, रंगीन सूत का बुना हुआ धारीदार कपड़ा, जिगाम

Gingle (विज्ञा.) *जिंगेल :* जिंगल, विज्ञापनों के छोट-छोटे गायन, छोटा नारा या धुन

Giotto, Di-bondone (1267-1337) (चि.) *जोत्तो :* इटैलियन चित्रकार, स्थापत्यकार

Girandole (शि.) *ग्रांडोल :* झाड़ फानूस

Girish Chandra Ghosh (1844-1912) (सं.क.) *गिरीशचन्द्र घोष :* बंगलानाटक के पितातुल्य, एक कुशल व प्रतिष्ठित कवि, संगीतकार, उपन्यास लेखक, अभिनेता तथा नाट्य निर्देशक

Gis (चि.) *गिस :* आंगिक अभिनय

Gisso Paste (साम.) *गेसो पेस्ट :* गेसो मिश्रण, मुख्यत: जस्ते की भस्म (Zinc Oxide) और अरबी गोंद (Arahic Gum) के मिश्रण से बना एक मिश्रण जिसे प्राचीन चित्रकार दीवारों और काष्ठपटों पर चित्रकारी करने के लिए प्रयोग करते थे

Gitam (नृ.) *गीतम :* गीत का पर्यायवाची

Giza (क.इति.) *गिज़ा :* मिश्र देश का गिज़ा शहर, जो पिरामिडो के लिए विख्यात है

Glacio Archaeology (पुरा.) *ग्लेशियो आर्कियोलाजी :* हिम युग, पुरातत्व

Glacis (स्था.) *ग्लैसिस :* मंद ढाल, ढाल

Glair (चि., षि.) *ग्लेयर :* चमड़े, सोने का काम

Glam (फै.) *ग्लैम :* ग्लैमर का संक्षिप्त रूप, तड़क-भड़क

Glamorous (समी.) *ग्लैमरस :* अति मोहक, अति आकर्षक, मोहक-आकर्षक, सम्मोहक छवि, मोहक रूप

Glamour (फि.) *ग्लैमर :* तड़क-भडक, भड़कीला आकर्षण, भव्य, चकाचौध भरा

Glance (समी.) *ग्लांस :* दृष्टिपात

Glare (समी.) *ग्लेयर :* चमक

Glass Curtains (स्था., षि.) *ग्लास कर्टेन :* झीना पर्दा, अर्ध पारदर्शी पर्दा

Glass Mosaic (स्था.) *ग्लास मोजैक :* चूने में शीशे का जड़ाऊ काम

Glass Painter (चि.) *ग्लास पेंटर :* काँच चित्रकार, काँच पर चित्रकारी करने वाला कलाकार

Glass Painting (चि.) *ग्लास पेंटइंग :* काँच चित्र, काँच चित्रण, काँच पर रचा गया चित्र

Glass Paper (पुरा. शि.) *ग्लास पेपर :* रंग मेल

Glaze (शि. चि.) *ग्लेज :* रोगन करना, शीशा लगाना (चढ़ाना), काचन, चमक

Glazing (शि.) *ग्लेज़िन्ग :* काचन, काचितीकरण, शीशा लगाना (चढ़ाना), ग्लेज करना

Global (समी.) *ग्लोबल :* वैश्विक, समग्र संसार, सांसारिक, सार्वभौम, भूमंडलीय, सारा जहान

Global Art (समी.) *ग्लोबल आर्ट :* वैश्विक कला, भूमंडलीय कला, विश्व व्यापी कला

Global Ethnicity (आले.) *ग्लोबल एथेनीसिटी :* वैश्विक जातीयता

Global Influence (समी.) *ग्लोबल इनफ्लुएंस :* वैश्विक प्रभाव

Global Responsibility (समी.) *ग्लोबल रिस्पॉन्सबिल्टी :* वैश्विक उत्तरदायित्व

Global Taste (समी.) *ग्लोबल टेस्ट :* वैश्विक आस्वाद, सांसारिक अनुभव

Global Theatre (ना.) *ग्लोबल थियेटर :* विश्व व्यापी नाट्य

Global Times, The (पत्र.) *द ग्लोबल टाइम्स :* चीनी भाषा में प्रकाशित चीन का एक प्रमुख दैनिक समाचार-पत्र

Global warming (साम.) *ग्लोबल वार्मिंग :* गर्मी और जलवायु परिवर्तन से हो रहा भूमंडलीय परिवर्तन

Globalisation (समी., पत्र.) *ग्लोबलाइजेशन :* वैश्विकरण, विश्व एकीकरण, भूमंडलीकरण

Globe and Mail, The (पत्र.) *द ग्लोब एंड मेल :* टोरंटो से प्रकाशित अंग्रेजी भाषा का एक कनेडियन दैनिक समाचार-पत्र

Glorification (समी.) *ग्लोरीफिकेशन :* महिमा मंडन, असाधारण प्रशंसा

Gloriole (समी.) *ग्लॉरियल :* प्रभामंडल

Glory (समी.) *ग्लोरी :* महिमा, प्रभा मंडल, भव्यता, प्रताप

Gloss (समी.) *ग्लोस :* ओप (चमक, कान्ति)

Glossarist (समी.) *ग्लॉसरिस्ट :* कोशकार, कोश निर्माता

Glossary (समी., साहि.) *ग्लॉसरी :* शब्द कोश, शब्द पुस्तक, शब्द संग्रह पुस्तिका, शब्दावली, शब्दार्थिका, शब्द संकलन, लघु शब्द कोश, डिक्सनरी का छोटा रूप, किसी भी विषय या भाषा के सीमित शब्दों का संग्रह/कोश

Glossy Magazine (पत्र.) *ग्लॉसी मैग्ज़ीन :* चिकने कागज पर छपी भड़कीली पत्रिका, रंग-विरंगे टाइटिल से सजी आकर्षक पत्रिका

Glue (शि.) *ग्लू :* सरेस, गोंद

Glycerine (ना., फि.) *ग्लिसरीन :* ग्लिसरीन एक रासायनिक तरल पद्धार्थ नकली आँसुओं के लिए प्रयुक्त एक रसायन

Glyphic Art (शि.) *ग्लाईफिक आर्ट :* नक्काशी कला, उत्कीर्णन कला

Glyptics (शि.) *ग्लिप्टिक्स :* जवाहरातों की उत्कीर्णन कला, नक्काशी कला

Glyptotheca (पुरा.) *ग्लिपटोथिका :* आंगिक अभिनय

GM (पत्र.) *जीएम :* जनरल मैनेजर

Gnenha (नृ.) *जीनेन्हा :* सिक्किम प्रदेश का एक लोकनृत्य

Go Back On (ना.) *गो बैक ऑन :* पूर्वाभ्यास

Gobarhar Vani (संगी.) *गोबर हर वाणी :* ध्रुपद गायन की वाजियों में से एक

Gobo (ना.) *गोबो :* पतली धातु की चादर से बना मुखौटा

Godet (फै.) *गोडेट :* स्कर्ट या आस्तीन के निचले किनारे में डाला जाने वाला त्रिकोणीय कपड़े का टुकड़ा

Gogona (संगी., वा.यं.) *गोगना :* एक भारतीय वाद्य यंत्र

Gokul (1770-1847) (चि.) *गोकुल :* पहाड़ी शैली का एक प्रमुख चित्रकार

Golconda School (क.इति.) *गोलकुंडा स्कूल :* गोलकुंडा चित्र शैली, दक्षिण भारत की एक लघुचित्रों की शैली जिसका शुभारम्भ सोलहवीं शताब्दी में हुआ

Gold Leaf (अभि.) *गोल्ड लीफ :* सोने का वर्क, स्वर्ण पन्नी

Gold Paint (सं.) *गोल्ड पेंट :* सोने के रंग का

Gold Yellow (चि.) *गोल्ड येलो :* स्वर्ण पीत (रंग)

Golden Age (समी.) *गोल्डन एज :* स्वर्ण युग, चरम उपलब्धि-काल, शिखरकाल, स्वर्णकाल, स्वर्णिमकाल, चरमावस्था, चरम उत्कर्ष काल

Golden Period (समी.) *गोल्डन पीरियड :* स्वर्णकाल, शिखरावस्था, चरम उपलब्धि काल, चरम उत्कर्ष काल

Golden Section (स्था.) *गोल्डन सेक्शन :* समतल आकृति के दोनों माप

Golding (समी.) *गोल्डिंग :* मुलम्मा करना

Golgotha (पुरा.) *गोलगोथा :* बलिदान स्थल

Gomiti (स्था.) *गोमटी :* गुमटी, गोल छत की गोलाकार छोटी इमारत (कमरा)

Gondhu (1740-1820) (चि.) *गोंधू :* पहाड़ी शैली का एक प्रमुख चित्रकार

Gong (संगी.) *गौंग :* एक प्रकार का पश्चिमी घन वाद्य

Goniometer (स्था.) *गोनियो मीटर :* गुनिया, कोणमापी

Gonzo Journalism (पत्र.) *गोंजो जर्नलिज़्म :* किस्से-कहानी की तरह प्रस्तुत करने वाली पत्रकारिता की एक शैली, औपन्यासिक पत्रकारिता

Good House (ना., फि.) *गुड हाउस :* दर्शकों से भरा हुआ नाट्यगृह या सिनेमा हाल

Gopi Yantra (संगी., वा.यं.) *गोपी यंत्र :* एक भारतीय वाद्य यंत्र

Gopichand (संगी., वा.यं.) *गोपीचन्द :* एक भारतीय वाद्य यंत्र

Gopuram (स्था.) *गोपुरम :* दक्षिण भारतीय मन्दिरों का विशाल मुख्य द्वार, गोपुरम

Gore (फै.) *गोर :* कली, एक त्रिकोणीय आकार के कपड़े का टुकड़ा जो पोशाक में घेर में देने के लिए जोड़ा जाता है।

Gorkhapatra (पत्र.) *गोरखापत्र :* नेपाल सरकार का दैनिक मुख्य पत्र

Gospel (इति.) *गॉसपेल :* ईसाई सन्देश ग्रंथ की किताबें जिसमें ईसा मसीह के जीवन तथा उपदेश संगृहीत हैं। ये ईसाइयों के पवित्र धर्म ग्रंथ हैं।

Gothic (क.इति.) *गोथिक :* 12 से 16 वीं शताब्दी के मध्य की यूरोपीय कला

Gothic Art *(क.इति., स्था.) गोथिक आर्ट :* गोथिक कला, गोथिकला, यूरोप की बारहवीं से सोलहवीं शताब्दी की ऊँची और नुकीले मेहराबे बनती थी

Gothic (स्था.) *गोथिक :* गोथिक, यूरोप में 12वीं से 16वीं शताब्दी के मध्य स्थापत्य कला की एक शैली

Gotipuas (नृ.) *गोतीपुअस :* स्त्रियों के भेष में पुरुष नर्तक, जिन्हें नृत्य कला की शिक्षा देव दासिया देती थी

Gottuvadhyam or Chitravina (संगी., वा.यं.) *गोट्टूवद्यम चित्रणवीणा :* कर्नाटक संगीत का एक भारतीय तंत्री वाद्य

Gouache (चि., तक.) *गुऑश :* अपारदर्शी जल रंग, एक चित्रण पद्धति, जिसमें रंगों में सफेद रंग का मिश्रण कर उसे अपारदर्शी बनाते हैं

Gouge (क., साम.) *गाउज :* छापा कला में प्रयुक्त उत्कीर्णन औजार

Gouge (शि.) *गाउज :* गोलचीख गोल रुखानी, टांकी, गोल बरमाना, चिकनी मिट्टी

Goverdhan (चि.) *गोवर्धन :* जहाँगीर कालीन एक प्रसिद्ध चित्रकार

Government by Document (अभि.) *गवर्नमेंट बाई डाक्यूमेंट :* कागजी राज

Govind Chandra Ray (चि.) *गोविन्द्रचन्द्र राय :* 1860-70 के दशक के एक अग्रणी काष्ठ छापा चित्रकार (Wood Cutter) जिन्होंने अपनी निजी अविष्कृत शैली को जन्मा था।

Govind vallal Deval (1855-1916) *वल्लाल :* मराठी रंगकर्मी

Goya, Francisco (1746-1828) (चि.) *फ्रांसिसको, गोया :* स्पेनिश चित्रकार, छापाकार

Grace (समी.) *ग्रेस :* नैसर्गिक आकर्षण, नैसर्गिक सौन्दर्य, सुन्दरता, अनुकम्पा, सौम्य, नैसार्गिक चमक

Graceful (समी.) *ग्रेसफुल :* गरिमामय, लावण्यमयी

Graciously : (समी.) ग्रेशियसली : विनम्रता पूर्वक, विनय से, विनीत, सविनय

Gradation (समी.) *ग्रेडेशन :* क्रमबद्धता, पदक्रम, क्रम स्थान, परम्परा, परिपाटी

Gradine (स्था.) *ग्रेडिन :* दांतेदार छेनी

Grading (ग्र.स.फ्रे.) *ग्रेडिंग :* श्रेणीकरण, क्रमस्थापन, श्रेणी निर्धारण, दर्जाबंदी, ग्रेड, निर्धारण

Graduated Colour (चि., समी.) *ग्रैड्यूएटिड कलर :* क्रमबद्ध रंग, क्रमिक वर्णान्तरण, क्रमागत वर्ण, क्रमिक वर्णान्तरण

Graduated Filter (फो.) *ग्रेजुएटेड फिल्टर :* कैमरे में एक प्रकार का फ़ोटो फिल्टर

Graffiti Art (समी., चि.) *ग्रॅफीटी आट :* भित्ति लेखांकन, ग्रेफिटी, प्रायः दीवारों पर स्प्रे (Spray) द्वारा चित्रण या लेखन

Graffito (चि.) *ग्राफिटो :* देखें Graffiti

Graffito (स्था.शि., तक.) *ग्रॅफीटो :* ग्रैफिटो, भित्तिचित्रण, दीवारों पर बने लिपि मूलक चित्र, लेपोत्कीर्णन, पलस्तर पर खुदाई कार्य, कैनवास की रंग सतह को खरोंचकर उसके नीचे के रंगों की खोज करने की Texture बनाने की तकनीक

Graffitti (पुरा., चि.) *ग्राफिटी :* भित्ति आरेख, अभिरेखण

Grah (संगी.) *ग्रह :* प्राचीन रागों का एक नियम

Grain (पाक.) *ग्रेन :* अनाज, दाना, बीज, वस्त्र, कपड़े का टेक्सचर

Grain (छापा.) *ग्रेन (दाने) :* पेपर या लकड़ी की सतह की बुनावट या विशेष निर्मित लिथोशिला व धातु प्लेट। कभी-कभी जानबूझकर दानेदार प्रभाव पाने के लिए।

Grain (फो.) *ग्रेन :* ग्रेन, खुरदरी सतह

Grain of Paper (अभि.) *ग्रेन ऑफ़ पेपर :* कागज-कण, कागज का दरदरापन

Gram (संगी.) *ग्राम :* निश्चित सप्तक के सात स्वरों का भाग

Gram Flour (पा.क.) *ग्राम फ्लौर :* चने का आटा, बेसन

Grand (समी.) *ग्रांड :* भव्य, महान, बड़ा, विशाल

Grand Adogia (नृ.) *ग्रांड एडोजिया :* धीमी गति से किया गया भव्य नृत्य

Grand Old Man (समी.) *ग्रांड ओल्ड मैन :* वयोवृद्ध महापुरुष भव्य वृद्ध पुरुष, रुतबेदार वृद्ध, रुतबेदार वृद्ध पुरुष के लिए सम्मान सूचक सम्बोधन

Grand Opera (ना.) *ग्रांड ऑपेरा :* भव्य संगीतिका

Grand Show (समी.) *ग्रांड शो :* भव्य प्रदर्शन, भव्य प्रस्तुति

Grand Style (समी.) *ग्रांड स्टाइल :* भव्य रीति

Grandeur (समी.) *ग्रांडयोर :* उत्कर्ष, वैभव, भव्यता, महिमा

Granduated Colour (चि., समी.) *ग्रेजुएटेड कलर :* क्रमागत वर्ण

Granite (क.साम., मू.) *ग्रेनाइट :* स्फटिक, एक कठोर पत्थर

Grapes (पा.क.) *ग्रेप्स :* अंगूर

Graph (चि., समी.) *ग्राफ़ :* रेखाचित्र, लेखाचित्र, आलेख

Graphic (छापा.) *ग्रॅफइक :* छापा मुद्रण, चित्र मुद्रण, लेखाचित्रीय आलेखी। मुद्रण कला से सम्बन्धित

Graphic Art (छापा.) *ग्रॅफइक आर्ट :* छापाकला, मुद्रण कला, मुद्रांकन कला, चित्रमुद्रण कला, छापामुद्रण कला, प्रतिमुद्रण कला; बां. लेखा चित्रकला; मरा. चित्रालेखन कला, आरेखन कला; गु. आबेहूश चित्रण; उ. ग्राफ़िक आर्ट

Graphic Print (छापा.) *ग्राफ़िक प्रिंट :* छापाचित्र

Graphic ग्राफ़िक किसी सतह पर छाया विधि द्वारा आकार उभारना

Graphics (छापा., पत्र.) *ग्राफ़िक्स :* प्रकाशन सामग्री को रोचक व सुबोध बनाने में प्रयुक्त चित्र या रेखांकन, छापाचित्र, मुद्रित चित्र, मुद्रांकन, आलेखनीय विद्या, आलेख

Graphist (छापा.) *ग्रैफिइस्ट :* छापा शिल्पी, छापा चित्रकार, मुद्रक

Gratitude (समी.) *ग्रेटीट्यूड :* कृतज्ञता

Grave (पुरा.) *ग्रेव :* कब्र, समाधि

Grave Stone (पुरा.) *ग्रेव स्टोन :* समाधि प्रस्तर

Grave Trap (ना.) *ग्रेव ट्रैप :* चोर दरवाजा

Gravel (स्था.) *ग्रेवेल :* बजरी (एक प्रकार की मोटी रेत)

Graver (छापा.) *ग्रेवर :* उत्कीर्णक, नक्काश, ठप्पा उकेरने वाला कलाकार

Gravure (मुद्र., पत्र.) *ग्रेव्युअर :* उत्कीर्णन

Gravy (पा.क.) *ग्रेवी :* ग्रेवी, रसीली सब्जी या माँस का गाढ़ा शोरबा

Gray (चि.) *ग्रे :* धूसर, सिलेटी

Gray Colours (चि.) *ग्रे कलर्स :* भूरे रंग

Grazia (संगी.) *ग्रेजिया :* गमक

Grazing Light (ग्र.स.) *ग्रेज़िंग लाइट :* स्पर्श मात्र से जल जाने वाली लाइटें

Greasy (समी.) *ग्रीजी :* चिकना, स्निग्ध

Greasy hair (रू.स.) *ग्रीजी हेयर :* चिकने बाल तेलीय केश, बालों की जड़ों से निकलने वाले तेलीय पदार्थ से स्वतः चमकते बाल

Great Wall of China (पुरा.) *ग्रेट वाल ऑफ़ चाइना :* चीन की महाप्राचीर, चीन की विशाल दीवार

Greater India (समी.) *ग्रेटर इंडिया :* महाभारत, विशद भारत, विशाल भारत, जब श्रीलंका, पाकिस्तान, बांग्लादेश, अफगानिस्तान, नेपाल, भूटान आदि भारत के भाग माने जाते थे।

Greater Reality (समी.) *ग्रेटर रिएल्टी :* महत्तर यथार्थ

Greco Buddhist Art (पुरा.) *ग्रीको बुद्धस्टि आर्ट :* यूनानी बौद्ध कला, गांधार कला

Greco, El (1541-1614) (चि.) *एल ग्रीको :* स्पेनिश चित्रकार, मूर्तिकार, स्थापत्यकार

Greco-Buddhist Art (पुरा.) *ग्रीको बुद्धिस्ट आर्ट :* यूनानी बौद्ध कला, यूनानी और बौद्ध कला से मिश्रित कला

Greeco Roman Art (क.इति.) *ग्रीको रोमन आर्ट :* ग्रीको रोमन आर्ट, यूनान और रोम की मिश्रित कला

Greek Architecture (स्था.) *ग्रीक आर्कीटेक्चर :* यूनानी स्थापत्य

Greek Classical Art (क.इति.) *ग्रीक क्लासिकल आर्ट :* ग्रीक शास्त्रीय कला, यूनानी आदर्श कला, यूनानी उत्कृष्ट कालीन कला

Greek Order (स्था.) *ग्रीक आर्डर :* यूनानी स्तम्भ शैली

Greek Theatre (ना.) *ग्रीक थियेटर :* यूनानी रंगमंच

Greek Tragedy (ना.) *ग्रीक ट्रेजेडी :* यूनानी नाटकों की दुखांतक परम्परा, ग्रीक त्रासदी

Greek *ग्रीक :* यवन, ग्रीस, यूनानी यूनान का नागरिक

Greeking (विज्ञा.) *ग्रीकिंग :* अस्पष्ट लेख (समझ में न आने वाली पाठ्य सामग्री)

Green Design (स्था.) *ग्रीन डिज़ाइन :* कच्चा आलेख

Green House (ना.) *ग्रीन हाउस :* ग्रीन हाउस, प्रसाधन गृह, शृंगारकक्ष

Green Room (ना., फि.) *ग्रीन रूम :* कलाकार सज्जा कक्ष, प्रसाधन कक्ष, अभिनेताओं का लघु विश्राम कक्ष, साज गृह, नेपथ्यशाला

Green Signal (समी.) *ग्रीन सिग्नल :* निर्बाध सूचना, सबकुछ ठीक है—का सूचक

Green Ware (पुरा.) *ग्रीन वेयर :* अदाह भांड, बिना पके मिट्टी के कच्चे बर्तन

Gressaille (चि.) *ग्रिसेल :* एक वर्णीय चित्र, एक रंगा चित्र

Gressaille (चि.) *ग्रिसेल :* वृहत्तर भारत पुराना भारत, जिसमें श्रीलंका, पाकिस्तान, नेपाल, भूटान आदि थे

Grey Pottery (पुरा.) *ग्रे पॉटरी :* घूसर मृदभांड

Grid (फि.) *ग्रिड :* संजाल, छत के नीचे लोहे के पाइपों से बना एक जाल

Grida Dance (नृ.) *ग्रिदाडांस :* मध्य प्रदेश का एक लोकनृत्य

Grida Muria (नृ.) *ग्रिदा मूरिया :* मध्य प्रदेश का एक लोकनृत्य

Griddle (पा.क.) *ग्रिडल :* रोटी पकाने का तवा, रोटी सेकने का एक लोहे का गोल पात्र

Grilled (पा.क.) *ग्रिल्ड :* भुना हुआ

Gristle (पा.क.) *ग्रिस्टल :* कोमल हड्डी

Grivabheda (नृ.) *ग्रीवा भेद :* नर्तक द्वारा गर्दन के चलने की मुद्रा

Grog (पुरा.) *ग्रोग :* पकी मिट्टी, पक्वमृत्तिका

Groin Vault (स्था.) *ग्रोइन वाल्ट :* चड्डा तहखाना

Grommet (फै.) *ग्रोमेट* : एक अँगूठी के आकार की वस्तु जो कपड़े के छेद को खुलने से रोकती है

Grotesque (मू., पुरा.) *ग्रोटेस्क :* अर्धमानव तथा किसी पशु की मिश्रित रूपाकृति वाली कलाकृति जैसे मत्स्य कन्या, (जलपरी), नराश्व (आधा घोड़ा, आधा मानव), नरसिंह अवतार

Grotesque (चि.) *ग्रोटेस्क :* विरूपचित्रण, अनगढ़, विकृत, भोदा

Grotesque Figure (चि.) *ग्रोटेस्क फिगर :* विरूप आकृति, भोड़ी आकृति, अनगढ़ छवि

Grotto (पुरा.) *ग्रोटो :* गुहा, कंदरा

Ground (समी.) *ग्राउंड :* तल, धरातल

Ground Floor (स्था.) *ग्राउंड फ्लोर :* निचली मंजिल, तल कोष्ठ, भवन का धरातल भाग

Ground Glass (अभि., षि.) *ग्राउंड ग्लास :* घिसा काँच, घर्षित काँच

Ground Nut (पा.क.) *ग्राउंड नट :* मूंगफली

Ground Plan (ना.) *ग्राउंड प्लान :* मंच का नक्शा, मंच की रूपरेखा

Ground Research (समी.) *ग्राउंड रिसर्च :* आधारभूत अनुसंधान

Grounding (चि., तक.) *ग्राउंडिंग :* भूमिबंधन, अस्तर लगाना, धरातल लेपन

Group (समी.) *ग्रुप :* मंडली, समूह, दल, टोली, समुदाय

Group 1890 (क.समू.) *ग्रुप 1890 :* 1890 कला समूह, भारत में सन् 1962 में स्थापित दिल्ली व बम्बई के कलाकारों का एक समूह

Group Burial (पुरा.) *ग्रुप ब्यूरियल :* समूह शवाधान, सामूहिक दफनाना

Group Dance (नृ.) *ग्रुप डांस :* सामूहिक नृत्य, समूह नृत्य

Group Enterprise (समी.) *ग्रुप एंटरप्राइज :* सामूहिक उद्यम, सामूहिक- साहसिक कार्य

Group M. Media India (P) Ltd (वि.क.) *ग्रुप एम. मीडिया इंडिया प्रा. लिमिटेड :* यह भारत की कुछ प्रमुख बड़ी विज्ञापन कम्पनियों में से एक है ।

Group Show (समी.) *ग्रुप शो :* सामूहिक प्रदर्शनी, मिले-जुले कलाकारों की प्रदर्शनी

Grouping (समी.) *ग्रुपिंग :* समूहन, एकत्रीकरण

Groupism (समी.) *ग्रुपिज्म :* खेमाबंदी, खेमेबाजी, समूहवाद, दलबंदी

Grout (स्था.) *ग्राउट :* पतला मसाला, सीमेंट और रेत का पतला मिश्रण

GRP (पत्र.) *जी.आर.पी.* Grow Regional Product का लघु रूप

Grphology (समी.) *ग्रैफॉलाजी :* लिपि विज्ञान

Guage (स्था.) *गेज :* प्रभावी

Guard (अभि.) *गार्ड :* रक्षी, रक्षक

Guard File (अभि.) *गार्ड फाइल :* गार्ड फाइल

Guarding (अभि.) *गार्डिंग :* रक्षण-पट्टी

Guava (पा.क.) *ग्वावा :* अमरूद

Guerilla Theatre (ना.) *गुरिल्ला थियेटर :* विप्लवी रंगमंच, रीति से अलग अपारम्परिक रंगमंच

Guernica (क.इति.) *गुएर्निका :* गुएर्निका, 1937 में रचा पिकासो का एक अति प्रसिद्ध चित्र

Guess Dating (पुरा.) *गेस डेटिंग :* अटकल काल निर्धारण, अनुमानित काल निर्धारण विधि

Guest Actor (ना., फि.) *गेस्ट ऐक्टर :* अतिथि कलाकार, अतिथि अभिनय कर्मी, नाटक या फ़िल्म की कथा में एक छोटी भूमिका के लिए आमंत्रित विशिष्ट कलाकार

Guest Artist (ना., फि.) *गेस्ट आर्टिस्ट :* छोटी भूमिका हेतु आमंत्रित प्रतिष्ठित कलाकार

Guest Faculty (समी.) *गेस्ट फैकल्टी :* अतिथि प्राध्यापक

Gugga Dance (नृ.) *गुग्गा डांस :* हरियाणा प्रदेश का एक लोकनृत्य

Guide (समी.) *गाइड :* मार्गदर्शक, मार्गदर्शिका, विषय का ज्ञान प्रदाता, पथ प्रदर्शक

Guide Number (फो.) *गाइड नम्बर :* गाइड नम्बर

Guidelines (फि.) *गाइडलाइंस :* मार्गदर्शक सूचनाएँ, पथ प्रदर्शक सूत्र, गाइडलाइंस

Guild (क.इति.) *गिल्ड :* शिल्पी संघ, शिल्प संस्थान; बां. संघ/परिषद; मरा. संघ समाज, शिल्पी संघ; गु. संघ; उ. अंजुमने कलाकार, अन्जुमने पेशावरा

Guitar (संगी.) *गिटार :* गिटार—एक पाश्चात्य तन्तु वाद्य यंत्र

Gujral, Satish (1925) (चि., स्था.) *सतीश गुजराल :* चित्रकार, स्थापत्यकार

Gulab Jamun (पा.क.) *गुलाब जामुन :* गुलाब जामुन, घी, चीनी और खोया से बना एक रसीला मिष्ठान्न

Gulam Ali Khan (चि.) *गुलाम अली खाँ :* दिल्ली के मुग़ल शासक अकबर II तथा बहादुरशाह काल का एक श्रेष्ठ दरबारी चित्रकार जो दिल्ली छोड़कर मुर्शिदाबाद (बंगाल) चला गया था।

Guler School of Painting (क.इति.) *गुलेर स्कूल ऑफ़ पेंटिंग :* गुलेर कलम, गुलेर स्कूल, गुलेर शैली, पन्द्रहवीं शताब्दी में हिमाचल प्रदेश के गुलेर राज्य में विकसित एक लघु चित्र कला की शैली

Gulf Today (पत्र.) *गल्फ टुडे :* दुबई (यूएई) का सर्वाधिक पुराना अंग्रेजी भाषा में प्रकाशित एक दैनिक समाचार-पत्र

Gullu (नृ.) *गुल्लू :* आंध्र प्रदेश का एक लोकनृत्य

Gum Arabic (अभि.) *गम एरॉबिक :* बबूल का गोंद

Gummeta (संगी., वा.यं.) *घुमेटा :* एक भारतीय वाद्य यंत्र

Gunga Dhamora (नृ.) *गूंगा धमोरा :* हरियाणा प्रदेश का एक लोकनृत्य

Gupta Art (क.इति.) *गुप्ता आर्ट :* भारतीय इतिहास की गुप्तकालीन कला जो C. 320 से C. 550 ईस्वी के मध्य फली फूली

Gurajada Apparao (1862-1915) (का.क.) *गुराजदा अप्पाराव :* पद्मभूषण से सम्मानित तेलुगु कवि, नाटय लेखक, लेखक

Gurbani (संगी.) *गुरबानी :* गुरमत संगीत, सिखों का धार्मिक संगीत

Guru (नृ.) *गुरु :* किसी भी कला का प्रशिक्षक

Gurusahai (चि.) *गुरु-सहाय :* पहाड़ी शैली का एक महत्त्वपूर्ण चित्रकार

Gusset (फै.) *गसेट :* परिधान की मजबूती के लिए कपड़ों में लगाया जाने वाला तिकोने कपड़ें का टुकड़ा

Gut (पा.क.) *गट :* आंत

Gutter Press (पत्र.) *गटर प्रेस :* घटिया समाचार-पत्र

Gypsum (क., साम.) *जिप्सम :* प्लास्टर ऑफ़ पेरिस, जिप्सम, पी.ओ.पी., सेलखड़ी

H

H. K. Muthiah Bhagavatar (1877-1945) (सं.क.) *हरी किशन्नालुर मुथई भगवतार :* एक प्रसिद्ध कर्नाटक संगीतकार जिन्होंने बीस रागों का सृजन किया था ।

Habitacle (स्था.) *हैबेटकल :* मूर्ति आला, आवास गृह

Habitat (पुरा.) *हेबीटेट :* आवास, अधिवास

Hacienda (स्था.) *हैसिंडा :* पशुफार्म पर बना मुख्य घर भव्य रियासती कोठी

Hack (समी., पत्र.) *हैक :* दूसरे कम्प्यूटर की सामग्री चुराना

Hack (स्था.) *हैक :* गैंती, फावड़ा, खनित्र

Hacking (स्था.) *हैकिंग :* दोहरा रद्दा

Haft (पुरा.) *हाफ्ट :* मूठ, बेंट, दस्ता

Haiden (स्था.) *हेडेन :* प्रार्थना हाल, आराधना महाकक्ष

Haiku (का.क.) *हाइकू :* जापानी काव्य कला की एक परम्परावादी अति लघु शैली जिसे केवल तीन पक्तियों में रचा जाता है जिसमे केवल 17 शब्द होते हैं, जापानी कविता का एक रूप

Hair Colour (रू.स.) बालों को मनचाहे रंगों से रंगने वाले रंग

Hair Colouring (रू.स.) *हेअर कलरिंग :* केश रंजन, बालों को रंगना, रासायनिक द्रव्य रंगों द्वारा बालों को मनचाहे रंगों में रंगने की क्रिया

Hair Cuts (रू.स.) बाल काटना

Hair Designing (रू.स.) *हेअर डिज़ाइनिंग :* केश विन्यास सज्जा, बालों को मनचाहे ढंग से काट कर, व्यवस्थित करके या कंघी द्वारा विशेष शैली स्टाइल में बनाना

Hair Dresser (रू.स.) *हेअर ड्रेसर :* केश शिल्पी, एक पेशेवर व्यक्ति जो बालों को व्यावसायिक रूप से काटता है तथा उनका स्टाइल भी निश्चित करता है

Hair Dryer (रू.स.) *हेअर ड्रायर :* गरम हवा फेंक कर बाल सुखाने वाला यंत्र

Hair Loss (रू.स.) बालों का झड़ना

Hair Pack (रू.स.) *हेअर पॅक :* केश उपटन, बालों का पॅक उपचार, जो तेल, मक्खन और अन्य हाइड्रेटिंग सामग्री से तैयार किया जाता है। यह सामान्य शैम्पू या कंडिशनर से अधिक प्रभावी होता है।

Hair Pigmentation (रू.स.) बालों को रंगना, केश रंजक

Hair Porosity (रू.स.) बालों का छिद्र

Hair Rebonding (रू.स.) *हेयर रिबंडिंग :* एक प्रक्रिया जिसके द्वारा बालों को रसायनों का इस्तेमाल करके सीधा किया जाता है

Hair Spray (रू.स.) *हेयर स्प्रे :* बालों को मनचाहे ढंग से रखने के लिए प्रयोग किये जाने एक विशिष्ट स्प्रे जिससे बाल अपनी जगह पर रहते हैं उडते नहीं

Hair Style (रू.स.) *हेअर स्टाइल :* केश सज्जाशैली, बालों को विशेश आकार में काट कर या प्राकृतिक रूप से विभिन्न रूपों में सजाने की विधि

Hair Stylist (रू.स.) *हेअर स्टाइलिस्ट :* बालों की स्टाइल बनाने वाला एक व्यक्ति जो पेशेवर लोगों के बालों को काटता है और स्टाइल करता है

Hair Texture (रू.स.) बालों की बनावट

Hair Treatment (रू.स.) बालों का इलाज

Hair whitener (फि., ना.) *हेयर व्हाइटनर :* बालों की सफेद डाई, एक किस्म का सफेद द्रव

Halation (फो.) *हलेशन :* प्रभा विकिरण

Halberd (पुरा.) *हलबर्ड :* फरसा, परशु

Haldar, A.K. (1890-1964) (चि.) *असित कुमार हल्दर :* चित्रकार

Haldenkar, S.L. (1882-1968) (चि.) *गजानन सावलाराम हलदणकर :* श्रेष्ठ महाराष्ट्र के चित्रकार

Half Bat (स्था.) *हॉफ बट :* अद्धा, आधी ईंट

Half Close (संगी.) *हाफ क्लोज़ :* अपूर्ण मुक्ताय

Half Pace (स्था.) *हाफ पेस :* चौकी

Half Relief (स्था. शि., मू.) *हाफ रिलीफ :* अर्ध-उद्धृत

Half Round (मू.) *हाफ राउंड :* आधा गोला

Half Tone (छापा., चि., पत्र.) *हाफ टोन :* अर्ध प्रकाश बिन्दु चित्र, अर्धस्वरक, बिन्दु छापा चित्र, छाया-प्रकाश दर्शक चित्र

Halicarnassus (पुरा.) *हेलीकॉरनेसस :* समाधि, मकबरा

Hall (समी., स्था.) *हॉल :* सभा मंडप, सभा भवन, विशाल कमरा

Hall of Public Audience (समी.) *हॉल ऑफ़ पब्लिक आडियॅन्स :* दीवाने आम, आम दरबार

Hallow Sculpture (मू.) *हालो स्कल्पचर :* खोखली मूर्ति

Halo (पुरा.) *हेलो :* प्रभा मंडल, आभा मंडल

Halogen (समी.) *हैलोजन :* प्रकाश लैम्पों में प्रयोग होने वाली एक गैस

Hals, Frans (1580-1666) (चि.) *फ्रेंज़ हाल्स :* बेल्जियन स्वर्णकालीन चित्रकार

Halwa (पा.क.) *हलवा :* घी, चीनी, खोया बेसन आदि से बना एक मीठा पकवान

Ham (पा.क.) *हैम :* शूकर के जाँघ का माँस

Hamam (स्था.) *हमाम :* तुर्की या रोमन ढंग का सार्वजनिक स्नानागार, हम्माम

Hammer (स्था.) *हैमर :* हथौड़ा

Hammer Stone (स्था.) *हैमर स्टोन :* घन, भारी हथौड़ा

Hamzanama (क.इति.) *हम्ज़ानामा :* हम्ज़ानामा, मुग़लकालीन एक ग्रंथ, पैगम्बर मोहम्मद साहब के चाचा अमीर हम्ज़ा के साहसिक कार्यों की कथा माला

Hand Bill (छापा., पत्र.) *हैंड बिल :* इश्तहार, पर्चा, पर्ची

Hand Book (समी.) *हैंड बुक :* पुस्तिका, कार्य निस्पादन नियम-पुस्तिका

Hand Crafted (आले.) *हैंड क्राफ्टेड :* दस्तकारी, हस्त-शिल्प

Hand Embroidery (आले.) *हैंड इम्ब्राइडरी :* हाथ की कढ़ाई

Hand Guided Embroidery Machine (आले.) *हैंड गाइडेड इम्ब्राइडरी मशीन :* हाथ से चलने वाली कढ़ाई मशीन

Hand Hold (स्था.) *हैंड होल्ड :* हत्था, हस्तक

Hand Lamination (अभि.) *हैंड लैमिनेशन :* हस्त पट्टन/ लैमिनेशन

Hand Pose (नृ.) *हैंड पोज :* हस्त मुद्रा, नृत्य में हाथों की मुद्राओं द्वारा अभिव्यक्ति

Hand Props (ना.) *हैंड प्राप्स :* लघुमंच सामग्री

Hand Roller (छापा.) *हैंड रोलर :* ब्लाक पर स्याही लगाने का हस्त बेलन, जिसपर मुलायम रबड़ चढ़ी होती है

Handbill (छापा., पत्र.) *हैंड बिल :* मुद्रित पर्चा हैंड बिल

Handbook (समी., पत्र.) *हैंड बुक :* सूचनाओं की संक्षिप्त पुस्तिका, हैंडबुक

Handicraft (शि.) *हैंडिक्राफ्ट :* हस्तशिल्प, हस्तशिल्प कला, दस्तकारी; बां. कारूकला; मरा. हस्तकला; गु. हस्तकला, उ. सन्नाई, दस्तकारी

Handkerchief Hems (फै.) *हैंडकरचीफ हैम :* स्कर्ट के किनारे जब रूमाल की तरह गिरते हैं तब व रूमाल हेम लगता है

Handle (स्था.) *हैंडल :* दस्ता, मूठ, हत्था

Handling (समी.) *हैंडलिंग :* निर्वाहण, सधे हाथों से चित्र या मूर्ति का सृजन

Handmade Paper (क., साम.) *हैंडमेड पेपर :* हैंडमेड पेपर, हाथ से बना कागज

Handout (पत्र.) *हैंड आउट :* प्रकाशनार्थ वक्तव्य, विज्ञप्ति

Handwriting (चि., अभि.) *हैंड राइटिंग :* हस्तलेख, हाथों द्वारा लेखन कार्य, लिखावट

Hanging (स्था., चि.) *हैंगिंग :* पर्दा, पर्दा चित्र, लटकन, दीवारों पर लटकाये जाने वाले चित्र

Hansa Veena (संगी., वा.यं.) *हंस वीणा :* एक भारतीय वाद्य यंत्र

Haphazard (समी.) *हैपेजर्ड :* अव्यवस्थित

Happening *हैपनिंग :* प्रदर्शनकारी घटना

Harbans (चि.) *हरबंस :* बादशाह अकबर का एक दरबारी चित्रकार

Hard Core (स्था.) *हार्ड कोर :* रोड़ी, पत्थर के छोटे-छोटे टुकड़े

Hard Disk (टी.वी.) *हार्ड डिस्क :* कम्प्यूटर का डाटा भंडारित करने में सक्षम एक उपकरण

Hard News (पत्र.) *हार्ड न्यूज़ :* पक्की खबर, तथ्यात्मक समाचार

Hardboard (साम., स्था.) *हार्डबोर्ड :* लकड़ी के बुरादे को चिपकाऊ पदार्थ की सहायता से जमाया गया बोर्ड, कठोर काष्ठ फलक, हार्ड बोर्ड

Hardedge Painting (चि.) *हार्डएज पेंटिंग :* हार्डएज पेंटिंग, कठोर रंगांकन

Hardness (समी.) *हार्डनेस :* रूढ़ापन, कठोरता

Hardwood (आले.) *हार्डवुड :* दृढ़ काष्ठ, मजबूत और कड़ी लकड़ी

Harishankar Parsai (1924-1995) *हरिशंकर परसाई :* हिन्दी भाषा के ख्याति प्राप्त व्यंग्यकार, साहित्य अकादमी पुरस्कार से पुरस्कृत

Harital (साम.) *हरिताल :* प्राचीन भारतीय चित्र परम्परा में प्रयुक्त एक प्रकार का पीला (Yellow) रंग

Harivansh Rai Bachchan *हरिवंशराय 'बच्चन' :* आधुनिक हिन्दी के एक श्रेष्ठ कवि तथा 'मधुशाला' के रचनाकार

Harkhu (1765—) (चि.) *हरखू :* पहाड़ी शैली का एक प्रमुख चित्रकार

Harlem Renaissance *हारलेम रेनेसाँ :* अमेरिका के शहर न्यूयार्क के पड़ोसी नगर हेरलम में जन्मा एक अफ्रीकी अमेरिकन कला और साहित्यिक आन्दोलन जो नई एल्फो अमेरिकन सांस्कृतिक पहचान लिए था।

Harmometer (संगी.) *हार्मोमीटर :* सुर संगीत कार्यक्रम का ध्वनि मापक यंत्र

Harmonic (चि.) *हार्मोनिक :* सुसंगत, एकताल, अनुकूल

Harmonic (संगी.) *हॉरमोनिक :* गुणित स्वर, गुणित स्वर बल

Harmonic Progression (स्था.) : *हारमोनिक प्रोग्रेशन :* समस्वरित कड़ी

Harmonica (संगी., वा.यं.) *हार्मोनिका :* बीन (एक वाद्य यंत्र)

Harmonious (समी.) *हार्मोनियस :* सामंजस्यपूर्ण, रंग या संगीत में आपसी मेल

Harmonist (संगी.) *हार्मोनिस्ट :* कुशल हारमोनियम वादक

Harmonium (संगी., वा.यं.) *हारमोनियम :* एक चाबीयुक्त सुषिर वाद्य

Harmony (क.समी.) *हॉरमनी :* सामंजस्य, सुमेल, संगति, तालमेल, सुसंगति

Harmony (संगी.) *हॉरमनी :* सुस्वरता, सुसंगति, सहस्वरता, संगति, समरसता, सामंजस्य

Harmony of Propotions (रू.स.) *हॉरमनी ऑफ़ प्रोपोरशंस :* सद्भावों का सामंजस्य

Harmus (स्था.) *हॉरमस :* खपरैल—आच्छादन, खपरैल से छत ढकना (छाना)

Harp (संगी.) *हार्प :* एक वाद्य यंत्र

Harsh Colors (क., साम., समी.) *हार्स कलर्स :* कटुवर्ण, अत्यन्त मुखर रंग, अधिक भड़कीले रंग, कर्कश रंग, अप्रिय रंग, अभद्र रंग

Hartal (चि.) *हरताल :* एक प्रकार का खनिज पीला रंग

Hashira (स्था.) *हैसहिरा :* जापानी भाषा का शब्द, जापानी स्थापत्य में लकड़ी का खम्भा

Hashiyah (चि.) *हाशिया :* हाशिया, चित्र के बाएँ-दाएँ, ऊपर नीचे खाली छोड़ा जाने वाले स्थान, जिन्हें अंलकृत किया जाता है

Hassle free (समी.) *हेसल फ्री :* बिना झंझट, झंझट मुक्त, परेशानी रहित

Hasyam (Rasa) (समी., नृ., चि.) *हास्यम :* हास्य-विनोद द्योतक इष्ट देवता—प्रभात, रंग-सफेद

Hatching (चि.) *हैचिंग :* रेखाच्छादन, रेखा छाया

Haute Couture (फै.) *ओट कूटयूअर :* फैशनेबल कपड़ों का निर्माण, उच्च फैशन रेखाचित्र

Havas World Wide India (P) Ltd. (वि.क.) *हावस वर्ड वाइड इंडिया प्राइवेट लिमिटेड :* भारत की एक प्रमुख विज्ञापन कम्पनी

Havell, E.B. (1861-1934) (चि.) *ई.बी. हैवल :* ब्रिटिश चित्रकार, भारतीय कला प्रेमी

Haweli (स्था.) *हवेली :* अमीर लोगों के भव्य निवास गृह, प्राचीन काल के विशाल तथा आलीशान रिहायशी भवन, हवेली

Haweli Sangeet (संगी.) *हवेली संगीत :* पुष्टि मार्गीय वैष्णव मन्दिर, परम्परा में प्रचलित एक संगीत

Hazari Prasad Dwivedi (1907-1979) *हजारी प्रसाद द्विवेदी :* हिन्दी भाषा के एक प्रमुख उपन्यासकार तथा साहित्य इतिहास लेखक

Head Dress (समी.) *हेड ड्रेस :* पगड़ी, मैरैठा
Head Dresses (ना.) *हेड ड्रैसेस :* मुकुट, शीर्ष अलंकरण
Head Gear (स्था.) *हेड गियर :* केश सज्जा
Head *हेड :* प्रमुख, मुखिया, सर्वेसर्वा, प्रधान
Head Lines (विज्ञा.) *हेड लाइन :* विज्ञापन का शीर्षक
Head Massage (रू.स.) सिर की मालिश
Head Sculpture (मू.) *हेड स्कल्पचर :* शीर्ष मूर्ति, शिरा कृति
Heading (पत्र.) *हेडिंग :* शीर्षक, मुख्य समाचार
Healthy Hair (रू.स.) स्वस्थ बाल
Healthy Nails (रू.स.) स्वस्थ नाखून
Healthy Skin (रू.स.) स्वस्थ त्वचा
Heart Break Hour (समी.) *हार्ट ब्रेक आवर :* नाट्य दृश्यों के हृदय स्पर्शी भाग या दृश्य
Heathen (सामा.) *हेयथन :* काफिर, अवधर्मी
Hebbar, K.K. (चि.) *कृष्णा कटिंगेरी हेब्बर :* श्रेष्ठ भारतीय चित्रकार
Heena (रू.स.) *हिना :* मेहंदी, की सूखी पत्तियों का चूर्ण, मेहंदी का प्रयोग हाथों का सजावट के अतिरिक्त बालों को रंगने के लिए भी किया जाता है।
Heer (संगी.) *हीर :* पंजाब की एक लोकगीत शैली
Heerabai Barodekar (1905-1989) (गा.) *हीराबाई बरोडकर :* भारतीय किराना घराने की प्रसिद्ध हिन्दुस्तानी शास्त्रीय संगीत गायिका
Heiocaminus (स्था.) *हायोकेमीनस :* रश्मि कक्ष
Helenistic Art (क.इति.) *हेलेनिस्टिक आर्ट :* हेलेनिस्टिक आर्ट, सिकन्दरोत्तर कला, ईसा पूर्व 323 से ई.पू. 31 तक दक्षिणी इटली में विकसित वास्तु एवं मूर्ति कला
Hellenic (पुरा.) *हेलनिक :* यूनानी
Hellenism (समी.) *हेलिनिज़्म :* यूनानीवाद
Hellenistic Theatre (ना.) *हेलिनिस्टिक थियेटर :* यूनानी संस्कृति/सम्मत/शैली का रंगमंच
Helm Roof (स्था.) *हेल्म रूफ :* चौमुखी छत
Helmer (फि.) *हेल्मर :* फ़िल्म निर्देशक, इन्हें हेल्म भी कहते हैं
Helmet (पुरा.) *हेल्मेट :* सिर की सुरक्षा के लिए बनाया गया एक मजबूत टोप (कवच)
Hem (फै.) *हेम :* किनारी सिलना, किनारा, गोट
Hemant Kumar Mukhopadhyay (फि.) *हेमन्त कुमार मुखोपाध्याय :* हिन्दी तथा बांग्ला फ़िल्मों के प्रसिद्ध गायक एवं संगीतकार जिन्हें रवीन्द्र संगीत के प्रचारक व प्रसारक के लिए भी जाना जाता है
Hemline (फै.) *हेमलाइन :* वस्त्र का बिचला किनारा
Hemp House (ना.) *हेम्प हाउस :* पुरानी/रंगशाला, जूट के टेंट से बनी रंगशाला
Herald Sun (पत्र.) *हेराल्डसन :* आस्ट्रेलिया का अंग्रेजी भाषा में प्रकाशित एक प्रतिष्ठित दैनिक समाचार-पत्र
Herb (पा.क.) *हर्ब :* जड़ी बूटी
Herculaneum (क.इति.) *हरकुलेनियम :* हरकुलेनियम, रोमन साम्राज्य का एक नगर का नाम, जो लावा में दब गया था
Heritage (समी.) *हेरीटेज :* विरासत
Hermaphrodite (पुरा.) *हॅमैफरडाइट :* द्विलिंगी आकार जैसे अर्द्ध नारीश्वर
Hero (फि.) *हीरो :* नायक, मुख्य अभिनेता, प्रधान अभिनेता, कथानक का मुख्य पात्र, हीरो पात्र, हिरोइन
Heroin (फि.) *हिरोइन :* नाटक या फ़िल्म की नायिका मुख्य अभिनेत्री, प्रधान अभिनेत्री, कथानक की मुख्य स्त्री पात्र
Herring Bone (फै.) *हैरिंगबोन :* नीचे ऊपर की सिलाई
Hessian (ग्र.स.) *हेसन :* टाट, सन का कपड़ा
Hessonite (सा.ज्ञा.) *हेसोनिटी :* गोमेद, एक प्रकार का रत्न
Hetaera (ना.) *हेटीअरा :* गणिका, उप पत्नी
Hetaleulee (नृ.) *हिताल्यूली :* नागालैंड का एक लोकनृत्य
Hierarchy (स्था., समी.) *हाइआर्की :* धर्मतंत्र, पुरोहिततंत्र, हॉयआर्की
Hieratic Posture (पुरा.) *हायरेटिक पोस्चर :* पूजासन, पूजन मुद्रा
Hiero cracy (पुरा.) *हाईरोक्रेसी :* पुरोहित तंत्र, धर्म तंत्र
Hieroglyph (चि.) *हाइरोग्लाफिक :* चित्रलिपि, चित्रलेख, बीजाक्षर
Hieroglyphic Linear Characters (पुरा.) *हाईरोग्लाफिक लीनियर करेक्टर :* चित्रात्मक रेखीय अक्षय या प्रतीक
Hieroglyphic Script (चि., पुरा.) *हाईरोग्लाफिक स्क्रिप्ट :* चित्रात्मक लिपि
Hieroglyphics (चि., पुरा.) *हाइरोग्लॉफिक :* चित्रलिपि
Hieroglyphics *हेरोग्लाइफिक्स :* मिश्र वासियों की एक छाया द्वारा संवाद संप्रेक्षण विधि
Hierogram (पुरा.) *हाईरोग्राम :* पवित्र प्रतीक
Hieron (समी.) *हैरन :* देवालय क्षेत्र
High Alter (क.इति.) *हाई आल्टर :* मुख्य वेदी
High Class (समी.) *हाई क्लास :* उच्च श्रेणी, ऊँचा दर्जा, अभिजात्य वर्ग, उच्चवर्ग
High Comedy (ना.) *हाई कॉमेडी :* उच्च कोटि का व्यंग्य सुखांतक
High Key (समी.) *हाई की :* उच्च कुंजी, उच्च कला
High Lane (स्था.) *हाई लेन :* मुख्य वीथि, मुख्य मार्ग
High Light (समी.) *हाई लाइट :* विशिष्ट प्रकाश, प्रकाश-प्रभाव, उच्चस्तरीय प्रकाश, प्रकाशित अंश
High Lighted (आले.) *हाई लाईटड :* विशेषताएँ दिखलाना, विशिष्टता, उत्पन्न करना
High Lights (पत्र.) *हाई लाइट :* विशेष ध्यानाकर्षक समाचार
High Pitch (संगी, फि.) *हाई पिच :* उच्च स्वरमान, उच्च स्वर, तेज सुर

High Relief (मू., स्था.) *हाई रिलीफ :* उच्च उद्भृत, उकेरित मूर्ति, अर्धचित्र

High Renaissance (क.इति.) *हाई रेनेसाँ :* उच्चनवोत्थान काल, उच्चपुनरुत्थान काल, महा पुनरुत्थान काल, शीर्षस्थ पुनर्जागरण काल, उच्च नवजागरण काल, उच्च उत्कर्ष काल, उच्च पुनर्जागरण काल

High Resolution Digital Camera (फो.) *हाई रेजोल्यूशन डिजिटल कैमरा :* एक विशिष्ट प्रकार का कैमरा

High Way (विज्ञा.) *हाइवे :* महामार्ग, नगरों की बाहरी सीमाओं को जोड़ने वाले सड़क मार्ग

Higher Arts (समी.) *हायर आर्ट्स :* उच्चतम कलाएँ, श्रेष्ठकलाएं जैसे चित्रकला, मूर्तिकला और स्थापत्य कला

High-tech (समी.) *हाई टेक :* उच्च तकनीक, हाई टेक्नीक का संक्षिप्त रूप, उन्नत तकनीक

Hikat (नृ.) *हिकत :* जम्मू कश्मीर प्रदेश का एक लोकनृत्य

Hiling (स्था.) *हाईलिंग :* छत

Hill Caves (क.इति.) *हिल केव्स :* कन्दरा, पहाड़ी गुफाएँ

Hill Scape (चि.) *हिल स्केप :* पर्वत दृश्य, पर्वत चित्रण, पर्वतीय प्रदेश का भू-अंकन, पहाड़ी चित्र

Hindi Belt (साम.) *हिन्दी बेल्ट :* हिन्दी देश, हिन्दी बोलने-समझने वाले प्रदेश, हिन्दी भाषा बोलने-समझने वाला भू-भाग

Hindi Film—27 Down (फि.) *27 डाउन :* हिन्दी फ़िल्मों के निर्माता निर्देशक अवतार कृष्ण कौल की 1973 में प्रदर्शित पहली और अन्तिम प्रयोगधर्मी श्वेत-श्याम हिन्दी फ़िल्म

Hindu Gothic Art (क. इति, स्था.) *हिन्दू गोथिक आर्ट :* 19वीं शताब्दी के अंग्रेजी शासन में भारत—आंग्ल शैलियों के मिश्रण से उपजी कला

Hindu Musical Theatre (ना.) *हिन्दू म्यूजिकल थियेटर :* आरम्भिक काल के संगीत प्रधान लोक नाट्य जैसे नौटंकी

Hindu, The (पत्र.) *द हिन्दू :* चेन्नई तथा दिल्ली से प्रकाशित अंग्रेजी भाषा का एक प्रमुख दैनिक समाचार-पत्र

Hindustan Times (पत्र.) *हिन्दुस्तान टाइम्स :* दिल्ली से प्रकाशित अंग्रेजी भाषा का एक प्रमुख दैनिक समाचार-पत्र

Hindustani Sangeet (संगी.) हिन्दुस्तानी संगीत : उत्तर भारत में प्रचलित शास्त्रीय संगीत

Hing (पा.क.) *हींग :* हींग

Hinge-Style (स्था.) *हिंज स्टाइल :* काज शैली

Hingul (चि.) *हिंगुल :* एक प्रकार का खनिज लाल रंग

Hippodrome (स्था.) *हाइपोड्रोम :* रंग भूमि, अखाड़ा, हाइपोड्रोम

Historical Painting (समी.) *हिस्टॉरिकल पेंटिंग :* ऐतिहासिक चित्रण, ऐतिहासकि विषयों की चित्र रचना

Historical Treasure (समी.) *हिस्टॉरिकल ट्रेजर :* ऐतिहासिक थाती, इतिहास की धरोहर

Historiograper (समी., इति.) *हिस्टोरियोग्रॉफर :* इतिहास लेखक, इतिवृत्त लेखक

Historiography (समी., इति.) *हिस्टोरियोग्रॉफी :* इतिहास लेखनकला, इतिहास लेखन, इतिहास लेखन विज्ञान

History Museum (इति., संग्र.) *हिस्ट्री म्यूज़ियम :* इतिहास संग्रहालय, इतिहास संरक्षण संग्रहभवन

History Painting (क.इति.) *हिस्ट्री पेंटिंग :* नैतिक सन्देश देने वाले चित्र

Histrion (समी.) *हिस्टोरियन :* इतिहासकार, इतिहासज्ञ

Hit (समी.) *हिट :* सफल प्रदर्शन, फ़िल्म या नाटक की सफलता, शो की कामयाबी

HNS (पत्र.) *हिन्दी न्यूज़ सर्विस*

Hoard (पुरा.) *होर्ड :* निधि, भूमि की खुदाई से प्राप्त वस्तुएँ, ढेर, ज़खेबाज़

Hoarding (चि., समी.) *होर्डिंग :* पट-विज्ञापन, विज्ञापन पट, प्रचार पटल (स्था.) पाड़

Hobby (समी.) *हॉबी :* शौक, खिलवाड़, शगल

Hobjanai (नृ.) *होबजनाई :* आसाम का एक लोकनृत्य

Hobson, Richardson (1838-1886) (स्था.) *रिचर्डसन हाब्सन :* अमेरिकन स्थापत्यकार

Hod (पुरा.) *हॉड :* तसला, तगाड़ी

Hoe (स्था.) *हो :* कुदाल, कुदाली, फावड़ा

Hog Hair Brush (क., साम.) *हाग हेअर ब्रश :* शूकर के बालों से बना ब्रश, हागहेयर ब्रश

Hoist (ना.) *हॉड :* नियंत्रक चरखी

Hokku (का.) होक्कू का नया नाम, Haiku जापानी कविता है

Hole (समी.) *होल :* छिद्र, सुराख

Holidom (पुरा.) *होलीडॉम :* पवित्र वस्तु

Holistic design (स्था.) *हॉलिस्टिक डिज़ाइन :* समग्र डिज़ाइन

Holistic Treatment (रू.स.) *हॉलिस्टिक ट्रीटमेंट :* समग्र उपचार

Hollywood (फि.) *हॉलीवुड :* विश्व में अमरीका के फ़िल्म जगत को 'हॉलीवुड' के नाम से जाना जाता है, अमरीका की विश्व विख्यात फ़िल्म नगरी

Holograph (चि., समी.) *हॉलॅग्राफ़ :* स्वलेख, अपने हाथ का

Holy City (समी.) *होली सिटी :* पुण्य पुरी, पवित्र नगर जैसे भारत में मथुरा, वाराणसी, इटली में रोम (वैटीकॅन)

Holy Family (क.इति.) *होली फेमिली :* ईसाई कला में शिशु ईसा, माँ मैरी तथा पिता सन्त जोसेफ का परिवार

Holy Proportion (समी.) *होली प्रोपोर्शन :* सात्विक अनुपात

Holy See (समी.) *होली सी :* पोप का अधिकार क्षेत्र, धर्म मंडल

Homage (फि.) *होमेज :* भावभीनी श्रद्धांजलि, फ़िल्म निर्माण के मध्य फ़िल्म से जुड़े पात्र या अन्य महत्त्वपूर्ण कलाकारों आदि के निधन पर शोक व्यक्त करने की प्रथा

Homai Vyaawala (1913-2012) (फो.) *होमी व्यारावाला :* भारत की प्रथम पारसी महिला प्रेस फ़ोटोग्राफ़र तथा पद्म विभूषण सम्मान से सम्मानित

Home Art (शि., पुरा.) *होम आर्ट :* गृह कला, घरेलू कला
Home Decor (आले.) *होम डिकोर :* घर की सजावट
Home Furnishing Collection (आले.) *होम फरनिशिंग कलेक्शन :* गृह सजावट-संग्रह
Home Scape (चि.) *होम स्केप :* गृह दृश्य, घरों पर आधारित दृश्य
Home Theatre (फी.) *होम थियेटर :* घरेलू सिनेमाघर
Homogeneous (समी.) *होमोजीनियस :* समजातीय, सजातीय, समांगी, समरूप
Homogeneous Colours (चि.) *होमोजीनियस कलर्स :* सजातीय वर्ण, समरूपी रंग
Homograph (समी.) *होमोग्राफ़ :* समलेख शब्द
Honey Combed Wall (स्था.) *हनी कूम्बड वॉल :* जालीदार दीवार, छिद्रालंकृत दीवार
Honhar (चि.) *होनहार :* शाहजहाँ कालीन एक प्रसिद्ध चित्रकार
Hoofer (नृ.) *हूफर :* मंच पर नृत्य कलाकारों का समूह, नर्तक मंडली, मंचासीन नृत्य टोली
Hook & Eye (फै.) *हुक एन आई :* हुक और आँख, कपड़ों को बाँधने का आँखनुमा हुक
Hore, Somnath (1921-2006) (चि.) *सोमनाथ होरे :* छापा चित्रकार
Horizonline *होरिजन लाइन :* क्षितिज रेखा, धरती और आकाश के मिलने का आभास देने वाली स्थली
Horizontal (समी.) *हॉरिजॉन्ट्ल :* क्षैतिज, अनुप्रस्थ, समतलीय
Horizontal Excavation (पुरा.) *हॉरिजॉन्ट्ल एक्सकेवेशन :* पड़ी खुदाई, समतल उत्खनन, क्षैतिज उत्खनन
Horizontal Shutter (फो.) *हॉरिजॉन्ट्ल शटर :* कैमरे के लेंस का एक क्षैतिज शटर
Horn (संगी.) *हॉर्न :* एक पाश्चात्य सुषिर वाद्य
Horn Dance (नृ.) *हॉर्न डांस :* आदिवासियों का एक लोकनृत्य
Horologium (स्था.) *हॉरोलॉजियम :* घंटाघर
Horror (समी.) *हॉरर :* भय, डरावना
Horror film (फि.) *हॉरर फ़िल्म :* डरावनी फ़िल्म, दर्शकों को मुख्यत: झकझोरने वाली या उनमें डर पैदा करने वाली फ़िल्म। प्राय: यह कार्य डरावने दृश्य और संगीत के माध्यम से किया जाता है। भय उत्पन्न करने वाली फ़िल्म, फ़िल्म जिसे देखते समय दर्शक के मन में भय का का भाव जगे, संत्रापी चलचित्र, दहला देने वाली फ़िल्म
Horse Dance (नृ.) *हॉर्स डांस :* अश्व नृत्य, अश्व भेष में किया जाने वाला नृत्य
Horse Gram (पा.क.) *हॉर्स ग्राम :* चने की दाल
Hospice (समी.) *हॉस्पिस :* धर्मशाला, आश्रम
Hospitality (साम.) *हॉस्पीटेलिटी :* आतिथ्य, आदर सत्कार मेहमाननवाजी
Hot Colour (चि.) *हॉट कलर :* ऊष्णधर्मी रंग, ऊष्ण वर्ण रंग, गरम रंग, अत्युष्ण रंग/वर्ण; बां. उग्र रंग, प्रचंड रंग; मरा. उष्ण रंग; गु. उष्ण रंग; उ. शोख रंग, भड़कीले रंग
Hot glue (अभि.) : गर्म गोंद, गर्म पिघला गोंद या कोई अन्य चिपकन शील पदार्थ
Hot News (पत्र.) *हाट न्यूज़ :* सामयिक चर्चित समाचार
Hot Tone (चि., समी.) *हॉट टोन :* ऊष्ण-रंगसंगति, ऊष्ण रंग, सामंजस्य, भड़क रंग, गर्म रंग संगति, ग्रीष्म उपवर्ण, ग्रीष्म उपवर्ण
Hottari (नृ.) *होट्टारी :* कर्नाटक प्रदेश का एक लोकनृत्य
House (ना., फि.) *हाउस :* प्रेक्षागृह, नाट्यशाला, सिनेमा घर, सदन
House Board (ना.) *हाउस बोर्ड :* रंग सूचना पट
House Curtain (ना.) *हाउस कर्टेन :* मुख यवनिका, मंच का पहला पर्दा
House Journal (पत्र.) हाउस जरनल संस्थान पत्रिका, गृह पत्रिका, संस्थान द्वारा अपनी गतिविधियों की जानकारी देने वाला समाचार या पत्रिका
House Light (ना.) *हाउस लाइट :* मंच प्रकाश
House Organ (पत्र.) *हाउस ऑर्गन :* संस्था पत्रिका, संस्था का मुखपत्र, हाउस ऑर्गन
House Seat (ना., समी.) *हाउस सीट :* पास, मानार्थ प्रवेश पत्र
Household Art (समी.) *हाउस होल्ड आर्ट :* घरेलू कला
Housekeeping Records (अभि.) *हाउसकीपिंग रेकॉर्डस :* गृहपालन अभिलेख
Hradaya Shabd (अभि.) *हृदय शब्द :* अतिमधुर शब्दोच्चारण
Huckster (टी.वी., फि.) *हक्स्टर :* विज्ञापन लेखक, विज्ञापन पांडु लिपिकार
Hudson River School (क.इति.) *हडसन रिवर स्कूल :* हडसन रिवर स्कूल, अमेरीका के भू-दृश्य चित्रकारों का एक समूह
Hudukka (संगी.) *हुडुक्का :* उत्तराखंड के लोक संगीत में प्रचलित एक ताल वाद्य
Hue (चि.) *ह्यू :* आभा, ध्वनि-गूँज, कोलाहल, ढिंढोरा, रंग, रंगत, वर्णाभास, रंग का पर्यायवाची शब्द, रंग का अर्थ बोधी दूसरा शब्द
Hulas Lal (चि.) *हुलास लाल :* ईस्ट इंडिया कम्पनी काल में पटना शैली का एक प्रमुख चित्रकार तथा लीथोग्राफ़र सर चार्ल्स डी औली का सहायक छापा कर्मी
Hulas Lal (चि.) *हुलास लाल :* पटना शैली के एक प्रतिष्ठित चित्रकार तथा चित्रकार श्याम बिहारीलाल के बाबा
Human Behaviour (साम.) *ह्यूमन बिहेवियर :* इंसानी व्यवहार, मानव आचरण
Human Emotions (समी.) *ह्यूमन इमोशंस :* मानवीय संवेदनाएँ/इंसानी भावनाएँ, मनोवेग, मनोभाव
Human Form (समी.) *ह्यूमन फॉर्म :* मानुषी रूप

Human Interest Story (पत्र.) *ह्यूमन इंटरेस्ट स्टोरी :* जनप्रिय समाचार, जनता के पसंदीदा समाचार

Human Sculputure (समी.) *ह्यूमन स्कल्पचर :* पुतले, मानव मूर्ति

Humanism (समी.) *ह्यूमॅनेज़्म :* मानवता, मानवतावाद

Humanist (समी.) ह्यूमॅनिस्ट : मानववादी, मानवतावादी

Humanistic Appearance (समी.) *ह्यूमनिस्टिक एपीयरेंस :* मानुषी रूप

Humanities *ह्यूमिनिटीज :* मानवीकी

Humidity (अमि., सं.) *ह्यूमिडिटी :* मसौदापन, गीलापन, नमी, आद्रता

Humor (साहि.) *ह्यूमर :* हास्य, हँसी का भाव, हँसी, विनोद, परिहास, मजाक

Humors (समी.) *ह्यूमरस :* हास्यास्पद, हँसोड़, हँसी के योग्य

Humour and Satire (समी.) *ह्यूमर एंड सटायर :* हास्य-व्यंग्य

Humour Character (समी., ना.) *ह्यूमर कैरेक्टर :* हास्य चरित्र, हास्य अभिनेता

Hungarian *हंगेरियन :* हंगरी के नागरिक, हंगरी की भाषा

Hunger Pangs (पा.क.) *हंगर पैंग्स :* भूख महसूस करना

Hunta (नृ.) *हुन्ता :* झारखंड का एक लोकनृत्य

Hurtful (समी.) *हर्टफुल :* पीड़ादायक, दुखदाई, दर्दनाक, हानिकर, दुःख दायक, आघाती, संताप देने वाला

Husna Bai or Husna Jaan (Late 19th Cen) (गा.) *हुस्ना बाई या हुस्ना जान :* बनारस की एक प्रसिद्ध ठुमरी गायिका एवं नृत्यांगना जो ठुमरी के अतिरिक्त ख्याल, टप्पा गायकी के लिए भी प्रसिद्ध थी।

Hussain, M.F. (1915-2011) (चि.) *मकबूल फिदा हुसैन :* विख्यात भारतीय चित्रकार

Hybrid (समी.) *हाईब्रिड :* वर्ण संकर, मिलावटी, मिली-जुली

Hybrid Painting (चि.) *हाइब्रिड पेंटिग :* ईस्ट इंडिया कालीन चित्रकला की वह शैली जिसमें चित्रकार मुग़ल शैली (भारतीय) तथा पश्चिमी छाया प्रकाश की मिश्रित शैली में चित्र रचते थे। इस शैली के चित्र अत्यन्त यथार्थवादी होते थे।

Hybrid Race (पुरा.) *हाई ब्रिड रेस :* संकर प्रजाति

Hybrid Society (समी.) *हाइब्रिड सोसाइटी :* बहुनस्लीय समाज, मिली-जुली नस्ल का समाज

Hyderabad Art Society (क.इति.) *हैदराबाद आर्ट सोसाइटी :* हैदराबाद कलाकार संघ, हैदराबाद आर्ट सोसाइटी, हैदराबाद (आंध्र प्रदेश की एक कलाकार संस्था)

Hyderabad School (चि.) *हैदराबाद स्कूल :* हैदराबाद चित्र शैली, उत्तर गोलकुंडा शैली

Hydra Treatment (रू.स.) *हायड्रा ट्रीटमेंट :* त्वचा को सुन्दर, चिकना और स्वस्थ बनाने के लिए किया जाने वाला एक उपचार

Hydration Dating (पुरा.) *हाईड्रेसन डेटिंग :* जलयोजन द्वारा काल निर्धारण

Hydraulic Laminatign Press (अभि.) *हाइड्रोलिक लेमिनेशन प्रेस :* कागज पर लेमीनेशन चढ़ाने की मशीन

Hydro Makeup Remover Oil (रू.स.) *हाइड्रो मेकअप रिमूवर :* एक त्वचा की गंदगी साफ़ करने वाला तेल है जो आसानी से क्रीम मेकअप को हटा देता है

Hydroscopic (अमि., सं.) *हाइड्रोस्कोपिक :* नमी सोखने वाला

Hymn (संगी., साहि.) *हिम्नस् :* ईश, स्तुति, भजन, देव महिमा गान, श्लोक स्तोत्र

Hymnody (संगी.) *हिमनदी :* स्तोत्र गान

Hyper Realism (क.आन्दो.) *हाइपर रियलिज़्म :* हाइपर रियलिज्म, यूरोप का एक कला आन्दोलन

Hypnotic Field (समी.) *हिप्नॉटिक फील्ड :* सम्मोहन क्षेत्र

Hypostyle Hall (स्था.) *हाइपो स्टाइल हॉल :* सभागार की शैली में बना बड़ा कमरा

Hypothesis (समी.) *हाइपोथिसिस :* परिकल्पना, कोरी कल्पना, नितान्त काल्पनिक, अनुमान

Hypothetical (समी.) *हाइपोथेटिकल :* अनुमानिक, परिकल्पित, परिकल्पनात्मक

I

i.e. (सा.ज्ञा.) *आई.ई. :* In other words का संक्षिप्त रूप, अर्थात, दूसरे शब्दों में

I.M.R.B (विज्ञा.) *आई.एम.आर.बी. :* The Indian Market Research Beauru का संक्षिप्त रूप

I.R.S. (साम.) *आई.आर.एस. :* Indian Readership Survey का संक्षिप्त रूप

I.B.M. (पत्र.) *आई.बी.एम. :* International Business machine का संक्षिप्त रूप

Ice Age (पुरा.) *आइस एज :* हिम युग

Ice Cream (पा.क.) *आइस क्रीम :* आइसक्रीम

Icon (फि.) *आइकान :* आदर्श, प्रतीष्ठित

Icon (पुरा.मू, समी.) *आइकन :* प्रतिमा, मूर्ति, अनुप्रतीक

Iconic (पुरा.) *आइकोनिक :* प्रतिमापरक, मूर्तिपरक, मूर्ति गढ़ने योग्य, प्रतिष्ठित, नामचीन, जनप्रिय

Iconic Books (साम.) *आइकॉनिक बुक्स :* कालजयी पुस्तकें जो हर युग में लोकप्रिय रहे।

Iconic Gesture (पत्र.) *आइकोनिक गेस्चर :* प्रतिष्ठित संकेतभाव, प्रतीकात्मक इशारा

Iconic Painting (समी.) *आइकॉनिक पेंटिंग :* कालजयी चित्रकला

Iconism (पुरा.) *आइकोनिज़्म :* प्रतिमा-पूजन, प्रतिमा कल्प

Iconoclast (स्था., समी.) *आइकॉन क्लैस्ट :* मूर्तिभंजक, प्रतिमा भंजक, मूर्तियाँ तोड़ने वाला व्यक्ति

Iconography (पुरा, मू.) *आइकनोग्राफ़ी :* प्रतिमा विज्ञान, धार्मिक विषयों के प्रतीकात्मक बिम्ब, प्रतिमा विद्या, मूर्ति विद्या, प्रतिमा विज्ञान, मूर्ति शिल्प शास्त्र, प्रतिमा शास्त्र, प्रतिमा विधान, मूर्तिशिल्प शास्त्र, प्रतिमा विधान, प्रतिमा शास्त्र, प्रतिमा शास्त्रीय विज्ञान, पवित्र प्रतिमा विज्ञान

Iconology (पुरा.) *आइकॅनोलाजी :* प्रतिमा शास्त्र

Iconometer (स्था.) *आइकनोमीटर :* प्रत्यक्ष दृष्टि सूचक

Iconometry (पुरा.) *आइकनोमेट्री :* प्रतिमा मान विज्ञान

Iconophil (पुरा.) *आइकॅनोफिल :* प्रतिमा प्रेमी

Iconoplast (पुरा.) *आइकॅनोप्लास्ट :* प्रतिमाकार, मूर्तिकार, मूर्ति रचने वाला कलाकार

Iconoplastic Art (पुरा.) *आइकॅनोप्लास्टिक आर्ट :* मूर्ति निर्माण कला, मूर्ति कला

IDA (पत्र.) *इंडियन प्रेस ऐजेंसी*

Idakka (संगी., वा.यं.) *इदक्का :* एक भारतीय वाद्य यंत्र

Ideal (समी.) *आइडियल :* आदर्श, भद्र प्रेरक

Ideal Face (Oval, Harmonious features symmetric Build) (रू.स.) आदर्श चेहरा

Ideal Inventory (अभि.) *आइडियल इनवेंट्री :* समग्र आलेख सूची, समग्र वस्तु सूची

Ideal Spectator (ना.) *आइडियल स्पेक्टेटर :* सहृदय प्रेक्षक, आदर्श दर्शक

Ideal World (समी.) आइडियल वर्ल्ड : भद्र लोक आदर्श जगत

Idealism (समी., क.आन्दो.) *आइडियलिज्म :* आदर्शवाद, प्रत्ययवाद

Identity (आले.) *आईडेंटिटी :* पहचान, स्वीकृत छवि

Idiom (साहि.) *इंडियम :* सूक्ति, कहावत

Idiot Box (फ़ि., पत्र.) *इडियट बाक्स :* टेलीविजन, इडियट बाक्स, टी.वी. के लिए प्रयुक्त एक अमेरिकी कटाक्ष

Idli (पा.क.) *इडली :* इडली, दही रवा, या उड़द की दाल से बना एक दक्षिण भारतीय पकवान

Idol (पुरा., मू.) *आईडल :* मूर्ति, देव प्रतिमा, बुत

Idolater (पुरा.) *आईडलेटर :* मूर्ति पूजक, बुत परस्त

IENS (पत्र.) *इंडियन एंड ईस्टर्न न्यूज़ पेपर सोसाइटी*

IENS (पत्र.) *आई.ई.एन.एस. :* Indian & Eastern Newspaper Society का संक्षिप्त रूप

IIlustration (विज्ञा., चि.) *इलेस्ट्रेशन :* दृष्टान्त चित्र/आरेख

IIMC (पत्र.) *इंडियन इंस्टीट्यूट ऑफ़ मास कम्युनीकेशन*

IJA (पत्र.) *इंडियन जर्नलिस्ट एसोसिएशन :* भारतीय पत्रकार संघ

Illuminated Manuscript (पुरा., चि.) *एल्यूमिनेटेड मैन्युस्क्रिप्ट :* अलंकृति पांडुलिपि, अलंकृत पांडुलिपि, सज्जित पांडुलिपि, सज्जित पोथी

Illumination (समी.) *एल्यूमिनेशन :* सजावट, अलंकरण; (ना.) प्रकाश व्यवस्था, प्रदीप्ति, दीप सज्जा, प्रकाशी करण, आलोक व्यवस्था, रोशन करना

Illusion (समी.) *इल्यूजन :* भ्रम भ्रान्ति, मरीचिका, मोहभंग

Illusionism (समी., क.आन्दो.) *इलूजनिज़्म :* मायावाद, भ्रामकतावाद, भ्रमजनक शैली

Illusionistic (समी.) *इल्यूजनिस्टिक :* भ्रम मूलक, मायावादी

Illusionistic Painting (चि.) *एल्यूजनिस्टिक पेंटिंग :* भ्रामक चित्र कला, भ्रामक चित्र जैसे ऑप आर्ट के चित्र

Illustrated (आले.) *इलेस्ट्रेटेड :* सचित्र, सोदाहरण

Illustration (विज्ञा.) *इलस्ट्रेशन :* बोध चित्र, परिचय चित्र, सज्जा, इलस्ट्रेशन, भाव उद्दीपक चित्र, कथा चित्र

Illustrator (चि.) *इलेस्ट्रेटर :* दृष्टांत चित्रकार, सज्जा चित्रकार, निदर्शी चित्रकार, इलेस्ट्रेटर

Image (समी., अभि. छा., चि.) *इमेज :* छवि, बिम्ब, प्रतिकृति, मूर्ति, चित्र, धारणा, कल्पना, काल्पनिक रूप

Image Building (विज्ञा.) *इमेज बिल्डिंग :* प्रतिमा निर्मिती, विशिष्ट छवि निर्माण, प्रतिमा गढ़न, छवि निर्मिति, छवि रचना, छवि गठन

Imagenary Art (चि.) *इमेइजिनरि आर्ट :* काल्पनिक कला

Imagenary Representation (समी.) *इमेजिनरी रिप्रेजेंटेशन :* कल्पना जन्य चित्रण, काल्पनिक अभिव्यक्ति

Imagenative Painting (चि.) *इमेजनेटिव पेंटिंग :* मन से रचा चित्र, ख्याली चित्र, काल्पनिक चित्र

Imaginary World (समी.) *इमेजनरी वर्ड :* कल्पनालोक, कपोल कल्पित संसार

Imagination *इमैजीनेशन :* परिकल्पना, कल्पना, अनुमान

Imagism (समी.) *इमैजिस्म :* प्रतिमावाद

Imax (फि.) *आईमैक्स :* बड़ा पर्दा, सिनेमा हाल के आम पर्दे से दस गुना बड़ा पर्दा

Imbalance (समी.) *इम्बैलेंस :* असंतुलन

Imitable (समी.) *इमिटेबल :* अनुकरणीय, नकल करने योग्य

Imitation (समी.) *इमीटेशन :* अनुकृति, नकल, अनुकरण, नकल करना, प्रतिकृति

Imitationalism (सौ.शा.) *इमीटेशनलिज़्म :* अनुकरण वाद, नकल करने का रिवाज़

Imitative Art (समी.) *इमइटॅटिव आर्ट :* अनुकरणशील कला, अनुकरणात्मक कला, अनुकारक कला, अनुकरणमूलक कला

Imitator (समी.) *इमिटेटर :* नक्काल, नकलची, अनुकरण कर्त्ता

Immediacy of life : (समी.) *इमीडिएसी ऑफ़ लाइफ :* जीवन की छाप

Immense Faith: (समी.) *इमेंस फेथ :* अटूट विश्वास, अपार श्रद्धा

Immense Recognition : (समी.) *इमेस रिकॉगनिशन :* अपार मान्यता, घोर स्वीकृति

Impasto (तक.) *इम्पेस्टो (इटैलियन शब्द) :* साँद्रवर्ण, इम्पेस्टो, मोटे रंग थोपना, स्थूल रंगांकन, मोटी परत

Imperial Archives (अभि.) *इम्पीरियल आर्काइव्स :* इम्पीरियल अभिलेख, अंग्रेजों के जमाने के दस्तावेज

Imperial Art (क.इति.) *इम्पीरियल आर्ट :* ब्रिटिशराज (1857-1947) के दौर में भारतीय कला

Imperial Mughal Painting (क.इति.) *इम्पीरियल मुग़ल पेंटिंग :* ईस्ट इंडिया कालीन मुग़ल दरबारों की कला

Imperial Painting Office (चि.) *इम्पीरियल पेंटिंग ऑफ़िस :* सन् 1886 में जापान में गठित कलाकारों की संस्था

Impersonal Journalism (पत्र.) *इम्परसनॅल जर्नलिज़्म :* व्यक्तिनिरपेक्ष पत्रकारिता

Impersonalisation (समी.) *इम्पर्सनलाइजेशन :* साधारणीकरण

Important Papers (अभि.) *इम्पोटेंट पेपरर्स :* महत्त्वपूर्ण कागजात

Impoverishing Theatre (ना.) *इम्पोवर्शिग थियेटर :* कंगाल रंगमंच, साधनहीन नाटक कम्पनी

Impression (पत्र.) *इम्प्रेशन :* समाचार-पत्र की मुद्रण संख्या, प्रभावी, छाप, कोई भी सतह द्वारा छाप या दाब।

Impressionism (चि., क.आन्दो.) *इम्प्रेश्निज़्म :* आभासवाद, प्रभाववाद, प्रतिबिम्ब वाद, एक पश्चिमी कला वाद

Impressionist (क.इति.) *इम्प्रेसनिस्ट :* आभासवादी कलाकार, आभासवादी, प्रभाववादी, प्रतिबिम्ब वादी

Impressionistic (चि.) *इम्प्रेशनिस्टिक आर्ट :* आभासवादी कला, प्रभाववादी कला, प्रभावात्मक कला शैली

Imprimatura (तक.) *इम्प्रिमेच्यूरा :* धरातल रंगांकन

Imprint (छापा.) *इम्प्रिंट :* छाप, ठप्पा

Improvisation *इम्प्रोवाइजेशन :* उन्नति का पर्यायवाची

Impulse (समी.) *इम्पल्स :* आवेग, मनोवेग, आवेश

Imriti (Hin.) (पा.क.) *ईमरती :* मूँग की दाल से बनी एक गोल कुंडली के आकार की भारतीय मिठाई

In Seam (फै.) *इन सीम :* परिधान की भीतरी तह

In the Round (भू.) *इन द राउंड :* पूर्ण शिल्प, जिसे चारों तरफ से देखा जा सके

Inactive Records (अभि.) *इनएक्टिव रेकॉर्डस :* निष्क्रिय अभिलेख

Inauguration (समी.) *इनऑगरेशन :* शुभारम्भ, उद्‌घाटन, किसी कार्यक्रम की विधिवत शुरुआत

Incandescent Light (ग्र.स.) *इनकेंडीसेंट लाइट :* अत्यधिक चमकीली रोशनी

Incense Burner (पुरा.) *इंसेन्स बर्नर :* धूपदान

Incense Stick (पुरा.) *इंसेन्स स्टिक :* अगरबत्ती, धूप बत्ती

Incidental Music (संगी.) *इंसीडेंटल म्यूज़िक :* अनुशंगी संगीत, प्रासंगिक-संगीत

Incidental Note (संगी.) *इंसीडेंटल नोट :* विवादी स्वर, प्रासंगिक स्वर

Incised Drawing (स्था.) *इंसाइज्ड ड्राइंग :* उत्कीर्ण आरेखण

Inclusive design (आले.) *इंक्लूसिव डिज़ाइन :* समावेशी डिज़ाइन

Incongruous (समी.) *इनकॉनग्रुअस :* बेतुका

Incredibility (समी.) *इनक्रेडिबिलिटी :* अविश्वसनीयता

Incredible : (समी.) *इनक्रेडिबल :* अतुल्य, अतुलनीय

Incunabula (छापा.) *इंकूनाबूला :* शाब्दिक अर्थ 'उदगम्' छपाई की प्रारम्भिक अवस्था उदाहरण के तौर पर चल टाइप द्वारा छपी पहली पुस्तक।

Indent (पत्र.) *इंडेंट :* मांग पत्रक, ज़रूरती फेहरिस्त

Index (अभि.) *इंडेक्स :* सूची, तालिका

Index Finger Pose (पुरा., नृ.) *इंडेक्स फिंगर पोज :* तर्जनी मुद्रा

Index Register (अभि.) *इंडेक्स रजिस्टर :* सूचक पंजी

Index Slip (अभि.) *इंडेक्स स्लिप :* सूचक पर्ची

Indexer (अभि.) *इंडेक्सर :* अनुक्रमणिकार

India International Centre, New Delhi *इंडिया इंटरनेशनल सेंटर :* इंडिया इंटरनेशनल सेंटर दिल्ली-नई दिल्ली स्थित देश का एक विख्यात कला और सांस्कृतिक गतिविधियों का केन्द्र

India Office Library, London (अभि.) *इंडिया ऑफ़िस लाइब्रेरी लंदन :* इसे इंडिया ऑफ़िस रिकार्ड्स एंड प्राइवेट पेपर्स के नाम से भी जाना जाता है । यह ब्रिटिश अभिलेखागार (Archives) है, जहाँ भारत में ईस्ट इंडिया काल में (1600-1858 से (1947) तक के सरकारी दस्तावेजों का संग्रह सुरक्षित है

Indian Art & Indus try (पत्र.) *इंडियन आर्ट एंड इंडस्ट्री :* कलकत्ता से प्रकाशित अंग्रेजी भाषा की एक ललित कला और औद्योगिक कला विषयक त्रैमासिक पत्रिका

Indian Dynasties (इति.) *इंडियन डायनेस्टीज़ :* भारतीय वंश, भारतीय कला वंश

Indian Environment (समी.) *इंडियन इनवायरमेंट :* भारतीय परिवेश, देसी आबोहवा

Indian Express (पत्र.) *इंडियन एक्सप्रेस :* दिल्ली से प्रकाशित अंग्रेजी भाषा का एक समाचार-पत्र

Indian Film Production Centers (फि.) *इंडियन फ़िल्म प्रोडक्शन सेंटर्स :* भारत में फ़िल्म निर्माण के प्रमुख केन्द्र है—मुम्बई, हैदराबाद, चेन्नई, कोलकाता, नई दिल्ली, अमृतसर, कोची, बेंगलौर, भुवनेश्वर, कटक और गौहाटी

Indian Ink (अभि.) *इंडियन इंक :* काली स्याही

Indian Languages (सा.ज्ञा.) *इंडियन लैंग्वेजेज़ :* भारतीय भाषाएँ, भारत की मान्य 22 भाषाएँ यथा असमी, बांग्ला, बोदो, डोगरी, गुजराती, हिन्दी, कश्मीरी, कन्नड़, कोकंड़ी, मैथिली, मलयाली, मणीपुरी, मराठी, नेपाली, उड़िया, पंजाबी, संस्कृत, संथाली, सिन्धी, तमिल, तेलुगु और उर्दू

Indian Museum, Calcutta (क.सं.) *इंडियन म्यूज़ियम :* इंडियन म्यूज़ियम, भारत का प्राचीनतम कला संग्रहालय

Indian Red (चि.) *इंडियन रेड :* गेरू या गेरू जैसा लाल रंग, इंडियन रेड

Indian Society of Oriental Art (क.इति., क.सं.) *इंडियन सोसाइटी ऑफ़ ओरियंटल आर्ट :* कलकत्ता स्थित एक प्राचीन कला सांस्कृतिक संस्था

Indigo (क., साम.) *इंडिगो :* जामुनी रंग, इंडिगो, नील

Indirect Lighting (ग्र.स.) *इनडारेक्ट लाइटिंग :* अप्रत्यक्ष प्रकाश, परोक्ष प्रकाश

Individualism (समी.) *इंडीविज़ुअलिज़्म :* व्यक्तिवाद

Indo British Style of Painting (समी.) *इंडो ब्रिटिश स्टाइल ऑफ़ पेंटिंग :* पटना कलम या पटना शैली या कम्पनी स्कूल के सन्दर्भ में प्रयुक्त शब्द

Indo Gothic Art (क.इति.) *इंडोगोथिक आर्ट :* भारत में 19वीं शताब्दी के ब्रिटिश-भारत में बनी इमारते व चित्रकारी आदि जो सरकारी भवनों और राजा महाराजाओं के महलों में प्रयुक्त कला जो, आंग्ल-भारत मिश्रण से उपजी थी

Indo Saracenic Revival (क.इति.) *इंडो सरासेनिक रिवाइवल :* भारत में 19वीं शताब्दी के ब्रिटिश-भारत में बनी सरकारी इमारतों व राजा-महाराजाओं के महलों में प्रयुक्त भारत ब्रिटिश मिश्रित स्थापत्य कला

Indoor Air Quality (ग्र.स.) *इनडोर एयर क्वालिटी :* घर के अन्दर हवा की गुणवत्ता

Indo Saracenic Architecture (स्था.) *इंडो सेरासेनिक आर्कीटेक्चर :* भारतीय मुस्लिम स्थापत्य, भारतीय और मुग़ल स्थापत्य से मिश्रित एक नई स्थापत्य शैली

Indus Valley Civilization (क.इति.) *इंडसवैली सिविलाइज़ेशन :* सिन्धु घाटी की सभ्यता

Industrial *इंडस्ट्रियल :* औद्योगिक, उद्योगों से सम्बन्धित

Industrial Art (क.समी.) *इंडस्ट्रिअल आर्ट :* औद्योगिक कला; (मरा.) व्यावसायिक कला; उ. संअति आर्ट/फन

Industrial Art Society (क.सं.) *इंडस्ट्रियल आर्ट सोसाइटी :* इंडस्ट्रियल आर्ट सोसाइटी, कलकत्ता की एक कला संस्था

Industrial Design (डि.) *इंडस्ट्रियल डिज़ाइन :* औद्योगिक अभिकल्प

Industrial design (उप.क.) *इंडस्ट्रियल डिज़ाइन :* औद्योगिक डिज़ाइन, औद्योगिक उत्पादों की उपयोगिता और सुन्दरता वृद्धि के लिए बनाए गए डिज़ाइन

Industrial Designer (शि.) *इंडस्ट्रिअल डिज़ाइनअॅ :* औद्योगिक कलाकार, औद्योगिक अभिकल्पक

Industrial Placement (फै.) *इंडस्ट्रियल प्लेसमेंट :* औद्योगिक संस्थान में नौकरी लगना, औद्योगिक संस्थान में नियुक्त

Ineffective (समी.) *इनइफेक्टिव :* अप्रभावी, प्रभावहीन, बेअसर

Inelastic (समी.) *इनइलास्टिक :* आलोच्य

Inexpensive Theatre (ना.) *इनएक्सपेंसिव थियेटर :* अल्प संसाधनों की नाटक कम्पनी

In-Extenso (अभि.) *इन एक्सटेंसो :* सविस्तार

INFA (पत्र.) *इंडियन न्यूज़ एंड फीचर एलाइंस*

Infiltration (समी.) इंफल्ट्रेशन : घुसपैठ, गड्डम गड्ड

Infinity (फो.) *इंफिनटी :* अनंतता, असीम दृष्टि बोध

Inflammable (समी.) *इनफलेमॅबॅल :* ज्वलनशील, आग से जलने वाली

Inflexion (संगी.) *इन फ्लेक्शन :* सुर-परिवर्तन, उतार-चढ़ाव, रूपांतरण

Informalism (समी.) *इंफॉर्मलिज़्म :* अरूपवाद, अनौपचारिक वाद

Information Age *इंफारमेशन एज :* सूचना युग, 1970 के बाद का वैश्विक युग जिसमें सूचना तकनीक अत्यधिक अत्यधिक विकसित हुई

Infotainment (फि.) *इंफोटेनमेंट :* सूचनारंजन, सूचनात्मक मनोरंजन

Infrared Film (फो.) *इंफ्रारेड फ़िल्म :* एक विशिष्ट फ़ोटो फ़िल्म

Ingenuity (समी.) *इंजनूअटी :* सरलता, चतुरता, चालाकी

Ingredients (पा.क.) *इंग्रीडेंटस :* सामग्री

Ingres, Jean Auguste (1780-1867) (चि.) *जीं ऑगस्ट इंग्रे :* फ्रेंच नव्य शास्त्रीयवाद चित्रकार

In-house (समी.) *इन हाउस :* घर में, सभी उत्पाद या क्रियाएँ एक ही स्थल पर होना

Inhumation (पुरा.) *इनहयूमेशन :* दफनाना, शवाधान

Inimitable (समी.) *इनीमिटेबॅल :* अद्वितीय, अप्रतिम

Inimitable Style of Painting (समी.) *इनिमिटेबल स्टाइल ऑफ़ पेंटिंग :* चित्रकारी की अद्वितीय शैली, अद्भुतचित्र रचनाविधि, प्राय: यूरोप के पुनरुत्थान कालीन चित्रकारों के उत्कृष्ट चित्र रचना के सन्दर्भ में प्रयुक्त काल

Initial (समी.) *इनीशियल :* प्रारम्भिक प्राथमिक, मूल

Initial Review (अभि.) *इनीशियल रिव्यू :* प्रारम्भिक पुनरीक्षण

Injection moulding (तक.) *इंजेक्शन मोल्डिंग :* बिजली चालित मशीन से ढलाई की प्रक्रिया

Ink (फि.) *इंक :* इकरारनामा, अनुबंध, कलाकारों या अन्य कर्मियों द्वारा फ़िल्म में अभिनय या अन्य कार्य करने का वैधानिक अनुबंध या इकरारनामा

Ink (क., साम.) *इंक :* स्याही, मसि, इंक; बां. स्याही; मरा. शाई; गु. शाही; उ. रोशनाई, स्याही

Ink Painting (चि.) *इंक पेंटिंग :* स्याही चित्र, मसि चित्रण

Ink slab (छापा.) *इंक स्लैब :* लिथोशिला, मोटी कांच की समतल पटिया आदि जिस पर छपाई के लिए स्याही तैयार की जाती है।

Inkblot duck (छापा.) *इंकब्लॉट डक :* (इचिमाई पे) एक पृष्ठ छापाचित्र

Inlay (शि., चि., स्था.) *इनले :* जड़ाई, (चि.) जड़ाई करना, पच्चीकारी, जड़ाऊ काम

Inlaying (स्था.) *इनलेइंग :* जड़ाई करना, जड़ना

Inner Conflict (समी.) *इनर कान्फ्लिक्ट :* अन्तर्द्वंद्व, अंत: संघर्ष, मानसिक द्वंद्व

Inner Line (स्था.) *इनर लाइन :* आन्तरिक पथ, भीतरी रास्ता

Innovation (समी.) *इनोवेशन :* नवाचार, खोजपूर्ण नवीनता, अपारम्परिक नवीनता, अन्वेष्णात्मक कार्य, नव क्रियाएँ, नवोन्मेष

Innovation in Script (समी.) *इनोवेशन इन स्क्रिप्ट :* आलेखगत नवप्रवर्तन/नवोद्भावन, आलेख में नया परिवर्तन

Innovative Artist (समी.) *इनोवेटिव आर्टिस्ट :* नवोन्मेषी कलाकार, नवोन्मुखी कलाकार, अभिनव कलाकार

Innuendo (समी.) *इंयूऐंडो :* व्यंग्योक्ति, वक्रोति

Inorganic (समी.) *इनऑर्गेनिक :* अजैविकीय

Input (पत्र.) *इनपुट :* तथ्य निवेश

Inscribed (समी.) *इंसक्राइब्ड :* अंकित, चिन्हित करना

Insect (अभि.) *इंसेक्ट :* कीड़े मकोड़े

Insect repellent (पुरा., सं.) *इनसेक्ट रिपैलयंट :* कीट निरोधक

Insecticides (पुरा., सं.) *इनसेक्टीसाइड्स :* कीटनाशक

Inset (पत्र.) *इनसेट :* आन्तरिक चित्र, प्रकाशित चित्र के सम्बन्ध में एक अन्य चित्र को भी उसमें समायोजित करना

Inset (ना.) *इनसेट :* दृश्यान्श (अभि.) अन्तर्विष्ट पृष्ठ

Inset Scene (फि.) *इनसेट सीन :* दृश्यांश, अन्तर्दृश्य

Inside Back Cover (विज्ञा.) *इन साइड बैक कवर :* पत्रिका के टाइटिल का तीसरा पृष्ठ

Inside Pocket (फै.) *इंसाइड पाकेट :* एक जेब जो वस्त्र के अन्दर इस प्रकार लगाई जाती है कि वह छिप जाए और दिखे नहीं

Inside Story (पत्र., टी.वी.) *इनसाइड स्टोरी :* अन्दर की बात, परोक्ष कथा, पर्दे के पीछे का हाल

Insight (समी.) *इनसाइट :* अन्तर्दृष्टि, सूक्ष्मदृष्टि, पूरी जानकारी, पूर्व बोध अन्तर्ज्ञान

Inspiration (समी.) *इंसपरेशन :* अंत प्रेरणा, उत्प्रेरणा

Inspirational: (समी.) *इंस्परेशनल :* प्रेरणादायक

Installation (संग्रा.) *इंस्टालेशन :* अधिष्ठापन, संस्थापन, कलाकृतियों का अपरम्परागत प्रतिष्ठापन

Installation Art (क.इति.) *इंसटालेशन आर्ट :* संस्थापन (कला), कलाकृति की विशालकाय प्रस्तुति, कलाकृतियों का अधिष्ठापन

Instinct (समी.) *इंसटीन्क्ट :* मूलप्रवृत्ति, सहज प्रवृत्ति

Institutional Records (अभि.) *इंस्टीट्यूशनल रेकॉर्डस :* संस्थागत अभिलेख

Instrumental Duet (संगी.) *इंस्ट्रूमेंटल डुएट :* युगलवादन, जुगलबंदी

Instrumental Music (संगी.) *इंस्ट्रूमेंटल म्यूज़िक :* वाद्य संगीत

Instrumentalist (संगी.) *इंस्ट्रमेंटलिस्ट :* वादक, वाद्य बजाने वाला कलाकार

Insulae (पुरा.) *इनक्यूल :* खंड, द्वीपिका

Intact (पुरा) *इनटैक्ट :* बिना बिगड़ा हुआ, साबुत अक्षुण्ण

Intaglio (छापा.) *इंटैलियो :* उत्कीर्ण छापा चित्र, उत्कीर्ण छपाई, उत्कीर्ण चित्रकारी, तक्षण चित्रकारी, उत्कीर्णन

Intarsia (स्था.) *इंटारसिया :* लकड़ी पर पच्चीकारी

Integral part (समी.) *इंटेगरल पार्ट :* अभिन्न अंग

Integrated Document (अभि.) *इंटीग्रेटेड डाक्यूमेंट :* समाकलित दस्तावेज, सम्पूर्ण अभिलेख

Integrity (समी.) *इंटीग्रिटी :* ईमानदारी, सत्यनिष्ठा

Intellectual (साहि.) *इंटलैक्टचुअल :* बुद्धिवादी, बौद्धिक, बुद्धि से सम्बन्धित

Intellectual Aesthete : (सौ.शा.) *इंटलेक्चुअल एस्थेट :* बौद्धिक सम्पदा

Intellectual Art (क.इति.) *इंटेलेक्चुअल आर्ट :* बौद्धिक कला, बुद्धिवादी कला; म. प्रतिभायुक्त कला

Intellectual Charged (समी.) *इंटलेक्चुअल चार्जड :* बौद्धिक आरोप लगाना

Intellectual Class (समी.) *इंटलेक्चुअल क्लास :* बौद्धिक वर्ग, बुद्धिजीवी समुदाय

Intellectual Conception (समी.) *इनटेलैक्चुकल कंसेप्शन :* बौद्धिक संकल्पना/अवधारणा

Intellectual Discussion (क.इति.) *इंटलेक्चुअल डिस्कशन :* विद्वत चर्चा, बौद्धिक परिचर्चा

Intellectual Glamour (समी.) *इंटलेक्चुअल ग्लैमर :* बौद्धिक चकाचौंध, विद्वता-प्रदर्शन

Intellectual Grace (समी.) *इंटलैक्चुअल ग्रेस :* बौद्धिक आकर्षण, बौद्धिक दीप्ति, बौद्धिक रूपाकर्षण, बौद्धिक सुन्दरता, बौद्धिक लावण्य, बौद्धिक चमक, बौद्धिक तेज

Intellectual Property *इंटलेक्चुअल प्रापर्टी :* बौद्धिक सम्पदा, एकाधिकार कापी राइट सम्बन्धी रचनात्मक सामग्री

Intellectual Property (समी.) *इंटलेक्चुअल प्रापर्टी :* बौद्धिक सम्पदा, कलाकार की सर्जनात्मक सम्पदा जैसे लेखक के लिखित विचार आदि

Intellectual Values (समी.) *इंटेलेक्चुअल वैल्यूज़ :* बौद्धिक मूल्य

Intellectualism *इंटलेक्चुअलिज़्म :* बुद्धिवाद

Intelluctual Discussion (क.इति.) *इंटलेक्चुअल डिस्कशन :* विद्वत चर्चा, बौद्धिक परिचर्चा

Intense (समी.) *इंटेंस :* तीव्र, संकेन्द्रित, सघन

Intense Moisturizing Facial (रू.स.) *मॉस्चराइज़िंग फेशियल :* सघनमुख नमीकरण इंटेन्सिव

Intensity (समी.) *इंटेंसिटी :* तीव्रता, गहनता, प्रबलता (रंगों के सन्दर्भ में)

Intention (समी.) *इंटेंशॅन :* इरादा, ख्वाहिश, अभिप्राय, आशय, नियत, मतलब, मंशा

Inter Course (समी.) *इंटर कोर्स :* समागम

Inter Related (समी.) *इंटर रिलेटेड :* अन्तर सम्बन्धित

Interaction (समी.) *इंटरेक्शन :* परस्पर क्रिया

Interchangeable (आले.) *इंटर चेंजेबल :* विनिमय करने योग्य, विनिमेय, अन्तर्बदल

Interchangeable Lens (फो.) *इंटर चेंजेबल लेंस :* विनिमयशील लेंस, आपस में परिवर्तनशील लेंस, कैमरे में अदला-बदली करने वाले लेंस

Interdisciplinary (समी.) *इंटरडिसिप्लीनरी :* अंत: विषय, तत्सम्बन्धित

Interim Crisis (समी.) *इंटरिम क्राइसिस :* अन्तरिम संकट, अन्दरूनी संकट स्थिति

Interior decoration (ग्र.स.) *इंटीरियर डेकोरेशन :* आन्तरिक सजावट, आन्तरिक सज्जा

Interior Decorator (ग्र.स.) *इंटीरियर डेकोरेटर :* आन्तरिक सज्जाकार

Interior Designer (स्था.) *इंटीरियर डिज़ाइनर :* आन्तरिक सज्जाकार, अन्दर की सजावट करने वाला

Interior Textiles (आले.) *इंटीरियर टेक्सटाइल्स :* आन्तरिक वस्त्र

Interjunction (व्या.) *इंटरजेक्शन :* विस्मयादिबोधक

Inter-Leaving (अभि.) *इंटर लीविंग :* अन्त: पत्रण

Interlining (फै.) *इंटरलाइनिंग :* अन्त: वस्त्रों में अस्तर लगाना

Interlude (ना.) *इंटरल्यूड :* अन्तरालिका, प्रहसनिका

Interment (पुरा.) *इंटरमेंट :* दफनाना, शवाधान

Intermission (फि.) *इंटरमिशन :* मध्यांतर, फ़िल्म प्रदर्शन के बीच का इंटरवल थोड़े समय का अन्तराल

Internal Hollowness (समी.) *इंटरनल हालोनेस :* आन्तरिक रिक्तता अन्दरूनी दिवालियापन, अन्दर से खोखला

International Artist (समी.) *इंटरनेशनल आर्टिस्ट :* सार्वभौमिक कलाकार, अन्तरराष्ट्रीय कलाकार

International Platform (समी.) *इंटरनेशनल प्लेटफार्म :* विश्व पटल विश्व मंच, विश्व रंगमंच

International Style *इंटरनेशनल स्टाइल :* वैश्विक शैली, अन्तरराष्ट्रीय धारा। स्थापत्य जगत में 1932 से लेकर 1960 के मध्य का काल जिसमें बक्सेनुमा (Boxy Structure) और उसमें अत्यधिक स्टील की खपत बढ़ी

Internet (पत्र.) *इंटरनेट :* अतिविशाल अन्तरिक्ष सूचना संग्राहक, इंटरनेट

Internet Advertisement (विज्ञा.) *इंटरनेट एडवरटीजमेंट :* इंटरनेट विज्ञापन, वेब एडवरटाइजिंग, नेट या ऑनलाइन, साइबर माध्यम से दिये विज्ञापन

Internet Journalism (विज्ञा.) *इंटरनेट जर्नलिज़्म :* इंटरनेट पत्रकारिता, साइबर जर्नलिज़्म, पोर्टलो के माध्यम से समाचार प्रसारण

Interpolation (समी.) *इंटरपोलेशन :* प्रक्षेप/क्षेपिज/प्रक्षिप्त अंश

Interpret (समी.) *इंटरप्रेट :* व्याख्या करना, निरूपण करना

Interpretation (समी.) *इंटरप्रिटेशन :* भाषान्तरण, अधिनिरूपण, विवेचन

Inter-Relationship (समी.) *इंटर-रिलेशनशिप :* अन्तर्सम्बन्ध

Interruption (समी.) *इंटरप्शन :* व्यवधान/बाधा/रुकावट

Intertitle *इंटरटाइल :* मूक संवाद, पर्दा संवाद, दृष्टिगत संवाद, मूक फ़िल्मों में सिनेमा के पर्दे पर उभरे मूक संवाद

Interview (पत्र.) *इंटरव्यू :* साक्षात्कार, भेंट वार्ता, बातचीत के माध्यम से जानकारी

Intervisible (समी.) *इंटरविजिबल :* अन्तर्दृश्य

Intimate Images (समी., चि.) *इंटीमेट इमेजस :* नग्न चित्र, कामुक चित्र, कामुक छवि नग्नाकृति

Intimism (क.समी.) *इनटिमेस्म :* परिष्कृत आभासवाद, आभासवाद का (Impressionism) परिष्कृत रूप

Intimism (समी.) *इंटीमिज़्म :* परिचयवाद

Intonaco (चि., शि.) *इनटॅनको :* पृष्ठभूमि, अन्तिम पलस्तर, मुख्य लेप (भित्ति चित्रण के सन्दर्भ में), इंटेन्को

Intonation (ना., संगी.) *इंटोनेशन :* स्वरोच्चार स्वर शैली, सुरीलापन, संगीतारम्भ

Intricate Stitches (आले.) *इंट्रीकेट स्ट्रिचेस :* जटिल सिलाई

Intrigue (समी.) *इंट्रीग :* कूट कथावस्तु, घटना-जटिलता, कपट योग, साजिश

Intro (पत्र.) *इंट्रो :* Introduction का संक्षिप्त रूप, परिचय

Intro (टी.वी.) *इंट्रो :* आमुख, मुखड़ा, आरम्भ, प्रस्तावना, श्रीगणेश, शुरुआत

Intuition (समी.) *इनट्यूइशॅन :* सहजानुभूति, अन्तर्बोध, अन्तर्ज्ञान, सहज ज्ञान, अन्तः प्रज्ञा; बां. अन्तः प्रेरणा; मरा. अन्तर्ज्ञान; गु. अन्तः स्फरण; उ. विजदान, छटी हिस

Intuitive (समी.) *इनटयूटिव :* सहनज्ञानयुक्त

Invalidated (अभि.) *इनवेलीडेटेड :* अमान्यकृत, रद्द अप्रामाणिक

Invention (समी.) *इनवेंशन :* आविष्कार, खोज, ईज़ाद

Inventory (समी.) *इंवेंट्री :* विवरण सूची बनाना, उपकरण सामग्री की तालिका, फेरहिस्त

Inverted Plates (फै.) *इनवर्टेड प्लेट्स :* कपड़े में प्लेट्स

Invigorating: (समी.) *इनविगोरेटिंग :* स्फूर्तिदायक

Invoke : (समी.) *इनवोक :* आह्वान, बुलाना

Ipso-Fecto (समी.) *इप्सो-फैक्टो :* स्वतः, अपने-आप, स्वयंसिद्ध

Irani Art (क.इति.) *ईरानी आर्ट :* फ़ारसी कला, ईरानी कला

Irayimman Thampi (1783-1862) (का.क.) *इरेम्मन थाम्पी :* मलयालम के मध्ययुगीन दरबारी कवि तथा संगीतकार

Iridescent (फै.) *इरिडसेंट :* बहुवर्णभासी, कपड़े की बुनाई का गुण, जिससे प्रकाश पड़ने पर कपड़े का रंग बदल जाता है।

Iris Diaphragm Shutter (फो.) *आइरिश डॉयफ्रॉम शटर :* कैमरे के लेंस के आगे लगने वाला एक प्रकार का शटर

Irish *आइरिश :* आयरलैंड के नागरिक

Iron Man (फि.) *आइरनमैन :* हालीवुड के प्रसिद्ध निर्माता निर्देशक शॉनब्लेक की 2013 में प्रदर्शित एक अविस्मरणीय अंग्रेजी फ़िल्म

Irony (साहि., समी.) *आयरनी :* विडम्बना, व्यंग्य/अभिव्यंग्य

Irrational Behaviour (समी.) *इरैशनल बिहेवियर :* असहज/अतार्किक/असंगत व्यवहार, अविवेकी

Irrelevant (समी.) *इररेलीवेंट :* असंगत, बिना ताल-मेल, अप्रासंगिक

ISBN (पत्र., समी.) *आई.एस.बी.एन. :* International Standard Book Number का संक्षिप्त रूप, पुस्तकों की प्रामाणिकता हेतु प्रदत्त एक अन्तरराष्ट्रीय संख्या

Ishei (नृ.) *ईषी :* मणिपुर का एक लोकनृत्य

Ishwar Chandra Gupta (1812-1859) (का.क.) *ईश्वर चन्द्र गुप्ता :* बांग्ला के सुप्रसिद्ध कवि तथा लेखक

Islam (समी.) *इस्लाम :* इस्लाम, एक समुदाय

Islamic (समी.) *इस्लामिक :* एक समुदाय विशेष का

Ism (समी.) *इज़्म :* धारा, प्रतीकवादी धारा, वाद

ISO (समी.) *आई.एस.ओ. :* इंटरनेशनल स्टैंडर्ड ऑर्गनाइज़ेशन का संक्षिप्त रूप

Isolation (समी.) *आइसोलेशन :* एकाकीकरण, अलगाव, निःसंगता, पृथक्करण, विसम्पर्कन

Isomeric Colour (समी.) *आइसोमेरिक कलर :* सदृश वर्ण, समावयवी रंग, समभितीय रंग

Isometric Drawing (चि., स्था.) *आइसोमेट्रिक ड्राइंग :* सममितीय आरेखण

Israj (संगी.) *इसराज :* सितार और सांरगी से मिलता जुलता एक वाद्य

Istanbul (क.इति.) *इस्तांबुल :* इस्तानबुल, ईसाई कला का एक प्राचीन यूरोपीय नगर

IT (पत्र., समी.) *आई.टी. :* इनफॉरमेशन टैक्नोलॉजी का संक्षिप्त रूप

Italic (विज्ञा.) *इटेलिक :* तिरछे अक्षर, कोणिक अक्षर, इटैलिक, लेखन या छपाई में तिरछे, झुके अक्षर, इटेलिक्स

Itinerant (चि., समी.) *इटीनेरेंट आर्टिस्ट :* घूमन्तू कलाकार

Ivory (पुरा.) *आइवरी :* हाथी दाँत

Ivory Art (षि.) *आइवरी आर्ट :* हाथी के दाँत की कला

Ivory Carver (षि.) *आइवरी कार्वर :* हस्ति दंतकार, हस्ति दन्त शिल्पी

Iwan (स्था.) *ईवान :* प्रवेश मेहराब

Izvestia (पत्र.) *इज़्वेस्तिया :* रूसी भाषा में प्रकाशित रूस का एक दैनिक समाचार-पत्र

J

J. W. Thomson (वि.क.) *जे. डब्ल्यू. थॉमसन :* 1896 में अमरीका में स्थापित एक विज्ञापन कम्पनी जिसका विज्ञापन कार्य व्यापार भारत से भी था । यह भारत की एक विख्यात विज्ञापन कम्पनी थी, जिसके शाखा कार्यालय कलकत्ता तथा बम्बई में थे।

J.J. School of Art (Sir) (समी., क.स.) *जे. जे. स्कूल ऑफ़ आर्ट :* सर जे.जे. स्कूल ऑफ़ आर्ट (बम्बई) अंग्रेजों द्वारा बम्बई में स्थापित एक प्राचीनतम कला प्रशिक्षण विद्यालय

Jabot (फै.) *जैबोट :* (फ्रेंच शब्द) स्त्रियों की कुर्तियों में लगाने की लैस या किनारी

Jaccha (संगी.) *जच्चा :* नवप्रसूता

Jacket (अभि.) *जैकट :* जैकट, एक प्रकार का ऊपरी वस्त्र

Jackson Pollack (1912-1956) (चि.) *जैकसन पोलॅक :* अमेरिकन पॉप चित्रकार

Jad (समी.) *जेड :* हरिताश्म रंग, हरिताश्म, मरियल घोड़ा

Jad Black (समी.) *जेड ब्लैक :* स्याह काला

Jade (र., आभू.) *जेड :* हरितमणि

Jadish (समी.) *जैडिश :* दुष्ट चरित्र का पात्र

Jagan (चि.) *जगन :* बादशाह अकबर का दरबारी चित्रकार

Jagannath (संगी., नृ.) *जगन्नाथ :* संसार के रचयिता भगवान विष्णु के अवतार, जिन्हें हिन्दू और बौद्ध धर्म के अनुयायी पूजते है।

Jagannath Das 'Ratnakar' (1866-1932) (का.क.) *जगन्नाथ दास 'रत्नाकर' :* आधुनिक हिन्दी ब्रज भाषा के एक प्रमुख कवि तथा 'उद्धवशतक' और 'गंगावतरण' काव्य ग्रंथों के रचनाकार

Jagannath Puri Temple (संगी., स्था.) *जगन्नाथ पुरी मन्दिर :* उड़ीसा के पुरी नगर में स्थापित ग्यारहवीं शताब्दी का एक प्रख्यात मन्दिर, चार धामों में से एक धाम

Jaggery (पा.क.) *जेगरी :* गुड़

Jagjit Singh (1941-2011) (संगी.) *जगजीत सिंह :* संगीत जगत के ख्याति प्राप्त ग़ज़ल, गायक, संगीतज्ञ तथा लेखक

Jagmohna (समी.) *जगमोहना :* भगवान श्री कृष्ण के जन्म पर गाए जाने वाले विशिष्ट गीत

Jagran, Dainik (पत्र.) *दैनिक जागरण :* कानपुर व दिल्ली से प्रकाशित हिन्दी भाषा के एक दैनिक समाचार-पत्र जिसके संस्करण भारत के अनेक प्रदेशों से प्रकाशित होते हैं।

Jagte Raho (फि.) *जागते रहो :* फ़िल्म निर्माता निर्देशक शम्भूमित्र और अमित मित्र की 1956 में प्रदर्शित एक श्रेष्ठ कालजयी हिन्दी फ़िल्म

Jaguar Dance (नृ.) *जैगुआर डांस :* फूहड़ अदाओं का एक सामान्य नृत्य

Jahangir (1569-1627) (क.इति.) *जहाँगीर :* वर्ष 1627 से 1658 ई. भारत का एक मुग़ल शासक

Jahangir Nama (पांडु) *जहाँगीरनामा :* बादशाह जहाँगीर की आत्मकथा

Jahangir Nicholson Art Foundation *जहाँगीर निकल्सन आर्ट फाउंडेशन :* आधुनिक कला कृतियों का संग्रहालय जो बम्बई के नेशनल सेंटर फार द परफार्मिंग आर्ट्स में स्थापित है ।

Jai Shankar Prasad (1889-1937) (का.क.) *जयशंकर प्रसाद :* आधुनिक हिन्दी साहित्य के महान कवि, नाटककार तथा लेखक, हिन्दी साहित्य की अमरकृति 'कामायनी' के रचनाकार

Jainism *जैननिज़्म :* जैन दर्शन

Jaipur School (क.इति., चि.) जयपुर स्कूल जयपुर चित्र शैली, जयपुर कलम, जयपुर स्कूल

Jaipur Tamasha (पत्र.) *जयपुर तमाशा :* जयपुर के भट्ट परिवार द्वारा मंचित लोकनाट्य तमाशा

Jaita (नृ.) *जैता :* उत्तर प्रदेश का एक लोकनृत्य

Jaitka (नृ.) *जैतका :* झारखंड का एक लोकनृत्य

Jal Tarang (संगी., वा.यं.) *जल तरंग :* एक पानी भरे चीनी मिट्टी के प्यालों का एक भारतीय वाद्य यंत्र

Jam (पा.क.) *जैम :* जाम, फलों का चीनी मिश्रित मुरब्बा

Jama Masjid (स्था.) *जामा मस्जिद :* मुस्लिमों का आराधना स्थल

Jamana (चि.) *जमाना :* मुग़ल कालीन चित्रों (वसली) के पीछे फ़ारसी लिपि में लिखने की कला

Jamini Roy (1887-1972) (चि.) *जामिनी राय :* श्रेष्ठ लोक चित्रकार

Jamjama (संगी.) *जमजमा :* स्वरों को आन्दोलित करने की क्रिया

Jan Pada Geet (संगी.) *जनपद गीत :* कर्नाटक का एक लोकगीत

Janani (नृ.) *जनानी :* झारखंड का एक लोकनृत्य

Jang, Daily (पत्र.) *डेली जंग :* कराची (पाकिस्तान) से प्रकाशित उर्दू भाषा का दैनिक समाचार-पत्र

Jangam Jogi (नृ.) *जंगम जोगी :* हरियाणा प्रदेश का एक लोकनृत्य

Jani Walker (1925-2003) (फि.) *जानी वॉकर :* भारतीय हिन्दी फ़िल्मों के एक श्रेष्ठ हास्य अभिनेता जिसने लगभग 300 फ़िल्मों को अपने हास्य से सजाया

Jap Paper (समी.) *जेप पेपर :* पतला-मुलायम कागज

Japanese Tissue Paper (अभि.) *जापानी टिशू पेपर :* जापानी टिशू पेपर, एक प्रकार का कागज

Japanese *जापानीज :* जापानी, जापान के नागरिक, जापानी भाषा

Japanism (समी.) *जापानिज़्म :* जापानी कला प्रेमी, जापानवादी

Jargon (समी.) *जारगन :* शब्दों की जादूगरी, विशिष्ट शब्दावली की बोली, खास किस्म की बोली

Jasper (ना.) *जैस्पर :* खलनायक, दुष्ट चरित्र

Jaswant (चि.) *जसवंत :* उस्ताद अबदुस्समद का प्रिय चित्रकार शिष्य जिसने 1584 में आत्महत्या कर ली

Jata Jatin (नृ.) *जटाजाटिन :* बिहार का एक लोकनृत्य

Jatak (Stories) (क.इति., समी.) *जातक :* जातक कथाएँ, भगवान गौतम बुद्ध की पूर्व-जन्म की कथाएँ

Jathiswaram (नृ.) *जतीस्वरम :* भावरहित स्वरों पर भरतनाट्यम नृत्य

Jati (संगी.) *जाति :* ध्रुपद गायन से पूर्व एक प्राचीन संगीत

Jatindra Mohan Bagchi (1878–1948) (का.क.) *जतीन्द्र मोहन बागची :* बांग्ला भाषा के प्रसिद्ध कवि तथा सम्पादक

Jatra (नृ.) *जात्रा :* पश्चिमी बंगाल का एक लोकनाट्य

Javali (नृ.) *जावाली :* अष्ट नायिकाओं की भावना प्रधान नृत्य प्रस्तुति

Jawa (संगी.) *जावा :* सरोद बजाने का साधन

Jawahar Kala Kendra (क., संस्था.) *जवाहर कला केन्द्र :* जयपुर (राजस्थान) में स्थित एक बहुकला-सांस्कृतिक केन्द्र

Jawali (संगी.) *जावाली :* कर्नाटक संगीत की उपशास्त्रीय गीत शैली

Jawara (नृ.) *जवारा :* मध्य प्रदेश का एक लोकनृत्य

Jawari (संगी.) *जवारी :* स्वरों की श्रव्यता को स्पष्ट करने का एक नाम

Jay Ram (1781-1845) (चि.) *जयराम :* ईस्ट इंडिया कम्पनी काल में पटना कलम (शैली) का एक प्रसिद्ध चित्रकार तथा लीथोग्राफ़र सर चार्ल्स डी औली का सहायक छापा कर्मी

Jazz (ना., संगी.) *जैज़ :* यूरोप में प्रचलित अफ्रीका की एक विशिष्ट संगीत-शैली

JD (पत्र.) *डिप्लोमा इन जर्नलिज़्म*

Jerulsalem (इति.) *जेरूस्लम :* इजराइल का एक नगर जिसे यहूदी, इस्लाम और क्रिश्चियन अपने अपने धर्मानुसार सर्वाधिक पवित्र स्थान मानते हैं।

Jest (समी.) *जेस्ट :* प्रहसन, हँसी-मजाक, दिल्लगी

Jester (ना.) *जेस्टर :* मसखरा, विदूषक, हास्य कलाकार, चुटकुले बाज, हँसी-मजाक करने वाला अदाकार

Jewel Painters (समी.) *ज्वेल पेंटर्स :* चित्र रत्न श्रेष्ठ चित्रकार

Jewelled Binding (अभि.) *जवेल्ड बाइडिंग :* अलंकृत जिल्दसाजी

Jewish *जूइश :* यहूदी जाति, यहूदी विषयक

Jhala (संगी.) *झाला :* सितार, सरोद आदि तंत्री वाद्यों पर अतिद्रुत लय में वादन

Jhali (नृ.) *झाली :* हिमाचल प्रदेश का एक लोकनृत्य

Jhallari (संगी., वा.यं.) *झल्लारी :* एक भारतीय वाद्य यंत्र

Jhanjh (संगी.) *झांझ :* एक प्रकार का धातु की तश्तरीनुमा घन वाद्य

Jhap Tala (संगी.) *झपताल :* दस मात्रा की एक प्रचलित ताल

Jhoola (संगी.) *झूला :* सावन के माह में गाए जाने वाली गायन शैली

Jhoomar (संगी.) *झूमर :* राजस्थान की एक लोक गीत शैली

Jhoomara Tala (संगी.) *झूमरा ताल :* चौदह मात्राओं की ताल

Jhora (नृ.) *झोरा :* हिमाचल प्रदेश का एक लोकनृत्य

Jhulan Leela (नृ.) *झूलनलीला :* राजस्थान का एक लोकनृत्य

Jhumar (नृ.) झूमा : राजस्थान का एक लोकनृत्य

Jhunjhuna (संगी., वा.यं.) *झुनझुना :* बच्चों के खेल का एक भारतीय वाद्य यंत्र

Jig Walk (नृ.) *जिग वॉक :* कमर के माध्यम से नृत्य की एक शैली

Jindwa Dance (नृ.) *जिंदवा डांस :* पंजाब प्रदेश का एक लोकनृत्य

Jingle (फि.) *जिंगल :* शब्द-सुरों की झनक

Jinigara (चि.) *जिनीगर :* दक्षिण भारत में तंजौर के चित्रकारों के सन्दर्भ में प्रयुक्त शब्द

Jism Tea Wares (शि.) *जिआन टी वेयर्स :* चीन में पोर्सलीन में बने चाय के बर्तन

Jitshram (संगी.) *जितश्रम :* जिस गाने में श्रम मालूम न हो

Job Press (पत्र.) *जॉब प्रेस :* छुट पुट मुद्रण

Jod (संगी.) *जोड़ :* तंत्री वाद्यों में आरम्भिक ताल रहित किन्तु लयबद्ध अलाप का मध्य भाग

Jodhpur School (क.इति.) *जोधपुर स्कूल :* जोधपुर शैली, जोधपुर स्कूल, जोधपुर कलम, जोधपुर चित्र शैली, मारवाड़ चित्र शैली

Joey (ना.) *जॉय :* मसखरा

Joger (समी. संगी.) *जॉगर :* घुमंतू गायक, चलते-फिरते गाने-बजाने वाले लोक कलाकार

Joger (समी., संगी.) *जॉगर :* एक विशिष्ट लोक गायक

John Miro (1893-1983) (चि.) *जॉन मिरो :* स्पेनिश चित्रकार, मूर्तिकार, सिरेमिक कलाकार

Joist (स्था.) *जॉइस्ट :* कड़ी, जोइस्ट

Joke (समी.) *जोक :* परिहास, मजाक, चुटकुला

Jorasanko (क.इति.) *जोरासाकू :* उत्तरी कलकत्ता का इलाका जहाँ रवीन्द्रनाथ टैगोर का पैत्रिक निवास था। इसे ठाकुर बाड़ी भी कहते हैं

Journal (समी.) *जर्नल :* दैनिकी, पंजिका, रोजनामसा, दैनिक पंजी, दैनिक समाचार-पत्र

Journalism (पत्र.) *जर्नलिज़्म :* पत्रकारिता, जनता तक समाचार पहुँचाने का क्रिया कलाप, खबरनवीसी

Journalist (पत्र.) *जर्नलिस्ट :* पत्रकार, अखबार नवीस, प्रकाशनार्थ समाचार तैयार करने वाला पेशेवर खबरनवीस

Journalistic Ethics (पत्र.) *जर्नलिस्टिक एथेक्सि :* पत्रकारितानीति, पत्रकारिता के नैतिक मापदंड

Journeyman (क.इति.) *जर्नीमेन :* कारीगर, कमेरा, दिहाड़ी कलाकार, जर्नीमैन

Jubli Art Academy (क.इति., क.सं.) *जुबली आर्ट एकादमी :* जुबली आर्ट ऐकेडमी, बीसवीं शताब्दी के आरम्भिक वर्षों में बंगाल के प्रतिनिधि चित्रकारों की एक संस्था

Judas (क.इति.) *जूडास :* ईसा का एक धोखेबाज शिष्य

Judgment (समी.) *जजमेंट :* निर्णय, फैसला

Jugalbandi (संगी.) *जुगलबंदी :* विभिन्न संगीत विधाओं का आपस में सवाल-जवाब

Juggler (समी.) *जगलर :* मदारी, बाजीगर

Jump Heading (पत्र.) *जम्प हेडिंग :* समाचार-पत्रों के शेष समाचार का हेडिंग, शेषांश शीर्षक

Junk Sculpture (मू.) *जंक स्कल्पचर :* कबाड़ शिल्प, बेकार वस्तुओं से निर्मित कलाकृति

Junoon (फि.) *जुनून :* निर्माता निर्देशक महेश भट्ट की 1992 में प्रदर्शित एक कालजयी हिन्दी फ़िल्म, 1979 में भी जुनून फ़िल्म बनी। श्याम बेनेगल इसके निर्देशक थे।

Juoy Print (फै.) *जुई प्रिंट :* सफेद या कोरे कपड़े के ऊपर एक ही तरह की छपाई को दोहराना

Jurium (नृ.) *जूरिउम :* गुजरात का एक लोकनृत्य

Juvenile Troupe (ना.) *जुविनाइल ट्रुप :* बाल अभिनेता-दल, बाल मंडली, अवयस्क नाट्य मंडली, तरुण-दल

Juxtapose (समी.) *जक्स्टापोज़ :* सन्निहित कला

Juxtaposition (समी.) *जक्स्टापोजीशन :* सन्नहन क्रिया, विभिन्न वस्तुओं को मिलाना, समीपीकरण

Jwala Prasad Mishra, Pt (ना.) *पं. ज्वाला प्रसाद मिश्रा :* नाटककार, रामायण के टीकाकार, पंचतंत्र के हिन्दी भाषा में अनुवादक तथा संगीत निर्देशक थे।

Jyestha (सा.ज्ञा.) *ज्येष्ठ :* मई का महीना

K

K. Asif (1922-1971) (फि.) *के. आसिफ :* भारतीय हिन्दी सिनेमा के एक प्रसिद्ध फ़िल्म निर्देशक, फ़िल्म निर्माता तथा पटकथा लेखक थे। उनकी यादगार फ़िल्म 'मुग़ल-ए-आज़म' (1960) थी।

K. Subramanyam (नृ.) *के. सुब्रामनियम :* प्रसिद्ध नर्तक तथा तमिलनाडु में वर्ष 1942 में नृत्योदय नामक प्रसिद्ध नृत्य विद्यालय के संस्थापक

K.L. Sehgal (1904-1947) (सिने.) *कुन्दन लाल सहगल :* भारतीय हिन्दी फ़िल्म जगत के एक लोकप्रिय अभिनेता और गायक, मुख्य फ़िल्में 'तानसेन', 'देवदास', 'शाहजहाँ' आदि

K.V. Ramchandran (1898-1956) (क.समी.) *के.वी. रामाचन्द्रन :* दक्षिण भारत (कोयंबटूर और मद्रास) के एक प्रमुख कला समीक्षक, नृत्य, संगीत तथा अन्य कला विषयों में विशेष योगदान

Kaal Belia (नृ.) *काल बेलिया :* राजस्थान प्रदेश का एक लोकनृत्य

Kaali (नृ.) *काली :* हिन्दू धर्म में माँ दुर्गा का एक विकराल रूप

Kaamsutra (क.इति.) *कामसूत्र :* वात्स्यायन द्वारा रचित एक महान ग्रंथ जिसमें चित्रकला के छह अंगों का वर्णन है

Ka'ba (स्था.) *काबा :* मुस्लिमों का एक पवित्र पूज्य स्थल

Kababs (पा.क.) *कबाब :* कबाब, बारीक कटे हुए माँस से बना एक व्यंजन, शाकाहारी भी

Kabir (1398–1518) (का.क.) *कबीर :* मध्यकालीन भारत में भक्ति शाखा के प्रणेता कवि तथा समाज सुधारक

Kabir Das (1440-1518) *कबीर या भगत कबीर :* पन्द्रहवीं शताब्दी के भारतीय रहस्यवदी कवि तथा भक्ति सम्प्रदाय के एक प्रमुख प्रवर्तक

Kabuki (ना.) *काबुकी :* एक प्रकार का जापानी नाटक

Kadhi (पा.क.) *कढ़ी :* बेसन, दही और हल्दी आदि के मिश्रण से तैयार एक रसीला नमकीन व्यंजन

Kadri Gopalnath (1949-2019) (संगी.) *कादरी गोपालनाथ :* पद्मभूषण सम्मान से सम्मानित, कर्नाटक संगीत विशेषज्ञ तथा महान सेक्सो फोन वादक

Kaftan (फै.) *कॉफतान :* एक लम्बी व ढीली पोशाक, जिसमें लम्बी और चौड़ी आस्तीन हो, ऐसी पोशाक अरब देशों में पहनी जाती है

Kaikotti Kali (नृ.) *काईकोट्टि कली :* केरल प्रदेश का एक लोकनृत्य

Kajal Pencil (रू.स.) *काजल पेंसिल :* काजल एक ऐसा उत्पाद है जिसका उपयोग आँखों की लाइनिंग के लिए महिलाओं को अधिक सुन्दर दिखने के लिए किया जाता है।

Kajari (संगी.) *कजरी :* सावन के महीने में गाई जाने वाली गायन शैली

Kajjal (क., साम.) *कज्जल :* कालिख से बना काला रंग, काजल

Kaka Kalelkar (1885-1961) *काका कालेलकर :* गांधीवादी चिन्तक तथा समाज सुधारक

Kakimono (चि.) *कॅकीमोना :* जापानी लम्बे पटचित्र (Scrolls), जो क्षैतिज (Horizontal) दिखाएँ जाएँ

Kaku (संगी.) *काकू :* ध्वनि का विकार

Kala Aur Kalakar (पत्रि.) *कला और कलाकार :* दिल्ली से चित्रकार रूपनारायण बाथम द्वारा प्रकाशित अंग्रेजी-हिन्दी का एक मासिक कला सूचना-पत्र

Kala Bhawan (Shantiniketan) (क.सं.) *कला भवन :* कला भवन, (शान्ति निकेतन)

Kala Dirgha (पत्रि.) *कलादीर्धा :* लखनऊ से प्रकाशित अंग्रेजी-हिन्दी भाषा की एक त्रैमासिक कला पत्रिका

Kala Mitra (क.समू.) *कला मित्र :* सभी कलाओं की मित्र-संस्था—कला मित्र, ललित कलाओं और उनसे जुड़े कलाकारों के उत्थान हेतु नोएडा की एक संस्था

Kala Sangam (पत्रि.) *कलासंगम :* दिल्ली से चित्रकार रूपनारायण बाथम द्वारा प्रकाशित हिन्दी की एक त्रैमासिक कला पत्रिका

Kalam (चि, समी.) *कलम :* चित्रांकन शैली, जैसे पहाड़ी कलम अर्थात पहाड़ी शैली, स्कूल

Kalaripettu (नृ.) *कलारी पेट्टू :* केरल की एक मार्शल आर्ट

Kalasha (पुरा.) *कलश :* घड़े के आकार का बर्तन

Kalashetra Foundation *कलाक्षेत्र फाउंडेशन :* प्रख्यात कलाकर्मी रुकमणी देवी अरुंडेल द्वारा चेन्नई में स्थापित विभिन्न कलाओं के प्रशिक्षण और उन्नति के लिए गठित संस्था

Kalavarta (पत्रि.) *कलावार्ता :* मध्य प्रदेश कला परिषद, भोपाल द्वारा प्रकाशित हिन्दी भाषा की एक प्रतिष्ठित कला पत्रिका

Kalbelia (संगी.) *काल बेलिया :* राजस्थानी प्रजाति 'कालबेलिया' में प्रचलित नृत्य के साथ गया जाने वाला गीत

Kaleela Damana (चि.) *क्लीला दमना :* पंचतंत्र का फ़ारसी अनुवाद

Kaleidoscope (समी.) *कलाइडॅस्कोप :* बहुरूप दर्शी खिलौना, बहुरूपी दूरबीन

Kalidas (क.इति.) *कालीदास :* महान कवि, नाटकार, जिन्होंने रघुवंश, कुमार संभव, मेघदूत जैसे काव्य ग्रंथों की रचना की तथा अभिज्ञानशाकुन्तलम तथा मालविकाग्निमित्र आदि नाटक लिखे

Kalighat (क.इति.) *कालीघाट :* कलकत्ता में महानगर का एक भाग जहाँ के पटुआ चित्रकारों ने कालीघाट की चित्रकला को जन्मा

Kalighat Painting (School) (क.इति., तक.) *कालीघाट पेंटिंग :* कालीघाट शैली, कालीघाट स्कूल, पटुआ कला, कलकत्ता के काली मन्दिर क्षेत्र में पटुआ कलाकारों की चित्र शैली

Kaligopal (नृ.) *कालीगोपाल :* आसाम प्रदेश का एक लोकनृत्य

Kalikh (चि.) *कालिख :* एक प्रकार का काला रंग

Kalinga Mahotsav (नृ.) *कलिंग महोत्सव :* मौर्य सम्राट अशोक के कलिंग युद्ध के लिए विख्यात उड़ीसा का एक नगर कलिंग में आयोजित एक महत्त्वपूर्ण वार्षिक सांस्कृतिक उत्सव

Kalpasutra (क.इति.) *कल्पसूत्र :* कल्पसूत्र, एक जैन ग्रंथ

Kalpi (क.इति.) *कालपी :* उत्तर प्रदेश का एक नगर, जो हाथ से बने ड्राइंग पेपर तैयार करने का प्रमुख केन्द्र माना जाता है।

Kalri (नृ.) *कलरी :* केरल प्रदेश का एक लोकनृत्य

Kama (1735-1810) (चि.) *कामा :* एक प्रमुख पहाड़ी शैली का चित्रकार

Kamaicha (संगी., वा.यं.) *कमाइछा :* तार पर आधारित एक भारतीय वाद्य यंत्र

Kamal Bosh (सिने.) *कमल बोस :* भारत के विख्यात सिने कैमरामैन, जिसने बिमल रॉय की 'देवदास', 'परिणीता', 'दो बीघा ज़मीन', 'बंदिनी', 'सुजाता' जैसी फ़िल्मों का फ़िल्मांकन किया।

Kamayani (का.क.) *कामायनी :* यह हिन्दी भाषा के महाकवि जयशंकर प्रसाद का सन् 1935 में प्रकाशित महाकाव्य है। यह छायावादी युग का सर्वोत्तम और प्रतिनिधि हिन्दी महाकाव्य है। यह जयशंकर प्रसाद की अन्तिम रचना है, जो 1936 में प्रकाशित हुई थी। 'चिन्ता' से आरम्भ होकर 'आनन्द' तक 15 सर्गों में मानव की विविध मनोवृत्तियों का क्रमिक वर्णन मानव सृष्टि के आदि से अब तक का जीवन विकास—इतिहास स्पष्ट हो जाता है।

Kambuj (क.इति.) *कम्बुज :* कम्बोडिया का प्राचीन नाम

Kamla Surayya (1934-2009) *कमला सुरैय्या :* माधवी कुट्टी उपनाम से विख्यात अंग्रेजी भाषा की एक प्रमुख कवयित्री तथा मलयालम भाषा की लेखिका । विवाह के बाद कमलादास के नाम से विख्यात

Kanarkarli (नृ.) *कन्यारकली :* केरल (दक्षिण भारत) का एक लोकनृत्य

Kanch Tarang (संगी., वा.यं.) *काँच तरंग :* एक भारतीय वाद्य यंत्र

Kandinsky, Wassily (1866-1944) (चि.) *वॉस्ली केन डॅन्स्की :* रशियन चित्रकार तथा सिद्धान्तवादी

Kangra School (क.इति.) *कांगड़ा स्कूल :* कांगड़ा चित्र शैली, कांगड़ा कलम, कांगड़ा (हिमाचल प्रदेश) की प्रसिद्ध लघु चित्रकला शैली, जो अठारहवीं शताब्दी में जन्मी

Kanjira (संगी., वा.यं.) *कंजिरा :* एक भारतीय वाद्य यंत्र

Kannadasan (1927-1981) (का.क.) *कन्नदासन :* तमिल भाषा के आधुनिक कवि तथा गीतकार

Kano School (क.इति.) *कानो स्कूल :* कानो शैली, कानो कलम, जापानी चित्रकला की एक अलंकार प्रधान शैली

Kantipur (पत्र.) *कान्तीपुर :* नेपाली भाषा में काठमांडू से प्रकाशित नेपाल का प्रमुख दैनिक समाचार-पत्र

Kanupriya (का.क.) *कनुप्रिया :* आधुनिक हिन्दी कवि धर्मवीर भारती की एक महान काव्य रचना, जिसमें कृष्ण की प्रिया राधा की अनुभूतियों की मर्मस्पर्शी गाथा है। सन् 1959 में पहली बार प्रकाशित

Kaolin (पुरा.) *के-ओलिन :* चीनी मिट्टी

Kapatik (नृ.) *कपाटिक :* छत्तीसगढ़ का एक लोकनृत्य

Kapellmeister (संगी.) *कैपेलमीस्टर :* नृत्य-नाट्य के कार्यक्रमों में वाद्यवृन्द निर्देशक या संचालक

Kapok (ग्र.स.) *कॅपॅक :* रुई, सेमल की रुई

Kara Kattam (नृ.) *कारा कट्टम :* तमिलनाडु (दक्षिण भारत) का एक लोकनृत्य

Kara-e (क.इति.) *कारा-ए :* यह शैली मूलत: चीनी चित्रकला शैली है, जिसे जापानी चित्रकारों ने भी अपनाया

Karana (नृ.) *करना :* 108 नृत्य मुद्राओं का सामूहिक नाम

Karga (नृ.) *करगा :* कर्नाटक प्रदेश का एक लोकनृत्य

Karma (नृ.) *कर्मा :* झारखंड का एक लोकनृत्य

Karnatak Music (संगी.) *कर्नाटिक म्यूज़िक :* दक्षिण भारत की एक शास्त्रीय संगीत शैली

Karunyam (Rasa) (समी., नृ., चि.) *करुण्यम (रस) :* करुणा या दया भाव का द्योतक, इष्ट देवता—यम रंग-सिलेटी (ग्रे)

Kasbi (संगी.) *कस्बी :* योग्य गुरु से शिक्षा पाने वाला शिष्य

Kashadak Suk (नृ.) *कषादकसुक :* मेघालय प्रदेश का एक लोकनृत्य

Kashinath Ghanekar (Dr.) (1930-1984) *डॉ. काशीनाथ दाणेकर :* मराठी फ़िल्म तथा रंगमंच कर्मी

Kashtha Tarang (संगी., वा.यं.) *काष्ठ तरंग :* एक भारतीय वाद्य यंत्र

Kasuri Methi (पा.क.) *कसूरी मेथी :* खुशबूदार सूखी मेथी के पत्तों का पाउडर

Katha Sarit Sagar (क.इति., चि.) *कथा सरित सागर :* सोमदत्त द्वारा रचित कला मूलक एक प्राचीन ग्रंथ

Kathak (नृ.) *कथक :* उत्तर भारत की एक प्रसिद्ध शास्त्रीय कथात्मक नृत्य शैली

Kathakali (नृ.) *कत्थक्कली :* केरल की एक अति लोकप्रिय शास्त्रीय नृत्य पुरुष प्रधान शैली

Kathi (नृ.) *काठी :* पश्चिमी बंगाल का एक लोकनृत्य

Katho (संगी., वा.यं.) *काथो :* एक भारतीय वाद्य यंत्र

Katik or Kartika (सा.ज्ञा.) हिन्दी माह जो नवम्बर माह से आरम्भ होता है

Kavi (का.क.) *कवि :* कविता रचनाकार, काव्यात्मक भाषा में अपने मनोभावों की अभिव्यक्ति करने वाला कलाकार

Kavi Sammelan (का.क.) *कवि सम्मेलन :* विभिन्न कवियों के काव्य-पाठ का मंच, जनता से कवियों का काव्यात्मक परिचय कराने का सभास्थल, जहाँ संचालक कवियों का श्रोताओं से परिचय कराता है।

Kavidi (नृ.) *काविडी :* तमिलनाडु का एक लोकनृत्य

Kavita (का.क.) *कविता :* रसात्मक काव्य, किसी भी भाषा के शब्दों का ऐसा चयन जिसके माध्यम से श्रोता या पाठक को आनन्द की प्राप्ति हो

Kavitta (का.क.) *कवित्त :* कविता, साधारण अर्थों में कविता को ही कवित्त कहा जाता था

Kavya (का.क.) *काव्य :* छंदबद्ध रचना, कविता

Kazi Nazural Islam (1899-1976) (का.क.) *काज़ी नज़रूल इस्लाम :* बांग्ला भाषा के प्रसिद्ध कवि, लेखक, संगीतकार तथा बांग्लादेश के राष्ट्र कवि

Kedarnath Agrawal (1911-2000) (का.क.) *केदारनाथ अग्रवाल :* साहित्य अकादमी पुरस्कार से पुरस्कृत आधुनिक हिन्दी भाषा के कवि

Keel Arch (स्था.) *कील आर्च :* अर्धवृत्ती मेहराब

Keema (पा.क.) *कीमा :* कीमा, हड्डी रहित माँस को कूटकर या काटकर बना भाग

Keep with the file (अभि.) *कीप विद द फाइल :* फाइल के साथ रखा हुआ

Keeper (संग्रा.) संग्रहालय के विविध विभागों के प्रमुख संग्रह—पाल, कीपर

Keeper of Records (अभि.) *कीपर ऑफ़ रेकॉर्ड्स :* अभिलेखपाल, अभिलेख रक्षक

Keertan (गा.) *कीर्तन :* पश्चिमी बंगाल का एक लोकगायन

Keertanam (नृ.) *कीर्तनम :* कीर्तन

Kensington School of Art, London *केनसिंगटन स्कूल ऑफ़ आर्ट, लंदन :* भारत के प्रथम मद्रास (1853), कलकत्ता (1854), बम्बई (1857) और लाहौर (1878) स्थापित चार कला विद्यालयों में इसी विद्यालय का पाठ्यक्रम प्रारम्भ किया गया।

Kerala Natyam (नृ.) *केरल नाट्यम :* नृत्य गुरु गोपीनाथ द्वारा सृजित एक भारतीय नृत्य

Kerala Varma (1845-1914) (का.क.) *केरल वर्मा :* मलयालम भाषा के आधुनिक कवि, अनुवादक तथा कवि

Kernel (पा.क.) *कर्नेल :* गुठली

Keshav Pandit or Bhat Pandit (मृत्यु 1690) (का.क.) *केशव पंडित या केशव भाट पंडित :* मराठी भाषा के एक कवि

Keshavdas (1555-1617) (का.क.) *केशवदास :* मध्ययुगीन भारत के महान हिन्दी कवि, संस्कृत भाषा के विद्वान तथा 'रसिक प्रिया', 'कवि प्रिया' और 'रामचद्रिका' जैसी काव्य कृतियों के रचनाकार

Keshow (चि.) *केशो :* बादशाह अकबर का एक दरबारी चित्रकार

Key Block (छापा.) *की ब्लाक :* लकड़ी का मुख्य ठप्पा, असली ठप्पा, मूल ठप्पा

Key Board (संगी.) *की बोर्ड :* स्वर पटल, कुंजी फलक

Key Colours (समी.) *की कलर्स :* प्रधान रंग, मुख्य रंग वर्ण

Key Contributors (समी.) *की कंट्रीब्यूटर्स :* मुख्य सहयोगी, आधारभूत सहयोगी

Key Drawing (स्था.) *की ड्राइंग :* मुख्य ड्राइंग, आधारभूत कुंजी चित्र, सूत्र अभिकल्प

Key Line (समी.) *की लाइन :* ब्रह्म रेखा, आधारभूत रेखा

Key Signature (संगी.) *की सिगनेचर :* आधार स्वर चिन्ह, स्वर परिचय सूत्र

Key Block (क.साम., तक.) *की ब्लाक :* असली ठप्पा, की ब्लाक प्रधान, काठ ठप्पा, मूल ठप्पा

Keys (संगी.) *कीज़ :* मूलस्वर, कीज

Key Sketch (समी.) *की स्केच :* बीज चित्र, सूत्र चित्र, सूत्र रेखांकन, कुंजी चित्र, संकेत चित्र, बीज आलेख, सूक्ष्म चित्र, सांकेतिक रूपाकृति, संकेत चित्र, आधार चित्र, सांकेतिक प्रारूप

Keystone (स्था.) *की स्टोन :* डाट, संधान प्रस्तर, कीस्टोन

Keyt, George (1901-1993) (चि.) *जार्ज कीट :* श्रीलंका मूल के प्रसिद्ध चित्रकार

Keyword (पत्र.) *कीवर्ड :* सूत्र शब्द

Khada (नृ.) *खादा :* मध्य प्रदेश का एक लोकनृत्य

Khaleej Times (पत्र.) *खलीज टाइम्स :* शारजाह से प्रकाशित दुबई का अंग्रेजी भाषा का एक प्रमुख दैनिक समाचार-पत्र

Khali (संगी.) *खाली :* ताल की नि:शब्द क्रिया, जिसे भातखंडे लिपि से प्रदर्शित किया जाता है

Khalifa (समी.) *खलीफा :* सभी कलाओं का विज्ञ कलाकार

Khamak (संगी., वा.यं.) *खमक :* एक भारतीय वाद्य यंत्र

Khamba Thaibi (नृ.) *खम्बा थैबी :* मणिपुर का एक लोकनृत्य

Khamsa (संगी.) *खमसा :* कव्वाली गायकी से मिलती जुलती एक गायकी

Khand kavya (का.क.) *खंड काव्य :* जीवन की किसी एक घटना का लिखित काव्य रूप

Khandita (समी.) *खंडिता :* ऐसी नायिका, जिसका पति रात्रि किसी दूसरी स्त्री के साथ गुजार कर प्रात: वापस आया है

Khandita-Khandita (नृ.) *खंडिता-खंडिता :* खंडिता नायिका का क्षोभ प्रदर्शन करने वाला नृत्य

Khanjeera (संगी.) *खंजीरा :* कर्नाटक संगीत में प्रयुक्त एक ताल वाद्य

Khanna, Krishen (1907-1974) (चि.) *कृष्ण खन्ना :* प्रसिद्ध चित्रकार

Kharaj (संगी.) *खरज :* षड्ज का अपभ्रंश शब्द, सामान्यत: मंद सप्तक के सा का द्योतक

Khari Boli (का.क.) *खड़ी बोली :* वर्तमान हिन्दी भाषा का एक रूप, जिसमें ब्रज भाषा और अवधी भाषा के ठेठ शब्द न हों, बल्कि जिसमें बोलचाल के प्रचलित उर्दू के शब्द भी हों।

Khartal or Kartaal (संगी., वा.यं.) *करताल :* एक भारतीय वाद्य यंत्र

Khastgir, S.R. (1907-1974) (चि.) *सुधीर रजन खास्तगीर :* चित्रकार, मूर्तिकार

Khat Tala (संगी.) *खट ताल :* लोक संगीत में प्रचलित एक घन वाद्य

Khayal (संगी.) *ख्याल :* हिन्दुस्तानी शास्त्रीय गायन शैली

Khayal Bazi (संगी., का.क.) *ख्यालबाजी :* लोकलुभावन शैली में तुकबंदी शैली की काव्य रचना जिसका प्रयोग नौटंकी में अधिक होता है

Kheer (पा.क.) *खीर :* खीर, दूध, चावल, और चीनी से बना एक मीठा पकवान

Khelgopal (नृ.) *खेलगोपाल :* आन्ध्र प्रदेश का एक लोकनृत्य

Khem Karan (चि.) *खेमकरन :* बादशाह अकबर का एक दरबारी चित्रकार

Khemchand Prakash (1907-1950) (फि.) *खेमचन्द्र प्रकाश :* हिन्दी सिनेमा में आरम्भिक काल के एक लोकप्रिय तथा विख्यात संगीतकार जिसने 'तानसेन' (1943), 'गोरी', 'विषकन्या', 'भंवरा' (1944), 'महल' (1949) आदि अविस्मरणीय फ़िल्मों को संगीत से सजाया

Khichdi (पा.क.) *खिचड़ी :* खिचड़ी, दाल और चावल को उबाल कर बनाया गया एक व्यंजन

Khol (संगी., वा.यं.) *खोल :* बंगाल व आसाम में प्रचलित एक प्रकार का मृदंग

Khubak (नृ.) खूबक : मणिपुर का एक लोकनृत्य

Khuda Buksh Oriental Library Patna *खुदा बख्श ओरियेंटल लाइब्रेरी पटना :* भारत की एक प्रमुख राष्ट्रीय पुस्तकालय, जिसकी स्थापना 1891 में खान बहादुर खुदा बख्श ने पटना में की थी।

Khukuri Naach (नृ.) *खुखुरीनाच :* सिक्किम प्रदेश का एक लोकनृत्य

Khulai (चि.) *खुलाई :* रूपरेखा, ड्राइंग

Khullam (नृ.) *खुल्लम :* मिज़ोरम प्रदेश का एक लोकनृत्य

Khurja (क.इति.) *खुरजा :* उत्तर प्रदेश का एक औद्योगिक नगर जहाँ के चीनी मिट्टी के बर्तन बनाने के अनेकों कारखाने हैं तथा जो ब्लू पोटॅरी (Blue Pottery) के लिए विख्यात है।

Khurshed Pandole *खुर्शीद पटेल :* बम्बई की प्रसिद्ध पंडारे आर्ट गैलरी की सह संचालिका तथा कैकूगांधी की धर्म पत्नी

Khursheed Bano (1914-2001) (फि.) *खुर्शीद बानो :* 1930 व 40 के दशक की प्रसिद्ध भारतीय फ़िल्म गायिका तथा अभिनेत्री जो भारत-पाकिस्तान बँटवारे के समय 1948 में पाकिस्तान (लाहौर) जा बसी।

Khushala (1730-1790) (चि.) *खुशाला :* कांगड़ा शैली का एक महत्त्वपूर्ण चित्रकार जो चित्रकार नयनसुख का पुत्र था

Khwaja Abdussamad (चि.) *ख्वाजा अब्दुस्समद् :* बादशाह अकबर के शासन काल में शीराज निवासी एक चित्रकार जिसनें किस्सा अमीर हम्ज़ा के कलाकारों का निर्देशन किया

Kigo (साहि.) *कियो :* जापानी कविता हाइकू की तरह की एक कविता

Kilim (ग्र.स.) *केलिम :* एक प्रकार का बुना हुआ मोटा कम्बल या चादर

Kill Site (पुरा.) *किल साइट :* पशुवध-स्थल, सूना स्थल

Killing Line (ना.) *किलिंग लाइन :* मर्मभेदी संवाद, अभीष्ट संवाद, शीर्ष संवाद, मार्मिक संवाद, अति प्रभावी संवाद

Kiln Burnt Brick (स्था.) *किल्न बर्नट ब्रिक :* भट्टे में पकी ईंट, पक्की ईंट

Kilt (फै.) *किल्ट :* छोटा लँहगा, घाघरी

Kinetic Art (समी.) *काइनेटइक आर्ट :* गतिमूलक, गतिक, गत्यात्मक, गतिमूलक कला, गतिज कला, नृत्य, गत्यात्मक शिल्प

Kinetic Sculpture (मू.) *काईनटिक स्कल्पचर :* सचल शिल्प गतिमूलक मूर्ति

Kinetograph *काइनेटोग्राफ़ :* मूवी कैमरा फ़िल्म कैमरा से खींचा गया चित्र

Kinetoscope (फि.) *काइनेटोस्कोप :* चलचित्र

King Post (स्था.) *किंग पोस्ट :* केन्द्रीय स्तम्भ, प्रमुख स्तम्भ

Kinpar (संगी., वा.यं.) *किनपर :* एक आदिवासी भारतीय वाद्य यंत्र

Kiosk (स्था.) *की ऑस्क :* छत्री। देखिये (Chhatri)

Kirtan (संगी.) *कीर्तन :* भक्ति रचना, सामान्यत: सामूहिक रूप में गेय

Kishangarh School (क.इति.) *किशनगढ़ स्कूल :* किशनगढ़ चित्र शैली, किशनगढ़ कलम, राजस्थान के किशनगढ़ राज्य में विकसित एक लघुचित्र कला शैली

Kishanlal (चि.) *किशनलाल :* कांगड़ा शैली का एक महत्त्वपूर्ण चित्रकार

Kishore Kumar (1929-1987) (सिने.) *किशोर कुमार :* भारतीय हिन्दी फ़िल्म जगत के एक विख्यात अभिनेता, पार्श्व गायक, गीतकार तथा निर्देशक

Kistvaen (पुरा.) *किस्टवाइन :* ताबूत, शव-पेटिका

Kit (संगी.) *किट :* छोटा वायलिन

Kitchen (पा.क.) *किचन :* रसोई, भोजन बनाने का कक्ष

Kitchen Midden (पुरा.) *किचिन मिडन :* घूरा, कूड़ा स्थल

Kitchen Scissor (पा.क.) *किचन सीजर :* रसोई कैंची

Kitsch (फै.) *किच :* भड़कीला, नाटकीय, भावुक कला या ज़रूरत से ज़्यादा भड़कीला

Klee, Paul (1879-1940) (चि.) *पॉल क्ली :* स्विज़ बहुआयामी चित्रकार

Knife (ना.) *नाइफ :* फ़िल्म में कांट-छांट करना, नाटक दृश्य सम्पादन में काँट-छाँट करना

Knock-up (पत्र.) *नॉक-अप :* तत्काल समाचार लेखन, हाजिर समाचार सृष्टि

Knotting (फै.) *नाटींग :* गाँठ लगाने का तरीका जो सजावट के लिए होता है

Knowledge of Form (समी.) *नॉलेज ऑफ़ फॉर्म :* रंगभेद, रंगों की विविधता, ऋषि वात्स्यायन के 'कामसूत्र' के अनुसार चित्र के छह अंगों में से एक अंग

Knowledge of Proportion (समी.) *नालेज ऑफ़ प्रोपोर्शन :* प्रमाण, अनुपात, ऋषि वात्स्यायन के 'कामसूत्र' के अनुसार चित्र के छ: अंगों में से एक

Kodia Dance (नृ.) *कोडिया डांस :* हरियाणा प्रदेश का एक लोकनृत्य

Kodiyattam (नृ.) *कोडियट्टम :* केरल प्रदेश का एक लोकनृत्य

Kofta (पा.क.) *कोफ्ता :* कोफ्ता, सब्जी या कुटे माँस से बना एक व्यंजन

Koil/Kovil (नृ.) *कोएल/कोविल :* कोविल मन्दिर

Koine (पुरा.) *कोइन :* यूनानी भाषा

Kokoschka, Oskar (1886-1980) (चि.) *ऑस्कर कोकोश्का :* आस्ट्रियन चित्रकार, कवि और नाट्य लेखक

Kolam (चि.) *कोलम :* भूमि पर चित्रित आलेखन

Kolattam (नृ.) *कोलट्टम :* आंध्र प्रदेश का एक लोकनृत्य

Koli (नृ.) *कोली :* महाराष्ट्र प्रान्त का एक लोकनृत्य

Komal (संगी.) *कोमल :* स्वर की मूल अवस्था से नीचे का स्वर

Komistra (ना. नृ.) *कॉमिस्त्रा :* नृत्य-मंच के लिए प्रयुक्त ग्रीक शब्द

Konark (पुरा.) *कोणार्क :* कोणार्क के मन्दिर, उड़ीसा प्रदेश का एक प्रसिद्ध प्राचीन मन्दिर

Konark Dance Festival (नृ.) *कोणार्क डांस फेस्टिवल :* प्रतिवर्ष 1 से 5 दिसम्बर के बीच कोणार्क (उड़ीसा) के सूर्य मन्दिर प्रांगण में आयोजित देश भर के शास्त्रीय नृत्यकारों का नृत्य समारोह

Konark Sun Temple (नृ., स्था.) *कोणार्क सन टेम्पल :* तेरहवीं शताब्दी में राजा नरसिम्हा देव द्वारा बनवाया गया एक प्रसिद्ध मन्दिर

Kondo (स्था.) *कोंडो* (जापानी शब्द) : जापान के प्राचीन बौद्ध मन्दिरों के 'स्वर्ण कक्ष' जिनमें सोने से आन्तरिक सज्जा की जाती थी

Koodiyatam (नृ.) *कुदिअट्टम :* दक्षिण भारतीय लोकनृत्य की एक शैली

Korea Times, The (पत्र.) द *कोरिया टाइम्स :* सिओल (दक्षिण कोरिया) से प्रकाशित अंग्रेजी भाषा का सर्वाधिक लोकप्रिय दैनिक समाचार-पत्र

Korean *कोरियन :* कोरिया के नागरिक, कोरिया की भाषा

Korma (पा.क.) *कोरमा :* कोरमा, एक माँसाहारी व्यंजन

Kosmeterion (स्था.) *कॉस्मेटेरियन :* परिधान कक्ष

Kota School (क.इति.) *कोटा स्कूल :* कोटा चित्र शैली, कोटा कलम, राजस्थान की एक क्षेत्रीय हिन्दू चित्र शैली जिसका अठारहवीं शताब्दी के आरम्भ में उत्थान हुआ

Kraak Porcelain (शि.) *क्राक पोर्सलिन :* नीले और सफेद रंग में पोर्सलेन के चीनी बर्तन

Kraft Paper (अभि. शि.) *क्राफ्ट पेपर :* बाँस का कागज, बाँसिया कागज

Krantan (संगी.) कृन्तन : सितार में एक ही आघात से दो से अधिक स्वरों को शीघ्रता से लेना

Krishna (नृ.) *कृष्ण :* द्वापर में हिन्दू धर्म में विष्णु अवतार

Krishnanattam (नृ.) कृष्णनट्टम : एक भारतीय नृत्य विधा

Krishnaraja Wodeyar III (1780-1865) (चि.) *कृष्ण राजा बाडियार :* दक्षिण भारतीय पारम्परिक चित्र कला के एक सर्वश्रेष्ठ कला संरक्षक शासक

Kuar (सा.ज्ञा.) *क्वार :* हिन्दी महीना जो सितम्बर से आरम्भ होता है

Kuchipudi (नृ.) *कुचीपुड़ी :* आन्ध्र प्रदेश की एक प्रसिद्ध शास्त्रीय नृत्य शैली

Kud (नृ.) *कुद :* जम्मू-कश्मीर प्रदेश का एक लोकनृत्य

Kudyak (चि.) *कुड्यक :* भित्तिचित्र

Kuensel (पत्र.) *क्यूनसेल :* भूटान का अंग्रेजी और जोंगखा भाषा में प्रकाशित एक दैनिक समाचार-पत्र

Kulkarni, K.S. (1916-1994) (चि.) *कृष्णा श्यामराव कुलकर्णी :* चित्रकार

Kullu School (क.इति.) *कुल्लू स्कूल :* कुल्लू चित्र शैली, हिमाचल प्रदेश के कुल्लू राज्य में विकसित 18वीं शताब्दी की एक लघु चित्रकला शैली

Kumar (पत्रि.) *कुमार :* एक लोकप्रिय गुजराती भाषा की कला पत्रिका जिसे 1924 में प्रसिद्ध चित्रकार रवि शंकर रावल ने आरम्भ किया था।

Kumayuni (नृ.) *कुमायूनी :* उत्तराखंड का एक लोकनृत्य

Kumbha Pad (नृ.) *कुम्भ पद :* नृत्य में पैरों की एक मुद्रा

Kumi (नृ.) *कुमी :* तमिलनाडु का एक लोकनृत्य

Kunchan Nambiar (1705-1770) (का.क.) *कंचन नाम्बियार :* मलयालम भाषा के मध्ययुगीन कवि

Kunchitabhramari (नृ.) *कुंचिताभ्रमरी :* नर्तक द्वारा उछलने की एक मुद्रा

Kunitha (नृ.) *कुनीथा :* कर्नाटक प्रदेश का एक लोकनृत्य

Kunwar Narayan (1927-2017) (का.क.) *कुँवर नारायण :* ज्ञान पीठ पुरस्कार से पुरस्कृत आधुनिक हिन्दी भाषा के कवि

Kurathi (नृ.) *कुर्रत्ति :* दक्षिण भारतीय बनजारों द्वारा नृत्य माध्यम से सामान बेचने की एक कला (कबीले का लोकनृत्य)

Kuravanji (नृ.) *कुरवंजी :* दक्षिण भारतीय बंजारों का नृत्य

Kurchak (चि.) *कूर्चक :* बड़ी तूलिका

Kuruvanchi Paattu (संगी.) *कुरुवांची पाट्टू :* तमिलनाडु का एक लोकगीत

Kusumagraj (Vishnu Vaman Sirwadhkar) (1912-1999) (का.क.) *कुसुमागराज (विष्णु वामन सिरवाडकर) :* मराठी के कवि तथा लेखक

Kuttar (नृ.) *कुट्टर :* पुरुष नर्तक

Kuzhal (संगी., वा.यं.) *कुझल :* एक भारतीय वाद्य यंत्र

L

L. Subramaniaum (Dr.) (1947—) पद्मभूषण सम्मान से सम्मानित प्रसिद्ध वायलॅन वादक

La Gazzetta dello Sport (पत्र.) *ला गज़ट्टा डेलो स्पोर्ट :* इटली का इटालवी भाषा में प्रकाशित एक दैनिक समाचार-पत्र

La Presss (पत्र.) *ला प्रेसे :* मोंट्रियल (कनाडा) से प्रकाशित अंग्रेजी भाषा का एक दैनिक समाचार-पत्र

La Repubblica (पत्र.) *ला रिपब्लिका :* इटली का इटालवी भाषा में प्रकाशित एक प्रमुख दैनिक समाचार-पत्र

Laavni (नृ.) *लावनी :* महाराष्ट्र का एक महिला प्रधान लोकनृत्य

Label (शि.) *लेबल :* नाम चिप्पी

Labeling (शि.) *लेबॅलिंग :* चिप्पीकरण

Laboratory *लैबोरटरी :* प्रयोगशाला, जाँच-परख घर

Laboratory Theatre (ना.) *लैबोरेट्री थियेटर :* प्रयोग रंग शाला

Lace (फै.) *लैस :* गोटा, किनारी, डोरी

Lacquer Painting (क.इति.) *लैकर पेंटइंग :* प्रलाक्षा चित्रण, लाख चित्रण, लैकर पेंटिंग

Lacquer Ware (शि.) *लैकर वेयर :* प्रलाक्षित बर्तन, प्रलाक्षाकर्म सामान, लैकर वेयर

Lacuna (समी.) *लाक्युना :* खाली जगह, कमी

Lacunar (स्था.) *लॅक्यूनर :* एक किस्म की छत रिक्तिमय गर्तिका छत, लैकुलर

Laddoo (पा.क.) *लड्डू :* लड्डू, खोया या बेसन आदि से बना एक गोलाकार मिष्ठान्न

Lady (साम.) *लेडी :* भद्र महिला, सम्भ्रान्त महिला, सुसंस्कृत नारी

Lady Impey (क.इति.) *लेडी इम्पे :* भारतीय कलाकारों का सम्मान करने वाली अंग्रेज महिला, मुख्य न्यायाधीश Lord Impey (1777-1783) की पत्नी

Laghu Likhiteyam (चि.) *लघु लिखितेयम :* अल्प रेखांकन

Laho (नृ.) *लाहो :* मेघालय प्रदेश का एक लोकनृत्य

Lahore Central Museum (क.संग्र.) *लाहौर सेंट्रल म्यूज़ियम :* लाहौर संग्रहालय, लाहौर, लाहौर सेंट्रल म्यूज़ियम

Laid paper (छापा.) *लेड पेपर :* हैंड मेड पेपर जिस पर साँचे की तारों के समानान्तर निशान स्पष्ट दिखाई देते हैं। इसकी नकल करने के लिए मशीन से बने पेपर पर तार चढ़े रोलर से निशान डाले जाते है। जिसे 'डेंडी रोल' कहते है।

Lai Harouba (नृ.) *लाय हरौबा :* मणिपुर का एक लोकनृत्य

Laksham Geet (संगी.) *लक्षण गीत :* लक्षणों का वर्णन

Lakshmi (नृ.) *लक्ष्मी :* हिन्दू धर्म में धन, सम्पत्ति की देवी

Lal (1760-1827) (चि.) *लाल :* पहाड़ी शैली का एक प्रमुख चित्रकार

Lal (चि.) *लाल :* बादशाह अकबर का एक दरबारी चित्रकार

Lalit Kala Academy (क., संस्था.) *ललित कला अकादमी :* राष्ट्रीय कला संस्थान, ललित कला अकादमी, दिल्ली स्थित भारत सरकार की राष्ट्रीय कला उन्नायक संस्था

Lalit Kala Contemprary (पत्रि.) *ललित कला कॅन्टम्प्रेरी :* ललित कला अकादमी, नई दिल्ली द्वारा प्रकाशित अंग्रेजी भाषा की एक त्रैमासिक कला पत्रिका

Lalita Panwar (1919-1998) (फि.) *ललिता पंवार :* भारतीय हिन्दी फ़िल्मों की एक विख्यात खलनायिका जिसने 1940 के दशक में अनेक स्टंट और मूक फ़िल्मों में भी अभिनय किया था।

Lambadi (नृ.) *लम्बाडी :* आंध्र प्रदेश का एक लोकनृत्य

Lambi (नृ.) *लांबी :* कर्नाटक प्रदेश का एक लोकनृत्य

Lambodaram (नृ.) *लम्बोदरम :* भगवान श्री गणेश जी का एक नाम

Lame (संगी.) *लेम* (फ्रेंच शब्द) : जरी कार्य, जरीकारी, सोने, चाँदी के धागों से तैयार किया गया वस्त्र

Lament (संगी.) *लेमेंट :* विलाप-गान, शोकाभिव्यक्ति, शोक गीत (फै.) झिलमिलाता, चमकीला कपड़ा

Lamentation of Christ (इति.) *लमनटेशन ऑफ़ क्राइस्ट :* ईसाई कला में ईसा मसीह के मृत शरीर को सलीब से उतारने के बाद उनके मित्रों और चाहने वालों ने सामूहिक शोक व्यक्त किया। इस घटना को ईसाई कला के अनेक चित्रकारों ने अपना विषय बनाया।

Laminate (ग्र.स.) *लेमीनेट :* लकड़ी की पतली पर्त या कागज पर छपी आकृति वाली पर्त (Veneer) जो फर्नीचर की ऊपरी सतह पर चिपकाई जाती है

Laminating (स्था.) *लेमिनेटिंग :* पटलीकरण

Laminating Press (अभि.) *लेमिनेटिंग प्रेस :* पटलीकरण प्रेस

Lamination (समी.) *लैमिनेशन :* पटलीकरण, परतबंदी, विपाटन

Lancet Arch (स्था.) *लेंसेट आर्च :* नोकदार मेहराब

Land Scape (चि.) *लैंड स्केप :* भू-दृश्य, भू-चित्र, प्रकृति छवि, प्राकृतिक दृश्य, सैरा, परिदृश्य, प्रकृति दृश्य, निसर्ग चित्रण, स्थल चित्र

Landing (स्था.) *लैंडिंग :* चौकी, सीढ़ियों के बीच चौकी

Landmark Film (फि.) *लैंडमार्क फ़िल्म :* मील का पत्थर फ़िल्म, यादगार फ़िल्म, ऐसी फ़िल्म जो अपने क्रान्तिकारी गुणों जैसे विषय, तकनीक, कलात्मक, प्रदर्शन आदि से नवीन हो

Landscape (चि.) *लैंडस्केप :* भू चित्रण, भू परिदृश्य, प्रकृति चित्रण

Landscape format (समी.) *लैंड स्केप फार्मेट :* लैंडस्केप प्रारूप, अनुप्रस्थ रूप में, क्षैतिज स्वरूप

Landscape Painting (चि.) *लैंडस्केप पेंटिंग :* निसर्गांकन, भू-चित्रांकन, भू-दृश्य चित्रण, प्रकृति चित्रण, दृश्यांकन चित्र, प्राकृतिक चित्र

Landscapist (चि.) *लैंडस्केपिस्ट :* प्रकृति चित्रकार, निसर्गांकक, निसर्ग चितेरा, भू-चित्रकार

Lane (स्था.) *लेन :* गली, मार्ग, संकरा रास्ता

Lantern (नृ.) : *लंगा डांस :* राजस्थान प्रदेश का एक लोकनृत्य

Lantern Light (स्था.) *लेंटर्न लाइट :* गुम्बदीय झरोखा

Laocoon (Group) (क.इति., मू.) *लओकून :* लाओकून का मूर्ति-शिल्प

Lap (स्था.) *लैप :* पल्ला, गर्त

Lapel (स., टी.वी.) *लेपॅल :* गरेबान का माइक्रोफोन, एक सूक्ष्म माइक्रोफोन जो प्राय: गुप्त रूप से दिखता नहीं है

Lapel (फै.) *लेपल :* आंचल, पल्ला, खुले गले के कोट के कालर

Lapping (फि.) *लैपिंग :* फ़िल्म में कलाकारों द्वारा बोले गए संवादों का शूटिंग के अन्तिम चरण में रेकॉर्डिंग के लिए बोलना ताकि कलाकार के होंठों से उसका ताल-मेल बैठ सके

Large (समी.) *लार्ज :* बृहत, बड़ा, विशाल, दीर्घतम स्वर

Largo (संगी.) *लाग :* अतिविलम्बित

Larnax (पुरा.) *लारनेक्स :* मिट्टी का ताबूत, शवदानी

Larynx (संगी.) *लैरिंक्स :* स्वरयंत्र, कंठ, कंठनाल

Lascaux Cave (क.इति.) *लसाउ केव :* लसाउ के गुफा चित्र

Laser Printer (क., साम., छापा.) *लेजर प्रिंटर :* छापायन्त्र, लेजर प्रिंटर

Laser Printing (छापा., तक.) *लेजर प्रिंटिंग :* रश्मि मुद्रण, लेजर प्रिंटिंग

Laser Scanner (रू.स.) *लेजर स्कैनर :* स्कैनिंग उपकरण के साथ ऑब्जेक्ट के आकार के बारे में डिजिटल जानकारी कैप्चर करने की प्रक्रिया

Lassi (पा.क.) *लस्सी :* लस्सी दही और चीनी को मथकर बनाया गया एक पेय

Last Judgement (समी.) *लॉस्ट जजमेंट :* अन्तिम निर्णय, अन्तिम निर्णायक-निर्णय, लास्ट जजमेंट

Last Judgment (इति.) *लास्ट जजमेंट :* इटली के सेस्टाइन चैपल की सम्पूर्ण वेदी दीवार में माइकेल एंजोलो द्वारा रचा विख्यात भित्ति चित्र

Last Judgment (चि.) *लास्ट जजमेंट :* माइकेल एंजोलो का एक भित्ति चित्र

Last Supper (इति., चि.) *लास्ट सपर :* ईसाई कला में ईसा का अन्तिम भोज जो उन्होंने अपने 12 शिष्यों के साथ जेरूसलम में किया, उसके बाद ही उन्हें सूली पर चढ़ाया गया था, ईसा का अपने शिष्यों के साथ अन्तिम भोज, इस भित्ति चित्र को लियोनार्डो द विंसी ने मिलान के सान्ता मारिया चर्च में चित्रित किया है।

Lasya (नृ.) *लास्य :* नर्तकियों द्वारा सुकुमार और नजाकत भरा धीमी गति का नृत्य

Lata Mangeshkar (1929-2022) (फि.) *लता मंगेशकर :* भारतरत्न से सम्मानित भारत की श्रेष्ठ गायिका जिसने हिन्दी, मराठी, बांग्ला आदि भाषाओं में हजारों फ़िल्मी गीत तथा भजन आदि गाए

Late News (पत्र.) *लेट न्यूज़ :* गरमा-गरम खबर, छपते-छपते, बिलकुल ताजी खबर

Late Night Drive (पत्र.) *लेट नाइट ड्राइव :* रात्रि 12 बजे से प्रात: 6 बजे के बीच रेडियो पर विज्ञापन प्रसारण की समय अवधि

Latent Image (फो.) *लेटेंट इमेज :* अन्तर्हित बिम्ब, अव्यक्त छवि, अप्रकट रूप

Later Heroine (ना., फि.) *लेटर हिरोइन :* उप नायिका, उप प्रमुख नायिका, कनिष्ठ नायिका

Lattice (पुरा.) *लैटिस :* जाल, जाली

Lattice Work (स्था.) *लैटिस वर्क :* जाल-कर्म, जाली बनाने का काम

Latticed Screen (स्था.) *लैटिस्ड स्क्रीन :* झरोखा

Launch (समी.) *लौंच :* औपचारिक रूप से प्रचार-प्रस्तुति, लांच

Lavaliere (फि.) *लवेलियर :* बिना तार का अति सूक्ष्म माइक्रोफोन जो फ़िल्म का कलाकार अपने अंग में छुपा कर लगाता है जो कैमरे से भी नही दीखता। इसे लैपल भी कहते है

Lavani (नृ.) *लावनी :* महाराष्ट्र प्रदेश का एक मुख्य लोकगीत जो नृत्य के साथ गाया जाता है

Lavanya Yojna (समी., चि.) *लावण्य योजना* : लावण्य योजना (Infusion of grace or elegance and artistic representation)

Lavish Meal (पा.क.) *लैविश मील :* शाही भोजन

Law of Conveyancing (अभि.) *लॉ ऑफ़ कन्वेयंसिंग :* हस्तांतरण विधि

Lawrence of Arabia (फि.) *लारेंस ऑफ़ अरेबिया :* प्रसिद्ध हालीवुड फ़िल्म कार डेविडलीन की 1962 में प्रदर्शित एक कालजयी अंग्रेजी फ़िल्म

Laxman Geet (संगी.) *लक्ष्मण गीत :* जिसमें राग का सम्पूर्ण परिचय है

Lay Out (समी.) *ले-आउट :* अभिन्यास, नक्शा, खाका, दशा

Laya (संगी., नृ.) *लय :* समय चक्र की चाल ताल की मूर्ति

Layakari (संगी.) *लयकारी* : गायन-वादन में लय को विविध रूप से अलंकारिक अवयव की तरह प्रदर्शित करना, लय के साथ खेलना

Layer (सं.) *लेयर :* परत

Layered (आले.) *लेयर्ड :* परतवाला

Layout (चि.) *ले आउट :* बिम्ब चित्र; अभिविन्यास, दृश्य संकल्पना, संयोजन; बां. रूपरेखा; मरा. रूपरेखा; गु. विशिष्ट सज्जा; उ. नक्शा, खाका, डिज़ाइन

Layout Artist (चि., वि.क, समी.) *लेआउट आर्टिस्ट :* प्रारूपकार, प्रारूप सर्जक, प्रारूप चित्रकार, अभिकल्पक, संयोजन करने वाले कलाकार

Lay-out Sketches (चि., स्था.) *लेआउट स्केचेज :* अभिविन्यास रेखाचित्र, ले-आउट स्केचेज

Le Figaro (पत्र.) *ली फिगारो :* पेरिस से प्रकाशित फ्रेंच भाषा का एक अत्यन्त लोकप्रिय दैनिक समाचार-पत्र

Le Monde (पत्र.) *ली मोंडे :* पेरिस से प्रकाशित फ्रेंच भाषा का एक अत्यन्त लोकप्रिय दैनिक समाचार-पत्र

Lead (समी.) *लीड :* मुख्य, प्रमुख, प्रधान सफलता

Lead Article (पत्र.) *लीड आर्टिकल :* समाचार-पत्र का सबसे प्रमुख लेख

Lead Roll (पुरा.) *लीड रोल :* शीशा भराई

Leader (पत्र.) *लीडर :* टाइप कम्पोजिंग में प्रयुक्त एक सामग्री

Leader Writer (समी., पत्र.) *लीडर राइटर :* सम्पादकीय लेखक

Leading Light (समी.) *लीडिंग लाइट :* दीप्तमान कलाकार, प्रेरक व्यक्तित्व, अग्रदूत

Leading Man (ना.) *लीडिंग मैन :* प्रधान अभिनेता

Leading Note (संगी.) *लीडिंग नोट :* सप्तम स्वर

Leaf Dance (नृ.) *लीफ डांस :* पर्ण-नृत्य

Leaf Pattern (स्था.) *लीफ पैटर्न :* पत्रालंकरण, पत्ती के आकार की सजावट

Leaflet (अभि.) *लीफ लेट :* पर्णिका

Lean Colour (चि.) *लीन कलर :* न्यूनतम तैल युक्त रंग

Lean to Roof (स्था.) *लीन टू रूफ :* एक ढाल छत

Leap Dance (नृ.) *लीप डांस :* उछल-कूद प्रधान नृत्य, उन्मुक्त नृत्य, प्रधान नृत्य

Leather Painting (चि., शि.) *लेदर पेंटिंग :* चर्म चित्र, चमड़े पर रचे चित्र

Leather Preservation (अभि.) *लेदर प्रिज़र्वेशन :* चर्म परिरक्षण

Lecherous (समी.) *लेचेरस :* कामुक, लम्पट

LED Light Emitting Diode (ग्र.स.) *लाइट इमिटिंग डायोड :* एलईडी लाइट उत्सर्जक डायोड, कम बिजली की खपत में तेज रोशनी देने वाली लाइट

Ledge (स्था.) *लेज :* कपड़े का झूला

Ledger, Fernard (1881-1955) (स्था.) *लेगर, फर्नार्ड :* फ्रेंच चित्रकार, मूर्तिकार, फ़िल्म निर्माता

Leding (विज्ञा.) *लेडिंग :* दो लाइनों के बीच का अन्तर

Leek (पा.क.) *लीक :* हरा प्याज

Left Handed Door (स्था.) *लेफ्ट हैंडेड डोर :* वाम रुख कपाट, बाईं तरफ खुलने वाला दरवाजा

Legacy *लिगेसी :* विरासती शौर्य, विरासती आमा, विरासत

Legend: (समी.) *लीजेंड :* दन्तकथा, अनुश्रुति, आख्यान, किंवदंती

Legendary (समी.) *लीजेंड्री :* पौराणिक

Legendry Artist (समी.) *लीजेंड्री आर्टिस्ट :* सर्वकालिक कलाकार, प्रसिद्ध कलाकार, अरसे तक जाना जाने वाला श्रेष्ठ कलाकार, अपनी विशिष्ट छाप छोड़ने वाला युग प्रतिनिधि कलाकार, महान कलाकार, अतिसम्मानित कलाकार, लीजेंड्री आर्टिस्ट

Legendry Icon (समी.) *लीजेंडरी आइकॅन :* महान व्यक्तित्व, महापुरुष, महानायक

Legibility (समी.) *लेजिबिलिटी :* तर्क संगतता, न्याय संगतता

Legitimate Drama (ना.) *लेजिटिमेट ड्रामा :* न्यायसंगत नाटक, तर्कसंगत नाटक

Legitimate Owner (अभि.) *लिजी टिमेट ओनर :* विधिसम्मत स्वामी, असली मालिक

Legmania (नृ.) *लेग मानिया :* नृत्योन्माद

Legmaria (नृ.) *लेगमारिया :* नृत्य-उन्माद, नृत्य के लिए सदैव तत्पर, खुमार-ए-नाच, नृत्य उत्तेजना

Leg-o-Mutton(फै.) *लैग-ओ-मटन :* एक तरह की आस्तीन, यह आस्तीन फ्रैंच में Lambo के नाम से प्रसिद्ध है, जिसे Gigot Sleeves कहते हैं

Lehara (संगी.) *लहरा :* अवनद्ध वाद्य के साथ हारमोनियम या सांरगी की सहायता से लयबद्ध संगीत

Lekh (का.क.) *लेख :* सीमित शब्दों में किसी विषय पर लिखी गई गद्य रचना

Lekhak (का.क.) *लेखक :* भाषा के गद्य रूप में अपनी अभिव्यक्ति करने वाला कलाकार

Lemon (पा.क.) *लेमॅन :* नींबू

Lemon Yellow (चि.) *लेमन यलो :* नीबू के रंग जैसा एक पीला रंग

Lemonade (पा.क.) *लेमोनेड :* नीबू पानी

Lens (फो.) *लेंस :* लेंस, कैमरे का एक सर्वाधिक महत्त्वपूर्ण अंग (पुरजा)

Lentil (पा.क.) *लेंटिल :* मसूर दाल

Leo Burmet World Wide (वि.क.) *लियो बर्मेट वर्ड वाइड :* भारत में कार्यशील एक अन्तरराष्ट्रीय विज्ञापन कम्पनी

Leonardo da Vinci (1452-1519) (चि.) *लियोनार्दो द विंची* : इटैलियन चित्रकार, मूर्तिकार, स्थापत्यकार, संगीतकार, लेखक, गणितज्ञ आदि

Leporelo (छापा.) *लेपोरेलो :* यह इस प्रकार डिज़ाइन किया छापा है जिसे छापने के बाद एक या अधिक बार मोड़ा जा सकता है।

Leschi (स्था.) *लेस्ची :* सभा मंडप, गोष्ठी गृह

Letter Perfect (ना.) *लेटर पर फेक्ट :* कंठस्थ पाठ, कंठस्थ पाठी

Letter Press (छापा.) *लेटर प्रेस :* अक्षर मुद्रण, छाप

Lettering (चि.) *लेटरिंन्ग :* अक्षरांकन, अक्षरांकण, अक्षर लेखन, लेटरिंग

Letterism *लेटरिज्म :* अक्षरवाद, लिपिवाद

Lettuce (पा.क.) *लेट्यूस :* सलाद पत्ता

Levee (स्था.) *लीवी :* झरोखा

Levels (समी.) *लेवल्स :* तल, स्तर, सतह

Levels (नृ.) *लेविल्स :* नृत्य मुद्राओं में अधिकतम झुकने या ऊँचा उठने की मुद्रा स्तर

Levigator (छापा.) *लेविगेटर* (घोटनी) : दस्ता लगी एक गोल भारी पटिया; लिथो शिला की सतह को समतल करने के लिए प्रयोग किया जाने वाला यंत्र

Lexicographer (समी.) *लेक्सिकोग्राफ़र :* कोशकार, कोश निर्माता, कोश रचनाकार

Lexicography (समी.) *लेक्सिकोग्राफ़ी :* कोश विज्ञान, कोशकला, डिक्शनरी तैयार करने की कला

Lexicologist (समी.) *लेक्सिकोलॉजिस्ट :* कोश कला विशारद, शब्दशास्त्री

Lexicon (समी., सही.) *लेक्सीकॅन :* शब्द कोश, शब्द सागर, शब्द पुस्तिका, कोश, शब्द संग्रह, निघट

Lezim (नृ.) *लेज़िम :* महाराष्ट्र का एक लोकनृत्य

Lhousha (नृ.) *लौषा :* मणिपुर का एक लोकनृत्य

Liaison (समी.) *लाइजिन :* सम्पर्क, लोक सम्पर्क, सम्बन्ध बनाना

Liana Design (पुरा.) *लाइना डिज़ाइन :* वल्लरी अभिकल्प, बेल-बूटे पर आधारित डिज़ाइन

Liberal (समी.) *लिबरल :* सहिष्णु, उदार

Liberal Art (समी.) *लिबरल आर्ट :* उदारवादी कला, उदारचरित कला जैसे साहित्य कला, काव्य गणित आदि

Liberal Thought (समी.) *लिबरॅल थॉट :* उदात्त विचार, उदार विचार, नरम सोच

Liberal Values (समी.) *लिबरल वैल्यूज़ :* औदार्य-गुण, उदारवादी गुण

Liberate Rolls (अभि.) *लिब रेट रोल्स :* विमोचन-पत्र

Liberation (पत्र.) *लिबरेशन :* प्रसिद्ध आधुनिक फ्रेंच दार्शनिक ज्यां पाल सार्त्र द्वारा फ्रांस में स्थापित फ्रेंच भाषा का एक दैनिक समाचार-पत्र

Life cycle (समी.) *लाइफ साइकिल :* जीवन चक

Life Drawing (चि.) *लाइफ ड्राइंग :* जीवांकन, प्रत्यक्षरूप आरेखण, जीव आरेखण, पुरोरूप आरेखण; बां. पूर्णाकार रेखांकन; मरा. सजीव चित्र; गु. जीवन आलेखन; उ. मुसव्विरी का एक तरीका जिसमें मॉडल को बैठाकर पेंटिंग बनाई जाती है

Life Like (समी.) *लाइफ लाइक :* यथावत, सजीव, जीता जागता

Life Size (समी.) *लाइफ साइज :* आदमकद, असलकद, जीवाकार, समाकार, प्राकृताकार, यथाकार, वास्तविक आकार के बराबर

Life Size Painting (चि.) *लाइफ साइज पेंटिंग :* जीवाकार चित्र, प्रकृताकार चित्र, जीवाकार चित्रण यथा आकार चित्र या चित्रण

Life Span (समी.) *लाइफ स्पॉन :* जीवन काल, जन्म से मृत्यु के बीच का समय, जीवनावधि

Life Study (चि., समी. मू.) *लाइफ स्टडी :* सजीव निरूपण, सजीव अध्ययन, जीवनाध्यन, जीवनाभ्यास, साक्षात रचनाकृति

Lifelike (समी.) *लाइफ लाइक :* यथावत

Lifting (समी.) *लिफ्टिंग :* उत्साहित करना, प्रोत्साहन

Light & Shade (फि., ना.) *लाइट एंड शेड :* छाया-प्रकाश, छाया उजाला

Light (समी.) *लाइट :* रोशनी, प्रकाश

Light Amplifier (समी.) *लाइट एम्पलीफायर :* प्रकाश-प्रवर्धक, प्रकाश तेज करने वाला उपकरण

Light Check (ना.) *लाइट चेक :* प्रकाश मंदीकरण

Light Classical (संगी.) *लाइट क्लासीकल :* सुगम शास्त्रीय संगीत

Light Comedy (ना.) *लाइट कॉमेडी :* हल्का-फुल्का प्रहसन या हास्यनाटिका

Light Effect (ना., फि.) *लाइट इफेक्ट :* प्रकाश प्रभाव

Light fitting (साम.) *लाइट फिटिंग :* ढीला-ढाला

Light fixture (ग्र.स.) *लाइट फिक्सचर :* रोशनी के तैयार उपकरण

Light Lunch (पा.क.) *लाइट लंच :* हल्का दोपहर का भोजन

Light Opera (ना.) *लाइट ऑपेरा :* सुगम परिहास संगीतिका

Light Plot (ना.) *लाइट प्लॉट :* साधारण कथानक, चालू कहानी

Light Poetry (का.) *लाइट पोइट्री :* सरल काव्य, हल्की फुल्की कविता, सुबोध काव्य

Light Police (ना.) *लाइट पुलिस :* रंगमंच की आवश्यक बत्तियाँ

Lighting (फि., ना.) *लाइटिंग :* प्रकाश व्यवस्था, सेट या मंच पर किया गया प्रकाश संयोजन, फ़ोटोग्राफ़ी के अनुकूल छाया-प्रकाश व्यवस्था

Lighting Area (ना.) *लाइटिंग एरिया :* प्रकाशित क्षेत्र

Lighting Artist (ना., फि.) *लाइटिंग आर्टिस्ट :* प्रकाश व्यवस्थापक, प्रकाश विशेषज्ञ, प्रकाश संयोजक

Lighting Booth (ना.) *लाइटिंग बूथ :* प्रकाश कक्षिका

Lighting Effect (ना., फि.) *लाइटिंग इफैक्ट :* प्रकाश-प्रभाव, प्रकाश-चमत्कार, नाटकीय प्रकाश-प्रभाव, प्रभावोत्पादक प्रकाश-संयोजन

Lighting Man (ना., फि.) *लाइटिंग मैन :* प्रकाश नियंत्रक, प्रकाष प्रबंधक

Lighting plan (स्था., ग्र.स.) *लाइटिंग प्लान :* प्रकाश योजना

Lighting Plot (ना., फि.) *लाइटिंग प्लॉट :* प्रकाश सारणी

LightProof (फो.) *लाइट प्रूफ :* प्रकाशरोधी

Likeness (समी.) *लाइक्नेस :* सादृश्य, साम्य, समानता

Likeness of Subject (समी.) *लाइकनेस ऑफ़ सब्जेक्ट :* सादृश्य, विषयानुसार चित्रण, ऋषि वात्स्यायन के 'कामसूत्र के अनुसार चित्र के छह अंगों में से एक

Lilac (समी., क., साम.) *लाइलक :* नीलक रंग

Limbo (अभि.) *लिम्बो :* उपेक्षित स्थल/कूड़ाखाना

Lime Stone (स्था.) *लाइम स्टोन :* चूना पत्थर

Limitation (साम.) *लिमिटेशन :* मर्यादा

Limited Release (फि.) *लिमिटेड रिलीज :* सीमित प्रदर्शनार्थ (फ़िल्म), वह फ़िल्म जो थोड़े (सीमित) सिनेमा घरों में प्रदर्शित होती है।

Limn (समी.) *लिम :* लिम, जलरंगीय

Limn Artist (क.इति.) *लिम आर्टिस्ट :* जलरंग शैली चित्रकार, जलरंग माध्यम का विशेषज्ञ चित्रकार

Line (चि.) *लाइन :* रेखा, किसी भी आकार का मूल तत्त्व (माध्यम)

Line Dance (नृ.) *लाइन डांस :* पंक्तिबद्ध-नृत्य, लाइनवत नृत्य, लाइन में समूह नृत्य

Line Drawing (चि.) *लाइन ड्रॉइंग :* रेखा चित्र, रेखांकन, किसी आकार को रेखाओं के माध्यम से प्रस्तुत करना

Line Drawing (चि.) *लाइन ड्राइंग :* रेखाचित्र, रेखांकन, रेखीय आलेखन, किसी आकार को रेखाओं के माध्यम से प्रस्तुत करना, रेखा चित्रण; बां. रेखांकन; मरा. रेखाचित्र; गु. रेखा आलेखन; उ. लाइन ड्राइंग

Line Drawing Artist (चि.) *लाइन ड्राइंग आर्टिस्ट :* सूक्ष्मरेखा विशारद चित्रकार

Line Engraving (छापा.) *लाइन इंग्रेवइंग :* रेखा उत्कीर्णन, लाइन इंग्रेविंग

Line Etching (छापा.) *लाइन एचिंग :* रेखा-निक्षारण

Line Shading (चि.) *लाइन शेडिंग :* रेखी छायांकन

Line Shooting (चि., इति.) *लाइन शूटिंग :* अल्प रेखांकन, शीघ्र रचित रेखा चित्रण, तीव्र रेखांकन, कम से कम रेखाओं द्वारा रूपांकन, रेखा संक्षेपीकरण, स्वल्प रेखांकन, कम से कम रेखाओं से रचा अभ्यास-चित्र

Line Sketch (चि.) *लाइन स्केच :* रेखाचित्र, रेखांकन, रेखाओं का आकार, रेखाओं के माध्यम से अपेक्षित आकार का यथावत चित्र

Line Up (ना.) *लाइन अप :* कलाकारों का नेपथ्य में तैयार होकर खड़ा होना

Line Work (चि.) *लाइन वर्क :* रेखांकन, रेखा निक्षारण

Linear (चि., समी.) *लाइनर :* रेखात्मक, रेखीय, रैखिक, रेखाकार

Linear Composition (समी.) *लाइनर कॉमपोजिशन :* रैखिक संयोजन, रेखात्मक संयोजन, रैखिक संरचना

Linear Pattern (चि.) *लीनियर पैटर्न :* रेखीय चित्र

Linear Perspective (समी.) *लीनियर पर्सपेक्टिव :* रैखिक परिप्रेक्ष्य, रेखीय संदर्श, रेखात्मक दूरदृश्यलघुता

Linen (आले.) *लिनिन :* एक प्रकार का कपड़ा

Linga (स्था.) *लिंग :* शिवलिंग, भगवान शंकर की आराधना का एक प्रतीक

Lingerie (फै.) *लिन्जरी* (फ्रेंच शब्द) *:* महिलाओं के अधोवस्त्र/ अन्तर्वस्त्र

Linguist (समी.) *लिगुंइस्ट :* भाषाविद, भाषाज्ञानी, भाषा वैज्ञानिक

Lining (सं.) *लाइनिंग :* अस्तर देना, पुराने कैनवास को नया जीवन देने के लिए उसके नीचे नया कैनवास लगाना

Linocut (छापा.) *लाइनोकॅट :* लिनोलियम छापाचित्र, प्राप्त प्रति

Linoleum (छापा.) *लिनोलिग्रॅम :* लिनोलियम छापाचित्र, फलक

Linoleum cut (छापा.) *लियोनियम कट :* लिनोलियम पर काष्ठ चित्र औजारों से उत्कीर्णन, लिनोलियम ब्लॉक द्वारा छपाई।

Linoleum Engraving (छापा.) *लिनोलियम इंग्रेविंग :* लिनोलियम उत्कीर्णन

Linotype (छापा.) *लाइनोटाइप :* पंक्ति, मुद्रक, छापना, छाप

Linseed Oil (क., साम.) *लिन्सीड आइल :* अलसी का तेल, लिनसीड ऑयल

Lintas Media Group (वि.क.) *लिंटास मीडिया ग्रुप :* यह भारत की एक प्रसिद्ध विज्ञापन एजेंसी है जिसके ग्राहक अधिकांशत: मल्टी नेशनल कम्पनियाँ हैं।

Lintel (स्था.) *लिनटॅल :* उदम्बर, उत्तरंग, समतल शिला, लिंटल

Lion Capital (क.इति.) *लॉयन कैपिटल :* अशोक की लाट, सिंहाकृति, सिंहस्मारक, लायन कैपिटल

Lion Gate (स्था.) *लॉयन गेट :* सिंह द्वार

Lip Balm (रू.स.) *लिप बाम :* होंठों का मरहम, फटे या चिटके होंठों के उपचार में प्रयुक्त एक गाढ़ी क्रीम

Lip Glisser (रू.स.) *लिप ग्लिसर :* होंठों को चमकदार बनाने की क्रीम जो विभिन्न रंगों में उपलब्ध है

Lip Gloss (रू.स.) होंठों का एक कास्मेटिक जो होंठों को चमक प्रदान करता है

Lip Rouge (रू.स.) *लिप रूज :* वह मेकअप जो होंठों को रंगने के लिए किया जाता है

Lip Shine (रू.स.) एक होंठों की विशिष्ट क्रीम जो होंठों में पारदर्शी चमक पैदा करती है

Lip Syme (फि., टी.वी.) *लिप सिम :* कलाकार की आवाज और उसके होंठों की हलचल का मिलान

Lipper (रू.स.) *लिपर :* होंठों के मेकअप करने का ब्रश जो होंठों पर समान रूप से लिपिस्टिक या लिप ग्लास लगाता है

Lip smacking (पा.क.) *लिप स्मैकिंग :* चटकारे लेना

Lipstick (रू.स.) होंठों को रंगने के लिए एक ठोस कास्मेटिक जो अनेक रंगों में उपलब्ध होती है

List of Records (अभि.) *लिस्ट ऑफ़ रेकॉर्डस :* अभिलेख सूची

Litchi (पा.क.) *लीची :* एक मीठा रसीला फल

Literal Sense (समी.) *लिटरल सेंस :* शाब्दिक अर्थ, शब्दगत-भाव

Literary Analysis (समी.) *लिटरी एनालिसिस :* साहित्यिक विश्लेषण

Literary Arts (समी.) *लिटरेरी आर्ट्स :* साहित्यिक कलाएँ, साहित्यवादी कलाएँ

Literary Criticism (साहि.) *लिटरेरी क्रिटिसिज्म :* साहित्यिक आलोचना, साहित्य की आलोचना, साहित्यिक जाँच-पड़ताल

Literary Devises (समी.) *लिटरेरी डिवाइसेस :* साहित्यिक उपकरण

Literary Discussion (समी.) *लिटरेरी डिस्कशन :* साहित्यिक वार्ता, साहित्यिक चर्चा, साहित्यिक संवाद

Literary Figure *लिटरेरी फिगर :* साहित्यिक हस्ती, साहित्यकार

Literary Giant (समी.) *लिटरेरी जाइंट :* साहित्यिक हस्ती, साहित्यिक महारथी, साहित्यिक पुरोधा

Literary Movement (साहि.) *लिटरेरी मूवमेंट :* साहित्यिक आन्दोलन जैसे छायावाद, साहित्यिक वाद

Literary Play (ना.) *लिट्रेरी प्ले :* साहित्यिक आधारित नाटक, विचार प्रधान नाटक

Literary Talk (समी.) *लिटरेरी टॉक :* साहित्यिक वार्तालाप, साहित्यिक विषयों पर चर्चा

Litergical Drama (ना.) *लिटर्जिकल ड्रामा :* धर्म विषयक नाटक

Lithograph (छापा.) *लिथोग्राफ़ :* अश्ममुद्र, शिला छापा, अश्म छापा-चित्र, अश्मलेख, लिथोग्राफ़; बां. अश्ममुद्र; मरा. शिलामुद्र; गु. शिला मुद्रण; उ. पत्थर से छपाई संगीतबाअत; पत्थर से छपाई का एक तरीका

Lithography (छापा.) *लिथोग्राफ़ी :* अश्ममुद्रण, शिला छापांकन, शिला मुद्रण, शिलाछाप, अश्म छापांकन

Lithotint (छापा.) *लिथोटिंट :* रंगीन लिथोग्राफ़ी की एक तकनीकी जो वाश पेंटिंग का आभास देती है। हुलमंडल (Hullmandal) द्वारा विकसित एवं एकस्व अधिकार

Little Masters (क., सम.) लिटिल मास्टर्स : लिटिल मास्टर्स

Little Screen (टेली., फि.) *लिटिल स्क्रीन :* दूरदर्शन, टेलीविजन, फ़िल्म के मुकाबले छोटा पर्दा

Live (समी.) *लाइव :* जीवंत

Live Announcement (ना.) *लाइव एनाउंसमेंट :* साक्षात उद्घोषणा, जीवंत घोषणा

Live Painting (चि.) *लाइव पेंटिंग :* सजीव चित्रण, जीवन्त चित्रांकन

Live Painting Demostration (समी.) *लाइव पेंटिंग डिमांसस्ट्रेशन :* जीवंत चित्र प्रस्तुति

Live Show (समी.) *लाइव शो :* जीवंत प्रदर्शन

Live Stage (ना.) *लाइव स्टेज :* सक्रिय मंच

Live Telecast (टी.वी.) *लाइव टेलीकास्ट :* कार्यक्रम का सीधा प्रसारण

Living Legend (समी.) *लिविंग लीजेंड :* जीवित महान व्यक्तित्व, वर्तमान महाव्यक्तित्व

Loaf (पा.क.) *लॉफ :* पाव रोटी

Loam (पुरा.) : दुमट

Loan Collection (संग्र., समी.) *लोनकलेक्शन :* संग्रहालय की उधार में प्राप्त कलाकृतियाँ, उधार कलाकृतियाँ, लोन कलेक्शन

Lobby (स्था.) *लाबी :* प्रतीक्षा कक्ष, सभा कक्ष

Lobe (स्था.) *लोब :* भवन में सज्जा युक्त गोलाई

Local Art (सभी.) *लोकॅल आर्ट :* स्थानीय कला

Local Colour (चि., समी.) *लोकॅल कलर :* स्थानीय रंग, स्थानीय वर्ण, स्थान की खासियत, वास्तविक रंग, प्रकृत वर्ण, यथार्थ वर्ण, स्थानीय पृष्ठभूमि

Location (फि., टी.वी.) *लोकेशन :* फ़िल्मांकन स्थल, स्टूडियो के बाहर फ़िल्मांकन का स्थल

Loculus (पुरा.) : समाधि कोष्ठ

Locutorium (स्था.) *लोकूटोरियम :* स्वागत कक्ष, अतिथि कक्ष

Loggia (ना.) *लोजिया :* आच्छादित वीथिका

Logical (सभी.) *लॉजिकल :* तर्कसंगत, तर्कशुद्ध

Logline (फि.) *लॉगलाइन :* सूत्रकथा, फ़िल्म की पूरी पटकथा का सार तत्त्व एक या दो लाइनों में व्यक्त करना

Logo (चि.) *लॉगो :* शब्द चित्र, शब्द चिह्न; बां. शुभंकर, संस्था चिह्न; मरा. आलेख चिन्ह; गु. प्रचार चिन्ह; उ. तशहीरी निशान, लोगो

Logo Type (विज्ञा.) *लोगो टाइप :* चित्र चिन्ह, विशिष्ट अक्षर शैली में रचा गया कम्पनी का

Logograph (चि.) *लॉगोग्राफ़ :* (चि.), शब्द प्रहेलिका, एकल शब्द, प्रतीक, लोगोग्राम

Loh Tarang (संगी., वा.यं.) *लोह तरंग :* एक भारतीय वाद्य यंत्र

Lok Geet (संगी.) *लोक गीत :* साधारण लोगों द्वारा प्रचलित संगीत

Lokesh Chandra, (Prof.) (2019—) (सं.क.) *प्रो. लोकेश चन्द्र :* प्रसिद्ध भारतीय तथा एशियाई कला और संस्कृति के अध्येता, हिन्दी, अंग्रेजी, संस्कृत के अतिरिक्त पाली, जापानी, चीनी, तिब्बती, लैटिन, ग्रीक, जर्मन, फ्रेंच, रशियन आदि अनेक भाषाओं के ज्ञाता

Lokmat (पत्र.) *लोकमत :* नागपुर से प्रकाशित मराठी भाषा का एक दैनिक समाचार-पत्र

Lollywood (सिने.) *लालीवुड :* लाहौर (पाकिस्तान) की फ़िल्म नगरी, लाहौरी फ़िल्म जगत

London Group (क.इति.) *लन्दन ग्रुप :* लन्दन समूह

Long and Short Work (स्था.) *लांग एंड शॉर्ट-वर्क :* छोटी व लम्बी पत्थरों की चुनाई

Long Poem (का.) *लांग पोइम :* लम्बी कविता

Long Run (पत्र.) *लांग रन :* लंबी छपाई, बड़ी संख्या में हुई छपाई

Long Shot (फि., टी.वी.) *लांग शॉट :* संक्षेप में इसे L. S. भी कहते हैं; कलाकार का सिर से पैर तक की छवि, जिसमें वातावरण की अग्र भूमि कम और पृष्ठ भूमि अधिक दिखे

Long Take (फि.) *लांग टेक :* दीर्घ शॉट, लम्बे समय तक चलने वाला शॉट

Longevity (समी.) *लॉन्जिविटी :* दीर्घायु, ज्येष्ठता, लम्बा जीवन

Loom (शि.) *लूम :* करघा, खड्डी

Loop (स्था.) *लूप :* चाप, फंदा

Loor Dance (नृ.) *लोर डांस :* हरियाणा प्रदेश का एक लोकनृत्य

Loose Soil (स्था.) *लूज स्वाएल :* ढेले रहित मिट्टी

Lori (संगी.) *लोरी :* शिशुओं को सुलाने में सहायक गीत

Lost Cause : (समी.) *लॉस्ट काज :* खो देने का कारण

Loti form Ornament (पुरा.) *लोटी-फॉर्मऑरनामेंट :* पद्मालंकरण

Lotion (रू.स.) *लोशन :* लोशन, त्वचा पर लगाने के लिए एक कॉस्मेटिक औषधीय गाढ़ा चिकना तेल

Lotus Petals (स्था.) *लोट्स पेटल्स :* पदम् कोश (लोटस पीटल्स), कमल पंखुरी

Lotus Pink (चि.) *लोटॅस पिंक :* लोटस पिंक, गुलाबी कमल के जैसे रंग का गुलाबी रंग

Loud Acting (ना.) *लाउड ऐक्टिंग :* बेधड़क अभिनय, जोरदार अदाकारी, दमदार अभिनय

Loud Music (संगी.) *लाउड म्यूज़िक :* तीखा संगीत, उच्च ध्वनि का संगीत, प्रबल संगीत, मुखर संगीत

Louvre (Museum) (समी.) *लुअ :* लुअ संग्रहालय, पेरिस

Love (समी.) *लव :* प्रणय, प्यार

Love for Art (समी.) *लव फॉर आर्ट :* कलानुराग, कला के प्रति प्रेम, कला प्रेम

Love Scene (समी.) *लव सीन :* प्रेम दृश्य, प्रणय का दृश्य

Love Story (समी.) *लव स्टोरी :* प्रणय कथा, प्रेम कथा, प्यार की कहानी

Low Budget (फि.) *लो बजट :* कम पैसों में बनने वाली फ़िल्म

Low Colour (चि.) *लो कलर :* मंद वर्ण, हल्का वर्ण, हल्के रंग, मद्धिम रंग

Low Comedy (ना.) *लो कॉमेडी :* हल्की-फुल्की कमेडी, हल्का हास-परिहास

Low Pitch (संगी., गा.) *लो पिच :* निम्न स्वरमान, मन्द स्वरमान

Low Pointed Roof (स्था.) *लो प्वाइंटेड रूफ :* अधोन्मुख छत

Low Relief (षि., मू.) *लो रिलीफ :* बेस रिलीफ, थोड़ा-थोड़ा उभरा हुआ नक्काशी का काम

Low Resolution Digital Camera (फो.) *लो रेजल्यूशन डिजिटल कैमरा :* एक प्रकार का विशिष्ट कैमरा

Low Tone Character (समी.) *लो टोन कैरेक्टर :* विनयशील/विनत चरित्र

LP (पत्र.) *लेटर प्रेस*

Lucknavi Mughal (क.इति.) *लखनवीं मुग़ल :* ईस्ट इंडिया कम्पनी कालीन वे चित्रकार जो अठारहवी और उन्नीसवीं शताब्दी में लखनऊ छोड़कर बंगाल, पटना या दिल्ली में कार्यरत हो गए

Luddi Dance (नृ.) *लुड्डी डांस :* पंजाब प्रदेश का एक लोकनृत्य

Lukewarm (समी.) *ल्युकवार्म :* मामूली गरम

Lumbani (क.इति.) *लुम्बिनी :* भगवान गौतमबुद्ध की जन्मस्थली जो नेपाल भारत की सीमा पर (लुम्बिनी रूक्मिनदेई)

Lumbar Pillow (ग्र.स.) *लम्बर पिलो :* छोटा चौकोर सजावटी तकिया जो पीठ को सहारा देती है जैसे सोफे पर पीठ के चौकोर कुशन

Luminance (चि., ना., फि.) *लूमिनेंस :* ज्योतिमयता, चित्र की उज्जवलता

Luminism (क.इति.) *लूमिनिज़्म :* प्रकाश प्रभाववाद, प्रकाश प्रभावित चित्रण

Luminosity (चि., स्था.) *लूमिनोसिटी :* जगमगाहट, दीप्ति, चमकीलापन, ज्योति

Lunate (स्था.) *ल्यूनेट :* अर्द्धचन्द्राकार

Luxurious (आले.) *लक्ज़ूरियस :* शानदान, विलासी, राजसी ठाठदार

Lych Gate (पुरा.) *लीच गेट :* कब्रिस्तान की ड्योढ़ी

Lyric (का., फि.) *लिरिक :* लघुगेय कविता/गीत, प्रगीत, गीतिकाव्य

Lyrical (चि., सं.) *लिरिकल :* काव्यात्मक, लयात्मक

Lyrical Ballad (ना.) *लिरिकल बैलेड :* गीत-गाथा

Lyrical Charm (चि., सं.) *लिरिकल चार्म :* लयात्मक सौन्दर्य, काव्यानन्द

Lyrical Piece : (का.क.) *लिरिकल पीस :* गीतात्मक अंश, गेय अंश

Lyricist (संगी.) *लिरिसिस्ट :* गीतकार, प्रगीतकार, रीतिकाव्य, गीत सर्जक

Lyrics (समी.) *लिरिक्स :* गीत

Lyrist (संगी.) *लिरिस्ट :* गीतकार, गीत रचनाकार

M

M.F.A. (समी.) *एम.एफ.ए. :* मास्टर ऑफ़ फाइन आर्ट्स, ललित कलाओं में स्नातकोत्तर (एम.ए.) डिग्री

M.G.R. (फि.) *एम.जी.आर. :* मरुदर गोपाल मेनन रामचन्द्रन दक्षिण भारतीय सिनेमा के पुरोधा तथा राजनीतिज्ञ

M.S. (फि., टी.वी.) *एम.एस. :* Mid Shot या Medium Shot का संक्षिप्त रूप; कलाकार की कमर के ऊपर हिस्से को प्रधानता देने वाला दृश्य (शॉट)

M.S. Subbulakshmi (1916-2004) *एम.एस. सुब्बुलक्ष्मी :* कर्नाटक संगीत की महान गायिका

M.S. Sundari Bai (1923-2006) (फि.) *एम.एस. सुन्दरीबाई :* भारतीय फ़िल्म जगत की एक प्रसिद्ध अभिनेत्री, गायिका तथा नृत्यांगना

Maanch (नृ.) *मांच :* मध्य प्रदेश का एक लोकनृत्य

Maand (संगी.) *मांड :* राजस्थान की एक लोक गायन शैली

Macaroni (पा.क.) *मैकरोनी :* मैकरोनी, एक इटैलियन नमकीन पकवान

Machine (आले.) *मशीन :* उत्पादक या रचना यंत्र

Machine, Stapling (अभि.) *मशीन, स्टैपलिंग :* तार-सिलाई मशीन

Macro Lens (फो., फि., टी.वी.) *मैक्रो लेंस :* माइक्रोलेंस, छोटे आकारों की फ़ोटो लेने के लिए एक विशिष्ट लेंस

Macro Photography (अभि.) *मैक्रो फ़ोटोग्राफ़ी :* स्थूल छाया-चित्रण

Madanti (संगी.) *मदन्ती :* अठारहवीं श्रुति का नाम

Madarsa-e-hunri (क.इति.) *मदरसा-ए-हुनरी :*

Madarsah (स्था.) *मदरसा :* मुस्लिमों की धार्मिक पाठशाला

Madder Brown (चि.) *मैडर ब्राउन :* एक प्रकार का भूरा रंग

Madhav Das (चि.) *माधवदास :* मालवा शैली का एक प्रसिद्ध चित्रकार

Madho (चि.) *माधो :* बादशाह अकबर का दरबारी चित्रकार

Madhubani Painting (समी., क.आन्दो.) *मधुबनी पेंटिंग :* मधुबनी चित्रकला, मधुबनी चित्रकारी

Madhushala (का.क.) *मधुशाला :* हिन्दी के आधुनिक कवि हरिवंश राय 'बच्चन' को वर्ष 1935 में सृजित एक महान काव्य कृति, जिसमें 135 रूबाइयाँ (चार पंक्तियों वाली कविताएँ) हैं इस कृति में सूफीवाद का भी दर्शन होता है।

Madhya Laya (संगी.) *मध्य लय :* बीच की लय, सामान्य गति की लय, न अधिक द्रुत न अधिक विलम्बित

Madhya Saptak (संगी.) *मध्य सप्तक :* बीच का सप्तक, सामान्य सप्तक

Madhyam (संगी.) *मध्यम :* सप्तक का चतुर्थ स्वर 'म'

Madonna and Child (क.इति.) *मेडोना एंड चाइल्ड :* ईसाई कला में शिशु ईसा को प्रायः गोद में लिए हुए माँ मैरी का दृश्य

Madonna *मॅडोना :* देवी मरियम, कुआँरी मारिया, ईसा मसीह की माँ

Maestoso (संगी.) *मैस्टोसो :* भव्य

Maestro (संगी.) *मैस्ट्रो :* संगीताचार्य, संगीतज्ञ, आचार्य, किसी भी क्षेत्र का महान कलाकार

Maganiyar (नृ.) *मगणियार डांस :* राजस्थान प्रदेश का एक लोकनृत्य

Magazine Format (पत्र.) *मैग्ज़ीन फार्मेट :* पत्रिका प्रारूप

Magenta (संगी.) *मेजेंटा :* जामुनी रंग, लाल-नीला रंग

Magh (सा.ज्ञा.) *माघ :* हिन्दी महीना जो जनवरी से आरम्भ होता है

Magical Effect (समी.) *मैजिकल इफेक्ट :* जादुई प्रभाव, अतिरेकी प्रभाव, विस्मयकारी प्रभाव

Magical Realism (समी.) *मैजिकल रियलिज़्म :* जादुई यथार्थवाद, जादूमयी यथार्थवाद

Magnetic Beauty (समी., सा., शं.) *मैग्नेटिक ब्यूटी :* चुम्बकीय सौन्दर्य, आँखों से ओझल न होने वाली खूबसूरती

Magnetic Dating (पुरा.) *मैग्नेटिक डेटिंग :* चुम्बकीय काल निर्धारण

Magnetic Disk (पत्र.) *मैग्नेटिक डिस्क :* फ्लापी मैगनेटिक, चुम्बकीय डिस्क

Magnetic Personality (समी.) *मैग्नेटिक पर्सनाल्टी :* चुम्बकीय व्यक्तित्व, करिश्माई व्यक्तित्व, आकर्षक व्यक्तित्व, सर्वप्रिय आचरणवान व्यक्ति

Magnetic Prospecting (पुरा.) *मैग्नेटिक प्रॉस्पेक्टिंग :* चुम्बकीय सर्वेक्षण

Magnetic Tape (टी.वी.) *मैगनेटिक टेप :* चुम्बकीय टेप

Magnitude (समी.) *मैग्निट्यूड :* आयाम

Magnum Opus (समी.) *मैग्नम ओपस :* महान रचना, महान कलाकृति, सर्वकालिक कृति

Mahabharat (क.इति.) *महाभारत :* महाभारत नामक एक धार्मिक ग्रंथ, व्यास मुनि द्वारा कौरव और पांडवों के बीच हुए युद्ध पर रचा एक महाकाव्य

Maha Pad (नृ.) *महापद :* नृत्य में पैरों से रची एक मुद्रा

Mahadev Lal (चि.) *महादेव लाल :* पटना कलाम के एक प्रमुख चित्रकार जो पटना तथा बनारस में कार्यरत रहे

Mahadevi Verma (1907-1987) (का.क.) *महादेवी वर्मा :* महान छायावादी कवयित्री, लेखक, शिक्षा शास्त्री तथा ज्ञान पीठ पुरस्कार से पुरस्कृत

Mahakoshal Kala Parishad (क., संस्था.) *महाकौशल कला परिषद् :* महाकोशल कला परिषद

Mahal (नृ.) *माहल :* पश्चिमी बंगाल का एक लोकनृत्य

Maharashtra Times (पत्र.) *महाराष्ट्र टाइम्स :* बम्बई से प्रकाशित मराठी भाषा का एक प्रमुख दैनिक समाचार-पत्र

Maharis (नृ.) *महारिस :* उड़िया देवदासी जो पहले पुरी के प्रसिद्ध भगवान जगन्नाथ मन्दिर में सेवारत थी

Mahasu (नृ.) *महासू :* हिमाचल प्रदेश का एक लोकनृत्य

Mahavir Prasad Dwivedi (1864-1938) *महावीर प्रसाद द्विवेदी :* हिन्दी भाषाविद, अनुवादक तथा 'सरस्वती' मासिक हिन्दी साहित्यिक पत्रिका के सम्पादक

Mahkoot (नृ.) *महकूट :* ओडिसी नृत्य-कलाकारों व नृत्यांगनाओं का मुकुट

Mail Advertising (विज्ञा.) *मेल एडवरटाइजिंग :* डाक विज्ञापन, डाक सामग्री जैसे पोस्ट कार्ड, लिफाफे और अन्तर्देशीय पत्रों पर प्रकाशित विज्ञापन

Main Course (पा.क.) *मेन कोर्स :* मुख्य आहार

Main Dishes (पा.क.) *मेन डिसेस :* मुख्य व्यंजन

Main Stream (समी.) *मेन स्ट्रीम :* मुख्य धारा, प्रमुख प्रवाह

Mainstream (पत्र., समी.) *मेनस्ट्रीम :* प्रमुख धारा, मुख्य चलन, वर्तमान परम्परा, जमाने का रुख

Mainstream Artist (समी.) *मेनस्ट्रीम आर्ट :* मुख्यधारा के कलाकार

Mainteanance of Records (अभि.) *मेंटीनेंस ऑफ़ रेकॉर्डस :* अभिलेख अनुरक्षण/रख-रखाव

Maithilisaran Gupta (1886-1964) (का.क.) *मैथिलीशरण गुप्त :* भारत के राष्ट्रीय कवि। 'पद्मभूषण' से सम्मानित आधुनिक हिन्दी कवि, खड़ी बोली के प्रमुख अग्रदूत कवियों में एक श्रेष्ठ कवि

Maize (पा.क.) *मेज़ :* मक्का, एक अनाज

Maize Flour (पा.क.) *मेज़ फ्लोर :* मक्के का आटा

Majesty (समी.) *मैजिस्टी :* महिमा

Major Arts (समी.) *मेजर आर्ट्स :* प्रमुख कलाएँ, बड़ी कलाएँ

Major Tone (संगी.) *मेजर टोन :* पूर्ण स्वरांतराल

Makeup (फि., ना., फै.) *मेकअप :* बनाव, शृंगार, पात्रों की रूप सज्जा, पात्र के अनुरूप भेष बनाना, रूप-सज्जा, शृंगार, रूप-विन्यास, पात्रानुरूप सज्जा

Makeready (छापा.) *मेकरेडी :* उभार छपाई के हल्के दबाव वाले भाग को ठीक करने के लिए ब्लॉक के पीछे कागज चिपकाना

Makeup Artist (रू.स.) *मेकअप आर्टिस्ट :* रूप सज्जक, मेकअप कलाकार, एक पेशेवर कलाकार जो सौन्दर्य प्रसाधनो के उपयोग से सौन्दर्यवर्धन करता है

Makeup Base (रू.स.) त्वचा पर एक परत बनाने के लिए एक द्रव्य रूप में क्रीम

Makeup base (रू.स.) *मेकअप बेस :* आधार उबटन, त्वचा पर एक अन्दरूनी पर्त बनाने के लिए प्रयुक्त एक तरह का प्राइमर

Makeup Box (रू.स.) *मेकप बॉक्स :* शृंगारदान

Makeup Brush (रू.स.) *मेकअप ब्रश :* ब्रिसल्स वाला एक उपकरण, जिसका उपयोग मेकअप या फेस पेंटिंग के लिए किया जाता है

Makeup Case (रू.स.) *मेकअप केस :* विशेष रूप से सौन्दर्य प्रसाधन के लिए सामान का एक छोटा सा बॉक्स

Makeup Corrector (रू.स.) *मेकअप करेक्टर :* एक कॉस्मेटिक जो त्वचा के दाग धब्बे, उम्र के धब्बों को छुपाने या ढकने के लिए किया जाता है

Makeup Man (समी.) *मेकअप मैन :* शृंगार कर्मी, रूप-सज्जाकार, मेकअप मास्टर

Makeup Remover (रू.स.) *मेकअप रिमूवर :* एक कॉस्मेटिक द्रव्य पदार्थ जो चेहरे से मेकअप हटा देता है

Makeup Room (समी.) *मेकअप रूम :* शृंगार कक्ष, प्रसाधन कक्ष

Makeup Setting Powder (रू.स.) *मेकअप सेटिंग पाउडर :* फेस पाउडर एक कॉस्मेटिक पाउडर जो चेहरे पर लगाने के बाद एक फाउंडेशन लगाने के लिए लगाया जाता है

Makeup Setting Spray (रू.स.) *मेकअप सेटिंग स्प्रे :* मेकअप सेटिंग स्प्रे चेहरे पर लगे मेकअप को ज़्यादा समय तक टिकाऊ रखने के लिए एक औषधीय स्प्रे से चेहरे को स्प्रे किया जाता है

Makhan Lal Chaturvedi (1889-1968) *माखनलाल चतुर्वेदी :* हिन्दी के प्रसिद्ध राष्ट्रीयता वादी कवि, पत्रकार, तथा नाट्य लेखक

Maki-e (चि.) *मैकी-ए :* पाश्चात्यधर्मी जापानी कला, जापान और यूरोप की समिश्रित कला

Makimano (चि.) *मॉकीमोनो :* ऊपर से नीचे खुलने वाले जापानी पटचित्र (Scroll)

Malaya *मलय :* मलेशिया का प्राचीन नाम, मलेशिया के नागरिक

Malayala Manorma (पत्र.) *मलयाला मनोरमा :* कोट्टायम (केरल) से प्रकाशित मलयालम भाषा का एक अतिलोकप्रिय दैनिक समाचार-पत्र

Malaysia *मलाया :* मलेशिया

Malik Mohammad Jayasi (1477-1542) *मलिक मोहम्मद जायसी :* भक्ति काल में अवधी भाषा के श्रेष्ठ कवि तथा 'पद्मावत' महाकाव्य के रचनाकार

Malleable *मालेएबल :* लचीला सुनम्य मोड़ने लायक वस्तु जैसे लोहे का पीटकर मोड़ा जा सकता है।

Mallet (शि.) *मैलिट :* भुंगरी, हथौड़ा

Malody (संगी., गा.) *मैलोडी :* स्वर माधुर्य, स्वरावली, लय

Malvikagnimitra (ना.) *मालविकाग्निमित्र :* महाकवि कालीदास द्वारा सृजित एक नाटक

Malwa Painting (क.इति.) *मालवा पेंटिंग :* मालवा शैली, मालवा कलम

Mambo (नृ.) *मैम्बो :* पश्चिमी नृत्य शैली

Man Hours (समी.) *मैन आवर्स :* श्रम घंटे, काम के घंटे

Man of all Season : (समी.) *मैन ऑफ़ आल सीजन :* एक सार, बारहों मास एक सा रहने वाला व्यक्ति, बदलाव शून्य व्यक्ति

Man of Parts (समी.) *मैन ऑफ़ पार्ट्स :* बहुमुखी प्रतिभावान अभिनेता

Man with Mission (समी.) *मैन विद मिशन :* लक्ष्यवान व्यक्ति, लक्ष्य समर्पित मानव

Managing Editor (पत्र.) *मैनेजिंग एडीटर :* सम्पादन प्रबंधक, प्रबंध सम्पादक

Manaia (पुरा.) *मनैया :* उकड़ू बैठी मूर्ति

Manak (1700-1760) (चि.) *माणक :* पहाड़ी शैली का एक प्रमुख चित्रकार

Manda (संगी.) *मंदा :* तृतीय श्रुति का नाम

Mandala (स्था.) *मंडल :* हिन्दू अथवा बौद्ध धर्म में ध्यान करने का स्थान, भारतीय धर्म में मंडल का प्रतिनिधित्व करने वाला एक आध्यात्मिक प्रतीक

Mandapa (स्था.) *मंडप :* किसी महाकक्ष (हाल) के बाहर बना खम्भों पर आधारित खुला स्थल जहाँ जनता के धार्मिक अनुष्ठान होते हैं

Mandi School (क.इति.) *मंडी स्कूल :* मंडी चित्र शैली, हिमाचल प्रदेश की मंडी घाटी (राज्य) में पनपी लघु चित्रकला शैली

Mandjas (नृ.) *मांडजस :* जम्मू-कश्मीर प्रदेश का एक लोकनृत्य

Mandolin (संगी.) *मैंडोलिन :* तंत्रीयुक्त एक पाश्चात्य वाद्य

Mandoline (समी.) *मेंडोलीन :* सारंगी

Mandra Saptak (संगी.) *मंद्र सप्तक :* मध्य सप्तक, साधारण आवाज से दुगना नीचे की तरफ के सप्तक

Manet, Edauard (1832-1883) (चि.) *एडवर्ड माने :* फ्रेंच आभासवादी चित्रकार

Manfukh Arch (स्था.) *मैनफुक आर्च :* अश्व नालाकार चाप

Mangalacharana (नृ.) *मंगलाचरण :* नृत्य के कार्यक्रमों के आरम्भ में इष्ट देवी या देवता का पूजन गान

Mango (पा.क.) *मैंगो :* आम

Manhole (स्था.) *मैन होल :* नाले में आदमी के घुसने का छेद

Manicure (रू.स.) *मैनीक्युर :* हस्त उपचार, हाथों का कास्मेटिक उपचार, औषधीय हस्त उपचार, इस उपचार में हाथों की त्वचा के साथ उँगलियों, नाखूनों की पॉलिश भी शामिल है, हाथों का एक कास्मेटिक उपचार जिसमें नाखूनों को आकार देना तथा रँगना आदि शामिल है।

Manifesto (समी.) *मैनिफेस्टो :* नीतिघोषणा-पत्र; बां. घोषणा पत्र, मरा. जाहिरनामा, गु. खरीतो, उ. मंशूर

Manifistation (समी.) *मैनीफेस्टेरॉन :* प्रकटीकरण, अभिव्यक्ति

Manikin (फै.) *मैनिकिन :* इंसानी पुतला, स्त्री और पुरुषों के यथाआकार बने पुतले

Manipur (नृ.) *मणीपुर :* भारत के पूर्वोत्तर प्रदेश मणीपुर की एक प्रमुख नृत्य शैली

Manjeera (संगी.) *मंजीरा :* एक प्रकार का घन वाद्य

Mankoo (चि.) मनकू : बसोहली शैली का एक प्रमुख चित्रकार जिसने 1630 ई. में गीतगोविंद चित्रावली चित्रित की

Manaku (1700-1760) (चि.) *मानकू :* गुलेर का चित्रकार कांगड़ा, नयनसुख का भाई, पं. शिव का पुत्र

Mannequin (फै.) *मैनीक्विन :* कृत्रिम माडल, वस्त्र सज्जित पुतला, वस्त्रालयों में परिधानों के प्रदर्शन हेतु प्रयुक्त मानव शरीर का माडल

Manner (समी.) *मैनर :* रीति की विशिष्ट शैली, चित्रण शैली, रीति

Mannerism (क.आन्दो.) *मैरिज्म :* रीतिवाद, आचरणवाद, प्रयोगवैचित्र्य, साहित्य और कला की एक विशिष्ट शैली रीतिपोषण शैली अनुपालन

Mannerism (क.इति.) *मैनरिज्म :* रीतिवाद

Manneristic Art (क.आन्दो.) *मैनरिस्टिक आर्ट :* रीतिपोषक कला, रीति-वादी कला

Mano (पुरा.) *मेनो :* पत्थर का बट्टा, लोढ़ा जिससे सिल पर पिसाई की जाती है

Manohar (चि.) *मनोहर :* जहाँगीर काल का एक प्रसिद्ध चित्रकार

Mansabdar (चि.) *मनसबदार :* मुग़लकालीन कलाकारों का एक दरबारी पद

Mansoor (चि.) *मंसूर :* बादशाह जहाँगीर का एक प्रसिद्ध दरबारी चित्रकार जो पशु, पक्षियों आदि के चित्र रचने में सिद्धहस्त था।

Manual (पत्र.) *मैनुअल :* नियमों की संक्षिप्त पुस्तिका, कार्य सम्पादन नियमावली

Manual Control (समी.) *मैनुअल कंट्रोल :* मानवीय नियंत्रण, हाथों द्वारा नियंत्रण

Manual Repair (अभि.) *मैनुअल रिपेयर :* दस्ती मरम्मत

Manual Shutter (फो.) *मैनुअल शॅटर :* कैमरे के लेंस के आगे लगा हस्तचालित शॅटर

Manual SLR Camera (फो.) *मैनुअल एस.एल.आर. कैमरा :* एक विशिष्ट प्रकार का कैमरा

Manufacturer (आले.) *मैन्यूफैक्चरर :* उत्पादक, निर्माण कर्त्ता

Manuscript (पत्र., साहि.) *मैनुस्क्रिप्ट :* मूल आलेख, पांडुलिपि, असली लेख, हस्तलिखित प्रति, हस्तलिखित मूल रचना

Manuscript Document (पुरा.) *मैनुस्क्रिप्ट डाक्यूमेंट :* पांडुलिपि दस्तावेज

Manuscript Illustration (चि.) *मैनुस्क्रिप्ट इलेस्ट्रेशन :* पांडुलिपि सज्जा, पांडुलिपि चित्रकारी, आलेख अलंकरण

Manuscript Library (अभि.) *मैनुस्क्रिप्ट लाइब्रेरी :* पांडुलिपि ग्रंथालय/पुस्तकालय

Manuscript Note (पुरा.) *मैनुस्क्रिप्ट नोट :* हस्तलिखित टिप्पणी

Manuscript Original (अभि.) *मैनुस्क्रिप्ट ओरिजनल :* मूल पांडुलिपि

Manuscript Preservation (पुरा.) *मैनुस्क्रिप्ट प्रिजर्वेशन :* पांडुलिपि परिरक्षण

Map Archive (अभि.) *मैप आर्काइव :* मानचित्र पुरालेख

Maqbool Fida Hussain (1915-2011) (चि.) *मकबूल फिदा हुसैन :* आधुनिक भारतीय चित्र कला के एक महान चित्रकार जिन्हें हिन्दू देवी-देवताओं के विवादास्पद चित्र रचने के लिए जाना जाता है

Maqta (संगी.) *मक़्ता :* किसी भी ग़ज़ल का आखिरी शेर

Maqutta (समी.) *मैक्विटा :* लघुप्रतिरूप, इटैलियन भाषा में Sketch (रेखांकन) के अर्थों में प्रयुक्त एक शब्द

Marasia (नृ.) *मरासिया :* पश्चिमी बंगाल का एक लोकनृत्य

Maratha School (क.इति.) *मराठा स्कूल :* मराठा स्कूल, मराठा शैली, मराठा कला विद्यालय

Marble (क., साम., स्था., मू.) *मावल :* संगमरमर (पत्थर), राजास्म

March (संगी.) *मार्च :* प्रयाण-संगीत, माह

Marchology (समी.) *मार्कोलॉजी :* आकृति विज्ञान

Marg (पत्रि.) *मार्ग :* मार्ग फाउंडेशन, बम्बई द्वारा 1946 से प्रकाशित अंग्रेजी भाषा की एक त्रैमासिक कला पत्रिका

Margarine (पा.क.) *मार्जरीन :* एक प्रकार का मक्खन

Margi Sangeet (संगी.) *मार्गी संगीत :* स्वर्ग या मोक्ष प्राप्ति के लिए गाया जाने वाला संगीत

Marine Painting (चि.) *मॅरीन पेंटिंग :* समुद्री चित्रण, जलीय चित्र, मैरीन पेंटिंग

Marionette (समी.) *मैरिऑनेट :* कठपुतली

Marjali (संगी.) *मार्जली :* तेरहवीं श्रुति 'म'

Mark Up (पत्र.) *मार्क अप :* प्रेस में प्रकाशनार्थ सामग्री का संशोधित प्रूफ

Marker (चि.) *मार्कर :* चिन्हक, निशान लगाने वाला पेन

Market Pull (आले.) *मार्केट पुल :* बाज़ार का खिचाव

Market Research (विज्ञा.) *मार्केट रिसर्च :* खपत-श्रोत-शोध, उपभोक्ता अन्वेषण, बाज़ार की खोज, खपत के प्रयास

Marketing (विज्ञा., साम.) *मार्केटिंग :* विपणन, उत्पाद बेचना, बिक्री कौशल

Marlon (पुरा.) *मेर लॉन :* कंगूरा

Marquetry (तक.) *मारक्वीटरी* (फ्रेंच शब्द) : लकड़ी की सतह पर चमकदार धातु को गोदकर (Inlay) कलाकृति तैयार करने की क्रिया/विधि, पच्चीकारी

Marriage Songs (संगी.) *मैरिज सॉन्गस :* विवाहोत्सव-गान, सोहर

Martial Art (समी.) *मार्शल आर्ट :* द्वंद्व कला, मार्शल कला, सामरिक कला

Maruni Dance (नृ.) *मारुनी डांस :* सिक्किम प्रदेश का एक लोकनृत्य

Marvelous (समी.) *मार्वलेस :* अद्‌भुत, अनुपम

Marvelous Beauty (समी.) *मार्वलेस ब्यूटी :* अद्‌भुत सुन्दरता/सौन्दर्य, अति सुन्दर, अतिमोहक, अनुपम सौन्दर्य

Marwar School (क.इति.) *मारवाड़ स्कूल :* मारवाड़ चित्र शैली, जोधुपर चित्र शैली

Mascara (रू.स.) *मस्कारा :* पलकों को काला रंगने व मोटा करने के लिए प्रयुक्त एक कॉस्मेटिक

Mask (ना., समी.) *मास्क :* मुखौटा, चेहरा, मुखावरण, आवरण

Masked Character (समी.) *मास्कड कैरेक्टर :* कपटी पात्र, दूषित चरित्र का पात्र, छद्‌मी चरित्र

Masked Dance (नृ.) *मास्कड डांस :* छल-प्रपंची नृत्य, ढके मुँह से नृत्य, कपट पूर्ण नृत्य, पर्दा नाच

Masking (तक.) *मॉस्किंग :* आच्छादन, आच्छादित करना, ढकना, छिपाना, मास्किंग

Masking tape (साम.) *मास्किंग टेप :* कच्चा चिपकाऊ टेप, टेप जिसे चिपाकाने के बाद दोबारा सहजता से उखाड़ा ना जा सके

Masonite Board (साम.) *मेसोनाइट :* हार्डबोर्ड का अमेरिकी नाम, अमेरिका में लकड़ी के बुरादे से बना हार्डबोर्ड, मेसोनाइटर बोर्ड

Masonry (स्था.) *मेसोनरी :* राजगीरी, चिनाई, चिनाई-विधि

Masquerade (ना.) *मास्करेड :* नकटौरा, विवाह-स्वांग, नकटौरा

Mass (स्था., समी.) *मैस :* आकार (मॉस)

Mass Appeal (समी.) *मास अपील :* लोक आकर्षण, आम जन लुभावन

Mass Art (समी.) *मास आर्ट :* सामुदयिक कला

Mass Communication (पत्र.) *मास कम्युनिकेशन :* जन संचार

Mass Culture (समी.) *मास कल्चर :* जन संस्कृति, जनवादी संस्कृति

Mass Media (विज्ञा.) *मास मीडिया :* जन संचार, जनता के प्रचार-साधन, जनसंचार माध्यम, लोक प्रचार माध्यम, जन माध्यम

Mass Mentality (समी.) *मास मेंटेलिटी :* जनमानसिकता, जनता की सोच, बहुसंख्यक विचार भीड की मानसिकता

Mass Opinion (समी.) *मास ओपीनियन :* जनमत, जनता की राय

Mass Production (समी.) *मास प्रोडक्शन :* जनोन्मुख प्रस्तुति, बड़े पैमाने पर उत्पादन, आम जनता के लिए प्रस्तुति

Mass Rejection (क.इति.) *मास रिजेक्शन :* अस्वीकरण कांड

Mass Tone (समी.) *मैस टोन :* पूर्ण आभा

Massing (स्था.) *मैसिंग :* आकार देना (मैसिंग)

Massive Concrete (स्था.) *मैस्सिव कंक्रीट :* ठोस कंक्रीट

Mastaba (स्था.) *मस्तबा :* प्राचीन मिस्र में मिट्टी की ईंटों से बनी हुई कब्रें, आयातकार तल, समतल छत और ढलवा दीवारों वाली कब्रें

Master (समी.) *मास्टर :* उत्कृष्ट कलाकार, निपुण, विशेषज्ञ, आचार्य, श्रेष्ठ कलाकार, धुरंधर; बां. गुरु; मरा. निष्णात, अधिकार प्राप्त; गु. गुरु; उ. उस्ताद, मुसव्विर

Master Artist (समी.) *मास्टर आर्टिस्ट :* श्रेष्ठ कलाकार, कला प्रवर, चित्राचार्य, कलाचार्य, सिद्ध कलाकार, सिद्धहस्त कलाकार, प्रवीण कलाकार, गुरु, उस्ताद, कला पंडित, कला महर्षि, अतिनिपुण कलावंत

Master Craftsman (समी.) *मास्टर क्राफ्ट्समैन :* शिल्पाचार्य, श्रेष्ठ शिल्पी या शिल्पकार

Master File (अभि.) *मास्टर फाइल :* मुख्य फाइल / संचिका

Master Madan (1927-1942) (संगी.) *मास्टर मदन :* महान ग़ज़ल गायक जो केवल आठ ग़ज़लें गाकर अल्पायु में मर गया

Master of Costumes (ना.) *मास्टर ऑफ़ कॉस्टयूम्स :* वेश अधीक्षक

Master Painter (चि.) *मास्टर पेंटर :* चित्राचार्य, सिद्ध चित्रकार, श्रेष्ठ चित्रकार

Master Piece (समी.) *मास्टर पीस :* श्रेष्ठ कृति, उत्तम नमूना, उत्कृष्ट कलाकृति; बां. प्रतिमान; श्रेष्ठ कृति; मरा. अति उच्च दर्जे की कलाकृति, एकमेव; गु. श्रेष्ठकृति; उ. फन्नी शाहकार, शाहकार पेंटिंग

Master Shot (फि.) *मास्टर शॉट :* प्रमुख छाया-चित्र, मास्टर शॉट, लंबा दृश्य या शॉट

Master Vitthal (1906-1969) (फि.) *मास्टर विट्ठल :* आरम्भिक दौर में भारतीय फ़िल्मों के एक लोकप्रिय और सफल अभिनेता, जिन्होंने भारत की पहली बोलती फ़िल्म 'आलम आरा' (1931) में नायक की भूमिका अदा की

Mastery (समी.) *मास्ट्री :* महारत, निपुणता

Mat (अभि.) *मैट :* रंगीन चटाई, कालीन

Match (समी.) *मैच :* सुमेलन

Match on Action (फि.) *मैच आन एक्शन :* गति सुमेलन

Matchless (समी.) *मैचलेस :* बेजोड़, अद्वितीय, मुकाबला रहित

Material (आले.) *मेटीरियल :* सामग्री, माल, सामान

Materiailism (ना.) *मेटीरियलिज़्म :* जड़वाद, भौतिकवाद

Mathrubhumi (पत्र.) *मातृभूमि :* कोजीकोड (केरल) से प्रकाशित मलयालम भाषा का एक दैनिक समाचार-पत्र

Matinee Idol (ना.) *मैटनी आइडल :* मोहक अभिनेता/अभिनेत्री

Matinee Show (फि.) *मैटिनी शो :* दोपहर का शो, मध्यान प्रस्तुति

Matki (संगी.) *मटकी :* लोक संगीत का एक अवनद्ध वाद्य

Matra (संगी.) *मात्रा :* ताल का मूल अवयव, जिसकी गणना से ताल का विस्तार ज्ञात होता है, संख्या

Matt Surface (स्था.) *मैट सरफेस :* धुंधली सतह, रूक्ष-तल, निष्प्रभ तल

Mattala (संगी.) *मतला :* ग़ज़ल के प्रथम शेर

Matte Artist (फि.) *मैटी आर्टिस्ट :* परोक्ष कर्मी कलाकार, फ़िल्म निर्माण में अनेक छोटे-बड़े, साधारण या असाधारण कार्य करने वाले वे कारीगर जिन्हें नज़रअन्दाज़ कर दिया जाता है। इन्हें बैक ग्राउंड आर्टिस्ट भी कहा जाता है।

Matter (समी.) *मैटर :* विषय सामग्री, विषयवस्तु

Matter of Fact (समी.) *मैटर ऑफ फैक्ट :* मूल विचार सामग्री

Matter Painting (चि.) *मैटर पेंटिंग :* पदार्थ चित्रण

Maulstick (चि., क., साम.) *मॉलस्टिक :* टेकाधार, हस्त टेक छड़ी

Mausoleum (स्था.) *मोसोलियम :* मकबरा, समाधि

Maxima (संगी.) *मैक्सिमा :* दीर्घतम, मैक्सिमा

Mayur Nritya(नृ.) *मयूर नृत्य:* हरियाणा का एक लोकनृत्य

Maze : (समी.) *मेज़ :* चकरा देना, उलझन में डालना

Mazumdar, Hemen (1894-1948) (चि.) *हेमेन मजूमदार :* वॉश शैली के चित्रकार

Mazumdar, K.N. (1891-1975) (चि.) *क्षितीन्द्रनाथ मजूमदार :* बंगाल शैली के प्रसिद्ध चित्रकार

MDF(Medium density fibreboard)(साम.) *एम.डी.एफ. मीडियम डेन्सिटी फाइबर बोर्ड :* (मध्यम घनत्व फाइबर बोर्ड) का संक्षिप्त रूप, लकड़ी के बारीक बुरादे से बना एक दोनों तरफ चिकना बोर्ड मुलायम बोर्ड

Meal (पा.क.) *मील :* भोजन

Meaning of Art (समी.) *मीनिंग ऑफ़ आर्ट :* कला के अर्थ, कला तात्पर्य

Meaningful (समी.) *मीनिंगफुल :* सारगर्भित मायनेयुक्त, मतलब की, मतलब से भरी, सार्थक, उद्देश्यपूर्ण

Meaningful Conversation : (समी.) *मीनिंगफुल कनवर्सेशन :* सार्थक बातचीत/वार्तालाप, उद्देश्यपूर्ण वार्ता

Measure (संगी.) *मेजर :* कालमान, मापना, मात्रा, माप

Measuring Jar (अभि.) *मेजरिंग जार :* मापक जार

Meat (पा.क.) *मीट :* माँस

Mech head (छापा.) *मेकहैड :* विषम नोकों वाला बिन्दु चित्र उत्कीर्णन यंत्र।

Mechanical (समी.) *मैकेनिकल :* यंत्र सम्बन्धी

Mechanical Art (समी.) *मैकेनिकल आर्ट :* यांत्रिक कला

Meculater (छापा.) *मेकुलेटर :* प्लेट को दोबारा स्याही लगाए बिना छापा निकालना, अत्यधिक स्याही को साफ़ करना; खराब परिक्षण प्रूफ।

Medallion (स्था.) *मिडैल्यॅन :* परिचक्र, गोलाकार फलक या चित्र

Medesimo Tempo (संगी.) *मेडी सिमों टेम्पो :* यथापूर्व लय

Medha Nacha (नृ.) *मेधा नृत्य :* उड़ीसा के धार्मिक जुलूसों में मुखौटा पहन कर तेज संगीत की ताल पर किया जाने वाला लोकनृत्य

Media (विज्ञा.) *मीडिया :* प्रचार तंत्र, प्रचार-प्रसार माध्यम, समाचार तंत्र जैसे समाचार-पत्र, टी.वी., रेडियो आदि जो सूचनाएँ देते हैं।

Media Buyer (विज्ञा.) *मीडिया बॉयर :* विज्ञापन ग्राहक

Media Centre (पत्र.) *मीडिया सेंटर :* जन संचार केन्द्र स्थल, जनसंचार माध्यमों का केन्द्रीय कार्यालय

Media Director (विज्ञा.) *मीडिया डायरेक्टर :* मीडिया निदेशक

Media Expert (विज्ञा.) *मीडिया एक्सपर्ट :* मीडिया विशेषज्ञ, प्रचार माध्यम विशेषज्ञ

Media Planning (विज्ञा.) *मीडिया प्लॉनिंग :* समग्र विज्ञापन योजना, विज्ञापन की रणनीति

Media Strategy (विज्ञा.) *मीडिया स्ट्रेटजी :* विज्ञापन माध्यम नीति, विज्ञापन-सन्देश नीति

Mediaeval Period (इति., क.) *मिडिवल पीरियड :* मध्यकाल

Medianae (स्था.) *मीडियने :* मध्यस्तम्भ

Mediant (संगी.) *मीडिएंट :* तृतीयक स्वर

Medichi Family (क.इति.) *मेदिची फैमली :* मेदिची परिवार/कुटुम्ब/खानदान

Medieval Art (क.इति.) *मिडिवियल आर्ट :* मध्ययुगीन कला, 500 ई. से 1500 ई. के मध्य की कला

Medieval Drama (ना.) *मीडिवियल ड्रामा :* मध्यकालीन नाटक, मध्यकाल विषयक नाटक

Mediocre Channel (पत्र., टी.वी.) *मिडियॉकर चैनल :* सामान्य टी.वी. चैनल, चालू किस्म का चैनल

Medium (सं.) *मीडियम :* बीच का पदार्थ

Medium (क.सा., समी.) *मीड्यॅम :* माध्यम

Medium Resolution Digital Camera (फो.) *मीडियम रेजोल्यूशन डिजिटल कैमरा :* एक प्रकार का विशिष्ट कैमरा

Medium Speed Film (फो.) *मीडियम स्पीड फ़िल्म :* सामान्य गति की फ़िल्म, साधारण फ़ोटो फ़िल्म

Medona (क.इति.) *मेडोना :* ईसाई कला में ईसा मसीह की माँ के लिए प्रयुक्त शब्द। इटैलियन भाषा का शब्द जो ईसा की माँ वरजिन मैरी को अकेले या पुत्र के साथ चित्रित करने के लिए प्रयुक्त एक आदर सूचक शब्द

Meena Kumari (1933-1972) (सिने.) *मीना कुमारी :* भारतीय फ़िल्म जगत की महानतम अभिनेत्री तथा कवयित्री जिन्हें ट्रेजिडी क्वीन के नाम से भी जाना जाता है।

Meend (संगी.) *मीड :* एक स्वर को दूसरे स्वर तक अखंडित रूप से ले जाना

Mega Event *मेगा इवेंट :* बड़ी घटना

Mega Star (सिने., समी.) *मेगा स्टार :* शीर्ष कलाकार

Megalith (स्था.) *मेगालिथ :* महापाषाण, बड़ा पत्थर

Meghdoot (का.क.) *मेघदूत :* संस्कृत के महान कवि तथा नाटककार कालिदास का काव्य ग्रंथ। यह पूर्व मेघ और उत्तर मेघ दो भागों में है। कथावस्तु एक निर्वासित यक्ष और उसकी प्रेमिका के बीच मेघों द्वारा सन्देश भेजने पर आधारित है।

Mehfil Sangeet (समी.) *महफिल संगीत :* कोठा संगीत, तवायफों के कोठे का संगीत

Mehta, N.C. (1892-1958) (क.इति.) *एन.सी. मेहता :* प्रसिद्ध कला इतिहासकार

Mélange (फै.) *मेलांगश :* दो या अधिक फैशन प्रवृत्तियों का मिश्रण

Melapak (संगी.) *मेलापक :* प्रबंध गायन का तीसरा चरण

Melardh (संगी.) *मेलार्ध :* किसी भी मेल या थाट के आरोह का आधा भाग

Melodious (संगी.) *मैलोडियस :* सुरीला, दिलकश

Melodious Song (समी.) *मेलोडियस सांग :* मधुरगान

Melodious Voice (संगी.) *मैलोडियस वॉयस :* सुरीली आवाज

Melodrama (फि., ना.) *मेलोड्रामा :* उत्तेजना प्रधान फ़िल्म, नाटक या कथा, सनसनीखेज या उत्तेजनायुक्त या अतिनाटकीय फ़िल्म या नाटक, अतिप्रधान नाटक, संवेगी नाटक, अति नाटक, भावुकता, भावुकतापूर्ण

Melodrama (ना.) *मेलोड्रामा :* एक प्रकार का नाटक

Melodramatic (समी.) *मैलोड्रैमेटिक :* अतिनाटकीय

Melody (संगी.) *मैलोडी :* लयबद्ध संगीत

Melopmene (संगी.) *मैलोपमीन :* यूनानी शोक संगीत

Memoir (साहि.) *मेम्वायर :* संस्मरण, यादें

Memorabilia (समी.) *मेमोरोबिलिया :* स्मरणीय तथ्य, यादगार तथ्य

Mending (अभि.) *मेडिंग :* मरम्मत करना, सुधार करना

Menhir (स्था.) *मेनहिर :* स्मारक स्तंभ

Menifistation (सौ., श.) *मेनीफिस्टेशन :* प्रकटीकरण

Mental Depression (समी.) *मेंटल डिप्रेशॅन :* मानसिक अवसाद, मानसिक तनाव

Mental Energy (समी.) *मेंटल एनर्जी :* मानस ऊर्जा, मानस शक्ति, बौद्धिक ऊर्जा

Mention (समी.) *मेंशॅन :* उल्लेख, जिक्र करना बखान

Menu (पा.क.) *मेन्यू :* खाने में उपलब्ध भोज्य पदार्थों की सूची या विवरण

Mera Naam Joker (फि.) *मेरा नाम जोकर :* निर्माता-निर्देशक अभिनेता राजकपूर की 1970 में प्रदर्शित सर्कस के जोकर की जिन्दगी पर आधारित एक श्रेष्ठ फ़िल्म

Merchandising Solution (आले.) *मरचेंडाइजिंग सोल्यूशन :* मरचेंडाइजिंग समाधान

Merh, H.L. (चि.) *हरिहर लाल मेढ़ :* चित्रकार

Merit (समी.) *मेरिट :* गुण

Mesh Counter (छापा.) *मैश काउंटर :* स्क्रीन के कपड़े के प्रति एक सेमी. या इंच के धागों की संख्या।

Mesmerize : (समी.) *मिसमेराइज़ :* सम्मोहित करना

Mesolithic (पुरा.) *मेसोलिथिक :* उत्तर पुरापाषाण युगीन

Mesopotamian Art (क.इति.) *मैसोपोटामिया आर्ट :* मैसोपोटामिया की कला, 5000 ई.पू. दजला-फरात नदियों की घाटी में विकसित सभ्यता की कला

Message (समी.) *मैसेज :* संदेश

Messonite Board (चि.) *मेसोनाइट बोर्ड :* मेसोनाइट बोर्ड, एक प्रकार का विदेशी हार्ड बोर्ड

Met (छापा.) *मैट :* छापाचित्र को खराब होने से बचाने के लिए चौखटा चढ़ाने के लिए प्रयोग किया जाने वाला कार्ड बोर्ड

Metal (मू.) *मैटल :* धातु

Metal Pan (पा.क.) *मैटल पैन :* धातु की कड़ाही

Metallic collage (छापा.) *मैटलिक कोलाज :* धातु की प्लेट पर धातु के भिन्न आकार काट कर चिपका कर छापाचित्र

Metallic Voice (समी.) *मैटलिक वॉयस :* सन्तुलित स्वर घोष, समतान-स्वर

Metamorphic Rock (पुरा.) *मेटामॉरफिक रॉक :* कायांतरित शैल

Metamorphosis (क.समी.) *मेटामॉर फोसिस :* कायान्तरण, रूपान्तत, रूपान्तरण; बां. कायाकल्प; मरा. रूपान्तरण, गु. रूपान्तरण; उ. बिलकुल बदली हुई शक्ल, काया पलट, एक से दूसरे रूप का होना, रूप परिवर्तन

Metaphor (समी.) *मेटाफॅर :* रूपक, लक्षण, अलंकार

Metaphysical Art (क.आन्दो.) *मेटाफिजइकल आर्ट :* आध्यात्मिक कला तात्विक कला, अतिसूक्ष्म कला; बां. अधिभौतिक कला; मरा. अधिभौमिक कला, गु. अधिभौतिक कला; उ. ख्याली आर्ट, तस्कुराती आर्ट

Metaphysical Concert (संगी.) *मैटाफिजिकल कंसर्ट :* आलौकिक संगीत-सभा, दिव्य संगीत प्रस्तुति

Metaphysical Painting (समी.) *मेटफिजइकल पेंटिंग :* आध्यात्मिक चित्रांकन, आध्यात्मिक चित्र, तात्विक चित्रांकन, तात्विक चित्र

Meter (का., संगी.) *मीटर :* काव्य रचना नियमावली/सिद्धान्त काव्य व्याकरण

Method (ना.) *मैथड् :* अभिनय शैली

Metope (स्था.) *मेटोपी :* मध्यांतराल

Metrix (छापा.) *मैटरिक्स :* शाब्दिक अर्थ उत्पति स्थान; टाइप (अक्षर) ढालने वाला साँचा

Metro Edition (पत्र.) *मेट्रो एडीशन :* समाचार-पत्र का महानगरी संस्करण

Metrology (पुरा.) *मेट्रोलाजी :* मापविद्या

Mewar Painting (क.इति.) *मेवाड़ पेंटिंग :* मेवाड़ पेंटिंग, मेवाड़ चित्र शैली, राजस्थान में उदयपुर, नाथद्वारा, चित्तौड़ व प्रतापगढ़ क्षेत्र की लघु चित्रकला

Mexican Art (क.इति.) *मैक्सिन आर्ट :* मैक्सिको की कला, मैक्सिको (अमरीका) में सन् 1910 के बाद विकसित कला

Mexican Mural Movement *मैक्सीकन म्यूरल मूमेंट :* 1920 के दशक का मैक्सिको का एक कला आन्दोलन

Mezzanine (स्था.) *मेज़ानाइन :* बहुमंजिल भवन में बीच का तल्ला, परछत्ती, भवन का मध्यतल, मध्यस्थ तल, भूतल के ऊपर और पहली मंजिल के नीचे बनी नीची छत वाली मंजिल, मैजनीन

Mezzotint (छापा.) *मेड्ज़ोटिंट :* छटा उत्कीर्णन, ताम्र पत्र, उत्कीर्णन, चित्रांकन

Michael Madhusudan Dutt (1824-1873) (का.क.) *एम. मधुसूदन दत्त :* बांग्ला भाषा के प्रसिद्ध कवि तथा नाटककार

Michelangelo (1475-1564) (मूका.) *माइकेल एंजालो :* इटैलियन स्थापत्यकार, मूर्तिकार, कवि, चित्रकार तथा इंजीनियर

Micro Climate (सं.) *माइको क्लाइमेट :* सूक्ष्म वातावरण

Micro organism (सा.ज्ञा.) *माइको ऑरगॅनिजम :* सूक्ष्म जीव

Micro Photometer (अभि.) *माइक्रोफ़ोटो मीटर :* सूक्ष्म प्रकाशमापी

Microfilm (पुरा., अभि.) *माइक्रो फ़िल्म :* सूक्ष्म फ़िल्म

Microfilm Copy (अभि.) *माइक्रोफ़िल्म कॉपी :* माइक्रोफ़िल्म प्रति

Microfilm Printer (अभि.) *माइक्रोफ़िल्म प्रिंटर :* माइक्रोफ़िल्म मुद्रक

Microfilm Reader (अभि.) *माइक्रोफ़िल्म रीडर :* सूक्ष्म फ़िल्म वाचक, पाठक

Microfilming (अभि.) *माइक्रोफ़िल्मंग :* माइक्रोफ़िल्मीकरण करना

Microphone (संगी.) *माइक्रोफोन :* सूक्ष्म ध्वनि प्रसारक

Microphotographist (अभि.) *माइक्रोफ़ोटोग्राफ़िस्ट :* सूक्ष्म छायाचित्रकार

Microphotography (अभि.) *माइक्रोफ़ोटोग्राफ़ी :* सूक्ष्म छायाचित्र

Microscope (यं.) *माइको स्कोप :* अनुविक्षण यंत्र

Microtone (संगी.) *माइक्रो टोन :* श्रुति

Microwave (पा.क.) *माइक्रोवेव :* बिजली से खाना गर्म या पकाने की मशीन

Mid Century Modern (ग्र.स., समी.) *मिड सेंचुरी माडर्न :* फर्नीचर और स्थापत्य जगत में सन् 1950 के दशक के सन्दर्भ में प्रयुक्त एक प्रचलित शब्द

Midday Drive (पत्र.) *मिडडे ड्राइव :* सुबह 10 से दोपहर 3 बजे के बीच रेडियो पर विज्ञापन जारी होने की समय अवधि

Middle Cinema (सिने.) *मिडिल सिनेमा :* नया प्रयोगधर्मी सिनेमा, मिडिल सिनेमा

Middle Class Drama (ना.) *मिडिल क्लास ड्रामा :* मध्यवर्गीय नाटक, मध्यवर्ग की पसंद का नाटक

Middle Ground *मिडिल ग्राउंड :* चीन में पृष्ठ भूमि और अग्र भूमि के बीच का स्थान

Middle Man (समी.) *मिडल मैन :* दलाल, मध्यस्थ

Middle Stone Age (पुरा.) *मिडिल स्टोन एज :* मध्य पाषाण युग

Middle Tint (समी.) *मिडिल टिंट :* मध्यम रंगत

Migcus (संगी.) *मिगकस :* किसी खोखली वस्तु के अन्दर कंकड़ आदि भरकर बजाने वाला वाद्य

Migrant Group (समी.) *माइग्रेंट ग्रुप :* प्रवासी समूह, परदेशी लोग

Mihrab (स्था.) *मेहराब :* मेहराब (महराब), मस्जिद की दीवार में मक्का की दिशा सूचक आला

Mike Fever (समी.) *माइक फीवर :* मंच बेताबी, मंच पर अधिकाधिक उपस्थित रहने का नशा, मंच-ज्वर, मंच पर अधिकाधिक बोलने की प्रवृत्ति

Milan Cathedral (स्था.) *मिलान कैथेड्रल :* मिलान का गिरजाघर, कैथेड्रल ऑफ़ मिलान

Millet, François-Jean (1814-1875) (चि.) *मिलेट, जीन-फ्रांकोइस :* फ्रेंच चित्रकार

Milling Stone Culture (पुरा.) *मिलिंग स्टोन कल्चर :* पेषणी संस्कृति

Mimbar (स्था.) *मिम्बर :* मस्जिद में मेहराब के पास बनाई गई सीढ़ियाँ, जिन पर खड़ा होकर मुअज़्ज़िन नमाज़ पढ़ता है, इमाम सन्देश देते हैं

Mime (ना.) *माइम :* मूक अभिनय, स्वाँग, स्वाँगकर्ता, भाँड, मसखरा, बिना बोले केवल मुद्राओं द्वारा अभिनय करने वाला अभिनेता

Mimesis (ना.) *माइमीसिस :* अभिनय के अर्थ का एक ग्रीक शब्द

Mimetic Art (ना.) *माइमेटिक आर्ट :* किसी कलाकार की नकल करने की कला, हास्य मिश्रित अनुकृति कला

Mimic (ना.) *मिमिक :* स्वांगी, नकलची कलाकार

Mimic Drama (ना.) *मिमिक ड्रामा :* हास्यमूलक नाटक, नौटंकी हास्य-विनोद पूर्ण के गुणों वाला नाटक

Mimicry (ना.) *मिमिक्री :* किसी कलाकार की हास्य प्रधान नकल प्रस्तुत करना

Mimo Drama (ना.) *माइमो ड्रामा :* कठपुतली आधारित नाटक, मूक अभिनय

Minaret (स्था.) *मिनॅरेट :* मीनार

Minataur (स्था.) *मिनोटॉर :* नर वृषभ

Minch House (स्था.) *मिंच हाउस :* सराय, आश्रय स्थल

Mineral Colors (क., समा.) *मिनॅरॅल कलर्स :* खनिज रंग, प्राकृतिक स्रोत से प्राप्त रंग

Minerals (समी.) *मिनरलस :* खनिज पदार्थ

Ming Ware (ष.) *मिंग वेयर :* नीले और सफेद रंग के चीनी पोर्सलेन के बर्तन

Miniature (चि.) *मिन्यॅचॅ :* लघु रूप, छोटा रूप, लघु चित्र; बां. पांडु चित्र, लघु चित्र; मरा. सूक्ष्म चित्र; गु. लघु चित्र; उ. छोटी तसवीर, बिलकुल छोटी तसवीर

Miniature Arch (स्था.) *मिनिएचर आर्च :* लघुचाप

Miniature Camera (फो.) *मिनिएचर कैमरा :* लघु कैमरा, छोटे आकार का कैमरा

Minimal Art (समी.) *मिनिमल आर्ट :* लघुतम कला, लघुवादी (कला)

Minimalism (क.आन्दो.) *मिनिनिलिज्म :* अतिसूक्ष्मवाद, कला का एक आन्दोलन

Minoan Art (क.इति.) *मिनोएन आर्ट :* मिनाओं की कला

Minor Actor (ना.) *माइनर एक्टर :* गौण पात्र, मामूली अदाकार

Minor Arts (समी.) *माइनर आर्ट्स :* गौड़ कलाएँ, उपभोगवादी कलाएँ

Minor Cord (संगी.) : मदु गांधार संघात

Minor Shrine (स्था.) *माइनर श्राइन :* लघु चैत्य, लघु मन्दिर

Mint (पा.क.) *मिंट :* हरा पुदीना

Mint Leaves (पा.क.) *मिंट लीव्ज :* पुदीने की पत्तियाँ

Minutes (पत्र.) *मिनइट्स :* मीटिंग का कार्यवृत्त सभा की कार्यवाही विवरण, बैठक के निर्णय

Mir Sayyad Ali (चि.) *मीर सैय्यद अली :* तब्रेज निवासी एक मुग़ल कला का चित्रकार

Mir Taqi Mir (1723-1810) (का.क.) *मीर तकी मीर मोहम्मद :* अठारहवीं शताब्दी मुग़लकालीन भारत के विख्यात उर्दू शायर तथा उर्दू भाषा को सँवारने वाले महान कवि

Mirabai (1498-1546) (का.क.) *मीराबाई :* मध्ययुगीन भारत में कृष्ण भक्ति सम्प्रदाय की महान कवयित्री तथा गायिका

MirAli (चि.) *मीरअली :* पन्द्रहवी शताब्दी में तैमूर शासन काल का एक प्रसिद्ध फ़ारसी लिपि का सुलिपिकार (Calligrapher)

Mirror Spot (ना.) : दर्पण पुंजदीप

Mis-cast (ना.) *मिस कास्ट :* अयुक्त भूमिका, अनउपयुक्त भूमिका, अनुपयुक्त पात्र, अनावश्यक पात्र/भूमिका

Mise-en-scene (ना.) *माइस इन सीन :* दृश्य रचना

Miserablism (चि.) *मिज़रेबिलिज़्म :* दैन्य चित्रण-वाद, दैन्य चित्रण-शीलता

Miskeen (चि.) *मिस्कीन :* बादशाह अकबर का एक दरबारी चित्रकार

Mismatching of Colours (चि.) *मिस मैचिंग ऑफ़ कलर्स :* रंग-संगति दोष

Misprint (छापा., पत्र.) *मिस प्रिंट :* छापे की गलती, अशुद्ध मुद्रण, मुद्रणदोष

Missionary Zeal (समी.) *मिशनरी ज़ील :* मिशनॅरी भाव

Mist (चि.) *मिस्ट :* धुंधला करना, धुंधली करण

Misterious (समी.) *मिस्टीरियस :* रहस्यवादी

Mithila Folk Art (चि.) *मिथिला फोक आर्ट :* मिथिला की लोक कला, मिथिला जन कला

Mitre (स्था.) *माईटर :* जुड़ाई

Mix media (छापा.) *मिक्स मीडिया* (मिश्रित माध्यम) : एक छापाचित्र पर भिन्न ग्राफिक माध्यमों का प्रयोग, मिश्र माध्यम, कई माध्यमों की सहायता से रचना

Mixed Method (समी.) *मिक्स्ट मेथॅड :* मिश्रित शैली, मिश्रित माध्यम

Mizrab (संगी.) *मिज़राब :* त्रिकोण आकार का सितार वादन के लिए प्रयुक्त साधन/यंत्र

Mobiles (चि.) *मोबाइल्स :* चलाकृति

Mock-up (समी.) *मॉकअप :* नकली, दिखावटी

Moddelling (समी.) *मॉडलिंग :* प्रतिरूपण, रूप गठन, मॉडलिंग

Model (समी.) *मॉडल :* नमूना, मॉडल, सम्मुख विषय, सजीव चित्रण में प्रयुक्त स्त्री या पुरुष आदि

Model (स्था., चि.) *मॉडल :* आदर्श, मानक, प्रतिरूप या नमूना बनाना, प्रतिकृति

Model (फै.) *मॉडल :* नये परिधानों को व्यापारिक दृष्टि से प्रस्तुत करने वाले कलाकार

Modeling (फै.) *मॉडलिंग :* कलाकारों द्वारा नये उत्पादों का विज्ञापन करना

Modeller (मू.) *मॉडलर :* प्रारूपकार; मूर्तिकार; बां. प्रतिरूपक मूर्तिकार मरा. प्रतिमाकार; गु. मूर्तिकार; उ. बुततराश, संगतराश

Modelmaking (समी.) *मॉडल मेकिंग :* नमूना बनाना, उपेक्षित वस्तु की प्रारूप रचना

Moderato (संगी.) *मॉडरेटो :* मध्यलय

Modern Age (समी.) *मार्डन ऐज :* नवीन युग, नवयुग, नया जमाना, आधुनिक काल, आधुनिक युग

Modern Art (क.इति.) *मॉडर्न आर्ट :* आधुनिक कला, नव कला, अर्वाचीन कला, नवीन कला; बां. आधुनिक कला, नवकला; मरा. नव्यकला; गु. आधुनिक कला; उ. असरे जदीद का आर्ट, मॉडर्न फन

Modern Design (आले.) *मॉडर्न डिज़ाइन :* आधुनिक संग्रह, आज के डिज़ाइन

Modern methods of construction (MMC) (स्था.) *मॉडर्न मैथड्स ऑफ़ कन्सट्रक्शन :* भवन निर्माण के आधुनिक तकनीक या तरीका

Modern Period (क.इति.) आधुनिक काल

Modern Props (ना.) *मॉडर्न प्रॉप्स :* उन्नत किस्म की आधुनिक मंच-सामग्री और उपकरण आदि

Modern Realism (समी.) *मॉडर्न रियलिज़्म :* आधुनिक यथार्थवाद

Modern Review (पत्रि.) *मॉडर्न रिव्यू :* कलकत्ता से प्रकाशित एक अंग्रेजी भाषा में कला और संस्कृति की प्रतिष्ठित पत्रिका जिसका शुभारंभ 1907 में रामानन्द चटर्जी ने किया था।

Modernism (समी.) *माडर्निज़्म :* आधुनिकतावाद, फैशनवाद, नव्यमार्ग, नया दौर, नवाचार, नव्यपंथ, नवप्रवाह, नवचेतनावाद, आधुनिकता, आधुनिकतावाद, कला का एक आन्दोलन

Modernist (समी.) *मॉडॅनिस्ट :* आधुनिकतावादी

Modesty (समी.) *मॉडेस्ट्री :* विनम्रता

Modigliani, Amedeo (1884-1920) (चि.) *एमेदियो मोदिग्लानी :* इटैलियन मूर्तिकार, चित्रकार

Modni (नृ.) *मोदनी :* गोवा प्रदेश का एक लोकनृत्य

Modular (आले.) *माडुलर :* प्रमापीय, मापांक

Modularity (समी.) *माडुलेरिटी :* प्रतिरूपकता

Modulation (संगी.) *मॉड्यूलेशन :* स्वर का उतार-चढ़ाव

Module (स्था.) *माडुल :* इकाई, मापदंड

Mohammad Nadir (चि.) *मोहम्मद नादिर :* बादशाह शाहजहाँ का दरबारी चित्रकार

Mohammad Rafi (1924-1980) (फि.) *मोहम्मद रफी :* हिन्दी सिनेमा के बादशाह पार्श्व गायक जिन्होंने लगभग सभी सिने संगीतकारों के साथ गायन का अवसर मिला तथा छह बार फ़िल्म फेयर अवार्ड तथा दो बार राष्ट्रीय फ़िल्म पुरस्कार जीता

Mohan Agashe (Dr.) (1947—) *मोहन अगाशे :* साहित्य अकादमी से पुरस्कृत मराठी थियेटरकर्मी

Mohan Rakesh (1925-1972) *मोहन राकेश :* हिन्दी की नई कहानी आन्दोलन के प्रमुख और अग्रदूत कहानीकार

Mohanjo-Daro (क.इति.) *मोहन जोदाड़ो :* मोहन जोदाड़ो की सभ्यता

Mohiniaattam (नृ.) *मोहिनीअट्टम :* केरल की एक शास्त्रीय नृत्य शैली

Mohit Chattopadhyay (1934-2012) (सं.क.) *मोहित चट्टोपाध्याय :* प्रख्यात आधुनिक बांग्ला नाट्य लेखक, सिने पटकथा लेखक, कवि तथा नाटककार

Moisturizer (रू.स.) *मोइस्चराइज़र :* त्वचा के रूखेपन को रोकने के लिए प्रयोग किया जाने वाला एक गाढ़ा द्रव्य रसायन

Moksha-Moksha (नृ.) *मोक्ष-मोक्ष :* नृत्य की एक विद्या, जिसमें संसार से मुक्ति का प्रदर्शन किया जाता है।

Mola Ram (1743-1833) (चि.) *मोलाराम :* गढ़वाल का चित्रकार जिसने कांगड़ा शैली को गढ़वाल में विकसित किया

Molding (मू) *मोल्डिंग :* ढलाई

Monalisa (चि.) *मोनालिसा :* मोनालिसा, मोनालिसा का मुख चित्र

Monastery (समी.) *मोनॅस्टॅरी :* मठ, बौद्ध, विहार, वानप्रस्थ आश्रम, मन्दिर, साधु-संतों का अखाड़ा, धार्मिक पुजारियों का निवास स्थान

Mondrian, Piet (1872-1944) (चि.) *पिये मोन्द्रियां :* डच चित्रकार

Monet, Claude (1840-1926) (चि.) *क्लां माने :* फ्रेंच आभासवादी चित्रकार

Money Spinner (समी.) *मनी स्पिनर :* पैसा कमाऊ, दौलत उगाहू, नाटक या फ़िल्म की आर्थिक सफलता, टिकट बिक्री की दृष्टि से सफल नाटक या फ़िल्म

Mongolian *मंगोलियन :* मंगोली, मंगोल के निवासी, मंगोल की भाषा

Monitor (पत्र.) *मॉनिटर :* कम्प्यूटर का आउटपुट देखने की मशीन, मानीटर

Monitor (टी.वी.) *मॉनीटर :* स्टूडियो का टेलीविजन रिसीवर

Monk Bond (स्था.) *मांक बॉड :* एक प्रकार की चिनाई

Mono Acting (ना.) *मोनो ऐक्टिंग :* एकल अभिनय, केवल एक अभिनेता द्वारा प्रस्तुति

Mono Chromatic (समी.) *मोनो कोमेटिक :* एकवर्षीय, एकरसीय एक वर्णी

Mono Drama (ना.) *मोनो ड्रामा :* केवल एक पात्र द्वारा नाट्य प्रस्तुति, एकल नाट्य

Monobloc (स्था.) *मोनो ब्लॉक :* भवन का एक खंड

Monochord (संगी.) *मोनो कॉर्ड :* एक तंत्री, एकतारा

Monochrome (चि., समी.) *मोनो क्रोम :* इकरंगा, एकरंगीय, एकवर्णिक, इकरंगा चित्र, एकरंगी

Monochromic Painting (चि.) *मोनोक्रोमिक पेंटिंग :* एक वर्णीय चित्र, बिना रँगे चित्र, एक रंग में बना चित्र

Monodrama (ना.) *मोनोड्रामा :* एक पात्रीय नाटक, एकल नाट्य, एक अभिनेता द्वारा अभिनीत, नाटक

Monogram (विज्ञा., चि.) *मोनोग्राम :* व्यापार चिन्ह (प्रतीक)

Monograme (समी.) *मोनोग्राम :* गुम्फाक्षर, मोनोग्राम, एक दूसरे से मिले अक्षरों का प्रतीकात्मक संयोजित रूप

Monogramist (छापा.) *मोनोग्रामिस्ट :* कला के प्राचीन अज्ञात कलाकार जिनकी पहचान सिर्फ उनके मोनोग्राम से होती है

Monograph (संग्रा.) *मोनोग्राफ़ :* एकल विषयी प्रबंध पुस्तक, एक कलाकार या विषय-खंड पर लिखी पुस्तक, एकत्व मौलिक पुस्तक, मोनोग्राफ़, एकल विषयबद्ध पुस्तक, एक विषय पर लिखी पुस्तक

Monolith (स्था., मू.) *मोनोलिथ :* एकल पत्थर की मूर्ति, खम्भा या शिल्प, एकाश्म

Monologue (ना.) *मोनोलॉग :* लम्बा भाषण नाटक में पात्र द्वारा लम्बा भाषण एकालाप, स्वगत कथन, एक-पात्रक, अभिनय

Monotone (चि., समी.) *मोनोटोन :* एक लय, एक रूपता, एक छटा चित्र

Monotone (संगी.) *मोनोटोन :* एक स्वरक

Monotonous (समी.) *मोनोटॅनस :* एक रसी

Monotony (समी.) *मोनोटॅनी :* एकरसता, एकरूपता, एकसा

Monotype (समी.) *मोनोटाइप :* एकल प्रारूप, एकमुद्र, मोनोटाइप मशीन जो स्वत: कम्पोजिंग करती है

Monotypic (समी.) *मोनोटाइपिक :* एक प्रतिरूपी, मोनोटाइपिक

Montage (फि., समी.) *मोंटाज :* फ्रेंच शब्द जिसका अर्थ है अनेक फ़िल्मी दृश्यों का संपुंजन (जोड़कर) एक कृतिक के रूप में प्रस्तुत करना

Montage (चि.) *मोंटाज :* संग्रथित चित्र, मोंताज

Montage (फि., टी.वी.) *मोंटाज :* टी.वी. पर किसी भी कार्यक्रम का परिचायक, चित्र और संगीत से निर्मित कार्यक्रम का मुख्य शीर्षक

Montant (स्था.) *मोनटेंट :* मध्य शाखा

Monumental (समी.) *मॉन्यूमेनटॅल :* स्मारकीय, स्मारक विषयी शाहकार, महाकाय, बुलंद, अति विशाल, चिरस्मरणीय अत्यन्त महत्त्वपूर्ण; बां. स्मरणीय; मरा. स्मरणार्थक; गु. चिरस्मरणीय; उ. यादगार काम, अज़ीम काम, पायदार कारनामा

Monumental Architecture (स्था.) *मोन्यूमेंटल आर्किटेक्चर :* स्मारक, वास्तु, विशाल कार्य स्थापत्य

Monumental Sculpture (मू.) *मॉनयूमेनटल स्कॅल्प्चर :* स्मारकीय मूर्ति, अतिविशाल मूर्ति, चिरस्थाई मूर्ति, अति महत्त्वपूर्ण मूर्ति, भारी मूर्ति

Moochys (चि.) *मूचीस :* तमिल भाषा में चित्रकारों के सन्दर्भ में प्रयुक्त तमिल शब्द

Mood (समी.) *मूड :* मन:स्थिति, चित्त दशा

Mood Music (संगी.) *मूड म्यूज़िक :* भाव विभोर संगीत

Mookherjee, Sailoz (1907-1960) (चि.) *सैलोज मुखर्जी :* चित्रकार

Moonstone (र. आभू.) *मूनस्टोन :* चन्द्रकान्त मणि

Moore, Henry (1898-1986) (चि.) *हेनरी मूर :* प्रसिद्ध ब्रिटिश मूर्तिकार

Moorish Arch (स्था.) *मूरिश आर्च :* मूरिश मेहराब, नाल मेहराब, घोड़े की नाल जैसी एक मेहराब

Moral Painting (क.इति.) *मॉरल पेंटिंग :* नैतिक सन्देश देने वाले चित्र

Morchang (संगी.) *मारचंग या मुखचंग :* कर्नाटक शास्त्रीय संगीत एवं लोक संगीत में प्रचलित एक वाद्य

Mordant (छापा.) *मौरडॅन्ट (क्षयकारक) :* साधारणत: अम्ल

Morning Show (फि.) *मॉर्निंग शो :* प्रात: कालीन प्रदर्शन, सुबह का शो

Mortice (स्था.) *मॉर्टिस :* चूल, खॉंच

Mosaic (स्था.) मोजैक : रंगीन पत्थर या काँच के टुकड़ों से सज्जा कार्य, पच्चीकारी

Mosaic Painting (चि.) *मोजैक पेंटिंग :* कुट्टिम चित्र, पच्चीकारी चित्र, मोजैक चित्रण, मोजैक पेंटिंग

Mosaic Picture (चि.) *मोजैक पिक्चर :* कुट्टिम चित्र

Moscow Times, The (पत्र.) *द मास्को टाइम्स :* रूस से अंग्रेजी भाषा में प्रकाशित एक दैनिक समाचार-पत्र

Mosque (स्था.) *मॉस्क :* मस्जिद, मुसलमानों की इबादत-गाह

Moss (अमि., सं.) *मॉस :* काई

Mother India (पत्र.) *मदर इंडिया :* सिनेमा साहित्यकार बाबूराव पटेल द्वारा प्रकाशित तथा सम्पादित एक फ़िल्मी पत्रिका

Mother India (फि.) *मदर इंडिया :* ग्रामीण समाज पर आधारित 1975 में प्रदर्शित निर्देशक महबूब खाँ की एक कालजयी हिन्दी फ़िल्म

Motif (समी.) *मोटिफ :* रूपांकन, अभिप्राय, आकल्पन, अनुकल्प, मूलभाव

Motif (आले.) *मोटीफ :* पैटर्न या डिज़ाइन

Moti-Mahawar (रू., शृं.) *मोती महावर :* लघुचित्रों की नायिकाओं का आभूषण और महावर, मेहंदी से सजाना

Motion (संगी.) *मोशन :* स्वर संचार

Motion Picture (फि.) *मोशन पिक्चर :* चलचित्र, चलचित्र, चलती-फिरती और बोलती फ़िल्म

Motivation (समी.) *मोटीवेशन :* उत्प्रेरणा, प्रोत्साहन, प्रेरणा

Motive (समी.) *मोटिव :* अभिप्रेरणा, अभिप्राय, प्रयोजन, उद्देश्य

Mottle (फै.) *मॉटेल :* चित्तीहार डिज़ाइन, छापे रंग-बिरंगे वस्त्रों के सन्दर्भ में

Moulage (मू., शि.) : साँचा निर्माण

Mould (मू.) : मूर्ति ढालने या बनाने का साँचा

Mount (ना.) *माउंट :* नाट्य मंचन की तैयारी

Mount (अभि., चि.) *माउंट :* चित्रों की सुरक्षा व सज्जा का कागजी गत्ता

Mounting (आले.) *माउंटिंग :* चिपकाना, मढ़ना

Mounting (अमि., सं.) *माउंटिंग :* कृति को सहारा प्रदान करने का कागजी उपाय, मुढ़ाई करना

Mourning Song (संगी.) *मोर्निंग सॉन्ग :* विलापगीत, शोक गीत

Mouryan Art (क.इति.) *मौर्यन आर्ट :* भारतीय इतिहास की मौर्य शासन कालीन कला जिसका विकास C. 322 ईसा पूर्व से C. 185 ईसा पूर्व माना जाता है।

Mouse (पत्र.) *माउज :* कम्प्यूटर चलाने का एक संकेतक उपकरण

Mousoleum (स्था.) *मोसोलियम :* मकबरा, मोसोलियम

Movement (समी.) *मूवमेंट :* आन्दोलन, लय, गति, अंगलीला

Movie (फि.) *मूवी :* सिनेमा, चलचित्र, फ़िल्म

Movie Camera (फि.) *मूवी कैमरा :* चलचित्रण कैमरा, फ़िल्म कैमरा

Movie Theatre (फि.) *मूवी थियेटर :* सिनेमाघर, चलचित्र गृह

Moviedom (फि.) *मोवीडम :* चलचित्र आग्रही

Mradang (संगी.) *मृदंग :* पखावज की तरह गम्भीर ध्वनि वाला ढोलनुमा वाद्य यंत्र

Mridangam (संगी.) *मृदंगम :* कर्नाटक शास्त्रीय संगीत में प्रयुक्त एक ताल वाद्य

Mudra (संगी.) *मुद्रा :* मुद्रा, भाव को व्यक्त करने वाली आंगिक आकृति

Mudra (नृ.) *मुद्रा :* नृत्य के कारण नर्तक द्वारा अपने हाथों की विभिन्न मुद्राओं के माध्यम से अपने मनोभाव को व्यक्त करने का सांकेतिक दृष्टिगत माध्यम

Muffin (पा.क.) मफिन : टिकिया, एक प्रकार का केक

Muffled Voice (संगी.) *मफल्ड वॉयस :* बैठा हुआ स्वर, अवरुद्ध स्वर, रुद्ध स्वर, दबी आवाज

Mughal Gothic (क. इति, स्था.) *मुग़ल गोथिक :* 19वीं शताब्दी में अंग्रेजों द्वारा भारतीय सरकारी भवन तथा राजाओं के महलों में प्रयुक्त भारत-आंग्ल शैली के मिश्रण से उपजी कला

Mughal Painting (क.इति.) *मुग़ल पेंटिंग :* मुग़ल चित्र कला, मुग़ल कालीन चित्रकला, भारतीय मुस्लिम कला, भारत में मुग़ल साम्राज्य के जन्म (1526 ई.) उत्थान और पतन (1707 ई.) के मध्य की चित्रकला

Mughal Painting in India (घि.) *मुग़ल पेंटिंग इन इंडिया :* भारत में मुग़ल चित्रकला काल, हिन्दुस्तान में मुगलिया दौर की चित्रकला

Mughal-e-Azam (फि.) *मुग़लेआज़म :* 1960 में प्रदर्शित सिने निर्देशक के. आसिफ द्वारा बादशाह अकबर और उसके पुत्र सलीम पर आधारित एक श्रेष्ठ ऐतिहासिक महत्त्व की कालजयी हिन्दी फ़िल्म

Mughdha (चि., समी.) *मुग्धा :* कम उम्र की नायिका, किशोरी नायिका

Muhavara (का.क.) *मुहावरा :* किसी भाषा को जीवंत रंगीन और सरस बना देने वाले सुगठित शब्द समूह, जिनके विशिष्ट अर्थ निकलते हों, ये व्यंग्यात्मक भी हो सकते हैं

Mukesh (1923-1976) (फि.) *मुकेश :* मुकेश चन्द माथुर हिन्दी सिनेमा के एक प्रसिद्ध और लोकप्रिय पार्श्व गायक जिन्हें प्रसिद्ध निर्माता-निर्देशक, अभिनेता राजकपूर की हूबहू आवाज के लिए भी जाना जाता है।

Mukh Chalan (संगी.) *मुख चालन :* रागोचित अलंकारिक युक्त गायन-वादन

Mukh Mandap (स्था.) *मुख मंडप :* मुख मंडप, मंडप के सामने वाला महाकक्ष (हॉल)

Mukherjee, B.B. (1904-1980) (चि.) *बिनोद बिहारी मुखजी :* चित्रकार

Mukhra (संगी.) *मुखड़ा :* बन्दिश का प्रथम भाग

Muktak (का.क.) *मुक्तक :* स्वतंत्र काव्य अंश, काव्य या कविता की अलग-अलग मुक्त अर्थ व्यक्त करने वाले अंश, जिनका आपसी तारतम्य न हो, जैसे मीरा, रहीम और कबीर के दोहे

Muktibodh (Gajanan Madhav) (1917-1964) (का.क.) *मुक्तिबोध (गजानन माधव) :* आधुनिक हिन्दी भाषा के एक श्रेष्ठ कवि

Mukund (चि.) *मुकुंद :* बादशाह अकबर का दरबारी चित्रकार

Mulaprasada (स्था.) *मूल प्रासाद :* मूल प्रासाद, मन्दिर में मूर्तियाँ स्थापित करने के मुख्य स्थल

Mulberry paper (छापा.) *मलबरी पेपर :* शहतूत के पेड़ की छाल/टहनियों से बना जापानी कागज

Mullar (छापा.) *मूलर (मूसली) :* उत्कीर्णन छपाई के लिए सूखी स्याही तत्त्वों को चूरा कर प्लेट आयल में मिलाकर व रगड़कर स्याही बनाने के लिए

Mullion (स्था.) *मुलियन :* बिचला छड़ खिड़की और दरवाजे के बीच का विभाजक

Multani Kafi (संगी.) *मुल्तानी काफी :* पंजाब से जुड़ी एक आध्यात्मिक गायन शैली

Multi Linguist (समी.) *मल्टी लिंगुइस्ट :* बहुभाषा विद्

Multi Media (समी., टी.वी.) *मल्टी मीडिया :* बहुमाध्यम, इलेक्ट्रानिक माध्यम की सूचना तकनीक

Multidimensional (समी.) *मल्टी डॉयमेंशनल :* बहुआयामी, अनेक आयामों वाला

Multilingual Record (अभि.) *मल्टीलिंगुअल रेकॉर्ड :* बहुभाषी अभिलेख

Multimedia (पत्र., फि., टी.वी., चि.) *मल्टीमीडिया :* बहुमाध्यमी सूचना तकनीक, जनता को शीघ्र इलेक्ट्रानिक और अन्य अनेक सूचना माध्यमों से सूचना देने का माध्यम

Multiple Discipline (समी.) *मल्टीपल डिसिपलिन :* बहुआयामी आचरण, अनुशासन

Multiple Stage (ना.) *मल्टीपल स्टेज :* बहुआयामी मंच

Multiple tool (छापा.) *मल्टीपल टूल :* एक बहुकार्य औजार; एक समय में अनेक सामान्तर रेखाएँ उकेरने में सक्षम।

Multitude (ना.) *मल्टीट्यूड :* भीड़

Multivallet (पुरा.) *मल्टीवेलेट :* बहुप्राचीर, अनेक दीवारें

Mum madi Kishnaraja Wodeyar (1799-1868) (चि.) *मुमोदी कृष्णराज वाडियार :* दक्षिण भारतीय पारम्परिक चित्रकला के एक महान कला संरक्षक शासक

Mummer (ना.) *ममॅर :* मूकाभिनेता, स्वांग कलाकार, स्वांगी, स्वांगिया, भांड़

Mummy (क.इति.) *ममी :* शव-कवच, शवावरण, पुरातन शव, शव सुरक्षा कवच, सुखाई गई लाश

Mummy Portraits (क.इति.) *ममी पेंटिंग्स :* मिश्र में हेलेनिस्टिक और रोमन शासन के दौरान (C. 50 BCE से 250 CE) ममियों (शव कवच) पर बने राजाओं और कुलीन लोगों के रूपचित्र, शव कवच पर चित्रित मुखाकृति, ममी पोर्ट्रेट

Munari (नृ.) *मुनारी :* उड़ीसा प्रान्त का एक लोकनृत्य

Munda (नृ.) *मुंडा :* झारखंड का एक लोकनृत्य

Muniment Room (अभि.) *म्यूनीमेंटरूम :* प्रलेखकक्ष, प्रलेखागार

Munshi Devi Prasad (1847-1923) *मुंशी देवी प्रसाद :* हिन्दी लिपि में बादशाह जहाँगीर का जीवन चरित्र जहाँगीरनामा लिखनेवाला एक लेखक तथा इतिहासकार

Munsi Premchand (1880-1936) *मुंशी प्रेमचन्द :* आधुनिक हिन्दी भाषा के प्रमुख उपन्यासकार। प्रमुख उपन्यास—गोदान (1936), कर्मभूमि, गबन, शतरंज के खिलाड़ी, बाज़ारे हुस्न

Muqarnas (स्था.) : इस्लामिक स्थापत्य में त्रिआयामी सज्जा कला

Murakka (क.समी.) *मुरक्का :* मुरक्का, मुग़ल कालीन कला के चित्रित एल्बम, मुग़ली एल्बम

Mural (चि., स्था.) *म्यूरल :* भित्ति चित्र, दीवार चित्र, भित्ति चित्रण बां. दीवार चित्र; मरा. भित्ति चित्र; गु. भित्ति चित्र; उ. दीवारी तसवीर

Mural Art (चि., पुरा.) *म्यूरल आर्ट :* भित्ति कला

Mural Painting (चि., पुरा.) *म्यूरल पेंटिंग :* भित्ति चित्रण, भित्ति चित्र, दीवार चित्रण

Muralist (चि.) *म्यूरलिस्ट :* भित्ति कलाकार, भित्ति चित्रकार, भित्ति सज्जाकार, दीवारों पर चित्र बनाने वाले कलाकार

Murg (पा.क.) *मुर्ग :* मुर्गी

Murgh Musallam (पा.क.) *मुर्ग मुसल्लम :* मुर्गे के मांस से बना एक व्यंजन

Murshidabad *मुर्शिदाबाद :* ईस्ट इंडिया कम्पनी काल में पश्चिमी बंगाल स्थित मुर्शिदाबाद भारत में कला और संस्कृति का सर्वश्रेष्ठ केन्द्र था। मुर्शिदाबाद के तत्कालीन नवाबों ने कला और कलाकारों को भरपूर प्रोत्साहित किया।

Muscular Tension (रू.स.) चेहरे की मांस पेशियों का तनाव

Muse *म्यूस :* कलाकारों की वैचारिक प्रेरणा शक्ति

Museology (संग्रा.) *म्यूजियोलाजी :* संग्रहालय विज्ञान, संग्रहालय विद्या, संग्रहालय शास्त्र दुर्लभ वस्तु संग्रह-स्थल

Muses (समी.) *म्यूजेज :* ग्रीक पौराणिक कथाओं में कला और विज्ञान की नौ देवियाँ

Museum (क.इति., समी.) *म्यूज़ियम :* संग्रहालय, प्रदर्शन तथा संग्रहभवन, कौतुकागार, दुर्लभ वस्तु संग्रह-स्थल, म्यूज़ियम; बां. जादूघर, संग्रहालय; मरा. संग्रह प्रदर्शन स्थल; गु. संग्रहस्थान; उ. अजाइबघर, म्यूज़ियम, अजायबखाना

Museum Catalogue (संग्रा.) *म्यूज़ियम केटालाग :* संग्रहालय का संग्रह सूची-पत्र

Museum Lecturer (संग्रा.) संग्रहालय व्याख्याता, संग्रहालय सहायक

Mushroom (पा.क.) *मशरूम :* कुकुरमुत्ते की जाति का एक खाद्य पदार्थ

Musi Hall Performance (ना.) *म्यूजी हॉल परफार्मेंस :* रंगा रंग प्रदर्शन, संगीत भवन

Music (संगी.) *म्यूज़िक :* संगीत, गायन अथवा वादन द्वारा सस्वर अभिव्यक्ति की कला

Music Composer (संगी., समी.) *म्यूज़िक कम्पोजर :* संगीतकार, संगीत रचयिता, संगीत संयोजक

Music Director (फि., ना.) *म्यूज़िक डायरेक्टर :* संगीत निर्देशक, संगीत संयोजक

Music School (संगी.) *म्यूज़िक स्कूल :* संगीत शाला, संगीत विद्यालय

Musica Figurata (संगी.) *म्यूज़िका फिगरेटा :* अलंकृत संगीत

Musical (संगी.) *म्यूज़िकल :* संगीतप्रधान, संगीतमय

Musical Band (संगी.) *म्यूज़िकल बैंड :* वाद्य वृंद, संगीतकार दल, संगीत मंडली, गाने-बजाने वाले

Musical Comedy (ना.) *म्यूज़िकल कमेडी :* संगीत प्रधान कमेडी, संगीत प्रधान सुखांतक नाटक

Musical Instruments (संगी.) *म्यूज़िकल इनस्ट्रुमेंटस :* वाद्य यंत्र, साज, बाजे

Musical Notation (संगी.) *म्यूज़िकल नोटेशन :* संगीत की स्वर लिपि

Musical Orchestra (संगी.) *म्यूज़िकल आर्केस्ट्रा :* संगीत वाद्यमंडल, वादक वृंद, वादक समूह

Musical Theatre (समी.) *म्यूज़िकल थियेटर :* संगीत प्रधान नाटक

Musicality (नृ.) *म्यूज़िकलटी :* नर्तक द्वारा संगीत की धुन पर नर्तन सामंजस्य

Musician (संगी.) *म्यूज़िशियन :* संगीतज्ञ, वाद्यकार, संगीत वेत्ता, साजिन्दे, वाद्यवृन्द, संगीतकार, संगीतज्ञ, गायन अथवा वाद्य वादन में प्रवीण व्यक्ति

Musicologist (समी., संगी.) *म्यूज़िकोलॉजिस्ट :* संगीत का वैज्ञानिक, संगीताचार्य, संगीत पंडित, संगीतज्ञ

Musicology (संगी.) *म्यूज़िकोलॉजी :* संगीत शास्त्र, संगीत विज्ञान, संगीत का ज्ञान देने वाला शास्त्र

Musiologist *म्यूज़ियोलाजिस्ट :* संग्रहालय वेत्ता, संग्रहालय विज्ञान का जानकार

Muslim (समी.) *मुस्लिम :* मुसलमान, पैगम्बर मोहम्मद को मानने वाले, इस्लामी

Muslin (फै.) *मुसलिन :* मलमल

Must (पत्र.) *मस्ट :* समाचार-पत्र में किसी समाचार को अवश्य ही छापने का निर्देश

Mustard Leaves (पा.क.) *मस्टर्ड लीव्ज :* सरसों की पत्तियाँ

Mustard Oil (पा.क.) *मस्टर्ड ऑयल :* सरसों का तेल

Mustard Seeds (पा.क.) *मस्टर्ड सीड्स :* सरसों के बीज

Mute (फि., टी.वी.) *म्यूट :* मूक दृश्य, मूक चलचित्र, ध्वनि रहित रेकार्ड किया गया दृश्य

Mutilation (of Records) (अभि.) *म्यूटिलेशन (ऑफ़ रेकॉर्डस) :* अभिलेख-विखंडन/विकृति

Mutton (पा.क.) *मटन :* बकरे या भेड़ का माँस

My Fair Lady (समी.) *माई फेयर लेडी :* प्रियतमा

Mycenean Art (क.इति.) *माइसीनियन कला :* माइसीनिया की कला, ई.पू. 1600 से ई.पू. 1100 के मध्य फली फूली भवन निर्माण और पात्रों की कला

Mynsiem (नृ.) *माइनसेम :* मेघालय प्रदेश का एक लोकनृत्य

Mystery Play (ना.) *मिस्ट्री प्ले :* रहस्य प्रधान नाटक

Mystical Abstract Art (समी.) *मिस्टिकल एब्सट्रैक्ट आर्ट :* रहस्यवादी अमूर्तकला, रहस्यमयी तत्त्वाबिलम्बीय कला

Mysticism (समी.) *मिस्ट्रीसिज़्म :* रहस्यवाद

Myth (पत्र.) *मिथ :* मिथक, पौराणिक

Mythology (संगी.) *माइथोलॉजी :* पुराण विज्ञान, पौराणिक विद्या, पौराणिक कथा विज्ञान

N

N.G. Take (फि., टी.वी.) *एन.जी. टेक :* फ़िल्म या वीडियो के सम्पादन के समय हटाये जाने वाले खराब दृश्य (Shots) या अप्रत्याशित दृश्य

N.R.S. (टेली.) *एन.आर.एस. :* National Readership Survey का संक्षिप्त रूप

Nabendu Ghosh (1917-2007) (फि.) *नबेन्दु घोष :* भारत के विख्यात सिने पटकथा लेखक जिसने विमलराय की यादगार देवदास, सुजाता तथा बंदिनी आदि फ़िल्मों की पटकथा लिखी

Nabinchandra Sen (1847-1909) (का.क.) *नवीन चन्द्र सेन :* रवीन्द्रनाथ टैगोर से पूर्व के ख्याति प्राप्त महान बांग्ला कवि

NABIS, Les (क.समू.) *नबिस, ले :* ले नेबिस कलाकार समूह, यूरोप में सन् 1892 में जन्मा एक प्रतीकावादी कलाकारों का समूह

Nach (नृ.) *नाच :* मध्य प्रदेश का एक लोकनृत्य

Nachari (संगी.) *नचारी :* बिहार का शिवपार्वती विषयक भक्ति गीत

Nachos (पा.क.) *नाचोज :* मकई के नमकीन

Nada (संगी.) *नाद :* संगीतोपयोगी आवाज या ध्वनि, संगीत में प्रयोग होने वाली रंजक ध्वनि

Nadaswaram (संगी., वा.यं.) *नादस्वरम :* एक भारतीय वाद्य यंत्र

Nadira (1932-2006) (फि.) *नादिरा :* बगदादी यहूदी परिवार में जन्मी फरहद इजफाइल (नादिरा) भारतीय हिन्दी स्टंट फ़िल्मों की प्रमुख नायिका तथा अभिजात्य वर्ग की खलनायिका के रूप में विख्यात एक भारतीय अभिनेत्री

Nadirujjama (चि.) *नादिरुज्जमा :* बादशाह जहाँगीर के शासन काल में श्रेष्ठ चित्रकारों को दी जाने वाली उपाधि

Naga Dance (नृ.) *नागा डांस :* आसाम प्रदेश का एक लोकनृत्य

Nagara (संगी., वा.यं.) *नगाड़ा :* एक भारतीय अवनद्ध वाद्य

Nagarak (संगी.) *नागरक :* कला मर्मज्ञ, कलाओं का ज्ञाता

Nagarjun (1911-2002) *नागार्जुन :* आधुनिक हिन्दी तथा मैथिली के श्रेष्ठ कवि, जीवनीकार, उपन्यासकार, कहानीकार

Nagaswaran (संगी.) *नागस्वरम :* कर्नाटक संगीत का एक सुषिर वाद्य

Nai Dunia (पत्र.) *नई दुनिया :* इंदौर से प्रकाशित हिन्दी भाषा का एक दैनिक समाचार-पत्र

Naika Bhed (समी.) *नायिका भेद :* नायिका भेद, मध्यकालीन कवियों ने राधा और कृष्ण के माध्यम से उनके प्रेम-प्रसंगों का अति सुन्दर वर्णन नायक और नायिकाओं द्वारा किया है।

Nail Art (रू.स.) *नेल आर्ट :* नाखूनों को सजाने की कला

Nail Drawing (चि., शि.) नेल ड्राइंग : नख आरेखण

Nails (क., साम.) *नेल्स :* ईज़ल की खूँटियाँ, जिसपर कैनवास टिकता है

Nair, K.K. (1931-2013) (चि.) *के.के. नायर :* प्रसिद्ध कला आलोचक

Naive Art (क.इति., समी.) *नेव आर्ट :* सहज कला, सहज सिद्ध कला, अकृत्रिम कला

Naive Artist (क.इति.) *नेव आर्टिस्ट :* सहज सिद्ध कलाकार, सहज कलाकार, अकृत्रिम कलाकार, निश्छल कलाकार, भोला-भाला

Nakata (नृ.) *नकटा :* महाराष्ट्र प्रान्त का एक लोकनृत्य

Naker (संगी.) *नेकर :* नगाड़ा

Nakkas (मू.) *नक्काश :* मूर्ति खुदाई करने वाली कलाकार

Nakula Veena (संगी.) *नकुला वीणा :* एक भारतीय वाद्य यंत्र

Nal Daman (पांडु) *नलदमन :* फ़ारसी भाषा में नल-दमयंती की कहानी पोथी रूप में चित्रांकन

Nalin Vilochan Sharma (1916-1961) *नलिन विलोचन शर्मा :* हिन्दी कवि, आलोचक तथा 'नकेनवाद' साहित्यिक आन्दोलन के प्रणेता

Name Actor (ना.) *नेम एक्टर :* प्रसिद्ध अभिनेता, नामी अदाकार

Nan (पा.क.) *नान :* मैदे से बनी, तन्दूर में पकी एक किस्म की लम्बी रोटी

Nanak (1469-1538) (का.क.) *नानक :* मध्यकालीन भारत में भक्ति शाखा के महान गायक तथा सिख धर्म के प्रवर्तक

Nandan (पत्रि.) *नन्दन :* कलाभवन, शान्ति निकेतन की वार्षिक कला पत्रिका जिसमे कला विभाग के प्राध्यापक, छात्र व देश के प्रसिद्ध कला विदों के लेख तथा विविध कला सामग्री प्रकाशित होती है।

Nandan Mela (क.इति.) *नन्दनमेला :* शान्ति निकेतन के कलाभवन का वार्षिक कला मेला

Nandikeswara (नृ.) *नन्दिकेश्वर :* भरत मुनि कृत नाट्यशास्त्र को श्रेणी वद्ध करने वाला

Naples Yellow (चि.) *नेपल्स यलो :* एक प्रकार का हल्का पीला रंग, नेपल्स यलो

Napthalene (अभि.) *नेप्थलिन बॉल :* नैप्थलीन की गोली, कपूर की गोली

Naqual (नृ.) *नकुअल :* पंजाब का एक लोकनृत्य

Narayan Prasad 'Betab' (1872-1945) (ना.) *नारायण प्रसाद 'बेताब' :* बीसवी शताब्दी के हिन्दी प्रचारक, नाट्य लेखक व गीतकार के रूप में प्रतिष्ठित एक कलाकर्मी

Nargis (1929-1981) (फि.) *नरगिस :* फातिमा राशिद से नरगिस के रूप में विख्यात भारतीय हिन्दी सिनेमा की ख्याति प्राप्त अभिनेत्री, जो फ़िल्म जगत में मदर इंडिया के नाम से लोकप्रिय हैं

Nargisi Kofta (पा.क.) *नर्गिसी कोफ्ता :* नर्गिसी कोफ्ते की एक कश्मीरी डिश

Narottam Das (1550-1605) (का.क.) *नरोत्तम दास :* तुलसीदास के समकालीन हिन्दी कवि

Narration (पत्र.) *नरेशन :* कथन, व्याख्या, वर्णन

Narrative (पत्र.) *नरेटिव :* आख्यान, कथन पर्याय

Narrative Analysis (पत्र.) *नरेटिव एनालिसस :* आख्यान की व्याख्या, कथन समीक्षा

Narrative Art (समी.) *नैरेटिव आर्ट :* वर्णनात्मक कला, कथाचित्रण कला, कथनात्मक कला, आख्यान कला, व्याख्यानवादी कला

Narrative Painting (समी.) *नैरेटिव पेंटइंग :* व्याख्यानात्मक चित्र, कथावादी चित्र, कथा चित्र, आख्यान चित्र

Narrative Poem (का.) *नरेटिव पोइम :* वर्णनात्मक काव्य

Narrative Report (अभि.) *नरेटिव रिपोर्ट :* विवरणात्मक रिपोर्ट

Narrative *नरैटिव :* दृश्यगत या लिखित घटनाओं का उल्लेख, विमर्श

Narrator (ना.) *नैरेटर :* सन्दर्भ व्याख्याता, कथानक वाचक

Narrow Sense (समी.) *नेरोसेंस :* छुद्र अर्थ, संकुचित सोच, संकुचित विचारधारा, नीची सोच

Nartak (नृ.) *नृतक :* नृत्यकार, नाचने वाला पुरुष कलाकार

Narthex (स्था.) *नार्थेक्स :* ड्योढ़ी

NASA (पत्र.) नेशनल एरोनॉटिक्स एंड स्पेस रिसर्च एडमिनिस्ट्रेशन (अमेरिका)

Nastaliq *नस्तलिक :* फ़ारसी, उर्दू और मलय पांडुलिपियों में सुलिपि (Calligraphy) की एक शैली

Nataraj (नृ.) *नटराज :* नृत्य के राजा, शिवजी की एक क्रुद्ध नृत्य मुद्रा

Nathdwara School of Painting (क.इति.) *नाथद्वारा स्कूल (शैली) :* नाथ द्वारा शैली, नाथ द्वारा कलम

Nati (नृ.) *नटी :* हिमाचल प्रदेश का एक लोकनृत्य

National Archives of India (अभि.) *नेशनल आर्काइव्स ऑफ़ इंडिया :* राष्ट्रीय अभिलेखागार

National Art (समी.) *नेशनल आर्ट :* राष्ट्रीय कला, देश का प्रतिनिधित्व करने वाली कला, राष्ट्रीय कला, सर्वदेशिक कला; देशव्यापी कला; बां. राष्ट्रीय कला; मरा. राष्ट्रीय कला; गु. राष्ट्रीय कला; उ. कौमी आर्ट/कला

National Gallery of Modern Art (क., संस्था.) *नेशनल गैलरी ऑफ़ मॉडर्न आर्ट :* राष्ट्रीय आधुनिक कला संग्रहालय, भारत सरकार द्वारा संचालित आधुनिक चित्रकला और चित्रकारों के उत्थान हेतु संस्थान

National Register (अभि.) *नेशनल रजिस्टर :* अभिलेखों का राष्ट्रीय रजिस्टर

Native American Art *नेटिव अमेरिकन आर्ट :* उत्तरी अमेरिका की कबीली कला

Native School (समी.) *नेटिव स्कूल :* स्वदेशी शैली

Nattuvangam (नृ.) *नट्टूवानगम :* लोहे और पीपल से बना एक मंजीरे की तरह का वाद्ययंत्र

Nattuonar (नृ.) *नट्टूवनार :* नृत्य के लिए साजिन्दी का निर्देशन करने वाला गुरु

Natural (समी.) *नेचुरल :* प्राकृतिक, नैसर्गिक, स्वाभाविक

Natural Beauty (समी.) *नैचुरल ब्यूटी :* प्राकृतिक सौन्दर्य, सहज सौन्दर्य, नैसर्गिक सौन्दर्य

Natural Reaction (समी.) *नैचुरल रिऐक्शन :* सहज प्रतिक्रिया, स्वाभाविक प्रतिक्रिया

Naturalism (क.आन्दो., चि.) *नैचॅरॅलिज़्म :* सहजवाद, प्राकृतवाद; नैसर्गिकतावाद; बां. प्रकृतवाद; मरा. वास्तववाद, गु. निसर्गवाद; उ. मुसव्विरी में कुदरती चीजों की अक्कासी

Naturalism (फि.) *नेचुरलिज़्म :* प्रकृतिवादी, निसर्गवाद, फ़िल्म जो स्टूडियो के कृत्रिम वातावरण से अलग प्रकृति के बीच फ़िल्माई जाए

Nature Song (संगी.) *नेचर सांग :* निसर्ग-गान, प्रकृति गीत

Natya (नृ.) *नाट्य :* नाटकीय अभिव्यक्ति

Natya Ganika (नृ.) *नाट्य गणिका :* नृत्य के गुणों से परिपूर्ण नर्तकी

Natyanga (नृ., संगी.) *नाटयांग :* लघु संगीत नाटकों और नृत्य कार्यक्रमों में गाए जाने वाले गान

Natya-Shastra (ना.) *नाट्य-शास्त्र :* भरत मुनि द्वारा सृजित नाट्य विद्या का सम्पूर्ण शास्त्रीय ज्ञान देने वाला एक भारतीय ग्रंथ जिसे पांचवा वेद भी कहते हैं। इसमें नृत्य कला का भी ज्ञान है।

Naurata Dance (नृ.) *नौराता डांस :* मध्य प्रदेश का एक लोकनृत्य

Naushad (1919-2006) (फि.) *नौशाद :* पूरा नाम नौशाद अली, हिन्दी फ़िल्म जगत के एक प्रसिद्ध तथा श्रेष्ठ संगीत निर्देशक, जिन्हें भारतीय हिन्दी फ़िल्मों को शास्त्रीय संगीत से सजाने का श्रेय दिया जाता है।

Nautanki (ना.) *नौटंकी :* उत्तर भारत का एक अति लोकपिय कथा प्रधानलोक नाटक जो प्राय: गाँव, कस्बों और छोटे शहरों में खेला जाता है।

Nava Rasa (नृ., ना., चि.) *नौ रस :* भारतीय शास्त्रीय कला साहित्य व नृत्य में वर्णित नौ मनोभाव, यथा-शृंगार, हास्य, करुणा, रौद्र, वीर, भयानक, वीभत्स, अद्‌भुत और शान्त रस

Navbharat Times (पत्र.) *नवभारत टाइम्स :* दिल्ली तथा बम्बई से प्रकाशित होने वाला हिन्दी भाषा का दैनिक समाचार-पत्र जो टाइम्स ऑफ़ इंडिया संस्थान से जुड़ा है।

Nave (स्था.) *नेव :* मध्य वीथि, गिरजाघर का मुख्य या केंद्रीय मार्ग

Nayaka Bhava (नृ., ना.) नायक भाव : नायकों के मनोभाव

Nayan Sukh (C. 1710-1778) (चि.) *नयन सुख :* गुलेर का चित्रकार, गुलेर पं. शिव का छोटा पुत्र

Nayika (नृ.) *नायिका :* नृत्य या नाटक की मुख्य अभिनेत्री

Nazareth (इति.) *नाजरेथ :* इज़राइल के उत्तरी भाग का छोटा खेतिहर गाँव जहाँ बाल ईसा बड़े हुए

Nazeer Akbarabadi (1735-1830) (का.क.) *नज़ीर अकबराबादी :* उर्दू साहित्य में नज़्म के पितामह और 18वीं शताब्दी में 'नज़ीर' के नाम से विख्यात एक महान शायर

Nazi Art (1933-1945) *नाज़ी आर्ट :* नाजीकला, जर्मनी में सन् 1933 से 1945 के मध्य जर्मन तानाशाह एडोल्फ हिटलर (1889-1945) के आदेशानुसार और स्वीकृति से रची गई कलाकृतियाँ हैं।

Nazrul Geeti (संगी.) *नज़रूल गीति :* काज़ी नज़रूल इस्लाम की बांग्ला रचनाएँ

Neat Way (रू.स.) *नीटवे :* चुस्त तरीके से व्यवस्थित अच्छे क्रम में

Necropolis (स्था.) : कब्रिस्तान

Neecha Nagar (फि.) *नीचा नगर :* हिन्दी फ़िल्म निर्माता चेतन आनन्द द्वारा 1946 में निर्मित एक श्रेष्ठ कला फ़िल्म जिसे 1955 में सत्यजीत राय की कला फ़िल्म पाथेर पंचाली (1955) से पहले अन्तरराष्ट्रीय पुरस्कार मिले

Needle Work (शि.) *निडिल वर्क :* सूचि-शिल्प, सुई धागा का काम

Neera (पा.क.) *नीरा :* कच्ची ताड़ी

Neeraj, Gopal Das (1925-2018) (का.क.) *नीरज, गोपाल दास :* आधुनिक हिन्दी के श्रेष्ठ कवि तथा गीतकार

Neferteti, (Neferneruaten) (क.इति.) *नेफरिती :* मिश्र की महारानी तथा अखेनातन फँरोव (Akhenaten Pharaoh) की पहली पत्नी थी

Negative (छा., चि.) *निगेटिव :* विलोम छाया-पत्रक, ऋणात्मक छाया-पत्र, निगेटिव

Negative (फो.) *निगेटिव :* कैमरे से बना विषय का उल्टा चित्र, जिससे फ़ोटो पेपर पर चित्र सीधा छपता है, निगेटिव

Negative Criticism (समी.) *निगेटिव क्रिटिसिज़्म :* अंध समीक्षा, अवगुण निरूपण, अवगुणी समीक्षा, नकरात्मक दृष्टि की समीक्षा

Negative Paper (अभि.) *निगेटिव पेपर :* नकारात्मक-पत्र, कागज

Negative Role (समी.) *निगेटिव रोल :* नकारात्मक चरित्र, दु:श्चरित्र

Neo Classical Art (क.इति.) *निओ क्लासिकल आर्ट :* नव शास्त्रीय कला

Neo Classicism (क.आन्दो.) *निओ क्लासिज्म :* नवशास्त्रवाद, नव्य-मार्गीयतावाद, नवशास्त्रीयतावाद, नव्यमार्गीय चित्रण, नव्य-अभिजातवाद

Neo Impressionism (क.आन्दो.) *निओ इम्प्रेश्निज़्म :* नव आभासवाद, नव्य आभासवाद, नव्य आभास चित्रण

Neo Mughal Art (क.इति., स्था.) *निओ मुग़ल आर्ट :* 19वीं शताब्दी के अंग्रेज शासित भारत में आंग्ल-भारत शैलियों के मिश्रण से उपजी कला

Neo Plasticism (क.आन्दो.) *निओ प्लैसटिसिज़्म :* निरपेक्ष रूपाकारवाद, नीओ प्लास्टिसिज्म

Neo Primitivism (क.आन्दो.) *निओ प्रिमिटिविज्म :* नव आदिमवाद

Neo Realism (क.आन्दो.) *निओ रियलिज़्म :* नव यथार्थवाद

Neo Romanticism (क.आन्दो.) *निओ रोमांटिसिज़्म :* नव्य रूमानीवाद, नवरूमानीवाद, नव-स्वच्छन्दतावाद

Neo Theatre (ना.) *निओ थियेटर :* नव्य रंगमंच, आधुनिक नाट्य मंच

Neoclassical style (क.इति.) *निओक्लॉसिकल स्टाइल :* नव्य-शास्त्रीय शैली, प्राचीन ग्रोकला का पुनर्जीवित नया संस्करण

Neoclassicism (क.आन्दो.) *निओक्लॉसिज़्म :* नव-शास्त्रवाद, नव्य-मार्गीयतावाद, नव-शास्त्रीयतावाद, नव्य-मार्गीय चित्रण, नव्य-अभिजातवाद

Neolithic Art (क.इति.) *निओलिथिक आर्ट :* नवपाषाण युगीन कला, पाषाण काल का उत्तरार्ध। यह लगभग 10,000 ई. पूर्व में मध्य पूर्वी देशों में हुआ था

Neolithic Period (क.इति.) *निओलिथिक पीरियड :* उत्तर पाषाण काल, नियोलिथिक पीरियड

Neo Platonism (सौ.) *निओ प्लेटोनिज़्म :* नवप्लेटोवाद, नव अफलातूनवाद, प्लेटो के बाद के दार्शनिक सिद्धान्त

Neo Theatre (ना.) *निओ थियेटर :* आधुनिक नाट्य, नव्य रंगमंच

Neo Traditionalism (क.आन्दो.) *निओ टॅडिशनॅलिज़्म :* नव परम्परावाद

Nepali *नेपाली :* नेपाली, नेपाल के नागरिक, नेपाल की भाषा

Net (समी.) *नैट :* जाल, जाली

Net (टी.वी.) *नेट :* इंटरनेट अन्तरराष्ट्रीय सूचना मार्ग, सूचना महामार्ग (International Highway), अतिविशाल सूचना संग्राहक

Net Pattern (स्था.) *नेट पैटर्न :* जालीदार नमूना

Net Sinker (स्था.) : जाल निमज्जक, कर्तन संपीडक (शिकंजा)

Neutral (समी.) *न्यूट्रल :* तटस्थ

Neutralization (व्या.) *न्यूट्रलाइज़ेशन :* निश्प्रभावीकरण

Neutya (नृ.) *न्यूत्या :* गोवा प्रदेश का एक लोकनृत्य

New Classism *न्यू क्लासिज़्म :* नवशास्त्रवाद, नवीन शास्त्रवादी कला पंथ

New Dadaasim *न्यू दादा :* नव दादा वादी पंथ

New Expressionism *न्यू एक्सप्रेशनिज़्म :* नवाभिव्यक्ति वाद, नवीन अभिव्यंजना वाद

New Figurative *न्यू फिगरेटिव :* नव आकृतिवाद

New Medium (समी.) *न्यू मीडियम :* उन्नीसवीं शताब्दी में फ़ोटोग्राफ़ी के जन्म के बाद चित्र कला माध्यम पुराना पड़ गया। अत: छाया चित्रण को न्यू मीडियम के रूप में स्वीकृति मिल गई

New Primitivism *न्यू प्रिमिटिविज्म :* नव आदिमवाद, नवीन प्राचीनवादी धारा

New Straits (पत्र.) *न्यू स्ट्रेटस टाइम्स :* क्वालालम्पुर (मलेशिया) से अंग्रेजी भाषा में प्रकाशित एक दैनिक समाचार-पत्र

New Testament (क.इति.) *न्यू टेस्टामेंट :* पवित्र बाइबिल का एक भाग, जो मूल हिब्रू लिपि में लिखा है, बाइबिल का दूसरा परिवर्धित संस्करण

New Wave (फि.) *न्यू वेव :* अ-पारम्परिक सिनेमा, पूर्व-निर्धारित, परम्परावादी लीक से हटकर, नवोन्मेषी फ़िल्म

New York Times (पत्र.) *न्यूयार्क टाइम्स :* न्यूयार्क सिटी से प्रकाशित अमरीका का विश्व विख्यात दैनिक समाचार-पत्र

New Zealand Herald, The (पत्र.) *द न्यूजीलैंड हेराल्ड :* ऑकलैंड (न्यूजीलैंड) से प्रकाशित अंग्रेजी का एक दैनिक समाचार-पत्र

Newel Post (स्था.) *न्यूवेल पोस्ट :* सोपान चौकी, सोपान-विश्राम

News (टी.वी.) *न्यूज़ :* समाचार, खबर, किसी घटना के सम्बन्ध में प्रकाशित अथवा प्रसारित महत्त्वपूर्ण सूचनाएँ

News Agency (पत्र.) *न्यूज़ एजेंसी :* समाचार समिति जो समाचार संगृहीत कर प्रकाशित भी करे

News Balance (पत्र.) *न्यूज़ बैलेंस :* समाचार संतुलन, समाचार ताल मेल

News Bulletin (पत्र.) *न्यूज़ बुलेटिन :* समाचार सूचना-पत्र, समाचार विज्ञप्ति

News Calendar (पत्र.) *न्यूज़ कॅलेंडर :* समाचार तिथि-पत्रिका

News Channel (टी.वी.) *न्यूज़ चैनल :* समाचार चैनल, टी.वी. प्रसारण कम्पनियों का वह चैनल (शाखा) जो दर्शकों के लिए केवल समाचार सेवाएँ देती हैं और कुछ नहीं

News Harmony (पत्र.) *न्यूज़ हॉरमनी :* समाचार सामंजस्य, समाचार संगति

News Paper Chain (पत्र.) *न्यूज़ पेपर चेन :* समाचार-पत्र प्रकाशन प्रतिष्ठान, समाचार-पत्र प्रकाशन शृंखला

News Reader (टी.वी.) *न्यूज़ रीडर :* समाचार वाचक, टी.वी. स्टूडियो में समाचार बुलेटिनों को पढ़ने वाले

News Reel (पत्र., फि.) *न्यूज़ रील :* टेलिविजन पर समाचार दर्शन, समाचार दर्शन, सामयिक घटनाओं पर लघु चित्र

News Room (टी.वी.) *न्यूज़ रूम :* समाचार कक्ष, समाचार-पत्र अथवा टी.वी. स्टूडियो का वह कार्यालय जहाँ संकलित समाचारों को प्रसारित करने की अन्तिम रूप रेखा तैयार होती है

News Sense (पत्र.) *न्यूज़ सेंस :* विभिन्न समाचारों में अपेक्षित समाचार तत्त्व की परख

News Value (पत्र.) *न्यूज़ वेल्यू :* समाचार महत्त्व-गुण

Newscast (टी.वी.) *न्यूज़ कास्ट :* रेडियो अथवा टेलीविजन के लिए तैयार किये गए समाचार, न्यूज़ कास्ट

Newsworthy (टी.वी.) *न्यूज़ वर्दी :* समाचार योग्य, विशिष्ट समाचारों को प्रसारण योग्य बनाना

Ni (संगी.) *नि :* निषाद स्वर की वाचक संज्ञा

Nibaddha (संगी.) *निबद्ध :* जो रचना ताल एवं मात्रा के नियम में बँधी हो

Nibaddha Alap (संगी.) *निबद्ध अलाप :* ओड़िसा संगीत में ताल पर विशेष ध्यान दिया जाने वाला गायन

Nibandh (का.क.) *निबंध :* विचारपूर्ण लेख, गद्य रचना, विचारपूर्ण गद्य लेख, अंग्रेजी भाषा में Essay कहते हैं।

Niche (स्था.) *निच :* दीवार से बना आला, आला, निच, देवली, ताक, ताखा, आलय

Nick Name (समी.) *निक नेम :* चालू नाम, असल नाम से भिन्न

Nida Fazli (1938-2016) *निदा फाज़ली :* प्रख्यात भारतीय कवि तथा शायर, गीतकार तथा संवाद लेखक

Night Piece (चि.) *नाइट पीस :* रात्रि दृश्य-चित्र निशा चित्रण, निशाचित्र

Night Show (फि.) *नाइट शो :* रात का शो, रात्रि प्रदर्शन

Nihal Chand (1710-1782) *निहालचंद :* राजपूत शैली का एक प्रसिद्ध और श्रेष्ठ चित्रकार, जिसने मोनालिसा के समतुल्य समझी जाने वाली चित्रकृति बनी-ठनी की रचना सन् 1750 में की थी। किशनगढ़ के राजा सावंत सिंह के शासन काल में वह किशनगढ़ दरबार का प्रमुख चित्रकार था

Nihar Ranjan Ray (1903-1981) *निहार रंजन रे :* भारतीय कला इतिहासकार तथा बौद्ध दर्शन विशेषज्ञ

Nihilism (क.आन्दो.) *निहिलिज़्म :* विनाशवाद

Nihonga (समी.) *निहोंगा :* जापान की अपनी शैली के चित्र

Nikku (1745—) (चि.) *निक्कू :* पहाड़ी शैली का एक प्रमुख चित्रकार

Nimbus (समी.) *निम्बस :* प्रभामंडल, महान लोगों के शीर्ष के पीछे प्रदर्शित प्रकाश

Nimeelak (संगी.) *निमीलक :* आँख नीचे कर गाना गाने वाला गायक

Nimilita (नृ.) *निमिलिता :* नर्तक द्वारा आधी आँखें बन्द करने की मुद्रा

Ninadha Gaan (संगी.) *निनद्ध गान :* ताल बद्ध गीत

Nine Gems of Akbar (सं.क.) *नाइन जेम्स ऑफ़ अकबर :* अकबर बादशाह के नौ रत्न थे—बीरबल, अबुल फ़ज़ल, राजा टोडरमल, अब्दुल रहीम खानाखाना, मुल्ला दो प्याजा, फैजी, फकीर अजोउद्दीन, तानसेन तथा राजा मानसिंह

Ninth (संगी.) *नाइथ :* नवम स्वर

Nipping Press (अभि.) *निप्पिंग प्रेस :* शिकंजा

Niratya (नृ.) *नृत्य :* नाचने की कला

Nirmal Verma (1929-2005) (सं.क.) *निर्मल वर्मा :* आधुनिक हिन्दी भाषा के एक प्रसिद्ध लेखक, उपन्यास कार, अनुवादक, साहित्यिकर्मी तथा नई कहानी आन्दोलन के अग्रदूत

Nisaruddin (चि.) *निसारुद्दीन :* मेवाड़ी परम्परावादी चित्रकार जिसने 1605 में रागमाला चित्रित की

Nishad (संगी.) *निषाद :* सप्तक का सातवाँ स्वर 'नि'

Nobil (संगी.) *नो बिल :* उज्ज्वल, निखरा हुआ

Nobility: (समी.) *नोबिलटी :* अभिजात गुण, राजसी, कुलीनता

Noble (समी.) *नोबल :* कुलीन, महान

Noble Hero (ना.) *नोबल हीरो :* आदर्श नायक

Noble Vision *नोबल विज़न :* आदर्श दृष्टि, नेक दृष्टि

Nocturne (समी.) *नॉक्टर्न :* निशादृश्य, रात्रि दृश्य, स्वप्न-संगीतांश

Nogging (स्था.) *नॉगिंग :* भराई

Non Archival Document (अभि.) *नॉन आरॅकाईवल डाक्यूमेंट :* अपुरालेखीय दस्तावेज

Non Objective Art (समी.) *नॉन अब्जेक्टिव आर्ट :* विषय विहीन कला, अयथार्थवादी कला, अविषयपरक कला

Non Objectivism (क.आन्दो.) *नॉन आब्जेक्टेविज़्म :* निर्वस्तुवाद

Non Transparent (समी.) *नॉन ट्रान्सपेरेंट :* अपारदर्शी

Non Archival Accretion (अभि.) *नॉन आर्काइवल एक्रीशन :* अपुरालेखीय उपचय

Non Archival Manuscript (अभि.) *नॉन आर्काइवल मैनूस्क्रिप्ट :* अपुरालेखीय पांडुलिपि

Non Archival Records (अभि.) *नॉन आर्काइवल रेकॉर्डस :* अपुरालेखीय अभिलेख

Non Confidential (अभि.) *नॉन कॉन्फेडिसियल :* अगोपनीय

Non Figurative Painting (समी.) नॉन फिग्रेटिव पेंटिंग : अनाकृतिवादी चित्र, अनाकृतिमूलक चित्रांकन, आकृतिहीन चित्र, आकृतिविहीन चित्रण

Nongkrem (नृ.) *नागक्रेम :* मेघालय प्रदेश का एक लोकनृत्य

Non Transferred Record (अभि.) *नॉन ट्रांस्फर्ड रेकॉर्ड :* अहस्तांतरित अभिलेख

Non Vegetarian (पा.क.) *नॉन वेजीटेरियन :* माँसाहारी, माँस से बने पकवान

Noodles (पा.क.) *नूडल्स :* मैदे से बना रेशेदार भोज्य पदार्थ

Noon Show (फि., ना.) *नून शो :* दोपहर का फ़िल्म शो, मध्याह्न प्रदर्शन

Normal Angle Lens (फो.) *नॉर्मल एंगिल लेंस :* सामान्य कोणी लेंस

Normal Focal Length (फो.) *नॉर्मल फोकल लेंथ :* कैमरे से छायांकन-विषय सामान्य दूरी

Normal Lens (फो.) *नॉर्मल लेंस :* सामान्य लेंस

North Central Zone Cultural Centre, Allahabad (सां., सं.) *नार्थ सेंट्रल जोन कल्चरल सेंटर, इलाहाबाद :* उत्तर मध्य क्षेत्र सांस्कृतिक केन्द्र, इलाहाबाद (मुख्यत: उत्तर प्रदेश)

North East Zone Cultural Centre, Dimapur (सां., सं.) *नॉर्थ ईस्ट जोन कल्चरल सेंटर दीमापुर :* उत्तर पूर्व क्षेत्र सांस्कृतिक केन्द्र, दीमापुर (मुख्यत:, आसाम, मेघालय, मिजोरम आदि) में कला और सांस्कृतिक गतिविधियों के प्रचार-प्रसार के लिए कार्यरत संस्था

North Zone Cultural Centre, Patiala (सां., सं.) *नॉर्थ जोन कल्चरल सेंटर पटियाला :* उत्तर क्षेत्र सांस्कृतिक केन्द्र, पटियाला (विशेषतय: पंजाब) में कला और सांस्कृतिक गति विधियों के प्रचार और प्रसार के लिए कार्यरत संस्थान

Nose for the News (पत्र.) *नोज फॉर द न्यूज़ :* समाचार गंध, समाचार को सूँघना, अर्थात समाचार की उपयुक्तता को समझना

Nose Out (ना.) *नोज आउट :* पात्र चयन

Nose Ring (पुरा.) *नोज रिंग :* नथ, नथुनी, नाक का एक आभूषण

Nostalgia (समी.) *नॉस्टेलजिया :* स्मृति व्याकुलता

Notation (संगी.) *नोटेशन :* स्वरलिपि, स्वरांकन

Notch (शि.) *नॉच :* खांचा, दर्जा, दाँते कटान, काटने का निशान, निशान बाँधना

Note (संगी.) *नोट :* गान स्वर, स्वर, गाने का स्वर

Noted (समी.) *नोटेड :* विख्यात, प्रसिद्ध, जाना-माना, ख्याति प्राप्त, शोहरती

Noun (व्या.) *नाउन :* संज्ञा (हिन्दी व्याकरण का शब्द)

Novel (साहि.) *नावेल :* उपन्यास, सम्पूर्ण कहानी, किसी घटना या व्यक्ति की कहानी जो सत्य न हो

Novella (का.क.) *नावेला :* लघु उपन्यास

Novelty (समी.) *नावेल्टी :* नवीनता, नयापन

Now Objective Art (समी.) *न्यू आब्जेक्टिव आर्ट :* एक भ्रामक संज्ञा जिसके अन्तर्गत प्राय: 1860 के बाद रची कृतियों के लिए प्रयोग किया जाता है। 19वीं और 20वीं शताब्दी की कृतियाँ, इसे Abstract Art भी कहा जाता है।

Nrat (ना.) *नृत :* सुसंस्कृत अभिनय

NRC Handelsblad (पत्र.) *हल्देस्वलाद :* एम्स्टर्डम (हालैंड) का डच भाषा में प्रकाशित एक दैनिक समाचार-पत्र

Nritya (नृ.) *नृत्य :* नाच, नाचना

Nritya Mandap (स्था.) *नृत्य मंडप :* नृत्य मंच, नृत्यस्थल, नृत्य मंडप

Nsuirolians (नृ.) *सुस्यूरोलियन्स :* नागालैंड का एक लोकनृत्य

Nuclear Art *न्यूक्लियर आर्ट :* नाभिकीय कला, न्यूक्लियर कला

Nude (समी.) *न्यूड :* नग्नाकृति; बां. नग्न मरा. निर्वसना; गु. निरावरण; उ. बिरहना, उरयाँ, नंगा, नग्न चित्र, नग्न मूर्ति, निर्वस्त्र मानव, निरावरण चित्र, निर्वसना, विवस्त्र, आवरणहीन

Nude Genre *न्यूड जनरे :* नग्न शैली, नग्नता प्रधान

Nude Study (समी.) *न्यूड स्टडी :* नग्नाभ्यास, नग्न रूप अभ्यास, नग्न रूपाध्ययन

Nudity (समी.) *न्यूडिटी :* नग्नता, नंगा पन

Nugget (पा.क.) *नगट :* डला

Number (व्या.) *नंबर :* वचन (एकवचन और बहुवचन)

Numbered (समी.) *नम्बर्ड :* संख्यक

Numbered Document (अभि.) *नम्बर्ड डाक्यूमेंट :* संख्यांकित दस्तावेज

Numerical Inventory (अभि.) *न्यूमेरिकल इंवेंट्री :* संख्यात्मक वस्तुसूची

Numismatics (पुरा.) *न्यूमिसमेटिक्स :* मुद्राशास्त्र, सिक्का विज्ञान

Nupa Dance (नृ.) *नूपाडांस :* मणिपुर का एक लोकनृत्य

Nursery Rhyme (संगी.) *नर्सरी राइम :* शिशु-गीत, बच्चों का सहज गीत

Nutan (1936-1991) (फि.) *नूतन :* भारतीय हिन्दी सिनेमा के छठे दशक की सर्वाधिक लोकप्रिय अभिनेत्री, जो भारतीय महिला के दर्द को बखूबी पर्दे पर उतारने के लिए जानी जाती हैं। उन्हें 'सुजाता' (1959), 'बंदिनी' (1963), 'सरस्वती चन्द्र' (1968) जैसी अविस्मरणीय फ़िल्म तथा पाँच बार फ़िल्म फेयर एवार्ड के लिए भी जाना जाता है।

Nutgall Ink (अभि.) *नटगल इंक :* माजूफल स्याही माजूफल से बनी स्याही

Nutpuja (नृ.) *नटपूजा :* आसाम प्रदेश का एक लोकनृत्य

Nutral Colours (चि.) *न्यूट्रल कलर्स :* तटस्थ रंग, उभय वर्ण, समीपवर्ती रंग

Nutritious (पा.क.) *न्यूट्रिसियश :* स्वास्थ वर्धक, पौष्टिक

Nyas (संगी.) *न्यास :* विश्रान्ति, ठहराव

Nylon Thread (अभि.) *नायलॉन थ्रेड :* नाइलोन डोरा

O

O.B. (टी.वी.) *ओ.बी. :* Outdoor Broadcasting का संक्षिप्त रूप, बाह्य प्रसारण

O.B. Van (टी.वी.) *ओ.बी. वैन :* Outside Broadcast Van का संक्षिप्त रूप; ओ.बी. वैन बाहरी प्रसारण वाहन, मिनी स्टूडियो

Oatmeal (पा.क.) *ओटमील :* दलिया

Obbligato (संगी.) *ऑब्लीगेटो :* अनिवार्य

Obelisk (स्था.) *आबलिस्क :* स्मारक स्तंभ, स्तम्भ चिन्ह

Obelist (स्था.) *आबलिस्ट :* सूची स्तम्भ

Object Drawing (क.इति.) *आबजेक्ट ड्राइंग :* स्थूल चित्रण, वस्तु रूपण, वस्तु चित्रांकन

Object Painting (चि.) *आबजेक्ट पेंटिंग :* वस्तु चित्रण, वस्तु चित्रांकन, वस्तुनिष्ठ चित्रांकन, पदार्थ चित्रण, स्थूल चित्रण

Objective (समी.) *आब्जेक्टिव :* वस्तु प्रधान, वस्तु निष्ठ

Objective Abstraction *आबजेक्टिव एबस्ट्रैक्शन :* आकारवादी अमूर्तन

Objective Narration (पत्र.) *आबजेक्टिव नरेशन :* उद्देश्यपूर्ण कथन

Objective Painting (समी.) *आबजेक्टिव पेंटइंग :* वस्तुवादी चित्रांकन, वस्तुवादी चित्र, वस्तुगत चित्र, वस्तुगत चित्रांकन, वस्तुनिष्ठ चित्र, वस्तुनिष्ठ चित्रांकन

Objective Representation (पत्र.) *आबजेक्टिव रिप्रजेंटेशन :* उद्देश्यपूर्ण प्रतिनिधित्व

Object D' Art (समी.) *आब्जेक्ट डी आर्ट* (फ्रेंच शब्द) : कलाकृति

Obligatory Scene (ना.) *ऑब्लीगेटरी सीन :* अपरिहार्य दृश्य

Oblique Drawing (चि.) *ऑबलीक ड्राइंग :* तिर्यक रेखांकन

Obscenity (पत्र.) *ऑबसेनिटी :* अश्लीलता

Obsolete Record (अभि.) *ऑब्सलीट रेकॉर्ड :* अव्यवहृत अभिलेख, इस्तेमाल न होने वाले दस्तावेज

Obstruction (समी.) *आब्सट्रक्शन :* अवरोध, रुकावट, व्यवधान

Obverse (समी.) *ऑबवर्स :* अग्रभाग, मुखभाग, पुरोभाग

Occasional Music (संगी.) *ऑकेजनल म्यूज़िक :* प्रसंगानुकूल संगीत, समायनुकूल संगीत

Occidental (समी.) *ऑक्सीडेंटल :* पाश्चात्य, पश्चिमी देश अर्थात यूरोप आदि

Occidental Art (समी.) *ऑक्सीडेंटल आर्ट :* पाश्चात्य देशों की कला, पाश्चात्य कला, पश्चिमी कला, पश्चिमी देशों की कला

Occult Line (समी.) *ऑकॅल्ट लाइन :* अदृश्य रेखा

Occult Lines (चि.) *ऑकल्ट लाइंस :* अदृश्य रेखाएँ

Occupancy Load (स्था.) *ऑकुपेंसी लोड :* अधिभोग भार, तैयार हुए भाग का वजन

Occus (पुरा.) *औकस :* भोजशाला

Ocean Green (चि.) *ओशियन ग्रीन :* ओसियन ग्रीन, समुद्री हरित रंग

Octastyle (स्था.) *ऑक्टा स्टाइल :* अष्ट स्तम्भी (स्थापत्य)

Octave (संगी.) *ऑक्टेव :* अष्टम स्वर

Oculus (स्था.) *अक्यूलस :* किसी दीवार में आँख के समान खुला भाग, वृत्ताकार मोखा

Ode (संगी.) *ऑड :* भावगीत

Odeon (समी.) *ओडियन :* सिनेमा हॉल, प्रेक्षाग्रह, संगीत भवन

Odissi (नृ.) *ओडिसी :* ओडिसी या ओरिसी—भारत के प्राचीन आठ शास्त्रीय नृत्यों में से एक, उड़ीसा प्रान्त की एक प्रसिद्ध शास्त्रीय नृत्य शैली

Oeil-de-boeuf (स्था.) *आल-डी-ब्यू* (फ्रेंच शब्द) : मोखा, गवाक्ष

Oenochoe (पुरा.) *एनाचोए :* सुरापात्र शराब पीने का बर्तन

Off Print (शि.) *ऑफ़ प्रिंट :* अनुमुद्रित प्रति

Off Print (पत्र.) ऑफ़ प्रिंट : सम्मानार्थ लेखकों को प्रदान की जाने वाली प्रकाशित सामग्री, विशेष रूप से पत्रिकाओं आदि में प्रकाशित लेख, चर्चा आदि के सन्दर्भ में

Off Shot (सं., ज्ञा.) *ऑफ़ शूट :* प्रशाखा, लघु प्रतिनिधि संस्था

Off stage (ना.) *ऑफ़ स्टेज :* नेपथ्य, थियेटर में पर्दे के पीछे का स्थान या कमरा जहाँ कलाकार अपनी वेश-भूषा बदलते हैं या श्रृंगार करते हैं, रंगमंच के पीछे

Off white (चि.) *ऑफ़ व्हाइट :* श्वेत, धूमिल श्वेत

Off-hand Dating (पुरा.) *ऑफ़-हैंड डेटिंग :* अविचारित तिथि निर्धारण

Official Archives (पुरा.) *आफिशियल आर्काइव्स :* सरकारी पुरालेखगार

Official Bureau of Painting (संस्था.) *आफिशियल ब्यूरो ऑफ़ पेंटिंग :* सन् 1701 में गठित जापान की एक कलाकारों की संस्था

Official Record (अभि.) *आफिशियल रेकॉर्ड्स :* सरकारी अभिलेख

Off-price (साम.) *ऑफ़ प्राइस :* कम मूल्य, उत्पादन लागत से कम मूल्य प्राप्त करना

Offset (छापा.) *ऑफ़सेट :* अनुचित्रित मुद्रण, ऑफ़सेट

Offset Lithography (छापा.) *ऑफसेट लिथोग्राफ़ी :* लिथो आफसेट, लीथो छापा पद्धति में ऑफ़सेट मुद्रण तकनीक से मिश्रित प्रभाव

Ogee arch (स्था.) *ओजी आर्च :* नुकीली मेहराब

Oggudu Vinyasam (नृ.) *ओग्गु डोलू विन्यास :* आंध्र प्रदेश का एक लोकनृत्य

Oil (चि.सं. पाक.) *ऑयल :* तेल

Oil Colour (चि.) *ऑयल कलर :* तैलवर्ण, तैल रंग, तेल में घुलने वाले रंग, तैल माध्यम से चित्रकारी करने वाला रंग

Oil Crayon (क., साम.) *ऑयल क्रेयान :* तैल रंग वर्तिका, ऑयल क्रेयान

Oil Cup (क., साम.) *ऑयल कप :* आयल कप, तैल पात्र देखिये—Dipper

Oil Painting (चि.) *ऑयल पेंटिंग :* तैल चित्रण, तैल चित्र, तैल रंगों की शैली और तैल रंगों से बने चित्र—दोनों के अर्थों में प्रयुक्त शब्द

Oil Sketching Paper (क., साम.) *ऑयल स्केचिंग पेपर :* तैल चित्रण कागज

Oil stain (सं.) *ऑयल :* तेल दाग, तेल का धब्बा

Oils (साम.) *ऑयल :* तेल, तरह-तरह के तेल जो पेंटिंग में इस्तेमाल होते हैं जैसे—लिनसीड, पोपी, वलनट, सनफ्लावर, हैमसीड, सेफफ्लावर, चीड़, जैतून, रोजमेरी, क्लोव (लौंग), पाइन स्पाइक, टंग आदि

Old Master (चि., समी.) *ओल्ड मास्टर :* कला पुरोधा, पुरोधा कलाकार, अति प्रवीण कलाकार, सिद्ध कलाकार, भद्र कलाकार, पुराने प्रतिष्ठित कलाकार, दक्ष कलागुरु, स्तम्भ कलाकार, श्रेष्ठ कलाकार, कला पंडित, महा कलाविभूति, वयोवृद्ध कला आचार्य, अनुभवी निष्णात कलाकार

Old Testament (क.इति.) *ओल्ड टेस्टामेंट :* पवित्र बाइबिल का न्यूटेस्टामेंट से अलग एक भाग, जो हिब्रू लिपि में लिखा है

Old Tradition (समी.) *ओल्ड ट्रेडिशन :* पुरातन परम्परा, पुरानी परम्परा

Oliograph (छापा.) *ओलियोग्राफ़ :* (रंगीन शिला मुद्रण) तैल चित्रों का आभास देने वाली एक प्रारम्भिक रंगीन लिथोग्राफ़ छपाई जिसमें तेल युक्त रंगीन स्याही का प्रयोग किया जाता है कभी-कभी कैनवास जैसा आभास देने के लिए वैसी ही सतह पर ठप्पे द्वारा छापा जाना, रंगीन तिलाघुद्र

Olive Oil (रू.स.) *ऑलिव आयल :* जैतून का तेल, जिसका सौन्दर्य प्रसाधनों में प्राय: उपयोग किया जाता है

Olpe (स्था.) *ओपे :* सुराही

Olympia (चि.) *ओलम्पिया :* ओलम्पिया एक चित्र का शीर्षक

Ombre (फै., चि.) *ओम्ब्रे :* एक रंग का दूसरे रंग में क्रमिक समिश्रण

Ombri (फै.) *ऑम्ब्रे* (फ्रेंच शब्द) : ओंब्रे है जब एक रंग अपने सभी स्वर का उपयोग

Omelet (पा.क.) *आमलेट :* अंडे का चिल्ला, आमलेट

On Stage (ना.) *ऑन स्टेज :* मंच स्थल

On Stage Please (ना.) *ऑन स्टेज प्लीज़ :* कलाकारों को मंच पर आने का आह्वान

Onavillu (संगी., वा.यं.) *ओनाविलू :* तार पर आधारित एक भारतीय वाद्य यंत्र

Once More (ना.) *वन्स मोर :* एक बार फिर पुनर्वार, पुन: आग्रह

One Act Play (ना.) *वन एक्ट प्ले :* एकांकी नाटक, एक अंक में समाहित नाटक, एकांकी

One Liner (फि.) *वन लाइनर :* फटाफट एक लाइन का चुटकुला (जोक)

One Man Show (चि., मू., समी.) *वन मैन शो :* एकल प्रदर्शनी, एक कलाकार की प्रदर्शनी

One Storeyed (समी.) *वन स्टोरीड :* एक मंजिला, एक तल्ला

Onion (पा.क.) *ओनियन :* प्याज

Op Art (क.आन्दो.) *ऑप आर्ट :* दृष्टि छद्मी कला, दृष्टि भ्रामक कला, नेत्रीय कला, अमरीका में जन्मा एक कला आन्दोलन, ऑप्टिकल आर्ट का संक्षिप्त रूप, दृष्टिगत कला

Opacity (समी.) *ओपैसिटि :* अपारदर्शित

Opal (सा.ज्ञा.) *ओपॅल :* ओपल, एक प्रकार का रत्न

Opaque Colour (क., समा.) *ओपेक कलअॅ :* अपारदर्शी रंग, अपारदर्शक रंग

Opaque White (क.इति.) *ओपेक वाइट :* अपारदर्शी श्वेत (रंग), अपारदर्शी सफेद रंग

Opaque (सं., चि.) *ओपेक :* धुंधला, आपारदर्शी

Opaque Colour (क., समा.) *ओपेक कलर :* अपारदर्शी रंग, अपारदर्शक रंग, सफेद रंग मिश्रित अन्य रंग

Opaque Water Colour (चि.) *ओपेक वाटर कलर :* टेम्परा, अपारदर्शी जल रंग

Open Air Painting (चि.) *ओपन एयर पेंटिंग :* मुक्ताकाशीय चित्रण

Open Air Production (ना.) *ओपन एयर प्रोडक्शन :* खुले वातावरण की प्रस्तुति, मंचहीन प्रस्तुति

Open Air Theatre (ना.) *ओपन एयर थियेटर :* खुला रंगमंच, निर्सग रंगमंच, निसर्ग नाट्य मंच

Open Museum (पुरा., स्था.) *ओपन म्यूज़ियम :* नैसर्गिक संग्रहस्थल, खुला संग्रहालय

Open Note (संगी.) *ओपन नोट :* खुला स्वर

Open Record (अभि.) *ओपन रेकार्ड :* अप्रतिबंधित अभिलेख, सार्वजनिक दस्तावेज

Open Score (संगी.) *ओपन स्कोर :* विस्तृत पाठ

Open Shelf (स्था.) *ओपन शेल्फ :* खुला ताक

Open Source *ओपन सोर्स :* कम्प्यूटर का एक सॉफटवेयर

Open Stage (ना.) ओपन स्टेज : खुला रंगमंच, निसर्ग मंच

Open Subject One File (अभि.) *ओपन रेकॉर्ड :* अप्रतिबंधित अभिलेख

Open Theatre (ना.) *ओपन थियेटर :* खुला रंगमंच

Opener (समी.) *ओपनर :* चाबी, बोतल का मुँह खोलने की चाबी

Opening (ना., समी.) *आपेनिंग :* उद्‌घाटन, शुम्भारम्भ

Opening Chorus (ना.) *ओपनिंग कोरस :* प्रारम्भिक कोरस गान

Opeque Water Colour (चि.) *ओपेक वाटर कलर :* अपारदर्शी जल रंग, टेम्परा

Opera (ना.) *ऑपेरा :* संगीतिका, संगीत प्रधान नाटक, गीति नाट्य, ऑपेरा

Opera House (ना.) *आपेरा हाउस :* रंग शाला, नाट्य शाला, रंग गृह

Operating Costs (समी.) *ऑपरेटिंग कास्ट :* परिचालन लागत, किसी उद्यम को चलाने या आरम्भ करने में खर्च हुआ धन

Operating Records (अभि.) *ऑपरेटिंग रेकॉर्ड्स :* संक्रियाशील रिकार्ड

Operetta (ना.) *ऑपरेटा :* संगीतमय एकांकी नाटक, लघु संगीतिका

Opinion (समी.) *ओपीनियन :* अभिमत, राय

Opisthodomos (स्था.) *ऑपिस्थोडोमस :* देव सम्पत्ति गृह, पृष्ठ कक्ष

Opposite Colours (चि.) *अपोज़िट कलर्स :* विरुद्ध/रंग/वर्ण, विलोम रंग/वर्ण, विरोधी रंग/वर्ण, उल्टे रंग

Optical (समी.) *ऑप्टिकल :* दृष्टि विषयक, दृष्टि सम्बन्धित

Optical Art (चि.) *ऑप्टिकल आर्ट :* दृष्टि छद्मी कला, दृष्टिगत कला, दृष्टिभ्रामक कला, नेत्रीय कला

Optical Centre (फो.) *ऑप्टिकल सेंटर :* दृष्टि केन्द्र, ऑप्टिकल सेंटर

Optical Illusion (चि., समी.) *ऑप्टिकल एल्यूजन :* दृष्टि भ्रामक कला नेत्रीय भ्रम

Optical Mixture (समी.) : *ऑप्टिकल मिक्सचर :* दृष्टिजन्य मिश्रण, दृष्टिपटल मिश्रण, दृष्टि-भ्रम, ऑप्टिकल मिक्सचर

Optical Powder (छापा.) *ऑप्टिकल पाउडर :* लिथोशिला को घिस कर तैयार करने के लिए प्रयोग किया जाना अत्यन्त महीन उपघर्षक चूर्ण

Optics (अभि.) *ऑपटिक्स :* प्रकाश विज्ञान

Optimism (समी.) *ऑप्टीमिज्म :* आशावाद

Optostrotum (स्था.) *ऑप्टो स्ट्रोटम :* खडंजा, ईंटों का फर्श

Opus (संगी.) *ओपस :* प्रधान कृति

Opus Sectile (स्था.) *ऑपस सेक्टाइल :* पत्थर की पच्चीकारी

Oratorio (संगी.) *ऑरेटोरियो :* वृहत संगीत

Oratory (समी.) *ओरेटरी :* भाषण कला, भाषण प्रवीणता, भाषण निपुणता

Orchesis (नृ.) *ऑरकेसिस :* नृत्य कला

Orchestra (संगी.) *आर्केस्ट्रा :* वाद्यवृन्द, साजिन्दों की टोली, अनेक प्रकार के वाद्ययंत्रों के वादकों का समूह, वादनकार, वादक समूह, वादक गण, साजिन्दे, पाश्चात्य वृन्द वादन

Orchestration (सिने.) *ऑरकेस्ट्रेशन :* वाद्य वृन्दीकरण साजिन्दो का चुनाव, वाद्य मंडली-गठन

Orchestrator (संगी.) *ऑरकेस्ट्रेटर :* वाद्यवृन्दकार

Order (स्था.) *ऑर्डर :* अनुक्रम, क्रम, व्यवस्था (ऑर्डर)

Organ (संगी.) *ऑर्गन :* एक पाश्चात्य सुषिर वाद्य

Organic (समी.) *ऑर्गेनिक :* कार्बनिक

Organic Colour (चि.) *ऑरगेनिक कलर :* जैव वर्ण

Organic Plot (ना.) *ऑरगैनिक प्लॉट :* सुसंगत कथानक

Organisation (समी.) *आर्गनाइजेशन :* संस्थान, संस्था, संगठन

Oriel Window (स्था.) : *आरियल विंडो :* झरोखा, प्रासादिका, निर्गत खिड़की, आगे निकली खिड़की

Oriental (समी.) *ओरियंटल :* पूर्वात्य, पूर्व की तरफ के देश जैसे भारत, ईरान

Oriental Art (क.इति., समी.) *ओरियंटल आर्ट :* प्राच्य कला, पूर्वीकला, पूर्व- देशी कला, पूर्वी देशों की कला

Oriental Drama (ना.) *ओरियंटल ड्रामा :* प्राच्य संस्कृति आधारित नाटक

Oriental Society of Art (क.इति., क.सं.) *ओरियंटल सोसाइटी ऑफ़ आर्ट :* ओरियंटल सोसाइटी ऑफ़ आर्ट, एक संस्था

Orientalism (समी.) *ओरियंटलिज़्म :* पूर्वी दुनिया की मान्यताओं की पाश्चात्य कलाकारों द्वारा अपनी कृतियों में प्रयोग, पूर्वात्यवाद

Orientated (समी.) *ओरियंटेड :* उन्मुख

Orientation (समी.) *ओरियंटेशन :* झुकाव, दिग विन्यास, पूर्वाभिमुखीकरण

Orientation/Wayfinding (समी.) *ओरियंटेशन :* अभिविन्यास

Original Form (क.समी.) *ओरिजिनल फार्म :* मूलाकार, मौलिक रूप

Original Print (छापा.) *ओरिजिनल प्रिंट :* (मूल छापाचित्र) एक छापाचित्र जिसे कलाकार द्वारा स्वयं डिज़ाइन और कार्यान्वित किया गया

Original Quality (समी.) *ओरिजनल क्वालिटी :* मौलिक विशेषता

Original Version (चि., समी.) *ओरिजिनल वर्जन :* मूल संस्करण, मूल पाठ, मौलिक चित्रण

Originality (समी.) *ओरिजनेलटी :* मौलिकता, अपनी निजी शैली, निजत्व

Oriya (नृ., समी.) *उड़िया :* उड़ीसा प्रांत की मुख्य और प्रतिनिधि प्रान्तीय भाषा

Oriya Music (नृ., समी.) *उड़िया म्यूज़िक :* उड़ीसा का शास्त्रीय संगीत, जो हिन्दुस्तानी और कर्नाटकी संगीत के समान है

Ornament (फै.) *ऑरनामेंट :* अलंकार, जेवर, गहना

Ornamental Form (समी.) *ऑर्नामेंटल फार्म :* आलंकारिक स्वरूप, सजावटी आकार, कृत्रिम सौन्दर्याकार

Orphism (क.आन्दो.) *ऑरफिज्म :* वर्ण सौन्दर्यवाद, सन् 1912 में यूरोप में जन्मा एक कला आन्दोलन

Orthochromatic Film (फो.) *ऑर्थोक्रोमेटिक फ़िल्म :* एक विशिष्ट प्रकार की फ़ोटो फ़िल्म

Orthographic (स्था.) *अर्थोग्राफ़िक :* वर्तनी सम्बन्धी

Orthography (पत्र.) *अर्थोग्राफ़ी :* लेखन-वर्तनी, लेखन में व्याकरण सम्बन्धी ज्ञान दायक विज्ञान

Orthostates (स्था.) *ऑर्थोस्ट्रेटस :* चुनाई में निचला रहा

Ossuary (पुरा.) *आससुरी :* अस्थिपात्र

Ostracon (पुरा.) *ऑस्ट्रेकॉन :* मृत पट्ट, मृत-लेख पट्ट

Ostwald Color Chart (चि., क.समी.) *ऑस्टवाल्ड कलर चार्ट :* ऑस्टवाल्ड का रंग चक्र, ऑस्टवाल्ड कलर चार्ट

Otago Daily Times (पत्र.) *ओटागो डेली टाइम्स :* ड्यूनेडेन (न्यूजीलैंड) से प्रकाशित अंग्रेजी भाषा का एक दैनिक समाचार-पत्र

Ottam Thulal (नृ.) *ओट्टमथुलाल :* केरल प्रदेश का एक लोकनृत्य

Out door Scene (सिने.) *आउट डोर सीन :* फ़िल्म निर्माण में स्टूडियो के अन्दर रचे दृश्यों के अतिरिक्त स्टूडियो के बाहर के दृश्यों का छायांकन

Out Door Sculpture Park (मू.) *आउटडोर स्कल्पचर पार्क :* बाह्य मूर्ति शिल्प उद्यान, उद्यानों में खुले आसमान के नीचे प्रदर्शित मूर्ति शिल्प जो प्राय: बड़े आकार की होती है

Out front (ना.) *आउट फ्रंट :* मंच मुख

Out Line (चि.) *आउट लाइन :* बाह्य रेखा, आकार रेखा, बहिरेखा, बाहरी लाइन, घेरा बन्दी, खाका, सरहदी लाइन

Out Sider Art (समी.) *आउट साइडर आर्ट :* कलाकारों के प्रतिनिधि समूहों के बाहरी लोगों की कला जो कला की मुख्यधारा से अलग हो

Outdoor Media (विज्ञा.) *आउटडोर मीडिया :* बाहरी विज्ञापन माध्यम, जैसे पोस्टर, होर्डिंग, बैनर, न्यून साइन आदि

Outerwear (फै.) *आउटरवियर :* अंगरखा

Outfit (फै.) *आउटफिट :* परिधान, सज्जा, पोशाकों का सेट

Outline (समी.) *आउटलाइन :* रूपरेखा, प्रारूप

Outsourcing (समी.) *आउटसोर्सिंग :* प्राप्त करना, बाह्य माध्यम से प्राप्त करना

Outstanding (समी.) *आउटस्टैंडिंग :* तारीफ के काबिल, प्रशंसनीय

Oven (पा.क., स्था., शि.) *ओवन :* तन्दूर, ओवन, भट्टी, बन्द चूल्हा

Over Acting (समी.) *ओवर ऐक्टिंग :* कृत्रिम अभिनय, अति अभिनय, अनावश्यक अभिनय

Over Cast (फै.) *ओवर कास्ट :* एक किस्म का टांका, जो कपड़े के किनारों को खुलने से रोकता है

Over Cooking (पा.क.) *ओवर कुकिंग :* ओवर कुकिंग, अधिक पकाना

Over Door (स्था.) *ओवर डोर :* द्वार-शीर्ष

Over lock (फै.) *ओवर लॉक :* परिधान में तुरपाई या सीवन के लिए किनारे पर सिलने का एक तरीका

Over Painting (चि.) *ओवर पेंटिंग :* आधिक्य चित्रण, चित्र में आवश्यकता से अधिक चित्रण कार्य

Over Sail (स्था.) *ओवर सेल :* प्रक्षेप रद्दा

Over Sewing (समी., फै.) *ओवर सीविंग :* तुरपना, हाथ से की गई कच्ची सिलाई

Over Tone (संगी.) *ओवर टोन :* अतिवान, अधिस्वरक

Over Work (समी.) *ओवर वर्क :* अतिशय कलाकर्म, कृति रचना में अनावश्यक कार्य करना

Overall Painting (चि.) *ओवरआल पेंटिंग :* व्यापक प्रभाव चित्रण

Overblowing (संगी.) *ओवर ब्लोइंग :* अति धमन

Overcastting (फै.) *ओवरकास्टिंग :* कढ़ाई की एक तकनीक

Overlap (समी.) *ओवरलैप :* आच्छादन, एक-दूसरे को ढकना

Overlapping (तक.) *ओवर लैपिंग :* एक-दूसरे पर चढ़ाना (रंग)

Ovolo (स्था.) *ओवोलो :* गोला

Owl Dance (नृ.) *आउल डांस :* उलूक नृत्य

Owlet (स्था.) *ओवलेट :* मोखा

Ox Dance (नृ.) *ऑक्स डांस :* वृषभ नृत्य

Oxidation (सं.) *ऑक्सीडेशन :* ऑक्सीकरण

Oxidental *ऑक्सीडेंटल :* पाश्चात्यवर्ती, पश्चिमी देशों की

P

P.A.G. (क.इति.) *पी.ए.जी. :* प्रोग्रेसिव आर्टिस्ट्स ग्रुप का संक्षिप्त नाम देखिये—Progressive Artists Group

P.L. Desai Pandey (1919-2000) (ले.) *पुरुषोत्तम लक्षमण देसाई :* प्रख्यात मराठी लेखक, व्यंग्यकार, रंगमंच तथा सिने अभिनेता, पटकथा लेखक, संगीतकार, गायक तथा वक्ता

P.M. Drive (पत्र.) *पी.एम. ड्राइव :* दोपहर 3 से शाम 7 बजे के बीच रेडियो पर विज्ञापन जारी होने की समय अवधि

P.O.P (विज्ञा.) *पी.ओ.पी. :* (Point of Parchase) का संक्षिप्त रूप, आकर्षक बिक्री प्रदर्शन स्थल जहाँ ग्राहकों को आकर्षित कर माल बेचा जाए। P.V.C. poly venyle chloride का संक्षिप्त रूप, एक तरह का प्लास्टिक

Pa (संगी.) *प :* पंचम स्वर की वाचक संज्ञा

Pace (ना.) *पेस :* पग, गति

Pack (रू.स.) *पैक :* रासायनिक लेप पैक

Padam (नृ.) *पद्म :* पद्म पर आधारित भावनात्मक भरतनाट्यम नृत्य

Padavinyas (संगी.) *पदविन्यास :* ओड़िसी संगीत की एक पद रचना

Padawali (का.क.) *पदावली :* पदों का क्रम, पदों की शृंखला गाए जाने वाले गीतों या भजनों का संग्रह, जैसे कवि विद्यापति की पदावली

Paddhati (संगी.) *पद्धति :* शैली, परम्परा, ढंग आदि

Padding (फै.) *पैडिंग :* गद्दी

Padma Subramanyam Dr. (1943—) (नृ.) *पद्मा सुब्रामनियम (डॉ.) :* दक्षिण भारत की प्रख्यात भरतनाट्यम, नृत्य निर्देशक, अध्यापक तथा विद्वान

Padua (क.इति.) *पदुआ :* पादुआ, उत्तरी इटली का एक शहर, जो इटली की राजधानी था। पश्चिमी वेनिस से यह 40 किमी की दूरी पर है

Padya (का.क.) *पद्य :* ऐसी रचना जिसमें छंद, ताल, लय और तुकबंदी के अंश हो, काव्य रचना, अंग्रेजी में इसे पोइट्री कहते हैं

Paean (संगी.) *पीअन :* स्तुति-गान, विजय-गान

Paegina (ना.) *पैजिना :* एक प्रकार का स्वांग, कथाहीन लघु प्रदर्शन

Pagan (समी.) *पैगन :* देवपूजक, मूर्तिपूजक

Pagan Cult (समी.) *पैगन कल्ट :* सभी देवी-देवताओं को मानने वाला पंथ, सर्वधर्मी-पंथ

Page Makeup (पत्र.) *पेज मेकअप :* पृष्ठ विन्यास, प्रकाशनार्थ पेज को पूर्णत: दुरुस्त करना

Pageant (समी.) *पैजेंट :* झाँकी, सवारी, शोभा यात्रा, सचल झाँकी

Pagination (अभि.) *पेजीनेशन :* पृष्ठांकन/पृष्ठ संख्या डालना

Pagoda (स्था.) *पैगोडा :* चीन के बहुमंजिला मठ, जिसकी ऊपर की मंजिलें क्रमश: छोटी होती जाती हैं, पैगोडा, बौद्धों का पूजा स्थल

Pahari Painting (क.इति., चि.) *पहाड़ी पेंटिंग :* पहाड़ी-चित्रकला, पंजाब हिल्स पेंटिंग, पहाड़ी कलम, हिमालय पर्वत की पहाड़ी रियासतों में फली-फूली अठारहवीं शताब्दी की चित्र कला शैली, जिसके प्रमुख केन्द्र कांगड़ा, गुलेर, बसोहली, जम्मू आदि

Paika (नृ.) *पैका :* झारखंड का एक लोकनृत्य

Pailou (स्था.) : चीनी स्थापत्य में मेहराब या प्रवेश द्वार बनाने की एक परम्परागत शैली

Painka (नृ.) *पेनका :* उड़ीसा प्रदेश का एक लोकनृत्य

Painted Panel (चि.) *पेंटेड पैनल :* चित्रित पट्ट, अनुरंजित पट, लेपित फलक, पट चित्र

Painter (चि.) *पेंटर :* चित्रकार, रंग छविकार, रंग सेवी, चितेरा, चित्र रचनाकार, रंगों के खिलाड़ी, रंग सज्जा, चित्रकर्मी, रंगकार, रंगसाज, रंगबाज, रंगरसिया, रंजक, रंगारी, मुसव्विर

Painter's Baburao (1890-1953) (चि.) *बाबूराव पेंटर :* चित्रकार, चलचित्र कर्मी

Painter's Studio (चि.) *पेंटर्स स्टूडियो :* चित्रकार शाला, चित्रकला कक्ष, स्टूडियो

Painting (चि.) *पेंटिंग :* रंगांकन, चित्र, रंगपट, रंगाकार, ऐसा रूपाकार जिसमें रंगों का प्रयोग हो, रंग-चित्र, चित्रांकन, रंग छवि, वर्ण चित्र, चित्रकला, चित्रण कला, चित्रकारी, चित्र, चित्रण, चित्रकर्म, कला, चित्र, चित्राकृति कलम

Painting Instruments *पेंटिंग इंस्ट्रमेंट्स :* चित्रांकन उपकरण

Painting Knife (चि., क., साम.) *पेंट्इंग नाइफ :* रंग कन्नी, चित्रण कन्नी, चित्रण चाकू, पेंटिंग नाइफ

Painting Medium (चि., समी.) *पेंटिंग मीडियम :* चित्रण माध्यम, चित्र माध्यम

Painting Series (समी.) *पेंटिग सीरीज :* चित्र मालिका

Painting Style (चि.) *पेंटिंग स्टाइल :* चित्रण शैली, चित्र विधान, रंगांकन पद्धति, चित्र शैली

Painting Technique (तक., चि.) *पेंटिंग टेकनीक :* रंगांकन पद्धति, चित्रण शैली, चित्रांकन तकनीक

Paints (समी.) *पेंट्स :* रंग रोगन

Pakad (समी.) *पकड़ :* रागवाचक स्वर समूह, जिन स्वरों से राग पकड़ समझ में आ जाए

Pakhavaj (संगी., वा.यं.) *पखावज :* एक भारतीय वाद्य यंत्र

Pakhawwja (नृ.) *पखावज :* मृदंग वाद्य का नया अवतार, एक प्रकार का ताल वाद्य, एक भारतीय वाद्य यंत्र

Palace Fortress (पुरा.) *पैलेस फोर्ट्रेस :* गढ़ी, छोटा महल

Palacegrapher (पुरा.) *पैलेसग्राफ़र :* पुरा-लिपिज्ञ, पुरातन लेख वाचक/ज्ञानी

Palaeolithic Period (क.इति.) *पेलियोलिथिक पीरियड :* पूर्व पाषाणकाल, पोलियोलिथिक पीरियड

Palak Gosht (पा.क.) *पालक गोश्त :* पालक के साथ पका हुआ माँस, पालक गोश्त

Palanquin (समी.) *पॅलनकीन :* पालकी, डोली

Palazzo (स्था.) : (इटैलियन शब्द) स्थापत्य की एक शैली जो इटली के पुनर्जागरण कालीन महलों के स्थापत्य पर आधारित थी

Paleographist (अभि.) *पेलियोग्राफ़िस्ट :* पुरालेखवेत्ता

Paleography (अभि.) *पैलेसियोग्राफ़ी :* पुरालिपि, पुरालिपि विद्या, प्राचीन शिलालेखों का अध्ययन

Palette (क., साम., समी.) *पैलेट :* वर्ण मिश्रण-पत्री, रंग-पट्टी

Palette Cup (क.इति.) *पैलेट कप :* तैलपात्र, रंग-पट्टिका, तैलपात्र, पैलटकप

Palette Knife (क., साम.) *पैलेट नाइफ :* रंग चाकू, रंग पट्टिका छुरी, पैलट नाइफ

Palladian Motif (स्था.) : आंद्रे पेलेट्टियो द्वारा प्रचारित स्तम्भ और मेहराब बनाने की एक शैली

Pallavi (संगी.) *पल्लवी :* ओड़िसी संगीत में गायन की एक विधा

Pallavi (नृ.) *पल्लवी :* एक शुद्ध नृत्य रूप, जिसमें रागों को नेत्र, शरीर और पैरों की विभिन्न मुद्राओं से प्रस्तुत किया जाता है

Palliotto (पुरा.) : वेदी आवरण

Palm Leaf (चि.) *पॉमलीव :* ताड़ पत्ती, ताड़ पत्र

Palm Leaf Manuscript (अभि.) *पाम लीफ मैन्यूस्क्रिप्ट :* ताड़ पत्र पांडुलिपि

Palm Leaf Records (अभि.) *पाम लीफ रेकॉर्डस :* तालपत्र अभिलेख

Pambai (संगी., वा.यं.) *पम्बई :* एक भारतीय वाद्य यंत्र

Pamphlet (अभि.) *पम्फलेट :* पुस्तिका

Pan Cake *पैन केक :* मेकअप में प्रयुक्त एक विशेष किस्म केक के रूप में बना पाउडर

Pan Chromatic Film (फो.) *पैन क्रोमेटिक फ़िल्म :* एक प्रकार की फ़ोटो फ़िल्म

Panchamukha Vadyam (संगी., वा.यं.) *पंचमुखा वाद्यम :* एक भारतीय वाद्य यंत्र

Panchayatan (स्था.) *पंचायतन :* पाँच धार्मिक भवनों वाला परिसर, पंचायतन

Panchtantra (नृ.) *पंचतंत्र :* पं. विष्णु शर्मा द्वारा लिखित नीतिपूर्ण भारतीय कहानियों का संग्रह

Pandit Ravishankar (1920-2012) (संगी.) *पं. रवि शंकर :* विख्यात सितार वादक तथा संगीत निर्देशक। 1986 से 1992 के मध्य राज्यसभा के सदस्य तथा सर्वोच्च भारतीय सम्मान 'भारतरत्न' से सम्मानित।

Pandit Shue (Shiv) (चि.) *पं. शिव :* पहाड़ी शैली का एक प्रमुख चित्रकार जो गुलेर में अपने दो बेटों, मनकू और नयनसुख के साथ कार्यरत रहा।

Pandwani (नृ.) *पांडवानी :* छत्तीसगढ़ का एक लोकनृत्य तथा गायन शैली

Pane (स्था.) *पानी :* काँच फलक, पल्ले में लगा दर्पण

Panel (चि.) *पैनल :* पट्टिका, फलक, काष्ठ फलक, पटरा, पट्ट, दिल्ला, फलक

Panel (पत्र.) पेनल नाम सूची, कार्यक्रम के भागीदार या सदस्य

Panel Painting (चि.) *पैनल पेंटिंग :* पट्ट चित्र, फलक चित्र; बां. पट चित्र; मरा. रंग विणे; गु. पट चित्र; उ. तमार पेंटिंग, सेजल पेंटिंग

Panihari Dance (नृ.) *पनिहारी डांस :* हरियाणा प्रदेश का एक लोकनृत्य

Panikar, K.C.S. (1911-1977) (चि.) *के.सी.एस. पणिकर :* चित्रकार, कला प्राध्यापक

Paniter Master (चि., समी.) *पेंटर मास्टर :* चित्राचार्य, उत्कृष्ट, रंग साज, उस्ताद, कुशल चित्रकार

Panopticon (स्था.) : गोलाकार कैदखाना, जिसमें सभी कक्ष केन्द्रीय निगरानी केन्द्र के आसपास (चारो ओर) फैले हों

Panorama (चि., समी.) *पैनोरमा :* विहंगम दृश्य, परिदृश्य, परिदृश्य चित्र, सर्वदृश्य चित्र, विस्तृत परिदृश्य, दृश्य पटल, चित्राकली

Panoramic Camera (फो., अभि.) *पैनो रेमिक कैमरा :* सर्वदृश्यक कैमरा

Pantheon (स्था.) : सर्वदेव मन्दिर, स्मारक

Panthi (नृ.) *पांथी :* छत्तीसगढ़ (मध्य भारत) का एक लोकनृत्य

Panto Mimicry (ना.) *पैंटो मिमिक्री :* नकल युक्त शब्दहीन अभिनय

Pantomime (ना.) *पैटोमाइम :* मूकाभिनय, मौन अभिनय, शब्द रहित अभिनय

Pantomimic Dance (नृ.) *पैंटो मिमिक डांस :* मूक अभिनय प्रधान नृत्य

Pantone (छापा.) *पैंटोन :* छपाई की स्याहियों (इंक्स) के मिलान का एक तरीका

Panwariya (नृ.) *पनवारिया :* बिहार का एक लोकनृत्य

Papad (पा.क.) *पापड़ :* दाल से बना घी या तेल में तला हुआ या आँच पर भुना एक कुरकुरा व्यंजन, पापड़

Papakhu (स्था.) *पपाखू :* गर्भगृह

Papaya (पा.क.) *पपैया :* पपीता

Paper (अभि.) *पेपर :* कागज

Paper Colle *पेपर कोले :* गोंद युक्त कागज, चिपकना कागज

Paper House (ना.) *पेपर हाउस :* निःशुल्क प्रदर्शन

Paper Jacket (अभि.) *पेपर जैकेट :* कागजी आवरण, कागजी सुरक्षा कवच

Paper pulp (ग्रस., मू.) *पेपर पल्प :* कागज लुगदी, गले हुए कागज की लुगदी

Paper, bolting (अभि.) *पेपर ब्लॉटिंग :* स्याहीचूस/सोख्ता

Paper, photographic (अभि.) *पेपर फ़ोटोग्राफ़िक :* फ़ोटो-कागज

Paper, Waxed (अभि.) *पेपर वैक्स्ड :* मोमयुक्त कागज

Papier Mache (शि.) *पैपरमैशी :* कागज की लुगदी, कागज की लुगदी से बनी कृति

Papyrus (साम.) *पपाइरस :* एक किस्म का कागज जो मिश्र देश के लोग प्रयोग करते थे, भोजपत्र

Par Excellence Art (समी.) *पारएक्सीलेंस आर्ट :* उत्कृष्ट कला

Parabolic (का.क.) *पेराबोलिक :* लाक्षणिक

Paradises (स्था.) : आच्छादित प्रांगण

Parados (ना.) *पैराडॉस :* नेपथ्य

Paradox (समी.) पैराडॉक्स : विरोधाभास

Paraffin Wax Facial (रू.स.) *पेराफीन वेक्स फेशियल :* पैराफिन मोमयुक्त रसायनों से चेहरे की सफ़ाई

Paragraph (साहि.) *पैराग्राफ :* कुछ वाक्यों का समूह

Paramount (समी.) *पैरामाउंट :* सर्वश्रेष्ठ

Parampara (नृ.) *परम्परा :* सांस्कृतिक सम्पदा

Parapet (स्था.) *पैरा पेट :* मुंडेर

Parapet Wall (स्था.) *पेरापेटवॉल :* मुंडेर दीवार, छत की छोटी चार दीवारी

Parashar, S.L. (1904-1990) (मू.) *सरदारी लाल पराशर :* पाकिस्तान से विस्थापित म्यूरल कलाकार

Paratha (पा.क.) *पराठा :* घी या तेल से सिंकी एक प्रकार की रोटी

Paravratt (चि.) *परावृत्त :* आकृति के पृष्ठ भाग का अंकन

Paravritta (नृ.) *परावृत्ता :* नर्तक द्वारा बाईं तरफ सिर मोड़ने की मुद्रा

Parceling (अभि.) *पार्स लिंग :* खंड विभाजन, अंश विभाजन

Parchment (अभि.) *पार्चमेंट :* चर्मपत्र

Parclose (स्था.) *परक्लोज़ :* काष्ठ पट

Parent Series (अभि.) *पेरेंट सीरीज :* मूल माला

Parivartita (नृ.) *परिवर्तिता :* नर्तक की गर्दन दाएँ से बाएँ और बाएँ से दाएँ की क्रिया, जैसे नमाजी करते है

Paris School of Paris (Group) (क.आन्दो., क.समू.) *स्कूल ऑफ़ पेरिस :* पेरिस स्कूल, स्कूल ऑफ़ पेरिस, पेरिस कला वर्ग

Parkhu (चि.) *परखू :* पहाड़ी चित्रकला का एक चित्रकार

Parlam (नृ.) *परलम :* मिज़ोरम प्रदेश का एक लोकनृत्य

Parlour (रू.स.) *पैरलोर :* महिला सौन्दर्य शाला, केवल महिलाओं के सौन्दर्य वर्धन हेतु कार्यरत कार्यशाला

Parody (संगी.) *पैरोडी :* हास्य मूलक, अनुकृति काव्य, किसी दूसरे की हास्यास्पद नकल करना, हास्यात्मक नकल

Parsnip (पा.क.) *पार्सनिप :* चुकंदर

Part (ना.) *पार्ट :* भूमिका

Part Playing (संगी.) *पार्ट प्लेइंग :* अंश-वादन

Part Song (संगी.) *पार्ट सांग :* अंश-गीत

Parterre (स्था.) *पार्टेररे :* पुष्पवाटिका

Parthenon (क.इति.) *पार्थेनन :* पार्थेनन, एक रोमन मन्दिर

Parti (स्था.) *पारटी :* स्थापत्य का आधारभूत आलेख

Partial Success (समी.) *पार्शियल सक्सेस :* आंशिक सफलता, अल्प सफलता, थोड़ी कामयाबी

Partials (संगी.) *पार्शल :* अंश-स्वर

Partition of Bengal (सा.ज्ञा.) *पार्टीशन ऑफ़ बंगाल :* भारत के तत्कालीन वाइसराय लार्ड कर्जन द्वारा सन् 1905 में बंगाल का विभाजन जिससे मुस्लिम बहुल पूर्वी बंगाल हिन्दू बहुल पश्चिमी बंगाल से अलग हो गया।

Party Makeup (रू.स.) *पार्टी मेकअप :* पार्टी या विशेष समारोहों में शामिल होने के लिए किया गया एक खास किस्म का मेकअप

Parvarish (पत्र.) *परवरिश :* मिस्र (इजिप्ट) का फ़ारसी भाषा में प्रकाशित एक दैनिक समाचार-पत्र

Pasi Kongki (नृ.) *पासी गोंगकी :* अरुणाचल प्रदेश का एक लोकनृत्य

Paso Doble (नृ.) *पासो डोबले :* नृत्य में कमर और पैरों की गति

Pass (ना., फि.) *पास :* नि:शुल्क प्रवेश पत्र, मानार्थ-टिकट या प्रवेश द्वार-पास

Pass Door (ना.) *पास डोर :* नाट्यशाला में मंच के साथ का द्वार

Passage (स्था.) *पैसेज :* मार्ग, गली, गलियारा (संगी) टुकड़ा

Passage Grave (स्था.) *पैसेज ग्रेव :* पत्थर की शिलाओं से जमीन की गहराई में बनी कब्रगाह जिसमें मृतक को दफनाया जाए

Passé entire (फै.) *पैसेमिटरी :* एक ट्रिम बैंड, डोरी, लटकन को सन्दर्भित करने के लिए उपयोग किया जाता है

Passi (फै.) *पैसे* (फ्रेंच शब्द) : पुराने समय का ढंग

Passion (समी.) *पैशन :* जुनून, प्यार भरा उत्साह, असीम लगाव, असंयत उत्साह, कर गुजरने का उत्साह

Passionate Dialogue (ना.) *पैशनेट डायलॉग :* आवेशात्मक संवाद

Passive design (समी.) *पैसिव डिज़ाइन :* निष्क्रिय डिज़ाइन, अनुपयुक्त आलेख

Passout Check (ना.) *पासआउट चेक :* सजग दर्शक, रुचिवान श्रोता

Passport Size (अभि.) *पासपोर्ट साइज :* पार-पत्र साइज, पासपोर्ट साइज

Password (पत्र.) *पासवर्ड :* गुप्त संकेत शब्द, पासवर्ड

Pasta (पा.क.) *पास्ता :* एक इटैलियन भोज्य, पास्ता

Paste (अभि.) *पेस्ट :* लेई

Pastel (समी., क., साम.) *पैस्टेल :* शुष्करंग, रंग वर्तिका, शुष्करंग वर्तिका, सूखे रंग, शुष्करंगीय चित्र, वर्तिका चित्र, धूलि चित्र, पेस्टल

Pastel Drawing (चि.) *पेस्टल ड्राइंग :* शुष्करंगीय चित्र, शुष्करंगीय चित्र, पेस्टल ड्राइंग

Pastoral (क.समी.) *पोस्टॅरल :* ग्रामीण परिवेश, ग्राम्य, देहाती, पैस्टोरल : ग्रामीण परिवेश का आदर्श चित्रण या लेखन

Pastoral Elegy (संगी.) *पैस्टोरल एलेजी :* ग्राम्य शोक-गीत, गवई विलाप

Pastry (पा.क.) *पेस्ट्री :* एक मीठा बेकरी उत्पाद

Patan (चि.) *पाटन :* भित्ति चित्र रचने के लिए दीवार का पर्याय

Patch (अभि.) *पैच :* धब्बा, खंड, पैबंद, थेगली

Patch Removal (अभि.) *पैच रिमूवल :* धब्बा हटाना

Patch Test (रू.स.) *पैच टेस्ट :* यह परीक्षण मानव शरीर में एलर्जी की बाधा की जॉच के लिए होता है

Patch Work (फै.) *पैच वर्क :* सिले हुए टुकड़ों का काम, चप्पाकारी, पैबंदकारी

Path Breaking (समी.) *पाथ ब्रेकिंग :* नवोन्मेषण, नया रास्ता बनाना, नया करना

Pathetic (समी.) *पैथेटिक :* कारुणिक, करुणाजनक

Pathetic Scene (समी.) *पैथेटिक सीन :* करुणामयी दृश्य

Pathetic Tragedy (समी.) *पैथेटिक ट्रैजेडी :* दुखांतक

Pathos (साहि.) *पैथॉस :* साहित्य में दयाभाव या दु:ख दर्शाना, करुणा

Patina (ग्र.स., समी.) *पेटिना :* फिनशिंग की एक शैली जिसमें नई कृति को पुरानी लगने का आभास कराया जाता है

Patio (स्था.) *पेटियो :* प्रांगण, घर के अन्दर का खुला आँगन

Patna School (क.इति.) *पटना स्कूल :* पटना शैली, पटना कलम, फिरंगी कला शैली, पटना (बिहार) की ईस्ट इंडिया कम्पनी काल में मुग़ल शैली और ब्रिटिश शैली के मिश्रण से भारतीय चित्रकारों द्वारा अपनाई गई एक चित्र शैली, पटना स्कूल

Patna School Centres (चि.) *पटना स्कूल सेंटर्स :* 1840 में पटना कलम के पतन-पूर्व बिहार में पटना के अतिरिक्त हथुआ, दानापुर, आरा, टेकरी, पूर्णिया प्रसिद्ध केन्द्र थे।

Pattern (मू.) *पैटर्न :* नमूना, प्रतिमान, प्रतिरूप, प्रतिकृति

Pattern (फै.) *पैटर्न :* नमूना, ढाँचा, पोशाक के विभिन्न भागों को काटने और सिलने से पहले ट्रेस किया जाने वाला आकार पट

Pattern Grading (फै.) *पैटर्न ग्रेडिंग :* पैटर्न ग्रेडिंग, फाइनल पैटर्न को विभिन्न आकार के लोगों के हिसाब से बड़ा या छोटा करने की प्रक्रिया

Pattie (Feta) (पा.क.) *पैटी :* एक मैदा और घी से बना नमकीन बेकरी उत्पाद

Patua (Painters of Kalighat) (क.इति.) *पटुआ :* कालीघाट (बंगाल) के लोक चित्रकार

Pause (समी.) *पाज़ :* लघुविराम, क्षणिक रोक, लघु कालिक रुकावट

Pavement (स्था.) *पेवमेंट :* कुट्टिम, पटरी, भवन के बाहर सीमेंट या डामर का फर्श

Pavilion (स्था.) *पैवेलियन :* मंडप, रंगमंच, गुम्बददार इमारत (पेवेलियन)

Peach (पा.क.) *पीच :* आड़ू

Peacock Dance (समी.) *पीकॉक डांस :* मयूर नृत्य, मोर मुद्रा नृत्य, मोर की तरह का नाच

Peacock Green (चि.) *पीकॉक ग्रीन :* पीकॉक ग्रीन, मोर के रंग का एक हरा रंग

Peal (संगी.) *पील :* घंटिकावली, घंटियों की झालर

Peanuts (पा.क.) *पीनट्स :* मूंगफली

Pearl (सा.ज्ञा.) *पर्ल :* एक प्रकार का रत्न, मोती

Pearl Colour (समी., क., साम.) *पर्ल कलर :* मोतिया रंग, मोती युक्त चमकीले रंग

Pearl Facial (रू.स.) यह फेशियल तैलीय त्वचा वालों के लिए आदर्श है। यह दाग हटाने में मदद करता है और त्वचा को चमकदार बनाता है

Peasant Family (चि.) *पीजेंट फैमिली :* कृषक परिवार, पीजेंट फैमिली, (एक चित्र का शीर्षक)

Peasant Wedding (चि.) *पीजेंट वेडिंग :* कृषक परिवार में विवाह, पीजेंट वेडिंग, (एक चित्र का शीर्षक)

Peat (पुरा.) *पीट :* दलदल

Peculiar : (समी.) *पिक्यूलियर :* विचित्र, अजीब, विस्मयकारी

Pedal Note (संगी.) *पेडल नोट :* प्रथम स्वर

Pedestal (मू., स्था.) *पेडस्टल :* पीठिका, मंची, आधार, आसन चौकी, आसन

Pedestal (संग्रा.) *पेडस्टल :* प्रदर्शन स्टूल, शिल्प कृतियों को प्रदर्शित करने का स्टूल

Pedicure (रू.स.) *पेडिक्योर :* पैरों और पैर के नाखूनों का एक कॉस्मेटिक उपचार, पैर के पंजों और एड़ी का सौन्दर्योपचार

Pediment (स्था.) *पेड़ इमॅंट :* त्रिकोणिका

Peep Hole (समी.) *पीप होल :* छिद्र

Peep Show (समी.) *पीप शो :* बाइस्कोप

Peer (पीर) : सहकर्मी

Pelmet (स्था.) *पेलमेट :* पर्दापोश, पर्दे का शेड, जिससे पर्दे की लटकन न दिखे

Pen And Wash (चि., तक.) *पेन एंड वाश :* पेन एंड वॉश

Pen Drawing (चि.) *पेन ड्राइंग :* लेखनी, रेखाचित्र, पेन ड्राइंग

Pena (संगी., वा.यं.) *पेना :* एक भारतीय वाद्य यंत्र, इसे बाना भी कहते हैं।

Pencil (क., साम.) *पेंसिल :* ड्राइंग के लिए प्रयोग की जाने वाली ग्रेनाइट लेड युक्त वर्तिका

Pendentive (स्था., समी.) *पेंडेंटिव :* चापांतर त्रिभुज, सजावटी निर्माण, सजावटी गुम्बद, ऊपरी छत

Pent House (स्था.) *पेंट हाऊस :* (बरसाती), बहुमंजिले भवन में सबसे ऊपर वाली छत पर रहने लायक स्थल, पेंट हाउस

Pent Roof (स्था.) *पेंट रूफ :* ढालू छत, एक तरफ झुकी हुई छत

People's Daily (पत्र.) *पीपल्स डेली :* चीन से प्रकाशित चीनी भाषा का एक दैनिक समाचार-पत्र

Pepa (संगी., वा.यं.) *पीपा :* एक भारतीय वाद्य यंत्र

Perceptual (समी.) *परसेप्चुअल :* प्रतिबोधात्मक, प्रत्यक्ष ज्ञानात्मक

Perch (ना.) *पर्च :* मचान

Perclose (स्था.) *परक्लोज़ :* बाड़ा

Percy, Brwon (चि.) *पर्सी ब्राउन :* कलकत्ता कला महाविद्यालय के कला आचार्य

Perforated (अभि.) *परफरेटेड :* छिद्रित

Performance (ना.) *परफारमेंस :* प्रस्तुति, अभिनय, अदाकारी, प्रदर्शनी शैली

Performance Art (समी.) *परफॉर्मेंस आर्ट :* अभिनयगत कलाएँ, अभिनयमुखीकला

Performer (फि., ना.) *परफॉरमर :* अभिनेता, अदाकार, अभिनय करने वाला कलाकार, नट

Performing Art (ना., नृ., क.समी.) *परफॉरमिंग आर्ट :* मंचीय कला, प्रदर्शन कलाएँ, प्रदर्शनकारी कलाएँ, प्रदर्शन परक कला प्रदर्शनात्मक कला प्रस्तुति प्रधान कला प्रदर्शन मूलक कला, अभिनयवादी कला, अभिनय कलाएँ, प्रदर्शनवादी कला करतब कला, कौतुक कला, नाटक, नृत्य, संगीत जैसी कलाएँ

Performing Arts (समी.) *परफार्मिंग आर्ट्स :* अभिनयोन्मुखी कलाएँ, अभिनय सम्मत कलाएँ

Pergola (स्था.) *पैरागोला :* मंडप, मड़वा, लता मंडप, लतागृह

Period (समी.) *पीरियड :* दौर, काल, समय, अवधि

Peripetal (स्था.) *पेरीपीटल :* स्तंभ-परिवेष्टित, बहु स्तंभों से घिरे स्थल

Periphery (स्था.) *पेरीफेरी :* परिधि

Peristyle (स्था.) *पेरिस्टाइल :* स्तंभपंक्ति

Peristylium (स्था.) *पैरीस्टाइलमिल :* बारादरी, स्तंभों से घिरा हुआ भवन का भीतरी भाग

Periya (नृ.) *पेरिया :* सम्मान में बड़ा

Permanent Display (संग्रा.) *परमानेंट डिस्प्ले :* संग्रहालयों में स्थाई प्रदर्शित कलाकृतियाँ

Permanent Preservation (अभि.) *परमानेंट प्रिजर्वेशन :* स्थायी परिरक्षण

Perron (स्था.) *पेरॉन :* बाहरी जीना, बाहरी सोपान

Perservation of Archives (अभि.) *प्रिजर्वेशन ऑफ़ आर्काइव्स :* पुरालेख-परिरक्षण

Persian Art (क.इति.) *पर्शियन आर्ट :* ईरानी कला, फारस की कला, फ़ारसी कला

Persian *पर्शियन :* ईरान के नागरिक, ईरानी, ईरान की भाषा

Persistence of Vision (समी.) *परसिस्टेंस ऑफ़ विज़न :* अध्यवसायी दूर दृष्टि, दूर दृष्टि दृढ़ता

Persona *परसोना :* अभिनय प्रभाव, अदाकार का रोल प्रभाव

Personal Beauty (रू.स.) *पर्सनल ब्यूटी :* वैयक्तिक सौन्दर्य, निजी खूबसूरती

Personal Tone (समी., संगी.) *पर्सनल टोन :* व्यक्तिगत स्वर

Personalization (समी.) *पर्सनलाइजेशन :* निजीकरण

Perspective (समी.) *पर्स्पेक्टिव :* परिप्रेक्ष्य, अनुदृश्य, दृष्टि क्रम, परिदृश्य, त्रिआयामी अंकन, दूरवर्ती और निकटवर्ती दर्शाने वाला अंकन, दूरदृश्य लघुता

Pessimism (समी.) *पैसिमिज़्म :* निराशावाद

Petit Four (पा.क.) *पेट फोर :* छोटे ओवन

Petite (फै.) *पटीट :* छोटी कद-काठी की स्त्री

Petrograph (पुरा.) *पेट्रोग्रॉफ :* शैलचित्र, शिलालेख, शिलोत्कीर्णन, पत्थर पर उकेरना

Petticoat (फै.) *पेटीकोट :* लहँगा के नीचे डालने वाला घाघरा

Pexie (रू.स.) पिक्सी : बाल काटने की एक शैली जिसमे बाल सर की सतह से थोड़ा ऊपर रहते हैं

Ph.D. (समी.) *पीएच.डी. :* डॉक्टर ऑफ़ फिलॉसिफी की उपाधि जो एम.ए. की डिग्री प्राप्त करने के बाद किसी एक शोध विषय में विशिष्ट अध्ययन करने वालों को प्राप्त होती है

Phag Dacne (नृ.) *फाग डांस :* हरियाणा प्रदेश का एक लोकनृत्य

Phagua (नृ.) *फगुआ :* झारखंड का एक लोकनृत्य

Phagun (सा.ज्ञा.) *फागुन :* हिन्दी महीना जो फरवरी से आरम्भ होता है

Phanishwar Nath 'Renu' (1921-1977) *फणीश्वर नाथ 'रेणु' :* हिन्दी के एक प्रसिद्ध उपन्यासकार 'मैला आंचल', 'तीसरी कसम' आदि उपन्यासों के रचनाकार

Phenol (अभि.) *फिनॅल :* फिनॉल

Phenomenal (समी.) *फेनोमिनल :* अपूर्व, असाधारण, विलक्षण

Philanthrophy (समी.) *फिलैनथ्राफी :* परोपकार

Phillips (सा., ज्ञा., समी.) *फिलिप्स :* सन 1796 में यूरोप में स्थापित एक विश्व विख्यात कला व्यापार एवं नीलामी संस्था

Philosophical Conclusion : (समी.) *फिलॉस्फिकल कॉनक्लूयूजन :* दार्शनिक निष्कर्ष, दर्शनगत मन्तव्य

Phone-in (टी.वी.) *फोन-इन :* फोन-संवाद, प्रसारित कार्यक्रम के मध्य फोन संवाद

Phony (ना.) *फोनी :* बनावटी कलाकार, नकली अभिनेता, छद्मी कलाकार, छद्म अभिनेता

Photo (फो.) *फ़ोटो :* छायाचित्र, फ़ोटो, आलोक चित्र

Photo Composition (फो.) *फ़ोटो कम्पोजीशन :* चित्र संरचना फ़ोटो छवि का संयोजन

Photo Composition (फो.) *फ़ोटो कम्पोजीशन :* चित्र संरचना फ़ोटो छवि का संयोजन

Photo Journalist (फो.) *फ़ोटोजर्नलिस्ट :* छाया पत्रकार, छविकार

Photo Lithography (अभि.) *फ़ोटो लिथोग्राफ़ी :* फ़ोटो अश्म मुद्रण

Photo Making (फो.) *फ़ोटो मेकिंग :* फ़ोटो छापने की क्रिया

Photo Micrography (अभि.) *फ़ोटो माइक्रोग्राफ़ी :* सूक्ष्म फ़ोटोग्राफ़ी

Photo Montage (छापा.) *फ़ोटो मोन्ताज (फ़ोटो संग्रथन) :* फ़ोटो आकृतियों को काटकर बनाया एक संयोजन।

Photo Montage (फो.) *फ़ोटो मोंटाज :* छायाचित्र संग्रंथन, फ़ोटोग्राफ़ से बना कोलाज

Photo Realism *फ़ोटो रियलिज्म :* फ़ोटो यथार्थवाद, तद्वैत यथार्थवाद

Photo Studio (फो.) *फ़ोटो स्टूडियो :* छायाचित्रशाला, आलोक चित्रकक्ष, फ़ोटो स्टूडियो

Photo Taking (फो.) *फ़ोटो टेकिंग :* फ़ोटो खींचना, फ़ोटो लेने की क्रिया

Photochemistry (फि.) *फ़ोटोकेमेस्ट्री :* छाया चित्रण का तिलिस्म, फ़ोटोग्राफ़ी का गठबंधन

Photogenic Face (अभि., फो.) *फ़ोटो जेनिक फेस :* फ़ोटो योग्य चेहरा, छवि सम्मत मुख

Photogenic Point (फो.) *फ़ोटोजेनिक प्वाइंट :* सुन्दर छायांकन हेतु उपयुक्त स्थल

Photogram *फ़ोटोग्राम :* निगेटिव रहित फ़ोटो, निगेटिवहीन छाया चित्र, फ़ोटो वस्तु को सीधे फ़ोटोग्राफ़िक पेपर पर रखकर फ़ोटो बनाना

Photograph (शि., तक.) *फ़ोटोग्राफ़ :* छाया चित्र, फ़ोटो, उ. अक्कासी, फ़ोटोग्राफ़ी; मरा. छायांकन

Photographer (फो.) *फ़ोटोग्राफ़र :* छविकार, छायाचित्रकार, छायाकार, छाया कलाकार, फ़ोटोग्राफ़र

Photographic Copy (चि.) *फ़ोटोग्राफ़िक कापी :* तद्वत नकल, हूबहू प्रतिकृति

Photographic Etching (छापा.) *फ़ोटोग्राफ़िक एचइंग :* फ़ोटो एचिंग

Photographic Image (फो.) *फ़ोटोग्राफ़िक इमेज :* छाया चित्र-बिम्ब, छाया बिम्ब

Photographic Painting (फि.) *फ़ोटोग्राफ़िक पेंटिंग :* फ़ोटोग्राफ़ी की विशेष तकनीक से सेट की पृष्ठ भूमि में बनाया गया नकली छवि मात्र का पर्दा (बैक ड्राप)

Photographic Record (अभि.) *फ़ोटोग्राफ़िक रेकॉर्ड :* फ़ोटो अभिलेख, छवि जनित दस्तावेज

Photography (छा., चि.) *फ़ोटोग्राफ़ी :* छाया चित्रण, चित्र लिपि, सांकेतिक चित्रभाषा, छाया चित्रांकन; बां. छाया चित्रण; मरा. छाया चित्रकला; गु. छवि कला; उ. अक्कासी, फ़ोटोग्राफ़ी, छाया चित्रण की कला

Photolithography (छापा.) *फ़ोटोलिथोग्राफ़ी :* एक संवेदनशील शिला या प्लेट पर फ़ोटोग्राफ़िक क्रिया द्वारा आकृति परिवर्तन

Photology (फो.) *फ़ोटोलॉजी :* प्रकाश विषयक विज्ञान

Photostatting (अभि.) *फ़ोटोस्टेटिंग :* फ़ोटोस्टेट तैयार करना

Phototype (छापा.) *फ़ोटोटाइप :* प्रकाशमुद्र, फ़ोटोटाइप

Phrase (साहि.) *फ्रेज़ :* वाक्यांश

Phulpatti (नृ.) *फूलपत्ती :* मध्य प्रदेश का एक लोकनृत्य

Physical Appearance (समी.) *फिजिकल एपीरियेन्स :* लौकिक रूप, बाह्य रूप

Pianette (संगी., वा.य.) *पियानेट :* छोटा पियानो, लघु आकार का पियानो वाद्य यंत्र

Piano (संगी., वा.य.) *पियानो :* चाबी युक्त एक पश्चिमी, वाद्य यंत्र

Piazza (स्था.) पियेज़ा : चौक, आच्छादित वीथि

PIB (पत्र.) *पी.आई.बी. :* भारत सरकार की संस्था Press Information Bureau का संक्षिप्त रूप, पत्र सूचना कार्यालय (पी.आई.बी.)

Picasso, Pablo (1881-1973) (चि.) *पाब्लो पिकासो :* विश्वविख्यात स्पेनिश चित्रकार, कवि, मूर्तिकार आदि

Pichvai (क.इति., चि.) *पिछवई :* मन्दिरों में भगवान की मूर्तियों के पीछे टंगा पर्दा नाथ द्वारा (राजस्थान) के श्रीनाथ मन्दिरों में लगी पिछवई विख्यात है, वल्लभाचार्य सम्प्रदाय के पूज्यदेव के पीछे लटकाया जाने वाला चित्रित कढ़ा हुआ या छपा हुआ कलात्मक पर्दा

Pick (पुरा.) *पिक :* गैती, कुदाली, जमीन खुदाई का एक नुकीला औजार

Pick up shot (फि.) *पिक अप शॉट :* पिक अप शॉट, फ़िल्मी दृश्य में सुधारवादी गुणों के लिए दुबारा लिए गए शॉट

Pickles (पा.क.) *पीकल्स :* अचार

Pick-Up-Rehearsal (ना.) *पिक-अप-रिहर्सल :* प्रेक्षागृह पूर्वाभ्यास, अन्तिम पूर्वाभ्यास

Pictography (च.) *पिक्टोग्राफ़ी :* चित्र लिपि, सांकेतिक चित्र भाषा, चित्र लेखन

Pictorial (समी.) *पिक्टोरियल :* चित्र लेखन, चित्रीय, चित्रमय, सचित्र चित्रात्मक

Pictorial Composition (चि.) *पिक्टोरियल कम्पोजीशन :* चित्र संयोजन

Pictorial Digest (समी.) *पिक्टोरियल डाइजेस्ट :* चित्रकला पत्रिका, सचित्र पत्रिका

Pictorial Photography (फो.) *पिक्टोरियल फ़ोटोग्राफ़ी :* मानव आधारित छायांकन, मानव छायांकन, आकृतिमूलक छायाचित्रण

Pictorial Representation (समी.) *पिक्टोरियल रेप्रिजेंटेशन :* चित्राभिव्यक्ति, चित्रमय निरूपण, आकारनिष्ठ निरूपण, चित्रीकरण, आकारमय चित्र, आकारमय मूर्ति, चित्रवत निरूपण

Picture (चि., फि.) *पिक्चर :* चित्र, तसवीर, रंगचित्र, रेखाचित्र, छायाचित्र अथवा फ़ोटो; बां. छवि

Picture Caption (चि.) *पिक्चर कैप्शन :* चित्रशीर्षक

Picture Gallery (समी.) *पिक्चर गैलरि :* चित्रवीथी, चित्रशाला, चित्र दीर्घा; बां. चित्र दीर्घा, मरा. चित्रदालन; गु. चित्रवीथिका; उ. तसवीर खाना, तसवीरघर

Picture Post Card (समी.) *पिक्चर पोस्ट कार्ड :* सचित्र पोस्ट कार्ड, चित्रित डाक पत्र

Picture Rail (पुरा.) *पिक्चर रेल :* चित्र पट्टी

Picture Varnish (क., साम., चि.) *पिक्चर वार्निश :* पिक्चर वार्निश, चित्र सुरक्षा लेप

Picturesque (समी.) *पिक्चरस्क :* चित्रोपम, सुरम्य (स्थान), विलक्षण, सम्मोहक, मनोहारी, चित्रण योग्य, सम्मोहक छवि, नयनामिराम, मृदुल छवि (दृश्य); मनोहर; बां. चित्रात्मक; मरा. मनोहारी; गु. सुन्दर चित्र; उ. दिलकश, जाजिब नज़र, खुशनुमा, चित्रण योग्य, चित्रोपम, मनोहारी दृश्य

Picturesque School (क.इति.) *पिक्चरस्क स्कूल :* ब्रिटिश चित्रकला के इतिहास में दृश्यचित्र और लुभावने चित्र बनाने का दौर, सौन्दर्य वादी धारा

Picturiz (फि.) *पिक्चराइज़ :* फ़िल्मांकन, फ़िल्म फ़ोटोग्राफ़ी, दृश्य कैद करना, फ़िल्म बनाना, दृश्यांकन करना

Piece (समी.) *पीस :* खंड, टुकड़ा, भाग, अंश, नाट्यांश, संगीतांश, रचनांश, रचना का छोटा-भाग

Piece (नृ., समी.) *पीस :* विभिन्न भंगिमाओं के अनेक नृत्य अंशों में से एक

Piece to Camera (टी.वी.) *पीस टू कैमरा :* कैमरा सम्बोधन, संवाददाता द्वारा कैमरे को सम्बोधित करते हुए घटना का ब्यौरा देने की क्रिया

Pier (स्था.) *पीर :* पाया, खम्भा, स्तम्भ

Pieta (इति.) *पियेता :* ईसाई कला में ईसा के मृत शरीर को अपनी गोद में लिए शोकाकुल माँ मैरी का दृश्य जो माइकेल एंजोलो ने अपने मूर्ति शिल्प में गढ़ा था

Pieta (मू.) *पियेता :* पियेता, मैरी का पुत्रशोक

Pigment (चि.) *पिग्मेंट :* रंग, वर्णक, द्रव्य, रंजक

Pigment Dyes (आले.) *पिगमेंट डाईज़ :* एक प्रकार के रंग

Plaid (आले.) *प्लेड :* धारी

Pilaster (स्था.) *पिलैस्ट :* अर्ध खम्भा, भित्ति-स्तम्भ, इमारतों में दीवार से सम्बद्ध खम्भा

Pile (स्था.) *पाइल :* ढेर, चट्टा

Pillar (स्था.) *पिलर :* स्तंभ, खंभा, सीधी लंबवत् संरचना

Pilot Programme (ना.) *पायलट प्रोग्राम :* प्रायोगिक कार्यक्रम

Piloti (स्था.) *पायलोटी :* स्तम्भ, खम्भा

Pilum (पुरा.) *पायलम :* बड़ा बर्छा

Pin Droop Silence (समी.) *पिन ड्राप साइलेंस :* नितान्त शान्ति

Pin Tuck (फै.) *पिन टक :* एक पैटर्न, जिसमें इंज के कपड़े को टक की तरह सिला जाता है, तह या प्लीट

Pinacotheca (स्था.) *पिनाकोथेका :* चित्रवीथि, चित्रशाला, चित्रवीथिका

Pine (क., साम.) *पाइन :* चीड़ (की लकड़ी या पेड़)

Pinnacle (स्था.) *पिनॉकल :* शिखर, पिरामिडनुमा बुर्ज, निर्यूह, कलश

Pioneer (समी.) *पाइनियर :* नायक, अग्रदूत, प्रथम अन्वेषक, पथ प्रदर्शक, पहल करने वाले, अग्रणी

Pioneer Artists (क.इति.) *पायनियर आर्टिस्ट्स :* अग्रदूत कलाकार, अग्रगामी कलाकार, प्रणेता कलाकार, अग्रगण्य कलाकार पहल करने वाले कलाकार, नई दिशा दिखाने वाले लोग, शुभारम्भ करने वाले कलाकार, नायक कलाकार

Pipe line film (फि.) *पाइप लाइन फ़िल्म :* निर्माणाधीन फ़िल्म ऐसी फ़िल्म जिसके निर्माण से सम्बन्धित अनेक क्रियाओं पर कार्य चल रहा हो

Piracy (पत्र., फि.) *पाईरेसी :* चोरी से किसी कृति की कापी करना, नकली प्रति

Pisa (क.इति., स्था.) *पीसा :* इटली का एक प्राचीन कला केन्द्र नगर जहाँ सन 1372 में बनी पिसा की तिरछी झुकी (Leaning Tower of Pisa) स्थित है

Pisciform (समी.) *पिसीफॉम :* मत्स्याकृति, मछली की तरह की बनावट

Pissaro, Camille (1830-1903) (चि.) *कॅमाई (ल) पिसारो :* फ्रेंच आभासवादी चित्रकार

Pitch (संगी.) *पिच :* स्वर, सुर, स्वरमान, स्वर का उतार-चढ़ाव, तारत्व, नाद-सीन

Pitch Accent (संगी.) *पिच एकसेंट :* स्वराघात

Pithawala, M.F. (1872-1937) (चि.) *मंचरशा फकीराज पीठावाला :* महाराष्ट्र के श्रेष्ठ चित्रकार

Pithura Painting (चि.) *पिठोरा पेंटिंग :* मध्य गुजरात में रथ वा और भिलाला आदिवासियों द्वारा दीवारों पर मुख्यतः धार्मिक विषयों पर आधारित चित्रकारी

Pivotal Role: (समी.) *पिवोटल रोल :* निर्णायक भूमिका

Pixel (फो., फि.) *पिक्सेल :* कणिका, तसवीर का सबसे छोटा भाग, फ़ोटो में पिक्सेल की संख्या जितनी अधिक होगी, स्क्रीन रेजाल्यूशन उतना ही उत्तम होता है

Pixel Art *पिक्सल आर्ट :* पिक्सल कला, पिक्सल आर्ट

Placket (फै.) *प्लैकिट :* स्थिति

Plaice (पा.क.) *पीस :* एक प्रकार की मछली

Plain Meaning (समी.) *प्लेन मीनिंग :* सहज-भाव, सरलार्थ, सामान्य अर्थ

Plain Song (संगी.) *प्लेन सांग :* सामान्य गान, सरल गान, सहज गीत

Plain Weave (आले.) *प्लेन वीव :* कपड़े की सादी बुनाई

Plan (समी.) *प्लान :* मानचित्र, खाका, योजना, रचना, विन्यास, नक्शा

Plan Design (समी.) *प्लैन डिज़ाइन :* रेखाचित्र, पड़ाखाका

Planning (स्था.) *प्लेनिंग :* समतलन, समतल करना

Plano Convex Lens (फो.) *प्लानो कॉन्वेक्स लेंस :* कैमरे का एक विशिष्ट लेंस

Plano Nobile (स्था.) : पुनरुत्थान कालीन स्थापत्य शैली में बने भवन का मुख्य तल

Planography (छापा.) *प्लेनोग्राफ़ी :* समतल मुद्रण प्रणाली, मुद्रण कला की एक प्रणाली

Planted (समी.) *प्लांटेड :* रोपित, प्रतिस्थापन

Plaster Cast (मू.) *प्लास्टॅ कास्ट :* किसी धातु या अन्य माध्यम में बने मौलिक मूर्ति-शिल्प की प्लास्टर ऑफ़ पेरिस में ढली कृति, प्लास्टर ऑफ़ पेरिस में ढली मूर्ति या शिल्प

Plaster Casting (मू.) *प्लास्टॅ कास्टइंग :* पलस्तर कृति, प्लास्टर का साँचा, प्लास्टर ऑफ़ पेरिस द्वारा ढलाई

Plaster of Paris (मू.) *प्लास्टर ऑफ़ पैरिस :* पिसे हुए जिप्सम और कैल्सियम से बना एक पदार्थ, प्लास्टर ऑफ़ पैरिस

Plastic Art (समी.) *प्लैस्टिक आर्ट :* रूपांकर कला, नम्य कला, रूप की कलाएँ (चित्र, मूर्ति, भवन), प्रतिमा विधायक; बां. रूपांकर कला, मृधकला मरा. नम्य कला, नम्य कला, हक कला; गु. रूपप्रद कला; उ. प्लास्टिक आर्ट

Plastic Emultion Paint/Colour (क.सा.) *प्लास्टिक इमल्शन पेंट :* प्लास्टिक इमल्शन पेंट/कलर

Plasticity (समी.) *प्लास्टिसिटी :* विनम्रगुण, लचीलापन, नमनीयता, ढलनशीलता, मृदुता, लचीलापन

Plate Coating (शि.) *प्लेट को टिंग :* मुलम्मा चढ़ाना, धातु रंजन

Platonic (समी.) *प्लेटॉनिक थ्योरी :* प्राचीन ग्रीस के महान दार्शनिक प्लेटो के कला और दर्शन सम्बन्धी सिद्धान्त

Platonic Solid (स्था.) *प्लेटॉनिक सोलिड :* ठोस विवर्तनिक प्लेट

Platter (पा.क.) *प्लेटर :* थाली

Play (ना.) *प्ले :* नाटक, मंच पर खेला जाने वाला कोई नाटक, नाट्य-खेल

Play Back (संगी., फि.) *प्ले बैक :* पार्श्व गायन

Play Back Singer (फि.) *ले बैक सिंगर :* पार्श्व गायक या गायिका

Play Bill (ना.) *प्ले बिल :* नाटक-विज्ञापन, नाटक-इश्तेहार, प्रचार-पत्र

Play Cutting (ना.) *प्ले कटिंग :* नाटक का सम्पादन, नाट्य सम्पादन

Play Dance (नृ.) *प्ले डांस :* खेल नृत्य, सहज नृत्य, क्रीड़ा नृत्य, क्रीड़ा नर्तन

Play Dom (ना.) *प्ले डम :* नाट्य संसार, नाटक कर्मी-लोक, नाट्य-दुनिया, नाटककारों की दुनिया

Play Goer (ना.) *प्ले गोअर :* नाट्य दर्शक, नाटक देखने वाले, प्रेक्षक

Play House (ना.) *प्ले हाउस :* नाट्यशाला, नाट्य गृह, रंग शाला, रंग मंडप

Play Orchestration (ना.) *प्ले ऑर्केस्ट्रेशन :* नाटक का संगीत संयोजन

Play Party (ना.) *प्ले पार्टी :* नाट्य मंडली, रंग कलाकार समूह

Play Wright (ना.) *प्ले राइट :* नाटककार, नाटक लेखक, मूल नाटक लिखने वाला लेखक

Playback (ना.) *प्ले बैक :* प्रतिश्रवण

Player (समी.) *प्लेयर :* अभिनेता, अदाकार

Player (ना.) *प्लेयर :* रंगोपजीवी

Playing Space (ना.) *प्लेइंग स्पेस :* रंग स्थल, अभिनय स्थल

Play Party (ना.) *प्ले पार्टी :* नाटक-मंडली

Plaza (स्था.) *प्लाज़ा :* चौक (प्लाजा) इमारत, विक्रय केन्द्र

Pleasant Elements (समी.) *प्लीजेंट एलीमेंट्स :* अनुरंजनकारी तत्त्व, सुखद तत्त्व

Pleat (फै.) *प्लीट :* चुन्नट

Pleating (फै.) *प्लीटिंग :* चुन्नट डालना

Pliable *पेलिएबेल :* आकार योग्य, आकार सक्षम अपेक्षित आकार दिये जाने योग्य वस्तु

Pliancy the Elder (इति.) *पिल्नी द एल्डर :* रोमन कला इतिहासकार

Plinth (स्था.) *प्लिन्थ :* चौक (प्लिंथ) स्तम्भ की भूमिगत आधार चौकी, वर्गाकार आधार, कुर्सी, कुर्सीतल

Plixi Glass (क., साम.) *प्लिक्सी ग्लास :* प्लिक्सी ग्लास, रासायनिक शीशा, प्लिक्सी ग्लास

Plot (समी.) *प्लॉट :* कथावस्तु, कथानक, कहानी, विषय वस्तु, आधार विषय

Plotinus (204-270) (क.इति.) *प्लोटिनस :* प्लोटिनस प्राचीन कालीन यूरोप का एक महान दार्शनिक था, जिसके विचारों को कला के सौन्दर्यशास्त्र (Aes thetics) में पढ़ा जाता है।

Plumb (स्था., पुरा.) *प्लम्ब :* साहुल, राजमिस्त्रियों का 90 अंश में सीधी खड़ी ऊँचाई नापने का एक सूत्र यंत्र

Plumb Line (स्था.) *प्लम्ब लाइन :* साहुल-सूत्र

Plumbing fixtures (स्था.) *प्लम्बिंग फिक्सचर्स :* नल सम्बन्धी उपकरण, नल का सामान

Plume (का.क.) *प्लम :* तखल्लुस, कवियों/शायरों के उपनाम

Plywood (ग्र.स.) *प्लाइवुड :* प्लाईवुड, लकड़ी की पर्तों का रासायनिक गोंद से चिपका कर बनाया गया बोर्ड

Pochkhanwala, P.R. (1923-1986) (चि.) *पिलू रत्तन पोचखानवाला :* प्रसिद्ध मूर्तिकार

Pocket (फै.) *पौक्ट :* जेब

Poco a Poo (संगी.) *पोको ए पोको :* धीरे-धीरे हौले-हौले

Podcast (फि.) *पोडकास्ट :* केवल श्रव्य कार्यक्रम

Podium (स्था. ना.) *पोडियम :* मंच, चबूतरा, चौकी, पीठिका

Poetic Diction (समी.) *पोयटिक डिक्शन :* काव्यात्मक शैली, कवितामय शैली

Poetic Drama (ना.) *पोयटिक ड्रामा :* काव्यात्मक नाटक

Poetic Vision (समी.) *पोयटिक विज़न :* काव्य दृष्टि, काव्यमयी परिकल्पना, काव्यमय दृष्टि

Poetry (का.) *पोइट्री :* पद्य, कवितामय गद्य

Poignant (समी.) मार्मिक हृदयस्पर्शी, मार्मिक हृदयस्पर्शी

Point (पत्र.) *प्वॉइंट :* टाइप फेस की ऊँचाई का पैमाना

Point of View (समी.) *प्वांइट ऑफ़ व्यू :* अभिमत, दृष्टिकोण

Point Size (विज्ञा.) *प्वांइट साइज :* अक्षरों की ऊँचाई

Pointer (ना.) *प्लाइंटर :* संकेतक

Pointillism (चि.) *प्वाइंटलिज़्म :* बिन्दुवाद बिन्दुचित्रण पद्धति, बिन्दुवादी शैली

Polaroid Camera (फो.) *पोलैराइड कैमरा :* पोलैराइड कैमरा, तत्काल छाया चित्र प्रदान करने वाला एक विशिष्ट कैमरा

Police Light (ना.) *पोलिस लाइट :* मंच की अनिवार्य बत्ती

Polikul Kudirai (नृ.) *पोएकुल कुदरई :* नृत्य के अन्तर्गत कूदना

Polish (सा.ज्ञा.) *पोलिश :* पोलैंड के नागरिक, पोलैंड की भाषा

Polished (समी.) *पॉलिश्ड :* मंजा हुआ, सम्भ्रान्त

Pollockm Jackson (1912-1956) (चि.) *जैक्सन पोलॉक :* अमेरिकन चित्रकार

Pollution (सा.ज्ञा.) *पॅल्यूशन :* प्रदूषण, वातावरणीय गन्दगी

Polo ride Film (फो.) *पोलोराइड फ़िल्म :* तत्काल फ़ोटो लेने के लिए पोलोराइड कैमरे में प्रयुक्त फ़िल्म

Poly Chrome (चि., समी.) *पॉल इक्रोम :* बहुवर्ण, बहुरंग

Poly hedral (स्था.) *पॉली हेड्रल :* बहुतलीय

Poly Phony (संगी.) *पोली फोनी :* बहुध्वनिकता

Polychromy (चि.) *पोली क्रोमी :* बहुरंगी-संयोजन

Polymath *पालीमथ :* बहुविषयक विद्वान, अनेक विषयों का विद्वान व्यक्ति

Polymerisation (सा.ज्ञा.) *पॉलिमराईजेशन :* एक रासायनिक प्रक्रिया

Polymers (सा.ज्ञा.) *पॉलिमर :* एक रासायनिक तत्त्व

Pompeii (क.इति.) *पॉम्पेई :* पॉम्पेई (नगर)

Pompous (समी.) पॉम्पस : आडम्बर पूर्ण, आडम्बरी

Pong (ना.) पोंग : मौलिक संवाद की जगह वैकल्पिक संवाद बोलना, स्व रचित संवाद बोलना

Pontoon (स्था.) *पोंटून :* नौका-पुल, नाव-पुल

Ponung (नृ.) *पोनंग :* अरुणाचल प्रदेश का एक लोकनृत्य

Poor Theatre (ना.) पुअर थियेटर : अल्पसाधन रंगमंच

Pop Art (क.आन्दो., समी.) *पॉप आर्ट :* जनप्रिय कला, सर्वप्रिय कला, लोकप्रिय कला, लोकगत कला, प्रचलित कला, चालू कला

Pop Julius II (1443-1513) (क.इति.) *पोप जूलियस II :* हाई रेनेसाँ काल में रोम का कला और युद्ध प्रेमी पोप (सर्वोच्च पादरी)

Popcorn (पा.क.) *पापकॉर्न :* मक्के के भुने फूलदार दाने, पॉपकॉर्न

Pope (क.इति.) *पोप :* रोमन कैथॉलिक चर्च के सर्वोच्च धर्मगुरू, रोम के बिशॅप एवं वैटिकन (इटली का ईसाई शहर/देश) का राज्याध्यक्ष

Popir (नृ.) *पोपिर :* अरुणाचल प्रदेश का एक लोकनृत्य

Poppy Seeds (पा.क.) *पापी सीड्स :* खसखस

Popular Art (समी.) *पापुलर आर्ट :* जनप्रिय कला, लोकप्रिय कला, आम जनता द्वारा पंसद की जाने वाली कला

Popular Culture *पापुलर कल्चर :* लोकप्रिय संस्कृति, सर्वमान्य आचार, सहज संस्कृति

Popular Indian Art (समी.) *पापुलर इंडियन आर्ट :* भारतीय जन कला, भारत में जनता के बीच प्रचलित कला

Porcelain (पुरा., शि.) *पोर्सलेन :* चीनी मिट्टी, चीनी मिट्टी के पात्र बनाने में प्रयुक्त मिट्टी, पोर्सलेन

Porch (स्था.) *पोर्च :* ड्योढ़ी, द्वार मंडप, द्वार मंडप, ड्योढ़ी, मुख मंडप, बरसाती, अग्रमंडप, बरसाती, अलिन्द बरामदा

Porn Film (फि.) *पोर्न फ़िल्म :* अश्लील फ़िल्म, कामुक चलचित्र

Port Folio (फै., सामा.) *पोर्ट फोलियो :* डिज़ाइन व रेखाचित्र आदि रखने का बस्ता

Portal (स्था.) *पॉटल :* फाटक, प्रवेश द्वार, सिंहद्वार, विशाल भवन का बाहरी प्रवेश द्वार, मुख्य मेहराब

Portcullis (स्था.) *पोर्टकुलिस :* जंगला

Porte-cochere (स्था.) *पोर्टे-कोचरे :* बरांडे में खुलने वाला एक बड़ा प्रवेश द्वार

Portico (स्था.) *पोट्रिको :* ड्योढ़ी, (द्वार) मंडप, द्वार मंडप, पोर्टिको

Portrait (चि., मू.) *पॉर्ट्रिट :* रूपचित्र, प्रतिकृति, व्यक्ति, चित्र, मुखाकृति, व्यक्ति चित्र, रूपांकन, विद्विचित्र, आलेख्य, शीर्ष मूर्ति, शीर्ष चित्र; बां. व्यक्ति छवि; मरा. स्व-चित्र; गु. व्यक्ति चित्र; उ. शबीह तसवीर

Portrait format (समी.) *पोट्रेट फारमेट :* उर्ध्व प्रारूप, कागज के वरटिकल आकार

Portrait Painter (चि.) *पोर्ट्रेट पेंटर :* व्यक्ति चित्रकार, मुखाकृति चित्रकार, अर्धचित्र बनाने वाला चित्रकार

Portraitist (चि.) *पोट्रएटिस्ट :* मुखचित्र चित्रित करने का निपुण चित्रकार

Portrayal (चि.) *पोर्ट्रेयल :* मुख चित्रांकन, वक्ष चित्रण

Portrayal (फि.) *पोरट्रायॅल :* चित्रांकन, चित्रण, अभिनय, वर्णन

Portuguese East India (सा.ज्ञा.) *पोर्चगीज ईस्ट इंडिया :* भारत में सन् 1628 से 1633 तक की कालअवधि

Portuguese *पोर्चुगीज :* पुर्तगाल के नागरिक, पुर्तगाल की भाषा

Portuguese India (सा.ज्ञा.) *पोर्चगोज इंडिया :* भारत में सन् 1505 से 1961 तक की काल अवधि

Porunar (नृ.) *पुरूनार :* सम्पूर्ण

Pose (फो., ना., फि.) *पोज :* अभिनय मुद्रा, भंगिमा, अन्दाज़, अदा, फ़ोटो खिंचवाने में व्यक्ति द्वारा प्रस्तुत विशिष्ट मुद्रा

Position (ना.) *पोजीशन :* रंगमंच पर दृश्य के अनुरूप कलाकारों की स्थिति, अंग स्थिति

Positive (क., साम.) *पॉजटिव :* सकारात्मक छाया-पत्रक

Positive Film (अभि.) *पॉजटिव फ़िल्म :* सकारात्मक फ़िल्म

Post (समी.) *पोस्ट :* उत्तरार्ध किसी भी आन्दोलन के बाद का समय

Post (स्था.) *पोस्ट :* खंभा, एक मजबूत खंभा, स्तम्भ

Post Care (रू.स.) स्वास्थ्य हानि की दशा में, बीमारी अपने को सुन्दर रखने के लिए किये गए प्रयास

Post Colonialism (समी., इति.) *पोस्ट कोलोनियलिज्म :* उत्तर उपनिवेशवाद, भारत में अंग्रेजी शासन समाप्त होने के बाद अर्थात 1947 के बाद का आन्दोलन (साहित्य या कला)

Post Expressionism (क.आन्दो.) *पोस्ट एक्सप्रेशॅनिज़्म :* उत्तर अभिव्यंजनावाद

Post Impressionism (क.आन्दो.) *पोस्ट इम्प्रेशनिज़्म :* उत्तर आभासवाद, उत्तर आभास पंथ, परवर्त्ती आभासवाद, उत्तर प्रभाववाद

Post Impressionist Art (क.आन्दो., समी.) *पोस्ट इम्प्रेशनिस्ट आर्ट :* प्रभावोत्तर कला, उत्तर प्रभाववादी कला, प्रभाववाद के बाद की कला

Post Independence Art (क.समी.) *पोस्ट इंडी पेंडेंस आर्ट :* स्वातंत्र्योत्तर कला, आजादी के बाद की कला

Post Mannerism *पोस्ट मैनरिज्म :* उत्तर रीतिवाद, उत्तर रीतिपोषक पंथ

Post Modern Art (समी.) *पोस्ट माडर्न आर्ट :* उत्तर आधुनिक कला

Post Modern Period (समी.) *पोस्ट माडर्न पीरियड :* आधुनिकोत्तर काल, उत्तर आधुनिक काल, सन् 1945 के बाद का काल

Post Modern Writing (समी.) *पोस्ट माडर्न राइटिंग :* उत्तरार्ध आधुनिक लेखन

Post Modernism (साहि.) *पोस्ट माडर्नइज्म :* उत्तर आधुनिकतावाद, 20वीं शताब्दी के बाद का आधुनिक आन्दोलन कला तथा साहित्य के सन्दर्भ में

Post Modernism (समी.) *पोस्ट मोडरनिज़्म :* उत्तर आधुनिकतावाद, आधुनिकता के विरोध में जन्मी प्रतिक्रिया

Post Mughal Period (समी.) *पोस्ट मुग़ल पीरियड :* 1707 से 1857 तक के काल का नाम

Post Office Red (चि., क., साम.) *पोस्ट आफिस रेड :* एक तेज लाल रंग का नाम

Post Position (व्या.) *पोस्टपोजीशन :* सम्बन्धबोधक

Post Renaissance (क.इति., समी.) *पोस्ट रेनेसाँ :* उत्तर पुनरुत्थान काल, उत्तर नवजागरण युग, परवर्त्ती पुनर्जागरण काल, उत्तर नवजागरण काल, उत्तर शास्त्रीयकाल, पोस्ट रेनेसाँ

Poster (चि.) *पोस्ट :* विज्ञापन चित्र, इश्तेहार, सन्देश चित्रपत्र, पोस्टर, प्रज्ञापक; बां. प्रचार चित्र; मरा. जाहिरात-पत्र; गु. विज्ञापन चित्र; उ. इश्तेहार, पोस्टर

Poster Colors (क., साम.) *पोस्टर कलर्स :* पोस्टर रंग, अपारदर्शी जलरंग

Postern (स्था.) *पोस्टर्न :* महलों और किलों के चार दरवाजा, पार्श्व द्वार, अधोमार्ग

Postico (स्था.) *पोस्टिको :* पिछला मंडप, पश्चमंडप

Postlude (संगी.) *पोस्ट ल्यूड :* उपसंहार

Posture (ना., समी.) *पोस्चर :* देह भंगिमा, शारीरिक मुद्रा, अन्दाज़

Pot Painting (चि.) *पॉट पेंटिंग :* पात्र चित्रकारी, पात्र चित्रण बर्तनों (मुख्यत: मिट्टी के) पर की जाने वाली चित्रकारी

Pot Pouri (चि.) *पॉटपोरी :* मैसूर क्षेत्र की पारम्परिक चित्रकला

Potable water (पा.क.) *पोटेबॅल वाटर :* पेय जल पीने योग्य पानी

Pothi Painting (समी., क.इति.) *पोथी पेंटिंग :* पुस्तक चित्रण, पांडुलिपि चित्रण

Potiche (पुरा.) *पोची :* पुष्प-पात्र, फूल दान

Potter's Wheel (पुरा.) *पोटर्स व्हील :* चाक, कुम्भकार-चक्र

Pottery (शि.) *पॉटरी :* पात्र कला, मिट्टी के बर्तन, मिट्टी के बर्तन बनाने की प्रक्रिया

Poultry (पा.क.) *पोल्ट्री :* मुर्गी पालन

Pounder (पुरा.) *पाउंडर :* लोढ़ा, मूसल

Powder brush (रू.स.) *पाउडर ब्रश :* नरम, भरा हुआ और गोल, फेन ब्रश इसका उपयोग किसी भी प्रकार की गिरावट धूल से किया जाता है और चेहरे के उच्चतम बिंदुओं पर हाइलाइटर लगाने के लिए भी किया जाता है।

Powder *पावडर :* चूर्ण

Powder Puff (रू.स.) *पाउडर पफ :* त्वचा, विशेषकर चेहर पर पाउडर लगाने के लिए एक नरम पैड

Powdering *पावडरिंग :* चूर-चूर होना

Powerful Plot/Story (समी.) *पावरफुल प्लाट/स्टोरी :* दमदार कथानक, सशक्त कथा वस्तु

Prabandh (संगी.) *प्रबंध :* उड़ीसा के मध्यकालीन साहित्य से चुनी काव्य पक्तियाँ, प्राचीन निबद्ध गेय शैली

Prabandh (नृ.) *प्रबंध :* मध्य युगीन उड़ीसा साहित्य से चुनी मुख्य नृत्य सम्बन्धी सामग्री

Prabandh Kavya (का.क.) *प्रबंध काव्य :* एक ऐसी काव्य जिसमें मुख्य कथा सूत्र छंदों के माध्यम से जुड़ी रहे

Prabha Atre (1932-2024) (गा.) *प्रभा अत्रे :* किराना घराने की लोकप्रिय शास्त्रीय गायिका

Prabhat Khabar (पत्र.) *प्रभात खबर :* रांची से प्रकाशित हिन्दी भाषा का एक दैनिक समाचार-पत्र

Practice (समी.) प्रैक्टिस : अभ्यास, रियाज़

Pradyot Kumar Tagore, Maharaja Bahadur, Sir (1873-1942) *महाराजा बहादुर सर प्रद्युत कुमार टैगोर :* कलकत्ता के प्रख्यात जमींदार, कला संग्रहकर्ता, परोपकारी तथा फ़ोटोग्राफ़र

Prahar (संगी.) *प्रहर :* दिन या रात्रि के द्वंद्व समय में बँटा भाग, दिन के चार प्रहर और रात्रि के चार प्रहर

Prahlad Bubbar (फो.) *प्रहलाद बब्बर :* लन्दन में भारतीय और इस्लामिक कला का संग्रहकर्ता तथा पोषक, जिसने अपनी गैलरी में सर्वप्रथम 1855 से 1930 के मध्य की भारतीय फ़ोटो प्रदर्शनी आयोजित की

Prajavani (पत्र.) *प्रजावाणी :* बंगलौर से प्रकाशित कन्नड़ भाषा का एक दैनिक समाचार-पत्र

Prakampita (नृ.) *प्रकम्पिता :* नर्तक की गर्दन आगे और पीछे करने की मुद्रा, जैसे चिड़िया दाना चुगती है

Prakara (स्था.) *प्राकार :* मन्दिर के अहाते की चारदीवारी, प्राकार

Pramāān (समी., चि.) *प्रमाण :* समानुपात [Correct Perception, measure and structure of form (रूप की सही धारणा, माप और संरचना)]

Prasad (स्था.) *प्रासाद :* महल, मन्दिर या भव्य बहुमंजिली इमारत, प्रासाद

Prasari (संगी.) *प्रसारी :* हाथ-पैर पटक कर गाने वाला गायक

Prasarini (संगी.) *प्रसारिणी :* ग्यारहवीं श्रुति का नाम

Pratima Natak (ना.) *प्रतिमानाटक :* भास द्वारा ईसा पूर्व रचित रामायण पर आधारित एक नाटक

Pravasi (पत्रि.) *प्रवासी :* कलकत्ता से प्रकाशित बांग्ला भाषा की एक कला और संस्कृति विषयक पत्रिका

Pravda (पत्र.) *प्रावदा :* रूस के विघटन से पहले रूस की कम्युनिस्ट पार्टी ऑफ़ द सोवियत यूनियन का यह आधिकारिक समाचार-पत्र था।

Prawn (पा.क.) *प्रॉन :* झींगा

Pre-Art School Trend (समी.) *प्री-आर्ट स्कूल ट्रेंड :* भारत में सन् 1850 के पूर्व लघु चित्रों; (Miniature Painting) की कला, भारत में मद्रास, कलकत्ता, बम्बई व लाहौर में अंग्रेजों द्वारा स्थापित आर्ट स्कूलों से पहले की कला के सन्दर्भ में प्रयुक्त शब्द

Pre-British Tradition (समी.) *प्री-ब्रिटिश ट्रेडीशन :* पूर्व आंग्ल परम्परा, अंग्रेजों के पहले की परम्परा

Pre-Classical (समी.) *प्री-क्लासिकल :* पूर्व शास्त्रीय

Pre-Historic (समी.) *प्री-हिस्टॉरिक :* पूर्व ऐतिहासिक, इतिहास के पहले का काल या समय

Pre-Historic Art (पुरा., समी.) *प्री-हिस्टॉरिक आर्ट :* प्रौगैतिहासिक कला, इतिहास पूर्व की कला

Pre-Meditation (समी.) *प्री-मेडीटेशन :* पूर्व कल्पित, पूर्व कल्पना

Pre-Modern Art of India (समी.) *प्री-मॉडर्न आर्ट ऑफ़ इंडिया :* पूर्ववर्ती आधुनिक भारतीय कला, भारत की पूर्ववर्ती आधुनिक कला, भारत में 1940 के पहले की कला के सन्दर्भ में प्रयुक्त शब्द जैसे बंगाल स्कूल की कला, भारत की 1850 के पूर्व की कला, 1850 के पूर्व की कम्पनी कालीन कला शैलियों के सन्दर्भ में प्रयुक्त नाम

Preacher (समी.) *प्रीचर :* उपदेशक, प्रचारक

Preamble (समी.) *प्रेम्बल :* प्रस्तावना

Pre-Cast Concrete (स्था.) *प्री-कास्ट कंक्रीट :* पूर्व निर्मित कंक्रीट

Precentor (संगी.) *प्री-सेंटर :* मुख्य गायक, अग्रगायक, अगुआ

Precis Writing (पत्र.) *प्रेसी राइटिंग :* सारलेखन, समाचार तत्त्व लेखन

Preeti (संगी.) *प्रीति :* बारहवीं श्रुति का नाम

Pre-Fabrication (स्था.) *प्री-फेब्रीकेशन :* पूर्व निर्माण, निर्माण कार्य में पहले से तैयार सामग्री

Prefix (व्या.) *प्रीफिक्स :* उपसर्ग (हिन्दी व्याकरण का शब्द)

Pre-Historic (समी.) *प्री-हिस्टॉरिक :* पूर्व ऐतिहासिक, इतिहास से पहले का काल

Pre-Lamination Treatment (अभि.) *प्री-लेमीनेशन ट्रीटमेंट :* पटलीकरघा पूर्व अभिक्रिया

Prelude (संगी.) *प्रील्यूड :* आरम्भिका, मंगलाचरण, कार्यक्रम के आरम्भ में की गई मंगलकामना, पूर्वा स्तुति

Premier (फि.) *प्रीमियर :* उद्घाटन समारोह, प्रथम प्रदर्शन, उद्घाटन शो

Premier Cultural Institute (समी.) *प्रीमियर कल्चरल इंस्टीट्यूट :* प्रमुख सांस्कृतिक संस्था, अग्रणी संस्कृति संस्थान

Pre-Modern Indian Art (क.इति.) *प्री-मॉडर्न इंडियन आर्ट :* पूर्वोत्तर आधुनिक भारतीय कला, सन 1850 के पहले की भारतीय कला

Preparation of Colour Palatte (समी., चि.) *प्रीपरेशन ऑफ़ कलर पैलेट :* वर्ण प्रयोजन, रंगों की तैयारी

Preproduction (फि., समी.) *प्री-प्रोडक्शन* मुख्य निर्मित से पूर्व की निर्माण प्रक्रिया या निर्माण

Prequel (समी.) *प्रीक्वेल :* पूर्व कथा, पूर्व वृत्त, चालू कथानक में, सन्दर्भ जोड़ने के लिए कही गई पूर्व कथा

Pre-raphaelitism (क.आन्दो.) *प्री-राफेलाइटिज़्म :* सहजवाद, पूर्वराफेल पंथ, पूर्व राफेलवाद

Pre-Raphaelitism (चि., क.आन्दो.) *प्री-राफेलाइटिज़्म :* पूर्व राफेल पंथ, प्री-राफेलाइटवाद, सहजवाद

Pre-Screen (फि.) *प्री-स्क्रीन :* अग्रिम-प्रदर्शन, फ़िल्म का आम जन प्रदर्शन के पूर्व का विशेष अग्रिम प्रदर्शन प्राय: जिसके अति विशिष्ट दर्शक होते हैं

Presentable (रू.स.) *प्रजेंटेबल :* आकर्षक

Presentation (समी.) *प्रजेंटेशन :* प्रस्तुति, पेश करना, प्रस्तुति, प्रस्तुतीकरण, प्रस्तुत करना

Preservable Records (अभि.) *प्रीजर्टेबल रेकॉर्डस :* पुराने परिरक्षण, संस्कृति करने योग्य रेकार्ड, परिरक्ष्य अभिलेख

Preservation (अभि., संग्र.) *प्रीजर्वेशन :* परिरक्षण, सरंक्षण, सुरक्षित करना

Preservation Materials (अभि.) *प्रीजर्वेशन मेटीरियल :* परिरक्षक सामग्री

Preserved (समी.) *प्रिजर्वड :* सरंक्षित

Preshit Bhartika (चि., समी.) *प्रेषित भर्तिका :* विरहणी, पति से अलग हुई प्रेमिका

Press Box (पत्र.) *प्रेस बॉक्स :* समाचार-पत्र कर्मियों (संवाददाता, फ़ोटोग्राफ़ आदि) का एक कमरा या बैठक कक्ष

Press Clippings (अभि.) *प्रेस-क्लिपिंग :* अखबारी कतरन

Press Conference (पत्र.) *प्रेस कॉन्फ्रेंस :* पत्रकार वार्ता, पत्रकार सम्मेलन/गोष्ठी

Press Gallery (पत्र.) *प्रेस गैलरी :* कार्यक्रम स्थल पर पत्रकारों के लिए सुरक्षित स्थल, समाचार संकलन कक्ष

Press Kit (पत्र.) *प्रेस किट :* प्रकाशनार्थ समाचार-सामग्री जिसमें प्राय: प्रेस विज्ञप्ति, वार्षिक रिपोर्ट, संस्था की परिचय पुस्तिका, मीडियाकर्मी के लिए कोई छोटा उपहार आदि होता है

Press Note (पत्र.) *प्रेस नोट :* प्रकाशनार्थ सूचना पत्रक, प्रकाशनार्थ प्रेस विज्ञप्ति

Press Photography (फो., पत्र.) *प्रेस फ़ोटोग्राफ़ी :* मीडिया फ़ोटोग्राफ़ी, प्रिंट मीडिया के लिए समसामयिक घटनाओं के चित्र तैयार करना

Press Release (पत्र.) *प्रेस रिलीज :* प्रकाशनार्थ विज्ञप्ति, प्रकाशन हेतु सूचना-सामग्री

Prét-à-porter (फै.) *प्रैत-ए-पोरते* (फ्रेंच शब्द) : रेडी-टू-वियर कपड़े, कारखाने में बने मानकीकृत आकारों में बिकने वाले वस्त्र, पहनने के लिए तैयार वस्त्र, थोक में दुकानों पर उपलब्ध मानक आकारों में सिले हुए कपड़े (परिधान या पोशाक) फैशन जगत में इसे 'रेडी-टू-वियर' के नाम से जाना जाता है।

Pretty (सौ.शा.) *प्रिटी :* सुन्दर, मोहक, दिलकश

Pretty Picture (समी.) *प्रिटी पिक्चर :* लोकलुभावन चित्र, आमजन की लुभावनी तसवीर, मोहक छवि

Preventive conservation *प्रिवेंटिव कंजर्वेशन :* निवारक संरक्षण

Preview (फि., समी.) *प्रिव्यू :* अग्र प्रदर्शन, पूर्व प्रदर्शन, फ़िल्म जारी होने से पहले का शो

Pre-Winter Autumn (सा.ज्ञा.) *प्री-विंटर ऑटम :* शरद ऋतु सितम्बर से नवम्बर के मध्य का काल

Price point (समी.) *प्राइस प्वाइंट :* दाम की बात, मूल्य वार्ता

Prima Donna (संगी.) *प्राइमा डोना :* मुख्य गायिका, संगीत कार्यक्रम की मुख्य या प्रधान गायिका

Primary Colour (चि.) *प्राइमॅरि कलॅर :* मौलिक रंग, आधारभूत वर्ण, मूल रंग, मूलभूत रंग, प्राथमिक रंग, त्रिवर्ण, प्रथम श्रेणी के रंग (लाल, पीला, नीला)

Prime Time (टेली.) *प्राइमटाइम :* मुख्य समय, कीमती समय प्रसारण काल की प्रमुख समय अवधि जिस पर सर्वाधिक लोग रेडियो या टेलीविजन पर होते हैं

Primer (क.इति.) *प्राइमर :* अस्तर, रंजकी, प्राइमर

Primera Hora (पत्र.) *प्राइमर होरा :* स्पेन का स्पेनिश भाषा में प्रकाशित एक दैनिक समाचार-पत्र

Priming (चि.) *प्राइमिंग :* रंग अस्तर, चित्रण-सतह पर पहला कोट, लेप, प्राथमिक लेप

Primitive (समी.) *प्रीमिटिव :* आदिम, आदिकालीन

Primitive Art (समी.) *प्रीमिटिव आर्ट :* आदिम कला, आदिकालीन कला, अपरिष्कृत कला

Primitivism *प्रीमिटिविज़्म :* प्राचीनवाद, आदिवाद, आदिकला पोषक पंथ

Primo (संगी.) *प्राइमो :* प्रथम

Princess *प्रिंसेस :* राजपुत्री, राजकुमारी

Principal Elements (समी.) *प्रिंसिपल एलीमेंट्स :* प्रमुख तत्त्व (कला के) प्रधान अवयव

Principal Entrance (स्था.) *प्रिंसिपल इंट्रेंस :* सिंहद्वार, मुख्य प्रवेश द्वार

Principal Post (स्था.) *प्रिंसिपल पोस्ट :* प्रमुख स्तम्भ, मुख्य खम्भा

Principals (ना., फि., समी.) *प्रिंसिपल्स :* नाटक या फ़िल्म के मुख्य कलाकार, महत्त्वपूर्ण पात्र

Principle Axis (फो.) *प्रिंसिपल एक्सेस :* मुख्य धुरी या अक्ष

Print (छापा.) *प्रिंट :* छापाचित्र, प्रतिमुद्रा, मुद्रांकन, छापा, मुद्रित प्रति, मुद्रित चित्र, मुद्र

Print and Film Drier (फो.) *प्रिंट एंड फ़िल्म ड्राइयर :* प्रिंट और फ़िल्म सुखाने का एक बक्सानुमा उपकरण

Print Media (विज्ञा.) *प्रिंट मीडिया :* मुद्रण माध्यम, छापा माध्यम, छपाई के माध्यम से तैयार विज्ञापन जैसे पत्र-पत्रिकाओं, समाचार-पत्र, मुद्रित माध्यम जैसे अखबार, पत्रिकाएँ, जनसंचार के मुद्रण माध्यम जैसे समाचार-पत्र, पोस्टर आदि

Print Order (पत्र.) *प्रिंट ऑर्डर :* मुद्रणादेश, किसी भी प्रकाशनार्थी सामग्री का छपाई हेतु अन्तिम आदेश

Print Production (विज्ञा.) *प्रिंट प्रोडक्शन :* प्रिंट उत्पादन विभाग, विज्ञापित उत्पाद के प्रचार-प्रसार में प्रयुक्त मुद्रित सामग्री को तैयार करने वाला विभाग

Printaz (चि.) *प्रिंटाज :* प्रिंटाज—छापाकला और चित्रकला की एक समिश्रित शैली जिसका आधार छापाकला के मोनोप्रिंट होते हैं। 1980 के दशक में इसका शुभारम्भ लखनऊ के चित्रकार तथा कला समीक्षक अखिलेश निगम द्वारा हुआ।

Printers Devil (पत्र.) *प्रिंटर्स डेविल :* मुद्रण-दोष, मुद्रण सम्बन्धी गलतियाँ

Private Records (अभि.) *प्राइवेट रेकॉर्डस :* निजी अभिलेख/रिकार्ड

Priya Pravas (का.क.) *प्रिय प्रवास :* हिन्दी कवि अयोध्या सिंह उपाध्याय 'हरिऔध' का छन्द शैली से रचा एक विरह काव्य, इसमें भगवान कृष्ण को महापुरुष के रूप में प्रस्तुत करने का सफल प्रयास है।

PRO (पत्र.) *पी.आर.ओ. :* पब्लिक रिलेशन ऑफ़िसर (Public Relation Officer) का संक्षिप्त रूप, जन सम्पर्क अधिकारी

Pro-Modern (समी.) *प्रोमार्डन :* आधुनिकताप्रेमी, आधुनिक प्रवृत्तियों के प्रेमी, नवीनताअनुरागी

Procedure (आले.) *प्रोसीजर :* प्रक्रिया

Proceedings (अभि.) *प्रोसीडिंग्स :* कार्यवाही

Process (आले.) *प्रोसेस :* प्रक्रिया, कार्य शैली

Process Film (फो.) *प्रोसेस फ़िल्म :* एक प्रकार की विशिष्ट फ़िल्म, जिसका अधिक उपयोग औद्योगिक फ़ोटोग्राफ़ी में होता है

Producer (फि., समी.) *प्रोड्यूसर :* फ़िल्म का मुख्य निर्माता, जो फ़िल्म के निर्माण सम्बन्धी सभी निर्णय लेता है

Product (विज्ञा.) *प्रोडक्ट :* उत्पाद, प्रचार हेतु सामग्री या वस्तु, विज्ञापन हेतु सामग्री या वस्तु

Product Design (चि., समी.) *प्रोडक्ट डिज़ाइन :* उत्पाद आलेख, उत्पाद रूपांकन, प्रोडक्ट डिज़ाइन

Product Designer (चि., समी.) *प्रोडक्ट डिज़ाइनर :* उत्पाद अभिकल्पक, उत्पाद प्ररचनाकार, वस्तु परिकल्पनाकार

Production (फि.) *प्रोडक्शन :* फ़िल्म निर्माण संस्था

Production Controller (फि.) *प्रोडक्शन कंट्रोलर :* फ़िल्म निर्माण नियंत्रक

Production Day (ना.) *प्रोडक्शन डे :* प्रस्तुति-दिवस, शुभारम्भ दिवस

Production Manager (ना., फि.) *प्रोडक्शन मैनेजर :* प्रस्तुति प्रबंधक, निर्माण व्यवस्थापक

Professional Actors (ना.) *प्रोफेशनल ऐक्टर्स :* पेशेवर अदाकार, व्यावसायिक अभिनेता

Professional Artist (चि., समी.) *प्रोफेशनल आर्टिस्ट :* पेशेवर कलाकार

Professional Comment (समी.) *प्रोफेशनल कमेंट :* पेशेवर टिप्पणी

Professional Dancers (नृ.) *प्रोफेशनल डांसर्स :* व्यावसायिक नृत्यकर्मी, पेशेवर नर्तक या नर्तकी

Professional Development (समी.) *प्रोफेशनल डेवलपमेंट :* व्यावसायिक विकास, पेशेवर उन्नति

Professional Makeup Artist (रू.स.) पेशेवर सज्जा करने वाला व्यक्ति जो अपने हुनर के लिए जाना जाता है

Professional Singers (संगी.) *प्रोफेशनल सिंगर्स :* व्यावसायिक या पेशेवर गायक या गायिकाएँ

Professional Skill (समी.) *प्रोफेशनल स्किल :* व्यावसायिक दक्षता, आधिकारिक निपुणता

Professionalism (समी.) *प्रोफेशनलिज्म :* व्यावसायिकता

Professor (समी.) *प्रोफेसर :* प्राचार्य, स्नातकोत्तर कक्षाओं के प्राध्यापक

Proficiency *प्रोफीसिएंसी :* प्रवीणता, महारत, विशेषता

Profile (समी., चि.) *प्रोफाइल :* पार्श्व चित्र, पार्श्वगत चित्र, एक चश्म, पक्षीय मुखाकृति, अर्ध विलोचन

Profile Position (ना.) *प्रोफाइल पोजीशन :* पार्श्व स्थिति

Programme (समी.) *प्रोग्राम :* कार्यक्रम

Progressive (समी.) *प्रोग्रेसिव :* प्रगतिशील, नई सोच, रोशन खयाल, उन्नत सोच, उन्नतिशील, प्रगतिवादी

Progressive Artist Group (क.समू.) *प्रोग्रेसिव आर्टिस्ट ग्रुप :* प्रोग्रेसिव आर्टिस्ट्स ग्रुप, बम्बई में सन् 1948 में स्थापित भारत के प्रगतिशील कलाकारों का एक समूह

Progressive Proof (छापा., विज्ञा.) *प्रोग्रेसिव प्रूफ :* क्रमागत प्रगति प्रदर्शक सामग्री या आलेख

Project (समी.) *प्रोजेक्ट :* प्रकल्प, कार्य योजना

Projection (फि.) *प्रोजेक्शन :* प्रक्षेपण

Projectionist (फि.) *प्रोजेक्शनिस्ट :* फ़िल्म आपरेटर, फ़िल्म को प्रोजेक्टर से प्रदर्शित करने वाला

Projector (फो., फि.) *प्रोजेक्टर :* प्रक्षेपण मशीन, प्रक्षेपक

Prolific Writer (समी.) *प्रालीफिक राइटर :* बहुसर्जी लेखक, बहुविधा लेखक

Prologue (फि.) *प्रोलॉग :* प्रस्तावना, फ़िल्म की भूमिका, फ़िल्म का सूक्ष्म साक्षात्कार, प्राक्कथन, मंगलाचरण

Promenade (क.) *प्रोमेनेड :* विहार स्थल

Prominence (समी.) *प्रॉमीनेंस :* उन्नतावस्था

Promo (फि., टी.वी.) *प्रोमो :* प्रचारार्थ वीडियो फ़िल्म, प्रोमो

Prompter (ना.) *प्राम्पटर :* पर्दे के पीछे का कलाकार सहायक विशेष रूप से संवाद बोलने का सहायक

Pronoun (व्या.) *प्रोनाउन :* सर्वनाम (हिन्दी व्याकरण का शब्द)

Proof (पत्र., छापा.) *प्रूफ :* प्रकाशन सामग्री की पहली छाप जिसमें गलतियों का ठीक किया जा सके।

Proof Correction (पत्र.) *प्रूफ करेक्शन :* मुद्रण संशोधन, प्रकाशनार्थ सामग्री की गलतियाँ ठीक करना

Prop (ना.) *प्रॉप :* उपकरण, सामग्री, प्रोपर्टी का लघुरूप

Propaganda Film (फि., समी.) *प्रोपेगेंडा फ़िल्म :* प्रचार फ़िल्म

Property (ना.) *प्रॉपटी :* नाट्य उपकरण, नाट्य सामग्री, साज सामान

Property Crew (ना., फि.) *प्रोपर्टी क्रू :* नाटक के सभी सामान उपलब्ध कराने वाला

Property incharge (फि.) *प्रॉपर्टी इंचार्ज :* मंच की प्रयोगाधीन सामग्री प्रभारी

Proportion (समी.) *प्रोपोर्शन :* अनुपात, तुलना, अनुरूप, सममिति, भाग

Propylon मुख्य प्रवेश द्वार का बाहरी महा प्रवेश द्वार

Proscenium (ना.) *प्रोसीनियम :* अग्रमंच, रंग पीठ, रंग द्वार, रंग भूमि का आगे का भाग

Prose (का., साहि.) *प्रोज :* गद्य, सपाट लेख, लिखित या बोले वाक्य जो कविता न हो

Prose Dialogue (ना.) *प्रोज डायलॉग :* गद्य संवाद

Protagonist (फि., ना., समी.) *प्रोटागॅनिस्ट :* नायक, फ़िल्म का वह प्रमुख पात्र जिसके द्वारा फ़िल्म की कहानी आगे बढ़ती है, नाटक का प्रमुख कलाकार, नायक, मुख्य पात्र

Protean (समी.) *प्रोटिअन :* परिवर्तनशील

Protective Cream (रू.स.) रासायनिक अड़चनों के कारण त्वचा पर सुरक्षात्मक उपाय के रूप में प्रयोग की जाने वाली क्रीम

Protestant (इति.) *प्रोटेस्टेंट :* वह ईसाई व्यक्ति जो कैथोलिक चर्च और पोप की सत्ता न मानता हो

Prothesis (स्था.) *प्रोथीसिस :* पूजा कक्ष

Proto-History (समी.) *प्रोटो-हिस्ट्री :* आद्य इतिहास, आरम्भिक इतिहास

Prototype (समी.) *प्रोटोटाइप :* आदिरूप, प्रारूप, काल्पनिक नमूना

Prototype (आले.) *प्रोटोटाइप :* नमूने का माडल, आदि प्रारूप

Provenance (संग्र.वि.) *प्रोवीनिएन्स :* उद्गम स्रोत, उद्गम स्थान, कलाकृतियों की बिक्री या हस्तान्तरण के समय कला कृतियों के आरम्भिक उद्गमन से अन्त तक की यात्रा वृतान्त जानने के लिए प्रयुक्त शब्द

Proverb (साहि.) *प्रोवर्ब :* कहावत

Provocation (समी.) *प्रोवोकेशन :* भावोत्तेजक, उकसाना

Prudence (समी.) *प्रूडेंस :* विवेक

Prussian Blue (चि.) *प्रशयन ब्ल्यू :* प्रशयन ब्ल्यू, एक गहरे नीले रंग का नाम

Pseudonym (सौ.शा.) *स्यूडोनॅम :* छद्मनाम

Psychedelic Art (क.इति., समी.) *साइकेलिडिक आर्ट :* मनोक्रियात्मक कला, मनोवर्धक कला

Psycho analysis (सौ.शा.) *साइको एनालिसिस :* मनोवैज्ञानिक विश्लेषण, मनो विवेचना

Psycho Drama (ना.) *साइको ड्रामा :* मनोवैज्ञानिक नाटक, मनोविज्ञान आधारित नाटक

Pt. Ravishankar (1920-2012) *पं. रविशंकर :* अन्तरराष्ट्रीय ख्याति के भारतीय सितारवादक

Pteroma (स्था.) *पटेरोमा :* गोपुर, प्रदक्षिणा पथ

PTI (पत्र.) *पी.टी.आई. :* प्रेस ट्रस्ट ऑफ़ इंडिया (Press Trust of India) भारत की एक समाचार एजेंसी का संक्षिप्त रूप

Public (समी.) *पब्लिक :* आमजन, जन समूह, जनता

Public Archival Activities (अभि.) *पब्लिक आर्काइवल एक्टीविटीज :* सरकारी पुरालेखीय कार्यकलाप

Public Art (चि.) *पब्लिक आर्ट :* जनकला, सार्वजनिक कला, लोकवादी कला, जनवादी कला, जनोन्मुखी कला, जनता के लिए सृजित कला, सार्वजनिक कला, कलाकारों द्वारा आम जनता के लिए पार्को, सड़कों के किनारे दीवारों पर और अन्य स्थलों पर रची कला

Public Document (अभि.) *पब्लिक डाक्यूमेंट :* सरकारी प्रलेख

Public Domain (समी.) *पब्लिक डोमेन :* जन क्षेत्राधिकार, जन कार्य क्षेत्र, जनाधिकार क्षेत्र, सार्वजनिक कार्यक्षेत्र

Public File (अभि.) *पब्लिक फाइल :* सरकारी फाइल, सरकारी संचिका, राज पंजिका

Public Opinion (समी.) *पब्लिक ओपीनियन :* जनमत, लोकमत, जनता की राय

Public Performance (समी.) *पब्लिक परफॉर्मेंस :* सर्वहारा प्रदर्शन, सार्वजनिक अभिनय, सार्वजनिक/लोक प्रदर्शन, जनता के लिए प्रदर्शन

Public Relation (विज्ञा.) *पब्लिक रिलेशन :* जनसम्पर्क/लोकसम्पर्क

Public Sculpture (समी.) *पब्लिक स्कल्पचर :* जनशिल्प, लोकार्थ शिल्प

Public Servent *(पत्र.) पब्लिक सर्वेंट :* जनसेवक, लोक सेवक, शासकीय आधिकारी, नौकरशाह

Publicity (पत्र.) *पब्लिसिटी :* प्रचार, विज्ञापन

Publicity Stunt (समी., पत्र.) पब्लिसिटी स्टंट : प्रचार के हथकंडे, प्रचार के जोड़-तोड़

Puckered (फै.) *पकर :* शिकन डाल कर कस-कस सिलना, उधेड़-बुन

Pudhari (पत्र.) *पुधारी :* कोल्हापुर (महाराष्ट्र) से प्रकाशित मराठी भाषा का एक दैनिक समाचार-पत्र

Puff (पत्र.) *पफ :* व्यक्तिगत-प्रचार सामग्री, आत्म-प्रचार प्रकाशन सामग्री

Puffed Rice (पा.क.) *पफ्ड राइस :* मुरमरे

Pukar (संगी.) *पुकार :* स्वर समुदाय का शीघ्रता से दो सप्तकों में बजाना

Pulao (पा.क.) *पुलाव :* खुशबूदार मसालेदार, पके चावल, पुलाव

Pulao Rice (पा.क.) *पुलाव राइस :* पुलाव चावल

Pulluvan Pattuone stringed Violin (संगी., वा.यं.) *पुल्लूवन पट्टू :* तार पर आधारित एक वाद्य यंत्र भारतीय वाद्य यंत्र

Pumpkin (पा.क.) *पम्पकिन :* कद्दू

Punch Holes (फै.) *पंच होल्स :* छोटे चक्र, जो डार्ट अंक, घुमावदार डार्ट्स पॉकेट नियुक्ति, को निशाना लगाने के लिए छेद किये जाते हैं

Punch Line (पत्र., विज्ञा.) *पंच लाइन :* मुखड़ा, समाचार या कथ्य विषय को अधिकाधिक व्यक्त करने वाली सूक्ष्म पंक्ति

Puncture (सा.ज्ञा.) *पंचर :* छिद्र, छेद

Pung (संगी., वा.यं.) *पुंग :* एक भारतीय वाद्य यंत्र

Pung Chalom (नृ.) *पुंगचलोम :* मणिपुर का एक लोकनृत्य

Pungi (संगी., वा.यं.) *पुंगी :* लोक शैली का एक भारतीय सुषिर वाद्य

Punjab Art Council (क.स.) *पंजाब आर्ट काउंसिल :* पंजाब आर्ट काउंसिल

Punjab Fine Art Society (क.सं.) *पंजाब फाइन आर्ट सोसाइटी :* पंजाब फाइन आर्ट सोसाइटी

Punjab Kesari (पत्र.) *पंजाब केसरी :* मुख्यत: जालंधर व दिल्ली से प्रकाशित होने वाला हिन्दी भाषा का एक दैनिक समाचार-पत्र

Puppet (ना.) *पपेट :* कठपुतली

Puppet Dance (नृ.) *पपेट डांस :* कठपुतली नृत्य

Puppet Performance (ना.) *पपेट परफॉर्मेंस :* कठपुतली का खेल

Puppet Show (ना.) *पपेट शो :* कठपुतली का तमाशा या खेल

Puppet Song (संगी.) *पपेट सॉन्ग :* कठपुतली का गीत

Puppeteer (ना.) *पपेटियर :* कठपुतली का खेल दिखाने वाला कलाकार, कठपुतलीकार, कठपुतलिया

Puppetry (समी.) *पपेटरी :* कठपुतली का खेल

Pure Colour (चि.) *प्युअर कलर :* शुद्ध रंग, खालिस रंग; बां. निरारंग, शुद्ध रंग; मरा. मूल रंग; गु. शुद्ध रंग; उ. खालिस रंग, असली रंग, गैर मिलावटी रंग

Purfling (फै.) *परफ्लिंग :* कसीदाकारी, गोटे का काम

Puri (पा.क.) *पूरी :* पूड़ी या पूरी, घी या तेल में पकी छोटी रोटी

Purism (क.आन्दो.) *प्युरिज्म :* विशुद्धवाद, यूरोप में 1918 से 1925 तक यूरोप और अमरीका में फैला कला आन्दोलन

Purity (समी.) *प्योरिटी :* पवित्रता, शुद्धता

Purlin (स्था.) *परलिन :* धन्नी, कड़ी, धरणी

Purlin Roof (स्था.) *परलि रूफ :* कड़ी वाली छत, धन्तियों से ढकी छत

Purpose (समी.) *परपज :* अभिप्राय, उद्देश्य, मतलब, मकसद

Purva Raag (संगी.) *पूर्वा राग :* दोपहर 12 बजे से रात्रि 12 बजे तक गाया जाने वाला राग

Purvang (संगी.) *पूर्वांग :* सप्तक का पहला आधा भाग (सा रे ग म)

Purvardh (संगी.) *पूर्वार्द्ध :* किसी भी थाट के आरोह का प्रथम अर्द्ध भाग (सा रे ग म)

Pus or Pausa (सा.ज्ञा.) *पूस या पौष :* हिन्दी महीना जो दिसम्बर से आरम्भ होता है

Putana (नृ.) *पूतना :* एक राक्षसी, जिसका भगवान श्रीकृष्ण ने बालरूप में वध किया था

Pyasa (फि.) *प्यासा :* फ़िल्मकार गुरुदत्त द्वारा 1957 में सृजित एक श्रेष्ठतम हिन्दी फ़िल्म जो एक युवा संघर्षरत कवि की जीवनी और उससे प्रेम करने वाली वेश्या के समर्पण पर आधारित है

Pylon (स्था.) *पायलन :* मन्दिर का बाहरी द्वार, गोपुर

Pyramid (क.इति., स्था.) *पिरामिड :* समाधि स्मारक, मिस्र के शाही ज्यामितीय स्तूपाकार मकबरे, शव-स्मारक, राज शव स्थल, शव स्तूप, मृतक स्तूप, शव सुरक्षा-स्तूप, पिरामिड

Q

Qawwali (संगी.) *कव्वाली :* सूफी परम्परा में प्रचलित भक्ति रस युक्त सामूहिक संगीत

Qibla (o) मुसलमानों द्वारा काबा की ओर मुँह करके पढ़ी जानी वाली नमाज़

Quadripartite (स्था.) : चतुष्पक्षीय, चार पक्षीय

Quadro Riportato (क.इति., समी.) *क्योड्रो रिपॉटेटो :* ले जाया गया चित्र

Qualified User (अभि.) *क्वाली फाइड यूज़र :* अहर्ताप्राप्त उपयोक्ता, आधिकारिक उपभोक्ता

Qualitative Research (पत्र.) *क्वालिटेटिव रिसर्च :* गुणात्मक शोध, उन्नतकारी शोधकार्य, स्तर सम्पन्न खोज

Quality (संगी.) *क्वालिटी :* ध्वनि गुणता, ध्वनि की गुणवत्ता

Quality Control (फै.) *क्वालिटी कंट्रोल :* गुणवत्ता नियंत्रण

Quartette (ना.) *क्वार्टेट :* कलाकार चौकड़ी, चार कलाकारों की नाट्य मंडली, चार नाट्य कलाकारों की टोली

Quarto (पत्र.) *क्वॉर्टो :* चौपेजी, चार पेजी फर्मा

Quaver (संगी.) *क्वेवर :* अष्ट मांश, अष्टमांसिक स्वर, स्वर कंपन, सुर का काँपना

Quavery (संगी.) *क्वेवरी :* काँपता स्वर

Queen Closer (स्था.) *क्वीन क्लोजर :* अर्द्ध ईंट, आधा ईंट, अद्धा

Queen of Heaven (क.इति.) *क्वीन ऑफ़ हैवन :* ईसाइयों द्वारा ईसा की माँ को दिया गया एक सम्बोधन

Queen Post (स्था.) *क्वीन पोस्ट :* युग्मक स्तम्भ

Quenelle (पा.क.) *क्वीनल :* पीसा हुआ माँस का लोंदा या मछली का मसालेदार कोफ्ता

Question Heading (पत्र.) *क्वीश्चॅन हेडिंग :* प्रश्नवाचक शीर्षक

Questioned Document (अभि.) : *क्वीश्चेंड डॉक्यूमेंट :* संदिग्ध दस्तावेज, प्रलेख

Questionnaire (पत्र., आले.) *क्वेश्चनयर :* प्रश्नावली, प्रश्नों की सूची, प्रश्न तालिका, प्रश्न उत्तर

Quick (समी.) क्विक : जल्दी से, फटाफट

Quick Sketch (चि.) *क्विक स्केच :* सरलीकृत रेखाचित्र, सूक्ष्म रेखांकन, कम से कम समय में अभीष्ट आकार को चित्रित करने का प्रयास

Quiddity (समी.) *क्विडिटी :* निचोड़, वक्रोक्ति

Quill Pen (क., साम.) *क्विल पेन :* पंख कलम, चिड़ियों के पर की कलम, पंख लेखनी तथा तूलिका

Quilting (फै.) *क्विल्टिंग :* एक डिज़ाइन पाने के लिए कपड़ों की परतों में भराई और सिलाई करना

Quire (पत्र.) *क्वाइअॅर :* गायक गण, 24 ताव जिस्ता, दस्ता

Quoin (सा.ज्ञा.) *क्वाइन :* एक दीवार या इमारत का बाहरी कोण

Quotation (समी.) *कोटेशन :* उद्धरण

R

R.B.A. (क.इति.) *आर.बी.ए. :* रॉयल सोसाइटी ऑफ़ ब्रिटिश आर्टिस्ट्स (Royal society of British Artists) का संक्षिप्त रूप। रॉयल एकेडमी के विकल्प के तौर पर रॉयल सोसाइटी ऑफ ब्रिटिश आर्टिस्ट्स नाम से 1823 में स्थापित संस्था।

R.K. Laxman (1921-2015) (चि.) *रासीपुरम कृष्णा स्वामी लक्ष्मण :* पद्म विभूषण सम्मान से सम्मानित आर.के. लक्ष्मण भारत के एक अत्यधिक लोकप्रिय व्यंग्य चित्रकार तथा व्यंग्यकार थे। वे 1951 से निरन्तर टाइम्स ऑफ़ इंडिया अंग्रेजी दैनिक पत्र से जुड़े रहे।

R.C. Boral (1903-1981) (फि.) *राय चन्द बोराल :* हिन्दी सिनेमा के आरम्भिक काल में फ़िल्मों में संगीत देने वाले पुरोधा संगीतकार जिन्होंने मूक और बोलती फ़िल्मों को मधुर, सुगम संगीत से सजाया। न्यू थियेटर की 'चंडीदास' (1934), 'देवदास' (1935), 'स्ट्रीट सिंगर' (1938) उनकी उल्लेखनीय फ़िल्में हैं।

R.D. Burman (1939-1994) (फि.) *राहुल देव बर्मन :* हिन्दी सिनेमा में पारम्परिक और आधुनिक नवीन प्रयोगवादी संगीत के विख्यात संगीतकार जो फ़िल्म जगत में पंचमदा के नाम से विख्यात हैं।

Raagmala Painting (क.इति., चि.) *रागमाला पेंटिंग :* रागमाला चित्र, संगीत के राग और रागिनियों पर आधारित एक लघु चित्रकला शैली

Raagmalik (संगी.) *राग मालिक :* एक ऐसी गीत संरचना, जिसमें बहुत से रागों का प्रभाव हो

Raas (नृ.) *रास :* गुजरात का एक प्रसिद्ध लोकनृत्य

Raasleela (क.इति., नृ.) *रासलीला :* गोपी-कृष्ण की रात्रि-नृत्य लीला, कृष्ण का रात्रि-नृत्य, मणिपुर का एक लोकनृत्य

Rabab (संगी.) *रबाब :* एक प्रकार का तंत्री वाद्य

Rabindra Nath Tagore (1861-1941) *रवीन्द्रनाथ टैगोर :* बांग्ला भाषा के श्रेष्ठ कवि, लेखक, चित्रकार, तथा संगीतकार। 'गीतांजलि' महाकाव्य के रचनाकार तथा नोबल पुरस्कार प्राप्तकर्ता।

Rabindra Sangeet (संगी.) *रवीन्द्र संगीत :* रवीन्द्रनाथ ठाकुर द्वारा रचित बांग्ला गीत

Rabit Skin Glou (क., साम.) *एबिट स्किन ग्ल्यू :* खरगोश की खाल से प्राप्त सरेस

Rabri (पा.क.) *राबड़ी :* चीनी और गाढ़े दूध से बना एक मिष्ठान्न

Racism (पत्र.) *रेसिज़्म :* जातिवाद, जाति परायणी चलन

Rack (स्था.) *रैक :* टॉड, रैक

Radha Kamal Mukherzee (1889-1968) *राधा कमल मुखर्जी :* एक प्रसिद्ध भारतीय कला इतिहास कार तथा विवेचक

Radheyshyam Kathavachak (1890-1963) (ना.) *राधेश्याम कथावाचक :* उत्तरी भारत के एक प्रसिद्ध कथावाचक, जिन्हें पारसी थियेटर (रंगमंच) शैली में हिन्दी भाषा में नाटक लिखने व प्रस्तुत करने का श्रेय दिया जाता है

Radical (समी.) *रेडिकल :* मूलभूत, अतिवादी, सुधारवादी, उग्र

Radical Media (पत्र.) *रेडिकल मीडिया :* मौलिक समाचार तंत्र

Radio (पत्र.) *रेडियो :* रेडियो

Radio Activity (पुरा.) *रेडियो एक्टीविटी :* रेडियो सक्रियता

Radio Advertisement (पत्र.) *रेडियो एडवरटाइजमेंट :* रेडियो विज्ञापन, रेडियो द्वारा प्रचार, रेडियो के माध्यम से उत्पादों का प्रचार

Radio Ethics (पत्र.) *रेडियो एथिक्स :* रेडियों की आचार संहिता

Radio Feature (पत्र.) *रेडियो फीचर :* रेडियो रूपक

Radio Jockey (समी.) *रेडियो जोकी :* रेडियो उद्घोषक, श्रोता और कार्यक्रम का मध्यस्थ

Radio Talk (पत्र.) *रेडियो टॉक :* रेडियो-वार्ता, रेडियों पर प्रसारित वार्ता

Radiography (पुरा.) *रेडियोग्राफ़ी :* विकिरण-चित्रण

Radius (समी.) *रेडियस* : त्रिज्या

Raedas (1398-1448) (का.क.) *रैदास :* मध्यकालीन भारत में भक्तिशाखा के प्रसिद्ध कवि

Rafter (स्था.) *रेफ़्टर :* शहतीर, कड़ी

Rag Paper (अभि., छापा.) *रैग पेपर :* कागज की लुगदी में मिले कपड़ों के चिथड़ों से बना कागज

Rag Work (स्था.) *रैग वर्क :* अनगढ़ पाषाण चुनाई, चालू चुनाई, अनियमित चुनाई

Raga (संगी.) *राग :* भारतीय शास्त्रीय संगीत का आधार, नियमबद्ध स्वरों की संरचना

Ragang (नृ., संगी.) *रागांग :* उड़ीसी संगीत की एक शास्त्रीय संगीत-विद्या

Raghurajpur (क.इति.) *रघुराजपुर :* उड़ीसा का एक नगर जो उड़ीसा की पारम्परिक चित्रकला का सबसे ज़्यादा पुराना केन्द्र माना जाता है

Raghuvira (Prof.) (1902-1963) (सं.क.) *रघुवीर :* डॉ. रघुवीर प्रसिद्ध भारतीय भाषाविद् मानवतावादी अध्येता तथा राजनीतिज्ञ

Ragini (संगी.) *रागिनी :* राग का स्त्री रूप

Ragini (नृ., गा.) *रागिनी :* हरियाणा प्रदेश की एक लोक संगीत-नृत्य पूर्ण कला शैली

Ragmala (क.समी.) *रागमाला :* रागमाला, रागों का श्रृंखलाबद्ध प्रयोगयुक्त रचना, लघुचित्रों में राग-रागिनियों का नायक-नायिका रूप में चित्रांकन

Rāgmālā Painting (क.इति.) *रागमाला पेंटिंग :* रागमाला चित्र, रागाधारित चित्र

Ragman Roll (पुरा.) *रैगमैन रोल :* चर्मपत्र नामावली

Raikrishna Das (1892-1985) *रायकृष्ण दास :* एक प्रसिद्ध भारतीय कला इतिहासकार तथा बनारस के काशी हिन्दू विश्वविद्यालय के अधीन भारत कला भवन (संग्रहालय) के संस्थापक, कला संरक्षक, संग्रहालयविद्

Railing (स्था.) *रेलिंग :* जंगला-दीवार, जंगले की छड़

Railing Pillar (स्था.) *लिंग पिलर :* वेदिका स्तम्भ, जंगले के सहायक स्तम्भ

Rainbow Palette (चि., समी.) *रेनबो चैलेट :* इन्द्रधनुषी रंग

Rainy Season (सा.ज्ञा.) *रेनी सीजन :* वर्षा ऋतु, बरसात, जुलाई से सितम्बर के मध्य का काल

Raita (पा.क.) *रायता :* दही में बेसन की बूँदी या सब्जियों का मिश्रित रूप

Raj (इति.) *राज :* भारत में अंग्रेजों का शासन काल

Raj Era (क.इति.) *राज इरा :* भारत में ईस्ट इंडिया कम्पनी काल, ईस्ट इंडिया कम्पनी युग, अंग्रेजों का जमाना

Raj Kapoor (1924-1988) (सिने.) *राजकपूर :* विख्यात हिन्दी फ़िल्म अभिनेता, निर्माता तथा निर्देशक, 1987 में भारत के सर्वोच्च फ़िल्म पुरस्कार दादा साहेब फाल्के पुरस्कार से विभूषित तथा 1971 में पद्म भूषण सम्मान से सम्मानित

Raj Kumar (1926-1996) (फि.) *राज कुमार :* असली नाम—कुलभूषण पंडित, भारतीय हिन्दी सिनेमा के एक प्रमुख अभिनेता

Raj Kumari Culcuttewali (सिने.) *राजकुमारी कलकत्ते वाली :* हिन्दी सिनेमा में आरम्भिक कालीन अभिनेत्री जिसने फ़िल्म देवदास में नायिका की भूमिका अदा की थी

Raja Ram Mohan Rai (1772-1833) *राजा राममोहन राय :* बंगाल में 1828 में ब्रह्म समाज के संस्थापक राजा राम मोहनराय मूलतः एक राजनीतिक नेता न होकर एक गम्भीर विचारक और शिक्षाशास्त्री थे।

Rajasthani Painting (चि.) *राजस्थानी पेंटिंग :* राजपूत शैली, राजस्थानी पेंटिंग, राजस्थानी चित्रकला, राजस्थानी रजवाड़ों की कला, राजस्थान प्रदेश के विभिन्न राज्यों के प्रमुख नगरों में विकसित एक लघु चित्रकला परम्परा, जिसके मुख्य केन्द्र थे—जयपुर, उदयपुर, कोटा, बीकानेर, बूँदी, किशनगढ़ आदि

Rajendra Kumar (1927-1999) (फि.) *राजेन्द्र कुमार :* असली नाम—राजेन्द्र कुमार तुली, भारतीय हिन्दी सिनेमा के एक प्रमुख अभिनेता

Rajesh Khanna (1942-2012) (सिने.) राजेश खन्ना : हिन्दी बालीवुड सिनेमा के प्रसिद्ध अभिनेता तथा राजनीतिज्ञ, 1991 से 1996 तक लोकसभा के सांसद

Rajsthan Patrika (पत्र.) *राजस्थान पत्रिका :* जयपुर से प्रकाशित हिन्दी भाषा का एक दैनिक समाचार-पत्र

Rajtaal (चि., पुरा.) *राजताल :* उच्च कोटि का ताल-पत्र/ताड़-पत्र (Palm Leaf)

Rake (स्था.) *रेक :* ढाल, ढलान

Raking (स्था.) *रेकिंग :* उखाड़ना

Raktika (संगी.) *रक्तिका :* सातवीं श्रुति का नाम

Rallentando (संगी.) *रेलिन टेंडो :* क्रमिक विलंबन-संकेत

RAM (कम्प्यू., फि., टी.वी.) *रैम :* रेंडम एसेस मेमोरी (Random Access Memory) का संक्षिप्त रूप, कम्प्यूटर का प्रमुख मेमोरी सिस्टम

Ram Kumar (1924-2018) (चि.) *रामकुमार :* प्रसिद्ध आधुनिक चित्रकार

Ram Nach (नृ.) *रामनाच :* छत्तीसगढ़ का एक लोकनृत्य

Ram Prasad (चि.) *रामप्रसाद :* बनारस के राजा ईश्वरी नारायण सिंह का एक प्रमुख दरबारी चित्रकार तथा चित्रकार सरदार प्रसाद के पिता

Rama (नृ.) *राम :* त्रेतायुग में हिन्दू धर्म में विष्णु भगवान के अवतार

Ramayan (क.इति.) रामायण : रामायण, हिन्दुओं का एक श्रेष्ठ धार्मिक ग्रंथ, जिसमें भगवान राम की कथा का वर्णन है

Ramdhari Singh 'Dinkar' (1908-1974) रामधारी *सिंह 'दिनकर' :* पद्मभूषण से सम्मानित आधुनिक हिन्दी के क्रान्तिकारी राष्ट्रवादी कवि तथा निबंधकार

Ramesses (क.इति.) *रमेसेस :* राजकुमार रमेसेस

Ramp (स्था.) *रैम्प :* ढलान, एक ढलवादार सतह, जो ऊपर-नीचे की दो सतहों को जोड़ती है, रपटा, ढलवा मार्ग, रैम्प

Rampart (स्था.) *रैम्पार्ट :* परकोटा, महल या किले की ऊँची चार दीवारी

Ramraj (चि.) *रामरज :* एक प्रकार का खनिज नीला रंग

Ramsinga (संगी., वा.यं.) *रामसिंगा :* एक भारतीय वाद्य यंत्र

Random Masonry (स्था.) *रेंडम मेसेनरी :* अनियमित अनगढ़ चिनाई

Random Notes (समी.) *रेंडम नोट्स :* बेतरतीबी लेख, निरुद्देश्य सूचना

Rang Mahal (स्था.) *रंग महल :* रंग महल, एलोरा के कैलाशनाथ मन्दिर में बने भित्ति चित्रों से सज्जित क्षेत्र

Rang Pravesham (नृ.) *रंग प्रवेशम :* जनता में पहला प्रदर्शन, प्रेक्षकों के सम्मुख नृत्य प्रशिक्षुओं का पहला प्रदर्शन

Rangma (नृ.) *रंगमा :* नागालैंड का एक लोकनृत्य

Rangoli (चि.) *रंगोली :* भूमि पर बना रंगीन आलेखन

Ranjak (संगी.) *रंजक :* मन को खुशी प्रदान करने वाला

Ranjaki (संगी.) *रंजकी :* छठी श्रुति का नाम

Ranjan Veena (संगी., वा.यं.) *रंजन वीणा :* एक भारतीय वाद्य यंत्र

Ranjeet Desai (ले.) *रंजीत देसाई :* प्रसिद्ध ऐतिहासिक मराठी उपन्यासकार, पद्मश्री तथा साहित्य अकादमी पुरस्कारों से सम्मानित

Ranjeet Movitone (1929) (फि.) *रंजीत मूवीटोन :* भारत में बोलती फ़िल्मों से 1950 के दशक तक सर्वाधिक फ़िल्मों के निर्माण करने वाली कम्पनी के रूप में विख्यात, जिसकी स्थापना 1929 में चंदू लाल शाह, विट्ठलदास और तत्कालीन अदाकारा गौहर जान ने जामनगर में की थी।

Ranjha (1750-1830) (चि.) *रांझा :* पहाड़ी शैली का एक प्रमुख चित्रकार

Rapacious Vamp Look (रू.स.) पुरुषों को यौन शोषण के लिए विशेष किस्म का मेकअप करने वाली औरतें

Raphael (1483-1520) (चि.) *रफाएल :* इटैलियन उच्च पुनरुत्थान काल का चित्रकार तथा स्थापत्यकार

Rapid Action (समी.) *रैपिड एक्शन :* तीव्र, त्वरित कार्यवाही

Rapid Sketch (चि.) *रैपिड स्केच :* सूक्ष्म रेखाचित्र, कम समय में जल्दी से बनाया गया रेखा चित्र

Rasa (का.क.) *रस :* आनन्द की प्राप्ति-श्रोत रस कहलाता है, काव्य की आत्मा

Rasa Chitra (चि.) *रस चित्र :* रस मूलक चित्र, जिसे देखने से नौ रसों में से किसी मनोवेगी रस का संचार हो

Rasam (पा.क.) *रसम :* एक पकवान, रसम

Rashmirathi (का.क.) *रश्मिरथी :* राष्ट्रकवि रामधारी सिंह 'दिनकर' का सन् 1954 में रचा एक कविता कोश, दानवीर कर्ण की कथा का काव्यात्मक प्रस्तुतीकरण

Rasik Priya (का.क.) *रसिक प्रिया :* यह रीतिकाल के श्रेष्ठ कवि आचार्य केशवदास की प्रसिद्ध रस प्रधान रचना है। इसमें नायक-नायिका भेद का अति सुन्दर वर्णन है

Raskhan (1548-1628) (का.क.) *रसखान :* मध्य युगीन भारत के एक महान मुस्लिम कृष्णभक्त कवि

Rasoolan Bai (1902-1974) (गा.) *रसूलन बाई :* बनारस घराने की एक विख्यात हिन्दुस्तानी शास्त्रीय संगीत गयिका ठुमरी तथा टप्पा विशेषज्ञ

Rasp (स्था.) *रैस्प :* माटी रेत या रेती

Rath (स्था.) *रथ :* घोड़े द्वारा खींचा जाने वाला शाही वाहन

Ratha Yatra (नृ., संगी., ना.) *रथ यात्रा :* उड़ीसा का एक वार्षिक धार्मिक उत्सव, जो आषाढ़ शुक्ल द्वितीय (जून-जुलाई) में मनाया जाता है। इस अवसर पर पुरी मन्दिर से जगन्नाथ, बलभद्र और सुभद्रा की मूर्तियों को विशाल रथ द्वारा घुमाया जाता है।

Ratification (समी.) *रैटीफिकेशन :* संशोधन

Ratings (पत्र, टी.वी.) *रेटिंग्स :* समाचार-पत्र/एजेंसी आदि की प्रसार संख्या और बाज़ार-छवि की मूल्यांक व विधि

Ratio (समी.) *रेशो :* अनुपात

Rational (पत्र., समी.) *रेशनल :* औचित्य, बुद्धिवादी, तर्कसंगत

Ratnawali (ना.) *रत्नावली :* सम्राट हर्ष द्वारा रचित सातवीं शताब्दी का एक नाटक

Raudram (Rasa) (समी., नृ., चि.) *रौद्रम :* क्रोध का द्योतक, इष्ट देवता रौद्र (शिव), रंग-लाल

Rauf (संगी.) *रौफ :* कश्मीर प्रदेश का लोकगीत

Raut Nach (नृ.) *राउत नाच :* छत्तीसगढ़ (मध्य भारत) का एक लोकनृत्य

Ravanahattha (संगी., वा.यं.) *रावण हत्था :* राजस्थानी लोक संगीत में तार पर आधारित एक भारतीय तंत्री वाद्य

Ravi (Ram Prasad Vidyarthi) (1917-1997) *रावी (राम प्रसाद विद्यार्थी) :* भारत में हिन्दी लघु कथा के लेखन के जनक तथा उपन्यासकार

Raw Mangoes (पा.क.) *रॉ मैंगोज :* कच्चे आम

Ray (संगी.) *रे :* ऋषभ

Rayonism (क.आन्दो.) *रेऑनिज़्म :* रश्मि-प्रभाववाद, किरणवाद, रेअनिज़्म, यूरोप का एक कला आन्दोलन, जो सन् 1913 में रूसी चित्रकार मिखाइल लारियोनोव व उसकी पत्नी द्वारा आरम्भ हुआ था।

Raza, S.H. (1922-2016) (चि.) *सैय्यद हैदर रज़ा :* प्रसिद्ध चित्रकार

Razmama (क.इति.) *रज़्मनामा :* रज़्मनामा, महाभारत का फ़ारसी में अनुवादित ग्रंथ, जिसे अकबर के श्रेष्ठ दरबारी चित्रकारों ने चित्रित किया था।

Razor (रू.स.) *रेजर :* उस्तरा, रेजर

Re (संगी.) *रे :* ऋषभ स्वर की वाचक संज्ञा

Re backing (अभि.) *री बैकिंग :* पुस्तक या दस्तावेजी पर दुबारा पुस्त लगाना

Reach (पत्र.) *रीच :* पहुँच, जनता तक पहुँच

Readability (पत्र.) *रीडेबल्टी :* पठनीयता, पढ़ने की योग्यता

Reader (पत्र.) *रीडर :* पढ़ने वाले (समाचार), पाठक

Reader Oriented (पत्र.) *रीडर ओरिंटेड :* पाठनोन्मुख, पाठकोन्मुख, पढ़ने वालों के योग्य, पढ़ने वालों के लिए

Readers Letter (पत्र.) *रीडर्स लेटर :* पाठकों के पत्र, पाठकों के प्रतिक्रियात्मक पत्र

Readierly (पत्र.) *रीडरली :* पत्र पढ़ने योग्य

Ready Compendium (पत्र., समी.) *रेडी कम्पेंडियम :* तैयार परिशिष्ट

Ready Made (ग्र.स.) *रेडी मेड :* बड़ी तादाद में तैयार सही आकार और नाप में बनी वस्तुएँ जो बाज़ार में सरलता से उपलब्ध हों

Ready to wear (फै.) *रेडी टू वियर :* हर नाप व साइज के सिलेसिलाये कपड़े, जिन्हें तुरन्त पहना जा सकता है

Realism (क.आन्दो.) *रिऑलिज़्म :* यथार्थवाद, वास्तववाद, जनतांत्रिक यथार्थवाद, उन्नीसवीं शताब्दी के मध्य का एक यूरोपीय कला आन्दोलन

Realistic (चि., समी.) *रियलिस्टिक :* यथार्थवादी, यथा तथ्यात्मक, तद्रूप

Realistic Art (चि.) *रियलिस्टिक आर्ट :* यथार्थवादी कला, यथावत चित्रण

Realistic Miming (ना.) *रियलिस्टिक माइमिंग :* सजीव मूकाभिनय

Realistic Painting (चि.) *रियलिस्टिक पेंटिंग :* यथा तथ्यात्मक चित्रांकन

Realistic Style (चि., समी.) *रियलिस्ट स्टाइल :* यथा तथ्यात्मक चित्रांकन शैली

Ream (पत्र., छापा.) *रिम :* किसी एक साइज के कटे 500 कागजों का पैकेट

Reappraisal of Record (अभि.) *रि-एप्राइजल ऑफ़ रेकार्ड :* अभिलेखों का पुनः मूल्यांकन

Rebels (समी.) *रिबॅल्स :* विद्रोही, क्रान्ति दूत, नवजागरण प्रवर्तक, विद्रोही मसीहा

Rebinding (अभि.) *रीबाइडिंग :* दुबारा जिल्दसाजी करना

Recap (टी.वी.) *रिकैप :* संक्षेप पुनरावर्तन, सार, संक्षेप

Receding colors (चि.) *रिसीडिंग कलर्स :* रंग घटना

Recipient (समी.) *रिसीपेंट :* प्राप्तकर्ता, पाने वाला

Reciprocal (समी.) *रिसीप्रोकल :* आदान-प्रदान करना, आपसी लेना-देना

Recital (संगी.) *रिसाइटॅल :* अदायगी, प्रस्तुतीकरण, संगीत समारोह, गायन या वादन प्रस्तुति

Recitation (समी.) *रेसिटेशन :* सस्वर पाठ

Reclassification of records (अभि.) *रिक्लासीफिकेशन ऑफ़ रेकॉर्डस :* अभिलेखों का पुनर्वर्गीकरण

Reclining Chair (स्था.) *रिक्लाइनिंग चेयर :* आराम कुर्सी

Record (संगी.) *रेकार्ड :* ग्रामोफोन का रेकार्ड

Record Administration (अभि.) *रेकार्ड एडमिनिस्ट्रेशन :* अभिलेख प्रशासन

Record and Reference Division (अभि.) *रेकार्ड एंड रिफरेन्स डिवीजन :* अभिलेख तथा सन्दर्भ प्रभाग

Record Collection (अभि.) *रेकार्ड कलेक्शन :* अभिलेख संग्रह

Record Commission (अभि.) *रेकार्ड कमीशन :* अभिलेख आयोग

Record Creating Agency (अभि.) *रेकार्ड क्रियेटिंग एजेंसी :* अभिलेख उदभावक अभिकरण/अभिलेख सृजन करने वाली एजेंसी

Record Destruction Act (अभि.) *रेकार्ड डिस्ट्रैक्शन एक्ट :* अभिलेख नाशन अधिनियम

Record in Currency (अभि.) *रेकार्ड इन करेंसी :* प्रचलित अभिलेख

Record Management Operations (अभि.) *रेकार्ड मैनेजमेंट ऑपरेशंस :* अभिलेख प्रबंध संक्रिया

Record Management Programme (अभि.) *रेकार्ड मैनेजमेंट प्रोग्राम :* अभिलेख प्रबंध कार्यक्रम

Record Multilingual (अभि.) *रेकॉर्ड मल्टीलिगुंअल :* बहुभाषी अभिलेख

Record of National Importance (अभि.) *रेकार्ड ऑफ़ नेशनल इएपॉटेशस :* राष्ट्रीय महत्त्व के अभिलेख

Record of Permanent Value (अभि.) *रेकार्ड ऑफ़ परमानेंट वैल्यू :* स्थायी महत्त्व के अभिलेख

Record Preservation (अभि.) *रेकॉर्ड प्रिजर्वेशन :* अभिलेख परिरक्षण, दस्तावेजों का संरक्षण

Record Procedure (अभि.) *रेकॉर्ड प्रोसीजर :* अभिलेख प्रक्रिया

Record Series (अभि.) *रेकॉर्ड सीरीज :* अभिलेख शृंखला

Recorder (टी.वी.) *रेकार्डर :* अभिलेख, रिकॉर्डर

Recording (फि., टी.वी., अभि.) *रेकार्डिंग :* ध्वन्यालेखन, स्वरांकन, स्वर बन्धन, रेकॉर्डिंग, अभिलेखबद्ध करना

Recording of Files (अभि.) *रेकार्ड ऑफ़ फाइल्स :* फाइलों का अभिलेखबद्ध करना

Recreation (समी.) *रिक्रिएशन :* पुनः सृजन, पुनर्सृजन

Recumbent Image (पुरा.) *रिकम्बेंट इमेज :* शयन मूर्ति, प्रति शयनमूर्ति

Red Chillie (पा.क.) *रेड चिली :* लाल मिर्च

Red Coral (र., आभू.) *रेड कोरॅल :* मूँगा,

Red Gram (पा.क.) *रेड ग्राम :* अरहर

Red Kidney Beans (पा.क.) *रेड किडनी बीन्स :* राजमा

Red lentil (पा.क.) *रेड लेंटिल :* मसूर दाल

Red Ochre (चि.) *रेड ऑकर :* गेरू : चित्रवीथि, चित्रशाला, चित्रवीथिका

Red Sand Stone (स्था.) *रेड सैंड स्टोन :* लाल बलुआ पत्थर

Red Side (ना.) *रेड साइड :* दाईं ओर, दाएँ

Reddy, P.T. (1915-1996) (चि.) *पी.टी. रेड्डी :* चित्रकार, छापाकार

Redressal (समी.) *रिड्रेसल :* उपशमन

Reduce (छापा.) *रिड्यूस :* स्याही को पारदर्शी बनाने के लिए उसमें द्रव्य मिलाना; पतला करना

Reduced Copy (फो., समी.) *रिडयूज्ड कॉपी :* लघु प्रतिकृति, किसी भी कलाकृति की आकारगत छोटी नकल

Reduced Edition (पत्र.) *रिडयूज्ड एडीशन :* कम संस्करण, संक्षिप्त संस्करण

Reduction (अभि., फो.) *रिडक्शन :* लघुकरण, छोटा करना, संक्षिप्ती करण

Reef (स्था.) *रीफ :* भित्ति, शैल-भित्ति

Reel (फि.) *रील :* फ़िल्म चरखी, प्लास्टिक या लोहे की बनी एक चरखी (स्पूल) जिसपर फ़िल्म लिपटी होती है। पुराने जमाने में लगभग 10 मिनट अवधि की फ़िल्म एक रील पर लिपटी होती थी जिसकी गिनती से ही फ़िल्म की पूरी अवधि निश्चित होती थी

Reetikal (का.क.) *रीतिकाल :* हिन्दी साहित्य का वह काल, जिसमें निर्धारित रीति या प्रणाली के आधार पर ही साहित्य रचना हुई

Reference Aids (अभि.) *रिफरेंस एड्स :* सन्दर्भ सहायता

Reference Book (समी.) *रिफरेंस बुक :* सन्दर्भ-ग्रंथ

Reference Library (संग्रा.) *रिफरेंस लाइब्रेरी :* सन्दर्भ पुस्तकालय

Reference Media (अभि.) *रिफरेंस मीडिया :* सन्दर्भ माध्यम

Refined Flour (पा.क.) *रिफाइंड फ्लोर :* चोकर रहित आटा, शोधित आटा

Reflex Camera (फो.) *रिफलेक्स कैमरा :* एक विशिष्ट प्रकार का कैमरा

Refoliation (अभि.) *रीफॉलिएशन :* पुन: पर्णांकन

Refresh (पा.क.) *रिफ्रेश :* ताजा करना

Regency (साम) *रीजेंसी :* राज प्रतिनिधि का पद

Regenerate *रिजनरेट :* फिर से उत्पन्न करना, पुनर्सृजन

Regional Journalism (पत्र.) *रीजनल जर्नलिज़्म :* भाषाई पत्रकारिता, प्रान्तीय पत्रकारिता

Regional Records (अभि.) *रीजनल रिकॉर्ड्स :* प्रादेशिक अभिलेख

Regionalism (समी.) *रीजनलिज़्म :* क्षेत्रीयतावाद, प्रान्तवाद, आंचलिकता, प्रान्तोन्मुखी कलावाद

Register (छापा.) *रजिस्टर :* एक काटा या अन्य प्रकार का चिन्ह जो एक ही पेपर को अनेक रंगों के छपाई के लिए हर बार प्लेट के एक ही स्थान पर रखना सुनिश्चित करता है।

Rehearsal (ना.) रिहर्सल : पूर्वाभ्यास, रिहर्सल

Rehearsal-Scene (फि.) *रिहर्सल-सीन :* नाट्य दृश्य का अभ्यास

Reinforcement Stitching (फै.) *रि इंफोर्स मेंट स्टिचिंग :* सुदृढ़ीकरण सिलाई

Reisner Work (स्था.) *रीजनर वर्क :* रंगीन काष्ठ, पच्चीकारी

Relative Humidity *रिलेटिव हयुमॅडिटी :* सापेक्षित आद्रता

Relaxation (समी.) *रिलैक्सेशन :* तनाव-मुक्ति, पूर्ववत सहज होना

Release (फि., समी.) *रिलीज :* फ़िल्म प्रदर्शनार्थ जारी करने की क्रिया, फ़िल्म प्रदर्शनार्थ

Release (पत्र.) *रिलीज :* विमोचन, किसी प्रकाशन को जारी करना

Release Print (फि.) *रिलीज प्रिंट :* विमोचन प्रिंट, निर्मोचन प्रिंट, जनता के बीच प्रदर्शन हेतु फ़िल्म का जारी किया जाने वाला प्रिंट

Relic Carving (स्था.) *रिलिक कार्विंग :* अवशेष नक्काशी

Relic's (पुरा.) *रिलिक्स :* अवशेष

Relief (मू., स्था.) *रिलीफ :* अर्धचित्र, उभार-मूर्ति, उद्भृति, उभार, सतह से उभरी कलाकारी (रिलीफ)

Relief Carving (स्था.) *रिलीफ कार्विंग :* उभरी नक्काशी, अर्ध चित्र, उभार मूर्ति

Relief Image (मू., पुरा.) *रिलीफ इमेज :* राहत प्रतिमा, उभरी मूर्ति

Relief Method (छापा., तक.) *रिलीफ मैथॅड :* उभार पद्धति, छापाकला की एक पद्धति

Relief Work (छापा., तक., शि.) *रिलीफ वर्क :* उभारदार कार्य, उभार कलाकर्म

Religious Music (संगी.) *रिली जियस म्यूज़िक :* धार्मिक संगीत, कीर्तन

Religious Painting (क.इति.) *रिलीजियस पेंटिंग :* धार्मिक चित्र जैसे ईसाई मूर्तियाँ, भित्तिचित्र, आल्टरपीस, चित्रित पोथियाँ

Relining (संग्रा.) *रिलाइनिंग :* चित्र की मौलिक सतह को बदल कर दूसरी नई सतह पर स्थापित करना

Reliquary (पुरा.) *रिलीकरी :* अस्थि मंजूषा, परावशेष-मंजूषा

Relish (पा.क.) *रेलिश :* स्वाद का आनन्द

Remake (फि.) *रिमेक :* पुनर्निर्माण, पुनरावृत्ति, पुनर्रचना, दुबारा बनाना, पुरानी फ़िल्म या कहानी को दुबारा या नया बनाना

Remarque (चि.) *रिमार्क :* परीक्षणार्थ चित्रण

Remarque print/proof (छापा.) *रेमेक प्रूफ :* एक प्रूफ जिसके हाशिये में छोटी परिक्षण ड्राइंग बनी होती है; संस्करण के छपने से पहले अक्सर इन रेखा चित्रों को मिटा दिया जाता है।

Rembrandt (1606-1669) (चि.) *रेम्ब्रां :* प्रसिद्ध डच चित्रकार तथा उत्कीर्णक

Remedy (समी.) *रेमिडी :* इलाज, उपाय, निदान

Remix (फि.) *रेमिक्स :* पुनर्मिश्रित (गीत), दो विधाओं का सम्मिश्रण

Remnant (पुरा.) *रिमनेंट :* अवशेष, अवशिष्ट

Remodeling (मू.) *रीमॉडलिंग :* पुनर्निर्माण, दुबारा बना, पुनर्रचना

Remotely (समी.) *रिमोटली :* दूर से (संचालन) दूर-दूर तक

Renaissance (क.इति., समी.) *रेनेसाँ :* नवजागरण काल, पुनर्जागरण, नवजागरण युग, नवोत्थान, पुनरुत्थान; बां. नवजागरण, प्रबोधन; मरा. प्रबोधन काल; गु. पुनरुत्थान; उ. निशाते शानिया

Renaissance Art (क.इति., समी.) *रेनेसाँ आर्ट :* रेनेसाँ आर्ट (फ्रेंच शब्द), इटली भाषा में Rinascimento अर्थात् पुनर्जन्म; पुनर्जागरणकालीन कला, नवजागरणकालीन कला

Rendering (चि., फै.) *रेंडरिंग :* अनुअंकन, निष्पादन, प्रस्तुतिकरण, चित्रित करना

Rendering (स्था.) *रेंडरिंग :* टीप, लेपन

Renku (का.) *रेनकू :* जापानी कविता हाइकू का एक रूप

Reno Renoir (1841-1919) (चि.) *रेनुआं :* फ्रेंच चित्रकार

Renovation & Maintenance (अभि.) *रिनोवेशन एंड मेंटीनेंस :* मरम्मत और अनुरक्षण

Renovation & Mounting of Map (अभि.) *रिनोवेशन एंड माउंटिंग ऑफ़ मैप :* मानचित्रों की मरम्मत तथा मढ़ाई

Renovation (ग्र.स.) *रिनोवेशन :* पुनर्सज्जा, नूतनीकरण, दुबारा सजाना, नवीकरण, नवीयन

Renovation of Records (अभि.) *रिनोवेशन ऑफ़ रेकार्डस :* अभिलेखों का नवीकरण

Repair (स्था.) *रिपेयर :* जीर्णोद्धार, मरम्मत करना

Repair Chiffon (अभि.) *रिपेयर शिफॉन :* शिफान की मरम्मत

Repertoire (ना.) *रेपर्टरी :* रेपेर्टरी, नटमंडली/नाट्यदल के कलाकार

Repertory (ना.) *रिपर्टरी :* नटाली प्रदर्शन

Repetition (समी.) *रिपीटीशन :* पुनरावृत्ति, दोहराना

Replica (मू., संग्रा.) *रेपलिक :* प्रतिकृति, अनुकृति, प्रतिरूप, स्वरूप, त्रिआयामी प्रतिकृति, कलाकृति की हू-ब-हू, छोटी या बड़ी नकल, रेपॅलिका

Replication (मू.) *रिप्लीकेशन :* प्रतिकृति, प्रतिरूप, प्रतिछवि, पुनरुत्पादन

Replication (समी.) *रिप्लीकेशन :* पुनरुत्पादन, नकल तैयार करना

Reportage (पत्र.) *रिपोर्ताज :* प्रकाशनार्थ विवरण सामग्री का कलात्मक रूप, रपट

Repository (समी.) *रिपोजिटरी :* भंडार, संग्रह गृह

Repository (अभि.) *रिपॉजेट्री :* पुरालेखी भंडार

Repoussage (मू.) *रिपूसाज :* वितक्षण, धातु की चादर पर किया गया उभार (रिलीफ)

Representation (समी.) *रिप्रेजेंटेशन :* प्रतिनिधित्व प्रस्तुति,

Representational (ना.) *रिप्रजेंटेशनल :* वस्तुधर्मी, प्रतिनिधित्व करने वाली

Representational Art (समी.) *रिप्रजेंटेशनल आर्ट :* सादृश्यमूलक कला, प्रतिरूपण कला, प्रतिनिधानात्मक कला

Representational Realism (समी.) *रिप्रजेंटेशनल रीऑलिज़्म :* प्रतिनिधानात्मक यथार्थवाद

Reprint (फि.) *रिप्रिंट :* पुनर्मुद्रण, दुबारा छापना, फ़िल्म के मूल नेगेटिव से प्रदर्शन के लिए तैयार किये गए अतिरिक्त प्रिंट (कापी)

Reproduction (समी.) *रीप्रॅडॅक्शन :* प्रतिरूप प्रतिच्छवि, परवर्त्ती प्रतिकृति, पुनः निर्मीती, प्रतिकृति; बां. पुनर्चित्रण, पुनरुत्पादन; मरा. प्रतिलिपि, पुनरुत्पादन; गु. प्रतिनिर्माण; उ. नकल, बाज तख्लीक, वही फिर बनाना

Reproduction Maker (समी.) *रिप्रोडक्शन मेकर :* प्रतिकृति कार, प्रतिरूप तैयार करने वाला कलाकार

Reputation (समी.) *रेपूटेशन :* ख्याति, शान-शौकत, इज्जत, सामाजिक सम्मान

Requiem (संगी.) *रिक्विम :* श्राद्ध-गीत, दिवंगत शान्ति-प्रार्थना गीत

Requisition Slip (अभि.) *रिक्विजीशन स्लिप :* मांग पर्ची/मांग पत्र

Research (समी.) *रिसर्च :* अनुसंधान, शोध, खोजबीन

Research Article (समी.) *रिसर्च आर्टिकल :* शोधलेख

Research Rules (समी.) *रिसर्च रूल्स :* अनुसंधान नियम/शोध नियम

Research Scholar (अभि.) *रिसर्च स्कालर :* अनुसंधान/शोधकर्त्ता

Research Thesis (समी.) *रिसर्चथीसिस :* शोधप्रबंध

Research Work (अभि.) *रिसर्च वर्क :* अनुसंधान/शोध कार्य

Researcher (समी.) *रिसर्चर :* अनुसन्धाता, अनुसंधान करने वाला, खोजबीनकर्ता

Reserve Collection (संग्रा.) *रिजर्व कलेक्शन :* संचयित कला निधि, सुरक्षित कला कृतियाँ, आरक्षित संग्रह

Resin *रेजिन :* राल

Resist (छापा.) *रजिस्ट (प्रतिरोध) :* एक अम्ल प्रतिरोधी ग्राउंड जिसे प्लेट पर अम्लांकन से पहले लगाया जाता है। देखें—एचिंग ग्राउंड।

Resolution (समी.) *रेजोल्यूशन :* प्रस्ताव, संकल्प

Resources (आले.) *रिसोर्सेस :* साधन

Response (समी.) *रिस्पॉन्स :* प्रत्युत्तर

Restoration (चि., समी.) *रिस्टोरेशन :* मूलरूप निरूपण, कला कृति की मरम्मत कर असली रूप में लाना, पुनर्स्थापना, पुनः स्थापना, मूलरूप-निरूपण, पुनरुद्धार, जीर्णोद्धार, यथा तथ्यात्मक, मरम्मत, पुनःस्थापना, कृति को मरम्मत कर पहले जैसा बनाना

Restore (अभि.) *रिस्टोर :* बहाल करना/पहली अवस्था में लाना

Restorer (संग्र.) *रिस्टोरर :* रिस्टोरेशन करने वाला, कलाकृतियों की मरम्मत करने वाला

Restrike (छापा.) रिस्ट्राईक : एक प्लेट से दोबारा छपाई, साधारणतः बिना हस्ताक्षर व क्रमांकन के अक्सर कलाकार की मृत्यु के पश्चात

Result Oriented (समी.) *रिजल्ट ओरियंटेड :* परिणाम कारक, फलोन्मुख

Resurrection (क.इति.) *रे सरे क्शन :* स्वर्गारोहण, मृतोत्थान, (ईसा का) पुनर्जीवन, ईशा की मृत्योपरांत पुनः जीवित होने की घटना

Retail (साम.) *रिटेल :* खुदरा, फुटकर, फुटकर ब्रिक्री

Retail Drawings (चि.) *रिचुअल ड्राइंग्स :* अनुष्ठानिक रेखाचित्र

Retails Ads (पत्र.) *रिटेल एड्स :* फुटकर विज्ञापन

Retainal (समी.) *रेटिनल :* नेत्र पटलीय

Retaining Wall (स्था.) *रिटेनिंग वॉल :* पुश्ता, प्रतिधारण भित्ति

Retake (पत्र., फि.) *रिटेक :* कैमरा द्वारा पुनः शॉट लेना, पुनः फ़िल्मांकन, रीटेक

Retention Categories (अभि.) *रिटेंशन कैटेगरीज :* धारण संवर्ग

Retention Period (अभि.) *रिटेंशन पीरियड :* धारण अवधि

Retention Schedule (अभि.) *रिटेंशन शेडयूल :* प्रतिधारण अनुसूची

Retina (फो.) *रेटिना :* दृष्टि पटल, आँख का एक अत्यन्त महत्त्वपूर्ण भाग

Retinal Painting (चि., क.आन्दो.) *रेटिनल पेंटिंग :* रेटिनल पेंटिंग

Retouching (चि.) *रिटचिंग :* परिष्करण, अन्तिम सुधार

Retro Moderne (आले.) *रिट्रो मॉडर्न :* पूर्व आधुनिक

Retrospective (समी.) *रिट्रॉस्पेक्टिव :* विहंगम, अनुदर्शी (प्रदर्शनी), सम्पूर्ण (प्रदर्शनी)

Retrospective Exhibition (क.समी., चि.) *रे ट्रस्पेक्टिव एग्जिबिशन :* महाप्रदर्शनी, सम्पूर्ण प्रदर्शनी, अनुदर्शी प्रदर्शनी, पूर्वव्यापी प्रदर्शनी; म. गत कालोचे अवलोकन करणारे प्रदर्शन; उ. माजी से मुताल्लिका नुमाइश साबिका तारीख से मुताल्लिक नुमाइश

Reuter (पत्र.) *रुयूटर :* एक विदेशी समाचार संस्थान का नाम

Reveal (समी.) *रिवील :* प्रकटी करण, कबूलना

Reverberation (संगी.) *रिवबरेशन :* प्रतिध्वनन

Reverence (समी.) *रेवरेंस :* श्रद्धा, आदर करना, सम्मान

Reversal Film (फो.) *रिवर्सल फ़िल्म :* एक प्रकार की फ़ोटो फ़िल्म

Reverse (पत्र.) *रिवर्स :* उल्टा सामन्यतः छपाई के सन्दर्भ में—सफेद पर काले अक्षर या काली सतह पर सफेद अक्षर के प्रयोग हेतु प्रयुक्त शब्द

Reverse Image (छापा.) *रिवर्स इमेज :* विलोम छवि, उल्टी फ़ोटो

Reversed proof (छापा.) *रिवर्स्ड प्रूफ :* ताजा बिना सूखे प्रूफ से एक दूसरे नम पेपर पर प्रूफ लेना, इसे रंग वर्गीकरण या सुधार के उद्देश्य से काम लिया जाता है

Reversibility (सा.ज्ञा.) *रिव्हरसिबिलिटी :* उलटने अथवा पुलटने योग्यता, उलटने-पलटने की क्षमता

Review (समी.) *रिव्यू :* समीक्षा/पुरर्विचार करना

Review of Files (अभि.) *रिव्यू ऑफ़ फाइल्स :* फाइलों का पुनरीक्षण

Revised Edition (समी.) *रिवाइज्ड एडीशन :* पुनरसंशोधित संस्करण

Revival (समी.) *रिवाइवल :* पुनः प्रवर्तन, पुनरुज्जीवन, पुनरुत्थान, पुनरुद्धार पुनः प्रदर्शन, पुनर्जीवित करना

Revivalism (क.आन्दो.) रिवाइवलिज़्म पुनरुभ्युदय

Revivalist (समी.) *रिवाइवलिस्ट :* पुनरुद्धारक, नवजागरणकर्ता, पुनरुत्थान पुरोधा

Revivalist Indian Art (समी.) *रिवाइवलिस्ट इंडियन आर्ट :* पुनरुद्धारवादी भारतीय कला, पुनर्जीवित भारतीय कला, बंगाल शैली की कला के सन्दर्भ में प्रयुक्त शब्द

Revolutionary (आले.) *रिवोल्यूशनरी :* क्रान्तिकारी, आमूल परिवर्तनकारी, काया पलट करने वाला

Revolving (समी.) *रिवॉल्विंग :* घुमावदार

Revolving Stage (ना.) *रिवॉल्विंग स्टेज :* घुमन्तू मंच, घूमने वाला स्टेज, घुमावदार नाट्यमंच

Reyograph (सा.ज्ञा.) *रेयोग्राफ़ :* फ़ोटोग्राम का पर्यायवाची, जिसमें वस्तु का सीधे फ़ोटोग्राफ़ी पेपर पर बिना निगेटिव बनाए छायाचित्र लिया जाता है। जिसे अमेरिकन चित्रकार मेन रे (Man Ray) ने ये नाम दिया था।

Rhyme (का., साहि.) *राइम :* तुकबंदी, तुकबंदी काव्य, दो या दो से अधिक लाइनों की तुकबंदी कविता

Rhythm (क.समी.) *रिद्म :* लय, लयात्मकगति

Rhythm (संगी.) *रिम :* छन्दगति, लय प्रधान, लय युक्त

Rhythmic (संगी., चि.) *रिदमिक :* लयमयी, लय से समृद्ध, लयात्मक, लयबद्ध, लयिक

Rhythmic Line (क.इति.) *रिदमिक लाइन :* (समी.), प्रवाहमय रेखाएँ, लयात्मक रेखाएँ, लय प्रधान रेखाएँ

Rhythmic Shape (चि., मू.) *रिमिक शेप :* लयात्मक आकार, लयमयी-रूप

Rhythmical (समी.) *रिमिकल :* लयात्मक, लयिक

Rice (पा.क.) *राइस :* चावल

Rice paper (छापा.) *राईस पेपर :* चीनी पेपर की प्रकार, जो ताईवान से एक पेड़ 'अरेबिया पेपीफेरा' से बनता है। जापानी पेपर के लिए प्रयोग किया जाने वाला गलत शब्द जैसे शहतूत से बना पेपर।

Richness (समी.) *रिचनेस :* दमक, तेज, समृद्ध

Richness of Colour (चि., समी.) *रिचनेस ऑफ़ कलर :* वर्ण सम्पन्नता, सुखद रंग, समृद्ध वर्ण, आबदार रंग, रंगों का चटकीलापन

RID (ग्र.स.) *आर.आई.डी :* रजिस्टर्ड इंटीरियर डिज़ाइनर (Regis tered Interior Designer) का संक्षिप्त रूप

Ridiculous (समी.) *रिडिक्युलस :* मजाकिया, हास्यापद असंगत

Ripple finish surface (छापा.) *रिपल फिनिश सरफेस (लहरी सतह) :* मैट प्रभाव देने के प्रयोग के लिए लहरदार असमतल सतह वाला पेपर।

Ripples of Discussion : (समी.) *रिपिल्स ऑफ़ डिस्कशन :* चर्चा के तरंग, मधुर वार्तालाप

Rise of Indian Nationalism (सा.ज्ञा.) *राइज ऑफ़ इंडियन नेशनलिज़्म :* भारत में सन् 1885 से 1905 तक की काल अवधि

Rishabh (संगी.) *रिषभ :* सरगम का दूसरा स्वर 'रे'

Risk Management (पत्र.) *रिस्क मैनेजमेंट :* जोखिम प्रबंधन

Ritual (समी.) *रिचुअल :* धार्मिक संस्कार, धार्मिक अनुष्ठान

Ritualistic Dance (नृ.) *रिचुअलिस्टिक डांस :* आनुष्ठानिक नृत्य

Riyaz (संगी.) *रियाज़ :* अभ्यास

RNI (पत्र.) *आर.एन.आई. :* भारत सरकार के संस्थान 'Registrar of News Papers of India' का संक्षिप्त रूप

Road Show (विज्ञा.) *रोडशो :* पथ-प्रदर्शन, चलता फिरता प्रदर्शन कार्यक्रम, विज्ञापन विद्या की नई शैली जिसमें जनता को आकर्षित करने के लिए खुली सड़कों पर जुलूस या प्रदर्शन में बैनर, पोस्टर और झंडी की सहायता से प्रचार-प्रसार किया जाता है।

Roast (Hot) (पा.क.) *रोस्ट (हॉट) :* भुना हुआ (गरम)

Robust (समी.) *रोबस्ट :* महाकाय, मजबूत, गठीला

Robust Personality (समी.) *रोबस्ट पर्सनालिटी :* शानदार व्यक्तित्व, गरिमामयी व्यक्तित्व, भव्य व्यक्तित्व

Rock Carving (चि.) *रॉक कार्विंग :* शिला तक्षण, शिला नक्काशी

Rock Painting (क.इति.) *रॉक पेंटिंग :* शिला चित्र

Rock Salt (पा.क.) *रॉक साल्ट :* सेंधा नमक

Rock Shelter (क.इति., पुरा.) *रॉकशेल्टर :* शैलाश्रय, शैलगुफा, पहाड़ी कंदरा, पहाड़ी ठिकाना

Rocker (छापा.) *रॉकर :* अर्धवृताकार दांतेदार औजार, मैजोटिंट के लिए प्लेट की सारी सतह को खुरदुरी बनाने में प्रयुक्त।

Rococo (Style of Painting) (क.इति., तक., क.आन्दो.) *रोकोको स्टाइल ऑफ़ पेंटिंग :* रोकोको शैली, रोकोको, अठारहवीं शताब्दी की एक फ्रांसीसी कला शैली, जिसका सम्बन्ध भवन सज्जा से था।

Rodin, Auguste (1840-1917) (चि.) *ऑगस रोदें :* प्रसिद्ध फ्रेंच मूर्तिकार

Rogan Josh (पा.क.) *रोगन जोश :* एक माँसाहारी रसीला व्यंजन

Role (ना., फि.) *रोल :* किरदार, पात्र अभिनय, पार्ट, भूमिका, पाठ

Role Model (समी.) *रोल मॉडल :* आदर्श चरित्र, प्रेरक आदर्श व्यक्ति या व्यक्तित्व

Roll Film Adapter (ना.) *रोल फ़िल्म एडेप्टर :* फ़िल्म रोल एडेप्टर

Roller mark (छापा.) *रोलर मार्क :* प्लेट की सतह पर दिखाई देने वाले निशान जो ठीक प्रकार से रोलर द्वारा स्याही न लगाने के कारण बने हैं

Roller Setting (रू.स.) *रोलर सेटिंग :* विशेष किस्म के रोलर से बालों को सेट करने की क्रिया

Rolling Stage (ना.) *रोलिंग स्टेज :* पहियेदार मंच

Roman *रोमन :* रोम का निवासी, इंग्लिश-हिन्दी की मिश्रित भाषा, जिसमें शब्द अंग्रेजी वर्णमाला के होते है उच्चारण हिन्दी होता है

Roman Order (क.इति.) *रोमन आर्डर :* ईसा पूर्व तीसरी शताब्दी से चौथी शताब्दी के मध्य रोम में जन्मी और विकसित कला

Romanesque (क.इति.) *रोमनस्क :* प्राचीन रोमन कला, रोम-प्रभावित, रोम वादी शैली, रोमन स्थापत्य

Romanesque Art (स्था.) *रोमनॅस्क आर्ट :* रोमन स्थापत्य कला, रोमन स्थापत्य शैली, ग्यारहवीं और बारहवीं शताब्दी की फ्रांसीसी वास्तुकला, रोमनस्क कला

Romantic (समी.) *रोमांटिक :* रोमांचकारी, इश्किया, रूमानी, सौन्दर्यवादी, भावुक, स्वच्छन्द, कल्पना प्रधान, स्वच्छदतावादी, रंगीला

Romantic Hero (ना., फि.) *रोमांटिक हीरो :* रोमांचकारी नायक

Romantic Movement (चि.) *रोमैंटिक मूवमेंट :* स्वच्छंदतावादी आंदोलन

Romantic Mysticism (समी.) *रोमांटिक मिस्टीसिज़्म :* रोमांचकर हास्यवाद, मधुर रहस्यवाद जैसे बंगाल स्कूल में वॉश शैली में बने धुंधले चित्र

Romantic Touch (समी.) *रोमांटिक टच :* रूमानी स्पर्श, किंचित रोमांचकारी

Romanticism (क.आन्दो.) *रॅमैंटिसिज्म :* स्वच्छन्दतावाद; स्वच्छन्दतावादी धारा; (म.); सौन्दर्यवाद; बां. स्वच्छन्दतावाद; (मरा.); स्वच्छन्दतावाद वादी धारा; रूमानीवाद; रोमांसवाद, गु. रंग दर्शितावाद; उ. रोमांटी सिज़्म, रूमानीवाद, सौन्दर्यवाद, रोमांसवाद

Rome (क.इति.) *रोम :* रोम इटली की वर्तमान राजधानी

Roof (स्था.) *रूफ :* छत, दीवारों या खम्भों पर आधारित क्षेत्र

Room (स्था.) *रूम :* कमरा, दीवारों और छत से बना बन्द स्थल या स्थान, कक्ष

Roomies (समी.) *रूमीज़ :* कक्ष साझीदारों, कमरा शेयर करने वाले

Roop Bhed (समी., चि.) *रूपभेद :* रूपभेद, रूप या आकृतियों का ज्ञान (Knowledge of appearance or shapes)

Roop Lekha (पत्रि.) *रूपलेखा :* आल इंडिया फाइन आर्ट्स एंड क्राफ्ट्स सोसाइटी, दिल्ली द्वारा अंग्रेजी में प्रकाशित एक प्रतिष्ठित कला पत्रिका, जिसका शुभारंभ 1929 से हुआ

Roopak Tala (संगी.) *रूपक ताल :* सात मात्राओं की ताल

Roopkar (चि.) *रूपकार :* चित्रकार, रूप अंकित करने वाला कलाकार

Root Note (संगी.) *रूट नोट :* मूल स्वर

Root Word (समी.) *रूटवर्ड :* बीजशब्द, जन्मप्रदाता शब्द

Rorich, Nicolas (1874-1947) (चि.) *निकोलस रोरिक :* भारत में कार्यरत रूसी चित्रकार

Rose Madder (चि.) *रोज़ मैडर :* रोज़ मैडर, लाल रंग की श्रेणी का एक रंग, जो अत्यधिक गहरे रंग के गुलाब के रंग जैसा होता है

Rosin (छापा.) *रोजिन* (रोजिन डामर) : देवदार वृक्ष के रस से बना, एक्वाटिंट के लिए पाउडर के रूप में प्रयोग

Rotary Shutter (फो.) *रोटरी शॅटर :* कैमरे के लेंस का एक विशिष्ट कवच, रोटरी शॅटर

Rotunda (स्था.) *रोटुंडा :* गोल भवन

Rouf (नृ.) *रफ :* कश्मीर की एक सामूहिक नृत्य शैली

Rough (समी.) *रफ :* कच्चा रूप

Rough Layout (समी.) *रफ लेआउट :* कच्चा प्रारूप, कच्चा खाका

Roughs (समी.) *रोग्स :* बेअदबी, अशिष्टता, भद्दी बात

Roulette (छापा.) *रूलेट* (दांतेदार चक्र) : प्लेट पर बिन्दु रेखा बनाने वाला यंत्र, दस्ता लगा दांतेदार चक्र

Round Brush (क., साम.) *राउंड ब्रश :* गोल तूलिका, राउंड ब्रश

Rousseau, Henri (1844-1910) (चि.) *हेनरी रूसो :* फ्रेंच उत्तर आभासवादी चित्रकार

Rousseau, Jean Jacques (1712-1778) (चि.) *जी. जेवचे रूसो :* स्विज़ संगीत संयोजक, लेखक, दार्शनिक

Router (स्था.) *रोटर :* रंदा, खिरी

Routing (छापा.) *राऊटिंग :* पृष्ठ भूमि को साफ़ करने के लिए कलाकारों द्वारा बोले जाने वाला शब्द।

Roy, Choudhury, D.P. (1899-1975) (चि.) *देवीप्रसाद राय चौधरी :* प्रसिद्ध चित्रकार तथा मूर्तिकार, प्राध्यापक

Roy, Jamini (1887-1972) (चि.) *जामिनी राय :* प्रसिद्ध लोक कला चित्रकार

Royal (आले.) *रॉयल :* राजसी

Royalty (पत्र.) *रॉयल्टी :* रॉयल्टी, सृजनशील कार्यों का पारिश्रमिक, ग्रंथकार का प्राप्त अंश

Rubai (का.क.) *रूबाई :* उर्दू भाषा में चार लाइनों की कविता या शायरी जैसे बच्चन जी की मधुशाला की रूबाइयाँ हैं

Rubato (संगी.) *रूबैटो :* लय-विलास

Rubber (स्था.) *रबर :* नरम ईंट

Rubber hone (छापा.) *रबर होन :* मिटाने वाला एक सख्त रबर, शिला या प्लेट से एक भाग को साफ़ व मिटाने के काम आता हैं।

Rubber Pore Sponge (रू.स.) रबर से बना एक विशेष प्रकार का स्पंज

Rubble (स्था.) *रबल :* मलबा

Rubble Mixed Soil (स्था.) *रबल मिक्स्ड सॉएल :* कंकरीली मिट्टी

Rubens, Peter Paul (चि.) *पीटर पॉल रूबेन्स :* फ्लीमिश—जर्मन बरोक चित्रकार

Ruby (सा.ज्ञा.) *रूबी :* माणिक, एक प्रकार का रत्न

Rudra Veena (संगी., वा.यं.) *रुद्र वीणा :* एक भारतीय तंत्री वाद्य

Ruffles (फै.) *रफल :* झालर

Rukmini (नृ.) *रुक्मिणी :* भगवान श्रीकृष्ण की पत्नी

Rule (पत्र.) *रूल :* लेटर प्रेस की छपाई में लाइन छापने के लिए प्रयुक्त एक पीतल की पत्ती

Run (समी.) *रन :* फ़िल्म अवधि, फ़िल्म कथा का समय

Running of Ink (अभि.) *रनिंग ऑफ़ इंक :* स्याही फैलना

Running Stitch (फै.) *रनिंग स्टिच :* एक किस्म का टांका, जो हाथ से कपड़े के बाहर किया जाता है

Running Times (ना.) *रनिंग टाइम :* मंच अभिनय अवधि

Runway (फै.) *रन वे :* मॉडलिंग का स्टेज

Rupam (पत्रि.) *रूपम :* इंडियन सोसाइटी ऑफ़ ओरियंटल आर्ट, कलकत्ता द्वारा प्रकाशित अंग्रेजी भाषा में कला की एक उत्कृष्ट पत्रिका जिसका शुभारंभ 1920 में हुआ जिसके सम्पादक ओ. सी. गांगोली थे।

Rural (आले.) *रूरल :* ग्रामीण, गवई

Rush (फि.) *रश :* एक दिन की फ़िल्म शूटिंग के कुछ टुकड़ों या अंशों को देखना या निरीक्षण करना

Rush (पत्र.) *रश :* समाचार सामग्री शीघ्र छापने का निर्देश-शब्द

Rush Story (पत्र.) *रश स्टोरी :* अन्तिम क्षणों में प्रकाशनार्थ प्राप्त महत्त्वपूर्ण समाचार

Rushing (फै.) *रूशिंग :* पूर्ण निर्धारित, परिपूर्णता के नियंत्रण सीवन इकट्ठा, एक समानांतर करने के लिए, संगत करने के लिए या एक सीवन के दोनों पक्षों पर रिलीज करने के लिए इकट्ठा करना

Ruskin, John (1819-1900) (चि.) *जॉन रॅस्किन :* ब्रिटिश कला आलोचक, चित्रकार

Russian *रशियन :* रूस के नागरिक, रूसी, रूस की भाषा

Rust *रॅस्ट :* जंग, एक प्रकार का रंग का शेड

Rust Print (फि.) *रश प्रिंट :* फौरी प्रिंट

Rust stain *रॅस्ट स्टेन :* जंग दाग

Rustic (समी.) *रस्टिक :* देहाती, गवांरू, अपरिष्कृत, ग्रामी

Rusticated Masonry (स्था.) *रॅस्टीकेटेड मेस्नरी :* जालीदार चिनाई

S

S. Balachandra (1927-1990) *एस. बालाचन्द्र :* पद्मभूषण सम्मान से सम्मानित प्रसिद्ध वीणा वादक

S.D. Buman (1906-1975) (फि.) *सचिन देव बर्मन :* हिन्दी सिनेमा के प्रथम संगीतकार जिन्होंने शास्त्रीय, लोक और लोकप्रिय सुगम संगीत तीनों के सम्मिश्रण से अपनी फ़िल्में सजाई 'गाइड', 'प्यासा', 'कागज के फूल', 'देवदास', 'सुजाता', 'बंदिनी' आदि प्रमुख फ़िल्में

S.L.R. Camera (फो.) *एस.एल.आर. कैमरा :* एक विशेष प्रकार का कैमरा

S.P. Gupta (1931-2007) (संग्र.वि.) *स्वराज प्रकाश गुप्ता :* भारत के प्रतिष्ठित पुरातत्ववेत्ता तथा संग्रहालय विद जिन्होंने अयोध्या की बाबरी मस्जिद के अवशेषों में खोज कार्य किया।

Sa (संगी.) *सा :* षड्ज स्वर की वाचक संज्ञा

Sable Hair Brush (क., साम., चि.) *सेबेल हेयर ब्रश :* नरम बालों का ब्रश, नेवले की प्रजाति के एक जानवर के बालों से बना ब्रश या तूलिका

Sachi (नृ.) *साची :* नृत्य में बाएँ कोने की तरफ देखने की मुद्रा

Sacred Dance (नृ.) *सेक्रेड डांस :* धार्मिक नृत्य, धर्मोत्सव नृत्य

Sadang (समी.) *षडंग :* भारतीय कला के आधारभूत छ: अंग, चित्रकला के प्राचीन भारतीय सिद्धान्त, ये छ: अंग हैं—रूप भेद, प्रमाण, भाव, लावण्य, सादृश्य, वार्णिका भंग

Saddle Stitch (फै.) *सैडल स्टिच :* एक सजावटी टाँका, जो रंगीन धागों के साथ किया जाता है।

Sadrashya (समी., चि.) *सादृश्य :* यथावत चित्रण-सूत्र चित्र कला के आधारभूत छ: अंगों में से एक

Sadwelkar, Baburao (1928-2000) (चि.) *बाबूराव सदवेलकर* : चित्रकार

Safe Light (फो., अभि.) *सेफ लाइट :* निरापद प्रकाश

Saffron (पा.क.) *सैफरान :* केसर

Sagger (पुरा.) *सेगर :* आंवां, भट्टी

Saheb Deen (चि.) *साहेबदीन :* मेवाड़ी शैली का एक दरबारी चित्रकार

Sahitya Kala Parishad *साहित्यकला परिषद :* दिल्ली सरकार की कला और सांस्कृतिक विकास के लिए गठित एक संस्था

Saila (नृ.) *सैला :* मध्य प्रदेश का एक लोकनृत्य

Saivik (नृ.) *शैविक :* भगवान शिव के भक्त, शिव सम्प्रदाय

Saka (संगी.) *साका :* हरियाणा की लोक गीत शैली

Sakal (पत्र.) *साकाल :* पुणे (महाराष्ट्र) से प्रकाशित मराठी भाषा का एक दैनिक समाचार-पत्र

Saket (का.क.) *साकेत :* राष्ट्रकवि मैथिली शरण गुप्त की महान काव्य रचना, जिसका विषय है लक्ष्मण जी की प्रिय पत्नी उर्मिला की व्यथा-कथा, जिसका कारण था अपने भाई राम के साथ लक्ष्मण जी का भी चौदह वर्षों का वनवास, जब वे अपनी पत्नी उर्मिला से अलग रहे।

Sakshi (पत्र.) *साक्षी :* हैदराबाद से तेलुगु भाषा में प्रकाशित एक दैनिक समाचार-पत्र

Sakunakhar (संगी.) *सकुनाखर :* उत्तराखंड (कुमायूँ) में गाया जाने वाला मंगल गीत

Sales Pramotion (विज्ञा.) *सेल्स प्रमोशन :* बिक्री संवर्धन, उत्पाद की बिक्री बढ़ाने की नीति, बिक्री संवर्धन योजना

Salon (रू.स.) *सैलून* : एक ऐसी स्थापना जहाँ एक नाई, ब्यूटीशियन या क्यूटरियर व्यापार करता है।

Salon (क.इति., समी.) *सैलो :* सैलून, प्रदर्शनी कक्ष, फ्रांस की राष्ट्रीय वार्षिक कला प्रदर्शनी

Salon Des Refuses (नृ.) *सैलो द रिफ्यूजे :* सैलून देस रिफ्यूजेस, फ्रांस में सन् 1863 की वार्षिक कला प्रदर्शनी में अस्वीकृत कलाकृतियों की अलग प्रदर्शनी के सम्बन्ध में प्रयुक्त

Saloon (रू.स.) *सैलून :* श्रृंगार स्थल, श्रृंगारालय, श्रृंगार कार्यालय, महिलाओं/पुरुषों के सजने-सँवरने की दुकान का सुविधास्थल

Salutatorian (स्था.) *सेल्यूटोरियम :* अभिवादन स्थल, प्रार्थना कक्ष

Sam (संगी.) *सम :* ताल की पहली मात्रा

Sama (संगी.) *साम :* गायन की वैदिक संज्ञा

Sama (नृ.) *साम :* नर्तक द्वारा सीधे सामने देखने की मुद्रा

Sama Chakwa (नृ.) *समाचकवा :* बिहार का एक लोकनृत्य

Samant, Mohan (1924-2004) (चि.) *मोहन सामंत :* चित्रकार

Samayi (नृ.) *समाई :* गोवा प्रदेश का एक लोकनृत्य

Samba (नृ.) *साम्बा :* एक मैक्सिकन नृत्य शैली

Sambalpuri (नृ.) *सम्बलपुरी :* उड़ीसा की एक नृत्य विधा

Sambalpuri Sari (नृ.) *सम्बलपुरी साड़ी :* उड़ीसा प्रान्त के सम्बलपुर क्षेत्र में हाथ से बनी साड़ी

Sambar (पा.क.) *सांभर :* दाल से बना एक दक्षिण भारतीय व्यंजन, सांभर

Samkaleen Kala (पत्रि.) *समकालीन कला :* ललित कला अकादमी, दिल्ली द्वारा प्रकाशित हिन्दी भाषा की एक छमाही कला पत्रिका

Samosa (पा.क.) *समोसा :* आलू और मैदे से बना एक नमकीन व्यंजन

Sample (फै.) *सेम्पल :* परिधान उत्पादन से पहले एक उदाहरण के रूप में तैयार किया गया नमूना

Samrangan Sutradhar (शि.) *समरांगण सूत्रधार :* परमार शासक भोज द्वारा ग्यारहवीं शताब्दी में रचित एक शिल्प ग्रंथ

Samurai (समी.) *समुराई :* जापानी शूर वीर योद्धा

Samvadi (संगी.) *संवादी :* वादी स्वर के पश्चात राग में प्रयुक्त दूसरा महत्त्वपूर्ण स्वर

Sànchi Stupa (क.इति.) *साँची स्तूप :* साँची का स्तूप

Sanctum (स्था.) *सैकंटम :* गर्भ गृह

Sand Art (उप.क.) *सैंड आर्ट :* रेत कला, बालू से बनी कलाकृति, बालू कलाकारी

Sand Cloth (ना.) *सैंड क्लॉथ :* मार्ग पट

Sand Lime Brick (स्था.) *सैंड लाइम ब्रिक :* रेत-चूने की ईंट

Sand Stone (मू.) *सैंड स्टोन :* बलुआ पत्थर,

Sandesh (पा.क.) *संदेश :* एक बंगाली मिष्ठान्न, सन्देश

Sandi Kutti (नृ.) *सान्दी कुट्टू :* गीतात्मक शास्त्रीय नृत्य

Sandwich (पा.क.) *सैंडविच :* ब्रेड के दो टुकड़ों के बीच मक्खन कैचॅप, सब्जी आदि रखकर खाने का एक कच्चा व्यंजन

Sangat (संगी.) *संगत :* अवनद्य एवं अन्यवाद्यों का अनुगामी रूप से वादन

Sangeet (संगी.) *संगीत :* गीत, वाद्य एवं नृत्य की सम्मिलित संज्ञा

Sangita Melam (नृ.) *संगीत मेलम :* संगीत सम्मेलन

Sanity (समी.) *सेनिटी :* मानसिक स्वास्थ्य, ज़हनी तन्दुरुस्ती

Sansar Chand (Maharaja) (1765-1824) (क.इति.) *संसार चन्द 'महाराजा' :* कांगड़ा के राजा संसार चन्द कांगड़ा शैली के अत्यन्त महत्त्वपूर्ण संरक्षक थे, जिन्होंने अपने राज्य में अनेक चित्रकारों को प्रश्रय दिया, जिस कारण आज पहाड़ी शैली के चित्रों में कांगड़ा सर्वोपरि है। इस शैली के प्रसिद्ध चित्रकारों में पंडित स्यू (शिव) तथा उसके दो पुत्र नयन सुख और मनकू श्रेष्ठ थे।

Sant Dhyaneshwar (का.क.) *सन्त ध्यानेश्वर :* 21 वर्षीय सन्त ध्यानेश्वर, ज्ञानेश्वर, ज्ञानदेव और ध्यान देव नामों से विख्यात 13वीं-14वीं शताब्दी के मराठी संत जो कवि, दार्शनिक तथा नाथ सम्प्रदाय के योगी भी थे।

Sant Ramdas (का.क.) *सन्त रामदास :* महाराष्ट्र में 17वीं शताब्दी के प्रसिद्ध आध्यात्मिक कवि जिन्हें अद्वैत वेदान्ती के लिए मुख्यत: जाना जाता है।

Sant Tukaram (निधन 1650) (का.क.) *सन्त तुकाराम :* भक्त तुकाराम, तुकाराम महाराज तुकोबा नामों से विख्यात एक 17वीं शताब्दी में महाराष्ट्र में भक्ति सम्प्रदाय के हिन्दू कवि थे।

Santoor (संगी.) *सन्तूर :* कश्मीर का प्रचलित एक तंतु वाद्य, जो शास्त्रीय रूप से भी बजाया जाता है।

Santosh, G.R. (1929-1997) (चि.) *गुलाम रसूल सन्तोष :* एक भारतीय तंत्र चित्रकार

Sanyal, B.C. (1902-2003) (चि., मू.) *भवेश चन्द्र सान्याल :* पाकिस्तान से विस्थापित चित्रकार

Sanyal's Studio (क.इति.) *सान्याल स्टूडियो :* लाहौर में चित्रकार भावेश चन्द्र सान्याल की चित्रशाला

Sap Green (चि.) *सैप ग्रीन :* एक प्रकार हरा रंग

Sapota (पा.क.) : चीकू

Saptak (संगी.) *सप्तक :* संगीत के सात मूल स्वरों की समष्टि

Sara Bhoji II (1797-1833) (सं.क.) *सारा भोजी 2 :* तन्जौर चित्र शैली के महान पोषक जिनके राज्यकाल में सर्वाधिक चित्र रचे गए

Sarangi (संगी.) *सारंगी :* गज से बजाया जाने वाला तंत्री वाद्य

Saraswati (क.इति.) *सरस्वती :* सभी ज्ञान, संगीत, कला और विज्ञान की हिन्दू देवी, जिनका प्रिय वाद्य यंत्र वीणा है। कलाकारों की विशेष आराध्य देवी

Saraswati Veena (संगी.) *सरस्वती वीणा :* एक कर्नाटक प्रदेश का तंत्री वाद्य

Sarcophagus (पुरा.) *सारको फोगस :* एक ग्रीक शब्द, जो पत्थर की कला के लिए प्रयुक्त होता है, पाषाण शव-पेटिका, प्रस्तर शव पेटी

Sarhul (नृ.) *सरहुल :* झारखंड का एक लोकनृत्य

Sarinda (संगी.) *सरिंदा :* लोक संगीत में प्रयुक्त एक प्रकार का तंत्री वाद्य

Sarlamkai (नृ.) *सरलमकई :* मिज़ोरम प्रदेश का एक लोकनृत्य

Sarod (संगी.) *सरोद :* एक प्रकार का तंत्री वाद्य

Sarveshwar Dayal Saxena (1927-1983) (का.क.) *सर्वेश्वर दयाल सक्सेना :* हिन्दी भाषा के आधुनिक कवि तथा साहित्य अकादमी से पुरस्कृत

Sash (स्था.) *सश :* चौखट

Satellite Broad Casting (पत्र., टी.वी.) *सेटालाइट ब्राडकास्टिंग :* उपग्रह प्रसारण, दूर देशों तक प्रसारण के लिए अन्तरिक्ष में स्थापित उपग्रहों की सहायता से प्रसारण

Satire (समी., साहि.) *सटायर :* व्यंग्य, हँसी उड़ाना, उपहास

Satiric Comedy (ना.) *सटायरिक कॉमेडी :* व्यंग्य-सुखांतक, व्यंग्यपूर्ण सुखांत-नाटक

Satiric Drama (ना.) *सटायरिक ड्रामा :* व्यंग्य-नाटक, व्यंगात्मक नाटक

Satish Gujral (1925-2020) (चि.) *सतीश गुजराल :* एक प्रसिद्ध भारतीय चित्रकार, मूर्तिकार, स्थापत्यकार तथा भित्ति कलाकार

Satsai (का.क.) *सतसई :* मुक्तक काव्य की एक विशिष्ट विधा, सात सौ से अधिक दोहों का संग्रह, वह काव्य जिसमें 700 या अधिक छंद हों जैसे बिहारी महाकवि की सतसई

Sattriya (नृ.) *सत्रिया (नृत्य) :* आसाम (उत्तरी-पूर्वी भारत) का एक प्रसिद्ध और लोकप्रिय पारम्परिक लोकनृत्य

Sattvika Abhinaya (नृ., ना.) *सात्विक अभिनय :* कलाकार द्वारा विभिन्न मानसिक दशाओं के अभिनय द्वारा व्यक्त करना

Saturation (समी.) *सेचुरेशन :* संतृप्ति, घनीभूत (रंग.)

Satyajit Ray (1921-1992) (सिने.) *सत्यजीत राय :* विख्यात बांग्ला फ़िल्म निर्माता, निर्देशक, कहानी लेखक, कलानिर्देशक तथा आलोचक। प्रसिद्ध प्रतिनिधि फ़िल्म 'पाथेर पंचाली', 'अपराजितो', 'अपूरसंसार' भारत के सर्वोच्च राष्ट्रीय सम्मान 'भारतरत्न' से सम्मनित

Sauce (पा.क.) *सॉस :* चटनी

Sausage (पा.क.) *सॉसेजेस :* शूकर के पिसे माँस से बना एक पकवान

Savan (सा.ज्ञा.) *सावन* या ***Sravan*** *श्रावण :* जुलाई से आरम्भ होने वाला हिन्दी महीना

Savari (नृ.) *सवारी :* उड़ीसा प्रान्त का एक लोकनृत्य

Sawala (चि.) *सांवला :* बादशाह अकबर का दरबारी चित्रकार

Sawant S. Raja (चि.) (1699-1764) *सावंत एस. राजा :* 1748-57 तक शासक रहे सावंत सिंह का वैष्णव नाम नागरी दास था। किशनगढ़, अजमेर, राजस्थान के राजा सावंत सिंह स्वयं एक सिद्ध कवि तथा कला संरक्षक थे जो नागरी दास के उपनाम से साहित्य जगत में प्रसिद्ध हैं। इन्हीं के शासनकाल में इनके प्रमुख दरबारी चित्रकार निहालचन्द ने विश्व प्रसिद्ध अमर कृति बनी ठनी को सन् 1750 में रचा था।

Sawlakin (नृ.) *सालाकिन :* मिज़ोरम प्रदेश का एक लोकनृत्य

Saxophone (संगी.) *सेक्सोफोन :* एक पाश्चात्य सुषिर वाद्य

Scabellum (स्था.) *स्कैबी लम :* ऊँची चौकी, उच्च पीठ

Scagliola (मू., स्था.) *स्कैगलियोला :* नकली संगमरमर, कृत्रिम संगमरमर

Scalding (पा.क.) *स्कॉल्डिंग :* तीखा

Scale (समी.) *स्केल :* पैमाना, अनुपात, आकारानुपात

Scale Drawing (चि.) *स्केल ड्राइंग :* माप आरेख

Scallops (पा.क.) *स्कैलप्स :* पका हुआ आलू

Scalpel (सा.ज्ञा.) *स्केलपॅल :* चिकित्सक की छुरी

Scanner (विज्ञा.) *स्केनर :* आलेख या चित्र छवि को कम्प्यूटर तकनीक से और उन्नत रूप में प्रस्तुत करने का यंत्र

Scanner (पत्र., फो.) *स्कैनर :* एक फ़ोटो उपकरण

Scarlet Red (चि.) *स्कारलेट रेड :* एक प्रकार का गहरा लाल रंग

Scenario (पत्र.) *सीनैरियो :* परिदृश्य, स्थिति-दृश्य, दृश्य पटल

Scene (फि., ना.) *सीन :* फ़िल्मी दृश्य, कथा दृश्य, दृश्य, नज़ारा, नाट्य अंश

Scene Designer (ना., फि.) *सीन डिज़ाइनर :* दृश्य निर्माता, दृश्य संकल्पक, दृश्य संयोजक/रचनाकार

Scene Dock (ना.) *सीन डॉक :* उपकरण-स्थल

Scene Plot (ना.) *सीन प्लॉट :* दृश्य सारणी, दृश्य-विवरणी

Scenery (चि., ना.) *सीनरी :* दृश्यावली, प्राकृतिक दृश्य, मंच सज्जा

Scenic Artist (फि.) *सीनिक आर्टिस्ट :* दृश्य सर्जक दृश्य विधाता

Scenic Painting (चि., ना.) *सीनिक पेंटिंग :* मंचानुरूपी चित्रण, नाट्य-मंच सज्जा चित्रावली, मंच सज्जा के लिए प्रयुक्त चित्र

Schedule (समी.) *शेड्यूल :* अनुसूची, शेड्यूल

Schedule of Retention Categories (अभि.) *शेड्यूल ऑफ़ रिटेंशन कैटेगरीज :* धारण संवर्ग अनुसूची

Scheduling (विज्ञा.) *शेड्यूलिंग :* विज्ञापन जारी करने की अवधि/समय सीमा

Schematics Design (स्था.) *स्कीमेटिक डिज़ाइन :* योजनबद्ध डिज़ाइन, क्रमानुसार कार्य आलेख

Schnitzel (पा.क.) *स्कनीज़ेल :* एक प्रकार का कटलेट

Scholar (समी.) *स्कॉलर :* विद्यानुरागी, मर्मज्ञ, विद्वान, वृत्तिछात्र

Scholarship (समी.) *स्कॉलरशिप :* शोधवृत्ति

School (क.इति., समी.) *स्कूल :* विचारधारा, कलावर्ग, शैली, वाद, कलम, सम्प्रदाय, शाखा, विचार शाखा

School of Painting (समी., चि.) *स्कूल ऑफ़ पेंटइंग :* चित्रकला शैली, चित्रकला शाखा

School of Paris (समी.) *स्कूल ऑफ़ पेरिस :* देखिये—पेरिस स्कूल

Science of Colours (क.समी.) *साइंस ऑफ़ कलर्स :* रंग विज्ञान, वर्ण विज्ञान, वैज्ञानिक रंग-ज्ञान, वैज्ञानिक वर्ण शास्त्र, वर्ण विज्ञान, वैज्ञानिक रंग-ज्ञान, वैज्ञानिक वर्णशास्त्र

Scientific Attitude (पत्र.) *साइंसटिफिक एटीट्यूड :* वैज्ञानिक नज़रिया, विज्ञान सम्मत दृष्टिकोण, विज्ञान परक, स्वभाव

Scimitar (पुरा.) *सिमिटर :* तलवार, खड्ग, शमशीर

Scissors (रू.स.) कैंची बाल काटने और उन्हें व्यवस्थित रूप देने के लिए अनेक प्रकार की कैंचियाँ प्रयुक्त होती हैं

Scissors Truss (स्था.) *सीज़र्स ट्रस :* कैंची

Sconce (स्था.) *स्कान्स :* चिरागदान, दीवार गीर

Scoop (पत्र.) *स्कूप :* अति विशिष्ट समाचार जो किसी अन्य समाचार-पत्र में न प्रकाशित हुआ हो

Score (फि.) *स्कोर :* संगीत अंश, फ़िल्म का सांउड ट्रैक पर रेकार्ड किया हुआ संगीत अंश या टुकड़े

Score (संगी.) *स्कोर :* प्रबंधलेख, प्रबंधक पाठ

Scottish *स्कॉटिश :* स्काटलैंड के नागरिक

Scraper (छापा.) *स्क्रेपर (खुरचनी) :* तिकोना तेज धार वाला धातु औजार, धातु सतह पर उत्कीर्णन या ड्राई पाइंट से उभरे अवांछनीय खुरदुरेपन को साफ़ करने के लिए या सुधार के लिए प्रयुक्त। लिथोप्रेस में चमड़े से ढका एक पतला लकड़ी का टुकड़ा।

Scraper Board (समी.) *स्क्रेपर बोर्ड :* कागजी गत्ते पर मोम का एक विशिष्ट लेप, जिसपर स्याही से बने चित्रांकन पर नुकीले होल्डर से खरोंचकर चित्र उकेरा जाता है।

Scrawl (चि., सामा.) *स्क्रौल :* घसीट लिखावट, अस्पष्ट लिपि

Scream (संगी.) *स्क्रीम :* भययुक्त क्रन्दन

Screen (क., साम., चि.) *स्क्रीन :* चित्रित यवनिका, विभाजक पटचित्र, स्क्रीन का पर्दा/सिने पट, प्रोजक्टर से दिखाई जाने वाली फ़िल्म छवि का पट (छवि पट), स्क्रीन

Screen Acting (फि.) *स्क्रीन ऐक्टिंग :* फ़िल्मी अभिनय, टी.वी. या सिनेमा के लिए अभिनय

Screen Painting (चि.) *स्क्रीन पेंटिंग :* पर्दा चित्र, विभाजक पट-चित्र

Screen Play (फि.) *स्क्रीन प्ले :* पटकथा, सामान्य कहानी को फ़िल्माने के लिए विशेष रूप से तकनीकी ढंग से तैयार की गई नाटकीय कहानी

Screen Printing (छापा.) *स्क्रीन प्रिंटिंग :* देखिये— Serigraph

Screen Shot (फो.) *स्क्रीन शॉट :* पटछाया चित्र, स्कीन चित्र, सिनेमा या टेलीविजन के पर्दे से लिया गया फ़ोटो चित्र

Screen Test (फि.) *स्क्रीन टेस्ट :* सिने परीक्षण, स्क्रीन टेस्ट, फ़िल्म निर्माण के मध्य उत्पन्न होने वाली अनेक अग्रिम समस्याओं के निवारणार्थ अग्रिम परीक्षा। प्राय: ये परीक्षा फ़िल्म के मुख्य पात्र (अभिनेता और अभिनेत्रियों) को देनी पड़ती है।

Screen Time (फि.) *स्क्रीन टाइम :* फ़िल्म अवधि, फ़िल्म देखने का पूरा समय

Screen writer (फि.) *स्क्रीन राइटर :* पटकथा लेखक, फ़िल्म का कहानीकार

Script (फि., ना., समी.) *स्क्रिप्ट :* आलेख, पांडुलिपि, पटकथा का सूत्राधार

Script Writer (समी.) *स्क्रिप्ट राइटर :* पटकथा लेखक, पटकथाकार, फ़िल्म की कहानी लेखक

Scroll (चि.) *स्क्रोल :* खर्रा, कुंडल

Scroll Painting (चि.) *स्क्रोल पेंटइंग :* खर्रा-चित्र, कुंडल-चित्र, कुंडल-चित्रण, कुंडली-चित्र, पट-चित्र, पट-चित्रण, खर्रा-चित्रण, कथा-चित्र

Sculpting (मू.) *स्कल्पटिंग :* शिल्पांकन, मूर्ति बनाना

Sculptor (मू.) *स्कल्पटर :* मूर्तिकार, शिल्पी, बुततराश, संगतराश

Sculpture (क.इति.) *स्कल्पचर :* मूर्ति, प्रतिमा, मूर्ति शिल्प; बां. मूर्तिकला; मरा. मूर्ति शिल्प; गु. शिल्प, उ. बुत, मुजस्सेमा साज़ी, बुत तराशी

Sculpture Garden (मू.) *स्कल्पचर गार्डेन :* मूर्ति शिल्प उद्यान, शिल्प वाटिका, प्राकृतिक शिल्प प्रदर्शन क्षेत्र, मूर्ति उद्यान में प्राय: यहाँ छोटे आकार की मूर्तियाँ प्रदर्शित की जाती है, स्कल्पचर गार्डेन

Sculpture Painting (मू.) *स्कल्पचर पेंटइंग :* निम्न उद्भूत कला

Sculpture Park (स्था.) स्कल्पचर पार्क : मूर्ति शिल्प उद्यान, उद्यान जिसमे मूर्तियाँ सजी हों

Sculptured Figure (पुरा.) *स्कल्पचर्ड फिगर :* तक्षित आकृति, तक्षित मूर्ति

Sculpturesque (समी.) *स्कल्पचरस्क :* मूर्तिवत

Scumbling (चि.) *स्कम्बलिंग :* रंग चढ़ना, पुचारा लगाना, पुचारा पद्धति, स्कम्बलिंग

Sea Blue (चि.) *सी ब्ल्यू :* एक प्रकार का समुद्र जल, जैसे नीले वर्ण का रंग

Sea food (पा.क.) *सी फूड :* समुद्री भोजन

Sea of Galliee (इति.) *सी ऑफ़ गेली :* उत्तरी इज़राइल का समुद्री भाग जहाँ ईसा समुद्र के जल पर चले थे।

Sea Scape (चि.) *सी स्केप :* सागर चित्रांकन, समुद्री कला, सागर दृश्य, समुद्री दृश्य चित्र, समुद्र तथा उसके आसपास के दृश्यों के चित्र

Seam (फै.) *सीम :* चिन्ह, सिलाई, स्तर, तह

Seam Allowance (फै.) *सीम अलाउंस :* सीवन गुंजाइश, सीवन मार्जिन, सीवन छूट

Search and Reference Work (अभि.) *सर्च एंड रिफ्रेंस वर्क :* खोज तथा सन्दर्भ कार्य

Seated Image (पुरा.) *सीटेड इमेज :* आसीन मूर्ति, बैठी मुद्रा की मूर्ति

Seating Plan (ना.) *सीटिंग प्लान :* दर्शकों की बैठने की व्यवस्था

Second Lead (पत्र.) *सेकेंड लीड :* समाचार-पत्र में प्रमुख समाचार के बाद नम्बर दो का महत्त्वपूर्ण समाचार

Secondary Colour (चि.) *सेकंडरी कलर :* गौण वर्ण, द्वितीयक रंग

Secret (अभि.) *सीक्रेट :* गुप्त

Secret, Top (अभि.) *सीक्रेट, टॉप :* परम गुप्त

Sectional Sofa (ग्र.स.) *सेक्शनल सोफा :* विभिन्न आकारों और साइजों में बने सोफे जिन्हें इच्छानुसार अपनी पसंद से सजाया जा सकता है

Secular Drama (ना.) *सेकुलर ड्रामा :* धर्म निरपेक्ष नाटक

Seductive (Shidy) (समी.) *सेडेक्टिव :* मोहक (ढीला)

Seed Information (समी.) *सीड इंफार्मेशन :* सूत्र सूचना, बुनियादी खबर

Seersucker (फै.) *सीर्सकर :* उभरी हुई धारियों वाला कपड़ा

Segment Excavation (पुरा.) *सेगमेंट एक्सकेवेशन :* सेगमेंट उत्खनन, जमीन से पुराने सामान को हटाना या जीमन खोदना

Sehagl, Amar Nath (1922-2007) (मू.) *अमरनाथ सहगल :* मूर्तिकार

Seizing (छापा.) *सिजिंग :* कागज या कपड़े के छिद्रों को बन्द करने वाला लेसदार या सरेस मय द्रव्य।

Sekos (स्था.) *सीकोस :* गर्भगृह, मन्दिर के अन्दर का भाग जहाँ मूर्तियाँ स्थापित होती हैं

Selabhadoni (नृ.) *सेलाभदोनी :* मध्य प्रदेश का एक लोकनृत्य

Selalarki (नृ.) *सेलालार्की :* मध्य प्रदेश का एक लोकनृत्य

Select Group (नृ.) *सेलेक्ट ग्रुप :* नृत्य निर्देशक द्वारा चुने गए नर्तक

Self makeup (रू.स.) *सेल्फ मेकअप :* आत्म-शृंगार, स्वयं किया जाने वाला मेकअप

Self Portrait (समी.) *सेल्फ पॉर्ट्रिट :* आत्मचित्र, स्व-रूपचित्र, आत्म-रूपचित्र, स्वचित्रण; बां. आत्मचित्र, स्व-प्रतिकृति; मरा. स्वचित्र; गु. आत्मचित्र; उ. अपनी तसवीर; अपना खाका

Self Struggle (क.समी.) *सेल्फ स्ट्रगल :* आत्म संघर्ष, खुद जूझना, आत्म प्रयास

Self Trained Artist (समी.) *सेल्फ ट्रेंड आर्टिस्ट :* स्वयं प्रशिक्षित कलाकार, स्वतः स्फूर्त कलाकार, स्व निर्मित कलाकार, वह कलाकार जिसमें स्वयं अनुभव व अध्ययन कर एक कुशल कलाकार बना हो, बिना किसी गुरु, स्वतः से सीखे कलाकार

Selvage (फै.) *सेल्विज :* कपड़े की गोट, कपड़े का किनारा

Semi Abstract (समी.) *सेमी ऐब्स्ट्रैक्ट :* अल्प अमूर्त, अर्ध अमूर्त

Semi Naturalistic Art (समी.) *सेमी नेचुरलिस्टिक आर्ट :* अर्ध यर्थाथवादी कला, अल्प प्रकृतिवादी कला, अर्ध नैसर्गिक कला

Semi Nude (समी.) *सेमी न्यूड :* अर्द्ध नग्न, आंशिक निर्वसन

Semi Permanent (रू.स.) *सेमी परमानेंट :* अर्द्ध स्थाई

Semi Realistic (चि.) *सेमी रियलिस्टक :* अर्द्ध यथार्थवादी, आधा या आधे से कम, यथावत कला शैली

Seminar (पत्र., समी.) *सेमिनार :* विचार गोष्ठी, विद्वजन सम्मेलन, विषय विशेष पर आधारित विद्वानों की वार्ता

Semiotics (समी.) *सेमियोटिक्स :* सांकेतिकता

Semitone (संगी.) *सेमीटोन :* अर्धस्वरीय

Semplice (संगी.) *सेमप्लइस :* सरल

Sen, L.M. (1898-1954) (चि.) *ललित मोहन सेन :* वॉश शैली के चित्रकार

Senior Artist (समी.) *सीनियर आर्टिस्ट :* ज्येष्ठ कलाकार

Sensational (समी.) *सेंसेशनल :* उत्तेजना पूर्व सनसनी प्रधान

Sense of Humour (समी.) *सेंस ऑफ़ ह्यूमर :* हास्य अभिरुचि, विनोद वृत्ति

Sensitive/Artist *सेन्सटिव/आर्टिस्ट :* भावुक कलाकार, संवेदनशील कवि/कलाकार

Sensitivity (समी.) *सेन्सटिविटी :* संवेदनशीलता, महसूस करने की क्षमता

Sensory Responses (समी.) *सेंसरी रिस्पॉन्स :* संवेदी प्रतिक्रियाएँ

Sensual Song (संगी.) *सेंसुअल सॉन्ग :* कामुक गीत

Sensualism (समी.) *सेंसुअलिज्म :* इन्द्रियवाद

Sensuality (समी.) *सेंसुअल्टी :* कामुकता, सेक्स के प्रति रुझान

Sensuous (समी.) *सेन्सुअस :* ऐन्द्रिय

Sensuous Pleasure (समी.) *सेन्सुअस प्लेजर :* एन्द्रिय सुख

Sentiment (समी.) *सेंटिमेंट :* मनोभाव, संवेदना : अतिकल्पना, अतिकल्पना मूलक रचना

Sentimental Play (ना.) *सेंटिमेंटल प्ले :* संवदेनात्मक नाटक

Sephoria (इति.) *सिफोरिया :* ईसा से सम्बन्धित रोमन-यहूदी नगर जिसे ईसा की माँ मैरी का पैतृक स्थान माना जाता है

Sepia (चि.) *सीपिया :* बादामी-भूरारंग, एक प्रकार का भूरा-बादामी रंग या छवि

Sepphoris (इति.) *सिफ्फोरिस :* गेली प्रान्त में नाज़रेथ के पास बसा एक प्राचीन शहर जो रोमनकाल में राजधानी था। माना जाता है कि ईसा ने एक लम्बा समय यहाँ व्यतीत किया था

Septat (संगी.) *सेप्टेट :* सप्त वृंद

Sequel (फि., समी.) *सीक्यूल :* अनुक्रम, अगली कड़ी फ़िल्म, पुरानी फ़िल्म या प्रदर्शित हो चुकी फ़िल्म का नया अवतार या नई कड़ी की फ़िल्म उत्तर कथा, पूर्व कथा के आगे की कथा-विस्तार

Sequence (फि., टी.वी., समी., पत्र.) *सीक्वेंस :* क्रमवार दृश्य, अनुक्रम, घटना क्रम, क्रम, एक के बाद दूसरी क्रमवार घटनाओं का फ़िल्मांकन करना या वर्णन करना

Sequins (फै.) *सीक्किन :* सितारा, चमकीले खंड, वस्त्रों पर चमकीले काँच के खंड

Serene : (समी.) *सेरीन :* धवल, पवित्र, निर्मल, स्वच्छ

Serial (ना., टी.वी.) *सीरियल :* धारावाहिक समाचार-पत्र या टी.वी. पर विभिन्न श्रृंखलाओं में प्रकाशित अथवा प्रसारित कथा या नाटक

Series (समी.) *सीरीज :* माला, श्रेणी, श्रृंखला

Serigraph (छापा.) *सेरिग्राफ़ :* सिरीग्राफ़, छन्नी-छापाचित्र

Serigraphy (छापा.) *सैरीग्राफ़ी :* स्क्रीन द्वारा छपाई; साधारणतः वाणिज्यिक कला की अपेक्षा ललित कला के लिए बोला जाने वाला शब्द, सेरीग्राफ़ी, स्क्रीन प्रिंटिंग की कला, एक विशिष्ट छापाचित्रण पद्धति

Seriously (समी.) *सीरियसली :* गहनता पूर्वक, गम्भीरता से, गम्भीरता पूर्वक

Seriousness (समी.) *सीरियसनेस :* गम्भीरता

Server (पत्र.) *सर्वर :* कम्प्यूटर से सम्बन्धित विभिन्न सेवाएँ प्रदान करने वाला एक कम्प्यूटरी कृत उपकरण

Service Class *सर्विस क्लास :* सेवक

Service Duct (स्था.) *सर्विस डक्ट :* प्रमुख नाली

Service Mark (विज्ञा.) *सर्विस मार्क :* सेवा चिन्ह

Sesley, Alfred (1839-1899) (चि.) *एल्फ्रेड सिस्ले :* फ्रेंच भू-दृश्य चित्रकार

Set (ना., फि.) *सेट :* दृश्य बंध, दृश्य की वातावरणीय सजावट

Set Dressing (ना., फि.) *सेट डिज़ाइनिंग :* सेट-ड्रेसिंग, दृश्यपट-विन्यास

Set Piece (ना.) *सेट पीस :* दृश्य खंड प्रयुक्त

Setting (ना.) *सेटिंग :* दृश्य विन्यास, दृश्य विधान, दृश्य सज्जा, रंग विधान, सेट लगाना

Setting Spray (रू.स.) *सेटिंग स्प्रे :* स्प्रे सेट करना मेकअपक को स्थायी बनाने के लिए एक स्प्रे

Seurat, Georges (1859-1891) (चि.) *जार्ज सुरां :* फ्रेंच चित्रकार, मानचित्रकार

Seven Notes of Music (समी.) *सेवन नोटस ऑफ़ म्यूज़िक :* सरगम

Seven, Group of (क.इति.) *ग्रुप ऑफ़ सेविन :* (क.समू.) ग्रुप ऑफ़ सेविन (पेंटर्स)

Severe Criticism (समी.) *सीवियर क्रिटिसिज्म :* तीक्ष्ण समीक्षा, तीखी आलोचना, बेधड़क चीरफाड़ करने वाली समीक्षा

Sewing (फै.) *सोइंग :* सिलाई, सीवन, कशीदा

Sex (समी.) *सेक्स :* कामवासना, काम भावना, कामुकता

Sex Appeal (समी.) *सेक्स अपील :* यौनाकर्षण, रतिवादी सौन्दर्य, रति मूलक आकर्षण

Sexuality (समी.) *सेक्सुअल्टी :* कामुकता

Sezession (क.समू.) *सेजेस्योन :* बर्लिन (जर्मनी) में सन् 1910 में स्थापित प्रगतिशील कलाकारों का एक समूह

Shabad (संगी.) *शब्द :* सिख धर्म के गुरु ग्रंथ साहिब में वर्णित निर्धारित रागों की वाणी

Shabdam (नृ.) *शब्दम :* भरतनाट्यम नृत्य का शब्दों पर आधारित तृतीय चरण

Shabeeh (चि.) *शबीह :* व्यक्ति चित्र, पोट्रेट

Shade (चि.) *शेड :* छाया, परछाई, छायाभास, रंग, रंगत, उपवर्ण

Shadow Play (ना.) *शैडो प्ले :* छायानाटक, छाया माध्यमी नाटक अनुसार गेय

Shahjahan (1592-1666) (क.इति.) *शाहजहाँ :* वर्ष 1627 से 1658 ई. भारत का एक मुग़ल शासक

Shaikh Muhammad Amir of Karaya (चि.) *शेख मोहम्मद अमीर ऑफ़ कराया :* 1740 से 1840 के मध्य कलकत्ता में ईस्ट इंडिया कालीन रची जाने वाली चित्रकला का यह श्रेष्ठ चित्रकार था। कलकत्ता के तत्कालीन मुख्य न्यायाधीश सरइम्पे की पत्नी के आदेश पर प्रकृति तथा पशु-पक्षियों के अनेक उच्च कोटि के चित्र बनाए। जिस अपने रचे चित्रों पर हस्ताक्षर करने की अनुमति थी।

Shaker (पुरा.) *शेकर :* एक प्रकार के बर्तन

Shakya Muni (क.इति.) *शाक्य मुनि :* बौद्ध धर्म के संस्थापक, बुद्ध का एक नाम

Shallow (समी.) *शैलो :* उथला, छिछला

Shami Kabab (पा.क.) *शामी कबाबा :* एक मांसाहारी भोजन, शामी कबाब

Shampoo (रू.स.) *शैम्पू :* बालों को धोने के लिए एक तरल औषधीय द्रव्य, एक प्रकार का द्रव्य रूप में साबुन

Shamshad Begum (1919-2013) (फि.) *शमशादबेगम :* भारतीय हिन्दी सिनेमा के आरम्भिक काल की एक प्रमुख पार्श्व गायिका जिसने संगीत कार नौशाद, गुलाम हैदर, एस.डी. वर्मन आदि के साथ काम किया।

Shankh (संगी.) *शंख :* मांगलिक अनुष्ठानों में प्रयुक्त एक सुषिर वाद्य

Shantam (Rasa) (समी., नृ., चि.) *शान्तम :* शान्ति भाव द्योतक

Shanty (संगी.) *सैंटी :* श्रमगान

Shape (समी.) *शेप :* आकार, शक्ल, स्वरूप,

Sharad Joshi (1931-1991) (का.क.) *शरद जोशी :* हिन्दी भाषा के प्रसिद्ध व्यंग्य कार तथा पट कथा लेखक

Sharmika Geya Mulu (संगी.) *शर्मिका गेयमुलु :* आंध्र प्रदेश का एक लोकगीत

Sharnam Mma (नृ.) *शरणम मम :* मुझे शरण में लीजिए

Sharp Colours (समी., चि.) *शार्प कलर्स :* भड़कीले रंग, दृष्टि कंटक वर्ण, तेज चमकदार रंग

Sharpness of Colours (समी., चि.) *शार्पनेस ऑफ़ कलर्स :* रंगों का चटकीलापन, भड़कीले चटक रंग

Shastriya Sangeet (नृ.) *शास्त्रीय संगीत :* नियम और आचारों पर आधारित संगीत

Shayar (का.क.) *शायर :* उर्दू भाषा का कवि, शेर लिखने या पढ़ने वाला कलाकार

Sheer (आले.) *शीर :* पारदर्शी

Shehnai (संगी.) *शहनाई :* एक सुषिर वाद्य

Shekh Jainuddin (चि.) *शेख जैनुद्दीन :* शेख जैनुद्दीन भारत में कम्पनी काल का एक श्रेष्ठ चित्रकार था, जो पटना से मुर्शिदाबाद (बंगाल) आया था।

Shekh, G.M. (1937—87 वर्ष आयु) (चि.) *गुलाम मोहम्मद शेख* : चित्रकार

Shelf (स्था.) *शेल्फ :* खाना, ताक, शेल्फ

Shell Tucks (फै.) *शैल टक :* बराबर के डिज़ाइन बनाने

Shellac (सा.ज्ञा.) *शेलॅक :* लाख

Shelving Arrangement (अभि.) *शेल्विंग अरेंज्मेंट :* ताक पर रखने की व्यवस्था

Shergil, Amrita (1913-1941) (चि.) *अमृता शेरगिल :* प्रसिद्ध महिला चित्रकार

Shigmo (नृ.) *सिग्मो :* गोवा प्रदेश का एक लोकनृत्य

Shikhara (स्था.) *शिखर :* शिखर

Shilp Gram (क., संस्था.) *शिल्प ग्राम :* शिल्पग्राम, आंचलिक कला और कलाकारों के उत्थान के लिए भारत सरकार द्वारा देश के कुछ नगरों में स्थापित शिल्प गाँव

Shilparatna (क.इति.) *शिल्परत्न :* शिल्परत्न, वास्तु कला सम्बन्धी एक ग्रंथ, जिसमें चित्रकला विषयक जानकारी भी दी गई है, जिसे सोलहवीं शताब्दी में श्री कुमार ने रचा

Shilpi (क.समू.) *शिल्पी :* कानपुर (उ.प्र.) के प्रगतिशील कलाकारों की संस्था, जिसकी स्थापना 1966 में हुई

Shilpi Chakra (क., संस्था.) *शिल्पी चक्र :* दिल्ली में पाकिस्तान से विस्थापित हुए कलाकारों की संस्था, जिसका जन्म 1949 में हुआ

Shimla Art Society (क.इति.) *शिमला आर्ट सोसाइटी :* शिमला आर्ट सोसाइटी

Shirabed (नृ.) *शिराबेद :* नृत्य में सिर की विभिन्न मुद्राएँ

Shishir Bhaduri (1889-1959) (ना.) *शिशिर भादुड़ी :* आधुनिक बांग्ला रंगमंच के प्रसिद्ध कलाकार, निर्देशक, नाट्य लेखक तथा मूक बांग्ला फ़िल्मों के लिए प्रशंसित व्यक्तित्व

Shish-mahal (स्था.) *शीश महल :* शीश महल, शीशे से बना महल, शीशे की सजावट वाला भवन

Shishya (नृ.) *शिष्य :* गुरु से प्रशिक्षण लेने वाला छात्र या छात्रा

Shiva (नृ.) *शिव :* हिन्दू धर्म में संहार के देवता तथा त्रिदेव में एक

Shivaji II (1833-1858) (चि.) *शिवाजी द्वितीय :* दक्षिण भारत में जन्मी तन्जौर चित्र कला के महान कला पोषक तथा प्रचारक शासक

Shivaji Savant (1940-2002) (ले.) *शिवाजी सावंत :* प्रख्यात मराठी उपन्यासकार तथा मूर्ति देवी पुरस्कार से विभूषित लेखक

Shloka (नृ.) *श्लोक :* पद का संस्कृति रूप

Sholey (फि.) *शोले :* 1975 में प्रदर्शित निर्माता-निर्देशक रमेश सिप्पी की एक कालजयी हिन्दी फ़िल्म

Shooting (फि.) *शूटिंग :* फ़िल्मांकन क्रिया, फ़िल्म बनाने का हिस्सा, फ़िल्मी फ़ोटोग्राफ़ी

Shopoorjee N. Bedhwar (1858-1916) (छा., चि.) *बेधवार एन. सोपोरजी :* बम्बई के प्रसिद्ध फ़ोटोग्राफ़र जिन्होंने 1890 में इंग्लैंड के लन्दन सैलून में पहली बार प्रथम पुरस्कार जीता

Shoro (स्था.) *सोरो :* (जापानी शब्द) जापानी घंटाघर

Short Cut (समी.) *शॉर्ट कट :* न्यूनतम प्रयास, लघुमार्ग

Short Film (फि.) *शार्ट फ़िल्म :* लघु फ़िल्म, कम समय अवधि की फ़िल्म, लघु चलचित्र, न्यून अवधि चलचित्र

Short Focal Lens (फो.) *शॉर्ट फोकल लेंस :* कैमरे से छायांकन-विषय की लघुतम दूरी

Short run (समी.) *शॉर्ट रन :* अल्पावधि, कम समय के लिए, लघु कालिक

Short Term (समी.) *शॉर्ट टर्म :* लघु अवधि

Shoso-in (क.इति.) *शोसो-इन :* शोसा-इन संग्रह, जापान के इम्पीरियल ट्रेजरी ऑफ़ पेंटिंग (स्थापना सन् 760 नारा काल) का कला भंडार

Shot (फि.) *शॉट :* फ़िल्मी कैमरे से फ़िल्म के किसी एक दृश्य या घटना का फ़िल्मांकन, कैमरे में फ़िल्मी दृश्य को कैद करना

Show (समी.) *शो :* प्रदर्शन, तमाशा, खेल-तमाशा

Show Business (समी.) *शो बिजनेस :* प्रदर्शन-व्यवसाय, दिखावे का धन्धा, तड़क-भड़क का व्यवसाय

Shower Cap (रू.स.) *शॉवर कैप :* शॉवर कैप (जिसे बाथ कैप भी कहा जाता है।) बालों को गीला होने से बचाने के लिए शावर या नहाते समय पहना जाने वाला एक रबर या प्लास्टिक की टोपी

Showmanship (समी.) *शोमैनशिप :* प्रदर्शन प्रवीणता, प्रदर्शन चातुर्य, दिखावा, तड़क-भड़क दिखाना

Showroom (फै., ग्र.स.) *शोरूम :* नुमाइश का घर, प्रदर्शनी हाल, उत्पाद प्रदर्शन कक्ष

Shree Krishna Kirten (समी.) *श्रीकृष्ण कीर्तन :* बंगाल में ग्रामीण क्षेत्रों का एक लोक प्रिय वैष्णव धर्म का गीत प्रधान कीर्तन जो कृष्ण कीर्तन काव्य के नाम से विख्यात है

Shriram Lagu (Dr.) (1927-2019) *डॉ. श्रीराम लागू :* मराठी तथा हिन्दी फ़िल्म अभिनेता और रंगमंचकर्मी

Shri Venkateshwar Steam Press, Bombay (सा.ज्ञा.) *श्री वेंकटेश्वर स्टीम प्रेस, बम्बई :* भारत के सबसे पुराने प्रिंटिंग प्रेस तथा प्रकाशन संस्थान में एक जिसके मालिक थे खेमराज श्रीकृष्णदास, जिन्होंने 1871 में बम्बई के मोती बाज़ार में एक छापा खाना स्थापित किया, जिसे 1880 में यह नाम दिया गया

Shrine (स्था.) *श्राइन :* मन्दिर, मठ, ईशगृह

Shring (संगी.) *शृंग :* एक सुषिर वाद्य (हार्न का भारतीय स्वरूप)

Shringaar (Rasa) (समी., नृ., चि.) *शृंगार रस :* भगवान, प्रेम और आकर्षण का द्योतक रस, इस्ट

Shruti (पत्रि.) *श्रुति :* 1983 में संस्थापित चेन्नई से प्रकाशित एक अंग्रेजी कला पत्रिका, जिसमें भारतीय संगीत तथा नृत्य विषयक सामग्री अधिक होती है

Shruti (संगी.) *श्रुति :* छोटे से छोटी ध्वनि, जो सुनी जा सके

Shuddha (संगी.) *शुद्ध :* स्वर की मूल अवस्था

Shunga (छापा.) *शुन्गा :* कामुक छापा चित्र

Shutter (फो.) *शॅटर :* कैमरे के लेंस का सुरक्षा कवच, कपाट/शॅटर

Shyam (क.इति.) *श्याम :* वर्तमान म्यामांर (बर्मा) का प्राचीन नाम, कम्बोडिया देश का प्राचीन नाम

Shyama Sangeet (समी.) *श्यामा संगीत :* बंगाल का एक जनलोकप्रिय भक्ति प्रधान लोक संगीत जो मुख्यत: हिन्दूदेवी माँ श्यामा या काली को समर्पित होता है। इसे शक्तिगीत या दुर्गा स्तुति भी कहते हैं

Sialkot Paper (क., साम.) *स्यालकोट पेपर :* स्यालकोट पेपर, स्याल कोट का बना कागज, स्यालकोट में बना ड्राइंग का कागज

Side Story (पत्र.) *साइड स्टोरी :* समाचार-पत्र में प्रकाशित मुख्य समाचार से सम्बन्धित उपकथा

Side View (चि., समी.) *साइड व्यू :* पार्श्वगत, पार्श्व दृष्टि, दाएँ या बाएँ से देखा गया दृश्य

Sienese School (क.समी.) *सिएनीज स्कूल :* सिएनीज स्कूल, सिएनी कला वर्ग, सिएना शैली, सिएना (इटली) में पूर्व नव जागरण काल की (13वीं शताब्दी) एक ईसाई कला शैली, जो 200 वर्षो तक चली

Sieno (समी.) *साइनो :* चीनी, चीन देश के सन्दर्भ में प्रयुक्त शब्द

Sifting (पा.क.) *स्टिफिंग :* छानना

Signac, Paul (1863-1935) (चि.) *पॉल सिग्नक :* फ्रेंच नव आभासवादी चित्रकार

Signature Tune (संगी.) *सिग्नेचर ट्यून :* परिचायक, कार्यक्रम की विशेष धुन, शीर्षक धुन

Signature Twine (सिने.) *सिग्नेचर ट्वीन :* टी.वी. या सिनेमा के किसी नियमित कार्यक्रम के आरम्भ में बजने वाली प्रतीकात्मक ध्वनि, परिचय ध्वनि

Significance (समी.) *सिग्नीफिकेंस :* महत्त्व

Significant Form (समी.) *सिग्नीफिकेट फॉम :* अर्थगर्मित रूप या आकार

Sikh School (क.इति.) *सिख स्कूल :* सिख चित्रकला शैली, महाराजा रणजीत सिंह के सरंक्षण में पंजाब के मैदानी क्षेत्रों में विकसित चित्रकला शैली जो पहाड़ी क्षेत्रों में भी फैली

Sikhara (स्था.) *शिखर :* भवन का उच्चतम क्षेत्र

Sikmari (नृ.) *सिकमरी :* सिक्किम प्रदेश का एक लोकनृत्य

Silambu (नृ.) *सिलाम्बू :* दक्षिण भारतीयों का मंजीरा

Silence (ना.) *साइ लेंस :* नि:शब्दता, मौन

Silent Cue (ना.) *साइलेंट क्यू :* मौन संकेत, इशारे से किया गया संकेत, गुप्त संकेत, मौन इशारा

Silent Movie (फि.) *साइलेंट मूवी :* मूक फ़िल्म, गूंगी फ़िल्म, केवल चलती फिरती तसवीरों वाली फ़िल्म

Silhouette (चि.) *सिलुएट* (फ्रेंच शब्द) : छाया चित्र

Silhouette (फै.) *सिलहॉट :* शरीर या जेब रहित परिधान के समग्र आकार पर कपड़ों की रूप रेखा

Silica Gel (फो.) *सिलीका जेल :* एक तरल रासायन, सिलिका जेल

Silk (फै., ग्र.स.) *सिल्क :* रेशम, सिल्क मूल

Silk Finish Powder (रू.स.) चेहरे पे निखार लाने के लिए एक विशेष प्रकार का कास्मेटिक पाउडर जिसके प्रयोग से चेहरे में स्वाभाविक चमक बनी रहती है

Silk Screen (छापा.) *सिल्क स्क्रीन :* सिल्क स्क्रीन, सिल्क छन्नी छापा, स्क्रीन प्रिंटिंग का दूसरा नाम

Sill (स्था.) *सिल :* देहली, गवाक्ष, लकड़ी, पत्थर या धातु में बनी देहरी

Silver Bromide (फो.) *सिल्वर ब्रोमाइड :* फ़ोटोग्राफ़ी में प्रयुक्त एक महत्त्वपूर्ण रसायन

Silver Chloride (फो.) *सिल्वर क्लोराइड :* फ़ोटोग्राफ़ी में प्रयुक्त एक महत्त्वपूर्ण रसायन

Silver Fish (अभि.) *सिल्वर फिश :* चाँदी की तरह चमकने वाला एक कीट, रजन मीन

Silver Grey (चि.) *सिल्वर ग्रे :* सिल्वर ग्रे

Silver Screen (फि.) *सिल्वर स्क्रीन :* रूपहला पर्दा, श्वेत-श्याम फ़िल्म, ब्लैक एंड व्हाइट फ़िल्म

Similarity (समी.) *सिमलेरिटी :* समाकृति, एक जैसी आकृति

Simple Form (समी.) *सिम्पल फॉर्म :* सरल आकार, सरल रूप, जिन्हें रचने में प्रशिक्षण की आवश्यकता नहीं होती

Simple Plot (समी.) *सिम्पल प्लॉट :* साधारण कथानक

Simplification (समी.) *सिम्पलीफिकेशन :* सरलीकरण, न्यूनीकरण, साधारणी करण, सुबोध गम्य बनाना

Simplified (समी.) *सिम्प्लीफाइड :* सरलीकृत

Simultaneaus Contrast (समी.) *सिमॅल्टेनॉस कॅन्ट्रास्ट :* सहकालिक वैषम्य

Simultaneous (समी.) *साइमलटेनियस :* एक साथ एक ही साथ, सहकालिक, युगपत

Simultaneous Vision (समी.) *साइमलटेनियस विज़न :* सहकालिक दृष्टि

Singari Melam (नृ.) *सिंगारी मेलम :* केरल प्रदेश की एक लोकनृत्य शैली

Singer (संगी, गा.) *सिंगर :* गायक, गवैया, गाने वाला

Singhal Dweep (क.इति.) *सिंघल द्वीप :* श्रीलंका (सीलोन) का प्राचीन नाम

Singhi Chaam (नृ.) *सिंहीछाम :* सिक्किम प्रदेश का एक लोकनृत्य

Singhtoo Dance (नृ.) *सिंहटू डांस :* हिमाचल प्रदेश का एक लोकनृत्य

Singing Styles (संगी.) *सिंगिंग स्टाइल्स :* गायन शैलियाँ, गायन के अपने तरीके गाने का ढंग

Single Act (ना.) *सिंगल एक्ट :* एकाभिनय, एकल अभिनय, एक पात्र द्वारा अभिनय, एक अंक एकांकी

Single Floor (स्था.) *सिंगल फ्लोर :* इकहरा फर्श, जोड़रहित फर्श

Single Lens Reflex Camera (फो.) *सिंगल लेंस रिफलेक्स कैमरा :* एक विशिष्ट प्रकार का कैमरा

Single Screen Theatre (फि.) *सिंगल स्क्रीन थियेटर :* इकहरे पर्दे वाला सिनेमाघर

Sink (ना.) *सिंक :* चोर दरवाजा

Sinking Curtain (ना.) : निमज्जी पर्दा

Sir Charles D' Oyle (1781-1845) ब्रिटिश शासकीय अधिकारी, चित्रकार, व्यंग्यकार तथा पटना शैली का उन्नायक संरक्षक, पटना में कमिश्नर रहे तथा लियो का प्रिंटिंग प्रेस स्थापित कर पटना शैली के चित्र बड़ी संख्या में मुद्रित किये

Siren (संगी.) *साइरन :* भोंपू

Sirmauri Nati (नृ.) *सिरमौरी नटी :* हिमाचल प्रदेश का एक लोकनृत्य

Sistine Chapel (क.इति.) *सिस्टीन चेपल :* सिस्टीन चैपल रोम (इटली) का एक विख्यात गिरजाघर, जिसकी छत पर माइकेल एंजेलो (1475-1569) ने सृष्टि रहस्य सम्बन्धी विश्व प्रसिद्ध भित्ति चित्र (1508-09) रचे थे।

Sita Ram (1781-1845) (चि.) *सीताराम :* ईस्ट इंडिया कम्पनी काल में पटना कलम का एक प्रमुख चित्रकार, लीथोग्राफ़र सर चार्ल्स डी औली (1781-1845) का सहायक छापा कर्मी

Sitar (संगी.) *सितार :* एक प्रकार का तंत्री वाद्य

Site plan (स्था.) *साइट प्लान :* स्थल योजना

Sittanvāsal Caves (क.इति.) *सित्तनवासल केव्स :* सित्तनवासल की गुफाएँ

Sitting Out Place (स्था.) *सिटिंग आउट प्लेस :* चबूतरा

Six Limbs of Indian Painting (क.समी.) *सिक्स लिम्बूस ऑफ़ इंडियन पेंटिंग :* भारतीय चित्रकला के छ: अंग

Sixty Four Arts (समी.) *सिक्सटी फोर आर्ट्स :* चौसठ कलाएँ, चौसठ कलाकर्म

Sizes of Drawing Papers (क., साम.) *साइजेस ऑफ़ ड्राइंग पेपर :* ड्राइंग पेपरों की नाप

Sizing (चि., तक.) *साइजिंग :* कैनवास पर सतह तैयार करने के लिए सरेस लगाना, सुताई करना

Sizing *साइजिंग :* आकार

Skandh (का.क.) *स्कंध :* ग्रंथ का अध्याय या भाग, जैसे नाटक का दूसरा या तीसरा स्कंध

Skeleton Setting (ना.) *स्कॅल्टन सेटिंग :* आधार दृश्य-बंध

Sketch (चि.) *स्केच :* रेखाचित्र, रेखाकृति, रूप रेखांकन, रूपाकृति, आरेख, नक्शा, रूपांकन, अविद्ध चित्र

Sketcher (चि.) *स्केचर :* रेखा चित्रकार, केवल रेखाओं से चित्र या चित्र छवि रचने वाला कलाकार।

Sketching (आले.) *स्केचिंग :* रेखांकन

Skill (समी.) *स्किल :* कौशल, दक्षता, कार्य निपुणता

Skin Tightening Treatment (रू.स.) *स्किन टाइटेनिंग ट्रीटमेंट :* शरीर की त्वचा जो प्राय: आयु के साथ ढीली हो जाती है उसे फिर से कसा बनाने के लिए प्रयुक्त उपचार, शिथिल त्वचा को कसी बनाने की चिकित्सा

Skin Tone (रू.स.) चेहरे की त्वचा का रंग दर्शाने वाला

Skirting (स्था.) *स्कॅर्टिंग :* किनारी, स्कर्टिंग, दीवार और फर्श के जोड़ को ढकने के लिए काम में लाई जाने वाली किनारी

Skit (ना.) *स्किट :* नाट्य झलकी

Sky Blue (चि.) *स्काई ब्ल्यू :* स्काई ब्ल्यू, आसमान के रंग जैसा हल्का नीला रंग

Sky Light Filter (फो.) *स्काई लाइट फिल्टर :* एक प्रकार का फ़ोटो फिल्टर, जिससे आकाशीय विद्युत को नियंत्रित किया जाता है

Slang (समी.) *स्लैंग :* देहाती बोल, गँवारू भाषा, अभद्र भाषा

Slashing (फै.) *स्लैशिंग :* कपड़े को काटने की एक कलात्मक विधि

Slick (समी.) *स्लीक :* चिकना

Slipper Chair (ग्र.स.) *स्लिपर चेयर :* बिना हत्थे की छोटी कुशन युक्त कुर्सी

Slogan (विज्ञा., पत्र.) *स्लोगन :* घोष वाक्य, निजी पहचान की छोटी शब्दावली, नारा, उत्पाद की प्रतिनिधि सूक्ति, विज्ञापन में उत्पाद की पहचान कराने वाला एक विशिष्ट सूत्र-वाक्य जैसे—ठंडा मतलब कोका कोला, लाइफबॉय है जहाँ तन्दुरुस्ती है वहाँ आदि

Sloper (फै.) *स्लोपर :* औद्योगिक उत्पादन के लिए बनाया गया एक विशिष्ट पैट्रन

Sloping Roof (स्था.) *स्लोपिंग रूफ :* ढलवा छत

Slow Motion (फि.) *स्लोमोशन :* फ़िल्म की मंदगति, फ़िल्म में विशेष प्रभाव उत्पन्न करने के लिए निर्धारित गति से धीमी गति में किसी फ़िल्म भाग को प्रदर्शित करने की क्रिया

Slow Speed Film (फो.) *स्लोस्पीड फ़िल्म :* सुस्त फ़िल्म, मद्धिम गति की फ़िल्म, जिस पर एक्सपोजर अधिक दिया जाता है

Smash Hit (समी., ना.) *स्मैश हिट :* चरम सफलता, असीम सफलता, घोर सफलता, रेकार्ड तोड़ कामयाबी

Smita Bellur (गा.) *स्मिता बेल्लूर :* जयपुर किराना घराने की सुप्रसिद्ध शास्त्रीय गायिका, सूफी संगीत और गायन विशेषज्ञ

SMS (पत्र.) *एस.एम.एस. :* अन्तरराष्ट्रीय अन्तरिक्ष संचार सेवा संस्थान Setelight Media Service का संक्षिप्त रूप

Snack (पा.क.) *स्नैक :* नाश्ता

Snake stone (छापा.) *स्नेक स्टोन :* एक अपघर्षक पत्थर, डंडी/सर्प आकार में उपलब्ध; लिथोशिला पर कृति सुधार के लिए

Snapshot (फि.) *स्नैपशॉट :* त्वरित शॉट, फ़ोटोग्राफ़ी में तात्कालिक क्षणिक दृश्य लेना, बिम्ब छायांकन

Sneaked Rubble (स्था.) *स्नीक्ड रॅबल :* रोड़ी भराई

Snow Lion Dance (नृ.) *स्नो लायॅनडांस :* सिक्किम प्रदेश का एक लोकनृत्य

Snub (फि.) *स्नब :* अपमान, नज़रअन्दाज़ करना, किसी के गुणों को जानबूझकर कम आंकना

Soap Opera (पत्र., फि., टी.वी.) *सोप ऑपेरा :* टी.वी. पर प्रदर्शित लोकप्रिय घरेलू धारावाहिक कार्यक्रम

Sociability (समी.) *सोशयेबिलिटी :* सामाजिकता

Social Milieu (समी.) *सोशल मिल्यू :* सामाजिक लाभ

Social Play (ना.) *सोशल प्ले :* सामाजिक नाटक, सामुदायिक समस्या आधारित नाटक

Social Realism (क.इति.) *सोशल रीऑलिज़्म :* सामाजिक यथार्थवाद, जनतान्त्रिक यथार्थवाद

Society of Contemporary Artists, (Kolkata) (क.समू.) *सोसाइटी ऑफ़ कॉन्टेम्पोरेरी आर्टिस्ट, (कोलकाता) :* कलकत्ता कलाकार समूह

Socio-cultural Profile (समी.) *सोसियो कल्चरल प्रोफाइल :* सामाजिक-सांस्कृतिक रेखाचित्र, सामाजिक और सांस्कृतिक परिचय

Soffit (स्था.) *सॉफइट :* त्रिज्याकार छत

Soft Glass (फो.) *शॉफ्ट ग्लास :* कैमरे का एक उपकरण

Soft ground (छापा.) *सॉफ्ट ग्राउंड :* चरबी या वेसलिन से बना अम्लांकन ग्राउंड; पतले पेपर पर बने चित्र को साधारणत: ट्रेसिंग के लिए दबाव के द्वारा सतह पर लगे नर्म ग्राउंड पर उतारा जाता है। जो पेपर के छुटाते समय उस पर बनाई आकृति की रेखाओं के नीचे से ग्राउंड को अपने साथ छुटा लेता है। बुनावट के लिए भिन्न वस्तुओं को सीधा ही ग्राउंड में दबाकर हटा लिया जाता है। अम्लांकन के बाद बुनावट प्लेट पर उतर जाती है

Soft Paper (अभि.) *सॉफ्ट पेपर :* नरम कागज, मुलायम कागज

Softwood (आले.) *सॉफ्ट वुड :* नरम लकड़ी, मुलायल लकड़ी, कटने में आसान लकड़ी

Solah Sringar (रू.स.) *सोलह श्रृंगार :* स्त्रियों द्वारा सोलह श्रृंगार में प्रयुक्त सामग्री—माथे पर बिंदी, माँग में सिंदूर, मंगल टीका, केश सज्जा, साड़ी, आँखों में काजल, हाथों में मेहंदी, नाक में नथ या नथुनी, कानों में आभूषण, गले में मंगल सूत्र, कलाइयों में रंगीन चूडियाँ, हाथों में बाजू बंद, कमर में करधनी, उँगलियों में अंगूठी, पैरों में पायल, पैर की उँगलियों में बिछिया या बिछुआ

Solar (स्था.) *सोलर :* पार्श्व कक्ष

Solarium (स्था.) *सोलोरियम :* सौर-चिकित्सा, शीशे की दीवारों से बना कक्ष

Solfeggio (संगी.) *साल फिज्जियो :* सरगम गीत

Solid (स्था.) *सॉलिड :* ठोस, पक्का

Solid Background (समी.) *सालिड बैक ग्रांउड :* ठोस पृष्ठभूमि, मजबूत पकड़

Solid Structure (स्था.) *सॉलिड स्ट्रक्चर :* ठोस इमारत, दृढ़ संरचना, मजबूत मकान

Soliloquy (ना.) *सॉलिलोक :* स्वगत कथन, स्वगत वार्ता, अपने से बातचीत

Solitary (समी.) *सोलीटरी :* एकाकी

Solo (चि., समी.) *सोलो :* एकल, एक कलाकार की प्रस्तुति, एकल वादन, एकल गायन, एकल प्रदर्शनी

Solo Dance (नृ.) *सोलो डांस :* एकल नृत्य

Solo Show (क.समी.) *सोलो शो :* एकल प्रदर्शनी, एकाग्र प्रदर्शनी, वन मैन शो, कलाकारों द्वारा आयोजित स्वयं की अकेली प्रदर्शनी

Soloman, Gladstone, W. E. (चि.) *ग्लैडस्ओन सोलोमॅन :* भारत में कार्यरत् ब्रिटिश चित्रकार तथा प्राध्यापक

Solubility *सॉल्यूबिलिटी :* विलेयता

Solvent (अभि.) *सोल्वेंट :* विलायक, रासायनिक घुलनशील द्रव्य

Sona Bebe (चि.) *सोना बीबी :* पटना कलम की एक महिला चित्रकार

Song (संगी.) *सॉन्ग :* गीत, गान

Song of Ascents (संगी.) *सॉन्ग ऑफ़ एसेंट्स :* आरोही गीत, उत्कर्ष गान

Sonnet (का.) *सोनट :* चौदह लाइनों की जटिल लययुक्त कविता

Sonority (संगी.) *सोनोरिटी :* सुरीलापन, अच्छा स्वर, मनमोहक स्वर

Sonorous (समी.) *सोनोरस :* सुरीला, सुर-मय

Sonorous voice (संगी.) *सोनोरस वायस :* सुरीली आवाज

Sopana Sangeet (संगी.) *सोपान संगीत :* केरल की मन्दिर परम्परा का संगीत

Sophistication (आले.) *शॉफिस्टीकेशन :* मिलावट

Sorry Peformance (ना.) *सॉरी परफॉर्मेन्स :* स्तरहीन अभिनय, घटिया एक्टिंग, कमजोर अदाकारी

Sortha (का.क.) *सोरठा :* एक प्रकार का मात्रिक छंद, दोहा से ठीक उल्टी रचना

Sothebey's (सा., ज्ञा, समी.) *सोथबे :* सन 1744 में लन्दन में स्थापित विश्व की एक विख्यात कला व्यापार और नीलामी संस्था

Sound (संगी.) *साउंड :* नाद, आवाज, ध्वनि, स्वर

Sound Bite (टी.वी.) *साउंड बाइट :* ध्वनि आधारित प्रतिक्रिया, किसी घटना या विषय पर लोगों की संक्षिप्त प्रतिक्रिया

Sound Camera (फि.) *साउंड कैमरा :* ध्वनि लेखी कैमरा, एक विशिष्ट कैमरा, जिसमें दृश्य की ध्वनियों के साथ उस स्थल की आवाज भी रेकार्ड हो जाती है

Sound Effect (फि.) *साउंड इफेक्ट :* ध्वनिक प्रभाव, फ़िल्म की प्रभावोत्पादक ध्वनि

Sound Engineer (फि., टी.वी.) *साउंड इंजीनियर :* ध्वनि अभियंता, ध्वनि प्रभाव नियंत्रक

Sound Proof (समी.) *सांउड प्रूफ :* ध्वनिरोधी

Sound System (ना.) *सांउड सिस्टम :* ध्वनि तंत्र

Sound Track (टी.वी., फि.) *सांउड ट्रैक :* ध्वनि पथ, ध्वनि तत्त्व ध्वनि पट्टी, ध्वनि आलेख, सांउड ट्रैक

Soup (पा.क.) *सूप :* सब्जियों आदि का सत निकला गर्म मसालेदार पेय पदार्थ, सूप

Source (आले.) *सोर्स :* स्रोत, जरिया

Source Book (समी.) *सोर्स बुक :* स्रोत पुस्तक, मूलग्रंथ, प्रेरणा ग्रंथ

South China Morning Post (पत्र.) *साउथ चाइना मॉर्निंग पोस्ट :* हांगकांग से प्रकाशित अंग्रेजी भाषा का एक दैनिक समाचार-पत्र

South Zone Cultural Centre Nagpur (क.) *साउथ जोन सेंटर :* भारत सरकार द्वारा पश्चिमी भारत विशेषता महाराष्ट्र में कला और सांस्कृतिक विकास के लिए स्थापित एक संस्थान

South Zone Cultural Centre Tanyavur (क.) *साउथ जोन कल्चरल सेंटर तन्जाउर :* भारत सरकार द्वारा दक्षिण भारत में कला और सांस्कृतिक गतिविधियों के प्रचार-प्रसार के लिए कार्यरत संस्था

Souvenir (पत्र., समी.) *सोविनयॅर :* स्मारिका, किसी कार्यक्रम की परियाचक सामग्री से युक्त पत्रिका, स्मारिका, स्मृति पुस्तिका, कार्यक्रम की स्मृति संजोने वाली विवरण पत्रिका

Souza, F.N. (1924-2002) (चि.) *फ्रांसिस न्यूटन सूजा :* पी.ए.जी. (प्रोगेसिव आर्टिस्ट्स ग्रुप) के संस्थापक चित्रकार

Space (स्था.) *स्पेस :* जगह, स्थल, अंतरिक्ष

Space Art *स्पेस आर्ट :* अन्तरिक्ष कला, स्पेस आर्ट

Space Buyer (विज्ञा.) *स्पेस बॉयर :* विज्ञापन की अग्रिम बुकिंग (खरीदारी)

Space Planning (ग्र.स.) *स्पेश प्लानिंग :* जगह के प्रयोग की योजना

Span (समी.) *स्पैन :* फैलाव, विस्तार, स्पैन

Spandrel (स्था.) *स्प्लेंड्रल :* चाप स्कन्ध

Spanish *स्पेनिश :* स्पेनी, स्पेन के नागरिक/कलाकार

Spatter (छापा.) *स्पैटर :* 'तौलुस लोत्रे' व अन्य द्वारा प्रयुक्त एक तकनीक जिसमें हाफ टोन प्रभाव के लिए शिला पर तुश स्याही को छिड़का जाता है।

Spatter Painting (चि.) *स्पेटॅर पेंटिंग :* छिड़काव चित्र, रंगों के छिड़काव से रची चित्रकला

Spatula *स्पॅचुला :* चपटे तल वाली लेपनी

Special Effects (फि.) *स्पेशल इफेक्ट :* विशेष प्रभाव

Specification (समी.) *स्पेसीफिकेशन :* विशिष्टता, विशेष विवरण

Spectator (ना., फि.) *स्पेक्टेटर :* दर्शक, प्रेक्षक, देखने वाली जनता

Spectrum (चि.) *स्केक्ट्रम :* वर्णक्रम

Spectrum Colours (चि.) *स्पेक्ट्रम कलर्स :* वर्णक्रम रंग, इन्द्रधनुषी रंग, सूर्य के प्रकाश के सात रंग

Speed of Lens (फो.) *स्पीड ऑफ़ लेंस :* लेंस की प्रकाश क्षमता

Sphinx (क.इति.) *स्फिन्क्स :* नरसिंही मूर्ति, स्फिनिक्स

Spinach (पा.क.) *स्पिनिच :* पालक

Spinet (संगी., वा.यं.) *स्पिनॅट :* छोटा पियानो

Spiral Stairs (स्था.) *स्पाइरल स्टेयर्स :* सर्पिल सोपान घुमावदार जीना

Spire (स्था.) *स्पाइर :* मीनार, शिखर

Splay (स्था. शि.) *स्प्ले :* फैलाव, विस्तार

Splendour (समी.) *स्प्लेंडर :* धूम-धाम

Split Image (फो.) *स्प्लिट इमेज :* फ़ोटोग्राफ़ी में विखंडित छवि

Sponsor (समी.) *स्पान्सर :* प्रायोजन, वित्तीय समर्थक

Sponsored Programmes (विज्ञा.) *स्पांसर्ड प्रोग्राम :* प्रायेजित विज्ञापन (कार्यक्रम), टेलीविजन विज्ञापन के अन्तर्गत उत्पादकों के प्रायोजित विज्ञापन सम्बन्धी कार्यक्रम

Spontaneity (समी.) *स्पॉटेनिटी :* स्वत: स्फूर्ति

Spontaneous (समी.) *स्पॉटेनियस :* स्वत: स्फूर्ति-रूपी, स्वयं स्फूर्त, नैसर्गिक, स्वाभाविक

Spontaneous Painting (चि., तक.) *स्पॉटेनियस पेंटिंग :* स्वत: स्फूर्त चित्रण

Spot Advertisement (विज्ञा.) *स्पॉट एडवरटीजमेंट :* समय विज्ञापन, टेलीविजन विज्ञापन में 10 से 15 सेकेंड की अवधि के लघु विज्ञापन

Spot Boy (फि.) *स्पॉट बॉय :* प्रकाश सहायक, सेट पर प्रकाश व्यवस्था में सहायक कर्मचारी

Spot Recording (ना., टी.वी.) *स्पॉट रेकार्डिंग :* स्थानिक स्वरांकन, घटना क्षेत्र पर ध्वनि अंकन करना

Spot, Light (फि., ना.) *स्पॉट, लाइट :* पुंज प्रकाश, स्पॉट लाइट

Spray Gun (मू) *स्प्रेगन :* कम्प्रेशर की हवा से चलने वाला एक मोटा उपकरण स्प्रे करने का, फुहार रंजित्र, स्प्रेगन

Spray Painting (चि.) *स्प्रे पेंटिंग :* फुहार चित्र, कम्प्रेशर की हवा से उत्पन्न फुहार से रचा चित्र

Spring (सा.ज्ञा.) *स्प्रिंग :* वसंत ऋतु मार्च से मई के मध्य का काल बसंत ऋतु-काल

Sprouted (पा.क.) *स्प्राउटेड :* अंकुरित अनाज

Squash (पा.क.) *स्क्वाश :* स्कवाश

Squeeger (छापा., क., साम.) *एस्क्यूजी :* स्क्रीन प्रिंटिंग में प्रयुक्त एक रबड़ की गोट लगी लकड़ी की पट्टी, जिससे स्क्रीन पर रंग चलाये जाते हैं

Squinch (स्था.) *स्विचंच :* बगली डाट

Squiril Hair Brush (क., साम.) स्विवीरॅल हेयर ब्रश : गिलहरी के बालों से बना ब्रश

Srikhand (पा.क.) *श्रीखंड :* एक मीठा व्यंजन

Srinivas (नृ.) *श्रीनिवास :* भगवान विष्णु का दक्षिण भारतीय नाम

Sritatvanidhi (चि.) *श्रीतत्वनिधि :* हाफ इम्पीरियल आकार (1522) के 1500 पृष्ठों की एक चित्रित एल्बम जिसमें 1000 देवी देवताओं के चित्र बने हैं। इस चित्रित ग्रंथ में चित्रकारों के दिशा निर्देश हेतु रंग, संयोजन आदि की विधि भी बताई गई है। चित्रों में पशुपक्षी, राग-रागिनी, पेड़-पौधों को भी चित्रित किया गया है।

St. Petersburg Times, The (पत्र.) *द सेंट पीटर्सबर्ग :* टाइम्स सेंट पीटर्सबर्ग (रूस) से प्रकाशित एक अंग्रेजी भाषा का दैनिक समाचार-पत्र

Stack Area (अभि.) *स्टैक एरिया :* भंडार स्थान / स्टैक एरिया

Staff Photographer (फो., पत्र.) *स्टॉफ फ़ोटोग्राफ़र :* संस्थान जीवी छाया चित्रकार

Stage (ना.) *स्टेज :* रंगमंच, नाट्य स्थल मंच, नाट्य चबूतरा, कार्यक्रम मंच, प्रस्तुति मंच/स्थल

Stage Artist (ना.) *स्टेज आर्टिस्ट :* मंच अभिनेता, रंग-कर्मी

Stage Behaviour (ना.) *स्टेज बिहेवियर :* मंचीय आचरण

Stage Craft (ना.) *स्टेज क्राफ्ट :* रंग-शिल्प, मंच शिल्प, रंग कौशल, नाट्य शिल्प, मंच सज्जा कर्म

Stage Crew (ना.) *स्टेज क्रू :* मंचकर्मी, नाट्य सहयोगी, नाटक के कर्मचारी

Stage Death (ना.) *स्टेज डेथ :* मरण अभिनय, मंच पर निधन का अभिनय

Stage Decor (ना.) *स्टेज डैकोर :* मंच-सज्जा, स्टेज की सजावट

Stage Designing (ना.) *स्टेज डिज़ाइनिंग :* मंच अभिकल्पन, रंग-रचना आलेख, मंच निर्देशन

Stage Direction (ना.) *स्टेज डायरेक्शन :* मंच-निर्देशन, नाट्य निर्देशन

Stage Director (ना.) *स्टेज डायरेक्टर :* नाट्य-निर्देशक, मंच व्यवस्थापक

Stage Etiquette (ना.) *स्टेज एटिकेट :* मंच शिष्टाचार, मंचाचार, स्टेज की तहज़ीब

Stage Geography (ना.) *स्टेज ज्योग्राफ़ी :* मंच स्थितिकी

Stage Hand (ना.) *स्टेज हैंड :* मंच सहायक, मंच व्यवस्था सहकर्मी, मंच कर्मी, रंगमंच सहायक

Stage Manager (ना.) *स्टेज मैनेजर :* मंच प्रबंधक

Stage Player (ना.) *स्टेज प्लेयर :* मंच अभिनेता

Stage Property (ना.) *स्टेज प्रॉपर्टी :* मंच उपकरण, मंच सामग्री

Stage Review (ना.) *स्टेज रिव्यू :* नाट्य समीक्षा

Stage Setting (ना.) *स्टेज सेटिंग :* मंच विन्यास

Stage Wait (ना.) *स्टेज वेट :* अभिनय व्यवधान

Stageable (ना.) *स्टेजेबल :* अभिनय या नाटक करने योग्य, मंचन योग्य

Stagery (ना.) *स्टेजरी :* नाट्य प्रदर्शन कला

Staging (ना.) *स्टेजिंग :* मंचन, नाट्य प्रदर्शन

Stagnated Creativity (क.समी.) स्टेगनेटेड क्रिएटिवटी : अवरुद्ध सर्जनात्मकता, अवरुद्ध रचनात्मकता

Stain Glass (समी.) *स्टेनग्लास :* कांच अभिरंजना, स्टेन ग्लास

Stain remover (रू.स.) *स्टेन रिमूवर :* दाग निवारक

Stained Glass (चि., शि.) *स्टेन ग्लास :* शीशपट चित्र, रंगीन कांच चित्र, अभिरंजित कांच, कांच अभिरंजना, रंगीन काचा, रंगीत शीशों की कला

Stainless (आले.) *स्टेन लेस :* दाग रहित, दाग से अप्रभावी

Stair (स्था.) *स्टेएर :* सीढ़ी

Stair Way (स्था.) *स्टेअर वे :* जीना, सीढ़ी, सोपान-मार्ग

Stair Well (स्था.) *स्टे अर वेल :* सोपान कूप, सीढ़ी दार कुआँ

Stairs (स्था.) *स्टेअर्स :* सीढ़ियाँ, सोपान

Stalactite (स्था.) *स्टैलेक्टाइट :* आरोही निक्षेप

Stalactite Work (स्था.) *स्टैलेक्टाइट वक :* इस्लामिक स्थापत्य में सजावट की एक विधि, पत्थर का अवरोही निक्षेप

Stalwart (समी.) *स्टालवार्ट :* निष्ठावान, दिग्गज शीर्षपुरुष

Stambha (स्था.) *स्तंभ :* स्तंभ

Stamp (चि.) *स्टैम्प :* स्टैम्प कागज की मुलायल बर्ती, जिससे पेस्टल रंग मिलाए जाते हैं

Stamped Document (अभि.) *स्टैम्प्ड डाक्यूमेंट :* मुद्रांकित, दस्तावेज, ठप्पेदार दस्तावेज

Standard Product (सामा.) *स्टैंडर्ड प्रोडक्ट :* मानक उत्पाद, दर्जेदार उत्पादन

Standard (विज्ञा., समी.) *स्टैंडर्ड :* दर्जेदार, मान दंडानुरूप, मानक

Standardisation (अभि.) *स्टैंडडाईजेशन :* मानकीकरण

Standing Press (अभि.) *स्टैंडिंग प्रेस :* दाब प्रेस, कागज दबाने की मशीन

Stanza (साहि.) *स्टेन्ज़ा :* छंद, छ: लाइनों की कविता

Star (फि., ना.) *स्टार :* ख्याति प्राप्त लोकप्रिय अभिनेता या अभिनेत्री, फ़िल्मी सितारे, मशहूर अदाकार

Stardom (फि.) *स्टारडम :* जनता में सितारों की धाक, कलाकारों की परोक्ष धूम, कीर्ति ठसक, गौरव प्रतिफल, अभिनेताओं का अपनी ख्याति और गौरव का मान, शीर्ष अभिनेताओं की कीर्ति-धमक, सितारों की अतिलोकप्रियता, ख्यातिपूर्ण वैभव, अभिनेताओं की चरम लोकप्रियता

Starlet (ना.) *स्टार्लेट :* बाल अभिनेता, बाल अभिनेत्री

Starters (पा.क.) *स्टार्टर्स :* मेज़ के आरम्भ में परोसे गए व्यंजन, स्टार्टर्स

Stasimon (संगी.) *स्टेसिमन :* उत्तरगान

State Archives (अभि.) *स्टेट आर्काइव्स :* राज्य अभिलेखागार

Statesman (समी.) *स्टेट्समैन :* राजपुरुष, सरकारी अधिकारी

Static Play (ना.) *स्टेटिक प्ले :* गतिहीन नाटक, सुस्त नाटक

Stationary (आले.) *स्टेशनरी :* लेखन सामग्री

Statuary (चि., मू., समी.) *स्टेच्युरी :* मूर्ति-समूह

Statue (मू.) *स्टैट्यू :* प्रतिमा, मूर्ति, मूरत; बां. मूर्ति, विग्रह, प्रतिमा; मरा. पुतला; गु.; प्रतिम; उ. बुत, मुजस्सेमा, पुतली

Stay Stitch (फै.) *स्टे स्टिच :* एक आम टांका जो कपड़े की किनारों के आकार को सहारा देने के लिए मशीन से लगाया जाता है

STD (पत्र.) *एस.टी.डी. :* सब्सक्राइबर ट्रंक डायलिंग (Subscriber Trunk Dialing) का संक्षिप्त रूप

Steam punk Style (ग्र.स.) *स्टीम पंक स्टाइल :* फर्नीचर की एक उन्नीसवीं शताब्दी के मध्य की शैली से प्रभावित शैली

Steam Rice (पा.क.) *स्टीम राइस :* भाप में पके चावल, स्टीम राइस

Steamed (पा.क.) *स्टीम्ड :* उबले हुए

Steel (मू.) *स्टील :* इस्पात, फौलाद

Steeple (स्था.) *स्टीपॅल :* मीनार, एगट, शिखर

Stele (स्था.) *स्टीली :* लकड़ी या पत्थर की शिला (स्लैब) जिससे कब्र ढकी जाती है

Stencil (अभि., चि.) *स्टैन्सिल :* स्टैन्सिल, कटी जाली का ठप्पा

Stereotype (समी.) *स्टीरियोटाइप :* व्यक्ति जो असल से अलग दीखता हो, घिसा पिटा, मानदंडी

Sterile Ground (पुरा.) : बंजर जमीन, वंध्या भूमि

Sthayi (संगी.) *स्थायी :* बन्दिश का पहला भाग

Stijl De (क.इति.) *स्टाइल दि :* स्टाइल द, एक कला पत्रिका का नाम

Still Camera (फो.) *स्टिल कैमरा :* स्थिर छायांकन का कैमरा, स्टिल कैमरा

Still Life (चि.) *स्टिल लाइफ :* वस्तु चित्रण, पदार्थ चित्रण, अगतिक चित्र, अचल चित्र, स्थिर वस्तु चित्र, स्थिर चित्रांकन, जड़ पदार्थों का चित्रण या चित्र

Sting Operation (पत्र.) *स्टिंग ऑपरेशन :* भंडाफोड़ पत्रकारिता, गुप्त कैमरे से सच्चाई का पर्दाफाश

Stinger (फि.) *स्टीनजर :* फ़िल्म के अन्तिम भाग में बोलकर या लिखकर चमत्कृत करने वाला कृत्य

Stipple (तक.) *स्टेपल :* ब्रश से चित्र सतह पर बिन्दु रचना, बिन्दु चित्रण, विभिन्न रंग व आकारों के बिन्दुओं द्वारा चित्रांकन

Stir Fry (पा.क.) *स्टिर फ्राई :* हिलाकर तलना

Stitch (फै.) *स्टिच :* टांका, सिलाई

Stoa (स्था.) *स्टोअ :* छत से ढका बरांडा

Stock Brick (स्था.) *स्टॉक ब्रिक :* खरी ईंट, ज़्यादा पकी ईंट

Stock Shot (फि.) *स्टॉक शॉट :* संग्रह चित्र, समदर्शी फ़िल्म, स्टॉक शॉट

Stock Thought (समी.) *स्टॉक थॉट :* पुरातन विचार, रूढ़ विचार

Stockade (स्था.) *स्टॉकेड :* बाड़ा

Stone (स्था., मू.) *स्टोन :* पत्थर, पाषाण

Stone Age (क.इति.) स्टोन ऐज : पाषाण युग, पाषाण काल

Stone Breaker (चि., इति.) *स्टोन ब्रेकर :* स्टोन ब्रेकर, एक चित्र का शीर्षक

Stone Carver (मू.) *स्टोन कार्वर :* संगतराश, शिला शिल्पी, पथरकटा, मूर्तिकार

Stoothed Partition (स्था.) *स्थूटड पार्टीशन :* लकड़ी का पार्टीशन

Stop Gap (ना.) *स्टॉप गैप :* काम चलाऊ, अस्थायी व्यवस्था

Stop Press (पत्र.) *स्टॉप प्रेस :* समाचार-पत्र में मुखपृष्ठ पर जानबूझकर रखा गया रिक्त स्थान जो किसी आकस्मिक, अतिमहत्त्वपूर्ण समाचार के लिए खाली रखा जाता है, छपते-छपते गरमा-गर्म समाचार, ताजी खबर

Storage (समी.) *स्टोरेज :* भंडारण

Story (स्था.) *स्टोरी :* मंजिल, तल, माला, भवन की ऊँचाई में बने खंडों की श्रृंखला

Story Board (विज्ञा.) *स्टोरी बोर्ड :* टी.वी. विज्ञापन के मुख्य दृश्यों की दृश्य माला-पट

Story Gap (समी.) *स्टोरी गैप :* कथान्तर, कथा-अवरोध, कथानक का विषयान्तर

Story Illustration (चि., समी.) *स्टोरी इलॅस्ट्रेशन :* कथाचित्र, कथा चित्रण

Story Teller (फि.) *स्टोरी टेलर :* कथाकार, कथा वाचक कहानी सुनाने वाला, कथा वाचक, कहानी सुनाने वाला

Strain (समी.) *स्ट्रेन :* तनाव

Strained Tone (संगी.) *स्ट्रेंड टोन :* भारी स्वर, भारी आवाज

Straits Times (पत्र.) स्ट्रेटस टाइम्स : सिंगापुर से अंग्रेजी भाषा में प्रकाशित एक दैनिक समाचार-पत्र

Strategic Planning (स्था., ग्र.स.) *स्ट्रेटिजिक प्लानिंग :* रणनीतिक योजना, योजनाबद्ध कार्यनीति

Stratigraphy (पुरा.) *स्ट्रेटीग्राफ़ी :* पुरातात्विक खुदाई में प्राप्त मिट्टी की विभिन्न पर्तें

Street Art *स्ट्रीट आर्ट :* जनकला, जनवादी कला, स्ट्रीट आर्ट

Street Photography *स्ट्रीट फ़ोटोग्राफ़ी :* लोक छाया चित्रण, जन चित्रांकन, सर्वहारा मुखी चित्रण, आम जनता के जीवन से जुड़ी फ़ोटोग्राफ़ी

Street Theatre (ना., पत्र.) *स्ट्रीट थियेटर :* नुक्कड़ नाटक, मंचहीन जननाट्य, नि:शुल्क आम जनता के लिए गली, मोहल्ले में बिना मंच के खेला गया नाटक

Streevesham (नृ.) *स्त्रीवेशम :* स्त्रीवेशम, स्त्री का वेश में

Stretcher (चि., क., साम.) *स्ट्रेचर :* चौखटा, विस्तारक; (उर्दू) चौखटा, (मरा.), फलक, फलक स्ट्रेचर

Strike (ना.) *स्ट्राइक :* उखाड़ना, निकलना, मंच सज्जा उखाड़ना या निकलना

String (सगी.) *स्ट्रिंग :* तार, तन्तु

Stringcourse (स्था.) *स्ट्रिंग कोर्स :* भवन में पत्थर या ईंटों से निर्मित क्षैतिज उभरा हुआ भाग

Stringer (पत्र., टी.वी.) *स्ट्रिंगर :* स्वतंत्र संवाद प्रेषक, फुटकर संवाददाता

Strix (स्था.) *स्ट्रिक्स :* स्तम्भ नक्काशी

Stroboscopic Flash (फो.) *स्ट्रोबॉस्कोपिक फ्लैश :* छायांकन में प्रयुक्त एक प्रकार का फ्लैश

Stroke (चि.) *स्ट्रोक :* ब्रशाघात, स्ट्रोक

Strong Play (ना.) *स्ट्रॉन्ग प्ले :* प्रभावशाली नाटक

Structure (स्था.) *स्ट्रक्चर :* संरचना, ढाँचा, रूपबंध

Strut (स्था.) *स्ट्रट :* सर्पाकार तोड़े

Strwa Art (शि.) *स्ट्रा आर्ट :* घास फूस आधारित कला या शिल्प

Stucco (चि., क., साम., तक.) *स्टको :* भित्ति चित्रण का चूना और संगमरमर पत्थर के पाउडर के बना पलस्तर

Studio (समी.) *स्टूडियो :* चित्रशाला, शिल्पशाला, स्टूडियो, चित्र गृह, रंगशाला, रंगस्थली; कला शाला, कला कर्मस्थली, कलाकृति रचनास्थल, कला साधना स्थल, कृति निर्माण स्थली; बां. कार्यशाला, कार्यस्थल; मरा. चित्रघर, कलागृह खंड, चित्रशिल्प खंड; उ. तसवीर खाना

Studious Personality (समी.) *स्टूडियॅस पर्सनॉलिटि :* अध्ययनशील व्यक्ति/व्यक्तिगत

Study (समी., चि.) *स्टडी :* अभ्यास चित्र, प्रारम्भिक अध्ययन चित्र, स्टडी

Stuffed (पा.क.) *स्टफ्ड :* भरवां

Stump (क., साम.) *स्टम्प :* स्टम्प, पेस्टल के रंगों को मिलाने में प्रयुक्त कागज लिपटी बत्ती

Stunning Designs (आले.) *स्टनिंग डिज़ाइन :* शानदार डिज़ाइन

Stunt (फि.) *स्टंट :* विस्मयकारी करतब, रोमांचकारी अति साहसिक क्रिया कलाप

Stūpa (स्था.) *स्तूप :* स्तूप अर्ध गोलाकार समाधि भवन, बौद्धों का पूजा स्थल

Stūpa Gufa (पुरा.) *स्तूप गुफा :* अजन्ता में केवल प्रार्थना या उपासना के लिए बनी गुफा

Style (समी., आले.) *स्टाइल :* शैली, प्रथा रीति, प्रणाली, पद्धति, अन्दाज़, रीति, कार्यशैली, विशिष्ट पहचान

Styling Lotion (रू.स.) *स्टाइलिंग लोशन :* चेहरे पर लगाने वाला एक औषधीय लोशन

Stylist (फै.) *स्टाइलिस्ट :* नई फैशन शैली रचने वाला कलाकार

Stylistic (समी.) *स्टाइलिस्टिक :* शैली विज्ञान-सम्बन्धी

Stylistic Forms (चि., समी.) *स्टाइलिस्टिक फॉर्म :* शैलीगत रूप

Stylization (समी.) *स्टाइलाइज़ेशन :* रीतिधर्मिता, शैली बद्धता

Stylized Form (आले.) *स्टाइलाइज्ड फॉर्म :* शैली प्रपत्र, रूढ़ शैली गत आकार

Stylze (समी.) *स्टाइलाइज़ :* शैलीबद्ध, रूढ़शैलीगत, रीति

Sub Conscious Mind (समी.) सब कांशश माइंड : अवचेतन मन

Sub Heading (पत्र.) *सब हेडिंग :* घटना से सम्बन्धित मुख्य समाचार का उपशीर्षक

Sub Headline (विज्ञा.) *सब हेड लाइन :* उपमुख शीर्षक, उपमुख्य वाक्य

Sub Plot (समी.) *सब प्लॉट :* उपकथानक, कथा प्रसंग

Sub Standard (समी.) *सब स्टैंडर्ड :* स्तरहीन, घटिया

Sub Tone (चि., समी.) *सब टोन :* उपवर्ण, उपरंगत, उपरंग संगति

Subconscious (समी.) *सबकांशस :* अवचेतन

Subdued Cataloguing (अभि.) *सब्जेक्ट कैटलॉगिंग :* विषयानुसार सूचीपत्र

Subdued Patterns (आले.) *सब डयूड पैटर्न :* नियंत्रित पैटर्न, दबे हुए पैटर्न, हल्का पैटर्न

Subhadra Kumari Chauhan (1904-1948) *सुभद्रा कुमारी चौहान :* हिन्दी की एक प्रमुख राष्ट्रवादी कवि तथा गीतकार

Subject Material (समी.) *सब्जेक्ट मैटेरियल :* विषयवस्तु, विषय सामग्री, कथ्य सामग्री

Subjective (समी.) *सब्जेक्टिव :* व्यक्ति निष्ठ, स्वनिष्ठ व्यक्ति परक, विषयनिष्ठ, विषयगत

Subjective Art (समी.) *सब्जेक्टिव आर्ट :* विषयगत कला, आत्मपरक कला, व्यक्तिपरक कला, अनुभूतिपरक कला

Subjective Binding (क.समी.) *सब्जेक्टिव बाइंडिंग :* विषयगत बंधन

Subjective Experience (समी.) *सब्जेक्टिव एक्स पीरियंस :* आत्मनिष्ठ अनुभव

Subjective Painting (समी.) *सब्जेक्टिव पेंटइंग :* विषयगत चित्र या चित्रांकन, विषय प्रधान चित्र या सामान्य चित्रांकन, व्यक्तिपरक चित्रांकन, आत्मपरक चित्रांकन

Subjects Firka (चि.) *सब्जेक्ट फिरका* (फुटकर लघुचित्रों का सेट) के प्रमुख चित्रण विषय थे—पशु, पक्षी, फूल, पौधे, भारतीयों की दैनिक दिनचर्या के विषय, धोबी, दर्जी, मदारी, नौकरानियाँ, मनिहारिन, मछली विक्रेता सब्जी विक्रेता, कसाई, लोहार, सुनार, हाथी, इक्का, तांगा, बैलगाड़ी, पालकी, तीर्थयात्री, गाँव के दृश्य आदि

Sublimation : (समी.) *सबलीमेशन :* उदान्तीकरण, परिशुद्ध करना

Sublime (सौ.) *सबलाइम :* उदात्त स्वरूप

Sublime Pleasure (सौ.शा.) *सबलाइम प्लीजर :* उदात्त सुखानुभूति, परम आनन्द

Subramanayam, K.G. (चि.) *के.जी. सुब्रामणियम :* चित्रकार, प्राध्यापक

Subramanya Bharthi (1882-1921) (का.क.) सुब्रामण्य भारती: तमिल भाषा के महान कवि, लेखक विचारक तथा समाज सुधारक

Subramanya Shiva (1884-1925) (का.क.) *सुब्रामण्य शिवा :* तमिल भाषा के कवि तथा स्वतंत्रता सेनानी

Subramayam (नृ.) *सुब्रामणियम :* भगवान शिव के ज्येष्ठ पुत्र कार्तिकेय का दक्षिण भारतीय पूज्य रूप

Substance (समी.) *सब्सटेंस :* सार, सार-विषय, सार-वस्तु

Substitue (समी.) *सबस्टीट्यूट :* प्रतिस्थापन्न

Substitution (समी.) *सब्सटीट्यूशन :* प्रतिस्थापन, प्रतिनिधान

Subtitle (फि.) *सबटाइटिल :* फ्रेम के नीचे लिखे किसी अन्य भाषा में फ़िल्म की लाइनें या शब्द, उपशीर्षक

Subtle (समी.) *सबटिल :* सूक्ष्म

Successful Exhibition (समी.) *सक्सेजफुल एग्जीबिशन :* कामयाब प्रदर्शनी

Succulent Flavour (पा.क.) : रसीला स्वाद

Suction (सं.) *सक्शन :* चूषण

Suction Table (सं.) *सक्शन टेबल :* चूषण मेज़

Suddeutsche Zeitung (पत्र.) *शुड्यूश जीतेंग :* जर्मन भाषा से प्रकाशित जर्मनी का एक दैनिक समाचार-पत्र

Sufi Sangeet (समी.) *सूफी संगीत :* सूफी सन्तों की आध्यामित्मक रचनाओं पर आधारित संगीत

Suggi (नृ.) *सुग्गी :* कर्नाटक प्रदेश का एक लोकनृत्य

Suisini (नृ.) *सुईसिनी :* राजस्थान का एक लोकनृत्य

Suitable Colours Scheme (समी.) *सूटेबल कलर स्कीम :* वर्णिका भंग, चित्र की सटीक रंग योजना तथा प्रयोग, रंगों का प्रभावकारी उपयोग, ऋषि वात्स्यायन के छ: अंगों में से एक के कामसूत्र के अनुसार चित्र

Sume-A (तक.) *सूमी-ए :* स्याही चित्र, जापानी स्याही चित्रण की एक विधि

Sumerian Art (क.इति.) *सुमेरियन आर्ट :* सुमेरिया की कला, सुमेरियन आर्ट

Sumitra Nandan Pant (1900-1977) (का.क.) *सुमित्रा नन्दन पंत :* आधुनिक हिन्दी भाषा के महान कवि

Summary (पत्र., समी.) *समरी :* समाचार संक्षेप, समाचार का संक्षिप्तीकरण रूप

Summary Record (अभि.) *समरी रेकॉर्ड :* संक्षिप्त अभिलेख, भावार्थी दस्तावेज

Summation Tone (संगी.) *सुमेशन टोन :* संकल नाद

Summer (स्था.) *समर :* मुख्य कड़ी, मुख्य शहतीर

Summer Camp (सामा.) *समर कैम्प :* गर्मियों की छुट्टियों में आयोजित लघु कालिक चित्रकला आदि के प्रशिक्षण शिविर

Sumptuous (आले.) : वैभवशाली

Sun Window (स्था.) *सन विंडो :* सूर्यमुखी वातायन, पूर्व मुखी चित्रकार

Sun, The (पत्र.) द *सन :* इंग्लैंड व आयरलैंड से प्रकाशित अंग्रेजी भाषा का एक दैनिक समाचार-पत्र

Sundari (संगी.) *सुन्दरी :* कर्नाटक संगीत में प्रचलित सुषिर वाद्य

Sundari (नृ.) *सुन्दरी :* नर्तक द्वारा निरन्तर गतिमान गर्दन की मुद्रा

Sunday Editor (पत्र.) *संडे एडीटर :* रविवारीय संस्करण का प्रभारी उप सम्पादक

Sunday Painter (समी., चि.) *संडे पेंटर :* शौकिया चित्रकार, स्वसुखार्थी चित्रकार, मौजी चित्रकार; बां. इतिवारी चित्रकार; मरा. अव्यवसायी चित्रकार, रविवारीय चितारी; गु. विषयगत कला; उ. शौकिया आर्टिस्ट, शौकिया फनकार

Super Hero *सुपर हीरो :* श्रेष्ठ नायक, विशिष्ट नायक

Super Model (रू.स.) *सुपरमॉडल :* अतिविशिष्ट मॉडल, उच्च स्तरीय मॉडल

Super Numerary (ना.) *सुपर न्यूमेरेरी :* अतिरिक्त पात्र, एक्स्ट्रा

Super Rationalization (अभि.) *सुपर रेशनलाइज़ेशन :* अत्याधुनिक करण

Super Realism (क.आन्दो.) *सुपर रियलिज्म :* अतिकल्पनावाद, स्वप्नवाद, कपोलकल्पनावाद, अतियथार्थवाद, अचेतनवादी धारा, उच्च यथार्थवाद

Super Star (समी.) *सुपर स्टार :* विशिष्ट कलाकार, श्रेष्ठ कलाकार

Superb Aesthetic Level (समी.) *सुपर्ब एस्थेटिकलेवल :* उच्च सौन्दर्य स्तर

Superior (समी.) *सुपीरियर :* बुलंद, श्रेष्ठ

Supermatism (क.आन्दो.) *स्यूप्रोमॅटिज़्म :* अतिकल्पनावाद, सर्वोच्चवाद, स्वप्नवाद, कपोल कल्पनावाद, अचेतनवादी धारा, उच्च यथार्थवाद, सुप्रोमेटिज़्म

Supersensitive (समी.) *सुपरसेंसिटिव :* अति भावुक, अति संवदेनशील

Superstar (फि., ना.) *सुपरस्टार :* महानायक, महान कलाकार, अति विशिष्ट कलाकार, लोकप्रियता के शिखर पुरुष, वे सफल और लोकप्रिय कलाकार जो जनता के बीच एक औसत कलाकारों की श्रेणी से ऊपर हो, अति लोकप्रिय अभिनेता या अभिनेत्री

Superstitious (समी.) *सुपरस्टिशस :* अंधविश्वासी

Supplication: (समी.) *सप्लीकेशन :* अनुनय-विनय, चिरौरी, प्रार्थना, याचना

Suppliment (पत्र.) *सप्लीमेंट :* समाचार-पत्र का परिशिष्ट

Supporting Actor (ना., फि.) *सपोर्टिंग ऐक्टर :* गौण अभिनेता, सहायक अभिनेता या अभिनेत्री

Supporting Cast (फि., ना.) *सपोर्टिंग कास्ट :* सह कलाकार, सहायक कलाकार

Supports (चि., क., साम.) *सपोर्ट्स :* चित्रण कार्य के लिए धरातल/आधार/सतह

Supremacy (समी.) *सुप्रमेसी :* वर्चस्व

Sur (नृ., संगी.) *सुर :* कर्ण प्रिय ध्वनि

Sur Bahar (संगी.) *सुरबहार :* एक प्रकार का तंत्री वाद्य

Sur Place (नृ.) *सुरप्ले :* नृत्य में चक्कर काटने की क्रिया

Sur Singar (संगी.) *सुर सिंगार :* एक प्रकार का तंत्री वाद्य

Surabhoji II (1798-1832) (चि.) *सुराभोजी द्वितीय :* तन्जौर चित्रकला के प्रमुख प्रश्रयदाताओं में से एक दक्षिण भारतीय राज्य के प्रमुख

Suraj Bhan (1931-2010) (संग्र.वि.) *सूरज भान :* भारत के प्रतिष्ठित संग्रहालय विद तथा पुरातत्ववेत्ता, जिन्होंने अयोध्या की बाबरी मस्जिद को राम मन्दिर पर अपना पक्ष रखा था।

Surdas (1478-1583) (का.क.) *सूरदास :* मध्य युगीन भारत में कृष्ण भक्ति शाखा के शीर्षस्थ कवि तथा 'सूरसागर' के रचनाकार

Suresh Bhat (1932-2003) (संगी.) *सुरेश भट्ट :* मराठी ग़ज़ल सम्राट

Surface Embellishment (आले.) *सरफेस इम्बेलिसमेंट :* कपड़ों के ऊपर विभिन्न प्रकार की कढ़ाई

Surface Event (अभि.) *सरफेस इविंट :* अल्पस्थायी घटना

Surrealism (क.आन्दो.) *सॅररीअलिज़्म :* अचेतनवाद, अति यथार्थवाद, अतिकल्पनावाद, स्वप्नवाद, कपोल कल्पनावाद, अचेतनवादी धारा

Surroundings (समी.) *सराउंडिंग :* परिवेश, आसपास का वातावरण

Survey (पुरा., स्था.) *सर्वे :* सर्वेक्षण, छानबीन, भू-मापन, निरीक्षण

Survival (समी.) *सरवाइवल :* उत्तरजीविता अवशेष

Suryakant Tripathi 'Nirala' (1896-1961) (का.क.) *सूर्यकान्त त्रिपाठी 'निराला' :* आधुनिक हिन्दी साहित्य के एक प्रमुख कवि, लेखक तथा उपन्यासकार

Sushir Vadya (संगी.) *सुषिर विद्या :* फूँक से बजाने वाले वाद्य

Suspense (समी., ना.) *सस्पेंस :* कौतूहल

Sustainability (समी., आले.) *सस्टेनबिल्टी :* स्थिरता, टिकाऊ पन, बनाए रखने की क्षमता

Sustainable (समी.) *सस्टेनबॅल :* सतत, लगातार

Sutar, Ram V. (मू.) *राम वी. सुतार :* प्रसिद्ध मूर्तिकार

Sur Sagar (का.क.) *सूरसागर :* महाकवि सूरदास द्वारा ब्रजभाषा में रचित एक महाकाव्य जिसमें कीर्तन एवं पदों का अतिसुन्दर संकलन है। इसमें दस अध्याय हैं।

SuwaTirtali (नृ.) *सुवातिरताली :* छत्तीसगढ़ का एक लोकनृत्य

Svar Mandal (संगी.) *स्वर मंडल :* एक प्रकार का तंत्री वाद्य

Svara (संगी.) *स्वर :* निश्चित स्थानों पर स्थित सांगीतिक ध्वनि (संख्या सात)

Svaralipi (संगी.) *स्वर लिपि :* स्वरों की लेखन पद्धति

Svarmalika (संगी.) *स्वर मालिका :* राग के अनुसार स्वरों की तालबद्ध रचना जिसे सरगम गीत भी कहते है

Swag (स्था., षि., ना.) *स्वाग :* वंदनवार, तोरण झालर, सज्जाझालर, चुन्नटदार झालर

Swaminathan, J. (1928-1994) (चि.) *जगदीश स्वामीनाथन :* चित्रकार

Swan Song (ना.) *स्वॉन सॉग :* अन्तिम कृति

Swar Vinyas (नृ.) *स्वर विन्यास :* कलाकारों द्वारा प्रबंध के भाव, लय और छंदों को स्वर और ताल के माध्यम से अभिव्यक्ति

Swastik (क.इति.) *स्वास्तिक :* मांगलिक प्रतीक चिन्ह

Swatch (फै.) *स्वाच :* नमूना, पैबंद

Sweet & Sour (पा.क.) : खट्टा मीठास्वाद

Sweeten (तक., चि.) *स्वीटेन :* जलरंगों की चित्रों को कोमल और सुकुमार दिखाने की एक तकनीक

Swis *स्विज़ :* स्वीट्ज़रलैंड के नागरिक/कलाकार

Sydney Morning Herald (पत्र.) *सिडनी मार्निंग हेरल्ड :* सिडनी (आस्ट्रेलिया) का अंग्रेजी में प्रकाशित एक दैनिक समाचार-पत्र

Symbol (विज्ञा.) *सिम्बल :* प्रतीक चिन्ह, परिचय चिन्ह, पहचान सूत्र, ऐसा विशिष्ट चिन्ह जिसके माध्यम से उत्पादक कम्पनी या व्यक्ति की पहचान होती है

Symbolic (समी.) *सिम्बॉलिक :* प्रतीकात्मक, सांकेतिक

Symbolic Art (क.समी.) *सिमबॉलइक आर्ट :* प्रतीकवादी कला, सांकेतिक कला

Symbolic Colour (चि.) *सिम्बॉलिक कलर :* प्रतीकात्मक रंग/वर्ण, भाव द्योतक रंग/वर्ण, भावबोधक वर्ण, सांकेतिक रंग

Symbolism (क.आन्दो.) *सिम्बेलिज़्म :* प्रतीकवाद, प्रतीकविधान, बिम्बवाद, प्रतीकवादी धारा, संकेतवाद, यूरोप में 19वीं शताब्दी के अन्तिम चरण में विकसित एक कला आन्दोलन, सिम्बॉलिज़्म

Symbology (स्था.) *सिम्बोलॉजी :* प्रतीक विद्या प्रतीक अध्ययन विज्ञान

Symmetry (स्था.) *सिमेट्री :* अनुपातिक विशिष्टता, समानुवर्तिता, प्रति साम्य, एकरूपता, सम्मात्रा

Sympathetic Tone (संगी.) *सिम्पेथेटिक टोन :* अनुकम्पी नाद, अनुकम्पी स्वर, संवेदी स्वर

Symphony (समी.) *सिम्फनी :* स्वर संगति, सुरीलापन

Symposium (पत्र., समी.) *सिम्पोजियम :* विचार संगोष्ठी, अधिकृत विद्वानों द्वारा विशिष्ट विषय पर व्याख्यान, सिम्पोजियम

Syn (क.समू.) *साइन :* ग्रीक भाषा का एक शब्द, जिसका अर्थ है एक साथ

Synagogue (स्था.) *सिमेट्री :* यहूदियों का उपासना गृह

Synchronisation (पत्र.) *सिंक्रोनाइजेशन :* तुल्यकालन, समक्रमण

Synchronism (समी.) *सिंक्रोनिज़्म :* समकालिकता, कालैक्य समकालत्व

Syncopation (संगी.) *सिंकोपेशन :* लयकारी, लय-वैषम्य

Syndicate (पत्र.) *सिंडीकेट :* समाचार-पत्र को नियमित विभिन्न विषयों की प्रकाशन सामग्री प्रदान करने वाली संस्था, सिंडीकेट

Synopsis (समी.) *सिनॉपसेस :* संक्षिप्त विवरण, सार संकेत

Syntax (साहि.) *सिनटेक्स :* वाक्य में सटीक शब्द पिरोने की कला

Synthesizer (संगी.) *सिंथेसाइज़र :* चाबी युक्त एक पाश्चात्य वाद्य

Synthetic Colours (चि.) *सिंथेटिक कलर :* संश्लिष्ट रंग, कृत्रिम रंग

Synthetic Foam Sponge (रू.स.) *सिंथेटिक फोम स्पंज :* एक प्रकार का रासायनिक रबर का स्पंज जो ज़्यादा टिकाऊ होता है

Synthetic Varnish (क., साम.) *सिंथेटिक वारनिश :* रासायनिक वारनिश

Synthetism (क.आन्दो.) *सिंथेटिज़्म :* संशलेषणवाद, प्रतीक-प्रयोग चित्रण, प्रतीक प्रयोगवाद, विश्लेषणवाद

Syrupy Story (फि.) *सिरप स्टोरी :* मीठी कहानी, चालू कहानी, लोकलुभावन कथा

System (समी.) *सिस्टम :* पद्धति, प्रणाली

Systematic Painting (तक., चि.) *सिस्टेमेटिक पेंटिंग :* क्रम बद्ध चित्रण

T

T.N. Ramachandran (1901-1973) (पुरा.) *टी.एन. रामचन्द्रन :* भारत के प्रसिद्ध कला इतिहासकार, कलाकार, पुरातत्वविद तथा संस्कृत भाषा के विद्वान

T.R.P. (टेली.) *टी.आर.पी. :* टेलीविजन रेटिंग प्वाइंट (Television Rating Point) का संक्षिप्त रूप

T.V. Rating (टेली.) *टी.वी. रेटिंग :* टी.वी. सेट पर चलते कार्यक्रमों का आंकलन

T.V. Headline (पत्र.) *टी.वी. हेडलाइन :* टी.वी. समाचार के प्रारम्भ और अन्त में प्रसारित रोचक समाचारों से युक्त मुख्य खबर, अखबार, जो प्राय: सायंकाल प्रकाशित होते हैं, टेबलॉएड

Taal (नृ.) *ताल :* समय चक्र

Taala (संगी.) *ताल :* लयात्मक गान, समय का एक निश्चित माप दंड

Taali (संगी.) *ताली :* दोनों हाथों से आघात द्वारा सृजित ध्वनि, ताल की सशब्द क्रिया

Taan (संगी.) *तान :* राग को विस्तृत करने वाला स्वर समूह

Taandav (नृ.) *तांडव :* आक्रामक मुद्रा का एक विध्वंसक नृत्य, स्फूर्ति और उर्जास्विता पूर्ण मुद्रा का एक नृत्य

Taanpura (संगी.) *तानपुरा :* आधार स्वर की निरन्तरता बनाए रखने वाला तंत्र वाद्य, तम्बूरा

Taar Saptak (का.क.) *तार सप्तक :* भारत के आधुनिक सात युवा प्रगतिवादी कवियों की कविताओं का संकलन, जिसे 1943 में 'अज्ञेय' ने सम्पादित किया था। ये सात कवि थे—गजानन माधव मुक्तिबोध, नेमिचन्द्र जैन, भारत भूषण अग्रवाल, प्रभाकर माचवे, गिरिजाकुमार माथुर, रामविलास शर्मा एवं अज्ञेय। इसका प्रकाशन भारतीय ज्ञानपीठ द्वारा हुआ था

Tab (समी.) *टैब :* पर्दा

Tabal Chogli (नृ.) *तबलचोंगली :* आसाम का एक लोकनृत्य

Tabbouleh (पा.क.) *ताब्बूलेह :* एक शाकाहारी अरबी व्यंजन

Tabernacle (स्था.) *टेबरनेकल :* (यहूदियों का) उपासना मंडप, अस्थायी मंडप

Tabla (संगी., वा.यं.) *तबला :* ढोल वर्ग का एक भारतीय अवनद्ध वाद्य

Tabla Tarang (संगी., वा.यं.) *तबला तरंग :* एक भारतीय वाद्य यंत्र

Tablature (पुरा.) *टेबलेचर :* शिलालेख

Table Manners (पा.क.) *टेबल मैनर्स :* खान-पान संस्कार, डाइनिंग टेबल पर खाना खाते समय के नियम

Table Tomb (स्था.) *टेबल टॉम्ब :* पटल समाधि, पटलाकार समाधि

Tableau (ना.) टेब्ल्यू : झांकी, स्थिर दृश्य-प्रस्तुति, स्थिर विषय-दृश्य

Tableau Curtain (ना.) *टैब्ल्यू कर्टेन :* नाट्य मंच का पर्दा

Tabli (संगी.) *तबली :* तानपुरा में तुम्बा के ऊपर ढका हुआ लकड़ी का खोखला भाग, जिस पर घुड़च/ब्रिज रखा होता है

Tabloid (पत्र.) *टैब्लॉइड :* छोटे आकार का चटपटा समाचार-पत्र

Taboo (समी.) *टैबू :* वर्जना, वर्जित कर्म

Tabular Grain Film (फो.) *टेबुलर ग्रेन फ़िल्म :* एक विशिष्ट प्रकार की फ़ोटो फ़िल्म

Tachisme (क.आन्दो.) *टासिज़्म :* धब्बावाद

Tactile (समी.) *टेक्टाइल :* स्पर्शीय, जिसका ज्ञान स्पर्श से हो

Tag Line (विज्ञा.) टैग लाइन : घोष वाक्य, विशिष्ट सन्दर्भ-बोधि वाक्य

Tagline (फि.) *टैगलाइन :* सार वाक्य एक ऐसा सूक्ष्म वाक्य जिससे फ़िल्म का पूरा सांकेतिक परिचय मिलता हो

Tagore, A.N. (1871-1951) (चि.) *अवनीन्द्रनाथ टैगोर :* चित्रकार, बंगीय कला शैली के संस्थापक

Tagore, G.N. (1867-1938) (चि.) *गगनेन्द्रनाथ टैगोर :* चित्रकार

Tagore, R.N. (1861-1941) (चि.) *रवीन्द्रनाथ टैगोर :* कवि तथा चित्रकार

Tahiti (क.इति.) *ताहिती :* ताहिती (द्वीप), फ्रांस का एक लोकप्रिय द्वीप

Tailoring (फै.) *टेलरिंग :* सिलाई करना

Taj Mahal (1632-1653) (स्था.) *ताजमहल :* ताजमहल, अद्वितीय भारतीय स्थापत्य का एक नमूना

Take (फि., पत्र.) *टेक :* फ़िल्मों के दृश्य का एक शॉट, ऐसे अनेक शॉट्स को जोड़कर पूरी फ़िल्म बनती है, ध्वनि अथवा पिक्चर के एकल शॉट की रिकॉर्डिंग, टेक, फ़िल्म की शूटिंग में शॉट लेने की एक प्रक्रिया

Tale (साहि.) *टेल :* गाथा, कहानी

Talent (फि., टी.वी.) *टेलेंट :* रेडियो, फ़िल्म, टेलीविजन की दृष्टि से प्रतिभाशाली, प्रतिभा सम्पन्न कलाकार, प्रतिभा, गुण, विशिष्ट योग्यता

Taliwood (सिने.) *टालीवुड :* कलकत्ते की फ़िल्म नगरी, कलकतिया फ़िल्म जगत

Talk Back (टी.वी.) *टॉक बैक :* कान में लगाने वाला एक यंत्र, जिससे प्रोडक्शन कंट्रोल रूम के सभी कर्मी आपस में बात कर सकते हैं

Talkie (फि.) *टाकी :* सिनेमाघर, बोलती फ़िल्म का प्रदर्शन गृह

Tally (टी.वी., लेखा., कम्प्यू.) *टैली :* कम्प्यूटर का एक प्रसिद्ध साफ्टवेयर जो लेखा में प्रयुक्त होता है

Tally Light (फि., टी.वी.) *टेली लाइट :* कैमरे में लगी एक छोटी लाल बत्ती जिससे कैमरा कार्यरत है या नहीं की जानकारी मिलती है

Talpatra (चि., क., साम.) *तालपत्र :* ताड़पत्र जिस पर मध्य काल में चित्रकारी की जाती थी

Tamaasha (नृ.) *तमाशा :* महाराष्ट्र की एक सामूहिक लोकनृत्य शैली

Tamak (संगी., वा.यं.) *तमक :* एक भारतीय वाद्य यंत्र

Tamarind (पा.क.) *टमैरिंड :* इमली

Tambour (फै.) *टेम्बुअ :* कढ़ाई फ्रेम, गोलाकार पतली लकड़ी का फ्रेम

Tambura (संगी., वा.यं.) *तम्बूरा :* तारों पर आधारित एक भारतीय वाद्य यंत्र

Tammy (पा.क.) *टमी :* छलनी

Tamte (संगी., वा.यं.) *टमते :* एक भारतीय वाद्य यंत्र

Tana (संगी.) *तान :* राग के अन्तर्गत स्वर समूह का द्रुतगति में प्रस्तुत करना

Tandoori (पा.क.) *तंदूरी :* तंदूर में पका हुआ या भुना हुआ

Tanglam (नृ.) *तांगलम :* मिज़ोरम प्रदेश का एक लोकनृत्य

Tangmuri (संगी., वा.यं.) *तंगमुरी :* एक भारतीय वाद्य यंत्र

Tango (नृ.) *टॉन्गो :* एक प्रकार का नृत्य

Tanjore Painting (चि.) *तंजोरपेंटिंग :* सन् 1600 में जन्मी दक्षिण भारत के तंजौर राजाओं द्वारा पोषित चित्रकला जो मराठी और दक्खिनी कला के गुणों से सम्पन्न है

Tanka (का.) *टका :* जापानी लघु कविता

Tanpura (संगी.) *तानपुरा अथवा तम्बूरा :* मुख्यत: शास्त्रीय गायन वादन में प्रयुक्त एक तंत्री वाद्य

Tansen (1506-1589) (संगी.) *तानसेन :* उत्तरी भारत के एक प्रसिद्ध शास्त्रीय संगीत गायक तथा अकबर बादशाह के नौ रत्नों में से एक। तानसेन का असली नाम रामतनु था वे स्वामी हरिदास के शिष्य थे

Tantric Art (चि.) *तांत्रिक आर्ट :* तांत्रिक कला, तंत्र प्रतीक कला, तंत्र कला, तंत्र प्रधान कला, तंत्र-मंत्र के शब्द और आकारों पर आधारित रहस्यवादी कला

Tape (फै.) *टेप :* माप फीता

Tapering (स्था.) *टेपरिंग :* शुंडाकार, क्रमागत मोटे से पतले की ओर जाने की क्रिया या आकार

Tapestry (आले.) *टेपेस्ट्री :* चित्रमय पर्दों के कपड़े, आन्तरिक सज्जा के अलंकृत कपड़े, पर्दे, सोफे आदि के सजावटी कपड़े

Tapi Dharma Rao (1897-1973) (सं.क.) *तापी धर्माराव :* तेलुगु लेखक, फ़िल्म-गीतकार तथा समाज सुधारक/साहित्य अकादमी से पुरस्कृत तथा तेलुगु फ़िल्मों में संवाद लेखन के लिए ख्याति प्राप्त कलाकार

Tappa (संगी.) *टप्पा :* एक गायन शैली, जिसकी बंदिश में घुमावदार तानों का प्रयोग होता है

Tappeta (नृ.) *तप्पीता :* आंध्र प्रदेश का एक लोकनृत्य

Tar Saptak (संगी.) *तार सप्तक :* मध्य सप्तक से दुगना ऊँचा, ऊँचे स्वरों वाला सप्तक

Tar Shehnai (संगी., वा.यं.) *तार शहनाई :* तार पर आधारित एक भारतीय वाद्य यंत्र

Tara (चि.) *तारा :* बादशाह अकबर का दरबारी चित्रकार

Taraana (संगी.) *तराना :* निरर्थक शब्दों की ताल-स्वर बद्ध रचना, ऐसे गीत जिनका कोई शाब्दिक अर्थ नहीं होता, कर्नाटक संगीत में इसे तिल्लाना कहते हैं

Tarangam (नृ.) *तरंगम :* कुचीपुड़ी नृत्य की चरमोत्कर्ष प्रस्तुति

Tarangmel (नृ.) *तरंगमेल :* गोवा प्रदेश का एक लोकनृत्य

Target Audience (पत्र.) *टारगेट आडियंस :* लक्षित जनसमूह, लक्षित दर्शक/श्रोता, वर्ग विशेष का जनसमूह (पाठक)

Tarnish (सं.) *टर्निश :* धब्बा

Tarrain (समी.) *टेरेन :* इलाका

Tart (पा.क.) *टार्ट :* तीखा

Tasha (संगी., वा.यं.) *तासा :* एक भारतीय वाद्य यंत्र

TashiYangku Dance (नृ.) *ताशी योगकूडांस :* सिक्किम प्रदेश का एक लोकनृत्य

Taskar, L.N. **(1870-1937)** (चि.) *लक्ष्मण नारायण तास्कर :* भू-दृश्य चित्रकार

Tassels (आले.) *टेसल्स :* झालर (कपड़े की)

Taste (साम.) *टेस्ट :* स्वाद, आस्वाद, जायका

Taste (समी.) *टेस्ट :* रुचि, अभिरुचि, स्वाद

Taste of Art (समी.) टेस्ट ऑफ़ आर्ट : कला का आस्वाद, कलानन्द, कला का मज़ा/आनन्द

Tasteless (समी.) *टेस्टलेस :* अरोचक, बेस्वाद, नीरस, रुचि हीन

Tasveer khana (चि.) *तसवीर खाना :* मुग़लकालीन चित्रशाला, जहाँ मुग़ल काल में दरबारी चित्रकार चित्रों और पोथियों की रचना करते थे

Tasveer Khanna (चि.) *तसवीर खाना :* महाराजा जयपुर का फ़ोटो विभाग या स्टूडियो

Tata Vadya (संगी.) *तत वाद्य :* तंत्री (तार युक्त) वाद्य, तारों से युक्त वाद्य

Tatto Art (फै., शि.) *टेटू आर्ट :* गोदना कला, शरीर पर गुदाई की कला

Taus (संगी., वा.यं.) *ताउस :* तार पर आधारित गज से बजाया जाने वाला एक भारतीय वाद्य

Tea Ceremony (क.इति.) *टी सेरेमनी :* जापानी चाय पान उत्सव

Teak Wood (आले., स्था.) *टीक वुड :* सागवान की लकड़ी, टीक की लकड़ी

Team Work (समी.) *टीम वर्क :* सामूहिक कार्य, दलीय कार्य, मिल-जुलकर काम करना

Technicolor (फि.) *टेक्नीकलर :* रंगीनफ़िल्म, वह फ़िल्म जिसमें दृश्य यथार्थवादी रंगों में दिखते हों, श्वेत-श्याम नहीं, जैसे प्रकृति में आसमान नीला, पेड़ हरे तथा फूल रंग-बिरंगे दिखते हों, बहुरंगी (फ़िल्म), सहज रंगों की प्रस्तुति

Technique (समी.) *टेक्नीक :* प्रविधि, प्रक्रिया, अंकन पद्धति, शिल्प विधि, तकनीक, शैली विधि, क्रिया विधि, रचना विज्ञान, कार्य प्रणाली, अंकन पद्धति

Technological (समी.) *टेक्नॉलाजिकल :* शिल्प वैज्ञानिक (विधि)

Technology (समी.) *टेक्नॉलाजी :* तकनीकी, प्रौद्योगिकी, शिल्प विज्ञान, तकनीकी विज्ञान, तकनीकि विद्या

Teejan Bai (1956—) (गा.) *तीजन बाई :* छत्तीसगढ़ की लोकप्रिय गायिकी पंडवानी शैली की एक अति प्रसिद्ध गायिका, अकादमी पुरस्कार प्राप्त तीजनबाई पद्मभूषण सम्मान से भी सम्मानित हैं

Teen Tala (संगी.) *तीन ताल :* सोलह मात्रा की प्रचलित ताल

Teep (संगी.) *टीप :* उच्चतम प्रधान स्वर

Teevra (संगी.) *तीव्र :* जो स्वर मूल अवस्था से ऊँचा हो

Tele Conference (टी.वी., कम्प्यू.) *टेली कॉन्फ्रेंस :* एक संचार साधन, जिससे दो-तीन से अधिक स्थानों पर बैठे व्यक्तियों के बीच आपसी विचार-विमर्श की क्रिया। ये तीन प्रकार की होती हैं—आडियो कॉन्फ्रेंस, वीडियो कॉन्फ्रेंस और कम्प्यूटर कॉन्फ्रेंस

Tele Film (फि., पत्र., टी.वी.) *टेली फ़िल्म :* टी.वी. संस्थानों द्वारा अपने लिए बनाई गई फ़िल्म, किसी भी टेलीविजन चेनल द्वारा अपने लिए निर्मित फ़िल्म

Tele New & Reader (पत्र.) *टेली न्यूज़ रीडर :* टी.वी. का समाचार वाचक, टी.वी. पर समाचार प्रस्तुत करने वाला कर्मी, टेली न्यूज़ रीडर

Tele Photo (फो.) *टेलीफ़ोटो :* टेली-छायाचित्र, टेलीप्रिंटर से प्राप्त फ़ोटो

Tele Photo Lens (फि., फो., टी.वी.) *टेली फ़ोटो लेंस :* साधारण लेंसों से अधिक फोकल लेंथ का लेंस

Tele Photo (फो.) *टेली फ़ोटो :* टेली-छायाचित्र, टेलीप्रिंटर से प्राप्त फ़ोटो

Tele Printer (पत्र.) *टेली प्रिंटर :* टेली प्रिंटर, केबिल द्वारा प्रेषित समाचारों को मुद्रित रूप में प्रस्तुत करने वाली मशीन

Telegraph, Daily (पत्र.) *द टेलीग्राफ़ :* कलकत्ता से प्रकाशित अंग्रेजी भाषा का एक दैनिक समाचार-पत्र (इसी नाम से ब्रिटेन में भी दैनिक समाचार-पत्र हैं।)

Telephoto (फि., टी.वी.) *टेलीफ़ोटो :* तार (Telegraphic) माध्यम से प्रेषित फ़ोटो या चित्र

Teleplay (ना.) *टेलीप्ले :* दूरदर्शन पर प्रसारित नाटक

Teleprampter (पत्र., फि., टी.वी.) *टेली प्रॉम्पटॅर :* टेलीविजन स्टूडियो का संकेत पट, दूरानुबोधक, टेलीविजन कार्यक्रमों में कलाकारों की सहायतार्थ अनुबोधक, टेलीप्रोम्पटर

Televiewer (टेली.) *टेलीव्यूअर :* टी.वी. दर्शक, टी.वी. के कार्यक्रम देखने वाला व्यक्ति

Televise (टेली.) *टेलीवाइज :* दूर दर्शन-प्रसारण

Television (टेली.) *टेलीविजन :* टी.वी., दूरदर्शन

Television Advertisement (विज्ञा.) *टेलीविजन एडवरटाइज़िमेंट :* टेलीविजन द्वारा विज्ञापन प्रसारित

Television Control Room (टी.वी.) *टेलीविजन कंट्रोल रूम :* टी.वी. नियंत्रण कक्ष, कार्यक्रम निर्माण एवं प्रसारण का मुख्य केन्द्र, विभिन्न इलेक्ट्रानिक उपकरणों का मुख्य नियंत्रण कक्ष

Television Feature (पत्र.) *टेलीविजन फीचर :* टी.वी. पर प्रसारण हेतु किसी विषय का परिचयात्मक विवरण

Television Feature (टी.वी.) *टेलीविजन फीचर :* महत्त्वपूर्ण विषय की विस्तृत जानकारी हेतु निर्मित कार्यक्रम

Television Live Reporting (पत्र., टी.वी.) *टेलीविजन लाइव रिपोर्टिंग :* टी.वी. पर जीवंत प्रसारण

Television Teleprompter (टी.वी.) *टेलीविजन प्राम्पटॅर :* एक इलेक्ट्रानिक उपकरण, जिसमें लिखे अक्षर बड़े-बड़े दिखते हैं, जो प्राय: समाचारवाचकों के काम आता है

Tell (पुरा.) *टेल :* टीला

Temangnetin (नृ.) *तेमांगनीतन :* नागालैंड का एक लोकनृत्य

Temenos (स्था.) *टेमीनोज :* मन्दिर से सटी जगह या स्थल

Temper (स्था.) *टेम्पर :* लोहे पर पानी चढ़ाना

Tempera (क., साम., चि., समी.) *टेम्परा :* अपारदर्शी जलरंग, एक स्थायी, तेजी से सूखने वाला पेंटिंग माध्यम, दृढ़ीभूत चित्रण

Temperature (ग्र.स., सं.) *टेम्प्रेचर :* तापमान

Temperature Optimum (अभि.) *टेम्प्रेचर आप्टीमम :* अनुकूलतम ताप

Tempest (समी.) *टेम्पेस्ट :* आँधी, तूफान, अन्धड़

Templat (समी.) *टेम्पलेट :* साँचा, खाका

Temple (पुरा.) *टेम्पल :* मन्दिर, हिन्दुओं का पूजा स्थल (भवन), ईश गृह

Temple Architecture (स्था.) *टेम्पल आर्किटेक्चर :* मन्दिर वास्तुशिल्प, देवालय, वास्तुकला

Temple Canvas (चि.) *टेम्पल कैनवास :* पिछवई, भगवान की मूर्ति के पीछे लगा चित्रित पर्दा

Temple Khajuraho (क.इति.) *टेम्पल खजुराहो :* बुन्देलखंड के चन्देल राजाओं द्वारा खजुराहो में 800 से 1000 ईसा के मध्य बनाए गए मन्दिर जो काम-कला पर आधारित मूर्तियों के लिए विश्व-विख्यात हैं

Tempo (संगी.) *टेम्पो :* गति, लय

Temporality: (समी.) *टेम्पोरेलिटी :* अल्पकालिकता, लघुकालिक

Ten, The (क.समू.) *द टेन :* द टेन, (एक कलाकार समूह), अमरीकी चित्रकारों के एक समूह का नाम

Tendency (समी.) *टेनडेंसी :* प्रवृत्ति, वृत्ति

Tenmoku ware (षि.) *टेनमोको वेयर :* जापान में पोर्सलेन से बने चाय के बर्तन

Tenor (संगी.) : पुंमध्यक

Tensile Structure (स्था.) *टेंसिल स्ट्रक्चर :* भवन निर्माण की एक विशिष्ट प्रक्रिया, तनाव-सामर्थ्य, खिंचाव-शक्ति

Termism (क.इति.) *टर्मिस्ज :* बरोक कला में अपनाई एक तकनीक जिससे पेंटिंग के एक खास भाग को स्पॉटलाइट किया जाता है। इस तकनीक को काराविज्जयों, रिबेरा, देलातुर के चित्रों में देखा जा सकता है।

Termite (अभि.) *टरमाइट :* दीमक

Ternary Alloy (मू.) *टेरनेरी एलॉय :* त्रिमिश्र धातु, तीन धातुओं का मिश्रण

Terrace (स्था.) *टेरस :* छज्जा, खुली छत छत का खुला भाग, टेरेस

Terracotta (क., साम., मू.) *टेराकोटा :* पकी मिट्टी (की मूर्ति), पक्व मृत्तिका, मृण्मूर्ति

Terracotta (शि.) *टेराकोटा :* मिट्टी के बर्तन, मृदभाड़, पकी मिट्टी के बर्तन

Tertairy Colour (चि.) *टर्शिर कलर :* तृतीय श्रेणी के रंग, दो द्वितीयक रंगों से बने तीसरे रंग जैसे

Test Digging (पुरा.) *टेस्ट डिगिंग :* जाँच—खुदाई, परीक्षणोत्खनन, किसी परीक्षण की खुदाई

Test Mark (संग्रा.) *टेस्ट मार्क :* चित्रों में मरम्मत के दौरान उसकी पूर्व दशा को दर्शाने के लिए छोड़े गए कुछ चिन्ह

Tesure (पत्र.) *टीज़र :* रेडियो और टी.वी. में अग्रिम समाचारों की पूर्व सूचना

Tetrastyle (स्था.) *टेट्रास्टाइल :* चार खम्भों पर आधारित पोर्टिको

Tevaram (संगी.) *तेवारम :* तमिलनाडु प्रदेश का धार्मिक संगीत

Textile (फै., ग्र.स.) *टेक्सटाइल :* कपड़ा

Textile Designing (चि.) *टेक्स्टाइल डिज़ाइनिंग :* वस्त्र अभिकल्पना, कपड़ों के डिज़ाइन बनाना

Texture (क.इति.) *टेक्स्चर :* खुरदरा सौन्दर्य, ताना-बाना, शिल्पगत बुनावट, रंगों के मोटे-पतले प्रयोग से चित्र सतह पर उभरे खुरदरे प्रभाव

Thaat (संगी.) *थाट :* जिससे राग की उत्पत्ति होती है, जो गाया नहीं जाता

Thai (सा.ज्ञा.) *थाई :* थाईलैंड के नागरिक, थाईलैंड की भाषा

Thalamium (स्था.) *थालामियम :* अंत:पुर, अंत: कक्ष

Thalamus (स्था.) *थलमस :* अंत:पुर, अंत: कक्ष

Thali (संगी., वा.यं.) *थाली :* एक भारतीय वाद्य यंत्र

Thang-Ta (नृ.) *थंग-टा :* मणिपुर प्रदेश का एक लोकनृत्य

Thangta (नृ.) *थांगता :* मणिपुर का एक लोकनृत्य

Thanjavur (समी.) *तंजावुर :* तमिलनाडु का एक अतिप्राचीन प्रसिद्ध नगर, भरत नाट्यम के एक घराने का श्रोत

Thanthi Panai (संगी., वा.यं.) *थांती पनाई :* एक भारतीय वाद्य यंत्र

Thata (संगी.) *ठाठ :* सात स्वरों का आरोहात्मक राग

Thatch (स्था.) *थॅाच :* छप्पर, घास-फूस की अस्थायी छत

Thattukazhi Mannai (संगी., वा.यं.) *थत्तूकाझी मन्नई :* एक भारतीय वाद्य यंत्र

Thaugt (संगी.) *थाट :* वह स्वर समूह, जिसमें राग की उत्पत्ति हो

Thavil (संगी., वा.यं.) *थविल :* ढोल वर्ग का एक भारतीय वाद्य यंत्र

The Bicycle Theif (फि.) द *बाइसकिल थीफ :* प्रसिद्ध इटैलियन फ़िल्मकार बिट्रियो दीसिका की 1948 में प्रदर्शित एक कालजयी फ़िल्म जिसे वैश्विक फ़िल्म जगत में मील का पत्थर माना जाता है

The Big Screene (फि.) द *बिग स्क्रीन :* बड़ा सिने पट, विशाल पर्दा

The Big Three (समी.) द *बिग थ्री :* इटली के उच्च पुनर्जागरण काल के तीन प्रसिद्ध कलाकारों के सन्दर्भ में प्रयुक्त शब्द ये थे लियोनार्डो द विंची, माइकेल एंजेलो और राफेल

The Bridge (क., संस्था.) द *ब्रिज :* ब्रिज कला समूह, सन् 1905 में जर्मनी में संगठित एक कलाकारों की मंडली

The Tribune (पत्र.) द *ट्रिब्यून :* चंडीगढ़ से प्रकाशित अंग्रेजी भाषा का एक दैनिक समाचार-पत्र

Theater Company (ना.) *थियेटर कम्पनी :* रंग मंडली, रंगकर्मी - समूह

Theater Style of Painting (क.इति.) *थियेटर स्टाइल ऑफ़ पेंटिंग :* रंगमंच शैली, नाट्यशाला शैली, थियेटर कलम

Theatre (ना., स्था.) *थियेटर :* रंगशाला, नाट्यशाला, रंगमंच, नाट्यालय, नाट्य गृह, सिनेमा हॉल

Theatre Ameteur (ना.) *थियेटर एमेच्योर :* शौकिया नाट्य कर्म

Theatre Architecture (स्था.) *थियेटर आर्की टेक्चर :* रंग-स्थापत्य, नाट्योमुखी स्थापत्य

Theatre Arts (ना.) *थियेटर आर्ट्स :* रंग कलाएं, रंग-वास्तु, नाट्य सम्बन्धी कलाएँ

Theatre Bud (ना.) *थियेटर बड :* नाटक प्रेमी, नाटकों का शौकीन

Theatre Makeup (रू.स.) *थियेटर मेकअप :* रंगमंचीय श्रृंगार, रंगमंच कलाकारो का गहरा मेकअप जो दूर से देखने पर साधारण और सामान्य लगे

Theatre Skills (ना.) *थियेटर स्किल्स :* नाट्य दक्षता, रंगमंच कौशल

Theatre, Open Air (ना.) *थियेटर, ओपन एयर :* मुक्ताकाशी रंगमंच, निसर्ग रंगमंच

Theatrical (ना.) *थियेट्रिकल :* रंगीय, नाटकीय, नाटकी

Theatricalism (ना.) *थियेट्रिकलिज़्म :* रंगीयतावाद, नाटकीयता, नाट्यवाद

Theatrum (ना.) *थियेट्रम :* रंग शाला, नाट्यगृह

Thebes (क.इति.) *थेंस :* थेब्स (नगर)

Theka (संगी.) *ठेका :* किसी भी ताल की मूल संरचना

Thematic (समी.) *थीमेटिक :* विषय मूलक

Theme (समी.) *थीम :* विषय वस्तु, मूल विषय

Theme Music (समी.) *थीम म्यूज़िक :* कथानक संगीत, संकेत ध्वनि

Theme Song (फि., समी.) *थीम सॉन्ग :* कथानक-गीत, कथा सांकेतिक ध्वनि, बार-बार बजने वाली धुन या गीत

Theological Aesthetics (सौ.शा.) *थियोलॉजिकल एस्थेटिक :* धर्म आधारित सौन्दर्य शास्त्र

Theoretical Critics (समी.) *थ्योरेटिकल क्रिटिक्स :* सैद्धान्तिक आलोचक, लकीर के फकीर आलोचक, रूढ़िग्रसित आलोचक

Theoretician (समी.) *थियोरिटिशियन :* सिद्धान्तवादी

Theory (समी.) *थ्योरी :* सिद्धान्त, उसूल

Theory of Life (समी.) *थ्योरी ऑफ़ लाइफ :* जीवन विषयक सिद्धान्त, जिन्दगी के उसूल

Theory of Pleasure (सौ.शा.) *थ्योरी ऑफ़ प्लेजर :* आनन्द के सिद्धान्त, आनन्दानुभूति के नियम

Theosophy (सौ.शा.) *थियोसॉफी :* ईश विज्ञान

Thermometer (फो.) *थर्मोमीटर :* तापमापक, कमरे का तापमान नापने का यंत्र

Ther-Their Gatha (क.इति.) *थेर-थेरी गाथा :* ईसा पूर्व तीसरी-चौथी शताब्दी का एक सचित्र बौद्ध ग्रंथ

Thesaurus (समी.) *थिसारस :* शब्दकोष, शब्दसागर, शब्दसंग्रह, शब्दभंडार, शब्द महाकोष

Thesis (समी., साहि.) *थीसिस :* शोध प्रबंध, महा प्रबंध, शोध ग्रंथ

Thimila (संगी., वा.यं.) *थिमिला :* एक भारतीय वाद्य यंत्र

Think Tank (समी.) *थिंक टैंक :* विचार श्रोता, वैचारिक प्रजनन श्रोत, वैचारिक दृष्टि प्रदाता

Thinker (क.इति.) *थिंकर :* थिंकर, एक कांस्य मूर्ति का शीर्षक

Thinking (समी.) *थिंकिंग :* चिन्तन, विचारण, सोचना, विचार, मानना

Thinking Part (ना.) *थिंकिंग पार्ट :* मौन भूमिका

Thinner (चि.) थिनर तरल द्रावक, एक प्रकार का विरलक तेल, थिनर

Thirayattam (नृ.) *थिरयट्टम :* केरल (दक्षिण भारत) का एक लोकनृत्य

Third Dimention (समी.) *थर्ड डाइमेनशन :* तृतीय आयाम, त्रिविस्तार, थर्ड डायमेंशन

Thirthankar (क.इति.) *तीर्थंकर :* जैन धर्म के 24 धर्माचार्यों में से कोई भी

Tholos (स्था.) *थोलुस :* गुम्बद के आकार का प्राचीन यूनानी मकबरा

Thomos Row (चि.) *थॉमस रो :* बादशाह जहाँगीर के दरबार में नियुक्त ब्रिटिश राजदूत

Thought (समी.) *थॉट :* विचार, विचारधारा

Thought Process (समी.) *थॉट प्रॉसेस :* वैचारिक प्रक्रिया, सोचने का तरीका, विचार तंत्र

Thoughtful (समी.) *थॉटफुल :* विचारमग्न, ध्यान मग्न, गम्भीर, मौलिक, विचारपूर्ण

Thoughtfulness (समी.) *थॉटफुलनेस :* विचारशीलता

Thread Count (फै.) *थ्रेड काउंट :* कपड़े की मोटाई और खूबी जानने की तकनीक

Thread Marking (फै.) *थ्रेड मार्किंग :* कच्चा काम, परिधान पर अस्थायी टांके, जो परिधान की फिटिंग लाइनों चिन्हत करने के लिए बनाए जाते हैं

Thread Painting (आले.) *थ्रेड पेंटिंग :* धागा चित्रण, रंग से गीले धागों से रची चित्रकला

Three Dimensional (समी.) *थ्री डायमेंसनल :* त्रिआयामी, त्रिविस्तारात्मक, त्रिपार्श्विक, त्रिदृश्यक, त्रिविम

Three Dimensional Quality (समी.) *थ्री डायमेंसनल क्वालिटि :* त्रिआयामिक गुण

Three Quarter View (चि., मू.) *थ्री क्वार्टर व्यू :* कटि चित्र, कटि शिल्प, सिर से कमर तक का चित्रांकन या मूर्ति गढ़ना

Three Unities (समी., ना.) *थ्री यूनिटीज :* संकलन त्रय (स्थान, समय और कार्य की एकता)

Threnody (संगी.) *थ्रेनोडी :* शोक गीत

Threshold (स्था.) *थ्रेशोल्ड :* मकान की देहरी या दहलीज़, प्रवेश द्वार

Thrill (समी.) *थ्रिल :* रोमांच, गदगद होना, भावविह्वल

Thriller (समी.) *थ्रिलर :* रोमांचक, उत्तेजक, सनसनी पैदा करने वाला

Thumb Tack (स्था.) *थम्ब टैक :* कील

Thumbnails (विज्ञा.) *थम्बनेल्स :* विज्ञापन रचना में छोटे लघु आकार के सांकेतिक रेखाचित्र। ये केवल अभीष्ट विज्ञापन-प्रारूप का मात्र संकेतचित्र होता है जिसे स्वीकृत होने के बाद पूर्ण विकसित रूप में रचा जाता है।

Thumbnail-Sketch (चि.) *थम्बनेल स्केच :* सूक्ष्मचित्र, लघुचित्र

Thumb Tack (क., साम.) *थम्ब टैक :* बड़े माथे वाली ड्राइंग पिन, ड्राइंग बोर्ड पिन

Thumri (संगी.) *ठुमरी :* उपशास्त्रीय गायन शैली

Thymol () *थीमॉल :* एक रसायन

Tibetan *तिब्बतन :* तिब्बती, तिब्बत के नागरिक, तिब्बत की भाषा

Tie & Dye (शि., तक.) टाई एंड डाई: बंधेज, बांधणी/बधन कपड़े पर रंगाई द्वारा आलेखन बनाने की एक विधि

Tie-dyed Cloth (फै.) *टाई डाइड क्लाथ :* बंधनी से रंगा कपड़ा, बंधनी-कला

Tiepolo (1696-1770) (चि.) *तिपोलो :* इटैलियन चित्रकार

Tigun (संगी.) *तिगुन :* किसी ठेके अथवा गीत को तिगुनी लय में गाया या बजाया जाना

Tihai (संगी.) *तिहाई :* किसी पद को तीन बार लेकर सम दिखाना, ताल/स्वर के किसी निश्चित रूप की तीन बार प्रस्तुति

Tikka (Paneer) (पा.क.) *टिक्का पनीर :* भुना हुआ पनीर

Tillaposhi (क.समी.) *तिल्ला पोशी :* तल्लापोशी

Timbre (संगी., गा.) *टिम्ब्र :* ध्वनि गुण

Time Factor (समी.) *टाइम फैक्टर :* काल कारक

Time Signature (संगी.) *टाइम सिग्नेचर :* काल परिचायक

Timelessly Beautiful (आले.) *टाइमलेसली ब्यूटीफुल :* सर्वकालीन सुन्दर

Timer (फो.) *टाइमर :* फ़ोटोग्राफ़ी की प्रक्रिया में एक्सपोजर नापने का यंत्र

Times of India (पत्र.) *टाइम्स ऑफ़ इंडिया :* बम्बई तथा दिल्ली से प्रकाशित अंग्रेजी भाषा का एक प्रमुख दैनिक समाचार-पत्र

Timing (समी.) *टाइमिंग :* समय संयोजन

Tinge (चि., समी.) *टिंज :* रंगत, आभा

Tint (चि.) *टिंट :* आभा रंग, वर्ण-आभा, हल्का प्रभाव, किसी रंग का मद्धिम रंगत, हल्की रंग छटा

Tinted Moisturizer (रू.स.) चेहरे की त्वचा को मुलायमियत देने के लिए प्रयुक्त एक विभिन्न हल्के रंगों में उपलब्ध एक द्रव्य

Tinting (रू.स.) *टिंटिंग :* भौं और आँखों की पलकों को रँगना

Tintoretto (1518-1594) (चि.) *तिन्तोरेत्तो :* प्रसिद्ध इटैलियन चित्रकार

Tipai (तक.) *टिपाई :* लघुचित्रों की ड्राइंग के सन्दर्भ में प्रयुक्त शब्द

Tippani (नृ.) *टिप्पानी :* गुजरात का एक प्रसिद्ध लोकनृत्य

Tissue Paper (अभि.) *टिशू पेपर :* टिशू पेपर

Tissue Repair (अभि.) *टिशू रिपेयर :* टिशू से मरम्मत

Titian (1485-1576) (चि.) *तितियन :* प्रसिद्ध इटैलियन चित्रकार

Titanic (फि.) *टाइटेनिक :* हालीवुड के ख्याति प्राप्त निर्माता निर्देशक जेम्सकेमरॉन की 1997 में प्रदर्शित एक श्रेष्ठ अंग्रेजी फ़िल्म जो ब्रिटिश ऐतिहासिक जल पोत टाइटेनिक के समुद्र में डूबने की दुर्घटना पर आधारित थी

Titanic Show (समी.) *टाइटैनिक शो :* अति भव्य प्रदर्शन, अति विशाल प्रदर्शन, भीमाकार प्रदर्शन, महा प्रदर्शन

Title (समी.) *टाइटिल :* शीर्षक, नाम, हक, हकनामा, पदवी, खिताब

Title Music (समी., संगी.) *टाइटिल म्यूज़िक :* आमुख संगीत, परिचय-संगीत, प्रतीक-ध्वनि

Title Song (समी.) *टाइटल सॉन्ग :* शीर्षक गीत, विषय परिचायक गान

Titti (संगी., वा.यं.) *तीती :* एक भारतीय वाद्य यंत्र

Titus (क.इति.) *टाइटस :* टाइटस (रोम के एक सम्राट का नाम)

Toast (पा.क.) *टोस्ट :* ब्रेड के टुकड़े या डबल रोटी के चौकोर टुकड़े, टोस्ट

Toast of the Art World (समी.) *टोस्ट ऑफ़ द आर्ट वर्ल्ड :* कलाक्षेत्र का लोकप्रिय व्यक्ति, श्रेष्ठ कलानुरागी, विख्यात कलाकर्मी

Togetherness (समी.) *टुगेदरनेस :* एकजुटता

Toile (फै.) *टॉयल* (फ्रेंच शब्द) : एक नया पैटर्न या डिज़ाइन के लिए टेस्ट परिधान

Toile (ग्र.स.) *टोएल :* फ्रेंच भाषा में कैनवास के लिए प्रयुक्त शब्द

Tomb (पुरा.) *टोम्ब :* तुंब

Tonality (चि., संगी., समी.) *टॅनैलइट :* वर्णक्रम, रंग संगति, रंग सामंजस्य (संगी.) आधार स्वरता

Tondo (साम.) *तोंदो :* गोलाकार कैनवास स्ट्रेचर, जबकि प्राय: स्ट्रेचर चौकोर होते हैं

Tone (चि.) *टोन :* उपवर्ण, छाया, कान्ति रंगाभास, वर्ण छटा, छाया झलक, रंगों के हल्के गहरे रूप, छटा

Tone Value (चि., समी.) *टोन वैल्यू :* उपवर्ण गरिमा, उपवर्ण मूल्य, उपवर्ण सार्थकता, उपवर्ण सौन्दर्य

Tonel Depicton (क.इति.) *टोनअल डिपेक्शनल :* उपवर्णं चित्रण, टोनल डिपिक्शन

Toner (रू.स.) *टोनर :* एक कसैली तरल त्वचा पर तेल लगाने और उसकी स्थिति में सुधार करने के लिए लागू किया जाता है।

Toner (चि.) *टोनर :* प्रगाढ़वर्ण, गाढ़ी तहसीर के रंग, रंग-संस्कार, चित्र में रंग बैठाना

Toning (चि., समी.) *टोनइंग :* रंग संस्कार, रंग बैठाना, वर्ण चातुर्य, टोनिंग

Tonsil Test (संगी.) *टॉन्सिल टेस्ट :* गायक की स्वर परीक्षा

Tools (आले.) *टूल्स :* उपकरण

Top Artist (समी.) *टॉप आर्टिस्ट :* दिग्गज कलाकार

Top Frieze (स्था.) *टॉप फ्रीज़ :* शीर्ष चित्र वल्लरी

Top Secret (अभि.) *टॉप सीक्रेट :* परम गुप्त

Top Tone (चि.) *टॉप टोन :* प्रगाढ़तम वर्ण, गहरी रंग छटा

Topia (चि.) *टोपिया :* वृहद चित्र

Topical (टी.वी.) *टॉपिक्ल :* सामयिक, प्रासंगिक

Topographical Painting (चि.) *टोपोग्राफ़िकल पेंटइंग :* स्थलाकृति चित्रण

Topography (स्था., समी.) *टोपोग्राफ़ी :* भौगोलिक स्थिति

Topping (पा.क.) *टॉपिंग :* ऊपरी परत

Tora (चि.) *तोड़ा :* सम को अभिव्यक्त करने वाला स्वर समूह

Torana (स्था.) *तोरण :* किसी स्मारक का प्रवेशद्वार, मन्दिर/बौद्ध तीर्थ स्थल का प्रवेश द्वार

Torii (स्था.) *तोरी* (जापानी शब्द) : जापान में सिन्तो सम्प्रदाय के मठों के परम्परागत प्रवेश द्वार

Torso (मू., समी.) टॉर्सो *:* धड़ प्रतिमा, मानव शरीर का धड़, खंडित प्रतिमा

Torticllon (साम.) *टॉरटिकलॉन :* पेस्टल रंगों में शेडिंग के लिए कागज से बने कोन इन्हें स्टाम्प भी कहते हैं।

Tortillon (क., साम.) *टॉटाइलन :* टार्टलॅन, देखिये—Stump

Total Effect (समी.) *टोटल इफैक्ट :* समग्र-प्रभाव

Totality (समी.) *टोटॅलटी :* समष्टि

Touch (समी.) *टच :* स्पर्श, छूना

Toulouse, Lautrec (1864-1901) (चि.) *ताउलोस लोत्रे :* फ्रेंच चित्रकार, छापाकार, सज्जाकार

Touring Theatre (ना.) *टूरिंग थियेटर :* चलती-फिरती नाट्य मंडली, भ्रमणशील नाटक कम्पनी

Tower (स्था.) *टॉवर :* मीनार, बुर्ज, ऊँचा भवन, ऊँचा स्तम्भ, अट्टालिका, लाट

Trabeate (स्था.) *ट्रेबिएट :* क्षैतिज

Tracing (चि.) *ट्रेसिंग :* अनुरेखण, अनुचित्रण, ट्रेसिंग

Trade Mark (चि., विज्ञा.) *ट्रेड मार्क :* प्रतीक चिन्ह, व्यापार प्रतीक, मार्का, व्यापार चिन्ह, व्यावसायिक प्रतीक

Trade Out (विज्ञा.) *ट्रेड आउट :* आदान-प्रदान

Tradition (समी.) *ट्रेडीशन :* परम्परा, रीति-रिवाज

Traditional (समी.) *ट्रेडीशनल :* पारम्परिक, परम्परा पूर्ण, परम्परागत, रीति-रिवाजी

Traditional Art (समी., क.इति.) *ट्रेडिशनल आर्ट :* पारम्परिक कला, रीतिवादी कला; बां. परम्परागत; मरा. रीतिगत कला; गु. परम्परागत कला; उ. रिवायती आर्ट, रस्मी आर्ट

Traditional Design (आले.) *ट्रेडीशनल डिज़ाइन :* परम्परागत डिज़ाइन

Traditional Form (समी.) *ट्रेडीशनल फॉर्म :* पारम्परिक रूप/आकार

Traditionalism (समी.) *ट्रेडीशनलिज्म :* परम्परावाद

Traffic Controller (विज्ञा.) *ट्रॉफिक कंट्रोलर :* ट्रैफिक कंट्रोलर, विज्ञापनों की सीमा निर्धारित करने वाला

Tragedy (समी.) *ट्रेजडी :* त्रासदी, त्रासद नाटक, दु:खांतकी, दु:खांतक, दु:खद अन्त वाला नाटक

Tragic Ballad (संगी.) *ट्रैजिक बैलेड :* दु:खांत गाथा, दु:खांत गाथा-गीत

Tragic Hero (ना., फि.) *ट्रैजिक हीरो :* ऐसा नायक जो त्रासद अभिनय के लिए विख्यात हो, दुखांत नायक, नाटक या फ़िल्म में नायक का दु:खद अन्त

Tragicomedy (ना.) *ट्रेजीकॅमेडी :* दुख सुखांतक, सुख-दुख पूर्ण नाटक

Trailer (फि.) *ट्रेलर :* झलक, पूर्व झलक, फ़िल्म का आंशिक परिचय

Trailer Drapes (ना.) *ट्रेलर ड्रेप्स :* दृश्य परिवर्तन में सहायक पर्दे

Trainer (संगी.) *ट्रेनर :* प्रशिक्षक, सिखाने वाला

Transcendental (समी.) *ट्रांसेंडेंटल :* अनुभवातीत, इन्द्रियातीत

Transcript (अभि.) *ट्रांसक्रिप्ट :* प्रतिलेख, नकल

Transcription (अभि.) *ट्रांसक्रिप्शन :* लिप्यांतरण, लिप्यांकन, प्रतिलेखन

Transformation (समी.) *ट्रांसफार्मेशन :* पूर्ण रूपांतरण, तब्दीली, बदलाव

Transgison Period (समी.) *ट्रांसजिशन पीरियड :* संधिकाल, परिवर्तन काल

Transit Advertising (विज्ञा.) *ट्रांजिट एडवरटाइजिंग :* चल विज्ञापन, चलते-फिरते वाहन विज्ञापन जैसे बसों पर सजे विज्ञापन जो एक जगह से दूसरी जगह जाती हैं

Transition (समी.) *ट्रांजीशन :* संक्रमण

Transitional (समी.) *ट्रांजीशनल :* संक्रमणकालीन, माध्यमिक, अवस्था परिवर्तन कालिक

Translation (साहि.) *ट्रांसलेशन :* अनुवाद, तर्जुमा

Translucent (सं.) *ट्रांसल्यूसेंट :* पारभासी, आर-पार दिखने वाला

Transmission (समी.) *ट्रांसमिशन :* संप्रेषण

Transmission (टेली.) *ट्रांसमिशन :* प्रसारण, कार्यक्रम प्रेषित करना

Transmitter (टी.वी.) *ट्रांसमीटर :* विद्युतीय संकेत प्रेषक यंत्र

Transparent (चि.सं.) *ट्रांसपेरंट :* पारदर्शी, आर-पार साफ़ दिखने वाला

Transpet (स्था.) *ट्रांसपेट :* अनुप्रस्थ भाग

Transposition (संगी.) *ट्रांसपोजीशन :* स्वर स्थान्तरण

Transumpt (अभि.) *ट्रांसम्पट :* प्रमाणित दस्तावेज

Trap (ना.) *ट्रैप :* चोर द्वार

Travancore Sisters (फि.) *ट्रावनकोर सिस्टर्स :* भारतीय फ़िल्मजगत की तीन बहनों के नाम से विख्यात अभिनेत्रियाँ पद्मिनी (1932-2006), रागिनी (1937-1976) और ललिता (1930-1982)

Traverse (स्था.) *ट्रेवर्स :* गलियारा, वीथिका

Tread (स्था.) *ट्रीड :* पावड़ी, सोपान पाव

Treatment (समी.) *ट्रीटमेंट :* निरूपण शैली, निर्वाह, प्रतिपादन, अभिव्यक्ति शैली, समुपचार

Treatment of Colour (चि., समी.) *ट्रीटमेंट ऑफ़ कलर :* रंग निर्वाह, वर्ण-कौशल, रंग प्रतिपादन, रंग निस्तारण, वर्ण निरूपण

Trede Mark (विज्ञा., चि.) *ट्रेड मार्क :* व्यापार चिन्ह

Tree of Jesus (इति.) *ट्री ऑफ़ जीसस :* ईसा के खानदान की 43 पीढ़ियों को दर्शाने वाला एक वृक्ष (फेमिली ट्री की तरह)

Trellis (स्था.) *ट्रिलीस :* जाफरी, लकड़ी का जाली-पर्दा

Trellis Pattern (आले) *ट्रेलर्स पैटर्न :* सालेख नुमा

Tremolo (संगी.) ट्रेमोलो: कंपन, थरथराहट, स्वरावरोध, टूटता स्वर

Trend (समी., फै.) *ट्रेंड :* प्रचलन, दौर, प्रवाह

Trend Setter (समी.) *ट्रेंड सेटर :* नया चलन करने वाला, परम्परा स्थापक, परम्परा विधायक

Trendy (समी.) *ट्रेंडी :* तड़क-भड़क वाला फैशनेबल,

Tribal Art (क.इति.) *ट्राइबल आर्ट :* कबीली कला, जनजातीय कला

Tribal Artist (समी.) *ट्राइबल आर्टिस्ट :* आदिवासी कलाकार, दूरस्थ जंगल, घाटी, पहाड़ियों के निवासी आदिवासी कलाकार

Tribal Dance (नृ.) *ट्राइबल डांस :* आदिवासी नृत्य, आधुनिकता से दूर आदिवासियों का नृत्य

Tribhanga (नृ.) *त्रिभंग :* नृत्य की एक मुद्रा, जिसमें गर्दन, कमर और घुटनों को मोड़कर तीन मुद्राओं में प्रदर्शित किया जाता है

Trichology (रू.स.) *ट्राइकोलॉजी :* बाल और खोपड़ी से सम्बन्धित और कॉस्मेटिक अध्ययन और अभ्यास की शाखा

Triennale (समी.) *त्रिनाले :* त्रिवार्षिक प्रदर्शनी, त्रैवार्षिकी, भारत में तीन वर्षों के अन्तराल में ललित कला अकादमी द्वारा आयोजित राष्ट्रीय कला प्रदर्शनी

Trimming (फै.) *ट्रिमिंग :* मुख्य कपड़े और सिलाई के अलावा अन्य परिधान के घटक काट-छांट

Trindad, A.A. (1909-1980) (चि.) *ऑजेल आटोनियो त्रिंदाद :* महाराष्ट्र के प्रसिद्ध चित्रकार

Trio of Renaissance (समी.) *ट्रियो ऑफ़ रेनेसाँ :* इटली के उच्च पुनर्जागरण काल के तीन प्रसिद्ध कलाकारों के सन्दर्भ में प्रयुक्त शब्द ये थे लियोनार्डो द विंची, माइकेल एंजेलो और राफेल

Trio, The (J & K) (क.समू.) द *ट्रिओ :* द ट्रिओ

Tripod (पुरा.) *ट्राईपोड :* तिपाई, त्रिपाद

Tripping Rhythm (संगी.) *ट्रिपिंग रिद्म :* थिरकती लय

Triptych (समी., चि.) *ट्रिपटिक :* त्रिफलक, त्रिपट (चित्र)

Trishoolam (नृ.) *त्रिशूलम :* त्रिशूल

Tritaal (संगी.) *त्रिताल :* तीन साल, सोलह मात्राओं का एक ताल

Tritala (स्था.) *त्रितला :* त्रितलॉ, तीन मंजिला

Trivat (संगी.) *त्रिवट :* तीन भाग युक्त गायन विद्या

Triveni (क., पत्रि.) *त्रिवेणी :* त्रिवेणी (एक कला पत्रिका का नाम)

Triveni Veena (संगी., वा.यं.) *त्रिवेणी वीणा :* एक भारतीय वाद्य यंत्र

Triviality of Appearance (रू.स.) तुच्छता का आभास, तुच्छ होने की गुणवत्ता या अवस्था

Trojan War (क.इति.) *ट्रोजन वॉर :* ट्रॉय का युद्ध

Trolly Shot (फि., टी.वी.) *ट्राली शॉट :* ट्राली से लिया दृश्यचित्र (शॉट)

Trombone (संगी.) *ट्रमबोन :* एक प्रकार का पाश्चात्य सुषिर वाद्य

Tropical (समी.) *ट्रॉपिकल :* अलंकारिक

Tropology (समी.) *ट्रोपोलॉजी :* अलंकार शास्त्र, अलंकार विधान

Troppo (संगी.) *ट्रोपो :* अतिशय

Troupe (समी.) *टूप :* मंडली, कलाकार समूह, अभिनय कर्मियों का दल

Trowel (स्था.) *ट्रोवेल :* करणी, करनी, कन्नी, चुनाई का एक औजार

Truck Left (फि., टी.वी.) *ट्रक लेफ्ट :* कैमरे को बाईं तरफ ले जाना

Truck Right (टी.वी., फो.) *ट्रक राइट :* छायांकन के मध्य कैमरे को दाईं ओर ले जाना

Trumpet (संगी.) *ट्रम्पेट :* एक प्रकार का पाश्चात्य सुषिर वाद्य

Trundle Bed (ग्र.स.) *ट्रनडेल बेड :* पहिये दार चारपाई जिसे कमरे में रखी अन्य चारपाई के नीचे खिसका कर रखा जाए

Truss (स्था.) *ट्रस :* संरचना, बाँधना या समर्थन

Trustworthiness (समी.) *ट्रस्टवर्दीनेश :* विश्वसनीयता

TTL Flash (फो.) *टी.टी.एल. फ्लैश :* एक प्रकार का फ़ोटो फ्लैश

Tube Colour (चि.) *ट्यूब कलर :* ट्यूब में पैक किये रंग, ट्यूब कलर

Tukaram (1608-1650) (का.क.) *तुकाराम :* मराठी भाषा के एक श्रेष्ठ कवि

Tulika Kalakar Parishad (क.समू.) *तूलिका कलाकार परिषद् :* तूलिका कलाकार परिषद्, उदयपुर के कलाकारों की संस्था

Tulsidas (1511-1623) (का.क.) *गोस्वामी तुलसीदास :* मध्यकालीन भारत के महान भक्त कवि तथा 'रामचरितमानस', 'विनय पत्रिका', 'गीतावली' आदि अनेक अमर ग्रंथों के रचनाकार

Tumba (संगी., वा.यं.) *तुम्बा :* एक भारतीय वाद्य यंत्र

Tumbi (संगी., वा.यं.) *तुम्बी :* एक भारतीय वाद्य यंत्र

Tumbler (ना.) *टम्बलर :* बाजीगर

Tumulus (स्था.) *ट्यूमलस :* कब्र-स्तूप

Tune (संगी.) *ट्यून :* धुन

Tuntuna (संगी., वा.यं.) *तुनतुना :* एक भारतीय वाद्य यंत्र

Turkis *टर्किस :* तुर्की के नागरिक, तुर्की की भाषा

Turmeric (पा.क.) *टर्मिरिक :* हल्दी

Turntable (स्था.) *टर्नटेबिल :* टर्नटेबल, घूमनेवाली मेज़

Turpentine-Oil (क., साम.) *टॅ. पॅटाइन आइल :* तारपीन का तेल

Turquoise (र., आभू.) फिरोजा टरक्वीस : एक प्रकार का नीला रंग

Turret (स्था.) *टयूरे :* लघुमीनर, बुर्ज, छोटी मीनार कंगूरा, (टयरेट)

Tutankhamen (क.इति.) *तूतनखामेन :* तूतनखामेन (मिस्र का एक सम्राट)

Tutored (By): (समी.) *टयूटर्ड :* सिखाया हुआ, पढ़ा हुआ

Tweed Fabric (फै.) *टिव्ड फैबरिक :* एक प्रकार का ऊनी कपड़ा

Twelve Apostles of Jesus (इति.) *टवेल्व एपॉसिल्स ऑफ़ जीसस :* पीटर, फिलिप, जॉन, एंड्रू, बर्थलोम्यू, जेम्स, जूडास, थेडियस, मैथ्यू, साइमन, और थॉमस

Twenty (20 Minuten) (पत्र.) *ट्वेनटी म्यूनीटेन :* ज्यूरिख (स्विट्जरलैंड) से प्रकाशित एक दैनिक समाचार-पत्र

Twin Lens Reflex Camera (फो.) *टिवन लेंस रिफलेक्स कैमरा :* एक विशिष्ट प्रकार का कैमरा

Two Dimensional (समी.) *टू डायमेंशनल :* द्विआयामी द्विविम

Tyagraj (1767-1847) (संगी.) *त्यागराज :* दक्षिण भारतीय शास्त्रीय संगीत (कर्नाटक संगीत) के महान संगीतकार, भगवानराम की महिमा और गुणगान में रची हजारों रचनाओं के लिए विशेष रूप से प्रसिद्ध

Type (समी.) *टाइप :* प्रकार, किस्म

Type Character (ना., फि.) *टाइप करेक्टर :* किसी खास किस्म का चरित्र

Type Font (विज्ञा.) *टाइप फॉंट :* शैलीदार अक्षर टाइप फांट

Type font (पत्र.) *टाइप फॉंट :* विविध प्रकार के टाइप

Type of Sculpture (मू.) *टाइप ऑफ़ स्कल्पचर :* मूर्ति शिल्प के प्रकार यथा सपाट सतह पर उभरी मूर्ति (Relief) और शिल्प खंड को तराश कर चारों तरफ से देखी जानी वाली मूर्ति (Sculpture in Round)

Type Piece (छापा., समी.) *टाइप पीस :* प्रारूप कृति, नमूना कृति

Type Written Document (अभि.) *टाइप रिटेन डाक्यूमेंट :* टंकित दस्तावेज

Typographer (विज्ञा., चि., छापा.) *टाइपोग्राफ़र :* मुद्राक्षरतज्ञ, विज्ञापन की पाठ्य सामग्री में प्रयुक्त टाइप फेसों का चुनाव करने वाला

Typography (छापा.) *टाइपोग्राफ़ी :* विज्ञापन में विविध डिज़ाइन, आकार का कलात्मक चयन

U

U.P. Artists Association (क., संस्था.) *यू. पी. आर्टिस्ट्स एसोसियेशन :* उत्तर प्रदेश कलाकार संघ, लखनऊ, यू.पी. आर्टिस्ट एसोसियेशन

Udai Shankar (नृ.) *उदय शंकर :* पद्‌म विभूषण सम्मान से सम्मानित भारत के प्रख्यात नर्तक जिन्होंने पारम्परिक हिन्दुस्तानी नृत्य में पश्चिमी विद्याओं का सार्थक समावेश किया।

Udayvani (पत्र.) *उदयवाणी :* मनीपाल से प्रकाशित कन्नड़ भाषा का एक दैनिक समाचार-पत्र

Uddhav Satak (का.क.) *उद्धव शतक :* हिन्दी के महाकवि जगन्नाथ दास 'रत्नाकर' का महान कविता कोश, भगवान कृष्णा के मित्र उद्धव तथा गोपियों के मध्य ज्ञान वार्ता इसका मुख्य विषय है

Udukai (संगी., वा.यं.) *उदुकई :* एक भारतीय वाद्य यंत्र

Udvahitta (नृ.) *उद्वाहिता :* नृत्य में सिर को पीछे झुकाने की एक मुद्रा

Ukil Sharda (1888-1940) (चि.) *शारदाचरन उकील :* बंगाल शैली के चित्रकार

Ukiyo-e (छापा.) *यूकियो-ई :* सत्रहवीं से उन्नसवीं शताब्दी में ईडो काल में केन्द्रित प्रसिद्ध कला विद्यालय के लिए बोला जाने वाला शब्द, जापान में सत्रहवीं शताब्दी की एक छापाचित्र शैली, लकड़ी के ब्लाक द्वारा छापाचित्र

Ukshiptta (नृ.) *उक्षिप्ता :* नर्तक द्वारा बाएँ तरफ सिर झुका कर ऊपर कोने की तरफ देखने की मुद्रा

Ullokita (नृ.) *उल्लोकिता :* नर्तक द्वारा ऊपर देखने की मुद्रा

Ultra Foundation (रू.स.) *अल्ट्रा फाउंडेशन :* एक क्रीम फाउंडेशन है जिसे विशेष रूप से सबसे अधिक मांग वाले मेकअप उम्मीदों के लिए तैयार किया गया है।

Ultraviolet Ray (सा.ज्ञा.) *अल्ट्रा वॉयलेट रे :* विशिष्ट विद्युतीय किरण

Ultravoilet Photography (पुरा.) *अल्ट्रा वॉयलेट फ़ोटोग्राफ़ी :* पराबैंगनी फ़ोटोग्राफ़ी

U-matic (फि.) *यूमेटिक :* चुम्बकीय टेप, 3/4 इंच चौड़ा मैगनेटिक टेप जो पहले कैसेट पर रेकार्डर में प्रयुक्त होता था। आजकल डिजिटल फारमेट आ गया है।

Umbrella Term (समी.) *अम्ब्रेला टर्म :* बहुसार्थक संज्ञा, ऐसी संज्ञा जिसमें अनेक विद्याओं के शब्दार्थ सम्मिलित हो जैसे ललित कलाएँ जिनमें चित्रकला, संगीतकला, नृत्य के भावार्थ समाहित हैं।

Umra (क.इति.) *उमरा :* मुग़लकालीन कलाकारों का एक दरबारी पद

UmraoJaan (फि.) *उमरावजान :* निर्देशक तथा चित्रकार मुज़फ्फर अली की 1981 में प्रदर्शित एक कालजयी हिन्दी फ़िल्म जो 1899 में लिखित मीर हादी हसन रुसवा के उपन्यास की नायिका एक नर्तकी के जीवन पर आधारित थी।

Una Corda (संगी.) *ऊना कॉर्ड :* एक तंत्री

Unaesthetic (समी.) *अनएस्थेटिक :* सौन्दर्य बोधहीन, सुन्दरता की समझ न रखने वाला

Unconscious Bias (समी.) *अनकॉन्शस बायस :* अचेतन दुराग्रह, अनचाही खुन्नस

Uncurrent Coin (पुरा.) *अनकरंट क्वाइन :* अप्रचलित सिक्का, चलन से बाहर सिक्का

Under Base (रू.स.) मेकअप के पहले चेहरे पर प्रयुक्त फाउंडेशन

Under Coat (पुरा.) *अंडर कोट :* निचली परत, अस्तर

Under Cutting (छापा.) *अंडर कटिंग :* एचिंग ग्राउंड के नीचे की तरफ से धरातल को अम्ल द्वारा काटना (क्षारिता)।

Under Dress (ना.) *अंडर ड्रेस :* अन्तर्वेश, अन्दर पहनने के कपड़े, अन्तर्वस्त्र जो न दिखें

Under Ground Cave (पुरा.) *अंडर ग्राउंड केव :* भूमिगत गुफा, भूमि सतह से नीचे बनी गुफा

Under Lashes (रू.स.) *अंडर लैशेज :* पलकों के नीचे-पलक के किनारे बालों की फ्रिंज

Under Part (ना.) *अंडर पार्ट :* निम्न भूमिका गौण भूमिका, कम महत्त्व का किरदार

Under Play (ना.) *अंडर प्ले :* मन्द अभिनय, सुस्त अदाकारी

Under Production (समी.) *अंडर प्रोडक्शन :* रचनाधीन, निर्माणाधीन, निर्माण की प्रक्रिया में

Under Tone (चि., समी.) *अंडर टोन :* हल्का वर्ण, अन्तर्निहित वर्ण, मद्धिम रंग

Under Valued (समी.) : अवमूल्यित मूल्यांकन

Underground (स्था.) *अंडरग्राउंड :* भूमिगत, जमीन के नीचे

Underpinning (स्था.) *अंडरपिनिंग :* नीव-पुश्ता, नीव में पुश्ता लगाना

UNESCO (पत्र., समी.) *यूनेस्को :* यूनाइटेड नेशंस एजुकेशनल, साइंटिफिक एंड कल्चरल ऑर्गनाइजेशन (United Nations Educational, Scientific and Cultural Organisation) का संक्षिप्त रूप

Uneven (समी.) *अनईवन :* ऊँचा-नीचा, ऊबड़-खाबड़

Unexpected Painting (चि.) *अनएक्सपेक्टेड पेंटिंग :* अप्रत्याशित चित्रण/चित्रांकन, असम्भावित चित्रकारी

UNI (पत्र.) *यू.एन.आई. :* भारत की एक प्रमुख समाचार एजेंसी यूनाइटेड न्यूज़ ऑफ़ इंडिया (United News of India) का संक्षिप्त रूप

Uniform (समी.) *यूनीफॉर्म :* एक समान, एक जैसा

Uniformity (समी.) *यूनीफॉर्मिटी :* एकरूपता, एक समानता

Union Records (अभि.) *यूनियन रेकाड्र्स :* संघ अभिलेख

Unique (समी.) *यूनीक :* अद्वितीय, अनोखा, अलबेला, अद्‌भुत

Unison (संगी.) *यूनीसन :* एक स्वरता

Unit One (क.समू.) *यूनिट वन :* यूनिट वन

United Nation Charter (पत्र.) *यूनाइटेड नेशॅन चार्टर :* मानवाधिकारों का प्रथम अन्तरराष्ट्रीय दस्तावेज, संयुक्त राष्ट्र चार्टर

Unity (विज्ञा.) *यूनिटी :* एकता, एकत्व, ऐक्य, एकात्मकता

Unity of Action (समी., ना.) *यूनिटी ऑफ़ एक्शन :* अभिनय ऐक्य

Unity of Place (समी., ना.) *यूनिटी ऑफ़ प्लेस :* स्थान ऐक्य

Unity Time (समी.) यूनिटी ऑफ़ टाइम : काल ऐक्य

Universal (सा.ज्ञा.) *यूनीवर्सल :* सार्वत्रिक, सार्वभौम, विश्वव्यापक, भू-मंडलीय

Universal Design (विज्ञा.) *यूनिवर्सल डिज़ाइन :* सार्वभौमिक रचना, विश्वव्यापी आलेख

Universal Grammar (पत्र.) *यूनीवर्सल ग्रामर :* वैश्विक व्याकरण, दुनिया भर में समझे जाने वाली

Universalism (पत्र.) *यूनीवर्सलिज्म :* अन्तरभौमवाद, विश्व बाह्य, सार्वभौमिकता, विश्व व्यापी

Universality (समी.) *यूनीवर्सिल्टी :* सार्वभौमिकता, अन्तरराष्ट्रीय विश्व व्यापकता

Universality (समी.) *यूनीवरसेलिटी :* सार्वभौमवाद, विश्ववाद

Universe *यूनीवर्स :* सृष्टि, ब्रह्मांड

UNO (पत्र.) *यू.एन.ओ. :* यूनाइटेड नेशन ऑर्गनाइजेशन (United Nation Organisation) का संक्षिप्त रूप, विश्व के देशों की एक अन्तरराष्ट्रीय संस्था

Unrecorded Files (अभि.) *अनरेकॉर्डेड :* अनालेखित फाइलें

Untapped Records (अभि.) *अनटैप्ड रेकॉर्ड्स :* अनदेखे अभिलेख, निरीक्षण रहित दस्तावेज

Unusual Work (समी.) *अनयूज़ुअल वर्क :* असामान्य कार्य

Up front (स्था.) *अप फ्रंट :* ऊपर सामने

Upanyaskar (का.क.) *उपन्यासकार :* गद्य भाषा में किसी बड़े कथानक को लिखने वाला लेखक

Upendra Narayan Pahelwan (1883-1967) *उपेन्द्र नारायण पहलवान :* मध्यप्रदेश की अनेक रियासतों के फ़ोटोग्राफ़र जिन्होंने लार्डमिंटो की 1909 की भोपाल रियासत की यात्रा में अनेक फ़ोटो खींचें

Upheaval : (समी.) *अपहेवल :* उथल-पुथल

Upholsterer (ग्र.स.) *अपहालस्टेरर :* असबाब बनानेवाला, सोफासाज

Upholstery (आले.) *अपहोल्स्ट्री :* असबाब

Upper Craft (स्था.) *अपर क्रॉफ्ट :* त्रिद्वारी, तिदरी, तिबारा

Urban (आले.) *अर्बन :* शहरी

User Friendliness (आले.) *यूज़र फ्रेंडलीनेस :* उपयोगकर्त्ता का दोस्त, उपभोक्ता हितैषी

Urban Aesthetics (सौ.शा.) *अर्बन एस्थेटिक्स :* नगरीय सौन्दर्य बोध, शहरी सौन्दर्य बोध, परिष्कृत सौन्दर्य ज्ञान, नागर सौन्दर्य बोध

Urban Art (समी.) *अर्बन आर्ट :* शहराती कला, सम्भ्रान्त कला, भद्र कला

Urbane (समी.) *अर्बन :* भद्र, सुसंस्कृत, नागर, नगरीय, शहरी

Urbanity (समी.) *अरबेनिटी :* भद्रता, नागरभाव, नागरता, शहरीपन

Urn (पुरा.) *उर्न :* कलश, विशाल सजावटी कलश या पात्र

Urumee (संगी., वा.यं.) *उरूमी :* एक भारतीय वाद्य यंत्र

Uruthu Chenda (संगी., वा.यं.) *उरुथू छेंदा :* ढोल वर्ग का एक भारतीय वाद्य यंत्र

USA Today (पत्र.) *यूसए टुडे :* वर्जीनिया से प्रकाशित अमरीका का एक अंग्रेजी दैनिक समाचार-पत्र

Usability (समी.) *यूजेबिलिटी :* प्रयोज्य, प्रयोग करने योग्य

Useful Artists (सभी.) *यूजफुल आर्टिस्ट्स :* उपयोगी कलाकार, जनोपयोगी शिल्पी, लोक दस्तकार

Usha (पत्रि.) *ऊषा :* लाहौर (पाकिस्तान) से प्रकाशित अंग्रेजी भाषा की एक प्रतिष्ठित कला और सांस्कृतिक विषयों की मासिक पत्रिका

Ushabti (पुरा.) *उशेबती :* मिस्र में ममी के साथ रखी जाने वाली मूर्ति

Ushio-e (छापा.) *युशिवा-ई :* पंखा छापा चित्र

Ustad Abdul Karim Khan (1872-1937) (गा.) *उस्ताद अब्दुल करीम खां :* शास्त्रीय गायक जिसने अपने चचेरे भाई अब्दुल वाहिद खां के साथ प्रसिद्ध किराना घराने की स्थापना सन् 1893 से 1937 के बीच इनकी भारत में धूम थी।

Ustad Ram Prasad (चि.) *उस्ताद राम प्रसाद :* जहाँगीर काल का एक प्रसिद्ध चित्रकार

Ustad Bismilla Khan (1916-2006) (संगी.) *उस्ताद बिसमिल्लाह खान :* विश्वविख्यात शाहनाईवादक, 2001 में भारत के सर्वोच्चराष्ट्रीय सम्मान 'भारतरत्न' से सम्मानित

Utamaro, Kitagawa (1753-1806) (चि.) *कितागावा उतामारो :* जापानी चित्रकार तथा छापाकार

Utiletarian Art (समी.) *यूटिलीटेरियन आर्ट :* उपयोगी कला

Utility यूटिलटी : उपयोगिता

Utility Art (क.समी.) *यूटिलटी आर्ट :* उपयोगितावादी कला, उपभोक्तावादी कला, जनोपयोगी कला

Utilization of Records (अभि.) *यूटलाइलेजशन ऑफ़ रेकाड्र्स :* अभिलेखों का उपयोग

Utiltiy Actor (ना.) *यूटिलिटी ऐक्टर :* कामचलाऊ अभिनेता

Utopia (समी.) *यूटोपिया :* कल्पना लोक

Utpal Dutta (1929-1993) (फि.) *उत्पल दत्त :* बंगाली रंगमंच तथा हिन्दी सिनेमा के प्रसिद्ध चरित्र एवं हास्य अभिनेता, जिसका अविस्मरणीय अभिनय 1969 में निर्मित मृणाल सेन की फ़िल्म 'भुवन सोमे' में देखा जाता है।

Utrecht School (क.इति.) *यूट्रिच स्कूल :* सन् 1920 में गठित हालैंड में युवा कलाकारों का समूह

Uttar Raag (संगी.) *उत्तर राग :* रात्रि के 12 बजे से दिन के 12 बजे के बीच गया जाने वाला राग

Uttarang (संगी.) *उत्तरांग :* सप्तक के दो भागों में से दूसरा भाग

Uttarardha (संगी.) *उत्तरार्ध :* किसी भी मेल/थाट के आरोह का दूसरा अर्धभाग

V

V. Shantaram (1901-1990) (फि.) *वी. शान्ताराम :* असली नाम—शान्ताराम राजाराम वानकुद्रे, भारतीय फ़िल्म जगत के एक प्रसिद्ध निर्माता तथा अभिनेता थे। उन्होंने हिन्दी के अतिरिक्त मराठी फ़िल्में भी बनाई तथा अभिनय भी किया।

V.S. Khandekar (1898-1976) (ले.) *विष्णु सखाराम खांडेकर :* ज्ञानपीठ पुरस्कार से सम्मानित प्रसिद्ध प्रथम मराठी लेखक, पुरस्कृत कृति: 'ययाति'

Vaastu (स्था.) *वास्तु :* वास्तु शास्त्र, स्थापत्यकला (भवन निर्माण कला) की प्राचीन हिन्दूशैली

Vaccum Fumigatorium (अभि.) *वैक्यूम फ्यूमीगेटोरियम :* निर्वात धूमन कक्ष

Vachika Abhinaya (नृ., ना.) *वाचिक अभिनय :* कलाकार द्वारा शब्दों के माध्यम से अपेक्षित मुद्राओं में प्रदर्शित किया जाता है

Vadi (संगी.) *वादी :* राग का प्रमुख अथवा जीव स्वर

Vadya Vrind (संगी.) *वाद्य वृन्द :* वाद की सामूहिक प्रस्तुति

Vadya Yantra (संगी.) *वाद्य यंत्र :* संगीत में बजाया जाने वाला यंत्र

Vadya (संगी.) *वाद्य :* वादन यंत्र, चार प्रकार—तत, अवनद्ध, घन एवं सुषिर

Vague (समी.) *वेग :* अस्पष्ट, अनिश्चित, भ्रामक

Vaishakh (सा., ज्ञा.) *वैशाख :* अप्रैल का महीना जो अप्रैल से आरम्भ होता है

Vaishnavite (नृ.) *वैष्णवाइट :* भगवान विष्णु के भक्त

Vakra Taal (संगी.) *वक्र ताल :* टेढ़ी गति से प्रस्तुत की जाने वाली ताल

Valance (ना.) *वेलेंस :* झालर

Valance (ग्र.स.) *वेलेंस :* सजावटी खिड़की

Valley (स्था.) *वैले :* दरी, एक प्रकार की सूती, मोटी बड़ी चादर फर्श पर बिछाने हेतु

Value (चि.) *वैल्यू :* मूल्य, मान्यता, मान, रंगों के मिश्रण से रंगों का 'मान' घटाना या बढ़ाना

Value for money (फै.) *वैल्यू फॉर मनी :* पैसे की कीमत, पैसा वसूल

Van a Tirar (छापा.) *वॉन अ टिरेर :* फाइन/फाइनल प्रूफ पर कलाकार का संकेत जो यह दर्शाता है कि छापाकार उसी के अनुरूप बाकी संस्करण छाप सकता है।

Van Eyck, Jan (1390-1441) (चि.) *जां वॉन आइक :* बेल्जियन चित्रकार

Van Gogh, Vincent (1853-1890) (चि.) *विन्सेन वॉन गॉग :* एक श्रेष्ठ उत्तर प्रभाववादी डच चित्रकार

Vanchi Paatu (संगी.) *वन्ची पाडु :* केरल प्रदेश का मल्लाह गीत

Vanishing Point (चि.) *वैनईशइंग प्वाइंट :* लोपी बिन्दु, क्षितिज पर दो समानान्तर रेखाओं के मिलने का आभासी बिन्दु

Vantage Point: (समी.) *वेनटेज प्वाइंट :* सुविधाजनक स्थान

Vaporaium (स्था.) *वैपोरियम :* भाप-घर, वाष्प स्नानागार

Variants (समी.) *वेरियंट्स :* असंगत

Variation (समी.) *वैरी एशन :* विभिन्नता, विविधता, उतार-चढ़ाव

Variation of Style (क.समी.) *वैरियेशन ऑफ़ स्टाइल :* शैलीगत विविधता

Varied Interests: (समी.) *वेरीड इंट्रेस्ट :* विविध रुचियाँ

Variegate (समी.) *वेअरिगेट :* चितकबरा, रंग-बिरंगा

Variety (समी.) *वेराइटी :* विविधता, रंगारंग किस्म, भेद

Variety of Colours (क.समी., चि.) *वेराइटी ऑफ़ कलर्स :* वर्ण वैविध्य, रंगों की विविधता

Variety of Tones (क.समी.) *वेराइटी ऑफ़ टोन्स :* आभा वैविध्य, उपवर्णी विविधता, उपवर्ण वैविध्य

Variety Programme (ना.) *वेराइटी प्रोग्राम :* रंगारंग कार्यक्रम, पंचरंगी-कार्यक्रम

Varjit Swar (संगी.) *वर्जित स्वर :* निषिद्ध स्वर, जो राग में न लगाने योग्य हों

Varn Sanskar (चि.) *वर्ण संस्कार :* चित्रण के लिए रंगों की तैयारी

Varna (संगी.) *वर्ण :* स्वरों के विभिन्न प्रकार के प्रयोग

Varnam (नृ.) *वर्णम :* भरत नाट्यम नृत्य के माध्यम से विस्तृत विवरण प्रस्तुत करना

Varnikā Bhang (साम.) *वर्णिका भंग :* वर्णिका भंग, चित्रकला के षडंग का एक भाग

Varnish (चि.सं.) *वार्निश :* रंगों या सतह पर चमक उत्पन्न करने के लिए प्रयुक्त तैलीय रसायन

Vasakasajja (Nayika) (समी., नृ., चि.) *वासक सज्जिका (नायिका) :* लम्बी यात्रा से लौट रहे प्रेमी की प्रतीक्षारत नायिका

Vasant Vilas (क., ग्रा.) *वसन्त विलास :* वसन्त विलास, पन्द्रहवीं शताब्दी का एक कुंडलित पट (ग्रंथ) जिसमें बसंत ऋतु में नायक-नायिकाओं के प्रेम व्यापार को चित्रित किया गया

Vasari, Giorgio (1511-1574) (क.इति.) *वसारी जोर्जियो :* वसारी, इटैलियन चित्रकार, वास्तुकार, लेखक तथा इतिहासकार

Vase (मू.) *वेस :* कीमती सामग्री से बना सजावटी बर्तन, वेस

Vasli (क., साम.) *वसली :* वसली, कागज की कई पर्तों को जमाया हुआ एक मोटा शीट या गत्ता

Vasudev Sharan Agarwal (1904-1967) *वासुदेव शरण अग्रवाल :* भारत के एक प्रसिद्ध कला इतिहासकार तथा पुरतत्ववेत्ता

Vatayana (स्था.) *वातायान :* हवादार खिड़की, वातायन

Vatican (क.इति.) *वैटिकन :* इटली के रोम नगर में स्थिति एक देश, जिसे पृथ्वी का सबसे छोटा स्वतंत्र राज्य माना जाता है, वेटिकन, ईसाइयों के धर्मगुरु पोप का रोम (इटली) स्थित आवास

Vatsyayan (चि., ना.) *वात्स्यायन :* भारत के एक प्राचीन दार्शनिक जिन्हें मुख्यत: 'कामसूत्र' नामक काम कला पर आधारित अमूल्य ग्रंथ के लिए जाना जाता है।

Vault (स्था.) *वाल्ट :* तहखाना, भूमिगत लघु कक्ष, कब्रगाह मेहराबी छत

VCR (पत्र., फि.) *वी.सी.आर. :* वीडियो कैसेट रिकार्डर (Video Cassette Recorder) का संक्षिप्त रूप

Vedamati (नृ.) *वेदामती :* छत्तीसगढ़ का एक लोकनृत्य

Vedeo Verson (सिने.) *वीडियो वर्जन :* दृश्यात्मक रूप दृष्टिगत तजुर्बा, दृष्टिगत व्याख्या, दृश्यात्मक वर्णन, दृश्यात्मक वृत्तान्त

Vedic Sangeet (संगी.) *वैदिक संगीत :* वैदिक काल में प्रचलित संगीत

Veena (संगी.) *वीणा :* दो तुम्बों वाला एक तंतु वाद्य यंत्र

Veer Natyam (नृ.) *वीरनाट्यम :* आंध्र प्रदेश का एक लोकनृत्य

Veeram (Rasa) (समी., नृ., चि.) *वीरम (रस) :* बहादुरी, वीरता द्योतक, इष्ट देवता–इन्द्र, रंग हल्का पीला

Vegetarian Dishes (पा.क.) *वेजीटेरियन डिशेज़ :* शाकाहारी व्यंजन

Vegetarian Film (फि.) *वेजीटेरियन फ़िल्म :* वैरागी फ़िल्म, कामहीन फ़िल्म, साधारण फ़िल्म जिसमें काम सम्बन्धी दृश्य न हों

Vehicle (क., साम., समी.) *वीइकल :* बंधक द्रव्य, माध्यम, अनुपात, व्हीकल

Velazquez, Diego (1599-1660) (चि.) *देगो वेलॉस्क्यू (ज) :* स्पेनिश चित्रकार

Vellum (छापा.) *वेलम (चर्मपत्र) पर्चमेंट :* चर्मपत्र का मूल नाम अब जापानी व अन्य उच्च कोटि के पेपर के लिए प्रयुक्त

Vendor (साम.) *वेंडर :* विक्रेता, बेचने वाला, ताजिर, जो सामान बेचती है व्यापारिक मशीन

Veneer (ग्र.स.) *वीनियर :* लकड़ी की पतली सजावटी परत, छाल, लकडी की पतली परत

Venetian Door (स्था.) *वे निशियन डोर :* त्रिदल द्वार, झिलमिल द्वार

Venetian Painting (क.इति.) *वेनिशियम पेंटिंग :* लयात्मक, रंग बिरंगी, पुनरुत्थान कालीन वेनिस के चित्रकारों के चित्र

Venice (क.इति.) *वेनिस :* वेनिस, इटली का एक महानगर, जिसका पुनरुत्थान कालीन कला में विशेष महत्त्व है

Venice Biennale (क.इति.) *वेनिस बेनॉले :* वेनिस द्विवार्षिकी (कला प्रदर्शनी)

Vent (फै.) *वैंट :* कपड़े में निकास देना, जिससे चलने में आसानी हो

Ventilation (स्था.) *वेंटीलेशन :* संवातन, हवादारी भवन में हवा और प्रकाश आने का श्रोत-स्थल

Venture (सा.ज्ञा.) *वेंचर :* साहसिक प्रयास, उपक्रम, खतरे में पड़ना

Venu (संगी.) *वेणु :* एक प्रकार का सुषिर वाद्य, बाँसुरी की प्राचीन संज्ञा

Venus (क.इति.) *वीनस :* वीनस, रोम की प्रेम-देवी, यूनान में सुन्दरता की देवी

Veranda (स्था.) *बरामदा :* भवन में ढकी छत का खुला स्थान

Verb (व्या.) *वर्ब :* क्रिया (हिन्दी व्याकरण का शब्द)

Verbal Ability (समी.) *वर्बल एबीलिटी :* शाब्दिक योग्यता

Verbal Arts (क.समी.) *वर्बल आर्टस :* वाचिक कलाएँ, मौखिक कलाएँ, मौखिक अदाकारी, शाब्दिक अभिव्यक्ति देने वाली कलाएँ जैसे—काव्य तथा गायन कला

Verbal Criticism (समी.) *वर्बल क्रिटिसिज़्म :* शाब्दिक समालोचना

Verbal Exchange (समी.) *वर्बल एक्सचेंज :* कहा-सुनी, तकरार

Verbal Image (समी.) *वर्बल इमेज :* शाब्दिक बिम्ब, मौखिक छवि

Veridian Green (चि.) *वेरेडियन ग्रीन :* वेरेडियन ग्रीन, एक प्रकार का गहरा हरा रंग

Vermeer, Van Delet (1632-1675) (चि.) *वालडेल वमिए :* डच चित्रकार

Vernacular (समी.) *वर्नाकुलर :* मातृभाषा, अपनी भाषा

Versatile (पत्र., समी.) *वर्सेटाइल :* बहुमुखी प्रतिभा के धनी, बहुज्ञानी

Versatile Genius (समी.) *वर्सेटाइल जीनियस :* बहुआयामी

Verse (का.) *वर्स :* लययुक्त काव्यात्मक पंक्तियाँ, काव्य

Version (समी.) *वर्शन :* संस्करण, कथन, विवरण, रूप, व्याख्या, बयान, भाषांतर, अनुवाद

Vertical (फो.) *वर्टिकल :* लम्बवत, खड़ा, सीधा

Vertical Excavation (पुरा.) *वर्टिकल एक्स कवेशन :* खड़ी खुदाई, लंबमान उत्खनन

Vestibule (क.इति.) *वेस्टिब्यूल :* ड्योढ़ी, प्रकोष्ठ, अन्तराल मंडप

Veteran (समी.) *विट्रेन :* ज्येष्ठ, वयो

Veteran Artist (समी.) *विट्रेन आटिस्ट :* अतिसम्मानीय कलाकार, ज्येष्ठ कलाकार, अपूर्व कलाकार, वयोवृद्ध कलाकार

Vibrant (चि.) *वाइब्रेंट :* कम्पायमान, हिलने-डुलने वाला

Vibrato (संगी.) *वाईब्रेटो :* प्रकंपन

Vichitra Veena (संगी., वा.यं.) *विचित्र वीणा :* एक भारतीय तंत्री वाद्य

Victorian Style (आले.) *विक्टोरियन स्टाइल :* रानी विक्टोरिया के युग की शैली

Vidari (संगी.) *विदारी :* प्राचीन आलाप में गीतों का अन्तिम चरण

Viddha Chitra (चि.) *विद्ध चित्र :* व्यक्ति चित्रण के लिए प्राचीन ग्रंथ 'चित्रसूत्र' से लिया एक शब्द, व्यक्ति चित्र (Portrait), हूबहू अंकित शबीह, यथार्थ अंकित चित्र

Video (टी.वी.) *वीडियो :* वीडियो, इलेक्ट्रॉनिक माध्यम से संचारित दृश्य एवं ध्वनियों को वीडियो कहा जाता है, वीडियो, दृष्टि, आँखों से देखने वाला

Video Camera (फि., टी.वी.) *वीडियो कैमरा :* एक विशेष किस्म का कैमरा, जो दृष्टिगत बिम्ब (Optical Image) को विद्युत तरंगों (Electrical Signals) में बदल देता है, गति की फ़ोटो लेने वाला कैमरा

Video Cassette (फि., टी.वी.) *वीडियो कैसेट :* एक वीडियो टेप जिसमें चित्र और ध्वनि की रिकार्डिंग की जाती है

Video Cassette Recorder (फि., टी.वी.) *वीडियो कैसेट रेकार्डर :* ध्वनि तथा दृश्य की रिकोर्डिंग करने वाला उपकरण, इसे (VCR) भी कहते हैं

Video CD (फि., टी.वी.) *वीडियो सीडी :* कॉम्पैक्ट डिस्क फार्मेट व स्टोरेज का एक मानक

Video Conferencing (फि., टी.वी.) *वीडियो कॉन्फ्रेंसिंग :* वीडियो सम्मेलन, अनेक लोगों के बीच ध्वनि और दृश्य माध्यम से संचार की प्रक्रिया

Video Disk (फि., टी.वी.) *वीडियो डिस्क :* एक प्रकार की प्रकाशीय डिस्क जो छवि और ध्वनि को संगृहीत करती है

Video Editing (फि., टी.वी.) *वीडियो एडिटिंग :* वीडियो फ़िल्म/कैसेट का सम्पादन

Video Film (टी.वी.) *वीडियो फ़िल्म :* वीडियो फ़िल्म, वीडियो कैमरा से बना चलचित्र, फ़िल्म या शॉट

Video Phone (फि., टी.वी.) *वीडियो फोन :* ध्वनि और छवि दोनों का एक साथ प्रसारण, टी.वी. पर आवाज और चित्र दोनों का प्रसारण

Video Text (टी.वी.) *वीडियो टेक्स्ट :* वीडियो टेक्सट एक वीडियो स्क्रीन पर केन्द्रीय सूचना भंडार से प्राप्त सूचनाएँ

Vidhshal Bhanjika (ना.) *विद्धशाल भंजिका :* दसवीं शताब्दी में राजशेखर द्वारा रचित एक नाटक

Vidyapati (1352-1448 ईसवी) (का.क.) *विद्यापति :* मैथिल कवि कोकिल विद्यापति मैथिली और संस्कृत के कवि, संगीतकार, लेखक तथा राज पुरोहित, प्रेम और भक्ति प्रधान गीतों के रचनाकार

View Finder (क., साम.) *व्यू फाइंडर :* दृश्यदर्शी, दर्शनी, व्यूफाइंडर, दृश्य खोजी उपकरण, कैमरे पर लगी एक युक्ति

View Finder (पत्र., चि.) *व्यू फॉइंडर :* दृश्य खोजी-उपकरण, अपेक्षित दृश्य का फ़ोटो लेने में सहायक एक पट

View Point (फो.) *व्यू प्वॉइंट :* दृष्टि बिन्दु

Viewer (फि., टी.वी.) *व्यूअर :* चश्मे जैसा एक उपकरण जिसकी सहायता से भिन्न-भिन्न कैमरों के लेंस से आकृतियाँ देखी जा सकती हैं, दर्शक

Vighneshwara (नृ.) *विघ्नेश्वर :* श्री गणेश जी का एक नाम

Vignette (समी.) *विजनिटी :* बेलबूटा

Vihar (क.इति.) *विहार :* बौद्ध भिक्षुओं द्वारा निर्मित गुफाओं में उनके रहने का स्थान

Vihzaad (चि.) *विहज़ाद :* एक ईरानी चित्रकार जो तैमूरवंश के सुल्तान हुसैन मिर्ज़ा का दरबारी चित्रकार था

Vijai Anand (1935-2004) (फि.) *विजय आनन्द :* भारतीय हिन्दी सिनेमा के एक लोकप्रिय निर्माता, निर्देशक तथा अभिनेता जिन्होंने 'काला बाज़ार' (1960), 'ज्वेलथीफ' (1971), 'हकीकत' (1969) 'तेरे मेरे सपने' (1971), 'कोरा कागज' (1974) जैसी उत्कृष्ट फ़िल्में दीं

Vijaya Vani (पत्र.) *विजय वाणी :* हुबली (कर्नाटक) से प्रकाशित कन्नड़ भाषा का एक दैनिक समाचार-पत्र

Vikrit Swara (संगी.) *विकृत स्वर :* मूल स्थान से ऊँचा अथवा नीचा स्वर

Vilambit Laya (संगी.) *विलम्बित लय :* धीमी गति की लय

Vilasini Natyam (नृ.) *विलासिनी नाट्यम :* आंध्र प्रदेश का एक लोकनृत्य

Vilasini Natyam (नृ.) *विलासिनी नाट्यम :* आंध्र प्रदेश की एक नृत्य शैली

Villa (स्था.) *विला :* गृह, बंगला

Village Song (संगी.) *विलेज सांग :* ग्राम-गीत, ग्रामीण-गान, आल्हा

Villain (ना., फि.) *विलॅन :* खलनायक, दुर्जन पात्र, दुष्ट चरित्र का कलाकार

Villu Paattu (संगी.) *विल्लु पाड्डु :* तमिलनाडु प्रदेश का एक लोकगीत

Vinayak Damodar Savarkar (1883-1966) (सं.क.) *विनायक दामोदर सावरकर :* प्रख्यात भारतीय राजनीतिज्ञ, वकील, क्रान्तिकारी, स्वतंत्रता सेनानी चिन्तक, गीतकार तथा कवि/लेखक

Vinda Karandikar (1918-2010) (का.क.) *विंदा करंदीकर :* मूलनाम गोविंद विनायक करंदीकर, प्रख्यात मराठी कवि, लेखक, आलोचक तथा अनुवादक 2006 में ज्ञान पीठ पुरस्कार से विभूषित

Vinegar (पा.क.) *वेनॅगर :* सिरका

Vintage (ग्र.स.) *विंटेज :* कोई सामान या वस्तु जो कम से कम 50 वर्ष पुरानी हैं और 100 वर्ष से अधिक न हो अर्थात 50 से 100 वर्षों के मध्य की चीज, विशिष्ट श्रेष्ठ

Vintage Look (आले.) *विंटेज लुक :* पुरानेपन का दिखावा, पुराना दिखाना, पुरातन रूप

Vintage Picture (समी.) *विंटेज पिक्चर :* बढ़िया तसवीर, पुरानी बढ़िया तसवीर, प्राचीन चित्र

Vintage (फै.) *विंटेज :* विशिष्ट श्रेष्ठ टुकड़ों को जोड़कर कलात्मक ढंग से प्रस्तुत करने की एक कला

Violet (क., साम.) *वाइलेट :* लाल और नीले रंग से बना बैगनी रंग

Violin (संगी., वा.य.) *वायलिन :* बेला, वायोलन, एक प्रकार का पाश्चात्य तंत्री वाद्य

Vipralabdha (नृ.) *विप्रलब्ध :* नायक द्वारा छली गई नायिका का क्षोभ प्रदर्शन करने वाला नृत्य

Virahotkabthita (नृ.) *विरहोत खंडिता :* प्रेमी के विरह से व्यथित नायिका

Viral massage (स., मा.) *वायरल मैसेज :* भंडाफोड़ सन्देश, जन-जन में फैला सन्देश

Viralli/Kuttiyar (नृ.) *विरलि/कुट्टियार :* नारी नृत्यांगना

Virgin (समी.) *वर्जिन :* ईसा मसीह की माँ का एक सम्बोधन

Virgin and Child (क.इति.) *वॅजिन एंड चाइल्ड :* वर्जिन एंड चाइल्ड, बाल ईसा तथा माँ मैरी के सन्दर्भ में प्रयुक्त शब्द

Virgin Mary (क.इति.) *वरजिन मैरी :* ईसा मसीह की माँ के लिए प्रयुक्त आदर सूचक शब्द

Virgin of the Rocks (1483-1486) (क.इति.) *वर्जिन ऑफ़ द रॉक्स :* वर्जिन ऑफ़ द राक्स, एक चित्र का शीर्षक

Virtual Image (अभिस.) *वर्चुअल इमेज :* आभासी प्रतिबिम्ब

Virtual Set (ना., टी.वी.) *वरचुअल सेट :* आभासी सेट, असलीन होकर इलेक्ट्रानिक प्रभाव से वातावरण सृजन

Virtue (समी.) *वर्च्यू :* ज्ञान, नैतिक गुण, सदाचार

Viscous (समी., सं.) *विसकॉस :* गाढ़ा

Vishnudas Bhawe (1819-1901) *विष्णुदास भावे :* विष्णुदास पांडेय प्रसिद्ध मराठी रंगकर्मी।

Vishnudharmottar Puran (क.इति.) *विष्णुधर्मोत्तर पुराण :* विष्णुधर्मोत्तर पुराण (एक हिन्दू पुराण ग्रंथ), जिसमें ललित कलाओं पर अध्याय है

Vishwa Bharti Quarterly (पत्रि.) *विश्व भारती क्वारटर्ली :* विश्वविद्याल शान्ति निकेतन के कलासंकाय द्वारा प्रकाशित अंग्रेजी भाषा की एक प्रतिनिधि कला पत्रिका

Vishwarkarma (स्था.) *विश्वकर्मा :* देवताओं का वास्तुशिल्पी

Vision (समी.) *विज़न :* अंतदृष्टि, स्वप्न दृष्टि, दृष्टि, भविष्य दृष्टि, परिकल्पना, भविष्य की अग्रिम कल्पना

Visionary (समी.) *विजनरी :* अन्तर्दृष्टा, स्वप्न दृष्टा, भविष्य दृष्टा

Visiting Card (विज्ञा.) *विजिटिंग कार्ड :* परिचय कार्ड

Visual (फि., टी.वी., समी.) *विज़ुअल :* टी.वी. पर प्रसारित चित्र या दृश्य, दृष्टिगत, चाक्षुष, गोचर, सगुण, दृष्टि सम्मत

Visual Appeal (समी.) *विज़ुअल अपील :* दृष्टिगत आकर्षण, चाक्षुषीय आकर्षण

Visual Art (चि., समी.) *विज़ुअल आर्ट :* रूपप्रद कला, प्रेक्ष्य कला, दृश्यात्मक कला, दृश्यगत कला, दृश्य धर्मी कला, सगुण कला, दृष्टिगत कला, चाक्षुष कला; बां. दृश्यकला; मरा. दृश्यकला; गु. दृश्यकला; उ. बसरी आर्ट, देखकर बनाया जाने वाला आर्ट

Visual Beauty (समी.) *विज़ुअल ब्यूटी :* चाक्षुषीय सौन्दर्य, बाहरी खूबसूरती

Visual Charm (समी., मू.) *विज़ुअल चार्म :* दृष्टिगत सौन्दर्य, दृष्टिगत सम्मोहन, चाक्षुषीय सम्मोहन

Visual Craft (समी., मू.) *विज़ुअल क्राफ्ट :* दृश्य शिल्प, प्रेक्ष्य शिल्प, चाक्षुषीय शिल्प, मूर्तिकला

Visual Culture (समी.) *विज़ुअल कल्चर :* दृष्टिवादी संस्कृति, दृष्टिगत संस्कृति

Visual Effect (चि., फि.) *विज़ुअल एफेक्ट :* चाक्षुषीय प्रभाव दृष्टिगत प्रभाव दृश्य प्रभाव, दृश्यबोधी प्रभाव, दृश्यात्मक प्रभाव

Visual Language (समी., चि.) *विज़ुअल लैंग्वेज :* दृष्टिगत भाषा, दृश्य भाषा, आँखों से देखी जाने वाली भाषा

Visual Master (फि.) *विज़ुअल मास्टर :* फ़िल्म कला का निर्देशक का सहायक

Visual Sense (समी.) *विज़ुअल सेन्स :* दृष्टिगत ज्ञान, दृश्य चेतना

Visual Weight (समी.) *विज़ुअल वेट :* दृष्टिगत भार, कलागत दृष्टिभार

Visualisation (समी.) *विज़ुअलाइजेशन :* परिकल्पना, संकल्पना, मानस दर्शन, निरूपण, दृष्टांकन, दृष्टिगत चित्रण, मानस चित्र रचना, मानस अनूभूति

Visualiser (चि., समी.) *विज़ुअलाइजर :* प्रारूप दृष्टा, संकल्पक, परिकल्पक, मानस दर्शी, कल्पना दर्शी

Vital (समी.) *वाइटल :* सजीव

Vitality (समी.) *वाइटेलिटी :* जीवनशक्ति

Vivadi Swar (संगी.) *विवादी स्वर :* जिस स्वर के लगने से राग की शुद्धता नष्ट हो जाए

Vived (समी.) *विविड :* जीवंत, सजीव, विशद, सुस्पष्ट

Vocabulary (समी.) *वाकैबुलरी :* शब्द भंडार, शब्द, संग्रह शब्दों का खजाना

Vocal (संगी, गा.) *वोकल :* स्वर

Vocal Chords (संगी.) *वोकल कॉर्ड्स :* स्वर तंत्रियाँ, स्वर तंत्री, स्वर सूत्र

Vocal Disorder (संगी.) *वोकल डिस्ऑर्डर :* स्वर-अनियमन, स्वर विकार

Vocal Music (संगी.) *वोकल म्यूज़िक :* गेय संगीत, कंठ स्वर आधारित संगीत, गायन, गले से गाया जाने वाला संगीत (गान)

Vocalic (संगी.) *वोकेलिक :* स्वरीय

Vocalisation (संगी., समी.) *वोकेलाइजेशन :* कंठ साधना

Vocalist (संगी., गा.) *वोकलिस्ट :* गायक

Vocalize (संगी.) *वोकलाइज़ :* कंठ साधना

Vocalize (समी.) *वोकलाइज़ :* स्वर बना देना

Vocational Arts (समी.) *वोकेशन आर्ट्स :* रोजगारपरक कलाएँ, व्यवसाय जनित कलाएँ, कार्मिक कलाएँ, व्यावसायिक कलाएँ, रोजगार मूलक कलाएँ

Vocational Journalism (पत्र.) *वोकेशनल जर्नलिज़्म :* व्यावसायिक पत्रकारिता

Voice (संगी.) *वॉयस :* कंठ ध्वनि, आवाज, कंठ स्वर, घोष, नाद

Voice Artists (संगी., फि.) *वॉयस आर्टिस्टस :* कलाकार, स्वर कलाकार

Voice Mail (समी.) *वॉयस मेल :* वॉयस मेल, ई-मेल की भांति जिसमें स्वर-संदेश अंकीय डाटा के रूप में संग्रह किये जाते हैं, कम्प्यूटर कृत ध्वनि-डाक प्रणाली

Voice Movements (संगी., गा.) *वॉयस मूवमेंट्स :* ध्वनि संचालन

Voice Over (ना., फि., टी.वी.) *वॉयस ओवर :* पार्श्व वाचन, अगोचर व्यक्ति द्वारा दृश्य समझाना, चित्रों (शॉट्स) पर की गई कमेंट्री

Void (समी.) *वोएड :* रिक्त, शन्यू

Volocity (समी.) *वोलोसिटी :* वेग

Volume (संगी.) *वॉल्योम :* ध्वनि प्रबलता, आवाज की ऊँची और नीची सीमा, आयतन, तादाद, खंड, मात्रा

Vomedy (समी.) *वॉमेडी :* हास्य-व्यंग्य पूर्ण कामेडी

Vomitorium (स्था.) *वोमीटोरियम :* प्रवेश द्वार

Vorticism (क.आन्दो.) *वारटसिज़्म :* भ्रमिलतावाद, वोर्टिसिज़्म, सन् 1913 में इंग्लैंड में जन्मा एक कला आन्दोलन

Vowel Harmony (संगी.) *वॉवल हार्मनी :* संगति

Vrahat Katha Manjari (क.इति.) *वृहत कथा मंजरी :* क्षेमेन्द्र द्वारा रचित एक कला विषयक प्राचीन ग्रंथ

Vraschik (पत्रि.) *वृश्चिक :* बड़ौदा से चित्रकार गुलाम मोहम्मद शेख द्वारा प्रकाशित अंग्रेजी भाषा का एक मासिक कला समाचार-पत्र

Vrind (संगी.) *वृन्द :* गायकों और वादकों का समूह

Vrind Gaan (संगी.) *वृन्दगान :* समूह गान

Vrindavanlal Verma *वृन्दावनलाल बर्मा :* हिन्दी भाषा के एक प्रसिद्ध ऐतिहासिक उपन्यासकार

Vulgar (समी.) *वलगर :* अशिष्ट, अश्लील

Vyjayanthimala (1933—) (फि.) *वैजयंती माला :* भारतीय हिन्दी, तमिल, तेलुगु फ़िल्मों की एक प्रसिद्ध अभिनेत्री जो एक कुशल नृत्यांगना के साथ भारतीय संसद की सदस्य भी हैं।

Vyse (स्था.) *वाइस :* सर्पिल सोपान

W

Wadding (फै., ग्र.स.) *वेडिंग :* रूई या ऊन आदि जो कपड़े या लिहाफ में भरना

Wainscot (स्था.) *वेनस्कॉट :* अन्दरूनी दीवार की निचली पट्टिका

Wainscoting (ग्र.स.) *वेनस्कोटिंग :* दीवारों पर 30" की ऊँचाई या इससे कम पर लकड़ी की सजावटी पैनलिंग

Waistline (फै.) *वेस्टलाइन :* कमर रेखा

Wait (ना.) *वेट :* अन्तराल, इंतजार

Wall (स्था.) *वाल :* दीवार

Wall Art (चि.) *वाल आर्ट :* भित्ति कला जैसे भित्ति चित्र,

Wall Hanging (चि.) *वाल हैगिंग :* दीवार लटकन, चित्रित टंगना, दीवार पर टांगने वाली चित्रकृति

Wall Painting (चि.) *वाल पेंटइंग :* भित्तिचित्र, भित्तिचित्रकारी, भित्तिचित्रण

Wall Paper (चि.) *वाल पेपर :* भित्ति सज्जा के लिए चित्र या आलेख मुद्रित कागज, भित्ति पत्र, भित्ति सज्जा कागज, वाल पेपर

Wall Street Journal (पत्र.) *वाल स्ट्रीट जरनल :* न्यूयार्क सिटी से प्रकाशित अमरीका का विश्व विख्यात समाचार-पत्र

Walnut-Butter (पा.क.) *वालनट बटर :* अखरोट मक्खन

Waman Thakre (1932-2018) *वामन ठाकरे :* पद्मश्री से सम्मानित वामन ठाकरे भारत के एक प्रतिष्ठित फ़ोटोग्राफ़र थे। वे रॉयल फ़ोटोग्राफ़िक सोसाइटी के अधिसदस्य (Fellow) भी रहे

Wancho (नृ.) *वांछो :* अरुणाचल प्रदेश का एक लोकनृत्य

War Song (संगी.) *वार सॉन्ग :* युद्ध गान, योद्धओं के लिए जोशीले गीत

Wardrobe (फि., ना., समी.) *वार्डरोब :* पोशाक खाना, सिने-स्टूडियो में अभिनेताओं और अन्य पात्रों के लिए पोशाकखाना जहाँ फ़िल्म के सभी पात्रों के उपयुक्त पोशाक तैयार करवा कर दी जाती है

Warm Colour (चि., समी.) *वार्म कलर :* ग्रीष्म रंग, उष्ण रंग, ग्रीष्म धर्मी रंग। देखिये—Hot Colours.

Warm Tone (चि., समी.) *वार्म टोन :* ग्रीष्मरंग-संगति, ग्रीष्मरंग सामंजस्य

Warmth : (समी.) *वार्मथ :* गर्मजोशी

Warp (फै.) *वार्प :* अनुदैर्ध्य ताना करघे पर बने कपड़ा

Wash (चि.) *वॉश :* धुंधला जलरंग, पतला जल रंग

Wash Drawing (चि.) *वॉश ड्राइंग :* धूमिल जलरंगीय आरेखण, प्रलाक्षित चित्र या आरेखण

Washington Post (पत्र.) *वाशिंगटन पोस्ट :* वांशिगटन से प्रकाशित अमरीका का एक विश्व विख्यात दैनिक समाचार-पत्र

Wasli (अमि., चि.) *वसली :* कागज की पर्तों से बनी मोटी दफ़्ती या मोटा कागज का गत्ता

Wat (स्था.) *वाट :* थाईलैंड के बौद्ध विहार

Water Colour (चि., क., साम.) *वॉट कलर :* जलरंग, जलरंगीय चित्र, रसचित्र, रसिक चित्र, वाटर कलर

Water Conservation (साम.) *वाटर कंजर्वेशन :* जल संरक्षण पानी बचाने का विज्ञान

Water Proof (समी.) *वाटरप्रूफ :* जलसंयुक्त, पानी से बेअसर

Water Soluble (समी.) *वाटर सॉल्युबल :* पानी में घुलनशील, जल में घुलने वाला

Water Stain (सं.) *वाटर स्टेन :* पानी के दाग

Watercolor (चि.) *वाटर कलर :* आबरंग, जलरंग, पानी में घुलने वाले रंग

Watered (समी.) *वॉटर्ड :* लहरियारदार

Watermark (अभि., समी.) *वाटर मार्क :* पारदर्शी जल चिन्ह, जलांक, कागज पर बना वाटर मार्क

Watremark (छापा.) *वाटर मार्क* (जल चिन्ह) : पेपर बनाते समय उसके अन्दर एक पारभासी डिज़ाइन या पहचान मुहर।

Wave Ornament (स्था.) *वेव ऑर्नामेंट :* लहरिया अलंकरण

Waved (स्था.) *वेव्ड :* लहरदार, लहरिया

Wax (सा.ज्ञा.) *वेक्स :* मोम, मधुमक्खी के छत्ते का प्राकृतिक मोम

Weave (फै.) *वीव :* बुनाई करना

Web Developer (टी.वी., पत्र., समी.) *वेब डेवलॅपर :* वेबसाइट को डिज़ाइन और विकसित करने वाला व्यक्ति या कम्पनी

Website (पत्र.) *वेबसाइट :* कम्प्यूटर-अध्याय, सूचना-सूत्र संग्रहालय

Weeding (of records) (अभि.) *वीडिंग (ऑफ़ रेकाड्र्स)* : छंटाई (अभिलेखों की)

Weeding Out (अभि.) *वीडिंग आउट :* छंटाई कर बाहर निकालना

Weeding rules for records (अभि.) *वीडिंग रूल्स फोर रेकाड्र्स :* अभिलेख छांटने के नियम

Week End (साम.) *वीक एंड :* साप्ताहांत, हफ्ते के अन्तिम दिन, प्रत्येक सप्ताह के शनिवार और रविवार के सन्दर्भ में प्रयुक्त शब्द

Weepit (ना.) *वीपी :* गहन संवेदनात्मक नाटक, अति भावनात्मक नाटक

Weft (फै.) *वैफ्ट :* अनुप्रस्थ यार्न ताने बुने हुए कपड़ों में भर, करघे पर बुने कपड़े

Well Designed (आले.) *वेल डिजाइंड :* सुअभिकल्पित

Well made play (ना.) *वेलमेडप्ले :* सफल नाटक, सर्वांगीण नाटक, सुबद्ध नाटक, हर तरह से ठीक नाटक

Well Versed Artist (समी.) *वेलवर्स्ड आर्टिस्ट :* निपुणकलाकार, पूर्ण सक्षम कलाकार

Well-being (साम.) *वेल बीइंग :* हाल चाल

West-Zone Cultural Centre, Udaipur *वेस्ट-जोन कल्चरल सेंटर, उदयपुर :* भारत सरकार द्वारा पश्चिमी भारत विशेषत: राजस्थान में कला और सांस्कृतिक गतिविधियों के प्रचार-प्रसार के लिए कार्यरत संस्था

Western (समी.) *वेस्टर्न :* पाश्चात्य, पश्चिमी

Western Dance (नृ.) *वेस्टर्न डांस :* पश्चिमी नृत्य, अंग्रेजी नाच, विलायती डांस

Wet Makeup (रू.स.) मेकअप करने का एक विशेष तरीका जिसमें चेहरे की त्वचा में मुलायमियत रखी जाती है

Wet Method (क., साम., तक.) *वेट मेथ्ड :* आर्द्र पद्धति, गीले रंग या पदार्थ

Wheat (पा.क.) *व्हीट :* गेहूँ

Wheat Flour (पा.क.) *व्हीट फ्लौर :* गेहूँ का आटा

Whetstone (छापा.) *वेट स्टोन (सान पत्थर) :* एक प्राकृतिक या निर्मित अपघर्षक पत्थर जिस पर पानी के साथ स्टील या धातु के औजारों को रगड़कर धार लगाई जाती है

White Paper (अभि.) *व्हाइट पेपर :* श्वेत पत्र

WHO (पत्र., समी.) *डब्ल्यू.एच.ओ. :* World Health Organisation का संक्षिप्त रूप, विश्व स्वास्थ्य संगठन

Whodunit (ना.) *हूडनिट :* जासूसी नाटक

Whole Lentils (पा.क.) *व्होल लिंटलस :* साबुत मसूर

Wholesome (पा.क.) *होलसम :* पौष्टिक

Wicket (स्था.) *विकेट :* लघु द्वार, खिड़की-द्वार

Wide Angle Lens (फो.) *वाइड एंगिल लेंस :* कैमरे का एक विशिष्ट लेंस, जिससे सामान्य दृश्य से अधिक क्षेत्र को छायांकित किया जाता है। इसका दृश्य-कोण सामान्य लेंस से अधिक होता है

Wide Screen (फि.) *वाइड स्क्रीन :* चौड़ा पर्दा, चौड़ा सिने पट

Widely Acclaimed : (समी.) *वाइडली एक्लेम्ड :* व्यापक रूप से प्रशंसित, बहु प्रशंसित

Width (स्था.) *विड्थ :* चौड़ाई, पाट, चकलाई, आयाम

Wig (समी.) *विग :* सर पर पहनने की बनावटी बालों की टोपी, कृत्रिम केश-गुच्छा

Will (समी.) *विल :* संकल्प, इच्छा, इच्छाशक्ति

Wind Chime (समी.) *विंड चाइम :* पवन घंटी, झंकार घंटी, लटकन घंटी, हवा के झोंके से बज जाने वाली घंटी

Window (स्था.) *विंडो :* वातायन, खिड़की

Wing (स्था., ना.) *विंग :* भाग, खंड, स्कन्ध, पार्श्व द्वार, पतला रास्ता (मंच पर जाने का)

Winter (सा.ज्ञा.) *विंटर :* हेमंत ऋतु, नवम्बर से जनवरी के मध्य का काल

Wire Sculpture (मू.) *वायर स्कल्पचर :* तार शिल्प, तारों से बनी मूर्ति

Wisdom (समी.) *विजडम :* विवेक, बुद्धिमत्ता

Wok (पा.क.) *वोक :* कड़ाही

Wolf (संगी.) *वुल्फ :* कटु-स्वर

Wood Carver (मू., छापा.) *वुड कार्वर :* काष्ठ तक्षक, काष्ठ चित्रकार, लकड़ी पर नक्काशी करने वाला कलाकार

Wood Carving (छापा., तक.) *वुड कार्वइंग :* काष्ठ शिल्प, काष्ठ तक्षण, नक्काशी, काष्ठ खुदाई

Wood Craft (शि.) *वुड क्राफ्ट :* काष्ठ-शिल्प, दारुकर्म

Wood Cut (छापा.) *वुड कट :* काष्ठ चित्र, काष्ठ छापाचित्र, काष्ठ चित्रण, काष्ठ ब्लाक, काष्ठ उकेरण, काष्ठ कर्तन

Wood Engraving (छापा.) *वुड इनग्रेवइंग :* काष्ठ उत्कीर्णन, काष्ठ तक्षण, काष्ठ उत्किरण, काठ उकेरन

Wood paper pulp (छापा.) *वुड पल्प पेपर :* गन्धक के अम्ल द्वारा विरजित काष्ठ तन्तुओं से बना पेपर, अस्थाई और छापा संग्रह के लिए अनुपयुक्त

Wood Sculpture (समी.) *वुड स्कल्पचर :* दारु शिल्प, काष्ठ मूर्ति-शिल्प, लकड़ी की मूर्ति

Wood Slip (स्था.) *वुड स्लिप :* बांस या लकड़ी की खपच्ची

Word Perfect (ना.) *वर्ड परफेक्ट :* संवादों को पक्का याद करना

Word Processor (टी.वी., फि., पत्र., कम्प्यू.) *वर्ड प्रोसेसर :* एक कम्प्यूटर प्रोग्राम, पाठ्य सामग्री लिखने व परिवर्तन करने में सहायक

Work (समी.) *वर्क :* कृति, काम, कलाकृति

Work Culture (समी.) *वर्क कल्चर :* कार्य संस्कृति, काम का तरीका, कार्य शैली

Work Process (समी.) *वर्क प्रॉसेस :* कार्य प्रक्रिया, काम का तरीका

Work schedule (स्था., पुरा.) *वर्क शेड्यूल :* कार्य सारणी काम करने की रूप रेखा

Work Shop (साम.) *वर्क शॉप :* शिल्प शाला, कार्य शिविर, कार्य स्थल, कर्मशाला

Working Drawing (स्था.) *वर्किंग ड्राइंग :* कार्यकारी आरेखण किसी विशेष कार्य की विशेष ड्राइंग

Workmanship (समी.) *वर्कमैनशिप :* कर्म-कौशल, रचना- कौशल, रचना-कौशल, शिल्प-कौशल, कारीगरी

Workshop (समी.) *वर्कशॉप :* कार्यशाला, कलाकार की कर्मशाला

Worship Dance (नृ.) *वरशिप डांस :* आराध्य नृत्य, पूजा नृत्य, ईश साधना नृत्य, भक्ति नर्तन

Woven Rugs (आले.) *वोवेन रग्स :* बुने हुए कालीन की कढ़ाई

Wrap (फि.) *रैप :* फ़िल्म की एक दिन की शूटिंग की समाप्ति या पूरी फ़िल्म की शूटिंग समाप्ति के सन्दर्भ में

Wrightup (पत्र.) *राइटअप :* आलेख, सूत्र-लेख

www (पत्र.) *डब्ल्यू डब्ल्यू डब्ल्यू :* World Wide Web का संक्षिप्त रूप, विश्व व्यापी सूचना-जाल

X

Xerography (छापा.) *जीरोग्राफ़ी :* विद्युत छाया चित्रण

Xerox (छापा.) *जीरॉक्स :* विद्युत छाया चित्रक

Xoanon (पुरा.) : प्राचीन यूनान की तक्षित मूर्ति

X-Ray Effect (चि.) *एक्स रे इफेक्ट :* एक्सरे किरण-प्रभाव, एक्स रे इफेक्ट

X-Ray Film (फो.) *एक्सरे फ़िल्म :* शरीर की हड्डियों की छवि लेने वाली एक विशेष फ़िल्म

Xylograph (पुरा.) *जाइलोग्राफ़ :* काष्ठोत्कीर्णन, लकड़ी पर खुदाई

Xylographer (मू.) *जाइलोग्राफ़र :* काष्ठ-कलाकार, काष्ठ तक्षणकार

Xylography (छापा., तक.) *जाइलोग्राफ़ी :* काष्ठोत्कीर्णन कला, लकड़ी पर नक्काशी, काष्ठ चित्रकला

Xylophone (संगी., वा.य.) *जाइलोफोन :* काष्ठ-तंरग (वाद्य), एक प्रकार का पाश्चात्य धन वाद्य

Y

Yak Chaam Dance (नृ.) *याकछामडांस :* सिक्किम प्रदेश का एक लोकनृत्य

Yaksha (क.इति.) *यक्ष :* संस्कृत का शब्द, दैविक शक्ति की एक पुरुष आकृति

Yakshagana (नृ.) *यक्षगण* या *यक्षगान :* कर्नाटक (दक्षिणी भारत) का एक नृत्य

Yakshgan (ना., संगी.) *यक्षगाण :* दक्षिण भारत की एक लोकनाटक शैली

Yakshi (क.इति.) *यक्षी :* संस्कृत का शब्द, दैविक शक्ति की एक नारी आकृति

Yali (स्था.) *यालि :* ग्रीष्मावास, ग्रीष्म कालीन निवास

Yama (का.क.) *यामा :* छायावादी कवयित्री महादेवी वर्मा का एक कविता संग्रह, जिसमें चार कविताएँ संगृहीत हैं—नीहार, नीरजा, रश्मि और सांध्यगीत। इसका प्रथम प्रकाशन वर्ष 1946 है

Yamato-E (क.इति., समी.) *यामातो-ए :* यामातो-ए, एक जापानी चित्रण शैली

Yamini Krishnamurthy (नृ.) *यामिनी कृष्णमूर्ति :* पद्मविभूषण सम्मान से सम्मानित एक प्रख्यात कुचीपुड़ी तथा भरतनाट्यम की नृत्यांगना

Yantra (क.इति.) *यंत्र :* संस्कृत का शब्द, साधना आलेख, धार्मिक ज्यामितीय आलेख, सन् 839 में चीन में जन्मी, यह शैली सांस्कृतिक आदान-प्रदान के तहत जापान पहुँची थी

Yashodhar (क.इति.) *यशोधर :* वात्स्यायन द्वारा रचित 'कामसूत्र' की टीका करने वाला प्राचीन विद्वान

Yazh (संगी., वा.यं.) *याज :* एक भारतीय वाद्य यंत्र

Yearly (पत्र.) *इयर्ली :* वार्षिकी, वर्ष में एक बार प्रकाशित पत्रिका

Yeast Brad (पा.क.) *यीस्ट ब्रेड :* खमीरी ब्रैड

Yellapah (चि.) *येला पाह :* दक्षिण भारत के वेल्लूर का निवासी येलापाह कम्पनी काल में दिल्ली दरबार में चित्रकार था जो बाद में दिल्ली छोड़कर पटना तथा मुर्शिदाबाद चला गया था।

Yellow Journalsim (पत्र.) *यलो जर्नलिज़्म :* सनसनी खेज पत्रकारिता, पीत पत्रकारिता

Yellow Pages (पत्र.) *यलो पेजेस :* देश या विश्व की व्यापारिक सेवाओं की खोज-निर्देशिका

Yellow Rice (पा.क.) *यलो राइस :* तहरी या पीला पुलाव, पीला चावल

Yellow Sapphire (सा.ज्ञा.) *यलो सफायर :* पुखराज, एक प्रकार का रत्न

Yellowing (क.समी.) *यलो इंग :* यलोइंग, पीला पड़ना, किसी तैल चित्र को रंग रहित करने की विधि

Yoga (चि.) *योगा :* जापानी में पश्चिमी शैली में बने चित्रों के सन्दर्भ में प्रयुक्त शब्द

Yoghurt (पा.क.) *योगर्ट :* दही

Yoke (फै.) *योक :* जोड़ा

Young Artists Group (क.इति., क.समू.) *यंग आर्टिस्ट्स ग्रुप :* यंग आर्टिस्ट्स ग्रुप (कलकत्ता)

Young Turks (समी.) *यंग ट्रक्स :* सर जे.जे. स्कूल ऑफ़ आर्ट के प्रधानाचार्य सर चार्ल्स जिरार्ड की प्रेरणा और संरक्षण में जन्मा युवा प्रगतिशील कलाकारों का एक समूह, जिसके एक प्रमुख सदस्य थे—पी.डी. रेड्डी।

Yugoslavian (साम.) *योगोस्लावियन :* योगोस्लाविया के नागरिक, योगस्लाविया की भाषा

Z

Zanana (साम.) *ज़नाना :* राजघरानों में रानियों का निवास स्थल, रनिवास

Zangtalam (नृ.) *जांगतलम :* मिज़ोरम प्रदेश का एक लोकनृत्य

Zarda (पा.क.) *ज़र्दा :* ज़र्दा

Zeal (समी.) *ज़ील :* उत्साह

Zeenat Begam (1931-2007) (गा.) *ज़ीनत बेगम :* भारतीय-पाकिस्तानी गायिका तथा फ़िल्म निर्देशिका जिसका पूरा नाम शमीम अख़्तर था

Zeilenbau (स्था.) *ज़ोलिनबाउ :* पंक्तिबद्ध घर, श्रेणीबद्ध भवन

Zeitgeist (साम.) *ज़ेटगीस्ट :* युग चेतना

Zeliang (नृ.) *ज़ेलियांग :* नागालैंड का एक लोकनृत्य

Zenan Khana (स्था.) *ज़नानखाना :* महिलाओं का निवास स्थान, ज़नानखाना

Zenga (क.समी.) *ज़ेंगा :* ज़ेंगा, एक जापानी शब्द, बौद्ध धर्म विषयक स्याही चित्र

Zero Group (क.समू.) *ज़ीरो ग्रुप :* ज़ीरो ग्रुप, ज़ीरो कला समूह, कलाकारों के एक समूह का नाम

Zest (पा.क.) *ज़ीस्ट :* उत्तेजकता

Zeta (स्था.) *ज़ीटा :* गिरजाघर, गर्म कमरा

Zhezhi (चि.) *ज़ीजी :* चीन की प्रसिद्ध कागज मोड़ने (Folding) की कला

Zinc (छापा., क., साम.) *ज़िंक :* जस्ता (एक धातु)

Zincography (छापा.) *ज़िंकोग्राफ़ी :* जस्ते की प्लेट से अश्म मुद्रण, जस्ते की प्लेट से लीथोग्राफ़ी, जस्ता मुद्रण

Zither (चि.) *ज़िथर :* एक प्रकार का पाश्चात्य तंतुवाद्य

Z-movie (फि.) *ज़ी-मूवी :* नये कलाकारों द्वारा कम साधनों में स्वतन्त्र रूप से बनने वाली फ़िल्म जिसमें नौसिखियापन की झलक हो

Zoanon (मू.) *ज़ोनॉन :* उत्कीर्ण मूर्ति

Zoccola (पुरा.) *ज़ोकॅला :* पाषाण पीठिका

Zoetrope (फि.) *ज़ोईट्रॉप :* जीवन चक्र

Zohrabai Agrewali (1868-1913) (गा.) *ज़ोहराबाई आगरेवाली :* उन्नीसवीं शताब्दी में हिन्दुस्तानी शास्त्रीय संगीत की विख्यात गायिका

Zohra Sehgal (1912-2014) (फि.) *ज़ोहरा सहगल :* प्रसिद्ध भारतीय हिन्दी फ़िल्मों की चरित्र अभिनेत्री, नृत्यांगना तथा नृत्य निर्देशक

Zohrabai Amlalewali (1918-1990) (गा.) *ज़ोहराबाई अम्बालेवाली :* 1930 और 40 के दशक में भारतीय फ़िल्म जगत की एक प्रसिद्ध शास्त्रीय गायिका

Zonal Cultural Centres (क., संस्था.) *ज़ोनल कल्चरल सेंटर :* भारत में सात प्रदेशों में कार्यरत क्षेत्रीय कला व सांस्कृतिक केन्द्र

Zoom Lens (पत्र., फो.) *ज़ूम लेंस :* कैमरे में फोकस लेंस बदल सकने वाला एक विशिष्ट लेंस

Zoom (फि., टी.वी.) *ज़ूम :* कैमरे को एक स्थान पर स्थिर रखकर दृश्य को बड़े से बड़ा दिखाना

Zoom-in (फि., टी.वी.) *ज़ूम इन :* ज़ूम लेंस से दृश्य के परिदृश्य को छोटा करना ताकि मुख्य विषय वस्तु फ्रेम में बड़ी दिखे

Zoom-out (फि., टी.वी.) *ज़ूम आउट :* ज़ूम लेंस से दृश्य परिसर को व्यापक बनाना, ताकि मुख्य विषय वस्तु फ्रेम में छोटी दिखे

Zoom-in (फो., फि.) *ज़ूम इन :* विषयाभिमुख ज़ूम गति

Zoom-out (फो., फि.) *ज़ूम आउट :* विषय-विमुख ज़ूम गति

Zotheca (स्था.) *ज़ोथिका :* निवास कक्ष

Zubeda (सिने.) *ज़ुबेदा :* आरम्भिक दौर में भारतीय हिन्दी फ़िल्मों की एक लोकप्रिय और सफल अभिनेत्री जिसे भारत की प्रथम बोलती फ़िल्म 'आलमआरा' (1931) में नायिका बनने का गौरव प्राप्त है।

Zush (चि.) *ज़ूश :* जापानी भाषा में जातक विषयक चित्र

हिन्दी-अंग्रेजी

अ

अ कला : Anti-Art *एंटी आर्ट*
अंकन विधान : Painting Technique *पेंटिंग टेक्नीक*
अंकन विधान : Marking method *मार्किंग मेथड*
अंकन पद्धति : Technique *टेक्नीक*
अंकनी : Lead Pencil *लेड पेंसिल*
अंगिया : Brassiere *ब्रेसरी*
अंगुली अंकन : Sfregazzi *श्रीगेज़ी*
अंगुली चित्रण : Finger Painting *फिंगर पेंटिंग*
अंगुली चित्रांकन : Finger Painting *फिंगर पेंटिंग*
अंगुली या चित्रण (लेखन) : Finger Lettering *फिंगर लेटरिंग*
अंगूर : Grapes ग्रेप्स
अंग्रेज पंसारी : East India Company *ईस्ट इंडिया कम्पनी*
अंजीर : Fig *फिग*
अंडस्वेत समारंजन : Egg Tempera *एग टेम्परा*
अंडाकार : Oval *ओवॅल*
अंडाकार : Oval-shaped *ओवल शेप्ड*
अंत: प्रज्ञा : Intellect *इंटलेक्ट*
अंतत : Eventually *एवेंचुअली,* finally
अन्तराल : Gap *गैप*
अन्तराल : Space *स्पेस,* Span, Duration
अन्तर्दृष्टि : Insight *इनसाइट*
अन्तरराष्ट्रीय : International *इंटरनेशॅनल*
अंतिम पलस्तर : Intonaco *इंटोनॅको*
अंतिम रात्रिभोज : Cenacola *सिनाकोला*
अंत्येष्टि : Final Rites *फाइनल राइट्स*
अंत्येष्टि मूर्ति : Funeral Effigy *फ्यूनरल एफिजी*
अंधकार : Dark Age *डार्क एज*
अंभौम समाधिकला : Catacomb Painting *कैटाकॉम्ब पेंटिंग*
अंश विस्तार : Detail *डिटेल,* Particular
अकंनी : Lead Pencil *लेड पेंसिल*
अकंनी विशेषता : Style *स्टाइल*
अकथनीय : Unexplainable *अनएक्सप्लेनेबॅल*
अकला : Anti-Art *एंटी आर्ट*
अकादमी : Academy *ऐकेडमी*
अकादमी छाप : Academic *एकेडेमिक*
अकृत्रिम कला : Naive Art *नाइव आर्ट*
अकृत्रिम कलाकार : Naive Artist *नाइव आर्टिस्ट*
अक्षर कला : Calligraphy, Lettering *कैलीग्राफ़ी, लेटरिंग*
अक्षर लेखन : Lettering *लेटरिंग*
अक्षर वाद : Lettrisme (French) *लेटरिज़्म*
अक्षरकला : Typography *टाइपोग्राफ़ी*
अक्षरलेखन (चि.) : Lettering *लेटरिंग*
अक्षरवाद : Letterism *लेटरिज़्म*
अक्षरांकन : Lettering *लेटरिंग*
अखरोट : Walnut *वालनट*
अखाड़ा : Amphitheatre *एम्पीथियेटर*
अगतिक चित्र : Still Life *स्टिल लाइफ*
अगहन या मंगअसरा : November-December Month *नवम्बर-दिसम्बर मंथ*
अगाध ज्ञान : Extreme Knowledge *एक्सट्रीम नॉलेज*
अग्नि वेदी : Fire Altar *फायर आल्टर*
अग्र संक्षेपण : Fore Shortening *फोर शॉर्टनिंग*
अग्र ह्स्वीकरण : Fore Shortening *फोर शॉर्टनिंग*
अग्र हाशिया : Fore Edge *फोर एज*
अग्रकोर : Fore Edge *फोर एज*
अग्रकोर कलाकार : Avant Garde *अवाँगार्द* (फ्रेंच शब्द)
अग्रकोर चित्र : Fore Edge Painting *फोर एज पेंटिंग*
अग्रकोर चित्रकारी : Fore Edge Painting *फोर एज पेंटिंग*
अग्रगण्य कला : Pioneer Art *पाइनियर आर्ट*
अग्रगण्य कलाकार : Pioneer Artist *पाइनियर आर्टिस्ट*
अग्रगामी : Pioneer *पाइनियर*
अग्रगामी कलाकार : Avant Garde *अवाँगार्द* (फ्रेंच शब्द)
अग्रगामी रंग : Advancing Colour *एडवासिंग कलर*
अग्रणी कलाकार : Pioneer Artist *पाइनियर आर्टिस्ट*
अग्रदूत कलाकर : Pioneer Artist *पाइनियर आर्टिस्ट*
अग्रभाग : Facade *फसाड,* Fore Ground *फोर ग्राउंड,* Obverse *ऑबवर्स*
अग्रभागीय दृश्य : Frontal *फ्रंटल*
अग्रभूमि : Foreground *फोर ग्राउंड*
अग्रसंक्षेपण : Fore Shortening *फोर शॉर्टनिंग*
अग्रह्स्वीकरण : Fore Shortening *फोर शॉर्टनिंग*
अचल चित्र : Still Life *स्टिल लाइफ*
अचार : Pickle *पिकॅल*
अचेतनवाद : Surrealism *सॅररिअलिज़्म*
अचेतनवादी धारा : Surrealism *सररियलिज़्म*
अजवाइन : Carom Seeds *केरम सीड्स*
अजस श्रोत : Source of Creation *सोर्स ऑफ क्रिएशॅन*
अजान : Call to Prayer *काल टू प्रेयर*
अजायबघर : House of Wonders *हाउस ऑफ़ वंडर्स*

अजायबघर : Museum *म्यूज़ियम*
अज्ञान : Ignorance *इग्नोरेंस,* Innocence *इनोसेंस*
अट्टालिका : Tower *टावर*
अड्डा : Meeting Place *मीटिंग प्लेस*
अंडपीत : Egg Tempera *एग टेम्परा*
अंडस्वेत : Egg Tempera *एग टेम्परा*
अंडा इमल्शन : Egg Emulsion *एग इमल्शॅन*
अंडा पायस : Egg Emulsion *एग इमल्शॅन*
अति निक्षारण : Foul Biting *फाउल बाइटिंग*
अति महत्त्वपूर्ण मूर्ति : Monumental Sculpture *मोन्यूमेंटल स्कल्पचर*
अति यथार्थवाद : Surrealism *सॅररियलिज्म*
अति विशाल : Monumental *मोन्यूमेंटल*
अति विशाल मूर्ति : Monumental Sculpture *मोन्यूमेंटल स्कल्पचर*
अति सूक्ष्म कला : Metaphysical Art *मेटाफिजिकल आर्ट*
अतिकल्पनावाद : Surrealism *सररियलिज़्म,* Peculiar, Strange
अतिरंजन : Exaggeration *एग्जेजरेशॅन*
अतिवादी अवतार : Extreme Incarnation *एक्स्ट्रीम इनकॉरनेशॅन*
अतिसम्मानीय कलाकार : Veteran Artist *विट्रेन आर्टिस्ट*
अतुकृति : Imitation *इमिटेशन,* Mimicry *मिनिक्री*
अतुलनीय : Incomparable *इनकॉमपरेबल,* Incredible *इंक्रेडबॅल,* Fantastic *फैंटास्टिक,* Incredulovs *इनक्रोइयुलस*
अत्यधिक चित्रण : Overwork *ओवर वर्क*
अत्यन्त महत्त्वपूर्ण : Monumental *मोन्यूमेंटल*
अत्यन्त मुखर रंग : Harsh Colours *हार्श कलर्स*
अत्यल्प ज्ञान : Shallow Knowledge *शैलो नॉलेज*
अत्युष्ण रंग : Hot Colours *हॉट कलर्स*
अदरक : Ginger *जिंजर*
अदाह भांड : Green Ware *ग्रीन वेयर*
अदृश्य रेखा : Occult Line *ॲकल्ट लाइन*
अद्भुत : Amazing *एमेज़िंग,* Incredible *इनक्रेडबल*
अद्भुत रस : Emotion of surprise/wonder *इमोशॅन ऑफ़ सरप्राइज़/वंडर*
अद्भुत भाव : Marvellous Emotion *मार्वलेस इमोशॅन*
अद्यतन : Endless Knowledge *एंडलेस नॉलेज*
अद्वितीय : unparallel *इम्पेरॅलल*
अधिक भड़कीले रंग : Harsh Colours *हार्श कलर्स*
अधिष्ठापन : Installation *इंसटालेशॅन*
अधुनातन : Ultra Modern *अल्ट्रा मॉडर्न*
अधो उद्भृत (शि., मू.) : Low Relief *लो रिलीफ*
अधोगत कला : Degenerate Art *डीजेनरेट आर्ट*
अध्येत : Scholar *स्कॉलर*
अध्येतव्य विषय : Subject of studies *सबजेक्ट ऑफ़ स्टडीज*
अनदेखी : Negligence *नेग्लीजेंस*
अनाकृतिमूलक कला : Non-Figurative Art *नॉन-फिगरेटिव आर्ट*
अनाकृतिवादी कला : Abstract Art *एब्स्ट्रैक्ट आर्ट*
अनाकृतिवादी चित्रकला : Non-Figurative Painting *नॉन-फिगरेटिव पेंटिंग*
अनानास : Pineapple *पाइनएपल*
अनार : Pomegranate *पोमीग्रेनेट*
अनियमित रूप/आकार : Asymmetrical Shape *एसेमेट्रिकल शेप*
अनुअंकन : Rending *रेंडिंग*
अनुकरण : Imitation *इमीटेशॅन*
अनुकरण मूलक कला : Imitative Art *इमीटेटिव आर्ट*
अनुकरणशील कला : Imitative Art *इमीटेटिव आर्ट*
अनुकरणात्मक कला : Imitative Art *इमीटेटिव आर्ट*
अनुकारक कला : Imitative Art *इमीटेटिव आर्ट*
अनुकूल : Friendly *फ्रेंडली*
अनुकृति (समी.) **:** Imitation *इमीटेशॅन*
अनुकृति : Replica *रिप्लिका,* Duplicate
अनुकृति : Copy *कॉपी*
अनुकृति : Facsimile *फेसमाइल*
अनुकृति : Imitation *इमीटेशॅन*
अनुचित्रक : Tracer *ट्रेसर*
अनुचित्रित मुद्रण : Offset *आफसेट*
अनुत्सुक : Non-Curious *नॉन-क्यूरियस*
अनुदर्शी (प्रदर्शनी) : Retrospective (Exhibition) *रेट्रोस्पेक्टिव (एग्जीबिशन)*
अनुदर्शी : Retrospective *रिट्रॉस्पेक्टिव*
अनुदृश्य : Perspective *पर्सपेक्टिव,* outlook *आउटलुक*
अनुपात : Proportion *प्रोपोरशन*
अनुपात : Ratio *रेशियो*
अनुपातिक सिब्द्धान्त : Principle of Proportion *प्रिंसिपल ऑफ़ प्रोपोंशन*
अनुपान : Vehicle *व्हीकल*
अनुप्रस्थ : Horizontal *हॉरीज़ोंटल*
अनुप्रास : Allusion *एल्यूज़न,* Alliteration *एलीटरेशॅन,* Rhyme *राइम*
अनुभव जनित : Practical Experience *प्रैक्टिकल एक्सपीरयंस*

अनुभवी कलाकार Veteran Artist *विट्रेन आर्टिस्ट*
अनुभाग : Section *सेक्शॅन*
अनुभूति : Feelings *फीलिंग्स*
अनुभूति, अनुभव : Experience *एक्सपीरियंस*
अनुभूतिपरक कला : Subjective Art *सब्जेक्टिव आर्ट*
अनुमाप : Scale *स्केल*
अनुमापीय रेखांकन : Scale Drawing *स्केल ड्राइंग*
अनुयायी : Follower *फालोवर*
अनुरूपता : Analogy *एनालॉजी*
अनुरूपरंग : Analogous Colours *एनालॉगस कलर्स*
अनुरेखण : Tracing *ट्रेसिंग*
अनुरेखण कागज : Tracing Paper *ट्रेसिंग पेपर*
अनुलेखन : Postscript *पोस्ट स्क्रिप्ट*
अनुशासनबद्ध कला : Classical Art *क्लासिकल आर्ट*
अनुशासनबद्ध : Disciplined *डिसिप्लिंड*
अनुष्ठान : Ritual *रिचुअॅल*
अनुसंधान : Reasearch *रिसर्च*
अन्तः ज्ञान : Intuition *इंट्यूशॅन*
अन्तः प्रज्ञा : Intuition *इंट्यूशॅन*
अन्तः प्रेरणावाद : Automatism *ऑटोमेंटिज़्म*
अन्तर धार्मिक : Inter Cast *इंटर कास्ट*
अन्तर सम्बन्धित : Inter Related *इंटर रिलेटेड*
अन्तरछत : Ceiling *सीलिंग*
अन्तरदृष्टि : Insight *इनसाइट*
अन्तरभौम समाधि-क्षेत्र : Catacomb *केटाकॉम्ब*
अन्तराल : Space *स्पेस*
अन्तराल मंडप : Vestibule *वेस-टिब्यूल*
अन्तराल विभाजन : Space Division *स्पेस डिवीजन*
अन्तर्ज्ञान : Intution *इंट्यूशन*
अन्तर्ज्ञान : Sixth-sense *सिक्स्थ सेंस,* Intuition *इंटयूशॅन,* Instinet *इंस्टीनेट*
अन्तर्निहित वर्ण : Under Tone *अंडर टोन*
अन्तर्बोध : Intuition *इंट्यूशन*
अन्तरराष्ट्रीय : International *इंटरनेशॅनल,* Global *ग्लोबल*
अन्तर्वस्तु : Content *कॅंटेंट*
अन्तर्विरोध : Contradiction *कंट्राडिक्शॅन,* Self-contradiction *सेल्फ-कंट्राडिक्शॅन*
अन्तर्सज्जा : Interior decoration *इंटीरियॅर डेकोरेशॅन*
अन्तश्चेतना : Intuition *इंट्यूशन*
अन्तिम परिष्करण : Finishing Touch *फिनिशिंग टच*
अन्तिम भोज : Last Supper *लास्ट सपर*
अन्तिम स्पर्श : Finishing Touch *फिनिशिंग टच*
अन्त्येष्टि स्मारक : Funerary Structure *फ्यूनेरी स्ट्रक्चर*
अन्धड़ : Tempest *टेम्पेस्ट,* Storm *स्ट्राम*
अन्धानुगामी : Blind Follower *ब्लांइड फॉलोवर*
अन्वंकन : Rendering *रेंडरिंग*
अन्वेषण : Exploration *एक्सप्लोरेशॅन*
अपगमन : Recession *रिसेशन*
अपगामी रंग : Receding Colours *रिसीडिंग कलर्स,* Retreating Colours *रिट्रीटिंग कलर्स*
अपघटन : Decomposition *डीकम्पोजीशॅन*
अपभ्रष्ट कला : Degenerated art *डिग्नीरेटिड आर्ट*
अपयश : Disgrace *डिस्ग्रेस*
अपरिचित आकारों की कला : Abstract Art *एब्स्ट्रैक्ट आर्ट*
अपरिष्कृत कला : Primitive Art *प्रिमिटिव आर्ट*
अपरिष्कृत स्वरूप : Unfinished Form *अनफिनिस्ड फार्म*
अपशकुन : Bad Omen *बैड ओमेन*
अपाठ्य उत्कीर्ण लेख : Undecipherable inscription *अनडिसाइफरेबल इंसक्रिप्शन*
अपारदर्शिता : Opacity *ओपेसिटी*
अपारदर्शी : Non Transparent *नॉन ट्रांसपेरेंट*
अपारदर्शी जलरंग : Poster Colours *पोस्टर कलर्स,* Gouache *गौचे,* Tempera *टेम्परा*
अपारदर्शी रंग : Non Transparent Colour, *नॉन ट्रांसपेरेंट कलर,* Body Colour *बाड़ी कलर,* Opaque Colours *ओपेक कलर्स,* Poster Colours *पोस्टर कलर्स*
अपारदर्शी वर्ण-चित्रण : Gouache *गौचे*
अपारदर्शी सफेद रंग : Opaque White *ओपेक व्हाइट*
अपारदर्शीवर्ण चित्रण : Gouache Painting *गॉश पेंटिग*
अपूर्व कलाकार : Veteran Artist *विट्रेन आर्टिस्ट*
अपेक्षा : Expectaion *एक्सपेक्टेशन*
अप्रतिम योगदान : Exceptional Contribution *एक्सेप्शॅनल कंट्रीब्यूशॅन*
अप्रतिम योगदान : Rare Contribution *रेयर कंट्रीब्यूशॅन*
अप्रतिम वैभव : Extreme Grace *एक्स्ट्रीम ग्रेस*
अप्रतिरूपवादी : Non-representational *नॉन रिप्रेजेंटेशनल,* Non-Figurative *नॉन फिगरेटिव*
अप्रत्याशित प्रभाव : Accidental Effect *एक्सीडेटंल इफेक्ट*
अप्रतिष्ठाजनक : Unrespectable *अनरिसपेक्टॅबल*
अप्रिय रंग : Harsh Colours *हार्श कलर्स*
अप्सरा : Beautiful Nymph *ब्यूटीफुल निम्फ,* Divine Dancers *डिवाइन डान्सर्स*
अफलातून : Plato (Greek Philosopher) *प्लेटो (ग्रीक फिलॉस्फर)*
अफसाना : Urdu Novel *उर्दू नोवॅल*
अफसाना निगार : Urdu Novelist *उर्दू नोवॅलिस्ट*

अभिकल्प : Design *डिज़ाइन*
अभिकल्पक : Designer *डिज़ाइनर*
अभिकल्पकार : Designer *डिज़ाइनर*
अभिकल्पना, आलेख, डिज़ाइन : Design *डिज़ाइन*
अभिजात्य कृति : Classic *क्लासिक*
अभिजात्य कृतिकार : Classic Artist *क्लासिक आर्टिस्ट*
अभिजात्यवाद : Classicism *क्लासिसिज़्म*
अभितृप्ति : Full Satisfaction *फुल सैटिसफैंक्शॅन*
अभिनय : Acting *ऐक्टिंग*
अभिनीत कलाएँ : Performing Arts *परफारमिंग आट्र्स*
अभिनेत्री : Actress *ऐक्ट्रेस*
अभिप्राय : Motif *मोटिफ*
अभिभूत रंग : Drowned Colour *ड्राउंड कलर*
अभियांत्रिकी : Engineering *इंजीनियरिंग*
अभिरंजित : Stained Glass *स्टेंड ग्लास*
अभिरचना : Pattern *पैटर्न*
अभिरेखण : Graffito *ग्रेफिटो*
अभिलाषा : Desire *डिज़ायर*
अभिलेख : Archive *आर्काइव*
अभिलेख : Inscription *इंसक्रिप्शॅन*
अभिवृद्धि : Promotion *प्रमोशन*
अभिव्यंजन रूप : Significant Form *सिग्नीफिकेंट फॉर्म*
अभिव्यंजना : Expression *एक्सप्रेशन*
अभिव्यंजनात्मक कला : Expressionistic Art *एक्सप्रेशनिस्टिक आर्ट*
अभिव्यंजनावाद : Expressionism *एक्सप्रेश्निज़्म*
अभिव्यक्ति : Expression *एक्सप्रेशन*
अभिव्यक्ति मूलक कला : Expressionistic Art *एक्सप्रेश्निस्टिक आर्ट*
अभिव्यक्ति, अभिव्यंजना : Expression *एक्सप्रेशन*
अभ्यास चित्र : Study Sketch *स्टडी स्केच*
अभ्यास : Study *स्टडी*
अभ्यास पुस्तिका : Sketch Book, Gwafu (Japanese) *स्केच बुक, ग्वॉफू*
अमचूर : Mango Powder *मैंगो पाउडर*
अमरूद : Guava *ग्वावा*
अमर्यादित कला : Absurd Art *एबसर्ड आर्ट*
अमूर्त अभिव्यंजनावाद : Abstract Expressionism *एब्स्ट्रैक्ट एक्सप्रेश्निज़्म*
अमूर्त अभिव्यक्ति : Abstract Expression *एब्स्ट्रैक्ट एक्सप्रेशॅन*
अमूर्त आभासवाद : Abstract Impressionism *एब्स्ट्रैक्ट इम्प्रेश्निज़्म*
अमूर्त इच्छा : Abstract Desire *एब्सट्रैक्ट डिज़ायर*
अमूर्त कला : Abstract Art *एब्स्ट्रैक्ट आर्ट*
अमूर्त गुण : Abstract Quality *एब्सट्रैक्ट क्वालिटी*
अमूर्त जिज्ञासा : Abstract Expression *एब्सट्रैक्ट एक्सप्रेशन*
अमूर्त रूप : Abstract Form *एब्सट्रैक्ट फॉर्म*
अमृत जयंती : 75th Anniversary 75वीं *एनिवरसिरी*
अमेरिका की कला : American Art *अमेरिकन आर्ट*
अम्ल उत्कीर्णन : Etching *एचिंग*
अम्ल उत्कीर्णन, एचिंग : Etching *ऐचिंग*
अम्ल प्रक्षालन : Drenching *ड्रेन्चिंग*
अम्ल-लेखन : Aquatint, Etching *एक्वाटिंट, एचिंग*
अयर्थार्थवादी कला : Non Objective Art *नॉन-आब्जेक्टिव आर्ट*
अरथी : Bier *बियर*
अरवी : Colocasia *कोलोकेसिया*
अरसी का तेल : Linseed Oil *लिन-सीड ऑइल*
अरस्तू : Aristotle (Greek Philosopher) *अरेस्टॉटिल (ग्रीक फिलॉस्फर)*
अरहर (दाल) : Yellow Lentils *यलो लिंटिल्स*
अरूपवाद : Informalism *इनफ़ार्मलिज़्म*
अर्थ : Meaning *मीनिंग*
अर्द्धचन्द्र : Half Moon *हॉफ मून*
अर्द्धपटका : Half Flag *हॉफ फ्लैग*
अर्ध अमूर्त : Semi Abstract *सेमी ऐब्स्ट्रैक्ट*
अर्ध उद्भृत : Demi Relief *डेमी रिलीफ,* Half Relief *हाफ रिलीफ*
अर्ध खम्भा : Pilaster *पिलैसटर*
अर्ध चंद्राकार : Crescent *क्रीसेंट*
अर्ध प्रतिमा : Bust *बस्ट*
अर्ध मूर्ति (अर्ध प्रतिमा) : Bust *बस्ट*
अर्ध विराम : Comma *कॉमा*
अर्ध विलोचन : Profile *प्रोफ़ाइल*
अर्ध स्वर : Half Vowel *हॉफ वॉवेल*
अर्धचित्र : Relief *रिलीफ*
अर्धछटा मुद्रण : Half-Tone Printing *हॉफ-टोन प्रिंटिंग*
अर्धछटा : Half-tone *हॉफ-टोन*
अर्धदृष्टि : Half closed Eyes *हॉफ क्लोज्ड आइज़*
अर्धपारदर्शी, पतला कागज : Tissue Paper *टिशू पेपर*
अर्धयथार्थ रूप : Semi Realistic Form *सेमी रियलिस्टक फॉर्म*
अर्वाचीन : Modern *मॉडर्न,* New *न्यू*
अलंकरण : Decoration *डेकोरेशॅन,* Ornamentation *ऑरनामेंटशॅन*

अलंकरण कला : Decorative Art *डेकोरेटिव आर्ट*
अलंकारमय शैली : Decorative Style *डेकोरेटिव स्टाइल*
अलंकृत छतरी : Celure *सेल्यूर*
अलसी का तेल : Linseed Oil *लिन्सिड ऑयल*
अला प्राइमा चित्र : Alla-Prima *एला प्राइमा*
अल्प उद्भृत : Low Relief *लो रिलीफ*
अल्प रेखांकन/रूपरेखा : Sketching *स्केचिंग*
अवकाश : Space *स्पेस*
अवचेतन : Subconscious *सबकॉन्शस,* Uncouncious *अनकांशियस*
अवतल उद्भृत : Concave Relief *कान्केव रिलीफ*
अवदान : Contribution *कंट्रीब्यूशन*
अवधारणा : Concept *कन्सेप्ट,* Idea *आइडिया,* Opinion *ओपीनियन,* Thinking *थिंकिंग*
अवनद्ध वाद्य : Membranophonic Instruments *मेमब्रेनोफोनिक इंस्ट्रूमेंट्स*
अवबोधन : Perception *परसेप्शन*
अवमूलन : Devaluation *डिवैल्यूशॅन*
अवमूलन या अवमूल्यन : Devaluation *डीवैल्यूशॅन*
अवमूल्यित कला : Desident Art *डिसीडेंट आर्ट,* Dessident Art Form *डिजीडेंट आर्ट फॉर्म*
अवरोधित समाचार : Breaking News *ब्रेकिंग न्यूज़*
अवलेखन कला : Print Making *प्रिंट मेकिंग*
अवशेष : Pelic *पेलिक,* Remains *रिमेंस,* Vestige *वेस्टेज*
अवशेष कक्ष : Relic Chamber *रिलिक चेम्बर*
अवशेष मंजूषा : Relic Casket *रिलिक कास्केट*
अवशोषक धरातल : Absorbent Ground *एबजार्बेंट ग्राउंड*
अवशोषक धरातल या पट : Absorbent Ground or canvas *एबज़ॉरमेंट ग्राउंड या कैनवास*
अवशोषक पट : Absorbent Canvas *एबज़ॉरमेंट कैनवास*
अवसान : Death *डेथ,* End *एंड*
अविद्ध चित्र : Sketch *स्केच*
अविश्वसनीय : Incredible *इनक्रेडबल*
अव्यवसायी कलाकार : Amateur Artist *एम्येचॉर आर्टिस्ट*
अव्यवसायी चित्रकार : Sunday Painter *संडे पेंटर*
अशोक की लाट : Lion Capital *लायन कैपिटल*
अश्म उत्कीर्णन : Petroglyphs *पेट्रोजेलस*
अश्म छापा चित्र : Lithograph *लिथोग्राफ़*
अश्म छापांकन : Lithography *लिथोग्राफ़ी*
अश्म मुद्र : Lithograph *लिथोग्राफ़*
अश्म मुद्रण : Lithography *लिथोग्राफ़ी,* Surface Printing *सरफेस प्रिंटिंग*
अश्म मुद्राचित्र : Lithotint *लिथोटिंट*
अश्म लेख : Lithograph *लिथोग्राफ़*
अष्टकोण : Octagon *ऑक्टगॅन*
अष्मयुक्त हस्त : One Hand Gestures *वन हैंड जेस्चर*
असम मिति वर्ण : Asymmetry Colour *एसेमिट्री कलर*
असममिति : Asymmetry *एसिमिट्री*
असममिति वर्ण : Asymmetry Colour *एसेमिट्री कलर*
असममितीय : Asymmetrical *एसिमिट्रीकल*
असलकद : Life Size *लाइफ साइज़*
असादृश्य मूलक : Non-Representational *नॉन रिप्रज़ेंटेश्नल*
असाधारण : Extra Ordinary *एक्स्ट्रा आर्डीनॅरी*
असाधारण कला सेवा : Extra Ordinary Service to Art *एक्स्ट्रा ऑर्डेनरी सर्विस टू आर्ट*
असुर : Demon *डेमॅन*
अस्तर : Primer *प्राइमर,* Priming *प्राइमिंग,* Under Coat *अंडर कोट*
अस्तर कागज : End Paper *एंड पेपर*
अस्तर लगाना : Priming *प्राइमिंग*
अस्तित्व बिम्बीय कला : Abstract Art *एब्स्ट्रैक्ट आर्ट*
अस्तित्व बिम्बीय कला, तत्त्व बिम्बीय कला : Abstract Art *एब्सट्रैक्ट आर्ट*
अस्तित्ववाद : Existentialism *एगज़िस्टेल्ज़िम*
अस्थाई रंग चूर्ण : Fugitive Pigments *फ्यूगटिव पिगमेंट्स*
अस्वीकरण : Rejection *रिजेक्शन*
अस्वीकरण कांड : Mass Rejection *मास रिजेक्शन*
अस्वीकृत चित्रों की प्रदर्शनी : Salon de Refuses *सैलून द रिफ्यूजे (फ्रेंच शब्द)*
अहाता : Precinct *प्रीसिनक्ट*
आँवला : Gooseberry *गूज़बेरी*
आंग्ल युगीन : British Period *ब्रिटिश पीरियड,* Colonial Era *कोलोनियल इरा*
आंग्ल युगीन : Colonial Era *कोलोनियल इरा*
आंग्लदेश : England *इंग्लैंड*
आंग्लभाषी : English Language *इंग्लिश लैंग्वेज*
आंचलिकतावाद : Regionalism *रीजनलिज़्म*
आंचालिक : Regional *रीजनल*
आंदोलन : Agitation *एजीटेशॅन*
आंधी : Tempest *टेम्पेस्ट*
आंशिक चित्रण : Fractional Point *फ्रैक्श्नल प्वांइट*

आ

आइकन : Icon *आइकन*
आकर्षण : Charm *चार्म*
आकल्पन (सज्जा) : Accoutrement *एकाउट्रीमेंट*
आकल्पन : Design *डिज़ाइन*
आकस्मिक लब्ध वस्तु : Accidental Find *एक्सीडेंटल फाइंड*
आकस्मिकता (कला कार्य में) : Casualness (in a work of art) *कैज़ुअलनेस (इन ए वर्क ऑफ़ आर्ट)*
आका : God Father *गाड फादर*
आकाच चित्रण : Enamel Painting *एनामिल पेंटिंग*
आकाचीकारक लेप : Tempera *टेम्परा*
आकार : Figure, *फिगर,* Form *फॉर्म,* Shape *शेप*
आकार ज्ञान : Knowledge of Shapes *नॉलेज ऑफ़ शेप्स*
आकार तत्त्व : Formal Elements *फॉर्मल एलीमेंट्स*
आकारगत तत्त्व : Formal Element *फॉर्मल एलीमेंट*
आकारनिष्ठ कला : Concert Art *कंक्रीट आर्ट*
आकारमय चित्र : Pictorial Representation *पिक्टोरियल रिप्रेजेंटेशन*
आकारमय मूर्ति : Pictorial Representation *पिक्टोरियल रिप्रेजेंटेशन*
आकारवाद : Formalism *फ़ॉर्मलिज़्म*
आकारिक तत्त्व : Formal Element *फॉर्मल एलीमेंट*
आकारिक मूल तत्त्व : Formal Element *फॉर्मल एलीमेंट*
आकाशी परिदृश्य : Aerial Perspective *एरियल पर्सपेक्टिव*
आकाशी परिप्रेक्ष्य : Aerial Perspective *एरियल पर्सपेक्टिव*
आकाशी पर्यवेक्षण : Aerial Supervision *एरियल सुपरविज़न*
आकाशीय दूर : Aerial Perspective *एरियल पर्सपेक्टिव*
आकाशीय परिप्रेक्ष्य : Aerial Perspective *एरियल पर्सपेक्टिव*
आकृति : Figure *फिगर,* Form *फॉर्म,* Pattern *पैटर्न,* Shape *शेप*
आकृति मूलक चित्रांकन : Figurative Painting *फिगरेटिव पेंटिंग*
आकृति विद्रूपण : Figure Distortion *फिगर डिस्टॉर्शन*
आकृति विधान : Formal Element *फॉर्मल एलिमेंट*
आकृति विहीन चित्रण : Non Figurative Painting *नॉन फिगरेटिव पेंटिंग*
आकृति संपुंजन : Figure Composition *फिगर कम्पोजीशन*
आकृति हीन चित्र : Non Figurative Painting *नॉन फिगरेटिव पेंटिग*
आकृतिमूलक कला : Figurative Art *फिगरेटिव आर्ट*
आकृतिमूलक चित्रांकन : Figurative Painting *फिगरेटिव पेंटिंग*
आकृतिहीन चित्र : Non Figurative Painting *नॉन फिगरेटिव पेंटिंग*
आखेट दृश्य : Hunting Scene *हंटिंग सीन*
आख्यान : Ancient Stories *एनसिएंट स्टोरीज*
आख्यान कला : Narrative Art *नैरेटिव आर्ट*
आख्यान चित्र : Narrative Painting *नैरेटिव पेंटिंग*
आचरणवाद : Mannerism *मैनरिज़्म*
आचार्य : Professor *प्रोफेसर*
आज की कला : Contemporary Art *कॉन्टेम्परेरी आर्ट*
आजन्म : Life long *लाइफ लांग*
आडम्बपूर्ण चित्रण : Rhapography *रैपोग्राफ़ी*
आड़ा तिरछा चित्रण : Criss-Cross Painting *किस-क्रास पेंटिंग*
आड़ू : Peach *पीच*
आतिथ्य : Hospitality *हॉस्पिटैलिटी*
आतिश बाजी : Sky Art *स्काई आर्ट*
आतिशबाजी की कला : The art of firework *द आर्ट ऑफ़ फायर वर्क्स*
आत्मसात : Absorb *एब्जॉर्ब*
आत्म स्तुति : Self Praise *सेल्फप्रेज*
आत्मकथा : Autobiography *आटोबायोग्राफ़ी*
आत्मचित्र : Self Portrait *सेल्फ पोट्रेट*
आत्म-तत्त्वीय चित्रण : Metaphysical Painting *मेटाफिजिकल पेंटिंग*
आत्मनिष्ठ (कला) : Subjective (Art) *सब्जेक्टिव (आर्ट)*
आत्मपरक कला : Subjective Art *सब्जेक्टिव आर्ट*
आत्मपरक चित्रांकन : Subjective Painting *सब्जेक्टिव पेंटिंग*
आत्ममुखी : Introvert *इंट्रोवर्ट*
आत्मरूप चित्र : Self Portrait *सेल्फ पोट्रेट*
आत्मशुद्धि : Purgation *परगेशॅन*
आत्महत्या : Suicide *सोसाइड*
आत्मा : Soul *सोल*
आदमकद : Life Size *लाइफ साइज*
आदरणीय : Respectable *रिस्पेक्टेबल*
आदर्श : Classic *क्लासिक*
आदर्श अनुपात : Holy Proportion *होली प्रोर्पोशन*
आदर्श कला : Classic Art *क्लासिक आर्ट*
आदर्शवाद : Classicism *क्लासिसिज़्म*
आदर्शवाद : Idealism *आइडियियिज़्म*
आदर्शवादी : Classical *क्लासिकल*
आदिकाल : Archaic Period *आरकाइक पीरियड*

आदिकाल : Primitive Age *प्रिमिटिव एज,* Period *पीरियड*
आदिकालीन कला : Primitive Art *प्रिमिटिव आर्ट*
आदिम : Primitive *प्रिमिटिव*
आदिम कला : Primitive Art *प्रिमिटिव आर्ट*
आदिम मानव आवास : Early Man Shelter *अर्ली मैन शेल्टर*
आदिवासी कला : Aboriginal Art *एबोरिजनल आर्ट*
आद्य प्रारूप : Prototype *प्रोटोटाइप*
आद्रपद्धति : Wet Method *वेट मेथड*
आधार कंकाल : Armature *आर्मेचर*
आधार चित्र : Key Sketch *की स्केच*
आधार रेखा : Datum Line *डेटम लाइन*
आधारभूत रंग : Primary Colour *प्राइमरी कलर*
आधारभूत वर्ण : Primary Colour *प्राइमरी कलर*
आधुनिक कला : Modern Art *मॉडर्न आर्ट*
आधुनिक कला बोध : Modern art sense *मॉडर्न आर्ट सेंस*
आधुनिकतावादी : Modernist *माडर्निस्ट*
आध्यात्मिक कला : Metaphysical Art *मेटाफ़िज़िकल आर्ट*
आध्यात्मिक चित्र : Metaphysical Painting *मेटाफ़िज़िकल पेंटिंग*
आध्यात्मिक चित्रांकन : Metaphysical Painting *मेटाफ़िज़िकल पेंटिंग*
आध्यात्मिक शक्ति : Spiritual Power *स्प्रिचुअल पावर*
आनन्ददायक : Pleasant *प्लीजेंट*
आनुक्रमिक कथा : Story in Serial *स्टोरी इन सीरियल*
आन्दोलन : Movement *मूवमेंट*
आपारदर्शी जलरंग : Poster Colours *पोस्टर कलर्स*
आपूरण : Filling *फिलिंग*
आबदार रंग : Richness of Colour *रिचनेस ऑफ़ कलर*
आबोहवा : Climate *क्लाइमेट*
आभा : Tinge *टिंज*
आभा रंग : Tint *टिंट*
आभास : Effect *एफेक्ट*
आभासवाद : Impressionism *इम्प्रेशनिज़्म*
आभासवादी : Impressionist *इम्प्रेशनिस्ट*
आभासवादी कलाकार : Impressionist Artist *इम्प्रेशनिस्ट आर्टिस्ट*
आभासी : Dummy *डमी*
आभाहीन रंग/वर्ण : Dull Colours *डल कलर्स*
आभाहीन वर्ण : Graceless Colors *ग्रेसलेस कलर्स*
आम : Mango *मैंगो*
आमरण : Till Death *टिल डेथ*
आमोद : Pleasure *प्लीजर*
आम्ल लेखन : Etching *एचिंग*
आम्ल लेखीय छापा चित्र : Etching *एचिंग*
आयत : Rectangle *रेक्टेंगल*
आयतन : Volume *वोल्यूम*
आयतन बोध, आयतन ज्ञान : Sense of Volume *सेंस ऑफ़ वॉल्यूम*
आयल स्केचिंग पेपर : Oil Sketching Paper *ऑयल स्केचिंग पेपर*
आया : Maid *मेड*
आयाम : Dimension *डाइमेंशन*
आरम्भिक मसीही कला : Early Christian Art *अर्ली क्रिश्चियन आर्ट*
आरम्भिक रंगांकन : Macchia (Ita.) *माशिया* Early Painting *अर्ली पेंटिंग*
आराधना : Meditation *मेडीटेशॅन*
आरेखण : Drawing *ड्राइंग*
आरेखण तथा चित्रण कला : Drawing and Painting *ड्राइंग एंड पेटिंग*
आरेखण पट्ट : Drawing Board *ड्राइंग बोर्ड*
आरेखण, चित्रण, रंजन कला : Drawing and Painting *ड्राइंग एंड पेटिंग*
आरोप : Blame *ब्लेम*
आर्ट डीको : Decorative Art *डेकोरेटिव आर्ट*
आर्द्र पद्धति : Wet Method *वेट मेथड*
आर्विभाव : Born *बॉर्न,* Birth *बर्थ*
आर्ष वाक्य : Theme Line *थीम लाइन*
आलंकारिक : Decorative *डेकोरेटिव,* Ornamental *ऑर्नामेंटल*
आलंकारिक उपकरण : Decorative Device *डेकोरेटिव डिवाइस*
आलंकारिक युक्ति : Decorative Device *डेकोरेटिव डिवाइस*
आलंकारिक रचना : Pattern *पैटर्न*
आलंकारिक शैली : Decorative Style *डेकोरेटिव स्टाइल*
आलय : Alcove *एल्कोव*
आला : Alcove *एल्कोव*
आलिन्द : Corridor *कॉरीडोर*
आलू : Potato *पोटेटो*
आलू उत्कीर्णन : Potato Cut *पोटेटो कट*
आलू बुखारा : Plum *प्लम*
आलेख : Draft *ड्राफ्ट,* Drawing *ड्राइंग,* Design *डिज़ाइन*
आलेखक : Draftsman *ड्राफ्टसमैन*

आलेखन : Design *डिज़ाइन*
आलेखन कला : Graphics *ग्राफ़िक्स*
आलेखन प्रधान : Decorative Based *डेकोरेटिव बेस्ड*
आलेखी : Graphic *ग्राफ़िक*
आलेख्य : Picture *पिक्चर,* Painting *पेंटिंग,* Writeup *राइटअप*
आलेख्य : Portrait *पोर्ट्रे*
आलेख्य विद्या : Art of Painting *आर्ट ऑफ़ पेंटिंग*
आलोकचित्र : Photo *फ़ोटो*
आलोचक : Critic *क्रिटिक*
आलोचना : Criticism *क्रिटिसिज़्म*
आवक्ष मूर्ति : Bust *बस्ट*
आवरण : Coat *कोट*
आवर्तन : Repetition *रिपीटीशन*
आवास : Habitat *हैबीटेट*
आवास तल : Floor Level *फ्लोर लेवल*
आवास स्तर : Habitation Level *हेबीटेशॅन लेवल*
आवास स्थल : Habitation Site *हेबीटेशॅन साइट*
आवृत्ति : Edition *एडीशॅन*
आश्रम : Hermitage *हरमिटेज*
आषाढ़ : June-July Month *जून-जुलाई मंथ*
आसन : Posture *पोश्चर*
आसमानी रंग : Sky Blue/Light Blue *स्काई ब्ल्यू/ लाइट ब्ल्यू*
आसीन मूर्ति : Seated Image *सीटेड इमेज*
आस्था निर्माण : Faith Building *फेथ बिल्डिंग*

इ

इकरंगा : Monochrome *मोनोक्रोम*
इकरंगा चित्र : Monochrome or Monochrome Painting *मोनोक्रोम या मोनोक्रोम पेंटिंग*
इटली की प्राचीन कला : Etruscan Art *इट्रस्केन आर्ट*
इट्रस्कन कला : Etruscan Art *इट्रस्केन आर्ट*
इतिहास : History *हिस्ट्री*
इत्र : Perfume *परफ्यूम*
इनकॉस्टिक : Encaustic *एन्कॉस्टिक*
इन्द्रधुनषी रंग : Spectrum Colours *स्पेक्ट्रम कलर्स*
इपिक : Narrative of Heroic Achievements *नरेटिव ऑफ़ हिरोइक एचीवमेंट्स*
इबारत : Text *टेक्स्ट*
इमला : Dictation *डिक्टेशॅन*
इम्पेस्टो : Impasto *इम्पेस्टो*
इलाइची बड़ी : Black Cardamom *ब्लैक कार्डोमाम*
इलियोडोरिक मोम : Eleodoric wax *इलियोडोरिक वैक्स*
इश्तहार : Poster *पोस्टर*
इसाई उपासना स्थल : Church *चर्च*
इस्लाम : Islam *इस्लाम*
इस्लामी विचारधारा : Islamic Thought *इस्लामिक थॉट*

ई

ई. : AD *एडी*
ईंट *: (ताश का खेल) :* Diamond *डायमंड*
ईंसवी (ई.) : AD *एडी*
ईराक : Mesopotamia *मेसोपोटामिया*
ईरानी : Persian *पार्सियन*
ईरानी : Persia *परशिया*
ईरानी कला : Persian Art *पर्शियन आर्ट*
ईसा का पट्टशिष्य : Apostle *एपोसल*
ईसा पूर्व : BC *बीसी (बिफोर क्राइस्ट)*
ईसा मसीह का बालरूप : Bambino *बाम्बिनो*
ईसाई कला : Christian Art *क्रिस्चियन आर्ट*
ईसाई गुहा-मन्दिर : Catacomb *केटाकॉम्ब*
ईसाई ध्यान गुहा : Catacomb *केटाकॉम्ब*
ईसाई पूजा ग्रह : Church *चर्च*
ईसामसीह : Christ *क्राइस्ट*
ईस्वी संवत : Anno Domini (A. D.*) एनो डॉमिनी*

उ

उकेरन : Engraving *इंग्रेविंग*
उकेरन, उत्कीर्णन : Engraving *इंग्रेविंग*
उकेरनी : Burin *ब्यूरिन*
उग्रपंथी कलावाद : Fauvism *फॉविस्ज़्*
उग्रपंथी वर्ग : Fauvist *फॉविस्ट*
उग्रवाद : Fauvism *फॉविज़्म*
उग्रवादी कलाकार : Fauvist *फॉविस्ट*
उग्रवादी कलापंथ : Fauvist *फॉविस्ट*
उच्च उद्भृत : High Relief *हाई रिलीफ*
उजड्ड : Fauve Art *फाव आर्ट*
उजड्ड कला : Fauve Art *फाव आर्ट*
उठा-पटक : Foul Play/Game *फाउल प्ले/गेम*
उड़द (दाल) : Split Black Gram *स्प्लिट ब्लैक ग्राम*
उतुंग प्रार्थना मन्दिर : Chruch *चर्च*
उत्कर्ष : Fin de siècle (French*)* *फिन दे सिस्ल*
उत्कर्ष काल : growth Period *ग्रोथ पीरियड,* Growing Age/Period *ग्रोइंग एज/पीरियड*
उत्कीर्ण अंकन : Intaglio *इंटैलियो*
उत्कीर्ण अभिलेख : Epigraph *इपीग्राफ़*
उत्कीर्ण अलंकरण : Incised Decoration *इनसाइज़्ड डेकोरेशॅन*
उत्कीर्ण चित्रकारी : Intaglio *इंटैलियो*
उत्कीर्ण छापा चित्र : Intaglio *इंटैलियो (इंटैग्लियो)*
उत्कीर्ण मुद्रा : Engraved Seal *इंग्रैव्ड सील*
उत्कीर्ण मूर्ति : Zoanon *ज़ोनान*
उत्कीर्ण विधि : Dry Point *ड्राई प्वाइंट*
उत्कीर्ण शिलापट्ट : Bas Relief *बॉस रिलीफ*
उत्कीर्णक : Burin *ब्यूरिन*
उत्कीर्णक : Engraver *इंग्रेवर*
उत्कीर्णन : Carving *कार्विंग*
उत्कीर्णन : Engraving *इंग्रेविंग*
उत्कीर्णन कला : Glyphic Art *ग्लाइफिक आर्ट*
उत्कीर्णित मूर्ति : Carved Sculpture *कार्व्ड स्कल्पचर*
उत्कृष्ट : Classic *क्लासिक*
उत्कृष्ट कलाकार : Best Artist *बेस्ट आर्टिस्ट*
उत्कृष्ट कलाकृति : Master Piece *मास्टर पीस*
उत्कृष्ट चित्रकार : Master Painter *मास्टर पेंटर*
उत्कृष्ट सेवा : Excellent Service *एक्सीलेंट सर्विस*
उत्क्षिप्त वर्ण : Broken Colour *ब्रोकन कलर*
उत्खनन : Dig *डिग,* Excavation *एक्स्केवेशॅन*
उत्खनन रेखा : Excavation Line *एक्स्केवेशॅन लाइन*
उत्खनित स्थल : Excavation Site *एक्स्केवेशॅन साइट*
उत्तर अभिव्यंजनावाद : Post Expressionism *पोस्ट एक्सप्रेशिनिज़्म*
उत्तर आधुनिक कला : Post Modern Art *पोस्ट माडर्न कला*
उत्तर आभासपंथ : Post Impressionism *पोस्ट इम्प्रेशनिज़्म*
उत्तर आभासवाद : Post Impressionism *पोस्ट इम्प्रेशनिज़्म*
उत्तर काल : Post Period *पोस्ट पीरियड*
उत्तर घनवाद : Post Cubism *पोस्ट क्यूबिज़्म*
उत्तर नवजागरण काल : Post Renaissance *पोस्ट रेनेसाँ*
उत्तर पाषाण काल : Neolithic Period *नियोलिथिक पीरियड*
उत्तर पुनरुत्थानकाल : Post Renaissance *पोस्ट रेनेसाँ*
उत्तरंग : Lintel *लिंटल*
उत्तर-अभिव्यंजनावाद : Post Expressionism *पोस्ट एक्सप्रेशिनज़्म*
उत्थान : Development *डेवलपमेंट*
उत्पाद आलेख : Product Design *प्रोडक्ट डिज़ाइन*
उत्पादन रूपांकन : Product Design *प्रोडक्ट डिज़ाइन*
उत्पीड़न : Torcher *टॉर्चर*
उत्सव : Celebration *सेलीब्रेशॅन*
उत्साह : Energy *इनर्जी*
उदभट विद्वान : Most Learned Person *मोस्ट लर्नेड पर्सन*
उदम्बर : Lintel *लिंटल*
उदात्त : Liberal *लिबरॅल,* Sublime *सबलाइम*
उदात्तीकरण : Sublimation *सबलिमेशॅन*
उदारता : Generosity *जेनरोसिटी*
उदास रंग : Dull Colours *डल कलर्स*
उदासीन रंग : Indifferent Colour *इनडिफरेंट कलर*
उद्घोषक : Announcer *एनाउंसर*
उद्भव : Birth *बर्थ*
उद्भृत तक्षण : Relief Carving *रिलीफ कार्विंग*
उद्भृत प्रतिमा : Relief Image *रिलीफ इमेज*
उद्भृत मूर्ति : Relief Sculpture *रिलीफ स्कल्प्चर*
उद्भृत रेखण कला : Typography *एक्टाइपोग्राफ़ी*
उद्भृति : Relief *रिलीफ*
उद्योजक : Entreprenur *इंटरप्रिन्योर*
उधार कला कृतियाँ : Loan Collection *लोन कलेक्शन*
उधेड़-बुन : Deep Thought *डीप थॉट*
उन्नयन : Development *डेवलॅपमेंट,* Progress *प्रोग्रेस,* Upliftment *अपलिफ्टमेंट*
उन्मुक्त चित्रण : Action Painting *एक्शन पेंटिंग,* Free Painting *फ्री पेंटिंग*
उन्मुक्त चित्रांकन : Free Expression *फ्री एक्सप्रेशन*

उपकरण : Tool *टूल*
उपनिवेश : Colonial *कोलोनियल*
उपनिवेश युग : Colonial Period *कोलोनियल पीरियड*
उपनिवेशवादी सौन्दर्यबोध : Colonial Aesthetics *कोलोनियल एस्थेटिक्स*
उपन्यास : Novel *नॉवेल,* Fiction *फिक्शॅन*
उपन्यासकार : Novelist *नॉवलिस्ट*
उपभाग : Bay *बे*
उपभोक्तावादी कला : Utility Art *यूटिलिटी आर्ट*
उपयुक्त कला : Applied Art *एप्लाइड आर्ट*
उपयुक्तावाद : Utilitarianism *यूटिलीटेरियनिज़्म*
उपयोगितावादी कला : Utility Art *यूटिलिटी आर्ट*
उपयोगी कला : Utiletarian Art *यूटीलिटेरियन आर्ट*
उपयोगी कलाएँ : Useful Arts *यूजफुल आर्ट्स*
उपरंग संगति : Subtone *सबटोन*
उपरंगत : Subtone *सबटोन*
उपलब्धि : Achievement *एचीवमेंट*
उपवर्ण : Shades *शेड्स,* Subtone *सबटोन,* Tone *टोन,* Tones *टोन्स*
उपवर्ण गरिमा : Tone Value *टोन वेल्यू*
उपवर्ण मूल्य : Tone Value *टोन वेल्यू*
उपसर्ग : Prefix *प्रिफिक्स*
उपहास चित्र : Caricature *केरीकेचर,* Cartoon *कार्टून*
उपाख्यान विषयक कला : Anecdotal Art *एनेकडोटल आर्ट*
उपाख्यानात्मक कला : Anecdotal Art *एनेकडोटल आर्ट*
उपाख्यानात्मक चित्रण : Anecdotal Painting *एनेकडोटल पेंटिंग*
उपासना : Adoration *एडोरेशॅन*
उपासनाश्रय : Catacomb *केटाकॉम्ब,* Worship Place *वरशिप प्लेस*
उबटन : Scrab *स्क्रब*
उभयपक्षी रंग : Tertiary Colour *टर्शरी कलर*
उभयलिंगी प्रतिमा : Hermaphrodite *हरमाफोरोडाइट*
उभरी नक्काशी : Celure *सेल्यूर*
उभरी नक्कासी : Relief Carving *रिलीफ कार्विंग*
उभार : Relief *रिलीफ*
उभार मूर्ति : Relief *रिलीफ*
उभारदार कलाकृति : Repousse *रिपोजी*
उभारदार मूर्ति : Relief Sculpture *रिलीफ स्कल्पचर*
उम्मीद : Expactation *एक्सपेक्टेशॅन*
उष्ण रंग : Hot Colour *हॉट कलर,* Warm Colour *वार्म कलर*
उष्ण/गरम रंग, ग्रीष्म वर्ण : Hot Colour *हॉट कलर*
उष्णीष : Coping *कोपिंग*
उष्म रंग संगति : Hot Tone *हाट टोन,* Warm Tone *वार्म टोन*
उष्म रंग सामंजस्य : Hot Tone *हाट टोन,* Warm Tone *वार्म टोन*
उष्म वर्ण : Hot Colour *हाट कलर,* Warm Colour *वार्म कलर*
उष्मधर्मी रंग : Hot Colour *हाट कलर,* Warm Colour *वार्म कलर*
उस्ताद : Master *मास्टर*

ऊ

ऊँचा उभार : High Relief *हाई रिलीफ,* Alto-Rilievo *आल्टो रिलोवो*
ऊँचाई : Elevation *एलीवेशॅन*
ऊकियो-ई : Ukioy-e (Jap.) *यूकियो-ई (जापानी शब्द)*
ऊर्ध्वाधर रेखा : Vertical Line *वर्टिकल लाइन*
ऋणात्मक छाया-पत्र : Negative *निगेटिव*
ऋतु : Season *सीजन*
ऋषि : Seer *सीर*

ए

एक कलाकार की प्रदर्शनी : One Man Show *वन मैन शो*
एक चश्म : Profile *प्रोफाइल,* Single Profile *सिंगल प्राफोइल*
एक छटा चित्र : Monotonic Piture *मोनोटोनिक पिक्चर*
एक प्रतिरूपी : Monotypic *मोनोटाइपिक*
एक मुद्र : MonoType *मोनोटाइप*
एक रंगा चित्र : Monochrome *मोनोक्रोम*
एक रंगीय : Monochrome *मोनोक्रोम*
एक रसीय चित्र : Mono Chromatic Painting *मोनो क्रोमेटिक पेंटिंग*
एक रूपता : Uniformity *यूनीफॉर्मिटी*

एक वर्णिक : Monochrome *मोनाक्रोम*
एक वर्णीय, एकरंगा : Monochromatic *मोनोक्रोमोटिक*
एक साथ : Syn *साइन* (ग्रीक शब्द)
एक सूत्रता : Co-ordination *को-आर्डीनेशन*
एकता : Solidarity *सालिडेरिटी,* Unity *यूनिटी*
एकत्व : Unity *यूनिटी*
एकमयता : Oneness *वननेस*
एकरसता : Monotony *मोनोटनी*
एकरसी : Monotone *मोनोटोन*
एकल प्रदर्शनी : One man Show *वन मैन शो*
एकल प्रारूप : Monotype *मोनोटाइप*
एकल बैठक चित्रण : Alla Prima *एला प्राइमा*
एकवचन : Singular *सिंगुलर*
एकवर्णिक : Monochrome *मोनोक्रोम*
एकवर्णी चित्रण : Monochromatic Painting *मोनोक्रोमेटिक पेंटिंग*
एकवर्णी रंगसंगति : Monochromatic Harmony *मोनोक्रोमेटिक हॉरमनी*
एकवर्णीय : Monochromatic *मोनोक्रोमेटिक*
एकाकी जीवन : Alone Life *एलोन लाइफ*
एकाश्म : Monolith *मोनोलिथ*
एकाश्मक : Monolith *मोनोलिथ*
एकीकरण काल : Integration Period *इंटीग्रेशॅन पीरियड*
एक्स किरण प्रभाव : X-Ray Effect *एक्स रे इफेक्ट*
एग टेम्पेरा : Egg Tempera *एग टेम्परा*
एथिना देवी का मन्दिर : Erechtheum *इरेक्थियम*
एनिमेशन : Animation *एनीमेशॅन*
एनैमल : Enamel *इनेमॅल*
एयर ब्रश : Air Brush *एयर ब्रश*
एलिडोरिक मोम : Eledoric Wax *एलिडोरिक वैक्स*
एश्केन दल : Ashcan School *एशकेन स्कूल*

ऐ

ऐंद्रिय : Sensuous *सेन्सुअस*
ऐक्य : Unity *यूनिटी*
ऐतिहासिक चित्र : Historical Painting *हिस्टॉरिकल पेंटिंग*
ऐम्फीथियेटर : Amphitheatre *एम्फीथियेटर*
ऐशगाह : Place of Enjoyment *प्लेस ऑफ इनज्वायमेंट*
ऐहिक कला : Temporal Art *टेम्पोरल आर्ट*

ओ

ओउम : Spiritual Sound *स्प्रिचुअल साउंड*
ओखली : Mortar *मोर्टर*
ओढ़नी : Shawl *शॉल*
ओप : Overcoat *ओवरकोट*

औ

औजार : Tool *टूल*
औदार्य : Liberal Attitude *लिबरल एटीट्युड*
औद्योगिक अभिकल्पक : Industrial Designer *इंडस्ट्रियल डिज़ाइनर*
औद्योगिक अभिकल्पन : Industrial Design *इंडस्ट्रियल डिज़ाइन*
औद्योगिक कला : Industrial Art *इंडस्ट्रियल आर्ट*
औद्योगिक कलाकार : Industrial Artist *इंडस्ट्रियल आर्टिस्ट*

क

कंगूरा : Turre *टॅरी*
कंठा : Necklet *नेकलिट*
कंदरा : Grotto *ग्रोटो*
कंदराकार : Bulbous *बुलबस*
ककड़ी : Long Cucumber *लांग कूकम्बॅर*
कच्चा खाका : Rough Layout *रफ लेआउट*
कच्चा फल : Raw Fruit *रॉ फ्रूट*
कच्चा भांड : Green Ware *ग्रीन वेयर*
कच्चा रंग : Unstable Colour *अनस्टेबॅल कलर*
कच्ची ईंट : Adobe *एडोब,* Dobe *डोब,* Mud Brick *मड, ब्रिक*
कच्छा : Underwear *अंडरवियर*
कजरी : A type of Folk Song *ए टाइप ऑफ़ फोक सांग*
कटहल : Jack Fruit *जैक फ्रूट*
कटार : Dagger *डैगर*
कटि के आभूषण : Ornaments of Lower Abdomen *ऑर्नामेंट्स ऑफ़ लोअर एब्डोमिन*
कटिहस्त मुद्रा : Akimbo *एकिम्बो*
कटुवर्ण : Harsh Colours *हार्श कलर्स*
कटोरा : Bowl *बाउल*
कटोरी : Bowl *बाउल*
कठघरा : Palisade *पैलिसेड*
कठोर रेखांकन : Hard Drawing *हार्ड ड्राइंग*
कठोर किनार चित्रण : Hard-edge Painting *हार्ड एज पेंटिंग*
कठोर रंगांकन : Hard Painting *हार्ड पेंटिंग*
कठोर रेखांकन : Hard Drawing *हार्ड ड्राइंग*
कडलिका करण : Corbelling *कॉर्बलिंग*
कड़वा : Bitter *बिटर*
कड़ा : Bracelet *ब्रेसलेट*
कड़ाह : Cauldron *कॉलड्रॅन*
कड़ाह प्रसाद : Food offered to God *फूड आफरिंग टू गॉड*
कड़ाही : Deep Saucepan *डीप सॉस पैन*
कड़ी : Beam *बीम*
कढ़ाई : Embroidery *इम्ब्रायडरी*
कतरना उपकरण : Chopping Tool *चॉपिगं टूल*
कत्थई रंग : Brown Colour *ब्राउन कलर*
कत्थई संगमरमर : Fire Marble *फायर मार्बल*
कत्था : Catechu *कैटिचू*
कथनात्मक : Communicative *कम्युनिकेटिव*
कथनात्मक चित्रण : Narrative Painting *नरेटिव पेंटिंग*
कथा चित्र : Narrative Painting *नैरेटिव पेंटिंग*
कथा चित्रण कला : Narrative Art *नैरेटिव आर्ट*
कथा चित्रावली : Comic Strips *कॉमिक स्ट्रिप्स*
कथा वाचक : Story teller *स्टोरी टेलर*
कथावस्तु : Plot *प्लाट*
कथावादी चित्र : Narrative Painting *नैरेटिव पेंटिग*
कथित बुद्धिजीवी : Alleged intellectual *एलिज्ड इंटलेक्चुअल*
कथित बुद्धिजीवी : So called Intellectual *सो कॉल्ड इंटलैक्चुअल*
कद्धू/सीताफल : Pumpkin *पम्पकिन*
कद्दूकस : Grater *ग्रेटर*
कन्दरा चित्र : Cave Painting *केव पेंटिंग*
कपोत : Dove *डोव*
कपोल कल्पना : Fantasy *फैंटेसी,* Surrealism *सररियलिज्म*
कपोल कल्पित चित्र : Fantasy *फैंटेसी*
कबंध मूर्ति : Torso *टोर्सो*
कबाड़-शिल्प : Junk Sculpture *जंक स्कल्पचर*
कबीली कला : Tribal Art *ट्राइबल आर्ट*
कब्र : Burial *ब्यूरियल,* Grave *ग्रेव*
कब्रिस्तान : Burial Ground *ब्यूरियल ग्राउंड*
कम उभरे (ठप्पे चित्र) : Embossed in Low Relief *इम्बोस्ड इन लो रिलीफ*
कम उभार की मूर्तिकला : Bas Relief *बॉस रिलीफ*
कमरख : Ster Fruit *स्टॅर फ्रूट*
कमलासन : Lotus Seat *लोटस सीट*
कमान : Bow *बो*
कमान लेखनी : Bow Pen *बो पेन*
कमेरा : Journeyman *जर्नीमैन*
कम्पनी कलम : Company School *कम्पनी स्कूल*
कम्पनी शैली : Company School *कम्पनी स्कूल*
कम्बुज : Combodia *कम्बोडिया*
करघा : Loom *लूम*
करण कारक : Instrumental Case *इंस्ट्रूमेंटल केस*
करतलध्वनि : Clapping *क्लैपिंग*
करताल : A Musical Instrument play by hand *ए म्यूज़िकल इंस्ट्रूमेंट प्ले बाई हैंड*
करधनी : Waist Band *वेस्ट बैंड*
करी पत्ती : Curry Leaves *करी लीव्ज*
करुण रस : Pathetic Emotion *पैथेटिक इमोशॅन*
करेला : Bitter Gourd *बिटर गार्ड*
प्रतिनिधि : Agent *एजेंट*
कर्कश रंग : Harsh Colours *हार्श कलर्स*
कर्ण आभूषण : Ornaments of Ear *ऑर्नामेंट्स ऑफ़ इयर*

कर्ण कटु संगीत : Harsh Music *हार्श म्यूज़िक*
कर्णाभूषण : Ear Ornament *इयर ऑरनामेंट*
कर्तन : Trim *ट्रिम*
कर्तरी स्वास्तिक : Cross Arrows *क्रॉस एरोज़*
कर्ता कारक : Nominative Case *नामिनेटिव केस*
कर्म : Object *ऑबजेक्ट*
कर्मकांडी चित्र : Ritualistic Painting *रिचुऑलिस्टिक पेंटिंग*
कलगी : Crest *क्रेस्ट*
कलछी : Ladle *लेडल*
कलम : Brush in Artist language *ब्रश इन आर्टिस्ट लैंगवेज,* School *स्कूल,* Style of Painting *स्टाइल ऑफ़ पेंटिंग,* Style *स्टाइल*
कलमकारी : A Technique of Painting *ए टेक्नीक ऑफ़ पेंटिंग*
कलश : Phenyl *फिनाइल,* Pinnacle *पिनकल,* Urn *उर्न*
कलश शवाधान : Jar Burial *जार ब्यूरियल,* Urn Burial *उर्न ब्यूरियल*
कलशिका : Ampulla *एम्प्यूला*
कला : Art *आर्ट*
कला अखाड़ा : Art Ring *आर्ट रिंग,* Place of Aurguments on Art *प्लेस ऑफ़ आर्गुमेंट ऑन आर्ट*
कला अनुराग : Love for Art *लव फॉर आर्ट*
कला आकार : Art Form *आर्ट फॅार्म*
कला आकृति : Art Form *आर्ट फॅार्म*
कला आराधक : Devotee of Art *डिवोटी ऑफ़ आर्ट,* Art Lover *आर्ट लवर*
कला आलोचक : Art Critic *आर्ट क्रिटिक*
कला आलोचना : Art Criticism *आर्ट क्रिटिसिज़्म*
कला इतिहासकार : Art Historian *आर्ट हिस्टोरियन*
कला इतिहासविद् : Art Historian *आर्ट हिस्टोरियन*
कला और अनुकृति : Art & Imitation *आर्ट एंड इमीटेशन*
कला और कलाकारों के लाभार्थ संस्था : Academy *अकादमी*
कला और सौन्दर्य : Art & Beauty *आर्ट एंड ब्यूटी*
कला कर्मी : Art Activist *आर्ट एक्टीविस्ट*
कला कार्यकक्ष : Atelier (French) *अतेलिए (फ्रेंच),* Studio *स्टूडियो*
कला के मूल सिद्धान्त : Elementary Principles of Art *एलीमेंट्री प्रिन्सपॅल्स ऑफ़ आर्ट*
कला के मूलाधार : Elements of Art *एलीमेंट्स ऑफ़ आर्ट*
कला के लिए कला : Art for the Art's Sake *आर्ट फॉर द आर्ट्स सेक*
कला केन्द्र : Artists Centre *आर्टिस्ट्स सेंटर*
कला कोश निधि : Artists Aid Fund *आर्टिस्ट्स एड् फंड*
कला गुरु : Art Master *आर्ट मास्टर,* Art Teacher *आर्ट टीचर,* Art Guide *आर्ट गाइड*
कला ग्रह : Atelier *अटेलिये (फ्रेंच)*
कला घटक : Art Group *आर्ट ग्रुप*
कला चिकित्सा : Art Theraphy *आर्ट थेरेपी*
कला चौर्य : Plagiarism *प्लेजिरिज़्म*
कला तत्त्व : Art Element *आर्ट एलीमेंट*
कला तपोनिष्ठ : Old Master *ओल्ड मास्टर*
कला दर्शन : Philosophy of Art *फिलॉसोफी ऑफ़ आर्ट,* Aesthetics *एस्थेटिक्स*
कला दीर्घा : Art Gallery *आर्ट गैलरी*
कला दृष्टि : Art Vision *आर्ट विज़न*
कला देवी : Muse *म्यूज*
कला निकेतन : House of Art *हाउस ऑफ़ आर्ट*
कला निधि : Art Fund *आर्ट फंड,* Art Treasure *आर्ट ट्रेजर*
कला पारखी : Connoisseur *कॅनाइजर*
कला पुरोधा : Art Pursuit *आर्ट परस्यूट,* Art Grand Master *आर्ट ग्रांड मास्टर,* Master Artist *मास्टर आर्टिस्ट*
कला पोषक : Connoisseur *कोनाइजर*
कला प्रेमी : Art Lover *आर्ट लवर*
कला बंधुत्व : Art Brotherhood *ब्रदरहुड*
कला भंडार : Art Collection *आर्ट कलेक्शॅन,* Art Store *आर्ट स्टोर*
कला भवन : Art Studio *आर्ट स्टूडियो*
कला भूषण : Top Artist *टॉप आर्टिस्ट*
कला मनीषी : Art Devotee *आर्ट डिवोटी,* Art Scholar *आर्ट स्कॉलर*
कला मर्म : Feeling of Art *फीलिंग ऑफ़ आर्ट*
कला मर्मज्ञ : Esthete *एस्थेट*
कला मर्मज्ञ : Person having deep Knowledge of art *पर्सन हैविंग डीप नॉलेज ऑफ़ आर्ट*
कला महारथी : Great Artist *ग्रेट आर्टिस्ट,* Master Artist *मास्टर आर्टिस्ट,* Genius Artist *जीनियस आर्टिस्ट*
कला मार्तंड : Art Master *आर्ट मास्टर*
कला मीमांसा : Art Criticism *आर्ट क्रिटिसिज़्म*
कला रत्न : Art Jewel *आर्ट ज्वेल*
कला रसिया : Art Lover *आर्ट लवर*
कला रूप : Art Form *आर्ट फॉर्म*
कला लिपि : Calligraphy *कैलीग्राफ़ी*
कला वर्ग : School *स्कूल*
कला वाचस्पति : Top Art Scholar *टॉप आर्ट स्कॉलर*
कला विद्यालय : Art School *आर्ट स्कूल*
कला विध्वंस : Vandalism *वेंडेलिज़्म*

कला विभूति : Art Personality आर्ट पर्सनाल्टी
कला विरोधी : Anti Art एंटी आर्ट
कला विरोधी कला : Anti Art एंटी आर्ट
कला विलास : Pleasure of Art प्लेजर ऑफ़ आर्ट
कला विलासी : Deep Lover of Art डीप लवर ऑफ़ आर्ट
कला वीथिका : Art Gallery आर्ट गैलरी
कला वीथी : Art Gallery आर्ट गैलरी
कला शास्त्र : Aesthetics एस्थेटिक्स
कला शिक्षालय : Art School आर्ट स्कूल, Atelier (फ्रेंच) अटेलिये
कला शिरोमणि : Top Ranked Artist टॉप रैकंड आर्टिस्ट
कला शैली : School स्कूल
कला संग्रह व्यवस्थापक : Curator क्यूरेटर
कला संत : Art Devotee आर्ट डिवोटी
कला संरक्षक : Connoisseur कोनाइजर
कला सत्र : Art Session आर्ट सेशॅन
कला सदन : Art Home आर्ट होम, Art Studio आर्ट स्टूडियो
कला सन्दर्भ : Art Reference आर्ट रिफरेन्स
कला समर्पित : Devoted to Art डिवोटेड टु आर्ट
कला समालोचना : Art Criticism आर्ट क्रिटिसिज़्म
कला समीक्षक : Art Critic आर्ट क्रिटिक
कला समीक्षा : Art Criticism आर्ट क्रिटिसिज़्म, Art Valuation आर्ट वैल्यूएशन
कला सम्पदा : Art Treasure आर्ट ट्रेजर
कला सरोकार : Attachment with Art अटैचमेंट विद आर्ट
कला साधक : Art Devotee आर्ट डिवोटी, Devotee of Art डिवोटी ऑफ़ आर्ट
कला सारथी : Art Promoter आर्ट प्रमोटर
कला सिद्ध : Art Expert आर्ट एक्सपर्ट
कला सेवी : Art Activist आर्ट एक्टिविस्ट
कला सेवी मनीषी : Art Activist आर्ट एक्टिविस्ट
कला स्तुति : Art Prayer आर्ट प्रेयर, Art Love आर्ट लव, Art Adoration आर्ट एडोरेशॅन
कलाओं का वर्गीकरण : Classification of Art क्लासीफिकेशन ऑफ़ आर्ट
कलाकक्ष : Studio स्टूडियो
कलाकर्मी : Art Activist आर्ट एक्टिविस्ट
कलाकार : Artist आर्टिस्ट
कलाकार की प्रशिक्षण कालीन कला : Academy Art एकैडमी आर्ट
कलाकार निधि : Artists Aid Fund आर्टिस्ट्स एड् फंड
कलाकार संघ : Artist Guild आर्टिस्ट गिल्ड
कलाकार सहायता संस्थान : Artists Centre आर्टिस्ट्स सेंटर
कलाकृति : Art Piece आर्ट पीस, Curio क्यूरियो
कलाकृति को अन्तिम रूप देने वाला : Finishing Artist फिनिशिंग आर्टिस्ट
कलाकृति प्रदर्शन मंच : Pedestal पेडस्टल
कलाकृति-मंच : Pedestal पेडस्टल
कलाकृतियों का निर्माता : Artist आर्टिस्ट
कलाकेन्द्र : Artist's Centre आर्टिस्ट्स सेंटर
कलागुणी : Connoisseur कोनाइजर
कलागृह : Art Gallery आर्ट गैलरी, Atelier अटेलिएर
कलाचार्य : Master Artist मास्टर आर्टिस्ट
कलात्मक निधि : Art Treasure आर्ट ट्रेजर
कलात्मक लिपि : Calligraphy कैलीग्राफ़ी
कलात्मक लिपि लेखन : Calligraphy केलीग्राफ़ी
कलादीर्घा : Art Gallery आर्ट गैलरी
कलानायक : Hero of Art हीरो ऑफ़ आर्ट
कलानुभूति : Pleasure of Art प्लेजर ऑफ़ आर्ट, Aes thetic Pleasure एंस्थेटिक प्लेजर
कलानुरागी : Art Lover आर्ट लवर
कलानुशासन : Art Decipline आर्ट डिसिप्लिन
कलापंडित : Art Scholor आर्ट स्कॉलर
कलाभक्त : Art Devotee आर्ट डिवोटी
कलारसिया : Art Lover आर्ट लवर
कलारूप : Art Form आर्ट फॉर्म
कलावन्त : Artist आर्टिस्ट
कलावर्ग : School स्कूल
कलावादी आन्दोलन : Aesthetic Movement एस्थेटिक मूवमेंट, Artistic Movement आर्टिस्टिक मूवमेंट
कलाविद् : Artist आर्टिस्ट
कलाव्रती : Devotee of Art डिवोटी ऑफ़ आर्ट
कलासागर : Art World आर्ट वर्ड, Ocean Pleasure ओसियन ऑफ़ आर्ट
कलीला दमना : Panchtantra पंचतंत्र का फ़ारसी अनुवाद
कलेजा : Heart हार्ट
कलौजी : Nigella निगेला सीड्स
कल्प वृक्ष : The tree which fulfills all wishes द ट्री व्हिच फुलफिल्स ऑल विशिज
कल्पना : Imagination इमेजनेशॅन, Image इमेज
कल्पना चित्र : Thoughtful Image थॉटफुल इमेज, Impression from Memory इम्प्रेशॅन फ्राम मेमोरी
कल्पनाप्रधान कला : Romantic Art रोमेंटिक आर्ट
कल्पित आलेख : Design डिज़ाइन
कवच : Armour आर्मर, Shell शेल
कवि : Poet पोएट

कवि गोष्ठी : Meeting for poetry recitation *मीटिंग फॉर पोइट्री रिसाइटेशॅन*
कवि गोष्ठी : Meeting of Poets *मीटिंग ऑफ़ पोइट्स*
कविता : Poem *पोइम*, Poetry *पोइट्री*, Verse *वर्स*
कव्वाली : A Divotional Song *ए डिवोशनल सांग*
कसाई : Butcher *बूचर*
कसूत्रता : Co-ordination *को-ऑर्डीनेशन*
कस्तुनतूनिया : Constantinople *कॉन्सटेंटनोपल*
कहानी : Story *स्टोरी*, Tale *टेल*
कहानी संग्रह : Collection of Stories *कलेक्शॅन ऑफ़ स्टोरीज*
कहानीकार : Story Writer *स्टोरी राइटर*
कहार : Utensils Cleaner *यूटेन्सिल्स क्लीनर*
काँच अभिरंजन : Stained Glass *स्टेंड ग्लास*
काँच चित्र : Glass Painting *ग्लास पेंटिंग*
काँच चित्रकार : Glass Painter *ग्लास पेंटर*
काँच चित्रण : Glass Painting *ग्लास पेंटिंग*
काँच चढ़ाना : Glazing *ग्लेज़िंग*
काँच छापचित्र : Glass Print *ग्लास प्रिंट*
काँटा : Fork *फोर्क*
कांस्य : Bronze *ब्रॉन्ज़*
कांस्य मूर्ति : Bronze Figure *ब्रोन्ज़ फिगर*
कांस्य मूर्तियाँ : Bronzes *ब्रोन्ज़स*
कांस्य संस्कृति : Bronze Culture *ब्रोन्ज़ कल्चर*
कांस्य कृति : Bronze Figure *ब्रोन्ज़ फिगर*
कांस्य-ढलाई : Bronze Casting *ब्रोन्ज़ कॉस्टिंग*
कागज का बंडल 500/480 शीट : Ream *रीम*
काच लेप : Vitreous Slip *विट्रियस स्लिप*
काचन : Glaze *ग्लेज़*, Glazing *ग्लेज़िंग*
काचितीकरण : Glazing *ग्लेज़िंग*
काजल : Carbon Black *कार्बन ब्लैक*
काजू : Cashew *कैशू*
काट : Section *सेक्शॅन*
काट-आरेखन : Section Drawing *सेक्शॅन ड्राइंग*
काट-कूट चित्र : Eraser *इरेज़र*
काट-चित्रांकन : Section Drawing *सेक्शॅन ड्राइंग*
काठ उकेरना : Wood Engraving *वुड इंग्रेविंग*
काठ कोयला : Charcoal *चारकोल*
कानो स्कूल : Kano School *कानो स्कूल*
कान्ति : Tone *टोन*
काप्टिक कला : Coptic Art *कॉप्टिक आर्ट*
काबिल-ए-गौर : For Your Knowledge *फॉर योर नॉलेज*
काम-काया : Body *बॉडी*
कामदेव : Cupid *क्यूपिड*
कामना : Desire *डिजायर*
कामयुग्म : Couple in Sexual Position *कपल इन सेक्सुअल पोजीशॅन*
कामविषयक कला : Erotic Art *इरोटिक आर्ट*
कामुक कला : Erotic Art *इरोटिक आर्ट*
कायनात : Universe *यूनीवर्स*
काया : Human Body *ह्यूमन बॉडी*
कायांतरण : Metamorphosis *मेटामॉरफोसिस*
कारक : Case *केस*
कारगर : Effective *इफेक्टिव*
कारा-ए : Kara-E *कारा-ए*
कारीगर, कारु : Artisan *आर्टिज़न*, Journeyman *जर्नीमैन*, Craftsman *क्राफ़्ट्समैन*
कारीगरी : Craft *क्राफ़्ट* , Craftsman *क्राफ़्ट्समैन*
कार्टिज ड्राइंग पेपर : Cartridge Drawing Paper *कार्टिज ड्राइंग पेपर*
कार्तिक : October-November Month *अक्तूबर-नवम्बर मंथ*
कार्बन तिथि-निर्धारण : Carbon Dating *कार्बन डेटिंग*
कार्य प्रणाली : Technique *टेकनीक*
कार्य विवरण : Memoirs *मेमोयर्स*
कार्य शिविर : Work Shop *वर्क शॉप*
कार्यकक्ष (कलाकार का) : Studio *स्टूडियो*
कार्यकक्ष : Studio *स्टूडियो*
कार्यसाधक : Functional *फंकशॅनल*
कार्यस्थल : Studio Working Place *स्टूडियो वर्किंग प्लेस*
कार्यात्मक : Functional *फंक्शॅनल*
कार्यात्मकतावाद : Functionalism *फंक्शॅनलिज़्म*
काल खंड : Era/Period *इरा/पीरियड*
कालजयी : Immortal *इम्मॉर्टल*
कालजयी साहित्य : Classical Literature *क्लासिकल लिटरेचर*
काल-दोष : Anachronism *अनैक्रोनिज़्म*
काल-प्रतिनिर्धारण : Cross Dating *क्रॉस डेटिंग*
कालव्यापी घनवाद : Epic Cubism *ऐपिक क्यूबिज़्म*
काला दर्पण : Claude Glass *क्लाउड ग्लास*
काला नमक : Black Salt *ब्लैक साल्ट*
काला रंग : Black Colour *ब्लैक कलर*
कालांतर : Due Time *ड्यू टाइम*
कालानुक्रम : Chronological Sequence *क्रोनोलॉजिकल सीक्वेंस*, Chronology *क्रोनोलॉजी*
काली आकृतियुक्त मृद्‌भांड : Black Figure Ware *ब्लैक फिगर वेयर*
काली मिर्च : Black Peeper *ब्लैक पीपर*

काली रेखा : Dark Line *डार्क लाइन*

काले और लाल मृद्‌भांड : Black and Red Figure Ware *ब्लैक एंड रेड फिगर वेयर*

काल्पनिक रूप, काल्पनिक आकार : Imaginary Form *इमेजनरी फॉर्म*

काव्य शास्त्र : Poetics *पोएटिक्स*

काष्ठ कला : Wood Carving *वुड कार्विंग*

काष्ठ (पर चित्रण) भूमि/सतह/धरातल : Wood Ground *वुड ग्राउंड*

काष्ठ उत्कीर्णन उत्कीर्णन : Wood Engraving *वुड इंग्रेविंग*

काष्ठ कटाव : Wood Carving *वुड कार्विंग*

काष्ठ कर्तन : Wood Cut *वुड कट*

काष्ठ चित्र : Wood Cut *वुड कट,* Xylograph *ज़ाइलॅग्राफ़*

काष्ठ चित्रकार : Wood Carver *वुड कार्वर*

काष्ठ चित्रण : Wood Cut *वुड कट*

काष्ठ छापा चित्र : Wood Cut *वुड कट*

काष्ठ तक्षक : Wood Carver *वुड कार्वर*

काष्ठ तक्षण : Wood Carving *वुड कार्विंग*

काष्ठ पर्ती-पट : Ply Board *प्लाई बोर्ड*

काष्ठ ब्लाक : Wood Cut *वुड कट*

काष्ठ शिल्प : Wood Carving *वुड कार्विंग,* Wood Craft *वुड क्राफ्ट*

काष्ठ-अश्म मूर्ति : Acrolith *एक्रोलिथ*

काष्ठकर्म : Tabulatum *टेबुलेटम*

काष्ठखुदाई : Wood Carving *वुड कार्विंग*

काष्ठपर्ती-पट : Ply Board *प्लाई बोर्ड*

काष्ठोत्पल : Acrolith *एक्रोलिथ*

काही रंग : Dark Green Colour *डार्क ग्रीन कलर*

किनारा : Edge, Rim *एज, रिम*

किन्नर : Centaur *सेंटोर,* Dancer from Havan *डांसर फ्रॉम हेवेन*

किरणवाद : Rayonism *रेइज़्म*

किरदार : Role *रोल*

किरमिच : Canvas *कैनवास*

किला : Burh *बर*

किलेबंदी : Circumvallation *सरकम वालेशन*

किशनगढ़ शैली : Kishangarh School *किशनगढ़ स्कूल*

किशमिश : Raisin *राइसिन*

किशोरवय : Teenage *टीन एज*

किस्सा : Fable *फेबॅल,* Anecdote *ऐनिकडॉट*

किस्सा चित्रण : Anecdotal Art *एनेकडोटल आर्ट*

की ब्लाक : Key Block *की ब्लाक*

की स्केच : Key Sketch *की स्केच*

कुंजी चित्र : Key sketch *की स्केच*

कुंजी छिद्र दृश्य : Key-Hole-Vision *की होल विज़न*

कुंठा : Frustration *फ्रस्ट्रेशन*

कुंडल : Scroll *स्क्रोल*

कुंडलित चित्र : Scroll Painting *स्क्रॉल पेंटिंग*

कुंडली : Scroll *स्क्रॉल*

कुंदरू : Ivy Gourd *इवी गार्ड*

कुंभकार चक्र : Potter's Wheel *पौटर्स व्हील*

कुआर या आश्विन : September-October Month *सितम्बर-अक्टूबर मंथ*

कुजड़ा : Vegetable Seller *वेजीटेबल सेलर*

कुट्टिम चित्र : Mosaic Painting *मोजैक पेंटिंग*

कुट्टी : Papier mache *पेपर मैशी*

कुठार : Axe *एक्स*

कुंडल चित्र : Scroll Painting *स्क्रॉल पेंटिंग*

कुंडल चित्रण : Scroll Painting *स्क्रॉल पेंटिंग*

कुदरत : Nature *नेचर*

कुदाली : Hoe *हो*

कुप्पी : Lecythus *लेसिथस या लेकिथोस*

कुबेर : God of Wealth (Treasure) *गॉड ऑफ़ वेल्थ (ट्रेजर)*

कुमारी मारिया : Madonna *मेडोना*

कुम्हार : Potter *पॉटर*

कुरता : Collarless Long Shirt *कालरलेस लॉन्ग शर्ट*

कुरूपता : Ugliness *अगलीनेस*

कुर्मा : Turtle *टरटॅल*

कुली : Porter *पोर्टर*

कुल्हड़ : Clay Cup *क्ले कप*

कुल्हाड़ी : Celt *केल्ट*

कूँची : Brush *ब्रश,* Dabber *डेबर,* Brush in local language *ब्रश इन लोकल लैंगवेज*

कूट भाषा : Secret Language *सीक्रेट लैंग्वेज*

कूड़ा-करकट : Rubbish *रबिश*

कृत्रिम तैल जलरंग : Acrylic Colour or Paint *एक्रायलिक कलर/पेंट*

कृषक कला : Peasant Art *पीज़ेंट आर्ट*

कृष्णाकृति शैली : Black figure *ब्लैक फिगर स्टाइल*

केन्द्रीय बिन्दु : Focal Point *फोकल प्वाइंट*

केला : Banana *बनाना*

केसर : Saffron *सेफ्रॉन*

केसरिया रंग : Saffron Colour *सेफ्रॉन कलर*

कैनवास प्लायर : Canvas Plier *कैनवास प्लायर*

कैनवास बोर्ड : Canvas Board *कैनवास बोर्ड,* Academy Board *ऐकेडमी बोर्ड*
कैंट (ड्राइंग पेपर) : Cant (Drawing Paper) *कैंट ड्राइंग पेपर*
कोट घूँघट : Barbican *बारबीकेन*
कोटा कलम : Kota School *कोटा स्कूल*
कोटा शैली : Kota School *कोटा स्कूल*
कोण महराब : Squinch *स्क्विंच*
कोण स्तम्भ : Nook Shaft *नूक शाफ्ट*
कोणक्रमी रेखाएँ : Angleworm Lines *एगलवॉर्म लाइंस*
कोणीय परिप्रेक्ष्य आरेखण : Nook Shaft Drawing *नूक शाफ्ट ड्राइंग*
कोणीय परिप्रेक्ष्य आरेखण : Nook Shaft *नूक शाफ्ट*
कोणीय परिप्रेक्ष्य रेखांकन : Angular Perspective Drawing *एंगुलर पर्सपेक्टिव ड्राइंग*
कोने काटना : Chamfer *चैम्फर*
कोमल प्रभाव : Delicate Effects *डेलीकेट एफेक्ट्स*
कोमल रंग : Tint *टिंट*
कोशकार : Lexicographer *लैक्सिकोग्राफ़र*
कौंटी : Conte *कौंटी*
कौतुक वस्तु : Curio *क्यूरियो*
कौतुकागार : Museum *म्यूज़ियम*
कौमार्य : Virgin *वर्जिन*
कौशल : Art *आर्ट,* Skill *स्किल*
कौशल्य : Expertese *एक्सपरटीज*
क्रमबद्ध चित्रण : Systematic Painting *सिस्टेमेटिक पेंटिंग,* Systemism *सिस्टेमिज़्म*
क्रमबद्ध छटा उत्कीर्णन : Mezzotint *मिज़ोटिंट*
क्रमबद्ध दृष्टि : Consecutive Vision *कॉन्सीक्यूटिवविज़न*
क्रमबद्ध रंग : Graduated Colour *ग्रेजुएटेड कलर*
क्रमबद्ध रंगांकन : Graduated colouring *ग्रेजुएटेड कलरिंग*
क्रमबद्धता : Gradation *ग्रेडेशन*
क्रमबद्धवाद : Systematic Painting *सिस्टेमेटिक पेंटिंग*
क्रमागत वर्ण : Graduated Colour *ग्रेडुएटेड कलर*
क्रमिक वर्णांन्तरण : Graduated Colour *ग्रेडुएटेड कलर*
क्रान्ति : Revolution *रेवोल्यूशॅन*
क्रान्तिवादी नव कलाकार : Avant Garde *अवाँगार्द (फ्रेंच)*
क्रिया : Verb *वर्ब*
क्रिया चित्र : Action Painting *एक्शन पेंटिंग*
क्रिया तंत्र : Technique *टेक्नीक*
क्रिया विशेषण : Adverb *एडवर्ब*
क्रियात्मक चित्रकार : Action Painter *एक्शन पेंटर*
क्रियात्मक चित्रण : Action Painting *एक्शन पेंटिंग*
क्रियान्वयन : Execution *एक्सीक्यूशन*
क्रियाविधि : Technique *टेकनीक*
क्रूरता : Ferocity *फिरोसिटी*
क्रूसारोहण : Crucifixion *क्रूसीफिक्शन*
क्रोध (भाव) : Anger *एनर्जी*
कल्पनाप्रधान कला : Romantic art *रोमेंटिक आर्ट*
क्लासिक काल : Classical Period *क्लासिकॅल पीरियड*
क्लासिकी कला : Classical Art *क्लासिकॅल आर्ट*
क्लासिकी पुरातत्व : Classical Archaeology *क्लासिकॅल आर्कियोलाजी*
क्लासिकी युग : Classical Age *क्लासिकॅल एज*
क्षणभंगुर : Momentary *मोमेंट्री*
क्षत्री : Kiosk *किओस्क*
क्षितिज रेखा : Horizontal line *हॉरीज़ॅटल लाइन*
क्षुद्रता : Narrow Minded, *नॅरो माइंडेड* Narrow Approach *नॅरा एप्रोच*
क्षेत्र : Area *एरिया*
क्षेत्र विस्तार : Area Expansion *एरिया एक्सपेनशन*
क्षेत्र-उत्खनक : Field Excavator *फील्ड एक्सकेवेटॅर*
क्षेत्रफल (विस्तार) : Area *एरिया*
क्षेत्रात्मक कला : Regional Art *रीजनल आर्ट,* Art of the Masses *आर्ट ऑफ़ द मासेस*
क्षेत्रीय पुरातत्व : Field Archaeology *फील्ड आर्कियोलाजी*
क्षेपांकन-आकृति : Stencil Drawing *स्टैन्सिल ड्राइंग,* Stencil *स्टैन्सिल*
क्षैतिज : Horizontal *हॉरीजेंटल,* Trabeate *ट्रिबिएट*

ख

खगोल शास्त्र : Astronomy *एस्ट्रोनॉमी*
खजूर : Dates *डेट्स*
खट्टा : Sour *सोर*
खड़िया : Chalk *चाक*
खड़ियामय : Chalky *चाकी*
खड़ी रेखा : Vertical line *वर्टिकल लाइन*
खड्ग : Scimitar *सिमएटर,* Sword *सॉर्ड*
खंड : Wing *विंग*

खंड चित्र : Comic Strips *कॉमिक स्ट्रिप्स*
खंडित वर्ण : Broken Colour *ब्रोकन कलर*
खदान : Quarry *क्वेरी*
खनिज चित्रण : Stereochromy *स्टीरियोक्रोमी*
खनिज तेल : Mineral Oil *मिनरल आयल*
खनिज रंग : Earth Colour *अर्थ कलर*
खनिज वर्ण : Mineral Colours *मिनरल कलर्स*
खम्भा : Column *कालम,* Pillar *पिलर*
खरबूजा : Melon *मेलन*
खरल : Herb Grinder *हर्ब ग्राइंडर,* Mortar *मोर्टार*
खराब मिट्टी : Dead Clay *डेड क्ले*
खर्रा चित्र : Scroll Painting *स्क्रॉल पेंटिंग*
खर्रा चित्रण : Scroll Painting *स्क्रॉल पेंटिंग*
खलनायक : Villain *विलेन*
खलनायिका : Female Villain *फीमेल विलेन*
खलीफा : Old All-rounder person *ओल्ड आल राउंडर पर्सन*
खलीफा कालाकार : All Rounder Artist *आल राउंडर आर्टिस्ट,* Seasoned Artist *सीजंड आर्टिस्ट*
खस-खस : Poppy Seeds *पॉपी सीड्स*
खाई : Ditch *डिच,* Moat *मोट*
खाका : Lay Out *ले आउट,* Out Line *आउट लाइन*
खाकी रंग : Colour of dust *कलर ऑफ़ डस्ट*
खाटी कलाकार : Seasoned Artist *सीजंड आर्टिस्ट*
खाता : Account *अकाउंट*
खाना-पीना : Close Friendship *क्लोज फ्रेंडशिप*
खाने का कमरा : Dining Room *डाइनिंग रूम*
खिलाड़ी : Athelet *एथलीट*
खिलाफ : Against *अगेन्स्ट*
खीरा : Cucumber *कूकम्बॅर*
खुंभी : Mushroom *मशरूम*
खुदाई : Dig *डिग,* Excavation *एक्सकेवेशॅन*
खुरचनी : Scraper *स्क्रैपर,* Strigil *स्ट्रिंगल*
खुर्राट कलाकार : Master Artist *मास्टर आर्टिस्ट,* Veteran Artist *विट्रेन आर्टिस्ट*
खुलाई : To Finish *टू फिनिश*
खुला बाज़ार : Open Market *ओपेन मार्केट,* Assesable Market *एसेसबॅल मार्केट*
खुली छत : Terrace *टेरेस*
खुशनवीसी : Calligraphy *केलीग्राफ़ी*
खुश्क तूलिका : Dry Brush *ड्राई ब्रश*
खुश्क तूलिका प्रभाव : Dry Brush Effect *ड्राईब्रश एफेक्ट*
खुशबू : Fragrance *फ्रेगरेंस*
खूँखार : Brutal *ब्रूटॅल*
खेमा : Camp *कैम्प,* Group *ग्रुप*

ग

गंगा : Personification of a Holy River of India *परसॉनीफिकेशॅन ऑफ़ ए होली रिवर ऑफ़ इंडिया*
गंठीला : Bulbous *बुलबॅस*
गंडासा : Chopper *चॉपर*
गगनयान : Aeroplane *एरोप्लेन*
गगनाभ परिप्रेक्ष्य : Atmospheric Perspective *एटमॉस्फियरिक पर्सपेक्टिव*
गगनाभ वर्ण : Atmospheric Colour *एटमॉस्फियरिक कलर*
ग़ज़ल : Urdu Poetic Song *उर्दू पोएटिक सांग,* A type of Urdu Poetry *ए टाइप ऑफ़ उर्दू पोएट्री*
गठन : Structure *स्ट्रक्चर*
गठन, बनावट : Structure *स्ट्रक्चर*
गढ़ी : Castle *केसल*
गणवादी : Democratic *डेमोक्रेटिक*
गणवादी कला : Mass Art *मास आर्ट,* Public Art *पब्लिक आर्ट*
गणेश : Lord of Beginning of every venture for success *लॉर्ड ऑफ़ बिगनिंग ऑफ़ वेंचर फॉर सक्सेस*
गति : Velocity *वेलोसिटी,* Movement *मूवमेंट*
गति मूलक : Kinetic *काइनेटिक*
गतिक : Kinetic *काइनेटिक*
गतिकता : Dynamism *डायनमिज़्म*
गतिज कला : Kinetic Art *काइनेटिक आर्ट*
गतिभ्रम : Illusion of Motion *एल्यूजन ऑफ़ मोशन*
गतिमत्ता : Movement *मूवमेंट*
गतिमूलक : Kinetic *काइनेटिक*
गतिमूलक कला : Kinetic Art *काइनेटिक आर्ट*
गत्यात्मक : Kinetic *काइनेटिक*
गत्यात्मक रेखाएँ : Lyrical Lines *लिरिकल लाइंस*
गत्यात्मक रेखाएँ : Moving Lines *मूविंग लाइंस*
गत्यात्मक शिल्प/कला : Kinetic Art *काइनेटिक आर्ट*
गदा : Mace *मेस*
गद्दी : The seat of throne *द सीट ऑफ थ्रोन*
गद्य : Prose *प्रोज*
गन्ना : Sugarcane *शुगरकेन*
गप-शप : Chat *चैट*

गफलत : Misunderstanding *मिसअंडरसटैंडिग,* Confusion *कन्फ्यूजन*

गमला : Bulb-Bowl *बल्ब बाउल*

गम्भीर चिन्तक : Serious Thinker *सीरियस थिंकर*

गरम मसाला : Spice Mixture *स्पाइस मिक्सचर*

गरम रंग : Hot Colour *हॉट कलर,* Warm Colour *वार्म कलर*

गरिमामयी संस्कृति : Dignified Culture *डिग्नीफाइड कल्चर*

गरुड़ : Eagle *ईगल*

गर्जराकार : Tapering *टेपरिंग*

गर्भगृह : Adytum *ऐडिटॅम,* The Sanctum *सेन्कटम*

गर्म रंग संगति : Hot Tone *हॉट टोन*

गर्म/पका तेल : Stand Oil *स्टेंड आयल*

गलियारा : Aisle *आइल,* Corridor *कॉरीडोर*

गहन संस्कार : Rich Manners *रिच मैनर्स*

गहरा उद्‌भृत : Deep Relief *डीप रिलीफ*

गहरा रंग : Dark Colour *डार्क कलर,* Saturated Colour *सेचुरेटेड कलर*

गहरा वर्ण : Dark Colour *डार्क कलर*

गहराई : Depth *डेप्थ*

गहरी रंगत : Shade *शेड*

गहरी रेखा : Dark Line *डार्क लाइन*

गंवार शैली : Absurd Style *एब्सर्ड स्टाइल*

गांधर्व : Semi Divine Being *सेमी डिवाइन बीइंग*

गांधार कला : Greco-Buddhist Art *ग्रीको बुद्धिस्ट आर्ट*

गाजर : Carrot *केरॅट*

गाठंदार : Bulbous *बुलबॅस*

गाढ़ा (रंग) : Dark Colour *डार्क कलर*

गाढ़ा रंग : Body Color *बॉडी कलर,* Opaque Colour *ओपेक कलर,* Dark Color *डार्क कलर*

गायक : Singer *सिंगर*

गायक समूह : Coras *कोरस,* Singer's Group *सिंगर्स ग्रुप*

गायकवाड़ : Title of Baroda Rulers *टाइटिल ऑफ़ बड़ौदा रूलर्स*

गारा : Mortar *मोर्टर,* Stucco *स्टको*

गिरजाघर : Chruch *चर्च*

गिरजाघर का पुजारी : Father *फादर,* Priest *प्रीस्ट*

गिरि दुर्ग : Hillfort *हिलफोर्ट*

गिरे स्तर की कला : Dissident Art *डिसीडेंट आर्ट,* Disident Art Form *डिजीडेंट आर्ट फॉर्म*

गिरोह : Cocus *काकस,* Mafia *माफिया,* Gang *गैंग*

गिलहरी के बाल : Squirrel Hair *स्किवरल हेयर*

गिलहरी के बालों से बना ब्रश : Squirrel Hair Brush *स्किवरॅल हेयर ब्रश*

गीत : Song *सॉन्ग*

गीत विद्या : Art of Singing *आर्ट ऑफ़ सिंगिंग*

गीले रंग या तकनीक : Wet Method *वेट मेथड*

गीले रंग या पदार्थ से (चित्रकारी) : Wet Method *वेट मेथड*

गुंजाइश : Possibility *पॉसिबिलिटी*

गुच्छा : Rosette *रोसेट*

गुठलीदार : With Stone *विद स्टोन*

गुड़ : Jaggery *जैगरी*

गुणज्ञ : Connoisseur *कॅनाइजर*

गुणात्मक : Multiple *मल्टीपल*

गुदना : Tattoo *टैटो*

गुनिया : Goniometer *गोनियोमीटर*

गुप्त गर्भगृह : Secret Adytum *सीक्रेट ऐडिटॅम*

गुफा : Cave *केव*

गुफा चित्र : Cave Art *केव आर्ट,* Cave Painting *केव पेंटिंग*

गुफा मन्दिर : Cave Temple *केव टेम्पल,* Rock-cut Temple *रॉक कट टेम्पल*

गुम्फाक्षर : Monogram *मोनोग्राम*

गुम्बद : Dome *डोम*

गुम्बाधार : Drum *ड्रम*

गुरुत्तर दायित्व : Serious Responsibility *सीरियस रिस्पांसिबिलटी*

गुरु : Perfect Teacher *परफेक्ट टीचर*

गुलाबी : Pink Colour *पिंक कलर*

गुलाबी काल : Rose Period *रोज पीरियड*

गुलाबी रंग : Pink Colour *पिंक कलर*

गुलाबी वर्ण : Flesh Colour *फ्लेश कलर*

गुलूबंद : Close Fitting Muffler *क्लोज फिटिंग मफलर,* Necklet *नेकलिट,* Necklace *नेकलेस*

गुहा : Cave *केव,* Grotto *ग्रोटो*

गुहा आवास : Cave Dwelling *केव डवेलिंग*

गुहा कला : Cave Art *केव आर्ट*

गुहा चित्र : Cave Painting *केव पेंटिंग*

गुहा चित्रण : Cave Art *केव आर्ट,* Cave Painting *केवपेटिंग*

गुहा-मानव : Cave-Men *केव मेन*

गुहार : Humble Request *हम्बल रिक्वेस्ट,* Appeal *अपील,* Humble Call *हम्बल कॉल*

गुहा-विद्या : Speleology *स्पेलियोलॉजी*

गुहाश्रय : Cave *केव*

गेरू : Ochre *ऑकर,* Red Ochre *रेड ऑकर*

गेरूआ रंग : Saffron Colour *सेफ्रॉन कलर*

गेहूँ : Wheat *व्हीट*

गैंता : Mattock *मेटॉक*
गैंती : Pick *पिक*
गैरकानूनी : Unconstitutional *अन कॅन्स्टीट्यूशॅनल*
गॉश : Gouache *गॉश*
गोचर कला : Visual Art *विज़ुअल आर्ट*
गोदना : Tattooing *टाटोइंग*
गोप : Playmates of Lord Krishna *प्ले मेट्स ऑफ़ लार्ड कृष्ण*
गोपनीय : Esoteric *एसोटेरिक*
गोपनीय क्रिया कलाप : Sexual Activity *सेक्सुअल एक्टिविटी*
गोपी : Female Playmates of Lord Krishna *फीमेल प्ले मेट्स ऑफ़ लार्ड कृष्ण*
गोबर : Cow Dung *काऊ डंग*
गोभी फूल : Cauliflower *कौली फ्लावर*
गोमेद : Agate *ऐगॅट*
गोरा रंग : Complexion *कॉम्प्लेक्शन,* Fair Complexion *फेयर कॉम्प्लेक्शन*
गोरे : English People *इंग्लिश पीपल*
गोल चित्र : Tondo *टोंडो*
गोल तूलिका : Round Brush *राउंड ब्रश*
गोल समाधि : Tholos Tomb *थोलस टॉम्ब*
गोलाकार : Bulbous *बल्बुअस,* Rondo *रोंडो*
गोलाकार फलक या चित्र : Medallion *मिडेलियन*
गोली : Pellet *पेलिट*
गोष्ठी : Meeting Party *मीटिंग पार्टी*
गौड़ रंग/वर्ण : Secondary Colour *सेकेंड्री कलर*
गौण चित्र : Secondary Painting *सेकेंड्री पेंटिंग*
गौर वर्ण : Flesh Colour *फ्लेश कलर*
गौरव : Honour *ऑनर*
गौरव प्रालिन्द : Balcony *बालकनी*
गौश : Gouache *गौश*
ग्रंथकार : Author *ऑथर*
ग्रंथालय : Library *लाइब्रेरी*
ग्रह शिल्पी : Architect *आर्किटेक्ट*
ग्रामीण कला : Peasant Art *पीजेंट आर्ट*
ग्रामीण चित्रण : Genre Painting *जेनर पेंटिंग*
ग्रामीण चित्रण शैली : Genre Painting Style *जेनर पेंटिंग स्टाइल*
ग्राम्य चित्र परम्परा : Genre Tradition *जेनर ट्रेडीशन*
ग्राम्य चित्रांकन : Genre Painting Tradition *जेनर पेंटिंग ट्रेडीशन*
ग्राम्य चित्रांकन : Genre Painting *जेनर पेंटिंग*
ग्राम्य जीवन : Pastoral Life *पेस्टोरल लाइफ,* Village Life *विलेज लाइफ*
ग्राम्य दृश्य : Pastoral View *पेस्टोरल व्यू,* Pastoral Scene *पेस्टोरल सीन,* Village Landscape *विलेज लैंडस्केप*
ग्राम्य दृश्य : Pastoral *पेस्टोरल*
ग्राहयता : Acceptability *एक्सेप्टेबिलिटी*
ग्रीक कला : Greek Art *ग्रीक आर्ट*
ग्रीवा : Drum *ड्रम*
ग्रीष्म उपवर्ण : Hot Tone *हाट टोन*
ग्रीष्म ऋतु : Summer Season *समर सीजन*
ग्रीष्म धर्मी वर्ण : Warm Colours *वार्म कलर्स*
ग्रीष्म रंग : Warm Colour *वार्म कलर*
ग्रीष्म रंग संगति : Warm Tone *वार्म टोन*
ग्रीष्म वर्ण : Hot Colour *हॉट कलर*
ग्रीष्मधर्मी रंग : Warm Colour *वार्म कलर*
ग्रीस : Unan *यूनान*
ग्वार की फली : Cluster Beans *क्लस्टर बींस*

घ

घटक : Unit *यूनिट*
घन : Cube *क्यूब*
घन चित्रण शैली : Cubism *क्यूबिज़्म*
घन वाद्य : Autophonic Instruments *आटोफोनिक इंस्ट्रूमेंट्स*
घनत्वांकन : Chioroscuro *क्यूरसक्योरो*
घनवाद : Cubism *क्यूबिज़्म*
घनवाद्य : Percussion Instruments *परकशॅन इंस्ट्रूमेंटस*
घनाकार : Cube *क्यूब*
घराना : School of Particular Music *स्कूल ऑफ़ पर्टीकुलर इंडियन म्यूज़िक*
घर्षण चित्र : Frottage *फ्रोटाज*
घर्षण चित्रकर्म : Frottage *फ्रोटाज*
घर्षित काँच : Ground Glass *ग्राउड ग्लास*
घाघ : Crook *क्रुक*
घुइयाँ : Colocasia *कोलोकेसिया*
घुटाई : Polish *पालिश*
घुमावदार अलंकरण : Meander Design *मेंडर डिज़ाइन*
घूरा : Garbage Dump *गार्बेज डम्प*
घेरा : Palisade *पैलिसेड*
घेराबन्दी : Out Line *आउटलाइन*
घोर अनुष्ठानिक चित्र : Highly Ritualistic Painting *हाइली रिचुऑलिस्टिक पेंटिंग*

च

चंचल शिल्प : Mobiles *मोबाइल्स*
चंदोवा : Ciborium *सिबॉरियम*
चकला बेलन : Board & Rolling Pin *बोर्ड एंड रोलिंग पिन*
चकोतरा : Pomelo *पॉमिलो*
चक्र : Disc *डिस्क,* Discus *डिस्कस,* Wheel *व्हील*
चक्रिका : Disc, Disk *डिस्क*
चटक-मटक रंग : Bright Colours *ब्राइट कलर्स*
चतुर : Adroit *एड्रोइट,* Smart *स्मार्ट*
चतुराई : Shrewdness *शूरडनेस*
चतुर्थामिति : Fourth Dimension *फोर्थ डाईमेंशन*
चतुर्मितीय : Four Dimensional *फोर डाइमेंशनल*
चतुष्कोणीय उत्खनन : Quadrant Excavation *क्वेड्रंट एक्सकेवेशॅन*
चना : Gram *ग्राम*
चन्द्रकला : Dark Moon *डार्क मून*
चपटा ब्रश : Flat Brush *फ्लैट ब्रश*
चमक : Glaze *ग्लेज़*
चमकदार रंग : Bright Colours *ब्राइट कलर्स*
चमकदार लाल भांड : Lustrous Red Ware *लस्ट्रलस रेड वेयर*
चमकदार लेप : Vitreous Slip *विट्रियस स्लिप*
चमकाना, चमक चढ़ाना : Glazing *ग्लेज़िंग*
चमकीला रंग : Glistering Colour *ग्लिटरिंग कलर*
चमड़े पर सोने का काम : Glail *ग्लेअल*
चम्मच : Spoon *स्पून*
चरण : Phase *फेज,* Stage *स्टेज*
चरम उत्कर्ष काल : Golden Age *गोल्डन ऐज,* Golden Period *गोल्डन पीरियड*
चरम पुनरुत्थान काल : High Renaissance *हाई रेनेसाँ*
चरमावस्था : Golden Age *गोल्डन एज,* Climax *क्लाइमेक्स*
चरमोत्कर्ष : Climax *क्लाईमेक्स*
चर्मपत्र : Parchment *पार्चमेंट,* Vellum *वेलम*
चर्मावस्था : Climax *क्लाईमेक्स*
चर्मोपरि स्वर्णकर्म : Extreme Gold action *एक्स्ट्रीम गोल्डन एक्शन*
चलचित्र : movie *मूवी*
चल-व्यंग्य चित्रपट : Animated Cartoon *एनीमेटेड कार्टून*
चहार दीवार : Enclosing Wall *इंकलोजिंग वाल*
चाक : Potter's Wheel *पॉटर्स व्हील,* Tournette Chopper *टॉरनेट चॉपर*
चाक्षुष कला : Visual Art *विज़ुअल आर्ट*
चाक्षुषीय कला : Visual Art *विज़ुअल आर्ट,* Optical Art *ऑप्टिकल आर्ट*
चाक्षुषीय शिल्प : Visual Craft *विज़ुअल क्राफ्ट*
चाक्षुषीय सौन्दर्य : Visual Beauty *विज़ुअल ब्यूटी*
चाप स्कंध : Spandrel *स्पैंड्रिल*
चापाकार : Arcuate *आरक्वेट*
चारकोल पेंसिल : Charcoal Pencil *चारकोल पेंसिल*
चारागाह : Green Field *ग्रीन फील्ड*
चारित्रिक प्रबंधन : Character Management *करेक्टर मैनेजमेंट*
चारू : Beautiful *ब्यूटीफुल*
चारू कला : Fine Art *फाइन आर्ट*
चारू कलाएँ : Fine Arts *फाइन आर्ट्स*
चारूता : Elegance *एलीगेन्स*
चारू : Beatuyful *ब्यूटीफुल*
चालू कला : Pop Art *पॉप आर्ट,* Popular Art *पॉपुलर आर्ट*
चावल : Rice *राइस*
चिन्तक : Thinker *थिंकर*
चिन्तन धारा : Way of Thinking *वे ऑफ़ थिंकिंग*
चिन्तन परम्परा : Thinking Tradition *थिंकिंग ट्रेडीशॅन*
चिकनी मिट्टी : Clay *क्ले*
चिकित्सा शास्त्र : Medicine *मेडिसिन*
चिचिंडा : Snake Gourd *स्नेक गार्ड*
चिड़ी (ताश का खेल) : Club *क्लब*
चितकबरा रंग : Spotted Colour *स्पॉटेड कलर*
चिता : Pyre *पायर*
चितेरा : Painter *पेंटर*
चितेरा चाकर सरकार : Court Painter *कोर्ट पेंटर*
चित्त वेधक : Mind Disturbing (Elements) *माइंड डिस्टर्बिंग*
चित्ताकर्षक : Charming *चार्मिंग*
चित्र : Painting *पेंटिंग,* Picture *पिक्चर,* Figure *फिगर,* Image *ईमेज*
चित्र अनुरेखण : Chalking *चाकिंग*
चित्र कर्मस्थली : Painter's Studio *पेंटर्स स्टूडियो*
चित्र कलाकक्ष : Painter's Studio *पेंटर्स स्टूडियो*
चित्र क्षेत्र : Picture Surface *पिक्चर सरफेस,* Pictorial Space *पिक्टोरियल स्पेस*
चित्र धरातल : Picture plane *पिक्चर प्लेन*
चित्र भूमि : Pictorial Ground *पिक्टोरियल ग्राउंड*
चित्र भूमि, चित्रण तल : Surface *सरफेस*
चित्र मुद्रण : Graphic Art *ग्रॉफिक आर्ट*
चित्र मुद्रण : Graphic *ग्राफ़िक*
चित्र वसली : Mount *माउंट*

चित्र विधान : Norms of Painting *नार्मस ऑफ़ पेंटिंग*
चित्र वीथी : Art Gallery *आर्ट गैलरी,* Picture Gallery *पिक्चर गैलरी*
चित्र शास्त्र : Canon of painting *केनन ऑफ़ पेंटिंग*
चित्र संयोजन : Painting Composition *पेंटिंग कम्पोजीशॅन*
चित्र सतह : Painting Surface *पेंटिंग सरफेस,* Picture Surface *पिक्चर सरफेस*
चित्र सोपान : Easel *इजेल*
चित्रकर्म, चित्रकारी : Painting *पेंटिंग*
चित्रकला : Painting *पेंटिंग*
चित्रकला कक्ष : Painter's Studio *पेंटर्स स्टूडियो*
चित्रकला तथा रंजन कला : Drawing and Painting *ड्राइंग एंड पेंटिंग*
चित्रकला शाखा : School of Painting *स्कूल ऑफ़ पेंटिंग*
चित्रकला शास्त्र : Drawing and Painting *ड्राइंग एंड पेंटिंग*
चित्रकला शैली : School of Painting *स्कूल ऑफ़ पेंटिंग*
चित्रकार : Painter *पेंटर*
चित्रकारखाना : Atelier *अटेलिएर,* Picture Workshop *पिक्चर वर्कशॉप*
चित्रकारी : Painting *पेंटिंग*
चित्रक्षेत्र : Pictorial Space *पिक्टोरियल स्पेस*
चित्रक्षेत्र, चित्रतल : Picture Surface *पिक्चर सरफेस*
चित्रगृह : Art Gallery *आर्ट गैलरी*
चित्रण : Painting *पेंटिंग*
चित्रण चाकू : Painting Knife *पेंटिंग नाइफ*
चित्रण तल : Painting Surface *पेंटिंग सरफेस*
चित्रण माध्यम : Painting Medium *पेंटिंग मीडियम*
चित्रण विधि : Painting Process *पेंटिंग प्रोसेस*
चित्रण शैली : Manner *मैनर,* Style *स्टाइल*
चित्रणात्मक वस्तुनिरपेक्षत्व : Painterly Abstraction *पेंटरली एब्सट्रैक्शॅन*
चित्रदीर्घा : Picture Gallery *पिक्चर गैलरी*
चित्रधरातल की आउट लाइन : Anticerne *ऐंटीसर्न*
चित्रपट : Panel Painting *पेनल पेंटिंग*
चित्रपट : Tapestry *टेपेस्ट्री*
चित्रफलक : Canvas *कैनवास,* Easel *ईजेल,* Medallion *मिडेलियॅन*
चित्रभूमि : Surface *सरफेस*
चित्रमय निरूपण : Pictorial Representation *पिक्टोरियल रिप्रेजेंटेशन*
चित्रमाध्यम : Painting Medium *पेंटिग मीडियम*
चित्रमुद्रण : Graphic *ग्राफ़िक*
चित्रमुद्रण कला : Graphic Art *ग्राफ़िक आर्ट*
चित्रलिपि : Hieroglyph *हाइरॅग्लिफ,* Pictograph *पिक्टोग्राफ़*
चित्रलिपि कला : Pictography *पिक्टोग्राफ़ी*
चित्रलेख : Pictograph *पिक्टोग्राफ़*
चित्रलेखन : Painting *पेंटिंग,* Pictography *पिक्टोग्राफ़ी*
चित्रवल्लरी : Frieze *फ्रीज़*
चित्रवसली : Mount *माउंट*
चित्रवेधक : Mind Disturbing (Elements) *माइंड डिस्टर्बिंग (एलीमेंट्स)*
चित्रशाला : Art Gallery *आर्ट गैलरी,* Picture Gallery *पिक्चर गैलरी,* Studio *स्टूडियो*
चित्रसंयोजन : Painting Composition *पेंटिंग कम्पोजीशॅन*
चित्रांकन : Drawing *ड्राइंग*
चित्रांकन-पट : Canvas *कैनवास*
चित्रांकनी : Crayon *क्रेऑन*
चित्रात्मक : Pictorial *पिक्टोरियल*
चित्राधार : Easel *ईज़ेल*
चित्राभिव्यक्ति : Pictorial Representation *पिक्टोरियल रिप्रेजेंटेशन*
चित्रारोपण : Montage *मोन्ताज*
चित्रावली : Panorama *पैनोरमा*
चित्रित : Figury *फिगरी*
चित्रित पट्ट : Painted Panel *पेंटेड पैनल*
चित्रित पर्दा : Tapestry *टेपेस्ट्री*
चित्रित यवनिका : Screen *स्क्रीन*
चित्रीकरण : Pictorial Representation *पिक्टोरियल रिप्रेजेंटेशन*
चित्रोपम : Picturesque *पिक्चरस्क*
चिनाई : Masonry *मेसनरी*
चिन्तक : Thinker *थिंकर*
चिन्तन-मंथन : Deep Thinking *डीप थिंकिंग*
चिन्तन-मंथन : Thinking Process *थिंकिंग प्रोसेस*
चिपचिपापन : Viscosity *विस्कॉसिटी*
चिप्पी चित्र : Collage *कोलाज*
चिर सम्मत : Classic *क्लासिक*
चिरस्थाई मूर्ति : Monumental Sculpture *मोन्यूमेंटल स्कल्पचर*
चिरस्मरणीय : Monumental *मोन्यूमेंटल*
चिरोड़ी : Gypsum *जिप्सम*
चिलगोजा : Pine Nut *पाइन नट*
चीड़ : Pine *पाइन (वुड)*
चीन की महाप्राचीर : Great Wall of China *ग्रेट वॉल ऑफ़ चाइना*
चीनी आलेख : Chinese Writing *चायनीज राइटिंग*
चीनी आलेखन कला : Chinese Writing *चायनीज राइटिंग*
चीनी भाषा : Mandarin *मेंडरिन*
चीनी मानव : Sinanthropus *सिनेन्थ्रोपस*
चीनी मिट्टी : Porcelain *पोर्सलेन*
चीनी लेखन : Chinese Writing *चायनीज राइटिंग*
चीनी शक्कर : Sugar *शुगर*

चुंबकीय सर्वेक्षण : Magnetic Surveying *मैग्नेटिक सर्वेइंग*
चुकंदर : Beetroot *बीटरूट*
चुनौती : Challenge *चैलेंज*
चुहल : Light Joke *लाइट जोक,* Light Amusement *लाइट एम्यूजमेंट*
चुहल बाजी : Light Joke Mood *लाइट जोक मूड*
चूड़ी : Bangle *बेंगल*
चूने में शीशे का जड़ाऊ काम : Glass Mosaic *ग्लास मोजैक*
चूल : Tang *टँग*
चूल्हा : Burner *बर्नर*
चेरी : Cherry *चेरी*
चैकस : Alert *एलर्ट*
चैती : A folk song *ए फोक सांग,* A Type of song sung in April (Chait) *चैत्र माह में गाया जाने वाला लोकगीत*
चैत्र : March-April Month *मार्च-अप्रैल मंथ*
चोंगा : Robe *रोब*
चोला : Tunicle *ट्यूनीकल*
चौक : Forum *फोरम*
चौंकाने वाली कला : Funk Art *फंक आर्ट*
चौकी : Plinth *प्लिन्थ*
चौकीदार : Watch Man *वॉच मैन*
चौकोर : Squire *स्क्वायर*
चौखटा : Frame *फ्रेम,* Stretcher *स्ट्रेचर*
चौराहा : Cross Road *क्रॉस रोड*

छ

छज्जा : Balcony *बालकनी*
छटा : Tone *टोन,* Value *वैल्यू,* Shade *शेड,* Tint *टिंट*
छटा प्रभाव : Tonal Quality *टोनल क्वालिटी*
छत : Ceiling *सीलिंग*
छतरी : Parasol *पैरसॉल*
छत्ताकार गृह : Beehive Shaped House *बीहाइव शेप्ड हाउस*
छत्ताकार मन्दिर : Beehive Shrine *बीहाइव श्राइन*
छत्ताकार मकबरा : Beehive Tomb *बीहाइव टॉम्ब*
छद्म द्वार : False Entrance *फाल्स इंट्रेंस*
छननी छापा चित्र : Serigraph *सेरीग्राफ़*
छन्द : Verse *वर्स,* Stanza *स्टेंज़ा,* Strophe *स्ट्रोफ,* Poem *पोएम,* Scansion *स्कैंशॅन,* Tetrastich, *टीट्रेश्च,* Metre *मीटर*
छपते-छपते : Stop Press *स्टाप प्रेस*
छपाई : Printing *प्रिंटिंग*
छवि : Image *इमेज,* Portrait *पोर्ट्रेट*
छवि भंगन : Figure Distortion *फिगर डिस्टार्शन*
छापचित्र : Prints *प्रिंट्स*
छापा : Print *प्रिंट*
छापा चित्र : Graphics *ग्राफ़िक्स*
छापा चित्रकार : Graphist *ग्राफ़िस्ट,* Graphic Artist *ग्राफ़िक आर्टिस्ट*
छापा चित्रांकन : Graphic Printing *ग्रैफिक प्रिंटिंग*
छापा तकनीक : Collography *कोलोग्राफ़ी*
छापा प्रकाश चित्रण : Chiarascuro *कैरस्क्योरो*
छापा मुद्रण : Graphic *ग्राफ़िक*
छापा मुद्रण कला : Graphic Art *ग्राफ़िक आर्ट*
छापा शिल्पी : Graphist *ग्राफ़िस्ट*
छापाकला : Graphic Art *ग्राफ़िक आर्ट*
छापाचित्र : Graphic Print *ग्राफ़िक प्रिंट*
छापामुद्रण : Graphic *ग्राफ़िक*
छापामुद्रण कला : Graphic Art *ग्राफ़िक आर्ट*
छापाशिल्पी : Graphist *ग्राफ़िस्ट*
छाया : Shade *शेड,* Tone *टोन*
छाया चित्र : Photograph *फ़ोटोग्राफ़*
छाया चित्रकार : Photographer *फ़ोटोग्राफ़र*
छाया चित्रांकन : Photography *फ़ोटोग्राफ़ी*
छाया प्रकाश चित्रण : Chiarascuro *कैरस्क्योरो*
छाया प्रकाश प्रबंधन : Chiaroscuro *क्यरॅसक्योरो*
छाया प्रकाश योजना : Chiarascuro *कैरस्क्योरो*
छायाकृति : Silhouette *सिल्हौटी*
छायाचित्र : Photograph *फ़ोटोग्राफ़*
छायाचित्र अश्ममुद्रण : Photochromy *फ़ोटोक्रोमी*
छायाचित्र आकृति उत्कीर्णन : Photogravure *फ़ोटो ग्रेव्योर*
छायाचित्र कला : Photography *फ़ोटोग्राफ़ी*
छायाचित्र मोंताज : Photomontage *फ़ोटोमोंटाज*
छायाचित्र यथार्थवाद : Photo-Realism *फ़ोटो रियलिज़्म*
छायाचित्रांकन : Photography *फ़ोटोग्राफ़ी*
छायाप्रकाश : Light and Shade *लाइट एंड शेड*
छायाप्रेमी : Tenebrists *टेनेब्रिस्ट*
छायाभास : Shade *शेड*
छिन्न चित्र : Loose Painting *लूज पेंटिंग*
छुहारा : Dried Sweet Date *ड्राइड स्वीट डेट*
छेनी : Chisel *चिसेल*
छोटा औजार : Pigmy Implement *पिग्मी इम्प्लीमेंट*
छोटा नमूना : Diorama *डायोरामा*
छोटी इलाइची : Green Cardamom *ग्रीन कॉरडामम*
छोटी मूर्ति : Figurine *फिगराइन*

ज

जंगला : Railing *रेलिंग,* Balustrade *बैलॅस्ट्रेड*
जंगली जानवर : Fauves *फाव्ज़*
जगमगाहट : Luminosity *ल्यूमिनोसिटी*
जटिलता : Complication *कंप्लीकेशन*
जटिलालंकरण : Arabesque *एराबस्क*
जड़ पदार्थों का चित्र : Still Life *स्टिल लाइफ*
जड़ पदार्थों का चित्रण : Still Life *स्टिल लाइफ*
जड़वाद : Materialism *मेटीरियलिज़्म*
जड़ाई : Inlay Work *इंले वर्क*
जड़ाऊ : Applique *एप्लीक,* Studded *स्टडेड*
जड़ाऊ अलंकरण : Applique *एप्लीक,* Applique Decoration *एप्लीक डेकोरेशॅन*
जड़ाऊ आकृति : Applique Figure *एप्लीक फिगर*
जड़ाऊ काम : Inlay *इनले,* Damascene *डॅमासिने,* Applique Work *एप्लीक वर्क*
जड़ाऊ सजावट : Applique *एप्लीक*
जतक : Past Life of Lord Buddha *पास्ट लाइफ ऑफ़ आर्ट बुद्ध*
जद्दोजहद : Struggle *स्ट्रगॅल*
जन : Public *पब्लिक*
जन चित्र : Bambocciata *बॉम्बोसिये (इटैलियन शब्द)*
जन जातीय कला : Tribal Art *ट्राइबल आर्ट*
जन जीवन की कला : Genre Art *जेनर आर्ट,* Genre Painting *जेनर पेंटिंग*
जन भाषा : People Language *पीपल्स लैंग्वेज*
जनकला : Public Art *पब्लिक आर्ट*
जनगुणगान : Public Appriciation *पब्लिक एप्रीसियेशॅन*
जनचित्र : Bambocciata *(इटैलियन शब्द) बेम्बोसिए*
जनजाति चिन्ह् : Totem *टोटेम*
जनजातीय कला : Tribal Art *ट्राइबल आर्ट*
जनजीवन की कला : Genre Painting *जेनर पेंटिंग*
जनतंत्रवादी कला : Democratic Art *डेमोक्रेटिक आर्ट*
जनता : Public *पब्लिक*
जनतान्त्रिक यर्थाथवाद : Social Realism *सोशल रियलिज़्म*
जननायक : Celebrity *सेलीब्रिटी*
जनप्रिय कला : Pop Art *पॉप आर्ट*
जनमिश्रित कला : Public Art *पब्लिक आर्ट*
जनवादी : Bambocciate *बॉम्बोसिये (इटैलियन शब्द)*
जनवादी कला आन्दोलन : Democratic Art Movement *डेमोक्रेटिक आर्ट मूवमेंट*
जनवादी चित्रांकन : Genre Painting *जेनर पेंटिंग*
जनसंचार माध्यम : Mass-Media *मास मीडिया*
जनसभा स्थल : Agora *एगोरा*
जनसाधारण की कला : Folk Art *फ़ोक आर्ट*
जन-स्नानागार : Thermal *थर्मल*
जनोन्मुखी : Public Oriented *पब्लिक ओरियंटेड*
जनोपयोगी कला : Commercial Art *कॉमर्शियल आर्ट,* Utility Art *यूटिलिटी आर्ट*
जम्पर : Blouse *ब्लाउज़*
जयपुर कलम : Jaipur School *जयपुर स्कूल*
जयपुर शैली : Jaipur School *जयपुर स्कूल*
जर्नीमैन : Journey Man *जर्नी मैन*
जल अप्रभावी : Water Proof *वाटर प्रूफ*
जल-दुर्ग : Crannog *क्रेनॉग*
जलपात्र : Cantharus *कैन्थारस*
जल-प्रलय पूर्व : Antediluvian *एंटीडाईल्यूवियन*
जलरंग : Water Colour *वाटर कलर*
जलरंग चित्रण : Limn *लिम*
जलरंग शैली में निपुण चित्रकार : Limn Artist *लिम आर्टिस्ट्*
जलरंगीय चित्र : Water Colour *वाटर कलर*
जलीय चित्र : Marine Painting *मेरीन पेंटिंग*
जलीय रंग पेंसिल : Aquatic Pencil Colour *एक्वेटिक पेंसिल कलर*
जस्ता : Zinc *जिंक*
जहाँगीरनामा : Autobiography of Jehangir *आटोबायोग्राफ़ी ऑफ़ जहाँगीर*
जांघिया : Shorts *शॉर्ट्स*
जातक : Buddhist Writing *बुद्धिस्ट राइटिंग*
जात्रा : Trvelling Theatre of Bangal *ट्रेवलिंग थियेटर ऑफ़ बंगाल*
जादुई प्रभाव : Magical Effect *मैजिकल एफेक्ट*
जादुई यथार्थवाद : Magical Realism *मैजिकल रियलिज़्म*
जादूमय यथार्थवाद : Magical Realism *मैजिकल रियलिज़्म*
जानी-मानी : Noted *नोटेड*
जापानवाद : Japonism *जेपोनिज़्म*
जापानी छापचित्र : Japanese Print *जापानीज प्रिंट,* Ukiyo-e *यूकियो-ए*
जाफरी : Trellis *ट्रिलिस*
जामा : Wedding Robe *वेडिंग रोब*
जामुन : Jambul *जैमबुल*
जायफल : Nutmeg *नट मेग*
जाल : Lattice *लैटिस*

जालक चिनाई : Opus Recticulatum *ओपस रेक्टीक्यूलेटॅम*
जाली : Grille *ग्रिल,* Trellis *ट्रिलिस*
जावित्री : Mace *मेस*
जाहिर है : Obviously *ऑब्वियस्ली*
जिन्दगीनामा : Biography *बायोग्राफ़ी*
जिप्सम, (चूने का सल्फेट) प्लास्टर ऑफ़ पेरिस : Gypsum *जिप्सम*
जीता जागता : Life Like *लाइफ लाइक*
जीरा : Cumin Seeds *क्यूमिन सीड्स*
जीरा काला : Black Cumin Seeds *ब्लैक क्यूमिन सीड्स*
जीर्णोद्धार (कलाकृति का) : Restoration (of a work of art) *रिस्टोरेशॅन ऑफ़ आर्ट वर्क*
जीर्णोद्धार : Restoration *रेस्टोरेशन*
जीव आरेखण : Life Drawing *लाइफ ड्राइंग*
जीव रूपक कला : Biomorphic Art *बायोमॉर्फिक आर्ट*
जीवट : Courageousness *करेजुअसनेस*
जीवट : Inner Courage *इनरकरेज*
जीवधारियों की अनुकृति : Animation *एनीमेशन*
जीवन गौरव : Life Achievement *लाइफ अचीवमेंट*
जीवन चित्रण : Life Painting *लाइफ पेंटिंग*
जीवन परक कला : Art Engage *आर्ट इंगेज*
जीवनांकन : Life Drawing *लाइफ ड्राइंग*
जीवनाध्ययन : Life Study *लाइफ स्टॅडी*
जीवनाभ्यास चित्र : Life Study *लाइफ स्टॅडी*
जीवनोपयोगी कला : Commercial Art *कॉमर्शियल आर्ट*
जीवरूपक कला : Bio-Morphic Art *बायोमॉर्फिक आर्ट*
जीवाकार : Life Size *लाइफ साइज़*
जीवाकृति कला : Biomorphic Art *बायोमॉर्फिक आर्ट*
जीवाश्म : Fossil *फॉसिल*
जीवाश्म-साक्ष्य : Fossil Evidence *फॉसिल एवीडेंस*
जुगुप्सा (भाव) : Disgust *डिस्गॅस्ट*
जुनून : Obsession *ओबसेशन*
जुलाहा : Weaver *वीवर,* Clothier *क्लोदर*
जुल्म-ए-सितम : Torcher *टार्चर*
जेल : Gel *जेल*
जैव (आकार) : Organic (from) *ऑर्गनिक (फॉर्म)*
जैवरूप कला : Biomorphic Art *बायोमॉर्फिक आर्ट*
जैविक वर्ण : Animal Colours *एनीमल कलर्स*
जोखिम : Risk *रिस्क*
जोगिया रंग : Saffron Colour *सेफ्रॉन कलर*
जोधपुर कलम : Jodhpur School *जोधपुर स्कूल*
जोधपुर स्कूल : Jodhpur School *जोधपुर स्कूल*
जौ : Barley *बार्ली*
जौहरी : Jeweller *ज्वेलर*
ज्यामितिक कला : Geometric Art *ज्योमेट्रिक आर्ट*
ज्यामितीय : Geometry *ज्योमेट्री*
ज्यामितीय आकार : Geometric Form *ज्योमेट्रिक फॉर्म*
ज्यामितीय आकार : Geometrical Form *ज्योमेट्रिकल फॉर्म*
ज्यामितीय आकृति : Geometric Form *ज्योमेट्रिक फार्म*
ज्यामितीय रूप : Geomatric Form *ज्योमेट्रिक फॉर्म*
ज्यामितीय रूप, ज्यामितिक आकार : Geometrical Form *ज्योमेट्रिक फॉर्म*
ज्यामितीय रूपाकार : Geomatric Form *ज्योमेट्रिक फॉर्म*
ज्येष्ठ : Elder/Senior *एल्डर/सीनियर*
ज्येष्ठ : May-June Month *मई-जून मंथ*
ज्योति : Luminosity *ल्यूमिनोसिटी*
ज्योतिष शास्त्र : Astrology *एस्ट्रोलॉजी*

झ

झंझरी : Grille *ग्रिल*
झकास : Super Glow *सुपर ग्लो*
झंडा बरदार : First Ranked Leader *फर्स्ट रैंक्ड लीडर*
झलक (रंग की) : Tinge *टिंज*
झीना वस्त्र : Diaphanous Drapery *डायफॉनॅस ड्रेपरी*
झील घर : Palafitta *पालाफिटा*
झील निवास : Palafitta *पालाफिटा*
झुग्गी : Slum House *स्लम हाउस*
झूला : Swing *स्विंग*

ट

टंका : Sacred Buddhist Scroll Painting *सेक्रेड बुद्धिस्ट स्क्रोल पेंटिंग*
टमाटर : Tomato *टॉमेटो*
ट्यूब रंग : Colour Tube *कलर ट्यूब*
टरपेंटाइन : Turpentine *टरपेनटाइन*
टिंडा : Round Gourd *राउंड गार्ड*
टिकिया रंग : Cake Colour *केक कलर*
टीला : Mound *माउंड*
टॅकाई : Stitching *स्टिचिंग*
टेक : Butiress *बॅटरिस*
टेकरहित मूर्ति : Free Standing Sculpture *फ्री स्टैंडिंग स्कल्पचर*
टेक्स्चर : Texture *टेक्स्चर*
टेक्स्चर सफेदा/व्हाइट : Texture White *टेक्स्चर व्हाइट*
टेम्परा चित्रण : Tempera Painting *टेम्परा पेंटिंग*
टेम्परा धरातल : Tempera Surface *टेम्परा सरफेस*
टेम्परा रंग : Tempera Colour *टेम्परा कलर*
टोला : Group of People *ग्रुप ऑफ़ पीपुल*
टोली : Group *ग्रुप*

ठ

ठंडा रंग : Cold Colour *कोल्ड कलर*, Cool Colour *कूल कलर*
ठंडी कला : Cool Art *कूल आर्ट*
ठंडे रंग : Cold/Cool Colours *कोल्ड/कूल कलर्स*
ठठेरा : Vessel Maker *वेसल मेकर*
ठप्पा : Block *ब्लॉक*
ठप्पा मुद्रण : Block Printing *ब्लॉक प्रिंटिंग*
ठप्पांकित मुद्रा : Die Struck Coin *डाई स्ट्रक क्वॉइन*
ठप्पाकारी : Dapping *डेपिंग*
ठाठ : Cradling *क्रेडलिंग*
ठीकरा : Pot Shred *पॉट श्रेड*
ठुमरी : A Type of Song *ए टाइप ऑफ़ सांग*
ठेठ : Raw *रॉ*
ठेठ चित्रण : Alla Prima *एला प्राइमा*
ठेठ रंगांकन : Direct Painting *डॉयरेक्ट पेंटिंग*
ठोस कला : Concrete Art *कंक्रीट आर्ट*

ड

डंकी स्टूल : Donkey Stool *डंकी स्टूल*
डाट : Arch *आर्च*
डिजिटल कला : Digital Art *डिजिटल आर्ट*
डिपर : Dipper *डिपर*
डोरिक लय : Doric Order *डोरिक ऑर्डर*
डोरिक सज्जा : Doric Order *डोरिक ऑर्डर*
डोला : Swing *स्विंग*
ड्योढ़ी : Porch *पोर्च*, Vestibule *वेस्टीब्यूल*

ढ

ढक्कनदार कलश : Canopic Jar *कॅनोपिक जार*, Canopic Vase *कॅनोपिक वेस*
ढक्कनदार मंजूषा : Pyxis *पिक्स*
ढलाई मृत्तिका : Foundry Clay *फाउंड्री क्ले*
ढली मूर्ति : After Cast *आफ्टर कास्ट*
ढाँचा : Armature *आरमेचर*, Cradling *क्रेडलिंग*
ढाल : Batter *बेटर*, Shield *शील्ड*
ढालना : Casting *कास्टिंग*
ढीला संयोजन : Loose Composition *लूज़ कम्पोजीशॅन*
ढीली रचना : Loose Composition *लूज़ कम्पोजीशॅन*
ढूला : Centering *सेंटरिंग*
ढोलाकार छत : Barrel Vaulted *बेरिल वाल्टेड*
ढोलाकार मनका : Barrel-Shaped Bead *बेरियल शेप्ड बीड*
ढोलाकार मेहराबी : Barrel Vaulted *बेरिल वाल्टेड*

त

तंत्र कला : Tantra Art *तंत्र आर्ट*
तंत्रवादी/तांत्रिक पेंटिंग/चित्र, तंत्र आधारित चित्रांकन : Tantric Painting *तांत्रिक पेंटिंग*
तंत्री (बांसुरी) : Flute *फ्लूट*
तकनीक : Technic *टेक्नीक,* Technique *टेक्नीक*
तकनीकी : Technological *टेक्नोलाजिकल*
तकनीकी उत्कृष्टता : Technical Excellency *टेक्नीकल एक्सीलेंसी*
तकनीकी-विज्ञान : Technology *टेक्नोलॉजी*
तक्षण : Dressing *ड्रेसिंग*
तक्षण क्रिया : Sculp *स्कल्प*
तक्षणकार : Engraver *इंग्रेवर,* Carver *कार्वर*
तक्षणी : Burin *ब्यूरिन*
तक्षित आकृति : Carved Figure *कार्व्ड फिगर*
तगाड़ी : Hod *हाड*
तटस्थ रंग : Neutral Colour *न्यूट्रल कलर*
तटस्थ रंग जैसे बैंगनी : Neutral Colour *न्यूट्रल कलर*
ततवाद्य : Chordophonic Instruments *कार्डोफोनिक इंस्ट्रूमेंट्स*
तत्त्व बिम्बीय अभिव्यंजनावाद : Abstract Expressionism *एब्स्ट्रैक्ट एक्सप्रेश्निज़्म*
तत्त्व बिम्बीय आभासवाद : Abstract Impressionism *एब्स्ट्रैक्ट इंप्रेशनिज़्म*
तत्त्व बिम्बीय कला : Abstract Art *एब्स्टैक्ट आर्ट*
तथ्य बिंदु : Factual Point *फेक्चुअल प्वाइंट*
तदयुगीन : As per era *एज पर इरा,* According to age *अकॉर्डिंग टु एज*
तद्भुत प्रतिकृति प्रतिकार : Copy Master *कॉपी मास्टर,* Reproductionist *रिप्रोक्शॅननिस्ट*
तद्युगीन समय : Age Time *एज टाइम*
तद्रूप : Realistic *रियालिस्टिक*
तद्वत प्रतिकृतिकार : Reproductionist Copy Artist *रिप्रोडक्शनिस्ट कापी आर्टिस्ट*
तद्वत प्रतिबिम्ब : As it is *एज इट इज़*
तपस्या : Penance *पेनॅन्स*
तफरीह : Amusement *एम्यूजमेंट*
तबका : Class *क्लास*
तमोली : Betel seller *बीटल सेलर*
तरबूज : Water Melon *वाटर मेलन*
तरल पदार्थ : Liquid *लिक्विड*
तराना : Symphony *सिम्फॅनी*
तराशना : Dressing *ड्रेसिंग*
तर्क कौशल : Logic Skill *लॉजिक स्किल*
तर्क संगत : Logical *लॉजिकल*
तर्जनी मुद्रा : Index Finger Pose *इंडेक्स फिंगर पोज*
तलघर : Crypt *क्रिप्ट*
तलवार : Sword *शॉर्ड*
तवा : Griddle *ग्रिडेल*
तसला : Hod *हॉड*
तसल्ली : Satisfaction *सैटिसफैक्शॅन*
तसवीर : Picture *पिक्चर*
तसवीर की नकल : Reproduction *रिप्रोडक्शॅन*
तहखाना : Basement *बेसमेंट,* Crypt *क्रिप्ट,* Vault *वॉल्ट*
ताक : Niche *निच*
ताखा : Niche *निच*
ताजगी (रंगों की) : Freshness (of Colour) *फ्रेशॅनेस (ऑफ़ कलर)*
तात्कालिक सृजन : Improvisation *इम्प्रोवाइज़शॅन*
तात्विक कला : Abstract Art *ऐब्स्ट्रैक्ट आर्ट,* Metaphysical Art *मेटाफ़िज़िकल आर्ट*
तात्विक चित्र : Metaphysical Painting *मेटाफिजिकल पेंटिंग*
तात्विक चित्रांकन : Metaphysical Painting *मेटाफ़िजिकल पेंटिंग*
तात्विक रंग : Fundamental Colour *फंडामेंटल कलर,* Basic Colour *बेसिक कलर,* Primary Colour *प्राइमरी कलर*
तान : Tone *टोन,* Tune *ट्यून*
ताबीज़ : Amulet *ऐम्युलिट*
ताबीज़ी : Amulet Seal *ऐम्युलिट सील*
ताबूत : Cist *सिस्ट,* Coffin *काफिन,* Kist *किस्ट,* Sarcophagus *सार्कोफेगस*
ताबूत शवाधान : Cist Burial *सिस्ट ब्यूरियल*
ताबूत-ढाँचा : Hearse *हॅर्स*
तामचीनी : Enamel *एनॉमॅल*
ताम्बई रंग : Copper Colour *कॉपर कलर*
ताम्र निधियाँ : Copper Hoards *कॉपर होर्ड्'स*
ताम्रपत्र-लेख : Copper Plate Inscription *कॉपर प्लेट इंसक्रिप्शॅन*
ताम्र-युग : Copper Age *कॉपर एज*
ताम्रोत्कीर्णन : Chalcography *चेल्कोग्राफ़ी*
तार जड़ाई : Cloisonne *क्लोएसोनी*
तार वाद्य : String Instruments *स्ट्रिंग इंस्ट्रूमेंट्स*
तारपीन का तेल : Turpentine Oil *टरपेनटाइन आयल*
तारमूर्ति : Wire Sculpture *वायर स्कल्पचर*
तारवाद्य : String Instruments *स्ट्रिंग इंस्ट्रूमेंटस*
तार्किक : Logical *लॉजिकल*

ताल : Beat *बीट*
ताल : Rhythm *रिद्म*
तालमेल : Harmony *हारमनी*
तिकड़म : Manipulation Skill *मैनूपलेशॅन स्किल*
तिकड़मी : Man of Manipulation Skill *मैन ऑफ़ मैनुपलेशॅन स्किल*
तिजारत : Business *बिजनेस*
तिथि-निर्धारण : Dating *डेटिंग*
तिपाई : Tripod *ट्राईपॉड*
तिपायी : Easel *ईज़ेल*
तिपायी-चित्र : Easel Painting *ईज़ेल पेंटिंग*
तिरंगा : Combination of three colours *कॉम्बिनेशन ऑफ़ थ्री कलर्स*
तीखी हवाएँ : Sharp Winds *शार्प विंड्स*
तीन चौथाई आकार : Three Quarter Size *थ्री क्वार्टर साइज़*
तीर अन्दाज़ : Archer *आर्चर*
तीव्र रेखांकन : Quick Drawing *क्विक ड्राइंग*
तीव्रता : Fast *फास्ट,* High *हाई*
तुंब : Tomb *टॉम्ब*
तुरही : Trumpet *ट्रम्पेट*
तुर्की : Turkey *टर्की*
तुर्रम खाँ : Man of falls Vanity *मैन ऑफ़ फाल्स वेंनिटी*
तुर्रम खाँ : Proudy Person *प्राउडी पर्सन*
तुल्यभार : Equilibrium *इक्वीलिब्रियम*
तुल्यरूप रंगसंगति : Analogous Harmony *एनालोगॅस हॉरमनी*
तूफान : Tempest *टेम्पेस्ट*
तूलिका संचालन : Brushing *ब्रशिंग,* Handling of Brush *हैंडलिंग ऑफ़ ब्रश*
तूलिका : Brush *ब्रश*
तूलिका : Brush *ब्रश (संस्कृत शब्द)*
तूलिका आरेखण : Brush Drawing *ब्रश ड्राइंग*
तूलिका कर्म : Brush Work *ब्रश वर्क*
तूलिका कार्य : Brush Work *ब्रश वर्क*
तूलिका घात : Brush Stroke *ब्रश स्ट्रोक*
तूलिका चित्र : Brush Drawing *ब्रश ड्राइंग*
तूलिका चित्रण : Brush Work *ब्रश वर्क*
तूलिका चिन्ह : Brush Mark *ब्रश मार्क*
तूलिका संघात : Brush Stroke *ब्रश स्ट्रोक*
तृणमृदा : Sod *सॉड*
तृतीय आयाम : Third Dimension *थर्ड डाइमेंशन*
तेज (रंग का) : Brilliance (of colour) *ब्रिलियंस (ऑफ़ कलर)*
तेजपात : Bay Leaf *बाय लीफ*
तेजोवलय : Aureole *ऑरिओल*
तेली : Oil Man *आयॅल मैन*
तेली : Oil Man *आयॅल मैन*
तैल (चित्रण) भूमि/सतह/धरातल : Oil Ground *ऑयल ग्राउंड*
तैल : Oil *ऑयल*
तैल चित्र : Oil Painting *ऑयल पेंटिंग,* Easel Painting *इंजेल पेंटिंग,* Canvas कैनवास
तैल पात्र : Dipper *डिपर,* Oil Cup *ऑयल कप*
तैल रंग : Oil Colour *ऑयल कलर,* Oil Paint *ऑयल पेंट*
तैल रंगीय छाप चित्र : Oleograph *ओलियोग्राफ़*
तैल वर्ण : Oil Colour *ऑयल कलर*
तैलीय : Oil Based *ऑयल बेस्ड,* Oily *ऑयली*
तैलीय दाग : Grease Spots *ग्रीस स्पॉट्स*
तोड़-मरोड़ : Distortion *डिस्टॉर्शन*
तोड़े : Bracket *ब्रेकेट*
तोरई : Actitangula *एक्टीटैंगुला*
तोरण : Arch *आर्च*
तोरण पथ : Arcade *आर्केड*
तोरण-द्वार : Torii *तोरी*
त्रि-आयामवाद : Cubism *क्यूबिज़्म*
त्रि-आयामवादी चित्र : Cubistic Painting *क्यूबिस्टिक पेंटिंग*
त्रि-आयामवादी चित्रकला : Cubistic Painting *क्यूबिस्टिक पेंटिंग*
त्रिआयामी : Three Dimensional *थ्री डाईमेंशनल*
त्रिआयामी, त्रिपार्श्विक : Three Dimensional *थ्री डाईमेंशनल*
त्रिपट : Triptych *त्रिपची*
त्रिपटक : Three Parts of a Flag *थ्री पार्ट्स ऑफ़ द फ्लैग*
त्रि-पटचित्र : Triptych *ट्राईपिच*
त्रिपाद : Tripod *ट्राई पॉड*
त्रि-पार्श्ववाद : Cubism *क्यूबिज़्म*
त्रि-पार्श्ववादी चित्र : Cubistic Painting *क्यूबिस्टिक पेंटिंग*
त्रि-पार्श्ववादी चित्रकला : Cubistic Painting *क्यूबिस्टिक पेंटिंग*
त्रिपार्श्विक : Three Dimensional *थ्री डाईमेंशनल*
त्रिपिटक : Sacred Buddhist Scripture *सेक्रेड बुधिस्ट स्क्रिपचर*
त्रि-फलक : Triptyh *ट्राईपिच*
त्रिभुज : Triangle *ट्रेगिंल*
त्रिमितियुक्त : Three Dimensional *थ्री डाईमेंश्नल*
त्रिवर्ण : Three Principal Colours *थ्री प्रिंसिपल कलर्स*
त्रिवर्ण चयन : Trichromatic Palette *ट्राईक्रोमेटिक पेलेट*
त्रिविम : Three Dimensional थ्री *डॉयमैंशनल*
त्रिविम प्रदर्श : Diorama *डायरॉमा*
त्रिविस्तार : Third Dimentional *थर्ड डाईमेंशनल*
त्रिविस्तारात्मक : Third Dimentional *थ्री डाईमेंशनल*
त्रिशूल : Trident (Emblem of Shiva) *ट्राईडेंट (एम्बलॅम ऑफ़ शिव)*

थ

थंका पेंटिंग : Thunka Paintin *थंका पेंटिंग (एक पारम्परिक चित्रकला)*

थाती : Inherited any property *इनहेरिटेड एनी प्रापर्टी*

थाती : Earnest *अर्नेस्ट,* Any Inherited property *एनी इनहेरिटेड प्रापर्टी*

थाली : Steel Plate *स्टील प्लेट*

द

दंत्य : Dental *डेंटल*

दंश : Bite *बाइट*

दक्कन शैली : South Indian Painting Style *साउथ इंडियन पेंटिंग स्टाइल*

दक्किनी : Southern *साउदर्न*

दक्ष : Expert *एक्सपर्ट,* Master *मास्टर*

दक्षता : Efficiency *एफीसिंएसी*

दफन : Burial *ब्यूरियल*

दफनाना : Inhumation *इनह्यूमेशॅन*

दमक : Brilliance *ब्रिलिएंस*

दरजी : Tailor *टेलर*

दरबार : Court *कोर्ट*

दरबारी कला : Court Art *कोर्ट आर्ट,* Court Painting *कोर्ट पेंटिंग*

दरबारी कलाकार : Court Painter *कोर्ट पेंटर*

दरांती : Scythe *साइद*

दरारें : Cracks *क्रैक्स*

दर्ज : Entry *इंट्री*

दर्पण चित्र : Mirror Painting *मिरर पेंटिंग*

दर्शक-कक्ष : Cercis *सिरसेस,* Cuneus *क्यूनियस*

दर्शक-वीथी : Visorium *विसोरियम*

दर्शन शास्त्र : Philosophy *फिलॉसफी*

दर्शनी : View Finder *व्यू फाइंडर*

दल : Team *टीम,* Group *ग्रुप,* Gang *गैंग,* Faction *फैक्शॅन*

दलदल : Bog *बॉग*

दवात : Inkpot *इंकपॉट*

दशबाहु : Ten Armed *टेन आर्म्ड*

दसाशावतार : Ten Incarnations *टेन इनकार्नेशंस*

दस्तकार : Artisan *आर्टिज़न*

दस्तकारी : Craftsman Ship *क्राफ्ट्समैन शिप*

दस्तकारी : Handicraft *हैंडीक्राफ्ट*

दस्ता (24 शीट का बंडल) : Quire *क्वायर*

दस्ता : Haft *हाफ्ट*

दही : Yogurt *योगर्ट*

दाँतेदार मेहराब : Engrailed Arch *इंग्रेल्ड आर्च*

दाई : Midwife *मिड वाइफ*

दादरा : A type of Song *ए टाइप ऑफ़ सांग*

दादावाद : *Dadaism दादाइज़्म*

दान-लेख : Donative Inscription *डोनेटिव इंसक्रिप्शॅन*

दाना फरंग : Emerald Green (Colour) *एमॅरल्ड ग्रीन*

दाना-पानी : Stay *स्टे*

दारुकर्म : Wood Craft *वुड क्राफ्ट,* Tabulatum *टैबूलेटम*

दाल : Lentils *लिंटेल*

दालचीनी : Cinnamon *सिनमन*

दालान : Cloister *क्लॉस्टर*

दासी : Maid *मेड*

दास्तान : Story *स्टोरी*

दाह कलश : Cremation Urn *क्रिमेशॅन उर्न*

दिग्गज : Great *ग्रेट,* Stalwart *स्टालवर्ट*

दिग्गज कलाकार : Stalwart Artits *स्टालवर्ट आर्टिस्ट,* Artist of High Caliber *आर्टिस्ट ऑफ़ हाई कैलीबर*

दिलकश : Pretty *प्रिटी*

दिव्य अनुपात : Divine Proportion *डिवाइन प्रोपोर्शन*

दिव्य आनन्द : Srpritual Pleasure *स्पिरिचुअल प्लेजर*

दिव्य किरीट : Aureole *आरियल*

दिव्य प्रेम : Divine Love *डिवाइन लव*

दिव्य सौन्दर्य : Divine Beauty *डिवाइन ब्यूटी*

दिव्यता : Divinity Godliness *गॉडलीनेस*

दिव्यता : Divinity *डिविनिटी,* Godlikeness *गॉडलीनेस*

दीपस्तंभ : Candelabrum *कैंडलॉब्रम*

दीप्ति : Brilliance *ब्रिलिएंसे*

दीप्ति : Luminosity *ल्यूमिनोसिटी*

दीर्घा : Gallery *गैलरी*

दीर्घानुभवी : Long Experienced *लांग एक्सपीरियंस्ड*

दीर्घ स्वर : Long Vowel *लांग वॉवेल*

दीवान : Chief Minister *चीफ मिनिस्टर*

दीवार कागज : Wall Paper *वॉल पेपर*

दीवार पर्दा : Tapestry *टेपेस्ट्री*

दीवारगीर : Bracket *ब्रेकेट*
दीवारों पर बने लिपि मूलक चित्र : Graffitee *ग्रॉफिटी*
दुखांत : Tragedy *ट्रेजिडी*
दुपट्टा : Mantilla *मेनटिला*
दुर्ग : Burh *बर,* Castle *केसॅल*
दुर्लभ वस्तु संग्रहस्थान : Museum *म्यूज़ियम*
दुशाला : Stole *स्टोल*
दुहेरा गुम्बद : Double Dome *डबल डूम*
दूत सन्देश : Annunciation *एन्यूसियेशन*
दूधिया : Milky White *मिल्की व्हाइट*
दूधिया सफेद रंग : White Colour *व्हाइट कलर*
दूर-दराज : Distant *डिस्टेंट*
दूर-दृश्यलघुता : Perspective *पर्सपेक्टिव*
दृढ़ीभूत चित्रण : Tempera Painting *टेम्परा पेंटिंग,* Tempera *टेम्परा*
दृश्य कलाएँ : Visual Arts *विज़ुअल आर्ट्स*
दृश्य दर्शी : View Finder *व्यू फाइंडर*
दृश्य बंधक दृश्य बोधक : View Finder *व्यू फाइंडर*
दृश्य शिल्प : Visual Craft *विज़ुअल क्राफ्ट*
दृश्य संदेश : Visual Communication *विज़ुअल कॉम्युनिकेशॅन*
दृश्य सामग्री : Visual *विज़ुअल*
दृश्यकला : Visual Art *विज़ुअल आर्ट*
दृश्यपटल : Panorama *पैनोरामा*
दृश्यमान : Visual *विज़ुअल*
दृश्याकार : Sight-Size *साइट साइज़*
दृश्यात्मक कला : Visual Art *विज़ुअल आर्ट*
दृष्टांकन : Visualisation *विज़ुअलाइजेशन*
दृष्टान्त चित्र : Illustration *इलस्ट्रेशन*
दृष्टि छद्मी कला : Op Art *आप आर्ट,* Optical Art *ऑप्टिकल आर्ट*
दृष्टि पटल मिश्रण : Optical Mixture *ऑप्टिकल मिक्स्चर*
दृष्टि भ्रम : Optical Illusion *ऑप्टिकल एल्यूज़न*
दृष्टि भ्रामक कला : Optical Illusion Art *ऑप्टिकल एल्यूज़न आर्ट*
दृष्टि रेखा : Eye-Level *आई लेविल,* Eye-Line *आई लाइन*
दृष्टिकोण : Angle of Vision (केवल पारिभाषिक प्रयोग में) *ऐंगल ऑफ़ विज़न*
दृष्टिगत कला : Optical Art *ऑप्टिकल आर्ट*
दृष्टिगत कला, चाक्षुषीय कला : Optical Art *ऑप्टिकल आर्ट*
दृष्टिगत तत्त्व : Objective Elements *आब्जेक्टिव एलीमेंट्स*
दृष्टिजन्य मिश्रण : Optical Mixture *ऑप्टिकल मिक्स्चर*
दृष्टिभ्रम : Illusion *एल्यूज़न*
दृष्टिभ्रामक कला : Optical Art *ऑप्टिकल आर्ट*
दृष्य रूप : Visual Form *विज़ुअल फॉर्म*
दृष्यान्वेषी व्याख्या : Visual Description/Explanation *विज़ुअल डिस्क्रिप्शॅन/एक्सप्लनेशॅन*
दृष्यावली : Panorama *पैनॉरामा,* Scene *सीन*
देग : Cauldron *कॉलड्रॅन*
देवकुल : Pantheon *पैन्थिएन*
देवकोष्ठ : Thole *थोले*
देवदूत : Angel *एंजिल*
देवदूत : Apostle *एपॉसिल*
देवदूत संदेश : Annunciation *एननसियेशॅन*
देवी मरियम : Madonna *मेडोना*
देवी मरियम और शिशु : Madonna & Child *मेडोनो एंड चाइल्ड*
देशज कला : Native Art *नेटिव आर्ट*
देशज संस्कृति : Indigenous Culture *इंडीजीनियस कल्चर*
देशव्यापी कला : National Art *नेशनल आर्ट*
देशी : Indigenous *इंडीजीनस*
देशी : Native *नेटिव*
देहावशेष : Corporal Relic *कार्पोरल रिलिक,* Relic *रिलिक*
दैत्याकृति : Mascaron *मेस्करॉन*
दैनिक घटनाचित्र : Genre *जेनर*
दैनिक जीवन चित्रण : Genre Art *जेनर आर्ट*
दैन्य चित्रणवाद : Miserablism *मिज़रेब्लिज़्म*
दैन्यवर्ण : Dull Colors *डल कलर्स*
दैविक शक्ति : Divine Power *डिवाइन पावर*
दो चश्म : Frontal View *फ्रंटल व्यू ,* Showing both eyes *शोइंग बोथ आइज़*
दोरंगा : Bichorme *बाईक्रोम*
दोहत्था : Amphora *एम्फोरा*
दोहा : Stanza *स्टैन्ज़ा,* Couplet *कपलिट,* Distich *डिसटिक,* Hindi Poetry of two lines *हिन्दी पोइट्री ऑफ़ टू लाइंस*
दौर : Period *पीरियड*
द्योतक : Indicative *इंडिकेटिव*
द्रविड़ सभ्यता : Dravidian Civilization *द्रवेडियन सिविलाइज़ेशॅन*
द्रविण : Reference to Southern India *रिफरेंस टू साउदर्न इंडिया*
द्रविण शैली : Dravidian Style *द्रवेडियन स्टाइल,* South Indian Style *साउथ इंडियन स्टाइल*
द्विआयामी : Two Dimensional *टू डायमेंशनल*
द्विगुणित : Double *डबल*
द्वितीय रंग : Secondary Colours *सेकेंड्री कलर्स*

द्वितीयक रंग, गौड़ रंग/वर्ण : Secondary Colour *सेकेंड्री कलर*
द्विपट : Diptych *डिपटिक*
द्वि-पटचित्र : Diptych Painting *डिपटिक पेंटिंग*
द्विप्रतिम : Double Image *डबल इमेज*
द्विप्रतिम आकृति : Double Image Figure *डबल इमेज फिगर*
द्विबिम्ब : Double Image *डबल इमेज*
द्विभाषिक शिलालेख : Bilingual Inscription *बाइलिंगुअल इंसक्रिप्शॅन*
द्विमितियुक्त : Two Dimensional *टू डायमेंशनल*
द्विमितीय : Two Dimensional *टू डॉयमेंशनल*
द्विरंगी : Bichrome *बाईक्रोम*
द्वीपांतर : South East Asia *साउथ ईस्ट एशिया*

ध

धड़ प्रतिमा : Torso *टॉर्सो*
धन- दौलत : Wealth *वेल्थ*
धन वाद्य : Percussion Instruments *परकशॅन इंस्ट्रूमेंट्स*
धनात्मक छाया-पत्रक : Positive *पॉजिटिव*
धनिया : Coriander Seeds *कॉरिएंडर सीड्स*
धनिया पत्ती : Corinader Leaves *कोरिएंडर लीव्ज*
धनी कलाकार : Able Artist *एबॅल आर्टिस्ट*
धनुर्लेखनी : Bow Pen *बो पेन*
धनुष : Bow *बो*
धब्बा : Spot *स्पॉट*
धब्बा : Tachisme *टाशिज़्म*
धब्बा चित्रण : Blot Painting *ब्लॉट पेंटिंग*
धब्बा चित्र : Blot Drawing *ब्लॉट ड्राइंग*
धब्बावाद : Tachisme *टाशिज़्म*
धब्बेदार चित्रकारी : Blottesque *ब्लॉटिस्क*
धरातल : Ground *ग्राउंड*
धरातल : Plane *प्लेन*
धरातलीय बाध्य रेखा : Anti-Cerne *एंटी सर्न*
धर्म ग्रंथ : Scripture *स्क्रिपचर*
धर्म प्रचारक : Apostile *एपॉसिल*
धर्म शास्त्र : Theology *थियोलॉजी*
धर्मगुरु : Priest *प्रीस्ट*
धर्मग्रंथ : Scripture *स्क्रिप्चर*
धर्मदूत : Apostle *एपॉसिल*
धर्मशाला : Pilgrim's Hostel *पिलग्रिम्स हॉस्टल*
धर्मांध : Fanatic *फेनटिक*
धवल : Bright *ब्राइट*
धांसू : Too Bold Person *टू बोल्ड पर्सन*
धाक : Strong Reputation *स्ट्रांग रेपुटेशॅन,* Solid Reputation *सॉलिड रेपुटेशॅन*
धाकड़ : Bold *बोल्ड*
धागा चित्रण : Thread Painting *थ्रेड पेंटिंग*
धातु पच्चीकारी : Damascene *डैमसीन*
धातुपत्र निक्षारण : Aquatint *एक्वाटिंट*
धानी रंग : Light Green Colour *लाइट ग्रीन कलर*
धार : Edge *एज*
धारणा : Image *इमेज़*
धार्मिक कला : Religious Art *रिलीजियस आर्ट*
धार्मिक पुजारियों का निवास स्थान : Monastery *मोनॅस्ट्री*
धुआँ चित्रण : Fumages *फ्यूमेज़ेस*
धुनिया : Carder *कार्डर*
धुरंधर कलाकार : Master Artist *मास्टर आर्टिस्ट*
धुरंधर कलाकार : All rounder Artist *ऑल राउंडर आर्टिस्ट,* Fanatical artist *फेनेटिकल आर्टिस्ट*
धुलेरंग जलरंगीय आरेखण : Wash Painting *वॉश पेंटिंग*
धुलेरंग जलरंगीय चित्र : Wash Painting *वॉश पेंटिंग*
धुलेरंग-चित्र : Wash Painting *वॉश पेंटिंग*
धूपदान : Acerra *एसेरा*
धूम-धाम : Pomp and Show *पॉम्प एंड शो*
धूमिल : Chalky *चाकी*
धूलिचित्र : Pastel *पेस्टल*
धूलिरंग : Dry Colour *ड्राई कलर*
धोबी : Washer Man *वॉशर मैन*
ध्यान गुफा : Catacomb *केटाकूम्ब*
ध्यान-मुद्रा : Gesture of Meditation *गेस्चर ऑफ़ मेडीटेशॅन*
ध्यानी बुद्ध : Buddha Under Meditation *बुद्धा अंडर मेडीटेशॅन*
ध्वज वाहक : Flag Bearer Flag Carrier *फ्लैग कैरियर*
ध्वज वाहक : Flag Bearer *फ्लैग बियरर,* Flag Carrier *फ्लैग कैरियर*
ध्वजा : Banner *बैनर*
ध्वनि : Sound *साउंड*
ध्वनि मूलक कला : Acoustic Art *एकास्टिक आर्ट*
ध्वनि विज्ञान : Phonology *फोनोलॉजी*

न

नई लीक : New Trend *न्यू ट्रेंड*
नकल : Copy *कॉपी,* Imitation *इमीटेशॅन*
नकली : Dummy *डमी*
नकारना : Rejection *रिजेक्शॅन*
नकारात्मक रंग : Negative Colour *निगेटिव कलर*
नक्काशी (लकड़ी पर) : Fret-Work *फ्रेट वर्क*
नक्काशी : Carving *कार्विंग,* Engraving *इंग्रेविंग,* Embossing *इम्बोज़िंग*
नक्काशी कला : Glyphic Art *ग्लाइफिक आर्ट*
नक्शा : Pattern Art *पैटर्न आर्ट,* Plan *प्लान,* Pattern पैटर्न
नक्शानवीस : Draughtsman *ड्राफ्ट्समैन*
नख आरेखण : Finger Painting *फिंगर पेंटिंग*
नगर पति : Mayor *मेयर*
नगरीय सभ्यता : Urban Civilization *अर्बन सिवलाइज़ेशॅन*
नग्न चित्र : Nude *न्यूड*
नग्न नराकृति : Danzantes *डेनज़ेंट्स*
नग्नमूर्ति : Nude Statue *न्यूड स्टेच्यू,* Nude *न्यूड*
नग्नाकृति : Nude *न्यूड*
नग्नाभ्यास : Nude Study *न्यूड स्टडी*
नज़रिया : Opinion *ओपीनियन,* Point of View *प्वाइंट ऑफ़ व्यू*
नज़ारा : Natural View *नेचुरल व्यू*
नट : Acrobat *एक्रोबैट*
नट : Dancer *डांसर*
नथनी : Nose Ring *नोज़रिंग*
नमक : Salt *साल्ट*
नमदा लेखनी : Felt Pen *फेल्ट पेन*
नमाज़ : Islamic Prayer *इस्लामिक प्रेयर,* Muslim Prayer *मुस्लिम प्रेयर*
नमूना : Model *माडेल,* Pattern *पैटर्न*
नमूनाकृति : Type Piece *टाइप पीस*
नरसिंही मूर्ति : Sphinx *स्फिनिक्स*
नराश्म : Anthropolite *एन्थ्रोपोलाइट,* Anthropolith *एन्थ्रोपोलिथ*
नर्तक : Dancer *डांसर*
नल : Water Tap *वाटर टैप*
नव अभिव्यंजनावाद : Neo Expressionism *नियो एक्सप्रेश्निज़्म*
नव आदिम : Neo Primitive *नियो प्रिमिटिव*
नव आदिम चित्रकार : Neo Primitives *नियो प्रिमिटिव्ज़*
नव आदिमवाद : Neo Primitivism *नियो प्रिमिटविज़्म*
नव आभासवाद : New Impressionism *नियो इम्प्रेशॅनिज़्म*
नव कला : Modern Art *माडर्न आर्ट*
नव जागरण काल : Renaissance *रेनेसाँ*
नव जागरण कालीन कला : Renaissance Art *रेनेसाँ आर्ट*
नव परम्परावाद : Neo-Traditionalism *नियो-ट्रेडीश्नलिज़्म*
नव पशुत्ववाद : New Brutalism *न्यू ब्रूटलिज़्म*
नव पाषाणलीन कला : Neolithic Art *नियोलिथिक आर्ट*
नव प्रभाववाद : Neo Impressionism *नियो इम्प्रेश्निज़्म*
नव यथार्थवाद : Neo Ralism *नियो रियलिज़्म*
नव रोमांसवाद : Neo Romanticism *नियो रोमांटेसिज़्म*
नव लचीलवाद : Neo Plasticism *नियो प्लास्टिसिज़्म*
नव विधान : New Testament *न्यू टेस्टामेंट*
नव शास्त्रीयतावाद : Neo Classicism *नियो क्लासिज़्म*
नव स्वच्छन्दतावाद : Neo-Romanticism *नियो रोमांटिसिज़्म*
नवजागराण कालीन कला : Renaissance Art *रेनेसाँ आर्ट*
नवदादावाद : Neo Dadaism *नियो डाडाइज़्म*
नवपरम्परावाद : Neo Traditionalism *नियो ट्रेडीशलिज़्म*
नवपाषाण युग : Neolithic Age *नियोलिथिक एज*
नवपाषाण युगीन कला : Neolithic Art *नियोलिथिक आर्ट*
नवविधान : New Testament *न्यू टेस्टामेंट*
नवशास्त्रवाद : Neo Classicism *नियो क्लासिज़्म*
नवशास्त्रीय कला : Neo Classical Art *नियो क्लासिकल आर्ट*
नवशिक्षित : New Literate *न्यू लिटरेट*
नवीकरण : Renovation *रिनोवेशॅन*
नवीन कला : Art Nouveau *आर्ट नुओ,* Modern Art *माडर्न आर्ट*
नवीन प्राप्ति : New Arrival *न्यू अराइवल,* New Acquisition *न्यू एक्यूजीशॅन*
नव्य : Neo *नियो,* New *न्यू*
नव्य अभिजातवाद : Neo Classicism *नियो क्लासिज़्म*
नव्य मार्गीय : Innovative *इनोवेटिव*
नव्य मार्गीय चित्रण : Neo Classicism *नियो क्लासिज़्म*
नव्य मार्गीयतावाद : Neo Classicism *नियो क्लासिज़्म*
नाक-नक्श : Features *फीचर्स*
नाग : Snake *स्नेक*
नाग बंध : Serpent Tie *सर्पेंट टाई*
नागर : Civilized *सिविलाइज्ड*
नागरी कला केंद्र : Guilds *गिल्ड्स,* Academy *ऐकेडमी*
नाच-गाना : Entertainment *इंटरटेनमेंट*
नाजुक : Delicate *डेलीकेट*

नाटक : Drama *ड्रामा*
नाटक कार : Dramatist *ड्रामेटिस्ट*
नाटय कला : Stage Craft *स्टेज क्राफ्ट*
नाट्य कर्मी : Theatre Activist *थियेटर एक्टीविस्ट*
नाट्य विद्या : Art of Thetricals *आर्ट ऑफ़ थिएट्रिकल्स*
नाट्यमंच : Episcenium *इपीसीनियम*
नाद : Sound *साउंड*
नाद सौन्दर्य : Beauty of Sound *ब्यूटी ऑफ़ साउंड*
नादोत्सव : Musical Festival *म्यूज़िकल फेस्टीवल*
नान्दतिक : Aesthetical *एस्थेटिकल,* Aesthetic *एस्थेटिक*
नान्दतिक अनुभव : Aesthetic Experience *एस्थेटिक एक्सपीरियंस*
नान्दतिक मूल्यन : Aesthetic Valuation *एस्थिटिक वैल्यूएशॅन*
नान्दतिक मूल्यांकन : Aesthetic Valuation *एस्थिटिक वैल्यूएशॅन*
नाप जोख : Measurement *मेजरमेंट*
नायक : Hero *हीरो*
नायिका : Heroine *हीरोइन*
नारंगी रंग : Orange Colour *ऑरेंज कलर*
नारंगी रंग : Pink Colour *ऑरेंज कलर*
नारालगाना : Shouting Slogan *शाउटिंग स्लोगन*
नारियल : Coconut *कोकोनट*
नारियल का तेल : Coconut Oil *कोकोनट ऑयल*
नाशपाती : Pear *पीयर*
नासिका आभूषण : Ornament of Nose *ऑर्नामेंट् ऑफ़ नोज़*
निक्षारण : Etching *एचिंग*
निक्षारण : Etching *एचिंग,* Biting *बाइटिंग*
निक्षारण तल : Etching Ground *एचिंग ग्राउंड*
निक्षारण पीठिका : Etching Ground *एचिंग ग्राउंड*
निक्षारण सुई : Etching Needle *एचिंग नीडल*
निक्षारण सूचिका : Etching Needle *एचिंग नीडल*
निक्षारित आकृति : Etched Figure *ऐच्ड फिगर*
निक्षारित छापाचित्र : Aquatint *एक्वाटिंट*
निचली परत : Under Coat *अंडर कोट*
निजिता (रंग की) : Hue *ह्यू*
निजी रंग : Local Colour *लोकल कलर*
निदर्शनी : Directory *डाइरेक्ट्री*
निपुण : Expert *एक्सपर्ट*
निपुणता : Expertise *एक्सपरटाइज़*
निपुणता : Skill *स्किल*
निमग्न : Lost in thought *लास्ट इन थॉट*
निम्न उदभृत : Bas-Relief *बास रिलीफ*
निम्न उद्‌भ्रत : Low Relief *लो रिलीफ*
निम्न उद्‌भ्रत कला : Sculpture Painting *स्कल्पचर पेंटिंग*
निम्न कोणीय रेखाएँ : Angleworm Lines *एगलवॉर्म लाइंस*
निम्न छटा : Low Tone *लो टोन*
निम्न रंग परत : Under Painting *अंडर पेंटिंग*
निम्नकोणीय रेखाएँ : Angleworm Lines *एंगलवॉर्म लाइंस*
निम्नीकरण (अवमूल्यन) : Degradation *डी ग्रेडेशॅन*
निम्नीकृत रंग : Degraded Colour *डीग्रेटेड कलर*
निम्नोद्‌भृत अलंकरण : Anaglyph *एनाग्लिफ*
नियमित रूप, समरूपी आकार : Symmetrical Shape *सिमिट्रिकल शेप*
नियुक्ति (विशिष्ट कार्य हेतु) : Commission *कमीशन*
निराधार : Baseless बेसलेस
निरापद : Harmless हार्मलेस
निरावरण चित्र : Nude *न्यूड;* Nude Painting *न्यूड पेंटिंग*
निरूपण : Visualisation *विज़ुअलाइज़ेशन, Depection डिपिक्शॅन*
निरेपक्ष कालानुक्रम : Absolute Chronology *एब्सोल्यूट क्रोनोलॉजी*
निर्जीव : Dead डेड, Life Less *लाइफ लेस*
निर्जीव : Dead, Life Less
निर्णायक : Judge *जज*
निर्भीक (रेखांकन, रंगांकन, तूलिका, संचालन) : Bold (drawing painting & brushing) *बोल्ड* (ड्राइंग, पेंटिंग एंड ब्रशिंग)
निर्मल प्रेम : Divine Love *डिवाइन लव*
निर्माण काल : Formative Period *फॉरमेटिव पीरियड*
निर्यूह : Pinnacle *पेनॅकल*
निर्वस्तुवाद : Non Objectivism *नॉन आब्जेक्टिविज़्म*
निर्वस्त्र मानव : Nude *न्यूड*
निर्वाण : Solvation *सॉल्वेशॅन*
निर्विवाद : Unopposed *अनअपोज़्ड*
निर्विवाद : Without Controversy *विदाउट कंट्रॉवर्सी*
निशादृश्य : Nocturne *नॉक्टर्न*
निषिद्ध चित्र : Forbidden Painting *फॉरबेडेन पेंटिंग*
निष्कर्ष : Conclusion *कॉनक्लूज़न*
निष्क्रिय रंग : Passive Colour *पैसिव कलर*
निष्पक्ष : Impartial *इम्पार्शल*
निष्पादन कला : Performing Art *परफारमिंग आर्ट*
निसर्ग चित्र : Land Scape *लैंड स्केप*
निसर्ग निरीक्षक : Nature Observer *नेचर आब्जर्बर*
निसर्गवाद : Naturism *नेचरिज़्म*
निसर्गांकन : Landscape Painting *लैंडस्केप पेंटिंग*
निस्तेज रंग : Dull Colours *डल कलर्स*

निस्सारी रेखाएँ : Effluent Lines *एफ्ल्यूऐंट लाइंस*
निहित : Vested *वेस्टेड,* Inherent *इनहेरेंट,* Implicit *इम्प्लीसिट,* Latent *लेटेंट,* Implied *इम्प्लाइड*
नींव : Foundation *फाउंडेशॅन*
नींव तल : Foundation Level *फाउंडेशॅन लेविल*
नीति घोषणा पत्र : Manifesto *मेनीफेस्टो*
नीति निर्माता : Policy Maker/Framer *पॉलिसी मेकर/फ्रेमर*
नीतिकथा : Apologue *एपलॉग,* Fable *फेबल*
नीबू : Lemon *लेमन*
नील प्रमुख रंग : Cold Colours *कोल्ड कलर्स*
नीलम : Sapphire *सफायर*
नीला रंग : Blue Colur *ब्लू कलर*
नुकीली छेनी : Broach *ब्रूच*
नुक्ताचीनी : Comment *कमेंट*
नूतनीकरण : Renovation *रिनोवेशॅन*
नृत्य कला : Dance *डांस*
नृत्य विद्या : Art of Dancing *आर्ट ऑफ डासिंग*
नृत्य समूह : Group Dance *ग्रुप डांस*
नेत्रपटलीय : Retinal *रेटिनल*
नेत्राकर्षक : Eye Catching *आई कैचिंग*
नेत्रीय कला : Op Art *ऑप आर्ट,* Optical Art, *ऑप्टिकल आर्ट*
नेत्रीय प्रभाव : Retinal Effect *रेटिनल एफेक्ट*
नेत्रीय भ्रम : Optical Illusion *ऑप्टिकल एल्यूज़न*
नेपथ्य : Back Stage *बैक स्टेज*
नेबिस : Les Nebis *ली नेबिस*
नैतिक जिम्मेदारी : Moral Responsibility *मोरल रिस्पांसबिलिटी*
नैपुण्य : Expertise *एक्सपर्टीज़*
नैरंतर्य : Continuity *कॉंटिनुइटी*
नैसर्गिक : Natural *नेचुरल*
नैसर्गिकतावाद : Naturalism *नेचुरलिज़्म*
नौ रस : (1) Shringar *शृंगार,* (2) Hasya *हास्य,* (3) Karuna *करुण,* (4) Raudra *रौद्र,* (5) Veer *वीर,* (6) Bhayanak *भयानक,* (7) Vibhats *वीभत्स,* (8) Adbhut *अद्‌भुत,* (9) Shant *शान्त*
नौटंकी : Operatic Drama *ऑप्रेटिक ड्रामा*
न्यूनतम तैलयुक्त रंग : Lean Colour *लीन कलर*

प

पंख कलम : Quill Pen *क्विल पेन*
पंचभुज : Pentagon *पेंटागॅन*
पका तेल : Stained Oil *स्टेंड ऑयल*
पका फल : Ripe Fruit *राइप फ्रूट*
पकी मिट्‌टी : Terracotta *टेराकोटा*
पक्का आधार : Foundation Base *फाउंडेशन बेस*
पक्का करना : Fixing *फिक्सिंग*
पक्का तत्त्व : Fixative *फिक्सेटिव*
पक्का नदी पथ : Causeways *काजवेज़*
पक्का रंग : Fast Colour *फास्ट कलर*
पक्व मृत्तिका : Terracotta *टेराकोटा*
पक्षीय मुखाकृति : Profile *प्रोफाइल*
पख : Chamfer *केम्फर*
पगडंडी : Footpath *फुटपाथ*
पगड़ी : Turban *टरबन*
पच्चीकारी : Mosaic *मोजैक,* Inlay Work *इनले वर्क*
पट : Canvas *कैनवास,* Panel *पेनॅल*
पट चित्र : Scroll Painting *स्क्रोल पेंटिंग*
पट चित्रण : Scroll Painting *स्क्रोल पेंटिंग*
पटकथा : Screen Play *स्क्रीन प्ले*
पटचित्र : Ekotoba *इकोतोबा*
पटना कलम : Patna School *पटना स्कूल,* Patna Style of Painting *पटना स्टाइल ऑफ़ पेंटिंग*
पटना शैली : Patna School *पटना स्कूल*
पट-पत्री, कुंडलित पट : Scroll *स्क्रोल*
पटरी पर लौटना : Again Come in Action *अगेन कम इन एक्शॅन*
पटाक्षेप : Closer *क्लोज़र*
पट्‌ट : Panel *पेनल*
पट्‌ट चित्रण : Panel Painting *पेनॅल पेंटिंग*
पट्टिका : Panel *पेनॅल*
पड़ा खाका : Plan Design *प्लान डिज़ाइन*
पतन : Downfall *डाउनफाल*
पतला पारदर्शी कागज : Tissue Paper *टिश्यू पेपर*
पतला रंग : Thin Colour *थिन कलर*
पतला लेप : Wash *वॉश,* Thin Coating *थिन कोटिंग*
पति : Married Man & faithful to his wife *मैरीड मैन एंड फेथफुल टू हिज़ वाइफ*
पत्ता गोभी : Cabbage *काबेज*
पथ प्रदर्शक : Leader *लीडर,* Pioneer *पाइनियर*
पद यात्रा : High King *हाई किंग*
पदांग : Plinth *प्लिंथ*

पदार्थ चित्रण : Object Drawing *ऑब्जेक्ट ड्राइंग,* Object Painting *आब्जेक्ट पेंटिंग,* Matter Painting *मैटर पेंटिंग,* Still Life *स्टिल लाइफ*
पदार्थवादी कला : Concrete Art *कंक्रीट आर्ट*
पद्धति : Style *स्टाइल*
पद्धति चित्रण : Matter Painting *मैटर पेंटिंग*
पद्म : Lotus Flower *लोट्स फ्लावर*
पद्म कोश : Lotus Petals *लोट्स पेटल्स,* Half Open Lotus Flower *हॉफ ओपन लोट्स फ्लावर*
पद्य : Verse *वर्स,* Poetry *पोइट्री,* Parnassus *पॅरनासस*
पनोरमा : Panorama *पैनोरामा*
पपड़ियाना (तैल चित्र का) : Flaking *फ्लेकिंग*
पपीता : Papaya *पपाया*
परकार : Divider *डिवाइडर*
परकोटा : Rampart *रैम्पार्ट*
परछाई : Shade *शेड*
परत : Layer *लेयर*
परत पद्धति रंगांकन : Wash Painting *वॉश पेंटिंग*
परदा : Mask *मास्क*
परदा चित्र, लटकन चित्र : Hanging *हैंगिंग*
परमलक्ष्य : Ultimate Aim *अल्टीमट ऐम*
परम्परागत कला : Traditional Art *ट्रेडीशनल आर्ट*
परवर्ती : Later *लेटर*
परवर्ती नवजागरण काल : Post Renaissance *पोस्ट रेनेसाँ*
परवर्ती प्रतिकृति : Reproduction *रिप्रोडक्शॅन,* Copy *कापी*
परवर्तीकाल : Post Period *पोस्ट पीरियड*
परवल : Tricosanthes Diocia *ट्राईकोसेन्थीस डाईओसिया*
परस्परावृत्त-परम्परासीन : Overlapping *ओवर लैपिंग*
पराकाष्ठा : End Stage *एंड स्टेज,* Climax *क्लाइमेक्स*
पराकाष्ठा : Extreme *एक्सट्रीम*
परावर्तित प्रकाश : Reflected Light *रिफलेक्टेड लाइट*
परावर्तित रंग : Reflected Colour *रिफलेक्टेड कलर*
परिकल्पक : Visualiser *विज़ुलाइज़र*
परिकल्पना : Design *डिज़ाइन,* Imagination *इमैजीनेशन*
परिकल्पना करना : Visualisation *विज़ुअलाइजेशन*
परिघान कक्ष : Apotheosis *एपोथिओसिस,* Apodyterium *एपोडाईटीरियम*
परिचक्र : Medallion *मिडेलियन*
परिचय पत्र : Catalogue *केटलॉग*
परिचयवाद : Intimism *इंटीमिज़्म*
परिचयवादी : Intimist *इंटीमिस्ट*
परिज्ञान : Insight *इनसाइट*
परिणति : End Result *एंड रिजल्ट*
परिणाम : Result Outcome *आउटकम,* Effect *फेक्ट,* Consequence *कॉन्सीक्वेंस*
परिणाम : Result *रिज़ल्ट,* Outcome *आउटकम*
परिणाम का फल : Result Oriented *रिजल्ट ओरिएंटेड*
परिणाम कारक : Result Oriented *रिजल्ट ओरिएंटेड*
परिणाम मूलक : Result Oriented *रिजल्ट ओरिएंटेड*
परिदृश्य : Back Drop *बैक ड्राप*
परिदृश्य : Panoroma *पैनोरमा,* Perspective *पर्सपेक्टिव*
परिधान : Dress *ड्रेस,* Garment *गारमेंट*
परिपूर्ण : Complete *कम्पलीट*
परिप्रेक्ष्य : Perspective *पर्सपेक्टिव*
परिभाषा : Definition *डिफिनिशॅन*
परिरक्षण : Preservation *प्रिजर्वेशन*
परिरेखा : Contour *कॅन्टूर*
परिवर्धन : Enlargement *इनलार्जमेंट*
परिवृत्त : Back View *बैक व्यू*
परिष्करण : Finish *फिनिश,* Finishing *फिनिशिंग,* Finishing Touch *फिनिशिंग टच,* Refinement *रिफाइनमेंट,* Retouch *रिटच,* Retouching *रिटचिंग*
परिष्करण प्रविधि : Retouching Technique *रिटचिंग टेक्नीक*
परिष्कार : Refinement *रिफाइनमेंट*
परिष्कृत आभासवाद : Intimism *इंटीमिज़्म*
परिष्कृति : Finishing *फिनिशिंग*
परिसज्जन : Finishing *फिनिशिंग,* Finishing Touch *फिनिशिंग टच*
परिसर : Campus *कैम्पस,* Compound *कम्पाउंड*
परिस्थिति विज्ञान : Ecology *इकोलॉजी*
परिस्थितिकी : Ecology *इकोलॉजी*
परिहास : Joke *जोक*
परीक्षण खाई उत्खनन : Trial Trenching *ट्रायल ट्रेचिंग*
परीक्षणार्थ उत्खनन : Test Digging *टेस्ट डिगिंग*
परोक्ष : Indirect *इनडायरेक्ट*
परोपकार : Charity Philanthropy *फिलेंथ्राफी*
परोपकार : Charity *चेरिटी,* Philanthropy *फिलेंथ्राफी*
पर्यटक : Tourist *टूरिस्ट*
पर्याय : Synonyms *सिनोनिम्स*
पर्यायवाची : Synonym *सनॉनिम*
पर्यावरण : Atmoshpere *एटमॉस्फियर*
पर्यावरणीय पुरातत्व : Environmental Archaeology *इनवायरॅनमेंटल आर्कियोलाजी*
पर्यूत्कीर्ण आकृति : Figure In the Round *फिगर इन द राउंड*
पलस्तर पर खुदाई कार्य : Graffito *ग्रैफिटो*

पलायनवाद : Escapism *इस्केपिज़्म*
पवित्र अनुपात : Holy Proportion *होली प्रोपोर्शन*
पवित्र प्रतिमा या मूर्ति : Icon *आइकन*
पशु शैली : Animal Style *एनीमल स्टाइल*
पश्चिमोत्तर : North-West *नॉर्थ-वेस्ट*
पहल करने वाला कलाकार : Pioneer Artist *पाइनियर आर्टिस्ट*
पहलवान : Wrestler *रेसलर*
पहला कोट : Priming *प्राइमिंग,* First Coat *फर्स्ट कोट*
पहली परत : Base *बेस*
पहिया : Wheel *व्हील*
पहुँची : Armlet *आर्मलेट*
पांडित्य : Deep Knowledge *डीप नॉलेज*
पांडुलिपि : Manuscript *मैन्युस्क्रिप्ट*
पांडुलिपि सज्जा : Illumination of Manuscript *इल्यूमिनेशन ऑफ़ मैन्युस्क्रिप्ट*
पांडुलिपि सज्जाकार : Limner *लिमनॅर*
पांडुलेख (मसविदा) : Draft *ड्राफ्ट*
पाथेय : Viaticum *वियाटिकम (लैटिन शब्द)*
पादरी : Father फादर, Priest (in Church) *प्रीस्ट* (इन चर्च)
पान : Betel Leaf *बेटल लीफ*
पान मसाला : Betel Spices *बेटल स्पाइसेस*
पान (ताश का खेल) : Heart *हार्ट*
पान-पात्र : Chalice *चेलिस,* Tankard *टेनकार्ड*
पापड़ बेलना : Foul Efforts *फाउल एफ्फोर्ट्स*
पायस : Emulsion *इमल्शन*
पायसीकृत रंग : Emulsion Colour *इमल्शन कलर,* Emulsion Paint *इमल्शॅन पेंट*
पाया : Pier *पियर*
पारंगत : Expert *एक्सपर्ट*
पारंगत : Fully Competent *फुली कॉम्पिटेंट,* Proficient *प्रॉफीसिएंट*
पारदर्शक : Diaphanous *डायफेनॅस*
पारदर्शी जलरंग चित्रण : Aquarelle *एक्वेरिला*
पारदर्शी परत आलेपन : Glazing *ग्लेजिंग*
पारदर्शी वारनिस : Clear Varnish *क्लियर वारनिश*
पारम्परिक कला : Traditional Art *ट्रेडीशनल आर्ट*
पारम्परिक चित्रकार : Traditional Painter *ट्रेडीशनल पेंटर*
पारम्परिक रूप, पारम्परिक आकार : Traditional Form *ट्रेडीशनल फार्म*
पारितोषिक : Reward *रिवार्ड*
पार्श्व चित्र : Profile *प्रोफाइल*
पार्श्व दृष्टि : Sideview *साइड व्यू*
पार्श्व वीथी : Aisle *आइल*
पार्श्वगत : Sideview *साइड व्यू*
पार्श्वगत चित्र : Profile *प्रोफाइल*
पालक : Spinach *स्पैनॅच*
पाषाण काल : Stone Age *स्टोन एज*
पाषाण काल की उत्तरार्ध कला : Neo Lithic Art *नियोलिथिक आर्ट*
पाषाण पीठिका : Zoccola *जोकला*
पाषाण युग : Stone Age *स्टोन एज*
पाषाण संस्कृति : Lithic Culture *लिथिक कल्चर*
पिक्चर वार्निस : Picture Varnish *पिक्चर वारनिस*
पिंडी भूत कला : Concrete Art *कंक्रीट आर्ट*
पिरामिड : Pyramid *पिरामिड*
पिरामिड युग : Age of Pyramids *एज ऑफ़ पिरामिड्स*
पिरामिड-विशेषज्ञ : Pyramidologist *पिरामिडो लॉजिस्ट*
पिस्ता : Pistachio Nut *पिस्टेचियो नट*
पी.ओ.पी : Gypsum *जिप्सम*
पीठ : Academy *अकेडमी,* Altar *आल्टर,* Base *बेस*
पीठिका : Pedestal *पेडस्टल*
पीड़ादायक : Painful *पेनफुल*
पीढ़ी : Generatopm *जनरेशॅन*
पीला पड़ना : Yellowing *यलोइंग*
पीला या पीत रंग : Yellow Colour *यलो कलर*
पुचारा : Dabber *डॅबर*
पुचारा पद्धति : Scumbling *स्कम्बलिंग*
पुजारी : Priest *प्रीस्ट*
पुट : Effect *इफेक्ट*
पुतला : Effigy *एफिजी*
पुतले : Human Sculpture *ह्यूमन स्कल्पचर*
पुदीना : Mint Leaves *मिंट लीव्ज*
पुनरस्थापन : Restoration *रेस्टोरेशॅन*
पुनरावलोकन : Review of past *रिव्यू ऑफ़*
पुनरुत्थान (उच्च) : High Renaissance *हाई रेनेसाँ*
पुनरुत्थान (प्रारम्भिक) : Early Renaissance *अर्ली रेनेसाँ*
पुनरुत्थान : Renaissance *रेनेसाँ*
पुनरुद्धार : Restoration *रेस्टोरेशन,* Renovation *रिनोवेशॅन*
पुनर्जागरण : Renaissance *रेनेसाँ*
पुनर्पाठ : Revision *रिवीजन*
पुनर्मुद्राकंन : Restriking *रेस्ट्रिकिंग*
पुनर्रंगांकन : Repainting *रीपेंटिंग*
पुनस्थापन : Restoration *रेस्टोरेशॅन*
पुराकाल : Antiquity *एंटीक्युटी*
पुराकालिक : Ancient *एन्सियंट*
पुराकालीन : Archaic *आर्केइक*
पुराकृति : Antique *एंटीक*

पुराण : Old Book of Hindu Rituals *ओल्ड बुक ऑफ़ हिन्दू रिचुअल्स*

पुराण : Sacred Hindu Scripture *सेक्रेड हिन्दू स्क्रिपचर*

पुराण कथा : Myth *मिथ*

पुरातत्व : Archaelogy *आर्कियोलॉजी*

पुरातत्व विज्ञान : Archeology *आर्कियोलॉजी*

पुरातत्वज्ञ : Archeologist *आर्कियोलाजिस्ट*

पुरातत्वविद् : Archaeologist *आर्कियोलॉजिस्ट*

पुरातत्वीय : Archaeological *आर्कियोलॉजिकल*

पुरातन : Antique *एंटीक*

पुरातन : Classic *क्लासिक*

पुरातन शव : Mummy *ममी*

पुरातनता : Antiquity *एंटीक्युटी*

पुरातनिक : Antiquarian *एंटीक्यूरियन*

पुरातात्विक उद्धधार : Archaeological Salvage *आर्कियोलॉजीकल साल्वेज*

पुराने उस्ताद : Old Masters *ओल्ड मास्टर्स*

पुराने प्रतिष्ठित कलाकार : Old Master *ओल्ड मास्टर*

पुराने श्रेष्ठ कलाकार : Old Master *ओल्ड मास्टर*

पुराभव : Defeat Overthrow *डिफीट ओवर थ्रो,* Discomfiture *डिस्कॉम्फीट्योर,* Reduction *रिडक्शॅन,* Prostration *प्रोस्ट्रेशॅन*

पुराभाग : Facade *फेकेड*

पुरालिपि : Paleography *पेलियोग्राफ़ी*

पुरालिपिज्ञ : Palaeographist *पेलियोग्राफ़िस्ट*

पुरालिपिविद् : Palaeographist *पेलियोग्राफ़िस्ट*

पुरालिपिशास्त्र : Paleography *पेलियोग्राफ़ी*

पुरालेख : Epigraph *इपीग्राफ़*

पुरालेख वेत्ता : Epigraphist *इपीग्राफ़िस्ट*

पुरालेखीय स्मारक : Epigraphic Monument *इपीग्राफ़िक मोन्यूमेंट*

पुरावशेष : Antique *एंटीक*

पुरावशेष विद्या : Archaeology *आर्कियोलॉजी*

पुरावशेष विधि : Antiquity Law *एंटीक्युटी लॉ*

पुरावस्तु : Antique *एंटीक*

पुराविद्या : Archaeology *आर्कियोलॉजी*

पुराविद्या, पुरातत्व, पुरावशेष विद्या : Archaeology *आर्कियोलॉजी*

पुराविशेष : Relic *रिलिक*

पुराविशेष निर्यात नियंत्रण अधिनियम 1947 : Antiquities Export Control Act, 1947 *एंटीक्युटीज एक्सपोर्ट कंट्रोल एक्ट, 1947*

पुरावृत्ति : Repetition *रिपीटीशॅन*

पुरासंग्रहालय : Antiquarium *एंटीक्योरियम*

पुरुषों की वेषभूषा : Male Costumes *मेल कॉस्टयूम्स*

पुरोधा : Old Master The leader *द लीडर*

पुरोधा : Genius *जीनियस,* Great Master *ग्रेट मास्टर*

पुरोधा : Genious *जीनियस*

पुरोधा : Old Master *ओल्ड मास्टर*

पुरोभाग : Fore Ground *फोर ग्राउंड*

पुरोभाग : Obverse *ऑबवर्स*

पुरोरुप आरेखण : Life Drawing *लाइफ ड्राइंग*

पुरोहित : Family Priest *फेमिली प्रीस्ट*

पुल्लिंग : Masculine Gender *मेसकुलिन जेंडर*

पुश्ता : Revetment Wall *रिवेटमेंट वॉल*

पुष्प आधारित सज्जा : Floral Decoration *फ्लोरल डेकोरेशन*

पुष्प पात्र : Chalice *चैलिस*

पुष्प विषयक : Epigraph *इपीग्राफ़*

पुष्प श्रृंगार : Flower Ornamentation *फ्लोरॅल ऑर्नमेंटेशन*

पुष्प सुसज्जा : Floral Decoration *फ्लोरल डेकोरेशन*

पुष्पता : Flower Casket *फ्लावॅर कॉस्केट*

पुष्पीय कला : Floral Art *फ्लोरॅल आर्ट*

पुस्तक चित्रण : Book Illustration *बुक इलस्ट्रेशॅन*

पुस्तकावरण : Book Jacket *बुक जैकेट*

पुस्ते : Betrus *बेट्रेस*

पूजन : Worship *वरशिप*

पूजागृह : Sacrarium *सेक्रेरियम*

पूरक रंग : Complementary Colours *कॉम्प्लीमेंटरी कलर्स*

पूरक रंग संगति : Complementary Harmony *कॉम्प्लीमेंटरी हॉरमनी*

पूरण : Filling *फ़िलिंग*

पूर्ण आभा : Mass Tone *मास टोन*

पूर्ण रेखांकन : Finished Drawing *फिनिश्ड ड्राइंग*

पूर्ण विराम : Full Stop *फुल स्टॉप*

पूर्णत्व : Completeness *कम्पलीटनेस,* Perfect *परफेक्ट*

पूर्णाकार (चित्र) : Full Scale *फुल स्केल,* Full Size *फुल साइज़*

पूर्णाकार : Full Scale *फुल स्केल*

पूर्व पाषाण काल : Paleolithic Period *पेलियोलिथिक पीरियड*

पूर्व पाषाण कालीन : Aurignacian *ओरिगनेसियन*

पूर्व पाषाण कालीन कला : Paleolithic Art *पेलियोलिथिक आर्ट*

पूर्व राफेल पंथ : Pre-Raphaelitism *प्री-राफेलाइटिज़्म*

पूर्व शास्त्रीय : Pre-Classical *प्री-क्लास्किल*

पूर्वकल्पना : Design *डिज़ाइन*

पूर्वपीठिका : Background *बैकग्राउंड*

पूर्वव्यापी प्रदर्शनी : Retrospective Exhibition *रिट्रोस्पेक्टिव एग्जीबिशन*

पूर्वोत्तर : North-East *नॉर्थ-ईस्ट*
पूस या पौष : Month of December-January *मंथ ऑफ़ दिसम्बर-जनवरी*
पृष्ठ दृश्य : Back View *बैक व्यू*
पृष्ठभूमि : Back Ground *बैक ग्राउंड,* Intonaco *इनटॅनको*
पृष्ठाधान : Relining *रिलाइनिंग*
पृष्ठावरण : Reredos *रीरिड्स*
पृष्ठिका : Back Ground *बैक ग्राउंड*
पेटिकाकार शवाधान : Box Grave *बॉक्स ग्रेव,* Cist Grave *सिस्ट ग्रेव*
पेन-इंक रेखांकन : Pen & Ink Drawing *पेन एंड इंक ड्राइंग*
पेंटिंग नाइफ : Painting Knife *पेंटिंग नाइफ*
पेरिस कला वर्ग : School of Paris *स्कूल ऑफ़ पेरिस*
पैदल रास्ता : Pedestrian *पेडेस्ट्रेन*
पैबंदकारी : Applique *एप्लीक*
पैरवी : Lobbying *लॉबिंग*
पॉप कला : Pop Art *पॉप आर्ट*
पोत, खुरदरा सौन्दर्य : Texture *टेक्स्चर*
पोथीखाना : Studio for Manuscript Illumination *स्टूडियो फॉर मैन्युस्क्रिप्ट एल्यूमिनेशॅन*
पोस्टर रंग : Poster Colours *पोस्टर कलर्स*
पोस्ते का तेल : Poppy Oil *पॉपी ऑयल*
पौष या पूस : December-January Month *दिसम्बर-जनवरी मंथ*
पौष्टिक : Nutritious *न्यूट्रीशियस*
प्याज : Onion *ओनियन*
प्याला : Goblet *गॉबलिट*
प्रकांड कलाकार : Great Artist *ग्रेट आर्टिस्ट*
प्रकांड पंडित : Extremely Learned Person *एक्सट्रीमली लर्नेड पर्सन*
प्रकांड : Extreme *एक्सट्रीम*
प्रकाश : Light *लाइट*
प्रकाश प्रभाववाद : Luminism *लूमिनिज़्म*
प्रकाश प्रभावित चित्रण : Luminism *लूमिनिज़्म*
प्रकाश मुद्र : Photo Type *फ़ोटो टाइप*
प्रकाश वर्ण : Local Colour *लोकल कलर*
प्रकाश-छाया : Light and Shade *लाइट एंड शेड*
प्रकाशवाद : Luminism *ल्यूमिनिज़्म*
प्रकृतवाद : Naturalism *नेचुरलिज़्म*
प्रकृताकार : Life Size *लाइफ साइज*
प्रकृति चित्रकार : Landscapist *लैंडस्केपिस्ट*
प्रकृति चित्रण : Landscape Painting *लैंडस्केप पेंटिंग*
प्रकृतिवाद : Naturalism *नेचुरलिज़्म*
प्रकोष्ठ : Vesti Bule *वेस्टी ब्यूल*
प्रक्रिया : Technique *टेकनीक*
प्रक्षेपक : Projector *प्रोजेक्टर*
प्रक्षेपण : Projection *प्रोजेक्शॅन*
प्रक्षेपण यंत्र : Projector *प्रोजेक्टर*
प्रखर : Intense *इंटेन्स,* Sharp *शॉर्प*
प्रखर पांडित्य : Extreme Knowledge *एक्सट्रीम नालेज*
प्रखर बुद्धि : Intelligent *इंटलीजेंट*
प्रखर मेधा : Intellect *इंटलैक्ट*
प्रख्यात : Famous *फेमस*
प्रख्यात : Renowned *रिनाउंड,* Famous *फेमस*
प्रगतिशील कलाकार : Avant Garde *अवाँगार्दे*
प्रगाढ़तम वर्ण : Top Tone *टॉप टोन*
प्रचंड : Bumper *बम्पर*
प्रचलित कला : Pop Art *पॉप आर्ट,* Popular Art *पॉपुलर आर्ट*
प्रचार : Propaganda *प्रोपेगेंडा*
प्रचारदूत : Brand Ambassador *ब्रांड एम्बेसडर*
प्रणयन : Infliction *इनफ्लिक्शन*
प्रणाली : Style *स्टाइल*
प्रणेता कलाकार : Pioneer Artsit *पाइनियर आर्टिस्ट*
प्रति : Proof *प्रूफ*
प्रति रूपण : Imitation *इमीटेशॅन*
प्रतिकाय टीला : Effigy Mound *एफिजी माउंड*
प्रतिकृति : Copy *कापी,* Replica *रिप्लिका (त्रिआयमी प्रतिकृति जैसे मूर्ति),* Reproduction *रिप्रोडक्शन,* Portrait *पोर्ट्रेट,* Imitation *इमीटेशन*
प्रतिगामी ताकत : Reversible Force *रिवर्सेबल फोर्स*
प्रतिच्छाया : Refelected Image *रिफलेक्टेड इमेज*
प्रति-दीप्त : Fluorescent *फ्लोरेसेंट*
प्रतिधारक भित्ति : Revetment Wall *रिवेटमेंट वॉल*
प्रतिध्वनि : Echo *इको*
प्रतिनिधात्मक कला : Representational Art *रिप्रजेंटेशनल आर्ट*
प्रतिनिधि उदाहरण : Representational Example *रिप्रजेंटेशॅनल एग्जाम्पॅल*
प्रतिनिधि कृति : Type Piece *टाइप पीस*
प्रतिनिधित्व : Representation *रिप्रजेंटेशन*
प्रतिबिम्ब वाद : Impressionism *इम्प्रेशनिज़्म*
प्रतिभा : Caliber *कैलीबर*
प्रतिभावान : Talented *टेलेंटेड*
प्रतिमा : Image *इमेज,* Icon *आइकॅन,* Sculpture *स्कल्पचर,* Statue *स्टैच्यू*
प्रतिमा पूजा : Idolatry *आईडेलेट्री*
प्रतिमा भंजक : Iconoclast *आइकनोक्लास्ट*
प्रतिमा विज्ञान : Iconography *आइकेनोग्राफ़ी*
प्रतिमा विद्या : Iconography *आइकेनोग्राफ़ी*

प्रतिमा विधायक : Plastic Art *प्लास्टिक आर्ट*
प्रतिमा-अभिघटन कला : Iconoplastic Art *आइकनोप्लास्टिक आर्ट*
प्रतिमान : Pattern *पैटर्न*
प्रतिमामान-विज्ञान : Iconometry *आइकनोमेट्री*
प्रतिमामिति : Iconometry *आइकनोमेट्री*
प्रतिमाशास्त्र : Iconography *आइकनोग्राफ़ी,* Iconology *आइकनोलॉजी*
प्रतिमुद्रण कला : Graphic Art *ग्राफ़िक आर्ट*
प्रतिमुद्रा : Print *प्रिंट*
प्रतिमुद्रित करना : Counterstrike *काउंटर स्ट्राइक*
प्रतियोगिता : Contest Competition *कॉम्पीटीशन*
प्रतियोगिता : Competition *कॉम्पीटीशन*
प्रतियोगिता : Contest *कॅन्टेस्ट,* Competition *कॉम्पीटीशन*
प्रतिरूप : Replica *रिप्लिका*
प्रतिरूप : Dummy *डमी*
प्रतिरूप : Pattern *पैटर्न*
प्रतिरूपण : Modelling *माडलिंग,* Rendering *रेंडरिंग*
प्रतिरूपण कला : Representational Art *रिप्रजेंटेश्नल आर्ट*
प्रतिरूपी : Dummy *डमी*
प्रतिलिपि : Copy *कापी,* Facsimile *फेसीमाइल*
प्रतिष्ठित : Classical *क्लासिकल*
प्रतिष्ठित कला : Classical Art *क्लासिकल आर्ट*
प्रतिसाम्य : Symmetry *सिमिट्री*
प्रतिस्पर्धक : Compititive *कॉम्पीटीटिव*
प्रतिस्पर्धा : Competition *कॉम्पीटीशॅन*
प्रतीक : Symbol *सिम्बल*
प्रतीक चिन्ह् : Emblem *एम्बलॅम*
प्रतीक प्रयोगवाद : Synthetism *सिन्थेटिज़्म*
प्रतीकवाद : Figurism *फिगरिज़्म,* Symbolism *सिम्बॉलिज़्म*
प्रतीकवादी : Symbolic *सिम्बॉलिक*
प्रतीकवादी चित्रांकन/चित्र : Symbolic Painting *सिम्बॉलिक पेंटिंग*
प्रतीकवादी धारा : Symbolism *सिम्बॅलिज़्म*
प्रतीकात्मक : Symbolic *सिम्बॉलिक*
प्रतीकात्मक रंग : Symbolic Colour *सिम्बोलिक कलर*
प्रतीकात्मक वर्ण : Symbolic Colour *सिम्बॅलिक कलर*
प्रतीति : Effect *एफेक्ट*
प्रत्यक्ष कला : Concrete Art *कंक्रीट आर्ट*
प्रत्यक्षरूप आरेखण : Life Drawing *लाइफ ड्राइंग*
प्रत्यय : Suffix *सॅफिक्स*
प्रत्ययवाद : Conceptualism *कनसेप्चुअलिज़्म*
प्रत्ययवाद : Idealism *आइडियालिज़्म*
प्रत्ययवादी कला : Conceptual Art *कॉनसेप्चुल आर्ट*
प्रथम प्रतिरूप : Image *इमेज*
प्रदक्षिणापथ : Aisle *आइल*
प्रदर्श : Exhibit *एग्जीबिट*
प्रदर्शक : Exhibitor *एग्जीबिटर*
प्रदर्शन : Display *डिस्प्ले,* Exhibit *एग्जीबिट*
प्रदर्शन खिड़की : Display Window *डिस्प्ले विंडो*
प्रदर्शन परक कला : Performing Art *परफॉर्मिंग आर्ट*
प्रदर्शन प्रवृत्ति : Exhibitionism *एग्जीबिशनिज़्म*
प्रदर्शन मंडप : Gallery *गैलरी,* Exhibition Pavalion *एग्जीबिशन पवेलियन*
प्रदर्शन व संग्रह भवन : Museum *म्यूज़ियम*
प्रदर्शन वस्तु : Exhibit *एग्जीबिट*
प्रदर्शन स्टैंड : Pedestal *पेडस्टल*
प्रदर्शनकारी कलाएँ : Performing Arts *परफार्मिंग आट्र्स*
प्रदर्शनपरक कला : Performing Art *परफॉर्मिंग आर्ट*
प्रदर्शनी : Exhibition *एग्जीबिशन*
प्रदर्शनी कक्ष : Salon *सैलों* (फ्रेंच शब्द), Exhibition Hall *एग्जीबिशन हाल*
प्रदीप : Luminous *ल्यूमिनस*
प्रदीप्त : Luminous *ल्यूमिनस*
प्रधान रंग : Main Colour *मेन कलर,* Fundamental Colour *फंडामेंटल कलर,* Basic Colour *बेसिक कलर,* Primary Colour *प्राइमरी कलर*
प्रबल : Dominant *डॉमीनेंट*
प्रबल रंग संगति : Dominant Harmony *डॉमीनेंट हॉरमनी*
प्रबलता : Intensity *इंटेन्सिटी*
प्रभामंडल : Aureole *औरियल,* Halo *हालो,* Halo-Circle *हालो सर्किल*
प्रभाव : Effect *एफेक्ट*
प्रभाव : Impression *इम्प्रेशॅन*
प्रभावली : Aureole *औरियल,* Nimb *निम्ब,* Nimbus *निम्बस*
प्रभावली युक्त : Nimbate *निम्बेट*
प्रभाववाद : Impressionism *इम्प्रेश्निज़्म*
प्रभाविता, वर्चस्वता : Dominance *डॉमीनेन्स*
प्रभावी वर्ण : Dominent Colour *डामीनेंट कलर*
प्रभुत्व, प्रभाविता : Dominance *डॉमिनेंस*
प्रमाण : Proportion *प्रोपोर्शन*
प्रमाणभूत : Standard *स्टैंडर्ड*
प्रमाणानि : Scale & Proportion *स्केल एंड प्रोपोर्शन*
प्रमु पाद : Feet of the Lord *फीट ऑफ़ लार्ड*
प्रमुख रंग : Key Colour *की कलर*
प्रमुख वर्ण : Dominent Colour *डामीनेंट कलर*
प्रयुक्त कला : Applied Art *एप्लाइड आर्ट*
प्रयोग वैचित्र्य : Mannerism *मैनरिज़्म*
प्रयोगवाद : Experimentalism *एक्सपेरीमेंटलिज़्म*

प्रयोजन : Purpose *पर्पज*
प्रचना : Design *डिज़ाइन*
प्रचनाकार : Designer *डिज़ाइनर*
प्ररूपकृति : Type Piece *टाइप पीस*
प्रलय : Great Flood *ग्रेट फ्लड*
प्रलाक्षा : Lacquer *लैकर*
प्रलाक्षा कर्म सामान : Lacquer Ware *लैकर वेयर*
प्रलाक्षा चित्रण : Lacquer Painting *लैकर पेंटिंग*
प्रलाक्षित चित्र या आरेखण : Wash Painting *वॉश पेंटिंग*
प्रवर्तक कलाकार : Old Master *ओल्ड मास्टर*
प्रवाह : Flow (of colour or lines) *फ्लो* (ऑफ़ कलर आर लाइंस)
प्रवाहिता : Fluency (of colour or lines) *फ्यूएंसी* (ऑफ़ कलर आर लाइंस)
प्रवाही रंग : Fluid Colour *फ्ल्यूड कलर*
प्रवाही रेखाएँ : Effluent Lines *एफ्ल्यूऐंट लाइंस*
प्रविधि : Technique *टेक्नीक*
प्रवीण : Adept *एडेप्ट*
प्रवीण : Expert *एक्सपर्ट,* Master *मास्टर*
प्रवेश द्वार : Portal *पोर्टल*
प्रशांत रंग : Cool Colours *कूल कलर*
प्रश्रय : Patronize *पैट्रनाइज*
प्रसादिका : Balcony *बाल्कनी*
प्रस्तर शिल्प : Stone Sculpture *स्टोन स्कल्पचर*
प्रस्तर-तक्षण : Stone Dressing *स्टोन ड्रेसिंग,* Stone Engraving *स्टोन इंग्रेविंग*
प्रस्ताव : Proposal *प्रॅपोजल*
प्रस्तावना : Preface *प्रिफेस*
प्रस्तुति : Presentation *प्रेजेंटेशन*
प्रस्तुति करण : Presentation *प्रेजेंटेशन*
प्रस्तोता : Presenter *प्रेजेंटर*
प्रस्थापना : Establishment Proposition *इस्टैबलिशमेंट प्रोप्रोजीशॅन,* Proposal *प्रॅपोजल*
प्रस्थापना : Establishment *इस्टैबलिशमेंट*
प्राकार : Enclosingh Wall *इंकलोजिंग वाल*
प्राकृतवाद : Naturalism *नेचुरलिज़्म*
प्राकृतिक मिट्टी : Natural Soil *नेचुरल स्वाएल*
प्राकृतिक श्रोत से प्राप्त रंग : Mineral Colours *मिनिरल कलर्स*
प्रागैतिहासविद् : Prehistorian *प्रीहिस्टोरियन*
प्रागैतिहासिक : History before Written Documents *हिस्ट्री बिफोर रिटेन डाक्यूमेंट्स*
प्रागैतिहासिक : Prehistoric *प्रीहिस्टोरियक*
प्रागैतिहासिक कला : Pre-Historic Art *प्रीहिस्टॉरिक आर्ट*
प्रागैतिहासिक पुरातत्व : Prehistoric Archaeology *प्रीहिस्टोरियक आर्कियोलाजी*
प्राचीन : Ancient *एनसिएंट*
प्राचीन : Antique *एंटीक*
प्राचीन अवशेष : Antiquities *एंटीक्यूटीज़*
प्राचीन काल : Antiquity *एंटीक्युटी*
प्राचीन साम्राज्य : Old Empire *ओल्ड इम्पायर*
प्राचीनत्व : Antiquity *एंटीक्युटी*
प्राच्य सामग्री : Orientalia *ओरिएंटालिया*
प्राथमिक रंग : Main Colour *मेन कलर,* Fundamental Colour *फंडामेंटल कलर,* Basic Colour *बेसिक कलर,* Primary Colour *प्राइमरी कलर*
प्राथमिक रूपरेखा : Design *डिज़ाइन*
प्राथमिक लेप : Priming *प्राइमिंग*
प्रादेशिक : Provincial *प्राविंशियल*
प्रादेशिकतावाद : Regionalism *रीजनलिज़्म*
प्रादेषित : Provicial *प्राविशियल*
प्राप्ति-स्थल : Find Spot *फाइंड स्पॉट,* Provenance *प्रोवीनेन्स*
प्राबल्य : Emphasis *एम्फेसिस,* Dominance *डॉमिनेन्स*
प्रायोगिक : Functional *फंक्श्नल*
प्रायोगिक कला : Applied Art *एप्लाइड आर्ट*
प्रायोजना : Project *प्रोजेक्ट*
प्रारम्भिक राजवंशीय काल : Early Dynastic Period *अर्ली डायनिस्टिक पीरियड*
प्रारम्भिक अभ्यास चित्र : Study *स्टडी*
प्रारम्भिक ईसाई कला : Early Christan Art *अर्ली क्रिश्चियन आर्ट*
प्रारूप चित्रकार : Layout Artist *लेआउट आर्टिस्ट*
प्रारूप दृष्टा : Visualiser *विज़ुअलाइजर*
प्रारूप श्रष्टा : Designer *डिज़ाइनर*
प्रारूप सर्जक : Draughtsman *ड्राफ्ट्समैन*
प्रारूपकार : Designer *डिज़ाइनर,* Layout Artist *लेआउट आर्टिस्ट*
प्रारूपचित्रकार : Layout Artist *लेआउट आर्टिस्ट*
प्रारूपकार : Draftsman *ड्राफ्ट्समैन*
प्रारूप-विज्ञान : Typology *टाइपोलॉजी*
प्रारूपित काल-निर्धारण : Typological Dating *टाइपोलॉजिकल डेटिंग*
प्रार्थना : Prayer *प्रेयर*
प्रालाक्षित चित्र : Wash Painting *वाश पेंटिंग*
प्रालाक्षित चित्रण : Wash Painting *वाश पेंटिंग*
प्रावधान : Provision *प्रावीजन*
प्राविधिक : Technical *टेक्नीकल*

प्रासादिका : Oriel Window *ओरियल विंडो*
प्रिकल्कपक : Visualizer *विज़ुअलाइजर*
प्रिंट आदेश : Print Order *प्रिंट आर्डर*
प्रीतिभोज : Banquet *बैन्क्वीट*
प्रूफ : Proof *प्रूफ*
प्रेक्षागृह : Odeon *ओडियन*
प्रेक्ष्य कला : Performing Art *परफार्मिंग आर्ट*
प्रेक्ष्य कला : Visual Art *विज़ुअल आर्ट*
प्रौढापन : Maturity *मेच्योरिटी*
प्रौद्योगिकी : Technology *टेक्नोलॉजी*
प्लाई बोर्ड : Ply Board *प्लाई बोर्ड*
प्लास्टर ऑफ़ पेरिस : Gypsum *जिप्सम*
प्लास्तर कृति : Plaster Cast *प्लास्टर कास्ट*
प्लास्तर चढ़ाना : Pargetting *परगेटिंग*

फ

फकीर : A Poor Man *ए पुअर मैन*
फटाफट : Fast *फास्ट*
फटाफट : Quick *क्विक*
फनकार : Artist *आर्टिस्ट*
फरसा : Battle Axe *बेटॅल एक्स*
फल पत्तीदार अलंकरण : Floral Decoration *फ्लोरल डेकोरेशॅन*
फलक : Blade *ब्लेड*
फलक : Panel *पेनल*
फलक चित्र : Panel Painting *पेनल पेंटिंग*
फाटक : Portal *पोर्टल*
फारस : Iran *ईरान,* Persia *पर्शिया*
फारस की कला : Persian Art *पर्शियन आर्ट*
फ़ारसी : Persian *पार्शियन*
फालसा : Grewia Asiatica *ग्रेविया एसियेटिका*
फाल्गुन : February-March Month *फरवरी-मार्च मंथ*
फिरंगी : English Men *इंग्लिश मेन*
फिरंगी कला : Company School *कम्पनी स्कूल,* Colonial Art *कोलोनियल आर्ट*
फिरका : Set of Miniature Painting of Company Period *सेट ऑफ़ मिनिएचर पेंटिंग ऑफ़ कम्पनी पीरियड*
फिरोजी रंग : Turquoise Blue *टारक्विश ब्लू*
फिरोजी रंग : Turquoise Colour *टारक्विश कलर,* Voilet Blue Colour *वायलेट ब्लू कलर*
फ़िल्म संग्रंथन : Montage *मोंटाज*
फ़िल्मांकन : Filming *फ़िल्मिंग*
फुटपाथ : Side Walk *साइड वॉक*
फुहार : Spray Gun *स्प्रेगन*
फुहारना : Spray *स्प्रे*
फूटे रंग : Bleed *ब्लीड*
फूल बूजना : Painting of Flowers on Borders *पेंटिंग ऑफ़ फ्लावर्स ऑन बार्डर*
फूहड़ कला : Slut art *स्लट आर्ट,* Absurd Art *एब्सर्ड आर्ट*
फैशन अभिकल्पक : Fashion Designer *फैशन डिज़ाइनर*
फ़ोटो : Photograph *फ़ोटोग्राफ़*
फ़ोटोरंग : Photocolours *फ़ोटोकलर्स*
फौजी हरा रंग : Olive Green Colour *ऑलिव ग्रीन कलर*
फ्रांसीसी : French *फ्रेंच*
फ्रांसीसी जन क्रान्ति : French Revolution *फ्रेंच रेवल्यूशॅन*
फ्रांसीसी राज्य क्रान्ति : French Revolution *फ्रेंच रेवल्यूशॅन*
फ्रेमिंग : Framing *फ्रेमिंग*
फ्लोरेंस शैली : Florentine School *फ्लोरेंटाइन स्कूल*
फ्लोरेसेंट : Fluorescent *फ्लोरेसेंट*

ब

बंगला : Bunglow *बंग्लो*
बंगीय कलादल कलाशैली : Bengal School *बेंगॉल स्कूल*
बंडी : Jacket *जैकेट*
बंदा : Person *पर्सन*
बंदीकरण : Locking Up *लॉकिंग अप*
बंधक : Binder *बाइंडर*
बंधक द्रव्य : Vehicle *व्हीकल*
बंधानी : Tie and Died Fabric *टाई एंड डाइड फेब्रिक*
बगल से दीखने वाला दृश्य : Side View *साइड व्यू*
बच्चों द्वारा बनाई कलाकृतियाँ : Children's Art *चिल्ड्रेन्स आर्ट*
बटन मुद्रा : Button Seal *बटन सील*
बट्टा : Muller *मूलर*
बड़ा बर्छा : Pilum *पाइलम*

बढ़ई : Carpenter *कार्पेंटर*
बथुआ : Chenopodium *चेनोपोडियम*
बदबू : Bad Smell *बैड स्मेल*
बदसूरती : Ugliness *अग्लीनेस*
बनावट : Structure *स्ट्रक्चर,* Texture *टेक्स्चर*
बनी-ठनी : Smart and well dressed lady *स्मार्ट एंड वेल ड्रेस्ड लेडी*
बनीबनायी कला : Ready-mades *रेडीमेड्स*
बनैले : Jungle Based *जंगल बेस्ड*
बन्दनवार : Door Decoration *डोर डेकोरेशॅन*
बन्दा : Person *पर्सन*
बन्धक : Fixative *फिक्सेटिव*
बन्धक, पक्का तत्त्व : Fixative *फिक्सेटिव*
बरमा : Broach *ब्रोच*
बरसाती : Porch *पोर्च*
बरसाती जूता : Gumboots *गम बूट्स*
बरोक : Baroque *बरोक*
बर्बर : Barbarian *बार्बेरियन*
बर्बर संस्कृति : Barbaric Culture *बार्बेरिक कल्चर*
बर्बरीकरण : Barbarization *बारबराईजेशॅन*
बल : Emphasis, Accent *एम्फेसस, एसेंट*
बलरेखा : Line of Force *लाइन ऑफ़ फोर्स*
बलवत्तर : Strong *स्ट्रांग*
बलवर्धक : Nutritious *न्यूट्रीशियस*
बलघात : Stress *स्ट्रेस*
बलिदान-स्थान : Golgotha *गोलगोथा*
बलिवेदी : Sacrificial Altar *सेक्रीफाइसियल आल्टर*
बलुआ पत्थर : Sandstone *सैंडस्टोन*
बलुई कंकरीली मिट्टी : Sand Gravel Soil *सैंड ग्रेविल स्वाइल*
बल्बाकार : Bublous *बल्बुअस*
बलाघात : Emphasis *एम्फेसिस*
बल्लम : Spear *स्पिअर*
बसंत ऋतु : Spring Season *स्प्रिंग सीजन*
बसंती रंग : Light Yellow Colour *लाइट यलो कलर*
बसंती रंग : Light Yellow *लाइट यलो*
बसूला : Adze *ऐड्ज़*
बहु आयामवाद : Cubism *क्यूबिज़्म*
बहु रंगी : Multi Colour *मल्टी कलर*
बहुआयामी : Multi Dimensional *मल्टी डॉयमेंश्नल*
बहुआयामी स्वरूप : Multidimensional Format *मल्टी डाइमेंसनल फॉरमेट*
बहुजन संस्कृति : Mass Culture *मास कल्चर*
बहुप्राचीर दुर्ग : Multivallate Fort *मल्टीवालेट फोर्ट*
बहुभाषी : Multi Language *मल्टी लैंगुएज*
बहुमाध्यमी : Mixed Media *मिक्स्ड मीडिया*
बहुमितियुक्त : Multi-Dimensional *मल्टी डाईमेंशनल*
बहुमुखी (प्रतिभा) : Multi Talent *मल्टी टेलेंट*
बहुमुखी (प्रतिमा) : Multi Talent *मल्टी टेलेंट*
बहुमूल्य कलाकृति : Art-Tresaure *आर्ट ट्रेज़र*
बहुरंग : Poly Chrome *पॉली क्रोम*
बहुलतावादी सोच : Big Thinking *बिग थिंकिंग*
बहुवचन : Plural *प्ल्यूरॅल*
बहुवर्ण : Poly Chrome *पॉली क्रोम*
बहुवर्णीय, बहुरंगी : Polychromatic *पॉलीक्रोमेटिक*
बाइज़ेंटाइन कला : Byzantine Art *बाइज़ेंटाइन आर्ट*
बाकला फली : Beans *बीन्स*
बाजरा : Millet *मिलेट*
बादशाह : Emperor (Muslim) *इम्परॅर (मुस्लिम)*
बादाम : Almond *अलमंड*
बादामी रंग : Beige Colour *बेज कलर*
बाबरनामा : Auto Biography of Babar *ऑटोबायोग्राफ़ी ऑफ बाबर*
बारजा : Balcony *बाल्कनी*
बारीकी : Detail *डिटेल*
बाल चित्रकला : Child Art *चाइल्ड आर्ट,* Childern's Art *चिल्ड्रेंस आर्ट*
बालईसा : Bambino *बाम्बनो* (इटैलियन शब्द)
बालकला : Child Art *चाइल्ड आर्ट,* Children's Art *चिल्ड्रेंस आर्ट*
बाली : Earing *एयरिंग*
बालू : Silica *सिलिका*
बालूकाश्म : Sandstone *सैंडस्टोन*
बाहु आभूषण : Ornaments of Arms *ऑर्नामेंट्स ऑफ़ आर्म्स*
बाहु रंगपट्टिका : Arm Palette *आर्म पैलेट*
बाहुफलक : Arm Palette *आर्म पैलेट*
बाह्य रेखा : Outline *आउट लाइन*
बाह्य स्थल चित्रण : Out door Painting *आउट डोर पेंटिंग*
बिक्री साध्य : Salable *सेलेबॅल*
बिम्बचित्र : Portrait *पोर्ट्रेट*
बिन्दास : Free & Bold *फ्री एंड बोल्ड*
बिन्दु अंकन : Cribble *क्रिबिल*
बिन्दु चित्रण : Divisionism *डिवीजनिज़्म,* Stipple *स्टेपॅल*
बिन्दु चित्रण, बिन्दु चित्रांकन : Dot Painting *डॉट पेंटिंग*
बिन्दुपयोग : Dotting *डाटिंग*
बिन्दुवाद : Divisionism *डिवीजनिज़्म*
बिन्दुवाद : Pointillism *प्वाइंटलिज़्म*
बिन्दु : Point *प्वाइंट*
बिम्ब : Image *इमेज*

बिम्बचित्र : Lay Out *ले आउट*
बिम्बवाद : Symbolism *सिम्बॉलिज़्म*
बिरयानी : Rice with Meat *राइस विद मीट*
बिल्ला : Labil *लेबिल,* Tag *टैग*
बिल्ला : Plaque *प्लेक,* Badge *बैज*
बीज चित्र : Key Sketch *की स्केच*
बीजक द्रव : Binder *बाइंडर*
बुत : Statue *स्टैच्यू*
बुद्धिकर्मी : Intellectual *इंटलेक्चुअल*
बुद्धिवाद : Intellectualism *इंटलेक्चुलिज़्म*
बुद्धि-वादी : Intellectual *इंटलेक्चुअल*
बुनकारी : Textile Art *टेक्सटाइल आर्ट*
बुनावट : Texture *टेक्स्चर*
बुनियादी ज्ञान : Basic Elementary Knowledge *बेसिक एलीमेंट्री नॉलेज*
बुर्ज : Tower *टॉवर*
बुर्ज : Turret *टरिट*
बुलंदी : Peak *पीक*
बुलंदी : Top Position *टॉप पोजीशन*
बूँदी कलम : Bundi School *बूँदी स्कूल*
बूँदी शैली : Bundi School *बूँदी स्कूल*
बृहत्तर भारत : Greater India *ग्रेटर इंडिया*
बृहदक्षर लिपि : Uncial *अनसियल*
बृहद् मानव : Meganthropus *मेगनथ्रॉपस*
बेगम : A Lady of Rank *ए लेडी ऑफ़ रैंक*
बेजोड़ : Unparallel *अनपेरेलल*
बेतरतीब उत्खनन : Random Excavation रेंडम एक्सकेवेशॅन
बेर : Jujube Berry *जुजूबी बेरी*
बेरूखी : Rudely *रूडली*
बेलचा : Shovel *शॅवल*
बेलन : Cylinder *सिलेंडर*
बेलबूटा : Foliage *फोलिएज,* Vignette *विजनिटी*
बेलबूटे : Vignette *विगनेट*
बेवकूफ : Stupid *स्टूपिड*
बेहतरीन : Beautiful *ब्यूटीफुल,* Lovely *लवली*
बेहूदी कला : Absurd Art *एबसर्ड आर्ट*
बैगन : Brinjal *ब्रिंजल*
बैगनी रंग : Purple Colour *परपल कलर*
बैठक : Living Room *लिविंग रूम*
बोझिलता : Heaviness *हैवीनेस*
बोध : Perception *परसेप्शॅन*
बोध चित्र : Illustration *इलस्टेशॅन*
बोधिसत्व : Lord Buddha *लार्ड बुब्द,* Enlighten Buddha *इनलाइनटेन बुद्धा,* Enlighten in Buddha *इनलाइटेन इन बुद्धा*
बोली : Dialect *डायलिक्ट*
बौद्ध विहार : Monastery *मोनेस्ट्री*
बौद्धिक कला : Intellectual Art *इंटलैक्चुअल आर्ट*
बौद्धिक चमत्कार : Intellectual Miracle *इंटलेक्चुअल मेराकल*
बौद्धिक सम्पदा : Intellectual Property *इंटलैक्चुअल प्रॉपर्टी*
बौना किरदार : Tiny Role *टिनी रोल,* Short Role *शार्ट रोल*
बंगाल समूह : Bengal School *बंगाल स्कूल*
ब्रश : Brush *ब्रश*
ब्रिटिश-मुग़ल कला : Indo Saracenic Art *इंडो सेरासेनिक आर्ट*
ब्रितानी : British *ब्रिटिश*
ब्रॉड विज़न : Broad Vision *ब्रॉड विज़न*

भ

भंगिमा : Pose *पोज,* Posture *पोस्चर*
भंजित रंग : Broken Colour *ब्रोकेन कलर*
भंवरवाद : Vorticism *वोरटीसिज़्म*
भक्ति : Devotion Love *डिवोशॅन लव*
भक्ति रस : Spiritual Devotion *स्पिरिचुअल डिवोशॅन*
भगवा रंग : Saffron Colour *सैफ्रॉन कलर*
भग्नावशेष : Relic *रिलिक*
भजन : Devotional Song *डिवोशॅनल सांग*
भट्ठा : Kiln *किल्न*
भड़कीला रंग : Exciting Colour *एक्साइटिंग कलर*
भड़कीले रंग : Bright Colours *ब्राइट कलर्स,* Loud Colours *लाउड कलर्स*
भद रंग : Faded Colour *फेडेड कलर*
भद्र कलाकार : Old Master *ओल्ड मास्टर,* Respectable Artist *रिसपेक्टेबल आर्टिस्ट,* Senior Respectable Artist *सीनियर रिस्पेक्टबॅल आर्टिस्ट*
भद्र परम्परा : Rich Tradition *रिच ट्रेडिशन*
भद्र महिला : Lady *लेडी*
भद्र महिला : Policed Women *पालिस्ड वूमेन*
भयानक रस : Emotion of terror/fear *इमोशॅन ऑफ़ टेरर/फियर,* Terrible Emotion *टेरबॅल इमोशॅन*
भरा हुआ : Loaded *लोडेड*

भराव : Backfill *बैकफिल,* Fill *फिल*
भरी हुई (रंग से) तूलिका : Loaded Brush *लोडेड ब्रश*
भवन निर्माण की कला : Architecture *आर्कीटेक्चर*
भवन निर्माण शास्त्र : Architecture *आर्कीटेक्चर*
भवन-निर्माण विषयक मूर्तिकला : Architectural Sculpture *आर्कीटेक्चरल स्कल्पचर*
भविष्यवाद : Futurism *फ्यूचरिज़्म*
भविष्यवादी पंथ : Futurism *फ्यूचरिज़्म*
भव्य अभिनय : Grand Performance *ग्रांड परफॉरमेंस*
भव्य प्रदर्शनी : Grand Show *ग्रांड शो*
भव्यता : Grandness *ग्रांडनेस*
भष्म वर्ण : Oxide Colour *आक्साइड कलर*
भस्म-पात्र : Cinerary Urn *सिनेरेरी उर्न*
भाग : Wing *विंग*
भागवत पुराण : Old Book of Divinity *ओल्ड बुक ऑफ़ डिवाइनिटी*
भादो या भाद्रपद : August-September month *अगस्त-सितम्बर मंथ*
भारतीय कला के आधारभूत छः अंग : Sadang *षडांग*
भारतीय कला के छः अंग : Six Limbs of Indian Art *सिक्स लिम्ब्स ऑफ़ इंडियन आर्ट*
भारी मूर्ति : Monumental Sculpture *मोन्यूमेंटल स्कल्पचर*
भारोपीय भाषा-समूह : Indo-European Languages *इंडो-यूरोपियन लैंग्वेजेज*
भाला : Lance *लैंस*
भालाग्र : Lancehaed *लैंसहेड*
भाव : Expression *एक्सप्रेशॅन*
भाव : Emotion *इमोशॅन*
भाव : Feelings *फीलिंग्स*
भाव लोक : Emotional World *इमोशनल वर्ल्ड*
भावचित्र : Ideogram *आइडियोग्राम*
भावद्योतक वर्ण : Symbolic Colour *सिम्बॉलिक कलर*
भावना : Emotion *इमोशॅन*
भावलिपि : Ideographic Script *आइडियोग्राफ़िक स्क्रिप्ट*
भावसम्पन्न : Feelingfull *फीलिंगफुल*
भावहीन : Feeling Less *फीलिंग लेस*
भावुक : Romantic *रोमांटिक*
भाषा : Language *लैंग्वेज*
भाषा विज्ञान : Lingustics *लिंग्विस्टिक*
भाषा वैज्ञानिक : Linguist *लिंग्यूस्ट*
भाषा शास्त्र : Philosophyy *फिलोसोफी*
भाषा सिद्ध : Language Expert *लैग्युएज एक्सपर्ट*
भाषायी कौशल : Lunguistic Expertise *लिंग्युस्टिक एक्सपर्टीज*
भाषाविद् : Linguist *लिंग्विस्ट*
भास्कर्य : Architecture *आर्कीटेक्चर*
भिंडी : Lady's Finger *लेडीज फिंगर*
भिक्षु विहार : Residence of Monks *रेजीडेंस ऑफ़ मांक्स*
भित्ति कलाकार : Muralist *म्यूरलिस्ट*
भित्ति चित्र : Fresco *फ्रेस्को,* Wall Painting *वाल पेंटिंग,* Mural *म्यूरल*
भित्ति चित्र : Wall Painting *वॉल पेंटिंग*
भित्ति चित्रकार : Muralist *म्यूरलिस्ट*
भित्ति चित्रकारी : Wall Painting *वाल पेंटिंग*
भित्ति चित्रण : Graffito *ग्रॉफिटो,* Wall Painting *वाल पेंटिंग*
भित्ति छायाचित्र : Photo Mural *फ़ोटो मूरल*
भित्ति सज्जाकार : Muralist *म्युरलिस्ट*
भित्ति सज्जा-पत्र : Wall Paper *वॉल पेपर*
भित्ति सज्जा-पर्दा : Tapestry *टेपेस्ट्री*
भित्ति सतह, भित्ति धरातल : Fresco Surface *फ्रेस्को सरफेस*
भित्ति स्तम्भ : Wall Column *वॉल कालम*
भित्ति-आरेख : Graffito *ग्राफितो*
भूचित्र : Land Scape *लैंड स्केप*
भू-चित्रांकन : Landscape Painting *लैंडस्केप पेंटिंग*
भू-दृश्य चित्रण : Landscape Painting *लैंडस्केप पेंटिंग*
भू-देवी : Earth Goddess *अर्थ गॉडेस*
भू-निवेश : Burial *ब्यूरियल*
भूमंडलीय विस्तार : Global Expansion *ग्लोबल एक्सपेंशॅन*
भूमंडलीकरण : Globalization *ग्लोबलाइज़ेशन*
भूमि बंधन : Grounding *ग्राउंडिंग*
भूमिगत भित्ति : Buried Wall *बरीड वॉल*
भूरंग : Earth colours *अर्थ कलर्स*
भूरा रंग : Brown Colour *ब्राउन कलर*
भूरे रंग : Gray Colours *ग्रे कलर्स*
भूविज्ञान : Geology *जियोलॉजी*
भूषाचार : Fashion *फैशन*
भूषाचार रूपांकन : Fashion Design *फैशन डिज़ाइन*
भौड़ी कला : Degenerate Art *डी जनरेट आर्ट*
भौतिक संस्कृति : Material Culture *मेटीरियल कल्चर*
भौतिकवाद : Materialism *मेटीरीअलिज़्म*
भौतिकी : Physics *फिजिक्स*
भ्रमकतावाद : Illusionism *एल्यूज़निज़्म*
भ्रमजनक शैली : Illusionism *एल्यूज़निज़्म*
भ्रमरा : Bee *बी*
भ्रमिलतावाद : Vorticism *वॉटिसिज़्म*
भ्रष्ट कला : Degenerate Art *डीजनरेट आर्ट*

म

मंगलसूत्र : Sacred Wedding Necklace *सेक्रेड वेडिंग नेकलेस*
मंगलकारी : Auspicious *आशुपियस*
मंगलाचरण : Prayer before dance *प्रेयर बिफोर डांस*
मंच : Stage *स्टेज*
मंचन : Staging *स्टेजिंग*
मंची : Pedestal *पेडस्टल*
मंचीय कला : Performing Art *परफॉर्मिंग आर्ट*
मंजूषा : Ark *आर्क,* Casket *गास्केट*
मंडप : Pavilion *पवेलियन*
मंडी : Macellum *मेसॅलॅम*
मंत्र मुग्ध : Stand Still
मंद : Slow *स्लो*
मंद वर्ण : Low Colour *लो कलर*
मन्दिर : Temple *टेम्पॅल*
मन्दिर गर्भगृह : Sanctum *सैंकटम,* Sanctorum *सैंकटॅर्म*
मन्दिर-प्रांगण : Temenos *टिमनॉस*
मकबरा : Mausoleum *मोसौलियम,* Tomb *टॉम्ब*
मकबरा चित्र या चित्रण : Tomb Painting *टॉम्ब पेंटिंग*
मक्का : Maze *मेज़*
मजा : Pleasure *प्लेजर*
मज़ार : Grave *ग्रेव,* Masoleum *मसोलियम*
मटमैला रंग : Mud Colour *मड कलर*
मटर : Peas *पीज*
मठ : Monastery *मोनॅस्ट्री*
मठाघीश/मठाध्यक्ष : Abbot *एबोट,* Head of a monastry *हेड ऑफ़ मॉनेस्ट्री*
मड़कीला : Exciting *एक्साइटिंग*
मढ़ी छत : Curved Roof *कर्व्ड रूफ*
मणिकारी : Lapidary *लैपीडेरी*
मंडप : Large Pillared Hall *लार्ज पिलर्ड हॉल*
मंडली : Group *ग्रुप*
मत : Vote *वोट*
मत पत्र : Ballot Paper *बैलेट पेपर*
मतान्तरण : Difference of Opinion Conversion *डिफरेंस ऑफ़ ओपीनियन कॅन्वर्जन*
मत्स्य : Fish *फिश*
मदरसा-ए-हुनरी : School of Arts & Crafts *स्कूल ऑफ़ आर्ट्स एंड क्राफ्ट्स*
मदाशिल्पी : Coroplast *कोरोप्लास्ट*
मदिरा पात्र : Wine Container *वाइन कंटेनर*
मद्देनजर : Keeping In View *कीपिंग इनव्यू*
मद्धिम रंग : Dull Colours *डल कलर्स,* Under Tone *अंडर टोन*
मधुर स्वर : Melodious Voice *मैलोडियस वायस*
मध्य उद्भृत : Medium Relief *मीडियम रिलीफ*
मध्य पाषाणकालीन आदिम कला : Mesolithic Art *मेसोलिथिक आर्ट*
मध्यकाल : Medieval Period *मिडियावल पीरियड*
मध्यम छटा : Middle Tone *मिडिल टोन*
मध्यम छटा उत्कीर्णन : Mezzotint *मिज़ोटिंट*
मध्यम रंगत : Middle Tint *मिडिल टिंट*
मध्ययुगीन कला : Medieval Art *मिडियावल आर्ट*
मध्यवर्ती रंग योजना : Intermediate Colour Scheme *इंटरमीडिएट कलर स्कीम*
मन मोहक : Pretty *प्रिटी*
मनबहलाव की कला : Amusement Art *एम्यूज़मेंट आर्ट*
मनमौजी : Rapturous *रैपटरष*
मनश्चित्र : Imagery *ईमेजरी*
मनसबदार : A Honorable post of Mughal Court Painters *ए आनरेबल पोस्ट ऑफ़ मुग़ल कोर्ट पेंटर्स*
मनीषी : Thinker *थिंकर*
मनुष्यकृत : Manmade *मैनमेड*
मनोरंजक कला : Amusement Art *एम्यूज़मेंट आर्ट*
मनोवर्धक कला : Psychedelic Art *साइकेडेलिक आर्ट*
मनोहर : Attractive *अट्रेक्टिव*
मन्दिर : Monastery *मोनॅस्ट्री*
ममी : Mummy *ममी*
ममी पेटिका : Mummy Case *ममी केस*
ममी पोट्रेट : Mummy Portrait *ममी पोट्रेट*
ममी-कफन : Byssus *बिसॅस*
मय (भाव) : Terror *टेरर*
मयूर : Peacock *पिकॉक*
मरम्मत : Restoration *रेस्टोरेशन*
मरियल रंग : Dull Colours *डल कलर्स*
मर्मस्पर्शी : Heart Touching *हार्ट टचिंग*
मलिन प्रभाव : Dull Effect *डल इफैक्ट*
मलिनता (रंगों की) : Dull Effect *डल इफैक्ट*
मशविरा : Advice *एडवाइज*
मसालदान : Spice Container *स्पाइस कंटेनर*
मसि : Ink *इंक*
मसीही : Christian *क्रिश्चियन*

मसीही : Christianity *क्रिस्चियेनिटी*
मसीही कला : Christian Art *क्रिस्चियन आर्ट*
मसौदा : Draft *ड्राफ्ट*
मस्त मलंग : Free Lancer *फ्री लांसर*
महत्तर यथार्थ : Greater Reality *ग्रेटर रियल्टी*
महराज (खाना बनाने वाला) : Chef *शेफ*
महराज : Cook *कुक*
महल : Palace *पैलेस*
महा जलप्लावन : Great Flood *ग्रेट फ्लड*
महा प्रदर्शनी : Retrospective Show *रिट्रास्पेक्टिवे शो*
महा प्रदर्शिनी : Grand Exhibition *ग्रांड एग्जीबिशन*
महाकलाकार : Finishing Artist *फिनिशिंग आर्टिस्ट*
महाकाय : Monumental *मोन्यूमेंटल*
महाकाय : Monumental *मोन्यूमेंटल*
महाकाव्य : Epic *इपिक*
महान शैली : Grand Style (Italian Renaissance) *ग्रांड स्टाइल* (इटैलियन रेनेसाँ)
महानगर : Cosmopolitan City *कॉस्मोपॉलिटन सिटी*
महानायक : Super Hero *सुपर हीरो*
महानिर्वाण : Salvation *साल्वेशॅन*
महापरिवर्तन : Major change *मेजर चेंज*
महाप्रदर्शनी : Retrospective Show/Exhibition *रिट्रॉस्पेक्टिव शो/एग्जीबिशन*
महाप्रदर्शनी : Grand Exhibition *ग्रांड एग्जीबिशन*
महाप्रदर्शनी : Grand Exhibition *ग्रांड एग्जीबिशन*
महाभारत : A Great Hindu Epic *ए ग्रेट हिन्दू इपिक*
महाभारत : Mahabharat a great Hidnu Epic *महाभारत ए ग्रेट हिन्दू एपिक*
महामंच : Great Platform *ग्रेट प्लेटफॉर्म,* The Great Stage *द ग्रेट स्टेज*
महामन्दिर : Basilica *बेसिल्का*
महायात्रा : Eternal Journey *इटरनल जर्नी*
महारत : Expertiese *एक्सपरटीज़*
महारथी : Genious *जीनियस,* Master *मास्टर*
महाराज : Chef *शेफ*
महारानी : Empress *इम्प्रेस*
महाविषयक चित्रण : Megalography *मगलोग्राफ़ी*
महासर्जक : Finishing Artist *फिनिशिंग आर्टिस्ट*
महिमा मंडन : Glorification *ग्लोरीफिकेशॅन*
महिलाओं के आभूषण : Ornaments of Female *ऑर्नामेंट्स ऑफ़ फीमेल*
महिला-कक्ष : Gyneoconitis *गाइनियोकोनाइटिस*
महोत्सव : Carnival *कारनीवल*
मांसाहारी : Non Vegetarian *नॉन वेजीटेरियन*
माउंट, चित्र वसली : Mount *माउंट*
माघ : January-February Month *जनवरी-फरवरी मंथ*
माटियाला वर्ण : Earthy Colour *अर्थी कलर*
माड़ लगाना : Sizing *साइज़िंग*
मातृ भाषा : Mother Tounge *मदर टंग*
मातृ शक्ति : Woman Power *वूमन पावर*
माधुर्य : Delicacy *डेलीकेसी*
माधुर्य : Sweetness *स्वीटनेस*
माधुर्य, मृदुता, सौम्यता : Delicacy *डेलीकेसी*
माध्यम : Medium *मीडियम,* Vehicle *व्हीकल*
मान : Value *वैल्यू*
मानचित्रकार : Draughtsman *ड्राफ्ट्स मैन*
मानक : Standard *स्टैंडर्ड*
मानक चित्रकार : Famous Painter *फेमस पेंटर,* Representational Painter *रिप्रजेंटेशॅनल पेंटर*
मानक हिन्दी : Standard Hindi *स्टैंडर्ड हिन्दी*
मानकीकरण : Standardization *स्टैंडर्डाइजेशॅन*
मानदंड : Standard *स्टैंडर्ड*
मानव मूर्ति : Human Sculpture *ह्यूमन स्कल्पचर*
मानव शरीर का धड़ : Torso *टोर्सो*
मानव शरीर चित्रण : Painting of Human Figure : *पेंटिंग ऑफ़ ह्यूमन फिगर*
मानवमूर्ति : Human Sculpture *ह्यूमन स्कल्पचर*
मानविकी : Humantities *ह्यूमेनिटीज*
मानस दर्शन : Visualisation *विज़ुअलाइजेशॅन*
मानसचित्र : Visualisation *विज़ुअलाइजेशॅन*
मानसिक प्रतिकृति : Visual Image *विज़ुअल इमेज,* Mental Impression *मेंटल इम्प्रेशॅन*
मानसिक विचलन : Mental Disorder *मेंटल डिसआर्डर*
मानसिक सुख : Mental Pleasure *मेंटल प्लेजर*
मान्यता : Value *वैल्यू*
मापन : Sizing *साइज़िंग*
मापनी : Scale *स्केल*
मायावाद : Illusionism *एल्यूज़निज़्म*
मायावी प्रभाव : Mistical Effect *मिस्टीकल एफेक्ट*
मार्गशीर्ष या अगहन : Month of November-December *मंथ ऑफ़ नवम्बर-दिसम्बर*
मिट्टी : Clay *क्ले*
मिट्टी का तेल : Kerosene Oil *किरोसिन ऑयल*
मिट्टी के ताबूत : Larmax *लेमैक्स*
मिट्टी के बर्तन : Pottery *पॉटरी*
मिति : Dimension *डायमेंशॅन*
मितीय : Dimensional *डायमेंशॅनल*
मिथुन : Couple *कपल*
मिनाओ की कला : Minoan Art *मिनाओ आर्ट*
मिर्च : Chilly *चिली*

मिर्च लाल : Red Chilly *रेड चिली*
मिलान का गिरजाघर : Milan Cathedral *मिलान कैथेड्रल*
मिले जुले कलाकारों की प्रदर्शनी : Group Show *ग्रुप शो*
मिश्र : Egypt *इज़िप्ट*
मिश्र धातु : Alloy *एलॉय*
मिश्रण पट्टिका (रंग) : Palette *पेलेट*
मिश्रण फलक (रंग) : Palette *पेलेट*
मिश्र-माध्यम : Mixed Media *मिक्स्ड मीडिया*
मिश्र-माध्यम-निर्माण : Mixed-Media-Production *मिक्स्ड मीडिया प्रोडक्शन*
मिश्रित माध्यम : Mixed Media *मिक्स्ड मीडिया*
मिश्रित माध्यम/बहुमाध्यमी : Mixed Medium *मिक्स्ड मीडिया*
मिश्रित शैली : Mixed Method *मिक्स्ड मेथड*
मिसाल : Example *एग्ज़ाम्पल*
मिस्त्र की कला : Egyptian Art *इज़िप्शियन आर्ट*
मिस्त्र : Egypt *इजिप्ट*
मीनाकारी : Enamelling *एनामॅलिंग*
मीनार : Tower टावर, Minaret *मीनारेट*
मीने के भांड : Enameled Ware *एनामिल्ड वेयर*
मीमांसा : Criticism *क्रिटिसिज़्म*
मील चौकी : Mile Fort *माइल फोर्ट*
मील दुर्ग : Mile Fort *माइल फोर्ट*
मुंडेर : Coping *कूपिंग*
मुंडेर : Rail Coping *रेल कूपिंग*
मुकम्मल : Perfect *परफेक्ट,* Complete *कम्पलीट*
मुकुट : Crown *क्राउन*
मुक्त चित्रण : Free Expression *फ्री एक्सप्रेशन*
मुक्त तूलिका : Free Brushing *फ्री ब्रशिंग*
मुक्त पृष्ठ : Codex *कोडेक्स*
मुक्त हस्त आरेखण : Freehand Drawing *फ्री हैंड ड्राइंग*
मुक्त हस्त चित्रांकन : Free Hand Drawing *फ्री हैंड ड्राइंग*
मुक्तकंठ : By Heart *बाई हार्ट*
मुक्तचित्रण : Free Expression *फ्री एक्सप्रेशन*
मुक्तहस्त चित्रांकन : Free Hand Drawing *फ्री हैंड ड्राइंग*
मुख मंडप : Porch *पोर्च*
मुखचित्र : Portrait *पोर्ट्रेट*
मुखच्छद : Mask *मास्क*
मुखपट : Facade *फेकेड*
मुखभाग : Obverse *आबॅवर्स*
मुखर रंग : Bright Colours *ब्राइट कलर्स*
मुखाकृति : Portrait *पोर्ट्रेट*
मुखिया : Head *हेड*
मुख्य कक्ष : Nave *नेव*
मुख्य दृष्टि बिन्दु/क्षेत्र : Focal Point *फोकल प्वाइंट*
मुख्य द्वार : Propylaeum *प्रापिलीअम*
मुख्य धारा : Mainstream *मेनस्ट्रीम*
मुख्य प्रदर्शनी : Annual *एनुअल*
मुख्य प्रवेश द्वार : Portal *पोर्टल*
मुग़लोत्तर : Post Mughal *पोस्ट मुग़ल*
मुग़लोत्तर कला : Provincial Mughal Art *प्राविंसियल मुग़ल आर्ट*
मुग़लोत्तर काल : Post Mughal Period *पोस्ट मुग़ल पीरियड*
मुग़ालता : Misunderstanding *मिसअंडरस्टैंडिंग,* Confusion *कन्फ्यूज़न*
मुड़ी छत : Curved Roof *कर्वड रूफ*
मुड़ी रेखाएँ : Twisted Lines *टवीस्टेड लाइंस*
मुताबिक : According *एकॉर्डिंग*
मुद्दा : Issue *इशू*
मुद्र : Print *प्रिंट*
मुद्रण : Printing *प्रिंटिंग*
मुद्रण आदेश : Print Order *प्रिंट आर्डर*
मुद्रण कला : Graphic Art *ग्राफ़िक आर्ट*
मुद्रा : Pose *पोज,* Mudra *मुद्रा,* Posture *पोश्चर,* Poster *पोस्टर,* Seal *सील,* Sigil *सिगिल*
मुद्रांकन : Print *प्रिंट,* Graphics *ग्रॉफिक्स*
मुद्रांकन कला : Graphic Art *ग्रॉफिक आर्ट*
मुद्राशास्त्र : Numismatics *न्यूमिस्मेटिक*
मुद्राशास्त्री : Numismatist *न्यूमिस्मेटिस्ट*
मुद्रित चित्र : Graphics *ग्राफ़िक्स*
मुद्रित प्रति : Print *प्रिंट*
मुमकिन : Possible *पॉसिबल*
मुरक्का : Album *एल्बम*
मुरझाए रंग : Dull Colours *डल कलर्स*
मुरेठा : Head Dress *हेडड्रेस*
मुलम्मा करना : Gilding *गिल्डिंग*
मुल्क : Country *कंट्री*
मुसलमान : Mohammedan *मोहम्डन*
मुसव्विर : Painter *पेंटर*
मुहर : Seal *सील*
मुहर विद्या : Sigilography *सिगिलोग्राफ़ी*
मुहरशास्त्र : Sphragistics *स्फ्रेजिस्टिक्स*
मुहावरा : Phrase *फ्रेज*
मूँग (दाल) : Green Gram *ग्रीन ग्राम*
मूँगफली : Peanut *पीनट*
मूठ : Haft *हॉफ्ट*
मूद्र्यन्य : Retroflex *रिट्रोफ्लेक्स*
मूर्छना : Candance *कैंडेंस*
मूर्तरूप : Concrete Form *कंक्रीट फॉर्म*

मूर्ति (टेक रहित) : Free Standing Sculpture *फ्री स्टैंडिंग स्कल्पचर*
मूर्ति : Icon *आईकन,* Sculpture *स्कल्पचर,* Statue *स्टेच्यू*
मूर्ति : Idol of God *आइडल ऑफ़ गॉड*
मूर्ति : Sculpture *स्कल्पचर,* Image *इमेज,* Sculpture *स्कल्पचर*
मूर्ति आधार : Armature *आर्मेचर*
मूर्ति कंकाल : Armature *आर्मेचर*
मूर्ति का आरम्भिक ढाँचा : Armature *आर्मेचर*
मूर्ति गढ़ना : Modeling *मॉडलिंग*
मूर्ति निर्माण कला : Iconoplastic Art *आइकनोप्लास्टिक आर्ट*
मूर्ति विद्या : Iconography *आइक्नोग्राफ़ी*
मूर्ति शिल्प : Iconography *आइक्नोग्राफ़ी*
मूर्ति शिल्पशास्त्र : Iconography *आइक्नोग्राफ़ी*
मूर्तिकरण : Sculpturing *स्कल्पचरिंग,* Making Sculpture *मेकिंग स्कल्पचर*
मूर्तिकरण : Sculpturisation *स्कल्प्चराइजेशॅन*
मूर्तिकला : Visual Craft *विज़ुअल क्राफ्ट,* Sculpture *स्कल्पचर*
मूर्तिका : Figurine *फिगराइन*
मूर्तिकार : Sculptor *स्कल्पटर,* Statuary *स्टेच्यूरी,* Modeller *मॉडलर*
मूर्तिपूजा : Idolatry *आईडोलेट्री*
मूर्तिभंजक : Iconoclast *आइक्नोक्लास्ट*
मूर्तियाँ तोड़ने वाला व्यक्ति : Iconoclast *आइक्नोक्लास्ट*
मूर्तिवत : Sculpturesque *स्कल्पचरस्क*
मूर्धन्य : Master *मास्टर*
मूल ठप्पा : Key Block *की ब्लॉक*
मूल निवासी : Native *नेटिव*
मूल रंग : Primary Colours *प्राइमरी कलर्स*
मूलभाव (अभिप्राय) : Motif *मोटिफ*
मूलभूत रंग : Fundamental Colour *फंडामेंटल कलर,* Basic Colour *बेसिक कलर,* Primary Colour *प्राइमरी कलर*
मूलरुप निरुपण : Restoration *रेस्टोरेशन*
मूलवर्ण : Fundamental Colour *फंडामेंटल कलर,* Basic Colour *बेसिक कलर,* Primary Colour *प्राइमरी कलर*
मूलाकार : Basic Form *बेसिक फॉर्म,* Full Size *फुल साइज़*
मूलाकार आलेख : Cartoon *कार्टून*
मूली : Radish *रेडीस*
मूल्य : Value *वैल्यू*
मृणमुद्रा : Clay Seal *क्ले सील*
मृणमूर्ति : Terracotta Figure *टेराकोटा फिगर*
मृण्यमूर्ति : Terracotta *टेराकोटा*
मृत संस्कृति : Dead Culture *डेड कल्चर*
मृतक स्मारक अभिलेख ग्रंथ : Book of the Dead *बुक ऑफ़ द डेड*
मृतक स्मारिका : Book of Dead *बुक ऑफ़ डेड*
मृतोत्थान : Resurrection *रिसरेक्शॅन*
मृत्तिका : Clay *क्ले*
मृत्तिका आकाचन : Clay Enamel *क्ले एनामिल*
मृत्तिका कला : Ceramic *सिरेमिक*
मृत्तिका शिल्प : Ceramics *सिरॅमिक्स*
मृदा-विज्ञान : Pedology *पेडोलॉजी*
मृदु शैली : Soft Style *शॉफ्ट स्टाइल*
मृदुकृत मोम : Eleodoric Wax *इलियोडोरिक वैक्स*
मृदुता : Delicasy *डेलीकेसी*
मृदुता : Mildness *माइल्डनेस,* Softness *सॉफ्टनेस*
मृद्भांड : Ceramic Pottery *सिरेमिक पॉटरी*
मेहंदी : Henna *हिना*
मेघदूत : Cloud Manager *क्लाउड मैसेंजर*
मेघा : Cloud *बादल*
मेथी : Fenugreek Leaves *फेनोग्रीक लीव्ज,* Fenugreek Seeds *फेनोग्रीक सीड्स*
मेदिचि कुटुम्ब : Medichi Family *मेदिचि फेमिली*
मेदिचि खानदान : Medichi Family *मेदिचि फेमिली*
मेदिचि परिवार : Medichi Family *मेदिचि फेमिली*
मेधा : Caliber *कैलीबर,* Intellect *इंटलैक्ट*
मेमना : Lamb *लैम्ब*
मेरी और ईसा : Virgin and Child *वर्जिन एंड चाइल्ड*
मेरी का पुत्र शोक : Pieta *पियेता*
मेरी-ईसा : Virgin and Child *वर्जिन एंड चाइल्ड*
मेहनतकश : Laborious *लेबोरियस*
मेहराब : Arch *आर्च,* Mehrab *मेहराब*
मेहराब पंक्ति : Arcade *आर्केड*
मेहराबदार : Arcade *आर्केड*
मेहराबी छत : Vault *वॉल्ट*
मैत्री : Alliance *एलाएंस,* Harmony *हार्मनी*
मैला (रंग) : Muddy (colour) *मडी (कलर)*
मैलापन (रंग का) : Muddiness (of colour) *मडीनेस (ऑफ़ कलर)*
मोची : Cobhler *कॉबलर*
मोजैक : Mosaic *मोजैक*
मोजैक चित्र : Mosaic Painting *मोजैक पेंटिंग*
मोटा रंगांकन : Impasto *इम्पैस्टो*
मोटी परत : Impasto *इम्पैस्टो*
मोटे रंग थोपना : Impasto *इम्पैस्टो*

मोड़दार चित्र-पट : Folding Screen *फोल्डिंग स्क्रीन*
मोती : Pearl *पर्ल*
मोम चित्रण : Cerography *सिरोग्राफ़ी,* Encaustic *इनकॉस्टिक*
मोहक रूप : Glamorous *ग्लैमरस*
मोहर : Seal *सील*
मोहरा (गुफा या भवन का बाहरी भाग) : Facade *फेकेड*
मोहावरा : Phrase *फ्रेज*
मौखिक अदाकारी : Verbal Acting *वरबल एक्टिंग*
मौखिक कलाएँ : Verbal Arts *वर्बल आर्ट्स*
मौलवी : Muslim Priest *मुस्लिम प्रीस्ट*
मौलिक अधिकार : Fundamental Rights *फंडामेंटल राइट्स*
मौलिक चित्रण : Original Version *ओरीजनल वरजन*
मौलिक रंग : Fundamental Colour *फंडामेंटल कलर,* Basic Colour *बेसिक कलर,* Primary Colour *प्राइमरी कलर*
मौलिक सृजन : Original Creation *ओरिजनल क्रिएशॅन*
मौलिकता : Originality *ओरीजनेल्टी*
म्लेच्छ : Muslim *मुस्लिम,* Mohamdan *मोहम्मडन*

य

यंत्रवाद : Mechanism *मेकेनिज़्म*
यथाकार : Life Size *लाइफ साइज़*
यथातथ्यात्मक : Realistic *रियलिस्टिक*
यथार्थ : Realistic *रियलिस्टिक*
यथार्थ अभिव्यंजनावाद : Verism *वेरिज़्म*
यथार्थ वर्ण : Local Colour *लोकल कलर*
यथार्थवाद : Realism *रियलिज़्म*
यथार्थवादी : Realistic *रियलिस्टिक*
यथार्थवादी अनुपात : Realistic Proportion *रियलिस्टिक प्रोपोर्शन*
यथावत : Life Like *लाइफ लाइक*
यथावत : As it is *ऐज इट इज*
यवन : Greek *ग्रीक*
यवनिका : Curtain *करटेन*
यश : Fame *फेम*
यहूदी : Jews *ज्यूज़*
यांत्रिक कलाएँ : Machine Arts *मशीन आट्‌र्स*
यांत्रिक चित्रकला : Mechanical Art *मैकेनिकल आर्ट*
यात्रा-वृत्तांत : Travelogue *ट्रेवलाग*
यीशु : Christ *क्राइस्ट*
युक्ति (तकनीक) : Device (Technique) *डिवाइस (टेकनीक)*
युक्ति : Technique *टेक्नीक*
युक्तिसंगत अनुपात : Holy Proportion *होली प्रोपोर्शन*
युगान्तरकारी : Avant Garde *अवंत गार्ड* (फ्रेंच शब्द)
युद्ध चित्र : Battle Piece *बैटल पीस*
युवा तुर्क : Young Turks *यंग टर्कस*
यूनान : Greece *ग्रीस*
यूनान-रोम की मिश्रित कला : Greeco Roman Art *ग्रीको रोमन आर्ट*
यूनानी : Greek *ग्रीक,* Hellenistic *हेलेनिस्टिक*
यूनानी कला : Hellenic Art *हेलॅनिक आर्ट*
यूनानी मूर्तिकला : Greek Sculpture *ग्रीक स्कल्पचर*
यूनानी स्थापत्य : Greek Architecture *ग्रीक आर्किटेक्चर*
यूनानी-बौद्ध कला : Greco-Buddhist Art *ग्रीको-बुद्धिस्ट आर्ट*
यूनानी-सभ्यता : Hellenic Civilization *हेलॅनिक सिविलाइजेशॅन*
यूनिट वन : Unit One *यूनिट वन*
योगदान : Contribution *कंट्रीब्यूशॅन*
योग्य माध्यम : Suitable Medium *सूटेबॅल मीडियम*
योजना : Plan *प्लान*
योजना आलेख : Design *डिज़ाइन*
योद्धा : Warrior *वारियर*

र

रंग-बिरंगा : Multi Colour *मल्टी कलर*
रंग : Colour *कलर,* Shade *शेड*
रंग अर्थ, रंग भेद, वर्ण ज्ञान : Meaning of Colours *मीनिंग ऑफ़ कलर्स*
रंग अस्तर : Priming *प्राइमिंग*
रंग ऐक्य : Colour Unity *कलर यूनिटी*
रंग कन्नी : Painting Knife *पेंटिंग नाइफ*
रंगकर्मी : Theatre Activist *थियेटर एक्टीविस्ट,* Person concerned with Dramatics *पर्सन कन्सर्न विद ड्रामॅटिक्स,* Theatre Artist *थियेटर आर्टिस्ट*

रंगकार : Painter *पेंटर*
रंग की मोटी परत : Impasto *इम्पैस्टो*
रंग क्रम, रंग चक्र : Colour Spectrum *कलर स्पैक्ट्रम*
रंग क्षेत्रिय चित्रण : Colour Field Painting *कलर फील्ड पेंटिंग*
रंग गुण : Colour Quality *कलर क्वालिटी*
रंग चक्र : Colour Spectrum *कलर स्पेक्ट्रम*
रंग चाकू : Palette Knife *पैलेट नाइफ*
रंग चिकित्सा : Chromotherapy *क्रोमोथेरेपी*
रंग चित्र : Painting *पेंटिंग*
रंग तासीर : Colour Effect *कलर इफेक्ट*
रंग द्रव्य : Colour *कलर,* Pigment *पिगमेंट*
रंग निर्वाह : Treatment of Colour *ट्रीटमेंट ऑफ कलर*
रंग पट्टिका–तैलपात्र : Palette Cup *पैलेट कप*
रंग पट्टिका : Palette *पैलेट*
रंग परिप्रेक्ष्य : Colour Perspective *कलर पर्सपेक्टिव*
रंग प्रतिपादन : Treatment of Colour *ट्रीटमेंट ऑफ कलर*
रंग बैठाना : Toning *टोनिंग*
रंग मान : Colour Value *कलर वैल्यू*
रंग मिश्रण फलक : Palette *पैलेट*
रंग मैत्री : Colour Combination *कलर कॉम्बीनेशन,* Colour Harmony *कलर हारमॅनी,* Colour Unity *कलर यूनिटी*
रंग योजना : Colour Scheme *कलर स्कीम*
रंग लेपन : Dipping *डिपिंग*
रंग वर्तिका : Crayon *क्रेयान*
रंग विज्ञान : Colour Science *कलर साइंस*
रंग विन्यास : Colour Scheme *कलर स्कीम*
रंग संगति : Colour Scheme *कलर स्कीम,* Tonality टोनॅल्टी Colour Harmony *कलर हॉरमनी*
रंग संस्कार : Toning *टोनिंग*
रंग सन्तुलन : Colour Balance *कलर बैलेंस*
रंग सामंजस्य : Colour Unity *कलर यूनिटी,* Tonality *टोनेल्टी*
रंग साहचर्य : Colour Combination *कलर कॉम्बीनेशन*
रंगत : Complexion *कॉम्प्लेक्शन,* Hue *ह्यू,* Shade *शेड,* Tint *टिंट*
रंग-पुनरावृत्ति : Repetition of Colour *रिपीटीशॅन ऑफ़ कलर*
रंगबाज : Painter *पेंटर*
रंग-बोध : Colour Sense *कलर सेंस*
रंग-बोध, वर्ण ज्ञान : Colour Sense *कलर सेंस*
रंगभूमि : Amphitheatre *एम्पीथियेटर*
रंग-भेद : Meaning of Colours *मीनिंग ऑफ़ कलर्स*
रंगमंच : Theater Stage *थियेटर स्टेज*
रंगमंडप : Hippodrome *हिप्पोड्रोम*
रंगमान : Colour Value *कलर वैल्यू*
रंगरेज : Dyer *डायर*
रंग-रोगन : Colouring *कलरिंग*
रंगलेपी : Cestrum *सिस्ट्रम*
रंगवर्तिका : Crayon *क्रेयान,* Pastel *पेस्टल*
रंगवाट : Amphitheatre *एम्पीथियेटर*
रंग-विधान : Colour Scheme *कलर स्कीम*
रंगशाला : Episcenium *इपीसीनियम*
रंगसंगति : Colour Harmony *कलर हारमनी,* Tonality *टोनॅल्टी*
रंग-संगति-दोष : Mismatching of Colours *मिसमैचिंग ऑफ़ कलर्स*
रंगसाज : Painter *पेंटर*
रंगांकन : Painting *पेंटिंग*
रंगांकन-पद्धति : Painting Technique *पेंटिंग टेक्नीक़*
रंगानुराग : Colour Love *कलर लव*
रंगाभास : Colour Effect *कलर इफेक्ट,* Tone *टोन*
रंगीन अश्ममुद्रण : Chromo-Lithography *क्रोमो लिथोग्राफ़ी*
रंगीन काँच चित्र : Stained Glass *स्टेंड ग्लास*
रंगीन कांच चित्रण : Stained Glass *स्टेंड ग्लास*
रंगीन काष्ठ-पच्चीकारी : Reisner Work *रीसनर वर्क*
रंगीन पेंसिल : Colour Pencil *कलर पेंसिल*
रंगीय दूरदृश्य लघुता : Colour Perspective *कलर पर्सपेक्टिव*
रंगों का चटकीलापन : Richness of Colour *रिचनेस ऑफ़ कलर*
रंगों की चमक : Colour Glow *कलर ग्लो*
रंगों की योजना : Colour Scheme *कलर स्कीम*
रंगों के हल्के-गहरे रूप : Tone *टोन*
रंगोली : Coloured Floor Design *कलर्ड फ्लोर डिज़ाइन*
रंजक : Painter *पेंटर,* Pigment *पिगमेंट*
रंजकता : Pigmentation *पिग मेंटेशॅन*
रंजकी : Primer *प्राइमर*
रंजन कला : Drawing and Painting *ड्राइंग एंड पेंटिंग*
रख-रखाव : Maintenance *मेंटीनेंस*
रचना : Composition *कम्पोजीशन,* Pattern *पैटर्न*
रचना : Creation *क्रियेशॅन*
रचना कर्म : Construction *कॉन्स्ट्राक्शॅन*
रचना तत्त्व : Element of Creation *एलीमेंट ऑफ़ क्रियेशॅन*
रचना तत्त्व, सृजन तत्त्व : Element of Creation *एलीमेंट ऑफ़ क्रियेशॅन*
रचना यात्रा : Creative Journey, *क्रिएटिव जर्नी,* Creative Span *क्रिएटिव स्पान*

रचना विन्यास : Plan *प्लान*
रचनाकार : Designer *डिज़ाइनर*
रचनात्मक : Techtonic *टेक्टॉनिक*
रचनात्मक कला : Techtonics *टेक्टॉनिक्स*
रचनात्मक स्वायत्तता : Creative Autonomy *क्रिएटिव ऑटोनॉमी*
रचनात्मकता : Creativity *क्रिएटिवटी*
रचनावाद : Constructivism *कॉन्स्ट्रक्टविज़्म*
रचयिता : Author *आथर,* Creator *क्रियेटर*
रजत जयंती : 25th Anniversary *टवेंटी फिफ्थ एनवर्सरी*
रजत पट : Silver Screen *सिल्वर स्क्रीन*
रज़्मनामा : Mahabharata *महाभारत का फ़ारसी अनुवाद*
रति (भाव) : Love *लव*
रति भाव : Sensual Feeling *सेंसुअस फीलिंग*
रत्न : Gem *जेम*
रत्यात्मक : Erotic *इरॉटिक*
रत्यात्मक कला : Erotic Art *इरॉटिक आर्ट*
रत्यात्मकता : Eroticism *इरॉटिज़्म*
रथ : Chariot *चेरियट*
रद्दी मूर्तिकला : Junk Sculpture *जंक स्कल्पचर*
रफूगर : Darner *डार्नर*
रबड़मुद्र : Linocut *लिनोकट*
रमणीय : Pleasant *प्लीजेंट*
रमणीय : Elegance *एलीगेन्स*
रमणीय दृश्य : Picturesque *पिक्च्रॅस्क*
रश्मि प्रभाववाद : Rayonism *रेऑनिज़्म*
रस : Essence of pleasure *एसेंस ऑफ़ प्लेजर*
रसचित्र : Water Colour *वाटर कलर*
रसवान : Man of Taste *मैन ऑफ़ टेस्ट*
रसानुभव : Relish *रेलिश*
रसानुभूति : Experience of Pleasure *एक्सपीरीयंस ऑफ़ प्लेजर*
रसास्वादन : Test *टेस्ट*
रसिक : Lover of Beauty *लवर ऑफ़ ब्यूटी*
रसिक : Admirer *एडमायरर*
रसिक चित्र : Water Colour *वाटर कलर*
रसीला : Juicy *जूसी*
रसोई घर : Kitchen *किचेन*
रहट : Bucket Wheel *बकेट व्हील*
रहन-सहन : Status *स्टेटस*
रहनुमा : Leader *लीडर*
रहस्यवाद : Mysticism *मिस्टीसिज़्म*
रांपी : Scraper *स्क्रैपर*
राक्षसी मुखालंकरण : Gorgoneion *गॉरगोनियन*
राग : Melody *मेलोडी*
राग : Musical Modes *म्यूज़िकल मूड्स*
रागमाला चित्र : Ragmala Painting *रागमाला पेंटिंग*
रागिनी : Female Part of Male Raags *फीमेल पार्ट ऑफ़ मेल राग्स*
रागिनी : Musical Mode *म्यूज़िकल मोड*
रागी : Raagi *शब्द गायक वृंद, गुरुद्वारों में भजन*
रागी : Singers of Shabd Keertan *सिंगर्स ऑफ़ शब्द कीर्तन*
राज भाषा : Official Language *ऑफ़िशियॅल लैंग्वेज*
राज मार्ग : Boulevard *बुलवार्ड*
राज शव स्थल : Pyramid *पिरामिड*
राजकुमार : Prince *प्रिंस*
राजकुमारी : Princess *प्रिंसेस*
राजकोष : Royal Treasury *रॉयल ट्रेजरी*
राजगीर : Mason *मेशॅन*
राजनीति शास्त्र : Political Science *पोलिटिकल सांइस*
राजपुरुष : Statesman *स्टेट्समैन*
राजपुरुष (दरबार के अधिकारी) : Courtiers *कोर्टियर्स,* States Man *स्टेट्स मैन*
राजपुरोहित : Royal Priest *रॉयल प्रीस्ट*
राजमहल : Palace *पैलेस*
राजमा : Kidney Beans *किडनी बीन्स*
राजवंश : Royal Family *रायल फेमिली*
राजसी वेशभूषा : Royal Costume *रायल कास्टयूम*
राजा : King *किंग*
राजास्म : Marble *मार्बल*
राज्य पोषित कला : Coart Painting *कोर्ट पेंटिंग*
राज्य भाषा : State Language *स्टेट लैंग्वेज*
राज्य सभा : House of Lords *हाउस ऑफ लॉर्डस*
राज्यारोहण : Enthronement *इंथ्रोनमेंट*
रात्रि दृश्य : Nocturne *नॉकटर्न*
रानी : Queen *क्वीन*
राम कहानी : Biography *बायोग्राफ़ी*
रामरज : Yellow Clay *यलो क्ले*
रामायण : A Great Hindu Epic *ए ग्रेट हिन्दू इपिक*
रामायण : Ramayan : A Great Hindu Epic *ए ग्रेट हिन्दू एपिक*
राल : Copal *कोपल*
राल : Resin *रेजिन*
राष्ट्रीय कला : National Art *नेशनल आर्ट*
राष्ट्रीय स्मारक : National Monument *नेशनल मोन्यूमेंट*
रास लीला : Devotional Night Dance of Lord Krishna with Radha & Gopies *डिवोशॅनल नाइट डांस ऑफ़ लार्ड कृष्ण विद राधा एंड गोपीज*
रासायनिक लेई : Synthetic Glue *सेन्थेटिक ग्ल्यू*

रासायनिक वर्ण : Chemical Colours *केमिकल कलर्स*
राहत : Relief *रिलीफ*
रिज्वगत : Front View *फ्रंट व्यू*
रिपोर्ताज : Reports *रिपोर्टस*
रिवाज : Tradition *ट्रेडीशॅन,* Practice *प्रैक्टिस*
रीति : Manner *मैनर,* Style *स्टाइल*
रीतिपोषक कला : Manneristic Art *मैनरिस्टिक आर्ट*
रीतिवाद : Mannerism *मैनरिज़्म*
रीतिवादी कला : Traditional Art *ट्रेडीशनल आर्ट,* Mannerists *मेनेरिस्टिस*
रूढ़गत शैली : Stylize *स्टाइलाइज*
रूढ़ापन : Hardness *हार्डनेस*
रूढ़िगत कला : Conventional Art *कन्वेंशनल आर्ट*
रूप : Form *फार्म,* Shape *शेप*
रूप रेखाकृति : Sketch *स्केच*
रूप विन्यास : Composition *कम्पोजीशन*
रूप/आकृति : Form *फॉर्म*
रूप/आकृति, आकार : Shape *शेप*
रूपंकर कला : Plastic Art *प्लास्टिक आर्ट*
रूपकार : Artist *आर्टिस्ट*
रूप गढ़ना : Formation *फॉर्मेशॅन*
रूपचित्र : Portrait *पॅट्रेट*
रूपचित्र, मुखचित्र, वक्ष चित्र : Portrait *पोर्ट्रेट*
रूपबिम्ब : Image of Form *इमेज ऑफ़ फॉर्म*
रूपभेद : Knowledge of Shapes *नालेज ऑफ़ शेप्स*
रूपभेद, आकार ज्ञान : Knowledge of Shapes *नालेज ऑफ़ शेप्स*
रूपरेखा लेखनी : Sketch Pen *स्केच पेन*
रूपवाद : Formalism *फार्मलिज़्म*
रूपविधान : Form *फार्म*
रूपांकन : Design *डिज़ाइन,* Sketch *स्केच,* Motif *मोटिफ*
रूपांतर : Metamorphosis *मेटामौर्फोसिस,* Transformation *ट्रान्सफॉर्मेशन*
रूपांतर्गत तत्त्व : Formal Elements *फॉर्मल ऐलीमेंट्स*
रूपाभास : Anamorphosis *एनामॉर्फोसिस*
रूपाभास चित्रण विधि : Anamorphosis *एनामॉरफोसिस*
रूमानी : Romantic *रोमॉटिक*
रूमानीवाद : Romanticism *रोमॉटिसिज़्म*
रूढ़ाकृति : Block Figure *ब्लॉक फिगर*
रूप : Form *फार्म*
रूप प्रद कलाएँ : Plastic Arts *प्लास्टिक आर्ट्स*
रूप विधान : Form Element *फॉर्म एलीमेंट*
रूप विधान : Formal Structure *फॉर्मर स्ट्रक्चर*
रूप सज्जा : Makeup *मेकअप*
रूपंकर कला : Plastic Art *प्लास्टिक आर्ट*
रूपंकर कलाएँ : Plastic Arts *प्लास्टिक आर्ट्स*
रूपरेखा : Scheme *स्कीम,* Design *डिज़ाइन*
रूपवाणी : Audio Visual *अडियो विज़ुअल*
रूपविज्ञान : Morphology *मॉर्फोलॉजी*
रूपहला रंग : Silver Colour *सिल्वर कलर*
रूपाकार : Form *फॉर्म*
रूपान्तर : Variation *वैरिएशन*
रूपान्तरण : Metamorphosis *मेटामॉरफोसिस*
रूपायन : Depiction *डिपिक्शन*
रूमी सभ्यता : Roman Civilization *रोमन सिविलाइजेशॅन*
रेखण : Drawing *ड्राइंग*
रेखा : Line *लाइन*
रेखा उत्कीर्णन : Line Engraving *लाइन इंग्रेविंग*
रेखा चित्रण : Line Drawing *लाइन ड्राइंग*
रेखा निक्षारण : Line Etching *लाइन एचिंग,* Line Work *लाइन वर्क*
रेखा प्रभाव : Effect of Line *इफेक्ट ऑफ़ लाइन*
रेखा, लकीर : Line *लाइन*
रेखांकन कौशल : Draughtsman Ship *ड्राफ्ट्समैन शिप*
रेखांकन : Drawing *ड्राइंग,* Line Work *लाइन वर्क,* Sketch *स्केच*
रेखांकन कापी, स्केच बुक : Sketching Book *स्केचिंग बुक*
रेखाकार : Draughtsman *ड्राफ्ट्समैन,* Linear *लीनियर*
रेखाकार : Linear *लीनियर*
रेखाचित्र : Line Drawing *लाइन ड्राइंग,* Sketch *स्केच,* Plan Design *प्लान डिज़ाइन*
रेखाचित्रण : Line Drawing *लाइन ड्राइंग*
रेखाच्छादन : Hatching *हैचिंग*
रेखात्मक : Linear *लीनियर*
रेखात्मक दूरदृश्य लघुता : Linear Perspective *लीनियर पर्सपेक्टिव*
रेखात्मक संयोजन : Linear Composition *लीनियर कम्पोजीशॅन*
रेखात्मकता : Linearity *लाइनेर्टी*
रेखालेख : Diagram *डायग्राम*
रेखीय : Linear *लीनियर*
रेखीय चित्र : Linear Pattern *लीनियर पैटर्न*
रेखीय चित्र आकृति : Linear Pattern *लीनियर पैटर्न*
रेखीय परिप्रेक्ष्य : Linear Perspective *लीनियर पर्सपेक्टिव*
रेजिन : Copal *कोपल*
रेतीला अस्तर : Dust Ground *डस्ट ग्राउंड*
रेलिंग : Railing *रेलिंग*
रोमां : Romans *रोमंस (रोमवासी)*
रैखिक : Linear *लीनियर*
रैखिक परिप्रेक्ष्य : Linear Perspective *लीनियर पर्सपेक्टिव*

रैखिक वर्तन : Line Shading *लाइन शेडिंग*
रैखिक संदर्श : Linear Prespective *लिनियर पर्सपेक्टिव*
रैखिक संयोजन : Linear Composition *लीनियर कम्पोजीशॅन*
रैखिक संरचना : Linear Composition *लीनियर कम्पोजीशॅन*
रोगन : Varnish *वार्निश,* Glaze *ग्लेज़*
रोगन करना : Glaze *ग्लेज़*
रोजगार मूलक कलाएँ : Vocational Art *वोकेशॅनल आर्ट*
रोजमर्रा : Daily Affair *डेली अफेयर*
रोम प्रभावित कला : Romanesque Style *रोमनॉस्क स्टाइल*
रोमन स्थापत्य : Roman Architecture *रोमन आर्कीटेक्चर*
रोमन स्थापत्य कला : Romanesque Art *रोमनॅस्क आर्ट*
रोमन स्थापत्य शैली : Romanesque Art *रोमनॅस्क आर्ट*
रोमवासी : Romans *रोमंस (रोमवासी)*
रोमांचवाद या रोमांसवाद : Romanticism *रोमांटिसिज़्म*
रोमांसवाद : Romanticism *रोमॉटिसिज़्म*
रोशन खयाल : Progressive *प्रोग्रेसिव*
रौद्र रस : Emotion of anger/fury *इमोशॅन ऑफ एन्गार/ फ्यूरी*
रौद्र रस : Furious Emotion *फ्यूरियस इमोशॅन*

ल

लंगोट : Lion Cloth *लायन क्लाथ*
लंबा छुरा : Dirk *डिर्क*
लकड़हारा : Wood Cutter *वुड कटर*
लकीर : Line *लाइन*
लक्षण : Feature *फीचर*
लक्ष्य, लक्ष्य बिन्दु : Centre of Interest *सेंटर ऑफ़ इंट्रेस्ट*
लघु गुम्बद : Cupola *क्यूपोला*
लघु चित्र : Miniature Painting *मिनिएचर पेंटिंग*
लघु चित्र फलक : Cabinet Picture *केबिनेट पिक्चर*
लघु पुस्तिका : Monograph *मोनोग्रॉफ*
लघु प्रतिमा : Statuette *स्टैच्यूएट*
लघु प्रतिरूप : Maquetta *मक्यूटा*
लघु प्रारूप : Design *डिज़ाइन*
लघु फलक : Tablature *टेबलेचर*
लघु मन्दिर : Sacellum *सेकेलम*
लघु मूर्ति : Figurine *फिगराइन*
लघु रूप : Modello *मॉडलो*
लघुकरण : Reduction *रिडक्शॅन*
लघुकृत प्रति : Reduced Copy *रिडयूस्ड कॉपी*
लघुचित्र : Miniature Painting (work of art) *मिनिएचर पेंटिंग (वर्क ऑफ़ आर्ट)*
लघुचित्रण : Miniature Painting (act) *मिनिएचर पेंटिंग (एक्ट)*
लघुचित्रण स्टाइल : Miniature Painting Style *मिनिएचर पेंटिंग शैली*
लघुतम कला : Minimal Art *मिनिमल आर्ट*
लघुप्रतिरूप : Maquetta *मक्यूटा*
लघुप्रारूप : Design *डिज़ाइन*
लघुमीनार : Turret *टरेट*
लघुमूर्ति : Figurine *फिगराइन*
लघुरूप : Miniature *मिनिएचर*
लचीला आकार : Plastic Form *प्लास्टिक फॉर्म*
लचीलापन : Plasticity *प्लास्टिसिटी*
लचीली कलाएँ : Plastic Arts *प्लास्टिक आर्ट्स*
लटकन : Pendant *पेंडेंट*
लन्दन समूह : London Group *लन्दन ग्रुप*
लबादा : Gown/Over Coat *गाउन/ओवर कोट*
लय : Movement *मूवमेंट*
लय : Rhythm *रिद्म*
लयमयी : Rhythmic *रिद्मिक*
लयबद्ध : Rhythmic *रिद्मिक*
लयात्मक : Rhythmic *रिद्मिक,* Rhythmical *रिद्मिकल*
लयात्मक गति : Rhythm *रिद्म*
लयात्मक रेखा : Rhythmic Line *रिद्मिक लाइन*
लयात्मकगति : Rhythm Movement *रिदिमक मूवमेंट*
लयिक : Rhythmic *रिद्मिक,* Rhythmical *रिद्मिकल*
ललित कला : Fine Art *फाइन आर्ट,* Beaux Art *बुए आर्ट* (फ्रेंच शब्द)
ललित कलाएँ, चारु कलाएँ : Fine Arts *फाइन आर्ट्स*
ललित साहित्य : Creative Literature *क्रिएटिव लिटरेचर*
ललितकला : Fine Art *फाइन आर्ट*
ललितकला शिल्पी : Artist *आर्टिस्ट*
लसाऊ के गुफाचित्र : Lascaux Cave Paintings *लसाऊ केव पेंटिंग्स*
लहसुन : Garlic *गार्लिक*
लाओकून : Laocoon *लाओकून*
लाक्षणिक रूप : Allegorical Form *ऐलीगोरिकल फार्म*
लाक्षा : Lacquer *लैकर*

लाग-लपेट : Exaggeration *एक्साग्रेशॅन*
लाजवर्द : Lapis Lazuli *लेपिस लज़ूली*
लाजवर्द या लाजवर्दी : Lapis Lazuli *लेपस लज़ूली*
लाजवर्दी : Ultramarine *अल्ट्रामॅरीन*
लाट : Tower *टावर*
लाल मसूर (दाल) : Split Red Lintils *स्प्लिट रेड लिंटिल्स*
लाल रंग : Red Color *रेड कलर*
लालित्य : Charm *चार्म,* Elegance *एलीगेंस,* Grace *ग्रेस*
लालित्य रस : Aesthetical Pleasure *एस्थेटिकल प्लेजर*
लावण्य : Charm *चार्म*
लावण्य, लालित्य : Elegance *एलीगेंस,* Grace *ग्रेस*
लिंग : Gender *जेंडर*
लिनो छापाचित्र : Linocut *लिनोकट*
लिनोलियम कट : Linoleum Cut *लिनोलियम कट*
लिपि : Script *स्क्रिप्ट*
लिपि विज्ञान : Paleography *पेलियोग्राफ़ी*
लिप्सा : Greediness *ग्रीडीनेस*
लीक : Trend *ट्रेंड*
लीची : Litchi *लीची*
लीला : Devine Act *डिवाइन एक्ट,* Devine Performance *डिवाइन परफॉरमेंस*
लुत्फ : Pleasure *प्लेजर*
लुप्त संस्कृति : Dead Culture *डेड कल्चर*
लेखक : Author *ऑथर,* Writer *राइटर*
लेखनी : Brush made with the hairs of Calf's ears *ब्रश मेड विद् हेयर्स ऑफ़ काफ्स इयर्स*
लेखनी रेखाचित्र : Pen Drawing *पेन ड्राइंग*
लेखा चित्रीय : Graphic *ग्राफ़िक*
लेखा-चित्रकला : Graphics *ग्राफ़िक्स*
लेज़र रश्मि छापा यन्त्र : Laser Printing *लेज़र प्रिंटिंग*
लेज़र रश्मि मुद्रण : Laser Printing *लेज़र प्रिंटिंग*
लेप : Coat *कोट,* Priming *प्राइमिंग*
लेपचित्र : Fresco *फ्रेस्को*
लेपचित्र प्रविधि : Fresco *फ्रेस्को*
लेपित फलक : Painted Panel *पेंटेड पेनल*
लेपित मृद्‌भांड : Slipped Pottery *स्लिप्ड पॉटरी*
लेपोत्कीर्णन : Graffito *ग्रैफिटो*
लोक : World *वर्ड*
लोक मंगल : Public Welfare *पब्लिक वेलफेयर*
लोक संगीत : Folk Music *फोक म्यूज़िक*
लोक सज्जा : Folk Decoration *फोक डेकोरेशॅन*
लोक सभा : House of People *हाउस ऑफ़ पीपल*
लोककला : Folk Art *फोक आर्ट*
लोकगत कला : Pop Art *पॉप आर्ट,* Popular Art *पापुलर आर्ट*
लोकगाथा : Folk Story *फोकस्टोरी*
लोकचारण : Folklore *फोकलोर*
लोकतांचित्र कला : Democratic Art *डेमोक्रेटिक आर्ट*
लोकप्रिय कला : Pop Art *पॉप आर्ट,* Popular Art *पापुलर आर्ट*
लोकप्रिय सिनेमा : Popular Cinema *पापुलर सिनेमा*
लोकवादी कला : Public Art *पब्लिक आर्ट*
लोकाचार : Popular Custom *पापुलर कस्टम*
लोकोपयोगी कला : Applied Art *एप्लाइड आर्ट,* Commercial Art *कॉमेर्शीयल आर्ट*
लोच : Elasticity *एलास्टिसिटी*
लोटा : A round metal pot *ए राउंड मैटल पॉट*
लोपी बिन्दु : Vanishing Point *वैनशिंग प्वाइंट*
लोहार : Black Smith *ब्लैक स्मिथ*
लौंग : Clove *क्लोव*
लौकिक : Classical *क्लासिकल,* Customary *कस्टमरी*
लौह युग : Iron Age *आइरन एज*

व

वंशानुगत नियुक्तियाँ : Hereditary Appointment *हेरीडेट्री एप्वांइटमेंट्स*
वक्ररेखा : Curved Line *कर्वड लाइन*
वक्ष अलंकरण : Pectoral Ornaments *पेक्टोरियल ऑर्नामेंट*
वक्ष आभूषण : Ornaments of Chest *ऑर्नामेंट्स ऑफ़ चेस्ट*
वक्ष चित्र : Portrait *पोर्ट्रेट*
वचन : Number *नम्बर*
वज़न : Weight *वेट*
वयोवब्द्ध उत्कृष्ट कलाकार : Veteran Artist *विट्रेन आर्टिस्ट*
वयोश्रेष्ठ कलाकार : Veteran artist Senior most Artist *सीनियर मोस्ट आर्टिस्ट*
वयोश्रेष्ठ कलाकार : Old Master *ओल्ड मास्टर*
वयोश्रेष्ठ कलाकार : Veteran artist *वेट्रेन आर्टिस्ट*
वरिष्ठ : Senior *सीनियर*
वरिष्ठ कलाकार : Senior Artist *सीनियर आर्टिस्ट*

वरिष्ठ नागरिक : Senior Citizen *सीनियर सिटीज़न*
वरेण्य : Classical *क्लासिकल,* Honorable *आनरेबल,* Respectable *रिस्पेक्टेबल*
वर्ग : Class *क्लास,* Square *स्क्वायर*
वर्ग संघर्ष : Class antagonism *क्लास एनटैगोनिज़्म*
वर्ग संघर्ष : Class Struggle *क्लास स्ट्रगल*
वर्ग-प्रणाली : Square Method *स्क्वायर मैथड*
वर्गीकरण-विज्ञान : Taxonomy *टैक्सोनामी*
वर्गीकृत : Classified *क्लासीफाइड*
वर्चस्वता, प्राबल्य : Dominance *डॉमीनेन्स*
वर्जना : Taboo *टैबु*
वर्ण : Color *कलर,* Letter *लेटर*
वर्ण ऐक्य : Colour Unity *कलर यूनिटी*
वर्ण गरिमा : Colour Value *कलर वैल्यू*
वर्ण चक्र : Colour Wheel *कलर व्हील,* Colour Spectrum *कलर स्पेक्ट्रम*
वर्ण चित्र : Painting *पेंटिंग*
वर्ण ज्ञान : Colour Sence *कलर सेन्स,* Meaning of Colours *मीनिंग ऑफ़ कलर्स*
वर्ण परिणाम : Colour Effect *कलर इफेक्ट*
वर्ण परिप्रेक्ष्य : Colour Perspective *कलर पर्सपेक्टिव*
वर्ण प्रभा : Colour Glow *कलर ग्लो*
वर्ण प्रभाव : Colour Effect *कलर इफेक्ट*
वर्ण मिश्रण-पत्री : Palette *पेलेट*
वर्ण मैत्री : Colour Unity *कलर यूनिटी,* Colour Harmony *कलर हारमॅनी*
वर्ण विन्यास : Colour Scheme *कलर स्कीम*
वर्ण विन्यास कलाकार : Typographer *टाइपोग्राफ़र*
वर्ण विपर्यास : Colour Contrast *कलर कॅन्ट्रास्ट*
वर्ण विभेद : Colour Discrimination *कलर डिस्क्रिमनशॅन*
वर्ण विरोध : Colour Contrast *कलर कॅन्ट्रास्ट*
वर्ण वैषम्य : Colour Contrast *कलर कॅन्ट्रास्ट*
वर्ण शोभा : Character *करेक्टर,* Colour Value *कलर वैल्यू*
वर्ण संगतता : Compatibility *कम्पेटबिल्टी*
वर्ण संघर्ष : Class Struggle *क्लास स्ट्रगॅल*
वर्ण समष्टि प्रभाव : General Colour Effect *जनरल कलर इफेक्ट*
वर्ण सामंजस्य : Colour Harmony *कलर हारमॅनी,* Colour Unity *कलर यूनिटी*
वर्ण स्थाईकरण : Colour Fixing *कलर फिक्सिंग*
वर्ण/रंग चक्र : Colour Spectrum *कलर स्पेक्ट्रम*
वर्णक : Pigment *पिगमेंट*
वर्णकता : Pigmentation *पिगमेंटेशॅन*
वर्णक्रम : Spectrum *स्पेक्ट्रम,* Tonality *टोनेलिटी*
वर्णक्रम रंग : Spectrum Colour *स्पैक्ट्रम कलर*
वर्णच्छटा : Tone *टोन*
वर्णनात्मक : Narrative *नरेटिव*
वर्णनात्मक कला : Narrative Art *नरेटिव आर्ट*
वर्णमाला : Alphabet *एल्फाबेट*
वर्णहीन रंग योजना (Black & White) : Achromatic Colour Scheme *एक्रोमेटिक कलर स्कीम*
वर्णिका भंग : Use of colour *यूज ऑफ़ कलर,* Using of Brush and Colour *यूजिंग ऑफ़ ब्रश एंड कलर*
वर्णेकता : Colour Unity *कलर यूनिटी*
वर्तमान कला : Contemporary Art *कॉटेम्परेरी आर्ट*
वर्तिका चित्र : Crayon Drawing *क्रेआन ड्राइंग,* Pastel *पेस्टल,* Pastel Picture *पेस्टल पिक्चर*
वर्तिका चित्रण : Crayon Drawing *क्रेआन ड्राइंग*
वर्तिका रंग : Crayon Colours *क्रेयॉन कलर्स*
वर्तुल रेखाएँ : Circular Lines *सरकुलर लाइंस*
वर्षा ऋतु : Rainy Season *रेनी सीजन*
वशीभूत : Under Control *अंडर कंट्रोल,* Under Influence *अंडर इंफ्लुएंस*
वसली का फ्रेमिंग चैखटा : Cut Mount *कट माउंट*
वस्तु चित्रण : Object Painting *ऑब्जेक्ट पेंटिंग,* Still Life *स्टिल लाइफ,* Objective Painting *ऑब्जेक्टिव पेंटिंग*
वस्तु चित्रांकन : Object Painting *ऑब्जेक्ट पेंटिंग*
वस्तु चित्रांकन : Objective Painting *ऑब्जेक्टिव पेंटिंग*
वस्तु रेखांकन : Object Drawing *ऑब्जेक्ट ड्राइंग*
वस्तु रेखांकन, पदार्थ चित्रण : Object Drawing *ऑब्जेक्ट ड्राइंग*
वस्तुगत चित्र : Objective Painting *आब्जेक्टिव पेंटिंग*
वस्तुगत चित्रांकन : Objective Painting *ऑब्जेक्टिव पेंटिंग*
वस्तुचित्रण : Still Life *स्टिललाइफ*
वस्तुनिरपेक्ष अक्षर कला : Abstract Calligraphy *एब्सट्रैक्ट केलीग्राफ़ी*
वस्तुनिरपेक्ष : Abstract *एब्सट्रैक्ट*
वस्तुनिरपेक्ष अतियथार्थवाद : Abstract Surrealism *एब्सट्रैक्ट सुररियलिज़्म*
वस्तुनिरपेक्ष अभिव्यंजनावाद : Abstract Expressionism *ऐब्स्ट्रैक्ट एक्सप्रेश्निज़्म*
वस्तुनिरपेक्ष आकारनिष्ठ कला : Abstract Concrete Art *एब्सट्रैक्ट कंक्रीट आर्ट*
वस्तुनिरपेक्ष कला : Abstract Art *एब्सट्रैक्ट आर्ट*
वस्तुनिरपेक्ष प्रतिमावाद : Abstract Imagism *एब्सट्रैक्ट इमेजिस्म*
वस्तुनिरपेक्ष प्रतिमावाद : Abstract Pictography *एब्सट्रैक्ट पिक्टोग्राफ़ी*

वस्तुनिरपेक्ष प्रभाववाद : Abstract Impressionism *एब्स्ट्रैक्ट इम्प्रेशनिज़्म*
वस्तुनिरपेक्ष अतियथार्थवाद : Abstract Surrealism *एब्स्ट्रैक्ट सुररियलिज़्म*
वस्तुनिरपेक्ष कला : Abstract Art *एब्स्ट्रैक्ट आर्ट*
वस्तुनिरपेक्षत्व : Abstraction *एब्स्ट्रैक्शॅन*
वस्तुनिष्ठ चित्रांकन : Objective Painting *आब्जेक्टिव पेंटिंग*
वस्तुवादी चित्र : Objective Painting *आब्जेक्टिव पेंटिंग*
वस्तुवादी चित्रांकन : Objective Painting *आब्जेक्टिव पेंटिंग*
वस्तुसादृश्य : Representation *रिप्रजेंटेशॅन*
वस्त्र चित्रण : Fabric Painting *फेब्रिक पेंटिंग*
वस्त्र विन्यास : Drapery *ड्रेपरी,* Fashion *फैशन*
वस्त्र विन्यास कार : Fashion Designer *फैशन डिज़ाइनर*
वाइजेंटाइनी कला : Byzantine Art *बाइजेंटाइन आर्ट*
वाक्य : Sentence *सेंटेंस*
वाक्य विज्ञान : Syntax *सिटेंक्स*
वाङ्‌मय : Literature *लिट्रेचर*
वाचिक साहित्य : Oral Literature *ओरॅल लिटरेचर*
वाणिज्यिक कला : Commercial Art *कामर्शियल आर्ट*
वाणिज्यिक कलाकार : Commercial Artist *कामर्शियल आर्टिस्ट*
वातावरण : Atmosphere *एटमॉसफियर*
वातावरणीय दूरदृश्यलघुता : Aerial Perspective *एरियल पर्सपेक्टिव*
वातावरणीय परिप्रेक्ष्य : Aerial Perspective *एरियल पर्सपेक्टिव*
वातावरणीय रंग : Local Colour *लोकल कलर*
वात्सल्य रस : Parental Love *पेरेंटल लव*
वाद : Ism *इज़्म,* School *स्कूल*
वादक : Instrumentalis *इंस्ट्रूमेंटलिस्ट*
वादक मंडली : Orchestra *आरकेस्ट्रा*
वादन : Playing Instruments *प्लेइंग इंस्ट्रूमेंटस*
वाद्य विद्या : Art of Playing musical instrument *आर्ट ऑफ़ प्लेइंग म्यूज़िकल इंस्ट्रूमेंट्स*
वाद्य वृंदकार : Orchestra *ऑरकेस्ट्रा,* Musical Instrument Players *म्यूज़िकल इंस्ट्रुमेंट प्लेयर*
वाद्य वृन्द : Orchestra *ऑर्केस्ट्रा*
वाद्य संगीत : Instrumental Music *इंस्ट्रूमेंटल म्यूजिक*
वाद्ययंत्र : Musical Instrument *म्यूज़िकल इंस्ट्रूमेंट*
वानप्रस्थान आश्रम : Monastery *मोनॅस्ट्री*
वानस्पतिक तेल : Botanic Oil *बॉटेनिक ऑयल*
वानस्पतिक वर्ण : Vegetable Colours *वेजीटेबिल कलर्स*
वायलिन : A Wire Based Musical Instrument *ए वायर बेस्ड म्यूज़िकल इंस्ट्रूमेंट*
वायुमंडलीय परिप्रेक्ष्य : Atmospheric Colour *एटमॉस्फियरिक कलर*
वायुमंडलीय रंग : Atmospheric Colour *एटमॉस्फियरिक कलर*
वाराह : Wild Boar *वाइल्ड बोर*
वार्तालाप : Conversation *कनवर्सेशॅन*
वार्निश : Varnish *वार्निश*
वार्षिक प्रदर्शनी (फ्रांस) : Salon (French) *सेलून* (फ्रेंच)
वार्षिक प्रदर्शनी : Annual Show *एनुअल शो*
वार्षिकांक : Annual *एनुॲल*
वाश पेंटिंग : Wash Painting *वॉश पेंटिंग*
वास्तविक रंग : Local Colour *लोकल कलर*
वास्तु : Architecture *आर्किटेक्चर*
वास्तु कला (वास्तु विद्या) : Architecture *आर्कीटेक्चर,* Architectonics *आर्कीटेक्टॉनिक्स*
वास्तु कला : Architecture *आर्किटेक्चर*
वास्तु तुल्य : Architectural *आर्किटेक्चरल*
वास्तु विद् : Architect *आर्किटेक्ट*
वास्तु विद्या : Architecture *आर्किटेक्चर*
वास्तु शिल्प (भव्य चित्र या मूर्ति) : Architectural *आर्कीटेक्चरल,* Tectonic *टेक्टॉनिक,* Architectonic *आर्कीटेक्टॉनिक*
वास्तु शिल्प : Architecture *आर्किटेक्चर*
वास्तु शिल्पी : Architect *आर्किटेक्ट*
वास्तु शिल्पीय कला : Architectonic *आर्कीटेक्टोनिक*
वास्तु सदृश, वास्तु तुल्य : Architectural *आर्कीटेक्चरल*
वास्तुकार : Architect *आर्कीटेक्ट*
वास्तुशास्त्री : Architect *आर्कीटेक्ट*
वास्तुशिल्प : Architecture *आर्कीटेक्चर*
वाहक : Vehicle *व्हीकल*
विकल्प : Alternative *आल्टरनेटिव*
विकासशील : Developing *डेवलपिंग*
विकिरण : Radiation *रेडिएशॅन*
विकृति : Distortion *डिस्टॉर्शन*
विकृति वर्ण : Degraded Colour *डिग्रेडेड कलर*
विकृतिकरण : Distortion *डिस्टॉर्शन*
विकेन्द्रित : Acentric *एसेंट्रिक*
विखंडित मूर्ति : Broken Idol *ब्रोकेन आइडल*
विखंडित : Divided *डिवाइडेड*
विघटन : Detoriation *डिटोरिएशॅन*
विचार गोष्ठी : Symposium *सिम्पोज़ियम*
विचारधारा : Thinking *थिंकिंग*
विचार मंथन : Brain Storming *ब्रेनस्टर्मिंग*
विचार सीमा : Thinking Limit *थिंकिंग लिमिट*

विचारोत्तेजक : Thoughtful *थॉटफुल*
विचित्र कलाकार : Typical Artist *टिपिकल आर्टिस्ट*
विचित्र रूप : Typical Form *टिपिकल फॉर्म*
विचित्रलोक : Mistic World *मिस्टिक वर्ड*
विजातीय तत्त्व : Foreign Elements *फारेन एलिमेंट्स*
विजातीय द्रव्य : Foreign Element *फॉरेन एलीमेंट*
विज्ञान : Science *साइंस*
विज्ञापन : Advertisement *एडवरटाइजमेंट*
विज्ञापन : Bills *बिल्स*
विज्ञापन चित्र : Poster *पोस्टर*
विज्ञापन पंडित : Adguru (Advertisement) *एड गुरु*
विज्ञापन-कला : Advertising *एडवरटाइजिंग*
विडम्बना : Irocy *आयरनी*
विदुषी : Knowledgeable Woman *नॉलेजबल वुमन,* Knowledgeable Lady *नॉलेजबिल लेडी*
विद्या : Knowledge *नॉलेज*
विद्युत मुद्रांक : Electrotype *इलेक्ट्रोटाइप*
विद्युत-छायाकरण : Xerography *जीरोग्राफ़ी*
विद्योचित : Academic *एकेडेमिक*
विद्योचित कला : Academic Art *एकेडेमिक आर्ट*
विद्रुप : Distort *डिस्टॉर्ट*
विद्रुप चित्र : Caricature *केरीकेचर*
विद्रुपण : Distortion *डिस्टॉर्शन*
विद्रूपीकरण : Distortion *डिस्टॉर्शन*
विद्वान : Erudite *एरोडाइट,* Well Read *वेल रेड*
विधा : Style *स्टाइल,* Techniqie *टेक्नीक*
विनम्रता : Modesty *मॉडेस्टी*
विनयशील : Humble *हंबल*
विनाशवाद : Nihilism *निहिलिज़्म*
विनोदी : Funny *फनी*
विनोदी कला : Amusement Art *एम्यूज़मेंट आर्ट*
विन्यास : Design *डिज़ाइन*
विन्यासकार : Designer *डिज़ाइनर*
विपणन : Exchange *एक्सचेंज*
विपरीतपूरक : Contra Complementary *कॉन्ट्रा कॉम्पलीमेंटरी*
विपुल योगदान : Huge Contribution *ह्यूज कॉन्ट्रीब्यूशॅन*
विपुल सृजन : Huge Creation *ह्यूज क्रिएशॅन*
विप्लवी : Terrorist *टेररिस्ट*
विभाजक : Divider *डिवाइडर*
विभाजन-पटचित्र : Screen *स्क्रीन*
विभाजनवाद : Divisionism *डिवीजनिज़्म*
विभाजनी : Divider *डिवाइडर*
विभिन्न दर्शनग्राही : Eclectic *एकलिक्टिक*
विभीषिका : Horror *हॉरर*
विभेद : Difference Diversifiction *डिफरेंस डाइवर्सीफिकेशॅन*
विमर्श : Discussion *डिस्कशॅन*
विमूर्तन : Distortion *डिस्टॉर्शर्न*
विराट : Great *ग्रेट*
विराट चित्र : Huge Painting *ह्यूज पेंटिंग*
विराट दृश्य : Broad View *ब्रॉड व्यू*
विराट दृष्टि : Broad Vision *ब्रॉड विज़न*
विराट प्रदर्शनी : Grand Show *ग्रांड शो,* Grand Exhibition *ग्रांड एक्ज़ीविशॅन*
विराट प्रदर्शनी : Retrospective Exhibition *रेट्रोस्पेक्टिव एग्जीबिशन*
विराम चिन्ह : Punctuation Mark *पंचुएशॅन मार्क*
विरासत : Heritage *हेरिटेज*
विरूप चित्र : Caricature *केरीकेचर*
विरूप चित्रण : Caricature *केरीकेचर*
विरूपण : Distortion *डिस्टॉर्शर्न*
विरूपण, विकृति : Distortion *डिस्टॉर्शन*
विरूपाकृति : Grotesque *ग्रोटेस्क*
विरेचन : Catharsis *कैथार्सिस*
विरोध : Contrast *कांट्रास्ट*
विरोधा भाषी वर्ण : Contrast Colour *कॉन्ट्रास्ट कलर*
विरोधाभास : Paradox *पेराडॉक्स*
विरोधी प्रभाव : Contrast Effect *कॉन्ट्रास्ट एफेक्ट*
विरोधी रंग : Contrast Colours *कॉन्ट्रास्ट कलर्स*
विरोधी रंग संगति : Contrast Harmony *कॉन्ट्रास्ट हॉरमनी*
विरोधी रंग/वर्ण : Contrast Colour *कॉन्ट्रास्ट कलर,* Opposite Colour *अपोजिट कलर*
विलक्षण : Typical *टिपिकल*
विलक्षण कल्पना : Typical Imagination Idea *टिपिकल इमैजीनेशॅन/आइडिया*
विलायक, सोल्वेंट : Solvent *सॉल्वेंट*
विलायत : England *इंग्लैंड*
विलास भूमि : Place of Enjoyment *प्लेस ऑफ़ इनज्वायमेंट*
विलेपन : Coat *कोट*
विलोम : Antonyms *एंटोनिम्स*
विलोम : Opposite *अपोजिट*
विलोम छवि : Reverse Image *रिवर्स इमेज*
विलोम छाया पत्रक : Negative *निगेटिव*
विवस्त्र : Nude *न्यूड*
विविधता : Diversity *डायवर्सिटी*
विवेक : Discretion *डिस्क्रीशॅन*

विवेचना : Analysis *एनालिसिस*
विशाल : Monumental *मोनुमेंटल*
विशाल मूर्ति : Colossal Statue *कोलोसॅल स्टेच्यू*
विशाल स्नानागार : Great Bath *ग्रेट बाथ*
विशालता : Immensity *इमेन्सिटी*
विशालाकार : Monumental *मोन्यूमेंटल*
विशिष्ट प्रकाश : High Light *हाई लाइट*
विशिष्ट व्याख्यान : Thematic Lecure *थीमैटिक लेक्चर,* Specialized Lecture *स्पेशलाइज़्ड लेक्चर*
विशिष्टता : Feature *फीचर*
विशुद्ध कला : Virgin Art *वर्जिन आर्ट,* Pure Art *प्योर आर्ट*
विशुद्धवाद : Purism *प्यूरिज़्म*
विशेष चित्रांश : Passage *पैसेज*
विशेषण : Adjective *एडजेक्टिव*
विश्राम गृह : Mansion *मेंशॅन*
विश्लेषणवाद : Synthetism *सिन्थेटिज़्म*
विश्लेषणात्मक त्रिपार्श्ववाद : Analytical Cubism *एनालिटिकल क्यूबिज़्म*
विश्लेषणात्मक व्याख्या : Analytical Criticism *एनालिटिकल क्रिटिसिज़्म*
विश्लेषित आलोचना : Analytical Criticism *एनालिटिकल क्रिटिसिज़्म*
विश्व के सात आश्चर्य : Seven Wonders of the World *सेवन वंडर्स ऑफ़ द वर्ड*
विश्व कोशात्मक ग्रंथ : Encyclopedia *इनसाइक्लोपीडिया*
विश्व चित्रावली : Cosmorama *कॉस्मोरामा*
विश्व दृश्यावली : Cosmorama *कॉस्मोरामा*
विश्व फलक : Global Canvas *ग्लोबल कैनवास*
विश्वकोशीय : Encyclopedic *इनसाक्लोपीडिक*
विषय तत्त्व : Content *कंटेंट*
विषय वस्तु : Subject Matter *सब्जेक्ट मैटर*
विषय वस्तु : Content *कॉन्टेंट*
विषय विहीन कला : Non Subjective Art *नान-आब्जेक्टिव आर्ट*
विषयगत चित्र या चित्रांकन : Subjective Art *सब्जेक्टिव आर्ट*
विश्व भाषा : World Language *वर्ड लैंग्वेज*
विसंगति : Absurdity *एब्सर्डिटी,* Discord *डिस्कॉर्ड,* Discordance *डिस्कॉर्डेन्स*
विस्तारक : Stretcher *स्ट्रेचर*
विस्तारण : Expansion *एक्सपेंशॅन*
विस्तृत आरेखण : Detail Drawing *डिटेल ड्राइंग*
विस्तृत उत्खनन : Extensive Excavation *एक्सटेंसिव एक्सकेवेशॅन*
विस्तृत चित्रांकन : Detail Drawing *डिटेल ड्राइंग*
विस्तृत रूप : Detail *डिटेल*
विस्थापन : Displacement *डिस्प्लेसमेंट*
विस्फोटक विकास : Explosive Development *एक्सप्लोसिव डेवलॅपमेंट*
विस्मय (भाव) : Astonish *एस्टानिश*
विस्मयकारी (कलाकृति) : Terribilita *टेरीबिलेटा*
विहंगम दृष्टि : Bird's Eye View *बड्र्स आई व्यू*
विहार : Monastery *मोनॅस्ट्री,* Cloister *क्लॉस्टर*
वीणा : Lute *ल्यूट*
वीथी : Gallery *गैलरी*
वीनस : Venus *वीनस*
वीनस की लघुमूर्ति : Venus Figurine *वीनस फिगराइन*
वीभत्स रस : Emotion of disgust *इमोशॅन ऑफ़ डिस्गोस्ट,* Odious Emotion *ओडियस इमोशॅन*
वीर रस : Emotion of Heroism/courage *इमोशॅन ऑफ़/करेज,* Emotion of vigor/heroric/courage *इमोशॅन ऑफ़ विगॅर/हिरोइक/कॅरेज,* Heroic Emotion *हिरोइक इमोशॅन*
वृंदगान : Koras कोरस, Group Song *ग्रुप सांग*
वृत्त : Circle *सर्कल*
वृत्ताकार दृश्य पटल : Cyclorama *साइक्लोरामा*
वृत्ताकार मन्दिर : Monopteron *मोनोपटेरॉन,* Monopteros *मोनोपटेरस*
वृत्ताकार समाधि : Round Barrow *राउंड बैरो*
वृषभ-मानव : Bucentaur *ब्यूसेंटूर*
वृहदाकार : Magnificent oversize *ओवरसाइज़*
वृहदाकार : Magnificent *मैग्नीफिसेंट,* oversize *ओवरसाइज़*
वेदिका : Altar *आल्टर,* Stone Railing *स्टोन रोलिंग*
वेदिका : Balustrade *बालुस्ट्रेड*
वेदिका अलंकरण : Altar Piece *आल्टर पीस*
वेदिका चित्र, वेदी चित्र : Altar Piece *आल्टर पीस,* Altar Piece *आल्टर पीस,* Ancona *एनकोना* (इटैलियन शब्द)
वेदिका स्तम्भ : Railing Pillar *रेलिंग पिलर*
वेदी : Altar *आल्टर,* Altarpiece *अल्टरपीस*
वेदी पट : Altar Piece *आल्टर पीस*
वेदी पट चित्र : Altar Piece *आल्टर पीस*
वेदी मूर्ति : Altar Piece *आल्टर पीस*
वेदी सज्जा : Altar Piece *आल्टर पीस*
वेनिशियन शैली : Venetian School *वेनिशियन स्कूल*
वेनिस द्विवार्षिक (प्रदर्शनी) : Venice Biennale *वेनिस बेनाले*
वेश्या : Prostitute *प्रास्टीट्यूट*

वैकल्पिक स्थान : Alternative Space *आल्टरनेटिव स्पेस*
वैचारिक कला : Conceptual Art *कॅनसेप्चुअल आर्ट*
वैचारिक कलेवर : Conceptual Art *कॅनसेप्चुअल आर्ट*
वैचारिक दृष्टिकोण : Conceptual Approach *कॅनसेप्चुअल एप्रोच*
वैचारिक धारा : Gravity in Thinking *ग्रेविटी इन थिंकिंग*
वैचारिक मान्यताएं : Thoughtful Conviction *थॉटफुल कॅनविक्शॅन*
वैजयंती : Trophy *ट्रॉफी*
वैविध्य : Variety *वेराइटी*
वैविध्यपूर्ण : Variety Full *वेराइटी फुल*
वैशाख : April-May Month *अप्रैल-मे मंथ*
वैशिष्ट : Speciality *स्पेशलिटी*
वैशिष्ट्य : Specialty *स्पेशलिटी*
वैश्लेषिक : Analytic *एनालिथिक*
वैश्लेषिक घनवाद : Analytical Cubism *एनालिटिकल क्यूबिज़्म*
वैश्लेषिक घनाकृतिवाद : Analytical Cubism *एनालिटिकल क्यूबिज़्म*
वैश्लेषिक त्रिआयामवाद : Analytical Cubism *एनालिटिकल क्यूबिज़्म*
वैश्विक : International *इंटरनेशॅनल,* Global *ग्लोबल*
वैषम्य परिणाम : Contrast Effect *कंट्रास्ट एफेक्ट*
वैषम्य प्रतीति : Contrast Effect *कंट्रास्ट एफेक्ट*
वैषम्य प्रभाव : Contrast Effect *कंट्रास्ट एफेक्ट*
व्यंग्य : Comic *कॉमिक*
व्यंग्य चित्र : Caricature *केरीकेचर,* Cartoon *कार्टून*
व्यंग्य चित्र पुस्तक : Comic Book *कॉमिक बुक*
व्यंग्य चित्रमालिका : Comic Strip *कॉमिक स्ट्रिप*
व्यंजन : Consonant *कॉन्सोनेंट*
व्यक्ति चित्र (सम्मुखाकृति) : Portrait (Full face) *पोर्ट्रेट* (फुल फेस)
व्यक्ति चित्र : Portrait *पोर्ट्रेट*
व्यक्ति चित्रण : Life *लाइफ,* Life Drawing *लाइफ ड्राइंग,* Portrait Painting *पोर्ट्रेट पेंटिंग*
व्यक्ति बोली : Idiolect *आडियोलिक्ट*
व्यक्तिगत शैली : Style *स्टाइल*
व्यक्ति चित्र : Portrait *पोर्ट्रेट*
व्यक्तिपरक कला : Subjective Painting *सब्जेक्टिव पेंटिंग*
व्यक्तिपरक चित्रांकन : Subjective Painting *सब्जेक्टिव पेंटिंग*
व्यक्तिवाद : Individualism *इंडीविडुअलिज़्म*
व्यथा : Pathetic Tale *पैथेटिक टेल*
व्याकरण : Grammar *ग्रामर*
व्याख्या चित्र : Illustration *इलस्ट्रेशॅन*
व्याख्यानवादी कला : Narrative Art *नरेटिव आर्ट*
व्याख्यानात्मक चित्र : Narrative Painting *नरेटिव पेंटिंग*
व्यापक : Broad Experience *ब्रॉड एक्सपीरिएन्स,* Broad *ब्रॉड*
व्यापक अनुभव : Broad Experience *ब्रॉड एक्सपीरियंस*
व्यापक दृष्टिकोण : Broad Sence *ब्रॉड सेंस,* Broad View *ब्राड व्यू*
व्यापक-प्रभाव-चित्रण : Over All Painting *ओवर ऑल पेंटिंग*
व्यापारिक कला : Commercial Art *कामर्शियल आर्ट*
व्यापारोन्मुखी कलाएँ : Vocational Art *वोकेशॅनल आर्ट्स*
व्यावसायिक अभिकल्पक : Commercial Designer *कॉमर्शियल डिज़ाइनर*
व्यावसायिक आलेखनकर्ता : Commercial Designer *कॉमर्शियल डिज़ाइनर*
व्यावसायिक आलेखनकर्ता, व्यावसायिक अभिकल्पक : Commercial Designer *कॉमर्शियल डिज़ाइनर*
व्यावसायिक कला : Professional Art *प्रोफेशनल आर्ट,* Applied Art *एप्लाइड आर्ट*
व्हाटमैन : Whatman (Drawing Paper) *व्हाटमैन (ड्राइंग पेपर)*

श

शंकु : Cone *कोन*
शंख : Conch Shell *कांच सेल*
शंख : Conch *कोंच*
शंखनाद : Public Call *पब्लिक कॉल*
शक संवत् : Saka-era *शका इरा*
शक्ल : Appearance *एपीरिएन्स*
शतक : Century *सेंचुरी*
शताब्दी : Century *सेंचुरी*
शबद : Devotional Song *डिवोसनल सौंग*
शबीह : Portrait *पोर्ट्रेट*
शब्द : Word *वर्ड*
शब्द प्रहेलिका : Logography *लोगोग्राफ*
शब्द भंडार : Dictionary *डिक्शनरी*
शब्द सागर : Dictionary *डिक्शनरी*
शब्द सामर्थ्य : Powers of Words *पावर ऑफ़ वर्ड्स*
शब्द चिन्ह : Logo *लोगो*

शब्द प्रहेलिका : Logograph *लोगोग्राफ़*
शब्दों की जादूगरी : Gimic of Words *गिमिक ऑफ वर्ड्स*
शमीज़ : Chemise *शमीज*
शयन कक्ष : Bed Room *बेड रूम*
शरद ऋतु : Autumn Season *ऑटम सीजन*
शरीफा : Custard Apple *कस्टर्ड एपॅल*
शरीर की कलाएँ : Bodily Arts *बाडली आर्ट्स*
शरीर रचना विज्ञान : Anatomy *एनॉटमी*
शरीरिक अंग रचना विधान : Anatomy *एनॉटमी*
शलजम : Turnip *टर्निप*
शलाका : Beam *बीम*
शव कवच : Mummy *ममी*
शव मूर्ति : Cadaver *कॅडेवर*
शव यात्रा : Funeral Procession *फ्यूनरॅल प्रोसेशॅन*
शव वाहन : Hearse *हेर्स*
शव स्तूप : Pyramid *पिरामिड*
शव स्मारक : Pyramid *पिरामिड*
शव-कक्ष : Catacomb *केटाकूम्ब*
शव-टीला : Barrow *बैरो,* Burial Mound *ब्यूरियल माउंड*
शवदाह : Cremation *क्रिमेशॅन*
शवयान : Hearse Van *हार्स वैन*
शवसुरक्षा कवच : Mummy *ममी*
शवस्तूप : Pyramid *पिरामिड*
शवस्मारक : Pyramid *पिरामिड*
शवाधान : Burial *ब्यूरियल,* Inhumation *इनह्यूमेंशॅन*
शवाधान गर्त : Burial Pit *ब्यूरियल पिट*
शवाधान-कक्ष : Burial *ब्यूरियल,* Chamber *चेम्बर*
शवाधान-कलश : Burial Jar *ब्यूरियल जार,* Burial Urn *ब्यूरियल उर्न*
शवाधान-पात्र : Burial Urn *ब्यूरियल उर्न*
शवाधान-प्रथा : Burial Custom *ब्यूरियल कस्टम*
शवाधान-प्रांगण : Burial Yard *ब्यूरियल यार्ड*
शवाधान-भूमि : Burial Ground *ब्यूरियल ग्राउंड*
शवाधान-मृद्भांड : Burial Pottery *ब्यूरियल पॉटरी*
शवाधान-रीति : Burial Practice *ब्यूरियल प्रैक्टिस*
शवाधान-संस्कार : Burial Rites *ब्यूरियल राइट्स*
शवाधान-स्मारक : Burial Memorial *ब्यूरियल मेमोरियल,* Burial Tumulus *ब्यूरियल ट्युमुलस*
शवाधि सामग्री : Grave Goods *ग्रेव गुड्स*
शवाधि स्थल : Golgotha *गोलगोथा,* Necropolis *नेक्रोपोलिस*
शवावरण : Mummy *ममी*
शवोपासना : Funerary Cult *फ्यूनेरेरी कल्ट*
शहतूत : Mulberry *मॅलबरी*
शहनाई : An Indian Musical Instrument *एन इंडियन म्यूज़िकल इंस्ट्रुमेंट*
शाकाहारी : Vegetarian *वेजीटेरियन*
शाखा : School *स्कूल*
शागिर्द : Student *स्टूडेंट,* Deciple *डिसाइपॅल*
शान-शौकत : Splender *स्प्लेंडर*
शान्त रस : Emotion of peace or tranquility *इमोशॅन ऑफ़ पीस ऑर ट्रेंक्वेलिटी*
शान्त रस : Quiescent Emotion *क्वाइसेंट इमोशॅन*
शायरी : Poetry in Urdu *पोइट्री इन उर्दू*
शास्त्र : Science *साइंस*
शास्त्रवाद : Classicisms *क्लासिज़्म*
शास्त्रशुद्ध : Classical *क्लासिकल*
शास्त्रार्थी : Participant in Debate *पार्टीसिपेंट इन डिबेट*
शास्त्रीय : Classical *क्लासिकल,* Academic *ऐकेडमिक*
शास्त्रीय कला : Classical Art *क्लासिकल आर्ट*
शास्त्रीय रचना : Legitimate Construction *लिजीटीमेट कॉन्स्ट्रक्शॅन*
शास्त्रीय रीतिवादी कला : Classical Manneristic Art *क्लासिकल मैनरिस्टिक आर्ट*
शास्त्रीयतावाद : Classicism *क्लासिज़्म*
शाहकार : Magnificant *मैग्नीफिसेंट*
शिकन : Wrinkling *रिंकलिंग*
शिकायत : Complaint *कॉम्प्लेंट*
शिखर : Pinnacle *पेनकल,* Crest *क्रीस्ट,* Broach *ब्रोच,* Spire *स्पाइर*
शिखर सज्जा : Cresting *क्रीस्टिंग*
शिखा : Crest *क्रीस्ट*
शिथिल (संयोजन या रचना) : Loose (Composition) *लूज़ (कम्पोजीशॅन)*
शिमला मिर्च : Capsicum *कैप्सीकॅम*
शिरस : Finial *फेनियल*
शिरोमणि कलाकार : Vitron Artist *विट्रेन आर्टिस्ट*
शिरोवस्त्र : Head Covering *हेड कवरिंग*
शिला छापा : Lithograph *लिथोग्राफ*
शिला छापांकन : Lithography *लिथोग्राफ़ी*
शिलाचित्र : Rock Painting *रॉक पेंटिंग*
शिला-तक्षण : Stone Engraving *स्टोन इंग्रेविंग*
शिलापट्ट : Dado *डाडो,* Stela *स्टिला*
शिलालेख : Epigraph *इपीग्राफ*
शिलालेख : Rock Inscription *रॉक इंसक्रिप्शॅन,* Epigraph *इपीग्राफ*
शिलालेखन : Lithography *लिथोग्राफ़ी*
शिलास्मारक : Cromleck *क्रोमलेक*

शिल्प : Craft *क्राफ्ट*
शिल्प उद्यान : Sculpture Garden *स्कल्पचर गार्डन*
शिल्प कारिता : Craftsman Ship *क्राफ्टसमैन शिप*
शिल्प कौशल : Craftsman Ship *क्राफ्ट्समैन शिप*
शिल्प गुण : Craft Quality *क्राफ्ट क्वालिटी,* Craftsman Ship *क्राफ्ट्समैन शिप*
शिल्प विधि : Artifact *आर्टीफैक्ट*
शिल्प संस्थान : Guild *गिल्ड*
शिल्पकर्म : Craft *क्राफ्ट*
शिल्पकार : Artisan *आर्टीजन,* Craftsman *क्राफ्ट्समैन,* Architect *आर्कीटेक्ट*
शिल्पकारिता : Craftsmanship *क्राफ्ट्समैन शिप*
शिल्पकृति : Craft *क्राफ्ट*
शिल्पकौशल : Craftsmanship *क्राफ्ट्समैन शिप*
शिल्पगत निपुणता : Craftsmanship *क्राफ्ट्मैन शिप*
शिल्पगत बुनावट : Texture *टेक्स्चर*
शिल्पगत, त्रुटि : Technical Error *टेक्नीकल एरर*
शिल्पज्ञता : Craftsmanship *क्राफ्ट्समैन शिप*
शिल्पदक्षता : Craftsmanship *क्राफ्ट्मैन शिप*
शिल्प-विज्ञान : Technology *टेक्नोलाजी*
शिल्पविधि : Technique *टेक्नीक*
शिल्पविधीय : Technique *टेक्नीक*
शिल्पशाला : Studio *स्टूडियो,* Workshop *वर्कशाप,* Atelier *एटेलियर* (फ्रेंच शब्द), Artists Workshop *आर्टिस्ट्स वर्कशाप*
शिल्पांकन : Sculpting *स्कल्पटिंग*
शिल्पी : Craftsman *क्राफ्ट्समैन,* Artist *आर्टिस्ट,* Artisan *आर्टिजन,* Sculptor *स्कल्पटर*
शिल्पी संघ : Guild *गिल्ड,* Artist Guild *आर्टिस्ट गिल्ड*
शिविर : Camp *कैम्प*
शिशिर ऋतु : Late Winter Season *लेट विंटर सीजन*
शिशु ईसा : Child Christ *चाइल्ड क्राइस्ट*
शिशु कामदेव : Cupid *क्यूपिड*
शिशु ईसा : Child Chrish *चाइल्ड क्राइस्ट*
शिष्टता पूर्वक : Politely *पोलाइटली*
शीघ्र रेखांकन : Quick Drawing *क्विक ड्राइंग*
शीतधर्मी रंग : Cold Colours *कोल्ड कलर्स*
शीतधर्मी रंग : Cold Colour *कोल्ड कलर,* Cool Colour *कूल कलर*
शीतरंग : Cool Colour *कूल कलर*
शीतरंग संगति : Cold Tone *कोल्ड टोन,* Cool Tone *कूल टोन*
शीतरंग सामंजस्य : Cool Tone *कूल टोन*
शीतल रंग, ठंडे रंग, शीत वर्ण : Cool Colour *कूल कलर,* Cold Colour *कोल्ड कलर*
शीत-स्नान कक्ष : Frigidarium *फ्रिजडेरियम*
शीर्ष : Top *टॉप*
शीर्षालंकरण : Cresting *क्रीस्टिंग*
शीशपट : Stained Glass *स्टेंड ग्लास*
शीशा लगाना (चढ़ना) : Glazing *ग्लेज़िंग*
शुकतुंड : Parrot's Beak *पैरेट्स बीक*
शुंडाकार : Tapering *टेपरिंग*
शुद्ध अनुपात : Correct Proportion *करेक्ट प्रोपोर्शन*
शुद्ध कला : Pure Art *प्योर आर्ट*
शुद्ध रंग : Pure Colour *प्योर कलर*
शुद्ध वार्निश : Clear Varnish *क्लियर वारनिस*
शुद्धनील : Cobalt Blue *कोबाल्ट ब्ल्यू*
शुद्धसौन्दर्य : Pure Beauty *प्योर ब्यूटी*
शुभंकर : Mascot *मस्कट*
शुष्क तूलिका : Dry Brush *ड्राई ब्रश*
शुष्क तूलिका घात : Dry Brush Stroke *ड्राई ब्रश स्ट्रोक*
शुष्क तूलिका संचालन : Dragging *ड्रैगिंग*
शुष्क तूलिका स्पर्श : Dry Brush Stroke *ड्राई ब्रश स्ट्रोक*
शुष्क भित्ति चित्र : Fresco Seeco *फ्रेस्को सीको*
शुष्क रंग : Pastel *पेस्टल*
शुष्क रंगीय चित्र : Pastel *पेस्टल*
शुष्क : Drier *ड्रायर*
शुष्करंग वर्तिका : Pastel *पेस्टल*
शुष्कवर्ण : Dry Colour *ड्राई कलर*
शून्यवाद : Nihilism *निहलिज़्म*
शेर : Urdu Poetry of two lines *उर्दू पोइट्री ऑफ़ टू लाइंस*
शैक्षणिक : Academic *एकेडेमिक*
शैल चित्र : Rock Painting *रॉक पेंटिंग*
शैल मन्दिर : Speos *स्पिओस*
शैलाश्रय : Rock Shelter *रॉक शेल्टर*
शैलाश्रय चित्र : Cave Painting *केव पेंटिंग,* Rock Painting *रॉक पेंटिंग*
शैली : School *स्कूल,* Kalam *कलम,* Style *स्टाइल,* Technique *टेक्नीक*
शैली विज्ञान : Stylistcs *स्टाइलिस्टिक्स*
शैलीगत निर्वाह : Approach *एप्रोच*
शैलीबद्ध : Stylize *स्टाइलाइज़*
शैलीबद्ध : Stylized *स्टाईलाइज़्ड*
शैल्पिक निपुणता : Craftsmanship *क्राफ्ट्समैन शिप*
शोक (भाव) : Sorrow *सॉरो*
शोकनाटक : Tragedy *ट्रेजडी*
शोषक सतह/धरातल : Absorbent Surface *एब्जारवेंट सरफेस*

शोहरत : Popularity *पापुलरटी,* Fame *फेम*
शौक : Hobby *हॉबी*
शौकिया कलाकार : Amateur Artist *एम्योचर आर्टिस्ट*
शौकिया चित्रकार : Sunday Painter *संडे पेंटर,* Maitre Popilaire (French) *मैत्री पोपुले (फ्रेंच)*
श्याम-श्वेत : Black and White *ब्लैक एंड व्हाइट*
श्रद्धांजलि : Homage *होमेज*
श्रवणात्मक कला : Auditory Arts *आडीटोरी आर्ट्स*
श्रवणीय कला : Auditory Arts *आडीटोरी आर्ट्स*
श्रव्य : Audible *ऑडिबल*
श्रव्य कलाएँ : Auditory Arts *आडीटोरी आर्ट्स*
श्रव्य तथा दृश्य कला : Audio Visual Art *आडियो विज़ुअल आर्ट*
श्रव्य दृश्यकला : Audio Visual Art (मूर्ति तथा चित्र) *आडियो विज़ुअल आर्ट*
श्री हीन : Charmless *चार्मलेस,* Glamourless *ग्लैमरलेस*
श्रीमंत, श्रीमान : Genteleman *जेंटलमैन*
श्रीयुक्त करना : Enriching *इनरिचिंग*
श्रुतिमधुर : Melodious *मिलोडुअस*
शृंखला : Series *सीरीज,* Makeup *मेकअप*
शृंगार कला : Beauty Science *ब्यूटी साइंस,* Makeup Art *मेकअप आर्ट*
शृंगार रस : Emotion of Love *इमोशॅन ऑफ़ लव,* Emotion of love/beauty pleasure *इमोशॅन ऑफ़ लव, ब्यूटी प्लेजर*
श्रेणी : Class *क्लास*
श्रेणीबद्ध : Classified *क्लासीफाइड*
श्रेण्य : Classic *क्लासिक*
श्रेण्य कला : Classical Art *क्लासिकल आर्ट,* Classical Period *क्लासिकल पीरियड*
श्रेण्य युग : Classical Age *क्लासिकल एज*
श्रेण्यवाद : Classicism *क्लासिज़्म*
श्रेयस्कर : Benificial *बेनीफिसियल*
श्रेष्ठ कृति : Master Piece *मास्टर पीस*
श्वेत मिश्रित रंग : Gouache *गॉश*
षटकोण : Hexagon *हेक्सागॅन*
षडंग : Six Limbs of Indian Art *सिक्स लिम्ब्स ऑफ़ इंडियन आर्ट*

स

संकलक : Compiler *कॅम्पाइलर*
संकलन (कला) : Assemblage *एसेम्बलेज*
संकलनकर्ता : Compiler *कॅम्पाइलर*
संकलनवादी : Eclectic *एकलिक्टिक*
संकल्पक : Visualiser *विज़ुलाइजर*
संकल्पना : Concept *कन्सेप्ट*
संकल्पना : Visualisation *विज़ुलाइजेशॅन*
संकेत कला : Key Sketch *की स्केच*
संकेत चित्र : Key Sketch *की स्केच*
संकेत चिन्ह : Symbol *सिम्बल*
संक्रमण काल : Transitional Period *ट्रांसजीशॅनल पीरियड*
संगतराश : Stone Carver (Sculptor) *स्टोन कार्वर*
संग तराशी : Stone Dressing *स्टोन ड्रेसिंग*
संगति : Harmony *हॉरमनी*
संगमरमर : Marble *मार्बल*
संगीत कक्ष : Odeon *ओडियन*
संगीत कला : Music Art *म्यूज़िक आर्ट*
संगीत यंत्र : Musical Instruments *म्यूज़िकल इंस्ट्रूमेंट्स*
संगीत संध्या : Evening Concept *इवनिंग कॉनसेप्ट*
संगीत समारोह : Music Festival *म्यूज़िक फेस्टीवल*
संगीतज्ञ : Musician *म्यूज़ीशियन*
संग्रह : Collection *कलेक्शन*
संग्रहाध्यक्ष : Curator *क्यूरेटर*
संग्रहालय : Museum *म्यूज़ियम*
संग्रहालय विद : Museologist *म्यूज़ियोलॉजिस्ट*
संग्रहालय-विज्ञान : Museology *म्यूज़ियोलॉजी*
संग्रहालयीन प्रति : Gallery Copy *गैलरी कॉपी*
संग्रहालयीन वर्ण : Gallery Tone *गैलरी टोन*
संघटक द्रव : Base *बेस*
संचयन : Assemblage *एसेम्बलॅज*
संचयन : Collection *कलेक्शॅन*
संचार : Communication *कम्युनिकेशॅन*
संचालक : Controller *कंट्रोलर*
संचालन (साधनों या माध्यम का) : Handling *हैंडलिंग*
संज्ञा : Noun *नाउन*
संतरा : Orange *ऑरेंज*
संतुलन : Balance *बेलेंस*
संतुलन का सिद्धान्त : Principle of Balance *प्रिंसिपल ऑफ़ बैलेंस*
संतोलक रंग : Balancing Colour *बेलेसिंग कलर*
सन्दर्भ : Context *कॉन्टेकस्ट*
सन्दर्भ चिह्न : Bench Mark *बेंच मार्क*

सन्देश चित्रपट : Poster *पोस्टर*
सम्पर्क भाषा : Link Language *लिंक लैंग्वेज*
संपुजन : Composition *कम्पोजीशॅन*
संपुट : Casket *कास्केट*
सम्प्रेषणीय : Communicative *कम्युनिकेटिव*
संभाव्य ग्राहक : Expected Costomer/Client *एक्सपेक्टेड कस्टमॅर क्लाइंट*
सम्भ्रान्त : Reverent Person *रेवरेंट पर्सन,* Cultured Person *कल्चर्ड पर्सन*
सम्भ्रान्त महिला : Lady *लेडी,* Cultured Woman *कल्चर्ड वुमेन*
संयुक्त क्रिया : Compound Verb *कम्पाउंड वर्ब*
संयुक्त स्वर : Depthong *डिपथॉन्ग*
संयुक्त हस्त मुद्रा : Joint Hand Gesture *ज्वाइंट हैंड गेस्चर*
संयोग : Accident *एक्सीडेंट*
संयोगजनित : Accidental *एक्सीडेंटल*
संयोगवश : Accidental *एक्सीडेंटल*
संयोजन : Composition *कम्पोजीशॅन,* Assemblage *एसेम्बलॅज*
संरचना : Composition *कम्पोजीशॅन,* Structure *स्ट्रक्चर*
संलिप्तता : Involvement *इनवाल्वमेंट*
संवर्धन : Advancement *एडवांसमेंट*
संवाहक : Bearer *बियरर* Conductor *कंडक्टर,* Exponent *एक्सपोनेंट*
संविधान : Constitution *कास्टीट्यूशॅन*
संवेगात्मक अनुभूति : Emotional Experience *इमोशॅनल एक्सपीरियंस*
संवेतप्रयास : Joint Efforts *ज्वाइंट एफर्ट*
संवेदना : Symatathy *सिम्पैथी*
संश्लेषणवाद : Synthetism *सिन्थेटिज़्म*
संश्लेषणवादी घनवाद या पार्श्ववाद : Synthetic Cubism *सेन्थेटिक क्यूबिज़्म*
संश्लेषणात्म त्रिआयामवाद : Synthetic Cubism *सिन्थेटिक क्यूबिज़्म*
संश्लेषित रंग : Synthetic Color *सिन्थेटिक कलर*
संस्कृत : Ancient Language of Vedic People *एन्सेंट लैंग्वेज ऑफ़ वैदिक पीपल*
संस्कृति कर्मी : Cultural Activist *कल्चरल एक्टिविस्ट*
संस्कृति के नक्षत्र : Reputed Cultural Activist *रेप्यूटेड कल्चरल एक्टीविस्ट*
संस्थान कला : Installation Art *इंसटालेशॅन आर्ट*
संस्थापक : Founder *फाउंडर*
संस्थापकाचार्य : Founder of the establishment *फाउंडर ऑफ़ द एस्टेबलिस्मेंट,* Head Founder *हेड फाउंडर*
संस्थापन : Installation *इंसटालेशॅन*
संस्थापित : Classic *क्लासिक,* Established *इस्टैबलिस्ड*
संस्मरण : Memoirs *मेमोरीज*
संस्मारक फलक : Plaque *प्लेक*
सकारात्मक रंग : Active Colour *एक्टिव कलर,* Positive Colour *पॉज़टिव कलर*
सक्षम : Competent *कॉम्पीटेंट*
सचेत : Alert *एलर्ट*
सजाना : Display *डिस्प्ले*
सजानेवाली कला : Decorative Art *डेकोरेटिव आर्ट*
सजावट : Decoration *डेकोरेशॅन,* Décor *डेकोर*
सजावट का काम : Applique Work *एप्लीक वर्क*
सजावटी : Decorative *डेकोरेटिव*
सजीव : Life Like *लाइफ लाइक*
सजीव अध्ययन : Life Study *लाइफ स्टडी*
सजीव निरूपण : Life Study *लाइफ स्टडी*
सजीव व्यंग्य चित्र : Animated Cartoon *एनीमेटिड कार्टून*
सज्जा : Decoration *डेकोरेशॅन,* Display *डिस्प्ले*
सज्जा कला : Decorative Art *डेकोरेटिव आर्ट*
सज्जा चित्र : Illustration *इलस्ट्रेशॅन*
सज्जीकरण : Assemblage *एसेम्ब्लेज*
सतरंगा : Seven Coloured *सेवेन कलर्ड*
सतह : Surface *सरफेस*
सतही मुद्रण : Surface Printing *सरफेस प्रिंटिंग*
सतही रंग रेखा : Anti Cerne *एंटी सर्न*
सतेज (रंग या चित्र) : Brilliant (Colour or Painting) *ब्रिलिएंट* (कलर ऑर पेंटिंग)
सदावर्ण : Flat Colour *फ्लैट कलर*
सदृश रंग : Analogous Colour *एनालोगस कलर*
सदृश वर्ण : Isomeric Colour *आइसोमेरिक कलर*
सन्तुलन : Balance *बैलेंस,* Equilibrium *इक्वीलिब्रियम*
सन्दर्भ पुस्तक : Reference Book *रिफरेंसबुक*
संन्यासी : Hermit *हर्मिट*
सपाट : Flat *फ्लैट*
सपाट चित्रांकन : Flat Colouring *फ्लैट कलरिंग*
सपाट रंग : Flat Colour *फ्लैट कलर*
सपुंजन : Composition *कम्पोजीशॅन*
सपेरा : Snake Charmer *स्नेक चार्मर*
सफेद एडेसिव : Synthetic Glue *सेन्थेटिक ग्ल्यू*
सफेद रंग : White Colour *व्हाइट कलर*
सफेद वार्निश : Clear Varnish *क्लियर वारनिश*
सभागार : Auditorium *आडीटोरियम,* Basilica *बेसिलिका*
समकालीन : Contemporary *कंटेम्पॉरेरी*
समकालीन कला : Contemporary Art *कंटेम्पॉरेरी आर्ट*
समकालीन कलाकार : Contemporary Artist *कंटेम्पॉरेरी आर्टिस्ट*

समचतुर्भुज : Rhombus *रॉम्बस*
समतल रंगांकन : Flat Colouring *फ्लैट कलरिंग*
समता, साम्य : Equality *इक्वेलिटी*
समताप दृष्टि : Simultaneous Vision *साइमलटेनियस विज़न*
समत्व : Equilibrium *इक्वीलिब्रियम*
समपरिष्कृत : Flat *फ्लैट*
सममितीय आरेखण : Isometric Drawing *आइसोमेट्रिक ड्राइंग*
सममितीय प्रक्षेपण : Isometric Projection *आइसोमेट्रिक प्रोजेक्शॅन*
सममितीय रूप : Symmetrical Form *सिमिट्रिकल फॉर्म*
समयहीनता : Time Lapse *टाइम लैप्स*
समरूप : Equivalent Form *इक्यूवेलेंट फॉर्म*
समरूप वर्णीय योजना : Analogous Colour Scheme *एनालॉगस कलर स्कीम*
समरूपी आकार : Symmetrical Shape *सिमिट्रिकल शेप*
समरूपी वर्ण/रंग : Complimentary Colour *कॉम्प्लिमेंट्री कलर*
समर्पण : Surrender *सरेंडर*
समर्पित : Devoted *डिवोटेड*
समवयस्क कलाकार : Contemporary Artist *कंटेम्पॉरेरी आर्टिस्ट*
समवर्गी : Allied *एलाइड*
समवर्ण : Flat Colour *फ्लैट कलर*, Orthochromatic *ऑर्थोक्रोमेटिक*
समवर्णी : Analogous Colours *एनालोगस कलर्स*, Isochromatic *आइसोक्रोमेटिक*
समवेत प्रयास : Joint Effort *ज्वाइंट एफर्ट*
समाकलन काल : Integration Period *इंटीग्रेशॅन पीरियड*
समाकार : Life Size *लाइफ साइज़*
समाजपरक कला : Art Engage *आर्ट इंगेज़*
समाजवादी यथार्थ : Socialist Realism *सोशियलिस्ट रियलिज़्म*
समाजशास्त्र : Sociology *सोशियोलाजी*
समाजीकरण : Socialization *सोशियलाइजेशॅन*
समाधि : Barrow *बैरो*, Tomb *टॉम्ब*, Mausoleum *मोसोलियम*
समाधि कोष्ठ : Loculus *लॉक्यूलस*
समाधि गुफाएँ : Catacombs *केटाकूम्ब्स*
समाधि टीला : Tumulus *टुमुलस*
समाधि लेख : Epitaph *एपीटाफ*
समाधि शिला : Ledger *लेजर*
समाधि स्मारक : Pyramid *पिरामिड*
समाधि-ध्वज : Bannerol *बेनॅराल*
समाधिस्थल कला : Catacomb Painting *केटाकॉम्ब पेंटिंग*
समानता : Likeness *लाइकनेस*
समानान्तर : Parallel *पेरलल*
समानार्थी : Equivalent *इक्यूवलेंट*
समानुपात : Proportion *प्रोपोर्शन*
समानुभूति : Empathy *इम्पैथी*
समारंजन : Distemper *डिस्टेम्पर*, Egg Tempera *एग टेम्परा*
समावयवी रंग : Isometric Colour *आइसोमेट्रिक कलर*
समास : Compound Word *कम्पाउंड वर्ड*, Compound Words *कम्पाउंड वर्ड्स*
समीक्षक : Critic *क्रिटिक*
समीपवर्ती : Juxtaposed *जक्स्टापोज़्ड*
समीपवर्ती रंग : Adjacent Colours *एडजेसेंट कलर्स*
समीपस्थ रंग : Analogous Colours *एनालॉगस कलर्स*
समीपीकरण : Juxtaposition *जक्स्टापोजीशॅन*
समुच्चित चित्र : Collage *कोलाज़* (फ्रेंच शब्द)
समुद्भरण : Embossing *इम्बोसिंग*
समुद्भृत अलंकरण : Embossed Ornament *इम्बोज़्ड ऑर्नमेंट*
समुद्भृत आकृति : Embossed Figure *इम्बोज़्ड फिगर*
समुद्र चित्रण : Sea Scape *सी स्केप*
समुद्रगर्भीय पुरातत्व : Submarine Archaeology *सबमेरीन आर्कीयोलॉजी*
समुद्री चित्रण : Marine Painting *मेरीन पेंटिंग*
समुद्री पुरातत्व : Marine Archaeology *मैरीन आर्कीयोलॉजी*
समूह : Group *ग्रुप*
समृद्ध वर्ण : Richness of Colour *रिचनेस ऑफ़ कॅलर*
समृद्ध संग्रह : Rich Collection *रिच कलेक्शॅन*
सम्पन्न परम्परा : Rich Tradition *रिच ट्रेडीशॅन*
सम्पर्क सूत्र : Contact Source *कॉन्टेक्ट सोर्स*
सम्पादकीय : Editorial *एडिटोरियल*
सम्पूरक रंग : Contemporary Colour *कंटेम्पॉरेरी कलर*
सम्पूर्ण प्रदर्शनी : Retrospective Show *रिट्रास्पेक्टिव शो*, Retrospective Exhibition *रिट्रास्पेक्टिव एग्जीबिशन*
सम्पूर्ण रेखांकन : Perfect Drawing *परफेक्ट ड्राइंग*
सम्प्रदाय : School *स्कूल*
सम्प्रेषण : Communication *कम्यूनिकेशॅन*
सम्मात्रा : Symmetry *सिमिट्री*
सम्मान : Honor *ऑनर*
सम्मिति : Symmetry *सिमिट्री*
सम्मुख : Frontal *फ्रंटल*
सम्मुख दृश्य : Front View *फ्रंट व्यू*, Frontal View *फ्रंटल व्यू*
सम्मुख दृष्टि : Front View *फ्रंट व्यू*
सम्मोहक छवि : Glamorous *ग्लेमरस*
सम्राट : Hidnu Emperor *हिन्दू इम्पॅरर*
सरकारी कला : Coart Painting *कोर्ट पेंटिंग*, Court Art *कोर्ट आर्ट*

सरगम : Seven Notes of Music *सेवन नोट्स ऑफ़ म्यूज़िक* Sa, Re, Ga, Ma, Pa, Dha, Ni *सा, रे, गा, मा, पा, धा, नि*
सरदल : Lintel लिंटल
सरल करना : Simplify *सिम्प्लिफाई*
सरलीकरण : Simplification *सिम्पलीफिकेशॅन*
सरलीकृत : Simplified *सिम्पलीफाइड*
सरसरी दृष्टि : At a glance *एट ए ग्लांस,* Rapid View *रेपिड व्यू*
सरसों के दाने : Mustard Seeds *मस्टर्ड सीड्स*
सरसों का साग : Mustard Leaves *मस्टर्ड लीव्ज*
सरस्वती : Goddess of Arts & Science *गौडेस ऑफ़ आर्ट्स एंड साइंस*
सरहद : Boundary *बाउंड्री,* Border *बार्डर*
सरेस : Animal Glue *एनीमल ग्ल्यू*
सरेस लगाना : Sizing *साइजिंग*
सर्कुलर रेखाएँ : Circular Lines *सर्कुलर लाइंस*
सर्जन क्रिया : Creativity *क्रियेटिवटी*
सर्जन प्रवृत्ति : Creative Instinct *क्रिएटिव इंसटिंक्ट*
सर्जन शीलता : Creativity *क्रिएटिविटी*
सर्जन क्रिया : Creativity *क्रिएटिविटी*
सर्जनपूर्व अवस्था : Incubation *इनक्यूबेशॅन*
सर्जनशीलता : Creativity *क्रिएटिविटी*
सर्जना : Creation *क्रिएशॅन*
सर्जनात्मक : Creative *क्रिएटिव*
सर्जनात्मक प्रक्रिया : Creative Process *क्रिएटिव प्रोसेस*
सर्जनात्मकता : Creativity *क्रिएटिविटी*
सर्प शीर्ष : Serpent Head *सर्पेंट हेड*
सर्पमणि : Onyx *ओनेक्स*
सर्पाकार तोड़े : Strut *स्ट्रट*
सर्वकारी : All Purpose *आल परपज*
सर्वतोदृश्य : Cosmorama *कास्मोरामा*
सर्वदृश्य चित्र : Panorama *पैनोरामा*
सर्वदेव : Pantheon *पैन्थियन*
सर्वनाम : Pronoun *प्रोनाउन*
सर्वप्रिय कला : Pop Art *पॉप आर्ट*
सर्वप्रिय कला, लोकप्रिय कला, जनप्रिय कला : Pop Art *पॉप आर्ट*
सर्वभौमिक : Global *ग्लोबल*
सर्वेक्षण : Survey *सर्वे*
सर्वोच्चवाद : Supermatism *सुपरमेटिज़्म*
सर्वोपरि छवि : Best Picture *बेस्ट पिक्स्चर*
सलाद पत्ता : Spring Onion *सलाद लीव्ज*
सलीका : Manner *मैनर*
सलीब : Cross *क्रॉस*
सलोना : Pretty *प्रिटी*
सलोनी कला : Cool Art *कूल आर्ट*
सशक्त चित्रण : Forceful Painting or Drawing *फोर्सफुल पेंटिंग ऑर ड्राइंग*
सशक्त छवि : Bold Image *बोल्ड इमेज*
सस्वर पाठ : Recital *रिसाइटल*
सहकालिक वैषम्य : Simultaneous Contrast *साईमेल्टेनियस कंट्रास्ट*
सहगान : Chorus *कोरस*
सहज : Natural *नेचुरल*
सहज कला : Nave Art *नेव आर्ट*
सहज कलाकार : Nave Artist *नेव आर्टिस्ट*
सहज दैनिक कला : Every Day Art *एवरी डे आर्ट*
सहज प्रवृत्ति : Instinct *इंसटिंक्ट*
सहज सिद्ध कला : Naïve Art *नेव आर्ट*
सहज सिद्ध कलाकार : Naïve Artist *नेव आर्टिस्ट*
सहज सिद्ध चित्रकार : Naïve Painter *नेव पेंटर*
सहजज्ञान : Intuition *इंट्यूशन*
सहजन : Drum Stick *ड्रम स्टिक*
सहजप्रवृत्ति : Instinct *इंसटिंक्ट*
सहजवाद : Naturalism *नेचुरलिज़्म,* Pre-Raphaelitism *प्रि-राफेलाइटिज़्म*
सहजानुभूति : Intuition *इंट्यूशन*
सहजोत्स्फूर्त : Spontaneous (Drawing or Painting) *स्पॉन्टेनियस*
सहधर्मी वर्ण : Analogous Colour *एनालॅगस कलर*
सहभागिता : Co-ordination *को-आर्डीनेशॅन*
सहिष्णु : Liberal *लिबरल*
सही आकार : Proper Shape *प्रॉपर शेप*
सहेजनीय (निधि) : Collectionable *कलेक्शॅनेबल*
सांकेतिक चित्रण : Gesture Painting *गेस्चर पेंटिंग*
सांकेतिक प्रारूप : Key Sketch *की स्केच*
सांकेतिक रंग : Symbolic Colour *सिम्बॉलिक कलर*
सांकेतिक रूपाकृति : Key Sketch *की स्केच*
सांकेतिक रेखांकन : Gesture Drawing *गेस्चर ड्राइंग*
सांख्यिकी : Statistics *स्टेटिस्टिक्स*
साँचा : Mold, Mould *मोल्ड*
सांवला रंग : Wheatesh Complexion *व्हाइटिश कॉम्प्लेक्शन*
सांवला रंग : Wheatish Complex *व्हीटिश काम्प्लेक्स*
सांस्कृतिक राष्ट्रवाद : Cultural Nationalism *कल्चरल नेशनलिज़्म*
सांस्कृतिक विरासत : Cultural Heritage *कल्चरल हेरीटेज*
सांस्कृतिक स्रोत प्रबंध : Cultural Resource Management (CRM) *कल्चरल रिसोर्स मैनेजमेंट*

साकार कला : Concrete Art *कंक्रीट आर्ट*
साक्षात रचनाकृति : Life Study *लाइफ स्टडी*
सागर दृश्य : Sea Scape *सी स्केप*
साजिन्दे : Musical Instrument Players *म्यूज़िकल इंस्ट्रूमेंट प्लेयर्स,* Musicians *म्यूजीशियंस,* Orchestra *आर्केस्ट्रा*
सात्त्विक आनन्द : Divine Pleasure *डिवाइन प्लेजर*
सादृश्य : Analogous *एनालोगॅस,* Likeness *लाइक नेस,* Similitude *सिमलीट्यूड*
सादृश्यता : Oneness *वननेस*
सादृश्यमूलक कला : Representational Art *रिप्रजेंटेशनल आर्ट*
सादृश्याभास : Impression of Reality *इम्प्रेशॅन ऑफ़ रियल्टी*
साद्रवर्ण : Impasto *इम्पेस्टो*
साधना : Devotion *डिवोशॅन*
साधनारत : Indivotion *इन डिवोशॅन*
साधारणीकरण : Simplification *सिम्पलीफिकेशॅन*
साधारणीकरण की चरमदशा : Distortion *डिस्टॉर्शन*
साधु सन्तों का अखाड़ा : Monastery *मोनॅस्ट्री*
साधु : Saint *सेंट*
सान : Emery Stone *एमरी स्टोन*
सामंजस्य : Balance *बैलेंस,* Concord *कॉन्कॅर्ड,* Harmony *हॉरमनी*
सामग्री : Material *मेटीरियल*
सामयिक कला : Contemporary Art *कॉन्टेम्परेरी आर्ट*
सामयिक कलाकार : Contemporary Artist *कॉन्टेम्परेरी आर्टिस्ट*
सामयिक परिवेश : Contemporary Surrounding *कॉन्टेम्परेरी सराउंडिंग*
सामयिक परिवेश : Contemporary Surrounding *कॉन्टेम्परेरी सराउंडिंग*
सामाजिक यथार्थवाद : Social Realism *सोशल रियलिज़्म*
सामान्य रंग : Normal (Colour) *नॉर्मल (कलर),* Tertiary Colour *टर्शरी कलर*
सामान्य/उभयपक्षी रंग : Tertiary Colour *टर्शरी कलर*
सामूहिक प्रदर्शनी : Group Exhibition *ग्रुप एग्जीबिशन*
सामूहिक : Group *ग्रुप,* Collective *कलेक्टिव*
सामूहिक प्रदर्शनी : Group Show *ग्रुप शो*
सामूहिक शवाधान : Collective Tomb *कलेक्टिव टॉम्ब,* Group Burial *ग्रुप ब्यूरियल*
साम्य : Likeness *लाइकनेस*
साया लगाना : Shading *शेडिंग*
सारगर्भित : Meaningful *मीनिंगफुल*
सारांश : Gist *जिस्ट*
सारांशवादी कला : Abstract Art *ऐब्स्ट्रैक्ट आर्ट*
सार्थक हस्तक्षेप : Genuine Interference *जेन्यून इंटरफियरेंस*
सार्वजनिक उत्कीर्णक लेख : Public Inscription *पब्लिक इंसक्रिप्शॅन*
सार्वजनिक स्नानागार : Balneal *बैलनियल*
सार्वभौम सत्ता : Global Power *ग्लोबल पावर*
सार्वभौमिक : Global *ग्लोबल*
सावन या श्रावण : Month of July-August *मंथ ऑफ़ जुलाई-अगस्त*
सावन-भादों : Nymphacum *निमफेकम*
साहचर्य : Association *एसोशिएशन*
साहचर्यभाव : Association *एसोशिएशन*
साहित्य : Literature *लिटरेचर*
साहित्यकार : Author *ऑथर*
साहित्यिक : Literary *लिटरेरी*
साहित्यिक कला : Literary Art *लिटरेरी आर्ट*
साहित्यिक विधाएँ : Leterary Genre *लिटरेरी जेनर*
साहुल : Plumb-bob *प्लम-बॉब,* Plummet *प्लमेट*
साहुल सूत्र : Plum Line *प्लम लाइन*
साहूकार : Money Lender *मनी लेंडर*
सिंघाड़ा : Water Chestnut *वाटर चेस्टनट*
सिंदूर : Vermillion *वर्मीलियन*
सिंदूरी रंग : Vermillion Colour *वर्मिलियन रेड कलर*
सिंधु सभ्यता : Indus Civilization *इंडस सिविलाइजेशॅन*
सिंह प्रदर्शनी : Retrospective Exhibition *रिट्रास्पेक्टिव एग्जीबिशन*
सिंह मुख : Lion Face *लॉयन फेस*
सिंह शीर्ष : Lion Capital *लायन कैपिटल*
सिंह स्मारक : Lion Capital *लायन कैपिटल*
सिंहावलोकनी : Retrospective Exhibition *रिट्रास्पेक्टिव एग्जीबिशन*
सिकन्दर : Alexander the Great *एलेक्जेंडर द ग्रेट*
सिक्का : Coin *क्वाइन*
सिक्थ वर्णक : Encaustic *एन्कॉस्टिक*
सिक्थवर्णक चित्र : Encaustic Painting *इंकॉस्टिक पेंटिंग*
सिद्धकलाकार : Well Versed Artist *वेल वरुड आर्टिस्ट,* Perfect Artist *परफेक्ट आर्टिस्ट*
सिद्धहस्त : Expert *एक्सपर्ट*
सिद्धहस्त : Well Versed *वेल वर्सड*
सिने कला : Cinematography *सिनेमेटोग्राफ़ी*
सिने कलाकार : Cine Artist *साइन आर्टिस्ट*
सिनेमा : Movie *मूवी*
सिन्दूरी लाल रंग : Vermillion Red Colour *वर्मिलियन रेड कलर*

सियना स्कूल : Sienese School *सिएनीज स्कूल*
सिर के आभूषण : Ornaments of Head *ऑर्नामेंट्स ऑफ़ हेड*
सिलबट्टा : Spice Grinder *स्पाइस ग्राइंडर*
सिलेटी रंग : Grey Colour *ग्रे कलर*
सिल्क स्क्रीन : Silk Screen *सिल्क स्क्रीन*
सिल्ली देना : Chamfer *चैम्फर*
सिस्टीन गिरजाघर : Sistine Chapel *सिस्टीन चेपल*
सिहांकृति : Lion Capital *लायन कैपिटल*
सीधी रेखा : Straight Line *स्ट्रेट लाइन*
सीमा रेखा : Boundary Line *बाउंड्री लाइन*
सीमा रेखा/सीमा : Border *बार्डर*
सीमा शुल्क : Toll Tax *टोल टैक्स*
सीमांत रेखांकन : Outline Drawing *आउटलाइन ड्राइंग*
सीमित प्रतियाँ : Limited Edition *लिमिटेड एडीशॅन*
सीसा : Lead *लेड*
सुअर के बालों से बना ब्रश : Hog Hair Brush *हॉग हेयर ब्रश*
सुआ : Awl *ऑल,* Bodkin *बॉडकिन*
सुआखर आलेखन : Calligraphy *कैलीग्राफ़ी*
सुकरात : Socrates *साक्रोटीज़*
सुकर्म : Good Deeds *गुड डीड्स*
सुकुमारता : Delicacy *डेलीकेसी,* Softness *सॉफ्टनेस*
सुकोमल : Delicate *डेलीकेट*
सुक्ष्माश्म : Microlith *माइक्रोलिथ*
सुखांत : Comedy *कॉमेडी*
सुखाई गई लाश : Mummy *ममी*
सुखाई हुई मिट्टी : Dead Clay *डेड क्ले*
सुगंधि कूपी : Alabastrum *एलाबस्ट्रम*
सुगंधी : Aroma *आरोमा*
सुगम जनकला : Every Day Art *एवरी डे आर्ट*
सुचारु चित्रण : Systematic Painting *सिस्टेमेटिक पेंटिंग,* Systemism *सिस्टेमिज़्म*
सुजनी : A Folk Art of Bihar *ए फोक आर्ट ऑफ़ बिहार,* Kathri Art of Bihari *बिहारी की कथरी कला*
सुताई : Sizing *साइजिंग*
सुनम्यता : Elasticity *एलास्टिसिटी*
सुनहरा रंग : Golden Colour *गोल्डन कलर*
सुनार : Goldsmith *गोल्डस्मिथ,* Silversmith *सिल्वरस्मिथ*
सुन्दर अक्षर रचना : Calligraphy *कैलिग्राफ़ी*
सुन्दरता : Prettiness *प्रिटीनेस*
सुपारी/सुपाड़ी : Betel Nut *बीटॅल नट*
सुमधुर : Melodious *मेलोडियस*
सुमेरिया की कला : Sumerian Art *सुमेरियन आर्ट*
सुमेल : Harmony *हॉरमनी*
सुर : Tone *टोन*
सुरंग शवाधान : Allee Couverte *एली कॉवर्ते*
सुरम्य : Picturesque *पिक्चरस्क*
सुरापात्र : Flagon *फ्लेगॅन*
सुराही : Aryballus *एरीबल्लस,* Olpe *ओल्पी*
सुरील : Symphony *सिम्फोनी*
सुरीलवाद : Orphism *ऑरफिज़्म*
सुरीला : Melodious *मेलोडियस*
सुलतान : Muslim King *मुस्लिम किंग*
सुलिपि : Calligraphy *कैलीग्राफ़ी*
सुलेख : Calligraphy *केलिग्राफ़ी*
सुलेखन : Calligraphy *केलिग्राफ़ी*
सुलेखाचार्य : Calligrapher *केलीग्राफ़र*
सुलेमान की मोहर : Solomo's Seal *सोलोमंस सील*
सुलेमानी : Onyx *ओनेक्स*
सुल्तान : King (Muslim) *किंग (मुस्लिम)*
सुवर्ण अवच्छेद : Golden Section *गोल्डन सेक्शन,* Section d'ore (सेक्स्यों दोरे)
सुवास : Aroma *एरोमा*
सुवासित भाषा : Sweet Language *स्वीट लैंग्यूज*
सुविस्तृत : Enlarged *इंलार्जड,* Expanded *एक्सपेंडेड*
सुविस्तृत दृश्य : Panorama *पेनोरमा*
सुशोभित : Graceful *ग्रेसफुल*
सुषिर वाद्य : Aero Phonic Instruments *एरोफोनिक इंस्ट्रूमेंट्स (हवाई ध्वन्यात्मक उपकरण)*
सुषिर वाद्य : Wind Instruments *विंड इंस्ट्रूमेंट्स*
सुसंगति : Sfumato *स्फूमातो*
सुसंस्कारी : Cultured *कल्चर्ड*
सुसंस्कृत : Cultured *कल्चर्ड,* Refined *रिफांइड*
सुसज्जित, सजावटी : Decorative *डेकोरेटिव*
सूक्ष्म अनुपात : Abstract Proportion *एब्सट्रैक्ट प्रोपोर्शन*
सूक्ष्म कला : Abstract Art *एब्स्ट्रैक्ट आर्ट*
सूक्ष्म चित्र : Key Sketch *की स्केच*
सूक्ष्म पड़ताल : Analytical Criticism *एनालिटिकल क्रिटिसिज़्म*
सूखी मढ़ाई : Dry Mounting *ड्राई माउंटिंग*
सूखे रंग : Pastel *पेस्टल*
सूचना विज्ञान : Information Technology *इंफॉर्मेशॅन टेक्नोलाजी*
सूची : Cross Bar *क्रास बार*
सूची : Needle *निडिल*
सूचीपत्र : Catalogue *केटलॉग*
सूत्र चित्रांकन : Thread Painting *थ्रेड पेंटिंग*

सूत्र रेखांकन : Key Sketch *की स्केच*
सूत्र चित्र : Key Sketch *की स्केच*
सूरतखाना : Atelier (Artists Workshops) *अटेलिए (आर्टिस्ट्स वर्कशॉप)*
सूलदंड : Crusifiction *क्रसीफिक्शॅन*
सृजन : Creation *क्रिएशॅन*
सृजन तत्त्व : Element of Creation *एलीमेंट ऑफ़ क्रिएशन*
सृजनात्मक तत्त्व : Creative Elements *क्रिएटिव एलीमेंट्स*
सृजनात्मक साहित्य : Creative Literature *क्रिएटिव लिटरेचर*
सृजनात्मकता, सृजनशीलता : Creativeness *क्रिएटिवनेस*
सॅडसी : Tong *टांग*
सेंधा नमक : White Rock Salt *व्हाइट रॉक साल्ट*
सेतुक : Cause Ways *काज वेज*
सेब : Apple *एपॅल*
सेम : Beans *बीन्स*
सेलखड़ी : Alabaster *एलाबास्टर*
सैनिक : Soldier *सोल्जर*
सैरा : Landscape *लैंडस्केप*
सैलानी : Tourist *टूरिस्ट*
सोद्देश्य कला : Art Engage *आर्ट इंगेज*
सोना चढ़ाना (मुलम्मा करना) : Gilding *गिल्डिंग*
सोने का कमरा : Bed Room *बेड रूम*
सोन्मुख कला : Disident Art *डिसीडेंट आर्ट*
सोपान पिरामिड : Step Pyramid *स्टेप पिरामिड*
सोहर : A type of Folk Song *ए टाइप ऑफ़ फोक सांग*
सौंफ : Fennel Seeds *फेनल सीड्स*
सौजन्य : Curtsy *कर्टसी*
सौन्दर्य : Beauty *ब्यूटी*
सौन्दर्य क्षण : Aesthetic Moment *एस्थेटिक मोमेंट*
सौन्दर्य गुण : Element of Beauty *एलीमेंट्स ऑफ़ ब्यूटी*
सौन्दर्य चित्रण : Aestheticism *एस्थेटिसिज़्म*
सौन्दर्य परक मूल्यांकन : Aesthetical Valuation *एस्थेटिकल वैल्यूएशॅन*
सौन्दर्यबोधि : Aesthetic Sense *ऐस्थेटिक सेंस,* Aesthetic *एस्थेटिक*
सौन्दर्य बोधी मीमांसा : Aesthetic Criticism *एस्थेटिक क्रिटिसिज़्म*
सौन्दर्य मीमांसा : Aesthetical Criticism *एस्थेटिक क्रिटिसिज़्म*
सौन्दर्य वाद : Aestheticism *एस्थेटिसिज़्म,* Aesthetic movement *एस्थेटिक मूवमेंट*
सौन्दर्य विज्ञान : Aesthetics *एस्थेटिक्स,* Cosmetology *कॉमेटोलाजी*
सौन्दर्य विषयक : Aesthetical *एस्थेटिकल*
सौन्दर्य शाला : Beauty Salon *ब्यूटी सैलून*
सौन्दर्य शास्त्र : Aesthetics *एस्थेटिक्स*
सौन्दर्य शास्त्रीय : Aesthetics *एस्थेटिक्स*
सौन्दर्यपरक : Aesthetic *एस्थेटिक*
सौन्दर्यपरक मूल्यांकन : Aesthetic Valuation *एस्थेटिक वैल्यूएशॅन*
सौन्दर्यवादी आन्दोलन : Aestheticism *एस्थेटिसिज़्म*
सौन्दर्यवादी आलोचना : Aesthetic Criticism *एस्थेटिकल क्रिटिसिज़्म*
सौन्दर्यात्मक अनुभूति : Aesthetic Experience *एक्सथेटिक एक्सपीरियंस*
सौन्दर्यानन्द : Aesthetic Pleasure *एस्थेटिक प्लेजर*
सौन्दर्यानुभूति : Aesthetic Pleasure *एस्थेटिक प्लेजर*
सौन्दर्याभिव्यक्ति : Aesthetic Expression *एस्थेटिक एक्सप्रेशॅन*
सौन्दर्योपासना : Aestheticism *एस्थेटिसिज़्म*
सौम्य : Delicate डेलीकेट*,* Soft *शॉफ्ट*
सौम्य प्रभाव : Delicate Effects *डेलीकेट इफेक्ट्स*
सौम्यता : Delicacy डेलीकेसी
सौष्ठव विश्लेषण : Analysis of Beauty *एनालिसिस ऑफ़ ब्यूटी*
सौष्ठवता : Charmness *चार्मनेस*
स्कन्ध (गलियारा) : Aisle *आइल,* Wing *विंग*
स्केच पेन : Aquatic Pencil Colour *एक्वेटिक पेंसिल कलर*
स्केच पेन, रूपरेखा लेखनी : Sketch Pen *स्केच पेन*
स्केच पेन/जलीय रंग पेंसिल : Aquatic Pencil Colour *एक्वेटिक पेंसिल कलर*
स्क्रीन प्रिंटिंग : Screen Printing *स्क्रीन प्रिंटिंग*
स्क्रैपर बोर्ड : Scraper Board *स्क्रैपर बोर्ड*
स्टम्प : Stamp *स्टम्प,* Column *कालम,* Pillar *पिलर*
स्तम्भ-लेख : Pillar Edict *पिलर एडिक्ट*
स्तम्भ : Column *कालम,* Pillar *पिलर*
स्तम्भ कलाकार : Old Master *ओल्ड मास्टर*
स्तम्भ शिरस : Capital *कैपिटल*
स्तरहीन कला : Disident Art Form *डिजीडेंट आर्ट फॉर्म,* Disident Art *डिसीडेंट आर्ट*
स्तुत्य सृजन : Commendable Creation *कॅमेंडेबल क्रिएशॅन*
स्तूप : A Buddhist Sacred Place of Worship *ए बुद्धिस्ट सेक्रेड प्लेस ऑफ़ वर्सिप*
स्तूप : Buddnist Monuments *बुद्धिस्ट मोन्यूमेंट्स*
स्तूपी : Finial *फेनियल*
स्थल-वर्णन : Topography *टोपोग्राफ़ी*
स्त्री लिंग : Feminine Gender *फेमिनाइन जेंडर*
स्त्री विलासी : Womanizer *वुमॅनाइज़र*
स्त्रैण : Femine *फेमाइन*
स्थरीकरण : Fixative *फिक्सेटिव*

स्थल : Spot *स्पॉट*
स्थल आकृति चित्रण : Topographical Painting *टॉपोग्राफिकल पेंटिंग*
स्थलाकृति : Topograph *टोपोग्राफ*
स्थलाकृति विज्ञान : Topography *टोपोग्राफ़ी*
स्थानकरण : Localization *लोकलाइज़ेशॅन*
स्थानान्तरण : Displacement *डिस्प्लेसमेंट*
स्थानिक संस्कृति : Localized Culture *लोकलाइज़्ड कल्चर*
स्थानीय पृष्ठभूमि : Local Colour *लोकल कलर*
स्थानीय रंग/वर्ण : Local Colour *लोकल कलर*
स्थानीय वर्ण : Local Colour *लोकल कलर*
स्थापत्य कला : Architecture *आर्कीटेक्चर,* Architectonics *अर्किटेक्टॉनिक्स*
स्थापत्य कला : Sculpture *स्कल्पचर*
स्थापत्य कलाविद् : Architect *आर्कीटेक्ट*
स्थापत्यकार : Architect *आर्कीटेक्ट*
स्थापित कला : Academic Art *एकेडेमिक आर्ट*
स्थापित कलाकार : Established Artist *इस्टैबलिस्ड आर्टिस्ट*
स्थायी रंग : Permanent Colours *परमानेंट कलर्स*
स्थायीकरण : Fixative *फिक्सेटिव,* Fixing *फिक्सिंग*
स्थिति जन्य लघुता : Fore Shortening *फोर शॉर्टनिंग*
स्थिर चित्रांकन : Still Life *स्टिल लाइफ*
स्थिर वस्तु चित्र : Still Life *स्टिल लाइफ*
स्थिर वस्तु चित्रांकन : Still Life *स्टिल लाइफ*
स्थिरवस्तु चित्रांकन : Still Life Painting *स्टिल लाइफ पेंटिंग*
स्थिरीकरण : Fixing *फिक्सिंग*
स्थिरीकारक : Fixative *फिक्सेटिव*
स्नेहाशीष : Blessing *ब्लेसिंग*
स्फटिक : Crystal *क्रस्टल,* Quartz *क्वार्ट्ज़*
स्मारक : Barrow Monument *बैरो मोन्यूमेंट*
स्मारक-समाधि : Cenotaph *सिनोटॅफ*
स्मारकीय : Monumental *मोन्यूमेंटल*
स्मारकीय मूर्ति : Monumental Sculpture *मोन्यूमेंटल स्कल्पचर*
स्मारकीय रंग : Monumental Colour *मोन्यूमेंटल कलर*
स्मृति आरेखण, स्मृति रेखांकन : Memory Drawing *मेमोरी ड्राइंग*
स्मृति गंध : Sweet Memories *स्वीट मेमोरीज*
स्मृति चिह्न : Relic *रिलिक*
स्मृति पुष्प गुच्छ : Wreath *रीथ*
स्मृति व्याकुलता : Nostalgia *नॉस्टेलॉजिया*
स्मृति-लेख : Epitaph *एपीटाफ*
स्याह कलम : Dark Line *डार्क लाइन*
स्याही : Ink *इंक*
स्याही चित्र : Sumi-e *सूमी-ए,* Pen and Ink *पेन एंड इंक*
स्याही शैली : Ink Painting *इंक पेंटिंग*
स्याही सोख : Blotting Paper *ब्लॉटिंग पेपर*
स्याही-शैली : Ink Painting *इंक पेंटिंग*
स्त्रोत सामग्री : Bibliography *बिबलियोग्रॉफी,* Source material *सोर्स मैटेरियल*
स्वकीय : Solo *सोलो*
स्वचलता या स्वयंचालितता : Automaticism *आटोमेटिज़्म*
स्वच्छंद प्रवृत्ति : Free Manner *फ्री मैनर*
स्वच्छंद शैली : Free Manner *फ्री मैनर*
स्वच्छन्द : Romantic *रोमांटिक*
स्वच्छन्द कलाकार : Free Lancer *फ्री लांसर*
स्वच्छन्द चित्रण : Free Expression *फ्री एक्सप्रेशॅन*
स्वच्छन्द चित्रांकन : Action Painting *एक्शन पेंटिंग,* Free Painting *फ्री पेंटिंग*
स्वच्छन्दतावाद : Romanticism *रोमांटिसिज़्म*
स्वच्छन्दतावादी धारा : Romanticism *रोमांटिसिज़्म*
स्वतः स्फूर्त कलाकार : Self Trained Artist *सेल्फ ट्रेंड आर्टिस्ट*
स्वतंत्र आकार : Free Form *फ्री फॉर्म*
स्वतंत्र पहचान : Individual Identity *इंडीविज़ुअल आइडेनटिटी*
स्वतंत्र रेखांकन : Free Hand Drawing *फ्री हैंड ड्राइंग*
स्वतंत्रजीवी कलाकार : Free Lancer *फ्री लांसर*
स्वतः स्फूर्त : Spontaneous *स्पॉन्टेनियस*
स्वतन्त्राभिव्यक्ति : Free Expression *फ्री एक्सप्रेशन*
स्वदेशी बोध : Nationalism *नेशनलिज़्म*
स्वप्न चित्र : Fantasy *फैंटेसी*
स्वप्नलोक : Dreem World *ड्रीम वर्ड*
स्वप्नवाद : Surrealism *सररियलिज़्म*
स्वभाव विशेषता : Character *केरेक्टर*
स्वयंचालन : Automatism *आटोमेटिज़्म*
स्वयंस्फूर्त : Spontaneous *स्पांटेनियस*
स्वर : Vowel *वॉवेल*
स्वर मात्रा : Vowel Extension *वॉवेल एक्सटेंशन*
स्वर माधुर्य : Melody *मेलोडी*
स्वर रेखांकन : Account Drawing *एकाउंट ड्राइंग*
स्वर वाहक : Exponent *एक्सपोनेंट*
स्वराघात : Accent *एसेंट*
स्वरूप : Aspect *एस्पेक्ट*
स्वरूप चित्र : Self Portrait *सेल्फ़ पोर्ट्रेट*
स्वरूप भंग : Distortion *डिस्टॉर्शन*
स्वरूप विच्छेदन : Figure Distortion *फिगर डिस्टाशॅन*
स्वर्गारोहण : Proceed to Heaven *प्रोसीड टू हैवेन*

स्वर्गारोहण (ईसा का) : Resurrection *रिसरेक्शॅन*
स्वर्ण काल : Golden Age *गोल्डन एज*
स्वर्ण जयंती : 50th Anniversary *फिफ्टिएथ एनवर्सरी*
स्वर्णानुपात : Golden Section *गोल्डन सेक्शन*
स्वर्णिम अनुपात : Golden Section *गोल्डन सेक्शन*
स्वर्णिम काल : Golden Age *गोल्डन एज*
स्वातंत्र्योत्तर : Post Independence *पोस्ट इंडीपेंडेंस*
स्वादिष्ट : Tasty *टेस्टी*
स्वायत्त शासी : Autonomous *आटोनोमस*
स्वास्तिक : Cross *क्रॉस*
स्वास्तिक प्रतीक : Swastika Symbol *स्वास्तिक सिम्बल*
स्वास्थकारी : Healthy *हेल्दी*
स्वास्थ्यप्रद : Healthy *हेल्दी*
स्वीकार्यता : Acceptability *अक्सेप्टबिलिटी,* Admissibility *अड्मिसिबिलिटी*
स्वेच्छाचारी कलाकार : Caprice कॅप्रीस (इटैलियन शब्द सेक्शन)
स्वेत/सफेद एडेसिव, रासायनिक लेई : Synthetic Glue *सेन्थेटिक ग्लू*

ह

हंस : Wild Goose, Swan *वाइल्ड गूज़, स्वान*
हंसली : Tore *टोर*
हंसिया : Sickle *सिकल*
हड़/हर्र : Terminalia Chebula *टर्मिनेलिया चीब्यूला*
हड़प्पा सभ्यता : Harappa Civilization *हड़प्पा सिविलाइज़ेशन*
हमला : Attack *अटैक*
हमाम : Bath *बाथ*
हमाम : Hammam *हम्माम*
हमाम-कक्ष : Caldarium *काल्डेरियम*
हरदिल अजीज : Lovely Person *लवली पर्सन*
हरफनमौला : All Rounder *ऑल राउंडर,* All rounder Jack of all trades *आल राउंडर जैक ऑफ़ आल टेड्स*
हरा प्याज : Spring Onion *स्प्रिंग ओनियन*
हरा रंग : Green Colour *ग्रीन कलर*
हरिताल (पीत वर्ण) : Orpiment *आरपीमेंट*
हल : Plough *प्लाउ*
हलवाई : Sweet Seller *स्वीट सेलर,* Confectioner *कॉनफेक्शनर*
हल्का उभार : Base Relief *बेस रिलीफ,* Baso-Rilievo *बॉसो रिलोवो*
हल्का रंग : Light Colour *लाइट कलर,* Tint *टिंट*
हल्का वर्ण : Low Colour *लो कलर,* Under Tone *अंडर टोन*
हल्दी : Turmeric *टर्मिरिक*
हवन कुंड : Altar *आल्टर*
हवा कला : Wind Art *विंड आर्ट*
हवाई कला : Aerial Act *एरियल एक्ट*
हस्त उत्कीर्ण छापा : Dry Point *ड्राई प्वाइंट*
हस्त कलाएँ, हस्त शिल्प : Handicrafts *हैंडीक्राफ्ट*
हस्त कृति : Artifact *आर्टीफैक्ट*
हस्त कौशल : Craft *क्राफ्ट*
हस्त मुद्रा : Hand Pose *हैंड पोज़*
हस्तलिपि कला : Chirography *काईरोग्राफ़ी*
हस्त लेख : Hand Writing *हैंड राइटिंग*
हस्त शिल्प : Handicraft *हैंडीक्राफ्ट,* Handiwork *हैंडीवर्क,* Handwork हैंडवर्क
हस्तकलाएँ, हस्त शिल्प : Handicrafts *हैंडीक्राफ्ट*
हस्तनिपुणता : Manual Skill *मैनुअल स्किल*
हस्ताक्षरित छापचित्र : Artist's proof *आर्टिस्ट्स प्रूफ*
हस्व स्वर : Short Vower *शार्ट वॉवेल*
हार : Necklace *नेकलेस*
हार्ड बोर्ड : Hard Board *हार्ड बोर्ड*
हार्स : Decadence *डिकेडेन्स*
हास्य (भाव) : Mirth *मिर्थ*
हास्य चित्र : Caricature *केरीकेचर*
हास्य चित्र : Cartoon *कार्टून*
हास्य पट्टी : Comic Strip *कॉमिक स्ट्रिप*
हास्य रस : Emotion of Comic *इमोशॅन ऑफ़ कॉमिक*
हास्य-चित्र-मालिका : Comic Strip *कॉमिक स्ट्रिप*
हास्यपट्टी : Comic Strip *कॉमिक स्ट्रिप*
हितेच्छु : Well Wisher *वेल विशॅर*
हिमायत : Support *सपोर्ट*
हिमायती : Supporter *सपोर्टर*
हींग : Asafoetida *एसाफोटिडा*
हीनवर्ण : Degraded Colour *डिग्रेडेड कलर*
हीरक जयंती : 60th Anniversary *सिक्सटीएथ एनीवर्सरी*
हुकुम (ताश का खेल) : Spade *स्पेड*
हुक्का : Hubble-Bubble *हबल-बबल*
हुनर : Art *आर्ट*
हृदय विदारक : Grim *ग्रिम*

हृदय-स्पंदन-आलेख : Cardiogram *कार्डियोग्राम*
हेमंत ऋतु : Early Winter Season *अर्ली विंटर सीजन*
होल्कर : Rulers of Indore *रूलर्स ऑफ़ इंदौर*
ह्वासोन्मुखी : Towards Detoriation *टुवर्ड्स डिटोरिएशॅन*

ज्ञ

ज्ञानी : Learned Person *लर्नेड पर्सन,* Knowledgeable Person *नालेजबॅल पर्सन*

आभार ज्ञापन

भारत में 'आधुनिक विविध कला शब्द सागर' कलाओं का एक अनूठा और पहला समग्र कोश है, जिसकी रचना में हमें पिछले पच्चीस-तीस वर्षों के अन्तराल में भारत के कला और संस्कृति से जुड़े सैकड़ों प्रतिष्ठित कला कर्मियों का सहयोग मिला है, किन्तु उन सभी के नामों का यहाँ उल्लेख करना संभव नही है। अत: मैं उन सभी मित्रों के प्रति कृतज्ञता ज्ञापित करता हूँ।

इस क्रम में सर्वप्रथम मैं कोश के सभी 23 विषयों के 21 सहयोगी लेखकों के प्रति आभार प्रकट करता हूँ, जिन्होंने हमारे इस अकादमिक मिशन में बिना किसी पूर्व शर्त के अपनी पूरी निष्ठा के साथ हमें सहयोग दिया। ये सहयोगी लेखक हैं— डॉ. रिचा जैन, डॉ. ज्योति श्रीवास्तव, डॉ. कल्पना भूषण, प्रो. प्रोमिला कैली, डॉ. बागेश्री चक्रधर, डॉ. शुभदीप मजूमदार, डॉ. मिथिलेश चौहान, सुश्री कविता त्यागी, डॉ. ममता लाल, प्रो. प्रतिमा पांडेय, श्री कर्ण कुमार शर्मा, श्री कुमार पंकज, श्री अनिल रिसाल सिंह, डॉ. पराग व्यास, प्रो. शालिनी विष्ट, प्रो. सन्दीप मारवाह, डॉ. गोविंद गुंठे, डॉ. राजमणि श्रीवास्तव, डॉ. ए.के. खन्ना, डॉ. सुमन एस. खरे तथा डॉ. निमिषा केसरवानी।

वर्तमान सहयोगी मित्रों के अतिरिक्त मैं अपने कुछ स्वर्गवासी शुभचिन्तक-सहयोगियों को भी याद करके उन सभी का आभार प्रकट करता हूँ, जिन्होंने सदैव हमारा मार्गदर्शन किया है। डॉ. किरीट जोशी, अतिरिक्त विशेष सचिव, शिक्षा मंत्रालय, भारत सरकार; डॉ. कपिला वात्सायन, अतिरिक्त सचिव, संस्कृति मंत्रालय, भारत सरकार; डॉ. अनीस फारूकी निदेशक—राष्ट्रीय आधुनिक कला संग्रहालय, नई दिल्ली; प्रतिष्ठित कवि तथा साहित्यकार श्री अज्ञेय, प्रो. सी. बरतारिया, अध्यक्ष चित्रकला विभाग, डी.ए.वी. कालेज कानपुर; चित्रकार तथा कवि प्रो. सुहेल परमार तथा श्री नन्द किशोर खन्ना, कला समीक्षक, लखनऊ।

इस वृहद कला कोश की पांडुलिपि और प्रकाशन में देश की प्रतिष्ठित कला संस्था—रज़ा फाउंडेशन, नई दिल्ली द्वारा आंशिक आर्थिक सहायता प्राप्त हुई है, जिसके लिए मैं इस संस्था के मुख्य स्तम्भ तथा देश के प्रख्यात कवि श्री अशोक वाजपेयी जी को हृदय से धन्यवाद देता हूँ।

प्रख्यात नाटककार एवं कलाकर्मी पद्मश्री दयाप्रकाश सिन्हा, राष्ट्रीय आधुनिक कला संग्रहालय, नई दिल्ली के महानिदेशक प्रो. अच्युत गड़नायक, प्रख्यात कला समालोचक श्री अवधेश अमन, मेरठ विश्वविद्यालय की रघुनाथ गर्ल्स कालेज, मेरठ की कला विभागाध्यक्ष डॉ. अर्चना रानी, इंडियन म्यूज़ियम, कलकत्ता की चित्रकला विभागाध्यक्ष डॉ. नीता सेनगुप्ता, मराठी कला विश्व कोश, बम्बई के सम्पादक प्रो. सुहास बहुलकर तथा उपसम्पादक श्री दीपक घारे, नागपुर विश्वविद्यालय के भू.पू. कला संकाय के डीन डॉ. विनोद इंदुरकर, बड़ौदा विश्वविद्यालय, बड़ौदा के ललित कला संकाय के भू.पू. डीन डॉ. रतन पारिमू तथा डॉ. दीपक कनल, भारत सरकार के प्रकाशन विभाग के भू.पू. महानिदेशक डॉ. श्याम सिंह शशी, विख्यात हास्य कवि पद्मश्री अशोक चक्रधर, कानपुर विश्वविद्यालय, कानपुर के ललित कला संकाय के डीन डॉ. ब्रजेश कटियार, डी.ए.वी. कालेज कानपुर के चित्रकला विभाग के भू.पू. विभागाध्यक्ष डॉ. अभय द्विवेदी, चित्रकार तथा कला अध्येता, श्री अशोक भौमिक, पद्म भूषण रायकृष्ण दास के पौत्र डॉ. नवल कृष्ण, विख्यात मूर्तिकार पद्म विभूषण राम वी. सुतार, डॉ. नर्मदा प्रसाद उपाध्याय, इंदौर, प्रो. जयकृष्ण अग्रवाल, लखनऊ, डॉ. रणजीत साहा, श्री विक्रम मेहरा, श्री सुमन कुमार, प्रो. पल्लवी पंडित, डॉ. विभूति नारायण राय, डॉ. रामशरण गौड़, तथा प्रो. उमेश बहुखंडी, के प्रति मैं आभार व्यक्त करता हूँ, जो सदैव ही हमारे प्रत्येक शैक्षणिक अनुष्ठानों में अपना अभूतपूर्व सहयोग देते रहे है।

इसके अतिरिक्त मैं दिल्ली स्थित ललित कला अकादमी की पुस्तकालयाध्यक्ष सुश्री दीप्ति बब्बर; नेशनल गैलरी ऑफ़ माडर्न आर्ट की पूर्व पुस्तकालयाध्यक्ष सुश्री मेहज़बी अख्तर तथा सुश्री साजिदा बेगम, इंडियन काउन्सिल ऑफ़ हिस्टॉरिकल रिसर्च की पुस्तकालयाध्यक्ष डॉ. ज्योत्सना अरोड़ा व इंदिरा गांधी कला और संस्कृति केन्द्र की पुस्तकालयाध्यक्ष सुश्री रंजना चक्रवर्ती, नेशनल म्यूज़ियम की पुस्तकालयाध्यक्ष सुश्री रिमी तथा सुश्री स्वतंत्र बोगरा, पुस्तकालयाध्यक्ष संगीत नाटक अकादमी, नई दिल्ली व उनके सहायको को भी धन्यवाद देता हूँ, जिन्होंने अपने पुस्तकालयों की सेवाओं के अतिरिक्त अन्य बहुत सी जानकारियाँ और सुझाव इस कोश की समृद्धि के लिए दिये।

इस कोश की पांडुलिपि की कम्प्यूटर टाइपिंग व प्रूफ रीडिंग के लिए क्रमश: श्री नर्वदा प्रसाद शुक्ला एवं श्री प्रियव्रत कुमार के प्रति भी मैं आभार ज्ञापित करता हूँ, जिन्होंने पूरी लगन से अपनी अहम जिम्मेदारी निभाई। मैं श्री अमित केसरवानी जी का विशेष आभारी हूँ, जिन्होंने कोश के हिन्दी शब्दों को 'एल्फाबेटिकल आर्डर' में व्यवस्थित किया।

अन्त में इस कोश की रचना में अपनी प्रमुख सहयोगी डॉ. सुमन एस. खरे व डॉ. निमिषा केसरवानी का विशेष आभारी हूँ, जिन्होंने विभिन्न श्रोतों से इस कोश की अपेक्षित शब्द-सामग्री जुटाने में अपना अभूतपूर्व सहयोग दिया। अपनी धर्म पत्नी श्रीमती विमला बाथम (भू.पू. विधायक—नोएडा महानगर एवं वर्तमान में अध्यक्ष—उत्तर प्रदेश राज्य महिला आयोग, लखनऊ), पुत्र नितिन और पुत्रवधू दीपिका को भी धन्यवाद सहित आभार व्यक्त करता हूँ, जिनके निरन्तर प्रोत्साहन, लम्बे धैर्य और सहयोग के बिना इस महाकोश का अस्तित्व ही सम्भव न था।

Email : kalamitragallery@gmail.com

—रूपनारायण बाथम

कोश-विषयों के सहयोगी लेखक

चित्र कला (Painting)
मूर्ति कला (Sculpture)
कला समीक्षा (Art Critism)
- **रूपनारायण बाथम**
  कला इतिहासकार, कोशकार, संग्रहालयविद, मुख्य कोशकार तथा सम्पादक

गृह सज्जा (House Keeping)
शिल्प (Crafts)
- **डॉ. सुमन एस. खरे**
  कला अध्येयता तथा चित्रकार, नोएडा

छापा कला (Graphic Art)
- **प्रो. निमिषा केसरवानी**
  प्राध्यापक, नानयान स्कूल ऑफ़ आर्ट, सिंगापुर

नृत्य कला (Dance)
- **सुश्री ज्योति श्रीवास्तव**
  प्रख्यात ओडिसी नृत्यांगना तथा नृत्य शिक्षिका
- **डॉ. कल्पना भूषण**
  प्रख्यात भारतनाट्यम नृत्यांगना तथा नृत्य गुरु, नोएडा

संगीत कला (Music)
- **डॉ. रिचा जैन**
  वरिष्ठ प्राध्यापक, (संगीत), ललित कला तथा संगीत संकाय
  दिल्ली विश्वविद्यालय, दिल्ली
- **श्री कर्ण कुमार शर्मा**
  संगीत निर्माता/निदेशक तथा शिक्षक
- **श्री कुमार पंकज**
  प्रख्यात शास्त्रीय संगीत गायक तथा अध्येयता

स्थापत्य कला (Architecture)
- **प्रो. प्रोमिला केली**
  वरिष्ठ प्राध्यापक, स्कूल ऑफ़ आर्कीटेक्चर, शारदा विश्वविद्यालय
  ग्रेटर नोएडा

काव्य (Poetry)
- **डॉ. बागेश्री चक्रधर**
  अव. प्रा. वरिष्ठ प्राध्यापक, हिन्दी विभाग, दिल्ली विश्वविद्यालय, दिल्ली

पाक कला (Culinary)
- **डॉ. शुभदीप मजूमदार**
  अध्यक्ष—स्कूल ऑफ़ होटल मैनेजमेंट, लवली प्रोफेशनल यूनीवर्सिटी
  फगवाड़ा (पंजाब)

सौन्दर्य तथा प्रसाधन कला (Cosmetology)	•	**डॉ. मिथिलेश चौहान** वरिष्ठ प्राध्यापक, वी.आई.सी.सी. इंस्टीट्यूट, दिल्ली
	•	**सुश्री कविता त्यागी** सौन्दर्य प्रशाधन विशेषज्ञा, नोएडा
छाया चित्रण कला (Photography)	•	**श्री अनिल रिसाल सिंह** अव. प्रा. सीनियर फ़ोटोग्राफ़र, नेशनल इंस्टीट्यूट ऑफ़ प्रिजर्वेशन ऑफ़ कल्चरल हेरीटेट, लखनऊ
आलेखन (Design)	•	**डॉ. ममता लाल** वरिष्ठ प्राध्यापक, नेशनल इंस्टीट्यूट ऑफ़ डिज़ाइन, अहमदाबाद
	•	**डॉ. पराग व्यास** प्रख्यात डिज़ाइनर, उज्जैन (मध्य प्रदेश)
भूषाचार (फैशन) (Fashion)	•	**प्रो. प्रतिमा पांडे** वरिष्ठ प्राध्यापक, नेशनल इंस्टीट्यूट ऑफ़ फैशन टेक्नालाजी, नई दिल्ली
	•	**प्रो. शालिनी विष्ट** वरिष्ठ प्राध्यापक, पर्ल ऐकेडमी, दिल्ली
फ़िल्म तथा टी.वी. (Film and T.V.)	•	**प्रो. सन्दीप मारवाह** संस्थापक तथा निदेशक, एशियन ऐकेडमी ऑफ़ फ़िल्म एंड टेलीविजन, नोएडा
	•	**डॉ. गोविंद गुंठे** अवकाश प्राप्त चीफ प्रोड्यूसर, दिल्ली दूरदर्शन, दिल्ली
अभिलेख (Archives)	•	**डॉ. राजमणि श्रीवास्तव** अव. प्रा. सहनिदेशक, नेशनल आर्काइव्स, भारत सरकार, नई दिल्ली
पुरातत्व (Archeology)	•	**डॉ. ए.के. खन्ना** अव. प्रा. वरिष्ठ अधिकारी, आर्कियोलाजिकल सर्वे ऑफ़ इंडिया, नई दिल्ली
संग्रहालय विज्ञान (Museology) **पत्रकारिता** (Journalism) **नाटक** (Dramatic) **सौन्दर्यशास्त्र** (Aesthetics) **विज्ञापन कला** (Advertising)	•	**रूपनारायण बाथम** कला इतिहासकार, कोशकार तथा संग्रहालयविद भू.पू. संग्रहालय व्याख्याता, नेशनल गैलरी ऑफ़ माडर्न आर्ट, भारत सरकार, नई दिल्ली कोश के मुख्य कोशकार तथा सम्पादक

सन्दर्भ सामग्री-सूची
(Bibliography)

इस कोश की सामग्री जुटाने में निम्न सन्दर्भ कोश व ग्रंथों की उदारतापूर्वक सहायता ली गई है, अत: मैं इन सभी ग्रंथों के रचनाकार, सम्पादक व प्रकाशक का हृदय से आभार व्यक्त करता हूँ।

—सम्पादक

- **वृहत पारिभाषिक शब्द संग्रह मानविकी (खंड-1 व 2)**
  वैज्ञानिक तथा तकनीकी शब्दावली आयोग, भारत सरकार, नई दिल्ली (1988)
- **पारिभाषिक कला कोश**
  रूपनारायण बाथम, वाणी प्रकाशन, नई दिल्ली (1988)
- **पारिभाषिक विश्व कला शब्द कोश**
  रूपनारायण बाथम, निमिषा केसरनवानी, कलामित्र गैलरी, नोएडा
- **नाट्य शास्त्र, फ़िल्म एवं टेलीविजन परिभाषा कोश**
  वैज्ञानिक तथा तकनीकी शब्दावली आयोग, भारत सरकार, नई दिल्ली (2006)
- **कला कोश**
  आर.वी. साखलकर, राजस्थान हिन्दी ग्रंथ अकादमी, जयपुर
- **भारतीय चित्रकला**
  सी. शिवराम मूर्ति, नेशनल बुक ट्रस्ट, इंडिया, नई दिल्ली
- **भारत की चित्रकला**
  राय कृष्णदास, भारती भंडार, इलाहाबाद (1974)
- **पुरातत्व परिभाषा कोश**
  वैज्ञानिक तथा तकनीकी शब्दावली आयोग, भारत सरकार, नई दिल्ली (1994)
- **पत्रकारिता एवं मुद्रण शब्दावली**
  वैज्ञानिक तथा वैज्ञानिक तथा तकनीकी शब्दावली आयोग, भारत सरकार, नई दिल्ली (1994)
- **इतिहास शब्द संग्रह**
  वैज्ञानिक तथा तकनीकी शब्दावली आयोग, भारत सरकार, नई दिल्ली (2014)
- **अंग्रेजी-हिन्दी कोश**
  फादर कामिल बुल्के, काथोलिक प्रेस, राँची, 2013
- **वृहद अंग्रेजी-हिन्दी कोश**
  डॉ. हरदेव बाहरी, ज्ञान मंडल लिमिटेड, वाराणसी
- **समकालीन ललित कला कोश**
  रूपनारायण बाथम, कलामित्र गैलरी, नोएडा
- **दृश्य कला कोश**
  डॉ. हृदय गुप्ता, उत्तर प्रदेश हिन्दी संस्थान, लखनऊ
- **कला विवेचन**
  डॉ. कुमार विमल, भारतीय भवन पटना

- **भारतीय संगीत कोश**
  विमलाकान्त राय चौधरी, वाणी प्रकाशन, नई दिल्ली
- **भारतीय चित्रकला**
  सी. शिवाराम मूर्ति, नेशनल बुक ट्रस्ट, नई दिल्ली
- **विज्ञापन कला : कल, आज और कल**
  यशोदा भागवत, अनुवादक : डॉ. गोविंद गुंठे, श्रुति प्रकाशन, जयपुर (राजस्थान)
- **हिन्दी-अंग्रेजी शब्द कोश**
  विमलेश कान्ती वर्मा, सुनन्दा अस्थाना, सस्ता साहित्य मंडल, नई दिल्ली
- **Dictionary of Art & Artists**
  Murray, Peter & Linda, Penguin, London
- **Dictionary of Art Terms**
  Luice Smith, Edward, Thames & Hudson, London
- **A Dictionary of Terms in Art**
  F. W. Fairholt, Hardpress Publishing, USA
- **Dictionary of Art**
  Handbook of Terms, Techniques Materials, Equipment & Processes, Martin, Judy, Longman, London
- **Dictionary of Architecture & Construction**
  Cyril M. Harris, McGray Hill, London
- **Visual Dictionary of Architecture**
  Ching, Frank, Holoken, N J Wiley
- **Shinde's Dictionary of Cine Art & Film Craft**
  M.K. Shinde & Company, Popular Prakashan, Bombay
- **Dictionary of Music**
  John Owen Ward, Percy A, Scholars
- **Dictionary of Theater : Terms, Concepts, Analysis**
  Patrice Pavis & Christine Shant, University of Toranto
- **Glossary of Drama, Theater and Electronic Media**
  Dr. Shashi Bharti, B.R. Publishing Corp., New Delhi
- **English to English-Hindi-Urdu Dictionary**
  Mehzabi Akhtar, Swaraj Prakashan, New Delhi (1912)
- **Photography Handbook**
  John Hedgecoe
- **Dictionary of Subjects and Symbols in Art (Second Edition)**
  James Hall, Westview Press, USA
- **Story of Art**
  E. H. Gombrich, Phidon, London
- **A History of Art**
  H. W. Janson, Thames & Hudson, London